单变量水文序列频率计算
原理与应用

宋松柏　康　艳　宋小燕　王小军　金菊良　著

科学出版社

北京

内 容 简 介

本书是继《Copulas 函数及其在水文中的应用》出版后,又一部力求反映国内外关于单变量水文序列频率计算理论前沿研究进展的著作. 全书结合统计水文学、微积分、概率论与数理统计和数值计算等原理,系统地推导了单变量水文序列频率计算的有关计算公式. 其中,许多计算原理和方法尚未见于中文文献;同时,更正了目前文献中一些印刷或其他方面的错误,给出了许多较为详细的推导过程,以帮助青年学生系统学习水文频率计算原理. 本书主要内容包括:水文序列经验频率计算方法、P-Ⅲ型分布水文序列频率分布参数的常用计算方法、基于熵原理的 P-Ⅲ型分布参数估计、非参数核密度估计原理与应用、高阶概率权重矩原理与应用、基于贝叶斯理论的水文频率分布参数估计、部分概率权重矩原理与应用、洪峰流量的理论概率分布、重现期计算、截取分布在水文中的应用、非一致水文序列频率计算原理等. 除叙述上述计算原理和方法外,书中附有大量的计算实例,供读者阅读和理解.

本书可作为学习水文统计学原理的工具书或参考书,也可供水文与水资源工程、农业水土工程、水利水电工程、环境科学、气象科学、土木工程和统计等专业高年级本科生、研究生以及相关领域教学、科研与工程技术人员使用.

图书在版编目(CIP)数据

单变量水文序列频率计算原理与应用/宋松柏等著. —北京:科学出版社, 2018.2

ISBN 978-7-03-056600-3

Ⅰ. ①单… Ⅱ. ①宋… Ⅲ. ①水文计算 Ⅳ. ①P333

中国版本图书馆 CIP 数据核字(2018) 第 036246 号

责任编辑:李 欣 赵彦超/责任校对:彭 涛
责任印制:张 伟/封面设计:陈 敬

科学出版社 出版

北京东黄城根北街 16 号
邮政编码:100717
http://www.sciencep.com

北京教图印刷有限公司 印刷
科学出版社发行 各地新华书店经销

*

2018 年 2 月第 一 版 开本:720 × 1000 1/16
2018 年 2 月第一次印刷 印张:46 1/4
字数:912 000

定价:198.00 元
(如有印装质量问题, 我社负责调换)

前　言

　　水文频率分析是运用水文学、概率论与数理统计和其他数学原理, 利用水文资料分析水文现象的统计规律, 定量描述水文变量设计值与发生频率 (或重现期) 之间的关系, 也是各类水利、土木工程规划、设计确定工程规模和管理决策的主要依据. 工程规划的目的不是完全消除所有自然灾害, 而是最大程度地减少导致灾害事件的发生次数. 因此, 水文事件的发生频率必须正确计算. 但是, 水文事件的 "输入" 受控于自然条件, 导致这一问题发生机理十分复杂. 降水和径流是水文频率计算最为经常采用的分析数据. 1880—1890 年, Herschel 和 Freeman 第一次进行了径流序列频率分析. 1914 年, Fuller 被认为是首次进行综合性水文频率计算的学者. 1941—1942 年, Gumbel 第一次研究洪水极值事件概率分布. 早期研究水文频率计算的还有: 1936 年, Yarnell 分析了美国 5—24min 历时的降水序列频率. 1953 年, Chow 研究了 Illinois 和 Chicago 州的降水频率分析. 1954 年, Chow 又进一步扩充了极值概率分布研究. 1964—1992 年, 美国 Hershfield(1964)、Weather Bureau(1964)、Miller 等 (1973)、Frederrick 等 (1977)、Huff 和 Angel (1989, 1992) 等开展了降水频率分析. 1954 年和 1963 年, Gumbel 应用极值分布研究枯水径流和干旱发生频率. 1975 年英国颁布了洪水研究报告. 1947 年, 我国学者陈椿庭先生开展了长江等 5 条河流的洪水流量频率计算研究. 20 世纪 80 年代, 丁晶、宋德敦、马秀峰、刘光文等先后提出了 P-III型分布参数估计的概率权重法、单权函数法和双权函数法, 他们的研究成果至今被广泛地应用于水文频率分布的参数估计或被许多计算手册、教科书引用. 水文频率分析距今已有一百多年的研究和实践. 目前, 这一方法已经广泛地应用于水质、海洋等许多随机事件的概率特征分析.

　　Vijay P. Singh 和 W. G. Strupczewski 认为水文频率分析方法大致可以分为 4 类 (2002): ①经验法; ②现象法; ③动力法; ④随机模型结合蒙特卡罗模拟法. 按照采用测站的多少, 分为单站频率分析和区域频率分析. 经验法是上述 4 类方法中应用较广泛的方法, 采用经验法进行单站频率分析是工程规划设计使用最多的方法. 水文频率分析主要有参数统计和非参数统计两种途径. 参数统计方法是国内外研究和应用较多的方法, 需事先假定水文序列的分布模型, 利用参数估计方法估算样本参数, 根据样本统计特征值与分布参数的关系, 求出分布参数. 这种方法涉及 6 个步骤 (Singh, Strupczewski, 2002; Meylan et al., 2012): ①水文样本数据选择和数据检验; ②选择经验公式 (绘点位置公式) 计算样本经验概率; ③选择概率分布函数, 采用合适的参数估算技术拟合水文样本; ④水文分布模型检验; ⑤水文设计值不确定性分析; ⑥给定设计频率, 进行水文设计值计算.

　　水文样本数据一般根据需要选取, 并形成某类特征值数据序列, 如一定时间和空间尺度的极值、月值、枯水值和年值数据等. 对于暴雨和洪水来说, 也涉及暴雨和洪水的场次划分. 按照选样方法, 可形成年值序列或年极值序列、超定量序列和年多值序列. 洪水计算除选择实测洪水外, 有条件的情况下, 还需要通过水文调查, 选取较为可靠的历史洪水. 上述选取水文数据序列必须满足下述计算前提条件 (Meylan et al., 2012; Favre et al., 2012; Musy et al., 2012): ①数据正确地揭示水文变化规律; ②形成数据序列的物理机制没有发生变化 (一致性, consistent), 满足平稳性 (stationary) 和同质性 (homogeneous); ③数据序列满足随机简单样本特性. 随机性 (random) 是指样本数据服从同一概率分布, 而简单样本则指一个样本数据不影响后续值的发生, 即数据间满足独立性; ④数据序列应具有足够的长度. 数据检验分为参数检验 (parametric test) 和非参数检验 (nonparametric test) 两大类, 包括样本特征参数与分布参数的一致性检验 (conformity test); 两个样本分布的同一性检验 (homogeneous test); 样本服从某一概率分布的检验 (goodness of fit test); 样本数据间的相依性检验 (autocorrelation test). 水文分布模型检验方法有图形法、卡方检验、Kolmogorov-Smirnov 检验、GPD 检验、Anderson-Darling 检验、矩图法 (diagrams of moments)、线性矩图法 (diagrams of L-moments), 以及分布函数模型选优比较法 (AIC 法和 BIC 法). 上述水文频率计算中的①和④步骤所涉及的原理和方法一般在《水文统计学》或《概率论与数理统计》教科书均有所介绍, 读者可参阅有关文献学习, 本书不再重复叙述.

　　常用的水文频率线型有 20 多种, 主要分为以下四大类: ①Γ 分布类, 包括指数分布、两参数 Γ 分布、P-III 型分布和对数 P-III 型分布等. ②极值分布类, 包括极值 I 型、II 型、III 型分布及广义极值分布. ③正态分布类, 包括正态、对数正态和三参数对数正态分布. ④Wakeby 分布类, 主要包括五参数 Wakeby 分布、四参数 Wakeby 分布和广义 Pareto 分布. 参数估计方法主要有: ①矩法; ②极大似然法; ③概率权重和线性矩法; ④最小二乘法; ⑤最大熵原理; ⑥混合矩法; ⑦广义矩法; ⑧不完整均值法; ⑨单位脉冲响应函数法. 其中, 矩法、极大似然法和概率权重法是最广泛的参数估计方法. 美国地质勘查局也使用指数洪水分析 (index flood method) 和回归分析 (regression analysis) 进行区域频率分析. 除经验法外, 现象法 (phenomenological method)、动力法 (dynamic method) 和随机模型结合蒙特卡罗模拟法目前还处于学术研究层面, 工程实际应用较少. 非参数统计方法主要指在所处理对象总体分布族的数学形式未知情况下, 对其进行统计研究的方法. 而非参数估计就是在没有参数形式的密度函数可以表达时, 直接使用独立同分布的观测值对总体的密度函数进行估计的方法. 主要包括概率密度核估计和非参数回归估计模型. Rao A. Ramachandra 和 Hamed Khaled H. 在他们的《洪水频率分析》专著中,系统地总结了目前水文频率的常用计算方法, 给出了大量详细的应用实例.

上述水文频率计算的前提条件在实际中难以满足. 第一, 单站和区域的水文概率分布函数是未知的, 甚至有多种物理机制形成径流, 例如, 降雨径流、融雪径流等. 显然, 在一些大流域中, 选用一个概率分布函数描述径流的统计规律是不合理的. 第二, 人们通过各种修建水库、引水灌溉等水利工程进行水资源调控. 这种大规模的水事活动虽然对河川径流形成了一定程度的调控能力, 缓解或解决了流域水资源的供需矛盾, 但是, 也改变了河川径流的天然状态. 同时, 土地开发、水土保持等一系列大规模生产活动, 不同程度地改变了流域的下垫面条件, 气候变化也引起了河川径流情势的改变 (谢平等, 2009). 因此, 在受气候变化影响较大和人类水事活动频繁发生的流域, 径流序列在人类水事活动影响前后将不能认为是来自同一总体. 第三, 观测仪器分辨率的限制, 使得低于仪器最小测定限的数据不能被观测, 形成不完整数据序列 (删失数据序列), 应用完整数据序列分析方法推断这种不完整数据序列的统计规律是不合理的. 第四, 许多分布函数的取值范围为 $(-\infty, \infty)$ 或 $(0, \infty)$, (a, ∞), 实际中, 水文取值可能是最小值与最大值之间, 不可能是无穷大值, 这种取值范围不符合水文值的实际取值范围, 其计算结果必然使计算值增大. 在工程实际中可近似地认为分布取值均在可能最小与最大之间, 其分布可能是由常规分布转化为截取分布.

水文频率计算不是一个崭新的研究领域, 涉及高等数学、概率论与数理统计、水文学、数值计算、优化计算等学科的交叉和渗透. 由于数据序列非一致性和删失数据序列存在, 其计算复杂度大大增加, 面临一系列亟待解决的科学问题. 2008 年 3 月至 2009 年 3 月, 作者在美国 Texas A & M 大学访问合作研究期间, 同国际著名学者 Vijay P. Sigh 教授开展了一些合作研究, 有机会阅读了一些国外文献. 回国后, 在参加几次国际学术会议期间, 有幸同一些国内外著名的水文专家交流学习, 先后在国家自然科学基金 (51479171、51579059、51409222、51179160、71273081) 相关课题项目和西北农林科技大学 "农业高效用水与区域水安全" 学科群支持下, 吸收了大量国外同行的理论和方法, 开展了水文频率计算步骤中第②—⑥步骤所涉及的原理和方法研究. 另外, 作者结合统计水文学、微积分、概率论与数理统计和数值计算等原理, 花费了较大的时间和精力, 系统地推导了目前单变量水文序列频率的有关计算公式, 其中一些计算原理和方法尚未见于中文文献, 同时更正了文献的一些印刷或其他方面的错误, 提出和建立了一些计算模型, 并给出了相应的计算机实现方法, 力求使高年级本科生和研究生掌握国外这些先进的原理和方法, 为他们从事水文频率分析和其他统计特征值计算提供参考. 由于篇幅限制, 本书仅列举了各类方法的典型应用实例, 使用较大篇幅阐述各类计算公式的来龙去脉.

全书由宋松柏、康艳、宋小燕和王小军统稿, 引用了研究生李宏伟、袁超、李扬、成静清、谢萍萍、张雨、李雪月、于艺、曾智、王剑峰、肖可以、赵丽娜、刘丹丹、侯芸芸、刘斌、陈子全、马明卫、王红兰、郭成、原秀红、肖玲、王俊珍、殷建、牛林森、梁骏、魏婷、史黎翔、马晓晓、王誉杰、杨惠、赵明哲和王炳轩等计算实例. 在此向他们表示衷心的感谢!

　　本书感谢 Vijay P. Sigh 教授的悉心指导和鼓励, 也感谢西北农林科技大学水利与建筑工程学院、南京水利科学研究院水文水资源研究所、合肥工业大学土木与水利工程学院的大力支持. 书中参考了大量国内外学者的研究成果和文献, 大部分在书中和参考文献中列出, 在此一并致谢.

　　书中叙述了许多尚未见于中文文献的计算原理和方法, 其相关理论方法还在进一步研究和发展. 由于作者水平有限, 书中计算公式较多, 推导过程复杂, 虽经多次核对和修改, 难免存在一定的不足之处, 敬请有关专家学者和读者批评指正, 以利本书今后进一步修改和完善.

作　者

西北农林科技大学水利与建筑工程学院水文水资源研究所
南京水利科学研究院水文水资源研究所水资源配置与管理研究室
合肥工业大学土木与水利工程学院水资源与环境系统工程研究所

2017 年 2 月

目　　录

第 1 章 水文序列经验频率计算方法

经验频率, 也称绘点位置 (plotting positions) 或秩次概率 (rank-order probability), 是根据样本按递减 (或递增) 顺序排列, 采用一定的计算方法估计样本每项值的频率, 这个估计频率值称为经验频率. 目前, 经验频率公式种类很多, 代表性的计算公式有 California (1923) 公式、Hazen (1930) 公式、Weibull (1939) 公式、Leivikov (1955) 公式、Blom (1958) 公式、Tukey (1962) 公式、Gringorten (1963) 公式、Cunnane (1978) 和 Hosking (1985) 公式. 我国《水利水电工程设计洪水规范》推荐采用 P-III 型曲线和图解适线法推求设计频率对应的设计洪水值. 在选定线型和适线准则的前提下, 经验频率是评价参数估计优劣的依据. 经验频率与理论频率偏差越小, 分布参数估计越好. 因此, 经验频率的计算尤为重要. 常用的适线法确定分布参数, 其计算精度主要取决于经验频率. 20 世纪 50 年代后, 我国学者在吸收国外研究的基础上, 在实际水文分析中, 广泛采用数学期望公式 (Weibull, 1939). 朱元甡、郭生练、金光炎等认为数学期望公式具有一定的理论基础, 与其他公式相比, 上端偏大, 下端偏小, 对工程设计偏于安全. 另外, 以不合适的绘点位置为基准, 评估各种适线准则的优劣, 或抽取 "理想" 样本, 进行各种参数估计方法的比较, 这些做法都是不太合理的. 因此, 本章首先详细叙述并推导目前国内外主要采用的经验频率公式.

1.1 次序统计量分布

目前, 已有大部分经验频率公式是基于次序统计量分布原理推导而来的 (郭生练和叶守泽, 1992). 本节参考一些次序统计量分布的文献 (金光炎, 1994, 2002, 2012; 胡宏达, 1991; 王善序, 1979, 1990; 李裕奇等, 2010), 推导有关计算公式, 叙述次序统计量分布的基本原理.

把样本 $(x_1, x_2, \cdots, x_n)$ 按由小到大的次序排列成递增顺序 $x_{(1)} \leqslant x_{(2)} \leqslant \cdots \leqslant x_{(i)} \leqslant \cdots \leqslant x_{(n)}$ 时, $X_{(i)}$ 取值 $x_{(i)}$, 则有

$$X_{(1)} \leqslant X_{(2)} \leqslant \cdots \leqslant X_{(i)} \leqslant \cdots \leqslant X_{(n)} \tag{1}$$

统计量 $X_{(i)}$, $i = 1, 2, \cdots, n$, 称为次序统计量. 次序统计量 $X_{(i)}$ 的边际密度函数有以下三种推导方法.

1.1.1　由次序统计量的联合密度函数推导 $X_{(i)}$ 的密度函数

定理 1　设 $X_{(1)}, X_{(2)}, \cdots, X_{(n)}$ 是连续分布总体 $F(x)$、密度函数为 $f(x)$ 的样本次序统计量, 则 $X_{(1)}, X_{(2)}, \cdots, X_{(n)}$ 的联合密度函数为

$$g\left(x_{(1)}, x_{(2)}, \cdots, x_{(n)}\right) = n! \prod_{i=1}^{n} f\left(x_{(i)}\right) \tag{2}$$

式中, $-\infty < x_{(1)} < x_{(2)} < \cdots < x_{(n)} < \infty$.

定理 2　设 $X_{(1)}, X_{(2)}, \cdots, X_{(n)}$ 是连续分布总体 $F(x)$、密度函数为 $f(x)$ 的样本次序统计量, 则当 $x_{(i)} < x_{(j)}, 1 \leqslant i < j \leqslant n$ 时, $\left(X_{(i)}, X_{(j)}\right)$ 的二维边际密度函数为

$$g_{ij}\left(x_{(i)}, x_{(j)}\right) = \frac{n!}{(i-1)!\,(j-i-1)!\,(n-j)!} \left[F\left(x_{(i)}\right)\right]^{i-1} \left[F\left(x_{(j)}\right) - F\left(x_{(i)}\right)\right]^{j-i-1}$$

$$\cdot \left[1 - F\left(x_{(j)}\right)\right]^{n-j} f\left(x_{(i)}\right) f\left(x_{(j)}\right) \tag{3}$$

以下以 3 维积分区域 (图 1) 为例, 证明定理 2.

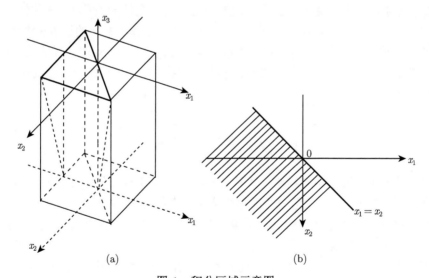

(a)   (b)

图 1　积分区域示意图

根据边际密度函数与多元变量联合密度函数的关系, 我们对多维空间 $D = \left(x_{(1)}, x_{(2)}, \cdots, x_{(i-1)}\right) \cup \left(x_{(i+1)}, x_{(i+2)}, \cdots, x_{(j-1)}\right) \cup \left(x_{(j+1)}, x_{(j+2)}, \cdots, x_{(n)}\right)$ 进行积分, 即可得到 $\left(X_{(i)}, X_{(j)}\right)$ 的联合密度函数 $g_{ij}\left(x_{(i)}, x_{(j)}\right)$. 当 $x_{(i)} < x_{(j)}$ 时, 有

$$g_{ij}\left(x_{(i)}, x_{(j)}\right)$$

$$=n! f\left(x_{(i)}\right) f\left(x_{(j)}\right) \int_{\left(x_{(1)}, x_{(2)}, \cdots, x_{(i-1)}\right)} f\left(x_{(1)}\right) f\left(x_{(2)}\right) \cdots f\left(x_{(i-1)}\right) dx_{(1)} dx_{(2)} \cdots dx_{(i-1)}$$

$$\cdot \int_{\left(x_{(i+1)}, x_{(i+2)}, \cdots, x_{(j-1)}\right)} f\left(x_{(i+1)}\right) f\left(x_{(i+2)}\right) \cdots f\left(x_{(j-1)}\right) dx_{(i+1)} dx_{(i+2)} \cdots dx_{(j-1)}$$

$$\cdot \int_{\left(x_{(j+1)}, x_{(j+2)}, \cdots, x_{(n)}\right)} f\left(x_{(j+1)}\right) f\left(x_{(j+2)}\right) f\left(x_{(n)}\right) dx_{(j+1)} dx_{(j+2)} \cdots dx_{(n)} \tag{4}$$

对于式 (4) 中的积分 $I_1 = \int_{\left(x_{(1)}, x_{(2)}, \cdots, x_{(i-1)}\right)} f\left(x_{(1)}\right) f\left(x_{(2)}\right) \cdots f\left(x_{(i-1)}\right) dx_{(1)} \cdot$

$dx_{(2)} \cdots dx_{(i-1)}$ 来说, $\left(x_{(1)}, x_{(2)}, \cdots, x_{(i-1)}\right)$ 满足条件 $-\infty < x_{(1)} \leqslant x_{(2)} \leqslant \cdots \leqslant$ $x_{(i-2)} \leqslant x_{(i-1)} < x_{(i)}$, 则 $i-1$ 重积分为

$$I_1 = \int_{\left(x_{(1)}, x_{(2)}, \cdots, x_{(i-1)}\right)} f\left(x_{(1)}\right) f\left(x_{(2)}\right) \cdots f\left(x_{(i-1)}\right) dx_{(1)} dx_{(2)} \cdots dx_{(i-1)}$$

$$= \int_{-\infty}^{x_{(i)}} \int_{-\infty}^{x_{(i-1)}} \cdots \int_{-\infty}^{x_{(3)}} \int_{-\infty}^{x_{(2)}} f\left(x_{(1)}\right) f\left(x_{(2)}\right)$$

$$\cdots f\left(x_{(i-1)}\right) dx_{(1)} dx_{(2)} \cdots dx_{(i-2)} dx_{(i-1)}$$

$$= \int_{-\infty}^{x_{(i)}} f\left(x_{(i-1)}\right) dx_{(i-1)} \int_{-\infty}^{x_{(i-1)}} f\left(x_{(i-2)}\right) dx_{(i-2)}$$

$$\cdots \int_{-\infty}^{x_{(3)}} f\left(x_{(2)}\right) dx_{(2)} \int_{-\infty}^{x_{(2)}} f\left(x_{(1)}\right) dx_{(1)}$$

$$= \int_{-\infty}^{x_{(i)}} f\left(x_{(i-1)}\right) dx_{(i-1)} \int_{-\infty}^{x_{(i-1)}} f\left(x_{(i-2)}\right) dx_{(i-2)}$$

$$\cdots \int_{-\infty}^{x_{(3)}} f\left(x_{(2)}\right) dx_{(2)} \left. F\left(x_{(1)}\right) \right|_{-\infty}^{x_{(2)}}$$

$$= \int_{-\infty}^{x_{(i)}} f\left(x_{(i-1)}\right) dx_{(i-1)} \int_{-\infty}^{x_{(i-1)}} f\left(x_{(i-2)}\right) dx_{(i-2)}$$

$$\cdots \int_{-\infty}^{x_{(3)}} \left[F\left(x_{(2)}\right) \right] f\left(x_{(2)}\right) dx_{(2)}$$

$$= \int_{-\infty}^{x_{(i)}} f\left(x_{(i-1)}\right) dx_{(i-1)} \int_{-\infty}^{x_{(i-1)}} f\left(x_{(i-2)}\right) dx_{(i-2)} \cdots \int_{-\infty}^{x_{(3)}} \left[F\left(x_{(2)}\right)\right] dF\left(x_{(2)}\right)$$

$$= \int_{-\infty}^{x_{(i)}} f\left(x_{(i-1)}\right) dx_{(i-1)} \int_{-\infty}^{x_{(i-1)}} f\left(x_{(i-2)}\right) dx_{(i-2)} \cdots \int_{-\infty}^{x_{(4)}} \frac{1}{1 \times 2} \left[F\left(x_{(3)}\right)\right]^2 dF\left(x_{(3)}\right)$$

$$= \int_{-\infty}^{x_{(i)}} f\left(x_{(i-1)}\right) dx_{(i-1)} \int_{-\infty}^{x_{(i-1)}} \frac{1}{1 \times 2 \times \cdots \times (i-3)} \left[F\left(x_{(i-2)}\right)\right]^{i-3} dF\left(x_{(i-2)}\right)$$

$$= \int_{-\infty}^{x_{(i)}} \frac{1}{1 \times 2 \times \cdots \times (i-3)(i-2)} \left[F\left(x_{(i-1)}\right)\right]^{i-2} dF\left(x_{(i-1)}\right)$$

$$= \frac{1}{1 \times 2 \times \cdots \times (i-3)(i-2)(i-1)} \left[F\left(x_{(i)}\right)\right]^{i-1}$$

$$= \frac{1}{(i-1)!} \left[F\left(x_{(i)}\right)\right]^{i-1}$$

对于式 (4) 中的积分

$$I_2 = \int\limits_{\left(x_{(i+1)},x_{(i+2)},\cdots,x_{(j-1)}\right)} f\left(x_{(i+1)}\right) f\left(x_{(i+2)}\right) \cdots f\left(x_{(j-1)}\right) dx_{(i+1)} dx_{(i+2)} \cdots dx_{(j-1)}$$

来说, $\left(x_{(i+1)},x_{(i+2)},\cdots,x_{(j-1)}\right)$ 满足条件 $x_{(i)} < x_{(i+1)} \leqslant x_{(i+2)} \leqslant \cdots \leqslant x_{(j-2)} < x_{(j-1)} < x_{(j)}$, 则 $j-i-1$ 重积分为

$$I_2 = \int\limits_{\left(x_{(i+1)},x_{(i+2)},\cdots,x_{(j-1)}\right)} f\left(x_{(i+1)}\right) f\left(x_{(i+2)}\right)$$

$$\cdots f\left(x_{(j-1)}\right) dx_{(i+1)} dx_{(i+2)} \cdots dx_{(j-1)}$$

$$= \int_{x_{(i)}}^{x_{(j)}} \int_{x_{(i)}}^{x_{(j-1)}} \cdots \int_{x_{(i)}}^{x_{(i+3)}} \int_{x_{(i)}}^{x_{(i+2)}} f\left(x_{(i+1)}\right) f\left(x_{(i+2)}\right)$$

$$\cdots f\left(x_{(j-1)}\right) dx_{(i+1)} dx_{(i+2)} \cdots dx_{(j-2)} dx_{(j-1)}$$

$$= \int_{x_{(i)}}^{x_{(j)}} f\left(x_{(j-1)}\right) dx_{(j-1)} \int_{x_{(i)}}^{x_{(j-1)}} f\left(x_{(j-2)}\right) dx_{(j-2)}$$

$$\cdots \int_{x_{(i)}}^{x_{(i+3)}} f\left(x_{(i+2)}\right) dx_{(i+2)} \int_{x_{(i)}}^{x_{(i+2)}} f\left(x_{(i+1)}\right) dx_{(i+1)}$$

$$= \int_{x_{(i)}}^{x_{(j)}} f\left(x_{(j-1)}\right) dx_{(j-1)} \int_{x_{(i)}}^{x_{(j-1)}} f\left(x_{(j-2)}\right) dx_{(j-2)}$$

$$\cdots \int_{x_{(i)}}^{x_{(i+3)}} \left[F\left(x_{(i+2)}\right) - F\left(x_{(i)}\right) \right] f\left(x_{(i+2)}\right) dx_{(i+2)}$$

$$= \int_{x_{(i)}}^{x_{(j)}} f\left(x_{(j-1)}\right) dx_{(j-1)} \int_{x_{(i)}}^{x_{(j-1)}} f\left(x_{(j-2)}\right) dx_{(j-2)}$$

$$\cdots \int_{x_{(i)}}^{x_{(i+3)}} \left[F\left(x_{(i+2)}\right) - F\left(x_{(i)}\right) \right] dF\left(x_{(i+2)}\right)$$

$$= \int_{x_{(i)}}^{x_{(j)}} f\left(x_{(j-1)}\right) dx_{(j-1)} \int_{x_{(i)}}^{x_{(j-1)}} f\left(x_{(j-2)}\right) dx_{(j-2)}$$

$$\cdots \int_{x_{(i)}}^{x_{(i+4)}} \frac{1}{1 \times 2} \left[F\left(x_{(i+3)}\right) - F\left(x_{(i)}\right) \right]^2 dF\left(x_{(i+3)}\right)$$

$$= \int_{x_{(i)}}^{x_{(j)}} f\left(x_{(j-1)}\right) dx_{(j-1)} \int_{x_{(i)}}^{x_{(j-1)}} \frac{1}{1 \times 2 \times (j-i-3)}$$

$$\cdot \left[F\left(x_{(j-2)}\right) - F\left(x_{(i)}\right) \right]^{j-i-3} dF\left(x_{(j-2)}\right)$$

$$= \int_{x_{(i)}}^{x_{(j)}} \frac{1}{1 \times 2 \times (j-i-3) \times (j-i-2)}$$

$$\cdot \left[F\left(x_{(j-2)}\right) - F\left(x_{(i)}\right) \right]^{j-i-2} dF\left(x_{(j-1)}\right)$$

$$= \frac{1}{1 \times 2 \times (j-i-3) \times (j-i-2) \times (j-i-1)}$$

$$\cdot \left[F\left(x_{(j)}\right) - F\left(x_{(i)}\right) \right]^{j-i-1}$$

$$= \frac{1}{(j-i-1)!} \left[F\left(x_{(j)}\right) - F\left(x_{(i)}\right) \right]^{j-i-1}$$

对于式 (4) 中的积分

$$I_3 = \int\limits_{\left(x_{(j+1)}, x_{(j+2)}, \cdots, x_{(n)}\right)} f\left(x_{(j+1)}\right) f\left(x_{(j+2)}\right) \cdots f\left(x_{(n)}\right) dx_{(j+1)} dx_{(j+2)} \cdots dx_{(n)}$$

来说, $\left(x_{(j+1)}, x_{(j+2)}, \cdots, x_{(n)}\right)$ 满足条件 $x_{(j)} < x_{(j+1)} \leqslant x_{(j+2)} \leqslant \cdots \leqslant x_{(n-1)} < x_{(n)} < \infty$, 则 $n-j$ 重积分为

$$I_3 = \int\limits_{\left(x_{(j+1)}, x_{(j+2)}, \cdots, x_{(n)}\right)} f\left(x_{(j+1)}\right) f\left(x_{(j+2)}\right)$$

$$\cdots f\left(x_{(n)}\right) dx_{(j+1)} dx_{(j+2)} \cdots dx_{(n)}$$

$$
= \int_{x_{(j)}}^{\infty} \int_{x_{(j)}}^{x_{(n)}} \cdots \int_{x_{(j)}}^{x_{(j+3)}} \int_{x_{(j)}}^{x_{(j+2)}} f\left(x_{(j+1)}\right) f\left(x_{(j+2)}\right)
$$

$$
\cdots f\left(x_{(n-1)}\right) f\left(x_{(n)}\right) dx_{(j+1)} dx_{(j+2)} \cdots dx_{(n-1)} dx_{(n)}
$$

$$
= \int_{x_{(j)}}^{\infty} f\left(x_{(n)}\right) dx_{(n)} \int_{x_{(j)}}^{x_{(n)}} f\left(x_{(n-1)}\right) dx_{(n-1)}
$$

$$
\cdots \int_{x_{(j)}}^{x_{(j+3)}} f\left(x_{(j+2)}\right) dx_{(j+2)} \int_{x_{(j)}}^{x_{(j+2)}} f\left(x_{(j+1)}\right) dx_{(j+1)}
$$

$$
= \int_{x_{(j)}}^{\infty} f\left(x_{(n)}\right) dx_{(n)} \int_{x_{(j)}}^{x_{(n)}} f\left(x_{(n-1)}\right) dx_{(n-1)}
$$

$$
\cdots \int_{x_{(j)}}^{x_{(j+3)}} \left[F\left(x_{(j+2)}\right) - F\left(x_{(j)}\right)\right] f\left(x_{(j+2)}\right) dx_{(j+2)}
$$

$$
= \int_{x_{(j)}}^{\infty} f\left(x_{(n)}\right) dx_{(n)} \int_{x_{(j)}}^{x_{(n)}} f\left(x_{(n-1)}\right) dx_{(n-1)}
$$

$$
\cdots \int_{x_{(j)}}^{x_{(j+3)}} \left[F\left(x_{(j+2)}\right) - F\left(x_{(j)}\right)\right] dF\left(x_{(j+2)}\right)
$$

$$
= \int_{x_{(j)}}^{\infty} f\left(x_{(n)}\right) dx_{(n)} \int_{x_{(j)}}^{x_{(n)}} f\left(x_{(n-1)}\right) dx_{(n-1)}
$$

$$
\cdots \int_{x_{(j)}}^{x_{(j+4)}} \frac{1}{1 \times 2} \left[F\left(x_{(j+3)}\right) - F\left(x_{(j)}\right)\right]^2 dF\left(x_{(j+3)}\right)
$$

$$
= \int_{x_{(j)}}^{\infty} f\left(x_{(n)}\right) dx_{(n)} \int_{x_{(j)}}^{x_{(n)}} \frac{1}{1 \times 2 \times 3 \times \cdots \times (n-j-2)}
$$

$$
\cdot \left[F\left(x_{(n-1)}\right) - F\left(x_{(j)}\right)\right]^{n-j-2} dF\left(x_{(n-1)}\right)
$$

$$
= \int_{x_{(j)}}^{\infty} \frac{1}{1 \times 2 \times 3 \times \cdots \times (n-j-2) \times (n-j-1)}
$$

$$
\cdot \left[F\left(x_{(n)}\right) - F\left(x_{(j)}\right)\right]^{n-j-1} dF\left(x_{(n)}\right)
$$

$$
= \frac{1}{1 \times 2 \times 3 \times \cdots \times (n-j-2) \times (n-j-1) \times (n-j)}
$$

$$
\cdot \left[1 - F\left(x_{(j)}\right)\right]^{n-j}
$$

$$
= \frac{1}{(n-j)!} \left[1 - F\left(x_{(j)}\right)\right]^{n-j}
$$

则

$$
\begin{aligned}
g_{ij}\left(x_{(i)}, x_{(j)}\right) =& n! f\left(x_{(i)}\right) f\left(x_{(j)}\right) \int\limits_{\left(x_{(1)}, x_{(2)}, \cdots, x_{(i-1)}\right)} f\left(x_{(1)}\right) f\left(x_{(2)}\right)
\end{aligned}
$$

$$
\cdots f\left(x_{(i-1)}\right) dx_{(1)} dx_{(2)} \cdots dx_{(i-1)}
$$

$$
\cdot \int\limits_{\left(x_{(i+1)}, x_{(i+2)}, \cdots, x_{(j-1)}\right)} f\left(x_{(i+1)}\right) f\left(x_{(i+2)}\right)
$$

$$
\cdots f\left(x_{(j-1)}\right) dx_{(i+1)} dx_{(i+2)} \cdots dx_{(j-1)}
$$

$$
\cdot \int\limits_{\left(x_{(j+1)}, x_{(j+2)}, \cdots, x_{(n)}\right)} f\left(x_{(j+1)}\right) f\left(x_{(j+2)}\right)
$$

$$
\cdots f\left(x_{(n)}\right) dx_{(j+1)} dx_{(j+2)} \cdots dx_{(n)}
$$

$$
= n! f\left(x_{(i)}\right) f\left(x_{(j)}\right) \frac{1}{(i-1)!} \left[F\left(x_{(i)}\right)\right]^{i-1} \frac{1}{(j-i-1)!}
$$

$$
\cdot \left[F\left(x_{(j)}\right) - F\left(x_{(i)}\right)\right]^{j-i-1} \frac{1}{(n-j)!} \left[1 - F\left(x_{(j)}\right)\right]^{n-j}
$$

$$
= \frac{n!}{(i-1)! \cdot (j-i-1)! \cdot (n-j)!} \left[F\left(x_{(i)}\right)\right]^{i-1}
$$

$$
\cdot \left[F\left(x_{(j)}\right) - F\left(x_{(i)}\right)\right]^{j-i-1}
$$

$$
\cdot \left[1 - F\left(x_{(j)}\right)\right]^{n-j} f\left(x_{(i)}\right) f\left(x_{(j)}\right) \tag{5}
$$

定理 3 设 $X_{(1)}, X_{(2)}, \cdots, X_{(n)}$ 是连续分布总体 $F(x)$、密度函数为 $f(x)$ 的样本次序统计量, 则 $X_{(i)}, 1 \leqslant i \leqslant n$ 的一维边际密度函数为

$$
g_i\left(x_{(i)}\right) = \frac{n!}{(i-1)! \cdot (n-i)!} \left[F\left(x_{(i)}\right)\right]^{i-1}
$$

$$
\cdot \left[1 - F\left(x_{(i)}\right)\right]^{n-i} f\left(x_{(i)}\right), \quad -\infty < x_{(i)} < \infty \tag{6}
$$

同样, 根据边际密度函数与多元变量联合密度函数的关系, 对 $D = \left(x_{(1)}, x_{(2)}, \cdots, x_{(i-2)}, x_{(i-1)}\right) \cup \left(x_{(i+1)}, x_{(i+2)}, \cdots, x_{(n-1)}, x_{(n)}\right)$ 进行积分, 即可得到 $X_{(i)}$ 的一维边际密度函数 $g_i\left(x_{(i)}\right)$, 有

$$
g_i\left(x_{(i)}\right) = \int\limits_{D} g\left(x_{(1)}, x_{(2)}, \cdots, x_{(n)}\right) dx_{(1)} dx_{(2)}
$$

$$\cdots dx_{(i-2)} dx_{(i-1)} dx_{(i+1)} dx_{(i+2)} \cdots dx_{(n-1)} dx_{(n)}$$

$$= n! f\left(x_{(i)}\right) \int_D f\left(x_{(1)}\right) f\left(x_{(2)}\right) \cdots f\left(x_{(i-1)}\right) dx_{(1)} dx_{(2)} \cdots dx_{(i-1)}$$

$$= n! f\left(x_{(i)}\right) \int_{\left(x_{(1)}, x_{(2)}, \cdots, x_{(i-2)}, x_{(i-1)}\right)} f\left(x_{(1)}\right) f\left(x_{(2)}\right)$$

$$\cdots f\left(x_{(i-2)}\right) f\left(x_{(i-1)}\right) dx_{(1)} dx_{(2)} \cdots dx_{(i-2)} dx_{(i-1)}$$

$$\cdot \int_{\left(x_{(i+1)}, x_{(i+2)}, \cdots, x_{(n-1)}, x_{(n)}\right)} f\left(x_{(i+1)}\right) f\left(x_{(i+2)}\right)$$

$$\cdots f\left(x_{(n-1)}\right) f\left(x_{(n)}\right) dx_{(i+1)} dx_{(i+2)} \cdots dx_{(n-1)} dx_{(n)}$$

对于积分

$$I_1 = \int_{\left(x_{(1)}, x_{(2)}, \cdots, x_{(i-2)}, x_{(i-1)}\right)} f\left(x_{(1)}\right) f\left(x_{(2)}\right)$$

$$\cdots f\left(x_{(i-2)}\right) f\left(x_{(i-1)}\right) dx_{(1)} dx_{(2)} \cdots dx_{(i-2)} dx_{(i-1)}$$

来说，$\left(x_{(1)}, x_{(2)}, \cdots, x_{(i-2)}, x_{(i-1)}\right)$ 满足条件 $-\infty < x_{(1)} \leqslant x_{(2)} \leqslant \cdots \leqslant x_{(i-2)} \leqslant x_{(i-1)} < x_{(i)}$，则 $i-1$ 重积分为

$$I_1 = \int_{\left(x_{(1)}, x_{(2)}, \cdots, x_{(i-1)}\right)} f\left(x_{(1)}\right) f\left(x_{(2)}\right)$$

$$\cdots f\left(x_{(i-1)}\right) dx_{(1)} dx_{(2)} \cdots dx_{(i-1)}$$

$$= \int_{-\infty}^{x_{(i)}} \int_{-\infty}^{x_{(i-1)}} \cdots \int_{-\infty}^{x_{(3)}} \int_{-\infty}^{x_{(2)}} f\left(x_{(1)}\right) f\left(x_{(2)}\right)$$

$$\cdots f\left(x_{(i-1)}\right) dx_{(1)} dx_{(2)} \cdots dx_{(i-1)}$$

$$= \int_{-\infty}^{x_{(i)}} f\left(x_{(i-1)}\right) dx_{(i-1)} \int_{-\infty}^{x_{(i-1)}} f\left(x_{(i-2)}\right) dx_{(i-2)}$$

$$\cdots \int_{-\infty}^{x_{(3)}} f\left(x_{(2)}\right) dx_{(2)} \int_{-\infty}^{x_{(2)}} f\left(x_{(1)}\right) dx_{(1)}$$

$$= \int_{-\infty}^{x_{(i)}} f\left(x_{(i-1)}\right) dx_{(i-1)} \int_{-\infty}^{x_{(i-1)}} f\left(x_{(i-2)}\right) dx_{(i-2)}$$

$$\cdots \int_{-\infty}^{x_{(3)}} f\left(x_{(2)}\right) dx_{(2)} \left. F\left(x_{(1)}\right) \right|_{-\infty}^{x_{(2)}}$$

$$= \int_{-\infty}^{x_{(i)}} f\left(x_{(i-1)}\right) dx_{(i-1)} \int_{-\infty}^{x_{(i-1)}} f\left(x_{(i-2)}\right) dx_{(i-2)}$$

$$\cdots \int_{-\infty}^{x_{(3)}} \left[F\left(x_{(2)}\right)\right] f\left(x_{(2)}\right) dx_{(2)}$$

$$= \int_{-\infty}^{x_{(i)}} f\left(x_{(i-1)}\right) dx_{(i-1)} \int_{-\infty}^{x_{(i-1)}} f\left(x_{(i-2)}\right) dx_{(i-2)}$$

$$\cdots \int_{-\infty}^{x_{(3)}} \left[F\left(x_{(2)}\right)\right] dF\left(x_{(2)}\right)$$

$$= \int_{-\infty}^{x_{(i)}} f\left(x_{(i-1)}\right) dx_{(i-1)} \int_{-\infty}^{x_{(i-1)}} f\left(x_{(i-2)}\right) dx_{(i-2)}$$

$$\cdots \int_{-\infty}^{x_{(4)}} \frac{1}{1 \times 2} \left[F\left(x_{(3)}\right)\right]^2 dF\left(x_{(3)}\right)$$

$$= \int_{-\infty}^{x_{(i)}} f\left(x_{(i-1)}\right) dx_{(i-1)} \int_{-\infty}^{x_{(i-1)}} \frac{1}{1 \times 2 \times \cdots \times (i-3)}$$

$$\cdot \left[F\left(x_{(i-2)}\right)\right]^{i-3} dF\left(x_{(i-2)}\right)$$

$$= \int_{-\infty}^{x_{(i)}} \frac{1}{1 \times 2 \times \cdots \times (i-3)(i-2)} \left[F\left(x_{(i-1)}\right)\right]^{i-2} dF\left(x_{(i-1)}\right)$$

$$= \frac{1}{1 \times 2 \times \cdots \times (i-3)(i-2)(i-1)} \left[F\left(x_{(i)}\right)\right]^{i-1}$$

$$= \frac{1}{(i-1)!} \left[F\left(x_{(i)}\right)\right]^{i-1}$$

对于积分

$$I_2 = \int_{\left(x_{(i+1)}, x_{(i+2)}, \cdots, x_{(n-1)}, x_{(n)}\right)} f\left(x_{(i+1)}\right) f\left(x_{(i+2)}\right)$$
$$\cdots f\left(x_{(n-1)}\right) f\left(x_{(n)}\right) dx_{(i+1)} dx_{(i+2)} \cdots dx_{(n-1)} dx_{(n)}$$

来说, $\left(x_{(i+1)}, x_{(i+2)}, \cdots, x_{(n-1)}, x_{(n)}\right)$ 满足条件 $x_{(i)} < x_{(i+1)} \leqslant x_{(i+2)} \leqslant \cdots \leqslant x_{(n-1)} < x_{(n)} < \infty$, 则 $n-i$ 重积分为

$$I_2 = \int_{\left(x_{(i+1)}, x_{(i+2)}, \cdots, x_{(n-1)}, x_{(n)}\right)} f\left(x_{(i+1)}\right) f\left(x_{(i+2)}\right)$$
$$\cdots f\left(x_{(n-1)}\right) f\left(x_{(n)}\right) dx_{(i+1)} dx_{(i+2)} \cdots dx_{(n-1)} dx_{(n)}$$

$$= \int_{x_{(i)}}^{\infty} \int_{x_{(i)}}^{x_{(n)}} \cdots \int_{x_{(i)}}^{x_{(i+3)}} \int_{x_{(i)}}^{x_{(i+2)}} f\left(x_{(i+1)}\right) f\left(x_{(i+2)}\right)$$

$$\cdots f\left(x_{(n-1)}\right) f\left(x_{(n)}\right) dx_{(i+1)} dx_{(i+2)} \cdots dx_{(n-1)} dx_{(n)}$$

$$= \int_{x_{(i)}}^{\infty} f\left(x_{(n)}\right) dx_{(n)} \int_{x_{(i)}}^{x_{(n)}} f\left(x_{(n-1)}\right) dx_{(n-1)}$$

$$\cdots \int_{x_{(i)}}^{x_{(i+3)}} f\left(x_{(i+2)}\right) dx_{(i+2)} \int_{x_{(i)}}^{x_{(i+2)}} f\left(x_{(i+1)}\right) dx_{(i+1)}$$

$$= \int_{x_{(i)}}^{\infty} f\left(x_{(n)}\right) dx_{(n)} \int_{x_{(i)}}^{x_{(n)}} f\left(x_{(n-1)}\right) dx_{(n-1)}$$

$$\cdots \int_{x_{(i)}}^{x_{(i+3)}} \left[F\left(x_{(i+2)}\right) - F\left(x_{(i)}\right)\right] f\left(x_{(i+2)}\right) dx_{(i+2)}$$

$$= \int_{x_{(i)}}^{\infty} f\left(x_{(n)}\right) dx_{(n)} \int_{x_{(i)}}^{x_{(n)}} f\left(x_{(n-1)}\right) dx_{(n-1)}$$

$$\cdots \int_{x_{(i)}}^{x_{(i+3)}} \left[F\left(x_{(i+2)}\right) - F\left(x_{(i)}\right)\right] dF\left(x_{(i+2)}\right)$$

$$= \int_{x_{(i)}}^{\infty} f\left(x_{(n)}\right) dx_{(n)} \int_{x_{(i)}}^{x_{(n)}} f\left(x_{(n-1)}\right) dx_{(n-1)}$$

$$\cdots \int_{x_{(i)}}^{x_{(i+4)}} \frac{1}{1 \times 2} \left[F\left(x_{(i+3)}\right) - F\left(x_{(i)}\right)\right]^2 f\left(x_{(i+3)}\right) dx_{(i+3)}$$

$$= \int_{x_{(i)}}^{\infty} f\left(x_{(n)}\right) dx_{(n)} \int_{x_{(i)}}^{x_{(n)}} f\left(x_{(n-1)}\right) dx_{(n-1)}$$

$$\cdots \int_{x_{(i)}}^{x_{(i+4)}} \frac{1}{1 \times 2} \left[F\left(x_{(i+3)}\right) - F\left(x_{(i)}\right)\right]^2 dF\left(x_{(i+3)}\right)$$

$$= \int_{x_{(i)}}^{\infty} f\left(x_{(n)}\right) dx_{(n)} \int_{x_{(i)}}^{x_{(n)}} f\left(x_{(n-1)}\right) dx_{(n-1)}$$

$$\cdots \int_{x_{(i)}}^{x_{(i+5)}} \frac{1}{1 \times 2 \times 3} \left[F\left(x_{(i+4)}\right) - F\left(x_{(i)}\right)\right]^2 dF\left(x_{(i+4)}\right)$$

$$= \int_{x_{(i)}}^{\infty} f\left(x_{(n)}\right) dx_{(n)} \int_{x_{(i)}}^{x_{(n)}} \frac{1}{1 \times 2 \times 3 \times \cdots \times (n-i-2)}$$

$$\cdot \left[F\left(x_{(n-1)}\right) - F\left(x_{(i)}\right)\right]^{n-i-2} f\left(x_{(n-1)}\right) dx_{(n-1)}$$

$$= \int_{x_{(i)}}^{\infty} f\left(x_{(n)}\right) dx_{(n)} \int_{x_{(i)}}^{x_{(n)}} \frac{1}{1 \times 2 \times 3 \times \cdots \times (n-i-2)}$$

$$\cdot \left[F\left(x_{(n-1)}\right) - F\left(x_{(i)}\right)\right]^{n-i-2} dF\left(x_{(n-1)}\right)$$

$$= \int_{x_{(i)}}^{\infty} \frac{1}{1 \times 2 \times 3 \times \cdots \times (n-i-2) \times (n-i-1)}$$

$$\cdot \left[F\left(x_{(n)}\right) - F\left(x_{(i)}\right)\right]^{n-i-1} f\left(x_{(n)}\right) dx_{(n)}$$

$$= \int_{x_{(i)}}^{\infty} \frac{1}{1 \times 2 \times 3 \times \cdots \times (n-i-2) \times (n-i-1)}$$

$$\cdot \left[F\left(x_{(n)}\right) - F\left(x_{(i)}\right)\right]^{n-i-1} dF\left(x_{(n)}\right)$$

$$= \frac{1}{1 \times 2 \times 3 \times \cdots \times (n-i-2) \times (n-i-1) \times (n-i)}$$

$$\cdot \left[F\left(x_{(n)}\right) - F\left(x_{(i)}\right)\right]^{n-i} \Big|_{x_{(i)}}^{\infty}$$

$$= \frac{1}{1 \times 2 \times 3 \times \cdots \times (n-i-2) \times (n-i-1) \times (n-i)} \left[1 - F\left(x_{(i)}\right)\right]^{n-i}$$

$$= \frac{1}{(n-i)!} \left[1 - F\left(x_{(i)}\right)\right]^{n-i}$$

则

$$g_i\left(x_{(i)}\right) = n! f\left(x_{(i)}\right) \int_D f\left(x_{(1)}\right) f\left(x_{(2)}\right) \cdots f\left(x_{(i-1)}\right) dx_{(1)} dx_{(2)} \cdots dx_{(i-1)}$$

$$= n! f\left(x_{(i)}\right) \int_{\left(x_{(1)}, x_{(2)}, \cdots, x_{(i-2)}, x_{(i-1)}\right)} f\left(x_{(1)}\right) f\left(x_{(2)}\right)$$

$$\cdots f\left(x_{(i-2)}\right) f\left(x_{(i-1)}\right) dx_{(1)} dx_{(2)} \cdots dx_{(i-2)} dx_{(i-1)}$$

$$\cdot \int_{\left(x_{(i+1)}, x_{(i+2)}, \cdots, x_{(n-1)}, x_{(n)}\right)} f\left(x_{(i+1)}\right) f\left(x_{(i+2)}\right)$$

$$\cdots f\left(x_{(n-1)}\right) f\left(x_{(n)}\right) dx_{(i+1)} dx_{(i+2)} \cdots dx_{(n-1)} dx_{(n)}$$

$$=n!f\left(x_{(i)}\right)\frac{1}{(i-1)!}\left[F\left(x_{(i)}\right)\right]^{i-1}\frac{1}{(n-i)!}\left[1-F\left(x_{(i)}\right)\right]^{n-i}$$

$$=\frac{n!}{(i-1)!\cdot(n-i)!}\left[F\left(x_{(i)}\right)\right]^{i-1}\left[1-F\left(x_{(i)}\right)\right]^{n-i}f\left(x_{(i)}\right) \tag{7}$$

1.1.2　由事件 $\left\{X_{(i)}\leqslant x\right\}$ 等价事件概率推导 $X_{(i)}$ 的密度函数

由于 $X_{(i)}$ 为次序统计量, 所以, 事件 $\left\{X_{(i)}\leqslant x\right\}$ 等价于下列事件:

$(x_1,x_2,\cdots,x_n)$ 中有 i 个小于等于 x: $X_{(1)}\leqslant X_{(2)}\leqslant\cdots\leqslant X_{(i)}\leqslant x\leqslant X_{(i+1)}\leqslant\cdots$ $\leqslant X_{(n-1)}\leqslant X_{(n)}$;

$(x_1,x_2,\cdots,x_n)$ 中有 $i+1$ 个小于等于 x: $X_{(1)}\leqslant X_{(2)}\leqslant\cdots\leqslant X_{(i)}\leqslant X_{(i+1)}\leqslant$ $x\leqslant\cdots\leqslant X_{(n-1)}\leqslant X_{(n)}$;

$(x_1,x_2,\cdots,x_n)$ 中有 $i+2$ 个小于等于 x: $X_{(1)}\leqslant X_{(2)}\leqslant\cdots\leqslant X_{(i)}\leqslant X_{(i+1)}\leqslant$ $X_{(i+2)}\leqslant x\leqslant\cdots\leqslant X_{(n-1)}\leqslant X_{(n)}$;

$$\vdots$$

$(x_1,x_2,\cdots,x_n)$ 中有 $n-1$ 个小于等于 x: $X_{(1)}\leqslant X_{(2)}\leqslant\cdots\leqslant X_{(i)}\leqslant X_{(i+1)}\leqslant$ $X_{(i+2)}\leqslant\cdots\leqslant X_{(n-1)}\leqslant x\leqslant X_{(n)}$;

$(x_1,x_2,\cdots,x_n)$ 中有 n 个小于等于 x: $X_{(1)}\leqslant X_{(2)}\leqslant\cdots\leqslant X_{(i)}\leqslant X_{(i+1)}\leqslant$ $X_{(i+2)}\leqslant\cdots\leqslant X_{(n-1)}\leqslant X_{(n)}\leqslant x$,

则

$$G_i\left(x\right)=P\left\{X_{(i)}\leqslant x\right\}=P\left\{x_1,x_2,\cdots,x_n\text{中至少有}i\text{个}\leqslant x\right\}$$

而

$$P\left\{x_1,x_2,\cdots,x_n\text{中恰有}k\text{个}\leqslant x\right\}=\left(\begin{array}{c}n\\k\end{array}\right)\left[F\left(x\right)\right]^k\cdot\left[1-F\left(x\right)\right]^{n-k}$$

则

$$G_i\left(x\right)=P\left\{X_{(i)}\leqslant x\right\}=P\left\{x_1,x_2,\cdots,x_n\text{中至少有}i\text{个}\leqslant x\right\}$$

$$=\sum_{k=i}^{n}\left(\begin{array}{c}n\\k\end{array}\right)\left[F\left(x\right)\right]^k\cdot\left[1-F\left(x\right)\right]^{n-k}$$

根据密度函数定义, 有

$$g_i\left(x\right)=\frac{dG_i\left(x\right)}{dx}=\frac{d}{dx}\left\{\sum_{k=i}^{n-1}\left(\begin{array}{c}n\\k\end{array}\right)\left[F\left(x\right)\right]^k\cdot\left[1-F\left(x\right)\right]^{n-k}+\left[F\left(x\right)\right]^n\right\}$$

$$= \sum_{k=i}^{n-1} \binom{n}{k} k \left[F(x)\right]^{k-1} \cdot \left[1 - F(x)\right]^{n-k} f(x)$$

$$- \sum_{k=i}^{n-1} \binom{n}{k} (n-k) \left[F(x)\right]^{k} \cdot \left[1 - F(x)\right]^{n-k-1} f(x) + n \left[F(x)\right]^{n-1} f(x)$$

$$= \binom{n}{i} i \left[F(x)\right]^{i-1} \cdot \left[1 - F(x)\right]^{n-i} f(x)$$

$$+ \sum_{k=i+1}^{n-1} \binom{n}{k} k \left[F(x)\right]^{k-1} \cdot \left[1 - F(x)\right]^{n-k} f(x)$$

$$- \sum_{k=i}^{n-1} \binom{n}{k} (n-k) \left[F(x)\right]^{k} \cdot \left[1 - F(x)\right]^{n-k-1} f(x) + n \left[F(x)\right]^{n-1} f(x)$$

$$= \binom{n}{i} i \left[F(x)\right]^{i-1} \cdot \left[1 - F(x)\right]^{n-i} f(x)$$

$$+ \left\{ \sum_{k=i+1}^{n-1} \binom{n}{k} k \left[F(x)\right]^{k-1} \cdot \left[1 - F(x)\right]^{n-k} f(x) + n \left[F(x)\right]^{n-1} f(x) \right\}$$

$$- \sum_{k=i}^{n-1} \binom{n}{k} (n-k) \left[F(x)\right]^{k} \cdot \left[1 - F(x)\right]^{n-k-1} f(x)$$

$$= \binom{n}{i} i \left[F(x)\right]^{i-1} \cdot \left[1 - F(x)\right]^{n-i} f(x)$$

$$+ \sum_{k=i+1}^{n} \binom{n}{k} k \left[F(x)\right]^{k-1} \cdot \left[1 - F(x)\right]^{n-k} f(x)$$

$$- \sum_{k=i}^{n-1} \binom{n}{k} (n-k) \left[F(x)\right]^{k} \cdot \left[1 - F(x)\right]^{n-k-1} f(x)$$

对于 $\sum_{k=i+1}^{n} \binom{n}{i} i \left[F(x)\right]^{i-1} \cdot \left[1 - F(x)\right]^{n-i} f(x)$, 令 $s = k - 1$, 当 $k = i + 1$ 时, $s = i$, 当 $k = n$ 时, $s = n - 1$, $k = s + 1$. 则

$$\sum_{k=i+1}^{n} \binom{n}{k} k \left[F(x)\right]^{k-1} \cdot \left[1 - F(x)\right]^{n-k} f(x)$$

$$= \sum_{s=i}^{n-1} \binom{n}{s+1} (s+1) \left[F\left(x\right)\right]^{s} \cdot \left[1-F\left(x\right)\right]^{n-s-1} f\left(x\right)$$

$$= \sum_{k=i}^{n-1} \binom{n}{k+1} (k+1) \left[F\left(x\right)\right]^{k} \cdot \left[1-F\left(x\right)\right]^{n-k-1} f\left(x\right)$$

$$g_i\left(x\right) = \binom{n}{i} i \left[F\left(x\right)\right]^{i-1} \cdot \left[1-F\left(x\right)\right]^{n-i} f\left(x\right)$$

$$+ \sum_{k=i}^{n-1} \binom{n}{k+1} (k+1) \left[F\left(x\right)\right]^{k} \cdot \left[1-F\left(x\right)\right]^{n-k-1} f\left(x\right)$$

$$- \sum_{k=i}^{n-1} \binom{n}{k} (n-k) \left[F\left(x\right)\right]^{k} \cdot \left[1-F\left(x\right)\right]^{n-k-1} f\left(x\right)$$

又

$$\binom{n}{k+1} (k+1) = \frac{n!}{(k+1)!\,(n-k-1)!} (k+1) = \frac{n!}{k!\,(n-k-1)!}$$

$$\binom{n}{k} (n-k) = \frac{n!}{k!\,(n-k)!} (n-k) = \frac{n!}{k!\,(n-k-1)!}$$

则

$$g_i\left(x\right) = \binom{n}{i} i \left[F\left(x\right)\right]^{i-1} \cdot \left[1-F\left(x\right)\right]^{n-i} f\left(x\right)$$

$$+ \sum_{k=i}^{n-1} \frac{n!}{k!\,(n-k-1)!} \left[F\left(x\right)\right]^{k} \cdot \left[1-F\left(x\right)\right]^{n-k-1} f\left(x\right)$$

$$- \sum_{k=i}^{n-1} \frac{n!}{k!\,(n-k-1)!} \left[F\left(x\right)\right]^{k} \cdot \left[1-F\left(x\right)\right]^{n-k-1} f\left(x\right)$$

即

$$g_i\left(x\right) = \binom{n}{i} i \left[F\left(x\right)\right]^{i-1} \cdot \left[1-F\left(x\right)\right]^{n-i} f\left(x\right)$$

$$= \frac{n!}{(i-1)!\,(n-i)!} \left[F\left(x\right)\right]^{i-1} \cdot \left[1-F\left(x\right)\right]^{n-i} f\left(x\right) \tag{8}$$

也可根据恒等式 $\sum\limits_{i=r}^{n} \binom{n}{i} p^{i} \cdot (1-p)^{n-i} = \dfrac{n!}{(r-1)!\,(n-r)!} \displaystyle\int_{0}^{p} t^{r-1} \cdot (1-t)^{n-r}\, dt.$
推导如下.

当 $p = 0$ 时, 显然两边相等. 两边对 p 求一阶导数, 有

$$\frac{d}{dp}\left\{\sum_{i=r}^{n}\binom{n}{i}p^i\cdot(1-p)^{n-i}\right\}$$

$$=\frac{d}{dp}\left\{\sum_{i=r}^{n-1}\binom{n}{i}p^i\cdot(1-p)^{n-i}+p^n\right\}$$

$$=\sum_{i=r}^{n-1}\binom{n}{i}i\cdot p^{i-1}\cdot(1-p)^{n-i}$$

$$\quad-\sum_{i=r}^{n-1}(n-i)\binom{n}{i}p^i\cdot(1-p)^{n-i-1}+np^{n-1}$$

$$=\binom{n}{r}r\cdot p^{r-1}\cdot(1-p)^{n-r}+\sum_{i=r+1}^{n-1}\binom{n}{i}i\cdot p^{i-1}\cdot(1-p)^{n-i}$$

$$\quad-\sum_{i=r}^{n-1}(n-i)\binom{n}{i}p^i\cdot(1-p)^{n-i-1}+np^{n-1}$$

$$=\frac{n!}{(r-1)!\,(n-r)!}\cdot p^{r-1}\cdot(1-p)^{n-r}+\sum_{i=r+1}^{n-1}\binom{n}{i}i\cdot p^{i-1}\cdot(1-p)^{n-i}$$

$$\quad-\sum_{i=r}^{n-1}(n-i)\binom{n}{i}p^i\cdot(1-p)^{n-i-1}+np^{n-1}$$

$$=\frac{n!}{(r-1)!\,(n-r)!}\cdot p^{r-1}\cdot(1-p)^{n-r}$$

$$\quad+\left\{\sum_{i=r+1}^{n-1}\binom{n}{i}i\cdot p^{i-1}\cdot(1-p)^{n-i}+np^{n-1}\right\}$$

$$\quad-\sum_{i=r}^{n-1}(n-i)\binom{n}{i}p^i\cdot(1-p)^{n-i-1}$$

$$=\frac{n!}{(r-1)!\,(n-r)!}\cdot p^{r-1}\cdot(1-p)^{n-r}+\sum_{i=r+1}^{n}\binom{n}{i}i\cdot p^{i-1}\cdot(1-p)^{n-i}$$

$$\quad-\sum_{i=r}^{n-1}(n-i)\binom{n}{i}p^i\cdot(1-p)^{n-i-1}$$

$$= \frac{n!}{(r-1)!\,(n-r)!} \cdot p^{r-1} \cdot (1-p)^{n-r}$$

$$+ \sum_{s=r}^{n-1} \binom{n}{s+1} (s+1) \cdot p^s \cdot (1-p)^{n-s-1}$$

$$- \sum_{i=r}^{n-1} (n-i) \binom{n}{i} p^i \cdot (1-p)^{n-i-1}$$

$$= \frac{n!}{(r-1)!\,(n-r)!} \cdot p^{r-1} \cdot (1-p)^{n-r}$$

$$+ \sum_{s=r}^{n-1} \frac{n!}{(s+1)!\,(n-s-1)!} (s+1) \cdot p^s \cdot (1-p)^{n-s-1}$$

$$- \sum_{i=r}^{n-1} \frac{n!}{i!\,(n-i)!} (n-i) \, p^i \cdot (1-p)^{n-i-1}$$

$$= \frac{n!}{(r-1)!\,(n-r)!} \cdot p^{r-1} \cdot (1-p)^{n-r}$$

$$+ \sum_{s=r}^{n-1} \frac{n!}{s!\,(n-s-1)!} \cdot p^s \cdot (1-p)^{n-s-1}$$

$$- \sum_{i=r}^{n-1} \frac{n!}{i!\,(n-i-1)!} p^i \cdot (1-p)^{n-i-1}$$

$$= \frac{n!}{(r-1)!\,(n-r)!} \cdot p^{r-1} \cdot (1-p)^{n-r}$$

$$+ \sum_{i=r}^{n-1} \frac{n!}{i!\,(n-i-1)!} \cdot p^i \cdot (1-p)^{n-i-1}$$

$$- \sum_{i=r}^{n-1} \frac{n!}{i!\,(n-i-1)!} p^i \cdot (1-p)^{n-i-1}$$

$$= \frac{n!}{(r-1)!\,(n-r)!} \cdot p^{r-1} \cdot (1-p)^{n-r}$$

$$= \frac{1}{\dfrac{(r-1)!\,(n-r)!}{n!}} \cdot p^{r-1} \cdot (1-p)^{n-r}$$

$$= \frac{1}{\dfrac{\Gamma(r)\,\Gamma(n-r+1)}{\Gamma(n+1)}} \cdot p^{r-1} \cdot (1-p)^{n-r}$$

$$= \frac{1}{\mathrm{B}(r,n-r+1)} \cdot p^{r-1} \cdot (1-p)^{n-r}$$

又

$$\frac{d}{dp}\left\{ \frac{n!}{(r-1)!\,(n-r)!} \int_0^p t^{r-1} \cdot (1-t)^{n-r}\, dt \right\}$$

$$= \frac{n!}{(r-1)!\,(n-r)!} p^{r-1} \cdot (1-p)^{n-r} = \frac{1}{\mathrm{B}(r,n-r+1)} \cdot p^{r-1} \cdot (1-p)^{n-r}$$

显然, 两边一阶导数相等. 对右边进行积分, 有

$$\int_0^p \frac{1}{\mathrm{B}(r,n-r+1)} \cdot p^{r-1} \cdot (1-p)^{n-r}\, dp = \frac{1}{\mathrm{B}(r,n-r+1)} \int_0^p p^{r-1} \cdot (1-p)^{n-r}\, dp$$

则有

$$\sum_{i=r}^{n} \binom{n}{i} p^i \cdot (1-p)^{n-i} = \frac{1}{\mathrm{B}(r,n-r+1)} \int_0^p p^{r-1} \cdot (1-p)^{n-r}\, dp$$

$$= \frac{n!}{(r-1)!\,(n-r)!} \int_0^p t^{r-1} \cdot (1-t)^{n-r}\, dt \tag{9}$$

则

$$G_i(x) = P\left\{ X_{(i)} \leqslant x \right\} = P\left\{ x_1, x_2, \cdots, x_n \text{中至少有} i \text{个} \leqslant x \right\}$$

$$= \sum_{k=i}^{n} \binom{n}{k} [F(x)]^k \cdot [1-F(x)]^{n-k}$$

$$= \frac{n!}{(i-1)!\,(n-i)!} \int_0^{F(x)} t^{i-1} \cdot (1-t)^{n-i}\, dt \tag{10}$$

1.1.3 由分析方法推导 $X_{(i)}$ 的密度函数

首先分析事件 $\{x \leqslant X_{(i)} \leqslant x+dx\}$. 如图 2 所示, 事件 $\{x \leqslant X_{(i)} \leqslant x+dx\}$ 等价于下列事件: {在 $(X_1, X_2, \cdots, X_n)$ 中有一个 $X_i \in [x, x+dx]$, 同时, 在其余 $n-1$ 个中, 有 $i-1$ 个小于等于 x, $n-i$ 个大于 $x+dx$. 上述事件中, 由于并未指明在 $(X_1, X_2, \cdots, X_n)$ 中是哪一个 $X_i \in [x, x+dx]$, 在其余的 $n-1$ 个中, 是哪 $n-i$ 个大于 $x+dx$. 因此, 由组合分析, 上述复合事件乃是 $\mathrm{C}_n^1 \mathrm{C}_{n-1}^{n-i} =$

$n\dfrac{(n-1)!}{(i-1)!\,[n-1-(i-1)]!}=\dfrac{n!}{(n-i)!\,(i-1)!}$个基本事件之和, 其中每一个基本事件出现的概率均为

$$[f(x)\,dx]\cdot[F(x)]^{i-1}\cdot[1-F(x+dx)]^{n-i} \tag{11}$$

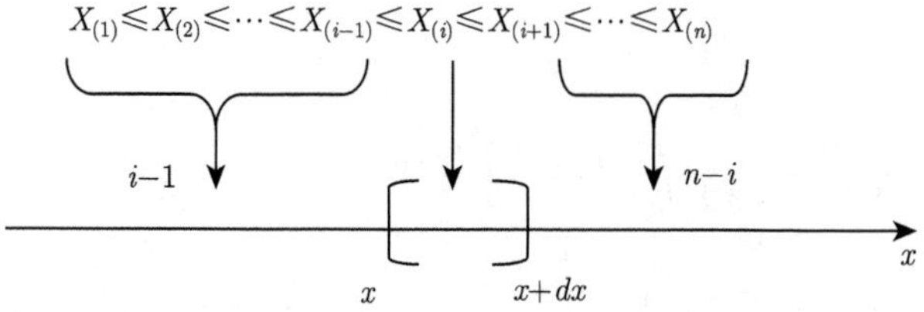
$X_{(1)}\leqslant X_{(2)}\leqslant\cdots\leqslant X_{(i-1)}\leqslant X_{(i)}\leqslant X_{(i+1)}\leqslant\cdots\leqslant X_{(n)}$
$i-1$
$n-i$
x
x
$x+dx$

图 2　事件 $\{x\leqslant X_{(i)}\leqslant x+dx\}$ 的示意图

根据概率加法定理, 有

$$\begin{aligned}P\left\{x\leqslant X_{(i)}\leqslant x+dx\right\}&=g_i(x)\,dx\\&=\frac{n!}{(n-i)!\,(i-1)!}[f(x)\,dx]\cdot[F(x)]^{i-1}\cdot[1-F(x+dx)]^{n-i}\end{aligned} \tag{12}$$

式 (12) 只有当 $dx\to 0$ 时, 才严格成立, 则有

$$g_i(x)=\frac{n!}{(n-i)!\,(i-1)!}f(x)\cdot[F(x)]^{i-1}\cdot[1-F(x)]^{n-i} \tag{13}$$

$$\begin{aligned}G_i(x)=P\left\{X_{(i)}<x\right\}&=\int_{-\infty}^{x}g_i(x)\,dx\\&=\frac{n!}{(n-i)!\,(i-1)!}\int_{-\infty}^{x}[F(t)]^{i-1}\cdot[1-F(t)]^{n-i}f(t)\,dt\end{aligned} \tag{14}$$

令 $y=F(t)$, 当 $t\to-\infty$ 时, $y=0$; 当 $t=x$ 时, $y=F(x)$, $dy=f(t)\,dt$, 则式 (14) 为

$$G_i(x)=\int_{-\infty}^{x}g_i(x)\,dx=\frac{n!}{(n-i)!\,(i-1)!}\int_0^{F(x)}y^{i-1}\cdot(1-y)^{n-i}\,dy,\quad i=1,\cdots,n \tag{15}$$

式 (15) 表明, 只要知道了 X 的分布函数 $F(x)$ 或密度函数 $f(x)$, 就可以求出次序统计量 $X_{(i)}$ 的分布函数 $G_i(x)$ 和密度函数 $g_i(x)$.

1.2　连续样本经验概率

本节约定连续样本是指样本没有缺测的样本数据. 为了与现有大多数文献符号统一起见, 以下各节记第 m 阶次序统计量为 $X_{(m)}$, $m=1,2,\cdots,n$, 取值 $x_{(m)}$ 时

的分布函数为 $G_m\left(x_{(m)}\right)$, 密度函数为 $g_m\left(x_{(m)}\right)$.

$$g_m\left(x_{(m)}\right) = \frac{n!}{(n-m)!\,(m-1)!}f\left(x_{(m)}\right)\cdot\left[F\left(x_{(m)}\right)\right]^{m-1}\cdot\left[1-F\left(x_{(m)}\right)\right]^{n-m} \quad (16)$$

$$G_m\left(x_{(m)}\right) = \frac{n!}{(n-m)!\,(m-1)!}\int_{-\infty}^{x_{(m)}}y^{m-1}\cdot[1-y]^{n-m}f\left(y\right)dy \quad (17)$$

或令 $F\left(x_{(m)}\right)=P_m$, 则 P_m 的密度函数为

$$h_m\left(p_{(m)}\right) = \frac{n!}{(n-m)!\,(m-1)!}p_{(m)}^{m-1}\cdot\left(1-p_{(m)}\right)^{n-m} \quad (18)$$

对于式 (17), 令 $F(x)=y$, 则 $dy=f(x)\,dx$, 当 $x\to-\infty$ 时, $y=0$, 当 $x=x_{(m)}$ 时, $y=F\left(x_{(m)}\right)=p_{(m)}$. 则 P_m 的分布函数为

$$H_m\left(p_{(m)}\right) = \frac{n!}{(n-m)!\,(m-1)!}\int_{0}^{p_{(m)}}y^{m-1}\cdot(1-y)^{n-m}\,dy \quad (19)$$

式 (16)—(19) 为按由小到大次序排列形成 $x_{(1)}\leqslant x_{(2)}\leqslant\cdots\leqslant x_{(i)}\leqslant\cdots\leqslant x_{(n)}$ 次序统计量的密度函数和分布函数. 若按由大到小次序排列形成 $x_{(1)}\geqslant x_{(2)}\geqslant\cdots\geqslant x_{(i)}\geqslant\cdots\geqslant x_{(n)}$ 次序统计量的密度函数和分布函数则为

$$g_m\left(x_{(m)}\right) = \frac{n!}{(n-m)!\,(m-1)!}f\left(x_{(m)}\right)\cdot\left[1-F\left(x_{(m)}\right)\right]^{m-1}\cdot\left[F\left(x_{(m)}\right)\right]^{n-m} \quad (20)$$

$$G_m\left(x_{(m)}\right) = \frac{n!}{(n-m)!\,(m-1)!}\int_{-\infty}^{x_{(m)}}[1-y]^{m-1}y^{n-m}\cdot f\left(y\right)dy \quad (21)$$

$$h_m\left(p_{(m)}\right) = \frac{n!}{(n-m)!\,(m-1)!}p_{(m)}^{m-1}\cdot\left(1-p_{(m)}\right)^{n-m} \quad (22)$$

$$H_m\left(p_{(m)}\right) = \frac{n!}{(n-m)!\,(m-1)!}\int_{0}^{p_{(m)}}y^{m-1}\cdot(1-y)^{n-m}\,dy \quad (23)$$

从上述看出, 次序统计量 $X_{(m)}$ 是一个由原随机变量 X 衍生出来的随机变量, 其分布为 $G_m\left(x_{(m)}\right)$. 另外, $X_{(m)}$ 本身是原随机变量 X 总体中的一个抽样, 因此, 它在随机变量 X 总体中的分布为 $P_{(m)}=F\left(x_{(m)}\right)$. 按照概率原理, 朱元甡和梁家志 (1991) 认为, 我们可用 $G_m\left(x_{(m)}\right)$ 来描述 $x_{(m)}$ 取值的可能性, $P_{(m)}$ 的分布函数 $H_m\left(P_{(m)}\right)$ 来描述 $p_{(m)}$ 取值的可能性. 对于一组特定样本, 在没有任何其他信息的条件下, 要确定序位为 m 的样本点 $x_{(m)}$ 的绘点位置 $p_{(m)}$, 只能取 $H_m\left(P_{(m)}\right)$ 分布

的中心, 或者取 $G_m\left(x_{(m)}\right)$ 分布的中心所对应的概率值来估计. 而期望值、中值和众值三者都可以代表一个分布的中心, 由此就得出一些可供选择的绘点位置, 并分别得出各自的计算公式.

例如, 有一个非常大的水文样本, 容量为 $n \cdot N$ 年. 将这个序列分成 N 个 n 年序列, 并将每个 n 年序列按由小到大排列:

第 1 个 n 年序列: $x_{(1)}^1, x_{(2)}^1, x_{(3)}^1, \cdots, x_{(m)}^1, \cdots, x_{(n)}^1$;

第 2 个 n 年序列: $x_{(1)}^2, x_{(2)}^2, x_{(3)}^2, \cdots, x_{(m)}^2, \cdots, x_{(n)}^2$;

第 3 个 n 年序列: $x_{(1)}^3, x_{(2)}^3, x_{(3)}^3, \cdots, x_{(m)}^3, \cdots, x_{(n)}^3$;

$$\vdots$$

第 i 个 n 年序列: $x_{(1)}^i, x_{(2)}^i, x_{(3)}^i, \cdots, x_{(m)}^i, \cdots, x_{(n)}^i$;

$$\vdots$$

第 N 个 n 年序列: $x_{(1)}^N, x_{(2)}^N, x_{(3)}^N, \cdots, x_{(m)}^N, \cdots, x_{(n)}^N$.

从上述每个 n 年序列中取出同一排列序号样本值, 组成 n 个 N 年序列,

第 1 个 N 年序列: $x_{(1)}^1, x_{(1)}^2, x_{(1)}^3, \cdots, x_{(1)}^i, \cdots, x_{(1)}^N$;

第 2 个 N 年序列: $x_{(2)}^1, x_{(2)}^2, x_{(2)}^3, \cdots, x_{(2)}^i, \cdots, x_{(2)}^N$;

第 3 个 N 年序列: $x_{(3)}^1, x_{(3)}^2, x_{(3)}^3, \cdots, x_{(3)}^i, \cdots, x_{(3)}^N$;

$$\vdots$$

第 m 个 N 年序列: $x_{(m)}^1, x_{(m)}^2, x_{(m)}^3, \cdots, x_{(m)}^i, \cdots, x_{(m)}^N$;

$$\vdots$$

第 n 个 N 年序列: $x_{(n)}^1, x_{(n)}^2, x_{(n)}^3, \cdots, x_{(n)}^i, \cdots, x_{(n)}^N$.

若取第 m 个 N 年序列 $x_{(m)}^1, x_{(m)}^2, x_{(m)}^3, \cdots, x_{(m)}^i, \cdots, x_{(m)}^N$, 它们在总体中的概率为 $p_{(m)}^1, p_{(m)}^2, p_{(m)}^3, \cdots, p_{(m)}^i, \cdots, p_{(m)}^N$. 由于水文资料是一个样本, 所以, 可取其平均值, 即 $\overline{p}_{(m)} = \dfrac{p_{(m)}^1 + p_{(m)}^2 + p_{(m)}^3 + \cdots + p_{(m)}^i + \cdots + p_{(m)}^N}{N}$. 当 N 趋于无穷时, 可用数学期望值计算. 即 $E\left[p_{(m)}\right] = \displaystyle\int_0^1 p_{(m)} dp_{(m)}$.

郭生练和叶守泽 (1992) 认为, 按绘点位置推导的方法, 经验频率公式可归纳为三大类: 第一类公式以频率分布 $F\left(x_{(m)}\right)$ 或 $P_{(m)}$ 为特征, 与总体分布形式无关. 第二类公式则以 $x_{(m)}$ 为特征. 第三类公式是以样本频率为基础建立的纯经验公式.

1.2.1 横标期望值 $E[P_{(m)}]$ 公式

由式 (18) 得 $P_{(m)}$ 的数学期望, 有

$$E\left[P_{(m)}\right] = \int_0^1 p_{(m)} h\left(p_{(m)}\right) dy$$

$$= \int_0^1 p_{(m)} \cdot \frac{n!}{(n-m)!\,(m-1)!} p_{(m)}^{m-1} \cdot \left(1-p_{(m)}\right)^{n-m} dp_{(m)}$$

$$= \int_0^1 \frac{n!}{(n-m)!\,(m-1)!} p_{(m)}^{m} \cdot \left(1-p_{(m)}\right)^{n-m} dp_{(m)}$$

$$= \frac{n!}{(n-m)!\,(m-1)!} \int_0^1 p_{(m)}^{m+1-1} \cdot \left(1-p_{(m)}\right)^{n-m+1-1} dp_{(m)} \qquad (24)$$

根据 Beta 函数定义及 Beta 函数与 gamma 函数的关系, 有

$$B\left(a,b\right) = \int_0^1 y^{a-1} \cdot \left(1-y\right)^{b-1} dy = \frac{\Gamma\left(a\right)\Gamma\left(b\right)}{\Gamma\left(a+b\right)}$$

当 a 为大于零的自然数时, $\Gamma\left(a\right) = (a-1)!$. 则

$$E\left[P_{(m)}\right] = \frac{n!}{(n-m)!\,(m-1)!} B\left(m+1, n-m+1\right)$$

$$= \frac{n!}{(n-m)!\,(m-1)!} \frac{\Gamma\left(m+1\right)\Gamma\left(n-m+1\right)}{\Gamma\left(n+2\right)}$$

$$= \frac{n!}{(n-m)!\,(m-1)!} \frac{m!\,(n-m)!}{(n+1)!} = \frac{m}{n+1}$$

即

$$E\left[P_{(m)}\right] = \frac{m}{n+1} \qquad (25)$$

1.2.2 横标中值 $\mathrm{Med}[P_{(m)}]$ 公式

苏联学者切哥达也夫 (Chegodaev, 1955) 给出了 $h\left(p_{(m)}\right)$ 的中值近似公式, 也称切哥达也夫公式为中值公式. 根据中值定义, 有 $\int_0^{p_{(m)}} h\left(y\right) dy = \frac{1}{2}$, 把式 (18) 代入该式, 有

$$\frac{n!}{(n-m)!\,(m-1)!} \int_0^{p_{(m)}} y^{m-1} \cdot \left(1-y\right)^{n-m} dy = \frac{1}{2} \qquad (26)$$

对于式 (26) 左边

$$\frac{n!}{(n-m)!\,(m-1)!} \int_0^{p_{(m)}} y^{m-1} \cdot \left(1-y\right)^{n-m} dy$$

$$= \frac{\Gamma(n+1)}{\Gamma(m)\,\Gamma(n-m+1)} \int_0^{p_{(m)}} y^{m-1} \cdot (1-y)^{n-m}\, dy$$

$$= \frac{1}{\dfrac{\Gamma(m)\,\Gamma(n-m+1)}{\Gamma(n+1)}} \int_0^{p_{(m)}} y^{m-1} \cdot (1-y)^{n-m}\, dy$$

$$= \frac{1}{\mathrm{B}(m,n-m+1)} \int_0^{p_{(m)}} y^{m-1} \cdot (1-y)^{n-m+1-1}\, dy$$

即

$$\frac{1}{\mathrm{B}(m,n-m+1)} \int_0^{p_{(m)}} y^{m-1} \cdot (1-y)^{n-m+1-1}\, dy = \frac{1}{2} \tag{27}$$

显然式 (27) 为 Beta 分布 $\mathrm{B}\left(p_{(m)}, m, n-m+1\right)$, 则

$$p_{(m)} = \mathrm{B}^{-1}\left(\frac{1}{2}, m, n-m+1\right) \tag{28}$$

式中, $\mathrm{B}^{-1}(\ )$ 为 Beta 分布的逆函数, 可借用 Matlab 函数 $p_{(m)} = \mathrm{betainv}(0.5, m, n-m+1)$ 计算, 也可以采用以下近似计算 (金光炎, 2012).

当 $m=1$ 时, 式 (27) 有 $n \int_0^{p_{(1)}} (1-y)^{n-1}\, dy = \frac{1}{2}$, 积分后, 即 $\left(1-p_{(1)}\right)^n = \frac{1}{2}$.

两边 n 次开方, 有 $1-p_{(1)} = \left(\dfrac{1}{2}\right)^{\frac{1}{n}}$. 两边取对数, 有 $\ln\left(1-p_{(1)}\right) = \frac{1}{n} \ln \frac{1}{2} = -0.69315 \dfrac{1}{n} = -\dfrac{1}{1.44n}$. 则有 $\ln\left(1-p_{(1)}\right) = -\dfrac{1}{1.44n}$, $\quad 1-p_{(1)} = e^{-\frac{1}{1.44n}}$, 右边项用级数展开, 有

$$1-p_{(1)} = e^{-\frac{1}{1.44n}} = 1 - \frac{1}{1.44n} + \frac{1}{2}\left(\frac{1}{1.44n}\right)^2 - \frac{1}{6}\left(\frac{1}{1.44n}\right)^3 \pm \cdots$$

则

$$p_{(1)} = \frac{1}{1.44n} - \frac{1}{2}\left(\frac{1}{1.44n}\right)^2 + \frac{1}{6}\left(\frac{1}{1.44n}\right)^3 \mp \cdots$$

取前 3 项, 有

$$p_{(1)} \approx \frac{1}{1.44n} - \frac{1}{2}\left(\frac{1}{1.44n}\right)^2 + \frac{1}{6}\left(\frac{1}{1.44n}\right)^3 = \frac{6(1.44n)^2 - 3(1.44n) + 1}{6(1.44n)^3}$$

分子、分母同除以 $6(1.44n)^2$, 有 $p_{(1)} \approx \dfrac{1 - \dfrac{1}{2(1.44n)} + \dfrac{1}{6(1.44n)^2}}{1.44n}$, 当 n 较大时, $p_{(1)} \approx \dfrac{1}{1.44n+0.5}$, 右边分子、分母同乘以 0.7, 有

$$p_{(1)} \approx \frac{0.7}{n+0.4} \tag{29}$$

当 $m = n$ 时, 式 (27) 有 $n\int_0^{p_{(n)}} y^{n-1}dy = \frac{1}{2}$, 积分后, 即 $\left(p_{(n)}\right)^n = \frac{1}{2}$, $p_{(n)} = \left(\frac{1}{2}\right)^{\frac{1}{n}}$. 由于 $p_{(1)}$ 和 $p_{(n)}$ 经验概率互补, 则 $p_{(n)} = 1 - p_{(1)} = 1 - \frac{0.7}{n+0.4} = \frac{n-0.3}{n+0.4}$.

$$p_{(n)} \approx \frac{n-0.3}{n+0.4} \tag{30}$$

对于中间项, 采用式 (29) 和式 (30) 均匀内插来获得, 即

$$p_{(m)} \approx \frac{m-0.3}{n+0.4} \tag{31}$$

1.2.3 横标众值 $\mathrm{Mod}[P_{(m)}]$ 公式

众值公式有两类, 分别叙述如下 (金光炎, 2012).

1.2.3.1 第一类众值公式

根据众值定义, 有 $\frac{dh\left(p_{(m)}\right)}{dp_{(m)}} = 0$. 由式 (18), 得

$$\begin{aligned}
\frac{dh\left(p_{(m)}\right)}{dp_{(m)}} &= \frac{d}{dp_{(m)}}\left[\frac{n!}{(n-m)!\,(m-1)!}p_{(m)}^{m-1} \cdot \left(1-p_{(m)}\right)^{n-m}\right]\\
&= \frac{n!}{(n-m)!\,(m-1)!}\left[(m-1)\,p_{(m)}^{m-2} \cdot \left(1-p_{(m)}\right)^{n-m}\right.\\
&\quad \left. - p_{(m)}^{m-1}\,(n-m)\left(1-p_{(m)}\right)^{n-m-1}\right]
\end{aligned}$$

则

$$\frac{n!}{(n-m)!\,(m-1)!}\left[(m-1)\,p_{(m)}^{m-2} \cdot \left(1-p_{(m)}\right)^{n-m} - p_{(m)}^{m-1}\,(n-m)\left(1-p_{(m)}\right)^{n-m-1}\right]=0$$

$$\frac{n!}{(n-m)!\,(m-1)!}p_{(m)}^{m-1}\,(1-y)^{n-m}\left[(m-1)\frac{1}{p_{(m)}} - (\dot{n}-m)\frac{1}{1-p_{(m)}}\right]=0$$

$$h\left(p_{(m)}\right)\left[(m-1)\frac{1}{p_{(m)}} - (n-m)\frac{1}{1-p_{(m)}}\right]=0$$

则

$$(m-1)\frac{1}{p_{(m)}} - (n-m)\frac{1}{1-p_{(m)}} = 0$$

$$\left(1-p_{(m)}\right)(m-1) - p_{(m)}\,(n-m) = 0$$

$$m-1-mp_{(m)}+p_{(m)}-np_{(m)}+mp_{(m)} = 0$$

$$m-1+p_{(m)}-np_{(m)} = 0$$

即

$$p_{(m)} = \frac{m-1}{n-1} \qquad (32)$$

显然, 当 $m=1$ 时, $p_{(1)}=0$; 当 $m=n$ 时, $p_{(n)}=1$, 这是不合适的. 对于 P-III 型分布 $f(x) = \dfrac{\beta^{\alpha}}{\Gamma(\alpha)}(x-a_0)^{\alpha-1}e^{-\beta(x-a_0)}$, 其众值推导如下.

1) 由大到小次序排列情况

由式 (20) 密度函数 $g_m\left(x_{(m)}\right) = \dfrac{n!}{(n-m)!\,(m-1)!}f\left(x_{(m)}\right)\cdot\left[1-F\left(x_{(m)}\right)\right]^{m-1}\cdot\left[F\left(x_{(m)}\right)\right]^{n-m}$, $\dfrac{dg_m\left(x_{(m)}\right)}{dx_{(m)}}=0$, 则

$$\frac{dg_m\left(x_{(m)}\right)}{dx_{(m)}}$$

$$=\frac{d}{dx_{(m)}}\left\{\frac{n!}{(n-m)!\,(m-1)!}f\left(x_{(m)}\right)\cdot\left[1-F\left(x_{(m)}\right)\right]^{m-1}\cdot\left[F\left(x_{(m)}\right)\right]^{n-m}\right\}$$

$$=\frac{n!}{(n-m)!\,(m-1)!}\left\{\frac{df\left(x_{(m)}\right)}{dx_{(m)}}\cdot\left[1-F\left(x_{(m)}\right)\right]^{m-1}\cdot\left[F\left(x_{(m)}\right)\right]^{n-m}\right.$$

$$+f\left(x_{(m)}\right)(m-1)\left[1-F\left(x_{(m)}\right)\right]^{m-2}\left[-\frac{dF\left(x_{(m)}\right)}{dx_{(m)}}\right]\cdot\left[F\left(x_{(m)}\right)\right]^{n-m}$$

$$+f\left(x_{(m)}\right)\left[1-F\left(x_{(m)}\right)\right]^{m-1}(n-m)\left[F\left(x_{(m)}\right)\right]^{n-m-1}\frac{dF\left(x_{(m)}\right)}{dx_{(m)}}\right\}$$

$$=\frac{n!}{(n-m)!\,(m-1)!}\left\{\frac{df\left(x_{(m)}\right)}{dx_{(m)}}\cdot\left[1-F\left(x_{(m)}\right)\right]^{m-1}\cdot\left[F\left(x_{(m)}\right)\right]^{n-m}\right.$$

$$+f\left(x_{(m)}\right)(m-1)\left[1-F\left(x_{(m)}\right)\right]^{m-2}\left[-f\left(x_{(m)}\right)\right]\cdot\left[F\left(x_{(m)}\right)\right]^{n-m}$$

$$+f\left(x_{(m)}\right)\left[1-F\left(x_{(m)}\right)\right]^{m-1}(n-m)\left[F\left(x_{(m)}\right)\right]^{n-m-1}f\left(x_{(m)}\right)\right\}$$

$$=\frac{n!}{(n-m)!\,(m-1)!}\left[1-F\left(x_{(m)}\right)\right]^{m-2}\left[F\left(x_{(m)}\right)\right]^{n-m-1}$$

$$\cdot\left\{\frac{df\left(x_{(m)}\right)}{dx_{(m)}}\cdot\left[1-F\left(x_{(m)}\right)\right]\cdot F\left(x_{(m)}\right)\right.$$

$$+f\left(x_{(m)}\right)(m-1)\cdot\left[-f\left(x_{(m)}\right)\right]\cdot F\left(x_{(m)}\right)$$

$$+f\left(x_{(m)}\right)\left[1-F\left(x_{(m)}\right)\right](n-m)f\left(x_{(m)}\right)\right\}$$

$$=\frac{n!}{(n-m)!\,(m-1)!}\left[1-F\left(x_{(m)}\right)\right]^{m-2}\left[F\left(x_{(m)}\right)\right]^{n-m-1}$$

$$\cdot\left\{\frac{df\left(x_{(m)}\right)}{dx_{(m)}}\cdot\left[1-F\left(x_{(m)}\right)\right]\cdot F\left(x_{(m)}\right)\right.$$

$$+f\left(x_{(m)}\right)\cdot\left((m-1)\left[-f\left(x_{(m)}\right)\right]\cdot F\left(x_{(m)}\right)\right.$$

$$+\left[1-F\left(x_{(m)}\right)\right]\left(n-m\right)f\left(x_{(m)}\right)\Big)\Big\}$$

则

$$\frac{df\left(x_{(m)}\right)}{dx_{(m)}}\cdot\left[1-F\left(x_{(m)}\right)\right]\cdot F\left(x_{(m)}\right)+f\left(x_{(m)}\right)\left\{(m-1)\left[-f\left(x_{(m)}\right)\right]\right.$$

$$\left.\cdot F\left(x_{(m)}\right)+\left[1-F\left(x_{(m)}\right)\right]\left(n-m\right)f\left(x_{(m)}\right)\right\}=0$$

又因

$$f\left(x_{(m)}\right)=\frac{\beta^{\alpha}}{\Gamma(\alpha)}\left(x_{(m)}-a_0\right)^{\alpha-1}e^{-\beta\left(x_{(m)}-a_0\right)},$$

则

$$\frac{df\left(x_{(m)}\right)}{dx_{(m)}}=\frac{\beta^{\alpha}}{\Gamma(\alpha)}\frac{d}{dx_{(m)}}\left[\left(x_{(m)}-a_0\right)^{\alpha-1}e^{-\beta\left(x_{(m)}-a_0\right)}\right]$$

$$=\frac{\beta^{\alpha}}{\Gamma(\alpha)}\left[(\alpha-1)\left(x_{(m)}-a_0\right)^{\alpha-2}e^{-\beta\left(x_{(m)}-a_0\right)}\right.$$

$$\left.-\beta\left(x_{(m)}-a_0\right)^{\alpha-1}e^{-\beta\left(x_{(m)}-a_0\right)}\right]$$

$$=\frac{\beta^{\alpha}}{\Gamma(\alpha)}\left(x_{(m)}-a_0\right)^{\alpha-2}e^{-\beta\left(x_{(m)}-a_0\right)}\left[\alpha-1-\beta\left(x_{(m)}-a_0\right)\right]$$

则

$$\frac{\beta^{\alpha}}{\Gamma(\alpha)}\left(x_{(m)}-a_0\right)^{\alpha-2}e^{-\beta\left(x_{(m)}-a_0\right)}\left[\alpha-1-\beta\left(x_{(m)}-a_0\right)\right]\cdot\left[1-F\left(x_{(m)}\right)\right]\cdot F\left(x_{(m)}\right)$$

$$+\frac{\beta^{\alpha}}{\Gamma(\alpha)}\left(x_{(m)}-a_0\right)^{\alpha-1}e^{-\beta\left(x_{(m)}-a_0\right)}\left\{(m-1)\left[-f\left(x_{(m)}\right)\right]\right.$$

$$\left.\cdot F\left(x_{(m)}\right)+\left[1-F\left(x_{(m)}\right)\right]\left(n-m\right)f\left(x_{(m)}\right)\right\}=0$$

$$\left[\alpha-1-\beta\left(x_{(m)}-a_0\right)\right]\cdot\left[1-F\left(x_{(m)}\right)\right]\cdot F\left(x_{(m)}\right)+\left(x_{(m)}-a_0\right)$$

$$\cdot\left\{(n-m)\left[1-F\left(x_{(m)}\right)\right]-(m-1)\cdot F\left(x_{(m)}\right)\right\}f\left(x_{(m)}\right)=0 \tag{33}$$

式中, $1<m<n$.

当 $m = 1$ 时, 有 $\left[\alpha - 1 - \beta\left(x_{(1)} - a_0\right)\right] \cdot F\left(x_{(1)}\right) + (n-1)\left(x_{(1)} - a_0\right) f\left(x_{(1)}\right) = 0$, 即

$$\left[\alpha - 1 - \beta\left(x_{(1)} - a_0\right)\right] \cdot F\left(x_{(1)}\right) + (n-1)\left(x_{(1)} - a_0\right) f\left(x_{(1)}\right) = 0 \qquad (34)$$

当 $m = n$ 时, 有 $\left[\alpha - 1 - \beta\left(x_{(n)} - a_0\right)\right] \cdot \left[1 - F\left(x_{(n)}\right)\right] \cdot F\left(x_{(n)}\right) - \left(x_{(n)} - a_0\right) \cdot (n-1) \cdot F\left(x_{(n)}\right) f\left(x_n\right) = 0$, 即

$$\left[\alpha - 1 - \beta\left(x_{(n)} - a_0\right)\right] \cdot \left[1 - F\left(x_{(n)}\right)\right] - (n-1)\left(x_{(n)} - a_0\right) f\left(x_n\right) = 0 \qquad (35)$$

求解非线性方程式 (33)—(35), 即可得众值 $x_{(m)}$, 则绘点位置概率为

$$p_{(m)} = P\left[X_{(m)} \geqslant x_{(m)}\right] = 1 - \int_{a_0}^{x_{(m)}} \frac{\beta^\alpha}{\Gamma(\alpha)}\left(y - a_0\right)^{\alpha - 1} e^{-\beta(y - a_0)} dy \qquad (36)$$

2) 由小到大次序排列情况

由式 (16) 密度函数 $g_m\left(x_{(m)}\right) = \dfrac{n!}{(n-m)!\,(m-1)!} f\left(x_{(m)}\right) \cdot \left[F\left(x_{(m)}\right)\right]^{m-1} \cdot \left[1 - F\left(x_{(m)}\right)\right]^{n-m}$, $\dfrac{dg_m\left(x_{(m)}\right)}{dx_{(m)}} = 0$, 则

$$\begin{aligned}
\frac{dg_m\left(x_{(m)}\right)}{dx_{(m)}} =& \frac{d}{dx_{(m)}}\left\{\frac{n!}{(n-m)!\,(m-1)!} f\left(x_{(m)}\right)\right. \\
& \left. \cdot \left[F\left(x_{(m)}\right)\right]^{m-1} \cdot \left[1 - F\left(x_{(m)}\right)\right]^{n-m}\right\} \\
=& \frac{n!}{(n-m)!\,(m-1)!}\left\{\frac{df\left(x_{(m)}\right)}{dx_{(m)}} \cdot \left[F\left(x_{(m)}\right)\right]^{m-1}\right. \\
& \cdot \left[1 - F\left(x_{(m)}\right)\right]^{n-m} f\left(x_{(m)}\right)\left((m-1)\right. \\
& \cdot \left[F\left(x_{(m)}\right)\right]^{m-2} \cdot \left[1 - F\left(x_{(m)}\right)\right]^{n-m} f\left(x_{(m)}\right) \\
& \left.\left. - (n-m)\left[F\left(x_{(m)}\right)\right]^{m-1} \cdot \left[1 - F\left(x_{(m)}\right)\right]^{n-m-1} f\left(x_{(m)}\right)\right)\right\} \\
=& \frac{n!}{(n-m)!\,(m-1)!}\left[F\left(x_{(m)}\right)\right]^{m-2}\left[1 - F\left(x_{(m)}\right)\right]^{n-m-1} \\
& \cdot \left\{\frac{df\left(x_{(m)}\right)}{dx_{(m)}} \cdot F\left(x_{(m)}\right) \cdot \left[1 - F\left(x_{(m)}\right)\right]\right. \\
& + f\left(x_{(m)}\right)\left((m-1) \cdot \left[1 - F\left(x_{(m)}\right)\right] f\left(x_{(m)}\right)\right. \\
& \left.\left. - (n-m)\left[F\left(x_{(m)}\right)\right] f\left(x_{(m)}\right)\right)\right\}
\end{aligned}$$

则

$$\frac{df\left(x_{(m)}\right)}{dx_{(m)}} \cdot F\left(x_{(m)}\right) \cdot \left[1 - F\left(x_{(m)}\right)\right] + f\left(x_{(m)}\right)\{(m-1)$$

$$\cdot \left[1 - F\left(x_{(m)}\right)\right] f\left(x_{(m)}\right) - (n-m)\left[F\left(x_{(m)}\right)\right] f\left(x_{(m)}\right)\} = 0$$

把 $\dfrac{df\left(x_{(m)}\right)}{dx_{(m)}} = \dfrac{\beta^{\alpha}}{\Gamma(\alpha)}\left(x_{(m)} - a_0\right)^{\alpha-2} e^{-\beta\left(x_{(m)}-a_0\right)}\left[\alpha - 1 - \beta\left(x_{(m)} - a_0\right)\right], f\left(x_{(m)}\right) =$

$\dfrac{\beta^{\alpha}}{\Gamma(\alpha)}\left(x_{(m)} - a_0\right)^{\alpha-1} e^{-\beta\left(x_{(m)}-a_0\right)}$ 代入上式, 有

$$\frac{\beta^{\alpha}}{\Gamma(\alpha)}\left(x_{(m)} - a_0\right)^{\alpha-2} e^{-\beta\left(x_{(m)}-a_0\right)}\left[\alpha - 1 - \beta\left(x_{(m)} - a_0\right)\right]$$

$$\cdot F\left(x_{(m)}\right) \cdot \left[1 - F\left(x_{(m)}\right)\right] + \frac{\beta^{\alpha}}{\Gamma(\alpha)}\left(x_{(m)} - a_0\right)^{\alpha-1} e^{-\beta\left(x_{(m)}-a_0\right)}\{(m-1)$$

$$\cdot \left[1 - F\left(x_{(m)}\right)\right] f\left(x_{(m)}\right) - (n-m)\left[F\left(x_{(m)}\right)\right] f\left(x_{(m)}\right)\} = 0$$

$$\left[\alpha - 1 - \beta\left(x_{(m)} - a_0\right)\right] \cdot F\left(x_{(m)}\right) \cdot \left[1 - F\left(x_{(m)}\right)\right] + \left(x_{(m)} - a_0\right)\{(m-1)$$

$$\cdot \left[1 - F\left(x_{(m)}\right)\right] - (n-m)\left[F\left(x_{(m)}\right)\right]\} f\left(x_{(m)}\right) = 0 \tag{37}$$

当 $m = 1$ 时, 有 $\left[\alpha - 1 - \beta\left(x_{(1)} - a_0\right)\right] \cdot F\left(x_{(1)}\right) \cdot \left[1 - F\left(x_{(1)}\right)\right] - (n-1)\left(x_{(1)} - a_0\right) \cdot \left[F\left(x_{(1)}\right)\right] f\left(x_{(1)}\right) = 0$, 即

$$\left[\alpha - 1 - \beta\left(x_{(1)} - a_0\right)\right] \cdot \left[1 - F\left(x_{(1)}\right)\right] - (n-1)\left(x_{(1)} - a_0\right) f\left(x_{(1)}\right) = 0 \tag{38}$$

当 $m = n$ 时, 有 $\left[\alpha - 1 - \beta\left(x_{(n)} - a_0\right)\right] \cdot F\left(x_{(n)}\right) \cdot \left[1 - F\left(x_{(n)}\right)\right] + (n-1) \cdot \left(x_{(n)} - a_0\right) \cdot \left[1 - F\left(x_{(n)}\right)\right] f\left(x_{(m)}\right) = 0$, 即

$$\left[\alpha - 1 - \beta\left(x_{(n)} - a_0\right)\right] \cdot F\left(x_{(n)}\right) + (n-1) \cdot \left(x_{(n)} - a_0\right) f\left(x_{(n)}\right) = 0 \tag{39}$$

求解非线性方程式 (37)—(39), 即可得众值 $x_{(m)}$, 则绘点位置概率为

$$p_{(m)} = P\left[X_{(m)} \leqslant x_{(m)}\right] = \int_{a_0}^{x_{(m)}} \frac{\beta^{\alpha}}{\Gamma(\alpha)}\left(y - a_0\right)^{\alpha-1} e^{-\beta(y-a_0)} dy \tag{40}$$

给定频率, 求解式 (40) 的非线性方程, 即可得到 P-III 型分布的众值. 表 1 列出了一些给定频率对应的众值计算结果 (胡宏达, 1991).

表 1　P-III 型分布众值数值计算结果

序号	由大到小排列		中值频率	中值	理论频率	理论值	由小到大排列	
	众值频率	众值					众值频率	众值
1	0.03333	3401.19738	0.02284	3779.24051	0.03226	3433.98720	0.00000	0.00000
2	0.06667	2708.05020	0.05532	2894.67486	0.06452	2740.84002	0.03333	33.90155
3	0.10000	2302.58509	0.08814	2428.81628	0.09677	2335.37492	0.06667	68.99287
4	0.13333	2014.90302	0.12104	2111.62917	0.12903	2047.69284	0.10000	105.36052
5	0.16667	1791.75947	0.15397	1871.01045	0.16129	1824.54929	0.13333	143.10084
6	0.20000	1609.43791	0.18691	1677.13527	0.19355	1642.22774	0.16667	182.32156
7	0.23333	1455.28723	0.21986	1514.77983	0.22581	1488.07706	0.20000	223.14355
8	0.26667	1321.75584	0.25281	1375.12134	0.25806	1354.54566	0.23333	265.70317
9	0.30000	1203.97280	0.28576	1252.58868	0.29032	1236.76263	0.26667	310.15493
10	0.33333	1098.61229	0.31872	1143.43867	0.32258	1131.40211	0.30000	356.67494
11	0.36667	1003.30211	0.35168	1045.03490	0.35484	1036.09193	0.33333	405.46511
12	0.40000	916.29073	0.38464	955.45045	0.38710	949.08055	0.36667	456.75840
13	0.43333	836.24802	0.41760	873.23418	0.41935	869.03785	0.40000	510.82562
14	0.46667	762.14005	0.45056	797.26600	0.45161	794.92987	0.43333	567.98404
15	0.50000	693.14718	0.48352	726.66327	0.48387	725.93700	0.46667	628.60866
16	0.53333	628.60866	0.51648	660.71809	0.51613	661.39848	0.50000	693.14718
17	0.56667	567.98404	0.54944	598.85408	0.54839	600.77386	0.53333	762.14005
18	0.60000	510.82562	0.58240	540.59567	0.58065	543.61545	0.56667	836.24802
19	0.63333	456.75840	0.61536	485.54594	0.61290	489.54823	0.60000	916.29073
20	0.66667	405.46511	0.64832	433.37017	0.64516	438.25493	0.63333	1003.30211
21	0.70000	356.67494	0.68128	383.78360	0.67742	389.46477	0.66667	1098.61229
22	0.73333	310.15493	0.71424	336.54196	0.70968	342.94475	0.70000	1203.97280
23	0.76667	265.70317	0.74719	291.43433	0.74194	298.49299	0.73333	1321.75584
24	0.80000	223.14355	0.78014	248.27751	0.77419	255.93337	0.76667	1455.28723
25	0.83333	182.32156	0.81309	206.91182	0.80645	215.11138	0.80000	1609.43791
26	0.86667	143.10084	0.84603	167.19810	0.83871	175.89067	0.83333	1791.75947
27	0.90000	105.36052	0.87896	129.01658	0.87097	138.15034	0.86667	2014.90302
28	0.93333	68.99287	0.91186	92.27002	0.90323	101.78269	0.90000	2302.58509
29	0.96667	33.90155	0.94468	56.90587	0.93548	66.69137	0.93333	2708.05020
30	1.00000	0.00000	0.97716	23.10491	0.96774	32.78982	0.96667	3401.19738

1.2.3.2　第二类众值公式

第二类众值公式由 $H_m\left(p_{(m)}\right)$ 对 $x_{(m)}$ 二阶导数等于零推出. 由式 (18) 得

$$\frac{dH_m\left(p_{(m)}\right)}{dx_{(m)}} = \frac{dH_m\left(p_{(m)}\right)}{dp_{(m)}}\frac{dp_{(m)}}{dx_{(m)}}$$

其中,

$$\frac{dH_m\left(p_{(m)}\right)}{dp_{(m)}} = \frac{n!}{(n-m)!\,(m-1)!}p_{(m)}^{m-1}\cdot\left(1-p_{(m)}\right)^{n-m}$$

$$\begin{aligned}
\frac{d^2 H_m\left(p_{(m)}\right)}{dx_{(m)}^2} =& \frac{d}{dx_{(m)}}\left[\frac{dH_m\left(p_{(m)}\right)}{dp_{(m)}}\frac{d\left(p_{(m)}\right)}{dx_{(m)}}\right] \\
=& \frac{d}{dx_{(m)}}\left[\frac{dH_m\left(p_{(m)}\right)}{dp_{(m)}}\right]\frac{d\left(p_{(m)}\right)}{dx_{(m)}} + \frac{dH_m\left(p_{(m)}\right)}{dp_{(m)}}\frac{d^2\left(p_{(m)}\right)}{dx_{(m)}^2}
\end{aligned}$$

而

$$\begin{aligned}
&\frac{d}{dx_{(m)}}\left[\frac{dH_m\left(p_{(m)}\right)}{dp_{(m)}}\right] \\
=& \frac{d}{dx_{(m)}}\left[\frac{n!}{(n-m)!\,(m-1)!}p_{(m)}^{m-1}\cdot\left(1-p_{(m)}\right)^{n-m}\right] \\
=& \frac{n!}{(n-m)!\,(m-1)!}\left[\frac{dp_{(m)}^{m-1}}{dp_{(m)}}\frac{dp_{(m)}}{dx_{(m)}}\cdot\left(1-p_{(m)}\right)^{n-m}\right. \\
&\left. + p_{(m)}^{m-1}\frac{d\left(1-p_{(m)}\right)^{n-m}}{dp_{(m)}}\frac{dp_{(m)}}{dx_{(m)}}\right] \\
=& \frac{n!}{(n-m)!\,(m-1)!}\left[(m-1)\,p_{(m)}^{m-2}\frac{dp_{(m)}}{dx_{(m)}}\cdot\left(1-p_{(m)}\right)^{n-m}\right. \\
&\left. -(n-m)\,p_{(m)}^{m-1}\left(1-p_{(m)}\right)^{n-m-1}\frac{dp_{(m)}}{dx_{(m)}}\right] \\
=& \frac{n!}{(n-m)!\,(m-1)!}p_{(m)}^{m-1}\left(1-p_{(m)}\right)^{n-m} \\
&\cdot\left[(m-1)\frac{1}{p_{(m)}}\frac{dp_{(m)}}{dx_{(m)}} - (n-m)\frac{1}{1-p_{(m)}}\frac{dp_{(m)}}{dx_{(m)}}\right] \\
=& \frac{n!}{(n-m)!\,(m-1)!}p_{(m)}^{m-1}\left(1-p_{(m)}\right)^{n-m} \\
&\cdot\frac{(m-1)\left[1-p_{(m)}\right]-(n-m)\,p_{(m)}}{p_{(m)}\left[1-p_{(m)}\right]}\frac{dp_{(m)}}{dx_{(m)}} \\
=& \frac{dH_m\left(p_{(m)}\right)}{dp_{(m)}}\frac{(m-1)-(m-1)\,p_{(m)}-(n-m)\,p_{(m)}}{p_{(m)}\left[1-p_{(m)}\right]}\frac{dp_{(m)}}{dx_{(m)}}
\end{aligned}$$

$$= \frac{dH_m\left(p_{(m)}\right)}{dp_{(m)}} \frac{(m-1) - mp_{(m)} + p_{(m)} - np_{(m)} + mp_{(m)}}{p_{(m)}\left[1 - p_{(m)}\right]} \frac{dp_{(m)}}{dx_{(m)}}$$

$$= \frac{dH_m\left(p_{(m)}\right)}{dp_{(m)}} \frac{(m-1) + p_{(m)} - np_{(m)}}{p_{(m)}\left[1 - p_{(m)}\right]} \frac{dp_{(m)}}{dx_{(m)}}$$

$$= \frac{m - 1 - (n-1)\,p_{(m)}}{p_{(m)}\left[1 - p_{(m)}\right]} \frac{dH_m\left(p_{(m)}\right)}{dp_{(m)}} \frac{dp_{(m)}}{dx_{(m)}}$$

则

$$\frac{d^2 H_m\left(p_{(m)}\right)}{dx^2_{(m)}} = \frac{d}{dx_{(m)}} \left[\frac{dH_m\left(p_{(m)}\right)}{dp_{(m)}} \frac{d\left(p_{(m)}\right)}{dx_{(m)}} \right]$$

$$= \frac{d}{dx_{(m)}} \left[\frac{dH_m\left(p_{(m)}\right)}{dp_{(m)}} \right] \frac{d\left(p_{(m)}\right)}{dx_{(m)}} + \frac{dH_m\left(p_{(m)}\right)}{dp_{(m)}} \frac{d^2\left(p_{(m)}\right)}{dx^2_{(m)}}$$

$$= \frac{m - 1 - (n-1)\,p_{(m)}}{p_{(m)}\left[1 - p_{(m)}\right]} \frac{dH_m\left(p_{(m)}\right)}{dp_{(m)}} \frac{dp_{(m)}}{dx_{(m)}} \frac{d\left(p_{(m)}\right)}{dx_{(m)}}$$

$$+ \frac{dH_m\left(p_{(m)}\right)}{dp_{(m)}} \frac{d^2\left(p_{(m)}\right)}{dx^2_{(m)}}$$

$$= \left\{ \frac{m - 1 - (n-1)\,p_{(m)}}{p_{(m)}\left[1 - p_{(m)}\right]} \left[\frac{d\left(p_{(m)}\right)}{dx_{(m)}}\right]^2 + \frac{d^2\left(p_{(m)}\right)}{dx^2_{(m)}} \right\} \frac{dH_m\left(p_{(m)}\right)}{dp_{(m)}}$$

$$= \left\{ \frac{d^2\left(p_{(m)}\right)}{dx^2_{(m)}} + \frac{m - 1 - (n-1)\,p_{(m)}}{p_{(m)}\left[1 - p_{(m)}\right]} \left[\frac{d\left(p_{(m)}\right)}{dx_{(m)}}\right]^2 \right\} \frac{dH_m\left(p_{(m)}\right)}{dp_{(m)}}$$

要使 $\dfrac{d^2 H_m\left(p_{(m)}\right)}{dx^2_{(m)}} = 0$, 则有

$$\frac{d^2\left(p_{(m)}\right)}{dx^2_{(m)}} + \frac{m - 1 - (n-1)\,p_{(m)}}{p_{(m)}\left[1 - p_{(m)}\right]} \left[\frac{d\left(p_{(m)}\right)}{dx_{(m)}}\right]^2 = 0 \tag{41}$$

设 $G\left(x_{(m)}\right) = p_{(m)}$ 为超越事件分布函数, $g\left(p_{(m)}\right)$ 为密度函数, 则

$$\frac{dp_{(m)}}{dx_{(m)}} = \frac{dG\left(x_{(m)}\right)}{dx_{(m)}}, \quad g\left(x_{(m)}\right) = \frac{d}{dx_{(m)}}\left[1 - G\left(x_{(m)}\right)\right] = -\frac{dG\left(x_{(m)}\right)}{dx_{(m)}}$$

则 $\dfrac{dp_{(m)}}{dx_{(m)}} = -g\left(x_{(m)}\right); \dfrac{d^2\left(p_{(m)}\right)}{dx^2_{(m)}} = -\dfrac{dg\left(x_{(m)}\right)}{dx_{(m)}} = -g'\left(x_{(m)}\right).$ 故式 (41) 可写为

$$-g'\left(x_{(m)}\right) + \frac{m - 1 - (n-1)\,p_{(m)}}{p_{(m)}\left[1 - p_{(m)}\right]} \left[-g\left(x_{(m)}\right)\right]^2 = 0$$

$$-g'\left(x_{(m)}\right) p_{(m)} \left[1 - p_{(m)}\right] + \left[g\left(x_{(m)}\right)\right]^2 \left[m - 1 - (n-1) p_{(m)}\right] = 0$$

$$\left[g\left(x_{(m)}\right)\right]^2 \left[m - 1 - (n-1) p_{(m)}\right] = g'\left(x_{(m)}\right) p_{(m)} \left[1 - p_{(m)}\right]$$

整理有

$$\left[m - 1 - (n-1) p_{(m)}\right] = g'\left(x_{(m)}\right) \left[g\left(x_{(m)}\right)\right]^{-2} p_{(m)} \left[1 - p_{(m)}\right]$$

$$m - 1 - n p_{(m)} + p_{(m)} = g'\left(x_{(m)}\right) \left[g\left(x_{(m)}\right)\right]^{-2} p_{(m)} \left[1 - p_{(m)}\right]$$

移项有

$$m - n p_{(m)} = 1 - p_{(m)} + g'\left(x_{(m)}\right) \left[g\left(x_{(m)}\right)\right]^{-2} p_{(m)} \left[1 - p_{(m)}\right] \tag{42}$$

令 $\Delta = 1 - p_{(m)} + g'\left(x_{(m)}\right) \cdot \left[g\left(x_{(m)}\right)\right]^{-2} p_{(m)} \left[1 - p_{(m)}\right] = 1 - G\left(x_{(m)}\right) + g'\left(x_{(m)}\right) \cdot \left[g\left(x_{(m)}\right)\right]^{-2} G\left(x_{(m)}\right) \left[1 - G\left(x_{(m)}\right)\right]$，则式 (42) 为 $m - n p_{(m)} = \Delta$. 进一步有

$$p_{(m)} = \frac{m - \Delta}{n} \tag{43}$$

式中, Δ 为修正值, 与 n, m 及原始分布 $G\left(x_{(m)}\right)$ 有关. 耿贝尔对两种原始分布进行了研究 (金光炎, 2012).

1) 正态分布

对于正态分布, $g\left(x_{(m)}\right) = \dfrac{1}{\sqrt{2\pi}} e^{-\frac{x_{(m)}^2}{2}}$,

$$g'\left(x_{(m)}\right) = \frac{1}{\sqrt{2\pi}} e^{-\frac{x_{(m)}^2}{2}} \left(-2 \times \frac{x_{(m)}}{2}\right) = -x_{(m)} \frac{1}{\sqrt{2\pi}} e^{-\frac{x_{(m)}^2}{2}} = -x_{(m)} g\left(x_{(m)}\right)$$

则

$$\begin{aligned}
\Delta =& 1 - G\left(x_{(m)}\right) + g'\left(x_{(m)}\right) \cdot \left[g\left(x_{(m)}\right)\right]^{-2} G\left(x_{(m)}\right) \cdot \left[1 - G\left(x_{(m)}\right)\right] \\
=& 1 - G\left(x_{(m)}\right) - x_{(m)} g\left(x_{(m)}\right) \cdot \frac{1}{\left[g\left(x_{(m)}\right)\right]^2} G\left(x_{(m)}\right) \cdot \left[1 - G\left(x_{(m)}\right)\right] \\
=& 1 - G\left(x_{(m)}\right) - x_{(m)} \cdot \frac{1}{g\left(x_{(m)}\right)} G\left(x_{(m)}\right) \cdot \left[1 - G\left(x_{(m)}\right)\right]
\end{aligned}$$

即

$$\Delta = 1 - G\left(x_{(m)}\right) - x_{(m)} \cdot \frac{1}{g\left(x_{(m)}\right)} G\left(x_{(m)}\right) \cdot \left[1 - G\left(x_{(m)}\right)\right] \tag{44}$$

Δ 可借助于 Matlab 函数进行计算, 结果见表 2.

表 2 Δ 与 $G(x_{(m)})$ 的关系表

$G(x_{(m)})$	Δ		$G(x_{(m)})$	Δ		$G(x_{(m)})$	Δ	
	正态分布	极值分布		正态分布	极值分布		正态分布	极值分布
0.01	0.12587	0.00501	0.34	0.40740	0.18174	0.67	0.59858	0.39567
0.02	0.14863	0.01003	0.35	0.41334	0.18753	0.68	0.60459	0.40321
0.03	0.16563	0.01508	0.36	0.41924	0.19334	0.69	0.61064	0.41085
0.04	0.17987	0.02014	0.37	0.42512	0.19920	0.70	0.61673	0.41859
0.05	0.19245	0.02521	0.38	0.43098	0.20508	0.71	0.62287	0.42644
0.06	0.20388	0.03031	0.39	0.43681	0.21100	0.72	0.62906	0.43439
0.07	0.21446	0.03542	0.40	0.44262	0.21695	0.73	0.63530	0.44246
0.08	0.22439	0.04056	0.41	0.44841	0.22294	0.74	0.64161	0.45066
0.09	0.23380	0.04571	0.42	0.45418	0.22897	0.75	0.64797	0.45899
0.10	0.24279	0.05088	0.43	0.45994	0.23504	0.76	0.65441	0.46746
0.11	0.25141	0.05607	0.44	0.46569	0.24114	0.77	0.66093	0.47607
0.12	0.25973	0.06128	0.45	0.47142	0.24729	0.78	0.66752	0.48485
0.13	0.26779	0.06651	0.46	0.47715	0.25347	0.79	0.67421	0.49380
0.14	0.27562	0.07176	0.47	0.48287	0.25970	0.80	0.68099	0.50293
0.15	0.28324	0.07703	0.48	0.48858	0.26597	0.81	0.68788	0.51226
0.16	0.29068	0.08232	0.49	0.49429	0.27229	0.82	0.69489	0.52181
0.17	0.29797	0.08764	0.50	0.50000	0.27865	0.83	0.70203	0.53159
0.18	0.30511	0.09297	0.51	0.50571	0.28506	0.84	0.70932	0.54163
0.19	0.31212	0.09833	0.52	0.51142	0.29152	0.85	0.71676	0.55195
0.20	0.31901	0.10372	0.53	0.51713	0.29803	0.86	0.72438	0.56259
0.21	0.32579	0.10912	0.54	0.52285	0.30460	0.87	0.73221	0.57358
0.22	0.33248	0.11455	0.55	0.52858	0.31122	0.88	0.74027	0.58496
0.23	0.33907	0.12000	0.56	0.53431	0.31789	0.89	0.74859	0.59679
0.24	0.34559	0.12548	0.57	0.54006	0.32462	0.90	0.75721	0.60913
0.25	0.35203	0.13099	0.58	0.54582	0.33141	0.91	0.76620	0.62208
0.26	0.35839	0.13651	0.59	0.55159	0.33827	0.92	0.77561	0.63575
0.27	0.36470	0.14207	0.60	0.55738	0.34519	0.93	0.78554	0.65028
0.28	0.37094	0.14765	0.61	0.56319	0.35217	0.94	0.79612	0.66589
0.29	0.37713	0.15326	0.62	0.56902	0.35923	0.95	0.80755	0.68288
0.30	0.38327	0.15890	0.63	0.57488	0.36636	0.96	0.82013	0.70176
0.31	0.38936	0.16456	0.64	0.58076	0.37356	0.97	0.83437	0.72338
0.32	0.39541	0.17026	0.65	0.58666	0.38085	0.98	0.85137	0.74949
0.33	0.40142	0.17598	0.66	0.59260	0.38821	0.99	0.87413	0.78502

2) 极值分布

对于极值分布, $G(x_{(m)}) = 1 - \exp(-e^{-y_{(m)}})$, $y_{(m)} = \alpha(x_{(m)} - u)$, $g(x_{(m)}) = \dfrac{d[1 - G(x_{(m)})]}{dy_{(m)}} \dfrac{dy_{(m)}}{dx_{(m)}} \cdot \dfrac{d[1 - G(x_{(m)})]}{dy_{(m)}} = \dfrac{d}{dy_{(m)}} [\exp(-e^{-y_{(m)}})] = \exp(-e^{-y_{(m)}}) \cdot$

$$\left(-e^{-y_{(m)}}\right)\left(-1\right)=\exp\left(-e^{-y_{(m)}}\right)\cdot e^{-y_{(m)}};$$

$$\frac{dy_{(m)}}{dx_{(m)}}=\frac{d}{dx_{(m)}}\left[\alpha\left(x_{(m)}-u\right)\right]=\alpha$$

则

$$g\left(x_{(m)}\right)=\alpha\exp\left(-e^{-y_{(m)}}\right)\cdot e^{-y_{(m)}}$$

$$
\begin{aligned}
g'\left(x_{(m)}\right)&=\frac{dg\left(x_{(m)}\right)}{dx_{(m)}}=\frac{d}{dx_{(m)}}\left[\alpha\exp\left(-e^{-y_{(m)}}\right)\cdot e^{-y_{(m)}}\right]\\
&=\alpha\left[\exp\left(-e^{-y_{(m)}}\right)\left(-e^{-y_{(m)}}\right)\left(-\frac{dy_{(m)}}{dx_{(m)}}\right)\cdot e^{-y_{(m)}}\right.\\
&\quad\left.+\exp\left(-e^{-y_{(m)}}\right)e^{-y_{(m)}}\left(-\frac{dy_{(m)}}{dx_{(m)}}\right)\right]\\
&=\alpha\left[\exp\left(-e^{-y_{(m)}}\right)\alpha e^{-y_{(m)}}\cdot e^{-y_{(m)}}-\alpha\exp\left(-e^{-y_{(m)}}\right)e^{-y_{(m)}}\right]\\
&=\alpha\exp\left(-e^{-y_{(m)}}\right)\cdot e^{-y_{(m)}}\alpha\left[e^{-y_{(m)}}-1\right]
\end{aligned}
$$

因为

$$g\left(x_{(m)}\right)=-\alpha\exp\left(-e^{-y_{(m)}}\right)\cdot e^{-y_{(m)}}$$

则

$$g'\left(x_{(m)}\right)=\alpha\exp\left(-e^{-y_{(m)}}\right)\cdot e^{-y_{(m)}}\alpha\left[e^{-y_{(m)}}-1\right]=-\alpha\left[e^{-y_{(m)}}-1\right]g\left(x_{(m)}\right)$$

则

$$
\begin{aligned}
\Delta&=1-G\left(x_{(m)}\right)+g'\left(x_{(m)}\right)\cdot\left[g\left(x_{(m)}\right)\right]^{-2}G\left(x_{(m)}\right)\cdot\left[1-G\left(x_{(m)}\right)\right]\\
&=1-G\left(x_{(m)}\right)-\alpha\left[e^{-y_{(m)}}-1\right]g\left(x_{(m)}\right)\cdot\frac{1}{\left[g\left(x_{(m)}\right)\right]^{2}}G\left(x_{(m)}\right)\cdot\left[1-G\left(x_{(m)}\right)\right]\\
&=1-G\left(x_{(m)}\right)-\alpha\left[e^{-y_{(m)}}-1\right]\cdot\frac{1}{g\left(x_{(m)}\right)}G\left(x_{(m)}\right)\cdot\left[1-G\left(x_{(m)}\right)\right]\\
&=1-G\left(x_{(m)}\right)-\alpha\left[e^{-y_{(m)}}-1\right]\cdot\frac{1}{-\alpha\exp\left(-e^{-y_{(m)}}\right)\cdot e^{-y_{(m)}}}G\left(x_{(m)}\right)\exp\left(-e^{-y_{(m)}}\right)\\
&=1-G\left(x_{(m)}\right)+\left[e^{-y_{(m)}}-1\right]\cdot e^{y_{(m)}}G\left(x_{(m)}\right)\\
&=1-G\left(x_{(m)}\right)+\left(1-e^{y_{(m)}}\right)\cdot G\left(x_{(m)}\right)
\end{aligned}
$$

因为

$$G\left(x_{(m)}\right)=1-\exp\left(-e^{-y_{(m)}}\right)$$

所以

$$\exp\left(-e^{-y_{(m)}}\right) = 1 - G\left(x_{(m)}\right), \quad -e^{-y_{(m)}} = \ln\left[1 - G\left(x_{(m)}\right)\right]$$

$$e^{-y_{(m)}} = -\ln\left[1 - G\left(x_{(m)}\right)\right], \quad e^{y_{(m)}} = -\frac{1}{\ln\left[1 - G\left(x_{(m)}\right)\right]}$$

$$\begin{aligned}
\Delta &= 1 - G\left(x_{(m)}\right) + \left(1 - e^{y_{(m)}}\right) \cdot G\left(x_{(m)}\right) \\
&= 1 - G\left(x_{(m)}\right) + G\left(x_{(m)}\right) - e^{y_{(m)}} G\left(x_{(m)}\right) \\
&= 1 - e^{y_{(m)}} G\left(x_{(m)}\right) \\
&= 1 + \frac{G\left(x_{(m)}\right)}{\ln\left[1 - G\left(x_{(m)}\right)\right]}
\end{aligned}$$

即

$$\Delta = 1 + \frac{G\left(x_{(m)}\right)}{\ln\left[1 - G\left(x_{(m)}\right)\right]} \tag{45}$$

同样 Δ 可借助于计算机进行计算, 计算结果见表 2.

1.2.4   纵标期望值 $P[E(X_{(m)})]$ 公式

$P\left[E\left(X_{(m)}\right)\right]$ 值不仅与 n, m 有关, 而且随总体分布的函数和参数而变化 (朱元甡和梁家志, 1991).

$$\begin{aligned}
&E\left(X_{(m)}\right) \\
&= \int_{-\infty}^{\infty} x_{(m)} g_m\left(x_{(m)}\right) dx_{(m)} \\
&= \int_{-\infty}^{\infty} x_{(m)} \frac{n!}{(n-i)!\,(i-1)!} f\left(x_{(m)}\right) \\
&\quad \cdot \left[F\left(x_{(m)}\right)\right]^{m-1} \cdot \left[1 - F\left(x_{(m)}\right)\right]^{n-m} dx_{(m)} \\
&= \int_{-\infty}^{\infty} y \frac{n!}{(n-i)!\,(i-1)!} f\left(y\right) \cdot \left[F\left(y\right)\right]^{m-1} \cdot \left[1 - F\left(y\right)\right]^{n-m} dy
\end{aligned} \tag{46}$$

1.2.4.1   指数分布

指数分布纵标期望值 $P\left[E\left(X_{(m)}\right)\right]$ 公式推导如下 (Ji et al., 1984). 指数分布的密度函数和分布函数分别为

$$f(x) = e^{-x}, \quad F(x) = \int_0^x e^{-y} dy = 1 - e^{-x}, \quad x > 0 \tag{47}$$

1) 序列由小到大排序时绘点位置计算

把式 (47) 代入式 (16) 次序统计量密度函数, 有

$$g_m\left(x_{(m)}\right) = \frac{n!}{(n-m)!\,(m-1)!} f\left(x_{(m)}\right) \cdot \left[F\left(x_{(m)}\right)\right]^{m-1} \cdot \left[1 - F\left(x_{(m)}\right)\right]^{n-m}$$

$$= \frac{n!}{(n-m)!\,(m-1)!} e^{-x_{(m)}} \left[1 - e^{-x_{(m)}}\right]^{m-1} \cdot \left[e^{-x_{(m)}}\right]^{n-m}$$

$$= \frac{n!}{(n-m)!\,(m-1)!} \left[1 - e^{-x_{(m)}}\right]^{m-1} \cdot \left[e^{-x_{(m)}}\right]^{n-m+1}$$

$$E\left(x_{(m)}\right) = \int_0^\infty x_{(m)} g_m\left(x_{(m)}\right) dx_{(m)}$$

$$= \frac{n!}{(n-m)!\,(m-1)!} \int_0^\infty x_{(m)} \left[1 - e^{-x_{(m)}}\right]^{m-1} \cdot \left[e^{-x_{(m)}}\right]^{n-m+1} dx_{(m)}$$

令 $y = e^{-x_{(m)}}$, 则 $x_{(m)} = -\ln y$, $dx_{(m)} = -\frac{1}{y}dy$; 当 $x_{(m)} = 0$ 时, $y = 1$, 当 $x_{(m)} \to \infty$ 时, $y = 0$, 则

$$E\left(x_{(m)}\right) = \frac{n!}{(n-m)!\,(m-1)!} \int_1^0 -\ln y \cdot (1-y)^{m-1} \cdot y^{n-m+1} \left(-\frac{1}{y}\right) dy$$

$$= -\frac{n!}{(n-m)!\,(m-1)!} \int_0^1 \ln y \cdot (1-y)^{m-1} \cdot y^{n-m} dy$$

$$= -\frac{n!}{(n-m)!\,(m-1)!} \int_0^1 y^{n-m} \cdot (1-y)^{m-1} \cdot \ln y\, dy$$

$$= -\frac{n!}{(n-m)!\,(m-1)!} \int_0^1 y^{n-m+1-1} \cdot (1-y)^{m-1} \cdot \ln y\, dy$$

由积分公式 $\int_0^1 x^{\mu-1} \cdot (1-x^r)^{v-1} \cdot \ln x \cdot dx = \frac{1}{r^2} B\left(\frac{\mu}{r}, v\right) \left[\psi\left(\frac{\mu}{r}\right) - \psi\left(\frac{\mu}{r} + v\right)\right]$, 比较有

$$\mu = n - m + 1, \quad v = m, \quad r = 1, \quad \frac{\mu}{r} = n - m + 1, \quad \frac{\mu}{r} + v = n - m + 1 + m = 1 + n$$

则

$$E\left(x_{(m)}\right) = -\frac{n!}{(n-m)!\,(m-1)!} \int_0^1 y^{n-m+1-1} \cdot (1-y)^{m-1} \cdot \ln y\, dy$$

$$= -\frac{n!}{(n-m)!\,(m-1)!} \mathrm{B}\left(n-m+1, m\right) \left[\psi\left(n-m+1\right) - \psi\left(1+n\right)\right]$$

$$= \frac{n!}{(n-m)!\,(m-1)!} \mathrm{B}\left(n-m+1, m\right) \left[\psi\left(1+n\right) - \psi\left(n-m+1\right)\right]$$

$$= \frac{n!}{(n-m)!\,(m-1)!} \frac{\Gamma(n-m+1)\,\Gamma(m)}{\Gamma(n+1)} [\psi(1+n) - \psi(n-m+1)]$$

$$= \frac{n!}{(n-m)!\,(m-1)!} \frac{(n-m)!\,(m-1)!}{n!} [\psi(1+n) - \psi(n-m+1)]$$

$$= \psi(1+n) - \psi(n-m+1)$$

即

$$E\left(x_{(m)}\right) = \psi(1+n) - \psi(n-m+1) \tag{48}$$

式中, $\psi(n)$ 为普西函数, 当 n 是自然数时, $\psi(1+n) = -\gamma + \sum_{k=1}^{n} \frac{1}{k}$, 其中, γ 为欧拉常数. 则

$$E\left(x_{(m)}\right) = \psi(1+n) - \psi(n-m+1) = -\gamma + \sum_{k=1}^{n} \frac{1}{k} - \left(-\gamma + \sum_{k=1}^{n-m} \frac{1}{k}\right)$$

$$= \sum_{k=1}^{n} \frac{1}{k} - \sum_{k=1}^{n-m} \frac{1}{k} = \sum_{k=n-(m-1)}^{n} \frac{1}{k}$$

令 $i = k-(n-m)$, 当 $k = n-(m-1)$ 时, $i = n-(m-1)-(n-m) = n-m+1-n+m = 1$; 当 $k = n$ 时, $i = n-(n-m) = m$. $k = n-m+i$.

$$E\left(x_{(m)}\right) = \sum_{k=n-(m-1)}^{n} \frac{1}{k} = \sum_{i=1}^{m} \frac{1}{n-m+i} = \sum_{i=1}^{m} \frac{1}{n+1-i} \tag{49}$$

式 (49) 计算结果见表 3. 则

$$p_{(m)} = P\left[X_{(m)} \leqslant E\left(x_{(m)}\right)\right] = F\left[E\left(x_{(m)}\right)\right] = 1 - \exp\left[-\sum_{i=1}^{m} \frac{1}{n+1-i}\right] \tag{50}$$

2) 序列由大到小排序时绘点位置计算

$$f(x) = e^{-x}, \quad F(x) = \int_0^x e^{-y} dy = 1 - e^{-x}, \quad x > 0 \tag{51}$$

把式 (51) 代入式 (20) 次序统计量密度函数, 有

$$g_m\left(x_{(m)}\right) = \frac{n!}{(n-m)!\,(m-1)!} f\left(x_{(m)}\right) \cdot \left[1 - F\left(x_{(m)}\right)\right]^{m-1} \cdot \left[F\left(x_{(m)}\right)\right]^{n-m}$$

$$= \frac{n!}{(n-m)!\,(m-1)!} e^{-x_{(m)}} \left[e^{-x_{(m)}}\right]^{m-1} \cdot \left[1 - e^{-x_{(m)}}\right]^{n-m}$$

$$= \frac{n!}{(n-m)!\,(m-1)!} \left[e^{-x_{(m)}}\right]^{m} \cdot \left[1 - e^{-x_{(m)}}\right]^{n-m}$$

$$E\left(x_{(m)}\right) = \int_0^\infty x_{(m)} g_m\left(x_{(m)}\right) dx_{(m)}$$

$$= \frac{n!}{(n-m)!(m-1)!} \int_0^\infty x_{(m)} \left[e^{-x_{(m)}}\right]^m \cdot \left[1 - e^{-x_{(m)}}\right]^{n-m} dx_{(m)}$$

表 3 $E(x_{(m)})$ 计算结果

m	$\sum\limits_{i=1}^m \dfrac{1}{n+1-i}$	$\sum\limits_{i=1}^m \dfrac{1}{n-m+i}$	$\psi\left(1+n\right) - \psi\left(n-m+1\right)$
1	0.10000	0.10000	0.10000
2	0.21111	0.21111	0.21111
3	0.33611	0.33611	0.33611
4	0.47897	0.47897	0.47897
5	0.64563	0.64563	0.64563
6	0.84563	0.84563	0.84563
7	1.09563	1.09563	1.09563
8	1.42897	1.42897	1.42897
9	1.92897	1.92897	1.92897
10	2.92897	2.92897	2.92897

令 $y = e^{-x_{(m)}}$, 则 $x_{(m)} = -\ln y$, $dx_{(m)} = -\dfrac{1}{y} dy$; 当 $x_{(m)} = 0$ 时, $y = 1$, 当 $x_{(m)} \to \infty$ 时, $y = 0$, 则

$$E\left(x_{(m)}\right) = \frac{n!}{(n-m)!(m-1)!} \int_0^\infty x_{(m)} \left[e^{-x_{(m)}}\right]^m \cdot \left[1 - e^{-x_{(m)}}\right]^{n-m} dx_{(m)}$$

$$= \frac{n!}{(n-m)!(m-1)!} \int_1^0 -\ln y \cdot y^m \cdot (1-y)^{n-m} \left(-\frac{1}{y}\right) dy$$

$$= -\frac{n!}{(n-m)!(m-1)!} \int_0^1 y^{m-1} \cdot (1-y)^{n-m} \ln y \, dy$$

$$= -\frac{n!}{(n-m)!(m-1)!} \int_0^1 y^{m-1} \cdot (1-y)^{n-m+1-1} \ln y \, dy$$

由积分公式 $\int_0^1 x^{\mu-1} \cdot (1-x^r)^{v-1} \cdot \ln x \, dx = \dfrac{1}{r^2} \mathrm{B}\left(\dfrac{\mu}{r}, v\right) \left[\psi\left(\dfrac{\mu}{r}\right) - \psi\left(\dfrac{\mu}{r} + v\right)\right]$, 比较有

$$\mu = m, \quad v = n - m + 1, \quad r = 1, \quad \frac{\mu}{r} = m, \quad \frac{\mu}{r} + v = m + n - m + 1 = 1 + n$$

则有

$$\int_0^1 y^{m-1} \cdot (1-y)^{n-m+1-1} \ln y \, dy = \mathrm{B}\,(m, n-m+1)\,[\psi\,(m) - \psi\,(1+n)]$$

则

$$E\left(x_{(m)}\right) = \frac{n!}{(n-m)!\,(m-1)!} \int_0^\infty x_{(m)} \left[e^{-x_{(m)}}\right]^m \cdot \left[1 - e^{-x_{(m)}}\right]^{n-m} dx_{(m)}$$

$$= -\frac{n!}{(n-m)!\,(m-1)!} \mathrm{B}\,(m, n-m+1)\,[\psi\,(m) - \psi\,(1+n)]$$

$$= -\frac{n!}{(n-m)!\,(m-1)!} \frac{\Gamma\,(m)\,\Gamma\,(n-m+1)}{\Gamma\,(n+1)} [\psi\,(m) - \psi\,(1+n)]$$

$$= -\frac{n!}{(n-m)!\,(m-1)!} \frac{(n-m)!\,(m-1)!}{n!} [\psi\,(m) - \psi\,(1+n)]$$

$$= \psi\,(1+n) - \psi\,(m)$$

式中, $\psi\,(n)$ 为普西函数, 当 n 自然数时, $\psi\,(1+n) = -\gamma + \sum_{k=1}^{n} \frac{1}{k}$, 其中, γ 为欧拉常数, 则

$$E\left(x_{(m)}\right) = \psi\,(1+n) - \psi\,(m) = -\gamma + \sum_{k=1}^{n} \frac{1}{k} - \left(-\gamma + \sum_{k=1}^{m-1} \frac{1}{k}\right)$$

$$= \sum_{k=1}^{n} \frac{1}{k} - \sum_{k=1}^{m-1} \frac{1}{k} = \sum_{k=m}^{n} \frac{1}{k}$$

$$p_{(m)} = P\left[X_{(m)} \geqslant E\left(x_{(m)}\right)\right] = 1 - F\left[E\left(x_{(m)}\right)\right] = \exp\left(-\sum_{k=m}^{n} \frac{1}{k}\right) \qquad (52)$$

式 (52) 计算结果见表 4.

表 4　$p_{(m)}$ 计算结果

序号	由大到小排列		由小到大排列	
	$E\left(x_{(m)}\right)$	$p_{(m)}$	$E\left(x_{(m)}\right)$	$p_{(m)}$
1	2.92897	0.05345	0.10000	0.09516
2	1.92897	0.14530	0.21111	0.19032
3	1.42897	0.23956	0.33611	0.28546
4	1.09563	0.33433	0.47897	0.38058
5	0.84563	0.42928	0.64563	0.47567
6	0.64563	0.52433	0.84563	0.57072
7	0.47897	0.61942	1.09563	0.66567
8	0.33611	0.71454	1.42897	0.76044
9	0.21111	0.80968	1.92897	0.85470
10	0.10000	0.90484	2.92897	0.94655

1.2.4.2 均匀分布

均匀分布纵标期望值 $P\left[E\left(X_{(m)}\right)\right]$ 公式推导如下 (Ji et al., 1984). 均匀分布的密度函数和分布函数分别为

$$f(x) = \begin{cases} \dfrac{1}{b-a}, & a \leqslant x \leqslant b \\ 0, & x < a, x > b \end{cases} \tag{53}$$

$$F(x) = \begin{cases} 0, & x \leqslant a \\ \dfrac{x-a}{b-a}, & a < x < b \\ 1, & x > b \end{cases} \tag{54}$$

1) 序列由大到小排序时绘点位置计算

把式 (53) 和 (54) 代入式 (20), 有

$$g_m\left(x_{(m)}\right) = \frac{n!}{(n-m)!\,(m-1)!} f\left(x_{(m)}\right) \cdot \left[1 - F\left(x_{(m)}\right)\right]^{m-1} \cdot \left[F\left(x_{(m)}\right)\right]^{n-m}$$

$$= \frac{n!}{(n-m)!\,(m-1)!} \frac{1}{b-a} \cdot \left[1 - \frac{x_{(m)}-a}{b-a}\right]^{m-1} \cdot \left[\frac{x_{(m)}-a}{b-a}\right]^{n-m}$$

则

$$E\left(x_{(m)}\right)$$

$$= \int_0^\infty x_{(m)} g_m\left(x_{(m)}\right) dx_{(m)}$$

$$= \frac{n!}{(n-m)!\,(m-1)!} \int_a^b \frac{x_{(m)}}{b-a} \cdot \left[1 - \frac{x_{(m)}-a}{b-a}\right]^{m-1} \cdot \left[\frac{x_{(m)}-a}{b-a}\right]^{n-m} dx_{(m)}$$

$$= \frac{1}{\mathrm{B}\left(m, n-m+1\right)} \int_a^b \frac{x_{(m)}}{b-a} \cdot \left[\frac{b-x_{(m)}}{b-a}\right]^{m-1} \cdot \left[\frac{x_{(m)}-a}{b-a}\right]^{n-m} dx_{(m)}$$

$$= \frac{1}{\mathrm{B}\left(m, n-m+1\right)} \frac{1}{(b-a)^n} \int_a^b x_{(m)} \cdot \left(b-x_{(m)}\right)^{m-1} \cdot \left(x_{(m)}-a\right)^{n-m} dx_{(m)}$$

对于积分 $\displaystyle\int_a^b x_{(m)} \cdot \left(b-x_{(m)}\right)^{m-1} \cdot \left(x_{(m)}-a\right)^{n-m} dx_{(m)}$, 变换 $x_{(m)} = \left(x_{(m)}-a\right)+a$, 则

$$\int_a^b x_{(m)} \cdot \left(b-x_{(m)}\right)^{m-1} \cdot \left(x_{(m)}-a\right)^{n-m} dx_{(m)}$$

$$= \int_a^b \left[\left(x_{(m)} - a\right) + a\right] \cdot \left(b - x_{(m)}\right)^{m-1} \cdot \left(x_{(m)} - a\right)^{n-m} dx_{(m)}$$

$$= \int_a^b \left(b - x_{(m)}\right)^{m-1} \cdot \left(x_{(m)} - a\right)^{n-m+1} dx_{(m)}$$

$$+ a \int_a^b \left(b - x_{(m)}\right)^{m-1} \cdot \left(x_{(m)} - a\right)^{n-m} dx_{(m)}$$

$$= \int_a^b \left(x_{(m)} - a\right)^{n-m+1} \cdot \left(b - x_{(m)}\right)^{m-1} dx_{(m)}$$

$$+ a \int_a^b \left(x_{(m)} - a\right)^{n-m} \cdot \left(b - x_{(m)}\right)^{m-1} dx_{(m)}$$

$$= \int_a^b \left(x_{(m)} - a\right)^{n-m+2-1} \cdot \left(b - x_{(m)}\right)^{m-1} dx_{(m)}$$

$$+ a \int_a^b \left(x_{(m)} - a\right)^{n-m+1-1} \cdot \left(b - x_{(m)}\right)^{m-1} dx_{(m)}$$

由积分公式 $\int_a^b (x-a)^{\mu-1} \cdot (b-x)^{v-1} dx = (b-a)^{\mu+v-1} \mathrm{B}\left(\mu, v\right)$, 则

$$\int_a^b x_{(m)} \cdot \left(b - x_{(m)}\right)^{m-1} \cdot \left(x_{(m)} - a\right)^{n-m} dx_{(m)}$$

$$= \int_a^b \left(x_{(m)} - a\right)^{n-m+2-1} \cdot \left(b - x_{(m)}\right)^{m-1} dx_{(m)}$$

$$+ a \int_a^b \left(x_{(m)} - a\right)^{n-m+1-1} \cdot \left(b - x_{(m)}\right)^{m-1} dx_{(m)}$$

$$= (b-a)^{n-m+2+m-1} \mathrm{B}\left(n - m + 2, m\right) + a (b-a)^{n-m+1+m-1} \mathrm{B}\left(n - m + 1, m\right)$$

$$= (b-a)^{n+1} \mathrm{B}\left(n - m + 2, m\right) + a (b-a)^n \mathrm{B}\left(n - m + 1, m\right)$$

则

$$E\left(x_{(m)}\right) = \frac{1}{\mathrm{B}\left(m, n - m + 1\right)} \frac{1}{(b-a)^n}$$

$$\cdot \int_a^b x_{(m)} \cdot \left(b - x_{(m)}\right)^{m-1} \cdot \left(x_{(m)} - a\right)^{n-m} dx_{(m)}$$

$$= \frac{1}{\mathrm{B}\left(m, n - m + 1\right)} \frac{1}{(b-a)^n} \Big[(b-a)^{n+1} \mathrm{B}\left(n - m + 2, m\right)$$

$$+ a (b-a)^n \mathrm{B}\left(n - m + 1, m\right) \Big]$$

$$= \frac{1}{B(m, n-m+1)} \frac{1}{(b-a)^n} (b-a)^n [(b-a) B(n-m+2, m)$$
$$+ aB(n-m+1, m)]$$

$$= \frac{\Gamma(n+1)}{\Gamma(n-m+1)\Gamma(m)} \left[(b-a) \frac{\Gamma(n-m+2)\Gamma(m)}{\Gamma(n+2)} \right.$$
$$\left. + a \frac{\Gamma(n-m+1)\Gamma(m)}{\Gamma(n+1)} \right]$$

$$= \frac{\Gamma(n+1)}{\Gamma(n-m+1)\Gamma(m)} \left[(b-a) \frac{(n-m+1)\Gamma(n-m+1)\Gamma(m)}{(n+1)\Gamma(n+1)} \right.$$
$$\left. + a \frac{\Gamma(n-m+1)\Gamma(m)}{\Gamma(n+1)} \right]$$

$$= \frac{\Gamma(n+1)}{\Gamma(n-m+1)\Gamma(m)} \frac{\Gamma(n-m+1)\Gamma(m)}{\Gamma(n+1)} \left[(b-a) \frac{(n-m+1)}{n+1} + a \right]$$

$$= a + (b-a) \frac{(n-m+1)}{n+1}$$

即

$$E(x_{(m)}) = a + (b-a) \frac{(n-m+1)}{n+1} \tag{55}$$

$$F[E(x_{(m)})] = P[X_{(m)} \leqslant E(x_{(m)})] = \frac{E(x_{(m)}) - a}{b-a}$$
$$= \frac{1}{b-a} \left[a + (b-a) \frac{(n-m+1)}{n+1} - a \right]$$
$$= \frac{1}{b-a} (b-a) \frac{(n-m+1)}{n+1} = \frac{n-m+1}{n+1}$$

则

$$p_{(m)} = P[X_{(m)} \geqslant E(x_{(m)})] = 1 - F[E(x_{(m)})] = 1 - \frac{n-m+1}{n+1} = \frac{m}{n+1} \tag{56}$$

式 (56) 即为 Weibull 推得的均匀分布绘点位置计算公式.

2) 序列由小到大排序时绘点位置计算

把式 (53) 和 (54) 代入式 (16), 有

$$g_m(x_{(m)}) = \frac{n!}{(n-m)!(m-1)!} f(x_{(m)}) \cdot [F(x_{(m)})]^{m-1} \cdot [1 - F(x_{(m)})]^{n-m}$$

$$= \frac{n!}{(n-m)!(m-1)!} \frac{1}{b-a} \cdot \left[\frac{x_{(m)} - a}{b-a} \right]^{m-1} \cdot \left[1 - \frac{x_{(m)} - a}{b-a} \right]^{n-m}$$

则

$$E\left(x_{(m)}\right)$$

$$= \int_0^\infty x_{(m)} g_m\left(x_{(m)}\right) dx_{(m)}$$

$$= \frac{n!}{(n-m)!\,(m-1)!} \int_a^b \frac{x_{(m)}}{b-a} \cdot \left[\frac{x_{(m)}-a}{b-a}\right]^{m-1} \cdot \left[1-\frac{x_{(m)}-a}{b-a}\right]^{n-m} dx_{(m)}$$

$$= \frac{1}{\mathrm{B}\,(m,n-m+1)} \int_a^b \frac{x_{(m)}}{b-a} \cdot \left[\frac{x_{(m)}-a}{b-a}\right]^{m-1} \cdot \left[\frac{b-x_{(m)}}{b-a}\right]^{n-m} dx_{(m)}$$

$$= \frac{1}{\mathrm{B}\,(m,n-m+1)} \frac{1}{(b-a)^n} \int_a^b x_{(m)} \cdot \left(x_{(m)}-a\right)^{m-1} \cdot \left(b-x_{(m)}\right)^{n-m} dx_{(m)}$$

$$= \frac{1}{\mathrm{B}\,(m,n-m+1)} \frac{1}{(b-a)^n} \int_a^b x_{(m)} \cdot \left(b-x_{(m)}\right)^{n-m} \cdot \left(x_{(m)}-a\right)^{m-1} dx_{(m)}$$

对于积分 $\int_a^b x_{(m)} \cdot \left(b-x_{(m)}\right)^{n-m} \cdot \left(x_{(m)}-a\right)^{m-1} dx_{(m)}$, 变换 $x_{(m)} = \left(x_{(m)}-a\right)+a$, 则

$$\int_a^b x_{(m)} \cdot \left(b-x_{(m)}\right)^{n-m} \cdot \left(x_{(m)}-a\right)^{m-1} dx_{(m)}$$

$$= \int_a^b \left[\left(x_{(m)}-a\right)+a\right] \cdot \left(b-x_{(m)}\right)^{n-m} \cdot \left(x_{(m)}-a\right)^{m-1} dx_{(m)}$$

$$= \int_a^b \left(b-x_{(m)}\right)^{n-m} \cdot \left(x_{(m)}-a\right)^{m} dx_{(m)}$$

$$\quad + a \int_a^b \left(b-x_{(m)}\right)^{n-m} \cdot \left(x_{(m)}-a\right)^{m-1} dx_{(m)}$$

$$= \int_a^b \left(b-x_{(m)}\right)^{n-m+1-1} \cdot \left(x_{(m)}-a\right)^{m+1-1} dx_{(m)}$$

$$\quad + a \int_a^b \left(b-x_{(m)}\right)^{n-m+1-1} \cdot \left(x_{(m)}-a\right)^{m-1} dx_{(m)}$$

由积分公式 $\int_a^b (x-a)^{\mu-1} \cdot (b-x)^{v-1} dx = (b-a)^{\mu+v-1} \mathrm{B}\,(\mu,v)$, 则

$$\int_a^b x_{(m)} \cdot \left(b-x_{(m)}\right)^{n-m} \cdot \left(x_{(m)}-a\right)^{m-1} dx_{(m)}$$

$$= \int_a^b \left(b-x_{(m)}\right)^{n-m+1-1} \cdot \left(x_{(m)}-a\right)^{m+1-1} dx_{(m)}$$

$$+ a \int_a^b \left(b - x_{(m)}\right)^{n-m+1-1} \cdot \left(x_{(m)} - a\right)^{m-1} dx_{(m)}$$

$$= (b-a)^{n-m+1+m+1-1} \mathrm{B}(n-m+1, m+1)$$

$$+ a(b-a)^{n-m+1+m-1} \mathrm{B}(n-m+1, m)$$

$$= (b-a)^{n+1} \mathrm{B}(n-m+1, m+1)$$

$$+ a(b-a)^n \mathrm{B}(n-m+1, m)$$

则

$$E\left(x_{(m)}\right) = \frac{1}{\mathrm{B}(m, n-m+1)} \frac{1}{(b-a)^n}$$

$$\cdot \int_a^b x_{(m)} \cdot \left(b - x_{(m)}\right)^{n-m} \cdot \left(x_{(m)} - a\right)^{m-1} dx_{(m)}$$

$$= \frac{1}{\mathrm{B}(m, n-m+1)} \frac{1}{(b-a)^n} \Big[(b-a)^{n+1} \mathrm{B}(n-m+1, m+1)$$

$$+ a(b-a)^n \mathrm{B}(n-m+1, m) \Big]$$

$$= \frac{1}{\mathrm{B}(m, n-m+1)} \frac{1}{(b-a)^n} (b-a)^n \left[(b-a) \mathrm{B}(n-m+1, m+1) \right.$$

$$\left. + a\mathrm{B}(n-m+1, m) \right]$$

$$= \frac{1}{\mathrm{B}(m, n-m+1)} \left[(b-a) \mathrm{B}(n-m+1, m+1) + a\mathrm{B}(n-m+1, m) \right]$$

$$= \frac{\Gamma(n+1)}{\Gamma(n-m+1)\Gamma(m)} \left[(b-a) \frac{\Gamma(n-m+1)\Gamma(m+1)}{\Gamma(n+2)} \right.$$

$$\left. + a \frac{\Gamma(n-m+1)\Gamma(m)}{\Gamma(n+1)} \right]$$

$$= \frac{\Gamma(n+1)}{\Gamma(n-m+1)\Gamma(m)} \left[(b-a) \frac{\Gamma(n-m+1) m\Gamma(m)}{(n+1)\Gamma(n+1)} \right.$$

$$\left. + a \frac{\Gamma(n-m+1)\Gamma(m)}{\Gamma(n+1)} \right]$$

$$= \frac{\Gamma(n+1)}{\Gamma(n-m+1)\Gamma(m)} \frac{\Gamma(n-m+1)\Gamma(m)}{\Gamma(n+1)} \left[(b-a) \frac{m}{(n+1)} + a \right]$$

$$= a + (b-a) \frac{m}{n+1}$$

即

$$E\left(x_{(m)}\right) = a + (b-a)\frac{m}{n+1} \tag{57}$$

$$
\begin{aligned}
F\left[E\left(x_{(m)}\right)\right] &= P\left[X_{(m)} \leqslant E\left(x_{(m)}\right)\right] = \frac{E\left(x_{(m)}\right) - a}{b-a} \\
&= \frac{1}{b-a}\left[a + (b-a)\frac{m}{n+1} - a\right] \\
&= \frac{1}{b-a}(b-a)\frac{m}{n+1} = \frac{m}{n+1}
\end{aligned}
$$

则

$$p_{(m)} = P\left[X_{(m)} \leqslant E\left(x_{(m)}\right)\right] = F\left[E\left(x_{(m)}\right)\right] = \frac{m}{n+1} \tag{58}$$

1.2.4.3　广义极值分布

广义极值分布 (GEV) 分布函数为

$$F(X) = \begin{cases} e^{-\left[1-\frac{x-u}{\alpha}\right]^{\frac{1}{k}}}, & k \neq 0 \\ \exp\left[-e^{-\frac{x-u}{\alpha}}\right], & k = 0 \end{cases} \tag{59}$$

式中, u, α 和 k 分别为位置、尺度和形状参数. $k = 0$ 时, 分布称为极值 I 型分布 (EV I 分布); $k < 0$ 时, 分布称为极值 II 型分布 (EV II 分布); $k > 0$ 时, 分布称为极值 III 型分布 (EV III 分布).

由小到大排序第 m 阶次序统计量 $x_{(m)}$ 的概率密度函数, 得 $x_{(m)}$ 的数学期望值为

$$
\begin{aligned}
E\left(x_{(m)}\right) &= \int_{-\infty}^{\infty} x_{(m)}g\left(x_{(m)}\right)dx_{(m)} \\
&= \frac{n!}{(m-1)!(n-m)!}\int_{-\infty}^{\infty} x_{(m)}\left[F\left(x_{(m)}\right)\right]^{m-1} \\
&\quad \cdot \left[1 - F\left(x_{(m)}\right)\right]^{n-m} f\left(x_{(m)}\right)dx_{(m)}
\end{aligned} \tag{60}
$$

令 $z = F\left(x_{(m)}\right)$, 则 $x_{(m)} = F^{-1}(z) = h(z)$, 当 $x_{(m)} \to -\infty$ 时, $z = 0$; 当 $x_{(m)} \to \infty$ 时, $z = 1$, $dz = f\left(x_{(m)}\right)dx_{(m)}$. 则

$$
\begin{aligned}
E\left(x_{(m)}\right) &= \frac{n!}{(m-1)!(n-m)!}\int_{-\infty}^{\infty} x_{(m)}\left[F\left(x_{(m)}\right)\right]^{m-1} \\
&\quad \cdot \left[1 - F\left(x_{(m)}\right)\right]^{n-m} f\left(x_{(m)}\right)dx_{(m)}
\end{aligned}
$$

$$= \frac{n!}{(m-1)!\,(n-m)!} \int_0^1 h\,(z)\,z^{m-1}\,(1-z)^{n-m}\,dz$$

$$= \frac{n!}{(m-1)!\,(n-m)!} \int_0^1 y \cdot F^{m-1}\,(1-F)^{n-m}\,dF \tag{61}$$

对于 EV I 分布, 令 $y_1 = \dfrac{x-u}{\alpha}$, 则分布函数为 $F_1 = F\,(y_1) = \exp\,(-e^{-y_1})$, $y_1 = -\ln\,(-\ln F_1)$, 则由式 (61) 得, EV I 分布第 m 阶次序统计量 $y_{(1m)}$ 的数学期望为

$$E\,(y_{(1m)}) = \frac{n!}{(m-1)!\,(n-m)!} \int_0^1 -\ln\,(-\ln F_1) \cdot F_1^{m-1}\,(1-F_1)^{n-m}\,dF_1 \tag{62}$$

对于 EV II 分布, 令 $y_2 = 1 - \dfrac{x-u}{\alpha}$, 则分布函数为 $F_2 = F\,(y_2) = e^{-(y_2)^{\frac{1}{k}}}$, $(y_2)^{\frac{1}{k}} = -\ln F_2$, $y_2 = (-\ln F_2)^k$ 则由式 (61) 得, EV II 分布第 m 阶次序统计量 $y_{(2m)}$ 的数学期望为

$$E\,(y_{(2m)}) = \frac{n!}{(m-1)!\,(n-m)!} \int_0^1 (-\ln F_2)^k \cdot F_2^{m-1}\,(1-F_2)^{n-m}\,dF_2 \tag{63}$$

对于 EV III 分布, 令 $y_3 = -\left(1 - \dfrac{x-u}{\alpha}\right)$, 则 $1 - \dfrac{x-u}{\alpha} = -y_3$. 分布函数为 $F_3 = F\,(y_3) = e^{-(-y_3)^{\frac{1}{k}}}$, $(-y_3)^{\frac{1}{k}} = (-\ln F_3)^k$, $y_3 = -(-\ln F_3)^k$, 则由式 (61) 得, EV III 分布第 m 阶次序统计量 $y_{(3m)}$ 的数学期望为

$$E\,(y_{(3m)}) = \frac{-n!}{(m-1)!\,(n-m)!} \int_0^1 (-\ln F_3)^k \cdot F_3^{m-1}\,(1-F_3)^{n-m}\,dF_3 \tag{64}$$

由式 (63) 和 (64), 可以看出

$$-E\,(y_{(3m)}) = E\,(y_{(2m)}) = \frac{n!}{(m-1)!\,(n-m)!} \int_0^1 (-\ln y)^k \cdot y^{m-1}\,(1-y)^{n-m}\,dy \tag{65}$$

对于式 (65) 推导计算过程如下.

因为 $(a+x)^n = \displaystyle\sum_{k=0}^n \begin{pmatrix} n \\ k \end{pmatrix} x^k a^{n-k}$, 所以把 $(1-y)^{n-m}$ 展开成级数形式有

$$E\,(y_{(2m)}) = \frac{n!}{(m-1)!\,(n-m)!} \int_0^1 (-\ln y)^k \cdot y^{m-1}\,(1-y)^{n-m}\,dy$$

$$= \frac{n!}{(m-1)!\,(n-m)!} \int_0^1 (-\ln y)^k \cdot y^{m-1} \sum_{s=0}^{n-m} \begin{pmatrix} n \\ s \end{pmatrix} (-y)^s\,1^{n-s}\,dy$$

$$= \frac{n!}{(m-1)!\,(n-m)!} \sum_{s=0}^{n-m} \begin{pmatrix} n \\ s \end{pmatrix} (-1)^s \int_0^1 (-\ln y)^k \cdot y^{m+s-1}\,dy$$

对于积分 $\int_0^1 (-\ln y)^k \cdot y^{m+s-1} dy$, 令 $x = -\ln y$, 当 $y = 0$ 时, $x \to \infty$; 当 $y = 1$ 时, $x = 0, y = e^{-x}, dy = -e^{-x} dx$, 则

$$\int_0^1 (-\ln y)^k \cdot y^{m+s-1} dy = \int_\infty^0 x^k \cdot e^{-(m+s-1)x} \left(-e^{-x}\right) dx$$

$$= \int_0^\infty x^k \cdot e^{[-(m+s-1)-1]x} dx = \int_0^\infty x^k \cdot e^{-(m+s)x} dx$$

令 $y = (m+s)x$, 当 $x = 0$ 时, $y = 0$, 当 $x \to \infty$ 时, $y \to \infty$, $x = \dfrac{1}{m+s} y$, $dx = \dfrac{1}{m+s} dy$, 则

$$\int_0^1 (-\ln y)^k \cdot y^{m+s-1} dy = \int_0^\infty x^k \cdot e^{-(m+s)x} dx = \int_0^\infty \frac{1}{(m+s)^k} y^k \cdot e^{-y} \frac{1}{m+s} dy$$

$$= \frac{1}{(m+s)^{k+1}} \int_0^\infty y^k \cdot e^{-y} dy$$

$$= \frac{1}{(m+s)^{k+1}} \int_0^\infty y^{k+1-1} \cdot e^{-y} dy = \frac{\Gamma(1+k)}{(m+s)^{k+1}}$$

$$E\left(y_{(2m)}\right) = \frac{n!}{(m-1)!\,(n-m)!} \sum_{s=0}^{n-m} \binom{n}{s} (-1)^s \int_0^1 (-\ln y)^k \cdot y^{m+s-1} dy$$

$$= \frac{n!}{(m-1)!\,(n-m)!} \sum_{s=0}^{n-m} \binom{n}{s} (-1)^s \frac{\Gamma(1+k)}{(m+s)^{k+1}}$$

$$= \frac{n!}{(m-1)!\,(n-m)!} \Gamma(1+k) \sum_{s=0}^{n-m} \binom{n}{s} (-1)^s \frac{1}{(m+s)^{k+1}} \tag{66}$$

$$E\left(y_{(3m)}\right) = -E\left(y_{(2m)}\right) \tag{67}$$

对于

$$E\left(y_{(1m)}\right) = \frac{n!}{(m-1)!\,(n-m)!} \int_0^1 -\ln(-\ln F_1) \cdot F_1^{m-1} (1-F_1)^{n-m} dF_1$$

$$= \frac{n!}{(m-1)!\,(n-m)!} \int_0^1 -\ln(-\ln y) \cdot y^{m-1} (1-y)^{n-m} dy$$

同样, 把 $(1-y)^{n-m}$ 展开成级数形式有

$$E\left(y_{(1m)}\right) = \frac{n!}{(m-1)!\,(n-m)!} \int_0^1 -\ln(-\ln y) \cdot y^{m-1} (1-y)^{n-m} dy$$

$$= \frac{n!}{(m-1)!\,(n-m)!} \int_0^1 -\ln(-\ln y) \cdot y^{m-1} \sum_{s=0}^{n-m} \binom{n}{s} (-y)^s 1^{n-s} dy$$

$$= \frac{n!}{(m-1)!\,(n-m)!} \int_0^1 -\ln(-\ln y) \cdot \sum_{s=0}^{n-m} \binom{n}{s} (-1)^s y^{m+s-1} dy$$

$$= \frac{n!}{(m-1)!\,(n-m)!} \sum_{s=0}^{n-m} \binom{n}{s} (-1)^s \int_0^1 -\ln(-\ln y) \cdot y^{m+s-1} dy$$

对于积分 $\int_0^1 -\ln(-\ln y) \cdot y^{m+s-1} dy$, 令 $x = -\ln y$, 当 $y = 0$ 时, $x \to \infty$, 当 $y = 1$ 时, $x = 0$, $y = e^{-x}$, $dy = -e^{-x} dx$, 则

$$\int_0^1 -\ln(-\ln y) \cdot y^{m+s-1} dy = \int_\infty^0 -\ln x \cdot e^{-(m+s-1)x} \left(-e^{-x}\right) dx$$

$$= \int_\infty^0 \ln x \cdot e^{-(m+s)x} dx = -\int_0^\infty \ln x \cdot e^{-(m+s)x} dx$$

令 $y = (m+s)x$, 当 $x = 0$ 时, $y = 0$; 当 $x \to \infty$ 时, $y \to \infty$, $x = \dfrac{1}{m+s} y$, $dx = \dfrac{1}{m+s} dy$, 则

$$\int_0^1 -\ln(-\ln y) \cdot y^{m+s-1} dy = -\int_0^\infty \ln x \cdot e^{-(m+s)x} dx$$

$$= -\int_0^\infty \ln \frac{y}{m+s} \cdot e^{-y} \frac{1}{m+s} dy = -\frac{1}{m+s} \int_0^\infty e^{-y} \ln \frac{y}{m+s} dy$$

$$= -\frac{1}{m+s} \int_0^\infty e^{-y} [\ln y - \ln(m+s)] dy$$

$$= -\frac{1}{m+s} \left[\int_0^\infty e^{-y} \ln y\, dy - \ln(m+s) \int_0^\infty e^{-y} dy \right]$$

由积分公式
$$\begin{cases} \displaystyle\int_0^\infty e^{-x} \ln x\, dx = -\gamma, \\[2mm] \displaystyle\int_0^1 \ln\left(\ln \frac{1}{x}\right) dx = -\gamma, \\[2mm] \displaystyle\int_0^\infty e^{-\mu x} \ln x\, dx = -\frac{1}{\mu}(\gamma + \ln \mu), \\[2mm] \displaystyle\int_0^1 x^{\mu-1} \ln\left(\ln \frac{1}{x}\right) dx = -\frac{1}{\mu}(\gamma + \ln \mu), \end{cases}$$
得

$$\int_0^1 -\ln(-\ln y) \cdot y^{m+s-1} dy = -\frac{1}{m+s} \left[\int_0^\infty e^{-y} \ln y\, dy - \ln(m+s) \int_0^\infty e^{-y} dy \right]$$

$$= -\frac{1}{m+s}\left[\int_0^\infty e^{-y}\ln y\,dy + \ln(m+s)\,e^{-y}\Big|_0^\infty\right]$$

$$= -\frac{1}{m+s}\left[-\gamma - \ln(m+s)\right] = \frac{1}{m+s}\left[\gamma + \ln(m+s)\right]$$

则

$$E\left(y_{(1m)}\right) = \frac{n!}{(m-1)!\,(n-m)!}\sum_{s=0}^{n-m}\binom{n}{s}(-1)^s\int_0^1 -\ln(-\ln y)\cdot y^{m+s-1}dy$$

$$= \frac{n!}{(m-1)!\,(n-m)!}\sum_{s=0}^{n-m}\binom{n}{s}(-1)^s\frac{1}{m+s}\left[\gamma + \ln(m+s)\right]$$

$$= \frac{n!}{(m-1)!\,(n-m)!}\sum_{s=0}^{n-m}\binom{n}{s}(-1)^s\left[\gamma + \ln(m+s)\right]\frac{1}{m+s} \tag{68}$$

当 $m = n$ 时, 有最大阶次序统计量的数学期望为

$$\begin{cases} E\left(y_{(1n)}\right) = \gamma + \ln n \\[2mm] E\left(y_{(2n)}\right) = \dfrac{\Gamma(1+k)}{n^k} \\[2mm] E\left(y_{(3n)}\right) = -\dfrac{\Gamma(1+k)}{n^k} \end{cases} \tag{69}$$

广义极值分布第 m 阶次序统计量 $y_{(m)}$ 绘点位置计算公式为

$$P_m = \left[E\left(y_{(m)}\right)\right] \tag{70}$$

式中, $E\left(y_{(m)}\right)$ 为上述方法推导的广义极值分布次序统计量的数学期望值.

式 (70) 即为广义极值分布绘点位置精确计算公式, 对于样本长度 n 较大时, 计算较为复杂. 实际中, 许多研究者将绘点位置计算概化为下述简单通用公式.

一般通用形式

$$P_m = \frac{m+a}{n-b} \tag{71}$$

Cunnane(1977) 形式

$$P_m = \frac{m-a}{n+1-2a} \tag{72}$$

不难看出, 式 (71) 可以写为

$$nP_m - m = a + bP_m \tag{73}$$

式 (73) 对于给定容量为 n 的样本和偏态系数 C_s(或形状参数 k), $nP_m - m$ 和 P_m 存在线性关系. 通过回归分析, 即可确定 a 和 b 值. 其步骤如下:

(1) 给定参数 k;

(2) 给定样本容量 n;

(3) 应用公式

$$E\left(y_{(2m)}\right) = \frac{n!}{(m-1)!\,(n-m)!}\Gamma\left(1+k\right)\sum_{s=0}^{n-m}\left(\begin{array}{c} n \\ s \end{array}\right)(-1)^s\frac{1}{(m+s)^{k+1}}$$

$$E\left(y_{(3m)}\right) = -E\left(y_{(2m)}\right)$$

和

$$E\left(y_{(1m)}\right) = \frac{n!}{(m-1)!\,(n-m)!}\sum_{s=0}^{n-m}\left(\begin{array}{c} n \\ s \end{array}\right)(-1)^s\left[\gamma + \ln\left(m+s\right)\right]\frac{1}{m+s}$$

计算第 m 阶次序统计量 $y_{(m)}$ 的数学期望值 $E\left(y_{(m)}\right)$;

(4) 令 $y = E\left(y_{(m)}\right)$, 应用公式 $P_m = \begin{cases} e^{-(y)^{\frac{1}{k}}}, & k < 0, \\ e^{-(-y)^{\frac{1}{k}}}, & k > 0, \\ \exp\left(-e^{-y}\right), & k = 0, \end{cases}$ 计算 P_m;

(5) 把 $nP_m - m$ 和 P_m 进行回归分析, 即可得到 a 和 b 值.

本节采用参数取值范围 $k = -0.3$—1.5, 计算步长 $\Delta k = 0.1$, 样本容量取值范围 $n = 5$—30, 计算步长 $\Delta n = 5$. 不同 k 和 n 取值组合下, a, b 值计算结果见表 5.

表 5　不同 k 和 n 取值组合下的 a, b 值

k	n	C_s	a	b	k	n	C_s	a	b
-0.30	5	13.48355	-0.21472	-0.17768	-0.20	20	3.53507	-0.26774	-0.13674
-0.30	10	13.48355	-0.23523	-0.13478	-0.20	25	3.53507	-0.27159	-0.12844
-0.30	15	13.48355	-0.24483	-0.11422	-0.20	30	3.53507	-0.27285	-0.12489
-0.30	20	13.48355	-0.25061	-0.10177	-0.10	5	1.91034	-0.25182	-0.24143
-0.30	25	13.48355	-0.25454	-0.09330	-0.10	10	1.91034	-0.27042	-0.20230
-0.30	30	13.48355	-0.26184	-0.08247	-0.10	15	1.91034	-0.27944	-0.18305
-0.20	5	3.53507	-0.23328	-0.20990	-0.10	20	1.91034	-0.28495	-0.17124
-0.20	10	3.53507	-0.25279	-0.16885	-0.10	25	1.91034	-0.28869	-0.16319
-0.20	15	3.53507	-0.26210	-0.14889	-0.10	30	1.91034	-0.28382	-0.16583

k	n	C_s	a	b	k	n	C_s	a	b
0.00	5	1.13900	−0.27027	−0.27243	0.80	5	−1.42955	−0.41157	−0.51331
0.00	10	1.13900	−0.28809	−0.23525	0.80	10	−1.42955	−0.42808	−0.48876
0.00	15	1.13900	−0.29685	−0.21676	0.80	15	−1.42955	−0.43617	−0.47647
0.00	20	1.13900	−0.30223	−0.20536	0.80	20	−1.42955	−0.44111	−0.46888
0.00	25	1.13900	−0.30593	−0.19752	0.80	25	−1.42955	−0.44450	−0.46364
0.00	30	1.13900	−0.30970	−0.19097	0.80	30	−1.42955	−0.44693	−0.45982
0.10	5	0.63764	−0.28859	−0.30304	0.90	5	−1.70804	−0.42826	−0.54341
0.10	10	0.63764	−0.30575	−0.26779	0.90	10	−1.70804	−0.44523	−0.51980
0.10	15	0.63764	−0.31428	−0.25009	0.90	15	−1.70804	−0.45344	−0.50817
0.10	20	0.63764	−0.31955	−0.23913	0.90	20	−1.70804	−0.45843	−0.50104
0.10	25	0.63764	−0.32318	−0.23157	0.90	25	−1.70804	−0.46183	−0.49614
0.10	30	0.63764	−0.32866	−0.22282	0.90	30	−1.70804	−0.46430	−0.49254
0.20	5	0.25411	−0.30676	−0.33337	1.00	5	−2.00000	−0.44472	−0.57362
0.20	10	0.25411	−0.32340	−0.29999	1.00	10	−2.00000	−0.46228	−0.55078
0.20	15	0.25411	−0.33174	−0.28310	1.00	15	−2.00000	−0.47067	−0.53976
0.20	20	0.25411	−0.33691	−0.27260	1.00	20	−2.00000	−0.47572	−0.53308
0.20	25	0.25411	−0.34048	−0.26533	1.00	25	−2.00000	−0.47914	−0.52852
0.20	30	0.25411	−0.34496	−0.25803	1.00	30	−2.00000	−0.48166	−0.52516
0.30	5	−0.06874	−0.32475	−0.36350	1.10	5	−2.30935	−0.46095	−0.60397
0.30	10	−0.06874	−0.34101	−0.33191	1.10	10	−2.30935	−0.47923	−0.58173
0.30	15	−0.06874	−0.34920	−0.31583	1.10	15	−2.30935	−0.48784	−0.57127
0.30	20	−0.06874	−0.35428	−0.30581	1.10	20	−2.30935	−0.49298	−0.56502
0.30	25	−0.06874	−0.35779	−0.29886	1.10	25	−2.30935	−0.49644	−0.56080
0.30	30	−0.06874	−0.36042	−0.29365	1.10	30	−2.30935	−0.49894	−0.55774
0.40	5	−0.35863	−0.34254	−0.39350	1.20	5	−2.64004	−0.47695	−0.63448
0.40	10	−0.35863	−0.35857	−0.36360	1.20	10	−2.64004	−0.49607	−0.61266
0.40	15	−0.35863	−0.36665	−0.34833	1.20	15	−2.64004	−0.50495	−0.60271
0.40	20	−0.35863	−0.37166	−0.33879	1.20	20	−2.64004	−0.51020	−0.59687
0.40	25	−0.35863	−0.37513	−0.33217	1.20	25	−2.64004	−0.51371	−0.59297
0.40	30	−0.35863	−0.37764	−0.32741	1.20	30	−2.64004	−0.51624	−0.59017
0.50	5	−0.63111	−0.36013	−0.42344	1.30	5	−2.99615	−0.49271	−0.66518
0.50	10	−0.63111	−0.37607	−0.39509	1.30	10	−2.99615	−0.51280	−0.64359
0.50	15	−0.63111	−0.38408	−0.38061	1.30	15	−2.99615	−0.52200	−0.63409
0.50	20	−0.63111	−0.38904	−0.37157	1.30	20	−2.99615	−0.52738	−0.62864
0.50	25	−0.63111	−0.39247	−0.36529	1.30	25	−2.99615	−0.53096	−0.62506
0.50	30	−0.63111	−0.39479	−0.36083	1.30	30	−2.99615	−0.53352	−0.62252
0.60	5	−0.89605	−0.37750	−0.45337	1.40	5	−3.38201	−0.50825	−0.69607
0.60	10	−0.89605	−0.39349	−0.42643	1.40	10	−3.38201	−0.52942	−0.67452
0.60	15	−0.89605	−0.40148	−0.41271	1.40	15	−3.38201	−0.53898	−0.66543
0.60	20	−0.89605	−0.40641	−0.40416	1.40	20	−3.38201	−0.54453	−0.66033
0.60	25	−0.89605	−0.40982	−0.39823	1.40	25	−3.38201	−0.54819	−0.65706
0.60	30	−0.89605	−0.41233	−0.39383	1.40	30	−3.38201	−0.55080	−0.65477
0.70	5	−1.16039	−0.39465	−0.48331	1.50	5	−3.80231	−0.52356	−0.72717
0.70	10	−1.16039	−0.41083	−0.45764	1.50	10	−3.80231	−0.54592	−0.70548
0.70	15	−1.16039	−0.41884	−0.44466	1.50	15	−3.80231	−0.55589	−0.69672
0.70	20	−1.16039	−0.42377	−0.43659	1.50	20	−3.80231	−0.56163	−0.69197
0.70	25	−1.16039	−0.42716	−0.43101	1.50	25	−3.80231	−0.56539	−0.68899
0.70	30	−1.16039	−0.42971	−0.42682	1.50	30	−3.80231	−0.56805	−0.68695

1.2.4.4 其他公式 (金光炎, 1994)

a. Blom(1958) 正态分布绘点位置公式

$$p_{(m)} = \frac{m - 3/8}{n + 1/4} \qquad (74)$$

b. Gringorten(1963) 极值 I 型分布绘点位置公式

$$p_{(m)} = \frac{m - 0.44}{n + 0.12} \qquad (75)$$

c. 英国洪水研究报告 (1975)P-III 型分布绘点位置公式

$$p_{(m)} = \frac{m - 2/5}{n + 1/5} \qquad (76)$$

d. 华家鹏 (1984)P-III 型分布绘点位置公式

$$p_{(m)} = \frac{m - 0.45}{n + 0.10} \qquad (77)$$

式中, 绘点位置公式适用 $C_s = 1, \cdots, 4$.

e. Nguyen 等 (1989)P-III 型分布绘点位置公式

$$p_{(m)} = \frac{m - 0.42}{n + 0.05 + 0.3C_s} \qquad (78)$$

式中, 绘点位置公式适用 $C_s = -3.0, \cdots, 3.0$.

f. 季学武等 (1984)P-III 型分布绘点位置公式

季学武采用统计试验法得到 $p_{(m)} = \dfrac{m - a}{n + a - 2a_s}$ 公式的 a 值, 其中, $C_s = 0, \cdots, 2.0$. 见表 6.

表 6　季学武 (1984)P-III 型分布绘点位置公式 a 值

C_s	m		
	1	2	其他
0	0.38,0.38,0.39	0.40	0.40
1	0.42	0.43,0.44,0.45	0.45
2	0.44	0.47	0.50
说明	表中有 3 个数的分别对于 $n = 30, 50, 100$ 的情况, 仅有 1 个数的为对各 n 均相同		

g. 勃洛希夫 (1960) 克-门分布绘点位置公式

$$
\left.
\begin{aligned}
C_s > 2C_v; \quad & p_{(m)} = \frac{m-0.3}{n+0.4} \\[2mm]
C_s = 2C_v; \quad & p_{(m)} = \frac{m-0.4}{n+0.2} \\[2mm]
C_s < 2C_v; \quad & p_{(m)} = \frac{m-0.5}{n}
\end{aligned}
\right\}
\tag{79}
$$

h. Tukey(1962) 绘点位置公式

$$
p_{(m)} = \frac{m-1/3}{n+1/3}
\tag{80}
$$

i. Cunnane(1978) 绘点位置公式

$$
p_{(m)} = \frac{m-0.4}{n+0.2}
\tag{81}
$$

j. California(1923) 公式

$$
p_{(m)} = \frac{m}{n}
\tag{82}
$$

式 (82) 只有在 n 很大情况下才能使用. 当 $m=n$ 时, 最末项的频率为 1.0. 对于小样本来说, 当样本按由小到大排序时, 末项最大值未必是序列的最大极限值, 随着试验次数的增加, 可能还会出现比已有最大值还大的值. 同样, 当样本按由大到小排序时, 末项最小值未必是序列的最小极限值, 以后可能还会出现比已有最小值还小的值. 另外, 序列由大到小排序与由小到大排序时, 出现位置不同, 频率值不能互补.

k. 海森 (1930) 公式

针对 California(1923) 公式不足, 海森 (1930) 采用这种方案, 其公式为

$$
p_{(m)} = \frac{m-0.5}{n}
\tag{83}
$$

1.3　考虑特大历史洪水的序列经验频率公式

王善序 (1990) 应用次序统计量理论, 推导了考虑特大历史洪水的序列经验频率公式——双 (多) 样本模型. 本节引用他的文献, 叙述考虑特大历史洪水的序列经验频率公式.

1.3.1 双样本模型

记历史洪水样本容量为 $N-n$, 样本为 O_{N-n}, 实测洪水样本为 O_n. 双样本模型可概括为:

(1) O_{N-n} 和 O_n 服从连续同一总体分布, 且为抽出的两个相互独立随机样本;

(2) O_{N-n} 中仅有最大的 a 个洪水 $x_{(11)}, x_{(12)}, \cdots, x_{(1a)}$(由大到小排列) 已知, 其余 $N-n-a$ 个未知;

(3) O_n 中全部 n 个洪水 $x_{(21)}, x_{(22)}, \cdots, x_{(2n)}$(由大到小排列) 已知;

(4) O_{N-n} 中 a 个洪水比 O_n 中 n 个洪水都要大;

(5) 用 O_{N-n} 中 a 个最大洪水和 O_n 中 n 个洪水来绘点一条频率曲线.

根据统计学原理, 样本 O_{N-n} 中已知的最大 a 个洪水次序统计量 $(x_{(11)}, x_{(12)}, \cdots, x_{(1a)})$ 的联合概率密度函数为

$$h_1\left(x_{(11)}, x_{(12)}, \cdots, x_{(1a)}\right) = a!\begin{pmatrix} N-n \\ a \end{pmatrix}\prod_{i=1}^{a} f\left(x_{(1i)}\right)\left[\int_0^{x_{(1a)}} f\left(t\right)dt\right]^{N-n-a}$$

$$\left(x_{(11)} > x_{(12)} > \cdots > x_{(1a)}\right) \tag{84}$$

若记频率为

$$p_{(1i)} = \int_{x_{(1i)}}^{\infty} f\left(t\right)dt \tag{85}$$

$$|J| = \begin{vmatrix} \dfrac{\partial p_{(11)}}{\partial x_{(11)}} & \dfrac{\partial p_{(11)}}{\partial x_{(12)}} & \cdots & \dfrac{\partial p_{(11)}}{\partial x_{(1a)}} \\ \dfrac{\partial p_{(12)}}{\partial x_{(11)}} & \dfrac{\partial p_{(12)}}{\partial x_{(12)}} & \cdots & \dfrac{\partial p_{(12)}}{\partial x_{(1a)}} \\ \vdots & \vdots & & \vdots \\ \dfrac{\partial p_{(1a)}}{\partial x_{(11)}} & \dfrac{\partial p_{(1a)}}{\partial x_{(12)}} & \cdots & \dfrac{\partial p_{(1a)}}{\partial x_{(1a)}} \end{vmatrix}^{-1}$$

$$= \begin{vmatrix} f\left(x_{(11)}\right) & 0 & \cdots & 0 \\ 0 & f\left(x_{(12)}\right) & \cdots & 0 \\ \vdots & \vdots & & \vdots \\ 0 & 0 & \cdots & f\left(x_{(1a)}\right) \end{vmatrix}^{-1} = \dfrac{1}{\prod\limits_{i=1}^{a} f\left(x_{(1i)}\right)}$$

则

$$g_1\left(p_{(11)}, p_{(12)}, \cdots, p_{(1a)}\right)$$

$$= h_1\left(x_{(11)}, x_{(12)}, \cdots, x_{(1a)}\right)|\boldsymbol{J}|$$

$$= a!\begin{pmatrix} N-n \\ a \end{pmatrix} \prod_{i=1}^{a} f\left(x_{(1i)}\right)\left[1 - p_{(1a)}\right]^{N-n-a} \frac{1}{\prod\limits_{i=1}^{a} f\left(x_{(1i)}\right)}$$

$$= a!\begin{pmatrix} N-n \\ a \end{pmatrix}\left[1 - p_{(1a)}\right]^{N-n-a}$$

$$\left(0 < p_{(11)} < p_{(12)} < \cdots < p_{(1a)} < 1\right) \tag{86}$$

对于样本 O_n, 同理有联合概率密度函数

$$h_2\left(x_{(21)}, x_{(22)}, \cdots, x_{(2n)}\right) = n! \prod_{i=1}^{n} f\left(x_{(2i)}\right) \quad \left(x_{(21)} > x_{(22)} > \cdots > x_{(2n)}\right) \tag{87}$$

$$g_2\left(p_{(21)}, p_{(22)}, \cdots, p_{(2n)}\right) = n! \quad \left(0 < p_{(21)} < p_{(22)} < \cdots < p_{(2n)} < 1\right) \tag{88}$$

因为 O_{N-n} 和 O_n 相互独立, 所以次序统计量 $\left(x_{(11)} > x_{(12)} > \cdots > x_{(1a)}\right)$ 和 $\left(x_{(21)} > x_{(22)} > \cdots > x_{(2n)}\right)$ 的联合概率密度函数为

$$h\left(x_{(11)}, x_{(12)}, \cdots, x_{(1a)}, x_{(21)}, x_{(22)}, \cdots, x_{(2n)}\right)$$

$$= h_1\left(x_{(11)}, x_{(12)}, \cdots, x_{(1a)}\right) \cdot h_2\left(x_{(21)}, x_{(22)}, \cdots, x_{(2n)}\right)$$

$$= a!n!\begin{pmatrix} N-n \\ a \end{pmatrix} \prod_{i=1}^{a} f\left(x_{(1i)}\right) \prod_{i=1}^{n} f\left(x_{(2i)}\right)\left(1 - p_{(1a)}\right)^{N-n-a} \tag{89}$$

$$g\left(p_{(11)}, p_{(12)}, \cdots, p_{(1a)}, p_{(21)}, p_{(22)}, \cdots, p_{(2n)}\right)$$

$$= g_1 p_{(11)}, p_{(12)}, \cdots, p_{(1a)} \cdot g_2\left(p_{(21)}, p_{(22)}, \cdots, p_{(2n)}\right)$$

$$= a!n!\begin{pmatrix} N-n \\ a \end{pmatrix}\left(1 - p_{(1a)}\right)^{N-n-a} \tag{90}$$

式 (89) 和 (90) 没有考虑两组次序统计量之间的关系, 即两组次序统计量条件 D

$$x_{(11)} > x_{(12)} > \cdots > x_{(1a)} > x_{(21)} > x_{(22)} > \cdots > x_{(2n)}$$

$$0 < p_{(11)} < p_{(12)} < \cdots < p_{(1a)} < p_{(21)} < p_{(22)} < \cdots < p_{(2n)} < 1$$

$$p_{(1i)} \in [0,1], \quad p_{(2j)} \in [0,1], \quad i = 1,2,\cdots,a, \quad j = 1,2,\cdots,n$$

称满足上述条件 D 的条件概率密度函数为基本分布.

例如, $0 \leqslant p_1 \leqslant p_2 \leqslant p_3 \leqslant 1$, 如图 3 所示, 其积分顺序为先对 p_3 积分, 再对 p_2 积分, 后对 p_1 积分

$$\int_0^1 \int_{p_1}^1 \int_{p_2}^1 dp_3 dp_2 dp_1 = \int_0^1 dp_1 \int_{p_1}^1 dp_2 \int_{p_2}^1 dp_3$$

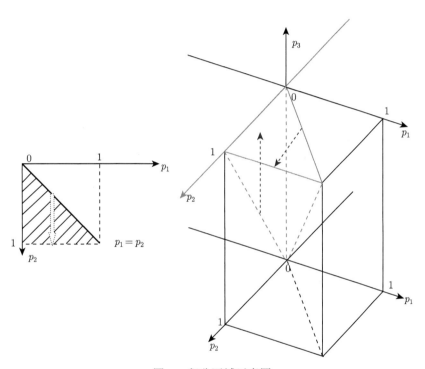

图 3   积分区域示意图

对于式 (90) 进行 $a+n$ 重积分,

$$P_r(D) = \int_D g\left(p_{(11)}, p_{(12)}, \cdots, p_{(1a)}, p_{(21)}, p_{(22)}, \cdots, p_{(2n)}\right) dp_{(11)} dp_{(12)} \cdots dp_{(1a)}$$

$$\cdot\, dp_{(21)} dp_{(22)} \cdots dp_{(2n)}$$

$$= \int_0^1 \int_{p_{(11)}}^1 \int_{p_{(12)}}^1 \cdots \int_{p_{(1,a-2)}}^1 \int_{p_{(1,a-1)}}^1 \int_{p_{(1a)}}^1 \int_{p_{(21)}}^1 \int_{p_{(22)}}^1 \cdots \int_{p_{(2,n-2)}}^1 \int_{p_{(2,n-1)}}^1$$

$$\cdot\, g\left(p_{(11)}, p_{(12)}, \cdots, p_{(1a)}, p_{(21)}, p_{(22)}, \cdots, p_{(2n)}\right) dp_{(2n)} \cdots dp_{(22)} dp_{(21)}$$

$$\cdot\, dp_{(1a)} dp_{(1,a-1)} \cdots dp_{(12)} dp_{(11)}$$

$$
\begin{aligned}
=&\int_0^1\int_{p_{(11)}}^1\int_{p_{(12)}}^1\cdots\int_{p_{(1,a-2)}}^1\int_{p_{(1,a-1)}}^1\int_{p_{(1a)}}^1\int_{p_{(21)}}^1\int_{p_{(22)}}^1\cdots\int_{p_{(2,n-2)}}^1\int_{p_{(2,n-1)}}^1 a!n!\\
&\cdot\binom{N-n}{a}\left(1-p_{(1a)}\right)^{N-n-a}dp_{(2n)}\cdots dp_{(22)}dp_{(21)}\\
&\cdot dp_{(1a)}dp_{(1,a-1)}\cdots dp_{(12)}dp_{(11)}\\
=&a!n!\binom{N-n}{a}\int_0^1 dp_{(11)}\int_{p_{(11)}}^1 dp_{(12)}\int_{p_{(12)}}^1 dp_{(12)}\cdots\\
&\cdot\int_{p_{(1,a-2)}}^1 dp_{(1,a-1)}\int_{p_{(1,a-1)}}^1\left(1-p_{(1a)}\right)^{N-n-a}dp_{(1a)}\\
&\cdot\int_{p_{(1a)}}^1 dp_{(21)}\int_{p_{(21)}}^1 dp_{(22)}\int_{p_{(22)}}^1 dp_{(23)}\cdots\int_{p_{(2,n-2)}}^1 dp_{(2,n-1)}\int_{p_{(2,n-1)}}^1 dp_{(2n)}
\end{aligned}
$$

对于式 (90) 进行 n 重积分

$$
I_1=\int_{p_{(1a)}}^1 dp_{(21)}\int_{p_{(21)}}^1 dp_{(22)}\int_{p_{(22)}}^1 dp_{(23)}\cdots\int_{p_{(2,n-2)}}^1 dp_{(2,n-1)}\int_{p_{(2,n-1)}}^1 dp_{(2n)}
$$

有

$$
\begin{aligned}
I_1=&\int_{p_{(1a)}}^1 dp_{(21)}\int_{p_{(21)}}^1 dp_{(22)}\int_{p_{(22)}}^1 dp_{(23)}\cdots\int_{p_{(2,n-2)}}^1 dp_{(2,n-1)}\int_{p_{(2,n-1)}}^1 dp_{(2n)}\\
=&\int_{p_{(1a)}}^1 dp_{(21)}\int_{p_{(21)}}^1 dp_{(22)}\int_{p_{(22)}}^1 dp_{(23)}\cdots\int_{p_{(2,n-2)}}^1\frac{1}{1}\left(1-p_{(2,n-1)}\right)dp_{(2,n-1)}\\
=&\int_{p_{(1a)}}^1 dp_{(21)}\int_{p_{(21)}}^1 dp_{(22)}\int_{p_{(22)}}^1 dp_{(23)}\cdots\int_{p_{(2,n-3)}}^1\frac{1}{1\times2}\left(1-p_{(2,n-2)}\right)^2 dp_{(2,n-2)}\\
=&\int_{p_{(1a)}}^1 dp_{(21)}\int_{p_{(21)}}^1 dp_{(22)}\int_{p_{(22)}}^1\frac{1}{1\times2\times\cdots\times(n-3)}\left(1-p_{(23)}\right)^{n-3}dp_{(23)}\\
=&\int_{p_{(1a)}}^1 dp_{(21)}\int_{p_{(21)}}^1\frac{1}{1\times2\times\cdots\times(n-3)\times(n-2)}\left(1-p_{(22)}\right)^{n-2}dp_{(22)}\\
=&\int_{p_{(1a)}}^1\frac{1}{1\times2\times\cdots\times(n-3)\times(n-2)\times(n-1)}\left(1-p_{(21)}\right)^{n-1}dp_{(21)}\\
=&\frac{1}{1\times2\times\cdots\times(n-3)\times(n-2)\times(n-1)\times n}\left(1-p_{(1a)}\right)^n=\frac{1}{n!}\left(1-p_{(1a)}\right)^n
\end{aligned}
$$

则

$$P_r\left(D\right)=a!n!\left(\begin{array}{c}N-n\\a\end{array}\right)\int_0^1 dp_{(11)}\int_{p_{(11)}}^1 dp_{(12)}\int_{p_{(12)}}^1 dp_{(12)}\cdots$$

$$\cdot\int_{p_{(1,a-2)}}^1 dp_{(1,a-1)}\int_{p_{(1,a-1)}}^1\left(1-p_{(1a)}\right)^{N-n-a}dp_{(1a)}\cdot I_1$$

$$=a!n!\left(\begin{array}{c}N-n\\a\end{array}\right)\int_0^1 dp_{(11)}\int_{p_{(11)}}^1 dp_{(12)}\int_{p_{(12)}}^1 dp_{(12)}\cdots$$

$$\cdot\int_{p_{(1,a-2)}}^1 dp_{(1,a-1)}\int_{p_{(1,a-1)}}^1\frac{1}{n!}\left(1-p_{(1a)}\right)^{N-n-a+n}dp_{(1a)}$$

对于式 (90) 进行 a 重积分 $I_2=\int_0^1 dp_{(11)}\int_{p_{(11)}}^1 dp_{(12)}\int_{p_{(12)}}^1 dp_{(12)}\cdots\int_{p_{(1,a-2)}}^1 dp_{(1a-1)}\cdot$
$\int_{p_{(1,a-1)}}^1\frac{1}{n!}\left(1-p_{(1a)}\right)^{N-a}dp_{(1a)}$，有

$$I_2=\int_0^1 dp_{(11)}\int_{p_{(11)}}^1 dp_{(12)}\int_{p_{(12)}}^1 dp_{(12)}$$

$$\cdots\int_{p_{(1,a-2)}}^1 dp_{(1,a-1)}\int_{p_{(1,a-1)}}^1\frac{1}{n!}\left(1-p_{(1a)}\right)^{N-a}dp_{(1a)}$$

$$=\frac{1}{n!}\int_0^1 dp_{(11)}\int_{p_{(11)}}^1 dp_{(12)}\int_{p_{(12)}}^1 dp_{(12)}$$

$$\cdots\int_{p_{(1,a-2)}}^1 dp_{(1,a-1)}\int_{p_{(1,a-1)}}^1\left(1-p_{(1a)}\right)^{N-a}dp_{(1a)}$$

$$=\frac{1}{n!}\int_0^1 dp_{(11)}\int_{p_{(11)}}^1 dp_{(12)}\int_{p_{(12)}}^1 dp_{(12)}$$

$$\cdots\int_{p_{(1,a-2)}}^1 dp_{(1,a-1)}\left.\frac{-1}{N-a+1}\left(1-p_{(1a)}\right)^{N-a+1}\right|_{p_{(1,a-1)}}^1$$

$$=\frac{1}{n!}\int_0^1 dp_{(11)}\int_{p_{(11)}}^1 dp_{(12)}\int_{p_{(12)}}^1 dp_{(13)}$$

$$\cdots\int_{p_{(1,a-2)}}^1\frac{1}{N-a+1}\left(1-p_{(1,a-1)}\right)^{N-a+1}dp_{(1,a-1)}$$

$$=\frac{1}{n!}\int_0^1 dp_{(11)}\int_{p_{(11)}}^1 dp_{(12)}\int_{p_{(12)}}^1 dp_{(13)}$$

$$\cdots \int_{p_{(1,a-3)}}^{1} \frac{1}{(N-a+1) \cdot (N-a+2)} \left(1-p_{(1,a-2)}\right)^{N-a+2} dp_{(1,a-2)}$$

$$=\frac{1}{n!} \int_{0}^{1} dp_{(11)} \int_{p_{(11)}}^{1} dp_{(12)} \int_{p_{(12)}}^{1} dp_{(13)}$$

$$\cdot \frac{1}{(N-a+1) \cdot (N-a+2) \cdots (N-a+a-3)} \left(1-p_{(13)}\right)^{N-a+a-3}$$

$$=\frac{1}{n!} \int_{0}^{1} dp_{(11)} \int_{p_{(11)}}^{1} \frac{1}{(N-a+1) \cdot (N-a+2) \cdots (N-3) \cdot (N-2)}$$

$$\cdot \left(1-p_{(12)}\right)^{N-2} dp_{(12)}$$

$$=\frac{1}{n!} \int_{0}^{1} \frac{1}{(N-a+1) \cdot (N-a+2) \cdots (N-3) \cdot (N-2) \cdot (N-1)}$$

$$\cdot \left(1-p_{(11)}\right)^{N-1} dp_{(11)}$$

$$=\frac{1}{n!} \frac{1}{(N-a+1) \cdot (N-a+2) \cdots (N-3) \cdot (N-2) \cdot (N-1) \cdot N}$$

$$=\frac{1}{n!} \frac{(N-a)!}{N!}$$

则

$$P_r(D) = a!n! \left(\begin{array}{c} N-n \\ a \end{array} \right) \int_{0}^{1} dp_{(11)} \int_{p_{(11)}}^{1} dp_{(12)} \int_{p_{(12)}}^{1} dp_{(12)}$$

$$\cdots \int_{p_{(1,a-2)}}^{1} dp_{(1,a-1)} \int_{p_{(1,a-1)}}^{1} \left(1-p_{(1a)}\right)^{N-n-a} dp_{(1a)} \cdot I_1$$

$$= a!n! \left(\begin{array}{c} N-n \\ a \end{array} \right) \frac{1}{n!} \frac{(N-a)!}{N!} = a!n! \frac{(N-n)!}{a!(N-n-a)!} \frac{1}{n!} \frac{(N-a)!}{N!}$$

$$= n! \frac{(N-n)!}{(N-n-a)!} \frac{1}{n!} \frac{(N-a)!}{N!}$$

$$= \frac{(N-a)!}{n!(N-n-a)!} \cdot \frac{n!(N-n)!}{N!} = \frac{(N-a)!}{n!(N-n-a)!} \cdot \frac{1}{\dfrac{N!}{n!(N-n)!}}$$

$$= \left(\begin{array}{c} N-a \\ n \end{array} \right) \Big/ \left(\begin{array}{c} N \\ n \end{array} \right) = \frac{(N-a)!(N-n)!}{N!(N-n-a)!}$$

即

$$P_r(D) = \left(\begin{array}{c} N-a \\ n \end{array} \right) \Big/ \left(\begin{array}{c} N \\ n \end{array} \right) = \frac{(N-a)!\,(N-n)!}{N!\,(N-n-a)!} \tag{91}$$

根据条件概率公式, 式 (90) 除以式 (91), 有

$$g\left(p_{(11)}, p_{(12)}, \cdots, p_{(1a)}, p_{(21)}, p_{(22)}, \cdots, p_{(2n)} | D\right)$$

$$= \frac{g\left(p_{(11)}, p_{(12)}, \cdots, p_{(1a)}, p_{(21)}, p_{(22)}, \cdots, p_{(2n)}\right)}{P_r(D)}$$

$$= \frac{a!\,n!\left(\begin{array}{c} N-n \\ a \end{array} \right)\left(1 - p_{(1a)}\right)^{N-n-a}}{\dfrac{(N-a)!\,(N-n)!}{N!\,(N-n-a)!}}$$

$$= a!\,n!\,\frac{(N-n)!}{a!\,(N-n-a)!}\left(1 - p_{(1a)}\right)^{N-n-a}\frac{N!\,(N-n-a)!}{(N-a)!\,(N-n)!}$$

$$= a!\,n!\left(1 - p_{(1a)}\right)^{N-n-a}\frac{N!}{a!\,(N-a)!} = a!\,n!\left(\begin{array}{c} N \\ a \end{array} \right)\left(1 - p_{(1a)}\right)^{N-n-a} \tag{92}$$

式 (92) 就是王善序提出的双样本 $p_{(11)}, p_{(12)}, \cdots, p_{(1a)}, p_{(21)}, p_{(22)}, \cdots, p_{(2n)}$ 基本概率密度计算公式. 对式 (92) 进行 $a+n$ 重积分, 有

$$\int_0^1 \int_{p_{(11)}}^1 \int_{p_{(12)}}^1 \cdots \int_{p_{(1,a-2)}}^1 \int_{p_{(1,a-1)}}^1 \int_{p_{(1a)}}^1 \int_{p_{(21)}}^1 \int_{p_{(22)}}^1 \cdots \int_{p_{(2,n-2)}}^1 \int_{p_{(2,n-1)}}^1 g\left(p_{(11)}, p_{(12)}, \right.$$

$$\left. \cdots, p_{(1a)}, p_{(21)}, p_{(22)}, \cdots, p_{(2n)} | D\right) dp_{(2n)} \cdots dp_{(22)} dp_{(21)} dp_{(1a)} dp_{(1,a-1)} \cdots dp_{(12)} dp_{(11)}$$

$$= \int_0^1 \int_{p_{(11)}}^1 \int_{p_{(12)}}^1 \cdots \int_{p_{(1,a-2)}}^1 \int_{p_{(1,a-1)}}^1 \int_{p_{(1a)}}^1 \int_{p_{(21)}}^1 \int_{p_{(22)}}^1$$

$$\cdots \int_{p_{(2,n-2)}}^1 \int_{p_{(2,n-1)}}^1 a!\,n!\left(\begin{array}{c} N \\ a \end{array} \right)\left(1 - p_{1a}\right)^{N-n-a}$$

$$\cdot dp_{(2n)} \cdots dp_{(22)} dp_{(21)} dp_{(1a)} dp_{(1,a-1)} \cdots dp_{(12)} dp_{(11)}$$

$$= a!\,n!\left(\begin{array}{c} N \\ a \end{array} \right)\int_0^1 dp_{(11)} \int_{p_{(11)}}^1 dp_{(12)} \int_{p_{(12)}}^1 dp_{(13)}$$

$$\cdots \int_{p_{(1,a-2)}}^1 dp_{(1,a-1)} \int_{p_{(1,a-1)}}^1 \left(1 - p_{(1a)}\right)^{N-n-a} dp_{(1a)}$$

$$\cdot \int_{p_{(1a)}}^1 dp_{(21)} \int_{p_{(21)}}^1 dp_{(22)} \int_{p_{(22)}}^1 dp_{(23)} \cdots \int_{p_{(2,n-2)}}^1 dp_{(2,n-1)} \int_{p_{(2,n-1)}}^1 dp_{(2n)}$$

$$= a!n! \begin{pmatrix} N \\ a \end{pmatrix} \frac{1}{n!} \frac{(N-a)!}{N!} = a!n! \frac{N!}{a!\,(N-a)!} \frac{1}{n!} \frac{(N-a)!}{N!} = 1$$

因此, 式 (92) 的基本概率密度计算公式是正确的.

1.3.2　经验频率

1.3.2.1　历史洪水的经验频率

由式 (92) 对 $p_{(21)}, p_{(22)}, \cdots, p_{(2n)}$ 进行 n 重积分, 积分区域为 $p_{(1a)} < p_{(21)} < p_{(22)} < \cdots < p_{(2n)} < 1$.

可得到 a 个历史洪水频率 $p_{(11)}, p_{(12)}, \cdots, p_{(1a)}$ 的联合条件概率密度函数

$$f_1\left(p_{11}, p_{12}, \cdots, p_{1a}|D\right)$$

$$= \int_{p_{(1a)}}^{1} \int_{p_{(21)}}^{1} \int_{p_{(22)}}^{1} \cdots \int_{p_{(2n-2)}}^{1} \int_{p_{(2n-1)}}^{1} g(p_{(11)}, p_{(12)}, \cdots, p_{(1a)},$$

$$p_{(21)}, p_{(22)}, \cdots, p_{(2n)}|D)dp_{(21)}dp_{(22)}dp_{(23)}\cdots dp_{(2,n-1)}dp_{(2n)}$$

$$= \int_{p_{(1a)}}^{1} \int_{p_{(21)}}^{1} \int_{p_{(22)}}^{1} \cdots \int_{p_{(2,n-2)}}^{1} \int_{p_{(2,n-1)}}^{1} a!n! \begin{pmatrix} N \\ a \end{pmatrix} \left(1 - p_{(1a)}\right)^{N-n-a} dp_{(21)}$$

$$\cdot dp_{(22)}dp_{(23)}\cdots dp_{(2n-1)}dp_{(2n)}$$

$$= a!n! \begin{pmatrix} N \\ a \end{pmatrix} \left(1 - p_{(1a)}\right)^{N-n-a}$$

$$\cdot \int_{p_{(1a)}}^{1} \int_{p_{(21)}}^{1} \int_{p_{(22)}}^{1} \cdots \int_{p_{(2,n-2)}}^{1} \int_{p_{(2,n-1)}}^{1} dp_{(21)}dp_{(22)}dp_{(23)}\cdots dp_{(2,n-1)}dp_{(2n)}$$

由上述结论 $\int_{p_{(1a)}}^{1} dp_{(21)} \int_{p_{(21)}}^{1} dp_{(22)} \int_{p_{(22)}}^{1} dp_{(23)} \cdots \int_{p_{(2n-2)}}^{1} dp_{(2,n-1)} \int_{p_{(2,n-1)}}^{1} dp_{(2n)} = \frac{1}{n!}\left(1 - p_{(1a)}\right)^{n}$, 则有

$$f_1\left(p_{(11)}, p_{(12)}, \cdots, p_{(1a)}|D\right)$$

$$= \int_{p_{(1a)}}^{1} \int_{p_{(21)}}^{1} \int_{p_{(22)}}^{1} \cdots \int_{p_{(2,n-2)}}^{1} \int_{p_{(2,n-1)}}^{1} g(p_{(11)}, p_{(12)}, \cdots, p_{(1a)},$$

$$p_{(21)}, p_{(22)}, \cdots, p_{(2n)}|D)dp_{(21)}dp_{(22)}dp_{(23)}\cdots dp_{(2,n-1)}dp_{(2n)}$$

$$= a!n! \begin{pmatrix} N \\ a \end{pmatrix} \frac{1}{n!} \left(1 - p_{(1a)}\right)^{N-n-a} \left(1 - p_{(1a)}\right)^{n}$$

$$=a!\begin{pmatrix} N \\ a \end{pmatrix}\left(1-p_{(1a)}\right)^{N-a}$$

即

$$f_1\left(p_{(11)},p_{(12)},\cdots,p_{(1a)}|D\right)=a!\begin{pmatrix} N \\ a \end{pmatrix}\left(1-p_{(1a)}\right)^{N-a} \tag{93}$$

由式 (93) 对 $p_{(11)},p_{(12)},\cdots,p_{(1,i-2)},p_{(1,i-1)}$ 和 $p_{(1,i+1)},p_{(1,i+1)},\cdots,p_{(1,a-1)},p_{(1a)}$ 进行 $a-1$ 重积分, 可得到历史洪水频率 $p_{(1i)}$ 的条件概率密度函数, $i=1,2,\cdots,a$.

对于 $p_{(11)},p_{(12)},\cdots,p_{(1,i-2)},p_{(1,i-1)}$ 的 $i-1$ 重积分, 积分区域为 $0<p_{(11)}<p_{(12)}<\cdots<p_{(1,i-2)}<p_{(1,i-1)}<p_{(1i)}$;

对于 $p_{(1,i+1)},p_{(1,i+1)},\cdots,p_{(1,a-1)},p_{(1a)}$ 的 $a-i$ 重积分, 积分区域为 $p_{(1i)}<p_{(1,i+1)}<p_{(1,i+2)}<\cdots<p_{(1,a-1)}<p_{(1a)}<1$;

$$f_{1i}\left(p_{1i}|D\right)$$

$$=\int_0^{p_{(1i)}}\int_{p_{(1,i-1)}}^{p_{(1i)}}\cdots\int_{p_{(13)}}^{p_{(1i)}}\int_{p_{(12)}}^{p_{(1i)}}\cdot\int_{p_{(1i)}}^{1}\int_{p_{(1,i+1)}}^{1}\int_{p_{(1,i+2)}}^{1}$$

$$\cdots\int_{p_{(1,a-2)}}^{1}\int_{p_{(1,a-1)}}^{1}f_1\left(p_{(11)},p_{(12)},\cdots,p_{(1a)}|D\right)dp_{(1,i-1)}dp_{(1,i-2)}\cdots dp_{(12)}$$

$$\cdot dp_{(11)}dp_{(1,i+1)}dp_{(1,i+2)}\cdots dp_{(1,a-1)}dp_{(1a)}$$

$$=a!\begin{pmatrix} N \\ a \end{pmatrix}\int_0^{p_{(1i)}}\int_{p_{(1,i-1)}}^{p_{(1i)}}\cdots\int_{p_{(13)}}^{p_{(1i)}}\int_{p_{(12)}}^{p_{(1i)}}\cdot\int_{p_{(1i)}}^{1}\int_{p_{(1,i+1)}}^{1}\int_{p_{(1,i+2)}}^{1}$$

$$\cdots\int_{p_{(1a-2)}}^{1}\int_{p_{(1a-1)}}^{1}\left(1-p_{1a}\right)^{N-a}dp_{(11)}$$

$$\cdot dp_{(12)}\cdots dp_{(1,i-1)}dp_{(1,i-2)}dp_{(1,i+1)}dp_{(1,i+2)}\cdots dp_{(1,a-1)}dp_{(1a)}$$

$$=a!\begin{pmatrix} N \\ a \end{pmatrix}\left(\int_0^{p_{(1i)}}dp_{(1,i-1)}\int_0^{p_{(1,i-1)}}dp_{(1,i-2)}\right.$$

$$\cdots\int_0^{p_{(13)}}dp_{(12)}\int_0^{p_{(12)}}dp_{(11)}\Bigg)$$

$$\cdot\left(\int_{p_{(1i)}}^1 dp_{(1,i+1)}\int_{p_{(1,i+1)}}^1 dp_{(1,i+2)}\int_{p_{(1,i+2)}}^1 dp_{(1,i+3)}\right.$$

$$\cdots\int_{p_{(1,a-2)}}^1 dp_{(1,a-1)}\int_{p_{(1,a-1)}}^1\left(1-p_{(1a)}\right)^{N-a}dp_{(1a)}\Bigg)$$

对于式 (93) 进行 $i-1$ 重积分

$$I_1 = \int_0^{p_{(1i)}} dp_{(1,i-1)} \int_{p_{(1,i-1)}}^{p_{(1i)}} dp_{(1,i-2)} \cdots \int_{p_{(13)}}^{p_{(1i)}} dp_{(12)} \int_{p_{(12)}}^{p_{(1i)}} dp_{(11)}$$

有

$$\begin{aligned}
I_1 &= \int_0^{p_{(1i)}} dp_{(1,i-1)} \int_{p_{(1,i-1)}}^{p_{(1i)}} dp_{(1,i-2)} \\
&\quad \cdots \int_{p_{(13)}}^{p_{(1i)}} dp_{(12)} \int_{p_{(12)}}^{p_{(1i)}} dp_{(11)} \\
&= \int_0^{p_{(1i)}} dp_{(1,i-1)} \int_{p_{(1,i-1)}}^{p_{(1i)}} dp_{(1,i-2)} \\
&\quad \cdots \int_{p_{(13)}}^{p_{(1i)}} \left(p_{(1i)} - p_{(12)} \right) dp_{(12)} \\
&= \int_0^{p_{(1i)}} dp_{(1,i-1)} \int_{p_{(1,i-1)}}^{p_{(1i)}} dp_{(1,i-2)} \\
&\quad \cdots \int_{p_{(14)}}^{p_{(1i)}} dp_{(13)} \left. \frac{-1}{2} \left(p_{(1i)} - p_{(12)} \right)^2 \right|_{p_{(13)}}^{p_{(1i)}} \\
&= \int_0^{p_{(1i)}} dp_{(1,i-1)} \int_{p_{(1,i-1)}}^{p_{(1i)}} dp_{(1,i-2)} \\
&\quad \cdots \int_{p_{(14)}}^{p_{(1i)}} \frac{1}{1 \times 2} \left(p_{(1i)} - p_{(13)} \right)^2 dp_{(13)} \\
&= \int_0^{p_{(1i)}} dp_{(1,i-1)} \int_{p_{(1,i-1)}}^{p_{(1i)}} \frac{1}{1 \times 2 \times \cdots \times (i-3)} \\
&\quad \cdot \left(p_{(1i)} - p_{(1,i-2)} \right)^{i-3} dp_{(1,i-2)} \\
&= \int_0^{p_{(1i)}} \frac{1}{1 \times 2 \times \cdots \times (i-3) \times (i-2)} \\
&\quad \cdot \left(p_{(1i)} - p_{(1,i-1)} \right)^{i-2} dp_{(1,i-1)} \\
&= \frac{-1}{1 \times 2 \times \cdots \times (i-3) \times (i-2) \times (i-1)} \\
&\quad \cdot \left. \left(p_{(1i)} - p_{(1,i-1)} \right)^{i-1} \right|_0^{p_{(1i)}} \\
&= \frac{1}{1 \times 2 \times \cdots \times (i-3) \times (i-2) \times (i-1)} \left(p_{(1i)} \right)^{i-1}
\end{aligned}$$

$$= \frac{1}{(i-1)!} \left(p_{(1i)} \right)^{i-1}$$

对于积分 $a-i$ 重积分

$$I_2 = \int_{p_{(1i)}}^1 dp_{(1,i+1)} \int_{p_{(1,i+1)}}^1 dp_{(1,i+2)} \int_{p_{(1,i+2)}}^1 dp_{(1,i+3)}$$

$$\cdots \int_{p_{(1,a-2)}}^1 dp_{(1,a-1)} \int_{p_{(1,a-1)}}^1 \left(1 - p_{(1a)} \right)^{N-a} dp_{(1a)}$$

$$= \int_{p_{(1i)}}^1 dp_{(1,i+1)} \int_{p_{(1,i+1)}}^1 dp_{(1,i+2)} \int_{p_{(1,i+2)}}^1 dp_{(1,i+3)}$$

$$\cdots \int_{p_{(1,a-2)}}^1 \frac{1}{N-a+1} \left(1 - p_{(1,a-1)} \right)^{N-a+1} dp_{(1,a-1)}$$

$$= \int_{p_{(1i)}}^1 dp_{(1,i+1)} \int_{p_{(1,i+1)}}^1 dp_{(1,i+2)} \int_{p_{(1,i+2)}}^1 dp_{(1,i+3)}$$

$$\cdots \int_{p_{(1,a-3)}}^1 \frac{1}{(N-a+1)(N-a+2)} \left(1 - p_{(1,a-2)} \right)^{N-a+2} dp_{(1,a-2)}$$

$$= \int_{p_{(1i)}}^1 dp_{(1,i+1)} \int_{p_{(1,i+1)}}^1 \frac{1}{(N-a+1)(N-a+2)\cdots(N-a+a-i-2)}$$

$$\cdot \left(1 - p_{(1,i+2)} \right)^{N-a+a-i-2} dp_{(1,i+2)}$$

$$= \int_{p_{(1i)}}^1 dp_{(1,i+1)} \int_{p_{(1,i+1)}}^1 \frac{1}{(N-a+1)(N-a+2)\cdots(N-i-2)}$$

$$\cdot \left(1 - p_{(1,i+2)} \right)^{N-i-2} dp_{(1,i+2)}$$

$$= \int_{p_{(1i)}}^1 \frac{1}{(N-a+1)(N-a+2)\cdots(N-i-2)(N-i-1)}$$

$$\cdot \left(1 - p_{(1,i+1)} \right)^{N-i-1} dp_{(1,i+1)}$$

$$= \frac{1}{(N-a+1)(N-a+2)\cdots(N-i-2)(N-i-1)(N-i)} \left(1 - p_{(1i)} \right)^{N-i}$$

$$= \frac{(N-a)!}{(N-i)!} \left(1 - p_{(1i)} \right)^{N-i}$$

则

$$f_{1i}\left(p_{(1i)}|D\right) = a! \begin{pmatrix} N \\ a \end{pmatrix} \frac{1}{(i-1)!} \frac{(N-a)!}{(N-i)!} \left(p_{(1i)}\right)^{i-1} \left(1-p_{(1i)}\right)^{N-i}$$

$$= a! \frac{N!}{a!\,(N-a)!} \frac{1}{(i-1)!} \frac{(N-a)!}{(N-i)!} \left(p_{(1i)}\right)^{i-1} \left(1-p_{(1i)}\right)^{N-i}$$

$$= \frac{N!}{(i-1)!\,(N-i)!} \left(p_{(1i)}\right)^{i-1} \left(1-p_{(1i)}\right)^{N-i}$$

$$= i \frac{N!}{i!\,(N-i)!} \left(p_{(1i)}\right)^{i-1} \left(1-p_{(1i)}\right)^{N-i}$$

$$= i \begin{pmatrix} N \\ i \end{pmatrix} \left(p_{(1i)}\right)^{i-1} \left(1-p_{(1i)}\right)^{N-i}$$

即

$$f_{1i}\left(p_{(1i)}|D\right) = i \begin{pmatrix} N \\ i \end{pmatrix} \left(p_{(1i)}\right)^{i-1} \left(1-p_{(1i)}\right)^{N-i} \tag{94}$$

$p_{(1i)}$ 的数学期望值为

$$\overline{p_{(1i)}} = E\left(p_{(1i)}|D\right) = \int_0^1 p_{(1i)} f_{1i}\left(p_{(1i)}|D\right) dp_{(1i)}$$

$$= \int_0^1 p_{(1i)} \cdot i \begin{pmatrix} N \\ i \end{pmatrix} \left(p_{(1i)}\right)^{i-1} \left(1-p_{(1i)}\right)^{N-i} dp_{(1i)} = \frac{i}{N+1} \tag{95}$$

式中, $i = 1, 2, \cdots, a$.

1.3.2.2　实测洪水的经验频率

同样, 由式 (92) 对 $p_{(21)}, p_{(22)}, \cdots, p_{(2,m-1)}, p_{(2,m+1)}, p_{(2,m+2)}, \cdots, p_{(2n)}$ 进行积分, 再对 $p_{(11)}, p_{(12)}, \cdots, p_{(1,a-1)}$ 积分. 积分过程如下所示.

$m-1$ 重 $p_{(21)}, p_{(22)}, \cdots, p_{(2,m-1)}$ 积分区域为 $p_{(1a)} < p_{(21)} < p_{(22)} < \cdots < p_{(2,m-1)} < p_{(2m)}$;

$n-m$ 重 $p_{(2,m+1)}, p_{(2,m+2)}, \cdots, p_{(2n)}$ 积分区域为 $p_{(2m)} < p_{(2,m+1)} < \cdots < p_{(2,n-1)} < p_{(2n)} < 1$;

$$\int_{p_{(1a)}}^{p_{(2m)}} \int_{p_{(21)}}^{p_{(2m)}} \cdots \int_{p_{(2,m-2)}}^{p_{(2m)}} \int_{p_{(2m)}}^1 \cdots \int_{p_{(2,n-2)}}^1 \int_{p_{(2,n-1)}}^1 g\big(p_{(11)}, p_{(12)}, \cdots, p_{(1a)},$$

$$p_{(21)}, p_{(22)}, \cdots, p_{(2n)}|D\big)$$

$$\cdot dp_{(2n)} \cdots dp_{(2,m+1)} dp_{(2,m-1)} \cdots dp_{(22)} dp_{(21)}$$

$$= \int_{p_{(1a)}}^{p_{(2m)}} \int_{p_{(21)}}^{p_{(2m)}} \cdots \int_{p_{(2,m-2)}}^{p_{(2m)}} \int_{p_{(2m)}}^{1} \cdots \int_{p_{(2,n-2)}}^{1} \int_{p_{(2,n-1)}}^{1} a!n! \binom{N}{a} \left(1 - p_{(1a)}\right)^{N-n-a}$$

$$\cdot dp_{(2n)} \cdots dp_{(2,m+1)} dp_{(2,m-1)} \cdots dp_{(22)} dp_{(21)}$$

$$= a!n! \binom{N}{a} \left(1 - p_{(1a)}\right)^{N-n-a} \int_{p_{(1a)}}^{p_{(2m)}} dp_{(21)} \int_{p_{(21)}}^{p_{(2m)}} dp_{(22)} \cdots \int_{p_{(2,m-2)}}^{p_{(2m)}} dp_{(2,m-1)}$$

$$\cdot \int_{p_{(2m)}}^{1} dp_{(2,m+1)} \cdots \int_{p_{|2,n-2|}}^{1} dp_{(2,n-1)} \int_{p_{(2,n-1)}}^{1} dp_{(2n)}$$

$$= a!n! \binom{N}{a} \left(1 - p_{(1a)}\right)^{N-n-a} \int_{p_{(1a)}}^{p_{(2m)}} dp_{(21)} \int_{p_{(21)}}^{p_{(2m)}} dp_{(22)} \cdots \int_{p_{(2,m-2)}}^{p_{(2m)}} dp_{(2m-1)}$$

$$\cdot \int_{p_{(2m)}}^{1} dp_{(2,m+1)} \cdots \int_{p_{(2,n-2)}}^{1} \left(1 - p_{(2,n-1)}\right) dp_{(2,n-1)}$$

$$= a!n! \binom{N}{a} \left(1 - p_{(1a)}\right)^{N-n-a} \int_{p_{(1a)}}^{p_{(2m)}} dp_{(21)} \int_{p_{(21)}}^{p_{(2m)}} dp_{(22)} \cdots \int_{p_{(2,m-2)}}^{p_{(2m)}} dp_{(2m-1)}$$

$$\cdot \int_{p_{(2m)}}^{1} dp_{(2,m+1)} \cdots \int_{p_{(2,n-3)}}^{1} dp_{(2,n-2)} \frac{-1}{2} \left(1 - p_{(2,n-1)}\right)^2 \Big|_{p_{(2,n-2)}}^{1}$$

$$= a!n! \binom{N}{a} \left(1 - p_{(1a)}\right)^{N-n-a} \int_{p_{(1a)}}^{p_{(2m)}} dp_{(21)} \int_{p_{(21)}}^{p_{(2m)}} dp_{(22)} \cdots \int_{p_{(2,m-2)}}^{p_{(2m)}} dp_{(2,m-1)}$$

$$\cdot \int_{p_{(2m)}}^{1} dp_{(2,m+1)} \cdots \int_{p_{(2,n-3)}}^{1} \frac{1}{2} \left(1 - p_{(2,n-2)}\right)^2 dp_{(2,n-2)}$$

$$= a!n! \binom{N}{a} \left(1 - p_{(1a)}\right)^{N-n-a} \int_{p_{(1a)}}^{p_{(2m)}} dp_{21} \int_{p_{(21)}}^{p_{(2m)}} dp_{(22)} \cdots \int_{p_{(2,m-2)}}^{p_{(2m)}} dp_{(2,m-1)}$$

$$\cdot \int_{p_{(2m)}}^{1} \frac{1}{1 \times 2 \times \cdots \times (n-m-1)} \left(1 - p_{(2,m+1)}\right)^{n-m-1} dp_{(2,m+1)}$$

$$= a!n! \binom{N}{a} \left(1 - p_{(1a)}\right)^{N-n-a} \int_{p_{(1a)}}^{p_{(2m)}} dp_{(21)} \int_{p_{(21)}}^{p_{(2m)}} dp_{(22)} \cdots \int_{p_{(2,m-2)}}^{p_{(2m)}} dp_{(2,m-1)}$$

$$\cdot \left[\frac{1}{1 \times 2 \times \cdots \times (n-m-1) \times (n-m)} \left(1 - p_{(2m)}\right)^{n-m} \right]$$

$$= a!n! \begin{pmatrix} N \\ a \end{pmatrix} \left(1-p_{(1a)}\right)^{N-n-a} \frac{1}{(n-m)!} \left(1-p_{(2m)}\right)^{n-m} \int_{p_{(1a)}}^{p_{(2m)}} dp_{(21)}$$

$$\cdot \int_{p_{(21)}}^{p_{(2m)}} dp_{(22)} \cdots \int_{p_{(2,m-2)}}^{p_{(2m)}} dp_{(2,m-1)}$$

$$= a!n! \begin{pmatrix} N \\ a \end{pmatrix} \left(1-p_{(1a)}\right)^{N-n-a} \frac{1}{(n-m)!} \left(1-p_{(2m)}\right)^{n-m} \int_{p_{(1a)}}^{p_{(2m)}} dp_{(21)}$$

$$\cdot \int_{p_{(21)}}^{p_{(2m)}} dp_{(22)} \cdots \int_{p_{(2,m-3)}}^{p_{(2m)}} \left(p_{(2m)} - p_{(2,m-2)}\right) dp_{(2,m-2)}$$

$$= a!n! \begin{pmatrix} N \\ a \end{pmatrix} \left(1-p_{(1a)}\right)^{N-n-a} \frac{1}{(n-m)!} \left(1-p_{(2m)}\right)^{n-m} \int_{p_{(1a)}}^{p_{(2m)}} dp_{(21)}$$

$$\cdot \int_{p_{(21)}}^{p_{(2m)}} dp_{(22)} \cdots \int_{p_{(2,m-4)}}^{p_{(2m)}} \frac{1}{2} \left(p_{(2m)} - p_{(2,m-3)}\right)^2 dp_{(2,m-3)}$$

$$= a!n! \begin{pmatrix} N \\ a \end{pmatrix} \left(1-p_{(1a)}\right)^{N-n-a} \frac{1}{(n-m)!} \left(1-p_{(2m)}\right)^{n-m} \int_{p_{(1a)}}^{p_{(2m)}} dp_{(21)}$$

$$\cdot \int_{p_{(21)}}^{p_{(2m)}} \frac{1}{1 \times 2 \times \cdots \times (m-3)} \left(p_{(2m)} - p_{(22)}\right)^{m-3} dp_{[22]}$$

$$= a!n! \begin{pmatrix} N \\ a \end{pmatrix} \left(1-p_{(1a)}\right)^{N-n-a} \frac{1}{(n-m)!} \left(1-p_{(2m)}\right)^{n-m}$$

$$\cdot \int_{p_{(1a)}}^{p_{(2m)}} \frac{1}{1 \times 2 \times \cdots \times (m-3) \times (m-2)} \left(p_{(2m)} - p_{(21)}\right)^{m-2} dp_{(21)}$$

$$= a!n! \begin{pmatrix} N \\ a \end{pmatrix} \left(1-p_{(1a)}\right)^{N-n-a} \frac{1}{(n-m)!} \left(1-p_{(2m)}\right)^{n-m}$$

$$\cdot \frac{1}{1 \times 2 \times \cdots \times (m-3) \times (m-2) \times (m-1)} \left(p_{(2m)} - p_{(1a)}\right)^{m-1}$$

$$= a!n! \begin{pmatrix} N \\ a \end{pmatrix} \left(1-p_{(1a)}\right)^{N-n-a} \frac{1}{(n-m)!} \left(1-p_{(2m)}\right)^{n-m} \frac{1}{(m-1)!} \left(p_{(2m)} - p_{(1a)}\right)^{m-1}$$

$$= a!n! \begin{pmatrix} N \\ a \end{pmatrix} \frac{1}{(n-m)!} \frac{1}{(m-1)!} \left(1-p_{(1a)}\right)^{N-n-a} \left(1-p_{(2m)}\right)^{n-m} \left(p_{(2m)} - p_{(1a)}\right)^{m-1}$$

即

$$
\int_{p_{(1a)}}^{p_{(2m)}} \int_{p_{(21)}}^{p_{(2m)}} \cdots \int_{p_{(2,m-2)}}^{p_{(2m)}} \int_{p_{(2m)}}^{1} \cdots \int_{p_{(2,n-2)}}^{1} \int_{p_{(2,n-1)}}^{1} g\big(p_{(11)}, p_{(12)}, \cdots, p_{(1a)},
$$

$$
p_{(21)}, p_{(22)}, \cdots, p_{(2n)} | D\big) dp_{(2n)} \cdots dp_{(2m+1)} \cdot dp_{(2m-1)} \cdots dp_{(22)} dp_{(21)}
$$

$$
= a! n! \begin{pmatrix} N \\ a \end{pmatrix} \frac{1}{(n-m)!} \frac{1}{(m-1)!}
$$

$$
\cdot \big(1 - p_{(1a)}\big)^{N-n-a} \big(1 - p_{(2m)}\big)^{n-m} \big(p_{(2m)} - p_{(1a)}\big)^{m-1} \tag{96}
$$

由式 (96) 对 $p_{(11)}, p_{(12)}, \cdots, p_{(1,a-1)}$ 积分, $p_{(11)}, p_{(12)}, \cdots, p_{(1,a-1)}$ 积分区域为: $0 < p_{(11)} < p_{(12)} < \cdots < p_{(1,a-1)} < p_{(1a)}$.

$$
f_{2m}\big(p_{(1a)}, p_{(2m)} | D\big)
$$

$$
= \int_{0}^{p_{(1a)}} \int_{p_{(11)}}^{p_{(1a)}} \cdots \int_{p_{(2,n-3)}}^{p_{(1a)}} \int_{p_{(1,a-2)}}^{p_{(1a)}} a! n! \begin{pmatrix} N \\ a \end{pmatrix} \frac{1}{(n-m)!} \frac{1}{(m-1)!} \big(1 - p_{(1a)}\big)^{N-n-a}
$$

$$
\cdot \big(1 - p_{(2m)}\big)^{n-m} \big(p_{(2m)} - p_{(1a)}\big)^{m-1} dp_{(1,a-1)} dp_{(1,a-2)} \cdots dp_{(12)} dp_{(11)}
$$

$$
= a! n! \begin{pmatrix} N \\ a \end{pmatrix} \frac{1}{(n-m)!} \frac{1}{(m-1)!}
$$

$$
\cdot \big(1 - p_{(1a)}\big)^{N-n-a} \big(1 - p_{(2m)}\big)^{n-m} \big(p_{(2m)} - p_{(1a)}\big)^{m-1}
$$

$$
\cdot \int_{0}^{p_{(1a)}} dp_{(11)} \int_{p_{(11)}}^{p_{(1a)}} dp_{(12)} \cdots \int_{p_{(2,n-3)}}^{p_{(1a)}} dp_{(1,a-2)} \int_{p_{(1,a-2)}}^{p_{(1a)}} dp_{(1,a-1)}
$$

$$
= a! n! \begin{pmatrix} N \\ a \end{pmatrix} \frac{1}{(n-m)!} \frac{1}{(m-1)!} \big(1 - p_{(1a)}\big)^{N-n-a} \big(1 - p_{(2m)}\big)^{n-m} \big(p_{(2m)} - p_{(1a)}\big)^{m-1}
$$

$$
\cdot \int_{0}^{p_{(1a)}} dp_{(11)} \int_{p_{(11)}}^{p_{(1a)}} dp_{(12)} \cdots \int_{p_{(2,n-3)}}^{p_{(1a)}} \big(p_{(1a)} - p_{(1,a-2)}\big) dp_{(1,a-2)}
$$

$$
= a! n! \begin{pmatrix} N \\ a \end{pmatrix} \frac{1}{(n-m)!} \frac{1}{(m-1)!} \big(1 - p_{(1a)}\big)^{N-n-a} \big(1 - p_{(2m)}\big)^{n-m} \big(p_{(2m)} - p_{(1a)}\big)^{m-1}
$$

$$
\cdot \int_{0}^{p_{(1a)}} dp_{11} \int_{p_{(11)}}^{p_{(1a)}} \frac{1}{1 \times 2 \times \cdots \times (a-2)} \big(p_{(1a)} - p_{(12)}\big)^{a-2} dp_{(12)}
$$

$$
= a! n! \begin{pmatrix} N \\ a \end{pmatrix} \frac{1}{(n-m)!} \frac{1}{(m-1)!} \big(1 - p_{(1a)}\big)^{N-n-a} \big(1 - p_{(2m)}\big)^{n-m} \big(p_{(2m)} - p_{(1a)}\big)^{m-1}
$$

$$\cdot \int_0^{p_{(1a)}} \frac{1}{1 \times 2 \times \cdots \times (a-3) \times (a-2)} \left(p_{(1a)} - p_{(12)}\right)^{a-2} dp_{(11)}$$

$$= a!n! \begin{pmatrix} N \\ a \end{pmatrix} \frac{1}{(n-m)!} \frac{1}{(m-1)!} \left(1 - p_{(1a)}\right)^{N-n-a}$$

$$\cdot \left(1 - p_{(2m)}\right)^{n-m} \left(p_{(2m)} - p_{(1a)}\right)^{m-1}$$

$$\cdot \frac{1}{1 \times 2 \times \cdots \times (a-3) \times (a-2) \times (a-1)} \left(p_{(1a)}\right)^{a-1}$$

$$= a!n! \begin{pmatrix} N \\ a \end{pmatrix} \frac{1}{(n-m)!} \frac{1}{(m-1)!} \left(1 - p_{(1a)}\right)^{N-n-a}$$

$$\cdot \left(1 - p_{(2m)}\right)^{n-m} \left(p_{(2m)} - p_{(1a)}\right)^{m-1} \frac{1}{(a-1)!} \left(p_{(1a)}\right)^{a-1}$$

$$= a \begin{pmatrix} N \\ a \end{pmatrix} m \frac{n!}{m!\,(n-m)!} \left(1 - p_{(1a)}\right)^{N-n-a}$$

$$\cdot \left(1 - p_{(2m)}\right)^{n-m} \left(p_{(2m)} - p_{(1a)}\right)^{m-1} \left(p_{(1a)}\right)^{a-1}$$

$$= a \begin{pmatrix} N \\ a \end{pmatrix} m \begin{pmatrix} n \\ m \end{pmatrix} \left(p_{(1a)}\right)^{a-1} \left(1 - p_{(1a)}\right)^{N-n-a} \left(p_{(2m)} - p_{(1a)}\right)^{m-1} \left(1 - p_{(2m)}\right)^{n-m}$$

即

$$\begin{aligned}
f_{2m}\left(p_{(1a)}, p_{(2m)} | D\right) \\
= a \begin{pmatrix} N \\ a \end{pmatrix} m \begin{pmatrix} n \\ m \end{pmatrix} \left(p_{(1a)}\right)^{a-1} \\
\cdot \left(1 - p_{(1a)}\right)^{N-n-a} \left(p_{(2m)} - p_{(1a)}\right)^{m-1} \left(1 - p_{(2m)}\right)^{n-m}
\end{aligned} \tag{97}$$

式中, $0 < p_{(1a)} < p_{(2m)} < 1$.

对 $p_{(1a)} \in (0,1)$ 和 $p_{(2m)} \in (0,1)$ 双重积分可得 $p_{(2m)}$ 的数学期望值, 有

$$\begin{aligned}
\overline{p_{(2m)}} = E\left(p_{(2m)} | D\right) = a \begin{pmatrix} N \\ a \end{pmatrix} m \begin{pmatrix} n \\ m \end{pmatrix} \int_0^1 \left(p_{(1a)}\right)^{a-1} \left(1 - p_{(1a)}\right)^{N-n-a} \\
\cdot \int_{p_{(1a)}}^1 \left(p_{(2m)} - p_{(1a)}\right)^{m-1} \left(1 - p_{(2m)}\right)^{n-m} dp_{(2m)} dp_{(1a)}
\end{aligned}$$

$$= a \begin{pmatrix} N \\ a \end{pmatrix} m \begin{pmatrix} n \\ m \end{pmatrix} \int_0^1 \left(p_{(1a)}\right)^{a-1} \left(1 - p_{(1a)}\right)^{N-n-a}$$

$$\cdot \int_{p_{(1a)}}^1 \left[1 - \left(1 - p_{(2m)}\right)\right] \cdot \left(p_{(2m)} - p_{(1a)}\right)^{m-1} \left(1 - p_{(2m)}\right)^{n-m} dp_{(2m)} dp_{(1a)}$$

对于积分 $\int_{p_{(1a)}}^1 \left[1 - \left(1 - p_{(2m)}\right)\right] \cdot \left(p_{(2m)} - p_{(1a)}\right)^{m-1} \left(1 - p_{(2m)}\right)^{n-m} dp_{(2m)}$, 有

$$\int_{p_{(1a)}}^1 \left[1 - \left(1 - p_{(2m)}\right)\right] \cdot \left(p_{(2m)} - p_{(1a)}\right)^{m-1} \left(1 - p_{(2m)}\right)^{n-m} dp_{(2m)}$$

$$= \int_{p_{(1a)}}^1 \left(p_{(2m)} - p_{(1a)}\right)^{m-1} \left(1 - p_{(2m)}\right)^{n-m} dp_{(2m)}$$

$$- \int_{p_{(1a)}}^1 \left(p_{(2m)} - p_{(1a)}\right)^{m-1} \left(1 - p_{(2m)}\right)^{n-m+1} dp_{(2m)}$$

令 $y = p_{(2m)} - p_{(1a)}$, 则当 $p_{(2m)} = p_{(1a)}$ 时, $y = 0$; 当 $p_{(2m)} = 1$ 时, $y = 1 - p_{(1a)}$, $p_{(2m)} = y + p_{(1a)}$, $dp_{(2m)} = dy$, 则

$$\int_{p_{(1a)}}^1 \left[1 - \left(1 - p_{(2m)}\right)\right] \cdot \left(p_{(2m)} - p_{(1a)}\right)^{m-1} \left(1 - p_{(2m)}\right)^{n-m} dp_{(2m)}$$

$$= \int_0^{1-p_{(1a)}} y^{m-1} \left(1 - y - p_{(1a)}\right)^{n-m} dy - \int_0^{1-p_{(1a)}} y^{m-1} \left(1 - y - p_{(1a)}\right)^{n-m+1} dy$$

$$= \int_0^{1-p_{(1a)}} y^{m-1} \left(1 - p_{(1a)}\right)^{n-m} \left(1 - \frac{y}{1 - p_{(1a)}}\right)^{n-m} dy$$

$$- \int_0^{1-p_{(1a)}} y^{m-1} \left(1 - p_{(1a)}\right)^{n-m+1} \left(1 - \frac{y}{1 - p_{(1a)}}\right)^{n-m+1} dy$$

令 $t = \frac{y}{1 - p_{(1a)}}$, 则当 $y = 0$ 时, $t = 0$; 当 $y = 1 - p_{(1a)}$ 时, $t = 1$, $y = \left(1 - p_{(1a)}\right) \cdot t$, $dy = \left(1 - p_{(1a)}\right) \cdot dt$, 则

$$\int_{p_{(1a)}}^1 \left[1 - \left(1 - p_{(2m)}\right)\right] \cdot \left(p_{(2m)} - p_{(1a)}\right)^{m-1} \left(1 - p_{(2m)}\right)^{n-m} dp_{(2m)}$$

$$= \int_0^{1-p_{(1a)}} y^{m-1} \left(1 - p_{(1a)}\right)^{n-m} \left(1 - \frac{y}{1 - p_{(1a)}}\right)^{n-m} dy$$

$$- \int_0^{1-p_{(1a)}} y^{m-1} \left(1 - p_{(1a)}\right)^{n-m+1} \left(1 - \frac{y}{1 - p_{(1a)}}\right)^{n-m+1} dy$$

$$= \int_0^1 \left[\left(1 - p_{(1a)}\right) \cdot t\right]^{m-1} \left(1 - p_{(1a)}\right)^{n-m} (1-t)^{n-m} \left(1 - p_{(1a)}\right) \cdot dt$$

$$\quad - \int_0^1 \left[\left(1 - p_{(1a)}\right) \cdot t\right]^{m-1} \left(1 - p_{(1a)}\right)^{n-m+1} (1-t)^{n-m+1} \left(1 - p_{(1a)}\right) \cdot dt$$

$$= \int_0^1 \left(1 - p_{(1a)}\right)^{n-m+m-1+1} t^{m-1} (1-t)^{n-m} \, dt$$

$$\quad - \int_0^1 \left(1 - p_{(1a)}\right)^{n-m+1+m-1+1} t^{m-1} (1-t)^{n-m+1} \, dt$$

$$= \int_0^1 \left(1 - p_{(1a)}\right)^{n} t^{m-1} (1-t)^{n-m} \, dt$$

$$\quad - \int_0^1 \left(1 - p_{(1a)}\right)^{n+1} t^{m-1} (1-t)^{n-m+1} \, dt$$

$$= \left(1 - p_{(1a)}\right)^{n} \int_0^1 t^{m-1} (1-t)^{n-m} \, dt - \left(1 - p_{(1a)}\right)^{n+1} \int_0^1 t^{m-1} (1-t)^{n-m+1} \, dt$$

$$= \mathrm{B}\left(m, n-m+1\right) \left(1 - p_{(1a)}\right)^{n} - \mathrm{B}\left(m, n-m+2\right) \left(1 - p_{(1a)}\right)^{n+1}$$

$$= \frac{\Gamma\left(m\right) \Gamma\left(n-m+1\right)}{\Gamma\left(n+1\right)} \left(1 - p_{(1a)}\right)^{n}$$

$$\quad - \frac{\Gamma\left(m\right) \Gamma\left(n-m+2\right)}{\Gamma\left(n+2\right)} \left(1 - p_{(1a)}\right)^{n+1}$$

$$= \frac{\Gamma\left(m\right) (n-m) \Gamma\left(n-m\right)}{n \Gamma\left(n\right)} \left(1 - p_{(1a)}\right)^{n}$$

$$\quad - \frac{\Gamma\left(m\right) (n-m+1) (n-m) \Gamma\left(n-m\right)}{n (n+1) \Gamma\left(n\right)} \left(1 - p_{(1a)}\right)^{n+1}$$

$$= \frac{(m-1)! (n-m) (n-m-1)!}{n (n-1)!} \left(1 - p_{(1a)}\right)^{n}$$

$$\quad - \frac{(m-1)! (n-m+1) (n-m) (n-m-1)!}{n (n+1) (n-1)!} \left(1 - p_{(1a)}\right)^{n+1}$$

$$= \frac{(m-1)! (n-m)!}{n!} \left(1 - p_{(1a)}\right)^{n}$$

$$\quad - \frac{(m-1)! (n-m+1)!}{(n+1)!} \left(1 - p_{(1a)}\right)^{n+1}$$

$$= m \frac{(m-1)! (n-m)!}{mn!} \left(1 - p_{(1a)}\right)^{n}$$

$$- \frac{m(m-1)!(n-m+1)!}{m(n+1)!} \left(1 - p_{(1a)}\right)^{n+1}$$

$$= \frac{m!(n-m)!}{mn!} \left(1 - p_{(1a)}\right)^n - \frac{m!(n-m+1)!}{m(n+1)!} \left(1 - p_{(1a)}\right)^{n+1}$$

$$= \frac{\left(1 - p_{(1a)}\right)^n}{m \dfrac{n!}{m!(n-m)!}} - \frac{\left(1 - p_{(1a)}\right)^{n+1}}{m \dfrac{(n+1)!}{m!(n-m+1)!}}$$

$$= \frac{\left(1 - p_{(1a)}\right)^n}{m \dbinom{n}{m}} - \frac{\left(1 - p_{(1a)}\right)^{n+1}}{m \dbinom{n+1}{m}}$$

或利用积分公式 $\displaystyle\int_a^b (x-a)^{\mu-1}(b-x)^{v-1}dx = (b-a)^{\mu+v-1} \mathrm{B}(\mu, v)$, 则

$$\overline{p_{(2m)}} = E\left(p_{(2m)}|D\right)$$

$$= a \dbinom{N}{a} m \dbinom{n}{m} \int_0^1 \left(p_{(1a)}\right)^{a-1} \left(1 - p_{(1a)}\right)^{N-n-a}$$

$$\cdot \int_{p_{(1a)}}^1 \left[1 - \left(1 - p_{(2m)}\right)\right] \cdot \left(p_{(2m)} - p_{(1a)}\right)^{m-1} \left(1 - p_{(2m)}\right)^{n-m} dp_{(2m)} dp_{(1a)}$$

$$= a \dbinom{N}{a} m \dbinom{n}{m} \int_0^1 \left(p_{(1a)}\right)^{a-1} \left(1 - p_{(1a)}\right)^{N-n-a}$$

$$\cdot \left[\frac{\left(1 - p_{(1a)}\right)^n}{m \dbinom{n}{m}} - \frac{\left(1 - p_{(1a)}\right)^{n+1}}{m \dbinom{n+1}{m}}\right] dp_{(1a)}$$

$$= a \dbinom{N}{a} m \dbinom{n}{m}$$

$$\cdot \int_0^1 \left[\frac{\left(p_{(1a)}\right)^{a-1} \left(1 - p_{(1a)}\right)^{N-a}}{m \dbinom{n}{m}} - \frac{\left(p_{(1a)}\right)^{a-1} \left(1 - p_{(1a)}\right)^{N-a+1}}{m \dbinom{n+1}{m}}\right] dp_{(1a)}$$

$$
=a\begin{pmatrix} N \\ a \end{pmatrix} m \begin{pmatrix} n \\ m \end{pmatrix} \left[\int_0^1 \frac{\left(p_{(1a)}\right)^{a-1}\left(1-p_{(1a)}\right)^{N-a}}{m\begin{pmatrix} n \\ m \end{pmatrix}} dp_{(1a)} \right.
$$

$$
\left. - \int_0^1 \frac{\left(p_{(1a)}\right)^{a-1}\left(1-p_{(1a)}\right)^{N-a+1}}{m\begin{pmatrix} n+1 \\ m \end{pmatrix}} dp_{(1a)} \right]
$$

$$
=a\begin{pmatrix} N \\ a \end{pmatrix} m \begin{pmatrix} n \\ m \end{pmatrix} \left[\frac{1}{m\begin{pmatrix} n \\ m \end{pmatrix}} \int_0^1 \left(p_{(1a)}\right)^{a-1}\left(1-p_{(1a)}\right)^{N-a} dp_{(1a)} \right.
$$

$$
\left. - \frac{1}{m\begin{pmatrix} n+1 \\ m \end{pmatrix}} \int_0^1 \left(p_{(1a)}\right)^{a-1}\left(1-p_{(1a)}\right)^{N-a+1} dp_{(1a)} \right]
$$

$$
=a\begin{pmatrix} N \\ a \end{pmatrix} m \begin{pmatrix} n \\ m \end{pmatrix} \left[\frac{B\left(a, N-a+1\right)}{m\begin{pmatrix} n \\ m \end{pmatrix}} - \frac{B\left(a, N-a+2\right)}{m\begin{pmatrix} n+1 \\ m \end{pmatrix}} \right]
$$

$$
=am\frac{N!}{a!\,(N-a)!}\frac{n!}{m!\,(n-m)!} \left[\frac{\Gamma(a)\,\Gamma(N-a+1)}{\Gamma(N+1)} \frac{1}{m\dfrac{n!}{m!\,(n-m)!}} \right.
$$

$$
\left. - \frac{\Gamma(a)\,\Gamma(N-a+2)}{\Gamma(N+2)} \frac{1}{m\dfrac{(n+1)!}{m!\,(n+1-m)!}} \right]
$$

$$
=am\frac{N!}{a!\,(N-a)!}\frac{n!}{m!\,(n-m)!}
$$

$$\cdot\left[\frac{(N-a)\,\Gamma(a)\,\Gamma(N-a)}{N\Gamma(N)}\frac{1}{m\dfrac{n!}{m!\,(n-m)!}}\right.$$

$$\left.-\frac{(N-a+1)\,(N-a)\,\Gamma(a)\,\Gamma(N-a)}{N\,(N+1)\,\Gamma(N)}\frac{1}{m\dfrac{(n+1)!}{m!\,(n+1-m)!}}\right]$$

$$=am\frac{N!}{a!\,(N-a)!}\frac{n!}{m!\,(n-m)!}\left[\frac{(N-a)\,\Gamma(a)\,\Gamma(N-a)}{N\Gamma(N)}\frac{1}{m\dfrac{n!}{m!\,(n-m)!}}\right.$$

$$\left.-\frac{(N-a+1)\,(N-a)\,\Gamma(a)\,\Gamma(N-a)}{N\,(N+1)\,\Gamma(N)}\frac{1}{m\dfrac{(n+1)!}{m!\,(n+1-m)!}}\right]$$

$$=am\frac{N!}{a!\,(N-a)!}\frac{n!}{m!\,(n-m)!}\left[\frac{(N-a)\,(a-1)!\,(N-a-1)!}{N\,(N-1)!}\frac{1}{m\dfrac{n!}{m!\,(n-m)!}}\right.$$

$$\left.-\frac{(N-a+1)\,(N-a)\,(a-1)!\,(N-a-1)!}{N\,(N+1)\,(N-1)!}\frac{1}{m\dfrac{(n+1)!}{m!\,(n+1-m)!}}\right]$$

$$=am\frac{N!}{a!\,(N-a)!}\frac{n!}{m!\,(n-m)!}$$

$$\cdot\left[\frac{(N-a)!\,(a-1)!}{N!}\frac{1}{m\dfrac{n!}{m!\,(n-m)!}}\right.$$

$$\left.-\frac{(a-1)!\,(N-a+1)!}{(N+1)!}\frac{1}{m\dfrac{(n+1)!}{m!\,(n+1-m)!}}\right]$$

$$=am\frac{N!}{a!\,(N-a)!}\frac{n!}{m!\,(n-m)!}\left[\frac{(N-a)!\,(a-1)!}{N\,(N-1)!}\frac{m!\,(n-m)!}{mn!}\right.$$

$$\left.-\frac{(a-1)!\,(N-a+1)!}{(N+1)!}\frac{m!\,(n+1-m)!}{m\,(n+1)!}\right]$$

$$= am \frac{N!}{a!\,(N-a)!} \frac{n!}{m!\,(n-m)!} \frac{(N-a)!\,(a-1)!}{N!} \frac{m!\,(n-m)!}{mn!}$$

$$- am \frac{N!}{a!\,(N-a)!} \frac{n!}{m!\,(n-m)!} \frac{(a-1)!\,(N-a+1)!}{(N+1)!} \frac{m!\,(n+1-m)!}{m\,(n+1)!}$$

$$= 1 - (N-a+1) \frac{n!}{(n-m)!} \frac{N!}{(N+1)!} \frac{(n+1-m)!}{(n+1)!}$$

$$= 1 - (N-a+1) \frac{(n-m+1)!}{(n-m)!} \frac{N!}{(N+1)!} \frac{n!}{(n+1)!}$$

$$= 1 - \frac{(n-m+1)\,(N-a+1)}{(n+1)\,(N+1)} = \frac{a}{N+1} + \left(1 - \frac{a}{N+1}\right) \frac{m}{n+1}$$

即

$$\overline{p_{(2m)}} = \frac{a}{N+1} + \left(1 - \frac{a}{N+1}\right) \frac{m}{n+1} \tag{98}$$

第2章　P-III 型分布水文序列频率分布参数的常用计算方法

我国水文频率分析计算一般推荐使用 P-III 型分布 (也称 3 参数 gamma 分布). 实际计算中, P-III 型分布的累积概率和设计值计算没有显函数表达式, 因而计算较为复杂. 为了便于实际应用, 一般使用查找 P-III 型分布离均系数 Φ_p 的方法进行计算. 这种方法简化了计算, 由于受表格所列偏态系数 C_s 步长和线性插值方法的影响, Φ_p 值存在一定的偏差, 且计算效率低下. 随着计算机数值计算方法的发展, 对给定超越概率和 C_s 值下的 Φ_p 值计算 (正偏 $C_s = 0$—4.0), 相继出现了 Φ_p 数值积分计算和高精度插值方法, 提高了 Φ_p 值的计算精度. 少数学者针对负偏序列, 研究了负偏 P-III 型分布的 Φ_p 值计算. 这些方法的基本思路是将原变量的 P-III 型分布转换为标准化变量 P-III 型分布, 通过求解不完全 gamma 函数获得 Φ_p 值. 本章根据概率原理, 从 P-III 型分布的通用密度函数 (正偏和负偏) 出发, 推导了标准 P-III 型分布和 P-III 型分布关系, 矩法、极大似然法和概率权重法分布参数估算公式, 并以实例说明 P-III 型分布概率和设计值计算原理和方法.

2.1　标准化变量数字特征与 P-III 型分布

2.1.1　标准化变量数字特征

设有随机变量 X, 其数学期望为 $E(X)$, 方差为 $D(X)$, 变差系数为 C_{vX}, 偏态系数为 C_{sX}. 则随机变量 X 的标准化变量为 $Y = \dfrac{X - E(X)}{\sqrt{D(X)}}$, 其相应的数学期望为 $E(Y)$, 方差为 $D(Y)$, 变差系数为 C_{vY}, 偏态系数为 C_{sY}. 根据数字特征的定义和性质, 有标准化变量 Y 的数字特征

$$E(Y) = E\left[\frac{X - E(X)}{\sqrt{D(X)}}\right] = \frac{E(X) - E(X)}{\sqrt{D(X)}} = 0 \tag{1}$$

$$D(Y) = D\left[\frac{X - E(X)}{\sqrt{D(X)}}\right] = \frac{D[X - E(X)]}{D(X)} = \frac{D(X) - 0}{D(X)} = 1 \tag{2}$$

$$C_{sY} = \frac{E\left[Y - E\left(Y\right)\right]^3}{\left(\sqrt{D\left(Y\right)}\right)^3} = \frac{E\left[Y^3 - 3Y^2 E\left(Y\right) + 3Y E^2\left(Y\right) - E^3\left(Y\right)\right]}{\left(\sqrt{D\left(Y\right)}\right)^3}$$

$$= \frac{E\left[Y^3 - 3Y^2 \times 0 + 3Y \times 0^2 - 0^3\right]}{\left(\sqrt{1}\right)^3}$$

$$= E\left(Y^3\right) = E\left(\frac{X - E\left(X\right)}{\sqrt{D\left(X\right)}}\right)^3 = \frac{E\left[X - E\left(X\right)\right]^3}{\left(\sqrt{D\left(X\right)}\right)^3} = C_{sX} \tag{3}$$

式 (1)—(3) 表明标准化变量 Y 的数学期望值为 0, 方差为 1, 偏态系数与原变量 X 的偏态系数相等.

2.1.2　P-III 型分布

P-III 型分布的通用密度函数可以写为

$$f\left(x\right) = \frac{1}{|\beta|\,\Gamma\left(\alpha\right)}\left(\frac{x - a_0}{\beta}\right)^{\alpha-1} e^{-\frac{x-a_0}{\beta}}$$

$$= \begin{cases} \dfrac{1}{-\beta \cdot \Gamma\left(\alpha\right)}\left(\dfrac{x - a_0}{\beta}\right)^{\alpha-1} e^{-\frac{x-a_0}{\beta}}, & \beta < 0, x \leqslant a_0 \\[3mm] \dfrac{1}{\beta \cdot \Gamma\left(\alpha\right)}\left(\dfrac{x - a_0}{\beta}\right)^{\alpha-1} e^{-\frac{x-a_0}{\beta}}, & \beta > 0, x \geqslant a_0 \end{cases} \tag{4}$$

式中, α, β, a_0 分别为 P-III 型分布的形状、尺度和位置参数; 当 $\beta > 0$ 时, 分布为正偏, 且 $x \geqslant a_0$; 当 $\beta < 0$ 时, 分布为负偏, 且 $x \leqslant a_0$; 当偏态系数 $C_s = 0$ 时, 式 (4) 转换为常用的正态分布, 本节不再叙述, 读者可参阅其他文献学习正态分布.

我国通常采用正偏 P-III 型分布 $(\beta > 0)$, 其密度函数为

$$f\left(x\right) = \frac{\beta^\alpha}{\Gamma\left(\alpha\right)}\left(x - a_0\right)^{\alpha-1} e^{-\beta(x-a_0)}, \quad \beta > 0 \tag{5}$$

显然, 式 (5) 与式 (4) 的 β 参数互为倒数, 其他参数相同. 若参数 α, β, a_0 已知, P-III 型分布的概率和设计值计算如下.

设有随机变量 X 服从 P-III 型分布, 其对应的标准化变量为 $Y = \dfrac{X - E\left(X\right)}{\sqrt{D\left(X\right)}}$,

当 $x = a_0$ 时, 其界值为 $a_0^* = \dfrac{a_0 - E\left(X\right)}{\sqrt{D\left(X\right)}} = \dfrac{-\alpha \cdot \beta}{\sqrt{\alpha} \cdot |\beta|} = \begin{cases} \dfrac{1}{\sqrt{\alpha}}, & \beta < 0, \\[3mm] -\dfrac{1}{\sqrt{\alpha}}, & \beta > 0. \end{cases}$ 则标准

P-III 型分布密度函数为

$$f\left(y\right) = \frac{1}{|\beta|\,\Gamma\left(\alpha\right)}\left(\frac{y - a_0^*}{\beta}\right)^{\alpha-1} e^{-\frac{y-a_0^*}{\beta}}$$

$$
= \begin{cases} \dfrac{1}{-\beta \cdot \Gamma(\alpha)} \left(\dfrac{y - a_0^*}{\beta}\right)^{\alpha-1} e^{-\frac{y - a_0^*}{\beta}}, & \beta < 0, y \leqslant a_0^* \\[4mm] \dfrac{1}{\beta \cdot \Gamma(\alpha)} \left(\dfrac{y - a_0^*}{\beta}\right)^{\alpha-1} e^{-\frac{y - a_0^*}{\beta}}, & \beta > 0, y \geqslant a_0^* \end{cases} \tag{6}
$$

式中, $y = \dfrac{x - E(X)}{\sqrt{D(X)}}$, $a_0^* = \dfrac{a_0 - E(X)}{\sqrt{D(X)}}$, 即标准化 P-III 型分布的数学期望为 $E(Y) = 0$, 方差为 $D(Y) = 1$, 偏态系数 $C_{sY} = C_{sX}$. 标准化 P-III 型分布密度曲线如图 1 所示.

根据式 (6), 令负偏标准化 P-III 型分布密度为 $f(x) = \dfrac{1}{-\beta \cdot \Gamma(\alpha)} \left(\dfrac{y - a_0^*}{\beta}\right)^{\alpha-1} \cdot$ $e^{-\frac{y - a_0^*}{\beta}}$, 因为 $\beta < 0, y \leqslant a_0^*$, 所以 $-\beta > 0$, $\dfrac{y - a_0^*}{\beta} > 0$. 正偏标准 P-III 型分布密度为 $g(x) = \dfrac{1}{\beta \cdot \Gamma(\alpha)} \left(\dfrac{y - a_0^*}{\beta}\right)^{\alpha-1} e^{-\frac{y - a_0^*}{\beta}}$, 同样, 因为 $\beta > 0, y \geqslant a_0^*$, 所以 $\dfrac{y - a_0^*}{\beta} > 0$. 因此, 有 $f(a_0^* - y) = \dfrac{1}{-\beta \cdot \Gamma(\alpha)} \left(\dfrac{y}{\beta}\right)^{\alpha-1} e^{-\frac{y}{\beta}}$, $g(a_0^* + y) = \dfrac{1}{\beta \cdot \Gamma(\alpha)} \left(\dfrac{y}{\beta}\right)^{\alpha-1} e^{-\frac{y}{\beta}}$, 即

$$
f(a_0^* - y) = g(a_0^* + y) \tag{7}
$$

式 (7) 表明, 对于正偏标准化和负偏标准化 P-III 型分布密度来说, 当它们的参数 α, a_0^* 相等, β 为互为相反数时, 正偏标准化和负偏标准化 P-III 型分布密度图形以 $y = a_0^*$ 为对称, 如图 1(a) 所示. 对于 $|C_s| \geqslant 2$ 时, 曲线则为单支曲线, 如图 1(a)—(c) 所示 (蔡体录, 1983; 张家鸣等, 2012; 张涛等, 2008).

2.1.2.1 利用标准 P-III 型分布计算 P-III 型分布概率和设计值

1) 标准 P-III 型分布的数字特征值

对于标准化变量 Y, 其标准 P-III 型分布的数学期望、方差和偏态系数为

$$
E(Y) = a_0^* + \alpha \cdot \beta, \quad D(Y) = \alpha \cdot \beta^2, \quad C_s = \frac{2\beta}{|\beta| \alpha^{\frac{1}{2}}} \tag{8}
$$

将 $E(Y) = 0$, $D(Y) = 1$ 和 C_{vY} 代入式 (8), 有标准 P-III 型分布的分布参数

$$
\alpha = \frac{4}{C_{sY}^2}, \quad \beta = \frac{C_{sY}}{2}, \quad a_0^* = -\frac{2}{C_{sY}} \tag{9}
$$

2) P-III 型分布离均系数计算

根据概率论原理, 有 $P(X \leqslant x_p) = P\left(\dfrac{X - E(X)}{\sqrt{D(X)}} \leqslant \dfrac{x_p - E(X)}{D(X)}\right) = P(Y \leqslant \Phi_p)$. 因此, 原变量 X 的概率可转换为标准随机变量 Y 的概率计算.

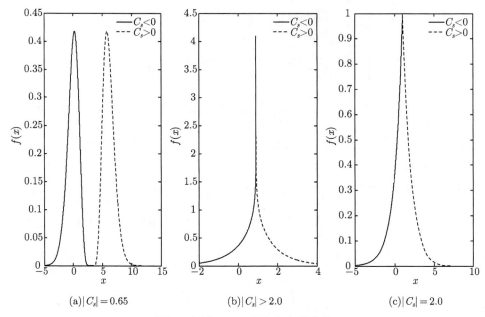

(a)$|C_s|=0.65$　　　　　　(b)$|C_s|>2.0$　　　　　　(c)$|C_s|=2.0$

图 1　标准 P-III 型分布密度曲线

当 $C_{sY}<0$ 时, 令 $u=\dfrac{w-a_0^*}{\beta}$, 则 $w=a_0^*+\beta\cdot u$, $w=\beta\cdot du$. 因为 $\beta<0$, 当 $w\to-\infty$ 时, $u\to\infty$; 当 $w=\Phi_p$ 时, $u=\dfrac{\Phi_p-a_0^*}{\beta}>0$, 有

$$
\begin{aligned}
F\left(Y\leqslant\Phi_p\right) &= \int_{-\infty}^{\Phi_p}f\left(w\right)dw=\int_{-\infty}^{\Phi_p}\frac{1}{-\beta\cdot\Gamma\left(\alpha\right)}\left(\frac{w-a_0^*}{\beta}\right)^{\alpha-1}e^{-\frac{y-a_0^*}{\beta}}dw\\
&= \int_{\infty}^{\frac{\Phi_p-a_0^*}{\beta}}\frac{1}{-\beta\cdot\Gamma\left(\alpha\right)}u^{\alpha-1}e^{-u}\beta\cdot du\\
&= \int_{\infty}^{\frac{\Phi_p-a_0^*}{\beta}}\frac{1}{-\Gamma\left(\alpha\right)}u^{\alpha-1}e^{-u}du=\int_{\frac{\Phi_p-a_0^*}{\beta}}^{\infty}\frac{1}{\Gamma\left(\alpha\right)}u^{\alpha-1}e^{-u}du\\
&= \int_{0}^{\infty}\frac{1}{\Gamma\left(\alpha\right)}u^{\alpha-1}e^{-u}du-\int_{0}^{\frac{\Phi_p-a_0^*}{\beta}}\frac{1}{\Gamma\left(\alpha\right)}u^{\alpha-1}e^{-u}du\\
&= \frac{1}{\Gamma\left(\alpha\right)}\Gamma\left(\alpha\right)-\frac{1}{\Gamma\left(\alpha\right)}\int_{0}^{\frac{\Phi_p-a_0^*}{\beta}}u^{\alpha-1}e^{-u}du\\
&= 1-\frac{1}{\Gamma\left(\alpha\right)}\int_{0}^{\frac{\Phi_p-a_0^*}{\beta}}u^{\alpha-1}e^{-u}du
\end{aligned}
\tag{10}
$$

当 $C_{sY} > 0$ 时, 令 $u = \dfrac{w - a_0^*}{\beta}$, 则 $w = a_0^* + \beta \cdot u$, $w = \beta \cdot du$. 当 $w = a_0^*$ 时, $u = 0$; 当 $w = \Phi_p$ 时, $u = \dfrac{\Phi_p - a_0^*}{\beta}$, 有

$$
\begin{aligned}
F\left(Y \leqslant \Phi_p\right) &= \int_{a_0^*}^{\Phi_p} f(w)\, dw = \int_{a_0^*}^{\Phi_p} \frac{1}{\beta \cdot \Gamma(\alpha)} \left(\frac{w - a_0^*}{\beta}\right)^{\alpha - 1} e^{-\frac{y - a_0^*}{\beta}}\, dw \\
&= \int_0^{\frac{\Phi_p - a_0^*}{\beta}} \frac{1}{\beta \cdot \Gamma(\alpha)} u^{\alpha - 1} e^{-u} \beta \cdot du = \frac{1}{\Gamma(\alpha)} \int_0^{\frac{\Phi_p - a_0^*}{\beta}} u^{\alpha - 1} e^{-u}\, du \quad (11)
\end{aligned}
$$

综合以上推导, 有

$$
F(\Phi_p) = P\left(Y \leqslant \Phi_p\right) =
\begin{cases}
1 - \dfrac{1}{\Gamma(\alpha)} \displaystyle\int_0^{\frac{\Phi_p - a_0^*}{\beta}} u^{\alpha - 1} e^{-u}\, du, & C_{sY} < 0 \\[4mm]
\dfrac{1}{\Gamma(\alpha)} \displaystyle\int_0^{\frac{\Phi_Y - a_0^*}{\beta}} u^{\alpha - 1} e^{-u}\, du, & C_{sY} > 0
\end{cases}
\quad (12)
$$

对照 2 参数的 gamma 分布函数 $G(x) = \dfrac{1}{\beta \cdot \Gamma(\alpha)} \displaystyle\int_0^x \left(\dfrac{u}{\beta}\right)^{\alpha - 1} e^{-\frac{u}{\beta}}\, du$, 不难看出, 式 (12) 的右端 $\dfrac{1}{\Gamma(\alpha)} \displaystyle\int_0^{\frac{\Phi_p - a_0^*}{\beta}} u^{\alpha - 1} e^{-u}\, du$ 恰好为 2 参数的 gamma 累计分布值, 其参数为 α, 且 $\beta = 1$.

对于不超越事件 $\{Y \leqslant \Phi_p\}$, 令 $\dfrac{\Phi_p - a_0^*}{\beta} = u_p$, 有不超越概率 P_{none} 的 u_p 为

$$
F(\Phi_p) = P\left(Y \leqslant \Phi_p\right) =
\begin{cases}
1 - \dfrac{1}{\Gamma(\alpha)} \displaystyle\int_0^{\frac{\Phi_p - a_0^*}{\beta}} u^{\alpha - 1} e^{-u}\, du, & C_{sY} < 0 \\[4mm]
\dfrac{1}{\Gamma(\alpha)} \displaystyle\int_0^{\frac{\Phi_p - a_0^*}{\beta}} u^{\alpha - 1} e^{-u}\, du, & C_{sY} > 0
\end{cases}
\quad (13)
$$

$$
u_p =
\begin{cases}
G^{-1}\left(1 - P_{\text{none}}; \alpha, 1\right), & C_{sY} < 0 \\[2mm]
G^{-1}\left(P_{\text{none}}; \alpha, 1\right), & C_{sY} > 0
\end{cases}
\quad (14)
$$

式中, $G^{-1}(\cdot)$ 为具有参数 α, $\beta = 1$ 的 gamma 分布的逆函数.

同样, 根据 $P\left(Y \leqslant \Phi_p\right) + P\left(Y \geqslant \Phi_p\right) = 1$, 设超越事件 $\{Y \geqslant \Phi_p\}$ 的超越概率为 P_{exce}, 可由式 (13) 进行计算.

$$
P_{\text{exce}} = 1 - F(\Phi_p) = 1 - P\left(Y \leqslant \Phi_p\right)
$$

$$= \begin{cases} \dfrac{1}{\Gamma(\alpha)} \displaystyle\int_0^{\frac{\Phi_p - a_0^*}{\beta}} u^{\alpha-1}e^{-u}du, & C_{sY} < 0 \\[4mm] 1 - \dfrac{1}{\Gamma(\alpha)} \displaystyle\int_0^{\frac{\Phi_p - a_0^*}{\beta}} u^{\alpha-1}e^{-u}du, & C_{sY} > 0 \end{cases} \tag{15}$$

令 $\dfrac{\Phi_p - a_0^*}{\beta} = u_p$, 有超越事件 $\{Y \geqslant \Phi_p\}$ 的超越概率为 P_{exce}, 其相应的 u_p 为

$$u_p = \begin{cases} G^{-1}(P_{\text{exce}}; \alpha, 1), & C_{sY} < 0 \\[2mm] G^{-1}(1 - P_{\text{exce}}; \alpha, 1), & C_{sY} > 0 \end{cases} \tag{16}$$

计算出 u_p 后, P-III 型分布离均系数可由 $\dfrac{\Phi_p - a_0^*}{\beta} = u_p$ 逆变换, 推得离均系数计算公式为

$$\Phi_p = \beta \cdot u_p + a_0^* = \frac{C_{sY}}{2} \cdot u_p - \frac{2}{C_{sY}} \tag{17}$$

因此, P-III 型分布离均系数的计算步骤为: ①计算序列的偏态系数 $C_{sY} = C_{sX}$; ②给定事件的频率, 若频率为不超越概率, 由式 (14) 计算 u_p, 若频率为超越概率, 由式 (16) 计算 u_p; ③根据式 (17) 计算事件频率对应的离均系数. 表 1 和表 2 列出了 P-III 型分布离均系数的部分计算结果.

2.1.2.2　利用 gamma 分布计算 P-III 型分布概率和设计值

1) 正偏 P-III 型分布 ($\beta > 0$)

不超越事件概率 P_{none} 的计算公式为 $P_{\text{none}} = P(X \leqslant x) = \displaystyle\int_{a_0}^x \frac{1}{\beta \cdot \Gamma(\alpha)} \cdot \left(\dfrac{t - a_0}{\beta}\right)^{\alpha-1} e^{-\frac{t-a_0}{\beta}} dt$, 令 $y = \dfrac{t - a_0}{\beta}$, $t = \beta \cdot y + a_0$, $dt = \beta \cdot dy$. 当 $t = a_0$ 时, $y = 0$; 当 $t = x$ 时, $y_p = \dfrac{x - a_0}{\beta}$, 则

$$P_{\text{none}} = \int_0^{y_p} \frac{1}{\beta \cdot \Gamma(\alpha)} y^{\alpha-1} e^{-y} \beta \cdot dy$$
$$= \frac{1}{\Gamma(\alpha)} \int_0^{y_p} y^{\alpha-1} e^{-y} dy$$
$$= G_a(y_p, \alpha, 1) = \text{gamcdf}(y_p, \alpha, 1) \tag{18}$$

式中, $G_a(\cdot)$ 为 gamma 概率分布, $G_a(x, a, b) = \dfrac{1}{b^a \cdot \Gamma(a)} \displaystyle\int_0^x t^{a-1} e^{-\frac{t}{b}} dt$.

超越事件概率 P_{exce} 的计算公式为

表 1   P-III 型分布不超越概率离均系数 Φ_p 的计算结果

C_s \\ $P/\%$	0.01	0.1	1	10	50	70	90	99.9
−9.00	−20.53356	−12.04437	−4.63541	−0.11146	0.22222	0.22222	0.22222	0.22222
−8.50	−19.82845	−11.76576	−4.67573	−0.17113	0.23529	0.23529	0.23529	0.23529
−8.00	−19.10191	−11.46855	−4.70514	−0.23929	0.24996	0.25000	0.25000	0.25000
−7.50	−18.35278	−11.15154	−4.72240	−0.31582	0.26654	0.26667	0.26667	0.26667
−7.00	−17.57979	−10.81343	−4.72613	−0.40026	0.28528	0.28571	0.28571	0.28571
−6.50	−16.78156	−10.45281	−4.71482	−0.49182	0.30639	0.30769	0.30769	0.30769
−6.00	−15.95660	−10.06812	−4.68680	−0.58933	0.32974	0.33330	0.33333	0.33333
−5.50	−15.10332	−9.65766	−4.64022	−0.69122	0.35456	0.36345	0.36364	0.36364
−5.00	−14.22004	−9.21961	−4.57304	−0.79548	0.37901	0.39914	0.40000	0.40000
−4.50	−13.30504	−8.75202	−4.48303	−0.89964	0.39985	0.44114	0.44443	0.44444
−4.00	−12.35663	−8.25289	−4.36777	−1.00079	0.41265	0.48902	0.49986	0.50000
−3.50	−11.37334	−7.72024	−4.22473	−1.09552	0.41253	0.53993	0.57035	0.57143
−3.00	−10.35418	−7.15235	−4.05138	−1.18006	0.39554	0.58783	0.66023	0.66667
−2.50	−9.29920	−6.54814	−3.84540	−1.25039	0.35992	0.62463	0.77062	0.79998
−2.00	−8.21034	−5.90776	−3.60517	−1.30259	0.30685	0.64333	0.89464	0.99900
−1.50	−7.09277	−5.23353	−3.33035	−1.33330	0.23996	0.64080	1.01810	1.31275
−1.00	−5.95691	−4.53112	−3.02256	−1.34039	0.16397	0.61814	1.12762	1.78572
−0.50	−4.82141	−3.81090	−2.68572	−1.32309	0.08302	0.57840	1.21618	2.39867
0.00	−3.71902	−3.09023	−2.32635	−1.28155	0.00000	0.52440	1.28155	3.09023
0.50	−2.70836	−2.39867	−1.95472	−1.21618	−0.08302	0.45812	1.32309	3.81090
1.00	−1.88410	−1.78572	−1.58838	−1.12762	−0.16397	0.38111	1.34039	4.53112
1.50	−1.32774	−1.31275	−1.25611	−1.01810	−0.23996	0.29535	1.33330	5.23353
2.00	−0.99990	−0.99900	−0.98995	−0.89464	−0.30685	0.20397	1.30259	5.90776
2.50	−0.80000	−0.79998	−0.79921	−0.77062	−0.35992	0.11144	1.25039	6.54814
3.00	−0.66667	−0.66667	−0.66663	−0.66023	−0.39554	0.02279	1.18006	7.15235
3.50	−0.57143	−0.57143	−0.57143	−0.57035	−0.41253	−0.05730	1.09552	7.72024
4.00	−0.50000	−0.50000	−0.50000	−0.49986	−0.41265	−0.12530	1.00079	8.25289
4.50	−0.44444	−0.44444	−0.44444	−0.44443	−0.39985	−0.17918	0.89964	8.75202
5.00	−0.40000	−0.40000	−0.40000	−0.40000	−0.37901	−0.21843	0.79548	9.21961
5.50	−0.36364	−0.36364	−0.36364	−0.36364	−0.35456	−0.24391	0.69122	9.65766
6.00	−0.33333	−0.33333	−0.33333	−0.33333	−0.32974	−0.25750	0.58933	10.06812
6.50	−0.30769	−0.30769	−0.30769	−0.30769	−0.30639	−0.26167	0.49182	10.45281
7.00	−0.28571	−0.28571	−0.28571	−0.28571	−0.28528	−0.25899	0.40026	10.81343
7.50	−0.26667	−0.26667	−0.26667	−0.26667	−0.26654	−0.25183	0.31582	11.15154
8.00	−0.25000	−0.25000	−0.25000	−0.25000	−0.24996	−0.24214	0.23929	11.46855
9.00	−0.22222	−0.22222	−0.22222	−0.22222	−0.22222	−0.22030	0.11146	12.04437

表 2　P-III 型分布超越概率离均系数 Φ_p 的计算结果

C_s \ $P/\%$	0.01	0.1	1	10	50	70	90	99.9
−9.00	0.22222	0.22222	0.22222	0.22222	0.22222	0.22030	−0.11146	−12.04437
−8.50	0.23529	0.23529	0.23529	0.23529	0.23529	0.23132	−0.17113	−11.76576
−8.00	0.25000	0.25000	0.25000	0.25000	0.24996	0.24214	−0.23929	−11.46855
−7.50	0.26667	0.26667	0.26667	0.26667	0.26654	0.25183	−0.31582	−11.15154
−7.00	0.28571	0.28571	0.28571	0.28571	0.28528	0.25899	−0.40026	−10.81343
−6.50	0.30769	0.30769	0.30769	0.30769	0.30639	0.26167	−0.49182	−10.45281
−6.00	0.33333	0.33333	0.33333	0.33333	0.32974	0.25750	−0.58933	−10.06812
−5.50	0.36364	0.36364	0.36364	0.36364	0.35456	0.24391	−0.69122	−9.65766
−5.00	0.40000	0.40000	0.40000	0.40000	0.37901	0.21843	−0.79548	−9.21961
−4.50	0.44444	0.44444	0.44444	0.44443	0.39985	0.17918	−0.89964	−8.75202
−4.00	0.50000	0.50000	0.50000	0.49986	0.41265	0.12530	−1.00079	−8.25289
−3.50	0.57143	0.57143	0.57143	0.57035	0.41253	0.05730	−1.09552	−7.72024
−3.00	0.66667	0.66667	0.66663	0.66023	0.39554	−0.02279	−1.18006	−7.15235
−2.50	0.80000	0.79998	0.79921	0.77062	0.35992	−0.11144	−1.25039	−6.54814
−2.00	0.99990	0.99900	0.98995	0.89464	0.30685	−0.20397	−1.30259	−5.90776
−1.50	1.32774	1.31275	1.25611	1.01810	0.23996	−0.29535	−1.33330	−5.23353
−1.00	1.88410	1.78572	1.58838	1.12762	0.16397	−0.38111	−1.34039	−4.53112
−0.50	2.70836	2.39867	1.95472	1.21618	0.08302	−0.45812	−1.32309	−3.81090
0.00	3.71902	3.09023	2.32635	1.28155	0.00000	−0.52440	−1.28155	−3.09023
0.50	4.82141	3.81090	2.68572	1.32309	−0.08302	−0.57840	−1.21618	−2.39867
1.00	5.95691	4.53112	3.02256	1.34039	−0.16397	−0.61814	−1.12762	−1.78572
1.50	7.09277	5.23353	3.33035	1.33330	−0.23996	−0.64080	−1.01810	−1.31275
2.00	8.21034	5.90776	3.60517	1.30259	−0.30685	−0.64333	−0.89464	−0.99900
2.50	9.29920	6.54814	3.84540	1.25039	−0.35992	−0.62463	−0.77062	−0.79998
3.00	10.35418	7.15235	4.05138	1.18006	−0.39554	−0.58783	−0.66023	−0.66667
3.50	11.37334	7.72024	4.22473	1.09552	−0.41253	−0.53993	−0.57035	−0.57143
4.00	12.35663	8.25289	4.36777	1.00079	−0.41265	−0.48902	−0.49986	−0.50000
4.50	13.30504	8.75202	4.48303	0.89964	−0.39985	−0.44114	−0.44443	−0.44444
5.00	14.22004	9.21961	4.57304	0.79548	−0.37901	−0.39914	−0.40000	−0.40000
6.00	15.95660	10.06812	4.68680	0.58933	−0.32974	−0.33330	−0.33333	−0.33333
6.50	16.78156	10.45281	4.71482	0.49182	−0.30639	−0.30769	−0.30769	−0.30769
7.00	17.57979	10.81343	4.72613	0.40026	−0.28528	−0.28571	−0.28571	−0.28571
7.50	18.35278	11.15154	4.72240	0.31582	−0.26654	−0.26667	−0.26667	−0.26667
8.00	19.10191	11.46855	4.70514	0.23929	−0.24996	−0.25000	−0.25000	−0.25000
8.50	19.82845	11.76576	4.67573	0.17113	−0.23529	−0.23529	−0.23529	−0.23529
9.00	20.53356	12.04437	4.63541	0.11146	−0.22222	−0.22222	−0.22222	−0.22222

$$P_{\text{exce}} = P(X \geqslant x) = \int_x^\infty \frac{1}{\beta \cdot \Gamma(\alpha)} \left(\frac{t - a_0}{\beta}\right)^{\alpha-1} e^{-\frac{t-a_0}{\beta}} dt$$

$$= 1 - \int_{a_0}^x \frac{1}{\beta \cdot \Gamma(\alpha)} \left(\frac{t - a_0}{\beta}\right)^{\alpha-1} e^{-\frac{t-a_0}{\beta}} dt$$

令 $y = \dfrac{t - a_0}{\beta}$, $t = \beta \cdot y + a_0$, $dt = \beta \cdot dy$. 当 $t = a_0$ 时, $y = 0$; 当 $t = x$ 时, $y_p = \dfrac{x - a_0}{\beta}$, 则

$$P_{\text{exce}} = 1 - \int_0^{y_p} \frac{1}{\beta \cdot \Gamma(\alpha)} y^{\alpha-1} e^{-y} \beta \cdot dy = 1 - \frac{1}{\Gamma(\alpha)} \int_0^{y_p} y^{\alpha-1} e^{-y} dy$$

$$= 1 - G_a(y_p, \alpha, 1) = 1 - \text{gamcdf}(y_p, \alpha, 1) \tag{19}$$

则给定超越事件概率 P_{exce} 下, 对应的设计值为

$$\begin{cases} y_p = G_a^{-1}(1 - P_{\text{exce}}, \alpha, 1) = \text{gaminv}(1 - P_{\text{exce}}, \alpha, 1) \\ x_p = \beta \cdot y_p + a_0 \end{cases} \tag{20}$$

2) 负偏 P-III 型分布 $(\beta < 0)$

不超越事件概率 P_{none} 计算公式为 $P_{\text{none}} = P(X \leqslant x) = \int_{-\infty}^x \frac{1}{-\beta \cdot \Gamma(\alpha)} \cdot \left(\frac{t - a_0}{\beta}\right)^{\alpha-1} e^{-\frac{t-a_0}{\beta}} dt$.

令 $y = \dfrac{t - a_0}{\beta}$, $t = \beta \cdot y + a_0$, $dt = \beta \cdot dy$. 当 $t \to -\infty$ 时, $y \to \infty$; 当 $t = x$ 时, $y_p = \dfrac{x - a_0}{\beta}$, 则

$$P_{\text{none}} = \int_\infty^{y_p} \frac{1}{-\beta \cdot \Gamma(\alpha)} y^{\alpha-1} e^{-y} \beta \cdot dy$$

$$= \frac{1}{\Gamma(\alpha)} \int_{y_p}^\infty y^{\alpha-1} e^{-y} dy = 1 - \frac{1}{\Gamma(\alpha)} \int_0^{y_p} y^{\alpha-1} e^{-y} dy$$

$$= 1 - G_a(y_p, \alpha, 1) = 1 - \text{gamcdf}(y_p, \alpha, 1) \tag{21}$$

则给定不超越事件概率 P_{none} 下, 对应的设计值为

$$\begin{cases} y_p = G_a^{-1}(1 - P_{\text{none}}, \alpha, 1) = \text{gaminv}(1 - P_{\text{none}}, \alpha, 1) \\ x_p = \beta \cdot y_p + a_0 \end{cases} \tag{22}$$

超越事件概率 P_{exce} 的计算公式为

$$P_{\text{exce}} = P(X \geqslant x) = \int_x^{a_0} \frac{1}{-\beta \cdot \Gamma(\alpha)} \left(\frac{t - a_0}{\beta}\right)^{\alpha-1} e^{-\frac{t-a_0}{\beta}} dt$$

$$= 1 - \int_{-\infty}^{x} \frac{1}{-\beta \cdot \Gamma(\alpha)} \left(\frac{t - a_0}{\beta} \right)^{\alpha - 1} e^{-\frac{t - a_0}{\beta}} dt$$

令 $y = \dfrac{t - a_0}{\beta}$, $t = \beta \cdot y + a_0$, $dt = \beta \cdot dy$. 当 $t \to -\infty$ 时, $y \to \infty$; 当 $t = x$ 时,

$y_p = \dfrac{x - a_0}{\beta}$, 则

$$
\begin{aligned}
P_{\text{exce}} =& P(X \geqslant x) = \int_{x}^{a_0} \frac{1}{-\beta \cdot \Gamma(\alpha)} \left(\frac{t - a_0}{\beta} \right)^{\alpha - 1} e^{-\frac{t - a_0}{\beta}} dt \\
=& 1 - \int_{-\infty}^{x} \frac{1}{-\beta \cdot \Gamma(\alpha)} \left(\frac{t - a_0}{\beta} \right)^{\alpha - 1} e^{-\frac{t - a_0}{\beta}} dt \\
=& 1 - \int_{\infty}^{y_p} \frac{1}{-\beta \cdot \Gamma(\alpha)} y^{\alpha - 1} e^{-y} \beta \cdot dy = 1 - \frac{1}{\Gamma(\alpha)} \int_{y_p}^{\infty} y^{\alpha - 1} e^{-y} dy \\
=& 1 - \left(1 - \frac{1}{\Gamma(\alpha)} \int_{0}^{y_p} y^{\alpha - 1} e^{-y} dy \right) \\
=& \frac{1}{\Gamma(\alpha)} \int_{0}^{y_p} y^{\alpha - 1} e^{-y} dy = G_a(y_p, \alpha, 1) = \text{gamcdf}(y_p, \alpha, 1)
\end{aligned}
\tag{23}
$$

则给定超越事件概率 P_{exce} 下, 对应的设计值为

$$
\begin{cases}
y_p = G_a^{-1}(P_{\text{exce}}, \alpha, 1) = \text{gaminv}(P_{\text{exce}}, \alpha, 1) \\
x_p = \beta \cdot y_p + a_0
\end{cases}
\tag{24}
$$

例 1　正偏 P-III 型分布频率计算. 陕西省武功县 1955—2007 年年降水量序列见表 3 第 (1) 栏 (由大到小排列), 经计算, 序列 $\overline{x} = 606.73774$, $\sigma = 158.28292$, $C_v = 0.26088$, $C_s = 0.58777$, P-III 型分布参数为 $\alpha = 11.57845$, $\beta = 46.51670$, $a_0 = 68.14662$, 标准 P-III 型分布参数为 $\alpha^{(0)} = 11.57845$, $\beta^{(0)} = 0.29388$, $a_0^{(0)} = -3.40271$. 按照标准 P-III 型分布和 gamma 分布, 分别计算年降水量序列的频率值.

按照上述两种方法, 设计降水量计算结果见表 3. 按照标准 P-III 型分布法, 第 (2) 栏标准变量 $\Phi = \dfrac{x - \overline{x}}{\sigma}$, 第 (3) 栏 $u_p = \dfrac{\Phi - a_0^{(0)}}{\beta^{(0)}}$, 第 (4) 栏 $p^{(1)}$ 为按照标准 P-III 型分布计算的降水量序列频率值, 其分布参数为 $\alpha^{(0)} = 11.57845$, $\beta^{(0)} = 0.29388$, $a_0^{(0)} = -3.40271$.

按 gamma 分布法, 第 (5) 栏 $y_p = \dfrac{x - a_0}{\beta}$, 第 (5) 栏 $p^{(2)}$ 为按照 gamma 分布计算的降水量序列频率值, 其分布参数为 $\alpha = 11.57845$, $\beta = 46.51670$, $a_0 = 68.14662$. 显然, 第 (4) 栏与第 (6) 栏频率计算结果相同.

表 3　陕西省武功县降水量序列理论频率计算结果

降水量 x	标准变量 Φ	u_p	频率 $p^{(1)}$	y_p	频率 $p^{(2)}$
(1)	(2)	(3)	(4)	(5)	(6)
979.70	2.35630	19.59626	0.01990	19.59626	0.01990
958.20	2.22047	19.13406	0.02506	19.13406	0.02506
944.00	2.13076	18.82879	0.02911	18.82879	0.02911
943.70	2.12886	18.82234	0.02920	18.82234	0.02920
887.60	1.77443	17.61633	0.05157	17.61633	0.05157
850.20	1.53815	16.81231	0.07380	16.81231	0.07380
784.60	1.12370	15.40207	0.13239	15.40207	0.13239
782.00	1.10727	15.34617	0.13532	15.34617	0.13532
766.60	1.00998	15.01511	0.15377	15.01511	0.15377
743.70	0.86530	14.52281	0.18474	14.52281	0.18474
700.30	0.59111	13.58982	0.25566	13.58982	0.25566
679.90	0.46222	13.15126	0.29463	13.15126	0.29463
666.10	0.37504	12.85460	0.32298	12.85460	0.32298
657.60	0.32134	12.67187	0.34121	12.67187	0.34121
657.40	0.32007	12.66757	0.34165	12.66757	0.34165
651.50	0.28280	12.54073	0.35464	12.54073	0.35464
644.70	0.23984	12.39455	0.36994	12.39455	0.36994
643.00	0.22910	12.35800	0.37381	12.35800	0.37381
639.50	0.20699	12.28276	0.38186	12.28276	0.38186
633.70	0.17034	12.15807	0.39537	12.15807	0.39537
631.20	0.15455	12.10433	0.40127	12.10433	0.40127
621.90	0.09579	11.90440	0.42354	11.90440	0.42354
619.10	0.07810	11.84421	0.43035	11.84421	0.43035
619.00	0.07747	11.84206	0.43059	11.84206	0.43059
601.80	-0.03120	11.47230	0.47332	11.47230	0.47332
598.90	-0.04952	11.40995	0.48065	11.40995	0.48065
593.20	-0.08553	11.28742	0.49517	11.28742	0.49517
590.60	-0.10196	11.23152	0.50183	11.23152	0.50183
582.60	-0.15250	11.05954	0.52245	11.05954	0.52245
571.00	-0.22578	10.81017	0.55262	10.81017	0.55262
570.80	-0.22705	10.80587	0.55314	10.80587	0.55314
570.70	-0.22768	10.80372	0.55340	10.80372	0.55340
553.70	-0.33508	10.43826	0.59785	10.43826	0.59785
552.40	-0.34330	10.41031	0.60125	10.41031	0.60125
545.80	-0.38499	10.26843	0.61846	10.26843	0.61846
543.50	-0.39952	10.21898	0.62445	10.21898	0.62445
526.80	-0.50503	9.85997	0.66750	9.85997	0.66750
525.10	-0.51577	9.82343	0.67183	9.82343	0.67183
521.00	-0.54167	9.73529	0.68222	9.73529	0.68222
520.50	-0.54483	9.72454	0.68348	9.72454	0.68348

续表

降水量 x	标准变量 Φ	u_p	频率 $p^{(1)}$	y_p	频率 $p^{(2)}$
(1)	(2)	(3)	(4)	(5)	(6)
517.40	−0.56442	9.65789	0.69128	9.65789	0.69128
516.10	−0.57263	9.62995	0.69453	9.62995	0.69453
469.80	−0.86515	8.63461	0.80271	8.63461	0.80271
462.80	−0.90937	8.48412	0.81739	8.48412	0.81739
448.80	−0.99782	8.18316	0.84510	8.18316	0.84510
435.70	−1.08058	7.90154	0.86893	7.90154	0.86893
419.10	−1.18546	7.54467	0.89599	7.54467	0.89599
406.40	−1.26569	7.27165	0.91426	7.27165	0.91426
402.00	−1.29349	7.17706	0.92009	7.17706	0.92009
398.70	−1.31434	7.10612	0.92430	7.10612	0.92430
348.50	−1.63149	6.02694	0.97137	6.02694	0.97137
331.10	−1.74142	5.65288	0.98109	5.65288	0.98109
327.10	−1.76670	5.56689	0.98292	5.56689	0.98292

例 2　正偏 P-III 型分布设计值计算. 陕西省武功县 1955—2007 年年降水量序列统计特征值、P-III 型分布参数和标准 P-III 型分布参数为见例 1. 按照标准 P-III 型分布和 gamma 分布, 分别给定设计频率 (表 4) 的设计值.

表 4 列出了两种方法设计降水量计算结果. 按照标准 P-III 型分布法, 首先计算 u_p, 见第 (2) 栏. 第 (3) 栏 $\Phi_p = \beta^{(0)} u_p + a_0^{(0)}$, 第 (4) 栏为按照标准 P-III 型分布计算的设计降水量值, $x_p^{(1)} = \bar{x}(1 + C_v)\Phi_p$, 其分布参数为 $\alpha^{(0)} = 11.57845$, $\beta^{(0)} = 0.29388$, $a_0^{(0)} = -3.40271$.

按 gamma 分布, 第 (5) 栏计算 y_p, 第 (6) 栏为按照 gamma 分布计算的降水量序列设计值, $x_p^{(2)} = \beta \cdot y_p + a_0$, 其分布参数为 $\alpha = 11.57845$, $\beta = 46.51670$, $a_0 = 68.14662$. 显然, 第 (4) 栏与第 (6) 栏设计值计算结果相同.

例 3　负偏 P-III 型分布频率计算. 新疆塔什库尔干县 1962—2003 年年降水量序列见表 5 第 (1) 栏 (由大到小排列), 经计算, 序列 $\bar{x} = 70.13810$, $\sigma = 22.83497$, $C_v = 0.32557$, $C_s = -0.63676$, P-III 型分布参数为 $\alpha = 9.86511$, $\beta = -7.27025$, $a_0 = 141.85994$, 标准 P-III 型分布参数为 $\alpha^{(0)} = 9.86511$, $\beta^{(0)} = -0.31838$, $a_0^{(0)} = 3.14088$. 按照标准 P-III 型分布和 gamma 分布, 分别计算年降水量序列的频率值.

按照上述两种方法, 设计降水量计算结果见表 5. 按照标准 P-III 型分布法, 第 (2) 栏标准变量 $\Phi = \dfrac{x - \bar{x}}{\sigma}$, 第 (3) 栏 $u_p = \dfrac{\Phi - a_0^{(0)}}{\beta^{(0)}}$, 第 (4) 栏 $p^{(1)}$ 为按照标准 P-III 型分布计算的降水量序列频率值, 其分布参数为 $\alpha^{(0)} = 9.86511$, $\beta^{(0)} = -0.31838$, $a_0^{(0)} = 3.14088$.

表 4   陕西省武功县设计降水量计算结果

频率/%	u_p	离均系数 Φ_p	设计值 $x_p^{(1)}$	y_p	设计值 $x_p^{(2)}$
(1)	(2)	(3)	(4)	(5)	(6)
0.50	22.19895	3.12119	1100.77	22.19895	1100.77
1.00	20.92467	2.74670	1041.49	20.92467	1041.49
5.00	17.68388	1.79429	890.74	17.68388	890.74
10.00	16.09689	1.32789	816.92	16.09689	816.92
15.00	15.08018	1.02910	769.63	15.08018	769.63
20.00	14.30270	0.80061	733.46	14.30270	733.46
25.00	13.65702	0.61086	703.43	13.65702	703.43
30.00	13.09377	0.44533	677.23	13.09377	677.23
35.00	12.58573	0.29602	653.59	12.58573	653.59
40.00	12.11587	0.15794	631.74	12.11587	631.74
45.00	11.67251	0.02765	611.11	11.67251	611.11
50.00	11.24687	−0.09744	591.31	11.24687	591.31
55.00	10.83173	−0.21945	572.00	10.83173	572.00
60.00	10.42056	−0.34028	552.88	10.42056	552.88
65.00	10.00675	−0.46189	533.63	10.00675	533.63
70.00	9.58282	−0.58648	513.91	9.58282	513.91
75.00	9.13917	−0.71686	493.27	9.13917	493.27
80.00	8.66183	−0.85715	471.07	8.66183	471.07
85.00	8.12726	−1.01424	446.20	8.12726	446.20
90.00	7.48744	−1.20228	416.44	7.48744	416.44
95.00	6.60454	−1.46175	375.37	6.60454	375.37
99.00	5.14944	−1.88938	307.68	5.14944	307.68

按 gamma 分布, 第 (5) 栏 $y_p = \dfrac{x - a_0}{\beta}$, 第 (6) 栏 $p^{(2)}$ 为按照 gamma 分布计算的降水量序列频率值, 其分布参数为 $\alpha = 9.86511$, $\beta = -7.27025$, $a_0 = 141.85994$. 显然, 第 (4) 栏与第 (6) 栏频率计算结果相同.

例 4   负偏 P-III 型分布设计值计算. 新疆塔什库尔干县 1962—2003 年年降水量序列统计特征值、P-III 型分布参数和标准 P-III 型分布参数见例 3. 按照标准 P-III 型分布和 gamma 分布, 分别给定设计频率 (表 6) 的设计值.

表 6 列出了两种方法设计降水量计算结果. 按照标准 P-III 型分布法, 首先计算 u_p, 见第 (2) 栏. 第 (3) 栏 $\Phi_p = \beta^{(0)} u_p + a_0^{(0)}$, 第 (4) 栏为按照标准 P-III 型分布计算的设计降水量值, $x_p^{(1)} = \overline{x}(1 + C_v)\Phi_p$, 其分布参数为 $\alpha^{(0)} = 9.86511$, $\beta^{(0)} = -0.31838$, $a_0^{(0)} = 3.14088$.

按 gamma 分布, 第 (5) 栏计算 y_p, 第 (6) 栏为按照 gamma 分布计算的降水量序列设计值, $x_p^{(2)} = \beta \cdot y_p + a_0$, 其分布参数为 $\alpha = 9.86511$, $\beta = -7.27025$, $a_0 = 141.85994$. 显然, 第 (4) 栏与第 (6) 栏设计值计算结果相同.

表 5　新疆塔什库尔干县设计降水量计算结果

降水量 x	标准变量 Φ	u_p	频率 $p^{(1)}$	y_p	频率 $p^{(2)}$
(1)	(2)	(3)	(4)	(5)	(6)
106.40	1.58800	4.87740	0.03082	4.87740	0.03082
98.50	1.24204	5.96402	0.08880	5.96402	0.08880
98.10	1.22452	6.01904	0.09281	6.01904	0.09281
97.10	1.18073	6.15659	0.10330	6.15659	0.10330
96.40	1.15007	6.25287	0.11103	6.25287	0.11103
95.70	1.11942	6.34915	0.11907	6.34915	0.11907
93.50	1.02308	6.65175	0.14638	6.65175	0.14638
91.70	0.94425	6.89934	0.17088	6.89934	0.17088
91.50	0.93549	6.92685	0.17371	6.92685	0.17371
90.00	0.86980	7.13317	0.19566	7.13317	0.19566
88.40	0.79973	7.35324	0.22032	7.35324	0.22032
86.90	0.73405	7.55956	0.24447	7.55956	0.24447
86.00	0.69463	7.68335	0.25939	7.68335	0.25939
85.90	0.69025	7.69711	0.26107	7.69711	0.26107
81.10	0.48005	8.35733	0.34488	8.35733	0.34488
81.00	0.47567	8.37109	0.34668	8.37109	0.34668
79.80	0.42312	8.53614	0.36837	8.53614	0.36837
76.90	0.29612	8.93503	0.42123	8.93503	0.42123
76.80	0.29174	8.94878	0.42305	8.94878	0.42305
75.70	0.24357	9.10009	0.44311	9.10009	0.44311
75.40	0.23043	9.14135	0.44856	9.14135	0.44856
73.00	0.12533	9.47146	0.49190	9.47146	0.49190
72.50	0.10343	9.54024	0.50083	9.54024	0.50083
72.20	0.09030	9.58150	0.50616	9.58150	0.50616
72.10	0.08592	9.59525	0.50794	9.59525	0.50794
66.90	−0.14180	10.31050	0.59705	10.31050	0.59705
63.70	−0.28194	10.75065	0.64785	10.75065	0.64785
63.50	−0.29070	10.77816	0.65091	10.77816	0.65091
61.00	−0.40018	11.12202	0.68781	11.12202	0.68781
60.40	−0.42646	11.20455	0.69630	11.20455	0.69630
59.90	−0.44835	11.27333	0.70326	11.27333	0.70326
58.20	−0.52280	11.50715	0.72618	11.50715	0.72618
56.30	−0.60600	11.76849	0.75038	11.76849	0.75038
51.60	−0.81183	12.41496	0.80376	12.41496	0.80376
50.00	−0.88190	12.63504	0.81985	12.63504	0.81985
38.00	−1.40741	14.28560	0.91024	14.28560	0.91024
37.40	−1.43368	14.36813	0.91352	14.36813	0.91352
35.00	−1.53878	14.69824	0.92563	14.69824	0.92563
33.00	−1.62637	14.97333	0.93459	14.97333	0.93459
25.80	−1.94167	15.96367	0.95952	15.96367	0.95952
22.40	−2.09057	16.43133	0.96803	16.43133	0.96803
20.10	−2.19129	16.74769	0.97283	16.74769	0.97283

表 6 新疆塔什库尔干县设计降水量计算结果

频率/%	u_p	离均系数 Φ_p	设计值 $x_p^{(1)}$	y_p	设计值 $x_p^{(2)}$
(1)	(2)	(3)	(4)	(5)	(6)
0.50	3.63685	1.98297	115.42	3.63685	115.42
1.00	4.04507	1.85300	112.45	4.04507	112.45
5.00	5.32608	1.44515	103.14	5.32608	103.14
10.00	6.11424	1.19421	97.41	6.11424	97.41
15.00	6.68960	1.01103	93.22	6.68960	93.22
20.00	7.17268	0.85722	89.71	7.17268	89.71
25.00	7.60572	0.71935	86.56	7.60572	86.56
30.00	8.00950	0.59079	83.63	8.00950	83.63
35.00	8.39642	0.46760	80.82	8.39642	80.82
40.00	8.77508	0.34705	78.06	8.77508	78.06
45.00	9.15222	0.22697	75.32	9.15222	75.32
50.00	9.53385	0.10547	72.55	9.53385	72.55
55.00	9.92598	−0.01938	69.70	9.92598	69.70
60.00	10.33529	−0.14970	66.72	10.33529	66.72
65.00	10.76997	−0.28809	63.56	10.76997	63.56
70.00	11.24097	−0.43805	60.14	11.24097	60.14
75.00	11.76427	−0.60466	56.33	11.76427	56.33
80.00	12.36555	−0.79610	51.96	12.36555	51.96
85.00	13.09136	−1.02718	46.68	13.09136	46.68
90.00	14.04326	−1.33025	39.76	14.04326	39.76
95.00	15.53467	−1.80509	28.92	15.53467	28.92
99.00	18.59807	−2.78042	6.65	18.59807	6.65

2.2 应用矩法求解 P-III 型概率分布参数

P-III 型分布的数字特征值可根据积分变换和 $\Gamma(\alpha)$ 函数性质推得.

$$\Gamma(\alpha) = \int_0^\infty t^{\alpha-1} e^{-t} dt, \quad \Gamma(\alpha+1) = \alpha \cdot \Gamma(\alpha) \qquad (25)$$

2.2.1 正偏 P-III 型分布 $(\beta > 0)$

对于正偏 P-III 型分布, 其密度函数为 $f(x) = \dfrac{1}{\beta \cdot \Gamma(\alpha)} \left(\dfrac{x-a_0}{\beta}\right)^{\alpha-1} e^{-\frac{x-a_0}{\beta}}$,

$x \geqslant a_0$, 则数学期望为 $E(X) = \int_{a_0}^\infty x \dfrac{1}{\beta \cdot \Gamma(\alpha)} \left(\dfrac{x-a_0}{\beta}\right)^{\alpha-1} e^{-\frac{x-a_0}{\beta}} dx$. 令 $t = \dfrac{x-a_0}{\beta}$,

则 $x = \beta \cdot t + a_0, dx = \beta \cdot dt$; 当 $x = a_0$ 时, $t = 0$; 当 $x \to \infty$ 时, $t \to \infty$, 则

$$E\left(X\right) = \int_{a_0}^{\infty} x \frac{1}{\beta \cdot \Gamma\left(\alpha\right)} \left(\frac{x - a_0}{\beta}\right)^{\alpha-1} e^{-\frac{x-a_0}{\beta}} dx$$

$$= \frac{1}{\beta \cdot \Gamma\left(\alpha\right)} \int_{a_0}^{\infty} \left(\beta \cdot t + a_0\right) t^{\alpha-1} e^{-t} \beta \cdot dt$$

$$= \frac{1}{\beta \cdot \Gamma\left(\alpha\right)} \left[\beta^2 \int_0^{\infty} t^{\alpha} e^{-t} dt + a_0 \beta \int_0^{\infty} t^{\alpha-1} e^{-t} dt\right]$$

$$= \frac{1}{\beta \cdot \Gamma\left(\alpha\right)} \left[\beta^2 \int_0^{\infty} t^{\alpha+1-1} e^{-t} dt + a_0 \beta \int_0^{\infty} t^{\alpha-1} e^{-t} dt\right]$$

$$= \frac{1}{\beta \cdot \Gamma\left(\alpha\right)} \left[\beta^2 \cdot \Gamma\left(\alpha+1\right) + a_0 \beta \cdot \Gamma\left(\alpha\right)\right]$$

$$= \frac{1}{\beta \cdot \Gamma\left(\alpha\right)} \left[\alpha \beta^2 \cdot \Gamma\left(\alpha\right) + a_0 \beta \cdot \Gamma\left(\alpha\right)\right]$$

$$= \frac{1}{\beta \cdot \Gamma\left(\alpha\right)} \beta \cdot \Gamma\left(\alpha\right) \left(\alpha\beta + a_0\right) = \alpha\beta + a_0 \tag{26}$$

$E\left(X^2\right) = \int_{a_0}^{\infty} x^2 \frac{1}{\beta \cdot \Gamma\left(\alpha\right)} \left(\frac{x - a_0}{\beta}\right)^{\alpha-1} e^{-\frac{x-a_0}{\beta}} dx$, 令 $t = \frac{x - a_0}{\beta}$, 则 $x = \beta \cdot t + a_0, dx = \beta dt$; 当 $x = a_0$ 时, $t = 0$; 当 $x \to \infty$ 时, $t \to \infty$, 则

$$E\left(X^2\right) = \int_{a_0}^{\infty} x^2 \frac{1}{\beta \cdot \Gamma\left(\alpha\right)} \left(\frac{x - a_0}{\beta}\right)^{\alpha-1} e^{-\frac{x-a_0}{\beta}} dx$$

$$= \frac{1}{\Gamma\left(\alpha\right)} \int_0^{\infty} \left(\beta \cdot t + a_0\right)^2 t^{\alpha-1} e^{-t} dt$$

$$= \frac{1}{\Gamma\left(\alpha\right)} \left[\beta^2 \int_0^{\infty} t^{\alpha+1} e^{-t} dt + 2a_0 \beta \int_0^{\infty} t^{\alpha} e^{-t} dt + a_0^2 \int_0^{\infty} t^{\alpha-1} e^{-t} dt\right]$$

$$= \frac{1}{\Gamma\left(\alpha\right)} \left[\beta^2 \cdot \Gamma\left(\alpha+2\right) + 2a_0 \beta \cdot \Gamma\left(\alpha+1\right) + a_0^2 \cdot \Gamma\left(\alpha\right)\right]$$

$$= \frac{1}{\Gamma\left(\alpha\right)} \left[\beta^2 \cdot \alpha\left(\alpha+1\right) \Gamma\left(\alpha\right) + 2a_0 \beta \cdot \alpha \Gamma\left(\alpha\right) + a_0^2 \cdot \Gamma\left(\alpha\right)\right]$$

$$= \beta^2 \cdot \alpha\left(\alpha+1\right) + 2a_0 \beta \cdot \alpha + a_0^2 = \alpha^2 \beta^2 + \alpha \beta^2 + 2a_0 \alpha \beta + a_0^2 \tag{27}$$

$$D\left(X\right) = E\left(X^2\right) - \left[E\left(X\right)\right]^2$$

$$= \alpha^2 \beta^2 + \alpha \beta^2 + 2a_0 \alpha \beta + a_0^2 - \alpha^2 \beta^2 - 2a_0 \alpha \beta - a_0^2 = \alpha \beta^2 \tag{28}$$

三阶中心矩 μ_3 为

$$\mu_3 = E\left[X - E\left(X\right)\right]^3 = E\left[X^3 - 3X^2 E\left(X\right) + 3X E^2\left(X\right) - E^3\left(X\right)\right]$$

$$=E\left(X^3\right) - 3E\left(X\right)E\left(X^2\right) + 2E^3\left(X\right)$$

$E\left(X^3\right) = \int_{a_0}^{\infty} x^3 \frac{1}{\beta \cdot \Gamma\left(\alpha\right)} \left(\frac{x - a_0}{\beta}\right)^{\alpha - 1} e^{-\frac{x - a_0}{\beta}} dx$, 令 $t = \frac{x - a_0}{\beta}$, 则 $x = \beta \cdot t + a_0, dx = \beta dt$; 当 $x = a_0$ 时, $t = 0$; 当 $x \to \infty$ 时, $t \to \infty$, 则

$$E\left(X^3\right) = \int_{a_0}^{\infty} x^3 \frac{1}{\beta \cdot \Gamma\left(\alpha\right)} \left(\frac{x - a_0}{\beta}\right)^{\alpha - 1} e^{-\frac{x - a_0}{\beta}} dx$$

$$= \int_0^{\infty} \left(\beta \cdot t + a_0\right)^3 \frac{1}{\beta \cdot \Gamma\left(\alpha\right)} t^{\alpha - 1} e^{-t} \beta \cdot dt$$

$$= \frac{1}{\Gamma\left(\alpha\right)} \int_0^{\infty} \left(\beta^3 t^3 + 3a_0 \beta^2 t^2 + 3a_0^2 \beta \cdot t + a_0^3\right) \cdot t^{\alpha - 1} e^{-t} dt$$

$$= \frac{1}{\Gamma\left(\alpha\right)} \left[\beta^3 \int_0^{\infty} t^{\alpha + 2} e^{-t} dt + 3a_0 \beta^2 \int_0^{\infty} t^{\alpha + 1} e^{-t} dt \right.$$

$$\left. + 3a_0^2 \beta \int_0^{\infty} t^{\alpha} e^{-t} dt + a_0^3 \int_0^{\infty} t^{\alpha - 1} e^{-t} dt\right]$$

$$= \frac{1}{\Gamma\left(\alpha\right)} \left[\beta^3 \cdot \Gamma\left(\alpha + 3\right) + 3a_0 \beta^2 \cdot \Gamma\left(\alpha + 2\right) \right.$$

$$\left. + 3a_0^2 \beta \cdot \Gamma\left(\alpha + 1\right) + a_0^3 \cdot \Gamma\left(\alpha\right)\right]$$

$$= \frac{1}{\Gamma\left(\alpha\right)} \left[\beta^3 \cdot \alpha\left(\alpha + 1\right)\left(\alpha + 2\right) \cdot \Gamma\left(\alpha\right) + 3a_0 \beta^2 \cdot \alpha\left(\alpha + 1\right)\Gamma\left(\alpha\right) \right.$$

$$\left. + 3a_0^2 \beta \cdot \alpha \cdot \Gamma\left(\alpha\right) + a_0^3 \cdot \Gamma\left(\alpha\right)\right]$$

$$= \beta^3 \cdot \left(\alpha^3 + 3\alpha^2 + 2\alpha\right) + 3a_0 \beta^2 \cdot \left(\alpha^2 + \alpha\right) + 3a_0^2 \beta \cdot \alpha + a_0^3$$

$$= \alpha^3 \beta^3 + 3\alpha^2 \beta^3 + 2\alpha \beta^3 + 3\alpha^2 a_0 \beta^2 + 3\alpha a_0 \beta^2 + 3a_0^2 \alpha \beta + a_0^3$$

$$3E\left(X\right)E\left(X^2\right) = 3\alpha^3 \beta^3 + 3\alpha^2 \beta^3 + 9a_0 \alpha^2 \beta^2 + 9\alpha \beta a_0^2 + 3a_0 \alpha \beta^2 + 3a_0^3$$

$$2E^3\left(X\right) = 2\left(\alpha\beta + a_0\right)^3 = 2\alpha^3 \beta^3 + 6\alpha^2 \beta^2 a_0 + 6\alpha \beta a_0^2 + 2a_0^3$$

$$\mu_3 = E\left(X^3\right) - 3E\left(X\right)E\left(X^2\right) + 2E^3\left(X\right) = 2\alpha\beta^3$$

则

$$C_v = \frac{\sqrt{D\left(X\right)}}{E\left(X\right)} = \frac{\sqrt{\alpha\beta^2}}{\alpha\beta + a_0} = \frac{\beta\sqrt{\alpha}}{\alpha\beta + a_0}$$

$$C_s = \frac{\mu_3}{D\left(X\right)^{3/2}} = \frac{2\alpha\beta^3}{\left(\alpha\beta^2\right)^{3/2}} = \frac{2\beta}{\alpha^{\frac{1}{2}}\beta} = 2\alpha^{-\frac{1}{2}} = \frac{2}{\sqrt{\alpha}}$$

$E(X), D(X), C_v$ 和 C_s 与 3 个参数的关系为

$$\begin{cases} E(X) = \alpha\beta + a_0 \\[2mm] D(X) = \alpha\beta^2 \\[2mm] C_v = \dfrac{\beta\sqrt{\alpha}}{\alpha\beta + a_0} \\[3mm] C_s = \dfrac{2}{\sqrt{\alpha}} \end{cases} \tag{29}$$

3 个参数与 $E(X), C_v$ 和 C_s 的关系为: 由 $C_s = \dfrac{2}{\sqrt{\alpha}}$, 得 $\alpha = \dfrac{4}{C_s^2}$. 把 $E(X) = \alpha\beta + a_0$, $\alpha = \dfrac{4}{C_s^2}$ 代入 $C_v = \dfrac{\beta\sqrt{\alpha}}{\alpha\beta + a_0}$, 有 $C_v = \beta\dfrac{1}{E(X)}\dfrac{2}{C_s}$, 即 $\beta = \dfrac{E(X)C_vC_s}{2}$. 把 $\alpha = \dfrac{4}{C_s^2}$ 和 $\beta = \dfrac{E(X)C_vC_s}{2}$ 代入 $E(X) = \alpha\beta + a_0$, 有

$$\begin{aligned} a_0 &= E(X) - \alpha\beta = E(X) - \frac{4}{C_s^2}\frac{E(X)C_vC_s}{2} \\ &= E(X) - 2\frac{E(X)C_v}{C_s} = E(X)\left(1 - \frac{2C_v}{C_s}\right) \end{aligned}$$

即

$$\begin{cases} \alpha = \dfrac{4}{C_s^2} \\[3mm] \beta = \dfrac{E(X)C_vC_s}{2} \\[3mm] a_0 = E(X)\left(1 - \dfrac{2C_v}{C_s}\right) \end{cases} \tag{30}$$

2.2.2　负偏 P-III 型分布 ($\beta < 0$)

负偏 P-III 型分布 ($\beta < 0, x \leqslant a_0$) 数学期望、方差和偏态系数的推导与正偏方法相同. 其密度函数为 $f(x) = \dfrac{1}{-\beta \cdot \Gamma(\alpha)}\left(\dfrac{x-a_0}{\beta}\right)^{\alpha-1}e^{-\frac{x-a_0}{\beta}}$, $x \leqslant a_0$. 考虑 $\beta < 0$, 令 $t = \dfrac{x-a_0}{\beta}$, 则 $x = \beta \cdot t + a_0$, $dx = \beta \cdot dt$; 当 $x = a_0$ 时, $t = 0$, 当 $x \to -\infty$ 时, $t \to \infty$. 根据 $\Gamma(\alpha)$ 函数性质 $\Gamma(\alpha) = \displaystyle\int_0^\infty t^{\alpha-1}e^{-t}dt$, $\Gamma(\alpha+1) = \alpha \cdot \Gamma(\alpha)$, 进行负偏 P-III 型分布数学期望、方差和偏态系数的推求.

$$E(X) = \int_{-\infty}^{a_0} x\frac{1}{-\beta \cdot \Gamma(\alpha)}\left(\frac{x-a_0}{\beta}\right)^{\alpha-1}e^{-\frac{x-a_0}{\beta}}dx$$

$$= \int_{\infty}^{0} (\beta \cdot t + a_0) \frac{1}{-\beta \cdot \Gamma(\alpha)} t^{\alpha-1} e^{-t} \beta \cdot dt$$

$$= \frac{1}{\Gamma(\alpha)} \int_{0}^{\infty} (\beta \cdot t + a_0) t^{\alpha-1} e^{-t} dt$$

$$= \frac{1}{\Gamma(\alpha)} \left(\int_{0}^{\infty} \beta \cdot t \cdot t^{\alpha-1} e^{-t} dt + \int_{0}^{\infty} a_0 t^{\alpha-1} e^{-t} dt \right)$$

$$= \frac{1}{\Gamma(\alpha)} [\beta \cdot \alpha \Gamma(\alpha) + a_0 \Gamma(\alpha)] = \alpha\beta + a_0 \tag{31}$$

$$E\left(X^2\right) = \int_{-\infty}^{a_0} x^2 \frac{1}{-\beta \cdot \Gamma(\alpha)} \left(\frac{x - a_0}{\beta} \right)^{\alpha-1} e^{-\frac{x-a_0}{\beta}} dx$$

$$= \int_{\infty}^{0} (\beta \cdot t + a_0)^2 \frac{1}{-\beta \cdot \Gamma(\alpha)} t^{\alpha-1} e^{-t} \beta \cdot dt$$

$$= \frac{1}{\Gamma(\alpha)} \int_{\infty}^{0} - (\beta \cdot t + a_0)^2 t^{\alpha-1} e^{-t} dt$$

$$= \frac{1}{\Gamma(\alpha)} \int_{0}^{\infty} \left(\beta^2 \cdot t^2 + 2\beta \cdot a_0 t + a_0^2 \right) \cdot t^{\alpha-1} e^{-t} dt$$

$$= \frac{1}{\Gamma(\alpha)} \left[\beta^2 \alpha (\alpha + 1) \Gamma(\alpha) + 2a_0 \beta \cdot \alpha \Gamma(\alpha) + a_0^2 \Gamma(\alpha) \right]$$

$$= \alpha^2 \beta^2 + \alpha\beta^2 + 2a_0 \alpha\beta + a_0^2$$

$$D\left(X\right) = E\left(X^2\right) - [E\left(X\right)]^2$$

$$= \alpha^2 \beta^2 + \alpha\beta^2 + 2a_0 \alpha\beta + a_0^2 - \alpha^2 \beta^2 - 2a_0 \alpha\beta - a_0^2 = \alpha\beta^2 \tag{32}$$

三阶中心矩 μ_3 为

$$\mu_3 = E\left[X - E\left(X\right)\right]^3 = E\left(X^3\right) - 3E\left(X\right) E\left(X^2\right) + 2E^3\left(X\right)$$

$$E\left(X^3\right) = \int_{-\infty}^{a_0} x^3 \frac{1}{-\beta \cdot \Gamma(\alpha)} \left(\frac{x - a_0}{\beta} \right)^{\alpha-1} e^{-\frac{x-a_0}{\beta}} dx$$

$$= \int_{\infty}^{0} (\beta \cdot t + a_0)^3 \frac{1}{-\beta \cdot \Gamma(\alpha)} t^{\alpha-1} e^{-t} \beta \cdot dt$$

$$= \frac{1}{\Gamma(\alpha)} \int_{0}^{\infty} (\beta \cdot t + a_0)^3 t^{\alpha-1} e^{-t} dt$$

$$= \frac{1}{\Gamma(\alpha)} \int_{0}^{\infty} \left(\beta^3 t^3 + 3a_0 \beta^2 t^2 + 3a_0^2 \beta \cdot t + a_0^3 \right) \cdot t^{\alpha-1} e^{-t} dt$$

$$= \alpha^3 \beta^3 + 3\alpha^2 \beta^3 + 2\alpha\beta^3 + 3\alpha^2 a_0 \beta^2 + 3\alpha a_0 \beta^2 + 3a_0^2 \alpha\beta + a_0^3$$

$$3E\left(X\right) E\left(X^2\right) = 3\alpha^3 \beta^3 + 3\alpha^2 \beta^3 + 9a_0 \alpha^2 \beta^2 + 9\alpha\beta a_0^2 + 3a_0 \alpha\beta^2 + 3a_0^3$$

$$2E^3\left(X\right) = 2\left(\alpha\beta + a_0\right)^3 = 2\alpha^3\beta^3 + 6\alpha^2\beta^2 a_0 + 6\alpha\beta a_0^2 + 2a_0^3$$

$$\mu_3 = E\left(X^3\right) - 3E\left(X\right)E\left(X^2\right) + 2E^3\left(X\right) = 2\alpha\beta^3$$

则

$$C_v = \frac{\sqrt{D\left(X\right)}}{E\left(X\right)} = \frac{\sqrt{\alpha\beta^2}}{\alpha\beta + a_0} = \frac{-\beta\sqrt{\alpha}}{\alpha\beta + a_0}$$

$$C_s = \frac{\mu_3}{D\left(X\right)^{3/2}} = \frac{2\alpha\beta^3}{\left(\alpha\beta^2\right)^{3/2}} = \frac{2\beta}{\alpha^{\frac{1}{2}}\left(-\beta\right)} = -2\alpha^{-\frac{1}{2}} = -\frac{2}{\sqrt{\alpha}}$$

P-III 型分布数学期望、方差、变差系数和偏态系数与 3 个参数的关系式为

$$
\begin{cases}
E\left(X\right) = \alpha\beta + a_0 \\[2mm]
D\left(X\right) = \alpha\beta^2 \\[2mm]
C_v = \dfrac{-\beta\sqrt{\alpha}}{\alpha\beta + a_0} \\[2mm]
C_s = -\dfrac{2}{\sqrt{\alpha}}
\end{cases}
\tag{33}
$$

3 个参数与 $E\left(X\right)$, C_v 和 C_s 的关系为: 由 $C_s = -\dfrac{2}{\sqrt{\alpha}}$, 得 $\alpha = \dfrac{4}{C_s^2}$. 把 $E\left(X\right) =$

$\alpha\beta + a_0$, $\sqrt{\alpha} = -\dfrac{2}{C_s}$ 代入 $C_v = \dfrac{-\beta\sqrt{\alpha}}{\alpha\beta + a_0}$, 有 $C_v = \beta\dfrac{1}{E\left(X\right)}\dfrac{2}{C_s}$, 即 $\beta = \dfrac{E\left(X\right)C_vC_s}{2}$.

把 $\alpha = \dfrac{4}{C_s^2}$ 和 $\beta = \dfrac{E\left(X\right)C_vC_s}{2}$ 代入 $E\left(X\right) = \alpha\beta + a_0$, 有

$$
\begin{aligned}
a_0 &= E\left(X\right) - \alpha\beta = E\left(X\right) - \frac{4}{C_s^2}\frac{E\left(X\right)C_vC_s}{2} \\[2mm]
&= E\left(X\right) - 2\frac{E\left(X\right)C_v}{C_s} = E\left(X\right)\left(1 - \frac{2C_v}{C_s}\right)
\end{aligned}
$$

即

$$
\begin{cases}
\alpha = \dfrac{4}{C_s^2} \\[3mm]
\beta = \dfrac{E\left(X\right)C_vC_s}{2} \\[3mm]
a_0 = E\left(X\right)\left(1 - \dfrac{2C_v}{C_s}\right)
\end{cases}
\tag{34}
$$

综合有 P-III 型分布数学期望、方差、变差系数和偏态系数与 3 个参数的关系式, 见式 (35).

$$E(X) = a_0 + \alpha \cdot \beta, \quad D(X) = \alpha \cdot \beta^2, \quad C_v = \frac{|\beta|\sqrt{\alpha}}{\alpha\beta + a_0}, \quad C_s = \frac{2\beta}{|\beta|\alpha^{\frac{1}{2}}} \tag{35}$$

P-III 型分布数学期望、方差、变差系数和偏态系数与 3 个参数的关系也可以根据关于 a_0 的 r 阶矩来进行推导, 以正偏 P-III 型分布为例, 其推导过程如下.

根据矩定义, 关于 a_0 的 r 阶矩为

$$M_r^{a_0} = \int_{a_0}^{\infty} (x - a_0)^r \frac{1}{\beta \cdot \Gamma(\alpha)} \left(\frac{x - a_0}{\beta}\right)^{\alpha-1} e^{-\frac{x-a_0}{\beta}} dx \tag{36}$$

令 $z = \dfrac{x - a_0}{\beta}$, 当 $x = a_0$ 时, $z = 0$; 当 $x \to \infty$ 时, $z \to \infty$. $x = \beta \cdot z + a_0, dx = \beta dz$. 则

$$M_r^{a_0} = \int_0^{\infty} \beta^r z^r \frac{1}{\beta \cdot \Gamma(\alpha)} z^{\alpha-1} e^{-z} \beta dz$$

$$= \frac{\beta^r}{\Gamma(\alpha)} \int_0^{\infty} z^{r+\alpha-1} e^{-z} dz = \frac{\beta^r}{\Gamma(\alpha)} \Gamma(r + \alpha) \tag{37}$$

根据式 (37), 有

$$M_1^{a_0} = \frac{\beta}{\Gamma(\alpha)} \Gamma(1 + \alpha) = \frac{\beta}{\Gamma(\alpha)} \alpha \Gamma(\alpha) = \alpha\beta \tag{38}$$

$$M_2^{a_0} = \frac{\beta^2}{\Gamma(\alpha)} \Gamma(2 + \alpha) = \frac{\beta^2}{\Gamma(\alpha)} (1 + \alpha) \Gamma(1 + \alpha)$$

$$= \frac{\beta^2}{\Gamma(\alpha)} (1 + \alpha) \alpha \cdot \Gamma(\alpha) = \beta^2 \alpha (1 + \alpha) \tag{39}$$

$$M_3^{a_0} = \frac{\beta^3}{\Gamma(\alpha)} \Gamma(3 + \alpha) = \frac{\beta^3}{\Gamma(\alpha)} (2 + \alpha) \Gamma(2 + \alpha)$$

$$= \frac{\beta^3}{\Gamma(\alpha)} (2 + \alpha)(1 + \alpha) \Gamma(1 + \alpha)$$

$$= \frac{\beta^3}{\Gamma(\alpha)} (2 + \alpha)(1 + \alpha) \alpha \Gamma(\alpha) = \beta^3 \alpha (1 + \alpha)(2 + \alpha) \tag{40}$$

由概率论原理, 有 r 阶原点矩和关于 a_0 的矩的关系为

$$M_r^0 = \sum_{j=0}^{r} \begin{pmatrix} r \\ j \end{pmatrix} M_{r-j}^{a_0} c^j \tag{41}$$

根据式 (41), 有

$$M_1^0 = \sum_{j=0}^{1} \begin{pmatrix} 1 \\ j \end{pmatrix} M_{1-j}^{a_0} a_0^j = \begin{pmatrix} 1 \\ 0 \end{pmatrix} M_1^{a_0} a_0^0 + \begin{pmatrix} 1 \\ 1 \end{pmatrix} M_0^{a_0} a_0^1$$

$$= \frac{1!}{0! \, (1-0)!} M_1^{a_0} + \frac{1!}{1! \, (1-1)!} M_0^{a_0} c^1$$

$$= \frac{1!}{0! \, (1-0)!} M_1^{a_0} + \frac{1!}{1! \, (1-1)!} a_0 = \alpha\beta + a_0$$

$$M_2^0 = \sum_{j=0}^{2} \begin{pmatrix} 2 \\ j \end{pmatrix} M_{2-j}^{a_0} a_0^j$$

$$= \begin{pmatrix} 2 \\ 0 \end{pmatrix} M_2^{a_0} a_0^0 + \begin{pmatrix} 2 \\ 1 \end{pmatrix} M_1^{a_0} a_0^1 + \begin{pmatrix} 2 \\ 2 \end{pmatrix} M_0^{a_0} a_0^2$$

$$= \frac{2!}{0! \, (2-0)!} M_2^{a_0} + \frac{2!}{1! \, (2-1)!} M_1^{a_0} a_0 + \frac{2!}{2! \, (2-2)!} M_0^{a_0} a_0^2$$

$$= M_2^{a_0} + 2 M_1^c a_0 + a_0^2 = \beta^2 \alpha \, (1+\alpha) + 2\alpha\beta a_0 + a_0^2$$

$$= \beta^2 \alpha^2 + \beta^2 \alpha + 2\alpha\beta a_0 + a_0^2$$

$$M_3^0 = \sum_{j=0}^{3} \begin{pmatrix} 3 \\ j \end{pmatrix} M_{3-j}^{a_0} a_0^j = \begin{pmatrix} 3 \\ 0 \end{pmatrix} M_3^{a_0} a_0^0 + \begin{pmatrix} 3 \\ 1 \end{pmatrix} M_2^{a_0} a_0^1$$

$$+ \begin{pmatrix} 3 \\ 2 \end{pmatrix} M_1^{a_0} a_0^2 + \begin{pmatrix} 3 \\ 3 \end{pmatrix} M_0^{a_0} a_0^3$$

$$= \frac{3!}{0! \, (3-0)!} M_3^{a_0} a_0^0 + \frac{3!}{1! \, (3-1)!} M_2^{a_0} a_0^1 + \frac{3!}{2! \, (3-2)!} M_1^{a_0} a_0^2$$

$$+ \frac{3!}{3! \, (3-3)!} M_0^{a_0} a_0^3$$

$$= M_3^{a_0} + 3 M_2^{a_0} a_0 + 3 M_1^{a_0} a_0^2 + a_0^3$$

$$= a^3 b \, (1+b) \, (2+b) + 3 a^2 bc \, (1+b) + 3 abc^2 + c^3$$

即

$$M_1^0 = \alpha\beta + a_0 \tag{42}$$

$$M_2^0 = \beta^2\alpha^2 + \beta^2\alpha + 2\beta\alpha a_0 + a_0^2 \tag{43}$$

$$M_3^0 = \beta^3\alpha(1+\alpha)(2+\alpha) + 3\beta^2\alpha a_0(1+\alpha) + 3\alpha\beta a_0^2 + a_0^3 \tag{44}$$

因此, 有

$$M_1^0 = E(X) = \alpha\beta + a_0 \tag{45}$$

$$
\begin{aligned}
M_2 = D(X) &= M_2^0 - \left(M_1^0\right)^2 \\
&= \beta^2\alpha^2 + \beta^2\alpha + 2\beta\alpha a_0 + a_0^2 - (\alpha\beta + a_0)^2 \\
&= \beta^2\alpha^2 + \beta^2\alpha + 2\beta\alpha a_0 + a_0^2 - \beta^2\alpha^2 - 2\alpha\beta a_0 - a_0^2 = \alpha\beta^2
\end{aligned} \tag{46}
$$

同理, 有

$$M_3 = M_3^0 - 3M_2^0 M_1^0 + 2\left(M_1^0\right)^3 = 2\alpha\beta^3 \tag{47}$$

求解得 $C_s = \dfrac{M_3}{M_2^{\frac{3}{2}}} = \dfrac{2}{\alpha^{0.5}} = \dfrac{2}{\sqrt{\alpha}}$, $D(X) = \alpha\beta^2$, $C_v = \dfrac{\sqrt{D(X)}}{E(X)} = \dfrac{\sqrt{\alpha\beta^2}}{\alpha\beta + a_0} = \dfrac{\beta\sqrt{\alpha}}{\alpha\beta + a_0}$, $E(X) = \alpha\beta + a_0$, 即

$$
\begin{cases}
E(X) = \alpha\beta + a_0 \\[2mm]
D(X) = \alpha\beta^2 \\[2mm]
C_v = \dfrac{\beta\sqrt{\alpha}}{\alpha\beta + a_0} \\[2mm]
C_s = \dfrac{2}{\sqrt{\alpha}}
\end{cases} \tag{48}
$$

只要根据样本计算出 $\bar{x}$, σ, C_v 和 C_s, 不难计算出 P-III 型分布的参数 α, β 和 a_0 值.

例 5 负偏年降水量分布计算. 以新疆巴里坤县、塔什库尔干县 1962—2003 年年降水量为例, 说明负偏年降水量分布计算. 经过计算, 2 站年降水量序列的频率曲线拟合图如图 2 所示, 表明负偏年降水量分布序列拟合较好. 本例中其他计算见例 3 和例 4, 本节不再重复叙述.

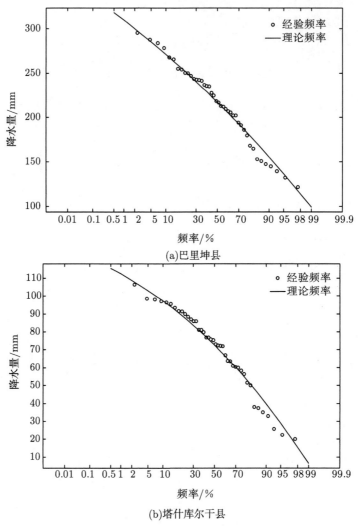

(a)巴里坤县

(b)塔什库尔干县

图 2　负偏降水序列频率曲线图

2.3　应用极大似然函数法求解 P-III 型概率分布参数

2.3.1　正偏 P-III 型分布 ($\beta > 0$)

$$l = \prod_{i=1}^{n} f(x_i) = \frac{1}{\beta^n \left[\Gamma(\alpha)\right]^n} \prod_{i=1}^{n} \left[\left(\frac{x_i - a_0}{\beta}\right)^{\alpha-1} \right] \cdot e^{-\sum_{i=1}^{n} \frac{x_i - a_0}{\beta}} \qquad (49)$$

式 (49) 取对数, 有

$$L = -n\ln\beta - n\ln\Gamma(\alpha) + (\alpha-1)\sum_{i=1}^{n}\ln\left(\frac{x_i-a_0}{\beta}\right) - \sum_{i=1}^{n}\left(\frac{x_i-a_0}{\beta}\right)$$

$$= -n\ln\beta - n\ln\Gamma(\alpha) + (\alpha-1)\sum_{i=1}^{n}[\ln(x_i-a_0)-\ln(\beta)] - \sum_{i=1}^{n}\left(\frac{x_i-a_0}{\beta}\right) \quad (50)$$

式 (50) 分别对 α, β 和 a_0 求偏导数, 并令这些偏导数等于零, 有

$$\frac{\partial L}{\partial \beta} = \frac{\partial}{\partial \beta}\left[-n\ln\beta - n\ln\Gamma(\alpha) + (\alpha-1)\sum_{i=1}^{n}[\ln(x_i-a_0)-\ln(\beta)] - \sum_{i=1}^{n}\left(\frac{x_i-a_0}{\beta}\right)\right]$$

$$= -\frac{n}{\beta} - (\alpha-1)\sum_{i=1}^{n}\frac{1}{\beta} + \frac{1}{\beta^2}\sum_{i=1}^{n}(x_i-a_0) = -\frac{n}{\beta} - \frac{n(\alpha-1)}{\beta} + \frac{1}{\beta^2}\sum_{i=1}^{n}(x_i-a_0)$$

$$= -\frac{n\alpha}{\beta} + \frac{1}{\beta^2}\sum_{i=1}^{n}(x_i-a_0)$$

$$\frac{\partial L}{\partial \alpha} = \frac{\partial}{\partial \alpha}\left[-n\ln\beta - n\ln\Gamma(\alpha) + (\alpha-1)\sum_{i=1}^{n}[\ln(x_i-a_0)-\ln(\beta)] - \sum_{i=1}^{n}\left(\frac{x_i-a_0}{\beta}\right)\right]$$

$$= -n\frac{d\ln\Gamma(\alpha)}{d\alpha} + \sum_{i=1}^{n}[\ln(x_i-a_0)-\ln(\beta)] = -n\Psi(\alpha) + \sum_{i=1}^{n}[\ln(x_i-a_0)-\ln(\beta)]$$

$$\frac{\partial L}{\partial a_0} = \frac{\partial}{\partial a_0}\left[-n\ln\beta - n\ln\Gamma(\alpha) + (\alpha-1)\sum_{i=1}^{n}[\ln(x_i-a_0)-\ln(\beta)] - \sum_{i=1}^{n}\left(\frac{x_i-a_0}{\beta}\right)\right]$$

$$= (\alpha-1)\sum_{i=1}^{n}\left(\frac{-1}{x_i-a_0}\right) - \sum_{i=1}^{n}\left(\frac{-1}{\beta}\right) = -(\alpha-1)\sum_{i=1}^{n}\left(\frac{1}{x_i-a_0}\right) + \frac{n}{\beta}$$

令 $\begin{cases} \dfrac{\partial L}{\partial \beta} = 0, \\[2mm] \dfrac{\partial L}{\partial \alpha} = 0, \quad \text{有} \\[2mm] \dfrac{\partial L}{\partial a_0} = 0, \end{cases}$

$$\frac{n\alpha}{\beta} - \frac{1}{\beta^2}\sum_{i=1}^{n}(x_i-a_0) = 0 \quad (51)$$

$$n\Psi(\alpha) - \sum_{i=1}^{n}\ln(x_i-a_0) + n\ln\beta = 0 \quad (52)$$

$$(\alpha - 1) \sum_{i=1}^{n} \left(\frac{1}{x_i - a_0} \right) - \frac{n}{\beta} = 0 \tag{53}$$

联合求解式 (51)—(53) 组成的非线性方程组, 即可获得参数 α, β 和 a_0.

由式 (51) 得 $n\alpha - \frac{1}{\beta} \sum_{i=1}^{n} (x_i - a_0) = 0$, $\beta \cdot n\alpha - \sum_{i=1}^{n} (x_i - a_0) = 0$, $\alpha = \frac{1}{n\beta} \cdot \sum_{i=1}^{n} (x_i - a_0)$, 代入式 (53) 有

$$\left(\frac{1}{n\beta} \sum_{i=1}^{n} (x_i - a_0) - 1 \right) \sum_{i=1}^{n} \left(\frac{1}{x_i - a_0} \right) - \frac{n}{\beta} = 0$$

$$\frac{1}{n\beta} \sum_{i=1}^{n} (x_i - a_0) \cdot \sum_{i=1}^{n} \left(\frac{1}{x_i - a_0} \right) - \sum_{i=1}^{n} \left(\frac{1}{x_i - a_0} \right) - \frac{n}{\beta} = 0$$

$$\frac{1}{n} \sum_{i=1}^{n} (x_i - a_0) \cdot \sum_{i=1}^{n} \left(\frac{1}{x_i - a_0} \right) - \beta \sum_{i=1}^{n} \left(\frac{1}{x_i - a_0} \right) - n = 0$$

$$\frac{1}{n} \sum_{i=1}^{n} (x_i - a_0) \cdot \sum_{i=1}^{n} \left(\frac{1}{x_i - a_0} \right) - n = \beta \sum_{i=1}^{n} \left(\frac{1}{x_i - a_0} \right)$$

$$\beta = \frac{\frac{1}{n} \sum_{i=1}^{n} (x_i - a_0) \cdot \sum_{i=1}^{n} \left(\frac{1}{x_i - a_0} \right)}{\sum_{i=1}^{n} \left(\frac{1}{x_i - a_0} \right)} - \frac{n}{\sum_{i=1}^{n} \left(\frac{1}{x_i - a_0} \right)}$$

$$= \frac{1}{n} \sum_{i=1}^{n} (x_i - a_0) - \frac{n}{\sum_{i=1}^{n} \left(\frac{1}{x_i - a_0} \right)}$$

参数 β 仅与 a_0 有关, 代入 $\alpha = \frac{1}{n\beta} \sum_{i=1}^{n} (x_i - a_0)$ 中, 则 $\alpha = \frac{1}{n} \sum_{i=1}^{n} (x_i - a_0) \cdot$

$$\frac{1}{\frac{1}{n} \sum_{i=1}^{n} (x_i - a_0) - \frac{n}{\sum_{i=1}^{n} \left(\frac{1}{x_i - a_0} \right)}}, 参数 \alpha 仅与 a_0 有关, 最后, 把参数 \alpha, \beta 代入式$$

(52), 则其方程仅与 a_0 有关, 求解此非线性程, 即可得参数 a_0, 再代入参数 α, β 计算公式, 可获得参数 α, β.

2.3.2 负偏 P-III 型分布 $(\beta < 0)$

$$l = \prod_{i=1}^{n} f(x_i) = \frac{1}{(-\beta)^n \left[\Gamma(\alpha)\right]^n} \prod_{i=1}^{n} \left[\left(\frac{x_i - a_0}{\beta}\right)^{\alpha-1}\right] \cdot e^{-\sum\limits_{i=1}^{n} \frac{x_i - a_0}{\beta}} \qquad (54)$$

式 (54) 取对数, 有

$$L = -n\ln(-\beta) - n\ln\Gamma(\alpha) + (\alpha-1)\sum_{i=1}^{n}\ln\left(\frac{x_i - a_0}{\beta}\right) - \sum_{i=1}^{n}\left(\frac{x_i - a_0}{\beta}\right) \qquad (55)$$

式 (55) 分别对 α, β 和 a_0 求偏导数, 并令这些偏导数等于零, 有

$$\frac{\partial L}{\partial \beta} = \frac{\partial}{\partial \beta}\left[-n\ln(-\beta) - n\ln\Gamma(\alpha) + (\alpha-1)\sum_{i=1}^{n}\ln\left(\frac{x_i - a_0}{\beta}\right) - \sum_{i=1}^{n}\left(\frac{x_i - a_0}{\beta}\right)\right]$$

$$= -\frac{n}{\beta} - (\alpha-1)\sum_{i=1}^{n}\frac{1}{\beta} + \frac{1}{\beta^2}\sum_{i=1}^{n}(x_i - a_0) = -\frac{n}{\beta} - \frac{n(\alpha-1)}{\beta} + \frac{1}{\beta^2}\sum_{i=1}^{n}(x_i - a_0)$$

$$= -\frac{n\alpha}{\beta} + \frac{1}{\beta^2}\sum_{i=1}^{n}(x_i - a_0)$$

$$\frac{\partial L}{\partial \alpha} = \frac{\partial}{\partial \alpha}\left[-n\ln(-\beta) - n\ln\Gamma(\alpha) + (\alpha-1)\sum_{i=1}^{n}\left[\ln(x_i - a_0) - \ln(\beta)\right] - \sum_{i=1}^{n}\left(\frac{x_i - a_0}{\beta}\right)\right]$$

$$= -n\frac{d\ln\Gamma(\alpha)}{d\alpha} + \sum_{i=1}^{n}\left[\ln(x_i - a_0) - \ln(\beta)\right] = -n\Psi(\alpha) + \sum_{i=1}^{n}\left[\ln(x_i - a_0) - \ln(\beta)\right]$$

$$= -n\Psi(\alpha) + \sum_{i=1}^{n}\ln\left(\frac{x_i - a_0}{\beta}\right)$$

$$\frac{\partial L}{\partial a_0} = \frac{\partial}{\partial a_0}\left[-n\ln(-\beta) - n\ln\Gamma(\alpha) + (\alpha-1)\sum_{i=1}^{n}\left[\ln(x_i - a_0) - \ln(\beta)\right] - \sum_{i=1}^{n}\left(\frac{x_i - a_0}{\beta}\right)\right]$$

$$= (\alpha-1)\sum_{i=1}^{n}\left(\frac{-1}{x_i - a_0}\right) - \sum_{i=1}^{n}\left(\frac{-1}{\beta}\right) = -(\alpha-1)\sum_{i=1}^{n}\left(\frac{1}{x_i - a_0}\right) + \frac{n}{\beta}$$

令 $\begin{cases} \dfrac{\partial L}{\partial \beta} = 0, \\[2mm] \dfrac{\partial L}{\partial \alpha} = 0, \quad 有 \\[2mm] \dfrac{\partial L}{\partial a_0} = 0, \end{cases}$

$$\frac{n\alpha}{\beta} - \frac{1}{\beta^2} \sum_{i=1}^{n} (x_i - a_0) = 0 \tag{56}$$

$$n\Psi(\alpha) - \sum_{i=1}^{n} \ln\left(\frac{x_i - a_0}{\beta}\right) = 0 \tag{57}$$

$$(\alpha - 1) \sum_{i=1}^{n} \left(\frac{1}{x_i - a_0}\right) - \frac{n}{\beta} = 0 \tag{58}$$

联合求解式 (56)—(58) 组成的非线性方程组, 即可获得参数 α, β 和 a_0.

例 6　正偏 P-III 型分布设计值计算. 陕西省武功县 1955—2007 年年降水量序列见表 3 第 (1) 栏 (由大到小排列), 以 $[\alpha, \beta, a_0] = [11.57845, 46.51670, 68.14662]$ 为初值, 经计算有 $\alpha = 9.67445$, $\beta = 50.58253$, $a_0 = 117.37960$. 把参数和年降水量序列值代入式 (51)—(53) 非线性方程组, 有 $\frac{n\alpha}{\beta} - \frac{1}{\beta^2} \sum_{i=1}^{n} (x_i - a_0) = 8.8568 \times 10^{-9}$, $n\Psi(\alpha) - \sum_{i=1}^{n} \ln(x_i - a_0) + n\ln\beta = -1.2907 \times 10^{-7}$, $(\alpha - 1) \sum_{i=1}^{n} \left(\frac{1}{x_i - a_0}\right) - \frac{n}{\beta} = -1.0397 \times 10^{-8}$. 表明 3 个非线性方程组的左边近似等于零, 求解是正确的. 不同频率下的降水量设计值见表 7.

表 7　极大似然法不同频率下设计值计算结果

频率/%	武功县		塔什库尔干县	
	y_p	设计值	y_p	设计值
0.50	19.53852	1105.69	0.38846	106.76
1.00	18.33593	1044.86	0.49575	105.35
5.00	15.29318	890.95	0.90578	99.95
10.00	13.81291	816.07	1.20696	95.98
15.00	12.86857	768.30	1.44735	92.82
20.00	12.14878	731.90	1.66137	90.00
25.00	11.55269	701.74	1.86199	87.36
30.00	11.03404	675.51	2.05605	84.80
35.00	10.56737	651.90	2.24798	82.27
40.00	10.13679	630.12	2.44117	79.73
45.00	9.73146	609.62	2.63859	77.13
50.00	9.34324	589.98	2.84317	74.44
55.00	8.96551	570.88	3.05818	71.60
60.00	8.59234	552.00	3.28753	68.58
65.00	8.21779	533.06	3.53632	65.31
70.00	7.83518	513.70	3.81165	61.68
75.00	7.43605	493.51	4.12417	57.57
80.00	7.00818	471.87	4.49132	52.73
85.00	6.53110	447.74	4.94521	46.76
90.00	5.96325	419.02	5.55678	38.70
95.00	5.18612	379.71	6.54822	25.65
99.00	3.92532	315.93	8.69106	-

例 7 负偏 P-III 型分布参数计算. 新疆塔什库尔干县 1962—2003 年年降水量序列见表 5 第 (1) 栏 (由大到小排列), 以 $[\alpha, \beta, a_0] = [9.8651, -7.2703, 141.8599]$ 为初值, 经计算有 $\alpha = 3.16955, \beta = -13.16784, a_0 = 111.87418$. 把参数和年降水量序列值代入式 (56)—(58) 非线性方程组, 有

$$\frac{n\alpha}{\beta} - \frac{1}{\beta^2} \sum_{i=1}^{n} (x_i - a_0) = -3.5174 \times 10^{-6}$$

$$-n\Psi(\alpha) + \sum_{i=1}^{n} \ln\left(\frac{x_i - a_0}{\beta}\right) = 3.1404 \times 10^{-5}$$

$$(\alpha - 1) \sum_{i=1}^{n} \left(\frac{1}{x_i - a_0}\right) - \frac{n}{\beta} = -5.4913 \times 10^{-6}$$

表明 3 个非线性方程组的左边近似等于零, 求解是正确的. 不同频率下的降水量设计值见表 7.

2.4 应用概率权重法求解 P-III 型概率分布参数

2.4.1 概率权重矩计算

Greenwood(1979) 定义概率权重矩

$$\begin{aligned} M_{p,r,s} &= E\left\{X^p \left[F(X)\right]^r \left[1 - F(X)\right]^s\right\} \\ &= \int_{-\infty}^{\infty} x^p \left[F(x)\right]^r \left[1 - F(x)\right]^s f(x)\, dx \\ &= \int_0^1 \left[x(u)\right]^p u^r (1-u)^s\, du \end{aligned} \tag{59}$$

根据式 (59) 有

$$\begin{aligned} M_{p,0,s} &= E\left\{X^p \left[1 - F(X)\right]^s\right\} = \int_0^1 x^p \left[1 - F(x)\right]^s\, dF(x) \\ &= \int_0^1 \left[x(u)\right]^p (1-u)^s\, du \end{aligned} \tag{60}$$

$$M_{i,j,0} = E\left\{X^i \left[F(X)\right]^j\right\} = \int_0^1 x^i \left[F(x)\right]^j\, dF(x) = \int_0^1 \left[x(u)\right]^i u^j\, du \tag{61}$$

根据公式 $(\alpha + x)^n = \sum_{k=0}^{n} \binom{n}{k} x^k a^{n-k}$, 有

$$M_{p,0,s} = \int_0^1 \left[x(u)\right]^p (1-u)^s\, du$$

$$= \int_0^1 [x(u)]^p \sum_{k=0}^{s} \binom{s}{k} (-u)^k 1^{s-k} du$$

$$= \sum_{k=0}^{s} \binom{s}{k} (-1)^k \int_0^1 [x(u)]^p u^k du$$

$$= \sum_{k=0}^{s} \binom{s}{k} (-1)^k M_{p,k,0} \tag{62}$$

$$M_{i,j,0} = \int_0^1 [x(u)]^i u^j du$$

$$= \int_0^1 [x(u)]^i [1-(1-u)]^j du$$

$$= \int_0^1 [x(u)]^i \sum_{k=0}^{j} \binom{j}{k} [-(1-u)]^k 1^{j-k} du$$

$$= \sum_{k=0}^{j} \binom{j}{k} (-1)^k \int_0^1 [x(u)]^i (1-u)^k du$$

$$= \sum_{k=0}^{j} \binom{j}{k} (-1)^k M_{i,0,k} \tag{63}$$

实际中, 常采用以下两类概率权重矩

$$M_{1,0,r} = \alpha_r = \int_0^1 x(u) \cdot (1-u)^r du, \quad M_{1,r,0} = \beta_r = \int_0^1 x(u) \cdot u^r du \tag{64}$$

显然, 当 $r=0$ 时, $\alpha_0 = \int_0^1 x(u) du$, $\beta_0 = \int_0^1 x(u) du$.

$$\alpha_r = \sum_{k=0}^{r} \binom{r}{k} (-1)^k \beta_k \tag{65}$$

$$\beta_r = \sum_{k=0}^{r} \binom{r}{k} (-1)^k \alpha_k \tag{66}$$

根据上式, 前四阶矩关系为

$$\begin{cases} \alpha_1 = \beta_0 - \beta_1 \\ \alpha_2 = \beta_0 - 2\beta_1 + \beta_2 \\ \alpha_3 = \beta_0 - 3\beta_1 + 3\beta_2 - \beta_3 \\ \alpha_4 = \beta_0 - 4\beta_1 + 6\beta_2 - 4\beta_3 + \beta_4 \end{cases} \tag{67}$$

$$
\begin{cases}
\beta_1 = \alpha_0 - \alpha_1 \\
\beta_2 = \alpha_0 - 2\alpha_1 + \alpha_2 \\
\beta_3 = \alpha_0 - 3\alpha_1 + 3\alpha_2 - \alpha_3 \\
\beta_4 = \alpha_0 - 4\alpha_1 + 6\alpha_2 - 4\alpha_3 + \alpha_4
\end{cases} \tag{68}
$$

根据次序统计量的数学期望公式 $E\left(X_{r,n}\right) = \dfrac{n!}{(r-1)! \cdot (n-r)!} \displaystyle\int_0^1 x\left(u\right) \cdot u^{r-1}(1-u)^{n-r} du$ 和式 (59), 有

$$
M_{p,r,s} = \int_0^1 \left[x\left(u\right)\right]^p u^r \left(1-u\right)^s du = \int_0^1 \left[x\left(u\right)\right]^p u^{r+1-1} \left(1-u\right)^{r+s+1-r-1} du
$$

$$
= \frac{(r+1-1)! \cdot (r+s+1-r-1)!}{(r+s+1)!} \cdot \frac{(r+s+1)!}{(r+1-1)! \cdot (r+s+1-r-1)}
$$

$$
\int_0^1 \left[x\left(u\right)\right]^p u^{r+1-1} \left(1-u\right)^{r+s+1-r-1} du
$$

$$
= \frac{r! \cdot s!}{(r+s+1)!} \cdot \frac{(r+s+1)!}{(r+1-1)! \cdot (r+s+1-r-1)}
$$

$$
\int_0^1 \left[x\left(u\right)\right]^p u^{r+1-1} \left(1-u\right)^{r+s+1-r-1} du
$$

$$
= \frac{\Gamma\left(r+1\right)\Gamma\left(s+1\right)}{\Gamma\left(r+s+2\right)} E\left[X_{(r+1,s+r+1)}^p\right] = \mathrm{B}\left(r+1, s+1\right) E\left[X_{(r+1,s+r+1)}^p\right]
$$

即

$$
M_{p,r,s} = \mathrm{B}\left(r+1, s+1\right) E\left[X_{(r+1,s+r+1)}^p\right] \tag{69}
$$

2.4.1.1 正偏 P-III 型分布 $(\beta > 0)$

对于 $f\left(x\right) = \dfrac{1}{\beta \cdot \Gamma\left(\alpha\right)} \left(\dfrac{x-a_0}{\beta}\right)^{\alpha-1} e^{-\frac{x-a_0}{\beta}}$, $F\left(x\right) = \displaystyle\int_{a_0}^x \dfrac{1}{\beta \cdot \Gamma\left(\alpha\right)} \left(\dfrac{t-a_0}{\beta}\right)^{\alpha-1} \cdot$

$e^{-\frac{t-a_0}{\beta}} dt$ 形式的 P-III 型概率分布, Song 和 Ding(1988) 与 Jakubowski(1991) 给出了相应的概率权重计算方法.

$$
\beta_0 = \int_0^1 x\left(F\right) dF = \int_{a_0}^\infty x f\left(x\right) dx = \frac{1}{\beta \cdot \Gamma\left(\alpha\right)} \int_{a_0}^\infty x \left(\frac{x-a_0}{\beta}\right)^{\alpha-1} \cdot e^{-\frac{x-a_0}{\beta}} dx
$$

令 $t = \dfrac{x-a_0}{\beta}$, 则 $x = \beta \cdot t + a_0, dx = \beta dt$; 当 $x = a_0$ 时, $t = 0$, 当 $x \to \infty$ 时, $t \to \infty$. 有

$$
\beta_0 = \frac{1}{\beta \cdot \Gamma\left(\alpha\right)} \int_0^\infty \left(\beta \cdot t + a_0\right) t^{\alpha-1} e^{-t} \beta dt
$$

$$= \frac{1}{\Gamma(\alpha)} \int_0^\infty (\beta \cdot t + a_0) \, t^{\alpha-1} e^{-t} dt$$

$$= \frac{1}{\Gamma(\alpha)} \left[\beta \cdot \int_0^\infty t^\alpha e^{-t} dt + a_0 \int_0^\infty t^{\alpha-1} e^{-t} dt \right]$$

$$= \frac{1}{\Gamma(\alpha)} \left[\beta \cdot \int_0^\infty t^{\alpha+1-1} e^{-t} dt + a_0 \int_0^\infty t^{\alpha-1} e^{-t} dt \right]$$

$$= \frac{1}{\Gamma(\alpha)} \left[\beta \cdot \Gamma(\alpha+1) + a_0 \Gamma(\alpha) \right] = \frac{1}{\Gamma(\alpha)} \left[\beta \cdot \alpha \Gamma(\alpha) + a_0 \Gamma(\alpha) \right]$$

$$= \alpha\beta + a_0$$

$$\beta_1 = \int_0^1 x(F) F dF = \int_{a_0}^\infty x \left[\int_{a_0}^x f(t) dt \right] f(x) dx$$

$$= \int_{a_0}^\infty x \left[\int_{a_0}^x \frac{1}{\beta \cdot \Gamma(\alpha)} \left(\frac{t-a_0}{\beta} \right)^{\alpha-1} e^{-\frac{t-a_0}{\beta}} dt \right]$$

$$\cdot \frac{1}{\beta \cdot \Gamma(\alpha)} \left(\frac{x-a_0}{\beta} \right)^{\alpha-1} e^{-\frac{x-a_0}{\beta}} dx$$

令 $y = \dfrac{x-a_0}{\beta}$, 则 $x = \beta \cdot y + a_0$, $dx = \beta dy$; 当 $x = a_0$ 时, $y = 0$, 当 $x \to \infty$ 时, $y \to \infty$, 则

$$\beta_1 = \int_0^\infty (\beta \cdot y + a_0) \cdot \left[\int_{a_0}^{\beta \cdot y + a_0} \frac{1}{\beta \cdot \Gamma(\alpha)} \left(\frac{t-a_0}{\beta} \right)^{\alpha-1} e^{-\frac{t-a_0}{\beta}} dt \right]$$

$$\cdot \frac{1}{\beta \cdot \Gamma(\alpha)} y^{\alpha-1} e^{-y} \beta dy$$

$$= \beta \cdot \int_0^\infty y \left[\int_{a_0}^{\beta \cdot y + a_0} \frac{1}{\beta \cdot \Gamma(\alpha)} \left(\frac{t-a_0}{\beta} \right)^{\alpha-1} e^{-\frac{t-a_0}{\beta}} dt \right] \frac{1}{\Gamma(\alpha)} y^{\alpha-1} e^{-y} dy$$

$$+ a_0 \int_0^\infty \left[\int_{a_0}^{\beta \cdot y + a_0} \frac{1}{\beta \cdot \Gamma(\alpha)} \left(\frac{t-a_0}{\beta} \right)^{\alpha-1} e^{-\frac{t-a_0}{\beta}} dt \right] \frac{1}{\Gamma(\alpha)} y^{\alpha-1} e^{-y} dy$$

令 $s = t - a_0$, 则 $t = s + a_0$, $dt = ds$, 当 $t = a_0$ 时, $s = 0$, 当 $t = \beta \cdot y + a_0$ 时, $s = \beta \cdot t$, 有

$$\beta_1 = \beta \cdot \int_0^\infty y \left[\int_0^{\beta \cdot y} \frac{1}{\beta \cdot \Gamma(\alpha)} \left(\frac{s}{\beta} \right)^{\alpha-1} e^{-\frac{s}{\beta}} ds \right] \frac{1}{\Gamma(\alpha)} y^{\alpha-1} e^{-y} dy$$

$$+ a_0 \int_0^\infty \left[\int_0^{\beta \cdot y} \frac{1}{\beta \cdot \Gamma(\alpha)} \left(\frac{s}{\beta} \right)^{\alpha-1} e^{-\frac{s}{\beta}} ds \right] \frac{1}{\Gamma(\alpha)} y^{\alpha-1} e^{-y} dy$$

令 $t = \frac{s}{\beta}$, 则 $s = \beta \cdot t$, $ds = \beta \cdot dt$, 当 $s = 0$ 时, $t = 0$, 当 $s = \beta \cdot y$ 时, $t = y$, 有

$$\beta_1 = \beta \cdot \int_0^\infty y \left[\int_0^y \frac{1}{\beta \cdot \Gamma(\alpha)} t^{\alpha-1} e^{-t} \beta \cdot dt \right] \frac{1}{\Gamma(\alpha)} y^{\alpha-1} e^{-y} dy$$

$$+ a_0 \int_0^\infty \left[\int_0^y \frac{1}{\beta \cdot \Gamma(\alpha)} t^{\alpha-1} e^{-t} \beta \cdot dt \right] \frac{1}{\Gamma(\alpha)} y^{\alpha-1} e^{-y} dy$$

$$= \beta \cdot \int_0^\infty \left[\int_0^y \frac{1}{\Gamma(\alpha)} t^{\alpha-1} e^{-t} dt \right] \frac{1}{\Gamma(\alpha)} y^{\alpha} e^{-y} dy$$

$$+ a_0 \int_0^\infty \left[\int_0^y \frac{1}{\Gamma(\alpha)} t^{\alpha-1} e^{-t} dt \right] \frac{1}{\Gamma(\alpha)} y^{\alpha-1} e^{-y} dy$$

$$= \beta \cdot \int_0^\infty \left[\int_0^x \frac{1}{\Gamma(\alpha)} t^{\alpha-1} e^{-t} dt \right] \frac{1}{\Gamma(\alpha)} x^{\alpha} e^{-x} dx$$

$$+ a_0 \int_0^\infty \left[\int_0^x \frac{1}{\Gamma(\alpha)} t^{\alpha-1} e^{-t} dt \right] \frac{1}{\Gamma(\alpha)} x^{\alpha-1} e^{-x} dx$$

令 $S_1^1(\alpha) = \int_0^\infty \left[\int_0^x \frac{1}{\Gamma(\alpha)} t^{\alpha-1} e^{-t} dt \right] \frac{1}{\Gamma(\alpha)} x^{\alpha} e^{-x} dx$, $S_1^0(\alpha) = \int_0^\infty \left[\int_0^x \frac{1}{\Gamma(\alpha)} t^{\alpha-1} \cdot e^{-t} dt \right] \frac{1}{\Gamma(\alpha)} x^{\alpha-1} e^{-x} dx$, 则

$$\beta_1 = \beta \cdot S_1^1(\alpha) + a_0 S_1^0(\alpha)$$

进一步分析 $S_1^0(\alpha) = \int_0^\infty \left[\int_0^x \frac{1}{\Gamma(\alpha)} t^{\alpha-1} e^{-t} dt \right] \frac{1}{\Gamma(\alpha)} x^{\alpha-1} e^{-x} dx$, 令 $F = \int_0^x \frac{1}{\Gamma(\alpha)} \cdot t^{\alpha-1} e^{-t} dt$, 则 $dF = \frac{1}{\Gamma(\alpha)} t^{x-1} e^{-x} dx$, 当 $x = 0$ 时, $F = 0$, 当 $x \to \infty$ 时, $F = 1$, 则

$$S_1^0(\alpha) = \int_0^\infty \left[\int_0^x \frac{1}{\Gamma(\alpha)} t^{\alpha-1} e^{-t} dt \right] \frac{1}{\Gamma(\alpha)} x^{\alpha-1} e^{-x} dx = \int_0^1 F dF = \frac{1}{2} F^2 \Big|_0^1 = \frac{1}{2}$$

$$\beta_2 = \int_0^1 x(F) F^2 dF = \int_{a_0}^\infty x \left[\int_{a_0}^x f(t) dt \right]^2 f(x) dx$$

$$= \int_{a_0}^\infty x \left[\int_{a_0}^x \frac{1}{\beta \cdot \Gamma(\alpha)} \left(\frac{t - a_0}{\beta} \right)^{\alpha-1} e^{-\frac{t - a_0}{\beta}} dt \right]^2 \frac{1}{\beta \cdot \Gamma(\alpha)} \left(\frac{x - a_0}{\beta} \right)^{\alpha-1} e^{-\frac{x - a_0}{\beta}} dx$$

令 $y = \dfrac{x - a_0}{\beta}$, 则 $x = \beta \cdot y + a_0$, $dx = \beta dy$; 当 $x = a_0$ 时, $y = 0$, 当 $x \to \infty$ 时, $y \to \infty$

$$\beta_2 = \int_0^\infty (\beta \cdot y + a_0) \left[\int_{a_0}^{\beta \cdot y + a_0} \frac{1}{\beta \cdot \Gamma(\alpha)} \left(\frac{t - a_0}{\beta} \right)^{\alpha - 1} e^{-\frac{t - a_0}{\beta}} dt \right]^2 \frac{1}{\beta \cdot \Gamma(\alpha)} y^{\alpha - 1} e^{-y} \beta \cdot dy$$

$$= \beta \cdot \int_0^\infty y \left[\int_{a_0}^{\beta \cdot y + a_0} \frac{1}{\beta \cdot \Gamma(\alpha)} \left(\frac{t - a_0}{\beta} \right)^{\alpha - 1} e^{-\frac{t - a_0}{\beta}} dt \right]^2 \frac{1}{\Gamma(\alpha)} y^{\alpha - 1} e^{-y} dy$$

$$+ a_0 \int_0^\infty \left[\int_{a_0}^{\beta \cdot y + a_0} \frac{1}{\beta \cdot \Gamma(\alpha)} \left(\frac{t - a_0}{\beta} \right)^{\alpha - 1} e^{-\frac{t - a_0}{\beta}} dt \right]^2 \frac{1}{\Gamma(\alpha)} y^{\alpha - 1} e^{-y} dy$$

令 $s = t - a_0$, 则 $t = s + a_0$, $dt = ds$, 当 $t = a_0$ 时, $s = 0$, 当 $t = \beta \cdot y + a_0$ 时, $s = \beta \cdot y$, 有

$$\beta_2 = \beta \cdot \int_0^\infty y \left[\int_0^{\beta \cdot y} \frac{1}{\beta \cdot \Gamma(\alpha)} \left(\frac{s}{\beta} \right)^{\alpha - 1} e^{-\frac{s}{\beta}} ds \right]^2 \frac{1}{\Gamma(\alpha)} y^{\alpha - 1} e^{-y} dy$$

$$+ a_0 \int_0^\infty \left[\int_0^{\beta \cdot y} \frac{1}{\beta \cdot \Gamma(\alpha)} \left(\frac{s}{\beta} \right)^{\alpha - 1} e^{-\frac{s}{\beta}} ds \right]^2 \frac{1}{\Gamma(\alpha)} y^{\alpha - 1} e^{-y} dy$$

令 $t = \dfrac{1}{\beta} s$, 则 $s = \beta \cdot t$, $ds = \beta \cdot dt$, 当 $s = 0$ 时, $t = 0$, 当 $s = \beta \cdot y$ 时, $t = y$, 有

$$\beta_2 = \beta \cdot \int_0^\infty y \left[\int_0^y \frac{1}{\beta \cdot \Gamma(\alpha)} t^{\alpha - 1} e^{-t} \beta \cdot dt \right]^2 \frac{1}{\Gamma(\alpha)} y^{\alpha - 1} e^{-y} dy$$

$$+ a_0 \int_0^\infty \left[\int_0^y \frac{1}{\beta \cdot \Gamma(\alpha)} t^{\alpha - 1} e^{-t} \beta \cdot dt \right]^2 \frac{1}{\Gamma(\alpha)} y^{\alpha - 1} e^{-y} dy$$

$$= \beta \cdot \int_0^\infty \left[\int_0^y \frac{1}{\Gamma(\alpha)} t^{\alpha - 1} e^{-t} dt \right]^2 \frac{1}{\Gamma(\alpha)} y^{\alpha} e^{-y} dy$$

$$+ a_0 \int_0^\infty \left[\int_0^y \frac{1}{\Gamma(\alpha)} t^{\alpha - 1} e^{-t} dt \right]^2 \frac{1}{\Gamma(\alpha)} y^{\alpha - 1} e^{-y} dy$$

$$= \beta \cdot \int_0^\infty \left[\int_0^x \frac{1}{\Gamma(\alpha)} t^{\alpha - 1} e^{-t} dt \right]^2 \frac{1}{\Gamma(\alpha)} x^{\alpha} e^{-x} dx$$

$$+ a_0 \int_0^\infty \left[\int_0^x \frac{1}{\Gamma(\alpha)} t^{\alpha - 1} e^{-t} dt \right]^2 \frac{1}{\Gamma(\alpha)} x^{\alpha - 1} e^{-x} dx$$

令 $S_2^1(\alpha) = \int_0^\infty \left[\int_0^x \frac{1}{\Gamma(\alpha)} t^{\alpha - 1} e^{-t} dt \right]^2 \frac{1}{\Gamma(\alpha)} x^{\alpha} e^{-x} dx$, $S_2^0(\alpha) = \int_0^\infty \left[\int_0^x \frac{1}{\Gamma(\alpha)} \cdot \right.$

$t^{\alpha-1}e^{-t}dt\Big]^2 \dfrac{1}{\Gamma(\alpha)} x^{\alpha-1}e^{-x}dx$, 则

$$\beta_2 = \beta \cdot S_2^1(\alpha) + a_0 S_2^0(\alpha)$$

进一步分析 $S_2^0(\alpha)$, 有 $S_2^0(\alpha) = \displaystyle\int_0^\infty \left[\int_0^x \dfrac{1}{\Gamma(\alpha)} t^{\alpha-1}e^{-t}dt\right]^2 \dfrac{1}{\Gamma(\alpha)} x^{\alpha-1}e^{-x}dx =$ $\displaystyle\int_0^1 F^2 dF = \dfrac{1}{3}F^3\Big|_0^1 = \dfrac{1}{3}$.

上述公式为 Song 和 Ding(1988) 推出的 P-III 型分布概率权重计算公式, 其中, $S_1^1(\alpha)$ 和 $S_2^1(\alpha)$ 采用数值积分进行计算. Jakubowski(1991) 根据 Song 和 Ding(1988) 的 $S_1^1(\alpha)$ 和 $S_2^1(\alpha)$ 计算公式, 进一步推导为能够利用特殊函数进行计算的公式, 其推导如下.

1) $S_1^1(\alpha)$ 计算

$$S_1^1(\alpha) = \int_0^\infty \left[\int_0^x \frac{1}{\Gamma(\alpha)} t^{\alpha-1}e^{-t}dt\right] \frac{1}{\Gamma(\alpha)} x^\alpha e^{-x}dx$$

$$= \frac{1}{\Gamma^2(\alpha)} \int_0^\infty \int_0^x t^{\alpha-1}x^\alpha e^{-x-t}dtdx$$

令 $\begin{cases} x+t=u, \\ t=uw, \end{cases}$ 则 $\begin{cases} x=u-uw, & \dfrac{\partial x}{\partial u}=1-w, \dfrac{\partial t}{\partial u}=w, \dfrac{\partial x}{\partial w}=-u, \dfrac{\partial t}{\partial w}=u; \end{cases}$ 雅

可比矩阵为 $J = \begin{vmatrix} \dfrac{\partial x}{\partial u} & \dfrac{\partial t}{\partial u} \\ \dfrac{\partial x}{\partial w} & \dfrac{\partial t}{\partial w} \end{vmatrix} = \begin{vmatrix} 1-w & w \\ -u & u \end{vmatrix} = u.$

由 $t=0$ 知, $\begin{cases} x=u, \\ 0=uw, \end{cases}$ 两式相除, 有 $w=0$; 由 $t=x$ 知, $\begin{cases} 2x=u, \\ x=uw, \end{cases}$ 两式相除, 有 $w=\dfrac{1}{2}$. 由 $x=0, t=0$ 知, $u=0$; 由 $x\to\infty$ 知, $u\to\infty$. 则

$$S_1^1(\alpha) = \int_0^\infty \int_0^{\frac{1}{2}} \frac{1}{\Gamma^2(\alpha)} (uw)^{\alpha-1} [u(1-w)]^\alpha e^{-u}udwdu$$

$$= \frac{1}{\Gamma^2(\alpha)} \int_0^\infty u^{2\alpha}e^{-u}du \int_0^{\frac{1}{2}} w^{\alpha-1}(1-w)^\alpha dw$$

由完全 gamma 函数值 $\Gamma(a) = \displaystyle\int_0^\infty x^{a-1}e^{-x}dx$, 则 $\displaystyle\int_0^\infty u^{2\alpha}e^{-u}du = \int_0^\infty u^{2\alpha+1-1}.$

$e^{-u}du = \Gamma(2\alpha+1) = 2\alpha \cdot \Gamma(2\alpha)$. 有 $S_1^1(\alpha) = \dfrac{2\alpha \cdot \Gamma(2\alpha)}{\Gamma^2(\alpha)} \displaystyle\int_0^{\frac{1}{2}} w^{\alpha-1}(1-w)^\alpha dw$. 令

$u = (1-w)^{\alpha}, \quad du = -\alpha (1-w)^{\alpha-1}; \quad dv = w^{\alpha-1} dw, \quad v = \dfrac{1}{\alpha} w^{\alpha},$ 有 $\displaystyle\int_0^{\frac{1}{2}} w^{\alpha-1} \cdot$
$(1-w)^{\alpha} dw = \dfrac{1}{\alpha} (1-w)^{\alpha} w^{\alpha} \Big|_0^{\frac{1}{2}} + \displaystyle\int_0^{\frac{1}{2}} \dfrac{1}{\alpha} \alpha \cdot w^{\alpha} (1-w)^{\alpha-1} dw = \dfrac{1}{\alpha} \dfrac{1}{2^{2\alpha}} + \displaystyle\int_0^{\frac{1}{2}} w^{\alpha} \cdot$
$(1-w)^{\alpha-1} dw.$

因为 $w^{\alpha} (1-w)^{\alpha-1} = w^{\alpha-1} (1-w)^{\alpha-1} [1-(1-w)] = w^{\alpha-1} (1-w)^{\alpha-1} - w^{\alpha-1} \cdot$
$(1-w)^{\alpha}$, 所以,

$$\int_0^{\frac{1}{2}} w^{\alpha} (1-w)^{\alpha-1} dw = \int_0^{\frac{1}{2}} \left[w^{\alpha-1} (1-w)^{\alpha-1} - w^{\alpha-1} (1-w)^{\alpha} \right] dw$$
$$= \int_0^{\frac{1}{2}} \left[w^{\alpha-1} (1-w)^{\alpha-1} \right] dw - \int_0^{\frac{1}{2}} \left[w^{\alpha-1} (1-w)^{\alpha} \right] dw$$

则

$$\int_0^{\frac{1}{2}} w^{\alpha-1} (1-w)^{\alpha} dw = \frac{1}{\alpha} \frac{1}{2^{2\alpha}} + \int_0^{\frac{1}{2}} \left[w^{\alpha-1} (1-w)^{\alpha-1} \right] dw - \int_0^{\frac{1}{2}} \left[w^{\alpha-1} (1-w)^{\alpha} \right] dw$$

则

$$2 \int_0^{\frac{1}{2}} w^{\alpha-1} (1-w)^{\alpha} dw = \frac{1}{\alpha} \frac{1}{2^{2\alpha}} + \int_0^{\frac{1}{2}} \left[w^{\alpha-1} (1-w)^{\alpha-1} \right] dw$$

即

$$\int_0^{\frac{1}{2}} w^{\alpha-1} (1-w)^{\alpha} dw = \frac{1}{2\alpha} \frac{1}{2^{2\alpha}} + \frac{1}{2} \int_0^{\frac{1}{2}} \left[w^{\alpha-1} (1-w)^{\alpha-1} \right] dw$$

所以

$$S_1^1 (\alpha) = \frac{2\alpha \cdot \Gamma (2\alpha)}{\Gamma^2 (\alpha)} \int_0^{\frac{1}{2}} w^{\alpha-1} (1-w)^{\alpha} dw$$
$$= \frac{2\alpha \cdot \Gamma (2\alpha)}{\Gamma^2 (\alpha)} \left\{ \frac{1}{2\alpha} \frac{1}{2^{2\alpha}} + \frac{1}{2} \int_0^{\frac{1}{2}} \left[w^{\alpha-1} (1-w)^{\alpha-1} \right] dw \right\}$$
$$= \frac{\Gamma (2\alpha)}{\Gamma^2 (\alpha)} \left\{ \frac{1}{2^{2\alpha}} + \alpha \int_0^{\frac{1}{2}} \left[w^{\alpha-1} (1-w)^{\alpha-1} \right] dw \right\}$$
$$= \frac{\Gamma (2\alpha)}{\Gamma^2 (\alpha)} \frac{1}{2^{2\alpha}} + \alpha \frac{\Gamma (2\alpha)}{\Gamma^2 (\alpha)} \int_0^{\frac{1}{2}} \left[w^{\alpha-1} (1-w)^{\alpha-1} \right] dw$$

因为 $\Gamma(2\alpha) = \dfrac{2^{2\alpha-1}}{\sqrt{\pi}}\Gamma(\alpha)\Gamma\left(\alpha+\dfrac{1}{2}\right)$, $\displaystyle\int_0^{\frac{1}{2}}\left[w^{\alpha-1}(1-w)^{\alpha-1}\right]dw = \dfrac{1}{2}B(\alpha,\alpha)$,

$$\frac{\Gamma(2\alpha)}{\Gamma^2(\alpha)} = \frac{\Gamma(\alpha+\alpha)}{\Gamma(\alpha)\Gamma(\alpha)} = \frac{1}{B(\alpha,\alpha)}, \quad \Gamma\left(\frac{1}{2}\right) = \sqrt{\pi}$$

所以, 有

$$S_1^1(\alpha) = \frac{\Gamma(2\alpha)}{\Gamma^2(\alpha)}\frac{1}{2^{2\alpha}} + \alpha\frac{\Gamma(2\alpha)}{\Gamma^2(\alpha)}\int_0^{\frac{1}{2}}\left[w^{\alpha-1}(1-w)^{\alpha-1}\right]dw$$

$$= \frac{2^{2\alpha-1}\Gamma(\alpha)\Gamma\left(\alpha+\dfrac{1}{2}\right)}{\sqrt{\pi}\Gamma^2(\alpha)}\frac{1}{2^{2\alpha}} + \alpha\frac{1}{B(\alpha,\alpha)}\frac{1}{2}B(\alpha,\alpha) = \frac{\Gamma\left(\alpha+\dfrac{1}{2}\right)}{2\sqrt{\pi}\Gamma(\alpha)} + \frac{\alpha}{2}$$

$$= \frac{\Gamma\left(\alpha+\dfrac{1}{2}\right)}{2\Gamma\left(\dfrac{1}{2}\right)\Gamma(\alpha)} + \frac{\alpha}{2} = \frac{1}{2B\left(\alpha,\dfrac{1}{2}\right)} + \frac{\alpha}{2}$$

即

$$S_1^1(\alpha) = \frac{1}{2B\left(\alpha,\dfrac{1}{2}\right)} + \frac{\alpha}{2}$$

2) $S_2^1(\alpha)$ 计算

$$S_2^1(\alpha) = \int_0^\infty\left[\int_0^x\frac{1}{\Gamma(\alpha)}t^{\alpha-1}e^{-t}dt\right]^2\frac{1}{\Gamma(\alpha)}x^\alpha e^{-x}dx$$

$$= \int_0^\infty\left[\int_0^t\frac{1}{\Gamma(\alpha)}x^{\alpha-1}e^{-x}dx\right]^2\frac{1}{\Gamma(\alpha)}t^\alpha e^{-t}dt$$

令

$$G_\alpha(t) = \int_0^t g_\alpha(x)\,dx = \int_0^t\frac{1}{\Gamma(\alpha)}x^{\alpha-1}e^{-x}dx, \quad g_\alpha(t) = \frac{dG_\alpha(t)}{dt} = \frac{1}{\Gamma(\alpha)}t^{\alpha-1}e^{-t}$$

则

$$S_2^1(\alpha) = \int_0^\infty\left[\int_0^t\frac{1}{\Gamma(\alpha)}x^{\alpha-1}e^{-x}dx\right]^2\frac{1}{\Gamma(\alpha)}t^\alpha e^{-t}dt$$

$$= \int_0^\infty G_\alpha^2(t)\cdot t\cdot g_\alpha(t)dt = \int_0^\infty t\cdot g_\alpha(t)\cdot G_\alpha^2(t)dt$$

令

$$u = G_\alpha^2(t), \quad du = 2G_\alpha(t)g_\alpha(t)\,dt; \quad dv = t\cdot g_\alpha(t)\,dt$$

因为

$$\alpha \cdot G_\alpha(t) - t \cdot g_\alpha(t) = \alpha \int_0^t \frac{1}{\Gamma(\alpha)} x^{\alpha-1} e^{-x} dx - t \frac{1}{\Gamma(\alpha)} t^{\alpha-1} e^{-t}$$

$$= \alpha \int_0^t \frac{1}{\Gamma(\alpha)} x^{\alpha-1} e^{-x} dx - \frac{1}{\Gamma(\alpha)} t^\alpha e^{-t}$$

$$\frac{\partial}{\partial t} \left[\alpha \cdot G_\alpha(t) - t \cdot g_\alpha(t) \right] = \frac{\partial}{\partial t} \left[\alpha \int_0^t \frac{1}{\Gamma(\alpha)} x^{\alpha-1} e^{-x} dx - \frac{1}{\Gamma(\alpha)} t^\alpha e^{-t} \right]$$

$$= \alpha \frac{1}{\Gamma(\alpha)} t^{\alpha-1} e^{-t} - \frac{\partial}{\partial t} \left[\frac{1}{\Gamma(\alpha)} t^\alpha e^{-t} \right]$$

$$= \alpha \frac{1}{\Gamma(\alpha)} t^{\alpha-1} e^{-t} - \frac{1}{\Gamma(\alpha)} \left(\alpha \cdot t^{\alpha-1} e^{-t} - t^\alpha e^{-t} \right)$$

$$= \alpha \frac{1}{\Gamma(\alpha)} t^{\alpha-1} e^{-t} - \alpha \frac{1}{\Gamma(\alpha)} t^{\alpha-1} e^{-t} + \frac{1}{\Gamma(\alpha)} t^\alpha e^{-t}$$

$$= \frac{1}{\Gamma(\alpha)} t^\alpha e^{-t} = t \frac{1}{\Gamma(\alpha)} t^{\alpha-1} e^{-t} = t \cdot g_\alpha(t)$$

所以, $v = \int t \cdot g_\alpha(t) dt = \alpha \cdot G_\alpha(t) - t \cdot g_\alpha(t)$.

$$G_\alpha^2(t) \left[\alpha \cdot G_\alpha(t) - t \cdot g_\alpha(t) \right] \Big|_0^\infty$$

$$= \left[\int_0^t \frac{1}{\Gamma(\alpha)} x^{\alpha-1} e^{-x} dx \right]^2 \left[\alpha \int_0^t \frac{1}{\Gamma(\alpha)} x^{\alpha-1} e^{-x} dx - t \cdot \frac{1}{\Gamma(\alpha)} t^\alpha e^{-t} \right] \Bigg|_0^\infty$$

$$= \frac{1}{\Gamma^2(\alpha)} \left[\int_0^\infty x^{\alpha-1} e^{-x} dx \right]^2 \left[\alpha \frac{1}{\Gamma(\alpha)} \int_0^\infty x^{\alpha-1} e^{-x} dx - \frac{1}{\Gamma(\alpha)} \frac{t^{\alpha+1}}{e^t} \right] \Bigg|_0^\infty$$

$$= \alpha \frac{1}{\Gamma^3(\alpha)} \Gamma^3(\alpha) = \alpha$$

则

$$S_2^1(\alpha) = G_\alpha^2(t) \left[\alpha \cdot G_\alpha(t) - t \cdot g_\alpha(t) \right] \Big|_0^\infty - \int_0^\infty 2 G_\alpha(t) g_\alpha(t) \left[\alpha \cdot G_\alpha(t) - t \cdot g_\alpha(t) \right] dt$$

$$= \alpha - 2\alpha \int_0^\infty g_\alpha(t) G_\alpha^2(t) dt + 2 \int_0^\infty t \cdot g_\alpha^2(t) G_\alpha(t) dt$$

因为 $\displaystyle\int_0^\infty g_\alpha(t) G_\alpha^2(t) dt = \frac{1}{3} G_\alpha^3(t) \Big|_0^\infty = \frac{1}{3} \left[\int_0^t \frac{1}{\Gamma(\alpha)} x^{\alpha-1} e^{-x} dx \right]^3 \Bigg|_0^\infty = \frac{1}{3} \frac{1}{\Gamma^3(\alpha)} \Gamma^3(\alpha) =$

$\dfrac{1}{3}$, 所以

$$S_2^1\left(\alpha\right) = \alpha - 2\alpha\frac{1}{3} + 2\int_0^\infty t \cdot g_\alpha^2\left(t\right)G_\alpha\left(t\right)dt = \frac{\alpha}{3} + 2\int_0^\infty t \cdot g_\alpha^2\left(t\right)G_\alpha\left(t\right)dt$$

$$= \frac{\alpha}{3} + 2\int_0^\infty t \cdot \left[\frac{1}{\Gamma\left(\alpha\right)}t^{\alpha-1}e^{-t}\right]^2\int_0^t \frac{1}{\Gamma\left(\alpha\right)}x^{\alpha-1}e^{-x}dxdt$$

$$= \frac{\alpha}{3} + \frac{2}{\Gamma^3\left(\alpha\right)}\int_0^\infty t^{2\alpha-1}e^{-2t}\int_0^t x^{\alpha-1}e^{-x}dxdt$$

$$= \frac{\alpha}{3} + \frac{2}{\Gamma^3\left(\alpha\right)}\int_0^\infty \int_0^t t^{2\alpha-1}x^{\alpha-1}e^{-2t-x}dxdt$$

令 $\begin{cases} 2t+x=u, \\ 2t=uw, \end{cases}$ 则 $\begin{cases} x = u - uw, \\ t = \dfrac{1}{2}uw, \end{cases}$ $\dfrac{\partial x}{\partial u} = 1-w, \dfrac{\partial t}{\partial u} = \dfrac{1}{2}w, \dfrac{\partial x}{\partial w} = -u, \dfrac{\partial t}{\partial w} = \dfrac{1}{2}u;$

雅可比矩阵为 $J = \begin{vmatrix} \dfrac{\partial x}{\partial u} & \dfrac{\partial t}{\partial u} \\ \dfrac{\partial x}{\partial w} & \dfrac{\partial t}{\partial w} \end{vmatrix} = \begin{vmatrix} 1-w & \dfrac{1}{2}w \\ -u & \dfrac{1}{2}u \end{vmatrix} = \dfrac{1}{2}u\left(1-w\right) + \dfrac{1}{2}uw = \dfrac{1}{2}u.$

由 $x=0$ 知, $\begin{cases} 2t=u, \\ 2t=uw, \end{cases}$ 两式相除, 有 $w=1$; 由 $t=x$ 知, $\begin{cases} 2t+t=u, \\ 2t=uw, \end{cases}$ 两式相除, 有 $w=\dfrac{2}{3}$. 由 $x=0, t=0$ 知, $u=0$; 由 $x\to\infty$ 知, $u\to\infty$, 则

$$S_2^1\left(\alpha\right) = \frac{\alpha}{3} + \frac{2}{\Gamma^3\left(\alpha\right)}\int_0^\infty \int_{\frac{2}{3}}^1 \left(\frac{uw}{2}\right)^{2\alpha-1}\left[u\left(1-w\right)\right]^{\alpha-1}e^{-u}\frac{u}{2}dwdu$$

$$= \frac{\alpha}{3} + \frac{2}{\Gamma^3\left(\alpha\right)}\int_0^\infty \int_{\frac{2}{3}}^1 u^{2\alpha-1}w^{2\alpha-1}\frac{1}{2^{2\alpha-1}}u^{\alpha-1}\left(1-w\right)^{\alpha-1}e^{-u}\frac{u}{2}dwdu$$

$$= \frac{\alpha}{3} + \frac{2}{\Gamma^3\left(\alpha\right)2^{2\alpha}}\int_0^\infty \int_{\frac{2}{3}}^1 u^{3\alpha-1}w^{2\alpha-1}\left(1-w\right)^{\alpha-1}e^{-u}dwdu$$

$$= \frac{\alpha}{3} + \frac{2}{\Gamma^3\left(\alpha\right)2^{2\alpha}}\int_0^\infty u^{3\alpha-1}e^{-u}du\int_{\frac{2}{3}}^1 w^{2\alpha-1}\left(1-w\right)^{\alpha-1}dw$$

$$= \frac{\alpha}{3} + \frac{2\Gamma\left(3\alpha\right)}{\Gamma^3\left(\alpha\right)2^{2\alpha}}\int_{\frac{2}{3}}^1 w^{2\alpha-1}\left(1-w\right)^{\alpha-1}dw$$

令 $y = 1 - w$, 则 $w = 1 - y$, $dw = -dy$, 当 $w = \dfrac{2}{3}$ 时, $y = \dfrac{1}{3}$, 当 $w = 1$ 时, $y = 0$, 有

$$S_2(\alpha) = \frac{\alpha}{3} + \frac{2\Gamma(3\alpha)}{\Gamma^3(\alpha)\,2^{2\alpha}} \int_{\frac{1}{3}}^{0} (1-y)^{2\alpha-1}\, y^{\alpha-1}\,(-dy)$$

$$= \frac{\alpha}{3} + \frac{2\Gamma(3\alpha)}{\Gamma^3(\alpha)\,2^{2\alpha}} \int_{0}^{\frac{1}{3}} (1-y)^{2\alpha-1}\, y^{\alpha-1}\,dy \tag{70}$$

当 $\alpha > 400$ 时, 式 (70) 中 $\Gamma(3\alpha)$, $\Gamma^3(\alpha)$ 和 $2^{2\alpha}$ 非常大, 计算时发生溢出. 根据 Beta 函数 $\mathrm{B}(z,w) = \displaystyle\int_{0}^{1} t^{z-1}(1-t)^{w-1}\,dt$ 和不完全 Beta 函数 $I_x(z,w) = \dfrac{1}{\mathrm{B}(z,w)}\displaystyle\int_{0}^{x} t^{z-1}(1-t)^{w-1}\,dt$, 进一步整理式 (70), 有

$$S_2^1(\alpha) = \frac{\alpha}{3} + 2\frac{\Gamma(3\alpha)\,\mathrm{B}(\alpha,2\alpha)}{\Gamma^3(\alpha)\,2^{2\alpha}}\,\frac{1}{\mathrm{B}(\alpha,2\alpha)}\int_{0}^{\frac{1}{3}} (1-y)^{2\alpha-1}\, y^{\alpha-1}\,dy$$

$$= \frac{\alpha}{3} + 2\frac{\Gamma(3\alpha)}{\Gamma^3(\alpha)\,2^{2\alpha}}\,\frac{\Gamma(\alpha)\,\Gamma(2\alpha)}{\Gamma(3\alpha)}\,\frac{1}{\mathrm{B}(\alpha,2\alpha)}\int_{0}^{\frac{1}{3}} (1-y)^{2\alpha-1}\, y^{\alpha-1}\,dy$$

$$= \frac{\alpha}{3} + 2\frac{\Gamma(2\alpha)}{\Gamma^2(\alpha)\,2^{2\alpha}}\,\frac{1}{\mathrm{B}(\alpha,2\alpha)}\int_{0}^{\frac{1}{3}} (1-y)^{2\alpha-1}\, y^{\alpha-1}\,dy$$

$$= \frac{\alpha}{3} + 2\frac{\Gamma(2\alpha)}{\Gamma^2(\alpha)\,2^{2\alpha}}\,I_{\frac{1}{3}}(\alpha,2\alpha)$$

$$\Gamma(2\alpha) = \frac{2^{2\alpha-1}}{\sqrt{\pi}}\Gamma(\alpha)\,\Gamma\left(\alpha+\frac{1}{2}\right), \quad \mathrm{B}(a,b) = \frac{\Gamma(a)\,\Gamma(b)}{\Gamma(a+b)}, \quad \Gamma\left(\frac{1}{2}\right) = \sqrt{\pi}$$

则

$$S_2^1(\alpha) = \frac{\alpha}{3} + 2\frac{\Gamma(2\alpha)}{\Gamma^2(\alpha)\,2^{2\alpha}}\,I_{\frac{1}{3}}(\alpha,2\alpha)$$

$$= \frac{\alpha}{3} + 2\frac{1}{\Gamma^2(\alpha)\,2^{2\alpha}}\,\frac{2^{2\alpha-1}}{\Gamma\left(\frac{1}{2}\right)}\Gamma(\alpha)\,\Gamma\left(\alpha+\frac{1}{2}\right)I_{\frac{1}{3}}(\alpha,2\alpha)$$

$$= \frac{\alpha}{3} + \frac{\Gamma\left(\alpha+\dfrac{1}{2}\right)}{\Gamma(\alpha)\,\Gamma\left(\dfrac{1}{2}\right)}\,I_{\frac{1}{3}}(\alpha,2\alpha)$$

$$= \frac{\alpha}{3} + \frac{1}{\dfrac{\Gamma(\alpha)\,\Gamma\left(\dfrac{1}{2}\right)}{\Gamma\left(\alpha+\dfrac{1}{2}\right)}}\,I_{\frac{1}{3}}(\alpha,2\alpha)$$

$$= \frac{\alpha}{3} + \frac{1}{B\left(\alpha, \frac{1}{2}\right)} I_{\frac{1}{3}}\left(\alpha, 2\alpha\right)$$

即

$$\beta_0 = \alpha\beta + a_0 \tag{71}$$

$$\beta_1 = \beta \cdot S_1^1\left(\alpha\right) + a_0 S_1^0\left(\alpha\right) \tag{72}$$

$$\beta_2 = \beta \cdot S_2^1\left(\alpha\right) + a_0 S_2^0\left(\alpha\right) \tag{73}$$

式中, $S_1^0\left(\alpha\right) = \frac{1}{2}$, $S_2^0\left(\alpha\right) = \frac{1}{3}$, $S_1^1\left(\alpha\right) = \frac{1}{2B\left(\alpha, \frac{1}{2}\right)} + \frac{\alpha}{2}$, $S_2^1\left(\alpha\right) = \frac{\alpha}{3} + \frac{1}{B\left(\alpha, \frac{1}{2}\right)} \cdot$

$I_{\frac{1}{3}}\left(\alpha, 2\alpha\right)$. 式 (72) 减去式 (71) 两边乘以 $S_1^0\left(\alpha\right)$, 式 (73) 减去式 (71) 两边乘以 $S_2^0\left(\alpha\right)$, 有

$$\beta_1 - S_1^0\left(\alpha\right)\beta_0 = \beta\left[S_1^1\left(\alpha\right) - S_1^0\left(\alpha\right)\alpha\right] \tag{74}$$

$$\beta_2 - S_2^0\left(\gamma\right)\beta_0 = \beta\left[S_2^1\left(\gamma\right) - S_2^0\left(\alpha\right)\alpha\right] \tag{75}$$

式 (75) 除以式 (74) 两边, 有 $\dfrac{\beta_2 - S_2^0\left(\alpha\right)\beta_0}{\beta_1 - S_1^0\left(\alpha\right)\beta_0} = \dfrac{S_2^1\left(\alpha\right) - S_2^0\left(\alpha\right)\alpha}{S_1^1\left(\alpha\right) - S_1^0\left(\alpha\right)\alpha}$, 把 $S_1^0\left(\alpha\right)$, $S_2^0\left(\alpha\right)$,

$S_1^1\left(\alpha\right)$ 和 $S_2^1\left(\alpha\right)$ 代入, 有 $\dfrac{\beta_2 - S_2^0\left(\alpha\right)\beta_0}{\beta_1 - S_1^0\left(\alpha\right)\beta_0} = \dfrac{\beta_2 - \dfrac{\beta_0}{3}}{\beta_1 - \dfrac{\beta_0}{2}}$,

$$\frac{S_2^1\left(\alpha\right) - S_2^0\left(\alpha\right)\alpha}{S_1^1\left(\alpha\right) - S_1^0\left(\alpha\right)\alpha} = \frac{\dfrac{\alpha}{3} + \dfrac{1}{B\left(\alpha, \frac{1}{2}\right)} I_{\frac{1}{3}}\left(\alpha, 2\alpha\right) - \dfrac{\alpha}{3}}{\dfrac{1}{2B\left(\alpha, \frac{1}{2}\right)} + \dfrac{\alpha}{2} - \dfrac{\alpha}{2}}$$

$$= \frac{\dfrac{1}{B\left(\alpha, \frac{1}{2}\right)} I_{\frac{1}{3}}\left(\alpha, 2\alpha\right)}{\dfrac{1}{2B\left(\alpha, \frac{1}{2}\right)}} = 2I_{\frac{1}{3}}\left(\alpha, 2\alpha\right)$$

即

$\dfrac{\beta_2 - \dfrac{\beta_0}{3}}{\beta_1 - \dfrac{\beta_0}{2}} = 2I_{\frac{1}{3}}(\alpha, 2\alpha).$ 把样本概率权重矩代入, 有

$$\frac{\dfrac{\hat{\beta}_2}{\hat{\beta}_0} - \dfrac{1}{3}}{\dfrac{\hat{\beta}_1}{\hat{\beta}_0} - \dfrac{1}{2}} = 2I_{\frac{1}{3}}(\alpha, 2\alpha) \tag{76}$$

式 (76) 因含有参数 α, 令 $w(\alpha) = \dfrac{\dfrac{\hat{\beta}_2}{\hat{\beta}_0} - \dfrac{1}{3}}{\dfrac{\hat{\beta}_1}{\hat{\beta}_0} - \dfrac{1}{2}} - 2I_{\frac{1}{3}}(\alpha, 2\alpha) = 0$, 可通过求解非线性方

程 $w(\alpha) = 0$ 来获得参数 α. 之后, 可通过以下步骤来求参数 β.

由式 (74) 有 $\beta_1 - S_1^0(\alpha)\beta_0 = \beta\left[S_1^1(\alpha) - S_1^0(\alpha)\alpha\right]$,

$$\beta = \frac{\hat{\beta}_1 - S_1^0(\alpha)\hat{\beta}_0}{S_1^1(\alpha) - S_1^0(\alpha)\alpha} = \frac{\hat{\beta}_1 - \dfrac{1}{2}\hat{\beta}_0}{\dfrac{1}{2B\left(\alpha, \dfrac{1}{2}\right)} + \dfrac{\alpha}{2} - \dfrac{\alpha}{2}}$$

$$= 2B\left(\alpha, \frac{1}{2}\right)\left(\hat{\beta}_1 - \frac{1}{2}\hat{\beta}_0\right) = B\left(\alpha, \frac{1}{2}\right)\left(2\hat{\beta}_1 - \hat{\beta}_0\right)$$

即

$$\beta = B\left(\alpha, \frac{1}{2}\right)\left(2\hat{\beta}_1 - \hat{\beta}_0\right) \tag{77}$$

参数 α 和 β 求出后, 代入式 (71), 有

$$a_0 = \hat{\beta}_0 - \alpha\beta \tag{78}$$

2.4.1.2　负偏 P-III 型分布 $(\beta < 0)$

$f(x)\dfrac{1}{-\beta\cdot\Gamma(\alpha)}\left(\dfrac{x-a_0}{\beta}\right)^{\alpha-1}e^{-\frac{x-a_0}{\beta}}, \ F(x) = \displaystyle\int_{-\infty}^{x}\frac{1}{-\beta\cdot\Gamma(\alpha)}\left(\frac{t-a_0}{\beta}\right)^{\alpha-1}\cdot$

$e^{-\frac{t-a_0}{\beta}}dt.$ 则 $\beta_0 = \displaystyle\int_0^1 x(F)\,dF = \int_{-\infty}^{a_0}xf(x)\,dx = \frac{1}{-\beta\cdot\Gamma(\alpha)}\int_{-\infty}^{a_0}x\left(\frac{x-a_0}{\beta}\right)^{\alpha-1}\cdot$

$e^{-\frac{x-a_0}{\beta}}dx,$ 令 $y = \dfrac{x-a_0}{\beta}$, 则 $x = \beta\cdot y + a_0, dx = \beta dy;$ 当 $x = a_0$ 时, $y = 0$, 当

$x \to -\infty$ 时, $y \to \infty$, 有

$$\beta_0 = \frac{1}{-\beta\cdot\Gamma(\alpha)}\int_{\infty}^{0}(\beta\cdot y + a_0)y^{\alpha-1}e^{-y}\beta\cdot dy$$

$$= \frac{1}{\Gamma(\alpha)} \int_0^\infty (\beta \cdot y + a_0) y^{\alpha-1} e^{-y} dy.$$

$$= \frac{1}{\Gamma(\alpha)} \left[\beta \cdot \int_0^\infty y^\alpha e^{-y} dy + a_0 \int_0^\infty y^{\alpha-1} e^{-y} dy \right]$$

$$= \frac{1}{\Gamma(\alpha)} \left[\beta \cdot \int_0^\infty y^{\alpha+1-1} e^{-y} dy + a_0 \int_0^\infty y^{\alpha-1} e^{-t} dy \right]$$

$$= \frac{1}{\Gamma(\alpha)} \left[\beta \cdot \Gamma(\alpha+1) + a_0 \Gamma(\alpha) \right]$$

$$= \frac{1}{\Gamma(\alpha)} \left[\beta \cdot \alpha \Gamma(\alpha) + a_0 \Gamma(\alpha) \right]$$

$$= \frac{1}{\Gamma(\alpha)} \left[\beta \cdot \Gamma(\alpha+1) + a_0 \Gamma(\alpha) \right] = \alpha \beta + a_0$$

负偏与正偏 β_0 相同, 有

$$\beta_0 = \alpha\beta + a_0 \tag{79}$$

$$\beta_1 = \int_0^1 x(F) F dF = \int_{-\infty}^{a_0} x \left[\int_{-\infty}^x f(t) dt \right] f(x) dx$$

$$= \int_{-\infty}^{a_0} x \left[\int_{-\infty}^x \frac{1}{-\beta \cdot \Gamma(\alpha)} \left(\frac{t-a_0}{\beta} \right)^{\alpha-1} e^{-\frac{t-a_0}{\beta}} dt \right]$$

$$\cdot \frac{1}{-\beta \cdot \Gamma(\alpha)} \left(\frac{x-a_0}{\beta} \right)^{\alpha-1} e^{-\frac{x-a_0}{\beta}} dx$$

令 $y = \dfrac{x-a_0}{\beta}$, 则 $x = \beta \cdot y + a_0$, $dx = \beta dy$; 当 $x = a_0$ 时, $y = 0$, 当 $x \to -\infty$ 时, $y \to \infty$, 有

$$\beta_1 = \int_\infty^0 (\beta \cdot y + a_0) \left[\int_{-\infty}^{\beta \cdot y + a_0} \frac{1}{-\beta \cdot \Gamma(\alpha)} \left(\frac{t-a_0}{\beta} \right)^{\alpha-1} e^{-\frac{t-a_0}{\beta}} dt \right]$$

$$\cdot \frac{1}{-\beta \cdot \Gamma(\alpha)} y^{\alpha-1} e^{-y} \beta \cdot dy$$

$$= \int_0^\infty (\beta \cdot y + a_0) \left[\int_{-\infty}^{\beta \cdot y + a_0} \frac{1}{-\beta \cdot \Gamma(\alpha)} \left(\frac{t-a_0}{\beta} \right)^{\alpha-1} e^{-\frac{t-a_0}{\beta}} dt \right] \frac{1}{\Gamma(\alpha)} y^{\alpha-1} e^{-y} dy$$

$$= \beta \cdot \int_0^\infty y \left[\int_{-\infty}^{\beta \cdot y + a_0} \frac{1}{-\beta \cdot \Gamma(\alpha)} \left(\frac{t-a_0}{\beta} \right)^{\alpha-1} e^{-\frac{t-a_0}{\beta}} dt \right] \frac{1}{\Gamma(\alpha)} y^{\alpha-1} e^{-y} dy$$

$$+ a_0 \int_0^\infty \left[\int_{-\infty}^{\beta \cdot y + a_0} \frac{1}{-\beta \cdot \Gamma(\alpha)} \left(\frac{t - a_0}{\beta} \right)^{\alpha - 1} e^{-\frac{t - a_0}{\beta}} dt \right] \frac{1}{\Gamma(\alpha)} y^{\alpha - 1} e^{-y} dy$$

令 $s = \dfrac{t - a_0}{\beta}$，则 $t = \beta \cdot s + a_0$，$dt = \beta \cdot ds$，当 $t \to -\infty$ 时，$s \to \infty$，当 $t = \beta \cdot y + a_0$ 时，$s = y$，有

$$\beta_1 = \beta \cdot \int_0^\infty y \left[\int_\infty^y \frac{1}{-\beta \cdot \Gamma(\alpha)} s^{\alpha - 1} e^{-s} \beta \cdot ds \right] \frac{1}{\Gamma(\alpha)} y^{\alpha - 1} e^{-y} dy$$

$$+ a_0 \int_0^\infty \left[\int_\infty^y \frac{1}{-\beta \cdot \Gamma(\alpha)} s^{\alpha - 1} e^{-s} \beta \cdot ds \right] \frac{1}{\Gamma(\alpha)} y^{\alpha - 1} e^{-y} dy$$

$$= \beta \cdot \int_0^\infty \left[\int_\infty^y \frac{1}{-\Gamma(\alpha)} s^{\alpha - 1} e^{-s} ds \right] \frac{1}{\Gamma(\alpha)} y^{\alpha} e^{-y} dy$$

$$+ a_0 \int_0^\infty \left[\int_\infty^y \frac{1}{-\Gamma(\alpha)} s^{\alpha - 1} e^{-s} ds \right] \frac{1}{\Gamma(\alpha)} y^{\alpha - 1} e^{-y} dy$$

$$= \beta \cdot \int_0^\infty \left[\int_y^\infty \frac{1}{\Gamma(\alpha)} s^{\alpha - 1} e^{-s} ds \right] \frac{1}{\Gamma(\alpha)} y^{\alpha} e^{-y} dy$$

$$+ a_0 \int_0^\infty \left[\int_y^\infty \frac{1}{\Gamma(\alpha)} s^{\alpha - 1} e^{-s} ds \right] \frac{1}{\Gamma(\alpha)} y^{\alpha - 1} e^{-y} dy$$

$$= \beta \cdot \int_0^\infty \left[\int_x^\infty \frac{1}{\Gamma(\alpha)} t^{\alpha - 1} e^{-t} dt \right] \frac{1}{\Gamma(\alpha)} x^{\alpha} e^{-x} dx$$

$$+ a_0 \int_0^\infty \left[\int_x^\infty \frac{1}{\Gamma(\alpha)} t^{\alpha - 1} e^{-t} dt \right] \frac{1}{\Gamma(\alpha)} x^{\alpha - 1} e^{-x} dx$$

$$= \beta \cdot \int_0^\infty \left[1 - \int_0^x \frac{1}{\Gamma(\alpha)} t^{\alpha - 1} e^{-t} dt \right] \frac{1}{\Gamma(\alpha)} x^{\alpha} e^{-x} dx$$

$$+ a_0 \int_0^\infty 1 - \left[\int_0^x \frac{1}{\Gamma(\alpha)} t^{\alpha - 1} e^{-t} dt \right] \frac{1}{\Gamma(\alpha)} x^{\alpha - 1} e^{-x} dx$$

令 $S_1^1(\alpha) = \displaystyle\int_0^\infty \left[1 - \int_0^x \frac{1}{\Gamma(\alpha)} t^{\alpha - 1} e^{-t} dt \right] \frac{1}{\Gamma(\alpha)} x^{\alpha} e^{-x} dx$，$S_1^0(\alpha) = \displaystyle\int_0^\infty [1 - \int_0^x \frac{1}{\Gamma(\alpha)} t^{\alpha - 1} e^{-t} dt] \frac{1}{\Gamma(\alpha)} x^{\alpha - 1} e^{-x} dx$，则

$$\beta_1 = \beta \cdot S_1^1(\alpha) + a_0 S_1^0(\alpha)$$

进一步分析 $S_1^0(\alpha) = \displaystyle\int_0^\infty \left[1 - \int_0^x \frac{1}{\Gamma(\alpha)} t^{\alpha - 1} e^{-t} dt \right] \frac{1}{\Gamma(\alpha)} x^{\alpha - 1} e^{-x} dx$，令 $F = \displaystyle\int_0^x \frac{1}{\Gamma(\alpha)} \cdot t^{\alpha - 1} e^{-t} dt$，则 $dF = \dfrac{1}{\Gamma(\alpha)} t^{x - 1} e^{-x} dx$，当 $x = 0$ 时，$F = 0$，当 $x \to \infty$ 时，$F = 1$，则

$$S_1^0(\alpha) = \int_0^\infty \left[1 - \int_0^x \frac{1}{\Gamma(\alpha)} t^{\alpha-1} e^{-t} dt \right] \frac{1}{\Gamma(\alpha)} x^{\alpha-1} e^{-x} dx$$

$$= \int_0^1 (1-F) dF = -\frac{1}{2} (1-F)^2 \Big|_0^1 = \frac{1}{2}$$

$$\beta_2 = \int_0^1 x(F) F^2 dF = \int_{-\infty}^{a_0} x \left[\int_{-\infty}^x f(t) dt \right]^2 f(x) dx$$

$$= \int_{-\infty}^{a_0} x \left[\int_{-\infty}^x \frac{1}{-\beta \cdot \Gamma(\alpha)} \left(\frac{t-a_0}{\beta} \right)^{\alpha-1} e^{-\frac{t-a_0}{\beta}} dt \right]^2$$

$$\cdot \frac{1}{-\beta \cdot \Gamma(\alpha)} \left(\frac{x-a_0}{\beta} \right)^{\alpha-1} e^{-\frac{x-a_0}{\beta}} dx$$

令 $y = \dfrac{x-a_0}{\beta}$, 则 $x = \beta \cdot y + a_0$, $dx = \beta \cdot dy$; 当 $x = a_0$ 时, $y = 0$, 当 $x \to -\infty$ 时, $y \to \infty$

$$\beta_2 = \int_\infty^0 (\beta \cdot y + a_0) \left[\int_{-\infty}^{\beta \cdot y + a_0} \frac{1}{-\beta \cdot \Gamma(\alpha)} \left(\frac{t-a_0}{\beta} \right)^{\alpha-1} e^{-\frac{t-a_0}{\beta}} dt \right]^2$$

$$\cdot \frac{1}{-\beta \cdot \Gamma(\alpha)} y^{\alpha-1} e^{-y} \beta \cdot dy$$

$$= \beta \cdot \int_0^\infty y \left[\int_{-\infty}^{\beta \cdot y + a_0} \frac{1}{-\beta \cdot \Gamma(\alpha)} \left(\frac{t-a_0}{\beta} \right)^{\alpha-1} e^{-\frac{t-a_0}{\beta}} dt \right]^2 \frac{1}{\Gamma(\alpha)} y^{\alpha-1} e^{-y} dy$$

$$+ a_0 \int_0^\infty \left[\int_{-\infty}^{\beta \cdot y + a_0} \frac{1}{-\beta \cdot \Gamma(\alpha)} \left(\frac{t-a_0}{\beta} \right)^{\alpha-1} e^{-\frac{t-a_0}{\beta}} dt \right]^2 \frac{1}{\Gamma(\alpha)} y^{\alpha-1} e^{-y} dy$$

令 $s = \dfrac{t-a_0}{\beta}$, 则 $t = \beta \cdot s + a_0$, $dt = \beta \cdot ds$, 当 $t \to -\infty$ 时, $s \to \infty$; 当 $t = \beta \cdot y + a_0$ 时, $s = y$, 有

$$\beta_2 = \beta \cdot \int_0^\infty y \left[\int_\infty^y \frac{1}{-\beta \cdot \Gamma(\alpha)} s^{\alpha-1} e^{-s} \beta \cdot ds \right]^2 \frac{1}{\Gamma(\alpha)} y^{\alpha-1} e^{-y} dy$$

$$+ a_0 \int_0^\infty \left[\int_\infty^y \frac{1}{-\beta \cdot \Gamma(\alpha)} s^{\alpha-1} e^{-s} \beta \cdot ds \right]^2 \frac{1}{\Gamma(\alpha)} y^{\alpha-1} e^{-y} dy$$

$$= \beta \cdot \int_0^\infty \left[\int_y^\infty \frac{1}{\Gamma(\alpha)} s^{\alpha-1} e^{-s} ds \right]^2 \frac{1}{\Gamma(\alpha)} y^\alpha e^{-y} dy$$

$$+ a_0 \int_0^\infty \left[\int_y^\infty \frac{1}{\Gamma(\alpha)} s^{\alpha-1} e^{-s} ds \right]^2 \frac{1}{\Gamma(\alpha)} y^{\alpha-1} e^{-y} dy$$

$$= \beta \cdot \int_0^\infty \left[\int_x^\infty \frac{1}{\Gamma(\alpha)} t^{\alpha-1} e^{-t} dt \right]^2 \frac{1}{\Gamma(\alpha)} x^\alpha e^{-x} dx$$

$$+ a_0 \int_0^\infty \left[\int_x^\infty \frac{1}{\Gamma(\alpha)} t^{\alpha-1} e^{-t} dt \right]^2 \frac{1}{\Gamma(\alpha)} x^{\alpha-1} e^{-x} dx$$

$$= \beta \cdot \int_0^\infty \left[1 - \int_0^x \frac{1}{\Gamma(\alpha)} t^{\alpha-1} e^{-t} dt \right]^2 \frac{1}{\Gamma(\alpha)} x^\alpha e^{-x} dx$$

$$+ a_0 \int_0^\infty \left[1 - \int_0^x \frac{1}{\Gamma(\alpha)} t^{\alpha-1} e^{-t} dt \right]^2 \frac{1}{\Gamma(\alpha)} x^{\alpha-1} e^{-x} dx$$

令

$$S_2^1(\alpha) = \int_0^\infty \left[1 - \int_0^x \frac{1}{\Gamma(\alpha)} t^{\alpha-1} e^{-t} dt \right]^2 \frac{1}{\Gamma(\alpha)} x^\alpha e^{-x} dx$$

$$S_2^0(\alpha) = \int_0^\infty \left[1 - \int_0^x \frac{1}{\Gamma(\alpha)} t^{\alpha-1} e^{-t} dt \right]^2 \frac{1}{\Gamma(\alpha)} x^{\alpha-1} e^{-x} dx$$

则

$$\beta_2 = \beta \cdot S_2^1(\alpha) + a_0 S_2^0(\alpha)$$

进一步分析 $S_2^0(\alpha)$, 有

$$S_2^0(\alpha) = \int_0^\infty \left[1 - \int_0^x \frac{1}{\Gamma(\alpha)} t^{\alpha-1} e^{-t} dt \right]^2 \frac{1}{\Gamma(\alpha)} x^{\alpha-1} e^{-x} dx$$

$$= \int_0^1 (1-F)^2 dF = - \frac{1}{3} (1-F)^3 \bigg|_0^1 = \frac{1}{3}$$

以下按照李松仕 (1989) 推导正偏的方法, 推导 $S_1^1(\alpha)$ 和 $S_2^1(\alpha)$ 的计算公式, 使它们能够借助于特殊函数进行计算.

1) $S_1^1(\alpha)$ 计算

$S_1^1(\alpha) = \dfrac{1}{\Gamma(\alpha)} \displaystyle\int_0^\infty \left[1 - \dfrac{1}{\Gamma(\alpha)} \int_0^x t^{\alpha-1} e^{-t} dt \right] x^\alpha e^{-x} dx$, 令 $v(\alpha, x) = \displaystyle\int_0^x t^{\alpha-1} e^{-t} dt$,

$v(\alpha+1, x) = \displaystyle\int_0^x t^{\alpha+1-1} e^{-t} dt$, 则 $dv(\alpha, x) = x^{\alpha-1} e^{-x} dx$, $dv(\alpha+1, x) = x^{\alpha+1-1} e^{-x} dx = x^\alpha e^{-x} dx$, 则

$$S_1^1(\alpha) = \frac{1}{\Gamma(\alpha)} \int_0^\infty \left[1 - \frac{1}{\Gamma(\alpha)} v(\alpha, x) \right] dv(\alpha+1, x)$$

$$=\frac{1}{\Gamma(\alpha)}\left[\int_0^\infty dv(\alpha+1,x)-\frac{1}{\Gamma(\alpha)}\int_0^\infty v(\alpha,x)\,dv(\alpha+1,x)\right]$$

$$=\frac{1}{\Gamma(\alpha)}\left[v(\alpha+1,x)|_0^\infty-\frac{1}{\Gamma(\alpha)}\int_0^\infty v(\alpha,x)\,dv(\alpha+1,x)\right]$$

$$=\frac{1}{\Gamma(\alpha)}\left[\Gamma(\alpha+1)-\frac{1}{\Gamma(\alpha)}\int_0^\infty v(\alpha,x)\,dv(\alpha+1,x)\right]$$

$$=\frac{1}{\Gamma(\alpha)}\left[\alpha\Gamma(\alpha)-\frac{1}{\Gamma(\alpha)}\int_0^\infty v(\alpha,x)\,dv(\alpha+1,x)\right]$$

$$=\alpha-\frac{1}{\Gamma^2(\alpha)}\int_0^\infty v(\alpha,x)\,dv(\alpha+1,x)$$

对于上式积分 $\int_0^\infty v(\alpha,x)\,dv(\alpha+1,x)$, 利用分部积分, 令 $u=v(\alpha,x)$, $dw=dv(\alpha+1,x)$, 则 $du=dv(\alpha,x)$, $w=v(\alpha+1,x)$, 则

$$\int_0^\infty v(\alpha,x)\,dv(\alpha+1,x)=v(\alpha,x)(\alpha+1,x)|_0^\infty-\int_0^\infty v(\alpha+1,x)\,dv(\alpha,x)$$

$$=\Gamma(\alpha)\cdot\Gamma(\alpha+1)-\int_0^\infty v(\alpha+1,x)\,dv(\alpha,x)$$

因为 $v(\alpha+1,x)=\alpha\cdot v(\alpha,x)-x^\alpha e^{-x}$, 所以

$$\int_0^\infty v(\alpha,x)\,dv(\alpha+1,x)$$

$$=\Gamma(\alpha)\cdot\Gamma(\alpha+1)-\int_0^\infty v(\alpha+1,x)\,dv(\alpha,x)$$

$$=\Gamma(\alpha)\cdot\Gamma(\alpha+1)-\int_0^\infty\left[\alpha\cdot v(\alpha,x)-x^\alpha e^{-x}\right]dv(\alpha,x)$$

$$=\Gamma(\alpha)\cdot\Gamma(\alpha+1)-\alpha\cdot\int_0^\infty v(\alpha,x)\,dv(\alpha,x)+\int_0^\infty x^\alpha e^{-x}\,dv(\alpha,x)$$

$$=\Gamma(\alpha)\cdot\Gamma(\alpha+1)-\alpha\cdot\int_0^\infty v(\alpha,x)\,dv(\alpha,x)+\int_0^\infty x^\alpha e^{-x}x^{\alpha-1}e^{-x}\,dx$$

$$=\Gamma(\alpha)\cdot\Gamma(\alpha+1)-\alpha\cdot\int_0^\infty v(\alpha,x)\,dv(\alpha,x)+\int_0^\infty x^{2\alpha-1}e^{-2x}\,dx;$$

由积分公式 $\int_0^\infty t^{w-1}e^{-\lambda z}\,dz=\frac{1}{\lambda^w}\Gamma(w)$ 得

$$\int_0^\infty v(\alpha,x)\,dv(\alpha+1,x)$$

$$=\Gamma\left(\alpha\right)\cdot\Gamma\left(\alpha+1\right)-\alpha\cdot\int_{0}^{\infty}v\left(\alpha,x\right)dv\left(\alpha,x\right)+\int_{0}^{\infty}x^{2\alpha-1}e^{-2x}dx$$

$$=\Gamma\left(\alpha\right)\cdot\Gamma\left(\alpha+1\right)-\alpha\cdot\int_{0}^{\infty}v\left(\alpha,x\right)dv\left(\alpha,x\right)+\int_{0}^{\infty}x^{2\alpha-1}e^{-2x}dx$$

$$=\Gamma\left(\alpha\right)\cdot\Gamma\left(\alpha+1\right)-\alpha\cdot\left.\frac{1}{2}v^{2}\left(\alpha,x\right)\right|_{0}^{\infty}+\frac{1}{2^{2\alpha}}\Gamma\left(2\alpha\right)$$

$$=\Gamma\left(\alpha\right)\cdot\Gamma\left(\alpha+1\right)-\frac{\alpha}{2}\Gamma^{2}\left(\alpha\right)+\frac{1}{2^{2\alpha}}\Gamma\left(2\alpha\right)$$

$$=\alpha\cdot\Gamma^{2}\left(\alpha\right)-\alpha\cdot\left.\frac{1}{2}v^{2}\left(\alpha,x\right)\right|_{0}^{\infty}+\frac{1}{2^{2\alpha}}\Gamma\left(2\alpha\right)$$

$$=\alpha\cdot\Gamma^{2}\left(\alpha\right)-\frac{\alpha}{2}\Gamma^{2}\left(\alpha\right)+\frac{1}{2^{2\alpha}}\Gamma\left(2\alpha\right)$$

$$=\frac{\alpha}{2}\Gamma^{2}\left(\alpha\right)+\frac{1}{2^{2\alpha}}\Gamma\left(2\alpha\right)$$

$$S_{1}^{1}\left(\alpha\right)=\alpha-\frac{1}{\Gamma^{2}\left(\alpha\right)}\int_{0}^{\infty}v\left(\alpha,x\right)dv\left(\alpha+1,x\right)$$

$$=\alpha-\frac{1}{\Gamma^{2}\left(\alpha\right)}\left[\frac{\alpha}{2}\Gamma^{2}\left(\alpha\right)+\frac{1}{2^{2\alpha}}\Gamma\left(2\alpha\right)\right]$$

$$=\alpha-\frac{\alpha}{2}-\frac{1}{\Gamma^{2}\left(\alpha\right)2^{2\alpha}}\Gamma\left(2\alpha\right)$$

$$=\frac{\alpha}{2}-\frac{\Gamma\left(2\alpha\right)}{\Gamma^{2}\left(\alpha\right)2^{2\alpha}}$$

因为 $\Gamma\left(2\alpha\right)=\dfrac{2^{2\alpha-1}}{\sqrt{\pi}}\Gamma\left(\alpha\right)\Gamma\left(\alpha+\dfrac{1}{2}\right)$, $B\left(a,b\right)=\dfrac{\Gamma\left(a\right)\Gamma\left(b\right)}{\Gamma\left(a+b\right)}$, $\Gamma\left(\dfrac{1}{2}\right)=\sqrt{\pi}$, 所以

$$S_{1}^{1}\left(\alpha\right)=\frac{\alpha}{2}-\frac{\Gamma\left(2\alpha\right)}{\Gamma^{2}\left(\alpha\right)2^{2\alpha}}=\frac{\alpha}{2}-\frac{1}{\Gamma^{2}\left(\alpha\right)2^{2\alpha}}\frac{2^{2\alpha-1}}{\Gamma\left(\dfrac{1}{2}\right)}\Gamma\left(\alpha\right)\Gamma\left(\alpha+\frac{1}{2}\right)$$

$$=\frac{\alpha}{2}-\frac{\Gamma\left(\alpha+\dfrac{1}{2}\right)}{2\Gamma\left(\alpha\right)\Gamma\left(\dfrac{1}{2}\right)}=\frac{\alpha}{2}-\frac{1}{2}\frac{1}{\dfrac{\Gamma\left(\alpha\right)\Gamma\left(\dfrac{1}{2}\right)}{\Gamma\left(\alpha+\dfrac{1}{2}\right)}}=\frac{\alpha}{2}-\frac{1}{2B\left(\alpha,\dfrac{1}{2}\right)}$$

2) $S_{2}^{1}\left(\alpha\right)$ 计算

$$S_{2}^{1}\left(\alpha\right)=\int_{0}^{\infty}\left[1-\int_{0}^{x}\frac{1}{\Gamma\left(\alpha\right)}t^{\alpha-1}e^{-t}dt\right]^{2}\frac{1}{\Gamma\left(\alpha\right)}x^{\alpha}e^{-x}dx$$

$$= \int_0^\infty \left\{ 1 - 2\int_0^x \frac{1}{\Gamma(\alpha)} t^{\alpha-1} e^{-t} dt + \left[\int_0^x \frac{1}{\Gamma(\alpha)} t^{\alpha-1} e^{-t} dt \right]^2 \right\} \frac{1}{\Gamma(\alpha)} x^\alpha e^{-x} dx$$

$$= \int_0^\infty \frac{1}{\Gamma(\alpha)} x^\alpha e^{-x} dx - 2\int_0^\infty \left[\int_0^x \frac{1}{\Gamma(\alpha)} t^{\alpha-1} e^{-t} dt \right] \frac{1}{\Gamma(\alpha)} x^\alpha e^{-x} dx$$

$$+ \int_0^\infty \left[\int_0^x \frac{1}{\Gamma(\alpha)} t^{\alpha-1} e^{-t} dt \right]^2 \frac{1}{\Gamma(\alpha)} x^\alpha e^{-x} dx$$

$$= \frac{1}{\Gamma(\alpha)} \int_0^\infty x^{\alpha+1-1} e^{-x} dx - 2\int_0^\infty \left[\int_0^x \frac{1}{\Gamma(\alpha)} t^{\alpha-1} e^{-t} dt \right] \frac{1}{\Gamma(\alpha)} x^\alpha e^{-x} dx$$

$$+ \int_0^\infty \left[\int_0^x \frac{1}{\Gamma(\alpha)} t^{\alpha-1} e^{-t} dt \right]^2 \frac{1}{\Gamma(\alpha)} x^\alpha e^{-x} dx$$

$$= \frac{1}{\Gamma(\alpha)} \Gamma(\alpha+1) - 2\int_0^\infty \left[\int_0^x \frac{1}{\Gamma(\alpha)} t^{\alpha-1} e^{-t} dt \right] \frac{1}{\Gamma(\alpha)} x^\alpha e^{-x} dx$$

$$+ \int_0^\infty \left[\int_0^x \frac{1}{\Gamma(\alpha)} t^{\alpha-1} e^{-t} dt \right]^2 \frac{1}{\Gamma(\alpha)} x^\alpha e^{-x} dx$$

$$= \alpha - \frac{2}{\Gamma^2(\alpha)} \int_0^\infty \left[\int_0^x t^{\alpha-1} e^{-t} dt \right] x^\alpha e^{-x} dx$$

$$+ \frac{1}{\Gamma^3(\alpha)} \int_0^\infty \left[\int_0^x t^{\alpha-1} e^{-t} dt \right]^2 x^\alpha e^{-x} dx$$

令 $v(\alpha, x) = \int_0^x t^{\alpha-1} e^{-t} dt$, $v(\alpha+1, x) = \int_0^x t^{\alpha+1-1} e^{-t} dt$, 则 $dv(\alpha, x) = x^{\alpha-1} e^{-x} dx$,

$$dv(\alpha+1, x) = x^{\alpha+1-1} e^{-x} dx = x^\alpha e^{-x} dx$$

则积分 $\int_0^\infty \left[\int_0^x t^{\alpha-1} e^{-t} dt \right] x^\alpha e^{-x} dx$, 有

$$\int_0^\infty \left[\int_0^x t^{\alpha-1} e^{-t} dt \right] x^\alpha e^{-x} dx$$

$$= \int_0^\infty v(\alpha, x) \, dv(\alpha+1, x)$$

$$= v(\alpha, x) v(\alpha+1, x) \big|_0^\infty - \int_0^\infty v(\alpha+1, x) \, dv(\alpha, x)$$

$$= \Gamma(\alpha) \Gamma(\alpha+1) - \int_0^\infty v(\alpha+1, x) \, dv(\alpha, x)$$

$$= \Gamma(\alpha) \Gamma(\alpha+1) - \int_0^\infty \left[\alpha \cdot v(\alpha, x) - x^\alpha e^{-x} \right] dv(\alpha, x)$$

$$=\alpha \cdot \Gamma^2(\alpha) - \alpha \cdot \int_0^\infty v(\alpha, x) \, dv(\alpha, x) + \int_0^\infty x^{2\alpha-1} e^{-2x} dx$$

$$=\alpha \cdot \Gamma^2(\alpha) - \alpha \cdot \frac{1}{2} v^2(\alpha, x) \Big|_0^\infty + \int_0^\infty x^{2\alpha-1} e^{-2x} dx$$

$$=\alpha \cdot \Gamma^2(\alpha) - \frac{\alpha}{2} \Gamma^2(\alpha) + \frac{\Gamma(2\alpha)}{2^{2\alpha}} = \frac{\alpha}{2} \Gamma^2(\alpha) + \frac{\Gamma(2\alpha)}{2^{2\alpha}}$$

积分 $\int_0^\infty \left[\int_0^x t^{\alpha-1} e^{-t} dt \right]^2 x^\alpha e^{-x} dx$, 有

$$\int_0^\infty \left[\int_0^x t^{\alpha-1} e^{-t} dt \right]^2 x^\alpha e^{-x} dx = \int_0^\infty v^2(\alpha, x) \, dv(\alpha+1, x)$$

$$= v^2(\alpha, x) \, v(\alpha+1, x) \Big|_0^\infty - 2 \int_0^\infty v(\alpha+1, x) \, v(\alpha, x) \, dv(\alpha, x)$$

$$=\Gamma^2(\alpha) \cdot \Gamma(\alpha+1) - 2 \int_0^\infty v(\alpha+1, x) \, v(\alpha, x) \, dv(\alpha, x)$$

$$=\alpha \cdot \Gamma^3(\alpha) - 2 \int_0^\infty v(\alpha+1, x) \, v(\alpha, x) \, dv(\alpha, x)$$

$$=\alpha \cdot \Gamma^3(\alpha) - 2 \int_0^\infty \left[\alpha \cdot v(\alpha, x) - x^\alpha e^{-x} \right] v(\alpha, x) \, dv(\alpha, x)$$

$$=\alpha \cdot \Gamma^3(\alpha) - 2\alpha \cdot \left[\int_0^\infty v^2(\alpha, x) \, dv(\alpha, x) \right]$$

$$\quad + 2 \int_0^\infty v(\alpha, x) \, x^\alpha e^{-x} dv(\alpha, x)$$

$$=\alpha \cdot \Gamma^3(\alpha) - \frac{2\alpha}{3} \Gamma^3(\alpha) + 2 \int_0^\infty v(\alpha, x) \, x^\alpha e^{-x} x^{\alpha-1} e^{-x} dx$$

$$=\frac{\alpha}{3} \Gamma^3(\alpha) + 2 \int_0^\infty \left[\int_0^x t^{\alpha-1} e^{-t} dt \right] x^{2\alpha-1} e^{-2x} dx$$

对于积分 $\int_0^\infty \left[\int_0^x t^{\alpha-1} e^{-t} dt \right] x^{2\alpha-1} e^{-2x} dx$, 令 $y = \dfrac{t}{x}$, 则 $t = xy$, $dt = x dy$; 当 $t = 0$ 时, $y = 0$; 当 $t = x$ 时, $y = 1$, 有

$$\int_0^\infty \left[\int_0^x t^{\alpha-1} e^{-t} dt \right]^2 x^\alpha e^{-x} dx$$

$$=\frac{\alpha}{3} \Gamma^3(\alpha) + 2 \int_0^\infty \left[\int_0^x t^{\alpha-1} e^{-t} dt \right] x^{2\alpha-1} e^{-2x} dx$$

$$=\frac{\alpha}{3}\Gamma^3(\alpha)+2\int_0^\infty\left[\int_0^1(xy)^{\alpha-1}e^{-xy}xdy\right]x^{2\alpha-1}e^{-2x}dx$$

$$=\frac{\alpha}{3}\Gamma^3(\alpha)+2\int_0^\infty\left[\int_0^1 y^{\alpha-1}e^{-(2+y)x}dy\right]x^{3\alpha-1}dx$$

$$=\frac{\alpha}{3}\Gamma^3(\alpha)+2\int_0^1 y^{\alpha-1}\left[\int_0^\infty x^{3\alpha-1}e^{-(2+y)x}dx\right]dy$$

$$=\frac{\alpha}{3}\Gamma^3(\alpha)+2\int_0^1 y^{\alpha-1}\frac{\Gamma(3\alpha)}{(2+y)^{3\alpha}}dy$$

$$=\frac{\alpha}{3}\Gamma^3(\alpha)+2\Gamma(3\alpha)\int_0^1\frac{y^{\alpha-1}}{(2+y)^{3\alpha}}dy$$

对于积分 $\int_0^1\dfrac{y^{\alpha-1}}{(2+y)^{3\alpha}}dy$, 金光炎 (2005) 给出了其计算公式. 令 $y=\dfrac{2u}{1-u}$, 则 $u=\dfrac{y}{2+y}$, $dy=\dfrac{2}{(1-u)^2}du$. 当 $y=0$ 时, $u=0$; 当 $y=1$ 时, $u=\dfrac{1}{3}$, 则

$$\int_0^\infty\left[\int_0^x t^{\alpha-1}e^{-t}dt\right]^2 x^\alpha e^{-x}dx=\frac{\alpha}{3}\Gamma^3(\alpha)+2\Gamma(3\alpha)\int_0^1\frac{y^{\alpha-1}}{(2+y)^{3\alpha}}dy$$

$$=\frac{\alpha}{3}\Gamma^3(\alpha)+2\Gamma(3\alpha)\int_0^{1/3}\frac{\left(\dfrac{2u}{1-u}\right)^{\alpha-1}}{\left(2+\dfrac{2u}{1-u}\right)^{3\alpha}}\frac{2}{(1-u)^2}du$$

$$=\frac{\alpha}{3}\Gamma^3(\alpha)+2\Gamma(3\alpha)\int_0^{1/3}\frac{\left(\dfrac{2u}{1-u}\right)^{\alpha-1}}{\left(\dfrac{2}{1-u}\right)^{3\alpha}}\frac{2}{(1-u)^2}du$$

$$=\frac{\alpha}{3}\Gamma^3(\alpha)+2\Gamma(3\alpha)\int_0^{1/3}\frac{2^{\alpha-1}u^{\alpha-1}(1-u)^{3\alpha}}{(1-u)^{\alpha-1}2^{3\alpha}}\frac{2}{(1-u)^2}du$$

$$=\frac{\alpha}{3}\Gamma^3(\alpha)+2\Gamma(3\alpha)\frac{1}{2^{2\alpha}}\int_0^{1/3}u^{\alpha-1}(1-u)^{2\alpha-1}du$$

$$=\frac{\alpha}{3}\Gamma^3(\alpha)+2\Gamma(3\alpha)\frac{1}{2^{2\alpha}}\frac{\mathrm{B}(\alpha,2\alpha)}{\mathrm{B}(\alpha,2\alpha)}\int_0^{1/3}u^{\alpha-1}(1-u)^{2\alpha-1}du$$

$$=\frac{\alpha}{3}\Gamma^3(\alpha)+\frac{2\Gamma(3\alpha)}{2^{2\alpha}}\mathrm{B}(\alpha,2\alpha)I_{1/3}(\alpha,2\alpha)$$

式中, 不完全 Beta 函数 $I_x(z, w) = \dfrac{1}{\mathrm{B}(z, w)} \displaystyle\int_0^x t^{z-1}(1-t)^{w-1} dt$. 综合以上推导, 有

$$
\begin{aligned}
S_2^1(\alpha) =& \alpha - \frac{2}{\Gamma^2(\alpha)} \int_0^\infty \left[\int_0^x t^{\alpha-1} e^{-t} dt\right] x^\alpha e^{-x} dx \\
&+ \frac{1}{\Gamma^3(\alpha)} \int_0^\infty \left[\int_0^x t^{\alpha-1} e^{-t} dt\right]^2 x^\alpha e^{-x} dx \\
=& \alpha - \frac{2}{\Gamma^2(\alpha)} \left[\frac{\alpha}{2}\Gamma^2(\alpha) + \frac{\Gamma(2\alpha)}{2^{2\alpha}}\right] \\
&+ \frac{1}{\Gamma^3(\alpha)} \left[\frac{\alpha}{3}\Gamma^3(\alpha) + 2\Gamma(3\alpha)\frac{1}{2^{2\alpha}}\mathrm{B}(\alpha, 2\alpha) I_{1/3}(\alpha, 2\alpha)\right] \\
=& -\frac{\Gamma(2\alpha)}{\Gamma^2(\alpha) 2^{2\alpha-1}} + \frac{\alpha}{3} + \frac{\Gamma(3\alpha)}{\Gamma^3(\alpha)}\mathrm{B}(\alpha, 2\alpha)\frac{1}{2^{2\alpha-1}} I_{1/3}(\alpha, 2\alpha) \\
=& -\frac{\Gamma(2\alpha)}{\Gamma^2(\alpha) 2^{2\alpha-1}} + \frac{\alpha}{3} + \frac{\Gamma(3\alpha)}{\Gamma^3(\alpha)}\frac{\Gamma(\alpha)\Gamma(2\alpha)}{\Gamma(3\alpha)}\frac{1}{2^{2\alpha-1}} I_{1/3}(\alpha, 2\alpha) \\
=& -\frac{\Gamma(2\alpha)}{\Gamma^2(\alpha) 2^{2\alpha-1}} + \frac{\alpha}{3} + \frac{\Gamma(2\alpha)}{\Gamma^2(\alpha) 2^{2\alpha-1}} I_{1/3}(\alpha, 2\alpha)
\end{aligned}
$$

因为 $\Gamma(2\alpha) = \dfrac{2^{2\alpha-1}}{\sqrt{\pi}}\Gamma(\alpha)\Gamma\left(\alpha + \dfrac{1}{2}\right)$, $\mathrm{B}(a, b) = \dfrac{\Gamma(a)\Gamma(b)}{\Gamma(a+b)}$, $\Gamma\left(\dfrac{1}{2}\right) = \sqrt{\pi}$, 所以

$$
\begin{aligned}
S_2^1(\alpha) =& -\frac{\Gamma(2\alpha)}{\Gamma^2(\alpha) 2^{2\alpha-1}} + \frac{\alpha}{3} + \frac{\Gamma(2\alpha)}{\Gamma^2(\alpha) 2^{2\alpha-1}} I_{1/3}(\alpha, 2\alpha) \\
=& \frac{\alpha}{3} + \frac{\Gamma(2\alpha)}{\Gamma^2(\alpha) 2^{2\alpha-1}} [I_{1/3}(\alpha, 2\alpha) - 1] \\
=& \frac{\alpha}{3} + \frac{1}{\Gamma^2(\alpha) 2^{2\alpha-1}} \frac{2^{2\alpha-1}}{\Gamma\left(\frac{1}{2}\right)}\Gamma(\alpha)\Gamma\left(\alpha + \frac{1}{2}\right) [I_{1/3}(\alpha, 2\alpha) - 1] \\
=& \frac{\alpha}{3} + \frac{\Gamma\left(\alpha + \frac{1}{2}\right)}{\Gamma(\alpha)\Gamma\left(\frac{1}{2}\right)} [I_{1/3}(\alpha, 2\alpha) - 1] = \frac{\alpha}{3} + \frac{1}{\dfrac{\Gamma(\alpha)\Gamma\left(\frac{1}{2}\right)}{\Gamma\left(\alpha + \frac{1}{2}\right)}} [I_{1/3}(\alpha, 2\alpha) - 1] \\
=& \frac{\alpha}{3} + \frac{1}{\mathrm{B}\left(\alpha, \frac{1}{2}\right)} [I_{1/3}(\alpha, 2\alpha) - 1]
\end{aligned}
$$

综合以上, 有

$$\beta_0 = \alpha\beta + a_0 \tag{80}$$

$$\beta_1 = \beta \cdot S_1^1(\alpha) + a_0 S_1^0(\alpha) \tag{81}$$

$$\beta_2 = \beta \cdot S_2^1(\alpha) + a_0 S_2^0(\alpha) \tag{82}$$

式中, $S_1^0(\alpha) = \dfrac{1}{2}$, $S_2^0(\alpha) = \dfrac{1}{3}$, $S_1^1(\alpha) = \dfrac{\alpha}{2} - \dfrac{1}{2\mathrm{B}\left(\alpha, \dfrac{1}{2}\right)}$, $S_2^1(\alpha) = \dfrac{\alpha}{3} + \dfrac{1}{\mathrm{B}\left(\alpha, \dfrac{1}{2}\right)} \cdot$

$\left[I_{1/3}(\alpha, 2\alpha) - 1\right]$. 式 (81) 减去式 (80) 两边乘以 $S_1^0(\alpha)$, 式 (82) 减去式 (80) 两边乘以 $S_2^0(\alpha)$, 有

$$\beta_1 - S_1^0(\alpha)\beta_0 = \beta\left[S_1^1(\alpha) - S_1^0(\alpha)\alpha\right] \tag{83}$$

$$\beta_2 - S_2^0(\gamma)\beta_0 = \beta\left[S_2^1(\gamma) - S_2^0(\alpha)\alpha\right] \tag{84}$$

式 (84) 除以式 (83) 两边, 有 $\dfrac{\beta_2 - S_2^0(\alpha)\beta_0}{\beta_1 - S_1^0(\alpha)\beta_0} = \dfrac{S_2^1(\alpha) - S_2^0(\alpha)\alpha}{S_1^1(\alpha) - S_1^0(\alpha)\alpha}$, 把 $S_1^0(\alpha)$, $S_2^0(\alpha)$, $S_1^1(\alpha)$ 和 $S_2^1(\alpha)$ 代入, 有

$$\frac{\beta_2 - S_2^0(\alpha)\beta_0}{\beta_1 - S_1^0(\alpha)\beta_0} = \frac{\beta_2 - \dfrac{\beta_0}{3}}{\beta_1 - \dfrac{\beta_0}{2}}$$

$$\frac{S_2^1(\alpha) - S_2^0(\alpha)\alpha}{S_1^1(\alpha) - S_1^0(\alpha)\alpha} = \frac{\dfrac{\alpha}{3} + \dfrac{1}{\mathrm{B}\left(\alpha, \dfrac{1}{2}\right)}\left[I_{1/3}(\alpha, 2\alpha) - 1\right] - \dfrac{\alpha}{3}}{\dfrac{\alpha}{2} - \dfrac{1}{2\mathrm{B}\left(\alpha, \dfrac{1}{2}\right)} - \dfrac{\alpha}{2}}$$

$$= \frac{\dfrac{1}{\mathrm{B}\left(\alpha, \dfrac{1}{2}\right)}\left[I_{1/3}(\alpha, 2\alpha) - 1\right]}{-\dfrac{1}{2\mathrm{B}\left(\alpha, \dfrac{1}{2}\right)}} = 2\left[1 - I_{1/3}(\alpha, 2\alpha)\right]$$

即 $\dfrac{\beta_2 - \dfrac{\beta_0}{3}}{\beta_1 - \dfrac{\beta_0}{2}} = 2I_{\frac{1}{3}}(\alpha, 2\alpha)$. 把样本概率权重矩代入, 有

$$\frac{\hat{\beta}_2 - \dfrac{1}{3}}{\hat{\beta}_1 - \dfrac{1}{2}} = 2\left[1 - I_{1/3}(\alpha, 2\alpha)\right] \tag{85}$$

同样, 式 (85) 因含有参数 α, 令 $w\left(\alpha\right) = \dfrac{\dfrac{\hat{\beta}_2}{\hat{\beta}_0} - \dfrac{1}{3}}{\dfrac{\hat{\beta}_1}{\hat{\beta}_0} - \dfrac{1}{2}} - 2\left[1 - I_{1/3}\left(\alpha, 2\alpha\right)\right] = 0$, 可

通过求解非线性方程 $w\left(\alpha\right) = 0$ 来获得参数 α. 之后, 可通过以下步骤来求参数 β.
由式 (83) 有 $\beta_1 - S_1^0\left(\alpha\right)\beta_0 = \beta\left[S_1^1\left(\alpha\right) - S_1^0\left(\alpha\right)\alpha\right]$,

$$\beta = \frac{\hat{\beta}_1 - S_1^0\left(\alpha\right)\hat{\beta}_0}{S_1^1\left(\alpha\right) - S_1^0\left(\alpha\right)\alpha} = \frac{\hat{\beta}_1 - \dfrac{1}{2}\hat{\beta}_0}{\dfrac{\alpha}{2} - \dfrac{1}{2B\left(\alpha, \dfrac{1}{2}\right)} - \dfrac{\alpha}{2}}$$

$$= -2B\left(\alpha, \frac{1}{2}\right)\left(\hat{\beta}_1 - \frac{1}{2}\hat{\beta}_0\right) = -B\left(\alpha, \frac{1}{2}\right)\left(2\hat{\beta}_1 - \hat{\beta}_0\right)$$

即

$$\beta = -B\left(\alpha, \frac{1}{2}\right)\left(2\hat{\beta}_1 - \hat{\beta}_0\right) \tag{86}$$

参数 α 和 β 求出后, 代入式 (80), 有

$$a_0 = \hat{\beta}_0 - \alpha\beta \tag{87}$$

2.4.2　样本概率权重矩计算

对于矩法、极大似然法估算水文概率分布参数与样本排序无关. 而概率权重矩法估算水文概率分布参数时, 需要估算样本概率权重矩, 由小到大排序与由大到小排序的样本概率权重矩计算不同.

2.4.2.1　由小到大排序样本概率权重矩计算

由 $M_{l,j,k} = E\left[X^l F^j\left(1 - F\right)^k\right]$, 当 l, j 和 k 为正整数时, $M_{l,j,k}$ 为样本容量 $k + j + 1$ 第 $j + 1$ 阶次序统计量的 l 阶原点矩.

$$M_{l,j,k} = B\left(j + 1, k + 1\right)E\left[X_{(j+1, k+j+1)}^l\right] \tag{88}$$

式中, $B\left(\cdot\right)$ 为 Beta 函数.

$$M_{1,0,k} = \hat{\alpha}_k = \frac{1}{k+1}E\left[X_{1,k+1}\right] \tag{89}$$

式中, $X_{1,k+1}$ 为容量 $k + 1$ 样本中的最小值.

对于容量为 n 的样本, 由小到大排序, 从中抽取容量为 $k + 1$ 的子样本值, 共有 $N = \begin{pmatrix} n \\ k+1 \end{pmatrix}$ 个子样本. 在 N 个子样本中, 含有最小值 $x_{(1)}$ 的子样本数目为

$N_1 = \begin{pmatrix} n-1 \\ k \end{pmatrix}$. $N_1 = \begin{pmatrix} n-1 \\ k \end{pmatrix}$ 可以解释为, 因为容量为 $k+1$ 的子样本, $x_{(1)}$ 含在其中, 所以其余 k 个值必须从剩余的 $n-1$ 个值中抽取.

例如, 容量 $n = 7$, $k+1 = 4$, 抽取容量为 4 的子样本, 子样本的最小值为 $x_{(1)}$. 容量为 7 的样本由小到大排序, 从中抽取容量为 4 的子样本, 由表 8 所示的子样本.

表 8 容量为 4 的子样本

位置 1	位置 2	位置 3	位置 4	子样本	序号
1	2	3	4	1234	(1)
1	2	3	5	1235	(2)
1	2	3	6	1236	(3)
1	2	3	7	1237	(4)
1	2	4	5	1245	(5)
1	2	4	6	1246	(6)
1	2	4	7	1247	(7)
1	2	5	6	1256	(8)
1	2	5	7	1257	(9)
1	2	6	7	1267	(10)
1	2	7			
1	3	4	5	1345	(11)
1	3	4	6	1346	(12)
1	3	4	7	1347	(13)
1	3	5	6	1356	(14)
1	3	5	7	1357	(15)
1	3	6	7	1367	(16)
1	3	7			
1	4	5	6	1456	(17)
1	4	5	7	1457	(18)
1	4	6	7	1467	(19)
1	4	7			
1	5	6	7	1567	(20)
1	5	7			
1	6	7			
2	3	4	5	2345	(21)
2	3	4	6	2346	(22)
2	3	4	7	2347	(23)
2	3	5	6	2356	(24)
2	3	5	7	2357	(25)
2	3	6	7	2367	(26)
2	3	7			

位置 1	位置 2	位置 3	位置 4	子样本	序号
2	4	5	6	2456	(27)
2	4	5	7	2457	(28)
2	4	6	7	2467	(29)
2	4	7			
2	5	6	7	2567	(30)
2	6	7			
3	4	5	6	3456	(31)
3	4	5	7	3457	(32)
3	4	6	7	3467	(33)
3	4	7			
3	5	6	7	3567	(34)
3	5	7			
3	6	7			
4	5	6	7	4567	(35)
4	5	7			
4	6	7			
4	7				
5	6	7			
6	7				

$$N = \begin{pmatrix} 7 \\ 4 \end{pmatrix} = \frac{7!}{4! \cdot 3!} = 35; \quad N_1 = \begin{pmatrix} 7-1 \\ 3 \end{pmatrix} = \frac{6!}{3! \cdot 3!} = 20$$

同理在 N 个子样本中, 含有第 2 小值 $x_{(2)}$, 而不包含 $x_{(1)}$ 的子样本数目为 $N_2 = \begin{pmatrix} n-2 \\ k \end{pmatrix}$. 在 N 个子样本中, 含有第 i 个小值 $x_{(i)}$, 而不包含 $x_{(1)}, x_{(2)}, \cdots, x_{(i-1)}$ 的子样本数目为 $N_i = \begin{pmatrix} n-i \\ k \end{pmatrix}$. 因此, 在 N 个子样本中, 有 N_i 子样本包含最小值 $x_{(i)}$. 从容量为 n 的样本中, 抽取容量为 $k+1$ 的子样本, 子样本的最小值为 $x_{(i)}$ 的概率为 $p_{(i)} = \dfrac{N_i}{N} = \begin{pmatrix} n-i \\ k \end{pmatrix} \bigg/ \begin{pmatrix} n \\ k+1 \end{pmatrix}$. 则 $E[X_{1,k+1}] = \sum\limits_{i=1}^{n} x_{(i)} \begin{pmatrix} n-i \\ k \end{pmatrix} \bigg/ \begin{pmatrix} n \\ k+1 \end{pmatrix}$.

$$\hat{\alpha}_k = \frac{1}{k+1} E[X_{1,k+1}] = \frac{1}{k+1} \sum_{i=1}^{n} x_{(i)} \begin{pmatrix} n-i \\ k \end{pmatrix} \bigg/ \begin{pmatrix} n \\ k+1 \end{pmatrix}$$

$$= \sum_{i=1}^{n} x_{(i)} \begin{pmatrix} n-i \\ k \end{pmatrix} \cdot \frac{1}{k+1} \frac{1}{\dfrac{n!}{(k+1)!\,(n-1-k)!}}$$

$$= \sum_{i=1}^{n} x_{(i)} \begin{pmatrix} n-i \\ k \end{pmatrix} \cdot \frac{1}{\dfrac{n!}{k! \cdot (n-1-k)!}} = \sum_{i=1}^{n} x_{(i)} \begin{pmatrix} n-i \\ k \end{pmatrix} \cdot \frac{1}{\dfrac{n \cdot (n-1)!}{k! \cdot (n-1-k)!}}$$

$$= \frac{1}{n} \sum_{i=1}^{n} x_{(i)} \begin{pmatrix} n-i \\ k \end{pmatrix} \cdot \frac{1}{\dfrac{(n-1)!}{k! \cdot (n-1-k)!}} = \frac{1}{n} \sum_{i=1}^{n} x_{(i)} \begin{pmatrix} n-i \\ k \end{pmatrix} \cdot \frac{1}{\begin{pmatrix} n-1 \\ k \end{pmatrix}}$$

$$= \frac{1}{n} \sum_{i=1}^{n} x_{(i)} \begin{pmatrix} n-i \\ k \end{pmatrix} \bigg/ \begin{pmatrix} n-1 \\ k \end{pmatrix}$$

对于 $\begin{pmatrix} n-i \\ k \end{pmatrix}$ 来说, 当 $i = n-(k-1), n-(k-2), \cdots, n-1, n$ 时, $n-i < k$,
则 $\begin{pmatrix} n-i \\ k \end{pmatrix} = 0$. 因此, 有

$$\hat{\alpha}_k = \frac{1}{n} \sum_{i=1}^{n} x_{(i)} \begin{pmatrix} n-i \\ k \end{pmatrix} \bigg/ \begin{pmatrix} n-1 \\ k \end{pmatrix} = \frac{1}{n} \sum_{i=1}^{n-k} x_{(i)} \begin{pmatrix} n-i \\ k \end{pmatrix} \bigg/ \begin{pmatrix} n-1 \\ k \end{pmatrix}$$

$E(\hat{\alpha}_k) = \dfrac{1}{n} \sum_{i=1}^{n-k} \begin{pmatrix} n-i \\ k \end{pmatrix} \bigg/ \begin{pmatrix} n-1 \\ k \end{pmatrix} E[x_{(i)}]$, 又因次序统计量 $x_{(i)}$ 的数学期望为

$$E[x_{(i)}] = i \cdot \begin{pmatrix} n \\ i \end{pmatrix} \int_0^1 x(F) F^{i-1} (1-F)^{n-i} dF$$

$$= i \cdot \begin{pmatrix} n \\ i \end{pmatrix} \int_0^1 x(u) u^{i-1} (1-u)^{n-i} du$$

代入 $E(\hat{\alpha}_k)$ 中, 有

$$E(\hat{\alpha}_k) = \frac{1}{n} \sum_{i=1}^{n-k} \begin{pmatrix} n-i \\ k \end{pmatrix} \bigg/ \begin{pmatrix} n-1 \\ k \end{pmatrix} i \cdot \begin{pmatrix} n \\ i \end{pmatrix} \int_0^1 x(u) u^{i-1} (1-u)^{n-i} du$$

$$= \int_0^1 x(u) \frac{1}{n} \sum_{i=1}^{n-k} \begin{pmatrix} n-i \\ k \end{pmatrix} \bigg/ \begin{pmatrix} n-1 \\ k \end{pmatrix} i \cdot \begin{pmatrix} n \\ i \end{pmatrix} u^{i-1} (1-u)^{n-i} du$$

$$= \int_0^1 x(u) \sum_{i=1}^{n-k} \frac{1}{n} \frac{(n-i)!}{k! \cdot (n-i-k)!} \cdot \frac{k! \cdot (n-1-k)!}{(n-1)!} i$$

$$\cdot \frac{n!}{i! \cdot (n-i)!} u^{i-1} (1-u)^{n-i} du$$

$$= \int_0^1 x(u) \sum_{i=1}^{n-k} \frac{(n-1-k)!}{(i-1)! \cdot (n-i-k)!} u^{i-1} (1-u)^{n-i} du$$

令 $j = i-1$, 当 $i = 1$ 时, $j = 0$; 当 $i = n-k$ 时, $j = n-1-k$, $i = j+1$. 则

$$E(\hat{\alpha}_k) = \int_0^1 x(u) \sum_{j=0}^{n-1-k} \frac{(n-1-k)!}{j! \cdot (n-1-k-j)!} u^j (1-u)^{n-1-j} du$$

$$= \int_0^1 x(u) \sum_{j=0}^{n-1-k} \frac{(n-1-k)!}{j! \cdot (n-1-k-j)!} u^j (1-u)^{n-1-j} du$$

$$= \int_0^1 x(u) \sum_{j=0}^{n-1-k} \frac{(n-1-k)!}{j! \cdot (n-1-k-j)!} u^j (1-u)^{n-1-k-j+k} du$$

$$= \int_0^1 x(u) \left[\sum_{j=0}^{n-1-k} \frac{(n-1-k)!}{j! \cdot (n-1-k-j)!} u^j (1-u)^{n-1-k-j} \right] (1-u)^k du$$

$$= \int_0^1 x(u) \left[\sum_{j=0}^{n-1-k} \binom{n-1-k}{j} u^j (1-u)^{n-1-k-j} \right] (1-u)^k du$$

对于 $\sum_{j=0}^{n-1-k} \binom{n-1-k}{j} u^j (1-u)^{n-1-k-j}$, 利用公式 $(\alpha + x)^n = \sum_{k=0}^{n} \binom{n}{k} x^k \cdot$ α^{n-k}, 有 $\sum_{j=0}^{n-1-k} \binom{n-1-k}{j} u^j (1-u)^{n-1-k-j} = [u + (1-u)]^{n-1-k} = 1^{n-1-k} = 1$, 则

$$E(\hat{\alpha}_k) = \int_0^1 x(u) \cdot (1-u)^k du = \hat{\alpha}_k \tag{90}$$

式 (90) 表明 $\hat{\alpha}_k = \frac{1}{n} \sum_{i=1}^{n} x_{(i)} \binom{n-i}{k} \Big/ \binom{n-1}{k}$ 是 α_k 的无偏估计计算公式.

$$\hat{\alpha}_k = \frac{1}{n} \sum_{i=1}^{n} x_{(i)} \binom{n-i}{k} \Big/ \binom{n-1}{k} \tag{91}$$

进一步化简式 (91), 有

$$\hat{\alpha}_k = \frac{1}{n} \sum_{i=1}^{n} x_{(i)} \binom{n-i}{k} \Big/ \binom{n-1}{k}$$

$$=\frac{1}{n}\sum_{i=1}^{n}\frac{(n-i)!}{k!\cdot(n-i-k)!}\cdot\frac{k!\cdot(n-1-k)!}{(n-1)!}x_{(i)}$$

$$=\frac{1}{n}\sum_{i=1}^{n}\frac{(n-1-k)!}{(n-i-k)!}\cdot\frac{(n-i)!}{(n-1)!}x_{(i)}$$

$$=\frac{1}{n}\sum_{i=1}^{n}\frac{(n-1-k)!}{(n-1)!}\cdot\frac{(n-i)!}{(n-i-k)!}x_{(i)}$$

对于 $\dfrac{(n-1-k)!}{(n-1)!}$, 有

$$\frac{(n-1-k)!}{(n-1)!}=\frac{[n-(k+1)]\times[n-(k+2)]\times\cdots\times2\times1}{(n-1)\times(n-2)\times\cdots\times2\times1}$$

$$=\frac{1}{(n-1)\times(n-2)\times\cdots\times(n-k)}$$

对于 $\dfrac{(n-i)!}{(n-i-k)!}$, 有

$$\frac{(n-i)!}{(n-i-k)!}=\frac{(n-i)\times[n-(i+1)]\times[n-(i+2)]\times\cdots\times2\times1}{[n-(k+i)]\times[n-(k+i+1)]\times\cdots\times2\times1}$$

$$=(n-i)\times[n-(i+1)]\times[n-(i+2)]\times\cdots\times[n-(k+i-1)]$$

则

$$\hat{\alpha}_k=\frac{1}{n}\sum_{i=1}^{n}\frac{(n-1-k)!}{(n-1)!}\cdot\frac{(n-i)!}{(n-i-k)!}x_{(i)}$$

$$=\frac{1}{n}\sum_{i=1}^{n}\frac{(n-i)\times[n-(i+1)]\times[n-(i+2)]\times\cdots\times[n-(k+i-1)]}{(n-1)\times(n-2)\times\cdots\times(n-k)}\cdot x_{(i)} \quad (92)$$

前 3 阶样本概率权重矩为

$$
\begin{cases}
\hat{\alpha}_0=\dfrac{1}{n}\displaystyle\sum_{i=1}^{n}x_{(i)} \\[3mm]
\hat{\alpha}_1=\dfrac{1}{n}\displaystyle\sum_{i=1}^{n}\dfrac{(n-i)}{(n-1)}\cdot x_{(i)} \\[3mm]
\hat{\alpha}_2=\dfrac{1}{n}\displaystyle\sum_{i=1}^{n}\dfrac{(n-i)\times(n-i-1)}{(n-1)\times(n-2)}\cdot x_{(i)} \\[3mm]
\hat{\alpha}_3=\dfrac{1}{n}\displaystyle\sum_{i=1}^{n}\dfrac{(n-i)\times(n-i-1)\times(n-i-2)}{(n-1)\times(n-2)\times(n-3)}\cdot x_{(i)}
\end{cases} \quad (93)
$$

根据式 (93) 和
$$
\begin{cases}
\beta_0 = \alpha_0, \\
\beta_1 = \alpha_0 - \alpha_1, \\
\beta_2 = \alpha_0 - 2\alpha_1 + \alpha_2, \\
\beta_3 = \alpha_0 - 3\alpha_1 + 3\alpha_2 - \alpha_3, \\
\beta_4 = \alpha_0 - 4\alpha_1 + 6\alpha_2 - 4\alpha_3 + \alpha_4,
\end{cases}
\quad\text{有}
$$

$$
\beta_0 = \frac{1}{n}\sum_{i=1}^{n} x_{(i)}
$$

$$
\beta_1 = \alpha_0 - \alpha_1 = \frac{1}{n}\sum_{i=1}^{n} x_{(i)} - \frac{1}{n}\sum_{i=1}^{n}\frac{(n-i)}{(n-1)} \cdot x_{(i)}
$$

$$
= \frac{1}{n}\sum_{i=1}^{n}\left(1 - \frac{n-i}{n-1}\right) x_{(i)} = \frac{1}{n}\sum_{i=1}^{n}\frac{i-1}{n-1} x_{(i)}
$$

$$
\beta_2 = \alpha_0 - 2\alpha_1 + \alpha_2
$$

$$
= \frac{1}{n}\sum_{i=1}^{n} x_{(i)} - 2\frac{1}{n}\sum_{i=1}^{n}\frac{(n-i)}{(n-1)} \cdot x_{(i)} + \frac{1}{n}\sum_{i=1}^{n}\frac{(n-i)\times(n-i-1)}{(n-1)\times(n-2)} \cdot x_{(i)}
$$

$$
= \frac{1}{n}\sum_{i=1}^{n}\left[1 - \frac{2(n-i)}{(n-1)} + \frac{(n-i)\times(n-i-1)}{(n-1)\times(n-2)}\right] x_{(i)}
$$

$$
= \frac{1}{n}\sum_{i=1}^{n}\frac{(n-1)\times(n-2) - 2(n-i)\times(n-2) + (n-i)\times(n-i-1)}{(n-1)\times(n-2)} x_{(i)}
$$

因为

$$
(n-1)\times(n-2) - 2(n-i)\times(n-2) + (n-i)\times(n-i-1)
$$

$$
= (n-1)\times(n-2) - (n-i)\times(n-2) - (n-i)
$$

$$
\times(n-2) + (n-i)\times(n-i-1)
$$

$$
= [(n-1)\times(n-2) - (n-i)\times(n-2)]
$$

$$
- [(n-i)\times(n-2) - (n-i)\times(n-i-1)]
$$

$$
= (n-2)\cdot(n-1-n+i) - (n-i)\cdot(n-2-n+i+1)
$$

$$
= (n-2)\cdot(i-1) - (n-i)\cdot(i-1)
$$

$$
= (i-1)\cdot(n-2-n+i) = (i-1)\cdot(i-2)
$$

则

$$\beta_2 = \frac{1}{n} \sum_{i=1}^{n} \frac{(i-1) \times (i-2)}{(n-1) \times (n-2)} x_{(i)}$$

$$\beta_3 = \alpha_0 - 3\alpha_1 + 3\alpha_2 - \alpha_3$$

$$= \frac{1}{n} \sum_{i=1}^{n} x_{(i)} - 3\frac{1}{n} \sum_{i=1}^{n} \frac{(n-i)}{(n-1)} \cdot x_{(i)} + 3\frac{1}{n} \sum_{i=1}^{n} \frac{(n-i) \times (n-i-1)}{(n-1) \times (n-2)} \cdot x_{(i)}$$

$$- \frac{1}{n} \sum_{i=1}^{n} \frac{(n-i) \times (n-i-1) \times (n-i-2)}{(n-1) \times (n-2) \times (n-3)} \cdot x_{(i)}$$

$$= \frac{1}{n} \sum_{i=1}^{n} \left[1 - 3\frac{(n-i)}{(n-1)} + 3\frac{(n-i) \times (n-i-1)}{(n-1) \times (n-2)} \right.$$

$$\left. - \frac{(n-i) \times (n-i-1) \times (n-i-2)}{(n-1) \times (n-2) \times (n-3)} \right] x_{(i)}$$

$$= \frac{1}{n} \sum_{i=1}^{n} \left[\frac{(n-1)(n-2)(n-3) - 3(n-i)(n-2)(n-3)}{(n-1) \times (n-2) \times (n-3)} \right.$$

$$\left. + \frac{3(n-3)(n-i)(n-i-1) - (n-i)(n-i-1)(n-i-2)}{(n-1) \times (n-2) \times (n-3)} \right] x_{(i)}$$

$$= \frac{1}{n} \sum_{i=1}^{n} \frac{(i-1)(i-2)(i-3)}{(n-1) \times (n-2) \times (n-3)} x_{(i)}$$

以下推求 $\hat{\beta}_r$ 的估计值. 由式 (88) 得 $M_{1,r,0} = \hat{\beta}_r = \mathrm{B}(r+1,1) = \frac{1}{r+1} \cdot$ $E[X_{r+1,r+1}] = \frac{1}{r+1} E[X_{r+1,r+1}]$, 即

$$M_{1,k,0} = \hat{\beta}_k = \frac{1}{k+1} E[X_{k+1,k+1}] \tag{94}$$

式中, $X_{k+1,k+1}$ 为容量 $k+1$ 样本中的最大值.

对于容量为 n 的样本, 由小到大排序, 从中抽取容量为 $k+1$ 的子样本, 共有 $N = \begin{pmatrix} n \\ k+1 \end{pmatrix}$ 个子样本. 在 N 个子样本中, 容量为 $k+1$ 子样本的最大值为 $x_{(i)}$, $i = k+1, k+2, \cdots, n$, 这样的子样本数目为 $N_i = \begin{pmatrix} i-1 \\ k \end{pmatrix}$. 因此, 在 N 个子样本中, 有 N_i 个容量为 $k+1$ 的子样本的最大值为 $x_{(i)}$. 从容量为 n 的样本中, 抽取

容量为 $k+1$ 的子样本, 子样本的最大值为 $x_{(i)}$ 的概率

$$p_{(i)} = \frac{N_i}{N} = \left(\begin{array}{c} i-1 \\ k \end{array}\right) \Big/ \left(\begin{array}{c} n \\ k+1 \end{array}\right), \quad i = k+1, k+2, \cdots, n$$

$$E\left[X_{k+1,k+1}\right] = \sum_{i=k+1}^{n} x_{(i)} \left(\begin{array}{c} i-1 \\ k \end{array}\right) \Big/ \left(\begin{array}{c} n \\ k+1 \end{array}\right)$$

$$\hat{\beta}_k = \frac{1}{k+1} E\left[X_{k+1,k+1}\right] = \frac{1}{k+1} \sum_{i=k+1}^{n} x_{(i)} \left(\begin{array}{c} i-1 \\ k \end{array}\right) \Big/ \left(\begin{array}{c} n \\ k+1 \end{array}\right)$$

$$= \sum_{i=k+1}^{n} \frac{1}{k+1} \frac{(i-1)!}{k! \cdot (i-1-k)!} \cdot \frac{(k+1)! \cdot (n-1-k)!}{n!} x_{(i)}$$

$$= \sum_{i=k+1}^{n} \frac{1}{k+1} \frac{(i-1)!}{k! \cdot (i-1-k)!} \cdot \frac{(k+1)! \cdot (n-1-k)!}{n\,(n-1)!} x_{(i)}$$

$$= \sum_{i=k+1}^{n} \frac{(i-1)!}{k! \cdot (i-1-k)!} \cdot \frac{k! \cdot (n-1-k)!}{n\,(n-1)!} x_{(i)}$$

$$= \frac{1}{n} \sum_{i=k+1}^{n} \frac{(i-1)!}{k! \cdot (i-1-k)!} \cdot \frac{k! \cdot (n-1-k)!}{(n-1)!} x_{(i)}$$

$$= \frac{1}{n} \sum_{i=k+1}^{n} \frac{(i-1)!}{k! \cdot (i-1-k)!} \cdot \frac{1}{\dfrac{(n-1)!}{k! \cdot (n-1-k)!}} x_{(i)}$$

$$= \frac{1}{n} \sum_{i=k+1}^{n} \left(\begin{array}{c} i-1 \\ k \end{array}\right) \Big/ \left(\begin{array}{c} n-1 \\ k \end{array}\right) x_{(i)}$$

即

$$\hat{\beta}_k = \frac{1}{n} \sum_{i=k+1}^{n} \left(\begin{array}{c} i-1 \\ k \end{array}\right) \Big/ \left(\begin{array}{c} n-1 \\ k \end{array}\right) x_{(i)} \tag{95}$$

$E\left[\hat{\beta}_k\right] = \dfrac{1}{n} \sum\limits_{i=k+1}^{n} \left(\begin{array}{c} i-1 \\ k \end{array}\right) \Big/ \left(\begin{array}{c} n-1 \\ k \end{array}\right) E\left[x_{(i)}\right]$, 把 $E\left[x_{(i)}\right] = i \cdot \left(\begin{array}{c} n \\ i \end{array}\right) \int_0^1 x\,(u) \cdot$

$u^{i-1} (1-u)^{n-i}\, du$ 代入, 有

$$E\left[\hat{\beta}_k\right] = \frac{1}{n} \sum_{i=k+1}^{n} \left(\begin{array}{c} i-1 \\ k \end{array}\right) \Big/ \left(\begin{array}{c} n-1 \\ k \end{array}\right) i \cdot \left(\begin{array}{c} n \\ i \end{array}\right) \int_0^1 x\,(u) \cdot u^{i-1} (1-u)^{n-i}\, du$$

$$= \int_0^1 x\left(u\right) \sum_{i=k+1}^{n} \frac{1}{n} \binom{i-1}{k} \bigg/ \binom{n-1}{k} i \cdot \binom{n}{i} \cdot u^{i-1} \left(1-u\right)^{n-i} du$$

$$= \int_0^1 x\left(u\right) \sum_{i=k+1}^{n} \frac{1}{n} \frac{\left(i-1\right)!}{k! \cdot \left(i-1-k\right)!} \cdot \frac{k! \cdot \left(n-1-k\right)!}{\left(n-1\right)!} i$$

$$\cdot \frac{n!}{i! \cdot \left(n-i\right)!} u^{i-1} \left(1-u\right)^{n-i} du$$

$$= \int_0^1 x\left(u\right) \sum_{i=k+1}^{n} \frac{1}{\left(i-1-k\right)!} \cdot \frac{\left(n-1-k\right)!}{\left(n-i\right)!} u^{i-1} \left(1-u\right)^{n-i} du$$

令 $j = i - \left(k+1\right)$, 当 $i = k+1$ 时, $j = 0$; 当 $i = n$ 时, $j = n-1-k$, $i = j+k+1$, 则

$$E\left[\hat{\beta}_k\right] = \int_0^1 x\left(u\right) \sum_{j=0}^{n-1-k} \frac{1}{j!} \cdot \frac{\left(n-1-k\right)!}{\left(n-1-j-k\right)!} u^{j+k} \left(1-u\right)^{n-1-j-k} du$$

$$= \int_0^1 x\left(u\right) \left[\sum_{j=0}^{n-1-k} \frac{1}{j!} \cdot \frac{\left(n-1-k\right)!}{\left(n-1-j-k\right)!} u^{j} \left(1-u\right)^{n-1-j-k}\right] u^k du$$

$$= \int_0^1 x\left(u\right) \left[\sum_{j=0}^{n-1-k} \binom{n-1-k}{j} \cdot u^{j} \left(1-u\right)^{n-1-j-k}\right] u^k du$$

对于 $\sum_{j=0}^{n-1-k} \binom{n-1-k}{j} \cdot u^{j} \left(1-u\right)^{n-1-j-k}$ 来说, 利用公式 $\left(\alpha+x\right)^n = \sum_{k=0}^{n} \binom{n}{k} \cdot x^k \alpha^{n-k}$, 有

$$\sum_{j=0}^{n-1-k} \binom{n-1-k}{j} \cdot u^{j} \left(1-u\right)^{n-1-j-k} = \left[u + \left(1-u\right)\right]^{n-1-j-k} = 1$$

则

$$E\left[\hat{\beta}_k\right] = \int_0^1 x\left(u\right) \left[\sum_{j=0}^{n-1-k} \binom{n-1-k}{j} \cdot u^{j} \left(1-u\right)^{n-1-j-k}\right] u^k du$$

$$= \int_0^1 x\left(u\right) \cdot u^k du = \hat{\beta}_k \tag{96}$$

式 (96) 说明, $\hat{\beta}_k = \dfrac{1}{n} \sum_{i=k+1}^{n} \binom{i-1}{k} \bigg/ \binom{n-1}{k} x_{(i)}$ 是 β_k 的无偏估计.

$$\hat{\beta}_k = \frac{1}{n} \sum_{i=k+1}^{n} \binom{i-1}{k} \bigg/ \binom{n-1}{k} x_{(i)}$$

$$=\frac{1}{n}\sum_{i=k+1}^{n}\frac{(i-1)!}{k!\cdot(i-1-k)!}\cdot\frac{k!\cdot(n-1-k)!}{(n-1)!}x_{(i)}$$

$$=\frac{1}{n}\sum_{i=k+1}^{n}\frac{(i-1)!}{(i-1-k)!}\cdot\frac{(n-1-k)!}{(n-1)!}x_{(i)}$$

对于 $\dfrac{(i-1)!}{(i-1-k)!}$ 来说, 有

$$\frac{(i-1)!}{(i-1-k)!}=\frac{(i-1)\times(i-2)\times\cdots\times2\times1}{(i-1-k)\times[i-1-(k+1)]\times\cdots\times2\times1}$$

$$=(i-1)\times(i-2)\times\cdots\times[i-1-(k-1)]$$

$$\frac{(n-1-k)!}{(n-1)!}=\frac{(n-1-k)\times[n-1-(k+1)]\times\cdots\times2\times1}{(n-1)\times(n-2)\times\cdots\times2\times1}$$

$$=\frac{1}{(n-1)\times(n-2)\times\cdots\times[n-1-(k-1)]}$$

则

$$\hat{\beta}_k=\frac{1}{n}\sum_{i=k+1}^{n}\frac{(i-1)!}{(i-1-k)!}\cdot\frac{(n-1-k)!}{(n-1)!}x_{(i)}$$

$$=\frac{1}{n}\sum_{i=k+1}^{n}\frac{(i-1)\times(i-2)\times\cdots\times[i-1-(k-1)]}{(n-1)\times(n-2)\times\cdots\times[n-1-(k-1)]}x_{(i)}$$

即

$$\hat{\beta}_k=\frac{1}{n}\sum_{i=k+1}^{n}\frac{(i-1)\times(i-2)\times\cdots\times(i-k)}{(n-1)\times(n-2)\times\cdots\times(n-k)}x_{(i)} \tag{97}$$

$$\begin{cases}\hat{\beta}_0=\dfrac{1}{n}\sum_{i=1}^{n}x_{(i)}\\[3mm]\hat{\beta}_1=\dfrac{1}{n}\sum_{i=k+1}^{n}\dfrac{(i-1)}{(n-1)}x_{(i)}=\dfrac{1}{n}\sum_{i=1}^{n}\dfrac{(i-1)}{(n-1)}x_{(i)}\\[3mm]\hat{\beta}_2=\dfrac{1}{n}\sum_{i=k+1}^{n}\dfrac{(i-1)\times(i-2)}{(n-1)\times(n-2)}x_{(i)}=\dfrac{1}{n}\sum_{i=1}^{n}\dfrac{(i-1)\times(i-2)}{(n-1)\times(n-2)}x_{(i)}\\[3mm]\hat{\beta}_3=\dfrac{1}{n}\sum_{i=k+1}^{n}\dfrac{(i-1)\times(i-2)\times(i-3)}{(n-1)\times(n-2)\times(n-3)}x_{(i)}\\[3mm]\qquad=\dfrac{1}{n}\sum_{i=1}^{n}\dfrac{(i-1)\times(i-2)\times(i-3)}{(n-1)\times(n-2)\times(n-3)}x_{(i)}\end{cases} \tag{98}$$

2.4.2.2 由大到小排序样本概率权重矩计算

设样本 $x_1, x_2, \cdots, x_n$ 的次序统计量样本为 $x_{(1)} \geqslant x_{(2)} \geqslant \cdots \geqslant x_{(n)}$. 其密度函数为

$$g_m\left(x_{(m)}\right) = \frac{n!}{(n-m)!\,(m-1)!} f\left(x_{(m)}\right) \cdot \left[1 - F\left(x_{(m)}\right)\right]^{m-1} \cdot \left[F\left(x_{(m)}\right)\right]^{n-m} \quad (99)$$

则次序统计量的数学期望公式为

$$E\left[X_{r,n}\right] = \int_{-\infty}^{\infty} x_{(m)} g_r\left(x_{(r)}\right) dx$$

$$= \int_{-\infty}^{\infty} x_{(m)} \frac{n!}{(n-r)!\,(r-1)!} f\left(x_{(m)}\right) \cdot \left[1 - F\left(x_{(m)}\right)\right]^{r-1} \cdot \left[F\left(x_{(m)}\right)\right]^{n-r} dx_{(m)}$$

$$= \frac{n!}{(n-r)!\,(r-1)!} \int_0^1 x(u) \cdot (1-u)^{r-1} \cdot u^{n-r} du \quad (100)$$

根据式 (59), 有

$$M_{p,r,s} = \int_0^1 [x(u)]^p u^r (1-u)^s du$$

$$= \int_0^1 [x(u)]^p (1-u)^{s+1-1} u^{r+s+1-s-1} du$$

$$= \frac{(s+1-1)! \cdot (r+s+1-s-1)!}{(r+s+1)!}$$

$$\cdot \frac{(r+s+1)!}{(s+1-1)! \cdot (r+s+1-s-1)}$$

$$\cdot \int_0^1 [x(u)]^p (1-u)^{s+1-1} u^{r+s+1-s-1} du$$

$$= \frac{r! \cdot s!}{(r+s+1)!} \cdot \frac{(r+s+1)!}{(r+1-1)! \cdot (r+s+1-r-1)}$$

$$\cdot \int_0^1 [x(u)]^p (1-u)^{s+1-1} u^{r+s+1-s-1} du$$

$$= \frac{\Gamma(r+1)\Gamma(s+1)}{\Gamma(r+s+2)} E\left[X_{(s+1,s+r+1)}^p\right]$$

$$= B(r+1, s+1) E\left[X_{(s+1,s+r+1)}^p\right]$$

即

$$M_{p,r,s} = B(r+1, s+1) E\left[X_{(s+1,s+r+1)}^p\right] \quad (101)$$

$$M_{1,k,0} = \hat{\beta}_k = \mathrm{B}\,(k+1,1)\,E\left[X_{(1,k+1)}\right] = \frac{1}{k+1} E\left[X_{(1,k+1)}\right] \tag{102}$$

式中, $X_{1,k+1}$ 为容量 $k+1$ 样本中的第 1 个最大值.

同样, 根据式 (88), 有

$$M_{1,0,k} = \alpha_k = \mathrm{B}\,(1,k+1)\,E\left[X_{(k+1,k+1)}\right] = \frac{1}{k+1}\left[X_{(k+1,k+1)}\right] \tag{103}$$

对于容量为 n 的样本, 由大到小排序, 从中抽取容量为 $k+1$ 的子样本值, 共有 $N = \begin{pmatrix} n \\ k+1 \end{pmatrix}$ 个子样本. 按照上述由小到大排序序列的计算方法, 在 N 个子样本中, 有 N_i 子样本包含最大值 $x_{(i)}$. 从容量为 n 的样本中, 抽取容量为 $k+1$ 的子样本, 子样本的最大值为 $x_{(i)}$ 的概率 $p_{(i)} = \dfrac{N_i}{N} = \begin{pmatrix} n-i \\ k \end{pmatrix} \Big/ \begin{pmatrix} n \\ k+1 \end{pmatrix}$, 则 $E\left[X_{1,k+1}\right] = \sum\limits_{i=1}^{n} x_{(i)} \begin{pmatrix} n-i \\ k \end{pmatrix} \Big/ \begin{pmatrix} n \\ k+1 \end{pmatrix}$.

$$
\begin{aligned}
\hat{\beta}_k &= \frac{1}{k+1} E\left[X_{1,k+1}\right] = \frac{1}{k+1} \sum_{i=1}^{n} x_{(i)} \begin{pmatrix} n-i \\ k \end{pmatrix} \Big/ \begin{pmatrix} n \\ k+1 \end{pmatrix} \\
&= \sum_{i=1}^{n} x_{(i)} \begin{pmatrix} n-i \\ k \end{pmatrix} \cdot \frac{1}{k+1} \frac{1}{\dfrac{n!}{(k+1)!\,(n-1-k)!}} \\
&= \sum_{i=1}^{n} x_{(i)} \begin{pmatrix} n-i \\ k \end{pmatrix} \cdot \frac{1}{\dfrac{n!}{k!\cdot (n-1-k)!}} \\
&= \sum_{i=1}^{n} x_{(i)} \begin{pmatrix} n-i \\ k \end{pmatrix} \cdot \frac{1}{\dfrac{n\cdot (n-1)!}{k!\cdot (n-1-k)!}} \\
&= \frac{1}{n} \sum_{i=1}^{n} x_{(i)} \begin{pmatrix} n-i \\ k \end{pmatrix} \cdot \frac{1}{\dfrac{(n-1)!}{k!\cdot (n-1-k)!}} \\
&= \frac{1}{n} \sum_{i=1}^{n} x_{(i)} \begin{pmatrix} n-i \\ k \end{pmatrix} \cdot \frac{1}{\begin{pmatrix} n-1 \\ k \end{pmatrix}} \\
&= \frac{1}{n} \sum_{i=1}^{n} x_{(i)} \begin{pmatrix} n-i \\ k \end{pmatrix} \Big/ \begin{pmatrix} n-1 \\ k \end{pmatrix}
\end{aligned}
$$

对于 $\begin{pmatrix} n-i \\ k \end{pmatrix}$ 来说, 当 $i = n-(k-1), n-(k-2), \cdots, n-1, n$ 时, $n-i < k$, 则

$\begin{pmatrix} n-i \\ k \end{pmatrix} = 0$. 因此, 有

$$\hat{\beta}_k = \frac{1}{n} \sum_{i=1}^{n} x_{(i)} \begin{pmatrix} n-i \\ k \end{pmatrix} \Bigg/ \begin{pmatrix} n-1 \\ k \end{pmatrix} = \frac{1}{n} \sum_{i=1}^{n-k} x_{(i)} \begin{pmatrix} n-i \\ k \end{pmatrix} \Bigg/ \begin{pmatrix} n-1 \\ k \end{pmatrix}$$

$$E\left(\hat{\beta}_k\right) = \frac{1}{n} \sum_{i=1}^{n-k} \begin{pmatrix} n-i \\ k \end{pmatrix} \Bigg/ \begin{pmatrix} n-1 \\ k \end{pmatrix} E\left[x_{(i)}\right]$$

又因次序统计量 $x_{(i)}$ 的数学期望为

$$E\left[x_{(i)}\right] = i \cdot \begin{pmatrix} n \\ i \end{pmatrix} \int_0^1 x\left(F\right) F^{n-i} \left(1-F\right)^{i-1} dF$$

$$= i \cdot \begin{pmatrix} n \\ i \end{pmatrix} \int_0^1 x\left(u\right) u^{n-i} \left(1-u\right)^{i-1} du$$

代入 $E\left(\hat{\beta}_k\right)$ 中, 有

$$E\left(\hat{\beta}_k\right) = \frac{1}{n} \sum_{i=1}^{n-k} \begin{pmatrix} n-i \\ k \end{pmatrix} \Bigg/ \begin{pmatrix} n-1 \\ k \end{pmatrix} i \cdot \begin{pmatrix} n \\ i \end{pmatrix} \int_0^1 x\left(u\right) u^{n-i} \left(1-u\right)^{i-1} du$$

$$= \int_0^1 x\left(u\right) \frac{1}{n} \sum_{i=1}^{n-k} \begin{pmatrix} n-i \\ k \end{pmatrix} \Bigg/ \begin{pmatrix} n-1 \\ k \end{pmatrix} i \cdot \begin{pmatrix} n \\ i \end{pmatrix} u^{n-i} \left(1-u\right)^{i-1} du$$

$$= \int_0^1 x\left(u\right) \sum_{i=1}^{n-k} \frac{1}{n} \frac{(n-i)!}{k! \cdot (n-i-k)!} \cdot \frac{k! \cdot (n-1-k)!}{(n-1)!} i$$

$$\cdot \frac{n!}{i! \cdot (n-i)!} u^{n-i} \left(1-u\right)^{i-1} du$$

$$= \int_0^1 x\left(u\right) \sum_{i=1}^{n-k} \frac{(n-1-k)!}{(i-1)! \cdot (n-i-k)!} u^{n-i} \left(1-u\right)^{i-1} du$$

令 $j = i-1$, 当 $i = 1$ 时, $j = 0$; 当 $i = n-k$ 时, $j = n-1-k$, $i = j+1$, 则

$$E\left(\hat{\beta}_k\right) = \int_0^1 x\left(u\right) \sum_{j=0}^{n-1-k} \frac{(n-1-k)!}{j! \cdot (n-1-k-j)!} u^{n-1-j} \left(1-u\right)^{j} du$$

$$= \int_0^1 x\,(u) \sum_{j=0}^{n-1-k} \frac{(n-1-k)!}{j! \cdot (n-1-k-j)!} u^{n-1-j} (1-u)^j \, du$$

$$= \int_0^1 x\,(u) \sum_{j=0}^{n-1-k} \frac{(n-1-k)!}{j! \cdot (n-1-k-j)!} u^{n-1-k-j+k} (1-u)^j \, du$$

$$= \int_0^1 x\,(u) \left[\sum_{j=0}^{n-1-k} \frac{(n-1-k)!}{j! \cdot (n-1-k-j)!} u^{n-k-j} (1-u)^j \right] u^k \, du$$

$$= \int_0^1 x\,(u) \left[\sum_{j=0}^{n-1-k} \left(\begin{array}{c} n-1-k \\ j \end{array} \right) u^{n-1-k-j} (1-u)^j \right] u^k \, du$$

对于 $\displaystyle\sum_{j=0}^{n-1-k} \left(\begin{array}{c} n-1-k \\ j \end{array} \right) u^{n-1-k-j} (1-u)^j$, 利用公式 $(\alpha + x)^n = \displaystyle\sum_{k=0}^{n} \left(\begin{array}{c} n \\ k \end{array} \right) \cdot$ $x^k \alpha^{n-k}$, 有

$$\sum_{j=0}^{n-1-k} \left(\begin{array}{c} n-1-k \\ j \end{array} \right) u^j (1-u)^{n-1-k-j} = [u + (1-u)]^{n-1-k} = 1^{n-1-k} = 1$$

则

$$E\left(\hat{\beta}_k\right) = \int_0^1 x\,(u) \cdot u^k du = \hat{\beta}_k \tag{104}$$

式 (104) 表明 $\hat{\beta}_k = \dfrac{1}{n} \displaystyle\sum_{i=1}^{n} x_{(i)} \left(\begin{array}{c} n-i \\ k \end{array} \right) \bigg/ \left(\begin{array}{c} n-1 \\ k \end{array} \right)$ 是 $\hat{\beta}_k$ 的无偏估计计算公式.
即样本的前 3 阶概率矩为

$$\begin{cases} \hat{\beta}_0 = \dfrac{1}{n} \displaystyle\sum_{i=1}^{n} x_{(i)} \\[3mm] \hat{\beta}_1 = \dfrac{1}{n} \displaystyle\sum_{i=1}^{n} \dfrac{(n-i)}{(n-1)} \cdot x_{(i)} \\[3mm] \hat{\beta}_2 = \dfrac{1}{n} \displaystyle\sum_{i=1}^{n} \dfrac{(n-i) \times (n-i-1)}{(n-1) \times (n-2)} \cdot x_{(i)} \\[3mm] \hat{\beta}_3 = \dfrac{1}{n} \displaystyle\sum_{i=1}^{n} \dfrac{(n-i) \times (n-i-1) \times (n-i-2)}{(n-1) \times (n-2) \times (n-3)} \cdot x_{(i)} \end{cases} \tag{105}$$

因此, 次序统计量样本由小到大排序和由大到小排序概率权重矩 $\hat{\beta}_k$ 估算式是不相同的, 在实际应用中, 读者务必记住这一点.

2.4.3 应用实例

例 8 正偏 P-III 型分布频率计算. 陕西省武功县 1955—2007 年年降水量序列如例 1 所示. 按照概率权重矩法, 计算年降水量序列 P-III 型分布参数和设计值.

将年降水量序列由大到小排序后, 按式 (105) 计算, 有样本概率权重矩 $\hat{\beta}_0 = 606.73774$, $\hat{\beta}_1 = 347.41636$, $\hat{\beta}_2 = 247.91605$. 把样本矩代入式 (76), 求解非线性方程得 $\alpha = 8.78218$, $w(\alpha) = -1.2864 \times 10^{-10}$, 由式 (77) 得 $\beta = 53.44451$, 由式 (78) 得 $a_0 = 137.37832$. 设计值计算结果见表 9.

表 9 概率权重矩法不同频率降水量设计值

频率/%	武功县		塔什库尔干县	
	y_p	设计值	y_p	设计值
0.50	18.26579	1113.58	0.78520	110.20
1.00	17.09915	1051.23	0.95131	108.30
5.00	14.15588	893.93	1.53925	101.59
10.00	12.72929	817.69	1.94333	96.98
15.00	11.82137	769.17	2.25545	93.41
20.00	11.13064	732.25	2.52749	90.31
25.00	10.55953	701.73	2.77845	87.44
30.00	10.06335	675.21	3.01808	84.71
35.00	9.61751	651.38	3.25248	82.03
40.00	9.20673	629.43	3.48612	79.37
45.00	8.82056	608.79	3.72278	76.66
50.00	8.45119	589.05	3.96604	73.89
55.00	8.09232	569.87	4.21977	70.99
60.00	7.73830	550.95	4.48846	67.92
65.00	7.38352	531.99	4.77787	64.62
70.00	7.02173	512.65	5.09594	60.99
75.00	6.64502	492.52	5.45447	56.89
80.00	6.24204	470.98	5.87266	52.12
85.00	5.79389	447.03	6.38573	46.26
90.00	5.26223	418.62	7.07120	38.44
95.00	4.53818	379.92	8.17078	25.89
99.00	3.37453	317.73	10.51113	–

例 9 负偏 P-III 型分布参数计算. 新疆塔什库尔干县 1962—2003 年年降水量序列见例 3, 按式 (2) 计算, 有样本概率权重矩 $\hat{\beta}_0 = 70.13810$, $\hat{\beta}_1 = 41.55163$, $\hat{\beta}_2 = 29.51877$. 把样本矩代入式 (85), 求解非线性方程得 $\alpha = 4.29438$, $w(\alpha) = -1.7528 \times 10^{-10}$, 由式 (86) 得 $\beta = -11.41604$, 由式 (87) 得 $a_0 = 119.16295$. 计算结果见表 9.

2.5   应用线性矩法求解 P-III 型概率分布参数

2.5.1   线性矩定义

线性矩是估算概率分布参数的另一种途径, 它是从 Greenwood(1979) 概率权重矩发展而来的. 对于由小到大排列的次序统计量有

$$\lambda_r = r^{-1} \sum_{k=0}^{r-1} (-1)^k \left(\begin{array}{c} r-1 \\ k \end{array} \right) E\left[X_{r-k,r} \right] \tag{106}$$

式中, 次序统计量的数学期望为

$$E\left[X_{j,r} \right] = \frac{r!}{(j-1)! \cdot (r-j)!} \int_0^1 x(u) \cdot u^{j-1} (1-u)^{r-j} \, du \tag{107}$$

把式 (107) 代入式 (106), 有

$$\begin{aligned} \lambda_r =& r^{-1} \sum_{k=0}^{r-1} (-1)^k \left(\begin{array}{c} r-1 \\ k \end{array} \right) \frac{r!}{(r-k-1)! \cdot k!} \int_0^1 x(u) \cdot u^{r-k-1} (1-u)^k \, du \\ =& \sum_{k=0}^{r-1} (-1)^k \left(\begin{array}{c} r-1 \\ k \end{array} \right) \frac{(r-1)!}{(r-1-k)! \cdot k!} \int_0^1 x(u) \cdot u^{r-k-1} (1-u)^k \, du \\ =& \sum_{k=0}^{r-1} (-1)^k \left(\begin{array}{c} r-1 \\ k \end{array} \right) \left(\begin{array}{c} r-1 \\ k \end{array} \right) \int_0^1 x(u) \cdot u^{r-k-1} (1-u)^k \, du \\ =& \int_0^1 x(u) \cdot \left[\sum_{k=0}^{r-1} (-1)^k \left(\begin{array}{c} r-1 \\ k \end{array} \right) \cdot \left(\begin{array}{c} r-1 \\ k \end{array} \right) u^{r-k-1} (1-u)^k \right] du \\ =& \int_0^1 x(u) \cdot \left[\sum_{k=0}^{r-1} (-1)^{r-1-k} \left(\begin{array}{c} r-1 \\ k \end{array} \right) \cdot \left(\begin{array}{c} r-1+k \\ k \end{array} \right) u^k \right] du \end{aligned}$$

即

$$\begin{aligned} \lambda_r =& r^{-1} \sum_{k=0}^{r-1} (-1)^k \left(\begin{array}{c} r-1 \\ k \end{array} \right) E\left[X_{r-k,r} \right] \\ =& \int_0^1 x(u) \cdot P_{r-1}^*(u) \, du \\ =& \int_0^1 x(u) \cdot \left[\sum_{k=0}^{r-1} (-1)^{r-1-k} \left(\begin{array}{c} r-1 \\ k \end{array} \right) \cdot \left(\begin{array}{c} r-1+k \\ k \end{array} \right) u^k \right] du \tag{108} \end{aligned}$$

式中, $P_r^*(u) = \sum\limits_{k=0}^{r}(-1)^{r-k}\begin{pmatrix} r \\ k \end{pmatrix} \cdot \begin{pmatrix} r+k \\ k \end{pmatrix} \cdot u^k = \sum\limits_{k=0}^{r}P_{r,k}^*(u)u^k, P_{rk}^*(u) = $

$\dfrac{(-1)^{r-k}(r+k)!}{(k!)^2(r-k)!}$ 为 r 阶修正勒让德多项式. 与传统勒让德多项式 $P_n(x)$ 关系为

$$P_n^*(x) = P_n(2x-1) \cdot P_n^*(x)$$

$$= \sum_{k=0}^{n}(-1)^{n-k}\begin{pmatrix} n \\ k \end{pmatrix} \cdot \begin{pmatrix} n+k \\ k \end{pmatrix} \cdot u^k$$

$$= \frac{1}{n!}\frac{d^n}{dx^n}(x^2-x)^n$$

当 $r=0$ 时, 有

$$P_0^*(u) = \sum_{k=0}^{0}(-1)^{-k}\begin{pmatrix} 0 \\ k \end{pmatrix} \cdot \begin{pmatrix} k \\ k \end{pmatrix} u^k = (-1)^{-0}\begin{pmatrix} 0 \\ 0 \end{pmatrix} \cdot \begin{pmatrix} 0 \\ 0 \end{pmatrix} u^0 = 1$$

当 $r=1$ 时, 有

$$P_2^*(u) = \sum_{k=0}^{1}(-1)^{1-k}\begin{pmatrix} 1 \\ k \end{pmatrix} \cdot \begin{pmatrix} 1+k \\ k \end{pmatrix} u^k$$

$$= (-1)\begin{pmatrix} 1 \\ 0 \end{pmatrix} \cdot \begin{pmatrix} 1 \\ 0 \end{pmatrix} u^0 + (-1)^0\begin{pmatrix} 1 \\ 1 \end{pmatrix} \cdot \begin{pmatrix} 2 \\ 1 \end{pmatrix} u = 2u-1$$

当 $r=2$ 时, 有

$$P_2^*(u) = \sum_{k=0}^{2}(-1)^{2-k}\begin{pmatrix} 2 \\ k \end{pmatrix} \cdot \begin{pmatrix} 2+k \\ k \end{pmatrix} u^k$$

$$= (-1)^2\begin{pmatrix} 2 \\ 0 \end{pmatrix} \cdot \begin{pmatrix} 2 \\ 0 \end{pmatrix} u^0$$

$$+ (-1)^1\begin{pmatrix} 2 \\ 1 \end{pmatrix} \cdot \begin{pmatrix} 3 \\ 1 \end{pmatrix} u + (-1)^0\begin{pmatrix} 2 \\ 0 \end{pmatrix} \cdot \begin{pmatrix} 4 \\ 2 \end{pmatrix} u^2 = 6u^2-6u+1$$

当 $r=3$ 时, 有

$$P_3^*(u) = \sum_{k=0}^{3}(-1)^{3-k}\begin{pmatrix} 3 \\ k \end{pmatrix} \cdot \begin{pmatrix} 3+k \\ k \end{pmatrix} u^k$$

$$= (-1)^3\begin{pmatrix} 3 \\ 0 \end{pmatrix} \cdot \begin{pmatrix} 3 \\ 0 \end{pmatrix} u^0$$

$$+ (-1)^2 \begin{pmatrix} 3 \\ 1 \end{pmatrix} \cdot \begin{pmatrix} 4 \\ 1 \end{pmatrix} u + (-1)^1 \begin{pmatrix} 3 \\ 2 \end{pmatrix} \cdot \begin{pmatrix} 5 \\ 2 \end{pmatrix} u^2$$

$$+ (-1)^{3-3} \begin{pmatrix} 3 \\ 3 \end{pmatrix} \cdot \begin{pmatrix} 6 \\ 3 \end{pmatrix} u^3$$

$$= 20u^3 - 30u^2 + 12u - 1$$

则

$$\begin{cases} \lambda_1 = E\left(X_{1,1}\right) = \displaystyle\int_0^1 x\left(u\right) du \\[3mm] \lambda_2 = \dfrac{1}{2} E\left(X_{2,2} - X_{1,2}\right) = \displaystyle\int_0^1 x\left(u\right) \cdot (2u - 1) du \\[3mm] \lambda_3 = \dfrac{1}{3} E\left(X_{3,3} - 2X_{2,3} - X_{1,3}\right) = \displaystyle\int_0^1 x\left(u\right) \cdot \left(6u^2 - 6u + 1\right) du \\[3mm] \lambda_4 = \dfrac{1}{4} E\left(X_{4,4} - 3X_{3,4} + 3X_{2,4} - X_{1,4}\right) \\[3mm] \quad\quad = \displaystyle\int_0^1 x\left(u\right) \cdot \left(20u^3 - 30u^2 + 12u - 1\right) du \end{cases} \tag{109}$$

分析式 (108) 随机变量 X 的线性矩定义, 有

$$\lambda_r = \int_0^1 x\left(u\right) P_{r-1}^*\left(u\right) du = \int_0^1 x\left(u\right) \sum_{k=0}^{r-1} p_{r,k}^* u^k du$$

$$= \sum_{k=0}^{r-1} p_{r,k}^* \int_0^1 x\left(u\right) u^k du = \sum_{k=0}^{r-1} p_{r-1,k}^* \beta_k \tag{110}$$

则当 $r = 1$ 时, 有 $\lambda_1 = \displaystyle\sum_{k=0}^{1-1} p_{1-1,k}^* \beta_k = \int_0^1 x\left(u\right) du = \beta_0$;

当 $r = 2$ 时, 有

$$\lambda_2 = \sum_{k=0}^{2-1} p_{2-1,k}^* \beta_k = p_{1,0}^* \beta_0 + p_{1,1}^* \beta_1$$

$$= \frac{(-1)^{1-0}(1+0)!}{(0!)^2(1-0)!} \beta_0 + \frac{(-1)^{1-1}(1+1)!}{(1!)^2(1-1)!} \beta_1$$

$$= -\beta_0 + 2\beta_1 = 2\beta_1 - \beta_0$$

$$= 2\left(\alpha_0 - \alpha_1\right) - \alpha_0 = \alpha_0 - 2\alpha_1$$

$$\lambda_3 = \sum_{k=0}^{3-1} p_{3-1,k}^* \beta_k = p_{2,0}^* \beta_0 + p_{2,1}^* \beta_1 + p_{2,2}^* \beta_2$$

$$= \frac{(-1)^{2-0}(2+0)!}{(0!)^2(2-0)!} \beta_0 + \frac{(-1)^{2-1}(2+1)!}{(1!)^2(2-1)!} \beta_1 + \frac{(-1)^{2-2}(2+2)!}{(2!)^2(2-2)!} \beta_2$$

$$= \beta_0 - 6\beta_1 + 6\beta_2 = 6\beta_2 - 6\beta_1 + \beta_0$$

$$= 6(\alpha_0 - 2\alpha_1 + \alpha_2) - 6(\alpha_0 - \alpha_1) + \alpha_0$$

$$= 6\alpha_0 - 12\alpha_1 + 6\alpha_2 - 6\alpha_0 + 6\alpha_1 + \alpha_0$$

$$= 6\alpha_2 - 6\alpha_1 + \alpha_0$$

$$\lambda_4 = \sum_{k=0}^{4-1} p_{4-1,k}^* \beta_k = p_{3,0}^* \beta_0 + p_{3,1}^* \beta_1 + p_{3,2}^* \beta_2 + p_{3,3}^* \beta_3$$

$$= \frac{(-1)^{3-0}(3+0)!}{(0!)^2(3-0)!} \beta_0 + \frac{(-1)^{3-1}(3+1)!}{(1!)^2(3-1)!} \beta_1$$

$$+ \frac{(-1)^{3-2}(3+2)!}{(2!)^2(3-2)!} \beta_2 + \frac{(-1)^{3-3}(3+3)!}{(3!)^2(3-3)!} \beta_3$$

$$= -\beta_0 + 12\beta_1 - 30\beta_2 + 20\beta_3$$

$$= 20\beta_3 - 30\beta_2 + 12\beta_1 - \beta_0$$

$$= 20(\alpha_0 - 3\alpha_1 + 3\alpha_2 - \alpha_3)$$

$$\quad - 30(\alpha_0 - 2\alpha_1 + \alpha_2) + 12(\alpha_0 - \alpha_1) - a_0$$

$$= 20\alpha_0 - 60\alpha_1 + 60\alpha_2 - 20\alpha_3$$

$$\quad - 30\alpha_0 + 60\alpha_1 - 30\alpha_2 + 12\alpha_0 - 12\alpha_1 - a_0$$

$$= \alpha_0 - 12\alpha_1 + 30\alpha_2 - 20\alpha_3$$

根据以上推导, 有

$$\begin{cases} \lambda_1 = \alpha_0 = \beta_0 \\ \lambda_2 = \alpha_0 - 2\alpha_1 = -\beta_0 + 2\beta_1 \\ \lambda_3 = 6\alpha_2 - 6\alpha_1 + \alpha_0 = \beta_0 - 6\beta_1 + 6\beta_2 \\ \lambda_4 = \alpha_0 - 12\alpha_1 + 30\alpha_2 - 20\alpha_3 \\ \quad = -\beta_0 + 12\beta_1 - 30\beta_2 + 20\beta_3 \end{cases} \tag{111}$$

又

$$
\begin{cases}
\displaystyle\sum_{k=0}^{1-1} p^*_{1-1,k}\alpha_k = \alpha_0 \\[2ex]
\displaystyle\sum_{k=0}^{2-1} p^*_{2-1,k}\alpha_k = -\alpha_0 + 2\alpha_1 \\[2ex]
\displaystyle\sum_{k=0}^{3-1} p^*_{3-1,k}\alpha_k = \alpha_0 - 6\alpha_1 + 6\alpha_2 \\[2ex]
\displaystyle\sum_{k=0}^{4-1} p^*_{4-1,k}\alpha_k = -\alpha_0 + 12\alpha_1 - 30\alpha_2 + 20\alpha_3
\end{cases}
$$

则有

$$
\begin{cases}
(-1)^{1-1}\displaystyle\sum_{k=0}^{1-1} p^*_{1-1,k}\alpha_k = \alpha_0 \\[2ex]
(-1)^{2-1}\displaystyle\sum_{k=0}^{2-1} p^*_{2-1,k}\alpha_k = -(-\alpha_0 + 2\alpha_1) = \alpha_0 - 2\alpha_1 \\[2ex]
(-1)^{3-1}\displaystyle\sum_{k=0}^{3-1} p^*_{3-1,k}\alpha_k = \alpha_0 - 6\alpha_1 + 6\alpha_2 \\[2ex]
(-1)^{4-1}\displaystyle\sum_{k=0}^{4-1} p^*_{4-1,k}\alpha_k = -(-\alpha_0 + 12\alpha_1 - 30\alpha_2 + 20\alpha_3) \\[2ex]
\qquad\qquad\qquad\qquad = \alpha_0 - 12\alpha_1 + 30\alpha_2 - 20\alpha_3
\end{cases}
$$

即

$$
\begin{cases}
\lambda_1 = (-1)^{1-1}\displaystyle\sum_{k=0}^{1-1} p^*_{1-1,k}\alpha_k = \sum_{k=0}^{1-1} p^*_{1-1,k}\beta_k \\[2ex]
\lambda_2 = (-1)^{2-1}\displaystyle\sum_{k=0}^{2-1} p^*_{2-1,k}\alpha_k = \sum_{k=0}^{2-1} p^*_{2-1,k}\beta_k \\[2ex]
\lambda_3 = (-1)^{3-1}\displaystyle\sum_{k=0}^{3-1} p^*_{3-1,k}\alpha_k = \sum_{k=0}^{3-1} p^*_{3-1,k}\beta_k \\[2ex]
\lambda_4 = (-1)^{4-1}\displaystyle\sum_{k=0}^{4-1} p^*_{4-1,k}\alpha_k = \sum_{k=0}^{4-1} p^*_{4-1,k}\beta_k
\end{cases}
$$

更一般的定义形式为

$$\lambda_{r+1} = (-1)^r \sum_{k=0}^{r} p_{r,k}^* \alpha_k = \sum_{k=0}^{r} p_{r,k}^* \beta_k \tag{112}$$

式中, $p_{r,k}^* = (-1)^{r-k} \begin{pmatrix} r \\ k \end{pmatrix} \begin{pmatrix} r+k \\ k \end{pmatrix} = \dfrac{(-1)^{r-k}(r+k)!}{(k!)^2 (r-k)!}$.

定义矩率

$$\tau = \frac{\lambda_2}{\lambda_1}; \quad \tau_r = \frac{\lambda_r}{\lambda_2}, \quad r = 3, 4, \cdots \tag{113}$$

2.5.2 P-III 型分布线性矩计算

2.5.2.1 正偏 P-III 型分布 $(\beta > 0)$

$$\beta_0 = \alpha\beta + a_0 \tag{114}$$

$$\beta_1 = \beta \cdot S_1^1(\alpha) + a_0 S_1^0(\alpha) \tag{115}$$

$$\beta_2 = \beta \cdot S_2^1(\alpha) + a_0 S_2^0(\alpha) \tag{116}$$

式中, $S_1^0(\alpha) = \dfrac{1}{2}$, $S_2^0(\alpha) = \dfrac{1}{3}$, $S_1^1(\alpha) = \dfrac{1}{2B\left(\alpha, \dfrac{1}{2}\right)} + \dfrac{\alpha}{2}$, $S_2^1(\alpha) = \dfrac{\alpha}{3} + \dfrac{1}{B\left(\alpha, \dfrac{1}{2}\right)} \cdot$

$I_{\frac{1}{3}}(\alpha, 2\alpha)$.

$$
\begin{aligned}
l_1 =& \beta_0 = \alpha\beta + a_0 \\
l_2 =& 2\beta_1 - \beta_0 = 2\left[\beta \cdot S_1^1(\alpha) + a_0 S_1^0(\alpha)\right] - (\alpha\beta + a_0) \\
=& 2\beta \cdot S_1^1(\alpha) + 2a_0 S_1^0(\alpha) - \alpha\beta - a_0 \\
=& 2\beta \cdot S_1^1(\alpha) + 2a_0 \frac{1}{2} - \alpha\beta - a_0 \\
=& 2\beta \cdot S_1^1(\alpha) + a_0 - \alpha\beta - a_0 \\
=& 2\beta \cdot S_1^1(\alpha) - \alpha\beta = \beta \cdot \left[2S_1^1(\alpha) - \alpha\right] \\
l_3 =& 6\beta_2 - 6\beta_1 + \beta_0 = 6\left[\beta \cdot S_2^1(\alpha) + a_0 S_2^0(\alpha)\right] \\
& - 6\left[\beta \cdot S_1^1(\alpha) + a_0 S_1^0(\alpha)\right] + (\alpha\beta + a_0) \\
=& 6\beta \cdot S_2^1(\alpha) + 6a_0 S_2^0(\alpha) - 6\beta \cdot S_1^1(\alpha) - 6a_0 S_1^0(\alpha) + \alpha\beta + a_0 \\
=& 6\beta \cdot S_2^1(\alpha) + 6a_0 \frac{1}{3} - 6\beta \cdot S_1^1(\alpha) - 6a_0 \frac{1}{2} + \alpha\beta + a_0
\end{aligned}
$$

$$=6\beta \cdot S_2^1\left(\alpha\right) + 2a_0 - 6\beta \cdot S_1^1\left(\alpha\right) - 3a_0 + \alpha\beta + a_0$$

$$=6\beta \cdot S_2^1\left(\alpha\right) - 6\beta \cdot S_1^1\left(\alpha\right) + \alpha\beta$$

$$=\beta \cdot \left[6 \cdot S_2^1\left(\alpha\right) - 6S_1^1\left(\alpha\right) + \alpha\right]$$

即

$$l_1 = \alpha\beta + a_0 \tag{117}$$

$$l_2 = \beta \cdot \left[2S_1^1\left(\alpha\right) - \alpha\right] \tag{118}$$

$$l_3 = \beta \cdot \left[6 \cdot S_2^1\left(\alpha\right) - 6S_1^1\left(\alpha\right) + \alpha\right] \tag{119}$$

式 (119) 两边除以式 (118) 两边, 有

$$\frac{l_3}{l_2} = \frac{\beta \cdot \left[6 \cdot S_2^1\left(\alpha\right) - 6S_1^1\left(\alpha\right) + \alpha\right]}{\beta \cdot \left[2S_1^1\left(\alpha\right) - \alpha\right]} = \frac{6 \cdot S_2^1\left(\alpha\right) - 6S_1^1\left(\alpha\right) + \alpha}{2S_1^1\left(\alpha\right) - \alpha}$$

$$= \frac{6 \cdot \left[\dfrac{\alpha}{3} + \dfrac{1}{B\left(\alpha, \dfrac{1}{2}\right)} I_{\frac{1}{3}}\left(\alpha, 2\alpha\right)\right] - 6\left[\dfrac{1}{2B\left(\alpha, \dfrac{1}{2}\right)} + \dfrac{\alpha}{2}\right] + \alpha}{2\left[\dfrac{1}{2B\left(\alpha, \dfrac{1}{2}\right)} + \dfrac{\alpha}{2}\right] - \alpha}$$

$$= \frac{2\alpha + \dfrac{6}{B\left(\alpha, \dfrac{1}{2}\right)} I_{\frac{1}{3}}\left(\alpha, 2\alpha\right) - \dfrac{3}{B\left(\alpha, \dfrac{1}{2}\right)} - 3\alpha + \alpha}{\dfrac{1}{B\left(\alpha, \dfrac{1}{2}\right)} + \alpha - \alpha}$$

$$= \frac{\dfrac{6}{B\left(\alpha, \dfrac{1}{2}\right)} I_{\frac{1}{3}}\left(\alpha, 2\alpha\right) - \dfrac{3}{B\left(\alpha, \dfrac{1}{2}\right)}}{\dfrac{1}{B\left(\alpha, \dfrac{1}{2}\right)}}$$

$$= \frac{\dfrac{1}{B\left(\alpha, \dfrac{1}{2}\right)} \left[6I_{\frac{1}{3}}\left(\alpha, 2\alpha\right) - 3\right]}{\dfrac{1}{B\left(\alpha, \dfrac{1}{2}\right)}} = 6I_{\frac{1}{3}}\left(\alpha, 2\alpha\right) - 3$$

由 $\dfrac{l_3}{l_2} = \tau_3$, 则

$$\tau_3 = 6I_{\frac{1}{3}}(\alpha, 2\alpha) - 3 \tag{120}$$

根据样本求得, $\dfrac{\hat{l}_3}{\hat{l}_2} = \hat{\tau}_3$, 则求解非线性方程可获得参数 α. 由式 (118), $l_2 = \beta \cdot \left[2S_1^1(\alpha) - \alpha\right]$ 得

$$\beta = \frac{\hat{l}_2}{2S_1^1(\alpha) - \alpha} = \frac{\hat{l}_2}{2\left[\dfrac{1}{2\mathrm{B}\left(\alpha, \dfrac{1}{2}\right)} + \dfrac{\alpha}{2}\right] - \alpha}$$

$$= \frac{\hat{l}_2}{\dfrac{1}{\mathrm{B}\left(\alpha, \dfrac{1}{2}\right)} + \alpha - \alpha} = \hat{l}_2 \cdot \mathrm{B}\left(\alpha, \frac{1}{2}\right) \tag{121}$$

参数 α, β 求出后, 代入式 (117), 有 $a_0 = \hat{l}_1 - \alpha\beta$.

2.5.2.2 负偏 P-III 型分布 $(\beta < 0)$

$$l_1 = \alpha\beta + a_0 \tag{122}$$

$$l_2 = \beta \cdot \left[2S_1^1(\alpha) - \alpha\right] \tag{123}$$

$$l_3 = \beta \cdot \left[6 \cdot S_2^1(\alpha) - 6S_1^1(\alpha) + \alpha\right] \tag{124}$$

式中, $S_1^0(\alpha) = \dfrac{1}{2}$, $S_2^0(\alpha) = \dfrac{1}{3}$, $S_1^1(\alpha) = \dfrac{\alpha}{2} - \dfrac{1}{2\mathrm{B}\left(\alpha, \dfrac{1}{2}\right)}$, $S_2^1(\alpha) = \dfrac{\alpha}{3} + \dfrac{1}{\mathrm{B}\left(\alpha, \dfrac{1}{2}\right)} \cdot \left[I_{1/3}(\alpha, 2\alpha) - 1\right]$. 式 (124) 两边除以式 (123) 两边, 有

$$\frac{l_3}{l_2} = \frac{\beta \cdot \left[6 \cdot S_2^1(\alpha) - 6S_1^1(\alpha) + \alpha\right]}{\beta \cdot \left[2S_1^1(\alpha) - \alpha\right]} = \frac{6 \cdot S_2^1(\alpha) - 6S_1^1(\alpha) + \alpha}{2S_1^1(\alpha) - \alpha}$$

$$= \frac{6 \cdot \left\{\dfrac{\alpha}{3} + \dfrac{1}{\mathrm{B}\left(\alpha, \dfrac{1}{2}\right)}\left[I_{1/3}(\alpha, 2\alpha) - 1\right]\right\} - 6\left[\dfrac{\alpha}{2} - \dfrac{1}{2\mathrm{B}\left(\alpha, \dfrac{1}{2}\right)}\right] + \alpha}{2\left[\dfrac{\alpha}{2} - \dfrac{1}{2\mathrm{B}\left(\alpha, \dfrac{1}{2}\right)}\right] - \alpha}$$

$$
=\cfrac{2\alpha+\cfrac{6}{\mathrm{B}\left(\alpha,\frac{1}{2}\right)}\left[I_{1/3}\left(\alpha,2\alpha\right)-1\right]-3\alpha+\cfrac{3}{\mathrm{B}\left(\alpha,\frac{1}{2}\right)}+\alpha}{\alpha-\cfrac{1}{\mathrm{B}\left(\alpha,\frac{1}{2}\right)}-\alpha}
$$

$$
=\cfrac{\cfrac{6}{\mathrm{B}\left(\alpha,\frac{1}{2}\right)}\left[I_{1/3}\left(\alpha,2\alpha\right)-1\right]+\cfrac{3}{\mathrm{B}\left(\alpha,\frac{1}{2}\right)}}{-\cfrac{1}{\mathrm{B}\left(\alpha,\frac{1}{2}\right)}}
$$

$$
=6\left[1-I_{1/3}\left(\alpha,2\alpha\right)\right]-3
$$

由此式可解出参数 α.

由式 $(123)l_2=\beta\cdot\left[2S_1^1\left(\alpha\right)-\alpha\right]$ 得

$$
\beta=\cfrac{\hat{l}_2}{2S_1^1\left(\alpha\right)-\alpha}=\cfrac{\hat{l}_2}{2\left[\cfrac{\alpha}{2}-\cfrac{1}{2\mathrm{B}\left(\alpha,\frac{1}{2}\right)}\right]-\alpha}
$$

$$
=\cfrac{\hat{l}_2}{\alpha-\cfrac{1}{\mathrm{B}\left(\alpha,\frac{1}{2}\right)}-\alpha}=-\hat{l}_2\cdot\mathrm{B}\left(\alpha,\frac{1}{2}\right) \tag{125}
$$

参数 α, β 求出后, 代入式 (122), 有 $a_0=\hat{l}_1-\alpha\beta$.

2.5.3　样本线性矩计算

2.5.3.1　次序统计量样本为由小到大排序

样本线性矩可按照下述过程进行计算 (Hosking, 1990). 设样本 $x_1,x_2,\cdots,x_n$ 的次序统计量样本为 $x_{1,n}\leqslant x_{2,n}\leqslant\cdots\leqslant x_{n,n}$.

根据
$$
\begin{cases}
\lambda_1=E\left(x_{1,1}\right),\\[2mm]
\lambda_2=\dfrac{1}{2}E\left(x_{2,2}-x_{1,2}\right),\\[2mm]
\lambda_3=\dfrac{1}{3}E\left(x_{3,3}-2x_{2,3}-x_{1,3}\right),\\[2mm]
\lambda_4=\dfrac{1}{4}E\left(x_{4,4}-3x_{3,4}+3x_{2,4}-x_{1,4}\right),
\end{cases}
$$
有样本线性矩

1 个观测值的组合数为 n，

$$\hat{\lambda}_1 = \frac{1}{n} \sum_{i=1}^{n} x_{i,n} \tag{126}$$

2 个观测值的组合数为 $\begin{pmatrix} n \\ 2 \end{pmatrix}$，

$$\hat{\lambda}_2 = \frac{1}{2} \frac{\displaystyle\sum_{i=j+1}^{n} \sum_{j=1}^{n-1} (x_{i,n} - x_{j,n})}{\begin{pmatrix} n \\ 2 \end{pmatrix}} = \frac{1}{2} \frac{\displaystyle\sum_{j=1}^{n-1} \sum_{i=j+1}^{n} (x_{i,n} - x_{j,n})}{\begin{pmatrix} n \\ 2 \end{pmatrix}} \tag{127}$$

3 个观测值的组合数为 $\begin{pmatrix} n \\ 3 \end{pmatrix}$，

$$\hat{\lambda}_3 = \frac{1}{3} \frac{\displaystyle\sum_{i=j+1}^{n} \sum_{j=k+1}^{n-1} \sum_{k=1}^{n-2} (x_{i,n} - 2x_{j,n} + x_{k,n})}{\begin{pmatrix} n \\ 3 \end{pmatrix}}$$

$$= \frac{1}{3} \frac{\displaystyle\sum_{k=1}^{n-2} \sum_{j=k+1}^{n-1} \sum_{i=j+1}^{n} (x_{i,n} - 2x_{j,n} + x_{k,n})}{\begin{pmatrix} n \\ 3 \end{pmatrix}} \tag{128}$$

4 个观测值的组合数为 $\begin{pmatrix} n \\ 4 \end{pmatrix}$，

$$\hat{\lambda}_4 = \frac{1}{4} \frac{\displaystyle\sum_{i=j+1}^{n} \sum_{j=k+1}^{n-1} \sum_{k=l+1}^{n-2} \sum_{l=1}^{n-3} (x_{i,n} - 3x_{j,n} + 3x_{k,n} - x_{l,n})}{\begin{pmatrix} n \\ 4 \end{pmatrix}}$$

$$= \frac{1}{4} \frac{\displaystyle\sum_{l=1}^{n-3} \sum_{k=l+1}^{n-2} \sum_{j=k+1}^{n-1} \sum_{i=j+1}^{n} (x_{i,n} - 3x_{j,n} + 3x_{k,n} - x_{l,n})}{\begin{pmatrix} n \\ 4 \end{pmatrix}} \tag{129}$$

Wang(1996) 提出了直接计算线性矩公式 $\hat{\lambda}_2 = \dfrac{1}{2} \dbinom{n}{2}^{-1} \displaystyle\sum_{j=1}^{n-1} \sum_{i=j+1}^{n} (x_{i,n} - x_{j,n})$, 当 $n = 5$, 则有

$$\sum_{j=1}^{4} \sum_{i=j+1}^{5} (x_{i,n} - x_{j,n})$$

$$= \sum_{j=1}^{4} \sum_{i=j+1}^{5} \left(x_{(i)} - x_{(j)}\right) = \left(x_{(2)} - x_{(1)}\right) + \left(x_{(3)} - x_{(1)}\right)$$

$$+ \left(x_{(4)} - x_{(1)}\right) + \left(x_{(5)} - x_{(1)}\right)$$

$$+ \left(x_{(3)} - x_{(2)}\right) + \left(x_{(4)} - x_{(2)}\right) + \left(x_{(5)} - x_{(2)}\right)$$

$$+ \left(x_{(4)} - x_{(3)}\right) + \left(x_{(5)} - x_{(3)}\right) + \left(x_{(5)} - x_{(4)}\right)$$

$$= \left[-x_{(1)} - x_{(1)} - x_{(1)} - x_{(1)}\right] + x_{(2)} + \left[-x_{(2)} - x_{(2)} - x_{(2)}\right]$$

$$+ \left[x_{(3)} + x_{(3)}\right] + \left[-x_{(3)} - x_{(3)}\right]$$

$$+ \left[x_{(4)} + x_{(4)} + x_{(4)}\right] - x_{(4)} + \left[x_{(5)} + x_{(5)} + x_{(5)} + x_{(5)}\right]$$

$$= \left[0 \cdot x_{(1)} - 4x_{(1)}\right] + \left[x_{(2)} - 3x_{(2)}\right] + \left[2x_{(3)} - 2x_{(3)}\right]$$

$$+ \left[3x_{(4)} - x_{(4)}\right] + \left[4x_{(5)} - 0 \cdot x_{(5)}\right]$$

$$= (0 - 4)\, x_{(1)} + (1 - 3)\, x_{(2)} + (2 - 2)\, x_{(3)} + (3 - 1)\, x_{(4)} + (4 - 0)\, x_{(5)}$$

$$= \left(C_1^{1-1} - C_1^{5-1}\right) x_{(1)} + \left(C_1^{2-1} - C_1^{5-2}\right) x_{(2)} + \left(C_1^{3-1} - C_1^{5-3}\right) x_{(3)}$$

$$+ \left(C_1^{4-1} - C_1^{5-4}\right) x_{(4)} + \left(C_1^{5-1} - C_1^{5-5}\right) x_{(5)}$$

$$= \sum_{i=1}^{n} \left(C_1^{i-1} - C_1^{n-i}\right) x_{(i)}$$

$$\hat{\lambda}_2 = \frac{1}{2} \binom{n}{2}^{-1} \sum_{j=1}^{n-1} \sum_{i=j+1}^{n} (x_{i,n} - x_{j,n}) = \frac{1}{2} \binom{n}{2}^{-1} \sum_{i=1}^{n} \left(C_1^{i-1} - C_1^{n-i}\right) x_{(i)}$$

$$\hat{\lambda}_3 = \frac{1}{3} \frac{\displaystyle\sum_{k=1}^{n-2} \sum_{j=k+1}^{n-1} \sum_{i=j+1}^{n} (x_{i,n} - 2x_{j,n} + x_{k,n})}{\dbinom{n}{3}}$$

当 $n = 5$, 则有

$$\sum_{k=1}^{3} \sum_{j=k+1}^{4} \sum_{i=j+1}^{5} \left(x_{i,n} - 2x_{j,n} + x_{k,n} \right)$$

$$= \sum_{k=1}^{3} \sum_{j=k+1}^{4} \sum_{i=j+1}^{5} \left(x_{(i)} - 2x_{(j)} + x_{(k)} \right)$$

$$= \left[x_{(3)} - 2x_{(2)} + x_{(1)} \right] + \left[x_{(4)} - 2x_{(2)} + x_{(1)} \right] + \left[x_{(5)} - 2x_{(2)} + x_{(1)} \right]$$

$$\quad + \left[x_{(4)} - 2x_{(3)} + x_{(1)} \right] + \left[x_{(5)} - 2x_{(3)} + x_{(1)} \right] + \left[x_{(5)} - 2x_{(4)} + x_{(1)} \right]$$

$$\quad + \left[x_{(4)} - 2x_{(3)} + x_{(2)} \right] + \left[x_{(5)} - 2x_{(3)} + x_{(2)} \right]$$

$$\quad + \left[x_{(5)} - 2x_{(4)} + x_{(2)} \right] + \left[x_{(5)} - 2x_{(4)} + x_{(3)} \right]$$

$$= \left[0 \times x_{(1)} - 0 \times 2x_{(1)} + 6x_{(1)} \right] + \left[0 \times x_{(2)} - 3 \times 2x_{(2)} + 3x_{(2)} \right]$$

$$\quad + \left[x_{(3)} - 4 \times 2x_{(3)} + x_{(3)} \right] + \left[3x_{(4)} - 3 \times 2x_{(4)} + 0 \times x_{(4)} \right]$$

$$\quad + \left[6x_{(5)} - 0 \times 2x_{(5)} + 0 \times x_{(5)} \right]$$

$$= \left[C_2^{1-1} x_{(1)} - C_1^{1-1} C_1^{5-1} \times 2x_{(1)} + C_2^{5-1} x_{(1)} \right]$$

$$\quad + \left[C_2^{2-1} \times x_{(2)} - C_1^{2-1} C_1^{5-2} \times 2x_{(2)} + C_2^{5-2} x_{(2)} \right]$$

$$\quad + \left[C_2^{3-1} x_{(3)} - C_1^{3-1} C_1^{5-3} \times 2x_{(3)} + C_2^{5-3} x_{(3)} \right]$$

$$\quad + \left[C_2^{4-1} 3x_{(4)} - C_1^{4-1} C_1^{5-4} \times 2x_{(4)} + C_2^{5-4} x_{(4)} \right]$$

$$\quad + \left[C_2^{5-1} x_{(5)} - C_1^{5-1} C_1^{5-5} \times 2x_{(5)} + C_2^{5-5} x_{(5)} \right]$$

$$= \sum_{i=1}^{n} \left(C_2^{i-1} - 2C_1^{i-1} C_1^{n-i} + C_2^{n-i} \right) x_{(i)}$$

则

$$\hat{\lambda}_3 = \frac{1}{3} \frac{\displaystyle\sum_{k=1}^{n-2} \sum_{j=k+1}^{n-1} \sum_{i=j+1}^{n} \left(x_{i,n} - 2x_{j,n} + x_{k,n} \right)}{\dbinom{n}{3}}$$

$$= \frac{1}{3} \dbinom{n}{3}^{-1} \sum_{i=1}^{n} \left(C_2^{i-1} - 2C_1^{i-1} C_1^{n-i} + C_2^{n-i} \right) x_{(i)}$$

同理, 有 $\hat{\lambda}_4 = \dfrac{1}{4} \left(\begin{array}{c} n \\ 4 \end{array} \right)^{-1} \displaystyle\sum_{i=1}^{n} \left(C_3^{i-1} - 3C_2^{i-1}C_1^{n-i} + 3C_1^{i-1}C_2^{n-i} - C_3^{n-i} \right) x_{(i)}$, 即

$$
\begin{cases}
\hat{\lambda}_1 = \dfrac{1}{n} \displaystyle\sum_{i=1}^{n} x_{(i)} \\[3mm]
\hat{\lambda}_2 = \dfrac{1}{2} \left(\begin{array}{c} n \\ 2 \end{array} \right)^{-1} \displaystyle\sum_{i=1}^{n} \left(C_1^{i-1} - C_1^{n-i} \right) x_{(i)} \\[3mm]
\hat{\lambda}_3 = \dfrac{1}{3} \left(\begin{array}{c} n \\ 3 \end{array} \right)^{-1} \displaystyle\sum_{i=1}^{n} \left(C_2^{i-1} - 2C_1^{i-1}C_1^{n-i} + C_2^{n-i} \right) x_{(i)} \\[3mm]
\hat{\lambda}_4 = \dfrac{1}{4} \left(\begin{array}{c} n \\ 4 \end{array} \right)^{-1} \displaystyle\sum_{i=1}^{n} \left(C_3^{i-1} - 3C_2^{i-1}C_1^{n-i} + 3C_1^{i-1}C_2^{n-i} - C_3^{n-i} \right) x_{(i)}
\end{cases}
\tag{130}
$$

另一种方法是先求概率权重矩, 则线性矩采用下式计算.

$$
\begin{cases}
\hat{\lambda}_1 = \hat{\alpha}_0 = \hat{\beta}_0 \\[2mm]
\hat{\lambda}_2 = \hat{\alpha}_0 - 2\hat{\alpha}_1 = -\hat{\beta}_0 + 2\hat{\beta}_1 \\[2mm]
\hat{\lambda}_3 = 6\hat{\alpha}_2 - 6\hat{\alpha}_1 + \hat{\alpha}_0 = \hat{\beta}_0 - 6\hat{\beta}_1 + 6\hat{\beta}_2 \\[2mm]
\hat{\lambda}_4 = \hat{\alpha}_0 - 12\hat{\alpha}_1 + 30\hat{\alpha}_2 - 20\hat{\alpha}_3 \\[2mm]
\qquad = -\hat{\beta}_0 + 12\hat{\beta}_1 - 30\hat{\beta}_2 + 20\hat{\beta}_3
\end{cases}
\tag{131}
$$

更有样本线性矩的一般形式

$$
\hat{\lambda}_k = \sum_{l=0}^{k-1} (-1)^{k-l-1} \left(\begin{array}{c} k-1 \\ l \end{array} \right) \cdot \left(\begin{array}{c} k+l-1 \\ l \end{array} \right) \hat{\beta}_l
\tag{132}
$$

式中, $\hat{\beta}_l = \dfrac{1}{n} \displaystyle\sum_{i=1}^{n} \dfrac{(i-1) \times (i-2) \times \cdots \times (i-l)}{(n-1) \times (n-2) \times \cdots \times (n-l)} x_{(i)}$; $\hat{\beta}_0 = \dfrac{1}{n} \displaystyle\sum_{i=1}^{n} x_{(i)}$.

2.5.3.2　次序统计量样本为由大到小排序

$$
\begin{cases}
\hat{\lambda}_1 = \hat{\alpha}_0 = \hat{\beta}_0 \\[2mm]
\hat{\lambda}_2 = \hat{\alpha}_0 - 2\hat{\alpha}_1 = -\hat{\beta}_0 + 2\hat{\beta}_1 \\[2mm]
\hat{\lambda}_3 = 6\hat{\alpha}_2 - 6\hat{\alpha}_1 + \hat{\alpha}_0 = \hat{\beta}_0 - 6\hat{\beta}_1 + 6\hat{\beta}_2 \\[2mm]
\hat{\lambda}_4 = \hat{\alpha}_0 - 12\hat{\alpha}_1 + 30\hat{\alpha}_2 - 20\hat{\alpha}_3 \\[2mm]
\qquad = -\hat{\beta}_0 + 12\hat{\beta}_1 - 30\hat{\beta}_2 + 20\hat{\beta}_3
\end{cases}
\tag{133}
$$

$$式中,\begin{cases} \hat{\beta}_0 = \dfrac{1}{n} \displaystyle\sum_{i=1}^{n} x_{(i)}, \\[3mm] \hat{\beta}_1 = \dfrac{1}{n} \displaystyle\sum_{i=1}^{n} \dfrac{(n-i)}{(n-1)} \cdot x_{(i)}, \\[3mm] \hat{\beta}_2 = \dfrac{1}{n} \displaystyle\sum_{i=1}^{n} \dfrac{(n-i) \times (n-i-1)}{(n-1) \times (n-2)} \cdot x_{(i)}, \\[3mm] \hat{\beta}_3 = \dfrac{1}{n} \displaystyle\sum_{i=1}^{n} \dfrac{(n-i) \times (n-i-1) \times (n-i-2)}{(n-1) \times (n-2) \times (n-3)} \cdot x_{(i)}. \end{cases}$$

2.5.4 应用实例

例 10 正偏 P-III 型分布频率计算. 陕西省武功县 1955—2007 年年降水量序列如例 1 所示. 按照线性矩法, 计算年降水量序列 P-III 型分布参数和设计值.

将年降水量序列由大到小排序后, 按式 (133) 计算, 有样本线性矩 $\hat{l}_1 = 606.73774$, $\hat{l}_2 = 347.41636$, $\hat{l}_3 = 247.91605$. 把样本矩代入式 (120), 求解非线性方程得 $\alpha = 8.78218, w(\alpha) = -1.2864 \times 10^{-10}$, 由式 (121) 得 $\beta = 53.44451$, 由式 (117) 得 $a_0 = 137.37832$. 设计值计算结果见表 10.

表 10 线性矩法不同频率降水量设计值

频率/%	武功县		塔什库尔干县	
	y_p	设计值	y_p	设计值
0.50	18.26579	1113.58	0.78520	110.20
1.00	17.09915	1051.23	0.95131	108.30
5.00	14.15588	893.93	1.53925	101.59
10.00	12.72929	817.69	1.94333	96.98
15.00	11.82137	769.17	2.25545	93.41
20.00	11.13064	732.25	2.52749	90.31
25.00	10.55953	701.73	2.77845	87.44
30.00	10.06335	675.21	3.01808	84.71
35.00	9.61751	651.38	3.25248	82.03
40.00	9.20673	629.43	3.48612	79.37
45.00	8.82056	608.79	3.72278	76.66
50.00	8.45119	589.05	3.96604	73.89
55.00	8.09232	569.87	4.21977	70.99
60.00	7.73830	550.95	4.48846	67.92
65.00	7.38352	531.99	4.77787	64.62
70.00	7.02173	512.65	5.09594	60.99
75.00	6.64502	492.52	5.45447	56.89
80.00	6.24204	470.98	5.87266	52.12

续表

频率/%	武功县		塔什库尔干县	
	y_p	设计值	y_p	设计值
85.00	5.79389	447.03	6.38573	46.26
90.00	5.26223	418.62	7.07120	38.44
95.00	4.53818	379.92	8.17078	25.89
99.00	3.37453	317.73	10.51113	—

例 11　负偏 P-III 型分布参数计算. 新疆塔什库尔干县 1962—2003 年年降水量序列见例 3, 按式 (133) 计算, 有样本概率权重矩 $\hat{\beta}_0 = 70.13810$, $\hat{\beta}_1 = 41.55163$, $\hat{\beta}_2 = 29.51877$. 把样本矩代入, 求解非线性方程得 $\alpha = 4.29438$, $w(\alpha) = -1.7528 \times 10^{-10}$, 由式 (125) 得 $\beta = -11.41604$, 由式 (122) 得 $a_0 = 119.16295$. 计算结果见表 10.

2.6　含零值水文序列频率的计算原理与应用

实际中, 干旱区往往出现枯水期月降水量、月径流量为零. 因而, 常规水文频率计算方法无法进行这类序列的频率计算. Jennings 和 Benson(1969)、Woo 和 Wu(1989)、Wang 和 Singh(1995)、毛赛珠 (1985)、李满刚 (1998)、杨力行 (1992)、刘志强等 (1999) 等学者提出了含零值水文序列的计算方法. 这些计算方法概括起来有: ①首先在包含零值的所有样本点序列 (全序列) 加上一个小水文事件发生值, 然后按照常规的频率计算拟合这个序列. 其缺点是对损失或破坏分析没有精度上的改进和提高. ②忽略零值. 用剩余的非零值序列进行频率计算. 它的不足之处在于没有计算零值对全序列的统计分布贡献. ③按照全概率法计算频率. 这种方法克服了上述 2 种方法的不足, 具有严格的数学基础, 被国外学者广泛接受. ④应用序次统计量 (order statistics) 构造全序列分布. 这种方法具有概念清晰和严格的数学基础支撑特点. ⑤采用线性动力扩散单位脉冲响应 (unit impulse response of a linearized kinematic diffusion) 建立全序列分布. 20 世纪 80 年代以来, 我国一些学者进行了含零值水文序列的计算方法研究, 如间接法、中值适线法和 II 型乘法分布等方法. 《水利水电工程设计洪水计算手册》推荐使用频率比例法 (间接法) 和 II 型乘法分布法. 频率比例法在进行频率分析时, 只需进行不含零的部分序列的频率分析, 然后, 通过频率转换, 把不含零的部分序列频率曲线转化为全系列频率曲线. 这种方法实际上是全概率原理的应用, 但是, 国内现有的文献均没有叙述该法进行频率曲线转换的理论基础. II 型乘法分布法假定水文要素的叠加现象遵循概率乘法定理, 考虑均值频率的信息, 以参数 b 为界, 把频率曲线分为首尾两部分, 分别进行频率曲线的首部和尾部适线. 它的基本出发点是用 II 型乘法分布参数 k 在 $(0,1]$ 和 $[1,\infty)$ 的分段特性拟合含零序列频率曲线.

本节根据概率论原理, 从条件概率和全概率公式出发, 推导了含零值水文序列频率的计算公式.

2.6.1　含零值水文序列频率的条件概率计算

假定一个总体容量为 N 的含零值水文序列 (无间断) 经过由大到小顺序排列后的序列如图 3 所示. 设随机变量 A 表示事件 "$X > 0$", 其发生次数为 n, 零值 "$X = 0$" 的发生次数为 $N - n$; B 表示事件 "$X \geqslant x_m$", 其发生次数为 m; AB 表示事件 "$X > 0$ 且 $X \geqslant x_m$". 由条件概率公式知

$$P(B|A) = \frac{P(AB)}{P(A)} \tag{134}$$

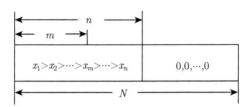

图 3　水文序列样本空间

由图 3 看出, $B = AB$, 根据概率论, 则有 $P(AB) = P(B)$, 则式 (134) 事件 B 的概率为

$$P(B) = P(A)P(B|A) \tag{135}$$

令 $P_n = P(X \geqslant x_m | X > 0)$, 根据事件概率计算, 有 $P(A) = \dfrac{n}{N}$. 则式 (135) 为

$$P(X \geqslant x_m) = P(X > 0)P(X \geqslant x_m | X > 0) = \frac{n}{N}P_n \tag{136}$$

因此, 对于含零值水文序列, 只要根据某种频率分布拟合获得非零值序列 "$X \geqslant x_m | X > 0$" 的频率 P_n, 再乘以 $\dfrac{n}{N}$, 即为含零值序列的理论超过累积频率. 按照水文频率计算, 含零值序列的理论超过累积频率计算后, 我们还需要计算其相应的经验超过累积频率.

因为 $X > 0$ 的项数为 n, 事件 "$X \geqslant x_m$" 的发生数为 m, 所以 $P(B|A) = \dfrac{m}{n}$. 事件 B 的概率应为

$$P(B) = \frac{m}{N} \tag{137}$$

若式 (137) 采用期望值公式, 则有

$$P(B) = \frac{m}{N+1} \tag{138}$$

式 (138) 即为含零值水文序列的经验超过累积频率计算公式, 其中, m 为含非零值水文序列中 $X \geqslant x_m$ 的项数.

2.6.2　含零值水文序列频率的全概率计算

设 $A_1, A_2, \cdots, A_n$ 是基本空间 Ω 的事件, 若 $A_i A_j = \varnothing, i \neq j$; $A_1 + A_2 + \cdots + A_n = \Omega$, 事件 B 的全概率计算公式为

$$P(B) = \sum_{i=1}^{n} P(A_i) P(B|A_i) \tag{139}$$

水文事件发生值不可能小于 0, 因此, 水文事件序列可以划分为 {A_1 事件 "$X > 0$"} ∪ {A_2 事件 "$X = 0$"}, 则有

$$P(B) = P(A_1) P(B|A_1) + P(A_2) P(B|A_2) \tag{140}$$

而 $P(A_2) P(B|A_2) = P(A_2 B) = P(X = 0, X \geqslant x_m)$. 对于水文事件序列来说, 事件 "$X = 0$" 与事件 "$X > x_m$" 不可能同时发生, $\{X = 0\} \cap \{X > x_m\} = \varnothing$. 因此, 有 $P(A_2) P(B|A_2) = 0$, 所以, 式 (140) 进一步可写为

$$P(X \geqslant x_m) = P(X > 0) P(X \geqslant x_m | X > 0) = \frac{n}{N} P_n \tag{141}$$

式 (136)、式 (141) 与 Jennings 和 Benson(1969) 公式相同, 表明文中推导式是正确的. 实际中, 有时需要计算含零值水文序列理论不超过累积频率 $P(X < x_m)$. 以下给出不超过累积频率 $P(X < x_m)$ 的计算.

因为 $P(X \geqslant x_m) + P(X < x_m) = 1$, $P(X \geqslant x_m | X > 0) + P(X < x_m | X > 0) = 1$, $P(X > 0) + P(X = 0) = 1$, 所以, 根据式 (141), 含零值水文序列理论不超过累积频率 $P(X < x_m)$ 为

$$
\begin{aligned}
P(X < x_m) &= 1 - P(X \geqslant x_m) = 1 - P(X > 0) P(X \geqslant x_m | X > 0) \\
&= 1 - P(X > 0) [1 - P(X < x_m | X > 0)] \\
&= 1 - P(X > 0) + P(X > 0) P(X < x_m | X > 0) \\
&= P(X = 0) + [1 - P(X = 0)] P(X < x_m | X > 0) \\
&= 1 - \frac{n}{N} + \frac{n}{N} P(X < x_m | X > 0)
\end{aligned}
\tag{142}
$$

我们也可以按照式 (140) 的全概率公式推导不超过 B_1 事件 "$X < x_m$" 的概率 $P(B_1)$.

$$
\begin{aligned}
P(B_1) &= P(A_1) P(B_1|A_1) + P(A_2) P(B_1|A_2) \\
&= P(X = 0) P(X < x_m | X = 0) + P(X > 0) P(X < x_m | X > 0)
\end{aligned}
$$

$$=P\left(X=0,X<x_m\right)+P\left(X>0\right)P\left(X<x_m|X>0\right)$$

因为水文事件发生值不可能小于 0, 有 $\{X=0\}\cap\{X<x_m\}=\{X=0\}$, 所以

$$P\left(B_1\right)=P\left(X<x_m\right)=P\left(X=0\right)+P\left(X>0\right)P\left(X<x_m|X>0\right)$$

$$=1-\frac{n}{N}+\frac{n}{N}P\left(X<x_m|X>0\right) \tag{143}$$

式 (142)、(143) 与 Woo 和 Wu(1989) 公式相同, 表明上述基于全概率的推导公式是正确的.

2.6.3　含零值水文序列频率的计算步骤

为了计算方便, 根据上述推导公式, 含零值水文序列频率的计算进一步归纳为以下步骤.

(1) 将实测序列由大到小顺序排列, 按照式 (138) 计算经验超过累积频率, 在频率纸上点绘经验频率点据.

(2) 选定水文频率分布线型, 采用水文频率分布参数的估算方法 (矩法、极大似然法、概率权重矩法、适线法和优化适线法等) 进行非零值序列的参数估计, 进而计算 P_n 值, 在频率纸上点绘理论频率点据.

(3) 按照式 (136), $\frac{n}{N}$ 乘以 P_n 即为零值序列理论超过累积频率 $P\left(X\geqslant x_m\right)$.

实际水文计算中, 通常给定频率值 $P\left(\text{以年为单位的重现期 } T=\dfrac{1}{P}\right)$, 需要计算相应的水文值 x_p, 即

$$P=P\left(X\geqslant x_m\right)=\begin{cases} P\left(X>0\right)P\left(X\geqslant x_m|X>0\right)=\dfrac{n}{N}P_n, & P\leqslant\dfrac{n}{N} \\ 0, & P>\dfrac{n}{N} \end{cases} \tag{144}$$

首先由式 (136) 得 $P_{np}=P\dfrac{N}{n}$, 然后根据概率分布定义, x_p 为选定水文频率分布的分位数, 可采用常用统计计算函数包中概率分布的逆函数求解, 或采用下述数值方法进行求解.

对于上述概率 P_{np}, 设选定的分布函数为 $F\left(x\right)$, 相应的密度函数为 $f\left(x\right)$, 则有

$$F\left(x_p\right)=P_{np}=\int_a^{x_p}f\left(x\right)dx \tag{145}$$

式中, a 为 $-\infty$ 或有限值.

令 $q(x_p) = P_{np} - \int_a^{x_p} f(x)\,dx$, 则 $q'(x_p) = f(x_p)$, 给定初始值 $x_p = x_0$, 应用牛顿迭代法, 用式 (146) 可求得给定的概率 P_{np} 对应的分位数 x_p.

$$\Delta x_{p,t} = \frac{q(x_{p,t-1})}{f(x_{p,t-1})}; \quad x_{p,t+1} = x_{p,t} + \Delta x_{p,t} \tag{146}$$

式中, $x_{p,t+1}$, $x_{p,t}$ 和 $x_{p,t-1}$ 分别为 $t+1$, t 和 $t-1$ 次的分位数迭代值.

2.6.4　应用实例

按照上述含零值水文序列频率计算原理与步骤, 本节应用美国加利福尼亚 La Brea Creek 河流、霍林河前进水文站具有零值的洪峰流量序列和千佛洞站具有零值的降水序列为例, 说明含零值水文序列频率的计算.

2.6.4.1　La Brea Creek 河流具有零值的洪峰流量序列频率计算

La Brea Creek 河流有 23 年洪峰流量资料 (表 11), 其中 9 年洪峰流量为零. 按照式 (139) 计算, 含零值序列 (全序列) 的经验频率见表 11. 经计算, 14 年非零值洪峰流量采用对数 P-III 型分布拟合效果最好, 分布函数见式 (147).

表 11　La Brea Creek 洪峰流量的资料与经验频率

洪峰流量/cfs	序号	经验频率/%	洪峰流量/cfs	序号	经验频率/%
3320	1	4.17	12	13	54.17
1970	2	8.33	1.9	14	58.33
1600	3	12.50	0	15	
1430	4	16.67	0	16	
1360	5	20.83	0	17	
785	6	25.00	0	18	
513	7	29.17	0	19	
275	8	33.33	0	20	
227	9	37.50	0	21	
191	10	41.67	0	22	
178	11	45.83	0	23	
155	12	50.00			

注: 1cfs=0.0283m³/s

$$F(x) = \frac{1}{\alpha\Gamma(\beta)} \int_\gamma^x \left(\frac{\ln x - \gamma}{\alpha}\right)^{\beta-1} e^{-\frac{\ln x - \gamma}{\alpha}}\,dx \tag{147}$$

式中, α, β 和 γ 为参数.

令 $y = \dfrac{\ln x - \gamma}{\alpha}$, 则有 $F(x) = \dfrac{1}{\Gamma(\beta)} \int_0^{\frac{\ln x - \gamma}{\alpha}} t^{\beta-1} e^{-t}\,dt$, 按照常规的参数估算

方法, 其参数为 $\alpha = -1.41$, $\beta = 2.13$ 和 $\gamma = 8.72$. 拟合效果如图 4(a) 所示 (1in=25.4mm). 给定设计频率下, 相应的设计洪峰流量值为两参数 gamma 分布函数的逆函数值, 再通过 $x = e^{y\alpha+\gamma}$ 转换, 其值见表 12(下述实例计算相同, 文中不再叙述).

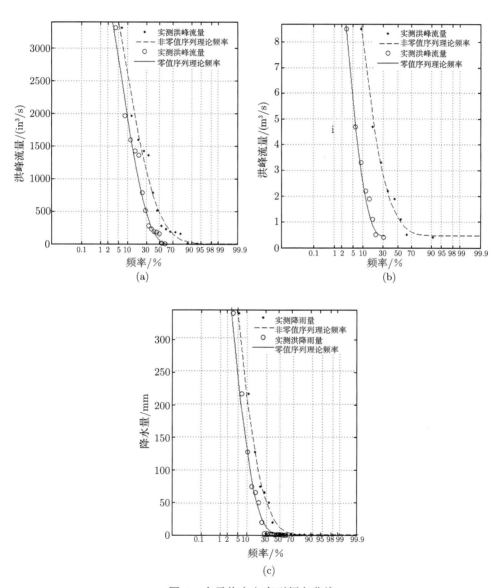

图 4 含零值水文序列频率曲线

表 12　La Brea Creek 具有零值的洪峰流量序列频率计算结果表

设计频率/%	条件频率/%	设计值/cfs	设计频率/%	条件频率/%	设计值/cfs
0.1	0.16	5517.1	20	32.86	1003.3
0.5	0.82	4873.0	30	49.29	495.0
1	1.64	4432.9	40	65.71	208.3
5	8.21	2873.3	50	82.14	56.8
10	16.43	1965.0	60	98.57	0.7

2.6.4.2　前进水文站具有零值的洪峰流量序列频率计算

前进水文站 1960—1987 年共有 28 年洪峰流量资料 (董洁, 2010; 毛赛珠, 1985),
其中 11 年为零值, 洪峰流量资料和经验频率见表 13. 表 13 略去了其余 11 年为零
值的序列值.

采用 P-III 型分布拟合非零值洪峰流量序列, 分布函数见式 (15)

$$F(x) = \frac{\beta^{\alpha}}{\Gamma(\alpha)} \int_{a_0}^{x} (x - a_0)^{\alpha - 1} e^{-\beta(x - a_0)} dx \tag{148}$$

式中, α, β 和 a_0 为参数.

令 $y = x - a_0$, 则有 $F(x) = \frac{\beta^{\alpha}}{\Gamma(\alpha)} \int_{0}^{x - a_0} t^{\alpha - 1} e^{-\beta t} dt$. 经计算, 其参数为 $\alpha = 0.322$, $\beta = 0.222$ 和 $\gamma = 0.4619$. 拟合效果如图 4(b) 所示. 给定设计频率下, 相应的
设计洪峰流量值见表 14.

表 13　前进水文站洪峰流量资料与经验频率

洪峰流量/(m³/s)	序号	经验频率/%	洪峰流量/(m³/s)	序号	经验频率/%
337.0	1	3.45	3.2	10	34.48
215.0	2	6.90	2.5	11	37.93
127.0	3	10.34	2.4	12	41.38
75.0	4	13.79	2.3	13	44.83
65.4	5	17.24	2.3	14	48.28
50.1	6	20.69	1.9	15	51.72
20.3	7	24.14	1.6	16	55.17
3.9	8	27.59	1.2	17	58.62
3.8	9	31.03			

表 14　前进水文站具有零值洪峰流量序列频率计算结果表

设计频率/%	条件频率/%	设计值/(m³/s)	设计频率/%	条件频率/%	设计值/(m³/s)
0.1	0.32	30.74	10	32.00	2.57
0.5	1.60	19.60	20	64.00	0.71
1	3.20	15.06	30	96.00	0.46
5	16.00	5.66			

2.6.4.3 千佛洞站具有零值的降水序列频率计算

千佛洞站 1954—1985 年 12 月份具有零值的降水序列频率计算见表 15 (略去了降水量为零的序列)(毛赛珠, 1985). 在 32 年降水量资料中, 其中 22 年降水量为零. 采用 P-III 型分布, 经计算, 10 年非零值降水量的估计参数为 $\alpha = 0.238, \beta = 0.003$ 和 $\gamma = 1.707$. 拟合效果如图 4(c) 所示. 给定设计频率下, 相应的设计降水量值见表 16.

表 15 千佛洞站 2 月份降水量资料与经验频率

降水量/mm	序号	经验频率/%	降水量/mm	序号	经验频率/%
8.5	1	3.03	1.1	6	18.18
4.7	2	6.06	0.5	7	21.21
3.3	3	9.09	0.4	8	30.30
2.2	4	12.12	0.4	9	30.30
1.9	5	15.15	0.4	10	30.30

表 16 千佛洞站 2 月份具有零值降水量序列频率计算结果

设计频率/%	条件频率/%	设计值/mm	设计频率/%	条件频率/%	设计值/mm
0.1	0.16	1116.0	20	32.94	41.7
0.5	0.82	729.8	30	49.41	13.0
1	1.65	572.2	40	65.88	3.8
5	8.24	241.9	50	82.35	1.8
10	16.47	126.6	60	98.82	1.7

第3章　基于熵原理的 P-III 型分布参数估计

水文频率分布参数估计方法主要有: ①矩法; ②极大似然法; ③概率权重法和线性矩法; ④最小二乘法; ⑤最大熵原理; ⑥混合矩法; ⑦广义矩法; ⑧不完整均值法; ⑨单位脉冲响应函数法. Singh、李元章、李娟和 Lind 学者认为基于熵原理的 P-III 型分布参数估计在许多情况下也是一种有效可行的参数估算方法. 因此, 我们可以给定约束条件, 应用熵原理确定分布密度函数. 本章在推导计算公式的基础上, 结合实例叙述这一方法的原理和应用.

3.1　熵及信息熵

19 世纪中叶, 德国物理学家 Clausius 首先把熵引进热力学, 用来表征分子混乱度, 描述熵变化和概率变化之间的某种联系. 本节引用一个实验说明熵的概念 (程亮, 2008). 把一滴蓝墨水滴到一杯净水中, 我们会发现蓝色的墨水总是自动地向周围扩散, 最后会变成一杯均匀的浅蓝色溶液 (达到墨水分子和水分子的均匀混合). 在墨水分子扩散的过程中, 随着时间增加, 分子排列的混乱程度增加 (无序度的增加). 当墨水和水混合程度达到最大状态时, 分子的空间排列呈现最为混乱状态. 1900 年玻尔兹曼–普朗从统计意义的角度定义熵为系统微观状态数的度量.

熵描述状态函数的含义非常丰富. 热力学用来度量不可用能, 统计物理中则用来度量系统微观态的数目, 在信息论中它是一个随机事件不确定程度的度量. 针对不同的对象, 熵也可以度量状态的混乱性或无序度、不确定性或信息缺乏度、不均匀性或丰富度 (张继国, 2004).

1948 年, C. E. Shannon 用熵度量一个随机事件的不确定性或信息量, 出现了信息熵 (Shannon 熵).

假定离散变量 X 有 n 个状态 x_i, $i = 1, 2, \cdots, n$, 其各状态相应的概率取值为 p_i, $i = 1, 2, \cdots, n$; $p(X = x_i \cap X = x_j) = 0$, $i \neq j$, 且 $\sum\limits_{i=1}^{n} p_i = 1$, 则信息熵可定义为

$$H(X) = -k \sum_{i=1}^{n} p_i \log(p_i) \tag{1}$$

式中, k 为常数, 通常取 $k = 1$; 对数 $\log$ 的底数不同, H 具有不同的单位, 若取 2 为底数, 则 H 的单位为比特; 若取 e 为底数, 则 H 的单位为奈特, 若取 10 为底数, 则

H 的单位为哈特莱.

对于连续随机变量 X, 设 $f(x)$ 为 X 的密度函数, 则信息熵可定义为

$$H(X) = -k \int_{-\infty}^{\infty} f(x) \log f(x) \, dx = -E[\log f(x)] \tag{2}$$

在实际使用中, 一般规定必然事件或纯确定量的熵为零, 纯偶然事件和纯随机事件 (完全不确定量) 的熵为 1, 熵值最大, 表示事件所含的信息量最多.

3.2 最大熵原理及其求解概率密度函数

在实际许多情况下, 随机事件概率分布未知. 但是, 根据多年的实践, 人们可以获得随机事件发生的数字特征值. 本节引用 Anthony (2005) 列举的例子, 说明最大熵原理求解概率密度函数模型的建立. 某城市从火车站到长途汽车站共有 3 条路线选择到达, 假定乘坐公交车的票价在研究期内稳定, 由公交公司可知, 这 3 条路线乘坐公交车的费用分别为 1, 2 和 3 元. 公交公司多年的统计数据表明, 乘客选择到达路线的平均费为 1.75 元, 问任一天某乘客选择这 3 条路线的概率是多少. 根据上述已知条件和概率论原理, 设乘客选择这 3 条路线的概率分别为 p_1, p_2 和

p_3, 则有 $\begin{cases} p_1 + p_2 + p_3 = 1, \\ 1 \cdot p_1 + 2 \cdot p_2 + 3 \cdot p_3 = 1.75, \\ p_1 \geqslant 0, \ p_2 \geqslant 0, \ p_3 \geqslant 0. \end{cases}$ 显然, 上式为不适定问题, p_1, p_2 和 p_3 具

有无限多组解.

1957 年 Jaynes, 提出了最大信息熵原理. 其基本思想是在随机变量满足一定的约束条件下, 当信息熵达到全局最大值时, 其对应一组概率分布出现的概率占绝对优势, 则这组概率分布值即为求解分布值. 根据这一思想, 最大熵原理常常被用于求解概率密度函数 (李娟, 2006; 李宪东和朱勇华, 2008; 李元章和丛树铮, 1985; 马力和张学文, 1993).

设样本数据为 x_i, $i = 1, 2, \cdots, n$. 最大熵原理求解概率分布的数学模型为:

离散型:

$$\max \quad H = -\sum_{i=1}^{n} p_i \ln p_i \tag{3}$$

约束条件:

$$\sum_{i=1}^{n} p_i = 1, \quad \sum_{i=1}^{n} p_i x_i^k = m_k = \frac{1}{n} \sum_{i=1}^{n} x_i^k, \quad k = 1, 2, \cdots, m \tag{4}$$

连续型:

$$\max \quad H = -\int_{-\infty}^{\infty} f(x) \log f(x) \, dx \tag{5}$$

约束条件:

$$\int_{-\infty}^{\infty} f(x)\,dx = 1, \quad \int_{-\infty}^{\infty} x^k f(x)\,dx = m_k = \frac{1}{n}\sum_{i=1}^{n} x_i^k, \quad k = 1, 2, \cdots, m \tag{6}$$

式中, m 为分布矩的数目; m_k 为第 k 阶矩的原点矩, 其数值由样本矩确定.

若已知数据的分组形式, 数据的取值范围已被划分为 k 个区间, 并且数据在每个区间内取值的频数已知. 设 q_i 为第 i 个区间的频数, Δx 为区间大小, x_i^* 为第 i 个区间内 x 的均值, n 为样本容量. 则各阶矩可用下列表达式来计算

$$\mu = \frac{1}{n}\sum_{i=1}^{k} x_i^* q_i, \quad c_j = \frac{1}{n}\sum_{i=1}^{k} (x_i^* - \mu)^j q_i \tag{7}$$

3.2.1　连续变量约束条件下最大熵原理求解概率密度函数

设连续变量的最大熵函数为式 (5), 不失一般性, 约束条件采用 $\int_{-\infty}^{\infty} f(x)\,dx = 1$, $\int_{-\infty}^{\infty} g_k(x) f(x)\,dx = m_k$, 其中, $g_k(x)$ 为 x 的函数, 本节采用自然对数形式和 Lagrange 乘子法 (Singh, 1998), 有

$$L = -\int_{-\infty}^{\infty} f(x)\ln f(x)\,dx - (\lambda_0 - 1)\left(\int_{-\infty}^{\infty} f(x)\,dx - 1\right)$$
$$- \sum_{k=1}^{m} \lambda_k \left[\int_{-\infty}^{\infty} g_k(x) f(x)\,dx - m_k\right] \tag{8}$$

式中, 右边第 2 项为了推导方便, 引入乘子 $\lambda_0 - 1$ 代替 λ_0; $\int_{-\infty}^{\infty} f(x)\,dx = 1$, $\int_{-\infty}^{\infty} x^k f(x)\,dx = m_k$. 可采用极值原理进行求解 $f(x)$.

我们首先回忆变分法中的 Euler-Lagrange 方程. 若 $I = \int_a^b G(x, q(x), q'(x))\,dx$, 其中 G 已知, 则 $q(x)$ 满足

$$\frac{\partial G}{\partial q(x)} - \frac{d}{dx}\left(\frac{\partial G}{\partial q'(x)}\right) = 0 \tag{9}$$

式 (8) 可进一步写为

$$L = \int_{-\infty}^{\infty}\left[-f(x)\ln f(x) - (\lambda_0 - 1)f(x) - \sum_{k=1}^{m} \lambda_k g_k(x) f(x)\right] dx$$
$$+ (\lambda_0 - 1) + \sum_{k=1}^{m} \lambda_k m_k \tag{10}$$

在式 (10) 中, $G = -f(x)\ln f(x) - (\lambda_0 - 1)f(x) - \sum\limits_{k=1}^{m}\lambda_k g_k(x)f(x)$ 没有 $f'(x)$ 项, 仅为 $f(x)$ 的函数, 其他项为常数. 式 (10) 中 G 对 $f(x)$ 求偏导数, 有

$$
\begin{aligned}
\frac{\partial G}{\partial f(x)} &= \frac{\partial}{\partial f(x)}\left[-f(x)\ln f(x) - (\lambda_0 - 1)f(x) - \sum_{k=1}^{m}\lambda_k g_k(x)f(x)\right] \\
&= -\ln f(x) - f(x)\frac{1}{f(x)} - (\lambda_0 - 1) - \sum_{k=1}^{m}\lambda_k g_k(x) \\
&= -\ln f(x) - 1 - (\lambda_0 - 1) - \sum_{k=1}^{m}\lambda_k g_k(x) \\
&= -\ln f(x) - \lambda_0 - \sum_{k=1}^{m}\lambda_k g_k(x)
\end{aligned}
\tag{11}
$$

由 $\dfrac{\partial G}{\partial f(x)} = 0$ 得, $-\ln f(x) - \lambda_0 - \sum\limits_{k=1}^{m}\lambda_k g_k(x) = 0$, 整理, $\ln f(x) = -\lambda_0 - \sum\limits_{k=1}^{m}\lambda_k g_k(x)$, 则有

$$
f(x) = \exp\left(-\lambda_0 - \sum_{k=1}^{m}\lambda_k g_k(x)\right)
\tag{12}
$$

式 (12) 为样本数据最大熵函数的解析形式, 但是, $\lambda_0, \lambda_1, \lambda_2, \cdots, \lambda_m$ 为 Lagrange 乘子, 仍然未知, 剩下的问题就是确定各个 Lagrange 乘子, 从而可求出概率密度函数 $f(x)$ 的最大熵表达式. 为了便于求解, 利用式 (6) 约束条件, 可采用下述方法进行推导.

把式 (12) 代入 $\int_{-\infty}^{\infty}f(x)\,dx = 1$, 有

$$
\int_{-\infty}^{\infty}\exp\left(-\lambda_0 - \sum_{k=1}^{m}\lambda_k g_k(x)\right)dx = 1, \qquad \int_{-\infty}^{\infty}\exp(-\lambda_0)\exp\left(-\sum_{k=1}^{m}\lambda_k g_k(x)\right)dx = 1
$$

$$
\exp(-\lambda_0)\int_{-\infty}^{\infty}\exp\left(-\sum_{k=1}^{m}\lambda_k g_k(x)\right)dx = 1
$$

则有

$$
\exp(\lambda_0) = \int_{-\infty}^{\infty}\exp\left(-\sum_{k=1}^{m}\lambda_k g_k(x)\right)dx
$$

或

$$
\lambda_0 = \ln\left[\int_{-\infty}^{\infty}\exp\left(-\sum_{k=1}^{m}\lambda_k g_k(x)\right)dx\right]
\tag{13}
$$

把式 (12) 代入 $\int_{-\infty}^{\infty} g_k(x) f(x)\, dx = m_k$, 有

$$\int_{-\infty}^{\infty} g_k(x) \exp\left(-\lambda_0 - \sum_{k=1}^{m} \lambda_k g_k(x)\right) dx = m_k$$

$$\int_{-\infty}^{\infty} g_k(x) \exp(-\lambda_0) \exp\left(-\sum_{k=1}^{m} \lambda_k g_k(x)\right) dx = m_k$$

即

$$\exp(-\lambda_0) \int_{-\infty}^{\infty} g_k(x) \exp\left(-\sum_{k=1}^{m} \lambda_k g_k(x)\right) dx = m_k \tag{14}$$

把式 (13) 代入式 (14), 有

$$\frac{\int_{-\infty}^{\infty} g_k(x) \exp\left(-\sum_{k=1}^{m} \lambda_k g_k(x)\right) dx}{\int_{-\infty}^{\infty} \exp\left(-\sum_{k=1}^{m} \lambda_k g_k(x)\right) dx} = m_k, \quad k = 1, 2, \cdots, m \tag{15}$$

式 (15) 就是求解 Lagrange 乘子 $\lambda_1, \lambda_2, \cdots, \lambda_m$ 的 m 个联立方程组, 可采用数值方法进行求解. 仔细分析式 (15), 就是函数 $W = \ln\left[\int_{-\infty}^{\infty} \exp\left(-\sum_{k=1}^{m} \lambda_k g_k(x)\right) dx\right] + \sum_{k=1}^{m} \lambda_k m_k$ 的最小值问题, 因为求极值, 故有

$$\frac{\partial W}{\partial \lambda_k} = \frac{-\int_{-\infty}^{\infty} g_k(x) \exp\left(-\sum_{k=1}^{m} \lambda_k g_k(x)\right) dx}{\int_{-\infty}^{\infty} \exp\left(-\sum_{k=1}^{m} \lambda_k g_k(x)\right) dx} + m_k$$

由 $\dfrac{\partial W}{\partial \lambda_k} = 0$, $\dfrac{\int_{-\infty}^{\infty} g_k(x) \exp\left(-\sum_{k=1}^{m} \lambda_k g_k(x)\right) dx}{\int_{-\infty}^{\infty} \exp\left(-\sum_{k=1}^{m} \lambda_k g_k(x)\right) dx} = m_k$. 说明, 求解式 (15) 的非线

性方程组等价于求解函数 W 的最小值. 因此, 我们可以采用非线性规划的方法通过求解 W 的最小值, 获得 $\lambda_1, \lambda_2, \cdots, \lambda_m$ 的值, 进而, 将 $\lambda_1, \lambda_2, \cdots, \lambda_m$ 代入式

(13), $\exp(\lambda_0) = \int_{-\infty}^{\infty} \exp\left(-\sum_{k=1}^{m} \lambda_k g_k(x)\right) dx$, 最后, 获得 λ_0. 因此, 最小值函数为

$$W = \ln\left[\int_{-\infty}^{\infty} \exp\left(-\sum_{k=1}^{m} \lambda_k g_k(x)\right) dx\right] + \sum_{k=1}^{m} \lambda_k m_k = \lambda_0 + \sum_{k=1}^{m} \lambda_k m_k \qquad (16)$$

例 1 给定正态分布参数 $u = 10.0$, $\sigma = 0.7$. 试模拟一个容量 $n = 1000$ 的样本, 并用上述最大信息熵原理估算这个样本的参数.

正态分布密度函数为 $f(x) = \dfrac{1}{\sqrt{2\pi}\sigma} e^{-\frac{1}{2}\left(\frac{x-u}{\sigma}\right)^2}$, $-\infty < x < \infty$. 容量 $n = 1000$ 的模拟样本经计算有均值 $\hat{u} = 9.9674$, 标准差 $\hat{\sigma} = 0.7125$. 根据概率论原理, 正态分布的一阶、二阶原点矩分别为 $E(x) = u$, $E(x^2) = \sigma^2 + u^2$. 应用上述模型, $g_1(x) = x$, $g_2(x) = x^2$, $m_1 = \hat{u} = 9.9674$, $m_2 = \hat{\sigma}^2 + \hat{u}^2 = 99.8568$, 则最大熵信息模型为

$$\begin{cases} \max \quad H = -\int_{-\infty}^{\infty} f(x) \ln f(x) \, dx, \\ \int_{-\infty}^{\infty} f(x) \, dx = 1, \\ \int_{-\infty}^{\infty} x f(x) \, dx = 9.9674, \\ \int_{-\infty}^{\infty} x^2 f(x) \, dx = 99.8568. \end{cases}$$

极值函数为 $W = \ln\left[\int_{-\infty}^{\infty} e^{-\lambda_1 x - \lambda_2 x^2} dx\right] +$

$9.9674\lambda_1 + 0.7125\lambda_2$. 由积分公式 $\int_{-\infty}^{\infty} e^{\pm qx - p^2 x^2} dx = \exp\left(\dfrac{q^2}{4p^2}\right) \dfrac{\sqrt{\pi}}{p}$, 则积分

$\int_{-\infty}^{\infty} e^{-\lambda_1 x - \lambda_2 x^2} dx = \exp\left(\dfrac{\lambda_1^2}{4\lambda_2}\right) \dfrac{\sqrt{\pi}}{\sqrt{\lambda_2}}$, 即 $e^{\lambda_0} = \exp\left(\dfrac{\lambda_1^2}{4\lambda_2}\right) \dfrac{\sqrt{\pi}}{\sqrt{\lambda_2}}$, 则 $W = \exp\left(\dfrac{\lambda_1^2}{4\lambda_2}\right) \cdot$

$\dfrac{\sqrt{\pi}}{\sqrt{\lambda_2}} + 9.9674\lambda_1 + 0.7125\lambda_2$. 经优化计算 W 函数, 有 $\lambda_1 = -19.6322$, $\lambda_2 = 0.9848$, $W = 1.0800$, 把 λ_1 和 λ_2 值代入 $e^{\lambda_0} = \exp\left(\dfrac{\lambda_1^2}{4\lambda_2}\right) \dfrac{\sqrt{\pi}}{\sqrt{\lambda_2}}$, 有 $\lambda_0 = 98.42098$. 把 $e^{\lambda_0} = \exp\left(\dfrac{\lambda_1^2}{4\lambda_2}\right) \dfrac{\sqrt{\pi}}{\sqrt{\lambda_2}}$ 值代入 $f(x) = \exp(-\lambda_0 - \lambda_1 x - \lambda_2 x^2)$, 有

$$f(x) = \exp(-\lambda_0 - \lambda_1 x - \lambda_2 x^2) = e^{-\lambda_0} e^{-\lambda_1 x - \lambda_2 x^2}$$

$$= \exp\left(-\dfrac{\lambda_1^2}{4\lambda_2}\right) \dfrac{\sqrt{\lambda_2}}{\sqrt{\pi}} e^{-\lambda_1 x - \lambda_2 x^2} = \dfrac{\sqrt{\lambda_2}}{\sqrt{\pi}} e^{-\lambda_1 x - \lambda_2 x^2 - \frac{\lambda_1^2}{4\lambda_2}}$$

把正态分布密度函数 $f(x) = \dfrac{1}{\sqrt{2\pi}\sigma} e^{-\frac{1}{2}\left(\frac{x-u}{\sigma}\right)^2}$ 展开, 有 $f(x) = \dfrac{1}{\sqrt{2\pi}\sigma} e^{-\frac{1}{2}\left(\frac{x-u}{\sigma}\right)^2} = \dfrac{1}{\sqrt{2\pi}\sigma} e^{-\frac{1}{2\sigma^2} x^2 + \frac{u}{\sigma^2} x - \frac{u^2}{2\sigma^2}}$. 对照有 $\lambda_2 = \dfrac{1}{2\sigma^2}$, $\lambda_1 = -\dfrac{u}{\sigma^2}$. 则正态分布参数与 λ_1, λ_2 的

关系为 $u = -\lambda_1 \sigma^2, \sigma = \dfrac{1}{\sqrt{2\lambda_2}}$. 因此, 把上述 λ_1 和 λ_2 值代入这两个关系式, 即可求正态分布参数为 $\hat{u} = 9.9674, \hat{\sigma} = 0.7125$.

3.2.2 离散变量约束条件下最大熵原理求解概率密度函数

离散型随机变量的最大信息熵模型可表示为

$$\max \quad H = -\sum_{i=1}^{n} p_i \ln p_i \tag{17}$$

约束条件:

$$\sum_{i=1}^{n} p_i = 1, \quad \sum_{i=1}^{n} p_i g_k(x_i) = m_k, \quad k = 1, 2, \cdots, m \tag{18}$$

式中, 也可采用式 (4) 的矩约束条件, $g_k(x)$ 为 x 的函数.

采用 Lagrange 乘子法, 有

$$L = -\sum_{i=1}^{n} p_i \ln p_i - (\lambda_0 - 1)\left(\sum_{i=1}^{n} p_i - 1\right) - \sum_{k=1}^{m} \lambda_0 \left(\sum_{i=1}^{n} p_i g_k(x_i) - m_k\right) \tag{19}$$

因为 p_i 为所求概率, 根据极值原理, 式 (19) 应对 p_i 求偏导数, 并令 $\dfrac{\partial L}{\partial p_i} = 0$.

$$\frac{\partial L}{\partial p_i} = \frac{\partial}{\partial p_i}\left[-\sum_{i=1}^{n} p_i \ln p_i - (\lambda_0 - 1)\left(\sum_{i=1}^{n} p_i - 1\right) - \sum_{k=1}^{m} \lambda_k \left(\sum_{i=1}^{n} p_i g_k(x_i) - m_k\right)\right]$$

$$= -\ln p_i - p_i \frac{1}{p_i} - (\lambda_0 - 1) - \sum_{k=1}^{m} \lambda_k g_k(x_i) = -\ln p_i - \lambda_0 - \sum_{k=1}^{m} \lambda_k g_k(x_i)$$

即

$$p_i = \exp\left(-\lambda_0 - \sum_{k=1}^{m} \lambda_k g_k(x_i)\right), \quad i = 1, 2, \cdots, n \tag{20}$$

式 (20) 为样本数据的最大信息熵函数的解析形式, 与连续型相同, $\lambda_0, \lambda_1, \lambda_2, \cdots, \lambda_m$ 为 Lagrange 乘子, 仍然未知, 为了求解, 我们利用式 (20) 两个约束条件, 采用下述方法进行推导.

把式 (20) 代入 $\sum\limits_{i=1}^{n} p_i = 1$, 有 $\sum\limits_{i=1}^{n} \exp\left(-\lambda_0 - \sum\limits_{k=1}^{m} \lambda_k g_k(x_i)\right) = 1$, 整理,

$$\sum_{i=1}^{n} \exp(-\lambda_0)\exp\left(-\sum_{k=1}^{m} \lambda_k g_k(x_i)\right) = 1, \quad \exp(-\lambda_0)\sum_{i=1}^{n} \exp\left(-\sum_{k=1}^{m} \lambda_k g_k(x_i)\right) = 1$$

即

$$\exp(\lambda_0) = \sum_{i=1}^{n} \exp\left(-\sum_{k=1}^{m} \lambda_k g_k(x_i)\right), \quad 或 \quad \lambda_0 = \ln\left[\sum_{i=1}^{n} \exp\left(-\sum_{k=1}^{m} \lambda_k g_k(x_i)\right)\right] \tag{21}$$

把式 (20) 代入 $\sum_{i=1}^{n} p_i g_k(x_i) = m_k$, 有 $\sum_{i=1}^{n} g_k(x_i) \exp\left(-\lambda_0 - \sum_{k=1}^{m} \lambda_k g_k(x_i)\right) = m_k$,

$$\sum_{i=1}^{n} g_k(x_i) \exp(-\lambda_0) \exp\left(-\sum_{k=1}^{m} \lambda_k g_k(x_i)\right) = m_k$$

$$\exp(-\lambda_0) \sum_{i=1}^{n} g_k(x_i) \exp\left(-\sum_{k=1}^{m} \lambda_k g_k(x_i)\right) = m_k$$

即

$$\frac{\sum_{i=1}^{n} g_k(x_i) \exp\left(-\sum_{k=1}^{m} \lambda_k g_k(x_i)\right)}{\sum_{i=1}^{n} \exp\left(-\sum_{k=1}^{m} \lambda_k g_k(x_i)\right)} = m_k \tag{22}$$

式 (22) 就是求解 Lagrange 乘子 $\lambda_1, \lambda_2, \cdots, \lambda_m$ 的 m 个联立方程组, 可采用数值方法进行求解. 仔细分析式 (22), 就是函数 $W = \ln\left[\sum_{i=1}^{n} \exp\left(-\sum_{k=1}^{m} \lambda_k g_k(x_i)\right)\right] + \sum_{k=1}^{m} \lambda_k m_k$ 的最小值问题, 因为求极值, 故有

$$\frac{\partial W}{\partial \lambda_k} = \frac{-\sum_{i=1}^{n} g_k(x_i) \exp\left(-\sum_{k=1}^{m} \lambda_k g_k(x_i)\right)}{\sum_{i=1}^{n} \exp\left(-\sum_{k=1}^{m} \lambda_k g_k(x_i)\right)} + m_k$$

由 $\dfrac{\partial W}{\partial \lambda_k} = 0$, 则 $\dfrac{\sum_{i=1}^{n} g_k(x_i) \exp\left(-\sum_{k=1}^{m} \lambda_k g_k(x_i)\right)}{\sum_{i=1}^{n} \exp\left(-\sum_{k=1}^{m} \lambda_k g_k(x_i)\right)} = m_k$. 说明, 求解式 (22) 的非线性方程组等价于求解函数 W 的最小值. 因此, 我们可以采用非线性规划的方法通过求解 W 的最小值, 获得 $\lambda_1, \lambda_2, \cdots, \lambda_m$ 值, 进而, 将 $\lambda_1, \lambda_2, \cdots, \lambda_m$ 代入式 (21), $\exp(\lambda_0) = \int_{-\infty}^{\infty} \exp\left(-\sum_{i=1}^{m} \lambda_i x^i\right) dx$, 最后, 获得 λ_0. 因此, 最小值函数为

$$W = \ln\left[\sum_{i=1}^{n} \exp\left(-\sum_{k=1}^{m} \lambda_k g_k(x_i)\right)\right] + \sum_{k=1}^{m} \lambda_k m_k \tag{23}$$

$\lambda_0, \lambda_1, \lambda_2, \cdots, \lambda_m$ 值求出后, 代入式 (20) 即可求出离散变量 X 的概率值 p_i, $i = 1, 2, \cdots, n$.

例 2　试求满足下列最大熵函数和约束条件的概率值.

$$\max \quad S = -\left(p_1 \ln p_1 + p_2 \ln p_2 + p_3 \ln p_3\right)$$

$$约束条件: \begin{cases} p_1 + p_2 + p_3 = 1 \\ 1 \cdot p_1 + 2 \cdot p_2 + 3 \cdot p_3 = 1.75 \\ p_1 \geqslant 0; \quad p_2 \geqslant 0 \quad p_3 \geqslant 0 \end{cases}$$

按照上述方法, 计算结果为: $\lambda_0 = 0.37893$, $\lambda_1 = 0.3841$, $W = 1.0512$, $H = 1.0512$; $p_1 = 0.46623$, $p_2 = 0.3175$, $p_3 = 0.2162$. 验证两个约束条件, 有 $p_1 + p_2 + p_3 = 1.00000$, $1 \cdot p_1 + 2 \cdot p_2 + 3 \cdot p_3 = 1.75001$.

3.3　基于最大熵原理的 Singh 法求解 P-III 型概率分布参数

Singh(1998) 在他的专著 *Entropy-based Parameter Estimation in Hydrology* 系统地推导和总结了最大熵原理计算 5 类 14 种概率分布参数的计算方法, 本节采用最大熵原理 Singh 法推导正偏和负偏 P-III 型分布参数的计算公式.

3.3.1　P-III 型分布参数的最大熵原理 Singh 法求解

3.3.1.1　正偏 P-III 型分布 $(\beta > 0)$

根据本节最大熵原理, 有

$$\begin{cases} \max \quad H = -\displaystyle\int_{a_0}^{\infty} f(x) \log f(x)\, dx \\ \displaystyle\int_{a_0}^{\infty} f(x)\, dx = 1 \\ \displaystyle\int_{a_0}^{\infty} x f(x)\, dx = E(x) \\ \displaystyle\int_{a_0}^{\infty} \ln(x - c) f(x)\, dx = E[\ln(x - c)] \end{cases} \tag{24}$$

显然, 对照式 (24) 和式 (6), 有 $g_1(x) = x$, $g_2(x) = \ln(x - a_0)$, $e^{\lambda_0} = \displaystyle\int_{a_0}^{\infty} e^{-\lambda_1 x - \lambda_2 \ln(x - a_0)}\, dx$, $f(x) = e^{-\lambda_0 - \lambda_1 x - \lambda_2 \ln(x - a_0)}$. 则

$$e^{\lambda_0} = \int_{a_0}^{\infty} e^{-\lambda_1 x - \lambda_2 \ln(x - a_0)}\, dx = \int_{a_0}^{\infty} e^{-\lambda_1 x} e^{\ln(x - a_0)^{-\lambda_2}}\, dx$$

$$= \int_{a_0}^{\infty} (x - a_0)^{-\lambda_2} e^{-\lambda_1 x}\, dx$$

令 $y = x - a_0$, 当 $x = a_0$ 时, $y = 0$; 当 $x \to \infty$ 时, $y \to \infty$. $x = y + a_0, dx = dy$, 则

$$
\begin{aligned}
e^{\lambda_0} &= \int_{a_0}^{\infty} (x - a_0)^{-\lambda_2} e^{-\lambda_1 x} dx = \int_0^{\infty} y^{-\lambda_2} e^{-\lambda_1(y+a_0)} dy \\
&= \int_0^{\infty} y^{-\lambda_2} e^{-\lambda_1 y} e^{-\lambda_1 a_0} dy = e^{-\lambda_1 a_0} \int_0^{\infty} y^{-\lambda_2} e^{-\lambda_1 y} dy \\
&= e^{-\lambda_1 a_0} \int_0^{\infty} \frac{\lambda_1^{-\lambda_2}}{\lambda_1^{-\lambda_2}} y^{-\lambda_2} e^{-\lambda_1 y} dy = \frac{e^{-\lambda_1 a_0}}{\lambda_1^{-\lambda_2}} \int_0^{\infty} (\lambda_1 y)^{-\lambda_2} e^{-\lambda_1 y} dy
\end{aligned}
$$

令 $z = \lambda_1 y$, 当 $y = 0$ 时, $z = 0$; 当 $y \to \infty$ 时, $z \to \infty$. $y = \dfrac{z}{\lambda_1}, dy = \dfrac{1}{\lambda_1} dz$, 则

$$
\begin{aligned}
e^{\lambda_0} &= \frac{e^{-\lambda_1 a_0}}{\lambda_1^{-\lambda_2}} \int_0^{\infty} (\lambda_1 y)^{-\lambda_2} e^{-\lambda_1 y} dx = \frac{e^{-\lambda_1 a_0}}{\lambda_1^{-\lambda_2}} \int_0^{\infty} z^{-\lambda_2} e^{-z} \frac{1}{\lambda_1} dz \\
&= \frac{e^{-\lambda_1 a_0}}{\lambda_1^{1-\lambda_2}} \int_0^{\infty} z^{-\lambda_2} e^{-z} dz = \frac{e^{-\lambda_1 a_0}}{\lambda_1^{1-\lambda_2}} \int_0^{\infty} z^{1-\lambda_2-1} e^{-z} dz
\end{aligned}
$$

即

$$
e^{\lambda_0} = \frac{e^{-\lambda_1 a_0}}{\lambda_1^{1-\lambda_2}} \Gamma(1 - \lambda_2) \tag{25}
$$

式 (25) 两边取对数, 有 λ_0 与 λ_1, λ_2 的解析表达式.

$$
\lambda_0 = -\lambda_1 a_0 + (\lambda_2 - 1) \ln \lambda_1 + \ln \Gamma(1 - \lambda_2) \tag{26}
$$

由式 $e^{\lambda_0} = \displaystyle\int_{a_0}^{\infty} e^{-\lambda_1 x - \lambda_2 \ln(x-a_0)} dx$, 也可得 λ_0 与 λ_1, λ_2 的积分表达式.

$$
\lambda_0 = \ln \int_{a_0}^{\infty} e^{-\lambda_1 x - \lambda_2 \ln(x-a_0)} dx \tag{27}
$$

式 (27) 两边 λ_0 对 λ_1 求一阶偏导数, 有

$$
\begin{aligned}
\frac{\partial \lambda_0}{\partial \lambda_1} &= \frac{\partial}{\partial \lambda_1} \left[\ln \int_{a_0}^{\infty} e^{-\lambda_1 x - \lambda_2 \ln(x-a_0)} dx \right] = \frac{-\displaystyle\int_{a_0}^{\infty} x e^{-\lambda_1 x - \lambda_2 \ln(x-a_0)} dx}{\displaystyle\int_{a_0}^{\infty} e^{-\lambda_1 x - \lambda_2 \ln(x-a_0)} dx} \\
&= \frac{-e^{-\lambda_0} \displaystyle\int_{a_0}^{\infty} x e^{-\lambda_1 x - \lambda_2 \ln(x-a_0)} dx}{e^{-\lambda_0} \displaystyle\int_{a_0}^{\infty} e^{-\lambda_1 x - \lambda_2 \ln(x-a_0)} dx} = \frac{-\displaystyle\int_{a_0}^{\infty} x e^{-\lambda_0 - \lambda_1 x - \lambda_2 \ln(x-a_0)} dx}{\displaystyle\int_{a_0}^{\infty} e^{-\lambda_0 - \lambda_1 x - \lambda_2 \ln(x-a_0)} dx}
\end{aligned}
$$

根据 $f(x) = \int_{a_0}^{\infty} e^{-\lambda_0 - \lambda_1 x - \lambda_2 \ln(x-a_0)} dx = 1$, 有

$$
\frac{\partial \lambda_0}{\partial \lambda_1} = \frac{-\int_{a_0}^{\infty} x e^{-\lambda_0 - \lambda_1 x - \lambda_2 \ln(x-a_0)} dx}{\int_{a_0}^{\infty} e^{-\lambda_0 - \lambda_1 x - \lambda_2 \ln(x-a_0)} dx} = \frac{-\int_{a_0}^{\infty} x f(x) dx}{\int_{a_0}^{\infty} f(x) dx} = \frac{-E(x)}{1} = -E(x) \tag{28}
$$

式 (27) 两边 λ_0 对 λ_2 求一阶偏导数, 有

$$
\frac{\partial \lambda_0}{\partial \lambda_2} = \frac{\partial}{\partial \lambda_2}\left[\ln \int_{a_0}^{\infty} e^{-\lambda_1 x - \lambda_2 \ln(x-a_0)} dx\right] = \frac{-\int_{a_0}^{\infty} \ln(x-a_0) e^{-\lambda_1 x - \lambda_2 \ln(x-a_0)} dx}{\int_{a_0}^{\infty} e^{-\lambda_1 x - \lambda_2 \ln(x-a_0)} dx}
$$

$$
= \frac{-e^{-\lambda_0} \int_{c}^{\infty} \ln(x-a_0) e^{-\lambda_1 x - \lambda_2 \ln(x-a_0)} dx}{e^{-\lambda_0} \int_{a_0}^{\infty} e^{-\lambda_1 x - \lambda_2 \ln(x-a_0)} dx}
$$

$$
= \frac{-\int_{a_0}^{\infty} \ln(x-a_0) e^{-\lambda_0 - \lambda_1 x - \lambda_2 \ln(x-a_0)} dx}{\int_{a_0}^{\infty} e^{-\lambda_0 - \lambda_1 x - \lambda_2 \ln(x-a_0)} dx} = \frac{-\int_{a_0}^{\infty} \ln(x-a_0) f(x) dx}{\int_{a_0}^{\infty} f(x) dx}
$$

$$
= \frac{-E[\ln(x-a_0)]}{1} = -E[\ln(x-a_0)] \tag{29}
$$

式 (27) 两边 λ_0 对 λ_1 求二阶偏导数, 有

$$
\frac{\partial^2 \lambda_0}{\partial \lambda_1^2} = \frac{\partial}{\partial \lambda_1}\left\{\frac{\partial}{\partial \lambda_1}\left[\ln \int_{a_0}^{\infty} e^{-\lambda_1 x - \lambda_2 \ln(x-a_0)} dx\right]\right\} = \frac{\partial}{\partial \lambda_1}\left[\frac{-\int_{a_0}^{\infty} x e^{-\lambda_1 x - \lambda_2 \ln(x-a_0)} dx}{\int_{a_0}^{\infty} e^{-\lambda_1 x - \lambda_2 \ln(x-a_0)} dx}\right]
$$

$$
= \left(\left[\int_{a_0}^{\infty} x^2 e^{-\lambda_1 x - \lambda_2 \ln(x-a_0)} dx\right]\left[\int_{a_0}^{\infty} e^{-\lambda_1 x - \lambda_2 \ln(x-a_0)} dx\right]\right.
$$

$$
\left. - \left[\int_{a_0}^{\infty} x e^{-\lambda_1 x - \lambda_2 \ln(x-a_0)} dx\right]\left[\int_{a_0}^{\infty} x e^{-\lambda_1 x - \lambda_2 \ln(x-a_0)} dx\right]\right)
$$

$$
\bigg/ \left(\left[\int_{a_0}^{\infty} e^{-\lambda_1 x - \lambda_2 \ln(x-a_0)} dx\right]^2\right)
$$

$$
= \left(\left[e^{-\lambda_0}\int_{a_0}^{\infty} x^2 e^{-\lambda_1 x - \lambda_2 \ln(x-a_0)} dx\right]\left[e^{-\lambda_0}\int_{a_0}^{\infty} e^{-\lambda_1 x - \lambda_2 \ln(x-a_0)} dx\right]\right.
$$

$$
\left. - \left[e^{-\lambda_0}\int_{a_0}^{\infty} x e^{-\lambda_1 x - \lambda_2 \ln(x-a_0)} dx\right]\left[e^{-\lambda_0}\int_{a_0}^{\infty} x e^{-\lambda_1 x - \lambda_2 \ln(x-a_0)} dx\right]\right)
$$

$$
\bigg/ \left(e^{-\lambda_0} e^{-\lambda_0}\left[\int_{a_0}^{\infty} e^{-\lambda_1 x - \lambda_2 \ln(x-a_0)} dx\right]^2\right)
$$

$$
\begin{aligned}
=&\left(\left[\int_{a_0}^{\infty} x^2 e^{-\lambda_0-\lambda_1 x-\lambda_2 \ln(x-a_0)}dx\right]\left[\int_{a_0}^{\infty} e^{-\lambda_0-\lambda_1 x-\lambda_2 \ln(x-a_0)}dx\right]\right.\\
&\left.-\left[\int_{a_0}^{\infty} x e^{-\lambda_0-\lambda_1 x-\lambda_2 \ln(x-a_0)}dx\right]\left[\int_{a_0}^{\infty} x e^{-\lambda_0-\lambda_1 x-\lambda_2 \ln(x-a_0)}dx\right]\right)\\
&\left/\left(\left[\int_{a_0}^{\infty} e^{-\lambda_0-\lambda_1 x-\lambda_2 \ln(x-a_0)}dx\right]^2\right)\right.\\
=&\left(\left[\int_{a_0}^{\infty} x^2 f(x)\,dx\right]\left[\int_{a_0}^{\infty} f(x)\,dx\right]\right.\\
&\left.-\left[\int_{a_0}^{\infty} x f(x)\,dx\right]\left[\int_{a_0}^{\infty} x f(x)\,dx\right]\right)\left/\left(\left[\int_{a_0}^{\infty} f(x)\,dx\right]^2\right)\right.\\
=&\frac{E\left(x^2\right)\cdot 1-E\left(x\right)\cdot E\left(x\right)}{1^2}=E\left(x^2\right)-E^2\left(x\right)=S_x^2
\end{aligned}
$$

即

$$
\frac{\partial^2 \lambda_0}{\partial \lambda_1^2}=S_x^2 \tag{30}
$$

式 (27) 两边 λ_0 对 λ_2 求二阶偏导数, 有

$$
\begin{aligned}
\frac{\partial^2 \lambda_0}{\partial \lambda_2^2}=&\frac{\partial}{\partial \lambda_2}\left\{\frac{\partial}{\partial \lambda_2}\left[\ln \int_{a_0}^{\infty} e^{-\lambda_1 x-\lambda_2 \ln(x-a_0)}dx\right]\right\}\\
=&\frac{\partial}{\partial \lambda_2}\left[\frac{-\int_{a_0}^{\infty}\ln(x-c)\,e^{-\lambda_1 x-\lambda_2 \ln(x-a_0)}dx}{\int_{a_0}^{\infty} e^{-\lambda_1 x-\lambda_2 \ln(x-a_0)}dx}\right]\\
=&\left(\left[\int_{a_0}^{\infty}\ln^2(x-a_0)\,e^{-\lambda_1 x-\lambda_2 \ln(x-a_0)}dx\right]\left[\int_{a_0}^{\infty} e^{-\lambda_1 x-\lambda_2 \ln(x-a_0)}dx\right]\right.\\
&-\left[\int_{a_0}^{\infty}\ln(x-a_0)\,e^{-\lambda_1 x-\lambda_2 \ln(x-a_0)}dx\right]\\
&\left.\cdot\left[\int_{a_0}^{\infty}\ln(x-a_0)\,e^{-\lambda_1 x-\lambda_2 \ln(x-a_0)}dx\right]\right)\left/\left(\left[\int_{a_0}^{\infty} e^{-\lambda_1 x-\lambda_2 \ln(x-a_0)}dx\right]^2\right)\right.\\
=&\left(\left[e^{-\lambda_0}\int_{a_0}^{\infty}\ln^2(x-a_0)\,e^{-\lambda_1 x-\lambda_2 \ln(x-a_0)}dx\right]\right.\\
&\left.\cdot\left[e^{-\lambda_0}\int_{a_0}^{\infty} e^{-\lambda_1 x-\lambda_2 \ln(x-a_0)}dx\right]\right)\left/\left(e^{-\lambda_0}e^{-\lambda_0}\left[\int_{a_0}^{\infty} e^{-\lambda_1 x-\lambda_2 \ln(x-a_0)}dx\right]^2\right)\right.\\
&-\left(\left[e^{-\lambda_0}\int_{a_0}^{\infty}\ln(x-a_0)\,e^{-\lambda_1 x-\lambda_2 \ln(x-a_0)}dx\right]\right.
\end{aligned}
$$

$$\cdot \left[e^{-\lambda_0} \int_{a_0}^{\infty} \ln(x-a_0) e^{-\lambda_1 x - \lambda_2 \ln(x-a_0)} dx \right] \Bigg)$$

$$\bigg/ \left(e^{-\lambda_0} e^{-\lambda_0} \left[\int_{a_0}^{\infty} e^{-\lambda_1 x - \lambda_2 \ln(x-a_0)} dx \right]^2 \right)$$

$$= \frac{\left[\int_{a_0}^{\infty} \ln^2(x-a_0) e^{-\lambda_0 - \lambda_1 x - \lambda_2 \ln(x-a_0)} dx \right] \left[\int_{a_0}^{\infty} e^{-\lambda_0 - \lambda_1 x - \lambda_2 \ln(x-a_0)} dx \right]}{\left[\int_{a_0}^{\infty} e^{-\lambda_0 - \lambda_1 x - \lambda_2 \ln(x-a_0)} dx \right]^2}$$

$$- \left(\left[\int_{a_0}^{\infty} \ln(x-a_0) e^{-\lambda_0 - \lambda_1 x - \lambda_2 \ln(x-a_0)} dx \right] \right.$$

$$\left. \cdot \left[\int_{a_0}^{\infty} \ln(x-a_0) e^{-\lambda_0 - \lambda_1 x - \lambda_2 \ln(x-a_0)} dx \right] \right) \bigg/ \left(\left[\int_{a_0}^{\infty} e^{-\lambda_0 - \lambda_1 x - \lambda_2 \ln(x-a_0)} dx \right]^2 \right)$$

$$= \left(\left[\int_{a_0}^{\infty} \ln^2(x-a_0) f(x) dx \right] \left[\int_{a_0}^{\infty} f(x) dx \right] \right.$$

$$\left. - \left[\int_{a_0}^{\infty} \ln(x-a_0) f(x) dx \right] \left[\int_c^{\infty} \ln(x-a_0) f(x) dx \right] \right) \bigg/ \left(\left[\int_{a_0}^{\infty} f(x) dx \right]^2 \right)$$

$$= \frac{E\left[\ln^2(x-a_0)\right] \cdot 1 - E\left[\ln(x-a_0)\right] \cdot E\left[\ln(x-a_0)\right]}{1^2}$$

$$= E\left[\ln^2(x-a_0)\right] - E^2\left[\ln(x-a_0)\right] = S^2_{\ln(x-a_0)}$$

即

$$\frac{\partial^2 \lambda_0}{\partial \lambda_2^2} = S^2_{\ln(x-a_0)} \tag{31}$$

式 (26) 两边 λ_0 对 λ_1 求一阶偏导数, 有

$$\frac{\partial \lambda_0}{\partial \lambda_1} = \frac{\partial}{\partial \lambda_1} \left[-\lambda_1 a_0 + (\lambda_2 - 1) \ln \lambda_1 + \ln \Gamma(1 - \lambda_2) \right] = -a_0 + \frac{\lambda_2 - 1}{\lambda_1} \tag{32}$$

式 (26) 两边 λ_0 对 λ_2 求一阶偏导数, 有

$$\frac{\partial \lambda_0}{\partial \lambda_2} = \frac{\partial}{\partial \lambda_2} \left[-\lambda_1 a_0 + (\lambda_2 - 1) \ln \lambda_1 + \ln \Gamma(1 - \lambda_2) \right] = \ln \lambda_1 + \frac{\partial}{\partial \lambda_2} \ln \Gamma(1 - \lambda_2) \tag{33}$$

式 (32) 两边 λ_0 对 λ_1 求二阶偏导数, 有

$$\frac{\partial^2 \lambda_0}{\partial \lambda_1^2} = \frac{\partial}{\partial \lambda_1} \left(\frac{\partial \lambda_0}{\partial \lambda_1} \right) = \frac{\partial}{\partial \lambda_1} \left(-a_0 + \frac{\lambda_2 - 1}{\lambda_1} \right) = \frac{1 - \lambda_2}{\lambda_1^2} \tag{34}$$

令式 (28)= 式 (32), 式 (29)= 式 (33), 式 (34)= 式 (30), 有

$$E(x) = a_0 + \frac{1 - \lambda_2}{\lambda_1} \tag{35}$$

$$E\left[\ln\left(x-a_0\right)\right]=-\ln\lambda_1-\frac{\partial}{\partial\lambda_2}\ln\Gamma\left(1-\lambda_2\right) \tag{36}$$

$$S_x^2=\frac{1-\lambda_2}{\lambda_1^2} \tag{37}$$

把式 $(26)\lambda_0=-\lambda_1a_0+(\lambda_2-1)\ln\lambda_1+\ln\Gamma\left(1-\lambda_2\right)$ 代入 $f\left(x\right)=e^{-\lambda_0-\lambda_1x-\lambda_2\ln(x-a_0)}$, 有

$$
\begin{aligned}
f\left(x\right)=&e^{\lambda_1a_0-(\lambda_2-1)\ln\lambda_1-\ln\Gamma(1-\lambda_2)-\lambda_1x-\lambda_2\ln(x-a_0)}\\
=&e^{-\lambda_1x+\lambda_1a_0-(\lambda_2-1)\ln\lambda_1-\ln\Gamma(1-\lambda_2)-\lambda_2\ln(x-a_0)}\\
=&e^{-\lambda_1(x-a_0)+\ln\lambda_1^{-(\lambda_2-1)}+\ln\Gamma^{-1}(1-\lambda_2)+\ln(x-a_0)^{-\lambda_2}}\\
=&\lambda_1^{-(\lambda_2-1)}\frac{1}{\Gamma\left(1-\lambda_2\right)}\left(x-a_0\right)^{-\lambda_2}e^{-\lambda_1(x-a_0)}\\
=&\frac{\lambda_1^{1-\lambda_2}}{\Gamma\left(1-\lambda_2\right)}\left(x-a_0\right)^{-\lambda_2}e^{-\lambda_1(x-c)a_0}\\
=&\frac{\lambda_1}{\Gamma\left(1-\lambda_2\right)}\left[\lambda_1\left(x-a_0\right)\right]^{-\lambda_2}e^{-\lambda_1(x-a_0)}\\
=&\frac{\lambda_1}{\Gamma\left(1-\lambda_2\right)}\left[\lambda_1\left(x-a_0\right)\right]^{1-\lambda_2-1}e^{-\lambda_1(x-a_0)}
\end{aligned} \tag{38}
$$

对照式 (38) 和 P-III 型分布密度函数 $f\left(x\right)=\dfrac{1}{\beta\cdot\Gamma\left(\alpha\right)}\left(\dfrac{x-a_0}{\beta}\right)^{\alpha-1}e^{-\frac{x-a_0}{\beta}}$, 不难看出, 有

$$\alpha=1-\lambda_2,\quad\lambda_1=\frac{1}{\beta} \tag{39}$$

则 $\dfrac{\partial}{\partial\lambda_2}\ln\Gamma\left(1-\lambda_2\right)=\dfrac{\partial}{\partial\lambda_2}\ln\Gamma\left(\alpha\right)=\dfrac{d\ln\Gamma\left(\alpha\right)}{d\alpha}\dfrac{d\alpha}{d\lambda_2}=-\Psi\left(\alpha\right).$ 把此式和式 (39) 代入式 (35)—(37), 有

$$E\left(x\right)=a_0+\alpha\beta \tag{40}$$

$$E\left[\ln\left(x-a_0\right)\right]=\Psi\left(\alpha\right)+\ln\beta \tag{41}$$

$$S_x^2=\alpha\beta^2 \tag{42}$$

由式 (42) 得, $\alpha=\dfrac{S_x^2}{\beta^2}$, 分别代入式 (40) 和 (41), 有

$$E\left(x\right)=a_0+\frac{S_x^2}{\beta} \tag{43}$$

$$E\left[\ln\left(x-a_0\right)\right]=\Psi\left(\frac{S_x^2}{\beta^2}\right)+\ln\beta \tag{44}$$

由式 (43) 得, $\beta = \dfrac{S_x^2}{E(x) - a_0}$, 代入式 (44), 有

$$
\begin{aligned}
E\left[\ln(x - a_0)\right] &= \Psi\left(S_x^2 \frac{\left[E(x) - a_0\right]^2}{S_x^4}\right) + \ln\frac{S_x^2}{E(x) - a_0} \\
&= \Psi\left(\frac{\left[E(x) - a_0\right]^2}{S_x^2}\right) + \ln S_x^2 - \ln\left[E(x) - a_0\right]
\end{aligned}
$$

即

$$
E\left[\ln(x - a_0)\right] = \Psi\left(\frac{\left[E(x) - a_0\right]^2}{S_x^2}\right) + \ln S_x^2 - \ln\left[E(x) - a_0\right] \tag{45}
$$

式 (45) 中 $E(x)$, S_x^2 可用样本的均值 $\bar{x} = \dfrac{1}{n}\sum\limits_{i=1}^{n} x_i$ 和方差 $S_x^2 = \dfrac{1}{n-1}\sum\limits_{i=1}^{n}(x_i - \bar{x})^2$ 来代替; $E\left[\ln(x - a_0)\right]$ 用 $\overline{\ln(x - a_0)} = \dfrac{1}{n}\sum\limits_{i=1}^{n}\ln(x_i - a_0)$ 代替. 采用非线性方程的方法, 可求得 a_0 值, 把 a_0 值代入式 (43), 得 $\beta = \dfrac{S_x^2}{E(x) - a_0}$, 再把 β 值代入式 (42), 有 $\alpha = \dfrac{S_x^2}{\beta^2}$.

3.3.1.2　负偏 P-III 型分布 ($\beta < 0$)

采用 3.3.1.1 节的原理和 Lagrange 乘子法, 有

$$
\begin{aligned}
L = &-\int_{-\infty}^{\infty} f(x)\ln f(x)\,dx - (\lambda_0 - 1)\left(\int_{-\infty}^{\infty} f(x)\,dx - 1\right) \\
&+ \sum_{k=1}^{m}\lambda_k\left[\int_{-\infty}^{\infty} g_k(x)f(x)\,dx - m_k\right]
\end{aligned} \tag{46}
$$

式中, 右边第 2 项为了推导方便, 引入乘子 $\lambda_0 - 1$ 代替 λ_0. 可采用极值原理进行求解 $f(x)$.

根据 Euler-Lagrange 方程, 若 $I = \displaystyle\int_a^b G(x, q(x), q'(x))\,dx$, 其中 G 已知, 则 $q(x)$ 满足

$$
\frac{\partial G}{\partial q(x)} - \frac{d}{dx}\left(\frac{\partial G}{\partial q'(x)}\right) = 0 \tag{47}
$$

式 (47) 可进一步写为

$$
L = \int_{-\infty}^{\infty}\left[-f(x)\ln f(x) - (\lambda_0 - 1)f(x) + \sum_{k=1}^{m}\lambda_k g_k(x)f(x)\right]dx
$$

$$- (\lambda_0 - 1) - \sum_{k=1}^{m} \lambda_k m_k \tag{48}$$

在式 (48) 中, $G = -f(x) \ln f(x) - (\lambda_0 - 1) f(x) + \sum_{k=1}^{m} \lambda_k g_k(x) f(x)$ 没有 $f'(x)$ 项, 仅为 $f(x)$ 的函数, 其他项为常数. 式 (48) G 对 $f(x)$ 求偏导数, 有

$$\begin{aligned}
\frac{\partial G}{\partial f(x)} &= \frac{\partial}{\partial f(x)} \left[-f(x) \ln f(x) - (\lambda_0 - 1) f(x) + \sum_{k=1}^{m} \lambda_k g_k(x) f(x) \right] \\
&= -\ln f(x) - f(x) \frac{1}{f(x)} - (\lambda_0 - 1) + \sum_{k=1}^{m} \lambda_k g_k(x) \\
&= -\ln f(x) - 1 - (\lambda_0 - 1) + \sum_{k=1}^{m} \lambda_k g_k(x) \\
&= -\ln f(x) - \lambda_0 + \sum_{k=1}^{m} \lambda_k g_k(x)
\end{aligned} \tag{49}$$

由 $\dfrac{\partial G}{\partial f(x)} = 0$ 得, $-\ln f(x) - \lambda_0 + \sum\limits_{k=1}^{m} \lambda_k g_k(x) = 0$, 整理, $\ln f(x) = -\lambda_0 + \sum\limits_{k=1}^{m} \lambda_k g_k(x)$, 则有

$$f(x) = \exp \left(-\lambda_0 + \sum_{k=1}^{m} \lambda_k g_k(x) \right) \tag{50}$$

根据负偏 P-III 型分布变量取值范围 $(-\infty, a_0)$ 和最大熵原理, 有

$$\begin{cases}
\max \quad H = -\displaystyle\int_{-\infty}^{a_0} f(x) \log f(x) \, dx \\[2mm]
\displaystyle\int_{-\infty}^{a_0} f(x) \, dx = 1 \\[2mm]
\displaystyle\int_{-\infty}^{a_0} x f(x) \, dx = E(x) \\[2mm]
\displaystyle\int_{-\infty}^{a_0} \ln(a_0 - x) f(x) \, dx = E\left[\ln(a_0 - x)\right]
\end{cases} \tag{51}$$

显然, 式 (51) 中, $g_1(x) = x$, $g_2(x) = \ln(a_0 - x)$, $e^{\lambda_0} = \displaystyle\int_{-\infty}^{a_0} e^{\lambda_1 x + \lambda_2 \ln(a_0 - x)} dx$, $f(x) = e^{-\lambda_0 + \lambda_1 x + \lambda_2 \ln(a_0 - x)}$. 则

$$\begin{aligned}
e^{\lambda_0} &= \int_{-\infty}^{a_0} e^{\lambda_1 x + \lambda_2 \ln(a_0 - x)} dx = \int_{-\infty}^{a_0} e^{\lambda_1 x} e^{\ln(a_0 - x)^{\lambda_2}} dx \\
&= \int_{-\infty}^{a_0} (a_0 - x)^{\lambda_2} e^{\lambda_1 x} dx
\end{aligned}$$

令 $y = a_0 - x$, 当 $x = a_0$ 时, $y = 0$; 当 $x \to -\infty$ 时, $y \to \infty$. $x = a_0 - y, dx = -dy$, 则

$$
\begin{aligned}
e^{\lambda_0} &= \int_{-\infty}^{a_0} (a_0 - x)^{\lambda_2} e^{\lambda_1 x} dx = \int_{\infty}^{0} y^{\lambda_2} e^{\lambda_1(a_0 - y)} (-1) \, dy \\
&= \int_{0}^{\infty} y^{\lambda_2} e^{-\lambda_1 y} e^{\lambda_1 a_0} dy = e^{\lambda_1 a_0} \int_{0}^{\infty} y^{\lambda_2} e^{-\lambda_1 y} dy \\
&= e^{\lambda_1 a_0} \int_{0}^{\infty} \frac{\lambda_1^{\lambda_2}}{\lambda_1^{\lambda_2}} y^{\lambda_2} e^{-\lambda_1 y} dy = \frac{e^{\lambda_1 a_0}}{\lambda_1^{\lambda_2}} \int_{0}^{\infty} (\lambda_1 y)^{\lambda_2} e^{-\lambda_1 y} dy
\end{aligned}
$$

令 $z = \lambda_1 y$, 当 $y = 0$ 时, $z = 0$; 当 $y \to \infty$ 时, $z \to \infty$. $y = \dfrac{z}{\lambda_1}, dy = \dfrac{1}{\lambda_1} dz$, 则

$$
\begin{aligned}
e^{\lambda_0} &= \frac{e^{\lambda_1 a_0}}{\lambda_1^{\lambda_2}} \int_{0}^{\infty} (\lambda_1 y)^{\lambda_2} e^{-\lambda_1 y} dx = \frac{e^{\lambda_1 a_0}}{\lambda_1^{\lambda_2}} \int_{0}^{\infty} z^{\lambda_2} e^{-z} \frac{1}{\lambda_1} dz \\
&= \frac{e^{\lambda_1 a_0}}{\lambda_1^{1+\lambda_2}} \int_{0}^{\infty} z^{\lambda_2} e^{z} dz = \frac{e^{\lambda_1 a_0}}{\lambda_1^{1+\lambda_2}} \int_{0}^{\infty} z^{1+\lambda_2-1} e^{-z} dz
\end{aligned}
$$

即

$$
e^{\lambda_0} = \frac{e^{\lambda_1 a_0}}{\lambda_1^{1+\lambda_2}} \Gamma (1 + \lambda_2) \tag{52}
$$

式 (52) 两边取对数, 有 λ_0 与 λ_1, λ_2 的解析表达式

$$
\lambda_0 = \lambda_1 a_0 - (\lambda_2 + 1) \ln \lambda_1 + \ln \Gamma (1 + \lambda_2) \tag{53}
$$

由 $e^{\lambda_0} = \displaystyle\int_{-\infty}^{a_0} e^{\lambda_1 x + \lambda_2 \ln(a_0 - x)} dx$, 得 λ_0 与 λ_1, λ_2 的积分表达式

$$
\lambda_0 = \ln \int_{-\infty}^{a_0} e^{\lambda_1 x + \lambda_2 \ln(a_0 - x)} dx \tag{54}
$$

式 (54) 两边 λ_0 对 λ_1 求一阶偏导数, 有

$$
\begin{aligned}
\frac{\partial \lambda_0}{\partial \lambda_1} &= \frac{\partial}{\partial \lambda_1} \left[\ln \int_{-\infty}^{a_0} e^{\lambda_1 x + \lambda_2 \ln(a_0 - x)} dx \right] = \frac{\displaystyle\int_{-\infty}^{a_0} x e^{\lambda_1 x + \lambda_2 \ln(a_0 - x)} dx}{\displaystyle\int_{-\infty}^{a_0} e^{\lambda_1 x + \lambda_2 \ln(a_0 - x)} dx} \\
&= \frac{e^{-\lambda_0} \displaystyle\int_{-\infty}^{a_0} x e^{\lambda_1 x + \lambda_2 \ln(a_0 - x)} dx}{e^{-\lambda_0} \displaystyle\int_{-\infty}^{a_0} e^{\lambda_1 x + \lambda_2 \ln(a_0 - x)} dx} = \frac{e^{-\lambda_0} \displaystyle\int_{-\infty}^{a_0} x e^{-\lambda_0 + \lambda_1 x + \lambda_2 \ln(a_0 - x)} dx}{e^{-\lambda_0} \displaystyle\int_{-\infty}^{a_0} e^{-\lambda_0 + \lambda_1 x + \lambda_2 \ln(a_0 - x)} dx}
\end{aligned}
$$

根据 $f(x) = \int_{a_0}^{\infty} e^{-\lambda_0 + \lambda_1 x + \lambda_2 \ln(a_0 - x)} dx = 1$, 有

$$\frac{\partial \lambda_0}{\partial \lambda_1} = \frac{e^{-\lambda_0} \int_{-\infty}^{a_0} x e^{-\lambda_0 + \lambda_1 x + \lambda_2 \ln(a_0 - x)} dx}{e^{-\lambda_0} \int_{-\infty}^{a_0} e^{-\lambda_0 + \lambda_1 x + \lambda_2 \ln(a_0 - x)} dx} = \frac{\int_{a_0}^{\infty} x f(x) dx}{\int_{a_0}^{\infty} f(x) dx} = \frac{E(x)}{1} = E(x) \quad (55)$$

式 (54) 两边 λ_0 对 λ_2 求一阶偏导数, 有

$$\frac{\partial \lambda_0}{\partial \lambda_2} = \frac{\partial}{\partial \lambda_2} \left[\ln \int_{-\infty}^{a_0} e^{\lambda_1 x + \lambda_2 \ln(a_0 - x)} dx \right] = \frac{\int_{-\infty}^{a_0} \ln(a_0 - x) e^{\lambda_1 x + \lambda_2 \ln(a_0 - x)} dx}{\int_{-\infty}^{a_0} e^{\lambda_1 x + \lambda_2 \ln(a_0 - x)} dx}$$

$$= \frac{e^{-\lambda_0} \int_{-\infty}^{a_0} \ln(a_0 - x) e^{\lambda_1 x + \lambda_2 \ln(a_0 - x)} dx}{e^{-\lambda_0} \int_{-\infty}^{a_0} e^{\lambda_1 x + \lambda_2 \ln(a_0 - x)} dx}$$

$$= \frac{\int_{-\infty}^{a_0} \ln(a_0 - x) e^{-\lambda_0 + \lambda_1 x + \lambda_2 \ln(a_0 - x)} dx}{\int_{-\infty}^{a_0} e^{-\lambda_0 + \lambda_1 x + \lambda_2 \ln(a_0 - x)} dx}$$

$$= \frac{\int_{-\infty}^{a_0} \ln(x - a_0) f(x) dx}{\int_{-\infty}^{a_0} f(x) dx} = \frac{E[\ln(a_0 - x)]}{1} = E[\ln(a_0 - x)] \quad (56)$$

式 (54) 两边 λ_0 对 λ_1 求二阶偏导数, 有

$$\frac{\partial^2 \lambda_0}{\partial \lambda_1^2} = \frac{\partial}{\partial \lambda_1} \left\{ \frac{\partial}{\partial \lambda_1} \left[\ln \int_{a_0}^{\infty} e^{-\lambda_1 x - \lambda_2 \ln(x - a_0)} dx \right] \right\} = \frac{\partial}{\partial \lambda_1} \left[\frac{\int_{-\infty}^{a_0} x e^{\lambda_1 x + \lambda_2 \ln(a_0 - x)} dx}{\int_{-\infty}^{a_0} e^{\lambda_1 x + \lambda_2 \ln(a_0 - x)} dx} \right]$$

$$= \left(\left[\int_{-\infty}^{a_0} x^2 e^{\lambda_1 x + \lambda_2 \ln(a_0 - x)} dx \right] \left[\int_{-\infty}^{a_0} e^{\lambda_1 x + \lambda_2 \ln(a_0 - x)} dx \right] \right.$$

$$\left. - \left[\int_{-\infty}^{a_0} x e^{\lambda_1 x + \lambda_2 \ln(a_0 - x)} dx \right] \left[\int_{-\infty}^{a_0} x e^{\lambda_1 x + \lambda_2 \ln(a_0 - x)} dx \right] \right)$$

$$\left/ \left(\left[\int_{-\infty}^{a_0} e^{\lambda_1 x + \lambda_2 \ln(a_0 - x)} dx \right]^2 \right) \right.$$

$$= \left(\left[e^{-\lambda_0} \int_{-\infty}^{a_0} x^2 e^{\lambda_1 x + \lambda_2 \ln(a_0 - x)} dx \right] \left[e^{-\lambda_0} \int_{-\infty}^{a_0} e^{\lambda_1 x + \lambda_2 \ln(a_0 - x)} dx \right. \right.$$

$$
- \left[e^{-\lambda_0} \int_{-\infty}^{a_0} x e^{\lambda_1 x + \lambda_2 \ln(a_0 - x)} dx \right] \left[e^{-\lambda_0} \int_{-\infty}^{a_0} x e^{\lambda_1 x + \lambda_2 \ln(a_0 - x)} dx \right] \Bigg)
$$

$$
\Bigg/ \left(e^{-\lambda_0} e^{-\lambda_0} \left[\int_{-\infty}^{a_0} e^{\lambda_1 x + \lambda_2 \ln(a_0 - x)} dx \right]^2 \right)
$$

$$
= \Bigg(\left[\int_{-\infty}^{a_0} x^2 e^{-\lambda_0 + \lambda_1 x + \lambda_2 \ln(a_0 - x)} dx \right] \left[\int_{-\infty}^{a_0} e^{-\lambda_0 + \lambda_1 x + \lambda_2 \ln(a_0 - x)} dx \right]
$$

$$
- \left[\int_{-\infty}^{a_0} x e^{-\lambda_0 + \lambda_1 x + \lambda_2 \ln(a_0 - x)} dx \right] \left[\int_{-\infty}^{a_0} x e^{-\lambda_0 + \lambda_1 x + \lambda_2 \ln(a_0 - x)} dx \right] \Bigg)
$$

$$
\Bigg/ \left(\left[\int_{-\infty}^{a_0} e^{-\lambda_0 + \lambda_1 x + \lambda_2 \ln(a_0 - x)} dx \right]^2 \right)
$$

$$
= \frac{\left[\int_{-\infty}^{a_0} x^2 f(x) dx \right] \left[\int_{-\infty}^{a_0} f(x) dx \right] - \left[\int_{-\infty}^{a_0} x f(x) dx \right] \left[\int_{-\infty}^{a_0} x f(x) dx \right]}{\left[\int_{-\infty}^{a_0} f(x) dx \right]^2}
$$

$$
= \frac{E(x^2) \cdot 1 - E(x) \cdot E(x)}{1^2} = E(x^2) - E^2(x) = S_x^2
$$

即

$$
\frac{\partial^2 \lambda_0}{\partial \lambda_1^2} = S_x^2 \tag{57}
$$

式 (54) 两边 λ_0 对 λ_2 求二阶偏导数, 有

$$
\frac{\partial^2 \lambda_0}{\partial \lambda_2^2} = \frac{\partial}{\partial \lambda_2} \left\{ \frac{\partial}{\partial \lambda_2} \left[\ln \int_{-\infty}^{a_0} e^{\lambda_1 x + \lambda_2 \ln(a_0 - x)} dx \right] \right\}
$$

$$
= \frac{\partial}{\partial \lambda_2} \left[\frac{\int_{-\infty}^{a_0} \ln(a_0 - x) e^{\lambda_1 x + \lambda_2 \ln(a_0 - x)} dx}{\int_{-\infty}^{a_0} e^{\lambda_1 x + \lambda_2 \ln(a_0 - x)} dx} \right]
$$

$$
= \Bigg(\left[\int_{-\infty}^{a_0} \ln^2(a_0 - x) e^{\lambda_1 x + \lambda_2 \ln(a_0 - x)} dx \right] \left[\int_{-\infty}^{a_0} e^{\lambda_1 x + \lambda_2 \ln(a_0 - x)} dx \right]
$$

$$
- \left[\int_{-\infty}^{a_0} \ln(a_0 - x) e^{\lambda_1 x + \lambda_2 \ln(a_0 - x)} dx \right] \left[\int_{-\infty}^{a_0} \ln(a_0 - x) e^{\lambda_1 x + \lambda_2 \ln(a_0 - x)} dx \right] \Bigg)
$$

$$
\Bigg/ \left(\left[\int_{-\infty}^{a_0} e^{\lambda_1 x + \lambda_2 \ln(a_0 - x)} dx \right]^2 \right)
$$

$$
= \Bigg(\left[e^{-\lambda_0} \int_{-\infty}^{a_0} \ln^2(a_0 - x) e^{\lambda_1 x + \lambda_2 \ln(a_0 - x)} dx \right]
$$

$$\cdot \left[e^{-\lambda_0} \int_{-\infty}^{a_0} e^{\lambda_1 x + \lambda_2 \ln(a_0 - x)} dx \right] \Bigg) \bigg/ \left(e^{-\lambda_0} e^{-\lambda_0} \left[\int_{-\infty}^{a_0} e^{\lambda_1 x + \lambda_2 \ln(a_0 - x)} dx \right]^2 \right)$$

$$- \left(\left[e^{-\lambda_0} \int_{-\infty}^{a_0} \ln (a_0 - x) e^{\lambda_1 x + \lambda_2 \ln(a_0 - x)} dx \right] \right.$$

$$\left. \cdot \left[e^{-\lambda_0} \int_{-\infty}^{a_0} \ln (a_0 - x) e^{\lambda_1 x + \lambda_2 \ln(a_0 - x)} dx \right] \right)$$

$$\bigg/ \left(e^{-\lambda_0} e^{-\lambda_0} \left[\int_{-\infty}^{a_0} e^{\lambda_1 x + \lambda_2 \ln(a_0 - x)} dx \right]^2 \right)$$

$$= \frac{\left[\int_{-\infty}^{a_0} \ln^2 (a_0 - x) e^{-\lambda_0 + \lambda_1 x + \lambda_2 \ln(a_0 - x)} dx \right] \left[\int_{-\infty}^{a_0} e^{-\lambda_0 + \lambda_1 x + \lambda_2 \ln(a_0 - x)} dx \right]}{\left[\int_{-\infty}^{a_0} e^{-\lambda_0 + \lambda_1 x + \lambda_2 \ln(a_0 - x)} dx \right]^2}$$

$$- \left(\left[\int_{-\infty}^{a_0} \ln (a_0 - x) e^{-\lambda_0 + \lambda_1 x + \lambda_2 \ln(a_0 - x)} dx \right] \right.$$

$$\left. \cdot \left[\int_{-\infty}^{a_0} \ln (a_0 - x) e^{-\lambda_0 + \lambda_1 x + \lambda_2 \ln(a_0 - x)} dx \right] \right)$$

$$\bigg/ \left(\left[\int_{-\infty}^{a_0} e^{-\lambda_0 + \lambda_1 x + \lambda_2 \ln(a_0 - x)} dx \right]^2 \right)$$

$$= \left(\left[\int_{-\infty}^{a_0} \ln^2 (a_0 - x) f (x) dx \right] \left[\int_{-\infty}^{a_0} f (x) dx \right] \right.$$

$$\left. - \left[\int_{-\infty}^{a_0} \ln (a_0 - x) f (x) dx \right] \left[\int_{-\infty}^{a_0} \ln (a_0 - x) f (x) dx \right] \right)$$

$$\bigg/ \left(\left[\int_{-\infty}^{a_0} f (x) dx \right]^2 \right)$$

$$= \frac{E \left[\ln^2 (a_0 - x) \right] \cdot 1 - E \left[\ln (a_0 - x) \right] \cdot E \left[\ln (a_0 - x) \right]}{1^2}$$

$$= E \left[\ln^2 (a_0 - x) \right] - E^2 \left[\ln (a_0 - x) \right] = S_{\ln(a_0 - x)}^2$$

即

$$\frac{\partial^2 \lambda_0}{\partial \lambda_2^2} = S_{\ln(a_0 - x)}^2 \tag{58}$$

式 (53) 两边 λ_0 对 λ_1 求一阶偏导数, 有

$$\frac{\partial \lambda_0}{\partial \lambda_1} = \frac{\partial}{\partial \lambda_1} \left[\lambda_1 a_0 - (\lambda_2 + 1) \ln \lambda_1 + \ln \Gamma (1 + \lambda_2) \right] = a_0 - \frac{\lambda_2 + 1}{\lambda_1} \tag{59}$$

式 (53) 两边 λ_0 对 λ_2 求一阶偏导数, 有

$$\frac{\partial \lambda_0}{\partial \lambda_2} = \frac{\partial}{\partial \lambda_2} \left[\lambda_1 a_0 - (\lambda_2 + 1) \ln \lambda_1 + \ln \Gamma (1 + \lambda_2) \right] = -\ln \lambda_1 + \frac{\partial}{\partial \lambda_2} \ln \Gamma (1 + \lambda_2) \quad (60)$$

式 (59) 两边 λ_0 对 λ_1 求二阶偏导数, 有

$$\frac{\partial^2 \lambda_0}{\partial \lambda_1^2} = \frac{\partial}{\partial \lambda_1} \left(\frac{\partial \lambda_0}{\partial \lambda_1} \right) = \frac{\partial}{\partial \lambda_1} \left(a_0 - \frac{\lambda_2 + 1}{\lambda_1} \right) = \frac{1 + \lambda_2}{\lambda_1^2} \quad (61)$$

令式 (55)= 式 (59), 式 (56)= 式 (60), 式 (57)= 式 (61), 有

$$E(x) = a_0 - \frac{\lambda_2 + 1}{\lambda_1} \quad (62)$$

$$E[\ln(a_0 - x)] = -\ln \lambda_1 + \frac{\partial}{\partial \lambda_2} \ln \Gamma (1 + \lambda_2) \quad (63)$$

$$S_x^2 = \frac{1 + \lambda_2}{\lambda_1^2} \quad (64)$$

把式 $(53) \lambda_0 = \lambda_1 a_0 - (\lambda_2 + 1) \ln \lambda_1 + \ln \Gamma (1 + \lambda_2)$ 代入 $f(x) = e^{-\lambda_0 + \lambda_1 x + \lambda_2 \ln(a_0 - x)}$, 有

$$
\begin{aligned}
f(x) &= e^{-\lambda_1 a_0 + (\lambda_2 + 1) \ln \lambda_1 - \ln \Gamma(1 + \lambda_2) + \lambda_1 x + \lambda_2 \ln(a_0 - x)} \\
&= e^{\lambda_1 x - \lambda_1 a_0 + (\lambda_2 + 1) \ln \lambda_1 - \ln \Gamma(1 + \lambda_2) + \lambda_2 \ln(a_0 - x)} \\
&= e^{(\lambda_1 x - \lambda_1 a_0) + \ln \lambda_1^{\lambda_2 + 1} - \ln \Gamma(1 + \lambda_2) + \ln(a_0 - x)^{\lambda_2}} \\
&= \frac{\lambda_1^{\lambda_2 + 1}}{\Gamma(1 + \lambda_2)} (a_0 - x)^{\lambda_2} e^{-\lambda_1(a_0 - x)} \\
&= \frac{\lambda_1}{\Gamma(1 + \lambda_2)} [\lambda_1 (a_0 - x)]^{\lambda_2} e^{-\lambda_1(a_0 - x)} \\
&= \frac{\lambda_1}{\Gamma(1 + \lambda_2)} [\lambda_1 (a_0 - x)]^{\lambda_2 + 1 - 1} e^{-\lambda_1(a_0 - x)} \\
&= \frac{\lambda_1}{\Gamma(1 + \lambda_2)} [-\lambda_1 (x - a_0)]^{\lambda_2 + 1 - 1} e^{\lambda_1(x - a_0)} \quad (65)
\end{aligned}
$$

对照式 (65) 与密度函数 $f(x) = \frac{1}{-\beta \cdot \Gamma(\alpha)} \left(\frac{x - a_0}{\beta} \right)^{\alpha - 1} e^{-\frac{x - a_0}{\beta}}$, 不难看出, 有

$$\alpha = 1 + \lambda_2, \quad \lambda_1 = -\frac{1}{\beta} \quad (66)$$

则 $\frac{\partial}{\partial \lambda_2} \ln \Gamma (1 + \lambda_2) = \frac{\partial}{\partial \lambda_2} \ln \Gamma (\alpha) = \frac{d \ln \Gamma(\alpha)}{d\alpha} \frac{d\alpha}{d\lambda_2} = \Psi(\alpha)$. 把此式和式 (66) 代入 式 (62)—(64), 有

$$E(x) = a_0 + \alpha \beta \quad (67)$$

$$E[\ln(a_0 - x)] = \Psi(\alpha) + \ln(-\beta) \quad (68)$$

$$S_x^2 = \alpha \beta^2 \tag{69}$$

由式 (69) 得, $\alpha = \dfrac{S_x^2}{\beta^2}$, 分别代入式 (67)—式 (68), 有

$$E(x) = a_0 + \frac{S_x^2}{\beta} \tag{70}$$

$$E[\ln(a_0 - x)] = \Psi\left(\frac{S_x^2}{\beta^2}\right) + \ln(-\beta) \tag{71}$$

由式 (70) 得, $\beta = \dfrac{S_x^2}{E(x) - a_0}$, 代入式 (71), 有

$$
\begin{aligned}
E[\ln(a_0 - x)] &= \Psi\left(S_x^2 \frac{[E(x) - a_0]^2}{S_x^4}\right) + \ln\left[-\frac{S_x^2}{E(x) - a_0}\right] \\
&= \Psi\left(\frac{[E(x) - a_0]^2}{S_x^2}\right) + \ln\left[\frac{S_x^2}{a_0 - E(x)}\right]
\end{aligned}
$$

即

$$E[\ln(a_0 - x)] = \Psi\left(\frac{[E(x) - a_0]^2}{S_x^2}\right) + \ln\left[\frac{S_x^2}{a_0 - E(x)}\right] \tag{72}$$

与正偏情况相同, 式 (72)$E(x)$, S_x^2 和 $E[\ln(x - a_0)]$ 分别用样本计算值来代替; 可采用非线性方程的方法求得 a_0 值, 把 a_0 值代入式 (70), 得 $\beta = \dfrac{S_x^2}{E(x) - a_0}$, 再把 β 值代入式 (69), 有 $\alpha = \dfrac{S_x^2}{\beta^2}$.

3.3.2 应用实例

例 3 正偏 P-III 型分布频率计算. 陕西省武功县 1955—2007 年年降水量序列如第 2 章例 1 所示. 按照最大熵原理法, 计算年降水量序列 P-III 型分布参数和设计值.

年降水量统计值为 $\bar{x} = 606.73774$, $S_x = 158.28292$, $C_s = 0.58777$. 把统计值代入式 (45), 求解非线性方程得 $a_0 = 149.53302$, $w(a_0) = -1.0933 \times 10^{-12}$, 由式 (43) 得 $\beta = 54.79708$, 由式 (42) 得 $\alpha = 8.34360$. 给定设计频率下的设计值见表 1.

例 4 负偏 P-III 型分布参数计算. 新疆塔什库尔干县 1962—2003 年年降水量序列见第 2 章例 3, $E(x) = 70.13810$, $S_x = 22.83497$, $C_s = -0.63676$. 求解式 (72) 非线性方程得 $a_0 = 119.16295$, $w(a_0) = -2.1186 \times 10^{-11}$, 由式 (70) 得 $\beta = -11.16710$, 由式 (69) 得 $a = 4.18139$. 计算结果见表 1.

表 1　Singh 最大熵法不同频率降水量设计值

频率/%	武功县		塔什库尔干县	
	y_p	设计值	y_p	设计值
0.50	17.63299	1115.77	0.74114	108.56
1.00	16.48468	1052.85	0.90150	106.76
5.00	13.59214	894.34	1.47235	100.39
10.00	12.19296	817.67	1.86669	95.99
15.00	11.30365	768.94	2.17205	92.58
20.00	10.62775	731.90	2.43864	89.60
25.00	10.06940	701.31	2.68489	86.85
30.00	9.58470	674.75	2.92026	84.22
35.00	9.14952	650.90	3.15069	81.65
40.00	8.74885	628.94	3.38055	79.08
45.00	8.37246	608.32	3.61354	76.48
50.00	8.01274	588.61	3.85320	73.80
55.00	7.66350	569.47	4.10330	71.01
60.00	7.31927	550.61	4.36832	68.05
65.00	6.97459	531.72	4.65395	64.86
70.00	6.62343	512.48	4.96803	61.35
75.00	6.25817	492.46	5.32226	57.40
80.00	5.86791	471.08	5.73568	52.78
85.00	5.43452	447.33	6.24322	47.11
90.00	4.92132	419.21	6.92178	39.54
95.00	4.22434	381.01	8.01122	27.37
99.00	3.11009	319.96	10.33301	1.44

3.4　梅林变换在 P-III 型分布参数估计中的应用

张明等 (2010, 2012, 2014) 认为上述最大信息熵原理推导水文频率分布参数估计采用泛函分析及 Lagrange 乘子法推演过程相当烦琐复杂, 梅林 (Mellin) 变换法可使上述计算过程简化. 本节在引用张明等 (2010, 2012, 2014) 文献的基础上, 详细推导和叙述梅林变换进行 P-III 型分布参数估算的计算公式.

3.4.1　梅林变换

梅林变换定义为

$$\Phi_x(s) = M[f_x; s] = \int_0^\infty x^{s-1} f(x) dx \tag{73}$$

式中, $\Phi_x(s)$, $M[f_x; s]$ 为梅林变换; s 为变量.

式 (73) 中, 当 $s = n+1$ 时, 可以得出传统矩 (第一类矩) 为

$$m_n = M[f_x; s]|_{s=n+1} = \int_0^\infty x^{n+1-1} f(x)dx = \int_0^\infty x^n f(x)dx \tag{74}$$

式中, n 为自然数; m_n 为第 n 阶原点矩.

$$\frac{d}{ds}\Phi_x(s) = \frac{d}{ds}\int_0^\infty x^{s-1} f(x)dx = \int_0^\infty \frac{d}{ds} x^{s-1} f(x)dx = \int_0^\infty x^{s-1} \ln x \cdot f(x)dx$$

$$\frac{d^2}{ds^2}\Phi_x(s) = \frac{d}{ds}\left[\frac{d}{ds}\Phi_x(s)\right] = \frac{d}{ds}\int_0^\infty x^{s-1} \ln x \cdot f(x)dx$$
$$= \int_0^\infty \frac{d}{ds} x^{s-1} \ln x \cdot f(x)dx = \int_0^\infty x^{s-1} (\ln x)^2 f(x)dx$$

$$\frac{d^3}{ds^3}\Phi_x(s) = \frac{d}{ds}\left[\frac{d^2}{ds^2}\Phi_x(s)\right] = \frac{d}{ds}\int_0^\infty x^{s-1} (\ln x)^2 f(x)dx$$
$$= \int_0^\infty x^{s-1} (\ln x)^2 f(x)dx = \int_0^\infty x^{s-1} (\ln x)^3 f(x)dx$$

以此类推, 有

$$\frac{d^n}{ds^n}\Phi_x(s) = \frac{d}{ds}\left[\frac{d^{n-1}}{ds^{n-1}}\Phi_x(s)\right] = \frac{d}{ds}\int_0^\infty x^{s-1} (\ln x)^{n-1} f(x)dx$$
$$= \int_0^\infty x^{s-1} (\ln x)^{n-1} f(x)dx = \int_0^\infty x^{s-1} (\ln x)^n f(x)dx$$

显然, 当 $s = 1$, 有

$$\begin{cases} \dfrac{d}{ds}\Phi_x(s)\bigg|_{s=1} = \displaystyle\int_0^\infty \ln x \cdot f(x)dx \\[2mm] \dfrac{d^2}{ds^2}\Phi_x(s)\bigg|_{s=1} = \displaystyle\int_0^\infty (\ln x)^2 \cdot f(x)dx \\[2mm] \dfrac{d^3}{ds^3}\Phi_x(s)\bigg|_{s=1} = \displaystyle\int_0^\infty (\ln x)^3 \cdot f(x)dx \\[2mm] \qquad\qquad \vdots \\[2mm] \dfrac{d^n}{ds^n}\Phi_x(s)\bigg|_{s=1} = \displaystyle\int_0^\infty (\ln x)^n \cdot f(x)dx \end{cases} \tag{75}$$

式 (75) 即为对数矩 (第二类矩)

$$\tilde{m}_n = M[(\ln x)^n f_x; s]|_{s=1} = \int_0^\infty x^{s-1} (\ln x)^n f(x)dx\bigg|_{s=1} = \frac{d^n}{ds^n}\Phi_x(s)\bigg|_{s=1} \tag{76}$$

式中, $\tilde{m}_n$ 为第 n 阶对数矩. 令

$$\Psi_x(s) = \ln \Phi_x(s) \tag{77}$$

可导出对数累积量, 有

$$\tilde{k}_n = \frac{d^n}{ds^n} \Psi_x(s) \bigg|_{s=1} \tag{78}$$

式中, $\tilde{k}_n$ 为第 n 阶累积量. 对数矩和对数累积量有下列关系:

$$\begin{cases} \tilde{k}_1 = \tilde{m}_1 \\ \tilde{k}_2 = \tilde{m}_2 - \tilde{m}_1^2 \\ \tilde{k}_3 = \tilde{m}_3 - 3\tilde{m}_1\tilde{m}_2 + 2\tilde{m}_1^3 \\ \tilde{k}_4 = \tilde{m}_4 - 4\tilde{m}_1\tilde{m}_3 + 6\tilde{m}_1^2\tilde{m}_2 - 3\tilde{m}_1^4 \end{cases} \tag{79}$$

应用梅林变换推导概率密度函数参数估计最大熵法的步骤如下:

(1) 由已知的概率密度函数分布, 根据最大信息熵原理反求约束条件.

(2) 确定概率密度函数分布参数的个数, 依照参数个数选择参数估计统计特征方程式, 保证统计特征方程式个数与参数个数相等. 取舍原则: 先选择信息熵约束条件下的均值特征方程式, 均值特征方程式不够参数个数时再选择方差特征方程式, 再不够时还需要选择协方差特征方程式.

(3) 分析判断其约束条件的边界是否符合梅林变换的要求, 对不符合的, 做数学处理达到要求.

(4) 用梅林变换推导选取的统计特征方程式, 建立参数与统计特征的关系, 组成参数估计的统计特征方程组, 即最大熵法.

3.4.2　应用梅林变换进行 P-III 型分布参数估计

P-III 型分布密度函数为

$$f(x) = \frac{1}{a\Gamma(b)} \left(\frac{x-c}{a} \right)^{b-1} \exp\left(-\frac{x-c}{a} \right) \tag{80}$$

式中, $\Gamma(\alpha) = \displaystyle\int_0^\infty y^{\alpha-1} e^{-y} dy$.

信息熵计算公式

$$H(x) = -\int_R f(x) \ln f(x) dx \tag{81}$$

式中, $H(x)$ 为熵; x 为随机变量; $f(x)$ 为概率密度函数; R 为积分区间, 变量取值区间.

Jaynes 最大信息熵原理为: 选择在一些约束条件下使熵达到最大值的概率分布是最佳概率分布. 从某种意义上讲, 概率分布与约束条件是相互等价的. 在某些

问题中, 一般总是假设随机变量服从某一概率分布, 在已知概率分布的条件下求取约束条件以及由约束条件研究熵的性质, 则是反问题.

对于概率密度函数 $f(x)$, 有式 (81) 的约束条件:

$$\int_R f(x)dx = 1 \tag{82}$$

$$\int_R G_i(x)f(x)dx = E[G_i(x)], \quad i = 1, 2, \cdots, m \tag{83}$$

式中, $G_i(x)$ 为某一函数; E 为数学期望.

$$
\begin{aligned}
\ln f(x) &= -\ln a - \ln \Gamma(b) + (b-1)\ln(x-c) - (b-1)\ln a - \frac{x-c}{a} \\
&= -\ln a - \ln \Gamma(b) - b\ln a + \ln a + (b-1)\ln(x-c) - \frac{x-c}{a} \\
&= -\ln \Gamma(b) - b\ln a + (b-1)\ln(x-c) - \frac{x-c}{a} \\
-f(x)\ln f(x) &= \left[\ln \Gamma(b) + b\ln a - (b-1)\ln(x-c) + \frac{x-c}{a}\right]f(x) \\
&= [\ln \Gamma(b) + b\ln a]f(x) - (b-1)\ln(x-c)f(x) + \frac{x-c}{a}f(x)
\end{aligned}
$$

则

$$
\begin{aligned}
H(x) &= -\int_c^\infty f(x)\ln f(x)dx = \int_c^\infty -f(x)\ln f(x)dx \\
&= [\ln \Gamma(b) + b\ln a]\int_c^\infty f(x)dx - (b-1)\int_c^\infty \ln(x-c)f(x)dx \\
&\quad + \frac{1}{a}\int_c^\infty (x-c)f(x)dx \\
&= [\ln \Gamma(b) + b\ln a]\int_c^\infty f(x)dx - (b-1)E[\ln(x-c)] + \frac{1}{a}E(x-c)
\end{aligned}
$$

可以得约束条件为

$$E[x-c] = \int_c^\infty (x-c)f(x)dx \tag{84}$$

$$E[\ln(x-c)] = \int_c^\infty \ln(x-c)f(x)dx \tag{85}$$

P-Ⅲ 型分布有三个参数, 分别为 a, b, c. 分别选取约束条件的均值特征方程式 $E[x-c]$, $E[\ln(x-c)]$ 和补充关系式中的方差特征方程式 $\mathrm{var}[x-c]$.

由式 (84), (85) 可以看出, 边界条件不符合式 (81) 的要求, 作变换, 令 $y = x-c$, 则

$$f(y) = \frac{1}{a\Gamma(b)}\left(\frac{y}{a}\right)^{b-1}\exp\left(-\frac{y}{a}\right)$$

$$E[x - c] = E(y) = \int_0^\infty yf(y)dy, \quad E[\ln(x - c)] = E(\ln y) = \int_0^\infty \ln yf(y)dy$$

$$\mathrm{var}[x - c] = \mathrm{var}[y] = \int_0^\infty y^2 f(y)dy - \left[\int_0^\infty yf(y)dy\right]^2$$

将 $f(y) = \dfrac{1}{a\Gamma(b)}\left(\dfrac{y}{a}\right)^{b-1}\exp\left(-\dfrac{y}{a}\right)$ 代入式 (73), 用梅林变换推导

$$\Phi_y(s) = M[f_y; s] = \int_0^\infty y^{s-1} f(y)dy = \int_0^\infty y^{s-1}\frac{1}{a\Gamma(b)}\left(\frac{y}{a}\right)^{b-1}\exp\left(-\frac{y}{a}\right)dy$$

$$= \frac{1}{a\Gamma(b)}\int_0^\infty y^{s-1}\left(\frac{y}{a}\right)^{b-1}\exp\left(-\frac{y}{a}\right)dy$$

令 $t = \dfrac{y}{a}$, $y = at$, $dy = adt$, 应用 gamma 函数 $\Gamma(a) = \displaystyle\int_0^\infty y^{a-1}e^{-y}dy$, 则

$$\Phi_y(s) = \frac{1}{a\Gamma(b)}\int_0^\infty y^{s-1}\left(\frac{y}{a}\right)^{b-1}\exp\left(-\frac{y}{a}\right)dy$$

$$= \frac{1}{a\Gamma(b)}\int_0^\infty a^{s-1}t^{s-1}t^{b-1}\exp(-t)\,adt$$

$$= \frac{a^{s-1-1+1}}{\Gamma(b)}\int_0^\infty t^{s+b-2}e^{-t}dt = \frac{a^{s-1}}{\Gamma(b)}\int_0^\infty t^{s+b-1-1}e^{-t}dt = \frac{a^{s-1}}{\Gamma(b)}\Gamma(s+b-1)$$

即

$$\Phi_y(s) = \frac{a^{s-1}}{\Gamma(b)}\Gamma(s+b-1) \tag{86}$$

式 (86) 中 s 分别取 2, 3, 有

$$m_1 = \int_0^\infty y^{2-1}f(y)dy = \int_0^\infty yf(y)dy = E(y) = \frac{a}{\Gamma(b)}\Gamma(b+1) = \frac{a}{\Gamma(b)}b\Gamma(b) = ab \tag{87}$$

$$m_2 = \int_0^\infty y^{3-1}f(y)dy = \int_0^\infty y^2 f(y)dy = E(y^2) = \frac{a^2}{\Gamma(b)}\Gamma(b+2)$$

$$= \frac{a^2}{\Gamma(b)}(b+1)\Gamma(b+1) = \frac{a^2}{\Gamma(b)}(b+1)b\Gamma(b) = a^2 b(b+1) \tag{88}$$

$$\mathrm{var}[y] = m_2 - m_1^2 = a^2 b(b+1) - a^2 b^2 = a^2 b^2 + a^2 b - a^2 b^2 = a^2 b \tag{89}$$

$$E[\ln y] = \tilde{m}_1 = \int_0^\infty (\ln y)^{2-1}f(y)dy = \int_0^\infty \ln y\cdot f(y)dy$$

$$= \int_0^\infty \ln y\cdot\frac{1}{a\Gamma(b)}\left(\frac{y}{a}\right)^{b-1}\exp\left(-\frac{y}{a}\right)dy$$

$$= \frac{1}{a\Gamma(b)} \int_0^\infty \ln y \cdot \left(\frac{y}{a}\right)^{b-1} \exp\left(-\frac{y}{a}\right) dy$$

令 $t = \dfrac{y}{a}$, $y = at$, $dy = adt$, 则

$$
\begin{aligned}
E[\ln y] =&\tilde{m}_1 = \frac{1}{a\Gamma(b)} \int_0^\infty \ln y \cdot \left(\frac{y}{a}\right)^{b-1} \exp\left(-\frac{y}{a}\right) dy \\
=&\frac{1}{a\Gamma(b)} \int_0^\infty (\ln a + \ln t) \, t^{b-1} e^{-t} adt = \frac{1}{\Gamma(b)} \int_0^\infty (\ln a + \ln t) \, t^{b-1} e^{-t} dt \\
=&\frac{1}{\Gamma(b)} \ln a = \frac{1}{\Gamma(b)} \ln a \Gamma(b) + \frac{1}{\Gamma(b)} \int_0^\infty \ln t \cdot t^{b-1} e^{-t} dt \\
=&\int_0^\infty t^{b-1} e^{-t} dt + \frac{1}{\Gamma(b)} \int_0^\infty \ln t \cdot t^{b-1} e^{-t} dt \\
=&\ln a + \frac{1}{\Gamma(b)} \int_0^\infty \ln t \cdot t^{b-1} e^{-t} dt \\
=&\ln a + \frac{1}{\Gamma(b)} \frac{d}{db} \int_0^\infty t^{b-1} e^{-t} dt \\
=&\ln a + \frac{1}{\Gamma(b)} \Gamma'(b) = \psi(b) + \ln a
\end{aligned}
$$

即

$$E[\ln y] = \tilde{m}_1 = \psi(b) + \ln a \tag{90}$$

由 $y = x - c$ 得, $E(x) = E(y) + c$, 得 $E[x] = ab + c$; $\mathrm{var}(y) = \mathrm{var}(x) = a^2 b$. 综合以上推导, 有

$$E[x] = ab + c \tag{91}$$

$$\mathrm{var}[x] = a^2 b \tag{92}$$

$$E[\ln(x - c)] = \psi(b) + \ln a \tag{93}$$

结果表明, 基于梅林变换的最大熵法推导, 既简单又易懂.

式 (91)—(93) 左边可用样本值来代替, 即

$$
\begin{cases}
\bar{x} = ab + c \\
\sigma^2 = a^2 b \\
\ln(\bar{x - c}) = \psi(b) + \ln a
\end{cases}
\tag{94}
$$

式中, $\bar{x} = \dfrac{1}{n} \sum\limits_{i=1}^n x_i$; $\sigma^2 = \dfrac{1}{n-1} \sum\limits_{i=1}^n (x_i - \bar{x})^2$, $\ln(\bar{x - c}) = \dfrac{1}{n} \sum\limits_{i=1}^n \ln(x_i - c)$.

对比我国 P-III 型分布密度函数形式与式 (80) 形式

$$
\begin{cases}
f(x) = \dfrac{1}{a\Gamma(b)} \left(\dfrac{x-c}{a}\right)^{b-1} \exp\left(-\dfrac{x-c}{a}\right) \\
f(x) = \dfrac{\beta^\alpha}{\Gamma(\alpha)} (x - a_0)^{\alpha-1} e^{-\beta(x-a_0)}
\end{cases}
\tag{95}
$$

不难看出, 两种形式的参数有关系 $\begin{cases} \alpha = b, \\ \beta = \dfrac{1}{a}, \\ a_0 = c, \end{cases}$ 其中, $\begin{cases} \alpha = \dfrac{4}{C_s^2}, \\ \beta = \dfrac{\sqrt{\alpha}}{\sigma} = \dfrac{2}{E(X)\,C_v C_s}, \\ a_0 = \bar{x} - \sigma\sqrt{\alpha} \\ \qquad = E(X)\left(1 - \dfrac{2}{C_s}C_v\right), \end{cases}$

则 $\begin{cases} a = \dfrac{\sigma}{\sqrt{b}} = \dfrac{E(X)\,C_v C_s}{2}, \\ b = \dfrac{4}{C_s^2}, \\ c = \bar{x} - \sigma\sqrt{b} = E(X)\left(1 - \dfrac{2}{C_s}C_v\right), \end{cases}$ 代入式 (94) 第 3 式 $\dfrac{1}{n}\sum_{i=1}^{n}\ln(x_i - c) = \psi(b) + \ln a$ 有

$$\frac{1}{n}\sum_{i=1}^{n}\ln\left(x_i - \bar{x} + \sigma\sqrt{b}\right) = \psi(b) + \ln\frac{\sigma}{\sqrt{b}}$$

$$\frac{1}{n}\sum_{i=1}^{n}\ln\left(x_i - \bar{x} + \sigma\sqrt{b}\right) = \psi(b) + \ln\sigma - \frac{1}{2}\ln b$$

即

$$\frac{1}{n}\sum_{i=1}^{n}\ln\left(x_i - \bar{x} + \sigma\sqrt{b}\right) - \ln\sigma + \frac{1}{2}\ln b - \psi(b) = 0 \tag{96}$$

式中, $\bar{x} = \dfrac{1}{n}\sum_{i=1}^{n}x_i$, $\sigma^2 = \dfrac{1}{n-1}\sum_{i=1}^{n}(x_i - \bar{x})^2$ 已知, 仅为 b 的函数, 求解此非线性方程即可获得参数 b, 之后, 把 b 代入 $\sigma^2 = a^2 b$, 可获得参数 $a = \dfrac{\sigma}{\sqrt{b}}$; 把 a, b 代入 $\bar{x} = ab + c$, 有 $c = \bar{x} - ab$.

3.5　交互熵在 P-III 型分布参数估计中的应用

3.5.1　交互熵概念

　　交互熵可以用来比较概率分布. 设分布模型为 m, 随机变量的经验或近似概率为 p, 则有交互熵的表达式 (Lind and Hong, 1989, 1991)

$$H(p, m) = -\sum_{i=1}^{n}p(x_i)\log m(x_i) \tag{97}$$

交互熵具有下列性质:

(1) 不对称性

$$H(p, m) \neq H(m, p) \tag{98}$$

(2) 交互熵 $H(p, m)$ 是熵 $H(p)$ 的上界, 即对于任一 m, 有

$$H(p) \leqslant H(m, p) \tag{99}$$

(3) 若 $p = m$, 交互熵 $H(p, m)$ 取得最小值

$$H(m, p) = H(p) \tag{100}$$

式 (100) 表明, 交互熵 $H(p, m)$ 越接近于 $H(p)$, 模型 m 越近似地逼近 p. 因此, 交互熵可以用来比较概率分布, 即设有两个模型 m_1 和 m_2, 更为精确描述 p 的模型将是最小交互熵模型. 我们以例 5 为例, 说明交互熵可以用来比较概率分布模型.

例 5 表 2 列出了随机变量 X 的实际发生概率以及两个模型 m_1 和 m_2 的概率值, 试根据交互熵确定模型 m_1 和 m_2 哪一个最优描述随机变量 X(http://engine4. org/l/lecture-6-using-entropy-for-evaluating-and-comparing-w26439-pdf.pdf).

表 2   随机变量 X 的实际发生概率以及两个模型 m_1 和 m_2 的概率值

X	x_1	x_2	x_3	x_4	x_5
p	0.3	0.2	0.1	0.2	0.2
m_1	0.2	0.2	0.2	0.2	0.2
m_2	0.3	0.1	0.1	0.1	0.4

经计算有

$$
\begin{aligned}
H(p) &= -\sum_{i=1}^{n} p(x_i) \lg p(x_i) \\
&= -(0.3 \times \lg 0.3 + 0.2 \times \lg 0.2 + 0.1 \times \lg 0.1 + 0.2 \times \lg 0.2 + 0.2 \times \lg 0.2) \\
&= 0.6762
\end{aligned}
$$

$$
\begin{aligned}
H(p, m_1) &= -\sum_{i=1}^{n} p(x_i) \lg m_1(x_i) \\
&= -(0.3 \times \lg 0.2 + 0.2 \times \lg 0.2 + 0.1 \times \lg 0.2 + 0.2 \times \lg 0.2 + 0.2 \times \lg 0.2) \\
&= 0.6990
\end{aligned}
$$

$$
\begin{aligned}
H(p, m_2) &= -\sum_{i=1}^{n} p(x_i) \lg m_2(x_i) \\
&= -(0.3 \times \lg 0.3 + 0.2 \times \lg 0.1 + 0.1 \times \lg 0.1 + 0.2 \times \lg 0.1 + 0.2 \times \lg 0.4) \\
&= 0.7365
\end{aligned}
$$

显然, $H(p, m_1) < H(p, m_2)$, 模型 m_1 比 m_2 较好地逼近描述了随机变量 X.

3.5.2　Kullback 最小交互熵原理

Kullback 最小交互熵是一个熵优化原理, 也称为最小偏差原理. 设随机变量 X 取值 $x_1, x_2, \cdots, x_n$, 相应数据点的概率分别为 $p_1, p_2, \cdots, p_n$, 这些概率值可以与均值、方差和其他矩组成函数关系 (Lind and Hong, 1989, 1991).

$$\sum_{i=1}^{n} p_i = 1 \tag{101}$$

$$\sum_{i=1}^{n} p_i g_r\left(x_i\right) = \eta_r, \quad r = 1, 2, \cdots, m \tag{102}$$

或 X 的代数矩

$$\sum_{i=1}^{n} p_i x_i^r = \eta_r, \quad r = 1, 2, \cdots, m \tag{103}$$

Kullback 最小交互熵应用 K-L 测度描述概率分布 P 与另一分布 Q 的直接偏差或交互熵. 在统计学中, 通常采用似然比的对数来表示. 设 $p = (p_1, p_2, \cdots, p_n)$ 和 $q = (q_1, q_2, \cdots, q_n)$ 为两个分布, $p = (p_1, p_2, \cdots, p_n)$ 满足给定约束条件, $q = (q_1, q_2, \cdots, q_n)$ 为基于经验的概率分布, 则 K-L 测度定义为

$$D\left(p : q\right) = \sum_{i=1}^{n} p_i \ln \frac{p_i}{q_i} \tag{104}$$

式中, q_i 也称为先验概率分布.

当均值给定时, 相容分布很多. 根据最小熵原理, Kullback 认为: 在满足约束条件的所有概率分布中, 选择与先验概率分布最为接近的概率分布. 当约束取均值时, $r = 1$, 式 (103) 则转换为

$$\sum_{i=1}^{n} p_i x_i = \eta \tag{105}$$

我们可以根据 Lagrange 法来求解满足约束条件的优化问题, 即

$$L = \sum_{i=1}^{n} p_i \ln \frac{p_i}{q_i} + \lambda_0 \left(\sum_{i=1}^{n} p_i - 1\right) + \lambda_1 \left(\sum_{i=1}^{n} p_i x_i - \eta\right) \tag{106}$$

式 (106) 分别对 p_i 求导数, 有

$$\frac{\partial L}{\partial p_i} = \ln \frac{p_i}{q_i} + p_i \frac{q_i}{p_i} \frac{1}{q_i} + \lambda_0 + \lambda_1 x_i = \ln \frac{p_i}{q_i} + 1 + \lambda_0 + \lambda_1 x_i \tag{107}$$

令 $\dfrac{\partial L}{\partial p_i} = 0$, 有

$$\ln \frac{p_i}{q_i} = -\lambda_0 - \lambda_1 x_i - 1 \tag{108}$$

$$p_i = q_i e^{-\lambda_0 - \lambda_1 x_i - 1} = q_i e^{-\lambda_1 x_i} e^{-\lambda_0 - 1} \tag{109}$$

令式 $(109)A = e^{-\lambda_0 - 1}$, $w = e^{-\lambda_1}$, 则

$$p_i = q_i w^{x_i} A, \quad i = 1, 2, \cdots, n \tag{110}$$

把式 (110) 代入式 (101), 有

$$\sum_{i=1}^{n} q_i w^{x_i} A = 1 \tag{111}$$

由式 (111) 可以根据 w 来确定 A, 即

$$A = \frac{1}{\displaystyle\sum_{i=1}^{n} q_i w^{x_i}} \tag{112}$$

把式 (112) 代入式 (111), 有

$$p_i = \frac{q_i w^{x_i}}{\displaystyle\sum_{i=1}^{n} q_i w^{x_i}}, \quad i = 1, 2, \cdots, n \tag{113}$$

把式 (113) 代入式 (105), 有

$$\frac{\displaystyle\sum_{i=1}^{n} x_i q_i w^{x_i}}{\displaystyle\sum_{i=1}^{n} q_i w^{x_i}} = \eta \tag{114}$$

式 (114) 进一步整理, $\displaystyle\sum_{i=1}^{n} x_i q_i w^{x_i} = \eta \sum_{i=1}^{n} q_i w^{x_i}$, $\displaystyle\sum_{i=1}^{n} x_i q_i w^{x_i} - \sum_{i=1}^{n} \eta q_i w^{x_i} = 0$, 即

$$\sum_{i=1}^{n} q_i (x_i - \eta) w^{x_i} = 0 \tag{115}$$

显然, 在给定 x_i, q_i 和 η 下, 可以通过牛顿迭代法求解式 (115) 的 w, 而 p_i 满足式 (113).

例 6 表 3 列出了某地区 2004 年第一核算期 (10—12 月) 各部门的用电量 (Shamilov et al., 2006).

经计算, 有 $w = 1.7297$, $A = 0.5905$, $\lambda_0 = -0.47321$, $\lambda_1 = -0.5480$; $p_1 = 0.3678, p_2 = 0.0335, p_3 = 0.0809, p_4 = 0.0040, p_5 = 0.2812, p_6 = 0.0567, p_7 = 0.0142, p_8 = 0.1617$.

表 3　某地区 2004 年第一核算期 (10—12 月) 各部门的电消耗

部门	用电量/GWh	金额/YTL	单价/元	用电量比例/%
工业	12732	742272918	58300	46.31
街道照明	934	94134586	100786	3.40
其他	2073	243555399	117489	7.54
灌溉	97	12533058	129207	0.35
居民楼	6757	879293525	130131	24.58
行政楼	1322	179995358	136154	4.81
固定用电	298	47094299	158035	1.08
贸易用电	3282	536469024	163458	11.93
合计	27495	2735348167	99485	100

3.5.3　基于 Kullback 最小交互熵原理的概率分布参数估算

设随机变量 X 的取值区间为 $[a,b]$, 其取值样本按以下方式进行排序,

$$a = x_0 < x_1 < x_2 < \cdots < x_i < x_{i+1} < \cdots < x_n < x_{n+1} = b \tag{116}$$

式 (116) 区间 $[a,b]$ 可以划分为 $n+1$ 个子区间, 设 $q_0, q_1, q_2, \cdots, q_n$ 是数据落入上述 $n+1$ 个子区间的比例数. 按照概率分布的定义, 子区间 (x_i, x_{i+1}) 的概率分布为

$$p_i = \int_{x_i}^{x_{i+1}} f(x, \theta)\, dx, \quad i = 0, 1, 2, \cdots, n \tag{117}$$

式中, θ 为给定分布参数, 给定分布概率 $p_0, p_1, p_2, \cdots, p_n$ 取决于参数 θ.

参数 θ 值应使 $p_0, p_1, p_2, \cdots, p_n$ 最接近 $q_0, q_1, q_2, \cdots, q_n$, 这就是基于 Kullback 最小交互熵原理的概率分布参数估算的原理 (Lind and Hong, 1989, 1991). 根据式 (104)Kullback 交互熵, 有

$$D(q:p) = \sum_{i=0}^{n} q_i \ln \frac{q_i}{p_i} = \sum_{i=0}^{n} q_i \ln q_i - \sum_{i=0}^{n} q_i \ln p_i \tag{118}$$

最小化式 (118) 交互熵等价于最大化 $\displaystyle\sum_{i=0}^{n} q_i \ln p_i$ 计算, 所以, 有式 (118) 值最大化

$$\Phi = \sum_{i=0}^{n} q_i \ln p_i = \sum_{i=0}^{n} q_i \ln \int_{x_i}^{x_{i+1}} f(x, \theta)\, dx \tag{119}$$

假定给定指数分布, 其密度函数 $f(x, \theta)$ 和分布函数 $F(x, \theta)$ 为

$$f(x, \theta) = \begin{cases} \theta e^{-\theta \cdot x}, & x > 0, \\ 0, & x \leqslant 0, \end{cases} \quad F(x, \theta) = \begin{cases} 1 - e^{-\theta \cdot x}, & x \geqslant 0 \\ 0, & x < 0 \end{cases} \tag{120}$$

$$\Phi = \sum_{i=0}^{n} q_i \ln \int_{x_i}^{x_{i+1}} f(x, \theta)\, dx = \sum_{i=0}^{n} q_i \ln \left(1 - e^{-\theta \cdot x}\right)\Big|_{x_i}^{x_{i+1}}$$

$$= \sum_{i=0}^{n} q_i \ln \left[\left(1 - e^{-\theta \cdot x_{i+1}}\right) - \left(1 - e^{-\theta \cdot x_i}\right)\right]$$

$$= \sum_{i=0}^{n} q_i \ln \left(e^{-\theta \cdot x_i} - e^{-\theta \cdot x_{i+1}}\right) \tag{121}$$

根据极值原理, $\dfrac{\partial \Phi}{\partial \theta} = 0$, 即 $\displaystyle\sum_{i=0}^{n} q_i \dfrac{x_{i+1} - x_i}{e^{-\theta \cdot x_i} - e^{-\theta \cdot x_{i+1}}} = 0$.

例 7 表 4 列出了服从指数分布, 且 $E(X) = 20$, 容量 $n = 50$ 的随机样本的落入子区间的统计情况, 试用 Kullback 最小交互熵原理计算这个随机样本的分布参数 (Hooda et al., 2013).

表 4 随机样本的落入子区间的统计

区间	0—10	10—20	20—30	30—40	40—50	>75
频数	19	13	4	4	7	3
q_i	0.38	0.26	0.08	0.08	0.14	0.06

由表 4 可以看出, $x_0 = 0$, $x_1 = 10$, $x_2 = 20$, $x_3 = 30$, $x_4 = 40$, $x_5 = 60$, $x_6 = \infty$, 则

$$\begin{aligned}
\Phi =\ & 0.38 \ln \left(e^{-0 \cdot \theta} - e^{-10 \cdot \theta}\right) + 0.26 \ln \left(e^{-10 \cdot \theta} - e^{-20 \cdot \theta}\right) + 0.08 \ln \left(e^{-20 \cdot \theta} - e^{-30 \cdot \theta}\right) \\
& + 0.08 \ln \left(e^{-30 \cdot \theta} - e^{-40 \cdot \theta}\right) + 0.14 \ln \left(e^{-40 \cdot \theta} - e^{-50 \cdot \theta}\right) + 0.06 \ln \left(e^{-50 \cdot \theta} - e^{-\infty \cdot \theta}\right) \\
=\ & 0.38 \ln \left(1 - e^{-10 \cdot \theta}\right) + 0.26 \ln \left[e^{-10 \cdot \theta}\left(1 - e^{-10 \cdot \theta}\right)\right] + 0.08 \ln \left[e^{-20 \cdot \theta}\left(1 - e^{-10 \cdot \theta}\right)\right] \\
& + 0.08 \ln \left[e^{-30 \cdot \theta}\left(1 - e^{-10 \cdot \theta}\right)\right] + 0.14 \ln \left[e^{-40 \cdot \theta}\left(1 - e^{-10 \cdot \theta}\right)\right] + 0.06 \ln \left(e^{-50 \cdot \theta} - 0\right) \\
=\ & 0.38 \ln \left(1 - e^{-10 \cdot \theta}\right) - 0.26 \times 10 \cdot \theta + 0.26 \ln \left(1 - e^{-10 \cdot \theta}\right) \\
& - 0.08 \times 20 \cdot \theta + 0.08 \ln \left(1 - e^{-10 \cdot \theta}\right) - 0.08 \times -30 \cdot \theta + 0.08 \ln \left(1 - e^{-10 \cdot \theta}\right) \\
& - 0.14 \times 40 \cdot \theta + 0.14 \ln \left(1 - e^{-10 \cdot \theta}\right) - 0.06 \times 50 \cdot \theta \\
=\ & -0.26 \times 10 \cdot \theta - 0.08 \times 20 \cdot \theta - 0.08 \times -30 \cdot \theta - 0.14 \times 40 \cdot \theta - 0.06 \times 50 \cdot \theta \\
& + (0.38 + 0.26 + 0.08 + 0.08 + 0.14) \ln \left(1 - e^{-10 \cdot \theta}\right) \\
=\ & -15.2\theta + 0.94 \ln \left(1 - e^{-10 \cdot \theta}\right)
\end{aligned}$$

由 $\dfrac{\partial \Phi}{\partial \theta} = -15.2 + 0.94 \dfrac{10 e^{-10 \cdot \theta}}{1 - e^{-10 \cdot \theta}} = 0$ 得, $-15.2 + 15.2 e^{-10 \cdot \theta} + 9.4 e^{-10 \cdot \theta} = 0$,

$24.6 e^{-10 \cdot \theta} = 15.2$, $-10 \cdot \theta \ln 24.6 = \ln 15.2$, $\theta = -\dfrac{1}{10} \dfrac{\ln 15.2}{\ln 24.6}$, $\theta = \dfrac{1}{10} \dfrac{\ln 24.6}{\ln 15.2} = 0.0481$,

则有 $\bar{X} = \dfrac{1}{\theta} = \dfrac{1}{0.0481} = 20.77$.

3.5.4   Kullback 最小交互熵原理

设随机变量 X 的样本由小到大排序为数据集 $S = \{x_i\}$, $i = 1, 2, \cdots, r$, 可以构成 $r + 1$ 个子区间 $[x_0, x_1)$, $[x_1, x_2)$, $\cdots$, $[x_r, x_{r+1})$. x 为未来可能的发生值, x 有等概率落在上述划分 X 域的 $r + 1$ 个子区间. 序次样本 x_i 具有第 $\dfrac{i}{r+1}$ 分位数. 设 $Q(x|x_1, x_2, \cdots, x_r)$ 为由数据集 S 推断 X 的分布函数, 相应的密度函数为 $q(x|x_1, x_2, \cdots, x_r)$, 则分位对约束为 (N. C. Lind, 1989, 1991)

$$(x; Q(x|x_1, x_2, \cdots, x_r))_i = \left(x_i, \frac{i}{r+1}\right), \quad i = 1, 2, \cdots, r \tag{122}$$

设随机变量 X 为有限或无限域 $I = [x_0, x_{r+1}]$ 被 S 划分为 $r + 1$ 个子区间 $I_0 = [x_0, x_1)$, $I_1 = [x_1, x_2)$, $\cdots$, $I_r = [x_r, x_{r+1})$. 给定一个待选分布函数 $P(x)$ 和密度函数 $p(x)$, 在分位数 $x = x_i$ 上, $P(x)$ 值记为 P_i. 整个计算过程就是寻求 (先验) 分布函数 $Q(x|x_1, x_2, \cdots, x_r)$ 使 Kullback 交互熵最小, 且满足式 (122) 约束条件.

$$\begin{aligned}
D(q, p)_{\min} &= \int_I q(x|x_1, x_2, \cdots, x_r) \log \frac{q(x|x_1, x_2, \cdots, x_r)}{p(x)} dx \\
&= \int_I q(x|x_1, x_2, \cdots, x_r) [\log q(x|x_1, x_2, \cdots, x_r) - \log p(x)] dx
\end{aligned} \tag{123}$$

式 (123) 约束条件可写为函数期望值, 即

$$\begin{aligned}
g_i: \quad & \int_I f_i(x) q(x|x_1, x_2, \cdots, x_r) dx - \frac{1}{r+1} = 0 \\
& i = 1, 2, \cdots, r; \quad I = I_0 \cup I_1 \cup \cdots \cup I_r
\end{aligned} \tag{124}$$

式中, $f_i(x)$ 为指示函数, $f_i(x) = \begin{cases} 1, & x \in I_i, \\ 0, & \text{其他}. \end{cases}$

根据极值原理, 引入 Lagrange 系数 λ_i, 有

$$\begin{aligned}
L =& D(q, p) + \sum_{i=1}^{r} \lambda_i g_i \\
=& \int_I q(x|x_1, x_2, \cdots, x_r) [\log q(x|x_1, x_2, \cdots, x_r) - \log p(x)] dx \\
& + \sum_{i=1}^{r} \lambda_i \left[\int_I f_i(x) q(x|x_1, x_2, \cdots, x_r) dx - \frac{1}{r+1} \right]
\end{aligned} \tag{125}$$

为了获得 $q(x)$, 使交互熵最小, 我们首先回忆变分法中的 Euler-Lagrange 方程. 若 $I = \displaystyle\int_a^b G(x, q(x), q'(x)) dx$, 其中 G 已知, 则 $q(x)$ 满足

$$\frac{\partial G}{\partial q(x)} - \frac{d}{dx}\left(\frac{\partial G}{\partial q'(x)}\right) = 0 \tag{126}$$

在式 (126) 中, 没有 $q'(x)$ 项, 仅为 $q(x)$ 的函数. 式 (125) 对 $q(x)$ 求偏导数, 有

$$\frac{\partial L}{\partial q(x)} = \log \frac{q(x|x_1, x_2, \cdots, x_r)}{p(x)}$$

$$+ q(x|x_1, x_2, \cdots, x_r) \frac{1}{q(x|x_1, x_2, \cdots, x_r)} + \sum_{i=1}^{r} \lambda_i f_i(x)$$

$$= \log \frac{q(x|x_1, x_2, \cdots, x_r)}{p(x)} + 1 + \sum_{i=1}^{r} \lambda_i f_i(x)$$

令 $\dfrac{\partial L}{\partial q(x)} = 0$, 有 $\log \dfrac{q(x|x_1, x_2, \cdots, x_r)}{p(x)} + 1 + \displaystyle\sum_{i=1}^{r} \lambda_i f_i(x) = 0$. 整理,

$$\log \frac{q(x|x_1, x_2, \cdots, x_r)}{p(x)} = -1 - \sum_{i=1}^{r} \lambda_i f_i(x)$$

$$\frac{q(x|x_1, x_2, \cdots, x_r)}{p(x)} = \exp\left(-1 - \sum_{i=1}^{r} \lambda_i f_i(x)\right)$$

即

$$q(x|x_1, x_2, \cdots, x_r) = p(x) \exp\left(-1 - \sum_{i=1}^{r} \lambda_i f_i(x)\right) = \mu(x) p(x) \tag{127}$$

式中, $\mu(x) = \exp\left(-1 - \displaystyle\sum_{i=1}^{r} \lambda_i f_i(x)\right)$. 因为 $x \in I_i$, 只有 $f_i(x) = 1$, 其他 $f_j(x) = 0$, $j \neq i$, 则 $x \in I_i$ 时, $\mu(x) = \mu(x_i) = \mu_i = \exp(-1 - \lambda_i)$.

把式 (127) 代入式 (124) 左边, 考虑 $x \in I_i$, $f_i(x) = 1$ 有

$$\int_I f_i(x) q(x|x_1, x_2, \cdots, x_r) dx - \frac{1}{r+1} = \int_I f_i(x) \mu(x) p(x) dx - \frac{1}{r+1}$$

$$= \int_{I_i} \mu_i p(x) dx - \frac{1}{r+1} = \mu_i \int_{I_i} p(x) dx - \frac{1}{r+1} = \mu_i \int_{x_i}^{x_{i+1}} p(x) dx - \frac{1}{r+1}$$

$$= \mu_i [P(x_{i+1}) - P(x_i)] - \frac{1}{r+1}$$

$$= \mu_i (P_{i+1} - P_i) - \frac{1}{r+1}$$

则有 $\mu_i (P_{i+1} - P_i) - \dfrac{1}{r+1} = 0$, 即

$$\mu_i = \frac{1}{(r+1)(P_{i+1} - P_i)} \tag{128}$$

因此, 当 $x \in I_i$, 有

$$q(x|x_1, x_2, \cdots, x_r) = \mu_i p(x), \quad i = 1, 2, \cdots, r \tag{129}$$

$$Q\left(x|x_1, x_2, \cdots, x_r\right) = \int_{x_0}^{x_i} q\left(x|x_1, x_2, \cdots, x_r\right) dx + \int_{x_i}^{x} q\left(x|x_1, x_2, \cdots, x_r\right) dx$$

$$= \frac{i}{r+1} + \int_{x_i}^{x} \mu_i p\left(x\right) dx = \frac{i}{r+1} + \mu_i \left[P\left(x\right) - P\left(x_i\right)\right]$$

$$= \frac{i}{r+1} + \mu_i \left[P\left(x\right) - P_i\right] \tag{130}$$

把式 $(129) q\left(x|x_1, x_2, \cdots, x_r\right) = \mu_i p\left(x\right)$, 式 $(128) \mu_i = \dfrac{1}{(r+1)\left(P_{i+1} - P_i\right)}$ 代入式 (123), 因为区域 $I = [x_0, x_{r+1}]$ 被 S 划分为 $r+1$ 个子区间 $I_0 = [x_0, x_1]$, $I_1 = [x_1, x_2], \cdots, I_r = [x_r, x_{r+1}]$, 所以积分 $\displaystyle\int_I (\cdot)\, dx = \sum_{i=0}^{r} (\cdot)$, 即

$$D\left(q, p\right)_{\min} = \sum_{i=0}^{r} \mu_i p\left(x\right) \log \frac{\mu_i p\left(x\right)}{p\left(x\right)} = \sum_{i=0}^{r} \mu_i p\left(x\right) \log \mu_i$$

$$= \sum_{i=0}^{r} \left\{ \frac{1}{(r+1)\left(P_{i+1} - P_i\right)} \left(P_{i+1} - P_i\right) \left[-\log\left(P_{i+1} - P_i\right) - \log\left(r+1\right)\right] \right\}$$

$$= -\frac{1}{r+1} \sum_{i=0}^{r} \log\left(P_{i+1} - P_i\right) - \frac{1}{r+1} \sum_{i=0}^{r} \log\left(r+1\right)$$

$$= -\log\left(r+1\right) - \frac{1}{r+1} \sum_{i=0}^{r} \log\left(P_{i+1} - P_i\right) \tag{131}$$

式中, P_i 和 P_{i+1} 分别为拟合 (待选) 分布 $x = x_i$ 和 $x = x_{i+1}$ 上的概率分布函数.

令 $c = \log\left(r+1\right)$, $p_i = P_{i+1} - P_i$, 则式 (131) 进一步可写为

$$D\left(q, p\right)_{\min} = -c + \frac{1}{r+1}\left(-\sum_{i=0}^{r} \log p_i\right) = -c + \frac{1}{r+1} S\left(p\right) \tag{132}$$

式中, $S\left(p\right) = -\displaystyle\sum_{i=0}^{r} \log p_i$.

3.5.5　拟合 (待选) 分布为 Gumbel 和 gamma 分布的参数计算

本节选自 Lind 和 Hong(1989) 文献数据作为计算实例. 选用拟合 (待选) 分布分别为 Gumbel 和 gamma 分布, 根据这两个函数变量取值范围, Gumbel 分布 $x_0 = -\infty$, gamma 分布 $x_0 = 0$. 经计算 Gumbel 和 gamma 分布参数的计算结果见表 5, 拟合图如图 1 所示.

从表 5 可以看出, 3 种方法, 交互熵方法均取得最小熵, 故交互熵方法估算参数最优.

表 5 Grand River 河流洪峰流量分布参数计算结果

选用分布	估算方法	SP	$D(q, p)$	μ 或 λ	α 或 k
Gumbel	矩法	437.9960	1.6148	593.306393	0.006232
	极大似然法	382.5742	0.8659	609.842358	0.004159
	交互熵	347.3829	0.3903	398.379679	0.005692
gamma	矩法	347.4096	0.3907	0.011821	5.918713
	极大似然法	347.3494	0.3898	0.011456	5.735789
	交互熵	347.2804	0.3889	0.011254	5.549287

注: μ, α 为 Gumbel 分布参数; λ, k 为 gamma 分布参数

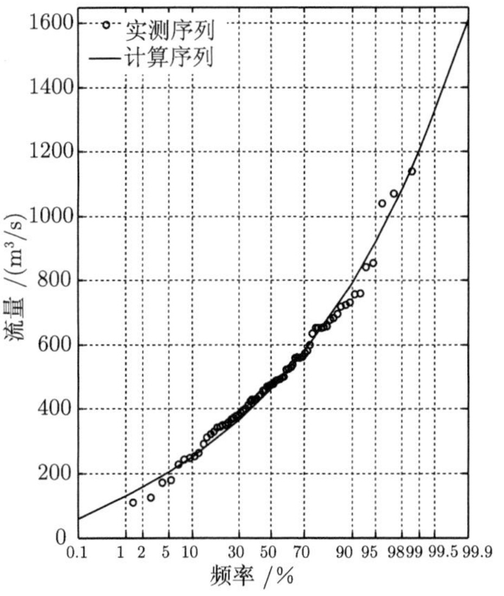

(a) Gumbel 分布 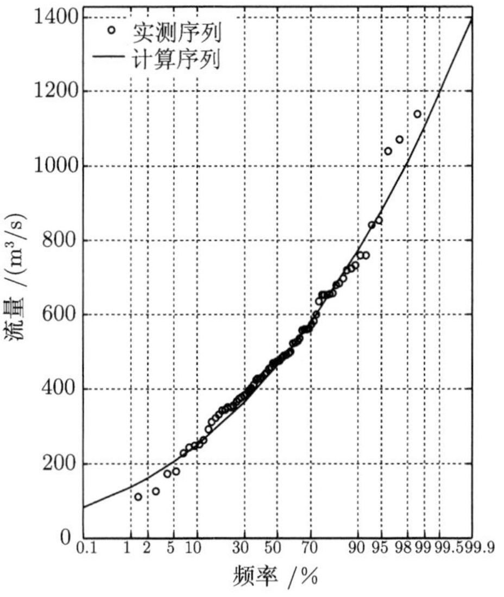   (b) gamma 分布

图 1 Grand River 河流洪峰流量频率曲线计算结果

3.5.6 拟合 (待选) 分布为 P-III 型分布参数计算

例 8 正偏 P-III 型分布参数计算. 陕西省武功县 1955—2007 年年降水量序列如第 2 章例 1 所示. 年降水量统计值为 $E(x) = 606.73774$, $S_x = 158.28292$, $C_s = 0.58777$. 经计算有 $\alpha = 11.578446$, $\beta = 46.516701$, $a_0 = 71.553956$. 设计值见表 6.

例 9 负偏 P-III 型分布参数计算. 新疆塔什库尔干县 1962—2003 年年降水量序列见第 2 章例 3, $E(x) = 70.13810$, $S_x = 22.83497$, $C_s = -0.63676$. 年降水量序列 P-III 型分布参数和设计值. 经计算有 $\alpha = 9.865108$, $\beta = -7.270254$, $a_0 = 141.859942$. 设计值见表 6.

表 6　交互熵法不同频率降水量设计值

频率/%	武功县		塔什库尔干县	
	y_p	设计值	y_p	设计值
0.50	22.19895	1104.18	3.63685	115.42
1.00	20.92467	1044.90	4.04507	112.45
5.00	17.68388	894.15	5.32608	103.14
10.00	16.09689	820.33	6.11424	97.41
15.00	15.08018	773.03	6.68960	93.22
20.00	14.30270	736.87	7.17268	89.71
25.00	13.65702	706.83	7.60572	86.56
30.00	13.09377	680.63	8.00950	83.63
35.00	12.58573	657.00	8.39642	80.82
40.00	12.11587	635.14	8.77508	78.06
45.00	11.67251	614.52	9.15222	75.32
50.00	11.24687	594.72	9.53385	72.55
55.00	10.83173	575.41	9.92598	69.70
60.00	10.42056	556.28	10.33529	66.72
65.00	10.00675	537.04	10.76997	63.56
70.00	9.58282	517.32	11.24097	60.14
75.00	9.13917	496.68	11.76427	56.33
80.00	8.66183	474.47	12.36555	51.96
85.00	8.12726	449.61	13.09136	46.68
90.00	7.48744	419.84	14.04326	39.76
95.00	6.60454	378.78	15.53467	28.92
99.00	5.14944	311.09	18.59807	6.65

第4章　非参数核密度估计原理与应用

　　非参数估计主要是指在所处理对象总体分布族的数学形式未知情况下, 直接使用独立同分布的观测值, 对总体的密度函数进行估计的方法. 非参数估计密度函数的主要方法有 Rosenblatt 法、核估计法、最近邻估计法等. 本章在参考一些学者文献的基础上 (李裕奇等, 2010; 董洁, 2010; 郭生练和叶守泽, 1991; 杨德林, 1988; 于传强等, 2009; 谭英平, 2003), 推导一些非参数核密度估计计算公式, 并结合实例进行应用.

4.1　单变量非参数核密度估计

4.1.1　核密度定义

　　设 $x_1, x_2, \cdots, x_n$ 是从概率密度函数 $f(x)$ 未知总体中抽取的独立同分布样本, $K(u)$ 为定义在 $(-\infty, \infty)$ 任何子区间上的函数, $h > 0$ 为常数, 则总体密度 $f(x)$ 的一个核估计为

$$\hat{f}(x) = \frac{1}{nh} \sum_{i=1}^{n} K\left(\frac{x - x_i}{h}\right) \tag{1}$$

式中, $K(u)$ 为核函数, h 为窗宽. 当取核函数 $K(u) = \frac{1}{2} I_{[-1,1]}(u) = \begin{cases} \dfrac{1}{2}, & -1 \leqslant u < 1, \\ 0, & \text{其他,} \end{cases}$

非参数核估计等同于 Rosenblatt 估计. 核函数 $K(u)$ 满足下列条件:

　　(1) $\displaystyle\int_{-\infty}^{\infty} |K(u)| \, du \leqslant +\infty$;

　　(2) $\displaystyle\int_{-\infty}^{\infty} uK(u) \, du = 0$;

　　(3) 核函数 $K(u)$ 是关于原点对称的密度函数, 即 $K(u)$ 为偶函数, $K(u) = K(-u)$, 在 $u \leqslant 0$ 处, $K(u)$ 为非降函数;

　　(4) $\displaystyle\int_{-\infty}^{\infty} K(u) \, du = 1$.

　　常见的核函数有以下几种形式. 其图形如图 1 所示.

　　(1) 多项式核. $K(x) = \begin{cases} \dfrac{3}{4a}\left(1 - \dfrac{x^2}{a^2}\right), & |x| \leqslant a, \\ 0, & \text{其他.} \end{cases}$ 当 a 取一些特殊值时, 有

以下几种形式的核.

幂函数核: $K(x) = \begin{cases} \dfrac{3}{4}\left(1 - x^2\right), & |x| \leqslant 1, \\ 0, & \text{其他}; \end{cases}$

Epanechnikov 核: $K(x) = \begin{cases} \dfrac{3}{4\sqrt{5}}\left(1 - \dfrac{x^2}{5}\right), & |x| \leqslant \sqrt{5}, \\ 0, & \text{其他}; \end{cases}$

Rectangular 核: $K(x) = \begin{cases} \dfrac{15}{16}\left(1 - x^2\right)^2, & |x| \leqslant 1, \\ 0, & \text{其他}; \end{cases}$

(2) Box 核. $K(x) = \begin{cases} \dfrac{1}{2\sqrt{3}}, & |x| \leqslant \sqrt{3}, \\ 0, & \text{其他}; \end{cases}$

(3) Triangle 核. $K(x) = \begin{cases} \dfrac{1}{\sqrt{6}}\left(1 - \dfrac{|x|}{\sqrt{6}}\right), & |x| \leqslant \sqrt{6}, \\ 0, & \text{其他}; \end{cases}$

(4) Normal 核. $K(x) = \dfrac{1}{\sqrt{2\pi}}\exp\left(-\dfrac{x^2}{2}\right), -\infty < x < \infty;$

(5) Cauchy 核. $K(x) = \dfrac{1}{\pi\left(1 + x^2\right)}, -\infty < x < \infty;$

(6) EV1 核. $K(x) = e^{-x - e^{-x}}, -2.5 \leqslant x \leqslant 8.0.$

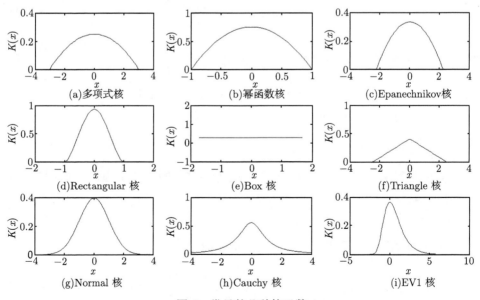

图 1　常见的几种核函数

4.1.2 核分布函数计算

按照式 (1) 和分布函数的定义, 核分布函数是式 (1) 从 $-\infty$ 到 x 的积分, 即

$$P\left(X \leqslant x\right) = \hat{F}\left(x\right) = \int_{-\infty}^{x} \hat{f}\left(t\right) dt = \frac{1}{nh} \int_{-\infty}^{x} \sum_{i=1}^{n} K\left(\frac{t-x_i}{h}\right) dt$$

$$= \frac{1}{nh} \sum_{i=1}^{n} \int_{-\infty}^{x} K\left(\frac{t-x_i}{h}\right) dt \tag{2}$$

令式 (2) 中, $w = \dfrac{t-x_i}{h}$, 则 $t = wh + x_i$, $dt = hdw$. 当 $t \to -\infty$ 时, $w \to -\infty$; 当 $t = x$ 时, $w = \dfrac{x-x_i}{h}$. 则式 (2) 为

$$\hat{F}\left(x\right) = \frac{1}{nh} \sum_{i=1}^{n} h \int_{-\infty}^{\frac{x-x_i}{h}} K\left(w\right) dw = \frac{1}{nh} \sum_{i=1}^{n} C_i\left(x\right) \tag{3}$$

式中, $C_i\left(x\right) = h \displaystyle\int_{-\infty}^{\frac{x-x_i}{h}} K\left(w\right) dw$, 则式 (3) 为

$$P\left(X \leqslant x\right) = \hat{F}\left(x\right) = \frac{1}{nh} \sum_{i=1}^{n} C_i\left(x\right) \tag{4}$$

对于洪水, 一个重现期为 T 年洪水的设计值 (分位数) 为 $x_T = F^{-1}\left(1 - \dfrac{1}{T}\right)$. 从式 (3) 可以看出, 核分布函数的计算在于计算 $C_i\left(x\right) = h \displaystyle\int_{-\infty}^{\frac{x-x_i}{h}} K\left(w\right) dw$. 以下给出 Normal、Box、Triangle 和 Epanechnikov 核分布函数的计算推导 (董洁, 2010; 郭生练和叶守泽, 1991; 杨德林, 1988).

(1) Box 核分布函数.

当 $\dfrac{x-x_i}{h} \leqslant -\sqrt{3}$ 时, $C_i\left(x\right) = h \displaystyle\int_{-\infty}^{\frac{x-x_i}{h}} K\left(w\right) dw = h \displaystyle\int_{-\infty}^{\frac{x-x_i}{h}} 0 \cdot dw = 0$.

当 $\left|\dfrac{x-x_i}{h}\right| \leqslant \sqrt{3}$ 时,

$$C_i\left(x\right) = h \int_{-\infty}^{\frac{x-x_i}{h}} K\left(w\right) dw = h \int_{-\infty}^{-\sqrt{3}} K\left(w\right) dw + h \int_{-\sqrt{3}}^{\frac{x-x_i}{h}} K\left(w\right) dw$$

$$= h \int_{-\infty}^{-\sqrt{3}} 0 \cdot dw + h \int_{-\sqrt{3}}^{\frac{x-x_i}{h}} \frac{1}{2\sqrt{3}} dw = \frac{1}{2\sqrt{3}} h \left(\frac{x-x_i}{h} + \sqrt{3}\right)$$

当 $\dfrac{x-x_i}{h} > \sqrt{3}$ 时,

$$C_i(x) = h \int_{-\infty}^{\frac{x-x_i}{h}} K(w)\, dw$$

$$= h \int_{-\infty}^{-\sqrt{3}} K(w)\, dw + h \int_{-\sqrt{3}}^{\sqrt{3}} K(w)\, dw + h \int_{\sqrt{3}}^{\frac{x-x_i}{h}} K(w)\, dw$$

$$= h \int_{-\infty}^{-\sqrt{3}} 0 \cdot dw + h \int_{-\sqrt{3}}^{\sqrt{3}} \frac{1}{2\sqrt{3}}\, dw + h \int_{-\infty}^{\frac{x-x_i}{h}} 0 \cdot dw = h$$

(2) Triangle 核分布函数.

当 $\dfrac{x-x_i}{h} \leqslant -\sqrt{6}$ 时, $C_i(x) = h \displaystyle\int_{-\infty}^{\frac{x-x_i}{h}} K(w)\, dw = h \int_{-\infty}^{\frac{x-x_i}{h}} 0 \cdot dw = 0.$

当 $-\sqrt{6} < \dfrac{x-x_i}{h} \leqslant 0$ 时,

$$C_i(x) = h \int_{-\infty}^{\frac{x-x_i}{h}} K(w)\, dw = h \int_{-\infty}^{-\sqrt{6}} K(w)\, dw + h \int_{-\sqrt{6}}^{\frac{x-x_i}{h}} K(w)\, dw$$

$$= h \int_{-\infty}^{-\sqrt{6}} 0 \cdot dw + h \int_{-\sqrt{6}}^{\frac{x-x_i}{h}} \frac{1}{\sqrt{6}} \left(1 + \frac{w}{\sqrt{6}}\right) dw$$

$$= \frac{1}{\sqrt{6}} h \left[\frac{1}{2}\sqrt{6} + \frac{x-x_i}{h} + \frac{1}{2\sqrt{6}} \left(\frac{x-x_i}{h}\right)^2 \right]$$

当 $0 < \dfrac{x-x_i}{h} \leqslant \sqrt{6}$ 时,

$$C_i(x) = h \int_{-\infty}^{\frac{x-x_i}{h}} K(w)\, dw$$

$$= h \int_{-\infty}^{-\sqrt{6}} K(w)\, dw + h \int_{-\sqrt{6}}^{0} K(w)\, dw + \int_{0}^{\frac{x-x_i}{h}} K(w)\, dw$$

$$= h \int_{-\infty}^{-\sqrt{6}} 0 \cdot dw + h \int_{-\sqrt{6}}^{0} \frac{1}{\sqrt{6}} \left(1 + \frac{w}{\sqrt{6}}\right) dw + h \int_{0}^{\frac{x-x_i}{h}} \frac{1}{\sqrt{6}} \left(1 - \frac{w}{\sqrt{6}}\right) dw$$

$$= h \frac{1}{\sqrt{6}} \left[\frac{1}{2}\sqrt{6} + \frac{x-x_i}{h} - \frac{1}{2\sqrt{6}} \left(\frac{x-x_i}{h}\right)^2 \right]$$

当 $\dfrac{x-x_i}{h} > \sqrt{6}$ 时,

$$C_i(x) = h \int_{-\infty}^{\frac{x-x_i}{h}} K(w)\, dw$$

$$= h \int_{-\infty}^{-\sqrt{6}} K(w)\, dw + h \int_{-\sqrt{6}}^{0} K(w)\, dw + h \int_{0}^{\sqrt{6}} K(w)\, dw$$

$$+ h \int_{\sqrt{6}}^{\frac{x-x_i}{h}} K(w)\, dw$$

$$= h \int_{-\infty}^{-\sqrt{6}} 0 \cdot dw + h \int_{-\sqrt{6}}^{0} \frac{1}{\sqrt{6}} \left(1 + \frac{w}{\sqrt{6}}\right) dw$$

$$+ h \int_{0}^{\sqrt{6}} \frac{1}{\sqrt{6}} \left(1 - \frac{w}{\sqrt{6}}\right) dw + h \int_{\sqrt{6}}^{\frac{x-x_i}{h}} 0 \cdot dw = h$$

(3) Epanechnikov 核分布函数.

当 $\frac{x-x_i}{h} \leqslant -\sqrt{5}$ 时, $C_i(x) = h \int_{-\infty}^{\frac{x-x_i}{h}} K(w)\, dw = h \int_{-\infty}^{\frac{x-x_i}{h}} 0 \cdot dw = 0.$

当 $\left|\frac{x-x_i}{h}\right| \leqslant \sqrt{5}$ 时,

$$C_i(x) = h \int_{-\infty}^{\frac{x-x_i}{h}} K(w)\, dw = h \int_{-\infty}^{-\sqrt{5}} K(w)\, dw + h \int_{-\sqrt{5}}^{\frac{x-x_i}{h}} K(w)\, dw$$

$$= h \int_{-\infty}^{-\sqrt{5}} 0 \cdot dw + h \int_{-\sqrt{5}}^{\frac{x-x_i}{h}} \frac{3}{4\sqrt{5}} \left(1 - \frac{w^2}{5}\right) dw$$

$$= \frac{3}{4\sqrt{5}} h \left[\frac{2}{3}\sqrt{5} + \frac{x-x_i}{h} - \frac{1}{15}\left(\frac{x-x_i}{h}\right)^3\right]$$

$$= h \left[\frac{1}{2} + \frac{3}{4\sqrt{5}} \frac{x-x_i}{h} - \frac{3}{4\sqrt{5}} \frac{1}{15}\left(\frac{x-x_i}{h}\right)^3\right]$$

当 $\frac{x-x_i}{h} > \sqrt{5}$ 时,

$$C_i(x) = h \int_{-\infty}^{\frac{x-x_i}{h}} K(w)\, dw$$

$$= h \int_{-\infty}^{-\sqrt{5}} K(w)\, dw + h \int_{-\sqrt{5}}^{\sqrt{5}} K(w)\, dw + h \int_{\sqrt{5}}^{\frac{x-x_i}{h}} K(w)\, dw$$

$$= h \int_{-\infty}^{-\sqrt{5}} 0 \cdot dw + h \int_{-\sqrt{5}}^{\sqrt{5}} \frac{3}{4\sqrt{3}} \left(1 - \frac{w^2}{5}\right) dw + h \int_{\sqrt{5}}^{\frac{x-x_i}{h}} 0 \cdot dw = h$$

同样, 对于超过概率计算, 有

$$P(X \geqslant x) = 1 - \hat{F}(x) = \int_x^\infty \hat{f}(t)\, dt = \frac{1}{nh} \int_x^\infty \sum_{i=1}^n K\left(\frac{t-x_i}{h}\right) dt$$

$$= \frac{1}{nh} \sum_{i=1}^{n} \int_{x}^{\infty} K\left(\frac{t-x_i}{h}\right) dt \tag{5}$$

令式 (5) 中, $w = \dfrac{t-x_i}{h}$, 则 $t = wh + x_i$, $dt = hdw$. 当 $t \to \infty$ 时, $w \to \infty$; 当 $t = x$ 时, $w = \dfrac{x-x_i}{h}$. 则式 (5) 为

$$\hat{F}(x) = \frac{1}{nh} \sum_{i=1}^{n} \int_{\frac{x-x_i}{h}}^{\infty} K(w) h dw = \frac{1}{nh} \sum_{i=1}^{n} h \int_{\frac{x-x_i}{h}}^{\infty} K(w) dw = \frac{1}{nh} \sum_{i=1}^{n} C_i(x) \tag{6}$$

式中, $C_i(x) = h \displaystyle\int_{\frac{x-x_i}{h}}^{\infty} K(w) dw$. 例如, 对于 Epanechnikov 核分布函数, 有超过概率计算, 即

当 $\dfrac{x-x_i}{h} \leqslant -\sqrt{5}$ 时,

$$
\begin{aligned}
C_i(x) &= h \int_{\frac{x-x_i}{h}}^{\infty} K(w) dw = h \left[\int_{\frac{x-x_i}{h}}^{-\sqrt{5}} K(w) dw + \int_{-\sqrt{5}}^{\sqrt{5}} K(w) dw + \int_{\sqrt{5}}^{\infty} K(w) dw \right] \\
&= h \left[\int_{\frac{x-x_i}{h}}^{-\sqrt{5}} 0 \cdot dw + \int_{-\sqrt{5}}^{\sqrt{5}} \frac{3}{4\sqrt{5}} \left(1 - \frac{w^2}{5}\right) dw + \int_{\sqrt{5}}^{\infty} 0 \cdot dw \right] \\
&= \frac{3}{4\sqrt{5}} h \left(w - \frac{w^3}{15}\right) \Big|_{-\sqrt{5}}^{\sqrt{5}} = \frac{3}{4\sqrt{5}} h \left(\sqrt{5} - \frac{5\sqrt{5}}{15}\right) - \frac{3}{4\sqrt{5}} h \left(-\sqrt{5} + \frac{5\sqrt{5}}{15}\right) \\
&= \frac{3}{4\sqrt{5}} h \sqrt{5} - \frac{3}{4\sqrt{5}} h \frac{5\sqrt{5}}{15} + \frac{3}{4\sqrt{5}} h \sqrt{5} - \frac{3}{4\sqrt{5}} h \frac{5\sqrt{5}}{15} \\
&= \frac{3}{4\sqrt{5}} h \sqrt{5} + \frac{3}{4\sqrt{5}} h \sqrt{5} - \frac{3}{4\sqrt{5}} h \frac{5\sqrt{5}}{15} - \frac{3}{4\sqrt{5}} h \frac{5\sqrt{5}}{15} = \frac{6}{4} h - \frac{2}{4} h = h
\end{aligned}
$$

当 $\left| \dfrac{x-x_i}{h} \right| \leqslant \sqrt{5}$ 时,

$$
\begin{aligned}
C_i(x) &= h \int_{-\infty}^{\frac{x-x_i}{h}} K(w) dw = h \int_{\frac{x-x_i}{h}}^{\sqrt{5}} K(w) dw + h \int_{\sqrt{5}}^{\infty} K(w) dw \\
&= h \int_{\frac{x-x_i}{h}}^{\sqrt{5}} \frac{3}{4\sqrt{5}} \left(1 - \frac{w^2}{5}\right) dw + h \int_{\sqrt{5}}^{\infty} 0 \cdot dw = \frac{3}{4\sqrt{5}} h \left(w - \frac{w^3}{15}\right) \Big|_{\frac{x-x_i}{h}}^{\sqrt{5}} \\
&= \frac{3}{4\sqrt{5}} h \left(w - \frac{w^3}{15}\right) \Big|_{\frac{x-x_i}{h}}^{\sqrt{5}} = \frac{3}{4\sqrt{5}} h \left(\sqrt{5} - \frac{5\sqrt{5}}{15}\right) \\
&\quad - \frac{3}{4\sqrt{5}} h \left[\frac{x-x_i}{h} - \frac{1}{15} \left(\frac{x-x_i}{h}\right)^3 \right] \\
&= \frac{1}{2} h - \frac{3}{4\sqrt{5}} h \frac{x-x_i}{h} + \frac{1}{20\sqrt{5}} h \left(\frac{x-x_i}{h}\right)^3
\end{aligned}
$$

当 $\dfrac{x - x_i}{h} > \sqrt{5}$ 时, $C_i\left(x\right) = h \displaystyle\int_{-\infty}^{\frac{x-x_i}{h}} K\left(w\right) dw = h \int_{-\infty}^{\frac{x-x_i}{h}} 0 \cdot dw = 0$.

对于 Normal 核

$$P\left(X \geqslant x\right) = 1 - \hat{F}\left(x\right) = \int_{x}^{\infty} \hat{f}\left(t\right) dt = \frac{1}{nh} \int_{x}^{\infty} \sum_{i=1}^{n} K\left(\frac{t - x_i}{h}\right) dt$$

$$= \frac{1}{nh} \sum_{i=1}^{n} \int_{x}^{\infty} K\left(\frac{t - x_i}{h}\right) dt$$

令

$$C_i\left(x\right) = \int_{x}^{\infty} K\left(\frac{t - x_i}{h}\right) dt \tag{7}$$

则 $P\left(X \geqslant x\right) = \dfrac{1}{nh} \displaystyle\sum_{i=1}^{n} C_i\left(x\right)$.

对于积分 $C_i\left(x\right) = \displaystyle\int_{x}^{\infty} K\left(\dfrac{t - x_i}{h}\right) dt$, 令 $y = \dfrac{t - \bar{x}}{\sigma}$, 当 $t = x$ 时, $y = \dfrac{x - \bar{x}}{\sigma}$,

当 $t \to \infty$ 时, $y \to \infty$, $t = \sigma \cdot y + \bar{x}$, $dt = \sigma \cdot dy$, 则

$$C_i\left(x\right) = \int_{x}^{\infty} K\left(\frac{t - x_i}{h}\right) dt = \int_{\frac{x-\bar{x}}{\sigma}}^{\infty} K\left(\frac{\sigma \cdot y + \bar{x} - x_i}{h}\right) \sigma \cdot dy$$

$$= \int_{\frac{x-\bar{x}}{\sigma}}^{\infty} K\left(\frac{y + \frac{\bar{x} - x_i}{\sigma}}{\frac{h}{\sigma}}\right) \sigma \cdot dy = \int_{\frac{x-\bar{x}}{\sigma}}^{\infty} K\left(\frac{y - \frac{x_i - \bar{x}}{\sigma}}{\frac{h}{\sigma}}\right) \sigma \cdot dy$$

$$= \int_{\frac{x-\bar{x}}{\sigma}}^{\infty} \frac{1}{\sqrt{2\pi}} e^{-\frac{1}{2}\left(\frac{y - \frac{x_i - \bar{x}}{\sigma}}{\frac{h}{\sigma}}\right)^2} \sigma \cdot dy = h \int_{\frac{x-\bar{x}}{\sigma}}^{\infty} \frac{1}{\sqrt{2\pi}\frac{h}{\sigma}} e^{-\frac{1}{2}\left(\frac{y - \frac{x_i - \bar{x}}{\sigma}}{\frac{h}{\sigma}}\right)^2} dy$$

$$= h \left[1 - \int_{\infty}^{\frac{x-\bar{x}}{\sigma}} \frac{1}{\sqrt{2\pi}\frac{h}{\sigma}} e^{-\frac{1}{2}\left(\frac{y - \frac{x_i - \bar{x}}{\sigma}}{\frac{h}{\sigma}}\right)^2} dy \right]$$

即积分 $\displaystyle\int_{\infty}^{\frac{x-\bar{x}}{\sigma}} \dfrac{1}{\sqrt{2\pi}\frac{h}{\sigma}} e^{-\frac{1}{2}\left(\frac{y - \frac{x_i - \bar{x}}{\sigma}}{\frac{h}{\sigma}}\right)^2} dy$ 为正态分布 $N\left(\dfrac{x_i - \bar{x}}{\sigma}, \dfrac{h}{\sigma}\right)$ 在 $\dfrac{x - \bar{x}}{\sigma}$ 处的概率分布值.

也可利用式 (2) 直接计算, 即 $P\left(X \geqslant x\right) = \dfrac{1}{nh} \displaystyle\sum_{i=1}^{n} \int_{x}^{\infty} K\left(\dfrac{t - x_i}{h}\right) dt$. 以下以 EV1 核 $K\left(t\right) = e^{-t-e^{-t}}$; $-2.5 \leqslant t \leqslant 8.0$ 为例说明直接计算超过概率. 因为 EV1 核的取值范围为 $-2.5 \leqslant t \leqslant 8.0$, 对于式 (2) 的积分变量 x, 则需满足 $-2.5 \leqslant \dfrac{x - x_i}{h} \leqslant 8.0$, 即 $x_i - 2.5h \leqslant x \leqslant x_i + 8.0h$. 令 $C_i\left(x\right) = \displaystyle\int_{x}^{\infty} K\left(\dfrac{t - x_i}{h}\right) dt$, 则超过概率为

$$P\left(X \geqslant x\right) = \frac{1}{nh}\sum_{i=1}^{n} C_i\left(x\right); \quad C_i\left(x\right) = \int_x^\infty K\left(\frac{t - x_i}{h}\right) dt \qquad (8)$$

当 $x \leqslant x_i - 2.5h$ 时,

$$
\begin{aligned}
C_i\left(x\right) &= \int_x^\infty K\left(\frac{t - x_i}{h}\right) dt = \int_x^{x_i - 2.5h} K\left(\frac{t - x_i}{h}\right) dt \\
&\quad + \int_{x_i - 2.5h}^{x_i + 8.0h} K\left(\frac{t - x_i}{h}\right) dt + \int_{x_i + 8.0h}^\infty K\left(\frac{t - x_i}{h}\right) dt \\
&= \int_x^{x_i - 2.5h} 0 \cdot dt + \int_{x_i - 2.5h}^{x_i + 8.0h} K\left(\frac{t - x_i}{h}\right) dt + \int_{x_i + 8.0h}^\infty 0 \cdot dt \\
&= \int_{x_i - 2.5h}^{x_i + 8.0h} K\left(\frac{t - x_i}{h}\right) dt = \int_{x_i - 2.5h}^{x_i + 8.0h} e^{-\left(\frac{t - x_i}{h}\right) - e^{-\left(\frac{t - x_i}{h}\right)}} dt \\
&= he^{-e^{-\left(\frac{t - x_i}{h}\right)}} \Big|_{x_i - 2.5h}^{x_i + 8.0h} = h\left(e^{-e^{-8.0}} - e^{-e^{2.5}}\right) = 0.9997h \approx h
\end{aligned}
$$

当 $x_i - 2.5h \leqslant x \leqslant x_i + 8.0h$ 时,

$$
\begin{aligned}
C_i\left(x\right) &= \int_x^\infty K\left(\frac{t - x_i}{h}\right) dt \\
&= \int_x^{x_i + 8.0h} K\left(\frac{t - x_i}{h}\right) dt + \int_{x_i + 8.0h}^\infty K\left(\frac{t - x_i}{h}\right) dt \\
&= \int_x^{x_i + 8.0h} K\left(\frac{t - x_i}{h}\right) dt + \int_{x_i + 8.0h}^\infty 0 \cdot dt = \int_x^{x_i + 8.0h} K\left(\frac{t - x_i}{h}\right) dt \\
&= he^{-e^{-\left(\frac{t - x_i}{h}\right)}} \Big|_x^{x_i + 8.0h} = h\left(e^{-e^{-8.0}} - e^{-e^{-\left(\frac{t - x_i}{h}\right)}}\right) \\
&= h\left(0.999665 - e^{-e^{-\left(\frac{t - x_i}{h}\right)}}\right) = h\left(1 - \exp\left[-e^{-\left(\frac{t - x_i}{h}\right)}\right]\right)
\end{aligned}
$$

当 $x > x_i + 8.0h$ 时, $C_i\left(x\right) = \int_x^\infty K\left(\frac{t - x_i}{h}\right) dt = \int_x^\infty 0 \cdot dt = 0$.

对于给定的概率 P, 核分布函数的分位数可用下式计算.

$P = \hat{F}\left(x\right)$, 令 $q = P - \hat{F}\left(x\right)$, $q' = \dfrac{dq}{dx} = \hat{f}\left(x\right)$, 给定初始值 x_0, 应用牛顿迭代法 (李裕奇等, 2010; 董洁, 2010; 郭生练和叶守泽, 1991; 杨德林, 1988; 于传强等, 2009; 谭英平, 2003), 用下式可求得给定的概率 P 对应的设计值 (分位数)x.

$$\Delta x_t = \frac{P - \hat{F}\left(x_{t-1}\right)}{\hat{f}\left(x_{t-1}\right)}; \quad x_{t+1} = x_t + \Delta x_t \qquad (9)$$

式中, x_{t+1}, x_t 和 x_{t-1} 分别为 $t+1$, t 和 $t-1$ 次的分位数迭代值.

4.1.3　窗宽的选择

从理论上讲, 窗宽 h 的选择是随 $n \to \infty$ 而趋于 0. 许多学者的研究结果计算表明, h 选择过小, 则密度函数 $f\left(x\right)$ 由于随机性的影响而呈现不规则形状; 相反, h

选择过大, $f(x)$ 过度平均化而掩盖其某些性质. 因此, 窗宽 h 选择对于核密度估计尤为重要, 目前对窗宽的选择主要有如下方法 (李裕奇等, 2010; 董洁, 2010; 郭生练和叶守泽, 1991; 杨德林, 1988; 于传强等, 2009; 谭英平, 2003).

4.1.3.1 直方图法

在实际应用中, 人们习惯用直方图来描述频率变化情况, 依据核估计与直方图估计中概率相等来确定窗宽 h 值. 根据 $\int_{ah}^{bh} K\left(\dfrac{x}{h}\right) dx = aM$, 可得 $h = aM$. 其中, a 为直方图的宽度; M 为核密度函数的最大值. 对于分组数据, 此直方图法简单易行, 便于计算.

例 1 假定 $a = 2$, $K(x) = \begin{cases} \dfrac{3}{4\sqrt{5}}\left(1 - \dfrac{x^2}{5}\right), & |x| \leqslant \sqrt{5}, \\ 0, & |x| > \sqrt{5}. \end{cases}$ 由于 $K(x)$ 的最大值为 $\dfrac{3}{4\sqrt{5}}\left(1 - \dfrac{x^2}{5}\right) = \dfrac{3}{4\sqrt{5}}\left(1 - \dfrac{0}{5}\right) = 0.3354$, 则 $h = 2 \times 0.3354 = 0.67$.

例 2 某工厂一种型号灯泡的光通量见表 1(李裕奇等, 2010). 根据直方图进行密度估计.

表 1　某工厂一种型号灯泡的光通量

216	203	197	208	206	209	206	208	202	203
206	213	218	207	208	202	194	203	213	211
193	213	208	208	204	206	204	206	208	209
213	208	206	207	196	201	208	207	213	208
210	209	211	211	214	220	211	203	216	224
211	190	218	214	219	211	208	221	211	218
218	217	219	211	208	199	214	207	207	214
206	216	214	201	212	213	211	212	216	206
210	201	204	221	208	209	214	214	199	204
211	205	216	211	209	208	209	202	211	207
202	202	206	216	206	213	206	207	200	198
200	203	226	208	216	206	222	213	209	219

表 1 最大值为 226, 最小值为 190, 数据长度 $n = 120$. 把 $[190, 226]$ 按等间距划分为 13 个子区间, 分别统计各子区间频数, 计算相应的频率 q_i/n 和密度函数值 $f_i = \dfrac{q_i}{n\left(a_{i+1} - a_i\right)}$, 见表 2.

表 2　各子区间的频数、频率和密度函数值的计算结果

组别	区间下限 a_i	区间上限 a_{i+1}	频数 q_i	频率 q_i/n	$f_i = \dfrac{q_i}{n\,(a_{i+1}-a_i)}$	累积频率
1	189.5000	192.3462	1	0.00833	0.00293	0.00833
2	192.3462	195.1923	2	0.01667	0.00586	0.02500
3	195.1923	198.0385	3	0.02500	0.00878	0.05000
4	198.0385	200.8846	4	0.03333	0.01171	0.08333
5	200.8846	203.7308	13	0.10833	0.03806	0.19167
6	203.7308	206.5769	17	0.14167	0.04977	0.33333
7	206.5769	209.4231	28	0.23333	0.08198	0.56667
8	209.4231	212.2692	16	0.13333	0.04685	0.70000
9	212.2692	215.1154	15	0.12500	0.04392	0.82500
10	215.1154	217.9615	8	0.06667	0.02342	0.89167
11	217.9615	220.8077	8	0.06667	0.02342	0.95833
12	220.8077	223.6538	3	0.02500	0.00878	0.98333
13	223.6538	226.5000	2	0.01667	0.00586	1.00000

合并频数小于 5 的子区间, 按不等间距设置子区间, 各子区间的频数、频率和密度函数值计算结果见表 3.

表 3　合并后各子区间的频数、频率和密度函数值计算结果

组别	区间下限 a_i	区间上限 a_{i+1}	频数 q_i	频率 q_i/n	$f_i = \dfrac{q_i}{n\,(a_{i+1}-a_i)}$	累积频率
1	189.5000	200.8846	10	0.08333	0.00732	0.08333
2	200.8846	203.7308	13	0.10833	0.03806	0.19167
3	203.7308	206.5769	17	0.14167	0.04977	0.33333
4	206.5769	209.4231	28	0.23333	0.08198	0.56667
5	209.4231	212.2692	16	0.13333	0.04685	0.70000
6	212.2692	215.1154	15	0.12500	0.04392	0.82500
7	215.1154	217.9615	8	0.06667	0.02342	0.89167
8	217.9615	220.8077	8	0.06667	0.02342	0.95833
9	220.8077	226.5000	5	0.04167	0.00732	1.00000

按照表 3,

$$f_n(190) = \frac{q_i}{n\,(a_{i+1}-a_i)} = \frac{10}{120 \times (200.8846 - 189.5000)} = 0.04815$$

$$f_n(224) = \frac{q_i}{n\,(a_{i+1}-a_i)} = \frac{5}{120 \times (226.5000 - 220.8077)} = 0.00878$$

选用 $K(x) = \dfrac{1}{\sqrt{2\pi}} \exp\left(-\dfrac{x^2}{2}\right)$. 由于 $K(x)$ 的最大值为 $\dfrac{1}{\sqrt{2\pi}}$, 则 $h = 2 \times$

$2.8462 = 1.1355 \approx 1.14$. 核函数密度采用 $\hat{f}(x) = \dfrac{1}{nh} \sum\limits_{i=1}^{n} K\left(\dfrac{x - x_i}{h}\right)$ 计算, 结果见表 4 和图 2.

表 4   直方图和核函数密度计算结果对比

序号	x	f_i	$\hat{f}(x)$	序号	x	f_i	$\hat{f}(x)$
1	190.92308	0.00732	0.00273	8	210.84615	0.04685	0.05434
2	193.76923	0.00732	0.00568	9	213.69231	0.04392	0.04589
3	196.61538	0.00732	0.00763	10	216.53846	0.02342	0.02886
4	199.46154	0.00732	0.01705	11	219.38462	0.02342	0.01929
5	202.30769	0.03806	0.03580	12	222.23077	0.00732	0.00760
6	205.15385	0.04977	0.04660	13	225.07692	0.00732	0.00405
7	208.00000	0.08198	0.07861				

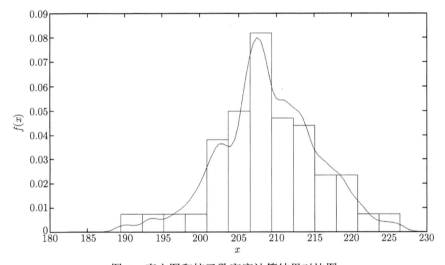

图 2   直方图和核函数密度计算结果对比图

设 $x_1, x_2, \cdots, x_n$ 为概率密度 $f(x)$ 总体的样本, 则任一区间 $[a, b]$ 内的频数 m 可由下式得到

$$m = n \int_a^b f(x)\, dx$$

取 $f(x)$ 的非参数核密度估计 $\hat{f}(x) = \dfrac{1}{nh} \sum\limits_{i=1}^{k} n_i K\left(\dfrac{x - d_i}{h}\right)$, 核方法估计的频数为

$$m = n \int_a^b \hat{f}(x)\, dx = n \int_a^b \frac{1}{nh} \sum_{i=1}^{k} n_i K\left(\frac{x - d_i}{h}\right) dx = \frac{1}{h} \int_a^b \sum_{i=1}^{k} n_i K\left(\frac{x - d_i}{h}\right) dx$$

$$=\frac{1}{h}\sum_{i=1}^{k}n_i\int_a^b K\left(\frac{x-d_i}{h}\right)dx$$

设有样本分组数据, k 为分组数, d_i 为第 i 组中值, n_i 为第 i 组的频数, $i=1,2,\cdots,k$, $n=\sum_{i=1}^{n}n_i$, 则核方法估计的第 $[a,b]$ 组的频数 m 为

$$m=n\int_a^b \hat{f}(x)\,dx=n\int_a^b\frac{1}{nh}\sum_{i=1}^{n}K\left(\frac{x-x_i}{h}\right)dx=\frac{1}{h}\int_a^b\sum_{i=1}^{n}K\left(\frac{x-x_i}{h}\right)dx$$

$$=\frac{1}{h}\sum_{i=1}^{n}\int_a^b K\left(\frac{x-x_i}{h}\right)dx$$

4.1.3.2 卡方检验法

当给定具体样本值 x_i 及核函数 $K(u)$ 后, 在计算机上逐个尝试各窗宽 h, 直到使实测值与理论值的卡方统计量达到最小, 此时的窗宽为最优窗宽 h. 以下引用谭英平 (2003) 文献说明这一方法的应用.

某企业财产险 $n=100$ 次出险损失数据 (单位: 万元) 共分为 $m=15$ 组, 每组包括组上限, 即分组为 $(C_{i-1},C_i]$, $i=1,2,\cdots,m$, 其中 $C_0=0$, 数据和计算结果见表 5.

表 5 某企业财产险个体损失分组数据

序号	组下限	组上限	组距	频数	频率	累积频率	标准化频率
1	0.00	0.46	0.46	28	0.28	0.28	0.608696
2	0.46	1.34	0.88	26	0.26	0.54	0.295455
3	1.34	2.42	1.08	5	0.05	0.59	0.046296
4	2.42	3.31	0.89	10	0.10	0.69	0.112360
5	3.31	4.42	1.11	5	0.05	0.74	0.045045
6	4.42	5.35	0.93	6	0.06	0.80	0.064516
7	5.35	6.17	0.82	6	0.06	0.86	0.073171
8	6.17	7.15	0.98	5	0.05	0.91	0.051020
9	7.15	9.10	1.95	1	0.01	0.92	0.005128
10	9.10	11.37	2.27	3	0.03	0.95	0.013216
11	11.37	12.40	1.03	1	0.01	0.96	0.009709
12	12.40	16.47	4.07	1	0.01	0.97	0.002457
13	16.47	19.07	2.60	1	0.01	0.98	0.003846
14	19.07	20.33	1.26	1	0.01	0.99	0.007937
15	20.33	22.84	2.51	1	0.01	1.00	0.003984
合计				100	1.00		

表 5 最后七组各自包含的样本数均小于 5, 把这几组样本合并为一组, 得到新的分组数据表 6.

表 6　某企业财产险个体损失分组数据

序号	组下限	组上限	组距	频数	频率	累积频率	标准化频率
1	0	0.46	0.46	28	0.28	0.28	0.608696
2	0.46	1.34	0.88	26	0.26	0.54	0.295455
3	1.34	2.42	1.08	5	0.05	0.59	0.046296
4	2.42	3.31	0.89	10	0.10	0.69	0.112360
5	3.31	4.42	1.11	5	0.05	0.74	0.045045
6	4.42	5.35	0.93	6	0.06	0.80	0.064516
7	5.35	6.17	0.82	6	0.06	0.86	0.073171
8	6.17	7.15	0.98	5	0.05	0.91	0.051020
9	7.15	22.84	1.95	9	0.09	1.00	0.046154
合计				100	1.00		

设核估计密度函数为 $\hat{f}(x) = \dfrac{1}{nh}\sum_{i=1}^{n} K\left(\dfrac{x-x_i}{h}\right)$, $f(x)$ 为总体分布密度, 则这

检验问题为: $H_0 : f(x) = \hat{f}(x)$; $H_1 : f(x) \neq \hat{f}(x)$. 根据 χ^2 拟合优度检验原理, 样

本数据统计量值为: $\chi^2 = \sum_{i=1}^{n} \dfrac{(f_i - np_i)^2}{np_i}$. 其中, f_i 是第 i 组的样本观测频数, np_i

是按照核估计密度函数计算得到的理论频数; k 是总体分布模型中需要估计的参

数个数. 数理统计证明了当原假设成立时, 该统计量近似服从自由度为 $m-k-1$

的 χ^2 分布, 给定显著性水平 α, 检验的临界值为 $\chi^2(1-\alpha, m-k-1)$, 即自由度为

$m-k-1$ 的 χ^2 分布的 $100(1-\alpha)\%$ 分位数, 当样本数据统计量值大于临界值时拒

绝原假设, 认为损失总体的密度函数不是核估计方法得到的密度函数; 否则就接受

原假设. 从核估计密度函数的表达式看到, 带宽 h 是需要估计的变量, 因此, 可以

将带宽看作该检验问题的参数, 则有 $m=9$ 和 $k=1$.

在计算每组组内样本的理论频数时, 我们是利用下面这一结果来实现的.

$$np_i = nP(C_{i-1} < x \leqslant C_i) = n\left[\hat{F}(C_i) - \hat{F}(C_{i-1})\right], \quad i = 1, 2, \cdots, m$$

式中, $\hat{F}(x) = \displaystyle\int_0^x \hat{f}(y)\,dy = \int_0^x \dfrac{1}{nh}\sum_{i=1}^{n} K\left(\dfrac{y-x_i}{h}\right)dy = \dfrac{1}{nh}\int_0^x \sum_{i=1}^{n} K\left(\dfrac{y-x_i}{h}\right)dy$

$= \dfrac{1}{nh}\displaystyle\sum_{i=1}^{n}\int_0^x K\left(\dfrac{y-x_i}{h}\right)dy$

例 3　若取正态核函数 $K(u) = \dfrac{1}{\sqrt{2\pi}} e^{-\frac{u^2}{2}}$, $-\infty < u < \infty$, 则 $K\left(\dfrac{x-x_i}{h}\right) =$

$\dfrac{1}{\sqrt{2\pi}} e^{-\frac{(x-x_i)^2}{2h^2}}$, $-\infty < x < \infty$, 密度函数的核估计为 $\hat{f}(x) = \dfrac{1}{nh}\sum_{i=1}^{n}\Phi\left(\dfrac{x-x_i}{h}\right)$.

$$P\left(a \leqslant x \leqslant b\right) = \frac{1}{n}\sum_{i=1}^{n}\left[\Phi\left(\frac{b-x_i}{h}\right) - \Phi\left(\frac{a-x_i}{h}\right)\right],$$ 其中, $\Phi\left(u\right)$ 为标准正态分布函数, $a, b \in R$.

证明

$$P\left(a \leqslant x \leqslant b\right) = \int_a^b \hat{f}\left(x\right)dx = \int_a^b \frac{1}{nh}\sum_{i=1}^{n}\Phi\left(\frac{x-x_i}{h}\right)dx$$

令 $y = \dfrac{x-x_i}{h}$, 则 $x = hy + x_i$, $dx = hdy$.

$$\begin{aligned}
P\left(a \leqslant x \leqslant b\right) &= \frac{1}{nh}\sum_{i=1}^{n}\int_a^b \Phi\left(\frac{x-x_i}{h}\right)dx = \frac{1}{nh}\sum_{i=1}^{n}\int_a^b \frac{1}{\sqrt{2\pi}}e^{-\frac{(x-x_i)^2}{2h^2}}dx \\
&= \frac{1}{n}\sum_{i=1}^{n}\int_{\frac{a-x_i}{h}}^{\frac{b-x_i}{h}} \frac{1}{\sqrt{2\pi}}e^{-\frac{y^2}{2}}dy = \frac{1}{n}\sum_{i=1}^{n}\left[\Phi\left(\frac{b-x_i}{h}\right) - \Phi\left(\frac{a-x_i}{h}\right)\right]
\end{aligned}$$

同样, $P\left(x<b\right) = \dfrac{1}{n}\sum_{i=1}^{n}\Phi\left(\dfrac{b-x_i}{h}\right)$; $P\left(x>a\right) = \dfrac{1}{n}\sum_{i=1}^{n}\left[1 - \Phi\left(\dfrac{b-x_i}{h}\right)\right]$.

根据上述原理, 设置不同的带宽 h, 样本统计量的计算结果见表 7. 给定显著水平 $\alpha = 0.05$, 检验统计量临界值为 $\chi^2_{0.95} = 14.067$. 根据 The Hildreth-Lu Procedure 方法以及对其所做的一些修正, 可选择通过 χ^2 拟合优度检验且又具有最大检验统计量的带宽作为最终的 "最优" 带宽, 即 $h = 0.43$.

谭英平 (2003) 认为随着带宽的增加, 检验统计量明显呈现出上升趋势, 说明带宽与估计密度对原数据拟合程度之间的关系; 带宽越小, 拟合程度越高, 但光滑性越差.

表 7　不同的带宽下样本统计量的计算结果

带宽 h	检验统计量	带宽 h	检验统计量
0.10	0.799075	0.40	12.23067
0.15	1.894540	0.41	12.77540
0.20	3.344232	0.42	13.32725
0.25	5.135140	0.43	13.88595
0.30	7.243183	0.44	14.45123
0.35	9.624082	0.45	15.02282

4.1.3.3　尝试法

尝试法是按一定的距离选择一系列 h 值, 用计算机逐个尝试, 选取适当的 h 值. 绘制不同带宽的拟合结果图, 选取满意拟合时对应的 h. 上述方法均为依赖人们的主观性.

4.1.3.4 最小积分均方误差 (MISE) 法

最小积分均方误差使密度估计与真实密度之间的偏差平方和达到最小.

对于一个单点 x, MSE (mean square error) 为

$$
\begin{aligned}
& \mathrm{MSE}\left(\hat{f}\left(x\right)\right) \\
=& E\left[\hat{f}\left(x\right)-f\left(x\right)\right]^2 = E\left\{\hat{f}\left(x\right)-E\left(\hat{f}\left(x\right)\right)+E\left(\hat{f}\left(x\right)\right)-f\left(x\right)\right\}^2 \\
=& E\left\{\left[\hat{f}\left(x\right)-E\left(\hat{f}\left(x\right)\right)\right]^2 + 2\left[\hat{f}\left(x\right)-E\left(\hat{f}\left(x\right)\right)\right]\left[E\left(\hat{f}\left(x\right)\right)-f\left(x\right)\right]\right. \\
& \left. + \left[E\left(\hat{f}\left(x\right)\right)-f\left(x\right)\right]^2\right\} \\
=& E\left[\hat{f}\left(x\right)-E\left(\hat{f}\left(x\right)\right)\right]^2 + 2E\left\{\left[\hat{f}\left(x\right)-E\left(\hat{f}\left(x\right)\right)\right]\left[E\left(\hat{f}\left(x\right)\right)-f\left(x\right)\right]\right\} \\
& + E\left[E\left(\hat{f}\left(x\right)\right)-f\left(x\right)\right]^2 \\
=& E\left[\hat{f}\left(x\right)-E\left(\hat{f}\left(x\right)\right)\right]^2 + 2E\left[\hat{f}\left(x\right)-E\left(\hat{f}\left(x\right)\right)\right]E\left[E\left(\hat{f}\left(x\right)\right)-f\left(x\right)\right] \\
& + E\left[E\left(\hat{f}\left(x\right)\right)-f\left(x\right)\right]^2 \\
=& E\left[\hat{f}\left(x\right)-E\left(\hat{f}\left(x\right)\right)\right]^2 + 2\left[E\hat{f}\left(x\right)-E\left(\hat{f}\left(x\right)\right)\right]E\left[E\left(\hat{f}\left(x\right)\right)-f\left(x\right)\right] \\
& + E\left[E\left(\hat{f}\left(x\right)\right)-f\left(x\right)\right]^2 \\
=& E\left[\hat{f}\left(x\right)-E\left(\hat{f}\left(x\right)\right)\right]^2 + 0 + \left[E\left(\hat{f}\left(x\right)\right)-f\left(x\right)\right]^2 \\
=& \left[E\left(\hat{f}\left(x\right)\right)-f\left(x\right)\right]^2 + E\left[\hat{f}\left(x\right)-E\left(\hat{f}\left(x\right)\right)\right]^2 \qquad (10)
\end{aligned}
$$

式 (10) 中第一项为均方偏差 (square bias), 第二项为方差 (variance).

对于均方偏差 $\left[E\left(\hat{f}\left(x\right)\right)-f\left(x\right)\right]^2$

$$
\begin{aligned}
E\left(\hat{f}\left(x\right)\right) =& E\left[\frac{1}{n}\sum_{i=1}^{n}K\left(\frac{x_i-x}{h}\right)\frac{1}{h}\right] = \frac{1}{n}E\left[\sum_{i=1}^{n}K\left(\frac{x_i-x}{h}\right)\frac{1}{h}\right] \\
=& \frac{1}{n}\left[\sum_{i=1}^{n}E\left(K\left(\frac{x_i-x}{h}\right)\frac{1}{h}\right)\right] = \frac{1}{n}nE\left(K\left(\frac{x_i-x}{h}\right)\frac{1}{h}\right) \\
=& E\left(K\left(\frac{x_i-x}{h}\right)\frac{1}{h}\right) = E\left(K\left(\frac{y-x}{h}\right)\frac{1}{h}\right) \\
=& \int_{-\infty}^{\infty}\frac{1}{h}K\left(\frac{y-x}{h}\right)f\left(y\right)dy = \int_{-\infty}^{\infty}\frac{1}{h}K\left(\frac{x-y}{h}\right)f\left(y\right)dy \qquad (11)
\end{aligned}
$$

根据上式, 则偏差

$$\text{bias}_h(x) = E\left(\hat{f}(x)\right) - f(x) = \int_{-\infty}^{\infty} \frac{1}{h} K\left(\frac{x-y}{h}\right) f(y)\, dy - f(x) \tag{12}$$

令 $t = \dfrac{x-y}{h}$, 则 $y = x - ht$, $dy = -h\,dt$, 式 (12) 变为

$$\begin{aligned}
\text{bias}_h(x) &= \int_{\infty}^{-\infty} \frac{1}{h} K(t) f(x-ht)(-h\,dt) - f(x) \\
&= \int_{\infty}^{-\infty} K(t) f(x-ht)(-dt) \\
&= \int_{-\infty}^{\infty} K(t) \left[f(x-ht) - f(x)\right] dt
\end{aligned} \tag{13}$$

对式 (13) 利用泰勒级数

$$f(x-ht) - f(x) = -ht f'(x) + \frac{1}{2} h^2 t^2 f''(x) + \cdots \tag{14}$$

则有

$$\begin{aligned}
\text{bias}_h(x) &= \int_{-\infty}^{\infty} K(t) \left[f(x-ht) - f(x)\right] dt \\
&= \int_{-\infty}^{\infty} K(t) \left[-ht f'(x) + \frac{1}{2} h^2 t^2 f''(x) + \cdots\right] dt \\
&= -h f'(x) \int_{-\infty}^{\infty} t K(t)\, dt + \frac{1}{2} h^2 f''(x) \int_{-\infty}^{\infty} t^2 K(t)\, dt + \cdots
\end{aligned} \tag{15}$$

令 $K_1 = \displaystyle\int_{-\infty}^{\infty} t K(t)\, dt$, $K_2 = \displaystyle\int_{-\infty}^{\infty} t^2 K(t)\, dt$, 根据核函数性质知, 式 (15) 第一项 $-h f'(x) \displaystyle\int_{-\infty}^{\infty} t K(t)\, dt = 0$, 忽略高阶项, 则上式为

$$\text{bias}_h(x) = E\left(\hat{f}(x)\right) - f(x) \approx \frac{1}{2} h^2 f''(x) K_2 \tag{16}$$

由式 (16) 知,

$$\text{bias}_h(x)^2 \approx \frac{1}{4} h^4 K_2^2 \int_{-\infty}^{\infty} f''(x)^2\, dx \tag{17}$$

因 $\text{bias}_h(x) = E\left(\hat{f}(x)\right) - f(x)$, 故 $E\left(\hat{f}(x)\right) = \text{bias}_h(x) + f(x)$. 又因 $\text{var}\left(\hat{f}(x)\right) = E\hat{f}(x)^2 - \left[E\hat{f}(x)\right]^2$, 故对于均方偏差 $E\left[\hat{f}(x) - E\left(\hat{f}(x)\right)\right]^2$, 有

$$\mathrm{var}\left(\hat{f}\left(x\right)\right) =\mathrm{var}\left(\frac{1}{n}\sum_{i=1}^{n}\frac{1}{h}K\left(\frac{x-x_i}{h}\right)\right)$$

$$=\frac{1}{n}\mathrm{var}\left(\frac{1}{h}K\left(\frac{x-y}{h}\right)\right)=\frac{1}{n}E\left[\frac{1}{h}K\left(\frac{x-y}{h}\right)-E\left(\frac{1}{h}K\left(\frac{x-y}{h}\right)\right)^2\right]$$

$$=\frac{1}{n}E\left[\left(\frac{1}{h}K\left(\frac{x-y}{h}\right)\right)^2\right]-\frac{1}{n}\left[E\left(\frac{1}{h}K\left(\frac{x-y}{h}\right)\right)\right]^2$$

$$=\frac{1}{n}\int_{-\infty}^{\infty}\frac{1}{h^2}K\left(\frac{x-y}{h}\right)^2 f\left(y\right)dy-\frac{1}{n}\left[\int_{-\infty}^{\infty}\frac{1}{h}K\left(\frac{x-y}{h}\right)f\left(y\right)dy\right]^2 \quad(18)$$

由式 (12) 知, $\mathrm{bias}_h\left(x\right)=\int_{-\infty}^{\infty}\frac{1}{h}K\left(\frac{x-y}{h}\right)f\left(y\right)dy-f\left(x\right)$, 即

$$\int_{-\infty}^{\infty}\frac{1}{h}K\left(\frac{x-y}{h}\right)f\left(y\right)dy=\mathrm{bias}_h\left(x\right)+f\left(x\right) \quad(19)$$

把式 (19) 代入式 (18), 有

$$\mathrm{var}\left(\hat{f}\left(x\right)\right)=\frac{1}{n}\int_{-\infty}^{\infty}\frac{1}{h^2}K\left(\frac{x-y}{h}\right)^2 f\left(y\right)dy-\frac{1}{n}\left[\mathrm{bias}_h\left(x\right)+f\left(x\right)\right]^2 \quad(20)$$

令 $t=\frac{x-y}{h}$, 则 $y=x-ht$, $dy=-hdt$, 式 (20) 变为

$$\mathrm{var}\left(\hat{f}\left(x\right)\right)=\frac{1}{n}\int_{\infty}^{-\infty}\frac{1}{h^2}K\left(t\right)^2 f\left(x-ht\right)\left(-hdt\right)-\frac{1}{n}\left[\mathrm{bias}_h\left(x\right)+f\left(x\right)\right]^2$$

$$=\frac{1}{n}\int_{-\infty}^{\infty}\frac{1}{h}K\left(t\right)^2 f\left(x-ht\right)dt-\frac{1}{n}\left[\mathrm{bias}_h\left(x\right)+f\left(x\right)\right]^2$$

由式 (16) 知,

$$\mathrm{var}\left(\hat{f}\left(x\right)\right)=\frac{1}{nh}\int_{-\infty}^{\infty}K\left(t\right)^2 f\left(x-ht\right)dt-\frac{1}{n}\left[f\left(x\right)+O\left(h^2\right)\right]^2 \quad(21)$$

式 (21) 应用式 (14) 泰勒级数展开, 则有

$$\mathrm{var}\left(\hat{f}\left(x\right)\right)\approx\frac{1}{nh}\int_{-\infty}^{\infty}\left(f\left(x\right)-htf'\left(x\right)+\frac{1}{2}h^2t^2f''\left(x\right)+\cdots\right)K\left(t\right)^2 dt+O\left(\frac{1}{n}\right)$$

$$=\frac{1}{nh}f\left(x\right)\int_{-\infty}^{\infty}K\left(t\right)^2 dt+O\left(\frac{1}{n}\right)\approx\frac{1}{nh}f\left(x\right)\int_{-\infty}^{\infty}K\left(t\right)^2 dt \quad(22)$$

均方误差 (mean integrated square error, MISE) 定义如下:

$$\mathrm{MISE}\left(\hat{f}\left(x\right)\right)=E\int\left[\hat{f}\left(x\right)-f\left(x\right)\right]^2 dx$$

$$= \int_{-\infty}^{\infty} \left[E\hat{f}(x) - f(x) \right]^2 dx + \int_{-\infty}^{\infty} \mathrm{var}\hat{f}(x)\, dx \tag{23}$$

式 (23) 分解后的第一项表示 $\hat{f}$ 的期望值与真实值之间偏差平方的积分, 简称偏差, 将 $E\hat{f}(x) - f(x)$ 记为 $\mathrm{bias}\left(\hat{f}(x)\right)$; 第二项表示估计值的方差积分, 简称方差.

$$\begin{aligned}
\mathrm{MISE}\left(\hat{f}(x)\right) &= E \int_{-\infty}^{\infty} \left[\hat{f}(x) - f(x) \right]^2 dx \\
&= \int_{-\infty}^{\infty} \left[E\hat{f}(x) - f(x) \right]^2 dx + \int_{-\infty}^{\infty} \mathrm{var}\hat{f}(x)\, dx \\
&= \int_{-\infty}^{\infty} \mathrm{bias}\left(\hat{f}(x)\right)^2 dx + \int_{-\infty}^{\infty} \mathrm{var}\hat{f}(x)\, dx
\end{aligned} \tag{24}$$

把

$$\mathrm{bias}\left(\hat{f}(x)\right)^2 \approx \frac{1}{4}h^4 K_2^2 f''(x)^2, \quad \mathrm{var}\hat{f}(x) \approx \frac{1}{nh} f(x) \int K(t)^2\, dt$$

代入式 (22), 有

$$\begin{aligned}
\int_{-\infty}^{\infty} \mathrm{var}\hat{f}(x)\, dx &\approx \frac{1}{nh} \int_{-\infty}^{\infty} K(t)^2\, dt \int_{-\infty}^{\infty} f(x)\, dx \\
&= \frac{1}{nh} \int_{-\infty}^{\infty} K(t)^2\, dt \cdot 1 = \frac{1}{nh} \int_{-\infty}^{\infty} K(t)^2\, dt
\end{aligned} \tag{25}$$

$$\int_{-\infty}^{\infty} \mathrm{bias}\left(\hat{f}(x)\right)^2 dx \approx \frac{1}{4}h^4 K_2^2 \int_{-\infty}^{\infty} f''(x)^2\, dx \tag{26}$$

则

$$\mathrm{MISE}\left(\hat{f}(x)\right) = \frac{1}{4}h^4 K_2^2 \int f''(x)^2\, dx + \frac{1}{nh} \int K(t)^2\, dt \tag{27}$$

所以, 要求 $\mathrm{MISE}\left(\hat{f}(x)\right)$ 的最小值, 近似地只需求解 $\mathrm{MISE}\left(\hat{f}(x)\right)$ 的最小值即可, 对式 (27) 求导, 并令一阶导数为零得到最优窗宽 h.

$$\frac{d}{dh}\mathrm{MISE}\left(\hat{f}(x)\right) = h^3 K_2^2 \int_{-\infty}^{\infty} f''(x)^2\, dx - \frac{1}{nh^2} \int_{-\infty}^{\infty} K(t)^2\, dt = 0$$

即

$$nh^5 K_2^2 \int_{-\infty}^{\infty} f''(x)^2\, dx - \int_{-\infty}^{\infty} K(t)^2\, dt = 0$$

$$h = \left[\frac{\displaystyle\int_{-\infty}^{\infty} K(t)^2\, dt}{\displaystyle K_2^2 \int_{-\infty}^{\infty} f''(x)^2\, dx} \right]^{\frac{1}{5}} n^{-\frac{1}{5}}$$

$$=K_2^{-\frac{2}{5}}\left\{\int_{-\infty}^{\infty} K\left(t\right)^2 dt\right\}^{\frac{1}{5}}\left\{\int_{-\infty}^{\infty} f''\left(x\right)^2 dx\right\}^{-\frac{1}{5}} n^{-\frac{1}{5}} \tag{28}$$

对应的 $\mathrm{MISE}\left(\hat{f}\left(x\right)\right)$ 的最小值为

$$\mathrm{MISE}\left(\hat{f}\left(x\right)\right) = \frac{5}{4} n^{\frac{4}{5}} K_2^{\frac{2}{5}}\left(\int K\left(t\right)^2 dt\right)^{\frac{4}{5}}\left(\int f''\left(x\right)^2 dx\right)^{\frac{1}{5}} \tag{29}$$

式 (29) 最优窗宽 h 的表达式依赖于 $f\left(x\right)$, 经过计算, 便可求得 (最优窗宽 h).

Adamowski(1989) 根据式 (23) 最小, 给出了一个用样本计算最优窗宽 h 的表达式, 即

$$h = \frac{\displaystyle\sum_{i=2}^{n}\sum_{j=1}^{i-1}\left(x_i - x_j\right)}{\sqrt{5n}\left(n - 10/3\right)} \tag{30}$$

以高斯核函数 $K\left(t\right) = \frac{1}{\sqrt{2\pi}} e^{-\frac{t^2}{2}}$ 为例说明最小积分均方误差 (MISE) 法, 其他核函数也可通过相同方法解决. 对于高斯分布 $N\left(\mu, \sigma^2\right)$, 其密度函数为

$$f\left(x\right) = \frac{1}{\sqrt{2\pi}\sigma} e^{-\frac{\left(x-\mu\right)^2}{2\sigma^2}} \tag{31}$$

$$\int_{-\infty}^{\infty} t^2 K\left(t\right) dt = \int_{-\infty}^{\infty} t^2 \frac{1}{\sqrt{2\pi}} e^{-\frac{t^2}{2}} dt = \frac{1}{\sqrt{2\pi}} \int_{-\infty}^{\infty} t^2 e^{-\frac{t^2}{2}} dt$$
$$= \frac{2}{\sqrt{2\pi}} \int_{0}^{\infty} t^2 e^{-\frac{t^2}{2}} dt \tag{32}$$

由积分公式 $\displaystyle\int_{0}^{\infty} x^b e^{ax^2} dx = \frac{\Gamma\left(\dfrac{b+1}{2}\right)}{2\sqrt{a^{b+1}}}$, 对照式 (32), $b=2$, $a=\dfrac{1}{2}$, 则式 (32) 积分为

$$K_2 = \frac{2}{\sqrt{2\pi}} \frac{\Gamma\left(\dfrac{3}{2}\right)}{2\sqrt{\left(\dfrac{1}{2}\right)^3}} = \frac{1}{\sqrt{2\pi}} \frac{\Gamma\left(1+\dfrac{1}{2}\right)}{\sqrt{\left(\dfrac{1}{2}\right)^3}}$$
$$= \frac{1}{\sqrt{2\pi}} \frac{1}{2}\sqrt{\pi} 2\sqrt{2} = 1 \tag{33}$$

$$\int_{-\infty}^{\infty} K\left(t\right)^2 dt = \int_{-\infty}^{\infty} \frac{1}{2\pi} e^{-t^2} dt = \frac{1}{2\pi} \int_{-\infty}^{\infty} e^{-t^2} dt = \frac{2}{2\pi} \int_{0}^{\infty} e^{-t^2} dt \tag{34}$$

由积分公式 $\displaystyle\int_{-\infty}^{\infty} e^{-t^2}\,dt = \frac{\sqrt{\pi}}{2}$，则式 (34) 积分为

$$
\begin{aligned}
\int_{-\infty}^{\infty} K(t)^2\,dt &= \frac{2}{2\pi}\frac{\sqrt{\pi}}{2} \\
&= \frac{1}{2\sqrt{\pi}} = (4\pi)^{-\frac{1}{2}}
\end{aligned}
\tag{35}
$$

由式 (31) 的高斯分布 $N\left(\mu, \sigma^2\right)$，有

$$
f'(x) = \frac{1}{\sqrt{2\pi}\sigma} e^{-\frac{(x-\mu)^2}{2\sigma^2}}\left[-\frac{1}{2\sigma^2}2(x-\mu)\right] = \frac{1}{\sqrt{2\pi}\sigma^3} e^{-\frac{(x-\mu)^2}{2\sigma^2}}\left[-(x-\mu)\right]
\tag{36}
$$

对式 (36) 再求导数，有

$$
\begin{aligned}
f''(x) &= \frac{1}{\sqrt{2\pi}\sigma^3}\left\{ e^{-\frac{(x-\mu)^2}{2\sigma^2}}\left[-\frac{1}{2\sigma^2}2(x-\mu)\right]\cdot\left[-(x-\mu)\right] - e^{-\frac{(x-\mu)^2}{2\sigma^2}} \right\} \\
&= \frac{1}{\sqrt{2\pi}\sigma^3}\left[e^{-\frac{(x-\mu)^2}{2\sigma^2}}\frac{(x-\mu)^2}{\sigma^2} - e^{-\frac{(x-\mu)^2}{2\sigma^2}} \right]
\end{aligned}
\tag{37}
$$

根据式 (37)，则

$$
\int_{-\infty}^{\infty} f''(x)^2\,dx = \int_{-\infty}^{\infty}\left\{ \frac{1}{\sqrt{2\pi}\sigma^3}\left[e^{-\frac{(x-\mu)^2}{2\sigma^2}}\frac{(x-\mu)^2}{\sigma^2} - e^{-\frac{(x-\mu)^2}{2\sigma^2}} \right] \right\}^2\,dx
\tag{38}
$$

令 $t = \dfrac{x-\mu}{\sigma}$，则 $x = \mu + \sigma t$，$dx = \sigma dt$，当 $x \to -\infty$ 时，$t \to -\infty$；当 $x \to \infty$ 时，$t \to \infty$. 式 (38) 为

$$
\begin{aligned}
\int_{-\infty}^{\infty} f''(x)^2\,dx &= \int_{-\infty}^{\infty}\left\{ \frac{1}{\sqrt{2\pi}\sigma^3}\left[t^2 e^{-\frac{t^2}{2}} - e^{-\frac{t^2}{2}} \right] \right\}^2 \sigma dt \\
&= \int_{-\infty}^{\infty} \frac{1}{2\pi\sigma^5}\left(t^4 e^{-t^2} - 2t^2 e^{-t^2} + e^{-t^2} \right) dt \\
&= \frac{2}{2\pi\sigma^5}\int_{0}^{\infty}\left(t^4 e^{-t^2} - 2t^2 e^{-t^2} + e^{-t^2} \right) dt \\
&= \frac{1}{\pi\sigma^5}\int_{0}^{\infty}\left(t^4 e^{-t^2} - 2t^2 e^{-t^2} + e^{-t^2} \right) dt
\end{aligned}
\tag{39}
$$

由积分公式 $\displaystyle\int_{0}^{\infty} x^b e^{-ax^2}\,dt = \frac{\Gamma\left(\dfrac{b+1}{2}\right)}{2\sqrt{a^{b+1}}}$，则式 (39) 的各项积分为

$$
\int_{0}^{\infty} t^4 e^{-t^2}\,dt = \frac{\Gamma\left(\dfrac{4+1}{2}\right)}{2\sqrt{1^{4+1}}} = \frac{\Gamma\left(\dfrac{5}{2}\right)}{2} = \frac{1}{2}\Gamma\left(1+\frac{3}{2}\right) = \frac{1}{2}\times\frac{3}{2}\Gamma\left(\frac{3}{2}\right)
$$

$$= \frac{1}{2} \times \frac{3}{2} \Gamma \left(1 + \frac{1}{2} \right) = \frac{1}{2} \times \frac{3}{2} \times \frac{1}{2} \Gamma \left(\frac{1}{2} \right) = \frac{1}{2} \times \frac{3}{2} \times \frac{1}{2} \sqrt{\pi} = \frac{3}{8} \sqrt{\pi} \quad (40)$$

$$\int_0^\infty 2t^2 e^{-t^2} dt = 2 \int_0^\infty t^2 e^{-t^2} dt = \frac{\Gamma \left(\dfrac{2+1}{2} \right)}{2\sqrt{1^{2+1}}} = \Gamma \left(\frac{3}{2} \right) = \Gamma \left(1 + \frac{1}{2} \right)$$
$$= \frac{1}{2} \Gamma \left(\frac{1}{2} \right) = \frac{\sqrt{\pi}}{2} \quad (41)$$

$$\int_0^\infty e^{-t^2} dt = \frac{\sqrt{\pi}}{2} \quad (42)$$

把式 (40)—(42) 代入式 (39), 有

$$\int_{-\infty}^\infty f''(x)^2 dx = \frac{1}{\pi \sigma^5} \left(\frac{3}{8} \sqrt{\pi} - \frac{\sqrt{\pi}}{2} + \frac{\sqrt{\pi}}{2} \right) = \frac{3}{8} \pi^{-\frac{1}{2}} \sigma^{-5} \quad (43)$$

把式 (33)、(35) 和 (43) 代入式 (28), 有

$$h = K_2^{-\frac{2}{5}} \left\{ \int_{-\infty}^\infty K(t)^2 dt \right\}^{\frac{1}{5}} \left\{ \int_{-\infty}^\infty f''(x)^2 dx \right\}^{-\frac{1}{5}} n^{-\frac{1}{5}}$$
$$= 1 \cdot \left[(4\pi)^{-\frac{1}{2}} \right]^{\frac{1}{5}} \left\{ \frac{3}{8} \pi^{-\frac{1}{2}} \sigma^{-5} \right\}^{-\frac{1}{5}} n^{-\frac{1}{5}}$$
$$= 4^{-\frac{1}{10}} \pi^{-\frac{1}{10}} \left(\frac{3}{8} \right)^{-\frac{1}{5}} \pi^{-\frac{1}{10}} \sigma \cdot n^{-\frac{1}{5}} = 1.06 \sigma \cdot n^{-\frac{1}{5}} \quad (44)$$

对于式 (24) $\mathrm{MISE} \left(\hat{f}(x) \right) = \int_{-\infty}^\infty \mathrm{bias} \left(\hat{f}(x) \right)^2 dx + \int_{-\infty}^\infty \mathrm{var} \hat{f}(x) dx$, Turlach(1993) 称第一项积分为积分方差 (IV), 第二项积分为积分平方方差 (IB)

$$\mathrm{IV} = \frac{1}{nh} R(K) f(x) + O \left(\frac{1}{n} h^2 \right) \quad (45)$$

$$\mathrm{IB} = \frac{h^2}{4} \mu_2^2(K) R \left(f^{(2)} \right) f(x) + O \left(h^8 \right) \quad (46)$$

式中, $R(L) = \int_{-\infty}^\infty L^2(x) dx$, $\mu_j(L) = \int_{-\infty}^\infty x^j L(x) dx$, $f^{(j)}$ 为 $f(x)$ 的第 j 阶导数. 对于高斯核函数 $R(K) = \int_{-\infty}^\infty K^2(x) dx = \frac{1}{2} \sqrt{\pi}$; $\mu_2(K) = \int_{-\infty}^\infty x^2 K(x) dx = 1$.

应用泰勒级数, MISE 的渐近值 AMISE(asymptotic mean integrated square error)

$$\mathrm{AMISE}(h) = \frac{1}{nh} R(K) + h^4 \left(\frac{\mu_2(K)}{2!} \right) R \left(f^{(2)} \right) \quad (47)$$

式中, $R(K) = \int_{-\infty}^\infty K^2(y) dy$, $R \left(f^{(2)} \right) = \int_{-\infty}^\infty \left[f^{(2)}(y) \right] dy$, $\mu_2(K) = \int_{-\infty}^\infty y^2 K(y) dy$.

不难从式 (47) 看出, h 优化值依赖未知密度 $f(x)$ 或 $f(x)$ 的导数值.

4.1.3.5　经验法则 (ROT)

ROT 是根据使 AMISE 最小获得 h 优化值.

$$h_{\infty} = \left(\frac{R(K)}{\mu_2^2(K) R(f^{(2)})} \right)^{\frac{1}{5}} n^{-\frac{1}{5}} \tag{48}$$

式中, h_{∞} 是 AMISE 取最小化的值; $R(f^{(2)})$ 是未知值.

以下假定未知分布为高斯分布 $N(\mu, \sigma^2)$, 列出目前服从高斯分布窗口宽度 h 的几种估算式.

(1) Silverman(1986)

$$h_{\mathrm{AMISE_{Normal}}} = 1.06\sigma \cdot n^{-\frac{1}{5}} \tag{49}$$

$$h_{\mathrm{AMISE_{Normal}}} = 0.79\mathrm{IQR} \cdot n^{-\frac{1}{5}} \tag{50}$$

$$h_{\mathrm{SORT}} = 0.9A \cdot n^{-\frac{1}{5}} \tag{51}$$

式中, σ 为随机变量 X 的标准差; IQR 为随机变量 X 的四分位数间距(interquartile range);

$$A = \min\left\{ 样本标准差, \frac{样本四分位数间距}{1.34} \right\}$$

(2) Jones 等 (1996)

$$h_{\mathrm{SNR}} = 1.06S \cdot n^{-\frac{1}{5}} \tag{52}$$

式中, S 为样本的标准差.

(3) Terrell(1990)

$$h_{\mathrm{OS}} = 1.144S \cdot n^{-\frac{1}{5}} \tag{53}$$

ROT 的优点在于提供了一个适用的窗口宽度 h 的模型, 其缺点是当分布为非高斯分布时, 窗口宽度 h 的估算式是错误的.

4.1.3.6　交叉实证 (CV) 法

交叉实证法有以下几种模型.

(1) 最小交叉实证 (LSCV)

$$\mathrm{LSCV}(h) = R\left(\hat{f}(x)\right) - 2\sum_{i=1}^{n} \hat{f}_{-i}(x_i) \tag{54}$$

式中, $\hat{f}_{-i}(x)$ 为除第 i 个观测值外剩余数据估算获得的密度值, $\hat{f}_{-i}(x) = \dfrac{1}{(n-1)h} \cdot \sum_{j \neq i}^{n-1} K\left(\dfrac{x - x_j}{h}\right)$.

(2) 带宽分解交叉实证.

带宽分解交叉实证又称为 JMP(Jones, Morron, and Park CV). JMP 的出发点是 $\mathrm{MISE}\,(h) = \mathrm{IV}\,(h) + \mathrm{IB}\,(h)$. 经证明 $\dfrac{1}{nh} R\,(K)\,f\,(x)$ 是 IV 的好的估算值, 所以, JMP 的主要任务是获取 IB 好的估算值. 积分偏差 (integrated bias) 可以重写为

$$\mathrm{IB} = \int_{-\infty}^{\infty} \left(K * f - f\right)^2 dx \tag{55}$$

式中, $*$ 为函数 K 和 f 的卷积.

$$(K * f)\,(x) = \int_{-\infty}^{\infty} K\,(x - u)\,f\,(u)\,du = \int_{-\infty}^{\infty} K\,(u)\,f\,(x - u)\,du \tag{56}$$

引入 Dirac 函数 $K_0\,(u) = I\,(u = 0)$, IB 估算式可写为

$$\mathrm{IB}\,(h) = \frac{1}{n^2} \sum_{i=1}^{n} \sum_{j=1}^{n} \left(K * K - 2K + K_0\right) * K_g * K_g\,(x_i - x_j) \tag{57}$$

JMP 函数则可表示为

$$\mathrm{JMP}\,(h) = \frac{1}{nh} R\,(K) + \mathrm{IB}\,(h) \tag{58}$$

(3) 平滑交叉实证 (SCV).

在式 (54) 中, 不同的核 L 和窗口宽度 g, 删去所有对角项 (如 $i = j$), 取 $n \approx n - 1$, 则

$$\mathrm{LCV}\,(h) = \frac{1}{nh} R\,(K) + \frac{1}{n\,(n-1)} \sum_{i \neq j} \left(K * K - 2K + K_0\right) * L_g * L_g\,(x_i - x_j) \tag{59}$$

(4) 有偏交叉实证 (BCV).

当核函数 K 和密度函数 f 至少二阶连续可导时,

$$R\left(\hat{f}^{(2)}\right) = R\left(\hat{f}_h^{(2)}\right) - \frac{1}{nh^5} R\left(K^{(2)}\right) \tag{60}$$

式中, $\hat{f}_h$ 为 f 的核密度估算值.

$$\begin{aligned} \mathrm{BCV}\,(h) &= \frac{1}{nh} R\,(K) + h^4 \left(\frac{\mu_2\,(K)}{2!}\right)^2 \left(\left(\hat{f}_h^2\right) - \frac{1}{nh^5} R\,(K^2)\right) \\ &= \frac{1}{nh} R\,(K) + \frac{\left(\mu_2\,(K)\right)^2}{2n^2 h} \sum_{i < j} \sum \psi\left(\frac{x_i - x_j}{h}\right) \end{aligned} \tag{61}$$

式中,

$$\psi\,(c) = \int_{-\infty}^{\infty} K''\,(w)\,K''\,(w + c)\,dw \tag{62}$$

(5) Silverman(1986).

Silverman(1986) 根据交叉验证法通过求解式 (54) 来获得窗口宽度 h 的模型.

$$\sum_{i=1,i\neq j}^{n} \sum_{j=1}^{n} \exp\left(\frac{d_{ij}}{4}\right)$$

$$\cdot \left\{ \left(1 - \frac{4\sqrt{2n}}{n-1} \exp\left(\frac{d_{ij}}{4}\right) \left(\frac{x_i-x_j}{h}\right) - 1 \right) \left(\frac{x_i-x_j}{h}+1\right) - 1 \right\} = 0 \quad (63)$$

式中, $d_{ij} = -\left(\dfrac{x_i-x_j}{h}\right)^2$.

4.1.3.7　插件法

插件法的目标使 AMISE 的距离最小, h_∞ 是 $R\left(f^{(2)}\right)$ 的函数, 其可通过一个窗口宽度序列 $h_1, h_2, \cdots$ 进行估算. 第一个 h_1 估算 $\hat{f}_{h_1}(x)$ 和 $R\left(\hat{f}^{(2)}\right) = R\left(\hat{f}^{(2)}_{h_1}\right)$, 然后, 将 $R\left(\hat{f}^{(2)}\right)$ 代入式 (44), 估算第二个 h_2, 则新的 $R\left(\hat{f}^{(2)}\right)$ 通过 $R\left(\hat{f}^{(2)}\right) = R\left(\hat{f}^{(2)}_{h_2}\right)$ 计算, 依次计算, 直到窗口宽度收敛为止. 这种方法主要有如下两种插件法.

1) Park 和 Marron 插件法

假定用窗口宽度 g 估算 MISE 中的 $R\left(f^{(2)}\right)$, 则 $\hat{f}_g$ 的二阶导数值为

$$\hat{f}^{(2)}_g = \frac{1}{ng^3} \sum_{i=1}^{n} K^{(2)}\left(\frac{x-x_i}{g}\right) \quad (64)$$

$$R\left(\hat{f}^{(2)}\right) = R\left(\hat{f}^{(2)}_g\right) - \frac{1}{ng^5} R\left(K^{(2)}\right) \quad (65)$$

2) Sheater 和 Jones 插件法

窗口宽度 g 为

$$g \propto \frac{R\left(f^{(2)}\right)}{R\left(f^{(3)}\right)} h^{\frac{5}{7}} \quad (66)$$

式中, $R\left(f^{(2)}\right)$, $R\left(f^{(3)}\right)$ 通过 $R\left(\hat{f}^{(2)}_{g_1}\right)$ 和 $R\left(\hat{f}^{(3)}_{g_2}\right)$ 估算, 窗口宽度 g_1 和 g_2 可借助高斯分布密度进行渐近优化计算.

4.1.3.8　极大似然法

取 $h = \max\limits_{h} \prod\limits_{j=1}^{n} \hat{f}(x_j) = \max\limits_{h} \prod\limits_{j=1}^{n} \left[\frac{1}{nh} \sum\limits_{i=1}^{n} K\left(\frac{x_j-x_i}{h}\right) \right]$. 以下以 EV1 核 $K(t) = e^{-t-e^{-t}}$, $-2.5 \leqslant t \leqslant 8.0$ 为例说明极大似然法的应用 (Guo et al., 1996).

$$L(h) = \prod_{j=1}^{n} \hat{f}(x_j) = \prod_{j=1}^{n} \left[\frac{1}{nh} \sum_{i=1}^{n} K\left(\frac{x_j-x_i}{h}\right) \right], \quad j \neq i \quad (67)$$

式 (67) 取对数, 有

$$\log L\left(h\right)=\sum_{j=1}^{n}\log\sum_{i=1,i\neq j}^{n}K\left(\frac{x_j-x_i}{h}\right)-n\log\left(nh\right) \tag{68}$$

式 (68) 对 h 求导数, 有

$$\frac{\partial\log L\left(h\right)}{\partial h}=-\frac{1}{h^2}\sum_{j=1}^{n}\frac{\displaystyle\sum_{i=1,i\neq j}^{n}K'\left(\frac{x_j-x_i}{h}\right)\left(x_j-x_i\right)}{\displaystyle\sum_{i=1,i\neq j}^{n}K\left(\frac{x_j-x_i}{h}\right)}-n\frac{n}{nh}=0$$

即

$$-\frac{1}{h^2}\sum_{j=1}^{n}\frac{\displaystyle\sum_{i=1,i\neq j}^{n}K'\left(\frac{x_j-x_i}{h}\right)\left(x_j-x_i\right)}{\displaystyle\sum_{i=1,i\neq j}^{n}K\left(\frac{x_j-x_i}{h}\right)}-\frac{n}{h}=0$$

$$-\frac{1}{h}\sum_{j=1}^{n}\frac{\displaystyle\sum_{i=1,i\neq j}^{n}K'\left(\frac{x_j-x_i}{h}\right)\left(\frac{x_j-x_i}{h}\right)}{\displaystyle\sum_{i=1,i\neq j}^{n}K\left(\frac{x_j-x_i}{h}\right)}-\frac{n}{h}=0$$

$$\sum_{j=1}^{n}\frac{\displaystyle\sum_{i=1,i\neq j}^{n}K'\left(\frac{x_j-x_i}{h}\right)\left(\frac{x_j-x_i}{h}\right)}{\displaystyle\sum_{i=1,i\neq j}^{n}K\left(\frac{x_j-x_i}{h}\right)}+n=0$$

令 $t=\dfrac{x_j-x_i}{h}$, 则上式变为

$$\sum_{j=1}^{n}\frac{\displaystyle\sum_{i=1,i\neq j}^{n}tK'\left(t\right)}{\displaystyle\sum_{i=1,i\neq j}^{n}K\left(t\right)}+n=0,\quad t=\frac{x_j-x_i}{h} \tag{69}$$

由 $K\left(t\right)=e^{-t-e^{-t}}$ 对 t 求导数, $K'\left(t\right)=K\left(t\right)=\dfrac{de^{-t-e^{-t}}}{dt}=e^{-t-e^{-t}}\left(-1+e^{-t}\right)$, 有

$$K'\left(t\right)=e^{-t-e^{-t}}\left(-1+e^{-t}\right) \tag{70}$$

求解非线性方程组, 即可获得窗口宽度 h.

同样, 对于 Epanechnikov 核, 有

$$
K\left(x\right)=\begin{cases}\dfrac{3}{4\sqrt{5}}\left(1-\dfrac{x^2}{5}\right), & |x|\leqslant\sqrt{5}\\ 0, & \text{其他}\end{cases}
$$

$$
K'\left(x\right)=\begin{cases}\dfrac{3}{4\sqrt{5}}\left(-\dfrac{2}{5}x\right), & |x|\leqslant\sqrt{5}\\ 0, & \text{其他}\end{cases}
$$

对于 Normal 核, $K\left(x\right)=\dfrac{1}{\sqrt{2\pi}}\exp\left(-\dfrac{x^2}{2}\right),-\infty<x<\infty; K'\left(x\right)=-x\dfrac{1}{\sqrt{2\pi}}\cdot$ $\exp\left(-\dfrac{x^2}{2}\right),-\infty<x<\infty.$

4.1.4　变核函数

变核估计 VKE(variable kernel estimator, VKE) 密度函数为

$$
\hat{f}_K\left(t\right)=\frac{1}{n}\sum_{j=1}^{n}\frac{1}{hd_{j,k}}K\left(\frac{t-x_j}{hd_{j,k}}\right) \tag{71}
$$

式中, K 为核密度函数; k 为一个正整数; $d_{j,k}$ 为 x_j 与其余 $n-1$ 个数据中第 k 个最近点.

分布函数为

$$
P\left(X\leqslant x\right)=F\left(x\right)=\int_{-\infty}^{x}\hat{f}_K\left(u\right)du=\int_{-\infty}^{x}\sum_{j=1}^{n}\frac{1}{nhd_{j,k}}K\left(\frac{u-x_j}{hd_{j,k}}\right)du \tag{72}
$$

以下介绍常见的自适应核 (adaptive kernel estimator)(Silverman, 1986) 估计的算法. 其他算法详见 4.2 节. 自适应核密度函数为

$$
\hat{f}_A\left(x\right)=\frac{1}{nh}\sum_{i=1}^{n}\frac{1}{w_i}K\left(\frac{x-x_i}{w_ih}\right) \tag{73}
$$

式中, w_i 为局部窗口因子 (local window factor), $i=1,2,\cdots,n.$

同样, 有分布函数

$$
P\left(X\leqslant x\right)=F\left(x\right)=\int_{-\infty}^{x}\hat{f}_K\left(u\right)du=\frac{1}{n}\sum_{i=1}^{n}\frac{1}{w_ih}\int_{-\infty}^{x}K\left(\frac{u-x_i}{w_ih}\right)du \tag{74}
$$

(1) 按固定窗口法估算一个窗口宽度 h, 计算初始密度函数 $\hat{f}_K(x_i), i=1,2,\cdots,n.$

(2) 对于每个观测值 x_i, 计算局部窗口因子 $w_i, i = 1, 2, \cdots, n$.

$$w_i = \left(\frac{\hat{f}_g}{\hat{f}_K(x_i)} \right)^{1/2}; \quad \hat{f}_g = \left(\prod_{i=1}^{n} \hat{f}_K(x_i) \right)^{1/n} \tag{75}$$

(3) 用权重 w_i 计算自适应核密度函数

$$\hat{f}_A(x) = \frac{1}{nh} \sum_{i=1}^{n} \frac{1}{w_i} K \left(\frac{x - x_i}{w_i h} \right) \tag{76}$$

(4) 用 $\hat{f}_A(x)$ 代替 $\hat{f}_K(x)$, 重复进行步骤 (2) 和 (3), 即可获得窗口因子 w_i.

4.1.5 核密度函数拟合效果评价

(1) 均方根误差 (root mean square error, RMSE)

$$\text{RMSE} = \sqrt{\frac{1}{n} \sum_{i=1}^{n} \left(\frac{x_T - \hat{x}_T}{x_T} \right)^2} \tag{77}$$

式中, $x_T, \hat{x}_T$ 分别为给定重现期 T 下的实测值和计算值.

(2) 绝对平均误差 (root mean absolute error, RMAE)

$$\text{RMAE} = \sqrt{\frac{1}{n} \sum_{i=1}^{n} \left| \frac{x_T - \hat{x}_T}{x_T} \right|} \tag{78}$$

式中, $x_T, \hat{x}_T$ 分别为给定重现期 T 下的实测值和计算值.

(3) 相关系数

$$r = \frac{\displaystyle\sum_{i=1}^{n} (x_T - \bar{x})(\hat{x}_T - \bar{w})}{\sqrt{\displaystyle\sum_{i=1}^{n} (x_T - \bar{x})^2 \sum_{i=1}^{n} (\hat{x}_T - \bar{w})^2}} \tag{79}$$

式中, $x_T, \hat{x}_T$ 分别为给定重现期 T 下的实测值和计算值; $\bar{x}$ 为实测值的平均值; $\bar{w}$ 为计算值的平均值.

4.1.6 应用实例

例 4 陕西省武功县 1955—2007 年年降水量序列如第 2 章例 1 所示. 年降水量统计值为 $E(x) = 606.73774$, $S_x = 158.28292$, $C_s = 0.58777$. 取正态核, 采用极大似然法求解, 设计值见表 8.

例 5　新疆塔什库尔干县 1962—2003 年年降水量序列见第 2 章例 3, $E(x) =$ 70.13810, $S_x = 22.83497$, $C_s = -0.63676$. 年降水量序列 P-III 型分布设计值计算结果见表 8.

表 8　陕西省武功县和新疆塔什库尔干县降水序列固定窗口法设计值的计算结果

武功县		塔什库尔干县	
频率/%	设计值	频率/%	设计值
0.50	1038.34	0.50	115.23
1.00	1017.34	1.00	112.23
5.00	940.73	5.00	103.53
10.00	855.35	10.00	98.43
15.00	774.66	15.00	94.67
20.00	722.15	20.00	91.40
25.00	688.31	25.00	88.35
30.00	663.89	30.00	85.40
35.00	643.85	35.00	82.48
40.00	625.99	40.00	79.58
45.00	609.22	45.00	76.66
50.00	592.87	50.00	73.68
55.00	576.44	55.00	70.58
60.00	559.51	60.00	67.30
65.00	541.56	65.00	63.78
70.00	521.86	70.00	59.92
75.00	499.34	75.00	55.43
80.00	472.57	80.00	49.57
85.00	440.37	85.00	41.47
90.00	402.13	90.00	33.16
95.00	353.41	95.00	24.54
99.00	283.44	99.00	13.52

4.2　可变核估计原理与应用

在前述核密度估计中, 窗宽 h 为固定值. 1965 年, Loftsgardden 和 Quesenberry 提出了最近邻估计 (nearest neighbor estimator, NN 估计) 法. 后来, Breiman 等又把它发展为可变核估计 (variable kernel estimator, VKE). 本节叙述可变核估计在水文频率计算中的应用.

4.2.1　最近邻估计法

最近邻估计法的基本思想是 (李裕奇等, 2010): 首先固定介于 1 和 n 之间的自然数 k_n, 对于 x, 若区间 $[x - a, x + a]$ 恰好包括 k_n 个样本点, 则记 $a_n = a$. 也就是

在所有包含 k_n 个样本点的区间 $[x-a, x+a]$, $[x-a_n, x+a_n]$ 最短. 称式 (80) 为密度函数 $f(x)$ 的最近邻估计.

$$\hat{f}(x) = \frac{k_n}{2na_n(x)} \tag{80}$$

例 6 某工厂的滚珠外径见表 9, 试用最近邻估计法估计其密度函数值 (李裕奇等, 2010).

表 9 某工厂的滚珠外径数据 (单位: mm)

15.7	15.0	15.8	15.2	15.1	15.9	14.7	14.8	15.5	15.6
15.3	15.1	15.3	15.0	15.6	14.8	14.5	14.2	14.9	15.2
15.0	15.3	15.6	14.9	14.2	14.6	15.1	15.8	15.2	13.8

取 $k_n = 5$, $x = [13.7, 14.0, 14.3, 14.6, 14.9, 15.2, 15.5]$, 则 $\hat{f}(x) = \frac{k_n}{2na_n(x)} = \frac{5}{2 \times 30 \times a_n(x)} = \frac{1}{12a_n(x)}$. 计算结果见表 10.

表 10 滚珠外径序列最近邻估计法估计某密度函数值

x	13.7	14.0	14.3	14.6	14.9	15.2	15.5
所属区间	[12.7,14.7]	[13.3,14.7]	[13.9,14.7]	[14.4,14.8]	[14.8,15.0]	[15.2,15.3]	[15.3,15.7]
a_n	1	0.7	0.4	0.2	0.1	0.1	0.2
$\hat{f}(x)$	0.0833	0.119	0.2083	0.4167	0.0833	0.0833	0.4167

4.2.2 最近邻估计法

Breiman(1987) 定义可变核估计为

$$\hat{f}(x) = \frac{1}{n}\sum_{i=1}^{n} \frac{1}{a_k d_{i,k}} K\left(\frac{x-x_i}{a_k d_{i,k}}\right) \tag{81}$$

式中, $d_{i,k}$ 为在样本 $x_1, x_2, \cdots, x_n$ 中, 样本点 x_i 的第 k 个最近点的距离; k 可取 $k = \sqrt{n}$; a_k 为常量光滑因子, 可采用极大似然法求解. 因为 $\hat{f}(x) = \frac{1}{n}\sum_{i=1}^{n} \frac{1}{a_k d_{i,k}} \cdot K\left(\frac{x-x_i}{a_k d_{i,k}}\right)$, 取似然函数

$$L(a_k) = \prod_{j=1}^{n} \hat{f}(x_j) = \prod_{j=1}^{n}\left[\frac{1}{n}\sum_{i=1}^{n}\frac{1}{a_k d_{i,k}} K\left(\frac{x_j-x_i}{a_k d_{i,k}}\right)\right], \quad j \neq i \tag{82}$$

式 (82) 取对数, 有

$$\log L(a_k) = \sum_{j=1}^{n}\log\sum_{i=1}^{n}\frac{1}{a_k d_{i,k}} K\left(\frac{x_j-x_i}{a_k d_{i,k}}\right) - n\log n \tag{83}$$

式 (83) 对 a_k 求导数, 有

$$\frac{\partial \log L\left(a_k\right)}{\partial a_k}$$

$$= \sum_{j=1}^{n} \left(\sum_{i=1,i\neq j}^{n} \left[-\frac{1}{a_k^2 d_{i,k}} K\left(\frac{x_j - x_i}{a_k d_{i,k}}\right) \right. \right.$$

$$\left. \left. - \frac{1}{a_k d_{i,k}} \left(\frac{1}{a_k^2 d_{i,k}}\right) K'\left(\frac{x_j - x_i}{a_k d_{i,k}}\right) \cdot (x_j - x_i) \right] \right)$$

$$\left/ \left(\sum_{i=1,i\neq j}^{n} \frac{1}{a_k d_{i,k}} K\left(\frac{x_j - x_i}{a_k d_{i,k}}\right) \right) \right.$$

$$= \sum_{j=1}^{n} \left(\sum_{i=1,i\neq j}^{n} \left[-\frac{1}{a_k^2 d_{i,k}} K\left(\frac{x_j - x_i}{a_k d_{i,k}}\right) \right] \right.$$

$$\left. - \sum_{i=1,i\neq j}^{n} \left[\frac{1}{a_k d_{i,k}} \left(\frac{1}{a_k^2 d_{i,k}}\right) K'\left(\frac{x_j - x_i}{a_k d_{i,k}}\right) \cdot (x_j - x_i) \right] \right)$$

$$\left/ \left(\sum_{i=1,i\neq j}^{n} \frac{1}{a_k d_{i,k}} K\left(\frac{x_j - x_i}{a_k d_{i,k}}\right) \right) \right.$$

$$= \sum_{j=1}^{n} \left(\frac{1}{a_k^2} \sum_{i=1,i\neq j}^{n} \left[-\frac{1}{d_{i,k}} K\left(\frac{x_j - x_i}{a_k d_{i,k}}\right) \right] \right.$$

$$\left. - \frac{1}{a_k^3} \sum_{i=1,i\neq j}^{n} \left[\frac{1}{d_{i,k}^2} K'\left(\frac{x_j - x_i}{a_k d_{i,k}}\right) \cdot (x_j - x_i) \right] \right) \left/ \left(\frac{1}{a_k} \sum_{i=1,i\neq j}^{n} \frac{1}{d_{i,k}} K\left(\frac{x_j - x_i}{a_k d_{i,k}}\right) \right) \right.$$

$$= \sum_{j=1}^{n} \left(\frac{1}{a_k} \sum_{i=1,i\neq j}^{n} \left[-\frac{1}{d_{i,k}} K\left(\frac{x_j - x_i}{a_k d_{i,k}}\right) \right] \right.$$

$$\left. - \frac{1}{a_k^2} \sum_{i=1,i\neq j}^{n} \left[\frac{1}{d_{i,k}^2} K'\left(\frac{x_j - x_i}{a_k d_{i,k}}\right) \cdot (x_j - x_i) \right] \right)$$

$$\left/ \left(\sum_{i=1,i\neq j}^{n} \frac{1}{d_{i,k}} K\left(\frac{x_j - x_i}{a_k d_{i,k}}\right) \right) \right.$$

$$= \sum_{j=1}^{n} \left(\frac{1}{a_k^2} \left\{ a_k \sum_{i=1,i\neq j}^{n} \left[-\frac{1}{d_{i,k}} K\left(\frac{x_j - x_i}{a_k d_{i,k}}\right) \right] \right. \right.$$

$$\left. \left. - \sum_{i=1,i\neq j}^{n} \left[\frac{1}{d_{i,k}^2} K'\left(\frac{x_j - x_i}{a_k d_{i,k}}\right) \cdot (x_j - x_i) \right] \right\} \right)$$

$$\Big/ \left(\sum_{i=1,i\neq j}^{n} \frac{1}{d_{i,k}} K\left(\frac{x_j - x_i}{a_k d_{i,k}} \right) \right)$$

$$= -\frac{1}{a_k^2} \sum_{j=1}^{n} \left(a_k \sum_{i=1,i\neq j}^{n} \left[\frac{1}{d_{i,k}} K\left(\frac{x_j - x_i}{a_k d_{i,k}} \right) \right] \right.$$

$$\left. + \sum_{i=1,i\neq j}^{n} \left[\frac{1}{d_{i,k}^2} K'\left(\frac{x_j - x_i}{a_k d_{i,k}} \right) \cdot (x_j - x_i) \right] \right)$$

$$\Big/ \left(\sum_{i=1,i\neq j}^{n} \frac{1}{d_{i,k}} K\left(\frac{x_j - x_i}{a_k d_{i,k}} \right) \right)$$

$$= -\frac{1}{a_k^2} \sum_{j=1}^{n} \left\{ a_k + \frac{\displaystyle\sum_{i=1,i\neq j}^{n} \left[\frac{1}{d_{i,k}^2} K'\left(\frac{x_j - x_i}{a_k d_{i,k}} \right) \cdot (x_j - x_i) \right]}{\displaystyle\sum_{i=1,i\neq j}^{n} \frac{1}{d_{i,k}} K\left(\frac{x_j - x_i}{a_k d_{i,k}} \right)} \right\}$$

由 $\dfrac{\partial \log L\left(a_k\right)}{\partial a_k} = 0$, 得

$$\sum_{j=1}^{n} \left\{ a_k + \frac{\displaystyle\sum_{i=1,i\neq j}^{n} \left[\frac{1}{d_{i,k}^2} K'\left(\frac{x_j - x_i}{a_k d_{i,k}} \right) \cdot (x_j - x_i) \right]}{\displaystyle\sum_{i=1,i\neq j}^{n} \frac{1}{d_{i,k}} K\left(\frac{x_j - x_i}{a_k d_{i,k}} \right)} \right\} = 0$$

即

$$na_k + \sum_{j=1}^{n} \frac{\displaystyle\sum_{i=1,i\neq j}^{n} \left[\frac{x_j - x_i}{d_{i,k}^2} K'\left(\frac{x_j - x_i}{a_k d_{i,k}} \right) \right]}{\displaystyle\sum_{i=1,i\neq j}^{n} \frac{1}{d_{i,k}} K\left(\frac{x_j - x_i}{a_k d_{i,k}} \right)} = 0 \tag{84}$$

可采用数值方法求解非线性方程 $w\left(a_k\right) = 0$ 获得 a_k, 其中 $w\left(a_k\right) = na_k +$

$$\sum_{j=1}^{n} \frac{\displaystyle\sum_{i=1,i\neq j}^{n} \left[\frac{x_j - x_i}{d_{i,k}^2} K'\left(\frac{x_j - x_i}{a_k d_{i,k}} \right) \right]}{\displaystyle\sum_{i=1,i\neq j}^{n} \frac{1}{d_{i,k}} K\left(\frac{x_j - x_i}{a_k d_{i,k}} \right)}.$$ 对于正态核, $K\left(x\right) = \frac{1}{\sqrt{2\pi}} \exp\left(-\frac{x^2}{2} \right)$, $-\infty <$

$x < \infty$; $K'\left(x\right) = -x \frac{1}{\sqrt{2\pi}} \exp\left(-\frac{x^2}{2} \right)$, $-\infty < x < \infty$.

$$\hat{F}(x) = \int_{-\infty}^{x} \hat{f}(t)\, dt$$

$$= \frac{1}{n} \int_{-\infty}^{x} \sum_{i=1}^{n} \frac{1}{a_k d_{i,k}} K\left(\frac{t - x_i}{a_k d_{i,k}}\right) dt = \frac{1}{n} \sum_{i=1}^{n} \frac{1}{a_k d_{i,k}} \int_{-\infty}^{x} K\left(\frac{t - x_i}{a_k d_{i,k}}\right) dt$$

$$= \frac{1}{n} \sum_{i=1}^{n} \frac{1}{a_k d_{i,k}} \int_{-\infty}^{x} \frac{1}{\sqrt{2\pi}} \exp\left[-\frac{\left(\frac{t - x_i}{a_k d_{i,k}}\right)^2}{2} \right] dt$$

令 $y = \dfrac{t - x_i}{a_k d_{i,k}}$,则 $t = a_k d_{i,k} y + x_i, dt = a_k d_{i,k} dy$,当 $t \to -\infty$ 时,$y \to -\infty$;当 $t = x$ 时,$y = \dfrac{x - x_i}{a_k d_{i,k}}$.

$$\hat{F}(x) = \frac{1}{n} \sum_{i=1}^{n} \frac{1}{a_k d_{i,k}} \int_{-\infty}^{x} \frac{1}{\sqrt{2\pi}} \exp\left[-\frac{\left(\frac{t - x_i}{a_k d_{i,k}}\right)^2}{2} \right] dt$$

$$= \frac{1}{n} \sum_{i=1}^{n} \frac{1}{a_k d_{i,k}} \int_{-\infty}^{\frac{x - x_i}{a_k d_{i,k}}} \frac{1}{\sqrt{2\pi}} e^{-\frac{t^2}{2}} a_k d_{i,k}\, dy$$

$$= \frac{1}{n} \sum_{i=1}^{n} \int_{-\infty}^{\frac{x - x_i}{a_k d_{i,k}}} \frac{1}{\sqrt{2\pi}} e^{-\frac{t^2}{2}}\, dy = \frac{1}{n} \sum_{i=1}^{n} \Phi\left(\frac{x - x_i}{a_k d_{i,k}}, 0, 1\right)$$

即

$$\hat{F}(x) = \frac{1}{n} \sum_{i=1}^{n} \Phi\left(\frac{x - x_i}{a_k d_{i,k}}, 0, 1\right) \tag{85}$$

式中,$\Phi\left(\dfrac{x - x_i}{a_k d_{i,k}}, 0, 1\right)$ 为标准正态分布在 $\dfrac{x - x_i}{a_k d_{i,k}}$ 处的分布函数值.

反过来,给定设计频率 P,有 $\dfrac{1}{n} \sum\limits_{i=1}^{n} \Phi\left(\dfrac{x_p - x_i}{a_k d_{i,k}}, 0, 1\right) - P = 0$,求解此非线性方程,即可获得对应的设计值 x_p.

例 7　陕西省武功县 1955—2007 年年降水量序列如第 2 章例 1 所示. 年降水量统计值为 $E(x) = 606.73774, S_x = 158.28292, C_s = 0.58777$. 试用变核估计法估计其密度和设计值.

取 $k = 7$, 正态分布核, 经计算, $a_k = 1.0427, w(a_k) = 1.1793 \times 10^{-11}$. 其计算结果见表 11 和如图 3 所示.

表 11　陕西省武功县年降水量变核估计法设计值的计算结果

频率/%	设计值	频率/%	设计值
0.50	1228.73	50.00	592.93
1.00	1157.93	55.00	577.79
5.00	948.66	60.00	562.99
10.00	832.733	65.00	548.11
15.00	743.08	70.00	533.06
20.00	681.30	75.00	516.65
25.00	658.84	80.00	493.04
30.00	646.10	85.00	451.68
35.00	635.22	90.00	410.68
40.00	623.52	95.00	358.81
45.00	608.96	99.00	253.43

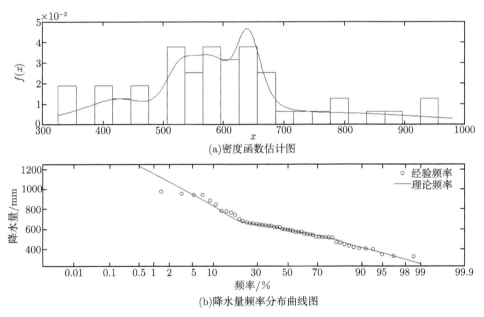

(a)密度函数估计图

(b)降水量频率分布曲线图

图 3　武功县年降水量序列变核估计法频率曲线

4.3　非参数密度变换原理与应用

　　核估计是非参数常用的估计方法. 一些波 (如雷达杂波) 的密度函数不对称, 在较陡的起始部分和长尾, 小样本核估计性能欠缺. 把杂波样本变换成 "最佳密度" 样本则可提高估计精度 (但尧和丁鹭飞, 1989,1994). 董洁 (2010) 将这种样本变换原理引入洪水频率计算, 取得较好的效果. 本节引用他们的文献, 阐述这一原理在水文频率计算中的应用.

设样本 $(x_1, x_2, \cdots, x_n)$ 独立同分布, 具有密度函数 $f(x)$. 对样本 x_i 变换得到新样本 y_i, 即

$$y_i = T(x_i), \quad i = 1, 2, \cdots, n \tag{86}$$

式中, T 为变换函数, 满足条件:(1) T 连续, 且一一对应. 它保证了变换估计的收敛性和唯一性; (2) T 足够光滑. 它使新样本 y_i 保持原样本 x_i 的随机性, 对 y_i 的密度估计进行平滑减小随机性引起的方差, 等同于减小 x_i 的随机性.

设新样本 y_i 具有密度函数 $g(y)$, $g(y)$ 的核估计为

$$\hat{g}(y) = \frac{1}{nh} \sum_{i=1}^{n} K\left(\frac{y - y_i}{h}\right) \tag{87}$$

因为 $y = T(x)$, $P(X \leqslant x) = P[T(X) \leqslant T(x)] = P[Y \leqslant y]$, 所以 $F(x) = G(y)$, $F(x) = G[T(x)]$. $F(x) = G[T(x)]$ 两边对 x 求导, 有

$$f(x) = T'(x) \cdot g[T(x)] \tag{88}$$

因此, 原样本 x_i 的密度估计为

$$\hat{f}(x) = T'(x) \cdot \hat{g}[T(x)] \tag{89}$$

采用均方积分误差 MISE(mean integrated square error) 度量估计性能, 有

$$\mathrm{MISE}_x\left(\hat{f}\right) = E \int_{-\infty}^{\infty} \left[\hat{f}(x) - f(x)\right]^2 dx \tag{90}$$

对于变换核估计, $\hat{f}$ 的误差可用 $\hat{g}$ 的误差来表示, 记 $\mathrm{MISE}_y(\hat{g}) = E[\hat{g}(y) - g(y)]^2$, $W(y) = T'[T^{-1}(y)]$, 则 $\hat{f}$ 的误差为 $\mathrm{MISE}_x\left(\hat{f}\right) = E \int_{-\infty}^{\infty} \left[\hat{f}(x) - f(x)\right]^2 dx = \int_{-\infty}^{\infty} E\left[\hat{f}(x) - f(x)\right]^2 dx$.

令 $y = T(x)$, 则 $x = T^{-1}(y)$, $T'(x) = T'[T^{-1}(y)] = W(y)$, $dy = T'(x) dx$, $dy = T'(x) dx$, 把 $\hat{f}(x) = T'(x) \cdot \hat{g}[T(x)]$ 代入 $\mathrm{MISE}_x\left(\hat{f}\right) = \int_{-\infty}^{\infty} E\left[\hat{f}(x) - f(x)\right]^2 dx$ 中, 有

$$\mathrm{MISE}_x\left(\hat{f}\right) = \int_{-\infty}^{\infty} E\left\{T'(x) \cdot \hat{g}[T(x)] - T'(x) \cdot g[T(x)]\right\}^2 dx$$

$$= \int_{-\infty}^{\infty} T'(x) E\left[\cdot \hat{g}(y) - g(y)\right]^2 T'(x) dx$$

$$= \int_{-\infty}^{\infty} T' \left[T^{-1}(y) \right] E \left[\cdot \hat{g}(y) - g(y) \right]^2 dy$$

$$= E \int_{-\infty}^{\infty} W(y) \, \mathrm{MISE}_y \left(\hat{g} \right) \cdot dy \tag{91}$$

式 (91) 表明, 估计量 $\hat{f}$ 被估计量 $\hat{g}$ 代替, $\hat{f}$ 的平均则转换为对 $\hat{g}$ 的平均. 进一步推导式 (91), 有

$$\mathrm{MISE}_x \left(\hat{f} \right) = E \int_{-\infty}^{\infty} W(y) \, \mathrm{MISE}_y \left(\hat{g} \right) \cdot dy = \int_{-\infty}^{\infty} W(y) \, E \left[\hat{g}(y) - g(y) \right]^2 dy$$

$$= \int_{-\infty}^{\infty} W(y) \, E \left\{ E \left[\hat{g}(y) \right] - g(y) + \hat{g}(y) - E \left[\hat{g}(y) \right] \right\}^2 dy$$

$$= \int_{-\infty}^{\infty} W(y) \, E \{ (E \left[\hat{g}(y) \right] - g(y))^2 + 2 (E \left[\hat{g}(y) \right] - g(y))$$

$$\cdot (\hat{g}(y) - E \left[\hat{g}(y) \right]) + (\hat{g}(y) - E \left[\hat{g}(y) \right])^2 \} dy$$

$$= \int_{-\infty}^{\infty} W(y) \, E \left\{ (E \left[\hat{g}(y) \right] - g(y))^2 + \mathrm{var} \left[\hat{g}(y) \right] \right\} dy$$

$$= \int_{-\infty}^{\infty} W(y) \left\{ (E \left[\hat{g}(y) \right] - g(y))^2 + \mathrm{var} \left[\hat{g}(y) \right] \right\} dy$$

$$= \int_{-\infty}^{\infty} W(y) \left[E \left[\hat{g}(y) \right] - g(y) \right]^2 dy + \int_{-\infty}^{\infty} W(y) \, \mathrm{var} \left[\hat{g}(y) \right] dy \tag{92}$$

因为

$$E \left[\hat{g}(y) \right] = E \left[\frac{1}{nh} \sum_{i=1}^{n} K \left(\frac{y - y_i}{h} \right) \right]$$

$$= \frac{1}{nh} \sum_{i=1}^{n} E \left[K \left(\frac{y - y_i}{h} \right) \right] = \frac{1}{nh} n \cdot E \left[K \left(\frac{y - v}{h} \right) \right]$$

$$= \frac{1}{h} E \left[K \left(\frac{y - v}{h} \right) \right] = \frac{1}{h} \int_{-\infty}^{\infty} \left[K \left(\frac{y - v}{h} \right) g(v) \, dv \right]$$

则式 (92) 的第一个积分中 $E \left[\hat{g}(y) \right] - g(y)$ 为估计偏差, 即

$$\mathrm{bias}(y) = E \left[\hat{g}(y) \right] - g(y) = \frac{1}{h} \int_{-\infty}^{\infty} \left[K \left(\frac{y - v}{h} \right) g(v) \, dv \right] - g(y)$$

$$= \frac{1}{h} \int_{-\infty}^{\infty} \left[K \left(\frac{v - y}{h} \right) g(v) \, dv \right] - g(y)$$

令 $t = \dfrac{v - y}{h}$, 有 $v = y + ht, dv = hdt$, 则 $\mathrm{bias}(y) = \int_{-\infty}^{\infty} \left[K(t) \, g(y + ht) \, dt \right] - g(y)$.

对 $g(y + ht)$ 进行泰勒公式展开, 有 $g(y + ht) = g(y) + htg'(y) + \dfrac{1}{2} h^2 t^2 g''(y) + \cdots$.

则

$$
\begin{aligned}
\text{bias}\,(y) &= \int_{-\infty}^{\infty} [K\,(t)\,g\,(y+ht)\,dt] - g\,(y) \\
&= \int_{-\infty}^{\infty} K\,(t) \left[g\,(y) + htg'\,(y) + \frac{1}{2}h^2t^2g''\,(y) + \cdots \right] dt - g\,(y) \\
&= \int_{-\infty}^{\infty} K\,(t)\,g\,(y)\,dt + h \int_{-\infty}^{\infty} K\,(t)\,tg'\,(y)\,dt \\
&\quad + \frac{1}{2}h^2 \int_{-\infty}^{\infty} K\,(t)\,t^2 g''\,(y)\,dt + \cdots - g\,(y) \\
&= g\,(y) \int_{-\infty}^{\infty} K\,(t)\,dt + hg'\,(y) \int_{-\infty}^{\infty} t \cdot K\,(t)\,dt \\
&\quad + \frac{1}{2}h^2 g''\,(y) \int_{-\infty}^{\infty} t^2 \cdot K\,(t)\,dt + \cdots - g\,(y)
\end{aligned}
$$

因为 $\displaystyle\int_{-\infty}^{\infty} K\,(t)\,dt = 1;\ \int_{-\infty}^{\infty} t \cdot K\,(t)\,dt = 0,\ \int_{-\infty}^{\infty} t^2 \cdot K\,(t)\,dt = k_2$, 所以, 有

$$
\begin{aligned}
\text{bias}\,(y) &= g\,(y) \int_{-\infty}^{\infty} K\,(t)\,dt + hg'\,(y) \int_{-\infty}^{\infty} t \cdot K\,(t)\,dt \\
&\quad + \frac{1}{2}h^2 g''\,(y) \int_{-\infty}^{\infty} t^2 \cdot K\,(t)\,dt + \cdots - g\,(y) \\
&= g\,(y) \int_{-\infty}^{\infty} K\,(t)\,dt + hg'\,(y) \int_{-\infty}^{\infty} t \cdot K\,(t)\,dt \\
&\quad + \frac{1}{2}h^2 g''\,(y) \int_{-\infty}^{\infty} t^2 \cdot K\,(t)\,dt - g\,(y) \\
&= g\,(y) + 0 + \frac{1}{2}h^2 g''\,(y)\,k_2 - g\,(y) \approx \frac{1}{2}h^2 g''\,(y)\,k_2 + o\,(h^2)
\end{aligned}
$$

因此, 式 (92) 的第一个积分为

$$
\begin{aligned}
&\int_{-\infty}^{\infty} W\,(y) \left[E\,[\hat{g}\,(y)] - g\,(y) \right]^2 dy \\
&\approx \int_{-\infty}^{\infty} W\,(y) \left[\frac{1}{2}h^2 g''\,(y)\,k_2 + o\,(h^2) \right]^2 dy \\
&\approx \int_{-\infty}^{\infty} W\,(y) \frac{1}{4}h^4 [g''\,(y)]^2 k_2^2 dy = \frac{1}{4}h^4 k_2^2 \int_{-\infty}^{\infty} W\,(y) [g''\,(y)]^2 dy
\end{aligned}
$$

同理, 式 (92) 的第 2 个积分中 $\text{var}[\hat{g}\,(y)]$ 为

$$
\text{var}\,[\hat{g}\,(y)] = \frac{1}{nh^2} \int_{-\infty}^{\infty} K\left(\frac{y-v}{h} \right) g\,(v)\,dv - \frac{1}{n}\,[g\,(y) + \text{bias}\,(y)]^2
$$

$$
\begin{aligned}
\mathrm{var}\left[\hat{g}\left(y\right)\right] &= E\left[\hat{g}^2\left(y\right)\right] - \left\{E\left[\hat{g}\left(y\right)\right]\right\}^2 = E\left[\hat{g}^2\left(y\right)\right] - \left\{E\left[g\left(y\right)+\hat{g}\left(y\right)-g\left(y\right)\right]\right\}^2 \\
&= E\left[\hat{g}^2\left(y\right)\right] - \left\{E\left[g\left(y\right)+\mathrm{bias}\left(y\right)\right]\right\}^2 \\
&= E\left[\hat{g}^2\left(y\right)\right] - \left\{E\left[g\left(y\right)\right]+E\left[\mathrm{bias}\left(y\right)\right]\right\}^2 \\
&= \frac{1}{nh}\int_{-\infty}^{\infty} K\left(t^2\right)g\left(y-ht\right)dt - \frac{1}{n}\left[g\left(y\right)+o\left(h^2\right)\right] \\
&= \frac{1}{nh}g\left(y\right)\int_{-\infty}^{\infty} K\left(t^2\right)dt + o\left(n^{-1}\right) = \frac{1}{nh}g\left(y\right)\int_{-\infty}^{\infty} K\left(t^2\right)dt
\end{aligned}
$$

则式 (92) 的第 2 个积分为

$$
\begin{aligned}
\int_{-\infty}^{\infty} W\left(y\right)\mathrm{var}\left[\hat{g}\left(y\right)\right]dy &\approx \int_{-\infty}^{\infty} W\left(y\right)\frac{1}{nh}g\left(y\right)\int_{-\infty}^{\infty} K\left(t^2\right)dtdy \\
&= \frac{1}{nh}\int_{-\infty}^{\infty} K\left(t^2\right)dt\int_{-\infty}^{\infty} W\left(y\right)g\left(y\right)
\end{aligned}
$$

则

$$
\begin{aligned}
\mathrm{MISE}_x\left(\hat{f}\right) &= \int_{-\infty}^{\infty} W\left(y\right)\left[E\left[\hat{g}\left(y\right)\right]-g\left(y\right)\right]^2 dy + \int_{-\infty}^{\infty} W\left(y\right)\mathrm{var}\left[\hat{g}\left(y\right)\right]dy \\
&\approx \frac{1}{4}h^4 k_2^2\int_{-\infty}^{\infty} W\left(y\right)\left[g''\left(y\right)\right]^2 dy + \frac{1}{nh}\int_{-\infty}^{\infty} K\left(t^2\right)dt\int_{-\infty}^{\infty} W\left(y\right)g\left(y\right) \quad (93)
\end{aligned}
$$

对式 (93) 求极小值, 即可获得最优窗宽 h.

根据核估计的均方积分误差, 使 $\int_{-\infty}^{\infty}\left[g''\left(y\right)\right]^2 dy$ 取极小值, 可以求出最佳密度

函数. 定义泛函 $J=J\left[g\left(y\right)\right]=\int_{-\infty}^{\infty}\left[g''\left(y\right)\right]^2 dy$.

由变分原理, 设 $x\in\left[x_0,x_1\right]$, $f\left(x,y,y',\cdots,y^{(n)}\right)\in C^{n+1}$, 泛函 $J=J\left[y\left(x\right)\right]=$ $\int_{x_0}^{x_1} f\left(x,y,y',\cdots,y^{(n)}\right)dy$ 在 $y=y\left(x\right)$ 处取得极值, 则这个函数和任意 $x\in\left[x_0,x_1\right]$ 恒有欧拉方程成立, 即 $y=y\left(x\right)$ 满足

$$
f_y - \frac{d}{dx}f_{y'} + \frac{d^2}{dx^2}f_{y''} - \cdots + \left(-1\right)^n\frac{d^n}{dx^n}f_{y^{(n)}} = 0 \quad (94)
$$

根据式 (94), 有 $\dfrac{d^2}{dx^2}\left[g''\left(y\right)\right]^2 = \dfrac{d}{dx}\left[2g^{(3)}\left(y\right)\right] = 6g^{(4)}\left(y\right) = 0$, 即

$$
g^{(4)}\left(y\right) = 0 \quad (95)
$$

连续积分有 $g^{(3)}\left(y\right)=c_1$, $g''\left(y\right)=c_1 x + c_2$, $g'\left(y\right)=c_1 x^2 + c_2 x + c_3$, $g\left(y\right)=c_1 x^3 + c_2 x^2 + c_3 x + c_4$. 取核函数 $g\left(y\right)$ 为对称函数, 定义域为 $\left[-a,a\right]$. 因此, 有边界条件

$$
\int_{-a}^{a} g\left(y\right)=1, \quad \int_{0}^{a} g\left(y\right)=\frac{1}{2}, \quad g\left(-a\right)=0, \quad g\left(a\right)=0
$$

代入 $g(y) = c_1 x^3 + c_2 x^2 + c_3 x + c_4$. 由 $\int_{-a}^{a} g(y) = 1$, 有 $\int_{-a}^{a} (c_1 x^3 + c_2 x^2 + c_3 x + c_4) dx = 1$, $\frac{1}{4} c_1 x^4 + \frac{1}{3} c_2 x^3 + \frac{1}{2} c_3 x^2 + c_4 x \Big|_{-a}^{a} = 1$, $\frac{1}{4} c_1 a^4 + \frac{1}{3} c_2 a^3 + \frac{1}{2} c_3 a^2 + c_4 a - \frac{1}{4} c_1 a^4 + \frac{1}{3} c_2 a^3 - \frac{1}{2} c_3 a^2 + c_4 a = 1$

$$\frac{2}{3} c_2 a^3 + 2 c_4 a = 1 \tag{96}$$

由 $g(-a) = 0$, $g(a) = 0$, 有 $\begin{cases} c_1 a^3 + c_2 a^2 + c_3 a + c_4 = 0, \\ -c_1 a^3 + c_2 a^2 - c_3 a + c_4 = 0, \end{cases}$ 即

$$2 c_2 a^2 + 2 c_4 = 0 \tag{97}$$

联立式 (96) 和式 (97) $\begin{cases} \frac{2}{3} c_2 a^3 + 2 c_4 a = 1, \\ 2 c_2 a^2 + 2 c_4 = 0, \end{cases}$ 解得 $\begin{cases} c_2 = -\dfrac{3}{4 a^3}, \\ c_4 = \dfrac{3}{4 a}. \end{cases}$

由 $g(-a) = g(a)$, 有 $c_1 a^3 + c_2 a^2 + c_3 a + c_4 = -c_1 a^3 + c_2 a^2 - c_3 a + c_4$, 即

$$2 c_1 a^3 + 2 c_3 a = 0 \tag{98}$$

由 $\int_{0}^{a} g(y) = \frac{1}{2}$, 有 $\frac{1}{4} c_1 x^4 + \frac{1}{3} c_2 x^3 + \frac{1}{2} c_3 x^2 + c_4 x \Big|_{0}^{a} = \frac{1}{2}$, 并把 $\begin{cases} c_2 = -\dfrac{3}{4 a^3}, \\ c_4 = \dfrac{3}{4 a} \end{cases}$ 代入, 有

$$\frac{1}{4} c_1 a^4 + \frac{1}{3} c_2 a^3 + \frac{1}{2} c_3 a^2 + c_4 a = \frac{1}{2}$$

$$\frac{1}{4} c_1 a^4 + \frac{1}{3} \left(-\frac{3}{4 a^3} \right) a^3 + \frac{1}{2} c_3 a^2 + \frac{3}{4 a} a = \frac{1}{2}$$

$$\frac{1}{4} c_1 a^4 - \frac{1}{4} + \frac{1}{2} c_3 a^2 + \frac{3}{4} = \frac{1}{2}$$

即

$$c_1 a^4 + 2 c_3 a^2 = 0 \tag{99}$$

联立式 (98) 和式 (99) $\begin{cases} 2 c_1 a^3 + 2 c_3 a = 0, \\ c_1 a^4 + 2 c_3 a^2 = 0, \end{cases}$ $\begin{cases} c_1 = 0, \\ c_3 = 0, \end{cases}$ 则有最佳密度函数

$$g(y) = -\frac{3}{4 a^3} y^2 + \frac{3}{4 a} = \frac{3}{4 a} \left(1 - \frac{y^2}{a^2} \right), \quad |y| \leqslant a \tag{100}$$

一般取 $a = 1$, 有

$$g(y) = \frac{3}{4} \left(1 - y^2 \right), \quad |y| \leqslant 1 \tag{101}$$

由式 (101) 得最佳分布函数

$$G\left(y\right)=\int_{-1}^{y}g\left(t\right)dt=\int_{-1}^{y}\frac{3}{4}\left(1-t^2\right)dt\ \frac{3}{4}t-\frac{1}{4}t^3\bigg|_{-1}^{y}$$

$$=\frac{3}{4}y-\frac{1}{4}y^3+\frac{1}{2}=\frac{1}{4}\left(-y^3+y+2\right) \tag{102}$$

若 $G\left(y\right)$ 已知, 求解式 (103) 一元三次方程, 得

$$\begin{cases} y_1=2\cos\theta \\ y_2=2\cos\left(\theta+120°\right) \\ y_3=2\cos\left(\theta+240°\right) \\ \theta=\dfrac{1}{3}\arccos\left[1-2G\left(y\right)\right] \end{cases} \tag{103}$$

由于 $0\leqslant G\left(y\right)\leqslant 1$, 则 $0°\leqslant\theta\leqslant 60°$, $1\leqslant y_1\leqslant 2$, $-2\leqslant y_2\leqslant-1$, $-1\leqslant y_3\leqslant 1$, 则取

$$y=2\cos\left\{\frac{1}{3}\arccos\left[1-2G\left(y\right)\right]+240°\right\} \tag{104}$$

如前所述 $y=T\left(x\right)$, $F\left(x\right)=G\left(y\right)$, $F\left(x\right)=G\left[T\left(x\right)\right]$, $y=T\left(x\right)=G^{-1}\left[F\left(x\right)\right]$, 则有

$$T\left(x\right)=2\cos\left\{\frac{1}{3}\arccos\left[1-2F\left(x\right)\right]+240°\right\} \tag{105}$$

根据上述推导, 有非参数密度变换法的迭代算法. $F\left(x\right)$ 为未知待估函数, 可用估计值 $\hat{F}\left(x\right)$ 代替.

(1) 由原样本 $x_1,x_2,\cdots,x_n$ 按前述方法确定窗宽 h_x, 并按 $\hat{f}_1\left(t\right)=\dfrac{1}{nh_x}\cdot$ $\displaystyle\sum_{i=1}^{n}K\left(\dfrac{t-x_i}{h_x}\right)$, $\hat{F}_1\left(x_i\right)=\displaystyle\int_{-\infty}^{x}\hat{f}_1\left(t\right)dt=\dfrac{1}{nh_x}\sum_{i=1}^{n}\int_{-\infty}^{x}K\left(\dfrac{t-x_i}{h_x}\right)dt$ 估计 $\hat{f}_1\left(x_i\right)$ 和 $\hat{F}_1\left(x_i\right),i=1,2,\cdots,n$.

(2) 给定一些 x, 设置迭代次数 $l=1$ 和误差限 ε.

(3) 计算新样本 $y_1,y_2,\cdots,y_n$,

$$T_1\left(x_i\right)=2\cos\left\{\frac{1}{3}\arccos\left[1-2\hat{F}_1\left(x_i\right)\right]+240°\right\},\quad y_{1i}=T_1\left(x_i\right),\ i=1,2,\cdots,n$$

按前述方法确定新样本 $y_1,y_2,\cdots,y_n$ 的窗宽 h_y.

(4) 我们按 $\hat{f}_l\left(x\right)=\dfrac{1}{nh_x}\displaystyle\sum_{i=1}^{n}K\left(\dfrac{x-x_i}{h_x}\right)$ 和 $\hat{F}_l\left(x\right)=\displaystyle\int_{-\infty}^{x}\hat{f}_l\left(t\right)dt=\dfrac{1}{nh_x}\cdot$ $\displaystyle\sum_{i=1}^{n}\int_{-\infty}^{x}K\left(\dfrac{x-x_i}{h_x}\right)dt$ 估计 $\hat{f}_l\left(x\right)$ 和 $\hat{F}_l\left(x\right)$.

(5) 计算新变换值 y

$$T_l(x) = 2\cos\left\{\frac{1}{3}\arccos\left[1 - 2\hat{F}_l(x)\right] + 240°\right\}, \quad y = T_l(x)$$

(6) 计算新变换值 y 的密度估计值

$$\hat{g}_1(y) = \frac{1}{nh_y}\sum_{i=1}^{n} K\left(\frac{y - y_{1i}}{h_y}\right)$$

(7) 计算原值 x 新的密度估计值

$$|T_l'(x)| = \frac{\hat{f}_l(x)}{g[T_l(x)]}, \quad \hat{f}_{l+1}(x) = |T_l'(x)| \cdot \hat{g}(y), \quad \hat{F}_{l+1}(x) = \int_{-\infty}^{x} \hat{f}_l(t)\,dt = \hat{G}[y]$$

(8) 计算估计误差. $e = [\hat{g}(y) - g(y)]^2$, 累积求各指定 x 的误差, 当 $e \leqslant \varepsilon$ 时, 则停止计算, 否则 $l = l + 1$, 返回步骤 (3).

例 8　陕西省武功县 1955—2007 年年降水量序列如第 2 章例 1 所示. 年降水量统计值为 $E(x) = 606.73774$, $S_x = 158.28292$, $C_s = 0.58777$. 取 $h_x = 1.00S_x^{2/5}n^{-1/5}$, 取正态分布核, 其计算结果如图 4 所示.

在图 4 中, 图 (a) 为经过 4 次迭代计算的原降水序列密度估计图, 图 (b) 为经过 4 次迭代计算的最佳密度估计图.

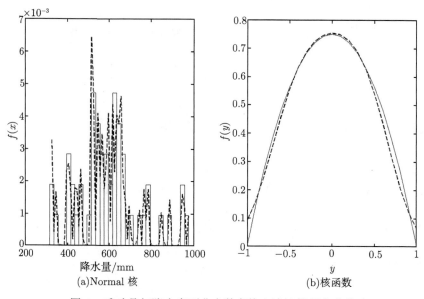

图 4　武功县年降水序列非参数变换方法计算频率曲线

4.4 非参数回归原理与应用

4.4.1 非参数回归方法

本节引用李裕奇等 (2010) 的文献叙述非参数回归的基本原理与方法.

设有随机变量 X 和 Y, $E(Y) < +\infty$, 当 $m(x) = E(Y|X = x)$ 存在, 则称 $m(x)$ 为 Y 对 X 的回归函数. X 可看作可控变量, Y 为随机变量. 在给定 X 值 $(x_1, x_2, \cdots, x_n)$ 下, 对 Y 进行相应观测, 获得相应的值 $(y_1, y_2, \cdots, y_n)$. 回归分析就是通过从总体 (X, Y) 中抽取简单样本值 $(x_1, y_1), (x_2, y_2), \cdots, (x_n, y_n)$ 估计回归模型 $\hat{Y} = m(x)$. 回忆传统回归模型 $Y = m(x) + \varepsilon$, $E(\varepsilon) = 0$, $D(\varepsilon) = \sigma^2$, 它的基本假定是 $m(x)$ 具有某种特定的数学形式, 利用最小二乘法进行 $m(x)$ 的系数估计. 经验和理论证明, 基于最小二乘法的估计不一定好用. 因此, 许多学者寻找其他方法进行 $m(x)$ 估计.

若在 (x_i, y_i) 中, $i = 1, 2, \cdots, n$, 有 k 个 x_i 恰好等于指定的 x 值, 则将这些 x_i 挑出来, 记为 $x_{i_1}, x_{i_2}, \cdots, x_{i_k}$, 则 $m(x)$ 的估计为 x_{i_j} 对应的 y_{i_j} 值的算术平均值

$$\hat{m}(x) = \frac{1}{k} \sum_{j=1}^{k} y_{i_j} \tag{106}$$

实际中, $i = 1, 2, \cdots, n$ 中一般难以出现若干个 x_i 恰好等于指定的 x 值, 甚至不会出现 $x_i = x$. 在这种情况下, 寻找一个充分小的常数 $h > 0$, 统计 $(x_1, x_2, \cdots, x_n)$ 恰好落在 $[x - h, x + h]$ 中的那些 $x_{i_1}, x_{i_2}, \cdots, x_{i_k}$, 用其对应的 $y_{i_1}, y_{i_2}, \cdots, y_{i_k}$ 的平均值作为 $m(x)$ 的估计, 则式 (106) 可写为

$$\hat{m}(x) = \sum_{j=1}^{k} W_{ni} y_{i_j} = \sum_{j=1}^{k} W_{ni} y_i; \quad W_{ni} = \begin{cases} \dfrac{1}{k}, & i = i_1, i_2, \cdots, i_k \\ 0, & \text{其他} \end{cases} \tag{107}$$

式中, W_{ni} 与 x 和 $x_1, x_2, \cdots, x_n$ 有关, 称为 y_i 的权, 反映了样本值 (x_i, y_i) 在估计 $m(x)$ 中的作用. 式 (107) 称为回归函数 $m(x)$ 的权函数估计, W_{ni} 称为权函数. 权函数 W_{ni} 满足条件: ① $W_{ni}(x_1, x_2, \cdots, x_n) \geqslant 0$; ② $\sum_{i=1}^{n} W_{ni}(x_1, x_2, \cdots, x_n) = 1$. 权函数 W_{ni} 有核函数估计、近邻权方法.

4.4.1.1 核函数估计

根据概率论原理, $m(x)$ 为

$$m\left(x\right)=\int_{-\infty}^{\infty}y\cdot f\left(y|x\right)dy=\int_{-\infty}^{\infty}y\cdot\frac{f\left(x,y\right)}{f\left(x\right)}dy=\frac{\int_{-\infty}^{\infty}y\cdot f\left(x,y\right)dy}{f\left(x\right)}$$

$$=\frac{\int_{-\infty}^{\infty}y\cdot f\left(x,y\right)dy}{\int_{-\infty}^{\infty}f\left(x,y\right)dy}$$

即

$$m\left(x\right)=\frac{\int_{-\infty}^{\infty}y\cdot f\left(x,y\right)dy}{\int_{-\infty}^{\infty}f\left(x,y\right)dy} \tag{108}$$

又根据核函数, $\hat{f}\left(x,y\right)=\dfrac{1}{nh_xh_y}\sum_{i=1}^{n}K\left(\dfrac{x-x_i}{h_x}\right)\cdot K\left(\dfrac{y-y_i}{h_y}\right)$, 则

$$\int_{-\infty}^{\infty}y\cdot f\left(x,y\right)dy=\frac{1}{nh_xh_y}\sum_{i=1}^{n}\int_{-\infty}^{\infty}y\cdot K\left(\frac{x-x_i}{h_x}\right)\cdot K\left(\frac{y-y_i}{h_y}\right)dy$$

$$=\frac{1}{nh_xh_y}K\left(\frac{x-x_i}{h_x}\right)\sum_{i=1}^{n}\int_{-\infty}^{\infty}y\cdot K\left(\frac{y-y_i}{h_y}\right)dy$$

$$=\frac{1}{nh_xh_y}K\left(\frac{x-x_i}{h_x}\right)\sum_{i=1}^{n}\int_{-\infty}^{\infty}\left[\left(y-y_i\right)+y_i\right]\cdot K\left(\frac{y-y_i}{h_y}\right)dy$$

$$=\frac{1}{nh_xh_y}K\left(\frac{x-x_i}{h_x}\right)\left[\sum_{i=1}^{n}\int_{-\infty}^{\infty}\left(y-y_i\right)\cdot K\left(\frac{y-y_i}{h_y}\right)dy\right.$$

$$\left.+\sum_{i=1}^{n}\int_{-\infty}^{\infty}y_i\cdot K\left(\frac{y-y_i}{h_y}\right)dy\right]$$

$$=\frac{1}{nh_xh_y}K\left(\frac{x-x_i}{h_x}\right)\left[h_y\sum_{i=1}^{n}\int_{-\infty}^{\infty}\left(y-y_i\right)\cdot K\left(\frac{y-y_i}{h_y}\right)d\left(\frac{y-y_i}{h_y}\right)\right.$$

$$\left.+h_y\sum_{i=1}^{n}\int_{-\infty}^{\infty}y_i\cdot K\left(\frac{y-y_i}{h_y}\right)d\left(\frac{y-y_i}{h_y}\right)\right]$$

$$=\frac{1}{nh_xh_y}K\left(\frac{x-x_i}{h_x}\right)\cdot\left[\sum_{i=1}^{n}h_yE\left(y-y_i\right)+\sum_{i=1}^{n}h_yy_i\right]$$

$$=\frac{1}{nh_xh_y}K\left(\frac{x-x_i}{h_x}\right)\cdot\left[\sum_{i=1}^{n}h_y\left(E\left(y\right)-E\left(y\right)\right)+\sum_{i=1}^{n}h_yy_i\right]$$

$$=\frac{1}{nh_x}\sum_{i=1}^{n}y_iK\left(\frac{x-x_i}{h_x}\right)$$

$$
\int_{-\infty}^{\infty} f(x,y)\, dy = \frac{1}{nh_x h_y} \sum_{i=1}^{n} K\left(\frac{x - x_i}{h_x}\right) \cdot \int_{-\infty}^{\infty} K\left(\frac{y - y_i}{h_y}\right) dy
$$

$$
= \frac{1}{nh_x h_y} \sum_{i=1}^{n} K\left(\frac{x - x_i}{h_x}\right) \cdot h_y \int_{-\infty}^{\infty} K\left(\frac{y - y_i}{h_y}\right) dy \left(\frac{y - y_i}{h_y}\right)
$$

$$
= \frac{1}{nh_x} \sum_{i=1}^{n} K\left(\frac{x - x_i}{h_x}\right) = \hat{f}(x)
$$

则

$$
m(x) = \frac{\displaystyle\int_{-\infty}^{\infty} y \cdot f(x,y)\, dy}{\displaystyle\int_{-\infty}^{\infty} f(x,y)\, dy} = \frac{\dfrac{1}{nh_x} \displaystyle\sum_{i=1}^{n} y_i K\left(\dfrac{x - x_i}{h_x}\right)}{\dfrac{1}{nh_x} \displaystyle\sum_{i=1}^{n} K\left(\dfrac{x - x_i}{h_x}\right)} = \frac{\displaystyle\sum_{i=1}^{n} y_i K\left(\dfrac{x - x_i}{h_x}\right)}{\displaystyle\sum_{i=1}^{n} K\left(\dfrac{x - x_i}{h_x}\right)} \tag{109}
$$

式 (109) 称为 Nadaraya-Watson 核估计.

例 9 设 X 为可控变量, Y 为随机变量. 在不同 X 下, 对 Y 进行观测, 有表 12 数据 (李裕奇, 2010). 试求 $m(x)$ 的核估计.

表 12 (x_i, y_i) 观测数据

x_i	0.05	0.06	0.07	0.10	0.14	0.20	0.25	0.31	0.38	0.43	0.47
	0.10	0.14	0.23	0.37	0.59	0.79	1.00	1.12	1.19	1.25	1.29

取核函数 $K(y) = \begin{cases} 1 - |y|, & |y| \leqslant 1, \\ 0, & |y| > 1, \end{cases}$ $h = 0.05$.

计算结果见表 13 和如图 5 所示.

表 13 核函数法估算结果

x_i	$\hat{y}_i$	x_i	$\hat{y}_i$
0.0500	0.1458	0.0000	0.0000
0.0600	0.1707	0.0500	0.1458
0.0700	0.1964	0.1000	0.3378
0.1000	0.3378	0.1500	0.5900
0.1400	0.5533	0.2000	0.7900
0.2000	0.7900	0.2500	1.0000
0.2500	1.0000	0.3000	1.1200
0.3100	1.1200	0.3500	1.1667
0.3800	1.1900	0.4000	1.2140
0.4300	1.2567	0.4500	1.2700
0.4700	1.2833	0.5000	1.2900

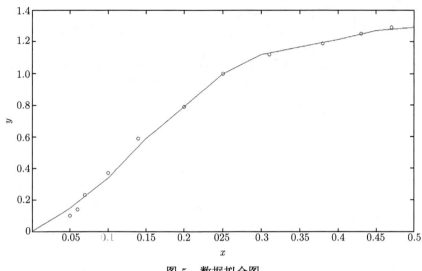

图 5   数据拟合图

4.4.1.2 近邻权方法

近邻权方法的基本思想是: 对于给定的样本 $(x_1, x_2, \cdots, x_n)$ 依据与 x 的接近距离程度分配权, 即与 x 距离越近的 x_i, 其重要程度越大. 实际中, 可选用 x_i 与 x 差的绝对值描述 x_i 与 x 的接近程度, 并按 x_i 与 x 差的绝对值大小排序 x_i, 即 $x_{R_1}, x_{R_2}, \cdots, x_{R_n}$, 且满足 $|x_{R_1} - x| \leqslant |x_{R_2} - x| \leqslant \cdots \leqslant |x_{R_n} - x|$. 选用 n 个常数 $C_{n1}, C_{n2}, \cdots, C_{nn}$, 满足条件①$C_{n1} \geqslant C_{n2} \geqslant \cdots \geqslant C_{nn} \geqslant 0$; ②$\sum\limits_{i=1}^{n} C_{ni} = 1$. 因此, 可定义权函数为

$$W_{nR_i}(x) = C_{ni}, \quad i = 1, 2, \cdots, n \tag{110}$$

如果式 (110) 出现等号时, 采用 "足标靠前原则". 也就是说, 如有 $0 \leqslant i < j \leqslant n$ 使 $|x_i - x| = |x_j - x|$, 则按 $|x_{R_1} - x| \leqslant |x_{R_2} - x| \leqslant \cdots \leqslant |x_{R_n} - x|$ 排序时, x_i 应出现在 x_j 之前. 我们称这种定义的权函数为近邻权函数. 由近邻权函数构成的估计式为 $y = m(x)$ 的近邻权估计.

$$m(x) = \sum_{i=1}^{n} W_{nR_i} y_{R_i} = \sum_{i=1}^{n} C_{ni} y_{R_i} \tag{111}$$

式 (111) 近邻权函数有:

(1) 均匀近邻权函数

$$C_{ni} = \begin{cases} \dfrac{1}{k}, & i = 1, 2, \cdots, k \\ 0, & i = k+1, k+2, \cdots, n \end{cases} \tag{112}$$

(2) 线性近邻权函数

$$C_{ni} = \begin{cases} \dfrac{k-i+1}{b_k}, & i = 1, 2, \cdots, k \\ 0, & i = k+1, k+2, \cdots, n \end{cases} \tag{113}$$

式中, $b_k = \dfrac{1}{2}k(k+1)$.

(3) 平方近邻权函数

$$C_{ni} = \begin{cases} \dfrac{k^2 - (i-1)^2}{d_k}, & i = 1, 2, \cdots, k \\ 0, & i = k+1, k+2, \cdots, n \end{cases} \tag{114}$$

式中, $d_k = k^3 - \dfrac{(k-1)k(2k-1)}{6}$.

例 10 在不同 X 下, 对 Y 进行观测, 由例 9 数据 (李裕奇等, 2010), 试用均匀近邻权函数估计 $m(x)$.

取 $h = 0.05$, 考虑 $(x_1, x_2, \cdots, x_n)$ 恰好落在 $[x-h, x+h]$ 的那些 $x_{R_1}, x_{R_2}, \cdots, x_{R_n}$, 采用 $m(x) = \sum\limits_{i=1}^{n} W_{nR_i} y_{R_i} = \sum\limits_{i=1}^{n} \dfrac{1}{k} y_{R_i}$. 取 $x = 0.05, 0.10, \cdots, 0.50$, $m(0.05) = \dfrac{0.10 + 0.14 + 0.23 + 0.37}{4} = 0.21$, 其他 $m(x)$ 的估算见表 14.

表 14 均匀近邻权函数估计 $m(x)$ 计算表

x	$[x-h, x+h]$	x_i	k	C_{ni}	y	$m(x)$
0.05	[0.0,0.10]	0.05,0.06,0.07,0.10	4	1/4	0.10,0.14,0.23,0.37	0.21
0.10	[0.05,0.15]	0.05,0.06,0.07,0.10,0.14	5	1/5	0.10,0.14,0.23,0.37,0.59	0.286
0.15	[0.10,0.20]	0.10,0.14,0.20	3	1/3	0.37,0.59,0.79	0.583
0.20	[0.15,0.25]	0.20,0.25	2	1/2	0.79,1.00	0.895
0.25	[0.20,0.30]	0.20,0.25	2	1/2	0.79,1.00	0.895
0.30	[0.25,0.35]	0.25,0.31	2	1/2	1.00,1.12	1.06
0.35	[0.30,0.40]	0.31,0.38	2	1/2	1.12,1.19	1.155
0.40	[0.35,0.45]	0.38,0.43	2	1/2	1.19,1.25	1.22
0.45	[0.40,0.50]	0.43,0.47	2	1/2	1.25,1.29	1.27
0.50	[0.45,0.55]	0.47	1	1	1.29	1.29

4.4.2 非参数回归方法在水文频率计算中的应用

在 4.4.1 节洪水频率分析的非参数回归方法中, 我们首先由样本估计出总体的密度函数, 然后对其积分, 获得不同 x 的分布函数值, 进而对分布函数求逆运算获得不同频率 P 的设计值. 理论证明这种密度估计不是无偏估计, 对其积分得到的分布函数会将偏差积累起来, 而经验分布函数具有无偏估计特性, 将其加以平滑可得到偏差和方差都较小的估计 (董洁, 2010). 基于上述背景, 董洁 (2010) 提出了直接对经验分布函数拟合的非参数回归的变换方法. 非参数变换核估计是一个迭代过程, 包括样本变换、新样本函数估计和函数反变换、迭代过程中新样本逐步逼近最佳样本, 最后经过函数反变换得到原样本的较好估计, 迭代过程可采用加法迭代和乘法迭代. 本节引用董洁 (2010) 文献, 叙述非参数回归方法的加法迭代算法在水文频率计算中的应用.

对于样本 $(x_1, x_2, \cdots, x_n)$, 分布函数为 $F(x)$, 水文变量的经验分布函数为

$$F_n(x) = \frac{\text{大于等于 } x \text{ 的样本值数}}{n+1} \tag{115}$$

在 $x = x_i$ 处的分布函数估计值为

$$F_n(x_i) = \alpha F_n(x_{i-}) + (1-\alpha) F_n(x_{i+}) = \frac{i-1+\alpha}{n+1} \tag{116}$$

式中, $\alpha \in [0,1]$ 为常数, 通常取 $\alpha = 1$. 记 $y_i = F_n(x_i)$, 则 (x_i, y_i) 可构成随机变量进行核回归计算.

加法迭代的基本思路是: 首先进行 (x_i, y_i) 核回归, 得到初始分布函数估计 $\hat{F}_1(x)$. 其次, 在 $\hat{F}_1(x)$ 的映射下, x_i 可以变换为接近均匀分布的新样本 $u_{1i} = \hat{F}_1(x_i)$. 理论上, u_{1i} 与 y_i 为近似 45° 直线, 有 $v_{1i} = y_i - u_{1i} + 1$, 其中, V_{1i} 为具有均值为 1 的随机变量. 对 (u_{1i}, v_{1i}) 进行核回归, 有 v_{1i} 关于 u_{1i} 的核回归估计 $= y_i - u_{1i} + 1$, 即 $\hat{F}_2(x_i) = v_{1i}$ 关于 u_{1i} 的核回归估计 $+ u_{1i} - 1$. 可得到分布函数的第 2 次估计值. 依次下去, 即可构成分布函数的迭代计算过程. 根据上述过程, 加法迭代的计算算法如下. 计算样本的经验概率 y_i, $y_i = \dfrac{i-1+\alpha}{n+1}, \alpha = 1, i = 1, 2, \cdots, n$.

(1) 样本经验概率的初始核回归估计 u_{1i} 和 v_{1i} 值 $u_{1i} = \hat{F}_1(x_i), i = 1, 2, \cdots, n$.
$v_{1i} = y_i - u_{1i} + 1$. 其中, $\hat{F}_1(t) = \dfrac{\displaystyle\sum_{i=1}^{n} y_i \cdot K\left(\dfrac{t-x_i}{h}\right)}{\displaystyle\sum_{i=1}^{n} K\left(\dfrac{t-x_i}{h}\right)}$.

(2) 给定 x 值, 设置计算迭代次数 $l = 1$. 计算 x 的经验概率核回归估计值 $\hat{F}_l(x)$

$$\hat{F}_l(x) = \frac{\displaystyle\sum_{i=1}^{n} y_i \cdot K\left(\dfrac{x-x_i}{h}\right)}{\displaystyle\sum_{i=1}^{n} K\left(\dfrac{x-x_i}{h}\right)}$$

(3) $u = \hat{F}_l(x)$.

(4) 计算 x 的经验概率第 2 次核回归估计值

$$\hat{F}_{l+1}(u) = \frac{\sum\limits_{i=1}^{n} v_{1i} \cdot K\left(\dfrac{u - u_{1i}}{h}\right)}{\sum\limits_{i=1}^{n} K\left(\dfrac{u - u_{1i}}{h}\right)} + u - 1$$

因为 $u = \hat{F}_l(x)$ 为第 l 次经验概率核回归估计值, 所以, 其实际上是进行 $\hat{F}_l(x)$ 的核回归估计值计算, 即 $\hat{F}_{l+1}\left(\hat{F}_l(x)\right) = \dfrac{\sum\limits_{i=1}^{n} v_{1i} \cdot K\left(\dfrac{\hat{F}_l(x) - u_{1i}}{h}\right)}{\sum\limits_{i=1}^{n} K\left(\dfrac{\hat{F}_l(x) - u_{1i}}{h}\right)} + \hat{F}_l(x) - 1.$

也说明 $\hat{F}_{l+1}\left(\hat{F}_l(x)\right)$ 为 $\hat{F}_l(x)$ 第 2 次核回归估计值. 因为 $u = \hat{F}_l(x)$, 所以 $x = \hat{F}_l^{-1}(u)$, $\hat{F}_{l+1}(u) = \hat{F}_{l+1}\left(\hat{F}_l^{-1}(u)\right) = \hat{F}_{l+1}(x)$, $\hat{F}_{l+1}(x) = \dfrac{\sum\limits_{i=1}^{n} v_{1i} \cdot K\left(\dfrac{u - u_{1i}}{h}\right)}{\sum\limits_{i=1}^{n} K\left(\dfrac{u - u_{1i}}{h}\right)} + u - 1.$

(5) 计算误差, $e = \left[\hat{F}_{l+1}(x) - \hat{F}_l(x)\right]^2$, 当 $e \leqslant \varepsilon$ 时, 则停止迭代计算, 否则, 置 $l = l + 1$, 返回步骤 (4) 继续迭代.

例 11 陕西省武功县 1955—2007 年年降水量序列如第 2 章例 1 所示. 年降水量统计值为 $E(x) = 606.73774$, $S_x = 158.28292$, $C_s = 0.58777$. 取 $h = 20$, 经计算, 设计值见表 15 和如图 6 所示.

表 15 陕西省武功县年降水量序列非参数回归方法频率计算结果

序号	x_i	第 1 次	第 2 次	第 3 次	第 4 次
1	317.00	0.9681	0.9676	0.9671	0.9666
2	327.00	0.9656	0.9651	0.9646	0.9641
3	337.00	0.9624	0.9619	0.9614	0.9609
4	347.00	0.9580	0.9575	0.9570	0.9565
5	357.00	0.9501	0.9496	0.9491	0.9486
6	367.00	0.9348	0.9343	0.9338	0.9333
7	377.00	0.9170	0.9165	0.9160	0.9155
8	387.00	0.9062	0.9057	0.9052	0.9047
9	397.00	0.8994	0.8989	0.8984	0.8979
10	407.00	0.8921	0.8916	0.8911	0.8906

续表

序号	x_i	第 1 次	第 2 次	第 3 次	第 4 次
11	417.00	0.8820	0.8814	0.8809	0.8804
12	427.00	0.8680	0.8675	0.8670	0.8665
13	437.00	0.8517	0.8512	0.8507	0.8502
14	447.00	0.8366	0.8361	0.8356	0.8351
15	457.00	0.8245	0.8240	0.8235	0.8230
16	467.00	0.8135	0.8130	0.8125	0.8120
17	477.00	0.7978	0.7973	0.7967	0.7962
18	487.00	0.7719	0.7714	0.7709	0.7704
19	497.00	0.7465	0.7460	0.7455	0.7450
20	507.00	0.7303	0.7298	0.7292	0.7287
21	517.00	0.7169	0.7164	0.7159	0.7154
22	527.00	0.7002	0.6997	0.6992	0.6987
23	537.00	0.6771	0.6766	0.6761	0.6756
24	547.00	0.6476	0.6471	0.6466	0.6461
25	557.00	0.6150	0.6145	0.6140	0.6135
26	567.00	0.5827	0.5822	0.5817	0.5812
27	577.00	0.5517	0.5512	0.5507	0.5502
28	587.00	0.5210	0.5205	0.5200	0.5195
29	597.00	0.4885	0.4880	0.4875	0.4870
30	607.00	0.4534	0.4529	0.4524	0.4519
31	617.00	0.4177	0.4172	0.4167	0.4162
32	627.00	0.3845	0.3840	0.3835	0.3830
33	637.00	0.3552	0.3547	0.3542	0.3537
34	647.00	0.3294	0.3289	0.3284	0.3279
35	657.00	0.3061	0.3056	0.3051	0.3046
36	667.00	0.2844	0.2839	0.2834	0.2829
37	677.00	0.2637	0.2632	0.2627	0.2622
38	687.00	0.2441	0.2436	0.2431	0.2426
39	697.00	0.2272	0.2267	0.2262	0.2257
40	707.00	0.2135	0.2130	0.2125	0.2120
41	717.00	0.2013	0.2008	0.2003	0.1998
42	727.00	0.1895	0.1890	0.1885	0.1880
43	737.00	0.1797	0.1792	0.1786	0.1781
44	747.00	0.1713	0.1708	0.1703	0.1698
45	757.00	0.1633	0.1628	0.1623	0.1618
46	767.00	0.1561	0.1556	0.1551	0.1546
47	777.00	0.1504	0.1498	0.1493	0.1488
48	787.00	0.1461	0.1456	0.1451	0.1446
49	797.00	0.1428	0.1423	0.1418	0.1413
50	807.00	0.1388	0.1383	0.1378	0.1373
51	817.00	0.1302	0.1297	0.1292	0.1287

序号	x_i	第 1 次	第 2 次	第 3 次	第 4 次
52	827.00	0.1180	0.1175	0.1170	0.1165
53	837.00	0.1115	0.1110	0.1105	0.1100
54	847.00	0.1088	0.1083	0.1078	0.1073
55	857.00	0.1061	0.1056	0.1051	0.1046
56	867.00	0.1021	0.1016	0.1011	0.1006
57	877.00	0.0978	0.0973	0.0968	0.0963
58	887.00	0.0940	0.0935	0.0930	0.0925
59	897.00	0.0895	0.0890	0.0885	0.0879
60	907.00	0.0806	0.0801	0.0796	0.0791
61	917.00	0.0690	0.0685	0.0680	0.0675
62	927.00	0.0613	0.0608	0.0603	0.0598
63	937.00	0.0569	0.0564	0.0559	0.0554
64	947.00	0.0528	0.0523	0.0518	0.0513
65	957.00	0.0477	0.0472	0.0467	0.0462
66	967.00	0.0413	0.0408	0.0403	0.0398
67	977.00	0.0345	0.0340	0.0335	0.0330
68	987.00	0.0285	0.0280	0.0275	0.0270

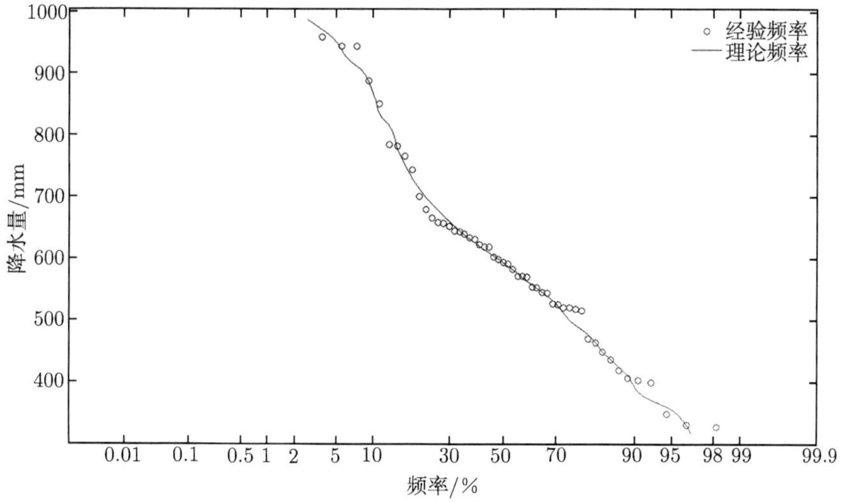

图 6 陕西省武功县年降水量序列非参数回归方法频率曲线

第 5 章 高阶概率权重矩原理与应用

在水文频率分析中, 经验频率曲线中高尾部分与低尾部分经验点据分布趋势不一致, 常常不能用一条光滑的理论频率曲线来拟合所有经验点据. 对于概率权重矩 (PWM) 法, 概率权重矩 b_r 的阶数 r 根据分布函数的参数个数确定, 若分布函数表达式含 p 个未知参数, 则需联立 p 个方程求解, 这 p 个方程分别对应着样本估计的不同阶概率权重矩, 目前概率权重矩法中最常用的阶数是 $r = 0, 1, \cdots, p - 1$.

Wang Q.J. 博士认为随着阶数 r 值的增大, 概率权重矩对 x 的较大值赋予了更多的权重. 这是因为: 不超过概率 F 是 x 的单调递增函数, 赋予 x 的概率权重用 F^r 的形式体现, 由幂函数的性质可知, 当 r 值增大时, F^r 的值将会以更快的速度增大, 亦即对较大的 x 赋予更高权重. 换言之, 阶数较高的概率权重矩值更多地取决于变量的较大值部分. 因此, 在实际应用中, 若分布拟合时着重拟合序列的较大流量部分, 就可以通过增大阶数 r 值来为这部分流量赋予更高的权重, 用以替代常用的低阶概率权重矩, 以便更好地拟合和分析洪水序列的较大值段, 这就是高阶概率权重矩 (HPWM) 的基本思想所在. 本章查阅了近年来国内外有关频率计算研究文献, 采用 Wang Q.J. 博士于 20 世纪 90 年代提出的洪水频率分布参数高阶概率权重矩估计方法与理论, 推导和叙述高阶概率权重矩计算公式和应用.

5.1 基于高阶概率权重矩的广义极值分布参数估计

5.1.1 广义极值分布的高阶概率权重矩

广义极值分布 (generalized extreme value distribution, GEV) 函数为

$$F(x) = \begin{cases} \exp\left\{-\left[1 - \dfrac{k}{\alpha}(x - \xi)\right]^{\frac{1}{k}}\right\}, & k \neq 0 \\ \exp\left\{-\exp\left[-\dfrac{1}{\alpha}(x - \xi)\right]\right\}, & k = 0 \end{cases} \tag{1}$$

式中, ξ 为位置参数; α 为尺度参数; k 为形状参数; 当 $k \neq 0$ 时, $1 - \dfrac{k}{\alpha}(x - \xi) > 0$. 式 (1) 的逆函数为

$$x(F) = \begin{cases} \xi + \dfrac{\alpha}{k}\left[1 - (-\log F)^k\right], & k \neq 0 \\ \xi - \alpha \log(-\log F), & k = 0 \end{cases} \tag{2}$$

对于 $k \neq 0$, GEV 分布的 PWM 为

$$\beta_r = \int_0^1 x(F) F^r dF = \int_0^1 \left\{ \xi + \frac{\alpha}{k} \left[1 - (-\log F)^k \right] \right\} F^r dF$$

令 $u = -\log F$, 则 $F = e^{-u}$, $dF = -e^{-u} du$; 当 $F = 0$ 时, $u \to \infty$; 当 $F = 1$ 时, $u = 0$, 则

$$\beta_r = \int_\infty^0 \left\{ \xi + \frac{\alpha}{k} [1 - u^k] \right\} e^{-ru} (-e^{-u}) du = \int_0^\infty \left[\xi + \frac{\alpha}{k} (1 - u^k) \right] e^{-(r+1)u} du$$

$$= \int_0^\infty \left(\xi + \frac{\alpha}{k} - \frac{\alpha}{k} u^k \right) e^{-(r+1)u} du$$

$$= \int_0^\infty \left(\xi + \frac{\alpha}{k} \right) e^{-(r+1)u} du - \frac{\alpha}{k} \int_0^\infty \left[u^k e^{-(r+1)u} \right] du$$

令 $x = (r+1) u$, 则 $u = \frac{1}{r+1} x$, $du = \frac{1}{r+1} dx$; 当 $u = 0$ 时, $x = 0$; 当 $u \to \infty$ 时, $x = \infty$, 则

$$\beta_r = \int_0^\infty \left(\xi + \frac{\alpha}{k} \right) e^{-x} \frac{1}{r+1} dx - \frac{\alpha}{k} \int_0^\infty \left[\frac{1}{(r+1)^k} x^k e^{-x} \right] \frac{1}{r+1} dx$$

$$= \left(\xi + \frac{\alpha}{k} \right) \frac{1}{r+1} \int_0^\infty e^{-x} dx - \frac{\alpha}{k} \frac{1}{(r+1)^{k+1}} \int_0^\infty x^k e^{-x} dx$$

$$= - \left(\xi + \frac{\alpha}{k} \right) \frac{1}{r+1} e^{-x} \Big|_0^\infty - \frac{\alpha}{k} \frac{1}{(r+1)^{k+1}} \int_0^\infty x^{k+1-1} e^{-x} dx$$

$$= - \left(\xi + \frac{\alpha}{k} \right) \frac{1}{r+1} e^{-x} \Big|_0^\infty - \frac{\alpha}{k} \frac{1}{(r+1)^{k+1}} \int_0^\infty x^{k+1-1} e^{-x} dx$$

$$= - \left(\xi + \frac{\alpha}{k} \right) \frac{1}{r+1} (0 - 1) - \frac{\alpha}{k} \frac{\Gamma(k+1)}{(r+1)^{k+1}}$$

$$= \left(\xi + \frac{\alpha}{k} \right) \frac{1}{r+1} - \frac{\alpha}{k} \frac{\Gamma(k+1)}{(r+1)^{k+1}}$$

即

$$(r+1) \beta_r = \xi + \frac{\alpha}{k} - \frac{\alpha}{k} \frac{\Gamma(k+1)}{(r+1)^k} = \xi + \frac{\alpha}{k} \left[1 - \frac{\Gamma(k+1)}{(r+1)^k} \right]; \quad k \neq 0 \qquad (3)$$

式中, $\Gamma(k) = \int_0^\infty x^{k-1} e^{-x} dx$ 为完全 gamma 函数.

对于 $k = 0$, GEV 分布的 PWM (Greenwood, 1979) 为

$$(r+1) \beta_r = \xi + \alpha [1 + \log (r+1)]; \quad k = 0 \qquad (4)$$

对于 $k \neq 0$, 当 $r = \eta, \eta+1, \eta+2$ 时, 由式 (3) 有

$$(\eta+1)\beta_\eta = \xi + \frac{\alpha}{k}\left[1 - \frac{\Gamma(k+1)}{(\eta+1)^k}\right] \tag{5}$$

$$(\eta+2)\beta_{\eta+1} = \xi + \frac{\alpha}{k}\left[1 - \frac{\Gamma(k+1)}{(\eta+2)^k}\right] \tag{6}$$

$$(\eta+3)\beta_{\eta+2} = \xi + \frac{\alpha}{k}\left[1 - \frac{\Gamma(k+1)}{(\eta+3)^k}\right] \tag{7}$$

式 (6) 减去 (5), 有

$$\begin{aligned}
(\eta+2)\beta_{\eta+1} - (\eta+1)\beta_\eta &= \frac{\alpha}{k}\left[1 - \frac{\Gamma(k+1)}{(\eta+2)^k} - 1 + \frac{\Gamma(k+1)}{(\eta+1)^k}\right] \\
&= \frac{\alpha\Gamma(k+1)}{k}\left[(\eta+1)^{-k} - (\eta+2)^{-k}\right]
\end{aligned} \tag{8}$$

式 (7) 减去 (5), 有

$$\begin{aligned}
(\eta+3)\beta_{\eta+2} - (\eta+1)\beta_\eta &= \frac{\alpha}{k}\left[1 - \frac{\Gamma(k+1)}{(\eta+3)^k} - 1 + \frac{\Gamma(k+1)}{(\eta+1)^k}\right] \\
&= \frac{\alpha\Gamma(k+1)}{k}\left[(\eta+1)^{-k} - (\eta+3)^{-k}\right]
\end{aligned} \tag{9}$$

式 (8) 和 (9) 两边相除, 有

$$\frac{(\eta+2)\beta_{\eta+1} - (\eta+1)\beta_\eta}{(\eta+3)\beta_{\eta+2} - (\eta+1)\beta_\eta} = \frac{\dfrac{\alpha\Gamma(k+1)}{k}\left[(\eta+1)^{-k} - (\eta+2)^{-k}\right]}{\dfrac{\alpha\Gamma(k+1)}{k}\left[(\eta+1)^{-k} - (\eta+3)^{-k}\right]}$$

即

$$\frac{(\eta+2)\beta_{\eta+1} - (\eta+1)\beta_\eta}{(\eta+3)\beta_{\eta+2} - (\eta+1)\beta_\eta} = \frac{(\eta+1)^{-k} - (\eta+2)^{-k}}{(\eta+1)^{-k} - (\eta+3)^{-k}}; \quad k \neq 0 \tag{10}$$

对于 $k = 0$, 当 $r = \eta, \eta+1, \eta+2$ 时, 由式 (4) 有

$$(\eta+1)\beta_\eta = \xi + \alpha[1 + \log(\eta+1)] \tag{11}$$

$$(\eta+2)\beta_{\eta+1} = \xi + \alpha[1 + \log(\eta+2)] \tag{12}$$

$$(\eta+3)\beta_{\eta+2} = \xi + \alpha[1 + \log(\eta+3)] \tag{13}$$

式 (12) 减去 (11), 有

$$(\eta+2)\beta_{\eta+1} - (\eta+1)\beta_\eta = \xi + \alpha[1 + \log(\eta+2)] - \xi - \alpha[1 + \log(\eta+1)]$$

$$=\alpha \left[1+\log \left(\eta+2\right)\right]-\alpha \left[1+\log \left(\eta+1\right)\right] \tag{14}$$

式 (13) 减去 (11), 有

$$(\eta+3)\beta_{\eta+2}-(\eta+1)\beta_\eta =\xi+\alpha \left[1+\log \left(\eta+3\right)\right]-\xi-\alpha \left[1+\log \left(\eta+1\right)\right]$$
$$=\alpha \left[1+\log \left(\eta+3\right)\right]-\alpha \left[1+\log \left(\eta+1\right)\right] \tag{15}$$

式 (14) 和 (15) 两边相除, 有

$$\frac{(\eta+2)\beta_{\eta+1}-(\eta+1)\beta_\eta}{(\eta+3)\beta_{\eta+2}-(\eta+1)\beta_\eta}=\frac{\alpha \left[1+\log \left(\eta+2\right)\right]-\alpha \left[1+\log \left(\eta+1\right)\right]}{\alpha \left[1+\log \left(\eta+3\right)\right]-\alpha \left[1+\log \left(\eta+1\right)\right]}$$

即

$$\frac{(\eta+2)\beta_{\eta+1}-(\eta+1)\beta_\eta}{(\eta+3)\beta_{\eta+2}-(\eta+1)\beta_\eta}=\frac{\log \left(\eta+2\right)-\log \left(\eta+1\right)}{\log \left(\eta+3\right)-\log \left(\eta+1\right)} \tag{16}$$

当 $\eta=0$ 时, 式 (10) 变为

$$\frac{2\beta_1-\beta_0}{3\beta_2-\beta_0}=\frac{1-2^{-k}}{1-3^{-k}}; \quad k\neq 0 \tag{17}$$

当 $\eta=1$ 时, 式 (10) 变为

$$\frac{3\beta_2-2\beta_1}{4\beta_3-2\beta_1}=\frac{2^{-k}-3^{-k}}{2^{-k}-4^{-k}}; \quad k\neq 0 \tag{18}$$

式 (17) 和式 (18) 表明, 可用 $r=0,1,2$ 阶样本概率权重矩 b_0, b_1 和 b_2 计算参数 k, 也可用 $r=1,2,3$ 阶样本概率权重矩 b_1, b_2 和 b_3 计算参数 k. 依次类推, 也可用 $r=2,3,4$, $r=3,4,5$ 和 $r=4,5,6$ 阶样本概率权重矩计算参数 k.

重写式 (10)

$$\frac{(\eta+2)\beta_{\eta+1}-(\eta+1)\beta_\eta}{(\eta+3)\beta_{\eta+2}-(\eta+1)\beta_\eta}-\frac{\log \left(\eta+2\right)-\log \left(\eta+1\right)}{\log \left(\eta+3\right)-\log \left(\eta+1\right)}$$

$$=\frac{(\eta+1)^{-k}-(\eta+2)^{-k}}{(\eta+1)^{-k}-(\eta+3)^{-k}}-\frac{\log \left(\eta+2\right)-\log \left(\eta+1\right)}{\log \left(\eta+3\right)-\log \left(\eta+1\right)}$$

令上式右边 $z=\dfrac{(\eta+1)^{-k}-(\eta+2)^{-k}}{(\eta+1)^{-k}-(\eta+3)^{-k}}-\dfrac{\log \left(\eta+2\right)-\log \left(\eta+1\right)}{\log \left(\eta+3\right)-\log \left(\eta+1\right)}$, 分别给定 $\eta=0,1,2,3$, 即采用 $r=1,2,3$; $r=2,3,4$; $r=3,4,5$ 和 $r=4,5,6$; $-0.5\leqslant k\leqslant 0.5$, 计算相应的 z 值, 见表 1.

表 1　不同概率权重矩下 k 和 z 关系计算结果

η			r	z	k	δ
0	0	1	2	0.0621	0.5000	1.3144e−003
0	0	1	2	0.0621	0.5000	1.1563e−003
0	0	1	2	0.0621	0.5000	1.0060e−003
0	0	1	2	0.0621	0.5000	8.6346e−004
0	0	1	2	0.0621	0.5000	7.2853e−004
0	0	1	2	0.0621	0.5000	6.0104e−004
0	0	1	2	0.0621	0.5000	4.8085e−004
0	0	1	2	0.0621	0.5000	3.6779e−004
0	0	1	2	0.0621	0.5000	2.6172e−004
0	0	1	2	0.0621	0.5000	1.6249e−004
0	0	1	2	0.0621	0.5000	6.9929e−005
0	0	1	2	0.0621	0.5000	1.6105e−005
0	0	1	2	0.0621	0.5000	9.5771e−005
0	0	1	2	0.0621	0.5000	1.6922e−004
0	0	1	2	0.0621	0.5000	2.3662e−004
0	0	1	2	0.0621	0.5000	2.9812e−004
0	0	1	2	0.0621	0.5000	3.5388e−004
0	0	1	2	0.0621	0.5000	4.0406e−004
0	0	1	2	0.0621	0.5000	4.4881e−004
0	0	1	2	0.0621	0.5000	4.8830e−004
0	0	1	2	0.0621	0.5000	5.2269e−004
0	0	1	2	0.0621	0.5000	5.5212e−004
0	0	1	2	0.0621	0.5000	5.7678e−004
0	0	1	2	0.0621	0.5000	5.9680e−004
0	0	1	2	0.0621	0.5000	6.1237e−004
0	0	1	2	0.0621	0.5000	6.2363e−004
0	0	1	2	0.0621	0.5000	6.3076e−004
0	0	1	2	0.0621	0.5000	6.3391e−004
0	0	1	2	0.0621	0.5000	6.3324e−004
0	0	1	2	0.0621	0.5000	6.2893e−004
0	0	1	2	0.0621	0.5000	6.2113e−004
0	0	1	2	0.0621	0.5000	6.1000e−004
0	0	1	2	0.0621	0.5000	5.9572e−004
0	0	1	2	0.0621	0.5000	5.7844e−004
0	0	1	2	0.0621	0.5000	5.5833e−004
0	0	1	2	0.0621	0.5000	5.3556e−004
0	0	1	2	0.0621	0.5000	5.1029e−004
0	0	1	2	0.0621	0.5000	4.8269e−004
0	0	1	2	0.0621	0.5000	4.5293e−004
0	0	1	2	0.0621	0.5000	4.2116e−004
0	0	1	2	0.0621	0.5000	3.8756e−004

η			r		z	k	δ
0	0	1	2		0.0621	0.5000	3.5230e−004
0	0	1	2		0.0621	0.5000	3.1553e−004
0	0	1	2		0.0621	0.5000	2.7744e−004
0	0	1	2		0.0621	0.5000	2.3818e−004
0	0	1	2		0.0621	0.5000	1.9792e−004
0	0	1	2		0.0621	0.5000	1.5684e−004
0	0	1	2		0.0621	0.5000	1.1509e−004
0	0	1	2		0.0621	0.5000	7.2856e−005
0	0	1	2		0.0621	0.5000	3.0296e−005
0	0	1	2		0.0621	0.5000	5.5119e−005
0	0	1	2		0.0621	0.5000	9.7636e−005
0	0	1	2		0.0621	0.5000	1.3980e−004
0	0	1	2		0.0621	0.5000	1.8145e−004
0	0	1	2		0.0621	0.5000	2.2240e−004
0	0	1	2		0.0621	0.5000	2.6250e−004
0	0	1	2		0.0621	0.5000	3.0157e−004
0	0	1	2		0.0621	0.5000	3.3944e−004
0	0	1	2		0.0621	0.5000	3.7594e−004
0	0	1	2		0.0621	0.5000	4.1091e−004
0	0	1	2		0.0621	0.5000	4.4417e−004
0	0	1	2		0.0621	0.5000	4.7555e−004
0	0	1	2		0.0621	0.5000	5.0489e−004
0	0	1	2		0.0621	0.5000	5.3202e−004
0	0	1	2		0.0621	0.5000	5.5676e−004
0	0	1	2		0.0621	0.5000	5.7895e−004
0	0	1	2		0.0621	0.5000	5.9842e−004
0	0	1	2		0.0621	0.5000	6.1500e−004
0	0	1	2		0.0621	0.5000	6.2852e−004
0	0	1	2		0.0621	0.5000	6.3881e−004
0	0	1	2		0.0621	0.5000	6.4570e−004
0	0	1	2		0.0621	0.5000	6.4902e−004
0	0	1	2		0.0621	0.5000	6.4861e−004
0	0	1	2		0.0621	0.5000	6.4429e−004
0	0	1	2		0.0621	0.5000	6.3591e−004
0	0	1	2		0.0621	0.5000	6.2328e−004
0	0	1	2		0.0621	0.5000	6.0624e−004
0	0	1	2		0.0621	0.5000	5.8462e−004
0	0	1	2		0.0621	0.5000	5.5827e−004
0	0	1	2		0.0621	0.5000	5.2700e−004
0	0	1	2		0.0621	0.5000	4.9065e−004
0	0	1	2		0.0621	0.5000	4.4905e−004

续表

η		r		z	k	δ
0	0	1	2	0.0621	0.5000	4.0204e−004
0	0	1	2	0.0621	0.5000	3.4946e−004
0	0	1	2	0.0621	0.5000	2.9112e−004
0	0	1	2	0.0621	0.5000	2.2688e−004
0	0	1	2	0.0621	0.5000	1.5656e−004
0	0	1	2	0.0621	0.5000	7.9996e−005
0	0	1	2	0.0621	0.5000	2.9757e−006
0	0	1	2	0.0621	0.5000	9.2520e−005
0	0	1	2	0.0621	0.5000	1.8880e−004
0	0	1	2	0.0621	0.5000	2.9198e−004
0	0	1	2	0.0621	0.5000	4.0223e−004
0	0	1	2	0.0621	0.5000	5.1970e−004
0	0	1	2	0.0621	0.5000	6.4457e−004
0	0	1	2	0.0621	0.5000	7.7699e−004
0	0	1	2	0.0621	0.5000	9.1712e−004
0	0	1	2	0.0621	0.5000	1.0651e−003
0	0	1	2	0.0621	0.5000	1.2212e−003
0	0	1	2	0.0621	0.5000	1.3854e−003
1	1	2	3	0.0416	0.5000	5.0184e−004
1	1	2	3	0.0416	0.5000	4.4157e−004
1	1	2	3	0.0416	0.5000	3.8433e−004
1	1	2	3	0.0416	0.5000	3.3005e−004
1	1	2	3	0.0416	0.5000	2.7869e−004
1	1	2	3	0.0416	0.5000	2.3017e−004
1	1	2	3	0.0416	0.5000	1.8444e−004
1	1	2	3	0.0416	0.5000	1.4144e−004
1	1	2	3	0.0416	0.5000	1.0110e−004
1	1	2	3	0.0416	0.5000	6.3370e−005
1	1	2	3	0.0416	0.5000	2.8184e−005
1	1	2	3	0.0416	0.5000	4.5175e−006
1	1	2	3	0.0416	0.5000	3.4796e−005
1	1	2	3	0.0416	0.5000	6.2711e−005
1	1	2	3	0.0416	0.5000	8.8325e−005
1	1	2	3	0.0416	0.5000	1.1170e−004
1	1	2	3	0.0416	0.5000	1.3289e−004
1	1	2	3	0.0416	0.5000	1.5197e−004
1	1	2	3	0.0416	0.5000	1.6899e−004
1	1	2	3	0.0416	0.5000	1.8401e−004
1	1	2	3	0.0416	0.5000	1.9710e−004
1	1	2	3	0.0416	0.5000	2.0832e−004

	η		r	z	k	δ
1	1	2	3	0.0416	0.5000	2.1773e−004
1	1	2	3	0.0416	0.5000	2.2539e−004
1	1	2	3	0.0416	0.5000	2.3136e−004
1	1	2	3	0.0416	0.5000	2.3571e−004
1	1	2	3	0.0416	0.5000	2.3849e−004
1	1	2	3	0.0416	0.5000	2.3977e−004
1	1	2	3	0.0416	0.5000	2.3962e−004
1	1	2	3	0.0416	0.5000	2.3808e−004
1	1	2	3	0.0416	0.5000	2.3523e−004
1	1	2	3	0.0416	0.5000	2.3113e−004
1	1	2	3	0.0416	0.5000	2.2584e−004
1	1	2	3	0.0416	0.5000	2.1942e−004
1	1	2	3	0.0416	0.5000	2.1193e−004
1	1	2	3	0.0416	0.5000	2.0344e−004
1	1	2	3	0.0416	0.5000	1.9401e−004
1	1	2	3	0.0416	0.5000	1.8370e−004
1	1	2	3	0.0416	0.5000	1.7257e−004
1	1	2	3	0.0416	0.5000	1.6069e−004
1	1	2	3	0.0416	0.5000	1.4812e−004
1	1	2	3	0.0416	0.5000	1.3492e−004
1	1	2	3	0.0416	0.5000	1.2116e−004
1	1	2	3	0.0416	0.5000	1.0689e−004
1	1	2	3	0.0416	0.5000	9.2184e−005
1	1	2	3	0.0416	0.5000	7.7102e−005
1	1	2	3	0.0416	0.5000	6.1705e−005
1	1	2	3	0.0416	0.5000	4.6058e−005
1	1	2	3	0.0416	0.5000	3.0222e−005
1	1	2	3	0.0416	0.5000	1.4262e−005
1	1	2	3	0.0416	0.5000	1.7783e−005
1	1	2	3	0.0416	0.5000	3.3740e−005
1	1	2	3	0.0416	0.5000	4.9571e−005
1	1	2	3	0.0416	0.5000	6.5211e−005
1	1	2	3	0.0416	0.5000	8.0598e−005
1	1	2	3	0.0416	0.5000	9.5668e−005
1	1	2	3	0.0416	0.5000	1.1036e−004
1	1	2	3	0.0416	0.5000	1.2461e−004
1	1	2	3	0.0416	0.5000	1.3835e−004
1	1	2	3	0.0416	0.5000	1.5152e−004
1	1	2	3	0.0416	0.5000	1.6406e−004
1	1	2	3	0.0416	0.5000	1.7591e−004

续表

η		r		z	k	δ
1	1	2	3	0.0416	0.5000	1.8699e−004
1	1	2	3	0.0416	0.5000	1.9726e−004
1	1	2	3	0.0416	0.5000	2.0663e−004
1	1	2	3	0.0416	0.5000	2.1506e−004
1	1	2	3	0.0416	0.5000	2.2248e−004
1	1	2	3	0.0416	0.5000	2.2883e−004
1	1	2	3	0.0416	0.5000	2.3403e−004
1	1	2	3	0.0416	0.5000	2.3803e−004
1	1	2	3	0.0416	0.5000	2.4077e−004
1	1	2	3	0.0416	0.5000	2.4218e−004
1	1	2	3	0.0416	0.5000	2.4220e−004
1	1	2	3	0.0416	0.5000	2.4077e−004
1	1	2	3	0.0416	0.5000	2.3782e−004
1	1	2	3	0.0416	0.5000	2.3329e−004
1	1	2	3	0.0416	0.5000	2.2711e−004
1	1	2	3	0.0416	0.5000	2.1923e−004
1	1	2	3	0.0416	0.5000	2.0957e−004
1	1	2	3	0.0416	0.5000	1.9809e−004
1	1	2	3	0.0416	0.5000	1.8470e−004
1	1	2	3	0.0416	0.5000	1.6936e−004
1	1	2	3	0.0416	0.5000	1.5200e−004
1	1	2	3	0.0416	0.5000	1.3255e−004
1	1	2	3	0.0416	0.5000	1.1095e−004
1	1	2	3	0.0416	0.5000	8.7144e−005
1	1	2	3	0.0416	0.5000	6.1061e−005
1	1	2	3	0.0416	0.5000	3.2642e−005
1	1	2	3	0.0416	0.5000	1.8232e−006
1	1	2	3	0.0416	0.5000	3.1458e−005
1	1	2	3	0.0416	0.5000	6.7265e−005
1	1	2	3	0.0416	0.5000	1.0566e−004
1	1	2	3	0.0416	0.5000	1.4670e−004
1	1	2	3	0.0416	0.5000	1.9046e−004
1	1	2	3	0.0416	0.5000	2.3700e−004
1	1	2	3	0.0416	0.5000	2.8637e−004
1	1	2	3	0.0416	0.5000	3.3864e−004
1	1	2	3	0.0416	0.5000	3.9388e−004
1	1	2	3	0.0416	0.5000	4.5214e−004
1	1	2	3	0.0416	0.5000	5.1349e−004
2	2	3	4	0.0312	0.5000	2.6864e−004
2	2	3	4	0.0312	0.5000	2.3639e−004

	η		r	z	k	δ
2	2	3	4	0.0312	0.5000	2.0577e−004
2	2	3	4	0.0312	0.5000	1.7673e−004
2	2	3	4	0.0312	0.5000	1.4926e−004
2	2	3	4	0.0312	0.5000	1.2331e−004
2	2	3	4	0.0312	0.5000	9.8853e−005
2	2	3	4	0.0312	0.5000	7.5857e−005
2	2	3	4	0.0312	0.5000	5.4290e−005
2	2	3	4	0.0312	0.5000	3.4117e−005
2	2	3	4	0.0312	0.5000	1.5307e−005
2	2	3	4	0.0312	0.5000	2.1742e−006
2	2	3	4	0.0312	0.5000	1.8359e−005
2	2	3	4	0.0312	0.5000	3.3280e−005
2	2	3	4	0.0312	0.5000	4.6970e−005
2	2	3	4	0.0312	0.5000	5.9462e−005
2	2	3	4	0.0312	0.5000	7.0790e− 005
2	2	3	4	0.0312	0.5000	8.0985e−005
2	2	3	4	0.0312	0.5000	9.0082e−005
2	2	3	4	0.0312	0.5000	9.8113e−005
2	2	3	4	0.0312	0.5000	1.0511e−004
2	2	3	4	0.0312	0.5000	1.1111e−004
2	2	3	4	0.0312	0.5000	1.1614e−004
2	2	3	4	0.0312	0.5000	1.2024e−004
2	2	3	4	0.0312	0.5000	1.2344e−004
2	2	3	4	0.0312	0.5000	1.2577e−004
2	2	3	4	0.0312	0.5000	1.2727e−004
2	2	3	4	0.0312	0.5000	1.2796e−004
2	2	3	4	0.0312	0.5000	1.2789e−004
2	2	3	4	0.0312	0.5000	1.2708e−004
2	2	3	4	0.0312	0.5000	1.2558e−004
2	2	3	4	0.0312	0.5000	1.2340e− 004
2	2	3	4	0.0312	0.5000	1.2059e−004
2	2	3	4	0.0312	0.5000	1.1718e−004
2	2	3	4	0.0312	0.5000	1.1320e−004
2	2	3	4	0.0312	0.5000	1.0868e−004
2	2	3	4	0.0312	0.5000	1.0367e−004
2	2	3	4	0.0312	0.5000	9.8185e−005
2	2	3	4	0.0312	0.5000	9.2266e−005
2	2	3	4	0.0312	0.5000	8.5947e−005
2	2	3	4	0.0312	0.5000	7.9259e−005
2	2	3	4	0.0312	0.5000	7.2237e−005
2	2	3	4	0.0312	0.5000	6.4913e−005

η		r		z	k	δ
2	2	3	4	0.0312	0.5000	5.7322e−005
2	2	3	4	0.0312	0.5000	4.9497e−005
2	2	3	4	0.0312	0.5000	4.1471e−005
2	2	3	4	0.0312	0.5000	3.3278e−005
2	2	3	4	0.0312	0.5000	2.4951e−005
2	2	3	4	0.0312	0.5000	1.6524e−005
2	2	3	4	0.0312	0.5000	8.0293e−006
2	2	3	4	0.0312	0.5000	9.0257e−006
2	2	3	4	0.0312	0.5000	1.7519e−005
2	2	3	4	0.0312	0.5000	2.5946e−005
2	2	3	4	0.0312	0.5000	3.4272e−005
2	2	3	4	0.0312	0.5000	4.2463e−005
2	2	3	4	0.0312	0.5000	5.0487e−005
2	2	3	4	0.0312	0.5000	5.8309e−005
2	2	3	4	0.0312	0.5000	6.5897e−005
2	2	3	4	0.0312	0.5000	7.3215e−005
2	2	3	4	0.0312	0.5000	8.0232e−005
2	2	3	4	0.0312	0.5000	8.6913e−005
2	2	3	4	0.0312	0.5000	9.3225e−005
2	2	3	4	0.0312	0.5000	9.9135e−005
2	2	3	4	0.0312	0.5000	1.0461e−004
2	2	3	4	0.0312	0.5000	1.0961e−004
2	2	3	4	0.0312	0.5000	1.1411e−004
2	2	3	4	0.0312	0.5000	1.1807e−004
2	2	3	4	0.0312	0.5000	1.2146e−004
2	2	3	4	0.0312	0.5000	1.2425e−004
2	2	3	4	0.0312	0.5000	1.2640e−004
2	2	3	4	0.0312	0.5000	1.2788e−004
2	2	3	4	0.0312	0.5000	1.2865e−004
2	2	3	4	0.0312	0.5000	1.2869e−004
2	2	3	4	0.0312	0.5000	1.2795e−004
2	2	3	4	0.0312	0.5000	1.2641e−004
2	2	3	4	0.0312	0.5000	1.2402e−004
2	2	3	4	0.0312	0.5000	1.2077e−004
2	2	3	4	0.0312	0.5000	1.1661e−004
2	2	3	4	0.0312	0.5000	1.1151e−004
2	2	3	4	0.0312	0.5000	1.0543e−004
2	2	3	4	0.0312	0.5000	9.8348e−005
2	2	3	4	0.0312	0.5000	9.0226e−005
2	2	3	4	0.0312	0.5000	8.1029e−005
2	2	3	4	0.0312	0.5000	7.0724e−005

	η		r		z	k	δ
2	2	3	4		0.0312	0.5000	5.9278e−005
2	2	3	4		0.0312	0.5000	4.6658e−005
2	2	3	4		0.0312	0.5000	3.2829e−005
2	2	3	4		0.0312	0.5000	1.7759e−005
2	2	3	4		0.0312	0.5000	1.4132e−006
2	2	3	4		0.0312	0.5000	1.6241e−005
2	2	3	4		0.0312	0.5000	3.5237e−005
2	2	3	4		0.0312	0.5000	5.5609e−005
2	2	3	4		0.0312	0.5000	7.7390e−005
2	2	3	4		0.0312	0.5000	1.0061e−004
2	2	3	4		0.0312	0.5000	1.2531e−004
2	2	3	4		0.0312	0.5000	1.5152e−004
2	2	3	4		0.0312	0.5000	1.7927e−004
2	2	3	4		0.0312	0.5000	2.0860e−004
2	2	3	4		0.0312	0.5000	2.3954e−004
2	2	3	4		0.0312	0.5000	2.7212e−004
3	3	4	5		0.0250	0.5000	1.6813e−004
3	3	4	5		0.0250	0.5000	1.4795e−004
3	3	4	5		0.0250	0.5000	1.2878e−004
3	3	4	5		0.0250	0.5000	1.1062e−004
3	3	4	5		0.0250	0.5000	9.3429e−005
3	3	4	5		0.0250	0.5000	7.7195e−005
3	3	4	5		0.0250	0.5000	6.1896e−005
3	3	4	5		0.0250	0.5000	4.7511e−005
3	3	4	5		0.0250	0.5000	3.4020e−005
3	3	4	5		0.0250	0.5000	2.1403e−005
3	3	4	5		0.0250	0.5000	9.6374e−006
3	3	4	5		0.0250	0.5000	1.2959e−006
3	3	4	5		0.0250	0.5000	1.1418e−005
3	3	4	5		0.0250	0.5000	2.0750e−005
3	3	4	5		0.0250	0.5000	2.9311e−005
3	3	4	5		0.0250	0.5000	3.7124e−005
3	3	4	5		0.0250	0.5000	4.4208e−005
3	3	4	5		0.0250	0.5000	5.0584e−005
3	3	4	5		0.0250	0.5000	5.6273e−005
3	3	4	5		0.0250	0.5000	6.1295e−005
3	3	4	5		0.0250	0.5000	6.5672e−005
3	3	4	5		0.0250	0.5000	6.9424e−005
3	3	4	5		0.0250	0.5000	7.2571e−005

	η		r		z	k	δ
3	3	4	5		0.0250	0.5000	7.5135e−005
3	3	4	5		0.0250	0.5000	7.7137e−005
3	3	4	5		0.0250	0.5000	7.8596e−005
3	3	4	5		0.0250	0.5000	7.9534e−005
3	3	4	5		0.0250	0.5000	7.9972e−005
3	3	4	5		0.0250	0.5000	7.9930e−005
3	3	4	5		0.0250	0.5000	7.9429e−005
3	3	4	5		0.0250	0.5000	7.8490e−005
3	3	4	5		0.0250	0.5000	7.7134e−005
3	3	4	5		0.0250	0.5000	7.5381e−005
3	3	4	5		0.0250	0.5000	7.3253e−005
3	3	4	5		0.0250	0.5000	7.0770e−005
3	3	4	5		0.0250	0.5000	6.7953e−005
3	3	4	5		0.0250	0.5000	6.4823e−005
3	3	4	5		0.0250	0.5000	6.1401e−005
3	3	4	5		0.0250	0.5000	5.7707e−005
3	3	4	5		0.0250	0.5000	5.3763e−005
3	3	4	5		0.0250	0.5000	4.9589e−005
3	3	4	5		0.0250	0.5000	4.5206e−005
3	3	4	5		0.0250	0.5000	4.0635e−005
3	3	4	5		0.0250	0.5000	3.5897e−005
3	3	4	5		0.0250	0.5000	3.1013e−005
3	3	4	5		0.0250	0.5000	2.6003e−005
3	3	4	5		0.0250	0.5000	2.0889e−005
3	3	4	5		0.0250	0.5000	1.5691e−005
3	3	4	5		0.0250	0.5000	1.0431e−005
3	3	4	5		0.0250	0.5000	5.1290e−006
3	3	4	5		0.0250	0.5000	5.5168e−006
3	3	4	5		0.0250	0.5000	1.0819e−005
3	3	4	5		0.0250	0.5000	1.6079e−005
3	3	4	5		0.0250	0.5000	2.1276e−005
3	3	4	5		0.0250	0.5000	2.6390e−005
3	3	4	5		0.0250	0.5000	3.1398e−005
3	3	4	5		0.0250	0.5000	3.6282e−005
3	3	4	5		0.0250	0.5000	4.1019e−005
3	3	4	5		0.0250	0.5000	4.5588e−005
3	3	4	5		0.0250	0.5000	4.9969e−005
3	3	4	5		0.0250	0.5000	5.4141e−005
3	3	4	5		0.0250	0.5000	5.8083e−005
3	3	4	5		0.0250	0.5000	6.1774e−005

η		r		z	k	δ
3	3	4	5	0.0250	0.5000	6.5192e−005
3	3	4	5	0.0250	0.5000	6.8318e−005
3	3	4	5	0.0250	0.5000	7.1129e−005
3	3	4	5	0.0250	0.5000	7.3606e−005
3	3	4	5	0.0250	0.5000	7.5727e−005
3	3	4	5	0.0250	0.5000	7.7471e−005
3	3	4	5	0.0250	0.5000	7.8818e−005
3	3	4	5	0.0250	0.5000	7.9745e−005
3	3	4	5	0.0250	0.5000	8.0234e−005
3	3	4	5	0.0250	0.5000	8.0262e−005
3	3	4	5	0.0250	0.5000	7.9808e−005
3	3	4	5	0.0250	0.5000	7.8852e−005
3	3	4	5	0.0250	0.5000	7.7373e−005
3	3	4	5	0.0250	0.5000	7.5349e−005
3	3	4	5	0.0250	0.5000	7.2761e−005
3	3	4	5	0.0250	0.5000	6.9586e−005
3	3	4	5	0.0250	0.5000	6.5804e−005
3	3	4	5	0.0250	0.5000	6.1394e−005
3	3	4	5	0.0250	0.5000	5.6336e−005
3	3	4	5	0.0250	0.5000	5.0607e−005
3	3	4	5	0.0250	0.5000	4.4188e−005
3	3	4	5	0.0250	0.5000	3.7057e−005
3	3	4	5	0.0250	0.5000	2.9194e−005
3	3	4	5	0.0250	0.5000	2.0577e−005
3	3	4	5	0.0250	0.5000	1.1186e−005
3	3	4	5	0.0250	0.5000	1.0000e−006
3	3	4	5	0.0250	0.5000	1.0003e−005
3	3	4	5	0.0250	0.5000	2.1842e−005
3	3	4	5	0.0250	0.5000	3.4540e−005
3	3	4	5	0.0250	0.5000	4.8116e−005
3	3	4	5	0.0250	0.5000	6.2592e−005
3	3	4	5	0.0250	0.5000	7.7989e−005
3	3	4	5	0.0250	0.5000	9.4327e−005
3	3	4	5	0.0250	0.5000	1.1163e−004
3	3	4	5	0.0250	0.5000	1.2991e−004
3	3	4	5	0.0250	0.5000	1.4920e−004
3	3	4	5	0.0250	0.5000	1.6951e−004
4	4	5	6	0.0208	0.5000	1.1536e−004
4	4	5	6	0.0208	0.5000	1.0151e−004
4	4	5	6	0.0208	0.5000	8.8368e−005

	η		r		z	k	δ
4	4	5	6		0.0208	0.5000	7.5905e−005
4	4	5	6		0.0208	0.5000	6.4112e−005
4	4	5	6		0.0208	0.5000	5.2976e−005
4	4	5	6		0.0208	0.5000	4.2481e−005
4	4	5	6		0.0208	0.5000	3.2613e−005
4	4	5	6		0.0208	0.5000	2.3359e−005
4	4	5	6		0.0208	0.5000	1.4703e−005
4	4	5	6		0.0208	0.5000	6.6333e−006
4	4	5	6		0.0208	0.5000	8.6610e−007
4	4	5	6		0.0208	0.5000	7.8089e−006
4	4	5	6		0.0208	0.5000	1.4209e−005
4	4	5	6		0.0208	0.5000	2.0082e−005
4	4	5	6		0.0208	0.5000	2.5440e−005
4	4	5	6		0.0208	0.5000	3.0299e−005
4	4	5	6		0.0208	0.5000	3.4672e−005
4	4	5	6		0.0208	0.5000	3.8574e−005
4	4	5	6		0.0208	0.5000	4.2019e−005
4	4	5	6		0.0208	0.5000	4.5021e−005
4	4	5	6		0.0208	0.5000	4.7594e−005
4	4	5	6		0.0208	0.5000	4.9753e−005
4	4	5	6		0.0208	0.5000	5.1512e−005
4	4	5	6		0.0208	0.5000	5.2885e−005
4	4	5	6		0.0208	0.5000	5.3886e−005
4	4	5	6		0.0208	0.5000	5.4531e−005
4	4	5	6		0.0208	0.5000	5.4832e−005
4	4	5	6		0.0208	0.5000	5.4804e−005
4	4	5	6		0.0208	0.5000	5.4461e−005
4	4	5	6		0.0208	0.5000	5.3819e−005
4	4	5	6		0.0208	0.5000	5.2890e−005
4	4	5	6		0.0208	0.5000	5.1690e−005
4	4	5	6		0.0208	0.5000	5.0232e−005
4	4	5	6		0.0208	0.5000	4.8531e−005
4	4	5	6		0.0208	0.5000	4.6601e−005
4	4	5	6		0.0208	0.5000	4.4457e−005
4	4	5	6		0.0208	0.5000	4.2112e−005
4	4	5	6		0.0208	0.5000	3.9581e−005
4	4	5	6		0.0208	0.5000	3.6879e−005
4	4	5	6		0.0208	0.5000	3.4019e−005
4	4	5	6		0.0208	0.5000	3.1016e−005
4	4	5	6		0.0208	0.5000	2.7884e−005

续表

	η		r	z	k	δ
4	4	5	6	0.0208	0.5000	2.4638e−005
4	4	5	6	0.0208	0.5000	2.1291e−005
4	4	5	6	0.0208	0.5000	1.7859e−005
4	4	5	6	0.0208	0.5000	1.4355e−005
4	4	5	6	0.0208	0.5000	1.0793e−005
4	4	5	6	0.0208	0.5000	7.1890e−006
4	4	5	6	0.0208	0.5000	3.5562e−006
4	4	5	6	0.0208	0.5000	3.7381e−006
4	4	5	6	0.0208	0.5000	7.3709e−006
4	4	5	6	0.0208	0.5000	1.0975e−005
4	4	5	6	0.0208	0.5000	1.4536e−005
4	4	5	6	0.0208	0.5000	1.8040e−005
4	4	5	6	0.0208	0.5000	2.1472e−005
4	4	5	6	0.0208	0.5000	2.4818e−005
4	4	5	6	0.0208	0.5000	2.8064e−005
4	4	5	6	0.0208	0.5000	3.1196e−005
4	4	5	6	0.0208	0.5000	3.4198e−005
4	4	5	6	0.0208	0.5000	3.7057e−005
4	4	5	6	0.0208	0.5000	3.9758e−005
4	4	5	6	0.0208	0.5000	4.2288e−005
4	4	5	6	0.0208	0.5000	4.4631e−005
4	4	5	6	0.0208	0.5000	4.6773e−005
4	4	5	6	0.0208	0.5000	4.8701e−005
4	4	5	6	0.0208	0.5000	5.0399e−005
4	4	5	6	0.0208	0.5000	5.1853e−005
4	4	5	6	0.0208	0.5000	5.3050e−005
4	4	5	6	0.0208	0.5000	5.3974e−005
4	4	5	6	0.0208	0.5000	5.4612e−005
4	4	5	6	0.0208	0.5000	5.4948e−005
4	4	5	6	0.0208	0.5000	5.4969e−005
4	4	5	6	0.0208	0.5000	5.4661e−005
4	4	5	6	0.0208	0.5000	5.4009e−005
4	4	5	6	0.0208	0.5000	5.2998e−005
4	4	5	6	0.0208	0.5000	5.1614e−005
4	4	5	6	0.0208	0.5000	4.9844e−005

续表

η		r		z	k	δ
4	4	5	6	0.0208	0.5000	4.7672e−005
4	4	5	6	0.0208	0.5000	4.5085e−005
4	4	5	6	0.0208	0.5000	4.2067e−005
4	4	5	6	0.0208	0.5000	3.8605e−005
4	4	5	6	0.0208	0.5000	3.4685e−005
4	4	5	6	0.0208	0.5000	3.0291e−005
4	4	5	6	0.0208	0.5000	2.5410e−005
4	4	5	6	0.0208	0.5000	2.0028e−005
4	4	5	6	0.0208	0.5000	1.4129e−005
4	4	5	6	0.0208	0.5000	7.7007e−006
4	4	5	6	0.0208	0.5000	7.2735e−007
4	4	5	6	0.0208	0.5000	6.8050e−006
4	4	5	6	0.0208	0.5000	1.4911e−005
4	4	5	6	0.0208	0.5000	2.3604e−005
4	4	5	6	0.0208	0.5000	3.2899e−005
4	4	5	6	0.0208	0.5000	4.2810e−005
4	4	5	6	0.0208	0.5000	5.3352e−005
4	4	5	6	0.0208	0.5000	6.4538e−005
4	4	5	6	0.0208	0.5000	7.6384e−005
4	4	5	6	0.0208	0.5000	8.8903e−005
4	4	5	6	0.0208	0.5000	1.0211e−004
4	4	5	6	0.0208	0.5000	1.1602e−004

按 $k = a_0 + a_1 z + a_2 z^2$ 拟合表 1 不同概率权重矩下 k 和 z 的关系, 其结果见表 2.

表 2　不同概率权重矩下 k 和 z 拟合结果

η		r		a_0	a_1	a_2
0	0	1	2	0.0000	7.8514	2.9388
1	1	2	3	0.0000	11.9038	2.7765
2	2	3	4	0.0000	15.9285	2.7266
3	3	4	5	0.0000	19.9431	2.7045
4	4	5	6	0.0000	23.9527	2.6927

5.1.2 高阶概率权重矩的广义极值分布参数计算

给定 $\eta = 0, 1, 2, 3$, 即采用 $r = 1, 2, 3$; $r = 2, 3, 4$; $r = 3, 4, 5$ 和 $r = 4, 5, 6$, 可进行不同阶数概率权重矩下的广义极值分布参数计算.

$$z = \frac{(\eta + 2) b_{\eta+1} - (\eta + 1) b_\eta}{(\eta + 3) b_{\eta+2} - (\eta + 1) b_\eta} - \frac{\log(\eta + 2) - \log(\eta + 1)}{\log(\eta + 3) - \log(\eta + 1)} \tag{19}$$

按 $k = a_0 + a_1 z + a_2 z^2$(系数见表 2) 可获得参数 $\hat{k}$. 则参数 $\hat{\alpha}$ 和 $\hat{\xi}$ 分别为

$$\hat{\alpha} = \frac{\hat{k} \left[(\eta + 2) b_{\eta+1} - (\eta + 1) b_\eta \right]}{\Gamma\left(\hat{k} + 1\right) \left[(\eta + 1)^{-\hat{k}} - (\eta + 2)^{-\hat{k}} \right]} \tag{20}$$

$$\hat{\xi} = (\eta + 1) b_\eta + \frac{\hat{\alpha}}{\hat{k}} \left[\frac{\Gamma\left(\hat{k} + 1\right)}{(\eta + 1)^{\hat{k}}} - 1 \right] \tag{21}$$

5.1.3 广义极值分布高阶概率权重矩应用实例

采用陕北地区 12 个水文测站的年最大洪峰流量序列, 利用本节的高阶概率权重矩原理及公式, 计算各测站不同高阶概率权重矩下 GEV 分布参数估计值, 结果见表 3.

表 3 基于高阶概率权重矩的 12 个水文测站 GEV 分布参数估计结果统计表

阶数		$r = 0, 1, 2$	$r = 1, 2, 3$	$r = 2, 3, 4$	$r = 3, 4, 5$	$r = 4, 5, 6$
	ξ	365.2542	366.0777	343.6914	289.6026	204.9424
志丹	α	291.9050	289.8246	324.1867	389.1858	480.6571
	k	−0.3212	−0.3243	−0.2789	−0.2078	−0.1264
	ξ	492.3785	475.4717	430.8289	376.1742	326.7817
绥德	α	441.3591	558.9475	681.8870	795.8340	885.1319
	k	−0.0386	0.1299	0.2591	0.3522	0.4120
	ξ	540.5353	525.1451	482.2043	412.1700	329.5017
交口河	α	434.1296	472.3046	532.0218	607.8082	685.6047
	k	−0.4300	−0.3962	−0.3520	−0.3045	−0.2626
	ξ	874.2642	853.4229	768.0253	605.5168	372.2801
刘家河	α	714.4633	769.6683	894.3189	1082.5823	1325.3544
	k	−0.3992	−0.3680	−0.3098	−0.2377	−0.1618

续表

阶数		$r=0,1,2$	$r=1,2,3$	$r=2,3,4$	$r=3,4,5$	$r=4,5,6$
	ξ	347.3365	338.2043	317.5174	308.5155	322.8305
安塞	α	279.5578	328.9646	377.0167	392.4484	372.3150
	k	−0.1007	0.0039	0.0817	0.1025	0.0779
	ξ	39.2574	37.8139	35.2800	31.5688	26.5227
黄陵	α	34.4238	37.4556	40.5780	44.0805	48.1358
	k	−0.4995	−0.4695	−0.4429	−0.4167	−0.3897
	ξ	516.6873	477.7586	416.5503	354.5107	298.4165
吴旗	α	399.8903	474.9553	547.8210	605.4087	649.7270
	k	−0.5592	−0.5029	−0.4571	−0.4259	−0.4045
	ξ	200.1200	202.0591	202.5708	198.7133	190.3648
杏河	α	131.6476	121.0376	120.0053	125.6876	136.0954
	k	−0.0125	−0.0670	−0.0714	−0.0501	−0.0160
	ξ	245.1148	246.6910	243.8510	241.9824	239.8218
枣园	α	152.6579	147.9814	152.3685	154.4938	156.5215
	k	−0.2923	−0.3068	−0.2949	−0.2898	−0.2853
	ξ	58.4399	57.8834	59.8634	65.1951	73.0632
张村驿	α	52.7560	53.8402	51.4506	46.8982	41.6567
	k	−0.4803	−0.4731	−0.4878	−0.5145	−0.5455
	ξ	180.0773	178.2612	171.6199	163.8482	159.1578
赵石窑	α	115.0319	122.3954	134.8170	145.7507	151.3278
	k	−0.2017	−0.1676	−0.1213	−0.0868	−0.0712
	ξ	1792.7250	1610.6070	1249.4620	819.2212	409.8953
神木	α	1995.4060	2725.9430	3502.8110	4241.0230	4863.0340
	k	−0.2638	−0.0921	0.0425	0.1414	0.2091

　　从表 3 中可以看出, 各测站 GEV 分布 3 个参数值, 随着 PWM 阶数的不断提高, 张村驿站的尺度参数 α 估计值整体呈减小趋势, 位置参数 ξ 估计值和形状参数 k 估计值整体呈增大趋势. 除此之外, 志丹等 11 个水文测站的尺度参数 α 估计值均呈增大趋势, 位置参数 ξ 的估计值和形状参数 k 的估计值均呈减小趋势. 其中, 除神木和刘家河两个测站的参数值变化较大外, 其余 10 个测站的参数值变化不大.

根据表 3中结果, 计算不同高阶 PWM 下各测站年最大洪峰流量序列的 GEV 理论频率, 并绘制理论频率曲线, 与年最大洪峰流量实测序列进行拟合, 结果如图 1所示.

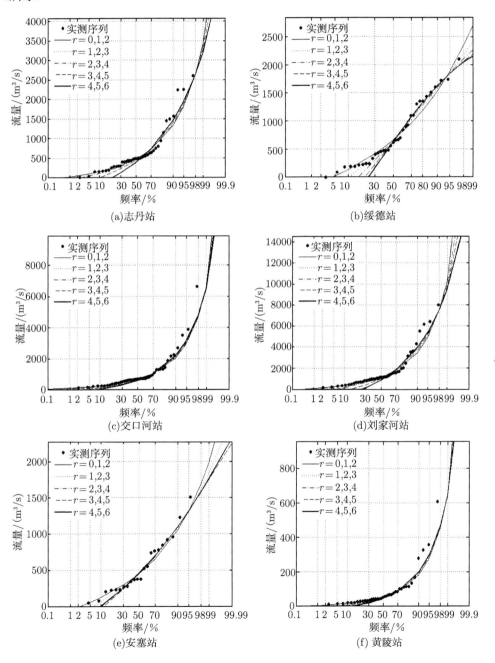

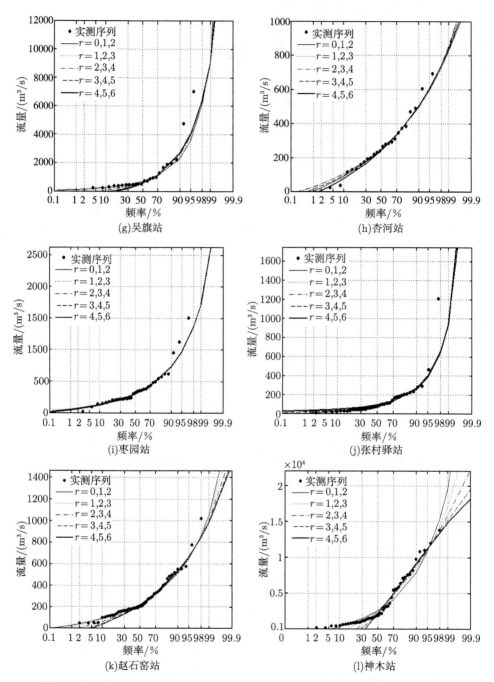

图 1　不同高阶 PWM 下 GEV 分布理论曲线与年最大洪峰流量频率曲线拟合

从图 1 中可以看出, 随着 PWM 阶数的不断提高, 志丹、绥德、刘家河、安塞、神木等 5 个测站的理论频率曲线与年最大洪峰流量实测序列的大中洪水段拟合越好. 赵石窑、吴旗、黄陵 3 个测站随着 PWM 阶数的提高, 整体和大中洪水段拟合效果颇有改善, 但当阶数 $r > 2,3,4$ 后, 其效果不明显; 交口河、张村驿、枣园、杏河 4 个测站拟合曲线的高尾部分几乎重合. 就小洪水段而言, 阶数越高, 其拟合效果越不好.

5.2 基于高阶概率权重矩的 P-III 型分布参数估计

5.2.1 P-III 型分布的高阶概率权重矩

P-III 型分布的概率密度及分布函数分别为

$$f\left(x\right) = \frac{\beta^{\alpha}}{\Gamma\left(\alpha\right)}\left(x-a_0\right)^{\alpha-1}e^{-\beta\left(x-a_0\right)}; \quad F\left(x\right) = \int_{a_0}^{x}\frac{\beta^{\alpha}}{\Gamma\left(\alpha\right)}\left(x-a_0\right)^{\alpha-1}e^{-\beta\left(x-a_0\right)}dx$$

$$(22)$$

式中, α, β, a_0 分别为形状、尺度和位置参数; $x > a_0$, $\beta > 0$; $\Gamma\left(\alpha\right) = \int_0^{\infty}t^{\alpha-1}e^{-t}dt$.

宋德敦和丁晶 (1988) 推导了 $r = 0,1,2$ 时 P-III 型分布概率权重矩 β_r 的计算公式

$$\beta_0 = \frac{\alpha}{\beta} + a_0 \tag{23}$$

$$\beta_1 = \frac{1}{\beta}S_1^1\left(\alpha\right) + a_0 S_1^0\left(\alpha\right) \tag{24}$$

$$\beta_2 = \frac{1}{\beta}S_2^1\left(\alpha\right) + a_0 S_2^0\left(\alpha\right) \tag{25}$$

式中

$$S_1^0\left(\alpha\right) = \int_0^{\infty}\left[\int_0^{x}\frac{1}{\Gamma\left(\alpha\right)}t^{\alpha-1}e^{-t}dt\right]\frac{1}{\Gamma\left(\alpha\right)}x^{\alpha-1}e^{-x}dx \tag{26}$$

$$S_1^1\left(\alpha\right) = \int_0^{\infty}\left[\int_0^{x}\frac{1}{\Gamma\left(\alpha\right)}t^{\alpha-1}e^{-t}dt\right]\frac{1}{\Gamma\left(\alpha\right)}x^{\alpha}e^{-x}dx \tag{27}$$

$$S_2^0\left(\alpha\right) = \int_0^{\infty}\left[\int_0^{x}\frac{1}{\Gamma\left(\alpha\right)}t^{\alpha-1}e^{-t}dt\right]^2\frac{1}{\Gamma\left(\alpha\right)}x^{\alpha-1}e^{-x}dx \tag{28}$$

$$S_2^1\left(\alpha\right) = \int_0^{\infty}\left[\int_0^{x}\frac{1}{\Gamma\left(\alpha\right)}t^{\alpha-1}e^{-t}dt\right]^2\frac{1}{\Gamma\left(\alpha\right)}x^{\alpha}e^{-x}dx \tag{29}$$

根据上述结果进行推导, 可以得到当阶数 $r > 2(r$ 为正整数) 时的概率权重矩

$$\beta_r = \frac{1}{\beta}S_r^1\left(\alpha\right) + a_0 S_r^0\left(\alpha\right) \tag{30}$$

式中

$$S_r^0(\alpha) = \int_0^\infty \left[\int_0^x \frac{1}{\Gamma(\alpha)} t^{\alpha-1} e^{-t} dt \right]^r \frac{1}{\Gamma(\alpha)} x^{\alpha-1} e^{-x} dx \tag{31}$$

$$S_r^1(\alpha) = \int_0^\infty \left[\int_0^x \frac{1}{\Gamma(\alpha)} t^{\alpha-1} e^{-t} dt \right]^r \frac{1}{\Gamma(\alpha)} x^\alpha e^{-x} dx \tag{32}$$

令 $F = \int_0^x \frac{1}{\Gamma(\alpha)} t^{\alpha-1} e^{-t} dt$, 有 $dF = \frac{1}{\Gamma(\alpha)} x^{\alpha-1} e^{-x} dx$, $F' = \frac{1}{\Gamma(\alpha)} x^{\alpha-1} e^{-x}$, 则

式 (31) 中, 当 $x \to \infty$ 时, $F = \int_0^\infty \frac{1}{\Gamma(\alpha)} t^{\alpha-1} e^{-t} dt = \frac{1}{\Gamma(\alpha)} \int_0^\infty t^{\alpha-1} e^{-t} dt =$

$\frac{1}{\Gamma(\alpha)} \Gamma(\alpha) = 1$; 当 $x \to 0$ 时, $F = \int_0^0 \frac{1}{\Gamma(\alpha)} t^{\alpha-1} e^{-t} dt = \frac{1}{\Gamma(\alpha)} \int_0^0 t^{\alpha-1} e^{-t} dt = 0$, 则

式 (31) 可化简为

$$\begin{aligned} S_r^0(\alpha) &= \int_0^\infty \left[\int_0^x \frac{1}{\Gamma(\alpha)} t^{\alpha-1} e^{-t} dt \right]^r \frac{1}{\Gamma(\alpha)} x^{\alpha-1} e^{-x} dx \\ &= \int_0^\infty F^r dF = \frac{1}{r+1} F^{r+1} \Big|_0^1 = \frac{1}{r+1} \end{aligned} \tag{33}$$

对式 (32), 有

$$S_r^1(\alpha) = \int_0^\infty \left[\int_0^x \frac{1}{\Gamma(\alpha)} t^{\alpha-1} e^{-t} dt \right]^r \frac{1}{\Gamma(\alpha)} x^\alpha e^{-x} dx = \int_0^\infty F^r x dF \tag{34}$$

令 $u = F^r$, $du = rF^{r-1} dF$; $dv = x dF = x F' dx$, 计算 $\alpha F - x F'$, 有

$$\begin{aligned} \alpha F - x F' &= \alpha \int_0^x \frac{1}{\Gamma(\alpha)} t^{\alpha-1} e^{-t} dt - x \frac{1}{\Gamma(\alpha)} x^{\alpha-1} e^{-x} \\ &= \alpha \int_0^x \frac{1}{\Gamma(\alpha)} t^{\alpha-1} e^{-t} dt - \frac{1}{\Gamma(\alpha)} x^\alpha e^{-x} \end{aligned} \tag{35}$$

$$\begin{aligned} \frac{d}{dx} [\alpha F - x F'] &= \frac{d}{dx} \left[\alpha \int_0^x \frac{1}{\Gamma(\alpha)} t^{\alpha-1} e^{-t} dt - \frac{1}{\Gamma(\alpha)} x^\alpha e^{-x} \right] \\ &= \alpha \frac{1}{\Gamma(\alpha)} x^{\alpha-1} e^{-x} - \frac{d}{dx} \left[\frac{1}{\Gamma(\alpha)} x^\alpha e^{-x} \right] \\ &= \alpha \frac{1}{\Gamma(\alpha)} x^{\alpha-1} e^{-x} - \frac{1}{\Gamma(\alpha)} \left(\alpha x^{\alpha-1} e^{-x} - x^\alpha e^{-x} \right) \\ &= \alpha \frac{1}{\Gamma(\alpha)} x^{\alpha-1} e^{-x} - \alpha \frac{1}{\Gamma(\alpha)} x^{\alpha-1} e^{-x} + \frac{1}{\Gamma(\alpha)} x^\alpha e^{-x} \\ &= \frac{1}{\Gamma(\alpha)} x^\alpha e^{-x} = x \frac{1}{\Gamma(\alpha)} x^{\alpha-1} e^{-x} = x F' \end{aligned} \tag{36}$$

则有 $v = \alpha F - x F'$, 又因为

$$F^r [\alpha F - x F'] \Big|_0^\infty$$

$$
=\left[\int_0^x \frac{1}{\Gamma(\alpha)}t^{\alpha-1}e^{-t}dt\right]^r\left[\alpha\int_0^x\frac{1}{\Gamma(\alpha)}t^{\alpha-1}e^{-t}dt-x\frac{1}{\Gamma(\alpha)}x^\alpha e^{-x}\right]\Bigg|_{x=0}^{x\to\infty}
$$

$$
=\left[\int_0^x \frac{1}{\Gamma(\alpha)}t^{\alpha-1}e^{-t}dt\right]^r\left[\alpha\int_0^x\frac{1}{\Gamma(\alpha)}t^{\alpha-1}e^{-t}dt-\frac{1}{\Gamma(\alpha)}\frac{x^{\alpha+1}}{e^x}\right]\Bigg|_{x=0}^{x\to\infty}
$$

$$
=\lim_{x\to\infty}\left[\int_0^x \frac{1}{\Gamma(\alpha)}t^{\alpha-1}e^{-t}dt\right]^r\left[\alpha\int_0^x\frac{1}{\Gamma(\alpha)}t^{\alpha-1}e^{-t}dt-\frac{1}{\Gamma(\alpha)}\frac{x^{\alpha+1}}{e^x}\right]
$$

$$
-\left[\int_0^0 \frac{1}{\Gamma(\alpha)}t^{\alpha-1}e^{-t}dt\right]^r\left[\alpha\int_0^0\frac{1}{\Gamma(\alpha)}t^{\alpha-1}e^{-t}dt-\frac{1}{\Gamma(\alpha)}\frac{0^{\alpha+1}}{e^0}\right]
$$

$$
=\frac{1}{\Gamma^r(\alpha)}\Gamma^r(\alpha)\left[\alpha\frac{1}{\Gamma(\alpha)}\Gamma(\alpha)-\frac{(r+1)\cdot r\cdot(r-1)\cdots\cdots 2\cdot 1}{\Gamma(\alpha)}\frac{1}{e^\infty}\right]
$$

$$
=\alpha\frac{1}{\Gamma^{r+1}(\alpha)}\Gamma^{r+1}(\alpha)=\alpha \tag{37}
$$

所以

$$
S_r^1(\alpha)=\int_0^\infty F^r xdF=F^r\left[\alpha F-xdF\right]\Big|_0^\infty-\int_0^\infty rF^{r-1}(\alpha F-xF')dF
$$

$$
=\alpha-r\alpha\int_0^\infty F^r dF+r\int_0^\infty\left(x\cdot F^{r-1}\cdot F'\right)dF
$$

$$
=\alpha-r\alpha\frac{1}{r+1}+r\int_0^\infty\left(xF^{r-1}F'\right)dF
$$

$$
=\frac{\alpha}{r+1}+\frac{r}{\Gamma^{r+1}(\alpha)}\int_0^\infty\left(\int_0^x t^{\alpha-1}e^{-t}dt\right)^{r-1}x^{2\alpha-1}e^{-2x}dx \tag{38}
$$

上式中的积分项可写为

$$
\int_0^\infty\left(\int_0^x t^{\alpha-1}e^{-t}dt\right)^{r-1}x^{2\alpha-1}e^{-2x}dx
$$

$$
=\int_0^\infty\left[\int_0^x x_1^{\alpha-1}e^{-x_1}dx_1\right]\left[\int_0^x x_2^{\alpha-1}e^{-x_2}dx_2\right]
$$

$$
\cdots\left[\int_0^x x_{r-1}^{\alpha-1}e^{-x_{r-1}}dx_{r-1}\right]x^{2\alpha-1}e^{-2x}dx \tag{39}
$$

令 $y_k=\dfrac{x_k}{x}$, 则 $x_k=xy_k$, $dx_k=xdy_k$; $x_k=0$ 时, $y_k=0$; $x_k=x$ 时, $y_k=1$; $k=1,2,\cdots,r-1$, 则

$$
\int_0^\infty\left(\int_0^x t^{\alpha-1}e^{-t}dt\right)^{r-1}x^{2\alpha-1}e^{-2x}dx
$$

$$
=\int_0^\infty\left[\int_0^1 (xy_1)^{\alpha-1}e^{-xy_1}xdy_1\right]\left[\int_0^1 (xy_2)^{\alpha-1}e^{-xy_2}xdy_2\right]\cdots
$$

$$
\cdot\left[\int_0^1 (xy_{r-1})^{\alpha-1}e^{-xy_{r-1}}xdy_{r-1}\right]x^{2\alpha-1}e^{-2x}dx
$$

$$= \int_0^\infty \left[\int_0^1 y_1^{\alpha-1} e^{-xy_1} dy_1 \right] \left[\int_0^1 y_2^{\alpha-1} e^{-xy_2} dy_2 \right]$$

$$\cdots \left[\int_0^1 y_{r-1}^{\alpha-1} e^{-xy_{r-1}} dy_{r-1} \right] x^{(r+1)\alpha-1} e^{-2x} dx$$

$$= \int_0^1 y_1^{\alpha-1} \int_0^1 y_2^{\alpha-1} \cdots \int_0^1 y_{r-1}^{\alpha-1} \int_0^\infty$$

$$x^{(r+1)\alpha-1} e^{-(2+y_1+y_2+\cdots+y_{r-1})x} dx dy_{r-1} \cdots dy_2 dy_1$$

$$= \int_0^1 y_1^{\alpha-1} \int_0^1 y_2^{\alpha-1} \cdots \int_0^1 y_{r-1}^{\alpha-1} \frac{\Gamma((r+1)\alpha)}{(2+y_1+y_2+\cdots+y_{r-1})^{(r+1)\alpha}} dy_{r-1} \cdots dy_2 dy_1 \quad (40)$$

将式 (40) 代入式 (38), 有

$$S_r^1(\alpha) = \frac{\alpha}{r+1} + \frac{r}{\Gamma^{r+1}(\alpha)} \int_0^\infty \left(\int_0^x t^{\alpha-1} e^{-t} dt \right)^{r-1} x^{2\alpha-1} e^{-2x} dx$$

$$= \frac{\alpha}{r+1} + \frac{r\Gamma((r+1)\alpha)}{\Gamma^{r+1}(\alpha)} \int_0^1 y_1^{\alpha-1} \int_0^1 y_2^{\alpha-1} \cdots \int_0^1 y_{r-1}^{\alpha-1}$$

$$\cdot \frac{1}{(2+y_1+y_2+\cdots+y_{r-1})^{(r+1)\alpha}} dy_{r-1} \cdots dy_2 dy_1 \quad (41)$$

当 $r = 0$ 时, 有

$$S_0^1(\alpha) = \frac{\alpha}{0+1} + \frac{0}{\Gamma^{0+1}(\alpha)} \int_0^\infty \left(\int_0^x t^{\alpha-1} e^{-t} dt \right)^{0-1} x^{2\alpha-1} e^{-2x} dx = \alpha \quad (42)$$

当 $r = 1$ 时, 有

$$S_1^1(\alpha) = \frac{\alpha}{1+1} + \frac{1}{\Gamma^{1+1}(\alpha)} \int_0^\infty \left(\int_0^x t^{\alpha-1} e^{-t} dt \right)^{1-1} x^{2\alpha-1} e^{-2x} dx$$

$$= \frac{\alpha}{2} + \frac{1}{\Gamma^2(\alpha)} \int_0^\infty x^{2\alpha-1} e^{-2x} dx \quad (43)$$

由 gamma 积分的定义 $\int_0^\infty \frac{x^{\alpha-1} \lambda^\alpha e^{-\lambda x}}{\Gamma(\alpha)} dx = 1$ 知 $\int_0^\infty x^{\alpha-1} e^{-\lambda x} dx = \frac{\Gamma(\alpha)}{\lambda^\alpha}$, 则有 $\int_0^\infty x^{2\alpha-1} e^{-2x} dx = \frac{\Gamma(2\alpha)}{2^{2\alpha}}$, 于是式 (43) 可写为

$$S_1^1(\alpha) = \frac{\alpha}{2} + \frac{1}{\Gamma^2(\alpha)} \int_0^\infty x^{2\alpha-1} e^{-2x} dx = \frac{\alpha}{2} + \frac{1}{\Gamma^2(\alpha)} \frac{\Gamma(2\alpha)}{2^{2\alpha}} \quad (44)$$

由 gamma 函数性质 $\Gamma(\alpha) \Gamma\left(\alpha + \frac{1}{2}\right) = 2^{1-2\alpha} \sqrt{\pi} \Gamma(2\alpha)$, 有 $\Gamma(2\alpha) = \frac{2^{2\alpha-1}}{\sqrt{\pi}} \Gamma(\alpha) \cdot \Gamma\left(\alpha + \frac{1}{2}\right)$, 而当 $\alpha = \frac{1}{2}$ 时 $\Gamma\left(\frac{1}{2}\right) = \sqrt{\pi}$, 则

$$\frac{1}{\Gamma^2(\alpha)} \frac{\Gamma(2\alpha)}{2^{2\alpha}} = \frac{1}{\Gamma^2(\alpha)} \frac{1}{2^{2\alpha}} \frac{2^{2\alpha-1}}{\sqrt{\pi}} \Gamma(\alpha) \Gamma\left(\alpha + \frac{1}{2}\right)$$

$$= \frac{1}{2\Gamma(\alpha)\sqrt{\pi}}\Gamma\left(\alpha+\frac{1}{2}\right) = \frac{\Gamma\left(\alpha+\frac{1}{2}\right)}{2\Gamma(\alpha)\Gamma\left(\frac{1}{2}\right)} \tag{45}$$

Beta 函数的定义为

$$B(a,b) = \int_0^1 t^{a-1}(1-t)^{b-1}dt \tag{46}$$

Beta 函数与 gamma 函数的关系为 $B(a,b) = \dfrac{\Gamma(a)\Gamma(b)}{\Gamma(a+b)}$, 则

$$\frac{1}{\Gamma^2(\alpha)}\frac{\Gamma(2\alpha)}{2^{2\alpha}} = \frac{\Gamma\left(\alpha+\frac{1}{2}\right)}{2\Gamma(\alpha)\Gamma\left(\frac{1}{2}\right)} = \frac{1}{2B\left(\alpha,\frac{1}{2}\right)} \tag{47}$$

$$S_1^1(\alpha) = \frac{\alpha}{2} + \frac{1}{\Gamma^2(\alpha)}\int_0^\infty x^{2\alpha-1}e^{-2x}dx = \frac{\alpha}{2} + \frac{1}{2B\left(\alpha,\frac{1}{2}\right)} \tag{48}$$

当 $r=2$ 时, 有

$$S_2^1(\alpha) = \frac{\alpha}{3} + \frac{2}{\Gamma^3(\alpha)}\int_0^\infty \left(\int_0^x t^{\alpha-1}e^{-t}dt\right)x^{2\alpha-1}e^{-2x}dx \tag{49}$$

令 $y = \dfrac{t}{x}$, 则 $t = xy$, $dt = xdy$; $t = 0$ 时, $y = 0$; $t = x$ 时, $y = 1$, 有

$$
\begin{aligned}
\int_0^\infty \left(\int_0^x t^{\alpha-1}e^{-t}dt\right)x^{2\alpha-1}e^{-2x}dx &= \int_0^\infty \left[\int_0^1 (xy)^{\alpha-1}e^{-xy}xdy\right]x^{2\alpha-1}e^{-2x}dx \\
&= \int_0^\infty \left[\int_0^1 x^{\alpha-1}y^{\alpha-1}e^{-xy}xdy\right]x^{2\alpha-1}e^{-2x}dx \\
&= \int_0^\infty \left[\int_0^1 y^{\alpha-1}dy\right]x^{\alpha-1}x\cdot x^{2\alpha-1}e^{-xy}e^{-2x}dx \\
&= \int_0^1 y^{\alpha-1}\left[\int_0^\infty x^{3\alpha-1}e^{-(2+y)x}dx\right]dy \tag{50}
\end{aligned}
$$

由 $\displaystyle\int_0^\infty x^{\alpha-1}e^{-\lambda x}dx = \dfrac{\Gamma(\alpha)}{\lambda^\alpha}$, 有 $\displaystyle\int_0^\infty x^{3\alpha-1}e^{-(2+y)x}dx = \dfrac{\Gamma(3\alpha)}{(2+y)^{3\alpha}}$, 代入式 (50), 有

$$
\begin{aligned}
&\int_0^\infty \left(\int_0^x t^{\alpha-1}e^{-t}dt\right)x^{2\alpha-1}e^{-2x}dx \\
&= \int_0^1 y^{\alpha-1}\left[\int_0^\infty x^{3\alpha-1}e^{-(2+y)x}dx\right]dy = \int_0^1 y^{\alpha-1}\frac{\Gamma(3\alpha)}{(2+y)^{3\alpha}}dy
\end{aligned}
$$

$$= \Gamma(3\alpha) \int_0^1 \frac{y^{\alpha-1}}{(2+y)^{3\alpha}} dy \tag{51}$$

上式中, 积分 α 的计算方法由金光炎 (2005) 给出, 令 $y = \dfrac{2u}{1-u}$, 则 $u = \dfrac{y}{2+y}$, $dy = \dfrac{2}{(1-u)^2} du$; $y = 0$ 时, $u = 0$; $y = 1$ 时, $u = \dfrac{1}{3}$, 则

$$\int_0^1 \frac{y^{\alpha-1}}{(2+y)^{3\alpha}} dy = \int_0^{\frac{1}{3}} \frac{\left(\dfrac{2u}{1-u}\right)^{\alpha-1}}{\left(2+\dfrac{2u}{1-u}\right)^{3\alpha}} \frac{2}{(1-u)^2} du$$

$$= \int_0^{\frac{1}{3}} \frac{2^{\alpha-1} u^{\alpha-1}}{(1-u)^{\alpha-1}} \frac{1}{\left(\dfrac{2}{1-u}\right)^{3\alpha}} \frac{2}{(1-u)^2} du$$

$$= \int_0^{\frac{1}{3}} \frac{2^{\alpha-1} u^{\alpha-1} (1-u)^{3\alpha} 2}{2^{3\alpha} (1-u)^{\alpha-1} (1-u)^2} du = \int_0^{\frac{1}{3}} \frac{u^{\alpha-1} (1-u)^{2\alpha-1}}{2^{2\alpha}} du$$

$$= \frac{1}{2^{2\alpha}} \int_0^{\frac{1}{3}} u^{\alpha-1} (1-u)^{2\alpha-1} du \tag{52}$$

不完全 Beta 函数定义为 $I_x(a,b) = \dfrac{1}{B(a,b)} \displaystyle\int_0^x t^{a-1} (1-t)^{b-1} dt$, 则

$$\int_0^1 \frac{y^{\alpha-1}}{(2+y)^{3\alpha}} dy = \frac{1}{2^{2\alpha}} \int_0^{\frac{1}{3}} u^{\alpha-1} (1-u)^{2\alpha-1} du = \frac{1}{2^{2\alpha}} B(\alpha, 2\alpha) I_{\frac{1}{3}}(\alpha, 2\alpha) \tag{53}$$

$$\int_0^\infty \left(\int_0^x t^{\alpha-1} e^{-t} dt\right) x^{2\alpha-1} e^{-2x} dx = \Gamma(3\alpha) \int_0^1 \frac{y^{\alpha-1}}{(2+y)^{3\alpha}} dy$$

$$= \frac{\Gamma(3\alpha)}{2^{2\alpha}} B(\alpha, 2\alpha) I_{\frac{1}{3}}(\alpha, 2\alpha) \tag{54}$$

$$S_2^1(\alpha) = \frac{\alpha}{3} + \frac{2}{\Gamma^3(\alpha)} \int_0^\infty \left(\int_0^x t^{\alpha-1} e^{-t} dt\right) x^{2\alpha-1} e^{-2x} dx$$

$$= \frac{\alpha}{3} + \frac{2}{\Gamma^3(\alpha)} \frac{\Gamma(3\alpha)}{2^{2\alpha}} B(\alpha, 2\alpha) I_{\frac{1}{3}}(\alpha, 2\alpha)$$

$$= \frac{\alpha}{3} + \frac{2}{\Gamma^3(\alpha)} \frac{\Gamma(3\alpha)}{2^{2\alpha}} \frac{\Gamma(\alpha)\Gamma(2\alpha)}{\Gamma(3\alpha)} B(\alpha, 2\alpha) I_{\frac{1}{3}}(\alpha, 2\alpha)$$

$$= \frac{2\Gamma(2\alpha)}{\Gamma^2(\alpha) 2^{2\alpha}} I_{\frac{1}{3}}(\alpha, 2\alpha) \tag{55}$$

则当 $r = 0, 1, 2$ 时, 有

$$
\begin{cases}
S_0^1(\alpha) = \alpha \\[2mm]
S_1^1(\alpha) = \dfrac{\alpha}{2} + \dfrac{1}{2B\left(\alpha, \dfrac{1}{2}\right)} \\[4mm]
S_2^1(\alpha) = \dfrac{\alpha}{3} + \dfrac{2\Gamma(2\alpha)}{\Gamma^2(\alpha) 2^{2\alpha}} I_{\frac{1}{3}}(\alpha, 2\alpha)
\end{cases} \tag{56}
$$

当 $r = 3$ 时, 有

$$
S_3^1(\alpha) = \frac{\alpha}{4} + \frac{3\Gamma(4\alpha)}{\Gamma^4(\alpha)} \int_0^1 y_1^{\alpha-1} \int_0^1 y_2^{\alpha-1} \frac{1}{(2+y_1+y_2)^{4\alpha}} dy_2 dy_1 \tag{57}
$$

对式中积分 $\displaystyle\int_0^1 y_2^{\alpha-1} \frac{1}{(2+y_1+y_2)^{4\alpha}} dy_2$, 令 $x_2 = \dfrac{y_2}{2+y_1+y_2}$, 有 $y_2 = \dfrac{x_2(2+y_1)}{1-x_2}$, $dy_2 = \dfrac{2+y_1}{(1-x_2)^2} dx_2$, $2+y_1+y_2 = 2 + \dfrac{2x_2+y_1x_2}{1-x_2} + y_1 = \dfrac{2+y_1}{1-x_2}$.

当 $y_2 = 0$ 时, $x_2 = 0$; 当 $y_2 = 1$ 时, $x_2 = \dfrac{1}{3+y_1}$, 则

$$
\begin{aligned}
&\int_0^1 y_1^{\alpha-1} \int_0^1 y_2^{\alpha-1} \frac{1}{(2+y_1+y_2)^{4\alpha}} dy_2 dy_1 \\
&= \int_0^1 y_1^{\alpha-1} \int_0^{\frac{1}{3+y_1}} \left[\frac{(2+y_1)x_2}{1-x_2}\right]^{\alpha-1} \left(\frac{1-x_2}{2+y_1}\right)^{4\alpha} \frac{2+y_1}{(1-x_2)^2} dx_2 dy_1 \\
&= \int_0^1 y_1^{\alpha-1} \int_0^{\frac{1}{3+y_1}} (2+y_1)^{\alpha-1} x_2^{\alpha-1} \left(\frac{1}{1-x_2}\right)^{\alpha-1} \\
&\quad \cdot (1-x_2)^{4\alpha} \left(\frac{1}{2+y_1}\right)^{4\alpha} \frac{2+y_1}{(1-x_2)^2} dx_2 dy_1 \\
&= \int_0^1 y_1^{\alpha-1} \int_0^{\frac{1}{3+y_1}} (2+y_1)^{\alpha-1-4\alpha+1} x_2^{\alpha-1} (1-x_2)^{4\alpha-2-\alpha+1} dx_2 dy_1 \\
&= \int_0^1 y_1^{\alpha-1} \int_0^{\frac{1}{3+y_1}} (2+y_1)^{-3\alpha} x_2^{\alpha-1} (1-x_2)^{3\alpha-1} dx_2 dy_1 \\
&= \int_0^1 y_1^{\alpha-1} (2+y_1)^{-3\alpha} \int_0^{\frac{1}{3+y_1}} x_2^{\alpha-1} (1-x_2)^{3\alpha-1} dx_2 dy_1 \\
&= \frac{B(\alpha, 3\alpha)}{B(\alpha, 3\alpha)} \int_0^1 y_1^{\alpha-1} (2+y_1)^{-3\alpha} \int_0^{\frac{1}{3+y_1}} x_2^{\alpha-1} (1-x_2)^{3\alpha-1} dx_2 dy_1 \\
&= B(\alpha, 3\alpha) \int_0^1 y_1^{\alpha-1} (2+y_1)^{-3\alpha} \left[\frac{1}{B(\alpha, 3\alpha)} \int_0^{\frac{1}{3+y_1}} x_2^{\alpha-1} (1-x_2)^{3\alpha-1} dx_2\right] dy_1
\end{aligned}
$$

$$= \mathrm{B}\,(\alpha,3\alpha) \int_0^1 y_1^{\alpha-1} \left(2 + y_1\right)^{-3\alpha} I_{\frac{1}{3+y_1}}\left(\alpha, 3\alpha\right) dy_1 \tag{58}$$

于是, 有

$$
\begin{aligned}
S_3^1\,(\alpha) &= \frac{\alpha}{4} + \frac{3\Gamma\,(4\alpha)}{\Gamma^4\,(\alpha)} \int_0^1 y_1^{\alpha-1} \int_0^1 y_2^{\alpha-1} \frac{1}{(2+y_1+y_2)^{4\alpha}} dy_2 dy_1 \\
&= \frac{\alpha}{4} + \frac{3\Gamma\,(4\alpha)}{\Gamma^4\,(\alpha)} \mathrm{B}\,(\alpha,3\alpha) \int_0^1 y_1^{\alpha-1} \left(2+y_1\right)^{-3\alpha} I_{\frac{1}{3+y_1}}\,(\alpha,3\alpha)\, dy_1 \\
&= \frac{\alpha}{4} + \frac{3\Gamma\,(4\alpha)}{\Gamma^4\,(\alpha)} \frac{\Gamma\,(3\alpha)\,\Gamma\,(\alpha)}{\Gamma\,(4\alpha)} \int_0^1 y_1^{\alpha-1} \left(2+y_1\right)^{-3\alpha} I_{\frac{1}{3+y_1}}\,(\alpha,3\alpha)\, dy_1 \\
&= \frac{\alpha}{4} + \frac{3\Gamma\,(3\alpha)}{\Gamma^3\,(\alpha)} \int_0^1 y_1^{\alpha-1} \left(2+y_1\right)^{-3\alpha} I_{\frac{1}{3+y_1}}\,(\alpha,3\alpha)\, dy_1
\end{aligned} \tag{59}
$$

上式中, 当 $\alpha \geqslant 1$ 时, $\alpha - 1 \geqslant 0$, $\int_0^1 y_1^{\alpha-1} \left(2+y_1\right)^{-3\alpha} I_{\frac{1}{3+y_1}}\,(\alpha,3\alpha)\, dy_1$ 为正常积分; 当 $\alpha < 1$ 时, $\alpha - 1 < 0$, 此时 $y_1 \neq 0$, 而 y_1 的积分区间为 [0,1], 出现矛盾, 则该积分在 $\alpha < 1$ 时, 不能直接采用上式进行计算, 需按以下方法进行变换.

当 $\alpha < 1$ 时, 令式 (59) 中 $y_1 = u_1^{\frac{7}{1-\alpha}}$, 有 $u_1 = y_1^{\frac{1-\alpha}{7}}$, $dy_1 = \frac{7}{1-\alpha} u_1^{\frac{6+\alpha}{1-\alpha}} du_1$. 因为 $\alpha < 1$, 所以 $1 - \alpha > 0$, 当 $y_1 = 0$ 时, $u_1 = 0$; $y_1 = 1$ 时, $u_1 = 1$; $y_1^{\alpha-1} = u_1^{-7}$, $2 + y_1 = 2 + u_1^{\frac{7}{1-\alpha}}$, $\frac{1}{3+y_1} = \frac{1}{3 + u_1^{\frac{7}{1-\alpha}}}$, 则有

$$
\begin{aligned}
& \int_0^1 y_1^{\alpha-1} \left(2+y_1\right)^{-3\alpha} I_{\frac{1}{3+y_1}}\,(\alpha,3\alpha)\, dy_1 \\
&= \int_0^1 u_1^{-7} \left(2 + u_1^{\frac{7}{1-\alpha}}\right)^{-3\alpha} I_{\frac{1}{3+u_1^{\frac{7}{1-\alpha}}}}\,(\alpha,3\alpha) \frac{7}{1-\alpha} u_1^{\frac{6+\alpha}{1-\alpha}} du_1 \\
&= \frac{7}{1-\alpha} \int_0^1 u_1^{-7+\frac{6+\alpha}{1-\alpha}} \left(2 + u_1^{\frac{7}{1-\alpha}}\right)^{-3\alpha} I_{\frac{1}{3+u_1^{\frac{7}{1-\alpha}}}}\,(\alpha,3\alpha)\, du_1 \\
&= \frac{7}{1-\alpha} \int_0^1 u_1^{\frac{8\alpha-1}{1-\alpha}} \left(2 + u_1^{\frac{7}{1-\alpha}}\right)^{-3\alpha} I_{\frac{1}{3+u_1^{\frac{7}{1-\alpha}}}}\,(\alpha,3\alpha)\, du_1
\end{aligned} \tag{60}
$$

$$
\begin{aligned}
S_3^1\,(\alpha) &= \frac{\alpha}{4} + \frac{3\Gamma\,(3\alpha)}{\Gamma^3\,(\alpha)} \int_0^1 y_1^{\alpha-1} \left(2+y_1\right)^{-3\alpha} I_{\frac{1}{3+y_1}}\,(\alpha,3\alpha)\, dy_1 \\
&= \frac{\alpha}{4} + \frac{3\Gamma\,(3\alpha)}{\Gamma^3\,(\alpha)} \frac{7}{1-\alpha} \int_0^1 u_1^{\frac{8\alpha-1}{1-\alpha}} \left(2 + u_1^{\frac{7}{1-\alpha}}\right)^{-3\alpha} I_{\frac{1}{3+u_1^{\frac{7}{1-\alpha}}}}\,(\alpha,3\alpha)\, du_1
\end{aligned} \tag{61}
$$

合并式 (60) 和式 (61), 则 $S_3^1\,(\alpha)$ 的表达式为

$$
S_3^1(\alpha)=\begin{cases} \dfrac{\alpha}{4}+\dfrac{3\Gamma(3\alpha)}{\Gamma^3(\alpha)}\displaystyle\int_0^1 y_1^{\alpha-1}\left(2+y_1\right)^{-3\alpha}I_{\frac{1}{3+y_1}}(\alpha,3\alpha)\,dy_1, & \alpha\geqslant 1 \\[4mm] \dfrac{\alpha}{4}+\dfrac{3\Gamma(3\alpha)}{\Gamma^3(\alpha)}\dfrac{7}{1-\alpha}\displaystyle\int_0^1 u_1^{\frac{8\alpha-1}{1-\alpha}}\left(2+u_1^{\frac{7}{1-\alpha}}\right)^{-3\alpha}I_{\frac{1}{3+u_1^{\frac{7}{1-\alpha}}}}(\alpha,3\alpha)\,du_1, & \alpha<1 \end{cases}
$$
(62)

当 $r=4$ 时, 有

$$
S_4^1(\alpha)=\frac{\alpha}{5}+\frac{4\Gamma(5\alpha)}{\Gamma^5(\alpha)}\int_0^1 y_1^{\alpha-1}\int_0^1 y_2^{\alpha-1}\int_0^1 y_3^{\alpha-1}\frac{1}{\left(2+y_1+y_2+y_3\right)^{5\alpha}}\,dy_3dy_2dy_1 \quad (63)
$$

对式中积分 $\displaystyle\int_0^1 y_1^{\alpha-1}\int_0^1 y_2^{\alpha-1}\int_0^1 y_3^{\alpha-1}\dfrac{1}{\left(2+y_1+y_2+y_3\right)^{5\alpha}}dy_3dy_2dy_1$, 令 $x_3=\dfrac{y_3}{2+y_1+y_2+y_3}$, 有 $y_3=\dfrac{x_3\left(2+y_1+y_2\right)}{1-x_3}$, $dy_3=\dfrac{2+y_1+y_2}{\left(1-x_3\right)^2}dx_3$, $2+y_1+y_2+y_3=\dfrac{2+y_1+y_2}{1-x_3}$. $y_3=0$ 时, $x_3=0$; $y_3=1$ 时, $x_3=\dfrac{1}{3+y_1+y_2}$, 则

$$
\int_0^1 y_1^{\alpha-1}\int_0^1 y_2^{\alpha-1}\int_0^1 y_3^{\alpha-1}\frac{1}{\left(2+y_1+y_2+y_3\right)^{5\alpha}}\,dy_3dy_2dy_1
$$

$$
=\int_0^1 y_1^{\alpha-1}\int_0^1 y_2^{\alpha-1}\int_0^{\frac{1}{3+y_1+y_2}}\left[\frac{x_3\left(2+y_1+y_2\right)}{1-x_3}\right]^{\alpha-1}
$$
$$
\cdot\frac{1}{\left(\dfrac{2+y_1+y_2}{1-x_3}\right)^{5\alpha}}\frac{2+y_1+y_2}{\left(1-x_3\right)^2}\,dx_3dy_2dy_1
$$

$$
=\int_0^1 y_1^{\alpha-1}\int_0^1 y_2^{\alpha-1}\int_0^{\frac{1}{3+y_1+y_2}}x_3^{\alpha-1}\left(2+y_1+y_2\right)^{-4\alpha}\left(1-x_3\right)^{4\alpha-1}\,dx_3dy_2dy_1
$$

$$
=\int_0^1 y_1^{\alpha-1}\int_0^1 y_2^{\alpha-1}\left(2+y_1+y_2\right)^{-4\alpha}\int_0^{\frac{1}{3+y_1+y_2}}x_3^{\alpha-1}\left(1-x_3\right)^{4\alpha-1}\,dx_3dy_2dy_1
$$

$$
=\frac{\mathrm{B}(\alpha,4\alpha)}{\mathrm{B}(\alpha,4\alpha)}\int_0^1 y_1^{\alpha-1}\int_0^1 y_2^{\alpha-1}\left(2+y_1+y_2\right)^{-4\alpha}\int_0^{\frac{1}{3+y_1+y_2}}x_3^{\alpha-1}\left(1-x_3\right)^{4\alpha-1}\,dx_3dy_2dy_1
$$

$$
=\mathrm{B}(\alpha,4\alpha)\int_0^1 y_1^{\alpha-1}\int_0^1 y_2^{\alpha-1}\left(2+y_1+y_2\right)^{-4\alpha}\frac{1}{\mathrm{B}(\alpha,4\alpha)}
$$
$$
\cdot\int_0^{\frac{1}{3+y_1+y_2}}x_3^{\alpha-1}\left(1-x_3\right)^{4\alpha-1}\,dx_3dy_2dy_1
$$

$$
=\mathrm{B}(\alpha,4\alpha)\int_0^1 y_1^{\alpha-1}\int_0^1 y_2^{\alpha-1}\left(2+y_1+y_2\right)^{-4\alpha}I_{\frac{1}{3+y_1+y_2}}(\alpha,4\alpha)\,dy_2dy_1 \quad (64)
$$

$$
S_4^1(\alpha)=\frac{\alpha}{5}+\frac{4\Gamma(5\alpha)}{\Gamma^5(\alpha)}\int_0^1 y_1^{\alpha-1}\int_0^1 y_2^{\alpha-1}\int_0^1 y_3^{\alpha-1}\frac{1}{\left(2+y_1+y_2+y_3\right)^{5\alpha}}\,dy_3dy_2dy_1
$$

$$= \frac{\alpha}{5} + \frac{4\Gamma(5\alpha)}{\Gamma^5(\alpha)} B(\alpha, 4\alpha) \int_0^1 y_1^{\alpha-1} \int_0^1 y_2^{\alpha-1} (2+y_1+y_2)^{-4\alpha} I_{\frac{1}{3+y_1+y_2}} (\alpha, 4\alpha) \, dy_2 dy_1$$

$$= \frac{\alpha}{5} + \frac{4\Gamma(5\alpha)}{\Gamma^5(\alpha)} \frac{\Gamma(4\alpha)\Gamma(\alpha)}{\Gamma(5\alpha)}$$

$$\cdot \int_0^1 y_1^{\alpha-1} \int_0^1 y_2^{\alpha-1} (2+y_1+y_2)^{-4\alpha} I_{\frac{1}{3+y_1+y_2}} (\alpha, 4\alpha) \, dy_2 dy_1$$

$$= \frac{\alpha}{5} + \frac{4\Gamma(4\alpha)}{\Gamma^4(\alpha)} \int_0^1 y_1^{\alpha-1} \int_0^1 y_2^{\alpha-1} (2+y_1+y_2)^{-4\alpha} I_{\frac{1}{3+y_1+y_2}} (\alpha, 4\alpha) \, dy_2 dy_1 \quad (65)$$

上式中, 当 $\alpha \geqslant 1$ 时, $\alpha - 1 \geqslant 0$,

$$\int_0^1 y_1^{\alpha-1} \int_0^1 y_2^{\alpha-1} (2+y_1+y_2)^{-4\alpha} I_{\frac{1}{3+y_1+y_2}} (\alpha, 4\alpha) \, dy_2 dy_1$$

为正常积分; 当 $\alpha < 1$ 时, $\alpha - 1 < 0$, 此时 $y_1 \neq 0$, $y_2 \neq 0$, 而 y_1, y_2 的积分区间为 [0,1], 出现矛盾, 与 $r = 3$ 的情况类似, 当 $\alpha < 1$ 时, 需作如下变换与推导.

当 $\alpha < 1$ 时, 令式 (65) 中 $y_2 = u_2^{\frac{7}{1-\alpha}}$, 有 $u_2 = y_2^{\frac{1-\alpha}{7}}$, $dy_2 = \frac{7}{1-\alpha} u_2^{\frac{6+\alpha}{1-\alpha}} \, du_2$. 因为 $\alpha < 1$, 所以 $1 - \alpha > 0$, 当 $y_2 = 0$ 时, $u_2 = 0$; 当 $y_2 = 1$ 时, $u_2 = 1$; $y_2^{\alpha-1} = u_2^{-7}$, $2 + y_1 + y_2 = 2 + y_1 + u_2^{\frac{7}{1-\alpha}}$, $\frac{1}{3+y_1+y_2} = \frac{1}{3+y_1+u_2^{\frac{7}{1-\alpha}}}$, 则有

$$\int_0^1 y_1^{\alpha-1} \int_0^1 y_2^{\alpha-1} (2+y_1+y_2)^{-4\alpha} I_{\frac{1}{3+y_1+y_2}} (\alpha, 4\alpha) \, dy_2 dy_1$$

$$= \int_0^1 y_1^{\alpha-1} \int_0^1 u_2^{-7} \left(2+y_1+u_2^{\frac{7}{1-\alpha}}\right)^{-4\alpha} I_{\frac{1}{3+y_1+u_2^{\frac{7}{1-\alpha}}}} (\alpha, 4\alpha) \frac{7}{1-\alpha} u_2^{\frac{6+\alpha}{1-\alpha}} \, dy_2 dy_1$$

$$= \frac{7}{1-\alpha} \int_0^1 y_1^{\alpha-1} \int_0^1 u_2^{\frac{8\alpha-1}{1-\alpha}} \left(2+y_1+u_2^{\frac{7}{1-\alpha}}\right)^{-4\alpha} I_{\frac{1}{3+y_1+u_2^{\frac{7}{1-\alpha}}}} (\alpha, 4\alpha) \, dy_2 dy_1 \quad (66)$$

上式中, 令 $y_1 = u_1^{\frac{7}{1-\alpha}}$, 有 $u_1 = y_1^{\frac{1-\alpha}{7}}$, $dy_1 = \frac{7}{1-\alpha} u_1^{\frac{6+\alpha}{1-\alpha}} \, du_1$. 因为 $\alpha < 1$, 所以 $1 - \alpha > 0$, 当 $y_1 = 0$ 时, $u_1 = 0$; 当 $y_1 = 1$ 时, $u_1 = 1$; $y_1^{\alpha-1} = u_1^{-7}$, $2 + y_1 + u_2^{\frac{7}{1-\alpha}} = 2 + u_1^{\frac{7}{1-\alpha}} + u_2^{\frac{7}{1-\alpha}}$, $\frac{1}{3+y_1+u_2^{\frac{7}{1-\alpha}}} = \frac{1}{3+u_1^{\frac{7}{1-\alpha}}+u_2^{\frac{7}{1-\alpha}}}$, 则有

$$\int_0^1 y_1^{\alpha-1} \int_0^1 y_2^{\alpha-1} (2+y_1+y_2)^{-4\alpha} I_{\frac{1}{3+y_1+y_2}} (\alpha, 4\alpha) \, dy_2 dy_1$$

$$= \frac{7}{1-\alpha} \int_0^1 y_1^{\alpha-1} \int_0^1 u_2^{\frac{8\alpha-1}{1-\alpha}} \left(2+y_1+u_2^{\frac{7}{1-\alpha}}\right)^{-4\alpha} I_{\frac{1}{3+y_1+u_2^{\frac{7}{1-\alpha}}}} (\alpha, 4\alpha) \, dy_2 dy_1$$

$$= \frac{7}{1-\alpha} \int_0^1 u_1^{-7} \int_0^1 u_2^{\frac{8\alpha-1}{1-\alpha}} \left(2+u_1^{\frac{7}{1-\alpha}}+u_2^{\frac{7}{1-\alpha}}\right)^{-4\alpha}$$

$$\cdot I_{\frac{1}{3+u_1^{\frac{7}{1-\alpha}}+u_2^{\frac{7}{1-\alpha}}}}(\alpha,4\alpha)\,du_2\,\frac{7}{1-\alpha}u_1^{\frac{6+\alpha}{1-\alpha}}\,du_1$$

$$=\left(\frac{7}{1-\alpha}\right)^2\int_0^1 u_1^{\frac{8\alpha-1}{1-\alpha}}\int_0^1 u_2^{\frac{8\alpha-1}{1-\alpha}}\left(2+u_1^{\frac{7}{1-\alpha}}+u_2^{\frac{7}{1-\alpha}}\right)^{-4\alpha}$$

$$\cdot I_{\frac{1}{3+u_1^{\frac{7}{1-\alpha}}+u_2^{\frac{7}{1-\alpha}}}}(\alpha,4\alpha)\,du_2\,du_1 \tag{67}$$

$$S_4^1(\alpha)=\frac{\alpha}{5}+\frac{4\Gamma(4\alpha)}{\Gamma^4(\alpha)}\int_0^1 y_1^{\alpha-1}\int_0^1 y_2^{\alpha-1}(2+y_1+y_2)^{-4\alpha}I_{\frac{1}{3+y_1+y_2}}(\alpha,4\alpha)\,dy_2\,dy_1$$

$$=\frac{\alpha}{5}+\frac{4\Gamma(4\alpha)}{\Gamma^4(\alpha)}\left(\frac{7}{1-\alpha}\right)^2\int_0^1 u_1^{\frac{8\alpha-1}{1-\alpha}}\int_0^1 u_2^{\frac{8\alpha-1}{1-\alpha}}\left(2+u_1^{\frac{7}{1-\alpha}}+u_2^{\frac{7}{1-\alpha}}\right)^{-4\alpha}$$

$$\cdot I_{\frac{1}{3+u_1^{\frac{7}{1-\alpha}}+u_2^{\frac{7}{1-\alpha}}}}(\alpha,4\alpha)\,du_2\,du_1 \tag{68}$$

重写式 (67) 和式 (68), 则 $S_4^1(\alpha)$ 的表达式为

$$S_4^1(\alpha)=\begin{cases}\dfrac{\alpha}{5}+\dfrac{4\Gamma(4\alpha)}{\Gamma^4(\alpha)}\displaystyle\int_0^1 y_1^{\alpha-1}\int_0^1 y_2^{\alpha-1}(2+y_1+y_2)^{-4\alpha}\\[2mm] \quad\cdot I_{\frac{1}{3+y_1+y_2}}(\alpha,4\alpha)\,dy_2\,dy_1, \qquad\qquad\qquad\alpha\geqslant 1\\[4mm] \dfrac{\alpha}{5}+\dfrac{4\Gamma(4\alpha)}{\Gamma^4(\alpha)}\left(\dfrac{7}{1-\alpha}\right)^2\displaystyle\int_0^1 u_1^{\frac{8\alpha-1}{1-\alpha}}\\[2mm] \quad\cdot\displaystyle\int_0^1 u_2^{\frac{8\alpha-1}{1-\alpha}}\left(2+u_1^{\frac{7}{1-\alpha}}+u_2^{\frac{7}{1-\alpha}}\right)^{-4\alpha}\\[2mm] \quad\cdot I_{\frac{1}{3+u_1^{\frac{7}{1-\alpha}}+u_2^{\frac{7}{1-\alpha}}}}(\alpha,4\alpha)\,du_2\,du_1, \qquad\qquad\alpha<1\end{cases} \tag{69}$$

以此类推, 当 $r\geqslant 5$ 时, $S_r^1(\alpha)$ 可表示为式 (70), 该式亦即 $r\geqslant 3$ 时计算 $S_r^1(\alpha)$ 的通式, 其数值解可用高斯–勒让德求积公式求得

$$S_r^1(\alpha)=\begin{cases}=\dfrac{\alpha}{r+1}+\dfrac{r\Gamma(r\alpha)}{\Gamma^r(\alpha)}\displaystyle\int_0^1 y_1^{\alpha-1}\int_0^1 y_2^{\alpha-1}\cdots\int_0^1 y_{r-2}^{\alpha-1}(2+y_1\\[2mm] \quad+y_2+\cdots+y_{r-2})^{-r\alpha}\\[2mm] \quad\cdot I_{\frac{1}{3+y_1+y_2+\cdots+y_{r-2}}}(\alpha,r\alpha)\,dy_{r-2}\cdots dy_2\,dy_1,\quad\alpha\geqslant 1\\[4mm] =\dfrac{\alpha}{r+1}+\dfrac{r\Gamma(r\alpha)}{\Gamma^r(\alpha)}\left(\dfrac{7}{1-\alpha}\right)^{r-2}\\[2mm] \quad\cdot\displaystyle\int_0^1 u_1^{\frac{8\alpha-1}{1-\alpha}}\int_0^1 u_2^{\frac{8\alpha-1}{1-\alpha}}\cdots\int_0^1 u_{r-2}^{\frac{8\alpha-1}{1-\alpha}}\cdot\left(2+u_1^{\frac{7}{1-\alpha}}+u_2^{\frac{7}{1-\alpha}}+\cdots+u_{r-2}^{\frac{7}{1-\alpha}}\right)^{-r\alpha}\\[2mm] \quad\cdot I_{\frac{1}{3+u_1^{\frac{7}{1-\alpha}}+u_2^{\frac{7}{1-\alpha}}+\cdots+u_{r-2}^{\frac{7}{1-\alpha}}}}(\alpha,r\alpha)\,dy_{r-2}\cdots dy_2\,dy_1,\quad\alpha<1\end{cases} \tag{70}$$

在式 (30) 中, 令 $r = \eta, \eta + 1, \eta + 2$, 有

$$\beta_\eta = \frac{1}{\beta} S_\eta^1(\alpha) + a_0 S_\eta^0(\alpha) \tag{71}$$

$$\beta_{\eta+1} = \frac{1}{\beta} S_{\eta+1}^1(\alpha) + a_0 S_{\eta+1}^0(\alpha) \tag{72}$$

$$\beta_{\eta+2} = \frac{1}{\beta} S_{\eta+2}^1(\alpha) + a_0 S_{\eta+2}^0(\alpha) \tag{73}$$

由式 (71) 得

$$a_0 = \frac{1}{S_\eta^0(\alpha)} \left[\beta_\eta - \frac{1}{\beta} S_\eta^1(\alpha) \right] \tag{74}$$

将式 (74) 分别代入式 (72) 和式 (73), 则有

$$\beta_{\eta+1} - \beta_\eta \frac{S_{\eta+1}^0(\alpha)}{S_\eta^0(\alpha)} = \frac{1}{\beta} \left[S_{\eta+1}^1(\alpha) - \frac{S_\eta^1(\alpha) S_{\eta+1}^0(\alpha)}{S_\eta^0(\alpha)} \right] \tag{75}$$

$$\beta_{\eta+2} - \beta_\eta \frac{S_{\eta+2}^0(\alpha)}{S_\eta^0(\alpha)} = \frac{1}{\beta} \left[S_{\eta+2}^1(\alpha) - \frac{S_\eta^1(\alpha) S_{\eta+2}^0(\alpha)}{S_\eta^0(\alpha)} \right] \tag{76}$$

由式 (75) 可知参数 β 的表达式为

$$\beta = \frac{S_\eta^0(\alpha) S_{\eta+1}^1(\alpha) - S_{\eta+1}^0(\alpha) S_\eta^1(\alpha)}{\beta_{\eta+1} S_\eta^0(\alpha) - \beta_\eta S_{\eta+1}^0(\alpha)} \tag{77}$$

式 (75) 与式 (76) 两边相除, 并将式 (33) 代入化简, 得

$$\frac{\beta_{\eta+2} - \dfrac{\eta+1}{\eta+3} \beta_\eta}{\beta_{\eta+1} - \dfrac{\eta+1}{\eta+2} \beta_\eta} = \frac{S_{\eta+2}^1(\alpha) - \dfrac{\eta+1}{\eta+3} S_\eta^1(\alpha)}{S_{\eta+1}^1(\alpha) - \dfrac{\eta+1}{\eta+2} S_\eta^1(\alpha)} \tag{78}$$

上式中, 令 $z = \dfrac{S_{\eta+2}^1(\alpha) - \dfrac{\eta+1}{\eta+3} S_\eta^1(\alpha)}{S_{\eta+1}^1(\alpha) - \dfrac{\eta+1}{\eta+2} S_\eta^1(\alpha)}$, 由于形状参数 α 与 C_s 的关系为 $\alpha = \dfrac{4}{C_s^2}$, 则当给定 C_s 值时, 可计算出 $\eta = 0, 1, 2, 3$, 即 $r = 0, 1, 2, r = 1, 2, 3, r = 2, 3, 4$, $r = 3, 4, 5$ 时相应的 α 值和 z 值. 绘制 C_s-z 关系曲线 (图 2), 拟合曲线方程, 经分析, 四次多项式对曲线拟合效果良好, 表达式为式 (78), 求得其系数及 R^2 值见表 4.

$$C_s = a_0 + a_1 z + a_2 z^2 + a_3 z^3 + a_4 z^4 \tag{79}$$

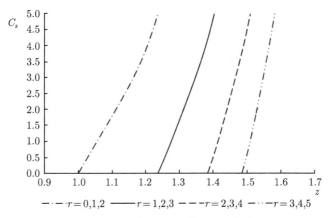

图 2 不同阶 PWM 的 C_s-z 曲线

表 4 不同阶 PWM 下 C_s-z 曲线系数拟合结果

r	a_0	a_1	a_2	a_3	a_4	R^2
0,1,2	1127.92	−4326.72	6172.17	−3893.73	920.36	0.999997
1,2,3	9895.59	−30461.60	35116.18	−17980.98	3453.66	0.999999
2,3,4	45002.78	−124600.56	129320.05	−59645.89	10318.49	0.999997
3,4,5	137593.24	−357412.94	348103.22	−150679.23	24461.62	0.999986

分别计算 $\eta = 0, 1, 2, 3$ 时式 (78) 等号左边, 令

$$z = \frac{\beta_{\eta+2} - \dfrac{\eta+1}{\eta+3}\beta_\eta}{\beta_{\eta+1} - \dfrac{\eta+1}{\eta+2}\beta_\eta} \tag{80}$$

β_r 用其样本无偏估计量 b_r(第 3 章) 代替, 则可用上式计算 z 值; 用式 (79) 可计算 C_s 的估计值 $\hat{C}_s$; $\hat{\alpha}$ 由 $\alpha = 4/C_s^2$ 求得; 由式 (74) 和式 (77) 可分别求得 $\hat{\beta}$ 和 $\hat{a}_0$.

综上, 采用 HPWM 法估计 P-III 型分布参数的步骤如下:

(1) 计算 β_r 的样本无偏估计量 b_r, 并代入式 (80) 计算 z.

(2) 将步骤 (1) 所得的 z 代入式 (79), 计算 $\hat{C}_s$, 其中式 (79) 的系数见表 4.

(3) 计算参数估计值: 分别用式 $\alpha = 4/C_s^2$ 计算 $\hat{\alpha}$, 用式 (77) 计算 $\hat{\beta}$, 式 (74) 计算 $\hat{a}_0$.

5.2.2 P-III 型分布高阶概率权重矩应用

采用陕北地区 7 个水文测站的年最大洪峰流量资料, 分别估计阶数 $r = 0, 1, 2$, $r = 1, 2, 3$, $r = 2, 3, 4$, $r = 3, 4, 5$ 时 P-III 型分布的参数, 分析 P-III 分布 HPWM 法对洪水序列高尾部拟合的效果.

用不同阶 PWM 分别估计 P-III 型分布参数, 结果见表 5.

表 5　HPWM 法的 P-III 型分布参数估计结果

阶数 r	参数	交口河	神木	赵石窑	绥德	刘家河	张村驿	志丹
	$\hat{a}_0$	264.82	9.99	61.54	79.9	391.94	28.13	134.49
0,1,2	$\hat{\beta}$	0.0006	0.0003	0.0056	0.0017	0.0004	0.0036	0.0013
	$\hat{\alpha}$	0.4683	0.9014	1.1834	1.1976	0.5266	0.3862	0.7132
	$\hat{a}_0$	387.3	−1200.43	85.57	−42.14	596.44	47.76	248.78
1,2,3	$\hat{\beta}$	0.0005	0.0003	0.0050	0.0019	0.0003	0.0028	0.0011
	$\hat{\alpha}$	0.3469	1.4986	0.9632	1.5754	0.388	0.2574	0.4637
	$\hat{a}_0$	441.45	−5236.97	80.53	−389.56	629.27	66.93	272.88
2,3,4	$\hat{\beta}$	0.0004	0.0005	0.0051	0.0024	0.0003	0.0023	0.0010
	$\hat{\alpha}$	0.3114	4.0488	1.0000	2.7246	0.3728	0.1817	0.4282
	$\hat{a}_0$	447.27	−19758.1	68.2	−1239.3	493.71	85.91	216.83
3,4,5	$\hat{\beta}$	0.0004	0.0010	0.0053	0.0034	0.0003	0.0019	0.0011
	$\hat{\alpha}$	0.3084	22.2305	1.0834	6.5638	0.4253	0.1314	0.4982

　　用表 5 的参数估计结果计算序列理论频率, 并绘制相应理论频率曲线, 如图 3 所示.

　　比较图 3 中各站 PWM 阶数 r 取不同值时理论频率曲线对经验点据的拟合情况, 可以看出, 常用 PWM 法对小流量点据的拟合效果最优, 对大洪水点的拟合效果不够理想; 当 r 取值增大时, 理论频率曲线对小流量点的拟合变差, 而曲线中上部总体上与经验点据更为接近, 这一特点在大洪水点处表现尤其明显. 仅赵石窑站增大阶数 r 的取值未能明显改变理论频率曲线形状, 各条理论频率曲线几乎完全重合, 且对经验点据的拟合都较好.

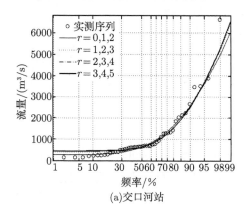
(a)交口河站

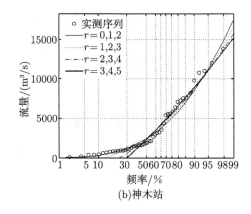
(b)神木站

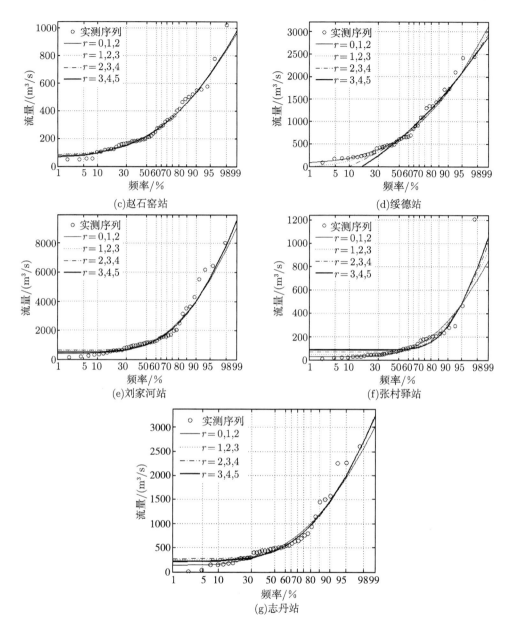

图 3　P-III 型分布各阶 PWM 计算频率曲线

　　与 5.1 节中同样站点采用 GEV 分布的 HPWM 法对频率曲线拟合的结果进行对比, 可以发现: 选用 GEV 分布时, $r = 4, 5, 6$ 的曲线拟合效果与选用 P-III 型分布 $r = 2, 3, 4$ 或 $r = 3, 4, 5$ 时的拟合效果几乎完全相同. 由此可知, 对于我国的洪水序列, 如采用 HPWM 法用于频率曲线拟合效果的改善, 得到同样的拟合效果时,选用 GEV 分布 r 取值较大, 而选用 P-Ⅲ 型分布的 HPWM 仅需取较小的 r 值即可, 计算次数少, 效率较高.

5.3　广义极值分布高阶线性矩法估计洪水设计值

20 世纪 90 年代, 高阶线性矩法开始引入洪水分布参数计算, 通过提高线性矩阶数来改善大洪水段拟合效果, 使外延的大重现期设计洪水值精度得到提高, 且借助于计算机, 容易实现计算过程. 本节通过蒙特卡罗试验研究其统计性能, 以陕西省 5 个测站的年最大洪峰流量序列为例, 研究高阶线性矩法的普适性, 并对高阶线性矩法的拟合效果和设计值计算偏差进行比较分析.

5.3.1　高阶线性矩

高阶线性矩是高阶概率权重矩的线性组合. 给定样本容量为 n 的样本, x_{in} 表示 n 个样本点中第 i 个由小到大的排序值, 变量服从 $F(x) = P(X \leqslant x)$ 分布, Hosking(1990) 提出 x_{in} 的数学期望为

$$E[X_{i,n}] = \frac{n!}{(i-1)!(n-i)!} \int_0^1 x(F)F^{i-1}(1-F)^{n-i}dF \tag{81}$$

高阶线性矩定义为

$$\lambda_1^\eta = E[X_{(\eta+1)(\eta+1)}] \tag{82}$$

$$\lambda_2^\eta = \frac{1}{2}E[X_{(\eta+2)(\eta+2)} - X_{(\eta+1)(\eta+2)}] \tag{83}$$

$$\lambda_3^\eta = \frac{1}{3}E[X_{(\eta+3)(\eta+3)} - 2X_{(\eta+2)(\eta+3)} + X_{(\eta+1)(\eta+3)}] \tag{84}$$

$$\lambda_4^\eta = \frac{1}{4}E[X_{(\eta+4)(\eta+4)} - 3X_{(\eta+3)(\eta+4)} + 3X_{(\eta+2)(\eta+4)} - X_{(\eta+1)(\eta+4)}] \tag{85}$$

式中, λ_1^η 为样本容量为 $\eta+1$ 中最大变量的数学期望, λ_2^η 为样本 $\eta+2$ 中前两个最大变量的数学期望组合值, λ_3^η 为样本 $\eta+3$ 中前三个最大变量的数学期望组合值, λ_4^η 为样本 $\eta+4$ 中前四个最大变量的数学期望组合值.

当 $\eta = 0$ 时, 高阶线性矩转化为普通线性矩 (Hosking, 1990). 随着 η 增高, 高阶线性矩对随机变量的较大值更为依赖. 高阶线性矩的变差系数 τ_2^η、偏态系数 τ_3^η 和峰态系数 τ_4^η 分别为

$$\tau_2^\eta = \frac{\lambda_2^\eta}{\lambda_1^\eta} \tag{86}$$

$$\tau_3^\eta = \frac{\lambda_3^\eta}{\lambda_2^\eta} \tag{87}$$

$$\tau_4^{\eta} = \frac{\lambda_4^{\eta}}{\lambda_2^{\eta}} \tag{88}$$

给定一个排序样本 $x_1 \leqslant x_2 \leqslant \cdots \leqslant x_n$, 高阶线性矩的估计量分别为

$$\hat{\lambda}_1^{\eta} = \frac{1}{{}^nC_{\eta+1}} \sum_{i=1}^{n} {}^{i-1}C_{\eta} x_{(i)} \tag{89}$$

$$\hat{\lambda}_2^{\eta} = \frac{1}{2} \frac{1}{{}^nC_{\eta+2}} \sum_{i=1}^{n} ({}^{i-1}C_{\eta+1} - {}^{i-1}C_{\eta}{}^{n-i}C_1) x_{(i)} \tag{90}$$

$$\hat{\lambda}_3^{\eta} = \frac{1}{3} \frac{1}{{}^nC_{\eta+3}} \sum_{i=1}^{n} ({}^{i-1}C_{\eta+2} - 2{}^{i-1}C_{\eta+1}{}^{n-i}C_1 + {}^{i-1}C_{\eta}{}^{n-i}C_2) x_{(i)} \tag{91}$$

$$\hat{\lambda}_4^{\eta} = \frac{1}{4} \frac{1}{{}^nC_{\eta+4}} \sum_{i=1}^{n} ({}^{i-1}C_{\eta+3} - 3{}^{i-1}C_{\eta+2}{}^{n-i}C_1$$
$$+ 3{}^{i-1}C_{\eta+1}{}^{n-i}C_2 - {}^{i-1}C_{\eta}{}^{n-i}C_3) x_{(i)} \tag{92}$$

$$^nC_i = \frac{n!}{i!(n-i)!} \tag{93}$$

5.3.2　广义极值分布高阶线性矩

广义极值分布的分布函数为

$$F(x) = \begin{cases} \exp\left\{ -\left[1 - \dfrac{k}{\alpha}(x - \xi) \right]^{\frac{1}{k}} \right\}, & k \neq 0 \\ \exp\left\{ -\exp\left[-\dfrac{1}{\alpha}(x - \xi) \right] \right\}, & k = 0 \end{cases} \tag{94}$$

其逆函数形式为

$$x(F) = \begin{cases} \xi + \dfrac{\alpha}{k}\left[1 - (-\ln F)^k \right], & k \neq 0 \\ \xi - \alpha \ln(-\ln F), & k = 0 \end{cases} \tag{95}$$

式中, k 为形状参数, α 为尺度参数, ξ 为位置参数.

当 $k \neq 0$ 时, 即为 Hosking(1985) 给出的 GEV 分布概率权重矩 (PWM)

$$\beta_r = \int_0^1 x(F) F^r dF \tag{96}$$

把式 (94) 和式 (95) 代入式 (96), 可推出

$$(r+1)\beta_r = \xi + \frac{\alpha}{k}\left[1 - \Gamma(1+k)(r+1)^{-k} \right] \tag{97}$$

当 $k = 0$ 时, 式 (94) 为 EVI 型分布 (Gumbel 分布). Greenwood(1979) 给出了 GEV 分布的 PWM

$$(r + 1)\beta_r = \xi + \alpha \left[\varepsilon + \ln(r + 1)\right] \tag{98}$$

式中, $\varepsilon = 0.5772156649 \cdots$ 为欧拉常数.

将式 (97) 代入式 (82)—(85), 可推出 $k \neq 0$ 时, 前 4 阶线性矩分别为

$$\lambda_1^\eta = \xi + \frac{\alpha}{k} \left[1 - \Gamma(1 + k)(\eta + 1)^{-k}\right] \tag{99}$$

$$\lambda_2^\eta = \frac{(\eta + 2)\alpha\Gamma(1 + k)}{2!k} \left[-(\eta + 2)^{-k} + (\eta + 1)^{-k}\right] \tag{100}$$

$$\lambda_3^\eta = \frac{(\eta + 3)\alpha\Gamma(1 + k)}{3!k}$$
$$\left[-(\eta + 4)(\eta + 3)^{-k} + 2(\eta + 3)(\eta + 2)^{-k} - (\eta + 2)(\eta + 1)^{-k}\right] \tag{101}$$

$$\lambda_4^\eta = \frac{(\eta + 4)\alpha\Gamma(1 + k)}{4!k}\left[-(\eta + 6)(\eta + 5)(\eta + 4)^{-k} + 3(\eta + 5)(\eta + 4)(\eta + 3)^{-k}\right.$$
$$\left. - 3(\eta + 4)(\eta + 3)(\eta + 2)^{-k} + (\eta + 3)(\eta + 2)(\eta + 1)^{-k}\right] \tag{102}$$

同样, 将式 (98) 代入式 (82)—(85), 可推出 $k=0$ 时, 前 4 阶线性矩分别为

$$\lambda_1^\eta = \xi + \alpha \left[\varepsilon + \ln(\eta + 1)\right] \tag{103}$$

$$\lambda_2^\eta = \frac{(\eta + 2)\alpha}{2!} \left[\ln(\eta + 2) - \ln(\eta + 1)\right] \tag{104}$$

$$\lambda_3^\eta = \frac{(\eta + 3)\alpha}{3!} \left[(\eta + 4)\ln(\eta + 3) - 2(\eta + 3)\ln(\eta + 2) + (\eta + 2)\ln(\eta + 1)\right] \tag{105}$$

$$\lambda_4^\eta = \frac{(\eta + 4)\alpha}{4!}\left[(\eta + 6)(\eta + 5)\ln(\eta + 4) - 3(\eta + 5)(\eta + 4)\ln(\eta + 3)\right.$$
$$\left. + 3(\eta + 4)(\eta + 3)\ln(\eta + 2) - (\eta + 3)(\eta + 2)\ln(\eta + 1)\right] \tag{106}$$

给定一个样本, 由式 (101), 式 (102), 式 (104)—式 (106) 可推出

$$k = a_0 + a_1[\tau_3^\eta] + a_2[\tau_3^\eta]^2 + a_3[\tau_3^\eta]^3 a_4[\tau_3^\eta]^4 \tag{107}$$

取 k 为 $-0.5 \leqslant k \leqslant 0.5$, 分别令 $\eta = 0, 1, 2, 3, 4$, 计算各阶取值对应的 τ_3^η 值, 按照式 (107) 拟合曲线, 求得式 (107) 的系数, 见表 6.

表 6　不同阶数 η 下式 (107) 的拟合系数

η	a_0	a_1	a_2	a_3	a_4
0	0.2838	−1.7965	0.8200	−0.4821	0.1966
1	0.4814	−2.1433	0.7521	−0.3299	0.1027
2	0.5910	−2.3338	0.6658	−0.2387	0.0632
3	0.6616	−2.4548	0.5898	−0.1798	0.0419
4	0.7111	−2.5387	0.5266	−0.1397	0.0293
5	0.7479	−2.6002	0.4743	−0.1114	0.0213

应用式 (87)、(100) 和式 (101) 计算 τ_3^η，根据表 6 系数，由式 (107) 计算参数 k 的估计值 $\hat{k}$. 利用式 (108) 计算参数 α 的估计值 $\hat{\alpha}(\hat{k} \neq 0)$ 为

$$\hat{\alpha} = \frac{\lambda_2^\eta \times \hat{k} \times 2!}{\Gamma(1+\hat{k})(\eta+2)(-(\eta+2)^{-\hat{k}} + (1+\eta)^{-\hat{k}})} \tag{108}$$

由式 (108) 和式 (109) 可推出参数 ξ 的估计值 $\hat{\xi}(\hat{k} \neq 0)$ 为

$$\hat{\xi} = \hat{\lambda}_1^\eta - \frac{\hat{\alpha}}{\hat{k}}\left(1 - \Gamma\left(1+\hat{k}\right)(\eta+1)^{-\hat{k}}\right) \tag{109}$$

5.3.3　蒙特卡罗试验

采用蒙特卡罗模拟试验研究不同阶线性矩的统计特性和阶数变化对给定重现期设计值的影响.

5.3.3.1　评价标准

本节统计试验采用均方误差 MSE 和偏差 bias 来定量评判估计值的有效性和无偏性.

MSE 越小, 说明方法有效性越好. bias 的绝对值越大表示偏差越大, 当 bias 接近于零时, 则可认为无偏估计. MSE 和 bias 的计算公式为

$$\text{MSE}(\hat{x}_T) = \frac{1}{M_s}\sum_{i=1}^{M_s}[\hat{x}_T(i) - x_T]^2 \tag{110}$$

$$\text{bias}(\hat{x}_T) = \frac{1}{M_s}\sum_{i=1}^{M_s}[\hat{x}_T(i) - x_T] \tag{111}$$

式中, T 为重现期, 取 50, 100 和 200 三个重现期进行分析, x_T 为相应重现期 T 的总体估计值, $\hat{x}_T(i)$ 为第 i 个试验样本相应重现期 T 的估计值, M_s 为试验次数.

5.3.3.2　试验方案

设样本容量为 $n=50$, 位置和尺寸参数分别为 $\xi = 0.0$, $\alpha = 1.0$, 形状参数 $k=-0.5 \sim 0.5$, 阶数 $\eta = 0, 1, 2, 3, 4, 5$ 模拟次数为 $M_s=10000$.

5.3.3.3　试验结果

计算结果见表 7—表11.

表 7　$k=-0.5$时 GEV 分布高阶线性矩参数估计和设计值的 bias 和 MSE

η	$k=-0.5$	$\hat{\xi}$	$\hat{\alpha}$	$\hat{k}$	$\hat{x}_{50}/x_{50}$	$\hat{x}_{100}/x_{100}$	$\hat{x}_{200}/x_{200}$
0	bias	-0.0283	-0.0267	-0.0687	0.0707	0.0711	0.0631
	MSE	0.0309	0.0396	0.0286	273.7921	1378.0732	14.0031
1	bias	-0.0107	-0.0862	-0.0917	0.0836	0.0914	0.0893
	MSE	0.0289	0.0899	0.0418	256.6315	1274.1926	12.8056
2	bias	0.0283	-0.1541	-0.1114	0.0897	0.1041	0.1078
	MSE	0.0395	0.1685	0.0539	253.3644	1242.2329	12.3775
3	bias	0.0840	-0.2236	-0.1279	0.0920	0.1115	0.1195
	MSE	0.0822	0.2826	0.0656	263.0366	1265.0316	12.4178
4	bias	0.1582	-0.3037	-0.1436	0.0924	0.1167	0.1290
	MSE	0.1799	0.4498	0.0776	269.9367	1278.6619	12.4138
5	bias	0.2491	-0.3919	-0.1583	0.0916	0.1204	0.1367
	MSE	0.3610	0.6854	0.0898	278.3277	1298.2335	12.4628

表 8　$k=-0.2$ 时 GEV 分布高阶线性矩参数估计和设计值的 bias 和 MSE

η	$k=-0.2$	$\hat{\xi}$	$\hat{\alpha}$	$\hat{k}$	$\hat{x}_{50}/x_{50}$	$\hat{x}_{100}/x_{100}$	$\hat{x}_{200}/x_{200}$
0	bias	-0.0093	0.0003	-0.0206	0.0073	-0.0019	-0.0156
	MSE	0.0267	0.0204	0.0164	15.9786	48.8865	1.9619
1	bias	-0.0061	-0.0218	-0.0321	0.0146	0.0059	-0.0091
	MSE	0.0270	0.0423	0.0251	16.1352	51.3018	2.1525
2	bias	0.0046	-0.0515	-0.0429	0.0207	0.0137	-0.0009
	MSE	0.0313	0.0765	0.0335	15.8004	51.0788	2.1985
3	bias	0.0219	-0.0835	-0.0521	0.0258	0.0202	0.0060
	MSE	0.0461	0.1264	0.0421	15.7999	51.0979	2.2232
4	bias	0.0485	-0.1246	-0.0617	0.0293	0.0256	0.0125
	MSE	0.0780	0.1975	0.0509	15.7100	50.6353	2.2167
5	bias	0.0835	-0.1720	-0.0713	0.0320	0.0305	0.0186
	MSE	0.1340	0.2965	0.0600	15.6920	50.1787	2.1999

表 9 $k=0$ 时 GEV 分布高阶线性矩参数估计和设计值的 bias 和 MSE

η	$k=0.2$	$\hat{\xi}$	$\hat{\alpha}$	$\hat{k}$	$\hat{x}_{50}/x_{50}$	$\hat{x}_{100}/x_{100}$	$\hat{x}_{200}/x_{200}$
0	bias	−0.0010	0.0011	−0.0090	0.0008	0.0008	0.0009
	MSE	0.0221	0.0160	0.0120	1.1658	1.8379	0.1120
1	bias	0.0007	0.0003	−0.0153	0.0005	0.0004	0.0004
	MSE	0.0300	0.0266	0.0182	1.5352	2.5015	0.1564
2	bias	0.0004	0.0004	−0.0219	0.0005	0.0005	0.0005
	MSE	0.0473	0.0369	0.0247	1.7888	2.9922	0.1908
3	bias	0.0003	0.0012	−0.0269	0.0013	0.0013	0.0012
	MSE	0.0746	0.0480	0.0318	2.0207	3.4570	0.2241
4	bias	0.0004	0.0011	−0.0331	0.0012	0.0012	0.0012
	MSE	0.1115	0.0594	0.0392	2.2057	3.8522	0.2535
5	bias	0.0006	0.0011	−0.0395	0.0012	0.0012	0.0012
	MSE	0.1574	0.0711	0.0470	2.3629	4.2058	0.2806

表 10 $k=0.2$ 时 GEV 分布高阶线性矩参数估计和设计值的 bias 和 MSE

η	$k=0.2$	$\hat{\xi}$	$\hat{\alpha}$	$\hat{k}$	$\hat{x}_{50}/x_{50}$	$\hat{x}_{100}/x_{100}$	$\hat{x}_{200}/x_{200}$
0	bias	−0.0040	0.0042	−0.0038	−0.0031	−0.0079	−0.0137
	MSE	0.0249	0.0129	0.0111	0.4173	0.7399	0.1242
1	bias	−0.0025	−0.0038	−0.0077	−0.0010	−0.0060	−0.0122
	MSE	0.0257	0.0232	0.0151	0.4046	0.7311	0.1260
2	bias	0.0002	−0.0153	−0.0119	0.0008	−0.0041	−0.0107
	MSE	0.0279	0.0400	0.0202	0.3909	0.7160	0.1261
3	bias	0.0041	−0.0268	−0.0143	0.0026	−0.0028	−0.0104
	MSE	0.0338	0.0649	0.0262	0.3866	0.7179	0.1298
4	bias	0.0122	−0.0449	−0.0183	0.0040	−0.0014	−0.0095
	MSE	0.0456	0.0988	0.0324	0.3833	0.7149	0.1312
5	bias	0.0239	−0.0674	−0.0225	0.0053	0.0000	−0.0085
	MSE	0.0650	0.1450	0.0391	0.3812	0.7115	0.1321

表 11　$k = 0.5$ 时 GEV 分布高阶线性矩参数估计和设计值的 bias 和 MSE

η	$k=0.5$	$\hat{\xi}$	$\hat{\alpha}$	$\hat{k}$	$\hat{x}_{50}/x_{50}$	$\hat{x}_{100}/x_{100}$	$\hat{x}_{200}/x_{200}$
0	bias	−0.0034	0.0066	−0.0003	−0.0058	−0.0098	−0.0138
	MSE	0.0248	0.0136	0.0147	0.0508	0.0744	0.0302
1	bias	−0.0020	−0.0006	−0.0036	−0.0031	−0.0066	−0.0101
	MSE	0.0253	0.0215	0.0165	0.0390	0.0565	0.0231
2	bias	−0.0005	−0.0094	−0.0069	−0.0017	−0.0050	−0.0086
	MSE	0.0268	0.0349	0.0205	0.0339	0.0490	0.0203
3	bias	0.0014	−0.0171	−0.0079	−0.0007	−0.0044	−0.0086
	MSE	0.0306	0.0547	0.0261	0.0313	0.0458	0.0195
4	bias	0.0064	−0.0304	−0.0104	0.0001	−0.0037	−0.0081
	MSE	0.0381	0.0811	0.0315	0.0298	0.0434	0.0188
5	bias	0.0137	−0.0473	−0.0133	0.0008	−0.0030	−0.0076
	MSE	0.0498	0.1164	0.0375	0.0288	0.0417	0.0182

由表 7—表 11 可看出, 随着线性矩阶数的升高, 参数估计值和设计值的有效性无偏性均有所改善, 其中 $\eta=2$ 时参数估计值几乎达到无偏. 此外, k 取值变化对参数估计值及设计值的影响非常显著, k 值增大时 (从 −0.5 到 0.5), 各阶线性矩的参数估计值和设计值在有效性方面改善效果明显, 无偏性较稳定, 其中, $\hat{x}_{50}$ 在 $\eta=2$ 时效果最好, $\hat{x}_{100}$ 和 $\hat{x}_{200}$ 在 $\eta=4$ 时效果最好, 说明并非线性矩阶数越高越好, 选用合理的阶数可提高设计值精度. 因此, 根据上述结果分析, 对于重现期相对较小 (50 年以下) 的设计值, 取 2 阶较适宜, 而相对重现期较大 (100 年以上) 的设计值, 取 4 阶较适宜.

5.3.4　应用实例

采用陕西省张家山、状头、刘家河、神木和交口河 5 个水文测站的年最大洪峰资料, 经分析, 资料满足一致性要求, 研究 GEV 型分布的高阶线性矩法进行洪水序列大洪水段的拟合, 资料的基本概况见表 12.

表 12　年最大洪峰资料序列长度

站名	张家山	状头	刘家河	神木	交口河
起止年份	1951—2003	1946—2003	1959—2003	1956—2003	1956-2003
序列长度/年	53	58	45	48	48

5.3.4.1　计算参数估计

计算各站年最大洪峰流量序列取不同阶线性矩时的 GEV 分布参数估计值, 见表 13.

表 13　高阶线性矩法的 GEV 分布参数估计结果

站名	η	$\hat{\xi}$	$\hat{\alpha}$	$\hat{k}$
张家山	0	1196.1027	803.8068	-0.3267
	1	1160.3983	915.9807	-0.2647
	2	1042.6998	1115.9561	-0.1773
	3	843.4878	1388.3007	-0.0830
	4	576.3469	1720.0373	0.0085
	5	251.6554	2106.0297	0.0941
状头	0	496.8430	380.1675	-0.4213
	1	472.5766	443.9329	-0.3568
	2	432.1632	503.4152	-0.3077
	3	381.8799	560.6502	-0.2676
	4	330.4748	610.9052	-0.2369
	5	286.8291	649.2773	-0.2158
刘家河	0	867.7121	705.6254	-0.4048
	1	846.4699	761.4832	-0.3731
	2	756.9630	891.4034	-0.3123
	3	587.3650	1087.5596	-0.2373
	4	345.8491	1339.3501	-0.1591
	5	43.3017	1640.0235	-0.0832
神木	0	1793.2432	1997.2677	-0.2632
	1	1610.4760	2726.5746	-0.0920
	2	1249.5582	3502.5873	0.0424
	3	819.5110	4240.5022	0.1413
	4	410.2314	4862.5082	0.2090
	5	79.0439	5326.2714	0.2520
交口河	0	540.4807	433.7964	-0.4303
	1	525.1528	472.2846	-0.3962
	2	482.1501	532.0995	-0.3520
	3	412.0745	607.9146	-0.3045
	4	329.3958	685.7069	-0.2626
	5	248.0679	755.5025	-0.2297

由表 13 看出, 5 个站点的分布参数估计值随着阶数 η 的增长呈现出相同的变化规律, 即 $\hat{\xi}$ 在减小, $\hat{\alpha}$ 和 $\hat{k}$ 在增大. 所以, 普通线性矩与高阶线性矩的参数估计值存在较大差异.

5.3.4.2　绘制频率曲线

根据表 13 结果, 由式 (95) 计算洪水设计值, 并绘制各站不同阶线性矩的 GEV 分布理论频率曲线拟合图, 如图 4 所示.

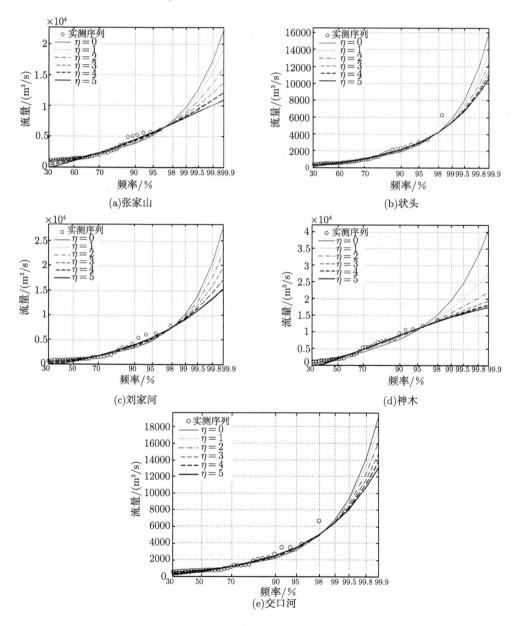

图 4　年最大洪峰序列各阶线性矩频率曲线拟合图

对各站不同阶线性矩法进行比较, 分析理论频率曲线与经验点据的拟合情况. 由图 4可以看出, 5 个测站均随着线性矩阶数的增大, 理论频率曲线和经验点据的拟合效果得到显著改善, 说明本方法计算洪水设计值的偏差小. 此外, 在设计频率大于 99% 的设计洪水中, 高阶线性矩法的外延设计值均小于低阶线性矩法, 表明普通线性矩法计算的大重现期设计值偏大. 因此, 从实测序列值拟合结果可知, 采用高阶线性矩法进行拟合计算时, 大洪峰段取得较好的拟合效果.

5.3.4.3 拟合效果分析

应用累积相对偏差平方和 δ 分析上述不同阶线性矩法对经验点据的拟合效果. 式 (112) 为 $P=50\%$—98% 时, 对应实测值与设计值累积偏差平方和的计算公式.

$$\delta = \sum_{i=i\left|P=50\%\right.}^{i\left|P=98\%\right.} \left(\frac{x_i - \hat{x}_i}{x_i}\right)^2 \tag{112}$$

式中, x_i 为实测值; $\hat{x}_i$ 为设计值. 计算结果见表 14.

表 14   不同阶线性矩法的设计值偏差比较

站名	η					
	0	1	2	3	4	5
张家山	0.0107	0.0080	0.0052	0.0033	0.0022	0.0017
状头	0.0271	0.0220	0.0187	0.0164	0.0151	0.0143
刘家河	0.0269	0.0236	0.0182	0.0134	0.0100	0.0079
神木	0.0093	0.0041	0.0019	0.0010	0.0007	0.0005
交口河	0.0340	0.0302	0.0256	0.0216	0.0189	0.0172

由表 14 看出, 5 站点的 δ 均随着线性矩阶数 η 的升高而减小, 即大洪水段实测值与设计值之间的偏差逐渐减小, 说明大重现期设计值在阶数较高时与实测值更为接近, 这与图 4中的拟合结果相一致. 所以, 通过提高线性矩阶数的方式来拟合序列大洪水段是可行的, 可为外延的大重现期设计值提供有利依据. 综合以上分析, 结合模拟试验可知, 在研究区大重现期设计值计算中, 建议选用不超过 4 阶线性矩.

第6章 基于贝叶斯理论的水文频率分布参数估计

　　基于总体信息和样本信息进行统计推断的统计学称为经典统计学, 其基本观点是将数据样本视作来自具有一定概率分布的总体, 其研究对象是总体, 而不限于样本本身. 经典统计学由数学家高斯和勒让德开创先河, 经过 Pearson、Fisher 和 Neyman 等学者的研究与应用, 形成了经典统计学的理论体系 (茆诗松, 1999).

　　统计学中的另一个主要学派是贝叶斯学派, 基于总体信息、样本信息和先验信息进行统计推断的统计学称为贝叶斯统计学. 它与经典统计学的最主要差别在于利用了先验信息, 贝叶斯统计学通过对先验信息的收集、挖掘和加工, 将其数量化, 形成先验分布参与统计推断, 可以提高统计推断的质量 (茆诗松, 1999). 洪水设计值估计是洪水频率分析的重要部分, 但由于实测系列过短或估计方法的不足, 使得未知参数的估计具有不确定性. 贝叶斯方法综合了先验信息和样本信息, 对未知参数统计特性的描述更为客观和全面. 利用后验分布是贝叶斯推断的核心, 但其常因为表达式中的复杂积分而难于求解, 马尔可夫链蒙特卡罗 (Markov Chain Monte Carlo, MCMC) 法是解决这一问题的有效工具. 本章以实例叙述基于贝叶斯理论的 P-III 型分布参数估计方法.

6.1　贝叶斯推断的基本原理

　　本节引用茆诗松、程依明和濮晓龙 (1999) 的文献, 介绍贝叶斯推断的基本原理. 首先, 我们回顾概率论与数理统计中的贝叶斯公式.

6.1.1　贝叶斯公式

　　设 $B_1, B_2, \cdots, B_n$ 是样本空间 Ω 的一个分割, 即 $B_1, B_2, \cdots, B_n$ 互不相容, 且 $\bigcup_{i=1}^{n} B_i = \Omega$, 如果 $P(A) > 0, P(B_i) > 0, i = 1, 2, \cdots, n$, 则有贝叶斯概率公式

$$P(B_i|A) = \frac{P(B_i) P(A|B_i)}{\sum_{j=1}^{n} P(B_j) P(A|B_j)}, \quad i = 1, 2, \cdots, n \tag{1}$$

　　证明　　由条件概率的定义 $P(B_i|A) = \dfrac{P(AB_i)}{P(A)}$.

根据乘法公式, 有 $P(AB_i) = P(B_i)P(B_i|A)$, 由全概率公式, 有 $P(A) = \sum\limits_{j=1}^{n} P(B_j)P(A|B_j)$, 代入上式, 即得 $P(B_i|A) = \dfrac{P(B_i)P(A|B_i)}{\sum\limits_{j=1}^{n} P(B_j)P(A|B_j)}$.

对于随机变量 X 和 Y, 假定其联合密度函数为 $p(x,y)$, 它们的边际分布密度分别为 $p_X(x)$ 和 $p_Y(x)$, 根据条件密度函数定义, 给定 $X=x$ 和 $Y=y$ 下, 二者的条件密度函数分别

$$p(x|y) = \frac{p(x,y)}{p_Y(y)} \tag{2}$$

$$p(y|x) = \frac{p(x,y)}{p_X(x)} \tag{3}$$

式 (2) 和式 (3) 也可表示为

$$p(x,y) = p_X(x)p(y|x) \tag{4}$$

$$p(x,y) = p_Y(y)p(x|y) \tag{5}$$

对式 (4) 和式 (5) 中 $p(x,y)$ 求随机变量 X 和 Y 边际密度函数, 即可得以全概率公式密度函数形式表示的边际分布密度

$$p_X(x) = \int_{-\infty}^{\infty} p_Y(y)p(x|y)\,dy \tag{6}$$

$$p_Y(y) = \int_{-\infty}^{\infty} p_X(x)p(y|x)\,dx \tag{7}$$

将式 (4) 代入式 (2) 的分子, 式 (6) 代入式 (2) 的分母, 有

$$p(x|y) = \frac{p_X(x)p(y|x)}{\int_{-\infty}^{\infty} p_X(x)p(y|x)\,dx} \tag{8}$$

同样, 将式 (7) 代入式 (3) 的分子, 式 (5) 代入式 (3) 的分母, 有

$$p(y|x) = \frac{p_Y(y)p(x|y)}{\int_{-\infty}^{\infty} p_Y(y)p(x|y)\,dy} \tag{9}$$

式 (9) 称为连续变量用密度函数表示的贝叶斯公式.

6.1.2　贝叶斯理论

贝叶斯统计推断使用 3 种信息. ①总体信息, 即总体分布或总体所属分布族提供的信息. ②样本信息, 即抽取样本所得观测值提供的信息. ③先验信息, 即抽样 (试验) 之前有关统计问题的一些信息. 一般说来, 先验信息来源于经验和历史资料.

基于上述 3 种信息进行统计推断的统计学称为贝叶斯统计学. 贝叶斯学派认为任一未知量 θ 均可采用概率分布来描述随机变量, 这个分布称为先验分布. 样本获得之后, 人们可以将总体分布、样本与先验分布通过贝叶斯公式结合起来, 最后得到一个关于未知量 θ 新的分布 —— 后验分布. 任何关于 θ 的统计推断都应该基于 θ 的后验分布进行. 这就是贝叶斯的基本观点. 贝叶斯统计学与经典统计学的差别在于是否利用先验信息. 贝叶斯统计不仅重视使用总体信息和样本信息, 而且利用先验信息的收集和进一步的挖掘和加工, 通过数量化处理, 形成先验分布, 在统计推断中使用先验分布, 提高统计推断的质量.

6.1.2.1　贝叶斯公式的密度函数

(1) 总体依赖于参数 θ 的概率函数在经典统计学中记为 $p(x;\theta)$, 它表示参数空间 Θ 中不同的 θ 对应不同的分布, 在贝叶斯统计中应记为 $p(x|\theta)$, 它表示在随机变量 θ 取某个给定值时总体的条件概率函数.

(2) 根据参数 θ 的先验信息确定先验分布 $\pi(\theta)$.

(3) 贝叶斯统计认为, 样本 $\boldsymbol{X}=(x_1,\cdots,x_n)$ 的产生分两步进行. 首先设想从先验分布 $\pi(\theta)$ 产生一个样本 θ_0. 第二步从 $p(\boldsymbol{X}|\theta_0)$ 中产生一组样本 $\boldsymbol{X}=(x_1,\cdots,x_n)$, 则样本 $\boldsymbol{X}=(x_1,\cdots,x_n)$ 的联合概率函数为

$$p(\boldsymbol{X}|\theta_0)=p(x_1,\cdots,x_n|\theta_0)=\prod_{i=1}^{n}p(x_i|\theta_0) \tag{10}$$

这个分布综合了总体信息和样本信息.

(4) 由于 θ_0 是设想出来的, 仍然是未知的, 它是按先验分布 $\pi(\theta)$ 产生的. 为把先验信息综合进去, 不只能考虑 θ_0, 对 θ 的其他值发生的可能性也要加以考虑, 所以, 要用 $\pi(\theta)$ 进行综合, 则样本 $\boldsymbol{X}=(x_1,\cdots,x_n)$ 和参数 θ 的联合分布为

$$h(\boldsymbol{X},\theta)=p(\boldsymbol{X}|\theta)\pi(\theta) \tag{11}$$

式 (11) 联合分布把总体信息、样本信息和先验信息三种可用信息都综合进去了.

(5) 我们的目的是要对未知参数 θ 进行统计推断, 在没有样本信息时, 我们只能依据先验分布对 θ 进行推断. 当有了样本观测值 $\boldsymbol{X}=(x_1,\cdots,x_n)$ 后, 可以依据 $h(\boldsymbol{X},\theta)$ 对 θ 进行推断. 若把 $h(\boldsymbol{X},\theta)$ 作如下分解

$$h(\boldsymbol{X},\theta)=\pi(\theta|\boldsymbol{X})m(\boldsymbol{X}) \tag{12}$$

式中, $m(\boldsymbol{X})$ 为 $\boldsymbol{X}$ 的边际概率密度函数, $m(\boldsymbol{X})=\displaystyle\int_{\Theta}h(\boldsymbol{X},\theta)\,d\theta=\int_{\Theta}p(\boldsymbol{X}|\theta)\pi(\theta)\,d\theta$.

$m(\boldsymbol{X})$ 与 θ 无关, 不含有 θ 的任何信息. 因此, 用来对 θ 进行推断的仅是条件分布 $\pi(\theta|\boldsymbol{X})$, 即

$$\pi(\theta|\boldsymbol{X}) = \frac{h(\boldsymbol{X}, \theta)}{m(\boldsymbol{X})} = \frac{p(\boldsymbol{X}|\theta)\,\pi(\theta)}{\displaystyle\int_{\Theta} p(\boldsymbol{X}|\theta)\,\pi(\theta)\,d\theta} \tag{13}$$

式 (13) 为用密度函数表示的贝叶斯公式, 这个条件分布称为 θ 的后验分布. 它集中了先验分布有关 θ 的一切信息, 也是用总体和样本对先验分布 $\pi(\theta)$ 作调整的结果, 它要比 $\pi(\theta)$ 更接近 θ 的实际情况.

如果 θ 为离散分布时, 先验分布可用先验分布列 $\pi(\theta_i)$, $i = 1, 2, \cdots$ 表示, 其后验分布也是离散形式.

$$\pi(\theta_i|\boldsymbol{X}) = \frac{h(\boldsymbol{X}, \theta_i)}{m(\boldsymbol{X})} = \frac{p(\boldsymbol{X}|\theta_i)\,\pi(\theta_i)}{\displaystyle\sum_j p(\boldsymbol{X}|\theta_j)\,\pi(\theta_j)}, \quad i = 1, 2, \cdots \tag{14}$$

对于实测数据 $\boldsymbol{X} = (x_1, \cdots, x_n)$, 假定其满足独立同分布 $f(x|\theta)$, 式 (13) $p(\boldsymbol{X}|\theta) = l(\boldsymbol{X}|\theta) = f(x_1, \cdots, x_n|\theta) = \displaystyle\prod_{i=1}^{n} f(x_i|\theta)$, 也称为似然函数. 可以看出 $\displaystyle\int_{\Theta} p(\boldsymbol{X}|\theta)\,\pi(\theta)\,d\theta = m(\boldsymbol{X})$ 为 θ 的取值空间上的积分函数, 因而它不是参数 θ 的函数. 有时, 在实际应用中, 将式 (13) 的后验分布写为先验分布与似然函数的乘积形式, 即

$$\pi(\theta|\boldsymbol{X}) \propto \pi(\theta)\,l(\boldsymbol{X}|\theta) \tag{15}$$

式 (15) 表示的后验分布实际上是模型参数 θ 在实测数据 $\boldsymbol{X} = (x_1, \cdots, x_n)$ 给定下的条件分布密度. 利用后验分布是贝叶斯推断的核心. 实际中, 人们更关心的是用后验分布的特性 (矩、后验分布分位数) 进行推断, 假定模型参数分布为 $f(\theta)$, 上述这些后验量均可归结为关于参数后验分布期望函数计算, 即关于式 (15) 的积分计算. 对于简单的后验分布, 可以直接计算式 (15) 或利用正态近似、数值积分、静态蒙特卡罗积分等近似方法.

$$f(\theta|\boldsymbol{X}) = \frac{\displaystyle\int_{\Theta} f(\theta)\,\pi(\theta)\,p(\boldsymbol{X}|\theta)\,d\theta}{\displaystyle\int_{\Theta} \pi(\theta)\,p(\boldsymbol{X}|\theta)\,d\theta} \tag{16}$$

式 (16) 中参数 θ 为高维、非标准形式时, 其求积分值是相当困难的. 实际中, 一般采用 MCMC 法进行积分, 它是贝叶斯计算的一种行之有效的计算方法. 假定

$\boldsymbol{X} = (x_1, \cdots, x_n)$, 其分布为 $\pi(\boldsymbol{X})$, 也称为似然函数, 有

$$E\left[f\left(\boldsymbol{X}\right)\right] = \frac{\int f\left(\boldsymbol{X}\right)\pi\left(\boldsymbol{X}\right)d\boldsymbol{X}}{\int \pi\left(\boldsymbol{X}\right)d\boldsymbol{X}} \tag{17}$$

6.1.2.2 贝叶斯估计

由后验分布 $\pi(\theta|\boldsymbol{X})$ 估计 θ 有三种常用方法. ①使用后验分布的密度函数最大值点作为 θ 点估计的最大后验估计. ②使用后验分布的中位数作为 θ 点估计的后验中位数估计. ③使用后验分布的均值作为 θ 点估计的后验期望估计. 实际中, 使用最多的是后验期望估计, 一般也简称为贝叶斯估计, 记为 $\hat{\theta}_R$.

例 1　设某事件 A 在一次试验中发生的概率为 θ, 为估计 θ, 对试验进行了 n 次独立观测, 其中事件 A 发生了 X 次, $X|\theta \sim b(n, \theta)$, 即 $P(X = x|\theta) = \begin{pmatrix} n \\ x \end{pmatrix}\theta^x$. $(1-\theta)^{n-x}$, $x = 0, 1, \cdots, n$. 假若我们在试验前对事件 A 没有事先了解, 从而对其发生的概率 θ 也没有任何信息. 在这种情况下, 贝叶斯建议采用 "同等无知" 的原则适用区间 $(0, 1)$ 上的均匀分布 $U(0, 1)$ 作为 θ 的先验分布. 因为它取 $(0, 1)$ 上的每一点的机会均等. 试根据贝叶斯统计观点, 求出 θ 的后验分布.

X 和 θ 的联合分布为

$$h(x, \theta) = \begin{pmatrix} n \\ x \end{pmatrix}\theta^x (1-\theta)^{n-x}, \quad x = 0, 1, \cdots, n; \quad 0 < \theta < 1$$

而 X 的边际分布为

$$m(x) = \begin{pmatrix} n \\ x \end{pmatrix}\int_0^1 \theta^x (1-\theta)^{n-x} d\theta = \begin{pmatrix} n \\ x \end{pmatrix}\frac{\Gamma(x+1)\Gamma(n-x+1)}{\Gamma(n+2)}$$

则 $\pi(\theta|x) = \dfrac{h(x, \theta)}{m(x)} = \dfrac{\begin{pmatrix} n \\ x \end{pmatrix}\theta^x (1-\theta)^{n-x}}{\begin{pmatrix} n \\ x \end{pmatrix}\dfrac{\Gamma(x+1)\Gamma(n-x+1)}{\Gamma(n+2)}} = \dfrac{\Gamma(n+2)}{\Gamma(x+1)\Gamma(n-x+1)}$

$\theta^{(x+1)-1}(1-\theta)^{(n-x+1)-1}$, 即 $\theta|x \sim \text{Be}(x+1, n-x+1)$, $\hat{\theta}_B = E(\theta|x) = \dfrac{x+1}{n+2}$.

假如不用先验信息, 只用总体信息与样本信息, 则事件 A 发生的概率的最大似然估计为 $\hat{\theta}_M = \dfrac{x}{n}$.

例 2　设 $\boldsymbol{X} = (x_1, \cdots, x_n)$ 为服从正态分布 $N(\mu, \sigma_0^2)$ 的一个样本, 其中 σ_0^2 已知, μ 未知. 假设 μ 的先验分布也服从正态分布 $N(\theta, \tau^2)$, 其中先验均值 θ 和先验方差 τ^2 均已知, 试求 μ 的贝叶斯估计.

样本 $\boldsymbol{X}$ 的分布和 μ 的先验分布分别为

$$p\left(\boldsymbol{X}|\mu\right) = \left(2\pi\sigma_0^2\right)^{-n/2} \exp\left[-\frac{1}{2\sigma_0^2}\sum_{i=1}^{n}\left(x_i - \mu\right)^2\right]$$

$\boldsymbol{X}$ 与 μ 的联合分布为

$$h\left(\boldsymbol{X},\mu\right) = k_1 \exp\left\{-\frac{1}{2}\left[\frac{n\mu^2 - 2n\mu\overline{x} + \sum\limits_{i=1}^{n}x_i^2}{\sigma_0^2} + \frac{\mu^2 - 2\theta\mu + \theta^2}{\tau^2}\right]\right\}$$

其中, $\overline{x} = \dfrac{1}{n}\sum\limits_{i=1}^{n}x_i$, $k_1 = (2\pi)^{-(n+1)/2}\tau^{-1}\sigma_0^{-n}$. 记 $A = \dfrac{n}{\sigma_0^2} + \dfrac{1}{\tau^2}$, $B = \dfrac{n\overline{x}}{\sigma_0^2} + \dfrac{\theta}{\tau^2}$,

$C = \dfrac{\sum\limits_{i=1}^{n}x_i^2}{\sigma_0^2} + \dfrac{\theta^2}{\tau^2}$, 则

$$h\left(\boldsymbol{X},\mu\right) = k_1 \exp\left[-\frac{1}{2}\left(A\mu^2 - 2B\mu + C\right)\right] = k_1 \exp\left[-\frac{(\mu - B/A)^2}{2/A} - \frac{1}{2}(C - B^2/A)\right].$$

显然 A, B, C 均与 μ 无关, 样本的边际密度函数为

$$m\left(\boldsymbol{X}\right) = \int_{-\infty}^{\infty} h\left(\boldsymbol{X},\mu\right)d\mu = k_1\exp\left[-\frac{1}{2}(C - B^2/A)\right](2\pi/A)^{1/2}$$

应用贝叶斯公式, 即可得后验分布

$$\pi\left(\mu|\boldsymbol{X}\right) = \frac{h\left(\boldsymbol{X},\mu\right)}{m\left(\boldsymbol{X}\right)} = (2\pi/A)^{1/2}\exp\left[-\frac{1}{2/A}\left(\mu - B/A\right)^2\right]$$

这说明在样本给定后, μ 的后验分布为 $N\left(B/A, 1/A\right)$, 即 $\mu|\boldsymbol{X} \sim N\left(\dfrac{n\overline{x}\sigma_0^{-2} + \theta\tau^{-2}}{n\sigma_0^{-2} + \tau^{-2}}\right.$,

$\left.\dfrac{1}{n\sigma_0^{-2} + \tau^{-2}}\right)$. 后验均值即为贝叶斯估计 $\hat{\mu} = \dfrac{n/\sigma_0^2}{n/\sigma_0^2 + 1/\tau^2}\overline{x} + \dfrac{1/\tau^2}{n/\sigma_0^2 + 1/\tau^2}\theta$.

6.2 马尔可夫链蒙特卡罗法

马尔可夫链蒙特卡罗 (Monte Carlo) 法的基本思想是通过建立一个平稳分布 $\pi(x)$ 的马尔可夫链, 对抽样 $\pi(x)$, 得到 $\pi(x)$ 的样本, 根据这些样本可以进行各种统计推断.

6.2.1　蒙特卡罗数值积分

根据马尔可夫链蒙特卡罗的基本思想, 假定通过抽样获得 $\pi(\boldsymbol{X})$ 的样本 X_t, $t = 1, \cdots, n$, 则蒙特卡罗数值积分法通过式 (18) 来计算 $E[h(\boldsymbol{X})]$.

$$E[h(\boldsymbol{X})] = \int_{-\infty}^{\infty} h(\boldsymbol{X}) \pi(x) dx \approx \frac{1}{n} \sum_{t=1}^{n} h(\boldsymbol{X}_t) \tag{18}$$

假定有积分 $I = \int_a^b h(x) dx = \int_a^b h(x) \cdot (b-a) \frac{1}{b-a} dx = \int_a^b w(x) \cdot \pi(x) dx$, 其中, $w(x) = h(x) \cdot (b-a)$, $\pi(x) = \frac{1}{b-a}$. 显然, 根据概率论原理, 有

$$I = \int_a^b h(x) dx = \int_a^b w(x) \cdot \pi(x) dx = E[w(x)] \tag{19}$$

式中, X 服从均匀分布 $U(a,b)$, 如果抽取服从均匀分布 $U(a,b)$ 的样本 $x_1, x_2, \cdots, x_n$, 根据概率论原理, 有

$$I = \int_a^b h(x) dx \approx \frac{1}{n} \sum_{i=1}^{n} w(x_i) \tag{20}$$

例 3　计算 $I = \int_0^2 x^3 dx$.

不难看出, $I = \int_0^2 x^3 dx = 4$. 采用蒙特卡罗数值积分公式 (20), $h(x) = x^3$, 积分可写为

$$I = \int_0^2 x^3 dx = \int_0^2 (2-0) x^3 \frac{1}{2-0} dx, \quad w(x) = (2-0) x^3 = 2x^3, \quad \pi(x) = \frac{1}{2-0}$$

给定 $n = 20000$, 编写程序, 抽取服从均匀分布 $U(0,2)$ 的样本, 有 $I = \int_0^2 x^3 dx \approx 4.0032$.

例 4　计算圆周率 π(Murohy, 2006).

我们知道, 半径 r 的圆面积为 πr^2, 其面积由积分 $I = \int_{-r}^{r} \int_{-r}^{r} I(x^2 + y^2 \leqslant r) dx dy$, 式中, I 为指示函数 $I(x^2 + y^2 \leqslant r) = \begin{cases} 1, & x^2 + y^2 \leqslant r, \\ 0, & x^2 + y^2 > r, \end{cases}$ 则 $\pi = \frac{I}{r^2}$, $-r \leqslant x \leqslant r$, $-r \leqslant y \leqslant r$. 采用蒙特卡罗数值积分公式 (20), 积分可写为

$$\begin{aligned} I &= \int_{-r}^{r} \int_{-r}^{r} I(x^2 + y^2 \leqslant r) dx dy \\ &= \int_{-r}^{r} \int_{-r}^{r} [r - (-r)] \cdot [r - (-r)] I(x^2 + y^2 \leqslant r) \frac{1}{r-(-r)} \cdot \frac{1}{r-(-r)} dx dy \end{aligned}$$

$$= \int_{-r}^{r} \int_{-r}^{r} 4r^2 I\left(x^2 + y^2 \leqslant r\right) \frac{1}{r-(-r)} \cdot \frac{1}{r-(-r)} dxdy$$

$w(x) = 4r^2 I\left(x^2 + y^2 \leqslant r\right), \pi(x) = \dfrac{1}{r-(-r)} \cdot \dfrac{1}{r-(-r)}$. 给定 $n = 20000$, 编写程序, 抽取 X 服从均匀分布 $U(-r,r)$、Y 服从均匀分布 $U(-r,r)$ 的样本, 经计算, 有 $\pi = 3.14162$.

6.2.2 马尔可夫链

马尔可夫链是一个随机序列的下一个状态值取决于前一个状态值, $X_0, X_1, \cdots$, 对于 $t \geqslant 0$, 其分布为 $P(X_{t+1}|X_t)$. $P(X_{t+1}|X_t)$ 也称为转移核. 本节中假定转移核不依赖于时间 t, 维持链的时间一致性. 一个重要的问题是怎样解决使马尔可夫链对初值的敏感程度. 对于给定某一条件下, 马尔可夫链将会遗忘初值最终收敛于一个平稳分布 ψ.

MCMC 方法可归结为以下 3 个步骤.

(1) 选择一个 "合适" 的马尔可夫链, 使其转移核为 $P(X_{t+1}|X_t)$, 满足 $\pi(X)$ 具备相应的平稳分布 ψ.

(2) 从某一点初值 X_0 出发, 用马尔可夫链产生点序列 $X_2, X_2, \cdots, X_n$, n 足够大.

(3) 假定马尔可夫链进行了 m 次迭代计算 (m 足够大), 数据点 X_t, $t = m+1, \cdots, n$ 满足平稳分布 ψ, 忽略 m 次迭代值, 用剩余的 $n-m$ 个数据点代替期望值.

$$E[f(\boldsymbol{X})] \approx \frac{1}{n-m} \sum_{t=m+1}^{n} f(\boldsymbol{X}_t) \tag{21}$$

式 (21) 中的 m 称为预热次数 (burn-in). Geyer(1992) 建议, 当 n 足够大时, 预热次数可取 $(1\% \sim 2\%)n$. 在马尔可夫链蒙特卡罗法中, 满足平稳分布 ψ 条件而构造的 Markov 链期望是我们要求的 $\pi(X)$, $\pi(X)$ 也称为目标分布. 通常采用 Metropolis-Hastings 和 Gibbs 抽样、Metropolis 抽样、独立抽样和随机移动, 本节先介绍一般方法, 然后叙述其特例形式.

6.2.2.1 Metropolis-Hastings 抽样

Metropolis-Hastings 抽样通过服从建议分布 $q(\cdot|X_t)$ 的候选点 (candidate point) γ 获得 $t+1$ 时刻的状态. 一个例子是 $q(\cdot|X_t)$ 为具有均值 X_t 和固定协方差的多元正态分布. 一般要求建议分布 $q(\cdot|X_t)$ 尽可能为简单形式, 便于计算. 马尔可夫链下一个状态被接受为候选点的概率为

$$\alpha(X_t, \gamma) = \min\left\{1, \frac{\pi(\gamma)q(X_t|\gamma)}{\pi(X_t)q(\gamma|X_t)}\right\} \tag{22}$$

Metropolis-Hastings 抽样的步骤为

(1) 给定初值 X_0, 置 $t = 0$.

(2) 从分布 $q(\cdot|X_t)$ 产生一个候选点 γ.

(3) 从均匀分布 $(0,1)$ 产生 U.

(4) 如 $U \leqslant \alpha(X_t, \gamma)$, 置 $X_{t+1} = \gamma$; 否则 $X_{t+1} = X_t$.

(5) 置 $t = t+1$, 重复步骤 (2)—(5).

例 5　　应用 Metropolis-Hastings 抽样产生服从柯西分布 $f(x) = \dfrac{1}{\pi(1+x^2)}$, $-\infty < x < \infty$.

应用 Matlab 程序, 取 $n = 10000$, 模拟目标分布 $f(x) = \dfrac{1}{\pi(1+x^2)}$, 取转移核分布为正态分布 $q(\cdot|X_t) = \dfrac{1}{2\sqrt{2\pi}}e^{-\frac{1}{2}\left(\frac{x-\bar{x}}{2}\right)^2}$, 绘制后 500 个点柯西分布图, 如图 1 所示. 图 1 表明模拟柯西分布密度条形图与计算密度一致.

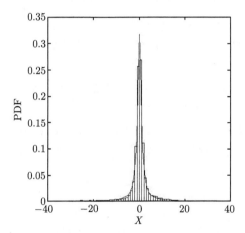

图 1　Metropolis-Hastings 抽样产生服从柯西分布

给定不同初值 $X_0 = [-1.4235, 0.6781, 0.4884, 1.1489]$, 取 $n = 1000$, 4 次柯西分布随机数模拟如图 2 所示, 表明不论初值取什么值, X_t 最终收敛于同一平稳分布.

例 6　　利用 Metropolis-Hastings 抽样法抽取一个服从一维正态混合分布的样本, 其分布密度函数为

$$\pi(x) = w_1 N(x|\mu_1, \sigma_1) + w_2 N(x|\mu_2, \sigma_2), \quad w_1 = 0.3, \quad w_2 = 0.7$$

$$\mu_1 = 0, \quad \sigma_1 = 2; \quad \mu_2 = 10, \quad \sigma_2 = 2$$

按照上述 Metropolis-Hastings 抽样法原理, 选取一维正态分布为建议分布 $q(x'|x) \sim N(x'|x, \sigma_p)$, 取 $\sigma_p = 10$, 抽样样本长度 $N = 5000$. 编写程序进行计算, 计算结果如图 3 所示.

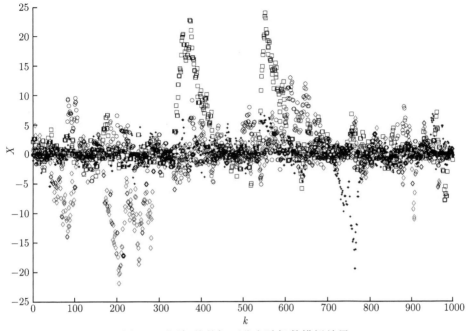

图 2 不同初值的柯西分布随机数模拟结果

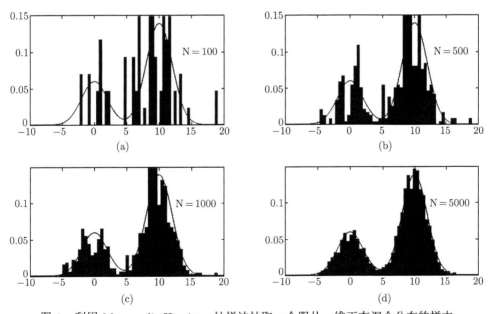

图 3 利用 Metropolis-Hastings 抽样法抽取一个服从一维正态混合分布的样本

6.2.2.2　Metropolis 抽样

Metropolis 抽样是 Metropolis-Hastings 抽样的最初方法, 建议分布采用对称分布, 即对于所有 γ 和 X, 有

$$q\left(\gamma|X\right) = q\left(X|\gamma\right) \tag{23}$$

若建议分布采用正态分布, 则有 $q\left(\gamma|X\right) = N\left(\gamma, x, \sigma\right) = \dfrac{1}{\sqrt{2\pi}\sigma} e^{-\frac{(\gamma-x)^2}{2\sigma^2}}$, $q\left(X|\gamma\right) = N\left(x, \gamma, \sigma\right) = \dfrac{1}{\sqrt{2\pi}\sigma} e^{-\frac{(x-\gamma)^2}{2\sigma^2}}$, 显然, $q\left(\gamma|X\right) = q\left(X|\gamma\right) = N\left(\gamma-x, 0, \sigma\right) = N(x-\gamma, 0, \sigma)$.

如前所述, 具有平均值 X 和固定协方差的多元正态分布是建议分布采用对称分布的一个例子. 由于建议分布采用对称分布, 因此, 它的接受点数据概率为

$$
\begin{aligned}
\alpha\left(X_t, \gamma\right) &= \min\left\{1, \frac{\pi\left(\gamma\right) q\left(X_t|\gamma\right)}{\pi\left(X_t\right) q\left(\gamma|X_t\right)}\right\} \\
&= \min\left\{1, \frac{\pi\left(\gamma\right) q\left(X_t|\gamma\right)}{\pi\left(X_t\right) q\left(X_t|\gamma\right)}\right\} \\
&= \min\left\{1, \frac{\pi\left(\gamma\right)}{\pi\left(X_t\right)}\right\}
\end{aligned} \tag{24}
$$

Metropolis 抽样的步骤为

(1) 给定初值 X_0, 置 $t = 0$.

(2) 从分布 $q\left(\cdot|X_t\right)$ 产生一个候选点 γ.

(3) 从均匀分布 $(0, 1)$ 产生 U.

(4) 如 $U \leqslant \alpha\left(X_t, \gamma\right)$, 置 $X_{t+1} = \gamma$; 否则 $X_{t+1} = X_t$.

(5) 置 $t = t + 1$, 重复步骤 (2)—(5).

当建议分布为 $q\left(\gamma|X\right) = q\left(|X - \gamma|\right)$ 时, 抽样称为随机移动 Metropolis. 则当 Z 采用增量随机变量时, 候选点 $\gamma = X_t + Z$. 在采用 Metropolis-Hastings 抽样, 理解建议分布的尺度参数影响算法的有效性是非常重要的. 例 7 和例 8 将说明这一问题.

例 7　假定建议分布采用正态分布, 其尺度参数 σ 分别取 0.5, 0.1 和 10. 这个例子说明较大的尺度值产生较差的模拟分布, 如图 4 所示, 图 (a) 在 50—500 次迭代后收敛于目标分布, 而图 (b) 和 (c) 则由于尺度参数的不合适而慢速收敛于目标分布.

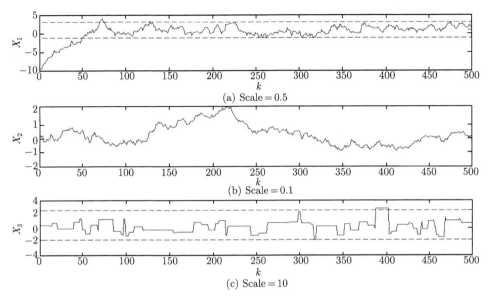

图 4 不同尺度对建议分布产生目标分布的影响

6.2.2.3 独立抽样

独立抽样的建议分布为 $q(\gamma|X) = q(\gamma)$, 点数据接受概率为

$$\alpha(X_t, \gamma) = \min\left\{1, \frac{\pi(\gamma)q(X_t)}{\pi(X_t)q(\gamma)}\right\} \tag{25}$$

令 $w(X) = \dfrac{\pi(X)}{q(X)}$, 则式 (25) 可写为

$$\alpha(X_t, \gamma) = \min\left\{1, \frac{w(\gamma)}{w(X_t)}\right\} \tag{26}$$

一般情况下, 独立抽样的效果可能很好, 也可能不好. 通常, 要使独立抽样有好的效果, 建议分布 $q(\cdot|X_t)$ 应接近于 $\pi(X)$, 比较安全的办法是 $q(\cdot|X_t)$ 的尾比 $\pi(X)$ 重.

6.2.2.4 自适应 Metropolis 抽样

与上述 MCMC 算法, 自适应 Metropolis(adaptive metropolis, AM) 抽样不再需要事先给定参数的建议分布, 而是由后验参数的协方差矩阵在每一次迭代后自适应地调整来抽取参数样本 (梁忠民等, 2009; Heikki et al., 2001). 自适应 Metropolis 抽样的基本原理和计算步骤如下 (梁忠民等, 2009).

设第 t 次迭代时参数的建议分布为均值 θ_t、协方差 C_t 的多元正态分布. 协方差计算公式如式 (27), 在初始 $t \leqslant t_0$ 次迭代中, 协方差矩阵 C_t 取固定值 C_0, $t > t_0$

次迭代后, 进行自适应更新.

$$C_t = \begin{cases} C_0, & t \leqslant t_0 \\ S_d \mathrm{cov}\left(\theta_0, \theta_1, \cdots, \theta_{t-1}\right) + S_d \cdot \varepsilon \cdot I_d, & t > t_0 \end{cases} \tag{27}$$

式中, ε 为较小的正数, 一般取 $\varepsilon = 10^{-5}$, 以保证 C_t 为非奇异矩阵; S_d 为比例因子, 依赖于参数维数 d, 并保证接受率在合适范围内, 一般取 $S_d = \dfrac{2.4^2}{d}$; I_d 为单位矩阵. 第 $t+1$ 次迭代的协方差矩阵 C_{t+1} 可由下式计算

$$C_{t+1} = \frac{t-1}{t}C_t + \frac{S_d}{t}\left[t \cdot \overline{\theta}_{t-1}\overline{\theta}_{t-1}^{\mathrm{T}} - (t+1)\overline{\theta}_t\overline{\theta}_t^{\mathrm{T}} + \overline{\theta}_t\overline{\theta}_t^{\mathrm{T}} + \varepsilon \cdot S_d\right] \tag{28}$$

式中, $\overline{\theta}_{t-1}$ 和 $\overline{\theta}_t$ 为第 $t-1$、t 次迭代参数的均值.

自适应 Metropolis 抽样的步骤为

(1) 初始化 $t = 0$, 给定协方差矩阵 C_0.

(2) 按照多元建议正态分布 $N\left(\theta_{t-1}, C_0\right)$ 产生新参数 θ^*.

(3) 计算接受率 $\alpha = \min\left\{1, \dfrac{\pi\left(\theta^*\right)q\left(\theta_{t-1}|\theta^*\right)}{\pi\left(\theta_{t-1}\right)q\left(\theta^*|\theta_{t-1}\right)}\right\}$.

(4) 产生 [0,1] 区间均匀分布随机数 r, 确定接受新参数, 即 $\theta_t = \begin{cases} \theta^*, & r \leqslant \alpha, \\ \theta_{t-1}, & r > \alpha. \end{cases}$

(5) 重复步骤 (2)—(4), 直到产生足够的抽样样本为止.

6.2.2.5　自回归产生密度

自回归产生密度 (autoregressive generating density) 是利用一阶自回归过程获得候选点的方法.

$$\gamma = a + B\left(X_t - a\right) + Z_t \tag{29}$$

式中, a 为向量; B 为矩阵; a 和 B 均与 X_t 满足式 (24) 运算的维数一致要求; Z 具有分布密度 q.

例 8　选用二维正态分布为目标分布, 其参数为 $\mu = \begin{bmatrix} 1 \\ 2 \end{bmatrix}$, $\Sigma = \begin{bmatrix} 1.0 & 0.9 \\ 0.9 & 1.0 \end{bmatrix}$. 利用自回归产生密度, 应用 Metropolis-Hastings 抽样模拟给定的目标分布.

取 $n = 6000$, burn-in(预热次数) 为 400, 借助于 Matlab 程序产生二维正态分布随机数. 经模拟样本计算有

$\hat{\mu} = \begin{bmatrix} 1.0193 \\ 2.0151 \end{bmatrix}$, $\hat{\Sigma} = \begin{bmatrix} 1.0637 & 0.9818 \\ 0.9818 & 1.0849 \end{bmatrix}$. 模拟样本如图 5 所示.

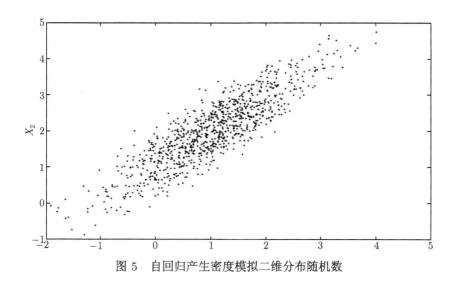

图 5 自回归产生密度模拟二维分布随机数

6.2.2.6 Gibbs 抽样

Gibbs 抽样虽然是 Metropolis-Hastings 抽样的一个特例, 但是, 它的不同点在于: ①我们总是接受一个候选点; ②我们必须知道满足条件分布. 以下, 我们将以 2 维分布和多变量 (维数大于 2) 分布为例叙述其算法.

1) 二维分布 Gibbs 抽样

对于二维联合分布密度 $f(x_1, x_2)$, 令 $\boldsymbol{X}_t = (X_{t,1}, X_{t,2})$, 通过 $f(x_1|x_2)$ 和 $f(x_2|x_1)$ 来产生服从 $f(x_1, x_2)$ 的 2 维随机数. 其步骤如下:

a. 产生初值 $\boldsymbol{X}_t = (X_{0,1}, X_{t,2})$, 置 $t = 0$.

b. 从 $f(X_{t,1}|X_{t,2} = x_{t,2})$ 产生 $X_{t,1}$.

c. 从 $f(X_{t,2}|X_{t+1,1} = x_{t+1,1})$ 产生 $X_{t,2}$.

d. 置 $t = t + 1$. 重复步骤 b 至 d.

例 9 考虑二维分布 $f(x, y) \propto \begin{pmatrix} n \\ x \end{pmatrix} y^{x+\alpha-1} y^{n-x+\beta-1}$, 其中 $x = 0, 1, \cdots, n$, $0 \leqslant y \leqslant 1$. 用二维分布 Gibbs 抽样估计 X 的边际分布 $f(X)$.

忽略 n, α 和 β 间的相依性, 则条件分布 $f(x|y)$ 为具有参数 n 和 y 的二项式分布 Binomial(n, y), $f(y|x)$ 为具有参数 $x + \alpha$ 和 $n - x + \beta$ 的 Beta 分布 Beta $(x + \alpha, n - x + \beta)$, 则有 $\hat{f}(x) = \dfrac{1}{k - m} \sum\limits_{i=m+1}^{k} f(x|y_i)$, 取 $k = 1000$, $m = 500$, $\alpha = 2$, $\beta = 4$ 和 $n = 16$, 利用 Matlab 程序, 产生的密度图如图 6 所示.

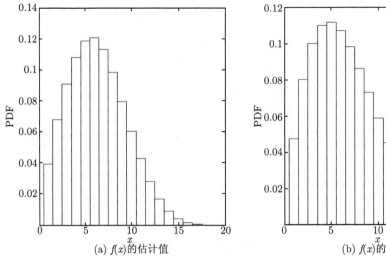

(a) $f(x)$ 的估计值　　　　　　　　(b) $f(x)$ 的理论值

图 6　二维分布 Gibbs 抽样估计 $\boldsymbol{X}$ 的边际分布

而 $\boldsymbol{X}$ 的边际分布密度为 $f(x) = \begin{pmatrix} n \\ x \end{pmatrix} \dfrac{\Gamma(\alpha + \beta)}{\Gamma(\alpha)\Gamma(\beta)} \dfrac{\Gamma(x + \alpha)\Gamma(n - x + \beta)}{\Gamma(\alpha + \beta + n)}.$

2) 多维分布 Gibbs 抽样

对于多维联合分布密度 $f(x_1, x_2, \cdots, x_d)$, 令 $\boldsymbol{X}_t = (X_{t,1}, X_{t,2}, \cdots, X_{t,d})$, 产生服从 $f(x_1, x_2, \cdots, x_d)$ 的随机数的步骤如下:

a. 产生初值 $\boldsymbol{X}_t = (X_{0,1}, X_{0,2}, \cdots, X_{0,d})$, 置 $t = 0$.

b. 从 $f(X_{t,1} | X_{t,2} = x_{t,2}, \cdots, X_{t,d} = x_{t,d})$ 产生 $X_{t,1}$.

c. 从 $f(X_{t,2} | X_{t+1,1} = x_{t+1,1}, X_{t,3} = x_{t,3}, \cdots, X_{t,d} = x_{t,d})$ 产生 $X_{t,2}$.

$$\vdots$$

从 $f(X_{t,d} | X_{t+1,1} = x_{t+1,1}, X_{t+1,2} = x_{t+1,2}, \cdots, X_{t+1,d-1} = x_{t+1,d-1})$ 产生 $X_{t,d}$.

d. 置 $t = t + 1$. 重复步骤 b 至 d.

例 10　选用二维正态分布为目标分布, 其参数为 $\boldsymbol{\mu} = \begin{bmatrix} 1 \\ 2 \end{bmatrix}$, $\boldsymbol{\Sigma} = \begin{bmatrix} 1.0 & 0.9 \\ 0.9 & 1.0 \end{bmatrix}$. 利用自回归产生密度, 应用 Metropolis-Hastings 抽样模拟给定的目标分布.

取 $n = 6000$, 预热次数为 4000, 借助于 Matlab 程序产生二维正态分布随机数. 经模拟样本计算有

$$\hat{\boldsymbol{\mu}} = \begin{bmatrix} 1.0988 \\ 2.0971 \end{bmatrix}, \quad \hat{\boldsymbol{\Sigma}} = \begin{bmatrix} 1.0783 & 0.9717 \\ 0.9717 & 1.0720 \end{bmatrix}.$$ 模拟样本如图 7 所示.

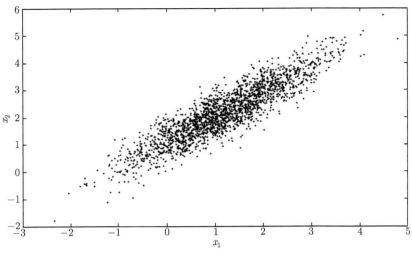

图 7 Gibbs 抽样法模拟二维分布随机数

例 11 张伟平 (2007) 实例. 假定每年发生灾难数服从泊松分布, 在 k 年前其均值为 θ, k 年后, 每年发生灾难数服从均值为 λ 的泊松分布, 即 $\gamma_i \sim \text{Poisson}(\theta)$, $i = 1, \cdots, k$; $\gamma_i \sim \text{Poisson}(\lambda)$, $i = k+1, \cdots, n$. 其参数服从 gamma 分布, 即 $\theta \sim \text{gamma}(a_1, b_1)$, $\lambda \sim \text{gamma}(a_2, b_2)$, $b_1 \sim \text{gamma}(c_1, d_1)$, $b_2 \sim \text{gamma}(c_2, d_2)$. $k = 1, \cdots, 112$ 表示年序号 (本例共有 112 年); θ, λ 和 k 相互独立, 经推导有以下条件分布:

$$\theta|\gamma, \quad \lambda, b_1, b_2, \ k \sim \text{gamma}\left(a_1 + \sum_{i=1}^{k} \gamma_i, k + b_1\right)$$

$$\lambda|\gamma, \quad \theta, b_1, b_2, \ k \sim \text{gamma}\left(a_2 + \sum_{i=k+1}^{n} \gamma_i, n - k + b_2\right)$$

$$b_1|\gamma, \quad \theta, \lambda, b_2, \ k \sim \text{gamma}(a_1 + c_1, \theta + d_1)$$

$$b_2|\gamma, \quad \theta, \lambda, b_1, \ k \sim \text{gamma}(a_2 + c_2, \lambda + d_2)$$

$$f(k|\gamma, \theta, \lambda, b_1, b_2) = \frac{L(\gamma, k, \theta, \lambda)}{\sum\limits_{j=1}^{n} L(\gamma, j, \theta, \lambda)}$$

似然函数为 $L(\gamma, k, \theta, \lambda) = \exp\left[k(\lambda - \theta)\right]\left(\dfrac{\theta}{\lambda}\right)^{\sum\limits_{i=1}^{k} \gamma_i}$

编写程序, 模拟序列如图 8 所示.

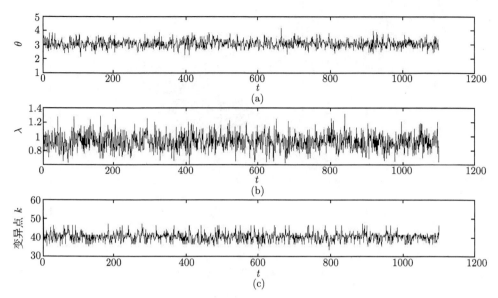

图 8   Gibbs 抽样法模拟参数分布随机数

6.2.3   MCMC 数值积分举例

Genz(2007) 给出了几个 MCMC 的数值积分, 是学习马尔可夫链蒙特卡罗数值积分的典型实例应用. 本节引用他的例子和程序, 介绍 MCMC 数值积分. Genz(2007) 认为 $\int_D g(\boldsymbol{X})\,dx = \int_D h(\boldsymbol{X})\,p(x)\,dx = E[h(\boldsymbol{X})] \approx \dfrac{1}{N}\sum_{t=1}^{N} h(\boldsymbol{X}_t)$, 其中, $g(\boldsymbol{X})$ 为积分函数; D 为积分空间, $p(x)$ 为 $\boldsymbol{X}$ 的密度函数, 即把 $g(\boldsymbol{X})$ 在 D 中的积分转换为 $h(\boldsymbol{X})$ 的数学期望值, 通过 MCMC 法, 积分值近似等于 $h(\boldsymbol{X}_t)$ 样本的均值. 可以看出, 将 $g(\boldsymbol{X})$ 分解为一个函数 $h(\boldsymbol{X})$ 和密度函数 $p(x)$ 的乘积形式是 MCMC 数值积分的关键.

6.2.3.1   Metropolis-Hastings 抽样

Metropolis-Hastings(H-M) 算法通常用于状态 $\boldsymbol{X}$ 的邻近域元素抽样, $q(\boldsymbol{X},\boldsymbol{Y})$ 为 $\boldsymbol{X}$ 的邻近域集的分布. 例如, 从 $\boldsymbol{X}$ 的邻近域采用均匀或正态分布抽样, 则 $q(\boldsymbol{X},\boldsymbol{Y}) = q(\boldsymbol{Y},\boldsymbol{X})$, $\alpha(\boldsymbol{X},\boldsymbol{Y}) = \min\left\{\dfrac{p(\boldsymbol{Y})}{p(\boldsymbol{X})},1\right\}$. 选择 $\boldsymbol{X}\in D$, 令抽样次数为 N, 则其算法为:

For i=1 to N

(1) 从 $\boldsymbol{X}$ 的邻近域产生 $\boldsymbol{Y}$.

(2) 计算 $p(\boldsymbol{Y})$.

(3) 产生一个均匀分布随机数向量 $\boldsymbol{U}$, 若 $\boldsymbol{U} < \dfrac{p(\boldsymbol{Y})}{p(\boldsymbol{X})}$, 则 $\boldsymbol{X}$ 的新值为 $\boldsymbol{X}_n = \boldsymbol{Y}$.

(4) 置 $V_n = h(\boldsymbol{X}_n)$.

End

(5) 计算 V_n 的均值 $\bar{V}$, 则 $\displaystyle\int_D g(\boldsymbol{X})\, dx \approx \bar{V}$.

例 12 应用 Metropolis-Hastings 算法计算 $V = \displaystyle\int_0^1 \int_0^1 \int_0^1 xyz \ln(x+2y+3z) \cdot$ $\sin(x+y+z)\, dxdydz$.

令 $C = \displaystyle\int_0^1 \int_0^1 \int_0^1 \sin(x+y+z) dxdydz$, 选择 $p(x,y,z) = \dfrac{\sin(x+y+z)}{C}$, 则原积分转换为

$$
\begin{aligned}
V &= \int_0^1 \int_0^1 \int_0^1 xyz \ln(x+2y+3z) \sin(x+y+z) dxdydz \\
&= C \int_0^1 \int_0^1 \int_0^1 xyz \ln(x+2y+3z)\, p(x,y,z) dxdydz \\
&\approx \frac{1}{N} \sum_{t=1}^N C x_t y_t z_t \ln(x_t + 2y_t + 3z)
\end{aligned}
$$

假定 $\boldsymbol{X}$ 的邻近域为 $\dfrac{1}{4}$ 范围内的点集, 则 $\boldsymbol{Y} = \boldsymbol{X} + \left(\dfrac{\boldsymbol{U}}{2} - \dfrac{1}{4}\right)$, $\boldsymbol{U}$ 为服从 $(0,1)$ 的均匀分布随机向量. 按照 Metropolis-Hastings 算法候选点接受概率 $\alpha(\boldsymbol{X}, \boldsymbol{Y})$, 若 $\boldsymbol{Y} \in [0,1]^3$ 和 $\boldsymbol{U} < \dfrac{p(\boldsymbol{Y})}{p(\boldsymbol{X})}$ 条件满足, 则 $\boldsymbol{Y}$ 被接受. 本例选择 $\boldsymbol{X}$ 的初值为 $\boldsymbol{X} = \left(\dfrac{1}{2}, \dfrac{1}{2}, \dfrac{1}{2}\right)$, 则计算步骤为:

For $i=1$ to N

(1) $\boldsymbol{Y} = \boldsymbol{X} + \left(\dfrac{\boldsymbol{U}}{2} - \dfrac{1}{4}\right)$.

(2) 计算 $p(\boldsymbol{Y})$.

(3) 若 $\boldsymbol{Y} \in [0,1]^3$ 和 $\boldsymbol{U} < \dfrac{p(\boldsymbol{Y})}{p(\boldsymbol{X})}$ 条件满足, 则置 $\boldsymbol{X} = \boldsymbol{Y}$.

(4) 计算 $V_n = C\boldsymbol{X}_1 \boldsymbol{X}_2 \boldsymbol{X}_3 \ln(\boldsymbol{X}_1 + 2\boldsymbol{X}_2 + 3\boldsymbol{X}_3)$.

End

(5) 计算 V_n 的均值 $\bar{V}$.

$$
\begin{aligned}
C &= \int_0^1 \int_0^1 \int_0^1 \sin(x+y+z)\, dxdydz \\
&= \left(\int_0^1 \int_0^1 -\cos(x+y+z)\, dxdy\right)_{z=1} - \left(\int_0^1 \int_0^1 -\cos(x+y+z)\, dxdy\right)_{z=0} \\
&= -\int_0^1 \int_0^1 \cos(x+y+1)\, dxdy + \int_0^1 \int_0^1 \cos(x+y)\, dxdy
\end{aligned}
$$

$$= -\left\{\left[\int_0^1 \sin(x+y+1)\,dx\right]_{y=1} - \left[\int_0^1 \sin(x+y+1)\,dx\right]_{y=0}\right\}$$

$$+ \left\{\left[\int_0^1 \sin(x+y)\,dx\right]_{y=1} - \left[\int_0^1 \sin(x+y)\,dx\right]_{y=0}\right\}$$

$$= -\int_0^1 \sin(x+2)\,dx + \int_0^1 \sin(x+1)\,dx + \int_0^1 \sin(x+1)\,dx - \int_0^1 \sin(x)\,dx$$

$$= -\{[-\cos(x+2)]_{x=1} - [-\cos(x+2)]_{x=0}\} + \{[-\cos(x+1)]_{x=1} - [-\cos(x+1)]_{x=0}\}$$

$$+ \{[-\cos(x+1)]_{x=1} - [-\cos(x+1)]_{x=0}\} - \{[-\cos(x)]_{x=1} - [-\cos(x)]_{x=0}\}$$

$$= -\{-\cos(3) + \cos(2)\} + \{-\cos(2) + \cos(1)\} + \{-\cos(2) + \cos(1)\} - \{-\cos(1) + 1\}$$

$$= \cos(3) - \cos(2) - \cos(2) + \cos(1) - \cos(2) + \cos(1) - 1$$

$$= \cos(3) - 3\cos(2) + 3\cos(1) - 1$$

$$\frac{p(\boldsymbol{Y})}{p(\boldsymbol{X})} = \frac{\dfrac{\sin(Y_1 + Y_2 + Y_3)}{C}}{\dfrac{\sin(X_1 + X_2 + X_3)}{C}} = \frac{\sin(Y_1 + Y_2 + Y_3)}{\sin(X_1 + X_2 + X_3)}$$

运用 Matlab 程序, 则积分值 $V = 0.1445$.

例 13　应用Metropolis-Hastings算法计算 $V = \displaystyle\int_{-\infty}^{\infty}\int_{-\infty}^{\infty} xe^{-(x^2y^2+x^2+y^2-8x-8y)/2}\Big/ Cdxdy$, $C \approx 20216.336$.

令 $p(x,y) = e^{-(x^2y^2+x^2+y^2-8x-8y)/2}\Big/C$, 则原积分为

$$V = \int_{-\infty}^{\infty}\int_{-\infty}^{\infty} xp(x,y)\,dxdy \approx \frac{1}{N}\sum_{t=1}^{N} x_t$$

$$\frac{p(\boldsymbol{Y})}{p(\boldsymbol{X})} = \frac{\dfrac{p(Y_1, Y_2)}{C}}{\dfrac{p(X_1, X_2)}{C}} = \frac{e^{-(y_1^2 y_2^2 + y_1^2 + y_2^2 - 8y_1 - 8y_2)/2}}{e^{-(x_1^2 x_2^2 + x_1^2 + x_2^2 - 8x_1 - 8x_2)/2}}$$

本例选择 $\boldsymbol{X}$ 的初值为 $\boldsymbol{X} = (0,0)$, 则计算步骤为:

For $i=1$ to N

　　(1) $\boldsymbol{Y} = \boldsymbol{X} + 2\boldsymbol{Z}$, $\boldsymbol{Z} \sim N(0,1)$.

　　(2) 计算 $p(\boldsymbol{Y})$.

　　(3) 若 $\boldsymbol{Y} \in [0,1]^3$ 和 $U < \dfrac{p(\boldsymbol{Y})}{p(\boldsymbol{X})}$ 条件满足, 则置 $\boldsymbol{X} = \boldsymbol{Y}$.

　　(4) 计算 $V_n = \boldsymbol{X}_1$.

　　End

运用 Matlab 程序, 则积分值 $V = 1.8290$.

6.2.3.2 Gibbs 抽样

令抽样次数为 N, 从 $\boldsymbol{X}$ 的邻近域产生 $\boldsymbol{X}_0 = (x_{0,1}, x_{0,2}, \cdots, x_{0,d})$. 则其算法为:

For n=1 to N

(1) 置 $i \in U$, U 为 $(0,1)$ 区间均匀分布随机数.

(2) 从 $f(X_{t,1}|X_{t,2} = x_{t,2}, \cdots, X_{t,d} = x_{t,d})$ 产生 $X_{t,1}$;

从 $f(X_{t,2}|X_{t+1,1} = x_{t+1,1}, X_{t,3} = x_{t,3}, \cdots, X_{t,d} = x_{t,d})$ 产生 $X_{t,2}$.

$$\vdots$$

从 $f(X_{t,d}|X_{t+1,1} = x_{t+1,1}, X_{t+1,2} = x_{t+1,2}, \cdots, X_{t+1,d-1} = x_{t+1,d-1})$ 产生 $X_{t,d}$.

(3) 置 $V_n = h(\boldsymbol{X}_t)$.

End

(4) 计算 V_n 的均值 $\bar{V}$, 则 $\int_D g(\boldsymbol{X})\,dx \approx \bar{V}$.

例 14　应用 Gibbs 抽样算法计算 $V = \int_0^1 \int_0^1 \int_0^1 xyz \ln(x + 2y + 3z) \sin(x + y + z)dxdydz$.

令 $C = \int_0^1 \int_0^1 \int_0^1 \sin(x + y + z)dxdydz = \cos(3) - 3\cos(2) + 3\cos(1) - 1, p(x, y, z) = \dfrac{\sin(x + y + z)}{C}$, 则原积分转换为

$$V = \int_0^1 \int_0^1 \int_0^1 xyz \ln(x + 2y + 3z) \sin(x + y + z)dxdydz$$

$$= C \int_0^1 \int_0^1 \int_0^1 xyz \ln(x + 2y + 3z) p(x, y, z)dxdydz$$

根据条件密度公式有

$$p(x|y, z) = \frac{p(x, y, z)}{p(y, z)}, \quad p(y|x, z) = \frac{p(x, y, z)}{p(x, z)}, \quad p(z|x, y) = \frac{p(x, y, z)}{p(x, y)}$$

$$p(y, z) = \int_0^1 p(x, y, z)\,dx = \frac{1}{C} \int_0^1 \sin(x + y + z)\,dx = \frac{1}{C}\left[-\cos(x + y + z)\right]_{x=0}^{x=1}$$

$$= \frac{1}{C}\left[-\cos(1 + y + z) + \cos(y + z)\right] = \frac{1}{C}\left[\cos(y + z) - \cos(1 + y + z)\right]$$

同理, 有 $p(x, y) = \dfrac{1}{C}\left[\cos(x + y) - \cos(1 + x + y)\right]$, $p(x, z) = \dfrac{1}{C}[\cos(x + z) - \cos(1 + x + z)]$.

根据条件概率分布与条件密度公式, 有

$$F(x|y, z) = \int_0^x p(x|y, z)\,dx = \int_0^x \frac{p(x, y, z)}{p(y, z)}dt = \frac{1}{p(y, z)} \int_0^x p(x, y, z)\,dt$$

$$= \frac{C}{\cos(y+z) - \cos(1+y+z)} \int_0^x \frac{\sin(x+y+z)}{C} dt$$

$$= \frac{1}{\cos(y+z) - \cos(1+y+z)} \int_0^x \sin(x+y+z) dt$$

$$= \frac{1}{\cos(y+z) - \cos(1+y+z)} \left[-\cos(x+y+z) \right]_{t=0}^{t=x}$$

$$= \frac{\cos(y+z) - \cos(x+y+z)}{\cos(y+z) - \cos(1+y+z)}$$

同理, 有

$$F(y|x,z) = \frac{\cos(x+z) - \cos(x+y+z)}{\cos(x+z) - \cos(1+x+z)}, \quad F(z|x,y) = \frac{\cos(x+y) - \cos(x+y+z)}{\cos(x+y) - \cos(1+x+y)}$$

以 $F(x|y,z) = \dfrac{\cos(y+z) - \cos(x+y+z)}{\cos(y+z) - \cos(1+y+z)}$ 为例, 假定 $U = F(x|y,z)$, 则在给定 y 和 z 条件下, 由 $F(x|y,z)$ 产生的 x 值推导如下: 由 $U = \dfrac{\cos(y+z) - \cos(x+y+z)}{\cos(y+z) - \cos(1+y+z)}$, 知

$$\cos(y+z) - \cos(x+y+z) = U\left[\cos(y+z) - \cos(1+y+z)\right]$$

$$\cos(x+y+z) = \cos(y+z) - U\left[\cos(y+z) - \cos(1+y+z)\right]$$

$$x = \arccos\left\{\cos(y+z) - U\left[\cos(y+z) - \cos(1+y+z)\right]\right\} - (y+z)$$

同理, 假定 $U = F(y|x,z)$, 则在给定 x 和 z 条件下, 由 $F(y|x,z)$ 产生的 y 值为

$$y = \arccos\left\{\cos(x+z) - U\left[\cos(x+z) - \cos(1+x+z)\right]\right\} - (x+z)$$

假定 $U = F(z|x,y)$, 则在给定 x 和 y 条件下, 由 $F(z|x,y)$ 产生的 z 值为

$$z = \arccos\left\{\cos(x+y) - U\left[\cos(x+y) - \cos(1+x+y)\right]\right\} - (x+y)$$

令初值 $\boldsymbol{X}_0 = \left(\dfrac{1}{2}, \dfrac{1}{2}, \dfrac{1}{2}\right)$, 其计算步骤为:

For $n=1$ to N

(1) 置 $i = [3U]$, $i = 1, \cdots, d$, $[\ ]$ 为取整函数, U 服从 $(0,1)$ 区间的均匀分布随机数.

(2) 令 $S_{-i} = \displaystyle\sum_{j=1,j\neq i}^{d} x_{j,n}$, 从 $U = F(x_{i,n}|x_{1,n}, \cdots, x_{j,n} \cdots, x_{d,n}; j=1, \cdots, d; j\neq i)$ 产生 $x_{t+1,i}$, 则 $x_{t+1,n} = \arccos\left\{\cos(S_{-i}) - U\left[\cos(S_{-i}) - \cos(1+S_{-i})\right]\right\} - S_{-i}$.

(3) 计算 $V_n = h(\boldsymbol{X}_{n+1})$, $\boldsymbol{X}_{n+1} = (X_{t,1}, \cdots, X_{t+1,i}, \cdots, X_{t,d})$.

End

(4) 计算 V_n 的均值 $\bar{V}$, 则 $\displaystyle\int_D g(\boldsymbol{X})\,dx \approx \bar{V}$.

运用 Matlab 程序, 则积分值 $V = 14463$.

例 15 应用 Gibbs 抽样算法计算 $V = \displaystyle\int_{-\infty}^{\infty}\int_{-\infty}^{\infty} \frac{xe^{-\left(x^2y^2+x^2+y^2-8x-8y\right)/2}}{C}\,dxdy$, $C \approx 20216.336$.

令

$$p(x,y) = e^{-\left(x^2y^2+x^2+y^2-8x-8y\right)/2}\Big/ C$$

$$
\begin{aligned}
p(x,y) &= \frac{1}{C}e^{-\left(x^2y^2+x^2+y^2-8x-8y\right)/2}\\
&= \frac{1}{C}e^{-\left(\frac{y^2}{2}+\frac{8y}{2}-\frac{16}{2(1+y^2)^2}\right)}e^{-\frac{1+y^2}{2}\left(x^2-\frac{8x}{1+y^2}+\frac{16}{(1+y^2)^2}\right)}\\
&= \frac{1}{C}\sqrt{2\pi}\sqrt{\frac{1}{1+y^2}}e^{-\left(\frac{y^2}{2}+\frac{8y}{2}-\frac{16}{2(1+y^2)^2}\right)}\frac{1}{\sqrt{2\pi}\sqrt{\dfrac{1}{1+y^2}}}e^{-\frac{1+y^2}{2}\left(x^2-\frac{8x}{1+y^2}+\frac{16}{(1+y^2)^2}\right)}\\
&= g(y)\frac{1}{\sqrt{2\pi}\sqrt{\dfrac{1}{1+y^2}}}e^{-\frac{1+y^2}{2}\left(x^2-\frac{8x}{1+y^2}+\frac{16}{(1+y^2)^2}\right)}
\end{aligned}
$$

$$
\begin{aligned}
g(y) &= \frac{1}{C}\sqrt{2\pi}\sqrt{\frac{1}{1+y^2}}e^{-\left(\frac{y^2}{2}+\frac{8y}{2}-\frac{16}{2(1+y^2)^2}\right)}\\
&= g(y)\frac{1}{\sqrt{2\pi}\sqrt{\dfrac{1}{1+y^2}}}e^{-\frac{1+y^2}{2}\left(x-\frac{4}{1+y^2}\right)^2}
\end{aligned}
$$

$$
\begin{aligned}
p(x) &= \int_{-\infty}^{\infty}p(t,y)\,dt = g(y)\int_{-\infty}^{\infty}\frac{1}{\sqrt{2\pi}\sqrt{\dfrac{1}{1+y^2}}}e^{-\frac{1+y^2}{2}\left(t-\frac{4}{1+y^2}\right)^2}\,dt\\
&= g(y)\cdot 1 = g(y)
\end{aligned}
$$

由 $p(x|y) = \dfrac{p(x,y)}{p(x)}$, 有

$$
\begin{aligned}
F(x|y) &= \int_{-\infty}^{x}p(t|y)\,dt = \int_{-\infty}^{x}\frac{p(t,y)}{p(x)}\,dt\\
&= \int_{-\infty}^{x}\frac{g(y)\dfrac{1}{\sqrt{2\pi}\sqrt{\dfrac{1}{1+y^2}}}e^{-\frac{1+y^2}{2}\left(t-\frac{4}{1+y^2}\right)^2}}{g(y)}\,dt\\
&= \int_{-\infty}^{x}\frac{1}{\sqrt{2\pi}\sqrt{\dfrac{1}{1+y^2}}}e^{-\frac{1+y^2}{2}\left(t-\frac{4}{1+y^2}\right)^2}\,dt
\end{aligned}
$$

即 $F(x|y)$ 等于均值为 $\dfrac{4}{1+y^2}$、方差为 $\dfrac{1}{1+y^2}$ 的正态分布, 则假定 $U = F(x|y)$, 则在给定 y 条件下, 由 $F(x|y)$ 产生的 x 值为 $x = F^{-1}(x|y) = N^{-1}\left(U, \dfrac{4}{1+y^2}, \dfrac{1}{1+y^2}\right)$.

6.3　P-III 型分布的贝叶斯估计参数方法

本节以正偏 P-III 型分布为例, 说明贝叶斯估计水文频率分布参数的原理和方法. 由第 2 章, 我们有正偏 P-III 型分布的密度函数 $f(x) = \dfrac{1}{\beta \cdot \Gamma(\alpha)}\left(\dfrac{x-a_0}{\beta}\right)^{\alpha-1} \cdot e^{-\frac{x-a_0}{\beta}}$, $\beta > 0$, $x \geqslant a_0$. 给定观测样本 $x_1, x_2, \cdots, x_n$, 有似然函数 $L(\boldsymbol{\theta}|x) = \prod\limits_{i=1}^{n} f(x_i) = \prod\limits_{i=1}^{n} \dfrac{1}{\beta \cdot \Gamma(\alpha)}\left(\dfrac{x_i-a_0}{\beta}\right)^{\alpha-1} e^{-\frac{x_i-a_0}{\beta}}$, 其中, $\boldsymbol{\theta} = [\alpha, \beta, a_0]$. 设参数的先验分布为 $\pi(\boldsymbol{\theta})$, 根据本节贝叶斯估计理论, 有 P-III 型分布参数的后验分布 $\pi(\boldsymbol{\theta}|x)$

$$\pi(\boldsymbol{\theta}|x) = \frac{L(\boldsymbol{\theta}|x)\pi(\boldsymbol{\theta})}{\displaystyle\int_{\boldsymbol{\theta}_a}^{\boldsymbol{\theta}_b} L(\boldsymbol{\theta}|x)\pi(\boldsymbol{\theta})\,d\boldsymbol{\theta}} \propto L(\boldsymbol{\theta}|x)\pi(\boldsymbol{\theta}) \tag{30}$$

式中, $\boldsymbol{\theta}_a$, $\boldsymbol{\theta}_b$ 分别为参数 $\boldsymbol{\theta}$ 的取值上、下限值.

由贝叶斯估计理论, 参数函数 $\hat{g}(\boldsymbol{\theta})$ 估计值为

$$\hat{g}(\boldsymbol{\theta}) = \int_{\boldsymbol{\theta}_a}^{\boldsymbol{\theta}_b} g(\boldsymbol{\theta})\pi(\boldsymbol{\theta}|x)\,d\boldsymbol{\theta} = E[g(\boldsymbol{\theta})|x] \approx \frac{1}{N}\sum_{i=1}^{N} g\left(\boldsymbol{\theta}^{(i)}\right) \tag{31}$$

式中, $\boldsymbol{\theta}^{(i)}, \boldsymbol{\theta}^{(2)}, \cdots, \boldsymbol{\theta}^{(N)}$ 为来自 P-III 型分布参数的后验分布 $\pi(\boldsymbol{\theta}|x)$ 的容量为 N 的样本; $g\left(\boldsymbol{\theta}^{(i)}\right)$ 为样本 $\boldsymbol{\theta}^{(i)}, \boldsymbol{\theta}^{(2)}, \cdots, \boldsymbol{\theta}^{(N)}$ 的函数; $\boldsymbol{\theta}_a$, $\boldsymbol{\theta}_b$ 为 P-III 型分布参数 $\boldsymbol{\theta}$ 取值的下限和上限.

式 (31) 表明只要抽取来自 P-III 型分布参数后验分布 $\pi(\boldsymbol{\theta}|x)$ 的样本 $\boldsymbol{\theta}^{(i)}, \boldsymbol{\theta}^{(2)}, \cdots, \boldsymbol{\theta}^{(N)}$, 可根据 P-III 型分布的累积概率分布计算出累积概率分布序列, 给定设计频率, 利用 P-III 型分布逆函数计算分位数序列, 再计算出累积概率分布序列和分位数序列的均值, 最后获得 P-III 型分布的累积概率分布和给定设计频率下的设计值.

根据 Smith(2005)、鲁帆和严登华 (2013)GEV 分布参数贝叶斯估计设置, 保证 $\beta > 0$, 取 $\phi = \ln\beta$, 则 $\boldsymbol{\theta} = [\begin{array}{ccc} \alpha, & \phi, & a_0 \end{array}]$, 参数 α, ϕ 和 a_0 的先验分布为正态分布,

即

$$
\begin{cases}
\pi_\alpha\left(\alpha\right) = N\left(0, \sigma_\alpha^2\right) = \dfrac{1}{\sqrt{2\pi} \times \sigma_\alpha} e^{-\frac{\alpha^2}{2\sigma_\alpha^2}} \\[2mm]
\pi_\phi\left(\phi\right) = N\left(0, \sigma_\phi^2\right) = \dfrac{1}{\sqrt{2\pi} \times \sigma_\phi} e^{-\frac{\phi^2}{2\sigma_\phi^2}} \\[2mm]
\pi_{a_0}\left(a_0\right) = N\left(0, \sigma_{a_0}^2\right) = \dfrac{1}{\sqrt{2\pi} \times \sigma_{a_0}} e^{-\frac{a_0^2}{2\sigma_{a_0}^2}}
\end{cases}
\tag{32}
$$

式中, σ_α^2, σ_ϕ^2 和 $\sigma_{a_0}^2$ 分别为先验分布 $\pi_\alpha\left(\alpha\right)$, $\pi_\phi\left(\phi\right)$ 和 $\pi_{a_0}\left(a_0\right)$ 分布的方差.

假定 α, ϕ 和 a_0 的先验分布独立, 则参数 $\boldsymbol{\theta}$ 的先验分布 $\pi\left(\boldsymbol{\theta}\right)$ 为

$$
\pi\left(\boldsymbol{\theta}\right) = \pi_\alpha\left(\alpha\right) \cdot \pi_\phi\left(\phi\right) \cdot \pi_{a_0}\left(a_0\right)
\tag{33}
$$

参数 $\boldsymbol{\theta}$ 的后验分布 $\pi\left(\boldsymbol{\theta}|x\right)$ 为

$$
\pi\left(\boldsymbol{\theta}|x\right) \propto \pi_\alpha\left(\alpha\right) \cdot \pi_\phi\left(\phi\right) \cdot \pi_{a_0}\left(a_0\right) \cdot L\left(\boldsymbol{\theta}|x\right)
\tag{34}
$$

选取参数抽样的建议分布为正态分布, 即

$$
\begin{cases}
q_\alpha\left(\alpha_t\right) = N\left(\alpha_{t-1}, \omega_\alpha^2\right) = \dfrac{1}{\sqrt{2\pi} \times \omega_\alpha} e^{-\frac{(\alpha_t - \alpha_{t-1})^2}{2\omega_\alpha^2}} \\[2mm]
q_\phi\left(\phi_t\right) = N\left(\phi_{t-1}, \omega_\phi^2\right) = \dfrac{1}{\sqrt{2\pi} \times \omega_\phi} e^{-\frac{(\phi_t - \phi_{t-1})^2}{2\omega_\phi^2}} \\[2mm]
q_{a_0}\left(a_{0t}\right) = N\left(a_{0t-1}, \omega_{a_0}^2\right) = \dfrac{1}{\sqrt{2\pi} \times \omega_{a_0}} e^{-\frac{(a_{0t} - a_{0t-1})^2}{2\omega_{a_0}^2}}
\end{cases}
\tag{35}
$$

式中, ω_α^2, ω_ϕ^2 和 $\omega_{a_0}^2$ 分别为建议分布 $q_\alpha\left(\alpha\right)$, $q_\phi\left(\phi\right)$ 和 $q_{a_0}\left(a_0\right)$ 分布的方差; α_t, ϕ_t, a_{0t}, α_{t-1}, ϕ_{t-1}, $a_{0,t-1}$ 分别为参数 α, ϕ 和 a_0 第 t 和第 $t-1$ 次的抽样值.

综合以上公式, 有以下 MCMC 的 Metropolis-Hastings 算法.

(1) 设置抽样样本容量 N, 预热抽样次数, 先验分布, 先验分布方差 σ_α^2, σ_ϕ^2 和 $\sigma_{a_0}^2$, 建议分布方差 ω_α^2, ω_ϕ^2 和 $\omega_{a_0}^2$. 给定初始参数值 $\boldsymbol{\theta}_0 = \begin{bmatrix} \alpha_0 \\ \phi_0 \\ a_{00} \end{bmatrix}$, 设置抽样次数 $t = 1$.

(2) 应用正态分布随机数产生原理, 产生服从建议分布 $\begin{cases} \alpha_t \sim N\left(\alpha_{t-1}, \omega_\alpha^2\right), \\ \phi_t \sim N\left(\phi_{t-1}, \omega_\phi^2\right), \\ a_{0t} \sim N\left(a_{0,t-1}, \omega_{a_0}^2\right) \end{cases}$

的参数 $\boldsymbol{\theta}^* = \begin{bmatrix} \alpha_t \\ \phi_t \\ a_{0t} \end{bmatrix}$.

(3) 判别参数 α_t, β_t 和 a_{0t} 是否超出 P-III 分布参数的取值范围, 如果超出取值范围, 则取
$$\begin{cases} \alpha_t = \alpha_{t-1}, \\ \phi_t = \phi_{t-1}, \\ a_{0t} = a_{0,t-1}, \end{cases} \quad \text{即 } \boldsymbol{\theta}_t = \boldsymbol{\theta}_{t-1} = \begin{bmatrix} \alpha_{t-1} \\ \phi_{t-1} \\ a_{0,t-1} \end{bmatrix}, t = t+1, \text{ 返回步骤 (2)}.$$
如果没有超出取值范围, 则执行步骤 (4).

(4) 计算参数后验分布 $\pi(\boldsymbol{\theta}_t|x) \propto \pi(\boldsymbol{\theta}_t) \cdot L(\boldsymbol{\theta}_t|x) = \pi_\alpha(\alpha_t) \cdot \pi_\phi(\phi_t) \cdot \pi_{a_0}(a_{0t}) \cdot L(\boldsymbol{\theta}_t|x)$, $\pi(\boldsymbol{\theta}_{t-1}|x) \propto \pi(\boldsymbol{\theta}_{t-1}) \cdot L(\boldsymbol{\theta}_{t-1}|x) = \pi_\alpha(\alpha_{t-1}) \cdot \pi_\phi(\phi_{t-1}) \cdot \pi_{a_0}(a_{0t-1}) \cdot L(\boldsymbol{\theta}_{t-1}|x)$ 和 $A = \dfrac{\pi(\boldsymbol{\theta}_t) \cdot L(\boldsymbol{\theta}_t|x)}{\pi(\boldsymbol{\theta}_{t-1}) \cdot L(\boldsymbol{\theta}_{t-1}|x)}$.

(5) 产生 $[0,1]$ 均匀分布随机数 r, 若 $r < \min\{1, A\}$, 则接受新参数 $\boldsymbol{\theta}_t = \boldsymbol{\theta}^* = \begin{bmatrix} \alpha_t \\ \phi_t \\ a_{0t} \end{bmatrix}$, 否则, 取 $\boldsymbol{\theta}_t = \begin{bmatrix} \alpha_{t-1} \\ \phi_{t-1} \\ a_{0,t-1} \end{bmatrix}$, 即 $\begin{cases} \alpha_t = \alpha_{t-1}, \\ \phi_t = \phi_{t-1}, \\ a_{0t} = a_{0,t-1}. \end{cases} t = t+1$, 返回步骤 (2).
直至抽样 N 个参数样本为止.

(6) 取 Burn+1 至 N 的样本作为参数抽样进行其他计算.

$$\begin{aligned} P(X \leqslant x) = F(x) &= \int_{a_0}^x \left[\int_{\boldsymbol{\theta}_a}^{\boldsymbol{\theta}_b} f(x|\boldsymbol{\theta}) \cdot \pi(\boldsymbol{\theta}|x) d\boldsymbol{\theta} \right] dx \\ &= \int_{\boldsymbol{\theta}_a}^{\boldsymbol{\theta}_b} \left[\int_{a_0}^x f(x|\boldsymbol{\theta}) dx \right] \cdot \pi(\boldsymbol{\theta}|x) d\boldsymbol{\theta} \\ &= \int_{\boldsymbol{\theta}_a}^{\boldsymbol{\theta}_b} F(X \leqslant x|\boldsymbol{\theta}) \cdot \pi(\boldsymbol{\theta}|x) d\boldsymbol{\theta} \end{aligned} \tag{36}$$

例 16　正偏 P-III 型分布频率计算. 陕西省武功县 1955—2007 年年降水量序列如第 2 章例 1 所示. 按照本章 Metropolis-Hastings 法, 年降水量序列 P-III 型分布参数和设计值.

按照上述方法, 设置 $N = 5000$, Burn=100, 先验分布方差 $\sigma_\alpha^2 = 1000$, $\sigma_\phi^2 = 100$ 和 $\sigma_{a_0}^2 = 10$, 建议分布方差 $\omega_\alpha^2 = 2$, $\omega_\phi^2 = 0.3$ 和 $\omega_{a_0}^2 = 0.1$, 初始参数值 $\boldsymbol{\theta}_0 = \begin{bmatrix} 9 \\ 50 \\ 60 \end{bmatrix}$. 编写程序, 计算结果如图 9 和表 1 所示. 图 9(a)—(c) 为参数 α, β 和 a_0 的抽样结果. 图 9(d)—(f) 为参数 α, β 和 a_0 的后验分布密度函数图. 按照公式 (36), 把参数 α, β 和 a_0 的抽样结果代入 $F(X \leqslant x|\boldsymbol{\theta}_i) = \int_{a_{0i}}^x f(X \leqslant x|\boldsymbol{\theta}_i) dx = \int_{a_{0i}}^x \dfrac{1}{\beta_i \cdot \Gamma(\alpha_i)} \left(\dfrac{x - a_{0i}}{\beta_i} \right)^{\alpha_i - 1} e^{-\frac{x - a_{0i}}{\beta_i}} dx$, 有在参数 $\boldsymbol{\theta}_i$ 下的累积概率值, 其中, $\boldsymbol{\theta}_t =$

$$\begin{bmatrix} \alpha_i \\ \beta_i \\ a_{0i} \end{bmatrix}, \beta_i = e^{\phi_i},\ \text{则}$$

$$P\left(X \leqslant x\right) = \int_{\boldsymbol{\theta}_a}^{\boldsymbol{\theta}_b} F\left(X \leqslant x|\boldsymbol{\theta}\right) \cdot \pi\left(\boldsymbol{\theta}|x\right) d\boldsymbol{\theta}$$

$$= E\left[F\left(X \leqslant x|\boldsymbol{\theta}\right)\right] \approx \frac{1}{N - \text{Burn}} \sum_{i=1}^{N-\text{Burn}} F\left(X \leqslant x|\boldsymbol{\theta}_i\right)$$

$$= \frac{1}{N - \text{Burn}} \sum_{i=1}^{N-\text{Burn}} \int_{a_{0i}}^{x} \frac{1}{\beta_i \cdot \Gamma\left(\alpha_i\right)} \left(\frac{x - a_{0i}}{\beta_i}\right)^{\alpha_i - 1} e^{-\frac{x - a_{0i}}{\beta_i}} dx \quad (37)$$

经验概率与理论概率对比图如图 9(g) 所示. 同样利用式 (36) 的逆运算, 给定设计频率 P, 有 $P = F\left(X \leqslant x_{pi}|\boldsymbol{\theta}_i\right) = \int_{a_{0i}}^{x_{pi}} f\left(X \leqslant x|\boldsymbol{\theta}_i\right) dx = \int_{a_{0i}}^{x_{pi}} \frac{1}{\beta_i \cdot \Gamma\left(\alpha_i\right)} \left(\frac{x - a_{0i}}{\beta_i}\right)^{\alpha_i - 1} \cdot e^{-\frac{x - a_{0i}}{\beta_i}} dx$, 求解非线性方程 $P = \int_{a_{0i}}^{x_{pi}} \frac{1}{\beta_i \cdot \Gamma\left(\alpha_i\right)} \left(\frac{x - a_{0i}}{\beta_i}\right)^{\alpha_i - 1} e^{-\frac{x - a_{0i}}{\beta_i}} dx$ 可得设计频率 P 在参数 $\boldsymbol{\theta}_i$ 下的设计值 x_{pi}. 给定设计频率 P 的设计值 x_p, 即

$$x_p = E\left[F^{-1}\left(X \leqslant x_p|\boldsymbol{\theta}, P\right)\right] \approx \frac{1}{N - \text{Burn}} \sum_{i=1}^{N-\text{Burn}} F^{-1}\left(X \leqslant x|\boldsymbol{\theta}_i, P\right)$$

$$= \frac{1}{N - \text{Burn}} \sum_{i=1}^{N-\text{Burn}} x_{pi} \quad (38)$$

给定不超越设计频率 P 的计算结果见表 1 和如图 9(h) 所示.

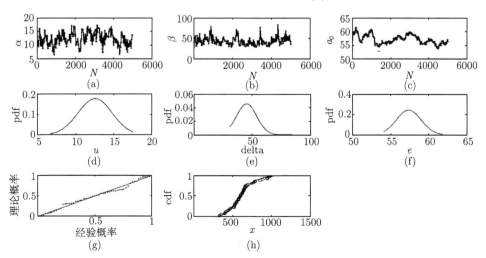

图 9   武功县年降水量序列贝叶斯法估算 P-III型分布参数计算图

表 1　　武功县年降水量序列贝叶斯法设计值计算结果

Metropolis-Hastings			自适应 Metropolis		
序号	频率	设计值	序号	频率	设计值
1	0.50	287.15	1	0.50	263.33
2	1.00	309.19	2	1.00	287.12
3	5.00	377.11	3	5.00	359.74
4	10.00	418.17	4	10.00	403.24
5	15.00	447.87	5	15.00	434.56
6	20.00	472.66	6	20.00	460.61
7	25.00	494.78	7	25.00	483.79
8	30.00	515.31	8	30.00	505.26
9	35.00	534.92	9	35.00	525.73
10	40.00	554.05	10	40.00	545.66
11	45.00	573.05	11	45.00	565.43
12	50.00	592.22	12	50.00	585.34
13	55.00	611.87	13	55.00	605.72
14	60.00	632.32	14	60.00	626.90
15	65.00	653.98	15	65.00	649.30
16	70.00	677.40	16	70.00	673.48
17	75.00	703.34	17	75.00	700.23
18	80.00	733.07	18	80.00	730.84
19	85.00	768.84	19	85.00	767.60
20	90.00	815.59	20	90.00	815.54
21	95.00	888.50	21	95.00	890.12
22	99.00	1037.18	22	99.00	1041.57

例 17　陕西省武功县 1955—2007 年年降水量序列如第 2 章例 1 所示. 按照本章自适应 Metropolis 抽样法, 求出年降水量序列 P-III 型分布参数和设计值.

$$\text{取 } C_0 = \begin{bmatrix} 50.500 & 10.4606 & 39.0394 \\ 10.4606 & 64.7894 & 24.7500 \\ 39.0394 & 24.7500 & 36.2106 \end{bmatrix}, \text{抽样样本容量 } N = 5000, \text{P-III 型分}$$

布参数的先验分布取用均匀分布. 编写 Matlab 程序, 计算结果见表 1 和如图 10 所示.

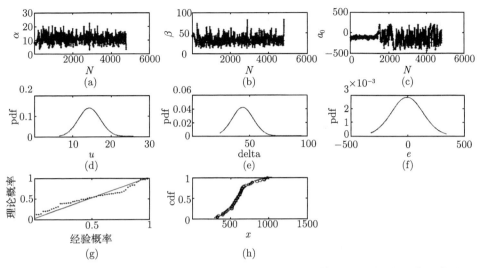

图 10   武功县年降水量序列自适应 Metropolis 抽样法估算 P- III型分布参数计算图

第7章 部分概率权重矩与线性矩计算原理与应用

一般来说, 洪水频率分析的目的是估计诸如 100 年一遇的大重现期洪水值, 相对大洪水值而言, 小洪水值与大洪水值几乎没有关系, 正是这些小样本值在大洪水估算时具有滋扰行为. 在干旱和半干旱地区, 往往发生许多非常小的洪水或零值洪水. Cunnane(1987) 建议在发生这种情况时, 将低删失样本应用这类序列的频率分析, 可采用超过某一门限值的洪水进行洪水频率分析. 在大重现期的洪水估算中, 采用低删失样本进行插值或外推推算可能较为合理.

Wang(1990b) 以概率权重矩 (PWM) 为基础, 提出了部分概率权重矩 (PPWM) 参数估计方法可以用来对一个删失样本所形成的分布进行参数估计. 本章推导和叙述部分概率权重矩原理与应用.

7.1 部分概率权重矩定义

设随机变量 X 的分布函数为 $F(x) = P(X \leqslant x)$, $F_0 = F(x_0)$, Wang(1990a) 定义部分概率权重矩为

$$\beta_r' = \int_{F_0}^1 x(F) F^r dF; \quad r = 0, 1, 2, \cdots \tag{1}$$

对于样本部分概率权重矩的无偏估计, Wang(1990b) 提出以下的估计方法. 长度为 n 服从 F 分布的排序样本 $x_{(1)} \leqslant x_{(2)} \leqslant \cdots \leqslant x_{(n)}$, β_r' 的无偏估计 b_r' 为

$$b_r' = \frac{1}{n} \sum_{i=1}^n \frac{(i-1)(i-2)\cdots(i-r)}{(n-1)(n-2)\cdots(n-r)} x_{(i)}^* \tag{2}$$

式中, $x_{(i)}^* = \begin{cases} 0, & x_{(i)} \leqslant x_0, \\ x_{(i)}, & x_{(i)} > x_0. \end{cases}$ 其推导过程如下:

设 $x_{(1)} \leqslant x_{(2)} \leqslant \cdots \leqslant x_{(n)}$, 次序统计量的密度函数为

$$g(x_{(i)}) = i \cdot \binom{n}{i} \cdot [F(x_{(i)})]^{i-1} \cdot [1 - F(x_{(i)})]^{n-i} f(x_{(i)}) \tag{3}$$

$X_{(i)}^*$ 的数学期望值为

$$E\left(X_{(i)}^*\right) = \int_{x_0}^\infty x_{(i)} g(x_{(i)}) dx_{(i)}$$

$$= i \cdot \begin{pmatrix} n \\ i \end{pmatrix} \cdot \int_{x_0}^{\infty} x_{(i)} \left[F\left(x_{(i)}\right) \right]^{i-1} \cdot \left[1 - F\left(x_{(i)}\right) \right]^{n-i} f\left(x_{(i)}\right) dx_{(i)}$$

$$= i \cdot \begin{pmatrix} n \\ i \end{pmatrix} \cdot \int_{F_0}^{1} x\left(F\right) F^{i-1} \cdot \left(1 - F\right)^{n-i} dF \tag{4}$$

不难看出 $b'_r = \dfrac{1}{n} \displaystyle\sum_{i=1}^{n} \dfrac{(i-1)(i-2)\cdots(i-r)}{(n-1)(n-2)\cdots(n-r)} x^*_{(i)}$ 中前 r 项为 0, 则有

$$b'_r = \frac{1}{n} \sum_{i=1}^{n} \frac{(i-1)(i-2)\cdots(i-r)}{(n-1)(n-2)\cdots(n-r)} x^*_{(i)} = \frac{1}{n} \sum_{i=r+1}^{n} \frac{(i-1)(i-2)\cdots(i-r)}{(n-1)(n-2)\cdots(n-r)} x^*_{(i)} \tag{5}$$

则 B'_r 的数学期望值为 $E\left(B'_r\right) = \dfrac{1}{n} \displaystyle\sum_{i=r+1}^{n} \dfrac{(i-1)(i-2)\cdots(i-r)}{(n-1)(n-2)\cdots(n-r)} E\left(x^*_{(i)}\right)$, 因为

$$\begin{pmatrix} i-1 \\ i-r-1 \end{pmatrix} = \frac{(i-1)!}{(i-r-1)! \cdot r!}; \quad \begin{pmatrix} n-1 \\ n-r-1 \end{pmatrix} = \frac{(n-1)!}{(n-r-1)! \cdot r!},$$

$$\frac{\begin{pmatrix} i-1 \\ i-r-1 \end{pmatrix}}{\begin{pmatrix} n-1 \\ n-r-1 \end{pmatrix}} = \frac{(i-1)!}{(i-r-1)! \cdot r!} \frac{(n-r-1)! \cdot r!}{(n-1)!} = \frac{(i-1)!}{(i-r-1)!} \frac{(n-r-1)!}{(n-1)!}$$

$$\frac{(i-1)!}{(i-r-1)!} = \frac{(i-1) \times (i-2) \times \cdots \times (i-r) \times (i-r-1) \times \cdots \times 2 \times 1}{(i-r-1)!}$$

$$= (i-1)(i-2)\cdots(i-r)$$

$$\frac{(n-r-1)!}{(n-1)!} = \frac{(n-r-1)!}{(n-1) \times (n-2) \times \cdots \times (n-r) \times (n-r-1) \times \cdots \times 2 \times 1}$$

$$= (n-1)(n-2)\cdots(n-r)$$

则

$$E\left(B'_r\right) = \frac{1}{n} \sum_{i=r+1}^{n} \left[\begin{pmatrix} i-1 \\ i-r-1 \end{pmatrix} \bigg/ \begin{pmatrix} n-1 \\ n-r-1 \end{pmatrix} \right] E\left(x^*_{(i)}\right)$$

$$= \frac{1}{n} \sum_{i=r+1}^{n} \left[\begin{pmatrix} i-1 \\ i-r-1 \end{pmatrix} \bigg/ \begin{pmatrix} n-1 \\ n-r-1 \end{pmatrix} \right] i$$

$$\cdot \begin{pmatrix} n \\ i \end{pmatrix} \cdot \int_{F_0}^{1} x\left(F\right) F^{i-1} \cdot \left(1-F\right)^{n-i} dF$$

$$= \int_{F_0}^{1} x\left(F\right) \left\{ \frac{1}{n} \sum_{i=r+1}^{n} \left[\begin{pmatrix} i-1 \\ i-r-1 \end{pmatrix} \bigg/ \begin{pmatrix} n-1 \\ n-r-1 \end{pmatrix} \right] i \right.$$

$$\left. \cdot \begin{pmatrix} n \\ i \end{pmatrix} \cdot F^{i-1} \cdot \left(1-F\right)^{n-i} \right\} dF$$

又因

$$
\frac{1}{n}\left[\binom{i-1}{i-r-1}\Big/\binom{n-1}{n-r-1}\right]i\cdot\binom{n}{i}
$$

$$
=\frac{1}{n}\frac{(i-1)!}{(i-r-1)!\cdot r!}\frac{(n-r-1)!\cdot r!}{(n-1)!}\cdot i\frac{n!}{i!\cdot(n-i)!}
$$

$$
=\frac{1}{n}\frac{(i-1)!}{(i-r-1)!}\frac{(n-r-1)!}{(n-1)!}\cdot\frac{n!}{(i-1)!\cdot(n-i)!}
$$

$$
=\frac{(n-r-1)!}{(i-r-1)!\cdot(n-i)!}=\binom{n-r-1}{i-r-1}
$$

故

$$
E\left(B_r'\right)=\int_{F_0}^1 x\left(F\right)\left\{\sum_{i=r+1}^{n}\binom{n-r-1}{i-r-1}\cdot F^{i-1}\cdot(1-F)^{n-i}\right\}dF
$$

$$
=\int_{F_0}^1 x\left(F\right)\left\{\sum_{i=r+1}^{n}\binom{n-r-1}{i-r-1}\cdot F^{i-r-1}\cdot(1-F)^{n-i}\right\}F^r dF
$$

令 $j=i-r-1$, 则 $i=j+r+1$, 当 $i=r+1$ 时, $j=0$; 当 $i=n$ 时, $j=n-r-1$, 则

$$
E\left(B_r'\right)=\int_{F_0}^1 x\left(F\right)\left\{\sum_{j=0}^{n-r-1}\binom{n-r-1}{j}\cdot F^j\cdot(1-F)^{n-r-1-j}\right\}F^r dF
$$

$$
=\int_{F_0}^1 x\left(F\right)[F+(1-F)]^{n-r-1}F^r dF=\int_{F_0}^1 x\left(F\right)F^r dF=\beta_r'
$$

7.2　广义极值分布部分概率权重矩计算

本节引用 Wang(1990a,1990b) 文献, 详细推导和叙述广义极值分布的部分概率权重矩的计算方法.

7.2.1　广义极值分布的部分概率权重矩

广义极值分布的分布函数为

$$
F\left(x\right)=\begin{cases}\exp\left\{-\left[1-\dfrac{k}{\alpha}\left(x-\xi\right)\right]^{\frac{1}{k}}\right\}, & k\neq 0\\[2mm]\exp\left\{-\exp\left[-\dfrac{1}{\alpha}\left(x-\xi\right)\right]\right\}, & k=0\end{cases}\tag{6}
$$

式 (6) 的逆函数为

$$
x\left(F\right)=
\begin{cases}
\xi+\dfrac{\alpha}{k}\left[1-\left(-\ln F\right)^{k}\right], & k\neq0 \\[2mm]
\xi-\alpha\ln\left(-\ln F\right), & k=0
\end{cases}
\tag{7}
$$

对于 $k\neq0$, 广义极值分布的 PPWM 为 $\beta_{r}'=M_{1,r,0}=\displaystyle\int_{F_0}^{1}\left\{\xi+\dfrac{\alpha}{k}\left[1-\left(-\ln F\right)^{k}\right]\right\}\cdot F^{r}dF$, 其推导计算过程如下.

令 $u=-\ln F$, $F=e^{-u}$, 则 $dF=-e^{-u}du$; 当 $F=F_0$ 时, $u=-\ln F_0$; 当 $F=1$ 时, $u=0$, 则

$$
\begin{aligned}
\beta_{r}' &= \int_{-\ln F_0}^{0}\left\{\xi+\frac{\alpha}{k}\left(1-u^{k}\right)\right\}e^{-ru}\left(-e^{-u}\right)du \\
&= \int_{0}^{-\ln F_0}\left\{\xi+\frac{\alpha}{k}\left(1-u^{k}\right)\right\}e^{-(r+1)u}du \\
&= \int_{0}^{-\ln F_0}\left(\xi+\frac{\alpha}{k}-\frac{\alpha}{k}u^{k}\right)e^{-(r+1)u}du \\
&= \int_{0}^{-\ln F_0}\left[\left(\xi+\frac{\alpha}{k}\right)e^{-(r+1)u}-\frac{\alpha}{k}u^{k}e^{-(r+1)u}\right]du \\
&= \left(\xi+\frac{\alpha}{k}\right)\int_{0}^{-\ln F_0}e^{-(r+1)u}du-\frac{\alpha}{k}\int_{0}^{-\ln F_0}u^{k}e^{-(r+1)u}du
\end{aligned}
$$

对于上式第一项积分 $\left(\xi+\dfrac{\alpha}{k}\right)\displaystyle\int_{0}^{-\ln F_0}e^{-(r+1)u}du$, 有

$$
\begin{aligned}
&\left(\xi+\frac{\alpha}{k}\right)\int_{0}^{-\ln F_0}e^{-(r+1)u}du=-\left(\xi+\frac{\alpha}{k}\right)\frac{1}{r+1}e^{-(r+1)u}\Bigg|_{0}^{-\ln F_0} \\
&=-\left(\xi+\frac{\alpha}{k}\right)\frac{1}{r+1}e^{(r+1)\ln F_0}+\left(\xi+\frac{\alpha}{k}\right)\frac{1}{r+1} \\
&=-\left(\xi+\frac{\alpha}{k}\right)\frac{1}{r+1}e^{\ln F_0^{r+1}}+\left(\xi+\frac{\alpha}{k}\right)\frac{1}{r+1} \\
&=-\left(\xi+\frac{\alpha}{k}\right)\frac{1}{r+1}\ln F_0^{r+1}+\left(\xi+\frac{\alpha}{k}\right)\frac{1}{r+1} \\
&=\left(\xi+\frac{\alpha}{k}\right)\frac{1}{r+1}\left(1-\ln F_0^{r+1}\right)
\end{aligned}
$$

对于上式第二项积分 $-\dfrac{\alpha}{k}\displaystyle\int_{0}^{-\ln F_0}e^{-(r+1)u}du$, 令 $\theta=(r+1)u$, 则 $u=\dfrac{\theta}{r+1}$, $du=\dfrac{1}{r+1}d\theta$; 当 $u=0$ 时, $\theta=0$; 当 $u=-\ln F_0$ 时, $\theta=-(r+1)\ln F_0$, 有

$$
-\frac{\alpha}{k}\int_{0}^{-\ln F_0}u^{k}e^{-(r+1)u}du=-\frac{\alpha}{k}\int_{0}^{-(r+1)\ln F_0}\left(\frac{\theta}{r+1}\right)^{k}e^{-\theta}\frac{1}{r+1}d\theta
$$

$$= -\frac{\alpha}{k(r+1)^{k+1}} \int_0^{-(r+1)\ln F_0} \theta^k e^{-\theta} d\theta = -\frac{\alpha\Gamma(k+1)}{k(r+1)^{k+1}} \int_0^{-(r+1)\ln F_0} \frac{1}{\Gamma(k+1)} \theta^k e^{-\theta} d\theta$$

由不完全 gamma 函数定义 $P(x,\alpha) = \int_0^x \frac{1}{\Gamma(\alpha)} t^{\alpha-1} e^{-t} dt$, 则有

$$-\frac{\alpha}{k} \int_0^{-\ln F_0} u^k e^{-(r+1)u} du = -\frac{\alpha}{k} \frac{\Gamma(k+1)}{(r+1)^{k+1}} \int_0^{-(r+1)\ln F_0} \frac{1}{\Gamma(k+1)} \theta^k e^{-\theta} d\theta$$

$$= -\frac{\alpha}{k} \frac{\Gamma(k+1)}{(r+1)^{k+1}} P(-(r+1)\ln F_0, 1+k)$$

综合上式推导, 有

$$\beta'_r = \left(\xi + \frac{\alpha}{k}\right) \frac{1}{r+1} \left(1 - F_0^{r+1}\right) - \frac{\alpha}{k} \frac{\Gamma(k+1)}{(r+1)^{k+1}} P[-(r+1)\ln F_0, 1+k] \quad (8)$$

由式 (8) 可知, 当 $r=0, r=1, r=2$ 时有部分概率权重矩

$$\begin{cases} \beta'_0 = \left(\xi + \frac{\alpha}{k}\right)(1-F_0) - \frac{\alpha}{k}\Gamma(1+k)P(1+k, -\log F_0) \\ \beta'_1 = \left(\xi + \frac{\alpha}{k}\right)\frac{1}{2}(1-F_0^2) - \frac{\alpha}{k}\frac{\Gamma(1+k)}{2^{1+k}}P(1+k, -2\log F_0) \\ \beta'_2 = \left(\xi + \frac{\alpha}{k}\right)\frac{1}{3}(1-F_0^3) - \frac{\alpha}{k}\frac{\Gamma(1+k)}{3^{1+k}}P(1+k, -3\log F_0) \end{cases} \quad (9)$$

对式 (9) 中的 3 个方程进行整理可以得到

$$\frac{\beta'_0}{1-F_0} = \left(\xi + \frac{\alpha}{k}\right) - \frac{\frac{\alpha}{k}\Gamma(1+k)P(1+k, -\log F_0)}{1-F_0} \quad (10)$$

$$\frac{2\beta'_1}{1-F_0^2} = \left(\xi + \frac{\alpha}{k}\right) - \frac{\frac{\alpha}{k}\frac{\Gamma(1+k)}{2^k}P(1+k, -2\log F_0)}{1-F_0^2} \quad (11)$$

$$\frac{3\beta'_2}{1-F_0^3} = \left(\xi + \frac{\alpha}{k}\right) - \frac{\frac{\alpha}{k}\frac{\Gamma(1+k)}{3^k}P(1+k, -3\log F_0)}{1-F_0^3} \quad (12)$$

首先, 式 (12) 和式 (10) 两边相减, 式 (11) 和式 (10) 两边相减, 然后两边相除, 可以得到仅与参数 k 有关的表达式:

$$\frac{\frac{3\beta'_2}{1-F_0^3} - \frac{\beta'_0}{1-F_0}}{\frac{2\beta'_1}{1-F_0^2} - \frac{\beta'_0}{1-F_0}} = \frac{\frac{P(1+k, -3\log F_0)}{3^k(1-F_0^3)} - \frac{P(1+k, -\log F_0)}{1-F_0}}{\frac{P(1+k, -2\log F_0)}{2^k(1-F_0^2)} - \frac{P(1+k, -\log F_0)}{1-F_0}} \quad (13)$$

令

$$z = \frac{\dfrac{3\beta_2'}{1-F_0^3} - \dfrac{\beta_0'}{1-F_0}}{\dfrac{2\beta_1'}{1-F_0^2} - \dfrac{\beta_0'}{1-F_0}} \tag{14}$$

则有

$$z = \frac{\dfrac{P\left(1+k,\,-3\log F_0\right)}{3^k\left(1-F_0^3\right)} - \dfrac{P\left(1+k,\,-\log F_0\right)}{1-F_0}}{\dfrac{P\left(1+k,\,-2\log F_0\right)}{2^k\left(1-F_0^2\right)} - \dfrac{P\left(1+k,\,-\log F_0\right)}{(1-F_0)}} \tag{15}$$

根据式 (15) 可知, 在给定 F_0 值时, 给一组 k 值, 便可得到相应的一组 z 值. 由此, 假定若干个 F_0(F_0=0.1, 0.2, 0.3, 0.4, 0.5), 按照上述思路, 应用 Matlab 软件编写程序, 利用 "gammainc(y,a)" 语句实现不完全 gamma 函数 $P\left(a,y\right)$ 的计算, 利用 "plot(k,z,'ok')" 语句绘制不同 F_0 值下 k 和 z 的关系曲线 (图 1).

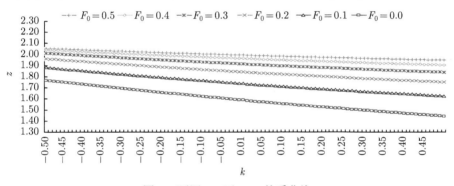

图 1   不同 F_0 下 k, z 关系曲线

由图 1 可知, k 与 z 的关系曲线是光滑的, 因此, 对于给定的 F_0, 可采用非线性回归的方法, 在 Matlab 程序中利用语句 "p = polyfit (k, z, 2)" 对 k, z 进行二阶非线性拟合, 得到形式如下的近似回归曲线.

$$k = a_0 + a_1 z + a_2 z^2 \tag{16}$$

运行 Matlab 程序求得上式中不同 F_0 值下曲线的参数 a_0, a_1, a_2 以及拟合相关系数 R^2, 用语句 "corrcoef(y(i), f(i))" 实现相关系数的计算, 其回归曲线参数统计表见表 1.

在实际计算中, 给定了样本序列 $x_{(i)}$ 和 F_0 后, 根据式 (17) 可以计算出低删失样本下 β_0', β_1' 和 β_2' 的无偏估计 b_0', b_1' 和 b_2', 即

$$b_0' = \frac{1}{n}\sum_{i=1}^{n} x_{(i)}^*; \quad b_1' = \frac{1}{n}\sum_{i=1}^{n} \frac{(i-1)}{(n-1)} x_{(i)}^*; \quad b_2' = \frac{1}{n}\sum_{i=1}^{n} \frac{(i-1)(i-2)}{(n-1)(n-2)} x_{(i)}^* \tag{17}$$

表 1　回归曲线参数统计表

F_0	a_0	a_1	a_2	R^2
0.5	133.1743	-123.9419	28.6582	0.9999
0.4	80.5019	-74.5182	17.0665	0.9999
0.3	50.7827	-47.0726	10.7286	0.9999
0.2	32.5646	-30.4975	6.9552	0.9999
0.1	20.6104	-19.7210	4.5207	0.9999
0.0	10.9480	-10.6606	2.3682	0.9999

再根据式 (18), z 就可以通过 β_0', β_1' 和 β_2' 的无偏估计 b_0', b_1' 和 b_2' 计算, 即

$$\hat{z} = \frac{\dfrac{3b_2'}{1-F_0^3} - \dfrac{b_0'}{1-F_0}}{\dfrac{2b_1'}{1-F_0^2} - \dfrac{b_0'}{1-F_0}} \tag{18}$$

最后, 把 $\hat{z}$ 代入式 (16), 就可以近似计算参数 k, 得到其估计量 $\hat{k}$.

将式 (11) 和式 (10) 两边相减并进行整理, 可以得到用参数 k 和部分概率权重矩 β_0', β_1' 表达的参数 α 的计算公式:

$$\alpha = -\frac{k}{\Gamma(1+k)} \frac{\dfrac{2\beta_1'}{1-F_0^2} - \dfrac{2\beta_0'}{1-F_0}}{\left[\dfrac{P(1+k,-2\log F_0)}{2^k(1-F_0^2)} - \dfrac{P(1+k,-\log F_0)}{1-F_0}\right]} \tag{19}$$

将 $\hat{k}$ 和样本下无偏估计 b_0', b_1' 代入上式, 即可计算参数 α, 得到其估计量 $\hat{\alpha}$:

$$\hat{\alpha} = -\frac{\hat{k}}{\Gamma(1+\hat{k})} \frac{\dfrac{2b_1'}{1-F_0^2} - \dfrac{2b_0'}{1-F_0}}{\left[\dfrac{P(1+\hat{k},-2\log F_0)}{2^{\hat{k}}(1-F_0^2)} - \dfrac{P(1+\hat{k},-\log F_0)}{1-F_0}\right]} \tag{20}$$

整理式 (10), 可以得到用参数 k、参数 α 和部分概率加权矩 β_0' 表达的参数 ξ 的计算公式:

$$\xi = \frac{\beta_0'}{1-F_0} + \frac{\alpha}{k}\left(\frac{\Gamma(1+k)P(1+k,-\log F_0)}{1-F_0} - 1\right) \tag{21}$$

将 $\hat{k}, \hat{\alpha}, b_0'$ 代入上式, 即可计算参数 ξ, 得到其估计量 $\hat{\xi}$:

$$\hat{\xi} = \frac{b_0'}{1-F_0} + \frac{\hat{\alpha}}{\hat{k}}\left(\frac{\Gamma(1+\hat{k})P(1+\hat{k},-\log F_0)}{1-F_0} - 1\right) \tag{22}$$

7.2.2 删失样本广义极值分布部分概率权重矩估算特性评估

应用蒙特卡罗评估删失样本广义极值分布部分概率权重矩的估算特性. 模拟样本长度 $n = 30$, 形状参数 $k = -0.2, 0.0, 0.20$, 位置参数 $\xi = 0$, 尺度参数 $\alpha = 1$, 删失水平 $F_0 = 0.0, 0.1, 0.2, 0.3, 0.4, 0.5, 0.6$. 每一种方案模拟重复次数取 10000. 偏差、标准误差、均方平均误差、100 年一遇和 200 年一遇的分位数用来评价删失样本广义极值分布部分概率权重矩的估算特性, 结果见表 2— 表 4.

表 2 $\xi = 0.0$, $\alpha = 1.0$, $k = -0.2$, $n = 30$ 在不同删失水平下评估指标值

F_0	指标	ξ	α	k	$\hat{x}_{100}/x_{100}$	$\hat{x}_{200}/x_{200}$
	Bias	0.013	0.000	0.031	0.008	0.031
0.0	SE	0.213	0.189	0.163	0.433	0.530
	RMSE	0.214	0.189	0.166	0.433	0.531
	Bias	0.007	0.003	0.029	0.012	0.042
0.1	SE	0.212	0.251	0.190	0.436	0.543
	RMSE	0.212	0.251	0.192	0.436	0.544
	Bias	−0.008	0.039	0.043	0.004	0.033
0.2	SE	0.228	0.328	0.216	0.437	0.548
	RMSE	0.228	0.330	0.220	0.437	0.549
	Bias	0.064	0.143	0.080	−0.015	0.007
0.3	SE	0.308	0.473	0.253	0.439	0.551
	RMSE	0.315	0.494	0.265	0.439	0.551
	Bias	−0.274	0.495	0.161	0.042	0.037
0.4	SE	1.714	6.186	0.319	0.445	0.555
	RMSE	1.736	6.206	0.358	0.447	0.556
	Bias	1.502	4.002	0.327	0.077	0.096
0.5	SE	32.493	184.495	0.455	0.454	0.558
	RMSE	32.528	184.539	0.560	0.460	0.566
	Bias	−1496	12014	0.674	0.113	0.164
0.6	SE	104432	856582	0.749	0.465	0.558
	RMSE	104443	856666	1.008	0.479	0.582

表 3 $\xi = 0.0$, $\alpha = 1.0$, $k = 0.0$, $n = 30$ 在不同删失水平下评估指标值

F_0	指标	ξ	α	k	$\hat{x}_{100}/x_{100}$	$\hat{x}_{200}/x_{200}$
	Bias	0.011	−0.003	0.017	0.012	0.026
0.0	SE	0.208	0.161	0.146	0.305	0.357
	RMSE	0.208	0.161	0.147	0.305	0.358
	Bias	0.004	−0.006	0.009	0.026	0.049
0.1	SE	0.208	0.223	0.177	0.315	0.378
	RMSE	0.208	0.223	0.177	0.316	0.381

续表

F_0	指标	ξ	α	k	$\hat{x}_{100}/x_{100}$	$\hat{x}_{200}/x_{200}$
0.2	Bias	−0.007	0.025	0.021	0.020	0.044
	SE	0.222	0.301	0.206	0.318	0.387
	RMSE	0.222	0.302	0.207	0.319	0.390
0.3	Bias	−0.063	0.135	0.064	0.000	0.016
	SE	0.303	0.476	0.250	0.320	0.391
	RMSE	0.309	0.494	0.258	0.320	0.392
0.4	Bias	−0.291	0.573	0.168	−0.038	−0.040
	SE	2.194	8.902	0.324	0.322	0.389
	RMSE	2.213	8.921	0.365	0.324	0.391
0.5	Bias	−2.228	7.837	0.395	−0.090	−0.120
	SE	63.686	400.383	0.482	0.319	0.374
	RMSE	63.725	400.459	0.623	0.332	0.393
0.6	Bias	−185	1226	0.884	−0.147	−0.208
	SE	8767	64211	0.818	0.307	0.340
	RMSE	8769	64223	1.205	0.341	0.398

表 4　$\xi = 0.0$, $\alpha = 1.0$, $k = 0.2$, $n = 30$ 在不同删失水平下评估指标值

F_0	指标	ξ	α	k	$\hat{x}_{100}/x_{100}$	$\hat{x}_{200}/x_{200}$
0.0	Bias	0.005	−0.005	0.007	0.016	0.026
	SE	0.206	0.151	0.142	0.219	0.251
	RMSE	0.206	0.151	0.142	0.220	0.253
0.1	Bias	−0.003	−0.013	0.010	0.038	0.057
	SE	0.208	0.210	0.174	0.229	0.271
	RMSE	0.208	0.210	0.175	0.232	0.277
0.2	Bias	0.013	0.016	0.002	0.032	0.053
	SE	0.222	0.291	0.206	0.231	0.278
	RMSE	0.222	0.291	0.206	0.234	0.283
0.3	Bias	−0.066	0.140	0.059	0.004	0.015
	SE	0.304	0.477	0.251	0.228	0.274
	RMSE	0.311	0.497	0.258	0.228	0.274
0.4	Bias	−0.328	0.730	0.202	0.046	0.053
	SE	2.990	13.513	0.338	0.222	0.259
	RMSE	3.008	13.533	0.393	0.226	0.264
0.5	Bias	4.133	19.286	0.514	0.108	0.140
	SE	144.290	996.348	0.523	0.208	0.230
	RMSE	144.349	996.535	0.733	0.234	0.269
0.6	Bias	-6.81×10^4	7.23×10^5	1.185	0.162	0.214
	SE	5.44×10^6	5.87×10^7	0.913	0.184	0.188
	RMSE	5.44×10^6	5.87×10^7	1.496	0.245	0.285

表 2— 表 4 显示随着删失水平 F_0 增加, 参数偏离变化快速增大; 但是 $\hat{x}_{100}$ 和

$\hat{x}_{200}$ 相对未删失样本的偏差、标准误差和均方平均误差增加较缓. 当我们重点考虑高分位数值计算时, 适度的删失是可以的. 当我们推测低分位数与中、高分位数不完全服从同一分布时, 上述的删失计算就是这种情况的特例, 如干旱区经常出现的低奇异值.

7.3 P-III 型分布部分概率权重矩计算

P-III 型随机变量 X 的分布函数为 $F(x)$ 和密度函数为 $f(x)$ 分别为

$$f(x) = \frac{\beta^{\gamma}}{\Gamma(\gamma)} (x-\alpha)^{\gamma-1} e^{-\beta(x-\alpha)}; \quad F(x) = \int_{\alpha}^{x} \frac{\beta^{\gamma}}{\Gamma(\gamma)} (t-\alpha)^{\gamma-1} e^{-\beta(t-\alpha)} dt \quad (23)$$

式中, α, β 和 γ 分别为位置、尺度和形状参数; $x > \alpha, \beta > 0$; $\Gamma(a) = \int_{0}^{\infty} t^{a-1} e^{-t} dt$.

设 $F_0 = F(x_0)$; $x_0 > \alpha$ 为删失门限值 (censoring threshold), 部分 PWM 计算公式 β'_r 为

$$\beta'_r = \int_{F_0}^{1} x(F) F^r dF \quad (24)$$

同样, 令 $F = \int_{\alpha}^{x} f(t) dt$, 则 $x = x(F)$, 当 $F = F_0 = \int_{\alpha}^{x_0} f(t) dt$ 时, $x = x_0$; $F = 1$ 时, $x \to \infty$; $dF = f(x) dx$, 则

$$\beta'_0 = \int_{F_0}^{1} x(F) dF = \int_{x_0}^{\infty} x f(x) dx \quad (25)$$

$$\beta'_1 = \int_{F_0}^{1} x(F) F dF = \int_{x_0}^{\infty} x \left[\int_{\alpha}^{x} f(t) dt \right] f(x) dx \quad (26)$$

$$\beta'_2 = \int_{F_0}^{1} x(F) F^2 dF = \int_{x_0}^{\infty} x \left[\int_{\alpha}^{x} f(t) dt \right]^2 f(x) dx \quad (27)$$

1) β'_0 计算

$$\beta'_0 = \int_{F_0}^{1} x(F) dF = \int_{x_0}^{\infty} x f(x) dx = \int_{\alpha}^{\infty} x f(x) dx - \int_{\alpha}^{x_0} x f(x) dx,$$

$$= \frac{\beta^{\gamma}}{\Gamma(\gamma)} \int_{\alpha}^{\infty} x (x-\alpha)^{\gamma-1} e^{-\beta(x-\alpha)} dx - \frac{\beta^{\gamma}}{\Gamma(\gamma)} \int_{\alpha}^{x_0} x (x-\alpha)^{\gamma-1} e^{-\beta(x-\alpha)} dx \quad (28)$$

对于式 (28) 的第 1 项积分 $\frac{\beta^{\gamma}}{\Gamma(\gamma)} \int_{\alpha}^{\infty} x (x-\alpha)^{\gamma-1} e^{-\beta(x-\alpha)} dx$, 根据第 2 章推导有

$$\frac{\beta^{\gamma}}{\Gamma(\gamma)} \int_{\alpha}^{\infty} x (x-\alpha)^{\gamma-1} e^{-\beta(x-\alpha)} dx = \frac{\gamma}{\beta} + \alpha \quad (29)$$

对于式 (28) 的第 2 项积分 $\dfrac{\beta^\gamma}{\Gamma(\gamma)} \displaystyle\int_\alpha^{x_0} x(x-\alpha)^{\gamma-1} e^{-\beta(x-\alpha)} dx$, 令 $t = \beta(x-\alpha)$, 则 $x = \dfrac{1}{\beta}t + \alpha$, $dx = \dfrac{1}{\beta}dt$; 当 $x = \alpha$ 时, $t = 0$, 当 $x = x_0$ 时, $t = \beta(x_0-\alpha)$, 则

$$
\begin{aligned}
\frac{\beta^\gamma}{\Gamma(\gamma)} \int_\alpha^{x_0} x(x-\alpha)^{\gamma-1} e^{-\beta(x-\alpha)} dx &= \frac{\beta^\gamma}{\Gamma(\gamma)} \int_0^{\beta(x_0-\alpha)} \left(\frac{1}{\beta}t + \alpha\right) \cdot \left(\frac{t}{\beta}\right)^{\gamma-1} e^{-t} \frac{1}{\beta} dt \\
&= \frac{1}{\Gamma(\gamma)} \int_0^{\beta(x_0-\alpha)} \left(\frac{1}{\beta}t + \alpha\right) \cdot t^{\gamma-1} e^{-t} dt \\
&= \frac{1}{\Gamma(\gamma)} \frac{1}{\beta} \int_0^{\beta(x_0-\alpha)} t^\gamma e^{-t} dt \\
&\quad + \frac{\alpha}{\Gamma(\gamma)} \int_0^{\beta(x_0-\alpha)} t^{\gamma-1} e^{-t} dt
\end{aligned}
$$

根据不完全 gamma 函数 $P(a,x) = \dfrac{1}{\Gamma(a)} \displaystyle\int_0^x y^{a-1} e^{-y} dy$ 定义, 有

$$
\begin{aligned}
&\frac{\beta^\gamma}{\Gamma(\gamma)} \int_\alpha^{x_0} x(x-\alpha)^{\gamma-1} e^{-\beta(x-\alpha)} dx \\
&= \frac{1}{\beta} \frac{1}{\Gamma(\gamma)} \int_0^{\beta(x_0-\alpha)} t^\gamma e^{-t} dt + \alpha \frac{1}{\Gamma(\gamma)} \int_0^{\beta(x_0-\alpha)} t^{\gamma-1} e^{-t} dt \\
&= \frac{1}{\beta} \frac{\Gamma(\gamma+1)}{\Gamma(\gamma)} \frac{1}{\Gamma(\gamma+1)} \int_0^{\beta(x_0-\alpha)} t^\gamma e^{-t} dt + \alpha \frac{1}{\Gamma(\gamma)} \int_0^{\beta(x_0-\alpha)} t^{\gamma-1} e^{-t} dt \\
&= \frac{1}{\beta} \frac{\Gamma(\gamma+1)}{\Gamma(\gamma)} P(\gamma+1, \beta(x_0-\alpha)) + \alpha P(\gamma, \beta(x_0-\alpha)) \\
&= \frac{\gamma}{\beta} \frac{\Gamma(\gamma)}{\Gamma(\gamma)} P(\gamma+1, \beta(x_0-\alpha)) + \alpha P(\gamma, \beta(x_0-\alpha)) \\
&= \frac{\gamma}{\beta} P(\gamma+1, \beta(x_0-\alpha)) + \alpha P(\gamma, \beta(x_0-\alpha))
\end{aligned}
$$

则

$$
\begin{aligned}
\beta_0' &= \frac{\gamma}{\beta} + \alpha - \left[\frac{\gamma}{\beta} P(\gamma+1, \beta(x_0-\alpha)) + \alpha P(\gamma, \beta(x_0-\alpha))\right] \\
&= \frac{\gamma}{\beta} - \frac{\gamma}{\beta} P(\gamma+1, \beta(x_0-\alpha)) + \alpha - \alpha P(\gamma, \beta(x_0-\alpha)) \\
&= \frac{\gamma}{\beta} [1 - P(\gamma+1, \beta(x_0-\alpha))] + \alpha [1 - P(\gamma, \beta(x_0-\alpha))]
\end{aligned}
\tag{30}
$$

　2) β_1' 计算

$$
\beta_1' = \int_{F_0}^1 x(F) F dF = \int_{x_0}^\infty x \left[\int_\alpha^x f(t) dt\right] f(x) dx
$$

$$= \int_{x_0}^{\infty} x \left[\int_{\alpha}^{x} \frac{\beta^{\gamma}}{\Gamma(\gamma)} (t-\alpha)^{\gamma-1} e^{-\beta(t-\alpha)} dt \right] \frac{\beta^{\gamma}}{\Gamma(\gamma)} (x-\alpha)^{\gamma-1} e^{-\beta(x-\alpha)} dx$$

$$= \int_{\alpha}^{\infty} x \left[\int_{\alpha}^{x} \frac{\beta^{\gamma}}{\Gamma(\gamma)} (t-\alpha)^{\gamma-1} e^{-\beta(t-\alpha)} dt \right] \frac{\beta^{\gamma}}{\Gamma(\gamma)} (x-\alpha)^{\gamma-1} e^{-\beta(x-\alpha)} dx$$

$$- \int_{\alpha}^{x_0} x \left[\int_{\alpha}^{x} \frac{\beta^{\gamma}}{\Gamma(\gamma)} (t-\alpha)^{\gamma-1} e^{-\beta(t-\alpha)} dt \right] \frac{\beta^{\gamma}}{\Gamma(\gamma)} (x-\alpha)^{\gamma-1} e^{-\beta(x-\alpha)} dx \quad (31)$$

对于式 (31) 第 1 项积分 $\int_{\alpha}^{\infty} x \left[\int_{\alpha}^{x} \frac{\beta^{\gamma}}{\Gamma(\gamma)} (t-\alpha)^{\gamma-1} e^{-\beta(t-\alpha)} dt \right] \frac{\beta^{\gamma}}{\Gamma(\gamma)} (x-\alpha)^{\gamma-1} \cdot$
$e^{-\beta(x-\alpha)} dx$, 有

$$\int_{\alpha}^{\infty} x \left[\int_{\alpha}^{x} \frac{\beta^{\gamma}}{\Gamma(\gamma)} (t-\alpha)^{\gamma-1} e^{-\beta(t-\alpha)} dt \right] \frac{\beta^{\gamma}}{\Gamma(\gamma)} (x-\alpha)^{\gamma-1} e^{-\beta(x-\alpha)} dx$$

$$= \frac{1}{\beta} S_1^1(\gamma) + \alpha S_1^0(\gamma) \quad (32)$$

式中, $S_1^1(\gamma) = \int_0^{\infty} \left[\int_0^{x} \frac{1}{\Gamma(\gamma)} t^{\gamma-1} e^{-t} dt \right] \frac{1}{\Gamma(\gamma)} x^{\gamma} e^{-x} dx$, $S_1^0(\gamma) = \int_0^{\infty} \left[\int_0^{x} \frac{1}{\Gamma(\gamma)} \cdot t^{\gamma-1} e^{-t} dt \right] \frac{1}{\Gamma(\gamma)} x^{\gamma-1} e^{-x} dx$. 对于式 (31) 第 2 项积分 $\int_{\alpha}^{x_0} x \left[\int_{\alpha}^{x} \frac{\beta^{\gamma}}{\Gamma(\gamma)} (t-\alpha)^{\gamma-1} \cdot e^{-\beta(t-\alpha)} dt \right] \frac{\beta^{\gamma}}{\Gamma(\gamma)} (x-\alpha)^{\gamma-1} e^{-\beta(x-\alpha)} dx$.

令 $y = \beta(x-\alpha)$, 则 $x = \frac{1}{\beta} y + \alpha$, $dx = \frac{1}{\beta} dy$; 当 $x = \alpha$ 时, $y = 0$, 当 $x = x_0$ 时, $y = \beta(x_0 - \alpha)$, 有

$$\int_{\alpha}^{x_0} x \left[\int_{\alpha}^{x} \frac{\beta^{\gamma}}{\Gamma(\gamma)} (t-\alpha)^{\gamma-1} e^{-\beta(t-\alpha)} dt \right] \frac{\beta^{\gamma}}{\Gamma(\gamma)} (x-\alpha)^{\gamma-1} e^{-\beta(x-\alpha)} dx$$

$$= \int_0^{\beta(x_0-\alpha)} \left(\frac{1}{\beta} y + \alpha \right) \cdot \left[\int_{\alpha}^{\frac{1}{\beta} y + \alpha} \frac{\beta^{\gamma}}{\Gamma(\gamma)} (t-\alpha)^{\gamma-1} e^{-\beta(t-\alpha)} dt \right] \frac{\beta^{\gamma}}{\Gamma(\gamma)} \left(\frac{y}{\beta} \right)^{\gamma-1} e^{-y} \frac{1}{\beta} dy$$

$$= \int_0^{\beta(x_0-\alpha)} \left(\frac{1}{\beta} y + \alpha \right) \cdot \left[\int_{\alpha}^{\frac{1}{\beta} y + \alpha} \frac{\beta^{\gamma}}{\Gamma(\gamma)} (t-\alpha)^{\gamma-1} e^{-\beta(t-\alpha)} dt \right] \frac{1}{\Gamma(\gamma)} y^{\gamma-1} e^{-y} dy$$

$$= \frac{1}{\Gamma(\gamma)} \frac{1}{\beta} \int_0^{\beta(x_0-\alpha)} \left[\int_{\alpha}^{\frac{1}{\beta} y + \alpha} \frac{\beta^{\gamma}}{\Gamma(\gamma)} (t-\alpha)^{\gamma-1} e^{-\beta(t-\alpha)} dt \right] y^{\gamma} e^{-y} dy$$

$$+ \frac{\alpha}{\Gamma(\gamma)} \int_0^{\beta(x_0-\alpha)} \left[\int_{\alpha}^{\frac{1}{\beta} y + \alpha} \frac{\beta^{\gamma}}{\Gamma(\gamma)} (t-\alpha)^{\gamma-1} e^{-\beta(t-\alpha)} dt \right] y^{\gamma-1} e^{-y} dy$$

令 $s = \beta (t - \alpha)$, 则 $t = \frac{1}{\beta} s + \alpha$, $dt = \frac{1}{\beta} ds$; 当 $t = \alpha$ 时, $s = 0$, 当 $t = \frac{1}{\beta} y + \alpha$ 时, $s = y$, 有

$$\int_\alpha^{x_0} x \left[\int_\alpha^x \frac{\beta^\gamma}{\Gamma (\gamma)} (t - \alpha)^{\gamma - 1} e^{-\beta (t - \alpha)} dt \right] \frac{\beta^\gamma}{\Gamma (\gamma)} (x - \alpha)^{\gamma - 1} e^{-\beta (x - \alpha)} dx$$

$$= \frac{1}{\Gamma (\gamma)} \frac{1}{\beta} \int_0^{\beta (x_0 - \alpha)} \left[\int_0^y \frac{\beta^\gamma}{\Gamma (\gamma)} \left(\frac{s}{\beta} \right)^{\gamma - 1} e^{-s} \frac{1}{\beta} ds \right] y^\gamma e^{-y} dy$$

$$+ \frac{\alpha}{\Gamma (\gamma)} \int_0^{\beta (x_0 - \alpha)} \left[\int_\alpha^y \frac{\beta^\gamma}{\Gamma (\gamma)} \left(\frac{s}{\beta} \right)^{\gamma - 1} e^{-s} \frac{1}{\beta} ds \right] y^{\gamma - 1} e^{-y} dy$$

$$= \frac{1}{\beta} \int_0^{\beta (x_0 - \alpha)} \left[\int_0^y \frac{1}{\Gamma (\gamma)} s^{\gamma - 1} e^{-s} ds \right] \frac{1}{\Gamma (\gamma)} y^\gamma e^{-y} dy$$

$$+ \alpha \int_0^{\beta (x_0 - \alpha)} \left[\int_0^y \frac{1}{\Gamma (\gamma)} s^{\gamma - 1} e^{-s} ds \right] \frac{1}{\Gamma (\gamma)} y^{\gamma - 1} e^{-y} dy$$

$$= \frac{1}{\beta} \int_0^{\beta (x_0 - \alpha)} \left[\int_0^x \frac{1}{\Gamma (\gamma)} t^{\gamma - 1} e^{-t} dt \right] \frac{1}{\Gamma (\gamma)} x^\gamma e^{-x} dx$$

$$+ \alpha \int_0^{\beta (x_0 - \alpha)} \left[\int_0^x \frac{1}{\Gamma (\gamma)} t^{\gamma - 1} e^{-t} dt \right] \frac{1}{\Gamma (\gamma)} x^{\gamma - 1} e^{-x} dx$$

令

$$S_1^{1*} (\gamma) = \int_0^{\beta (x_0 - \alpha)} \left[\int_0^x \frac{1}{\Gamma (\gamma)} t^{\gamma - 1} e^{-t} dt \right] \frac{1}{\Gamma (\gamma)} x^\gamma e^{-x} dx$$

$$S_1^{0*} (\gamma) = \int_0^{\beta (x_0 - \alpha)} \left[\int_0^x \frac{1}{\Gamma (\gamma)} t^{\gamma - 1} e^{-t} dt \right] \frac{1}{\Gamma (\gamma)} x^{\gamma - 1} e^{-x} dx$$

则

$$\int_\alpha^{x_0} x \left[\int_{x_0}^x \frac{\beta^\gamma}{\Gamma (\gamma)} (t - \alpha)^{\gamma - 1} e^{-\beta (t - \alpha)} dt \right] \frac{\beta^\gamma}{\Gamma (\gamma)} (x - \alpha)^{\gamma - 1} e^{-\beta (x - \alpha)} dx$$

$$= \frac{1}{\beta} S_1^{1*} (\gamma) + \alpha S_1^{0*} (\gamma) \tag{33}$$

把式 (33) 和 (32) 代入式 (31), 有

$$\beta_1' = \int_\alpha^\infty x \left[\int_{x_0}^x \frac{\beta^\gamma}{\Gamma (\gamma)} (t - \alpha)^{\gamma - 1} e^{-\beta (t - \alpha)} dt \right] \frac{\beta^\gamma}{\Gamma (\gamma)} (x - \alpha)^{\gamma - 1} e^{-\beta (x - \alpha)} dx$$

$$- \int_\alpha^{x_0} x \left[\int_{x_0}^x \frac{\beta^\gamma}{\Gamma (\gamma)} (t - \alpha)^{\gamma - 1} e^{-\beta (t - \alpha)} dt \right] \frac{\beta^\gamma}{\Gamma (\gamma)} (x - \alpha)^{\gamma - 1} e^{-\beta (x - \alpha)} dx$$

$$= \frac{1}{\beta} S_1^1 (\gamma) + \alpha S_1^0 (\gamma) - \left[\frac{1}{\beta} S_1^{1*} (\gamma) + \alpha S_1^{0*} (\gamma) \right]$$

$$=\frac{1}{\beta}\left[S_1^1(\gamma)-S_1^{1*}(\gamma)\right]+\alpha\left[S_1^0(\gamma)-S_1^{0*}(\gamma)\right] \tag{34}$$

3) β_2' 计算

$$\beta'_2=\int_{F_0}^1 x\left(F\right)F^2dF=\int_{x_0}^\infty x\left[\int_\alpha^x f\left(t\right)dt\right]^2 f\left(x\right)dx$$

$$=\int_{x_0}^\infty x\left[\int_\alpha^x \frac{\beta^\gamma}{\Gamma\left(\gamma\right)}\left(t-\alpha\right)^{\gamma-1}e^{-\beta\left(t-\alpha\right)}dt\right]^2 \frac{\beta^\gamma}{\Gamma\left(\gamma\right)}\left(x-\alpha\right)^{\gamma-1}e^{-\beta\left(x-\alpha\right)}dx$$

$$=\int_\alpha^\infty x\left[\int_\alpha^x \frac{\beta^\gamma}{\Gamma\left(\gamma\right)}\left(t-\alpha\right)^{\gamma-1}e^{-\beta\left(t-\alpha\right)}dt\right]^2 \frac{\beta^\gamma}{\Gamma\left(\gamma\right)}\left(x-\alpha\right)^{\gamma-1}e^{-\beta\left(x-\alpha\right)}dx$$

$$-\int_\alpha^{x_0} x\left[\int_\alpha^x \frac{\beta^\gamma}{\Gamma\left(\gamma\right)}\left(t-\alpha\right)^{\gamma-1}e^{-\beta\left(t-\alpha\right)}dt\right]^2 \frac{\beta^\gamma}{\Gamma\left(\gamma\right)}\left(x-\alpha\right)^{\gamma-1}e^{-\beta\left(x-\alpha\right)}dx \tag{35}$$

对于式 (35) 第 1 项积分 $\int_\alpha^\infty x\left[\int_\alpha^x \frac{\beta^\gamma}{\Gamma\left(\gamma\right)}\left(t-\alpha\right)^{\gamma-1}e^{-\beta\left(t-\alpha\right)}dt\right]^2 \frac{\beta^\gamma}{\Gamma\left(\gamma\right)}\left(x-\alpha\right)^{\gamma-1}\cdot$
$e^{-\beta\left(x-\alpha\right)}dx$ 有

$$\int_\alpha^\infty x\left[\int_\alpha^x \frac{\beta^\gamma}{\Gamma\left(\gamma\right)}\left(t-\alpha\right)^{\gamma-1}e^{-\beta\left(t-\alpha\right)}dt\right]^2 \frac{\beta^\gamma}{\Gamma\left(\gamma\right)}\left(x-\alpha\right)^{\gamma-1}e^{-\beta\left(x-\alpha\right)}dx$$

$$=\frac{1}{\beta}S_2^1\left(\gamma\right)+\alpha S_2^0\left(\gamma\right) \tag{36}$$

式中, $S_2^1\left(\gamma\right)=\int_0^\infty\left[\int_0^x \frac{1}{\Gamma\left(\gamma\right)}t^{\gamma-1}e^{-t}dt\right]^2 \frac{1}{\Gamma\left(\gamma\right)}x^\gamma e^{-x}dx$, $S_2^0\left(\gamma\right)=\int_0^\infty\left[\int_0^x \frac{1}{\Gamma\left(\gamma\right)}t^{\gamma-1}\cdot\right.$
$\left.e^{-t}dt\right]^2 \frac{1}{\Gamma\left(\gamma\right)}x^{\gamma-1}e^{-x}dx$. 对式 (35) 第 2 项积分 $\int_\alpha^{x_0} x\left[\int_\alpha^x \frac{\beta^\gamma}{\Gamma\left(\gamma\right)}\left(t-\alpha\right)^{\gamma-1}e^{-\beta\left(t-\alpha\right)}dt\right]^2\cdot$
$\frac{\beta^\gamma}{\Gamma\left(\gamma\right)}\left(x-\alpha\right)^{\gamma-1}e^{-\beta\left(x-\alpha\right)}dx$, 有:

令 $y=\beta\left(x-\alpha\right)$, 则 $x=\frac{1}{\beta}y+\alpha$, $dx=\frac{1}{\beta}dy$; 当 $x=\alpha$ 时, $y=0$, 当 $x=x_0$ 时,
$y=\beta\left(x_0-\alpha\right)$, 有

$$\int_\alpha^{x_0} x\left[\int_\alpha^x \frac{\beta^\gamma}{\Gamma\left(\gamma\right)}\left(t-\alpha\right)^{\gamma-1}e^{-\beta\left(t-\alpha\right)}dt\right]^2 \frac{\beta^\gamma}{\Gamma\left(\gamma\right)}\left(x-\alpha\right)^{\gamma-1}e^{-\beta\left(x-\alpha\right)}dx$$

$$=\int_0^{\beta\left(x_0-\alpha\right)}\left(\frac{1}{\beta}y+\alpha\right)\cdot\left[\int_\alpha^{\frac{1}{\beta}y+\alpha} \frac{\beta^\gamma}{\Gamma\left(\gamma\right)}\left(t-\alpha\right)^{\gamma-1}e^{-\beta\left(t-\alpha\right)}dt\right]^2 \frac{\beta^\gamma}{\Gamma\left(\gamma\right)}\left(\frac{y}{\beta}\right)^{\gamma-1}e^{-y}\frac{1}{\beta}dy$$

$$=\int_0^{\beta\left(x_0-\alpha\right)}\left(\frac{1}{\beta}y+\alpha\right)\cdot\left[\int_\alpha^{\frac{1}{\beta}y+\alpha} \frac{\beta^\gamma}{\Gamma\left(\gamma\right)}\left(t-\alpha\right)^{\gamma-1}e^{-\beta\left(t-\alpha\right)}dt\right]^2 \frac{1}{\Gamma\left(\gamma\right)}y^{\gamma-1}e^{-y}dy$$

$$=\frac{1}{\beta}\int_0^{\beta\left(x_0-\alpha\right)}\left[\int_\alpha^{\frac{1}{\beta}y+\alpha} \frac{\beta^\gamma}{\Gamma\left(\gamma\right)}\left(t-\alpha\right)^{\gamma-1}e^{-\beta\left(t-\alpha\right)}dt\right]^2 \frac{1}{\Gamma\left(\gamma\right)}y^\gamma e^{-y}dy$$

$$+ \alpha \int_0^{\beta(x_0-\alpha)} \left[\int_\alpha^{\frac{1}{\beta}y+\alpha} \frac{\beta^\gamma}{\Gamma(\gamma)} (t-\alpha)^{\gamma-1} e^{-\beta(t-\alpha)} dt \right]^2 \frac{1}{\Gamma(\gamma)} y^{\gamma-1} e^{-y} dy$$

令 $s = \beta(t-\alpha)$, 则 $t = \frac{1}{\beta}s + \alpha$, $dt = \frac{1}{\beta}ds$; 当 $t = \alpha$ 时, $s = 0$, 当 $t = \frac{1}{\beta}y + \alpha$ 时, $s = y$, 有

$$\int_\alpha^{x_0} x \left[\int_\alpha^x \frac{\beta^\gamma}{\Gamma(\gamma)} (t-\alpha)^{\gamma-1} e^{-\beta(t-\alpha)} dt \right]^2 \frac{\beta^\gamma}{\Gamma(\gamma)} (x-\alpha)^{\gamma-1} e^{-\beta(x-\alpha)} dx$$

$$= \frac{1}{\beta} \int_0^{\beta(x_0-\alpha)} \left[\int_0^y \frac{\beta^\gamma}{\Gamma(\gamma)} \left(\frac{s}{\beta}\right)^{\gamma-1} e^{-s} \frac{1}{\beta} ds \right]^2 \frac{1}{\Gamma(\gamma)} y^\gamma e^{-y} dy$$

$$+ \alpha \int_0^{\beta(x_0-\alpha)} \left[\int_0^y \frac{\beta^\gamma}{\Gamma(\gamma)} \left(\frac{s}{\beta}\right)^{\gamma-1} e^{-s} \frac{1}{\beta} ds \right]^2 \frac{1}{\Gamma(\gamma)} y^{\gamma-1} e^{-y} dy$$

$$= \frac{1}{\beta} \int_0^{\beta(x_0-\alpha)} \left[\int_0^y \frac{1}{\Gamma(\gamma)} s^{\gamma-1} e^{-s} ds \right]^2 \frac{1}{\Gamma(\gamma)} y^\gamma e^{-y} dy$$

$$+ \alpha \int_0^{\beta(x_0-\alpha)} \left[\int_0^y \frac{1}{\Gamma(\gamma)} s^{\gamma-1} e^{-s} ds \right]^2 \frac{1}{\Gamma(\gamma)} y^{\gamma-1} e^{-y} dy$$

$$= \frac{1}{\beta} \int_0^{\beta(x_0-\alpha)} \left[\int_0^x \frac{1}{\Gamma(\gamma)} t^{\gamma-1} e^{-t} dt \right]^2 \frac{1}{\Gamma(\gamma)} x^\gamma e^{-x} dx$$

$$+ \alpha \int_0^{\beta(x_0-\alpha)} \left[\int_0^x \frac{1}{\Gamma(\gamma)} t^{\gamma-1} e^{-t} dt \right]^2 \frac{1}{\Gamma(\gamma)} x^{\gamma-1} e^{-x} dx$$

则

$$\int_\alpha^{x_0} x \left[\int_\alpha^x \frac{\beta^\gamma}{\Gamma(\gamma)} (t-\alpha)^{\gamma-1} e^{-\beta(t-\alpha)} dt \right]^2 \frac{\beta^\gamma}{\Gamma(\gamma)} (x-\alpha)^{\gamma-1} e^{-\beta(x-\alpha)} dx$$

$$= \frac{1}{\beta} S_2^{1*}(\gamma) + \alpha S_2^{0*}(\gamma) \tag{37}$$

式中,

$$S_2^{1*}(\gamma) = \int_0^{\beta(x_0-\alpha)} \left[\int_0^x \frac{1}{\Gamma(\gamma)} t^{\gamma-1} e^{-t} dt \right]^2 \frac{1}{\Gamma(\gamma)} x^\gamma e^{-x} dx$$

$$S_2^{0*}(\gamma) = \int_0^{\beta(x_0-\alpha)} \left[\int_0^x \frac{1}{\Gamma(\gamma)} t^{\gamma-1} e^{-t} dt \right]^2 \frac{1}{\Gamma(\gamma)} x^{\gamma-1} e^{-x} dx$$

把式 (36) 和 (37) 代入式 (35), 有

$$\beta_2' = \int_\alpha^\infty x \left[\int_\alpha^x \frac{\beta^\gamma}{\Gamma(\gamma)} (t-\alpha)^{\gamma-1} e^{-\beta(t-\alpha)} dt \right]^2 \frac{\beta^\gamma}{\Gamma(\gamma)} (x-\alpha)^{\gamma-1} e^{-\beta(x-\alpha)} dx$$

$$- \int_\alpha^{x_0} x \left[\int_\alpha^x \frac{\beta^\gamma}{\Gamma(\gamma)} (t-\alpha)^{\gamma-1} e^{-\beta(t-\alpha)} dt \right]^2 \frac{\beta^\gamma}{\Gamma(\gamma)} (x-\alpha)^{\gamma-1} e^{-\beta(x-\alpha)} dx$$

$$= \frac{1}{\beta} S_2^1(\gamma) + \alpha S_2^0(\gamma) - \left[\frac{1}{\beta} S_2^{1*}(\gamma) + \alpha S_2^{0*}(\gamma) \right]$$

$$= \frac{1}{\beta} \left[S_2^1(\gamma) - S_2^{1*}(\gamma) \right] + \alpha \left[S_2^0(\gamma) - S_2^{0*}(\gamma) \right] \tag{38}$$

4) $S_1^0(\gamma)$, $S_1^1(\gamma)$, $S_1^{0*}(\gamma)$, $S_1^{1*}(\gamma)$, $S_2^0(\gamma)$, $S_2^1(\gamma)$, $S_2^{0*}(\gamma)$, $S_2^{1*}(\gamma)$ 计算

归纳以上推导, P-III 型分布部分概率权重矩计算主要归结为以下 8 个函数的计算.

$$S_1^0(\gamma) = \int_0^\infty \left[\int_0^x \frac{1}{\Gamma(\gamma)} t^{\gamma-1} e^{-t} dt \right] \frac{1}{\Gamma(\gamma)} x^{\gamma-1} e^{-x} dx \tag{39}$$

$$S_1^1(\gamma) = \int_0^\infty \left[\int_0^x \frac{1}{\Gamma(\gamma)} t^{\gamma-1} e^{-t} dt \right] \frac{1}{\Gamma(\gamma)} x^\gamma e^{-x} dx \tag{40}$$

$$S_1^{0*}(\gamma) = \int_0^{\beta(x_0-\alpha)} \left[\int_0^x \frac{1}{\Gamma(\gamma)} t^{\gamma-1} e^{-t} dt \right] \frac{1}{\Gamma(\gamma)} x^{\gamma-1} e^{-x} dx \tag{41}$$

$$S_1^{1*}(\gamma) = \int_0^{\beta(x_0-\alpha)} \left[\int_0^x \frac{1}{\Gamma(\gamma)} t^{\gamma-1} e^{-t} dt \right] \frac{1}{\Gamma(\gamma)} x^\gamma e^{-x} dx \tag{42}$$

$$S_2^0(\gamma) = \int_0^\infty \left[\int_0^x \frac{1}{\Gamma(\gamma)} t^{\gamma-1} e^{-t} dt \right]^2 \frac{1}{\Gamma(\gamma)} x^{\gamma-1} e^{-x} dx \tag{43}$$

$$S_2^1(\gamma) = \int_0^\infty \left[\int_0^x \frac{1}{\Gamma(\gamma)} t^{\gamma-1} e^{-t} dt \right]^2 \frac{1}{\Gamma(\gamma)} x^\gamma e^{-x} dx \tag{44}$$

$$S_2^{0*}(\gamma) = \int_0^{\beta(x_0-\alpha)} \left[\int_0^x \frac{1}{\Gamma(\gamma)} t^{\gamma-1} e^{-t} dt \right]^2 \frac{1}{\Gamma(\gamma)} x^{\gamma-1} e^{-x} dx \tag{45}$$

$$S_2^{1*}(\gamma) = \int_0^{\beta(x_0-\alpha)} \left[\int_0^x \frac{1}{\Gamma(\gamma)} t^{\gamma-1} e^{-t} dt \right]^2 \frac{1}{\Gamma(\gamma)} x^\gamma e^{-x} dx \tag{46}$$

式 (39)—式 (46) 推导如下:

$$S_1^0(\gamma) = \int_0^\infty \left[\int_0^x \frac{1}{\Gamma(\gamma)} t^{\gamma-1} e^{-t} dt \right] \frac{1}{\Gamma(\gamma)} x^{\gamma-1} e^{-x} dx = \int_0^\infty F dF = \frac{1}{2} F^2 \bigg|_0^1 = \frac{1}{2}$$

$$S_2^0(\gamma) = \int_0^\infty \left[\int_0^x \frac{1}{\Gamma(\gamma)} t^{\gamma-1} e^{-t} dt \right]^2 \frac{1}{\Gamma(\gamma)} x^{\gamma-1} e^{-x} dx = \int_0^\infty F^2 dF = \frac{1}{3} F^3 \bigg|_0^1 = \frac{1}{3}$$

$$S_1^1(\gamma) = \int_0^\infty \left[\int_0^x \frac{1}{\Gamma(\gamma)} t^{\gamma-1} e^{-t} dt \right] \frac{1}{\Gamma(\gamma)} x^\gamma e^{-x} dx = \frac{1}{2B\left(\gamma, \frac{1}{2}\right)} + \frac{\gamma}{2}$$

$$B(a,b) = \int_0^1 x^{a-1} (1-x)^{b-1} dx$$

$$S_2^1(\gamma) = \int_0^\infty \left[\int_0^x \frac{1}{\Gamma(\gamma)} t^{\gamma-1} e^{-t} dt \right]^2 \frac{1}{\Gamma(\gamma)} x^\gamma e^{-x} dx = \frac{\gamma}{3} + \frac{1}{B\left(\gamma, \frac{1}{2}\right)} I_{\frac{1}{3}}(\gamma, 2\gamma)$$

(1) $S_1^{0*}(\gamma)$ 和 $S_2^{0*}(\gamma)$ 计算.

根据不完全 gamma 函数 $P(a, x) = \frac{1}{\Gamma(a)} \int_0^x y^{a-1} e^{-y} dy$ 定义, 有

$$S_1^{0*}(\gamma) = \int_0^{\beta(x_0-\alpha)} \left[\int_0^x \frac{1}{\Gamma(\gamma)} t^{\gamma-1} e^{-t} dt \right] \frac{1}{\Gamma(\gamma)} x^{\gamma-1} e^{-x} dx$$

$$= \int_0^{\beta(x_0-\alpha)} P(\gamma, x) dP(\gamma, x) = \frac{1}{2} P^2(\gamma, x) \Big|_0^{\beta(x_0-\alpha)} = \frac{1}{2} P^2(\gamma, \beta(x_0-\alpha))$$

$$S_2^{0*}(\gamma) = \int_0^{\beta(x_0-\alpha)} \left[\int_0^x \frac{1}{\Gamma(\gamma)} t^{\gamma-1} e^{-t} dt \right]^2 \frac{1}{\Gamma(\gamma)} x^{\gamma-1} e^{-x} dx$$

$$= \int_0^{\beta(x_0-\alpha)} P^2(\gamma, x) dP(\gamma, x) = \frac{1}{3} P^3(\gamma, x) \Big|_0^{\beta(x_0-\alpha)} = \frac{1}{3} P^3(\gamma, \beta(x_0-\alpha))$$

(2) $S_1^{1*}(\gamma) = \int_0^{\beta(x_0-\alpha)} \left[\int_0^x \frac{1}{\Gamma(\gamma)} t^{\gamma-1} e^{-t} dt \right] \frac{1}{\Gamma(\gamma)} x^\gamma e^{-x} dx$ 计算.

我们知道三个不完全 gamma 函数的积分公式

$$\begin{cases} v(\gamma+1, z) = \gamma v(\gamma, z) - z^\gamma e^{-z} \\ v(\gamma, z) = \int_0^z \gamma w^{\gamma-1} e^{-w} dw \\ v(\gamma+1, z) = \int_0^z \gamma w^\gamma e^{-w} dw \end{cases} \tag{47}$$

$$\int_0^a t^{w-1} e^{-\lambda z} dz = \frac{\Gamma(w)}{\lambda^w} \frac{1}{\Gamma(w)} \int_0^{\lambda \cdot a} t^{w-1} e^{-t} dt = \frac{\Gamma(w)}{\lambda^w} P(w, \lambda \cdot a) \tag{48}$$

令 $v(\gamma, x) = \int_0^x t^{\gamma-1} e^{-t} dt$, $dv(\gamma+1, z) = x^\gamma e^{-x} dx$, 则 $dv(\gamma, x) = x^{\gamma-1} e^{-x} dx$, $v(\gamma+1, x) = \int_0^x t^{\gamma+1-1} e^{-t} dt$. 利用分部积分, 有

$$S_1^{1*}(\gamma)$$
$$= \int_0^{\beta(x_0-\alpha)} \left[\int_0^x \frac{1}{\Gamma(\gamma)} t^{\gamma-1} e^{-t} dt \right] \frac{1}{\Gamma(\gamma)} x^\gamma e^{-x} dx$$
$$= \frac{1}{\Gamma^2(\gamma)} \int_0^{\beta(x_0-\alpha)} \left[\int_0^x t^{\gamma-1} e^{-t} dt \right] x^\gamma e^{-x} dx$$
$$= \frac{1}{\Gamma^2(\gamma)} \int_0^{\beta(x_0-\alpha)} v(\gamma, x) dv(\gamma+1, x)$$

$$= \frac{1}{\Gamma^2(\gamma)} \left[v(\gamma, x) v(\gamma+1, x)\big|_0^{\beta(x_0-\alpha)} - \int_0^{\beta(x_0-\alpha)} v(\gamma+1, x) dv(\gamma, x) \right]$$

$$= \frac{1}{\Gamma^2(\gamma)} \left[v(\gamma, x) v(\gamma+1, x)\big|_0^{\beta(x_0-\alpha)} - \int_0^{\beta(x_0-\alpha)} \left(\gamma v(\gamma, x) - x^\gamma e^{-x} \right) dv(\gamma, x) \right]$$

$$= \frac{1}{\Gamma^2(\gamma)} \left[v(\gamma, x) v(\gamma+1, x)\big|_0^{\beta(x_0-\alpha)} - \int_0^{\beta(x_0-\alpha)} \gamma v(\gamma, x) dv(\gamma, x) \right.$$

$$\left. + \int_0^{\beta(x_0-\alpha)} x^\gamma e^{-x} dv(\gamma, x) \right]$$

$$= \frac{1}{\Gamma^2(\gamma)} \left[v(\gamma, x) v(\gamma+1, x)\big|_0^{\beta(x_0-\alpha)} - \frac{1}{2}\gamma v^2(\gamma, x)\bigg|_0^{\beta(x_0-\alpha)} + \int_0^{\beta(x_0-\alpha)} x^\gamma e^{-x} x^{\gamma-1} e^{-x} dx \right]$$

$$= \frac{1}{\Gamma^2(\gamma)} \left[v(\gamma, x) v(\gamma+1, x)\big|_0^{\beta(x_0-\alpha)} - \frac{1}{2}\gamma v^2(\gamma, x)\bigg|_0^{\beta(x_0-\alpha)} + \int_0^{\beta(x_0-\alpha)} x^\gamma e^{-x} x^{\gamma-1} e^{-x} dx \right]$$

$$= \frac{1}{\Gamma^2(\gamma)} \left[v(\gamma, \beta(x_0-\alpha)) \cdot v(\gamma+1, \beta(x_0-\alpha)) \right.$$

$$\left. - \frac{1}{2}\gamma v^2(\gamma, \beta(x_0-\alpha)) + \int_0^{\beta(x_0-\alpha)} x^{2\gamma-1} e^{-2x} dx \right]$$

$$= \frac{1}{\Gamma^2(\gamma)} \left[v(\gamma, \beta(x_0-\alpha)) \cdot v(\gamma+1, \beta(x_0-\alpha)) - \frac{1}{2}\gamma v^2(\gamma, \beta(x_0-\alpha)) \right.$$

$$\left. + \frac{\Gamma(2\gamma)}{2^{2\gamma}} P(2\gamma, 2\beta(x_0-\alpha)) \right]$$

$$= P(\gamma, \beta(x_0-\alpha)) \cdot P(\gamma+1, \beta(x_0-\alpha))$$

$$- \frac{1}{2}\gamma P^2(\gamma, \beta(x_0-\alpha)) + \frac{\Gamma(2\gamma)}{2^{2\gamma}\Gamma^2(\gamma)} P(2\gamma, 2\beta(x_0-\alpha)) \tag{49}$$

因为

$$\Gamma(2\gamma) = \frac{2^{2\gamma-1}}{\sqrt{\pi}} \Gamma(\gamma) \Gamma\left(\gamma+\frac{1}{2}\right) = \frac{2^{2\gamma-1}}{\Gamma\left(\frac{1}{2}\right)} \Gamma(\gamma) \Gamma\left(\gamma+\frac{1}{2}\right)$$

$$\frac{\Gamma(2\gamma)}{2^{2\gamma}\Gamma^2(\gamma)} = \frac{1}{2^{2\gamma}\Gamma^2(\gamma)} \frac{2^{2\gamma-1}}{\Gamma\left(\frac{1}{2}\right)} \Gamma(\gamma) \Gamma\left(\gamma+\frac{1}{2}\right) = \frac{1}{2} \frac{\Gamma\left(\gamma+\frac{1}{2}\right)}{\Gamma(\gamma) \Gamma\left(\frac{1}{2}\right)} = \frac{1}{2B\left(\gamma, \frac{1}{2}\right)}$$

则

$$S_1^{1*}(\gamma) = P(\gamma, \beta(x_0-\alpha)) \cdot P(\gamma+1, \beta(x_0-\alpha)) - \frac{1}{2}\gamma P^2(\gamma, \beta(x_0-\alpha))$$

$$+ \frac{1}{2\mathrm{B}\left(\gamma, \frac{1}{2}\right)} P\left(2\gamma, 2\beta\left(x_0 - \alpha\right)\right)$$

(3) $S_2^{1*}\left(\gamma\right) = \int_0^{\beta(x_0-\alpha)} \left[\int_0^x \frac{1}{\Gamma\left(\gamma\right)} t^{\gamma-1} e^{-t} dt\right]^2 \frac{1}{\Gamma\left(\gamma\right)} x^\gamma e^{-x} dx$ 计算.

令 $v\left(\gamma, x\right) = \int_0^x t^{\gamma-1} e^{-t} dt$, $dv\left(\gamma+1, z\right) = x^\gamma e^{-x} dx$; 则 $dv\left(\gamma, x\right) = x^{\gamma-1} e^{-x} dx$,

$v\left(\gamma+1, x\right) = \int_0^x t^{\gamma+1-1} e^{-t} dt$. 利用分部积分, 有

$$S_2^{1*}\left(\gamma\right) = \int_0^{\beta(x_0-\alpha)} \left[\int_0^x \frac{1}{\Gamma\left(\gamma\right)} t^{\gamma-1} e^{-t} dt\right]^2 \frac{1}{\Gamma\left(\gamma\right)} x^\gamma e^{-x} dx$$

$$= \frac{1}{\Gamma^3\left(\gamma\right)} \int_0^{\beta(x_0-\alpha)} \left[\int_0^x t^{\gamma-1} e^{-t} dt\right]^2 x^\gamma e^{-x} dx$$

$$= \frac{1}{\Gamma^3\left(\gamma\right)} \int_0^{\beta(x_0-\alpha)} v^2\left(\gamma, x\right) dv\left(\gamma+1, x\right)$$

$$= \frac{1}{\Gamma^3\left(\gamma\right)} \left[v^2\left(\gamma, x\right) v\left(\gamma+1, x\right)\Big|_0^{\beta(x_0-\alpha)} \right. $$
$$\left. - 2\int_0^{\beta(x_0-\alpha)} v\left(\gamma+1, x\right) v\left(\gamma, x\right) dv\left(\gamma, x\right) \right]$$

$$= \frac{1}{\Gamma^3\left(\gamma\right)} \left[v^2\left(\gamma, x\right) v\left(\gamma+1, x\right)\Big|_0^{\beta(x_0-\alpha)} \right. $$
$$\left. - 2\int_0^{\beta(x_0-\alpha)} \left(\gamma v\left(\gamma, x\right) - x^\gamma e^{-x}\right) v\left(\gamma, x\right) dv\left(\gamma, x\right) \right]$$

$$= \frac{1}{\Gamma^3\left(\gamma\right)} \left[v^2\left(\gamma, x\right) v\left(\gamma+1, x\right)\Big|_0^{\beta(x_0-\alpha)} - 2\gamma \int_0^{\beta(x_0-\alpha)} v^2\left(\gamma, x\right) dv\left(\gamma, x\right) \right. $$
$$\left. + 2\int_0^{\beta(x_0-\alpha)} x^\gamma e^{-x} v\left(\gamma, x\right) x^{\gamma-1} e^{-x} dx \right]$$

$$= \frac{1}{\Gamma^3\left(\gamma\right)} \left[v^2\left(\gamma, x\right) v\left(\gamma+1, x\right)\Big|_0^{\beta(x_0-\alpha)} - \frac{2\gamma}{3} v^3\left(\gamma, x\right)\Big|_0^{\beta(x_0-\alpha)} \right. $$
$$\left. + 2\int_0^{\beta(x_0-\alpha)} x^{2\gamma-1} e^{-2x} v\left(\gamma, x\right) dx \right]$$

$$= P^2\left(\gamma, \beta\left(x_0-\alpha\right)\right) \cdot P\left(\gamma+1, \beta\left(x_0-\alpha\right)\right) - \frac{2\gamma}{3} P^3\left(\gamma, \beta\left(x_0-\alpha\right)\right)$$
$$+ \frac{2}{\Gamma^3\left(\gamma\right)} \int_0^{\beta(x_0-\alpha)} x^{2\gamma-1} e^{-2x} v\left(\gamma, x\right) dx$$

对于积分 $\displaystyle\int_0^{\beta(x_0-\alpha)} x^{2\gamma-1}e^{-2x}v(\gamma,x)\,dx = \int_0^{\beta(x_0-\alpha)}\left[\int_0^x t^{\gamma-1}e^{-t}dt\right]x^{2\gamma-1}e^{-2x}dx$,

令 $y = \dfrac{t}{x}$, 则 $t = xy$, $dt = xdy$; 当 $t = 0$ 时, $y = 0$; 当 $t = x$ 时, $y = 1$, 有

$$\int_0^{\beta(x_0-\alpha)} x^{2\gamma-1}e^{-2x}v(\gamma,x)\,dx$$

$$= \int_0^{\beta(x_0-\alpha)}\left[\int_0^1 (xy)^{\gamma-1}e^{-xy}x\,dy\right]x^{2\gamma-1}e^{-2x}dx$$

$$= \int_0^{\beta(x_0-\alpha)}\left(\int_0^1 y^{\gamma-1}dy\right)x^{3\gamma-1}e^{-(2+y)x}dx$$

$$= \int_0^{\beta(x_0-\alpha)}\left(\int_0^1 y^{\gamma-1}dy\right)x^{3\gamma-1}e^{-(2+y)x}dx$$

$$= \int_0^1 y^{\gamma-1}\left[\int_0^{\beta(x_0-\alpha)} x^{3\gamma-1}e^{-(2+y)x}dx\right]dy$$

$$= \int_0^1 y^{\gamma-1}\frac{\Gamma(3\gamma)}{(2+y)^{3\gamma}}P(3\gamma,(2+y)\cdot\beta(x_0-\alpha))\,dy$$

$$= \Gamma(3\gamma)\int_0^1 y^{\gamma-1}\frac{P(3\gamma,(2+y)\cdot\beta(x_0-\alpha))}{(2+y)^{3\gamma}}dy$$

则

$$S_2^{1*}(\gamma) = P^2(\gamma,\beta(x_0-\alpha))\cdot P(\gamma+1,\beta(x_0-\alpha)) - \frac{2\gamma}{3}P^3(\gamma,\beta(x_0-\alpha))$$

$$+ \frac{2}{\Gamma^3(\gamma)}\int_0^{\beta(x_0-\alpha)} x^{2\gamma-1}e^{-2x}v(\gamma,x)\,dx$$

$$= P^2(\gamma,\beta(x_0-\alpha))\cdot P(\gamma+1,\beta(x_0-\alpha)) - \frac{2\gamma}{3}P^3(\gamma,\beta(x_0-\alpha))$$

$$+ \frac{2\Gamma(3\gamma)}{\Gamma^3(\gamma)}\int_0^1 y^{\gamma-1}\frac{P(3\gamma,(2+y)\cdot\beta(x_0-\alpha))}{(2+y)^{3\gamma}}dy \tag{50}$$

综合以上推导, 有

$$\begin{cases} \beta_0' = \dfrac{\gamma}{\beta}\left[1 - P(\gamma+1,\beta(x_0-\alpha))\right] + \alpha\left[1 - P(\gamma,\beta(x_0-\alpha))\right] \\[2mm] \beta_1' = \dfrac{1}{\beta}\left[S_1^1(\gamma) - S_1^{1*}(\gamma)\right] + \alpha\left[S_1^0(\gamma) - S_1^{0*}(\gamma)\right] \\[2mm] \beta_2' = \dfrac{1}{\beta}\left[S_2^1(\gamma) - S_2^{1*}(\gamma)\right] + \alpha\left[S_2^0(\gamma) - S_2^{0*}(\gamma)\right] \end{cases} \tag{51}$$

式中, $S_1^0(\gamma) = \dfrac{1}{2}$; $S_2^0(\gamma) = \dfrac{1}{3}$; $S_1^1(\gamma) = \dfrac{1}{2B\left(\gamma, \frac{1}{2}\right)} + \dfrac{\gamma}{2}$; $S_2^1(\gamma) = \dfrac{\gamma}{3} + \dfrac{1}{B\left(\gamma, \frac{1}{2}\right)} I_{\frac{1}{3}}(\gamma, 2\gamma)$;

$$S_1^{0*}(\gamma) = \frac{1}{2}P^2(\gamma, \beta(x_0 - \alpha)); \quad S_2^{0*}(\gamma) = \frac{1}{3}P^3(\gamma, \beta(x_0 - \alpha))$$

$$S_1^{1*}(\gamma) = P(\gamma, \beta(x_0 - \alpha)) \cdot P(\gamma + 1, \beta(x_0 - \alpha)) - \frac{1}{2}\gamma P^2(\gamma, \beta(x_0 - \alpha))$$

$$+ \frac{1}{2B\left(\gamma, \frac{1}{2}\right)} P(2\gamma, 2\beta(x_0 - \alpha))$$

$$S_2^{1*}(\gamma) = P^2(\gamma, \beta(x_0 - \alpha)) \cdot P(\gamma + 1, \beta(x_0 - \alpha)) - \frac{2\gamma}{3}P^3(\gamma, \beta(x_0 - \alpha))$$

$$+ \frac{2\Gamma(3\gamma)}{\Gamma^3(\gamma)} \int_0^1 y^{\gamma - 1} \frac{P(3\gamma, (2 + y) \cdot \beta(x_0 - \alpha))}{(2 + y)^{3\gamma}} dy$$

$$+ \frac{2\Gamma(3\gamma)}{\Gamma^3(\gamma)} \int_0^1 y^{\gamma - 1} \frac{P(3\gamma, (2 + y) \cdot \beta(x_0 - \alpha))}{(2 + y)^{3\gamma}} dy$$

7.4　部分概率权重矩应用实例

本节收集到陕北地区 7 个水文测站洪水水文要素记录. 经计算, 参数估计方法结果统计见表 5.

表 5　陕北地区年最大洪峰流量序列 GEV 分布 PPWM 法参数估计结果

站名	F_0		n	b_r			$\hat{\alpha}$	$\hat{\xi}$	$\hat{k}$
				b_0	b_1	b_2			
交口河	原序列 (F_0=0.0)		48	1108.15	827.89	686.85	433.80	540.48	−0.4303
	删失序列	F_0=0.1	44	1094.15	827.39	686.84	439.06	541.11	−0.4248
		F_0=0.2	39	1066.90	823.85	686.42	442.35	544.02	−0.4209
		F_0=0.3	34	1023.56	813.59	684.12	487.22	510.80	−0.3862
		F_0=0.4	29	964.35	793.30	677.40	644.98	360.09	−0.2866
		F_0=0.5	24	897.08	763.19	664.23	1011.25	−17.98	−0.1211
神木	原序列 (F_0=0.0)		48	3640.13	2764.23	2267.91	1994.70	1792.53	−0.2641
	删失序列	F_0=0.1	44	3616.60	2763.28	2267.88	2316.92	1679.95	−0.1891
		F_0=0.2	39	3547.06	2754.02	2266.76	2829.44	1453.91	−0.0862
		F_0=0.3	34	3450.13	2731.20	2261.68	3669.43	1007.84	0.0500
		F_0=0.4	29	3310.75	2683.29	2245.77	5464.62	−71.81	0.2600
		F_0=0.5	24	3134.29	2604.06	2210.98	9704.26	−2684.26	0.5629
赵石窑	原序列 (F_0=0.0)		50	274.84	187.32	146.60	115.00	180.07	−0.2019
	删失序列	F_0=0.1	45	268.62	187.02	146.59	116.98	179.80	−0.1923
		F_0=0.2	40	256.86	185.32	146.36	129.00	174.55	−0.1432
		F_0=0.3	35	241.36	181.50	145.47	163.13	154.28	−0.0296
		F_0=0.4	30	223.84	175.41	143.42	232.69	107.32	0.1420
		F_0=0.5	25	204.72	166.81	139.63	369.44	9.24	0.3605

续表

站名	F_0		n	b_r			$\hat{\alpha}$	$\hat{\xi}$	$\hat{k}$
				b_0	b_1	b_2			
绥德	原序列 (F_0=0.0)		41	801.27	568.59	452.07	388.41	482.71	−0.1994
	删失序列	F_0=0.1	37	785.73	567.92	452.05	449.24	464.37	−0.1200
		F_0=0.2	33	763.07	564.75	451.66	508.42	440.80	−0.0524
		F_0=0.3	29	731.27	557.07	449.92	597.42	393.89	0.0322
		F_0=0.4	25	687.51	542.25	445.12	858.10	236.16	0.2204
		F_0=0.5	20	623.46	513.21	432.28	2056.12	−505.80	0.6732
刘家河	原序列 (F_0=0.0)		45	1746.49	1297.52	1070.62	713.99	874.18	−0.3995
	删失序列	F_0=0.1	41	1726.38	1296.69	1070.59	715.61	877.01	−0.3979
		F_0=0.2	36	1674.11	1289.23	1069.62	769.20	845.47	−0.3700
		F_0=0.3	32	1614.18	1274.81	1066.36	784.20	838.09	−0.3624
		F_0=0.4	27	1513.60	1240.28	1054.93	1104.86	543.00	−0.2362
		F_0=0.5	22	1368.22	1172.22	1023.69	2389.80	−706.13	0.0629
张村驿	原序列 (F_0=0.0)		41	136.08	105.07	88.80	52.71	58.43	−0.4807
	删失序列	F_0=0.1	37	134.49	105.00	88.80	55.82	57.08	−0.4595
		F_0=0.2	33	131.63	104.60	88.75	58.39	55.42	−0.4438
		F_0=0.3	29	127.51	103.62	88.53	63.23	51.49	−0.4166
		F_0=0.4	25	122.67	101.97	88.00	65.05	49.80	−0.4074
		F_0=0.5	20	114.22	98.14	86.30	88.46	18.84	−0.3120
志丹	原序列 (F_0=0.0)		40	667.79	484.92	393.43	291.77	365.22	−0.3214
	删失序列	F_0=0.1	36	659.55	484.43	393.41	290.48	365.82	−0.3235
		F_0=0.2	32	640.20	481.61	393.05	291.83	365.96	−0.3211
		F_0=0.3	28	611.58	474.62	391.45	309.30	353.42	−0.2985
		F_0=0.4	24	570.08	460.22	386.66	424.58	250.52	−0.1767
		F_0=0.5	20	524.03	439.50	377.61	705.14	−11.81	0.0244

用计算理论频率曲线 $P = 50\% - 98\%$ 时实测值与设计值的累积误差平方和 δ, 分析改变删失水平对洪水序列经验点据拟合效果的影响, 计算结果表明, 随着删失水平的增加, 设计值的累积误差平方和 δ 呈不断减小的趋势, 至 $F_0 = 0.4$ 时 δ 最小, $F_0 = 0.5$ 时 δ 反而回升, 且比其余删失水平的误差都大. 对比拟合图形分析表明, $F_0 = 0.4$ 时频率曲线对经验点据的拟合结果最佳.

7.5 广义极值分布部分线性矩计算

如前所述, 国外学者认为小流量值对高尾部拟合具有滋扰行为, 所以通过提高大流量值权重来改善其拟合效果, 并取得了较好的成果, 但权重的确定难以把握. Wang(1996a,1996b) 和 Bhattarai(2004) 建议使用部分线性矩 (partial L-moments) 来拟合分布, 对于长序列洪水, 该法以截取频率分布拟合大流量值, 效果良好. 目前, 我国还缺乏这一方法的统计性能及其普适性研究. 本节通过蒙特卡罗试验研究其统计性能, 以陕西省 5 个水文测站洪峰序列为例, 研究部分线性矩法的普适性, 并对部分线性矩法的拟合效果和设计值计算偏差进行比较分析.

7.5.1　部分线性矩

部分线性矩是用于估计删失样本的参数估计方法. 给定一个排序样本 $x_1 \leqslant x_2 \leqslant \cdots \leqslant x_n$, 对于低删失, 前 4 阶部分线性矩分别为

$$\lambda_1' = \frac{1}{nC_1} \sum_{i=1}^{n} x_{(i)}^* \tag{52}$$

$$\lambda_2' = \frac{1}{2} \frac{1}{nC_2} \sum_{i=1}^{n} ({}^{i-1}C_1 - {}^{n-i}C_1) x_{(i)}^* \tag{53}$$

$$\lambda_3' = \frac{1}{3} \frac{1}{nC_3} \sum_{i=1}^{n} ({}^{i-1}C_2 - 2^{i-1}C_1{}^{n-i}C_1 + {}^{n-i}C_2) x_{(i)}^* \tag{54}$$

$$\lambda_4' = \frac{1}{4} \frac{1}{nC_4} \sum_{i=1}^{n} ({}^{i-1}C_3 - 3^{i-1}C_2{}^{n-i}C_1 + 3^{i-1}C_1{}^{n-i}C_2 - {}^{n-i}C_3) x_{(i)}^* \tag{55}$$

其中,

$$x_{(i)}^* = \begin{cases} 0, & x_{(i)} \leqslant x_0 \\ x_{(i)}, & x_{(i)} > x_0 \end{cases} \tag{56}$$

$${}^n C_i = \frac{n!}{i!(n-i)!} \tag{57}$$

式中, x_0 为低删失门限值.

7.5.2　广义极值分布部分线性矩

Hosking (1990) 给出线性矩与概率权重矩的前 4 阶关系为

$$\lambda_1 = \beta_0 \tag{58}$$

$$\lambda_2 = 2\beta_1 - \beta_0 \tag{59}$$

$$\lambda_3 = 6\beta_2 - 6\beta_1 + \beta_0 \tag{60}$$

$$\lambda_4 = 20\beta_3 - 30\beta_2 + 12\beta_1 - \beta_0 \tag{61}$$

式中, $\beta_0, \beta_1, \beta_2, \beta_3$ 为概率权重矩, $\lambda_1, \lambda_2, \lambda_3, \lambda_4$ 为前 4 阶线性矩, 根据部分概率权重矩与部分线性矩有类似的线性关系 (58)—(61), 有

$$z = \frac{\dfrac{\lambda_2' + \lambda_1'}{1 - F_0^2} - \dfrac{\lambda_1'}{1 - F_0}}{\dfrac{\frac{1}{2}(\lambda_3' + 3\lambda_2' + 2\lambda_1')}{1 - F_0^3} - \dfrac{\lambda_1'}{1 - F_0}} \tag{62}$$

由样本计算 $\hat{\lambda}_1', \hat{\lambda}_2', \hat{\lambda}_3'$, 并代入式 (62), 可得 z 的估计量 $\hat{z}$ 为

$$\hat{z} = \frac{\dfrac{\hat{\lambda}_2' + \hat{\lambda}_1'}{1 - F_0^2} - \dfrac{\hat{\lambda}_1'}{1 - F_0}}{\dfrac{\frac{1}{2}(\hat{\lambda}_3' + 3\hat{\lambda}_2' + 2\hat{\lambda}_1')}{1 - F_0^3} - \dfrac{\hat{\lambda}_1'}{1 - F_0}} \tag{63}$$

上式计算出 $\hat{z}$ 值, 由前述部分概率权重矩计算参数 k 的估计值 $\hat{k}$, 可得参数 α, ξ 的估计值 $\hat{\alpha}, \hat{\xi}$ 分别为

$$\hat{\alpha} = -\frac{\hat{k}}{\Gamma(1 + \hat{k})} \frac{\dfrac{\hat{\lambda}_2' + \hat{\lambda}_1'}{1 - F_0^2} - \dfrac{\hat{\lambda}_1'}{1 - F_0}}{\dfrac{P(1 + k, -2\log F_0)}{2^k(1 - F_0^2)} - \dfrac{P(1 + k, -\log F_0)}{1 - F_0}} \tag{64}$$

$$\hat{\xi} = \frac{\hat{\lambda}_1'}{1 - F_0} + \frac{\hat{\alpha}}{\hat{k}} \left[\Gamma\left(1 + \hat{k}\right) \frac{P(1 + k, -\log F_0)}{1 - F_0} - 1 \right] \tag{65}$$

当 $F_0 = 0.0$ 时, 部分线性矩转化为普通线性矩. Hosking (1990) 推出了 GEV 分布下普通线性矩为

$$\lambda_1 = \xi + \alpha[1 - \Gamma(1 + k)]/k \tag{66}$$

$$\lambda_2 = \alpha(1 - 2^{-k})\Gamma(1 + k)/k \tag{67}$$

$$\tau_3 = 2(1 - 3^{-k})/(1 - 2^{-k}) - 3 \tag{68}$$

$$\tau_4 = [5(1 - 4^{-k}) - 10(1 - 3^{-k}) + 6(1 - 2^{-k})]/(1 - 2^{-k}) \tag{69}$$

当 $-0.5 < \tau_3 < 0.5$ 时, 三个参数的估计量计算公式分别为

$$\hat{k} = 7.8590C + 2.9554C^2 \tag{70}$$

式中, $C = 2/3(3 + \tau_3) - \ln 2 / \ln 3$.

$$\hat{\alpha} = \lambda_2 \hat{k} / [(1 - 2^{-\hat{k}}) \Gamma(1 + \hat{k})] \tag{71}$$

$$\hat{\xi} = \lambda_1 - \hat{\alpha}[1 - \Gamma(1 + \hat{k})] / \hat{k} \tag{72}$$

式中, λ_1, λ_2 可由样本进行计算.

7.5.3　蒙特卡罗试验

7.5.3.1　评价标准

本节以偏差和标准误差分别评判估计量 $(\hat{\xi}, \hat{\alpha}, \hat{k}$ 及洪水设计值 $\hat{x}_T)$ 的不偏性和有效性, 用统计参数估计量的均方根误差 (RMSE) 和设计值估计量的相对均方根误差 (R-RMSE) 来综合评判参数估计方法的有效性.

若估计量的偏差越接近 0, 表明估计量的不偏性越好, 在 M 次统计试验中, 其计算公式为

$$\mathrm{Bias}(\hat{x}_T) = [x_T - \hat{\mu}(\hat{x}_T)] \tag{73}$$

式中, x_T 为重现期 T 的总体设计值, $\hat{x}_T$ 为重现期 T 的估计值, $\hat{\mu}(\hat{x}_T)$ 为 M 次统计试验估计量 $\hat{x}_T$ 的均值.

估计量标准误差越小, 表明估计量的有效性越好, 在 M 次统计试验中, 其计算公式为

$$\mathrm{SE}(\hat{x}_T) = \sqrt{\frac{1}{M-1} \sum_{i=1}^{M} \left(\hat{x}_T^i - \hat{\mu}(\hat{x}_T) \right)^2} \tag{74}$$

式中, x_T^i 为 M 次统计试验中第 i 个试验样本估计值.

估计量均方根误差越小, 表明参数估计方法的有效性越好, 其计算公式为

$$\mathrm{RMSE}(\hat{x}_T) = \sqrt{\left[\mathrm{Bias}(\hat{x}_T)\right]^2 + \left[\mathrm{SE}(\hat{x}_T)\right]^2} \tag{75}$$

7.5.3.2　试验方案

设样本容量为 n=40, 位置和尺寸参数分别为 $\xi = 0.0$, $\alpha = 1.0$, 形状参数 $k = -0.5$—0.5(不考虑 k=0 的情形), $F_0 = 0.0$ —0.5 模拟次数为 M=10000.

7.5.3.3　试验结果

根据上述试验方案, 模拟计算结果见表 6—表 10.

表 6 $k = -0.5$ 时不同低删失样本下部分线性矩参数估计和设计值的 Bias, SE 和 RMSE

F_0	$k=-0.5$	$\hat{\xi}$	$\hat{\alpha}$	$\hat{k}$	$\hat{x}_{50}/x_{50}$	$\hat{x}_{100}/x_{100}$	$\hat{x}_{200}/x_{200}$	$\hat{x}_{500}/x_{500}$
	Bias	-0.0334	-0.0343	-0.0829	0.0827	0.0852	0.0786	0.0539
0.0	SE	0.1968	0.2235	0.1656	0.4274	0.5251	0.6475	0.8584
	RMSE	0.1996	0.2261	0.1852	0.4354	0.5320	0.6522	0.8601
	Bias	-0.0049	-0.0979	-0.0947	0.0453	0.0483	0.0420	0.0175
0.1	SE	0.2099	0.3105	0.1743	0.6401	0.7862	0.9662	1.2707
	RMSE	0.2100	0.3256	0.1983	0.6417	0.7877	0.9671	1.2708
	Bias	0.0236	-0.1360	-0.1086	0.0592	0.0694	0.0708	0.0580
0.2	SE	0.1998	0.3328	0.1873	0.4995	0.6003	0.7214	0.9187
	RMSE	0.2011	0.3595	0.2165	0.5030	0.6043	0.7248	0.9205
	Bias	-0.1592	0.2629	0.0528	0.0965	0.0454	-0.0195	-0.1291
0.3	SE	0.3606	0.3473	0.1360	0.7859	0.9870	1.2406	1.6825
	RMSE	0.3941	0.4356	0.1459	0.7918	0.9880	1.2408	1.6875
	Bias	0.2301	-0.3716	-0.1729	0.0605	0.0857	0.1003	0.1020
0.4	SE	0.3374	0.5719	0.2416	0.5781	0.7028	0.8521	1.0967
	RMSE	0.4084	0.6820	0.2971	0.5813	0.7080	0.8580	1.1014
	Bias	0.5772	-0.7133	-0.2400	0.0432	0.0788	0.1016	0.1103
0.5	SE	0.6034	0.9440	0.2967	0.6609	0.8087	0.9847	1.2725
	RMSE	0.8351	1.1832	0.3816	0.6623	0.8126	0.9899	1.2773

表 7 $k = -0.2$ 时不同低删失样本下部分线性矩参数估计和设计值的 Bias, SE 和 RMSE

F_0	$k=-0.2$	$\hat{\xi}$	$\hat{\alpha}$	$\hat{k}$	$\hat{x}_{50}/x_{50}$	$\hat{x}_{100}/x_{100}$	$\hat{x}_{200}/x_{200}$	$\hat{x}_{500}/x_{500}$
	Bias	-0.0114	0.0008	-0.0268	0.0118	0.0012	-0.0148	-0.0454
0.0	SE	0.1858	0.1617	0.1405	0.3110	0.3764	0.4560	0.5875
	RMSE	0.1861	0.1617	0.1430	0.3113	0.3764	0.4562	0.5893
	Bias	-0.0017	-0.0164	-0.0283	0.0036	-0.0104	-0.0315	-0.0722
0.1	SE	0.1830	0.2084	0.1633	0.3129	0.3867	0.4793	0.6378
	RMSE	0.1830	0.2091	0.1657	0.3129	0.3868	0.4803	0.6419
	Bias	0.0105	-0.0368	-0.0397	0.0162	0.0046	-0.0147	-0.0541
0.2	SE	0.1824	0.2589	0.1814	0.3101	0.3831	0.4754	0.6334
	RMSE	0.1827	0.2615	0.1857	0.3105	0.3831	0.4757	0.6357
	Bias	-0.1606	0.3851	0.2112	-0.0344	-0.1572	-0.3111	-0.5758
0.3	SE	0.1941	0.1787	0.1394	0.2677	0.3531	0.4804	0.7347
	RMSE	0.2520	0.4245	0.2531	0.2699	0.3865	0.5724	0.9335
	Bias	0.1468	-0.2464	-0.1126	0.0322	0.0372	0.0332	0.0120
0.4	SE	0.2314	0.4806	0.2460	0.3112	0.3847	0.4798	0.6463
	RMSE	0.2741	0.5401	0.2706	0.3128	0.3864	0.4810	0.6465
	Bias	0.4727	-0.7001	-0.2263	0.0397	0.0677	0.0862	0.0942
0.5	SE	0.4263	0.9522	0.3209	0.3146	0.3829	0.4696	0.6172
	RMSE	0.6365	1.1819	0.3927	0.3171	0.3888	0.4774	0.6243

表 8　$k = 0.001$ 时不同低删失样本下部分线性矩参数估计和设计值的 Bias, SE 和 RMSE

F_0	k=0.001	$\hat{\xi}$	$\hat{\alpha}$	$\hat{k}$	$\hat{x}_{50}/x_{50}$	$\hat{x}_{100}/x_{100}$	$\hat{x}_{200}/x_{200}$	$\hat{x}_{500}/x_{500}$
0.0	Bias	−0.0064	0.0044	−0.0121	0.0008	−0.0072	−0.0176	−0.0354
	SE	0.1820	0.1391	0.1235	0.2253	0.2619	0.3041	0.3679
	RMSE	0.1821	0.1392	0.1241	0.2253	0.2620	0.3046	0.3696
0.1	Bias	0.0036	-0.0081	−0.0107	−0.0096	−0.0215	−0.0371	−0.0636
	SE	0.1813	0.1835	0.1486	0.2289	0.2728	0.3249	0.4062
	RMSE	0.1814	0.1837	0.1490	0.2291	0.2736	0.3270	0.4112
0.2	Bias	0.0130	−0.0236	−0.0198	−0.0003	−0.0114	−0.0267	−0.0541
	SE	0.1818	0.2308	0.1686	0.2286	0.2738	0.3288	0.4160
	RMSE	0.1822	0.2320	0.1698	0.2286	0.2740	0.3298	0.4195
0.3	Bias	−0.1349	0.4042	0.2874	−0.1290	−0.2768	−0.4571	−0.7588
	SE	0.1850	0.1552	0.1266	0.2220	0.2918	0.3972	0.6060
	RMSE	0.2290	0.4330	0.3140	0.2568	0.4022	0.6056	0.9711
0.4	Bias	0.1445	−0.2555	−0.1138	0.0244	0.0322	0.0348	0.0300
	SE	0.2153	0.4523	0.2399	0.2273	0.2713	0.3253	0.4112
	RMSE	0.2593	0.5194	0.2656	0.2286	0.2732	0.3271	0.4123
0.5	Bias	0.4999	−0.8290	−0.2724	0.0436	0.0762	0.1021	0.1267
	SE	0.3975	1.0094	0.3309	0.2291	0.2689	0.3163	0.3896
	RMSE	0.6387	1.3062	0.4286	0.2332	0.2795	0.3324	0.4097

表 9　$k = 0.2$ 时不同低删失样本下部分线性矩参数估计和设计值的 Bias, SE 和 RMSE

F_0	k=0.2	$\hat{\xi}$	$\hat{\alpha}$	$\hat{k}$	$\hat{x}_{50}/x_{50}$	$\hat{x}_{100}/x_{100}$	$\hat{x}_{200}/x_{200}$	$\hat{x}_{500}/x_{500}$
0.0	Bias	−0.0046	0.0057	−0.0054	−0.0027	−0.0088	−0.0161	−0.0272
	SE	0.1802	0.1283	0.1191	0.1652	0.1879	0.2131	0.2488
	RMSE	0.1802	0.1285	0.1192	0.1652	0.1881	0.2137	0.2503
0.1	Bias	0.0069	−0.0066	−0.0023	−0.0140	−0.0238	−0.0352	−0.0526
	SE	0.1808	0.1727	0.1463	0.1669	0.1948	0.2268	0.2733
	RMSE	0.1810	0.1728	0.1464	0.1675	0.1962	0.2295	0.2783
0.2	Bias	0.0153	−0.0203	−0.0101	−0.0073	−0.0170	−0.0288	−0.0476
	SE	0.1818	0.2178	0.1677	0.1663	0.1958	0.2306	0.2825
	RMSE	0.1824	0.2187	0.1680	0.1665	0.1965	0.2324	0.2865
0.3	Bias	−0.1148	0.4180	0.3592	−0.1961	−0.3517	−0.5339	−0.8237
	SE	0.1788	0.1418	0.1220	0.1747	0.2300	0.3153	0.4812
	RMSE	0.2125	0.4414	0.3794	0.2627	0.4203	0.6200	0.9540
0.4	Bias	0.1509	−0.2954	−0.1374	0.0267	0.0366	0.0429	0.0460
	SE	0.2052	0.4489	0.2475	0.1604	0.1867	0.2179	0.2637
	RMSE	0.2548	0.5374	0.2831	0.1626	0.1902	0.2221	0.2677
0.5	Bias	0.5666	−1.0810	−0.3654	0.0568	0.0902	0.1171	0.1442
	SE	0.3973	1.1759	0.3616	0.1582	0.1792	0.2027	0.2356
	RMSE	0.6920	1.5972	0.5140	0.1681	0.2006	0.2341	0.2763

表 10 $k=0.5$ 时不同低删失样本下部分线性矩参数估计和设计值的 Bias, SE 和 RMSE

F_0	$k=0.5$	$\hat{\xi}$	$\hat{\alpha}$	$\hat{k}$	$\hat{x}_{50}/x_{50}$	$\hat{x}_{100}/x_{100}$	$\hat{x}_{200}/x_{200}$	$\hat{x}_{500}/x_{500}$
0.0	Bias	−0.0026	0.0093	0.0020	−0.0083	−0.0136	−0.0189	−0.0256
	SE	0.1794	0.1312	0.1352	0.1129	0.1270	0.1409	0.1578
	RMSE	0.1794	0.1315	0.1352	0.1132	0.1277	0.1422	0.1598
0.1	Bias	0.0104	−0.0086	0.0025	−0.0179	−0.0255	−0.0331	−0.0428
	SE	0.1816	0.1761	0.1671	0.1111	0.1288	0.1467	0.1692
	RMSE	0.1819	0.1763	0.1672	0.1125	0.1313	0.1504	0.1745
0.2	Bias	0.0184	−0.0225	−0.0046	−0.0138	−0.0220	−0.0304	−0.0412
	SE	0.1830	0.2187	0.1912	0.1088	0.1279	0.1481	0.1741
	RMSE	0.1839	0.2199	0.1912	0.1097	0.1298	0.1512	0.1789
0.3	Bias	−0.0910	0.4339	0.4686	−0.2576	−0.4001	−0.5523	−0.7683
	SE	0.1725	0.1342	0.1319	0.1253	0.1750	0.2467	0.3727
	RMSE	0.1951	0.4542	0.4868	0.2865	0.4367	0.6049	0.8539
0.4	Bias	0.1689	−0.3997	−0.2096	0.0302	0.0384	0.0433	0.0464
	SE	0.1967	0.4867	0.2982	0.0973	0.1124	0.1282	0.1480
	RMSE	0.2593	0.6298	0.3645	0.1019	0.1188	0.1354	0.1551
0.5	Bias	0.7522	−1.8379	−0.6118	0.0684	0.0928	0.1099	0.1247
	SE	0.4862	1.9339	0.4863	0.0902	0.0989	0.1075	0.1176
	RMSE	0.8957	2.6679	0.7815	0.1132	0.1356	0.1537	0.1714

从表 6—表 10 可得出以下基本结论:

(1) 随着低删失门限值 F_0 的增长, 参数估计量和不同重现期相对应设计值的估计偏差随之增大.

(2) 对于不同的 k 值, 部分线性矩法在参数估计量和设计值不偏性及有效性均有显著改善, 尤其是设计值的有效性, 说明在低删失样本中, 部分线性矩法在设计值估计方面有效性较普通线性矩法好. 此外, k 值增大时 (从 −0.5 到 0.5), 参数估计值的偏差显著降低, 当 k 取值为 0.5 时, 参数估计量和设计值的偏差相对最小.

7.5.4 实例应用

为了说明本节方法, 采用陕西省 5 个水文测站的年最大洪峰流量资料, 经还原处理, 资料满足一致性要求, 研究 GEV 分布部分线性矩法应用于洪水序列拟合的效果, 资料的基本情况见表 11.

表 11 年最大洪峰流量资料系列长度

站名	张村驿	绥德	赵石窑	神木	林家村
起止年份	1963—2003	1963—2003	1954—2003	1956—2003	1955—2003
系列长度/年	41	41	50	48	49

7.5.4.1   绘制频率曲线

计算不同 F_0 下各站年最大洪峰流量序列 GEV 分布参数估计值, 由上述方法计算洪水设计值, 并绘制理论频率曲线拟合图, 如图 2 所示.

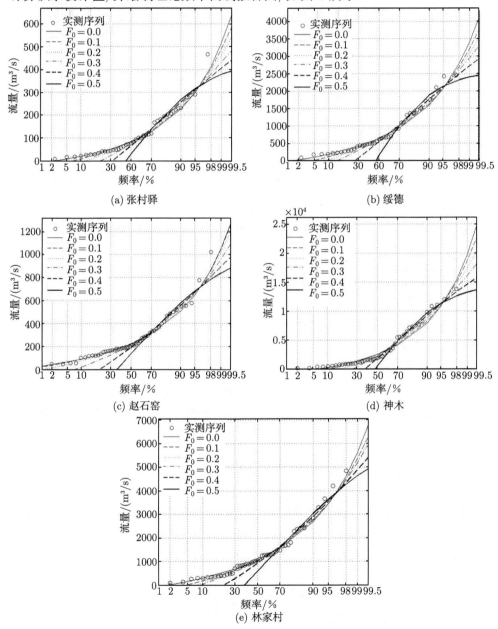

图 2   各站年最大洪峰流量序列频率曲线拟合图

由图 2 看出, 5 个测站普通线性矩法 (F_0=0.0) 对低尾部经验点据拟合结果较好, 随着 F_0 值的增大, 洪水频率曲线对低尾部经验点据拟合结果变差, 高尾部经验点据拟合结果得到显著改善, 这表明部分线性矩法对高尾部洪水值拟合效果好.

7.5.4.2 拟合效果分析

采用累积相对偏差平方和 δ 对上述拟合结果进行定量分析. 式 (76) 为 $P =$ 50%—98% 时, 对应实测值与设计值累积偏差平方和的计算公式.

$$\delta = \sum_{i=\mathrm{i}|P=50\%}^{i|P=98\%} \left(\frac{x_i - \hat{x}_i}{x_i}\right)^2 \tag{76}$$

式中, x_i 为实测值; $\hat{x}_i$ 为设计值. 计算结果见表 12.

表 12　不同 F_0 下各站设计值误差比较

站名	F_0					
	0.0	0.1	0.2	0.3	0.4	0.5
张村驿	0.01025	0.00764	0.00559	0.00358	0.00255	0.00271
绥德	0.00586	0.00386	0.00271	0.00173	0.00069	0.00061
赵石窑	0.00492	0.00468	0.00380	0.00245	0.00148	0.00137
神木	0.00934	0.00633	0.00377	0.00188	0.00064	0.00026
林家村	0.00447	0.00328	0.00266	0.00242	0.00154	0.00163

由表 12 可得出, 除了张村驿和林家村站, 其他 3 站随着 F_0 的增大, 高尾部设计值计算偏差越小, 即频率曲线与高尾部 ($P > 50\%$) 经验点据越来越接近, 提高了设计值估算精度, 这与图 2 拟合曲线结果相一致. 而张村驿和林家村站, 在 $F_0 \leqslant 0.4$ 时, 高尾部经验点据拟合效果与其他 3 站变化趋势相同, 但 F_0=0.5 时, 设计值估算偏差变大, 说明并非 F_0 越大越好, 即并非截掉小洪水值越多越好, 而是选择合适的 F_0 值, 可提高设计值估算精度. 因此, 结合模拟试验结果可知, 通过增大 F_0 值的方式来拟合高尾部洪水值是可行的, 且提高了设计值估算精度.

第8章 部分历时序列频率计算原理与应用

水文序列一般分为: ① 完全历时序列 (complete duration series): 一个序列包含所有历时点的数据. ② 部分历时序列 (partial duration series): 一个序列包含大于给定门限值的数据. ③ 年超大值序列 (annual exceedence series): 给定门限值下, 一个序列数据容量可能超过年数. ④ 年最大值序列 (annual maximum value series): 选用每年的最大值或最小值, 序列数据容量等于年数. 图 1 和图 2 显示了 10 年月

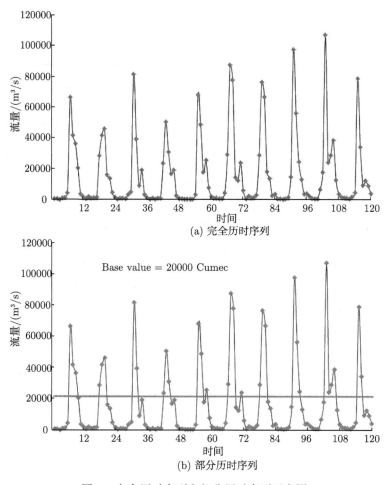

(a) 完全历时序列

(b) 部分历时序列

图 1 完全历时序列和部分历时序列示意图

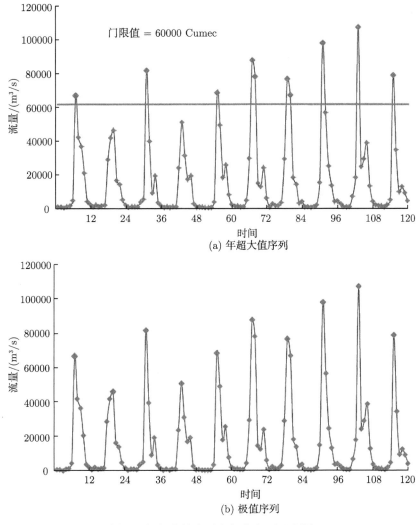

图 2 年超大值序列和极值序列示意图

平均流量的完全历时序列、部分历时序列、年超大值序列和极值序列.

洪水频率分析最大的困惑是观测资料系列较短, 人们试图采用几十年的资料估计百年、千年、甚至万年一遇的洪水. 因此, 扩大使用信息量一直是提高洪水设计精度的关键技术之一. 完全历时序列一般采用随机方法进行分析, 若满足随机试验条件, 则序列几乎是独立的. 年最大值序列是频率分析中常用的序列, 其原因是: ① 方便性. 因为大多数数据通常以这种方式获得. ② 具有简单的理论基础. 可通过频率的外推或插值技术来获得观测值范围之外的频率. 年最大值序列的缺点是每年只选用最大一次洪水 (最大洪峰流量、最大时段洪量), 一个年份的次大洪水可能

大于一些其他年份的最大洪水值, 但是, 这些给定年份的次大洪水值却没有包含在
年序列数据中. 部分历时序列克服了这一缺点, 因为它选择了大于门限值的洪水值.
必须考虑一年中洪水的到达时间和洪水发生值的分布, 其理论较为复杂. 另外, 部
分历时序列缺乏独立性和受季节影响. 但是, 若超过门限的到达率足够大, 则可用
泊松分布和指数分布来描述. 我国通常称洪水部分历时序列为洪水超定量序列, 实
际研究较少. 本节结合国内外文献和概率论原理, 推导和叙述部分历时序列频率分
析模型、参数估算、重现期和设计值计算等问题.

　　　部分历时序列频率分析考虑一年中洪水的到达时间和洪水发生值的分布, 涉及
泊松随机过程和一般年最大值序列频率分析的理论. 本章在介绍部分历时序列频率
分析原理之前, 首先介绍泊松随机过程.

8.1　泊松随机过程

　　　泊松过程是一类较为简单的时间连续状态离散随机过程, 在物理学、地质学、
生物学、医学、天文学、服务系统和可靠性理论等领域中都有广泛的应用. 本节引
用周荫清 (1987)、刘次华 (2000)、申鼎煊 (1990)、汪荣鑫 (1987) 等文献叙述泊松随
机过程.

8.1.1　泊松分布

　　　设随机变量 X 所有可能取值为 $0, 1, 2, \cdots$, 而取各个值的概率为

$$P(X=k) = \frac{\lambda^k}{k!}e^{-\lambda}, \quad k = 0, 1, 2, \cdots \tag{1}$$

式中, $\lambda > 0$ 为常数. 则称随机变量 X 服从参数为 λ 的泊松分布.

数学期望与方差

$E(X) = \displaystyle\sum_{x=0}^{\infty} x\frac{\lambda^x}{x!}e^{-\lambda}$, 令 $y = x - 1$, 应用级数公式

$$e^x = 1 + x + \frac{x^2}{2!} + \frac{x^3}{3!} + \cdots + \frac{x^n}{n!} = \sum_{n=0}^{\infty} \frac{x^n}{n!}$$

有

$$E(X) = \sum_{x=0}^{\infty} x\frac{\lambda^x}{x!}e^{-\lambda} = e^{-\lambda}\lambda\sum_{x=1}^{\infty}\frac{\lambda^{x-1}}{(x-1)!} = e^{-\lambda}\lambda\sum_{y=0}^{\infty}\frac{\lambda^y}{y!} = e^{-\lambda}\lambda e^{\lambda} = \lambda \tag{2}$$

$$E\left(X^2\right) = \sum_{x=0}^{\infty} x^2 \frac{\lambda^x}{x!} e^{-\lambda} = \lambda \sum_{x=1}^{\infty} \frac{(x-1+1)\lambda^{x-1}}{(x-1)!} e^{-\lambda}$$

$$= \lambda \left[\sum_{x=1}^{\infty} \frac{(x-1)\lambda^{x-1}}{(x-1)!} e^{-\lambda} + \sum_{x=1}^{\infty} \frac{\lambda^{x-1}}{(x-1)!} e^{-\lambda} \right]$$

令 $y = x - 1$, 有

$$E\left(X^2\right) = \lambda \left(\sum_{y=0}^{\infty} \frac{y\lambda^y}{y!} e^{-\lambda} + \sum_{y=0}^{\infty} \frac{\lambda^y}{y!} e^{-\lambda} \right) = \lambda \left(\lambda + e^{-\lambda} e^{\lambda} \right) = \lambda^2 + \lambda$$

则有

$$\mathrm{var}\left(X\right) = E\left(X^2\right) - [E\left(X\right)]^2 = \lambda^2 + \lambda - \lambda^2 = \lambda \tag{3}$$

例 1 为监测饮用水的污染情况, 现检验某社区每毫升饮用水中细菌数, 共得 400 个记录见表 1. 试分析饮用水中细菌数的分布是否服从泊松分布, 若服从按泊松分布, 计算细菌数的概率及理论频次, 并将频率分布与泊松分布进行比较 (赵瑛, 2009).

经计算得每毫升水中平均细菌数 $\overline{x} = 0.500$, 方差 $s^2 = 0.496$. 两者很接近, 故可认为细菌数服从泊松分布. 以 $\overline{x} = 0.500$ 代替公式中的 λ, 得 $P\left(x=k\right) = \frac{0.5^k}{k!} e^{-0.5}$, $k = 0, 1, 2, \cdots$.

表 1 某社区每毫升饮用水中细菌数 (单位: ml)

每毫升水中细菌数	0	1	2	$\geqslant 3$	合计
次数 (1)	243	120	31	6	400
频率 (2)	0.6075	0.3	0.0775	0.015	1
概率 (3)	0.6065	0.3033	0.0758	0.0144	1
理论次数 (4)	242.6	121.32	30.32	5.76	400

注: (2) 行 $= \frac{(1)行}{400}$; (3) 行 $= \frac{0.5^{(1)行}}{(1)行!} e^{-0.5}$; (4) 行 $=$ (3) 行 $\times 400$

例 2 一个邮递订购公司通过电话收到一个稳定订单. 该公司的经理想调查接到电话的规律, 他记录了 40 天中每天的电话呼叫次数, 见表 2 (http://asaha.com /download.php?id=WMTc2Mzg-&q=). 试进行电话呼叫次数分布的拟合.

$$n = 40, \quad \overline{x} = \frac{\sum_{i=0}^{5} x_i f_i}{n} = \frac{0 \times 8 + 1 \times 13 + 2 \times 10 + 3 \times 6 + 4 \times 2 + 5 \times 1}{40} = \frac{64}{40} = 1.6$$

$$\sum_{i=0}^{5} x_i^2 f_i = 0^2 \times 8 + 1^2 \times 13 + 2^2 \times 10 + 3^2 \times 6 + 4^2 \times 2 + 5^2 \times 1 = 164$$

$$S_{xx} = \sum_{i=0}^{5} x_i^2 f_i - n\overline{x}^2 = 164 - 40 \times 1.6^2 = 61.6, \quad s^2 = \frac{S_{xx}}{n-1} = \frac{61.6}{40-1} = 1.5795$$

可以看出, $\overline{x}$ 和方差值 s^2 非常接近, 所以, 本例选用 $\hat{\lambda} = 1.6$, 电话呼叫次数分布拟合计算见表 3.

表 2　电话呼叫次数记录表

每天呼叫次数	0	1	2	3	4	5	> 5
呼叫频数/天数	8	13	10	6	2	1	0

表 3　电话呼叫次数分布拟合计算表

i	$P(x=i)$	实测频数	理论频数	累积概率
(1)	(2)	(3)	(4)	(5)
0	0.20190	8	8.1	0.20190
1	0.32303	13	12.9	0.52493
2	0.25843	10	10.3	0.78336
3	0.13783	6	5.5	0.92119
4	0.05513	2	2.2	0.97632
5	0.01764	1	0.7	0.99396
6	0.00470	0	0.2	0.99866
7	0.00108		0	0.99974
8	0.00022		0	0.99995

注: $P(x=i) = \dfrac{1.6^k}{k!} e^{-1.6}$; $(x=i)$ 理论频数 $= 40 \times P(x=i)$

8.1.2　泊松随机过程

8.1.2.1　独立增量过程与平稳增量过程

独立增量过程　若对于任意的正整数 n 和 $t_1 < t_2 < \cdots < t_n \in T$, 随机变量 $X(t_2) - X(t_1)$, $X(t_3) - X(t_2)$, $\cdots$, $X(t_n) - X(t_{n-1})$ 是相互独立的, 则称 $\{X(t), t \in T\}$ 是独立增量过程, 又称可加过程.

这种过程的特点是: 它在任一个时间间隔上过程状态的改变, 不影响任一个与它不相重叠的时间间隔上状态的改变, 如服务系统某段时间间隔内的顾客数、车站的候车人数、电话传呼站电话的呼叫数等均可用这种过程来描述. 因为在不相重叠的时间间隔内, 到达的顾客数、呼叫数都是相互独立的.

平稳增量过程　若对任意的 $s, t \in T$ 和任一的 $\varepsilon(\varepsilon + s, \varepsilon + t) \in T$, 随机变量 $X(t+\varepsilon) - X(s+\varepsilon)$ 与 $X(t) - X(s)$ 服从相同的概率分布, 则称 $\{X(t), t \in T\}$ 是具有平稳增量的随机过程.

这类过程表明, 它的增量 $X(t) - X(s)$ 的分布仅依赖于时间间隔 $(s, t]$ 的长度 $t - s$, 而与时间的起点无关, 又称 $X(t)$ 为时齐的或齐次的.

8.1.2.2 计数过程

在时间 $[0, \infty)$ 内到达服务点的顾客数可以用 $N(t)$ 描述. 典型的 $N(t)$ 过程如图 3 所示.

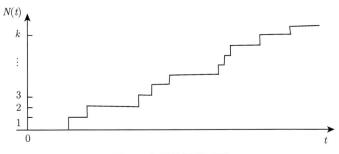

图 3 典型的计数函数

从图 3 可以看出, 在有限区间上的泊松过程样本函数是连续的, 除在有限个点上以外, 处处可微. 每个样本函数的形状都是阶梯函数, 各阶步的长度为 1, 阶梯出现在随机时刻上. 随机出现是泊松过程的准则. 因此, 所有可能的计数函数的集合, 可用非负的、整数值的连续参数随机过程表示.

定义 1 在时间 $[0, \infty)$ 内出现事件 A 的总数所组成的过程 $\{N(t), t \geqslant 0\}$ 称为计数过程.

从上述定义出发, 任何一个计数过程 $\{N(t), t \geqslant 0\}$ 应该满足下列条件:

(1) $N(t)$ 是一个正整数;

(2) $N(0) = 0$;

(3) 如果有两个时刻 s, t, 且 $s \leqslant t$, 则 $N(s) \leqslant N(t)$;

(4) 对于 $s \leqslant t$, $N(t) - N(s)$ 代表在时间间隔 $[s, t]$ 内出现事件 A 的次数.

如果计数过程 $N(t)$ 在不相重叠的时间间隔内, 事件 A 发生的次数是相互独立的, 即若 $t_1 \leqslant t_2 \leqslant t_3 < t_4$, 则在 $(t_1, t_2]$ 内事件 A 发生的次数 $N(t_2) - N(t_1)$ 与在 $(t_3, t_4]$ 内事件 A 发生的次数 $N(t_4) - N(t_3)$ 相互独立, 此时计数过程 $N(t)$ 是独立增量过程. 若计数过程 $N(t)$ 在 $(t, t + s)$ 内 $(s > 0)$, 事件 A 发生的次数 $N(t + s) - N(t)$ 仅与时间差 s 有关, 而与 t 无关, 则计数过程 $N(t)$ 是平稳增量过程.

8.1.2.3 泊松计数过程

泊松过程是一类极为重要的计数过程, 实际应用较为广泛.

定义 2　设有一个随机计数过程 $\{N(t), t \geqslant 0\}$, 其状态取非负正整数值, 并满足下列条件:

(1) 零初始值性. $P[N(0) = 0] = 1$.

(2) 平稳增量. 对于任意的 $t \geqslant s \geqslant 0$, $\Delta t > 0$, 增量 $N(t + \Delta t) - N(s + \Delta t)$ 与 $N(t) - N(s)$ 有相同的分布函数, 即 $P[N(t) - N(s) = k] = P[N(t + \Delta t) - N(s + \Delta t)]$, $k \geqslant 0$.

(3) 独立增量. 对于任意正整数 n, 任何非负实数 $0 \leqslant t_1 \leqslant t_2 \leqslant \cdots \leqslant t_n$, 有 $N(t_1) - N(t_0)$, $N(t_2) - N(t_1)$, $\cdots$, $N(t_n) - N(t_{n-1})$ 相互统计独立.

(4) 单跳跃. $\lim\limits_{\Delta t \to 0} \sum\limits_{k=2}^{\infty} \dfrac{P[N(t + \Delta t) - N(t) = k]}{\Delta t} = 0$.

(5) 随机性.

$$P[N(t + \Delta t) - N(t) = 0] = p, \quad 0 < p < 1; \quad \sum_{k=0}^{\infty} P[N(t + \Delta t) - N(t) = k] = 1$$

称该计数过程为泊松计数过程.

定理 1　若随机过程 $\{N(t), t \geqslant 0\}$ 为泊松过程, 则在时间间隔 $[t_0, t_0 + t]$ 内时间 A 出现 k 次的概率为

$$P[N(t_0 + t) - N(t_0) = k] = \frac{(\lambda t)^k}{k!} e^{-\lambda t}, \quad k = 0, 1, 2, \cdots \tag{4}$$

式中, $t_0, t \geqslant 0$. $\lambda > 0$ 为泊松过程 $\{N(t), t \geqslant 0\}$ 的强度, 表明对于固定的 t, 随机过程服从参数为 λt 的泊松分布.

证明　设 $N(t)$ 的平稳增量为 $N(t_0, t_0 + t)$, $(t_0, t \geqslant 0)$ 取整数值, 它是区间 $[t_0, t_0 + t]$ 内事件 A 出现的数目. 令

$$P_k(t_0, t_0 + t) = P[N(t_0 + t) - N(t_0) = k] = P[N(t_0, t_0 + t) = k], \quad k = 0, 1, 2, \cdots \tag{5}$$

上式表示事件 A 在区间 $[t_0, t_0 + t]$ 内出现 k 次的概率.

令 $t_0 = 0$, 则有 $P_k(t) = P_k(0, t) = P[N(t) = k]$. 根据泊松过程成立的条件, 又可进一步假定:

(1) 对于任意时刻 $0 \leqslant t_1 \leqslant t_2 \leqslant \cdots \leqslant t_n$, 有 $N(t_{i-1}, t_i) = N(t_i) - N(t_{i-1})$, $i = 1, 2, \cdots, n - 1$ 是相互统计独立的.

(2) 对于充分小的 Δt,

$$P_1(t, t + \Delta t) = P[N(t, t + \Delta t) = 1] = \lambda \Delta t + o(\Delta t) \tag{6}$$

式中, $o(\Delta t)$ 是 Δt 的函数, 它比 Δt 更快地趋于零, 即 $\lim\limits_{\Delta t \to 0} \dfrac{o(\Delta t)}{\Delta t} = 0$; 参数 λ 为过程强度, $\lambda = \dfrac{E[N(t)]}{\Delta t}$.

(3) 对于充分小的 Δt,

$$P\left[N\left(t, t+\Delta t\right) \geqslant 2\right] = \sum_{j=2}^{\infty} P_i\left(t, t+\Delta t\right) = \sum_{j=2}^{\infty} P\left[N\left(t, t+\Delta t\right) = j\right] = o\left(\Delta t\right) \quad (7)$$

上式表示在区间 $[t, t+\Delta t]$ 中出现两个或两个以上事件的概率为高阶无穷小. 由式 (6) 和 (7), 可得到在区间 $[t, t+\Delta t]$ 中出现零次数事件的概率. 根据概率论原理, 有

$$P\left[N\left(t, t+\Delta t\right) = 0\right] + P\left[N\left(t, t+\Delta t\right) = 1\right] + P\left[N\left(t, t+\Delta t\right) \geqslant 2\right] = 1$$

则

$$P\left[N\left(t, t+\Delta t\right) = 0\right] = 1 - P\left[N\left(t, t+\Delta t\right) = 1\right] - P\left[N\left(t, t+\Delta t\right) \geqslant 2\right]$$

即

$$\begin{aligned}
P_0\left(t, t+\Delta t\right) &= 1 - P_1\left(t, t+\Delta t\right) - \sum_{j=2}^{\infty} P_j\left(t, t+\Delta t\right) \\
&= 1 - \lambda\Delta t - o\left(\Delta t\right) - o\left(\Delta t\right) = 1 - \lambda\Delta t + o\left(\Delta t\right) \quad (8)
\end{aligned}$$

首先求在区间 $[0, t)$ 内出现任何事件的概率 $P_0\left(t\right)$.

将区间 $[0, t+\Delta t)$ 分为两个不相重叠的区间, 一个长度为 t, 另一个长度为 Δt, 即 $[0, t)$ 和 $[t, t+\Delta t)$, 如图 4 所示.

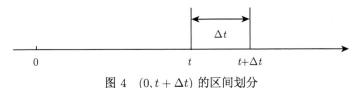

图 4 $(0, t+\Delta t)$ 的区间划分

在区间 $[0, t+\Delta t)$ 内不出现任何事件等价于以下两个互不相容事件之积, 即在 $[0, t)$ 不出现任何事件与 $[t, t+\Delta t)$ 不出现任何事件之积, 有

$$\begin{aligned}
P_0\left(t+\Delta t\right) &= P\left[N\left(0, t\right) = 0, N\left(t, t+\Delta t\right) = 0\right] \\
&= P\left\{\left[N\left(0, t\right) = 0\right]\left[N\left(t, t+\Delta t\right) = 0\right]\right\} \\
&= P\left[N\left(t\right) = 0\right] \cdot P\left[N\left(t, t+\Delta t\right) = 0\right] \\
&= P_0\left(t\right) P_0\left(t, t+\Delta t\right) = P_0\left(t\right)\left[1 - \lambda\Delta t + o\left(\Delta t\right)\right], \quad t \geqslant 0 \quad (9)
\end{aligned}$$

用 Δt 除式 (9) 两边, 令 $\Delta t \to 0$, 取极限有

$$P_0\left(t+\Delta t\right) = P_0\left(t\right) - \lambda P_0\left(t\right)\Delta t + o\left(\Delta t\right),$$

$$P_0\left(t+\Delta t\right)-P_0\left(t\right)=-\lambda P_0\left(t\right)\Delta t+o\left(\Delta t\right)$$

$$\frac{P_0\left(t+\Delta t\right)-P_0\left(t\right)}{\Delta t}=-\lambda P_0\left(t\right)+o\left(\Delta t\right)$$

即

$$\frac{dP_0\left(t\right)}{dt}=-\lambda P_0\left(t\right) \tag{10}$$

式 (10) 为一阶齐次线性微分方程, $\dfrac{dP_0\left(t\right)}{P_0\left(t\right)}=-\lambda dt$, 两边积分, $\ln P_0\left(t\right)=-\lambda t+c$, 即解为

$$P_0\left(t\right)=c_0 e^{-\lambda t},\quad t\geqslant 0 \tag{11}$$

由于泊松计数过程假定 $N\left(0\right)=0$, $N\left(0\right)$ 的唯一可能取值为零, 则 $P\left[N\left(0\right)=0\right]=1$, 代入式 (11), 有 $1=c_0 e^0$, 即 $c_0=1$, 有

$$P_0\left(t\right)=e^{-\lambda t},\quad t\geqslant 0 \tag{12}$$

以下推导 $[0,t)$ 内出现 k 个事件的概率 $P_k\left(t\right)$. 在区间 $[0,t+\Delta t)$ 内出现 k 个事件可以等价于下列几个互不相容事件之和.

(1) 在 $[0,t)$ 内出现事件 $k-2$ 次或 $k-2$ 次以下, 在 $[0,t+\Delta t)$ 内出现事件 2 次或 2 次以上;

(2) 在 $[0,t)$ 内出现事件 $k-1$ 次, 在 $[0,t+\Delta t)$ 内出现事件 1 次;

(3) 在 $[0,t)$ 内出现事件 k 次, 在 $[0,t+\Delta t)$ 内出现事件 0 次.

有

$$
\begin{aligned}
P_k\left(t+\Delta t\right)=&P\left[N\left(0,t\right)=k,N\left(t,t+\Delta t\right)=0\right]+P\left[N\left(0,t\right)=k-1,N\left(t,t+\Delta t\right)=1\right]\\
&+\sum_{j=2}^{k-2}P\left[N\left(0,t\right)=k-j,N\left(t,t+\Delta t\right)=j\right]\\
=&P\left[N\left(0,t\right)=k\right]P\left[N\left(t,t+\Delta t\right)=0\right]\\
&+P\left[N\left(0,t\right)=k-1\right]P\left[N\left(t,t+\Delta t\right)=1\right]\\
&+\sum_{j=2}^{k-2}P\left[N\left(0,t\right)=k-j\right]P\left[N\left(t,t+\Delta t\right)=j\right]\\
=&P_0\left(t\right)P_k\left(t\right)+P_1\left(t\right)P_{k-1}\left(t\right)+\sum_{j=2}^{k-2}P_j\left(t\right)P_{k-j}\left(t\right)\\
=&\left[1-\lambda\Delta t+o\left(\Delta t\right)\right]P_k\left(t\right)+\left[\lambda\Delta t+o\left(\Delta t\right)\right]P_{k-1}\left(t\right)+\sum_{j=2}^{k-2}P_j\left(t\right)\cdot o\left(t\right)
\end{aligned}
$$

有

$$P_k\left(t+\Delta t\right)=P_k\left(t\right)-\lambda\Delta t P_k\left(t\right)+o\left(\Delta t\right)+\lambda\Delta t P_{k-1}\left(t\right)+o\left(\Delta t\right)+\sum_{j=2}^{k-2}P_j\left(t\right)\cdot o\left(t\right)$$

$$\frac{P_k\left(t+\Delta t\right)-P_k\left(t\right)}{\Delta t}=-\lambda P_k\left(t\right)+\frac{o\left(\Delta t\right)}{\Delta t}+\lambda P_{k-1}\left(t\right)+\frac{o\left(\Delta t\right)}{\Delta t}+\sum_{j=2}^{k-2}P_j\left(t\right)\frac{o\left(t\right)}{\Delta t}$$

则

$$\frac{dP_k\left(t\right)}{dt}=-\lambda P_k\left(t\right)+\lambda P_{k-1}\left(t\right),\quad P_k'\left(t\right)=-\lambda P_k\left(t\right)+\lambda P_{k-1}\left(t\right)$$

两边同乘以 $e^{\lambda t}$, 有

$$e^{\lambda t}P_k'\left(t\right)=-e^{\lambda t}\lambda P_k\left(t\right)+e^{\lambda t}\lambda P_{k-1}\left(t\right),\quad e^{\lambda t}P_k'\left(t\right)+e^{\lambda t}\lambda P_k\left(t\right)=e^{\lambda t}\lambda P_{k-1}\left(t\right)$$

$$e^{\lambda t}\left[P_k'\left(t\right)+\lambda P_k\left(t\right)\right]=e^{\lambda t}\lambda P_{k-1}\left(t\right)$$

因为 $d\left[e^{\lambda t}P_k\left(t\right)\right]=\lambda e^{\lambda t}P_k\left(t\right)+e^{\lambda t}P_k'\left(t\right)=e^{\lambda t}\left[P_k'\left(t\right)+\lambda P_k\left(t\right)\right]$. 所以,

$$d\left[e^{\lambda t}P_k\left(t\right)\right]=\lambda e^{\lambda t}P_{k-1}\left(t\right) \tag{13}$$

假定 $k-1$ 时, 式 (13) 式成立, 则 $P_{k-1}\left(t\right)=\frac{\left(\lambda t\right)^{k-1}}{\left(k-1\right)!}e^{-\lambda t}$, 即

$$d\left[e^{\lambda t}P_k\left(t\right)\right]=\lambda e^{\lambda t}\frac{\left(\lambda t\right)^{k-1}}{\left(k-1\right)!}e^{-\lambda t}=\frac{\lambda\left(\lambda t\right)^{k-1}}{\left(k-1\right)!},\quad\text{即}\quad\frac{d\left[e^{\lambda t}P_k\left(t\right)\right]}{dt}=\frac{\lambda\left(\lambda t\right)^{k-1}}{\left(k-1\right)!}$$

$d\left[e^{\lambda t}P_k\left(t\right)\right]=\dfrac{\lambda\left(\lambda t\right)^{k-1}}{\left(k-1\right)!}dt$, 积分得 $e^{\lambda t}P_k\left(t\right)=\dfrac{\left(\lambda t\right)^k}{k!}+c_k$. 由于 $P_k\left(0\right)=P[N\left(0\right)=k]=0$, 代入上式有 $e^0\cdot 0=0+c_k, c_k=0$, 则有 $P_k\left(t\right)=\dfrac{\left(\lambda t\right)^k}{k!}e^{-\lambda t}$. 即归纳法证明有

$$P_k\left(t\right)=e^{-\lambda t}\frac{\left(\lambda t\right)^k}{k!};\quad k=0,1,2,\cdots \tag{14}$$

以下应用式 (14) 证明式 (6) $P_1\left(t,t+\Delta t\right)=P\left[N\left(t,t+\Delta t\right)=1\right]=\lambda\Delta t+o\left(\Delta t\right)$ 和式 (7) $P\left[N\left(t,t+\Delta t\right)\geqslant 2\right]=\sum\limits_{j=2}^{\infty}P_i\left(t,t+\Delta t\right)=\sum\limits_{j=2}^{\infty}P\left[N\left(t,t+\Delta t\right)=j\right]=o\left(\Delta t\right)$.

对充分小的 Δt, 根据泊松过程的平稳性, 有

$$P_0\left(t,t+\Delta t\right)=P\left[N\left(t,t+\Delta t\right)=0\right]=P\left[N\left(t+\Delta t\right)-N\left(t\right)=0\right]=P\left[N\left(\Delta t\right)=0\right]$$

$$=e^{-\lambda h}\frac{\left(\lambda\Delta t\right)^0}{0!}=e^{-\lambda\Delta t}$$

根据级数公式, $e^x = 1 + x + \dfrac{x^2}{2!} + \dfrac{x^3}{3!} + \cdots + \dfrac{x^n}{n!} = \sum\limits_{n=0}^{\infty} \dfrac{x^n}{n!}$, 有

$$
\begin{aligned}
e^{-\lambda \Delta t} &= 1 + (-\lambda \Delta t) + \dfrac{(-\lambda \Delta t)^2}{2!} - \dfrac{(-\lambda \Delta t)^3}{3!} + \cdots + \dfrac{(-\lambda \Delta t)^n}{n!} + \cdots \\
&= 1 - \lambda \Delta t + \dfrac{(\lambda \Delta t)^2}{2!} - \dfrac{(\lambda \Delta t)^3}{3!} + \dfrac{(\lambda \Delta t)^4}{4!} - \dfrac{(\lambda \Delta t)^5}{5!} + \cdots
\end{aligned}
$$

则

$$
\begin{aligned}
P_0\,(t, t + \Delta t) &= e^{-\lambda \Delta t} = 1 - \lambda \Delta t + \dfrac{(\lambda \Delta t)^2}{2!} - \dfrac{(\lambda \Delta t)^3}{3!} + \dfrac{(\lambda \Delta t)^4}{4!} - \dfrac{(\lambda \Delta t)^5}{5!} + \cdots \\
&= 1 - \lambda \Delta t + o\,(\Delta t) \\
P_1\,(t, t + \Delta t) &= P\,[N\,(\Delta t) = 1] = e^{-\lambda h} \dfrac{(\lambda \Delta t)^1}{1!} = \lambda \Delta t e^{-\lambda \Delta t} \\
&= \lambda \Delta t \left[1 - \lambda \Delta t + \dfrac{(\lambda \Delta t)^2}{2!} - \dfrac{(\lambda \Delta t)^3}{3!} + \dfrac{(\lambda \Delta t)^4}{4!} - \dfrac{(\lambda \Delta t)^5}{5!} + \cdots \right] \\
&= \lambda \Delta t + o\,(\Delta t)
\end{aligned}
$$

依次类推, 当 $k \geqslant 2$, 即 $k = 2, 3, 4, \cdots, \infty$ 时, $P\,[X\,(t + \Delta t) - X\,(t) = k]$ 均含有 Δt 的 2 以上次方, 因为, Δt 为充分小量, 则它们的概率均为高阶无穷小量. 所以有

$$
\begin{aligned}
P\,[X\,(t + \Delta t) - X\,(t) \geqslant 2] &= P\,[N\,(\Delta t) \geqslant 2] \\
&= P\,[N\,(\Delta t) = 2] + P\,[N\,(\Delta t) = 3] + \cdots + P\,[N\,(\Delta t) = k] + \cdots \\
&= e^{-\lambda \Delta t} \dfrac{(\lambda \Delta t)^2}{2!} + e^{-\lambda \Delta t} \dfrac{(\lambda \Delta t)^3}{2!} + \cdots + e^{-\lambda \Delta t} \dfrac{(\lambda \Delta t)^k}{k!} + \cdots \\
&= \sum_{n=2}^{\infty} e^{-\lambda \Delta t} \dfrac{(\lambda \Delta t)^k}{k!} = o\,(\Delta t)
\end{aligned}
$$

8.1.2.4　泊松计数的数字特征

根据泊松过程的定义, 我们可以导出泊松过程的几个常用的数字特征.

(1) 数学期望.

$$
\begin{aligned}
E\,[N\,(t_0 + t, t_0)] &= \sum_{k=0}^{\infty} k P_k\,(t_0 + t, t_0) = \sum_{k=0}^{\infty} k P\,[N\,(t) = k] = \sum_{k=1}^{\infty} k e^{-\lambda t} \dfrac{(\lambda t)^k}{k!} \\
&= \lambda t \cdot e^{-\lambda t} \sum_{k=1}^{\infty} \dfrac{(\lambda t)^{k-1}}{(k-1)!}
\end{aligned}
$$

令 $j = k - 1$, 当 $k = 1$ 时, $j = 0$; 当 $k \to \infty$ 时, $j \to \infty$, 则

$$
E\,[N\,(t_0 + t, t_0)] \lambda t \cdot e^{-\lambda t} \sum_{k=1}^{\infty} \dfrac{(\lambda t)^{k-1}}{(k-1)!}
$$

根据级数公式 $e^x = 1 + x + \dfrac{x^2}{2!} + \dfrac{x^3}{3!} + \cdots + \dfrac{x^n}{n!} = \sum\limits_{n=0}^{\infty} \dfrac{x^n}{n!}$, 则

$$E\left[N\left(t_0 + t, t_0\right)\right] = \lambda t \cdot e^{-\lambda t} e^{\lambda t} = \lambda t \tag{15}$$

(2) 方差.

$$
\begin{aligned}
E\left[N^2\left(t_0 + t, t_0\right)\right] &= \sum_{k=0}^{\infty} k^2 P_k(t) = \sum_{k=0}^{\infty} k P\left[N(t) = k\right] = \sum_{k=1}^{\infty} k^2 e^{-\lambda t} \frac{(\lambda t)^k}{k!} \\
&= \sum_{k=1}^{\infty} k \cdot k e^{-\lambda t} \frac{(\lambda t)^k}{k!} \\
&= \sum_{k=1}^{\infty} k \cdot e^{-\lambda t} \frac{(\lambda t)^k (k-1+1)}{k!} = \sum_{k=1}^{\infty} e^{-\lambda t} \frac{(\lambda t)^k (k-1+1)}{(k-1)!} \\
&= \lambda t \sum_{k=1}^{\infty} e^{-\lambda t} \frac{(\lambda t)^{k-1} (k-1+1)}{(k-1)!} \\
&= \lambda t \left[\sum_{k=1}^{\infty} e^{-\lambda t} \frac{(\lambda t)^{k-1} (k-1)}{(k-1)!} + \sum_{k=1}^{\infty} e^{-\lambda t} \frac{(\lambda t)^{k-1}}{(k-1)!}\right]
\end{aligned}
$$

令 $j = k - 1$, 当 $k = 1$ 时, $j = 0$; 当 $k \to \infty$ 时, $j \to \infty$, 则有

$$
\begin{aligned}
E\left[N^2\left(t_0 + t, t_0\right)\right] &= \lambda t \left[\sum_{k=1}^{\infty} e^{-\lambda t} \frac{(\lambda t)^{k-1} (k-1)}{(k-1)!} + \sum_{k=1}^{\infty} e^{-\lambda t} \frac{(\lambda t)^{k-1}}{(k-1)!}\right] \\
&= \lambda t \left[\sum_{j=0}^{\infty} e^{-\lambda t} \frac{(\lambda t)^j j}{j!} + \sum_{j=0}^{\infty} e^{-\lambda t} \frac{(\lambda t)^j}{j!}\right] \\
&= \lambda t \left[E\left[X(t)\right] + e^{-\lambda t} \sum_{j=0}^{\infty} \frac{(\lambda t)^j}{j!}\right] \\
&= \lambda t \left(\lambda t + e^{-\lambda t} e^{\lambda t}\right) = \lambda t \left(\lambda t + 1\right)
\end{aligned}
$$

则

$$\mathrm{var}\left[X(t)\right] = E\left[N^2\left(t_0 + t, t_0\right)\right] - \left[E\left(N\left(t_0 + t, t_0\right)\right)\right]^2 = \lambda t \left(\lambda t + 1\right) - \left(\lambda t\right)^2 = \lambda t \tag{16}$$

8.1.2.5 时间间隔与等待时间的分布

1) 等待时间的分布

如果我们用泊松过程来描述服务系统接受服务的顾客数, 则顾客到来接受服务的时间间隔、顾客排列的等待时间等分布问题都需要进行研究, 下面我们对泊松过程与时间特征有关的分布进行较为详细的讨论.

设 $\{X(t), t \geqslant 0\}$ 是泊松过程, 令 $X(t)$ 表示 t 时刻事件 A 发生 (顾客出现) 的次数, $W_1, W_2, \cdots$ 分别表示第一次、第二次 $\cdots\cdots$ 事件 A 发生的时间, T_n, $n \geqslant 1$ 表示从第 $n-1$ 次事件 A 发生到第 n 次, 事件 A 发生的时间间隔, 如图 5 所示.

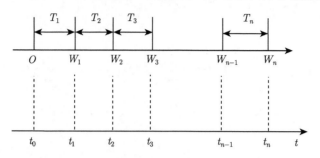

图 5　事件发生间隔与等待时间

通常, 称 W_n 为第 n 次事件 A 出现的时刻或第 n 次事件 A 的等待时间, T_n 是第 n 个时间间隔, 它们都是随机变量. 利用泊松过程中事件 A 发生的对应时间间隔关系, 可以研究各次事件间的时间间隔分布.

定理 2　设 $\{X(t), t \geqslant 0\}$ 是具有参数 λ 的泊松过程, $\{T_n, n \geqslant 1\}$ 是对应的时间间隔序列, 则随机变量 $T_n (n = 1, 2, \cdots)$ 是独立同分布的均值为 $\dfrac{1}{\lambda}$ 的指数分布.

证明　首先, 注意到事件 $\{T_1 > t\}$ 发生是当且仅当泊松过程在区间 $[0, t]$ 内没有事件发生, 因而

$$P(T_1 > t) = P[X(t) = 0] = e^{-\lambda t}$$

即

$$F_{r_1}(t) = P(T_1 \leqslant t) = 1 - P(T_1 > t) = 1 - e^{-\lambda t} \qquad\qquad \square$$

所以, T_1 服从均值为 $\dfrac{1}{\lambda}$ 的指数分布. 利用泊松过程的独立、平稳增量性质, 有 $P(T_2 > t | T_1 = s) = P\{$在 $(s, s+t)$ 内没有时间发生 $|T_1 = s\} = P\{$在 $(s, s+t)$ 内没有时间发生$\} = P[X(t+s) - X(s) = 0] = P[X(t) - X(0) = 0] = e^{-\lambda t}$, 即 $F_{r_2}(t) = P(T_2 \leqslant t) = 1 - P(T_2 > t) = 1 - e^{-\lambda t}$. 故 T_2 也是服从均值为 $\dfrac{1}{\lambda}$ 的指数分布.

对于任意 $n \geqslant 1$ 和 $t, s_1, s_2, \cdots, s_{n-1} \geqslant 0$, 有

$$P(T_n > t | T_1 = s_1, \cdots, T_{n-1} = s_{n-1})$$
$$= P[X(t + s_1 + s_2 + \cdots + s_{n-1}) - X(s_1 + s_2 + \cdots + s_{n-1}) = 0]$$
$$= P[X(t) - X(0) = 0] = e^{-\lambda t}$$

即 $F_{r_n}(t) = P(T_n \leqslant t) = 1 - P(T_n > t) = 1 - e^{-\lambda t}$. 所以, 对任一 $T_n, n \geqslant 1$ 其分布的均值为 $\frac{1}{\lambda}$ 的指数分布.

定理 3 对于任意 $n = 1, 2, \cdots$, 事件 A 相继到达的时间间隔 T_n 的分布为

$$F_{r_n}(t) = P(T_n \leqslant t) = \begin{cases} 1 - e^{-\lambda t}, & t \geqslant 0 \\ 0, & t < 0 \end{cases} \tag{17}$$

其概率密度为

$$f_{r_n}(t) = P(T_n \leqslant t) = \begin{cases} \lambda e^{-\lambda t}, & t \geqslant 0 \\ 0, & t < 0 \end{cases} \tag{18}$$

上述定理的结论是在平稳独立增量过程的假设前提下得到的, 该假设的概率意义是指过程在任意时刻都从头开始, 即从任何时刻起过程独立于先前已发生的一切 (独立增量), 且有与原过程完全一样的分布 (平稳增量). 由于指数分布的无记忆性特征, 因此, 时间间隔的指数分布是预料之中的.

另一个感兴趣的是等待时间 $W_n = \sum_{i=1}^{n} T_i$ 的分布, 即第 n 次事件 A 到达的时间分布. 由时间间隔 T_n 分布定理知, W_n 是 n 个相互独立的指数分布随机变量和. 故用特征函数方法, 我们可以得到如下结论.

定理 4 设 $\{W_n, n \geqslant 1\}$ 是与泊松过程 $\{X(t), t \geqslant 0\}$ 对应的一个等待时间序列, 则 W_n 服从参数为 n 与 λ 的 gamma 分布, 其概率密度为

$$f_{W_n}(t) = \begin{cases} \lambda e^{-\lambda t} \dfrac{(\lambda t)^{n-1}}{(n-1)!}, & t \geqslant 0 \\ 0, & t < 0 \end{cases} \tag{19}$$

上述定理也可以用下述方法导出. 注意到第 n 个事件在时刻 t 或 t 之前发生, 当且仅当到时间 t 已发生的事件数目至少是 n, 即

$$X(t) \geqslant n \Leftrightarrow W_n \leqslant t \tag{20}$$

因此,

$$P(W_n \leqslant t) = P[X(t) \geqslant n] = \sum_{j=n}^{\infty} e^{-\lambda t} \frac{(\lambda t)^j}{j!} \tag{21}$$

对上式求导, 得 W_n 的概率密度是

$$f_{W_n}(t) = -\sum_{j=n}^{\infty} \lambda e^{-\lambda t} \frac{(\lambda t)^j}{j!} + \sum_{j=n}^{\infty} \lambda e^{-\lambda t} \frac{(\lambda t)^{j-1}}{(j-1)!} = \lambda e^{-\lambda t} \frac{(\lambda t)^{n-1}}{(n-1)!} \tag{22}$$

式 (22) 又称为爱尔兰分布, 它是 n 个相互独立且服从指数分布的随机变量之和的概率密度.

上述进一步解释为: 设时间依次出现的时刻为 $t_1, t_2, \cdots, t_n, \cdots$ 为以强度为 λ 的泊松流, $\{N(t), t \geqslant 0\}$ 为相应的泊松过程, 即 $W_0, W_1, W_2, \cdots, W_n, \cdots, W_n = t_n, n = 1, 2, 3, \cdots$. W_n 为随机变量, 表示事件第 n 次出现的等待时间, 其分布为 $F_{W_n}(t) = P(W_n \leqslant t)$. 因为事件 $\{W_n > t\}$ 与 $\{N(t) < n\}$ 等价, 所以

$$F_{W_n}(t) = P(W_n \leqslant t) = 1 - P(W_n > t) = 1 - P[N(t) < n] = P[N(t) \geqslant n]$$
$$= \sum_{j=n}^{\infty} e^{-\lambda t} \frac{(\lambda t)^j}{j!}$$

即

$$F_{W_n}(t) = \begin{cases} \sum\limits_{j=n}^{\infty} e^{-\lambda t} \dfrac{(\lambda t)^j}{j!}, & t \geqslant 0 \\ 0, & t < 0 \end{cases} \tag{23}$$

对上式求导, 得 W_n 的概率密度是

$$F_{W_n}(t) = \begin{cases} \lambda e^{-\lambda t} \dfrac{(\lambda t)^{n-1}}{(n-1)!}, & t > 0 \\ 0, & \text{其他} \end{cases} \tag{24}$$

2) 到达时间的条件分布

假设在 $[0, t]$ 内事件 A 已经发生一次, 我们要确定这一事件到达时间 W_1 的分布, 因为泊松过程有平稳独立增量, 故有理由认为 $[0, t]$ 内长度相等的区间包含这个事件的概率应该相同. 换句话说, 这个事件的到达时间应在 $[0, t]$ 上服从均匀分布. 事实上, 对 $s < t$ 有

$$P[W_1 \leqslant s | X(t) = 1] = \frac{P[W_1 \leqslant s, X(t) = 1]}{P[X(t) = 1]} = \frac{P[X(s) = 1, X(t) - X(s) = 0]}{P[X(t) = 1]}$$
$$= \frac{\lambda s e^{-\lambda t} e^{-\lambda(t-s)}}{\lambda t e^{-\lambda t}} = \frac{s}{t}$$

即分布函数和分布密度分别为

$$F_{W_1|X(t)=1}(s) = \begin{cases} 0, & s < 0 \\ \dfrac{s}{t}, & 0 \leqslant s < t \\ 1, & s \geqslant t \end{cases} \tag{25}$$

$$F_{W_1|X(t)=1}(s) = \begin{cases} \dfrac{1}{t}, & 0 \leqslant s < t \\ 0, & \text{其他} \end{cases} \tag{26}$$

8.1.3 非齐次泊松过程

非齐次泊松过程是指参数 λ 为具有某种函数的泊松过程.

定义 3 若计数过程 $\{N(t), t \geqslant 0\}$ 满足下列假设条件:

(1) 零初值性: $N(0) = 0$;

(2) $\{N(t), t \geqslant 0\}$ 是独立增量过程;

(3) 单跳跃: $P[N(t + \Delta t) - N(t) = 1] = \lambda(t)\Delta t + o(\Delta t)$, 且

$$\lim_{\Delta t \to 0} \sum_{k=2}^{\infty} \frac{P[N(t + \Delta t) - N(t) = k]}{\Delta t} = 0, \quad t \geqslant 0$$

(4) 随机性: $P[N(t + \Delta t) - N(t) = 0] = p, 0 < p < 1$, 且

$$\sum_{k=0}^{\infty} P[N(t + \Delta t) - N(t) = k] = 1$$

则称 $\{N(t), t \geqslant 0\}$ 为非齐次泊松过程.

上述定义说明, 平稳增量不一定成立. 如果跳跃强度 $\lambda(t) = \lambda$ 为常数, 则非平稳泊松过程转化为通常的泊松过程.

定理 5 若 $\{N(t), t \geqslant 0\}$ 为非齐次泊松过程, 则在 $[t_0, t_0 + t]$ 内出现事件 A 为 k 次的概率为

$$P[N(t_0 + t) - N(t_0) = k] = \frac{1}{k!} \left[\int_{t_0}^{t_0+t} \lambda(s)\,ds \right]^k \exp\left[-\int_{t_0}^{t_0+t} \lambda(s)\,ds \right]$$

$$= \frac{[m(t_0 + t) - m(t_0)]^k}{k!} \exp\{-[m(t_0 + t) - m(t_0)]\}$$

式中, $m(t) = \int_{t_0}^{t} \lambda(s)\,ds$. 表明, 概率 $P[N(t_0 + t) - N(t_0) = k]$ 不仅是时间 t 的函数, 而且也是始点 t_0 的函数.

证明 设 $p_k(t_0, t_0+t) = P[N(t_0+t) - N(t_0) = k]$. 将区间 $[t_0, t_0 + t + \Delta t]$ 划分为两个互不重叠的子区间 $[t_0, t_0 + t)$ 和 $[t_0 + t, t_0 + t + \Delta t]$, 有

$p_0[t_0, t_0 + t + \Delta t] = P[N(t_0 + t + \Delta t) - N(t_0) = 0]$

$= P[$在区间 $[t_0, t_0 + t]$ 内无事件发生, 在区间 $[t_0 + t, t_0 + t + \Delta t]$ 无事件发生$]$

$= P[$在区间 $[t_0, t_0 + t]$ 内无事件发生$] \cdot P[$在区间 $[t_0 + t, t_0 + t + \Delta t]$ 无事件发生$]$

$= p_0[t_0, t_0 + t] \cdot [1 - \lambda(t_0 + t)\Delta t + o(\Delta t)]$

移项, 整理有

$$\frac{p_0[t_0, t_0 + t + \Delta t] - p_0[t_0, t_0 + t]}{\Delta t} = -\lambda(t_0 + t) p_0[t_0, t_0 + t] + \frac{o(\Delta t)}{\Delta t}$$

令 $\Delta t \to 0$, 有

$$\frac{dp_0\left[t_0, t_0+t\right]}{dt} = -\lambda\left(t_0+t\right)p_0\left[t_0, t_0+t\right], \quad \frac{dp_0\left[t_0, t_0+t\right]}{p_0\left[t_0, t_0+t\right]} = -\lambda\left(t_0+t\right)dt$$

两边积分, 有 $\ln p_0\left[t_0, t_0+t\right] = -\int_0^t \lambda\left(t_0+u\right)du+c$, 利用初始条件 $p_0\left[0,0\right]=1$, 则 $c=0$. 则

$$\ln p_0\left[t_0, t_0+t\right] = -\int_0^t \lambda\left(t_0+u\right)du = -\int_{t_0}^{t_0+t} \lambda\left(s\right)ds$$

则

$$p_0\left[t_0, t_0+t\right] = \exp\left[-\int_{t_0}^{t_0+t} \lambda\left(s\right)ds\right]$$

同理,

$$p_k\left[t_0, t_0+t+\Delta t\right] = P\left[N\left(t_0+t+\Delta t\right) - N\left(t_0\right) = k\right]$$

$=P\left[\text{在区间 }\left[t_0, t_0+t\right]\text{ 内事件发生 }k\text{ 次, 在区间 }\left[t_0+t, t_0+t+\Delta t\right]\text{ 无事件发生}\right]$

$\quad + P\left[\text{ 在区间 }\left[t_0, t_0+t\right]\text{ 内事件发生 }k-1\text{ 次},\right.$

$\quad \text{在区间 }\left[t_0+t, t_0+t+\Delta t\right]\text{ 发生事件 1 次 }]$

$\quad + P\left[\text{ 在区间 }\left[t_0, t_0+t\right]\text{ 内事件发生 }k-2\text{ 次和小于 }k-2\text{ 次},\right.$

$\quad \text{在区间 }\left[t_0+t, t_0+t+\Delta t\right]\text{ 至少发生事件 2 次 }]$

$=p_k\left[t_0, t_0+t\right] \cdot \left[1 - \lambda\left(t_0+t\right)\Delta t + o\left(\Delta t\right)\right]$

$\quad + p_{k-1}\left[t_0, t_0+t\right]\left[\lambda\left(t_0+t\right)\Delta t + o\left(\Delta t\right)\right] + o\left(\Delta t\right)$

移项, 整理

$$p_k\left[t_0, t_0+t+\Delta t\right] = p_k\left[t_0, t_0+t\right] - p_k\left[t_0, t_0+t\right]\lambda\left(t_0+t\right)\Delta t + o\left(\Delta t\right)$$
$$+ p_{k-1}\left[t_0, t_0+t\right] \cdot \left[\lambda\left(t_0+t\right)\Delta t + o\left(\Delta t\right)\right] + o\left(\Delta t\right)$$

$$p_k\left[t_0, t_0+t+\Delta t\right] - p_k\left[t_0, t_0+t\right] = -\lambda\left(t_0+t\right)p_k\left[t_0, t_0+t\right]\Delta t + o\left(\Delta t\right)$$
$$+ p_{k-1}\left[t_0, t_0+t\right]\lambda\left(t_0+t\right)\Delta t + o\left(\Delta t\right)$$

$$\frac{p_k\left[t_0, t_0+t+\Delta t\right] - p_k\left[t_0, t_0+t\right]}{\Delta t} = -\lambda\left(t_0+t\right)p_k\left[t_0, t_0+t\right]$$
$$+ p_{k-1}\left[t_0, t_0+t\right]\lambda\left(t_0+t\right) + \frac{o\left(\Delta t\right)}{\Delta t}$$

令 $\Delta t \to 0$, 有

$$\frac{dp_k\left[t_0, t_0+t\right]}{dt} = -\lambda\left(t_0+t\right)p_k\left[t_0, t_0+t\right] + \lambda\left(t_0+t\right)p_{k-1}\left[t_0, t_0+t\right]$$

令 $k = 1$, 有

$$\frac{dp_1\,[t_0, t_0 + t]}{dt} = -\lambda\,(t_0 + t)\,p_1\,[t_0, t_0 + t] + \lambda\,(t_0 + t)\,p_0\,[t_0, t_0 + t]$$

$$\frac{dp_1\,[t_0, t_0 + t]}{dt} + \lambda\,(t_0 + t)\,p_1\,[t_0, t_0 + t] = \lambda\,(t_0 + t)\,p_0\,[t_0, t_0 + t]$$

$$\frac{dp_1\,[t_0, t_0 + t]}{dt} + \lambda\,(t_0 + t)\,p_1\,[t_0, t_0 + t] = \lambda\,(t_0 + t)\exp\left[-\int_{t_0}^{t_0+t}\lambda\,(s)ds\right]$$

此式可写为

$$\frac{dp_1\,[t_0, t_0 + t]}{dt}e^{\int_0^t \lambda(t_0+u)du} + \lambda\,(t_0 + t)\,p_1\,[t_0, t_0 + t]\,e^{\left[\int_0^t \lambda(t_0+u)du\right]}$$

$$= \lambda\,(t_0 + t)\,\mathrm{e}^{\left[\int_0^t \lambda(t_0+u)du\right]}e^{\int_0^t \lambda(t_0+u)du}$$

$$\frac{d}{dt}\left\{e^{\int_0^t \lambda(t_0+u)du}p_1\,[t_0, t_0 + t]\right\} = \lambda\,(t_0 + t)$$

利用初始条件 $p_1\,[0, 0] = 0$, 有

$$e^{\int_0^t \lambda(t_0+u)du}p_1\,[t_0, t_0 + t] = \int_0^t \lambda\,(t_0 + u)\,du = \int_{t_0}^{t_0+t}\lambda\,(s)\,ds$$

即

$$p_1\,[t_0, t_0 + t] = e^{-\int_0^t \lambda(t_0+u)du}\int_{t_0}^{t_0+t}\lambda\,(s)\,ds$$

经过逐次迭代, 并利用数学归纳法, 有

$$p_k\,[t_0, t_0 + t] = \frac{[m\,(t_0 + t) - m\,(t_0)]^k}{k!}\exp\,[m\,(t_0 + t) - m\,(t_0)] \qquad \square$$

8.2 P. Todorovic 关于随机变量发生计数问题

Todorovic(1970) 给出了随机变量发生计数问题的一些结论. 在实际中, 在区间 $(0, t]$ 上观测值或试验次数为随机变量.

设 $\tau\,(v)$ 和 $\xi\,(v)$ 分别表示第 v 次观测时间和观测值, $0 < \tau\,(v) < \tau\,(v + 1)$, $v = 1, 2, \cdots$; 当 $v \to \infty$ 时, $\tau\,(v) \to \infty$; $\xi\,(v) > 0$. 考虑以下 4 个函数:

$$\inf_{\tau(v) \leqslant t} \xi_v, \quad \sup_{\tau(v) \leqslant t} \xi_v \qquad (27)$$

$$X\,(t) = \sum_{\tau(v) \leqslant t} \xi_v, \quad T\,(x) = \inf\,\{t; X\,(t) > x\} \qquad (28)$$

8.2.1　定义

设概率空间 (Ω, Ξ, P), Ξ 为最小 σ 域含有 $\{\tau(v) \leqslant t\}$, $\{X_v \leqslant x\}$ 的 Ω 的所有子集, 其中, $X_v = \sum\limits_{k=1}^{v} \xi_k$. X_v 为连续随机变量; 当 $v \to \infty$ 时, $X_v \to \infty$. 定义

$$E_v^t = \{\tau(v) \leqslant t < \tau(v+1)\} \tag{29}$$

$$G_v^x = \{X_v \leqslant x < X_{v+1}\} \tag{30}$$

对于 $i \neq j = 0, 1, \cdots$, $E_i^t \cap E_j^t = \varnothing$; $G_i^x \cap G_j^x = \varnothing$; $\bigcup_{v=0}^{\infty} E_v^t = \Omega$, $\bigcup_{v=0}^{\infty} G_v^x = \Omega$. 事件 $\{\tau(v) \leqslant t\}$ 可以在以下两种情况下发生: ① $\{\tau(v) \leqslant t < \tau(v+1)\}$; ② $\{\tau(v+1) \leqslant t\}$. 因此, 有

$$P[\tau(v) \leqslant t] = P[\tau(v) \leqslant t < \tau(v+1)] + P[\tau(v+1) \leqslant t]$$

$$P[\tau(v) \leqslant t < \tau(v+1)] = P[\tau(v) \leqslant t] - P[\tau(v+1) \leqslant t]$$

即

$$P\left(E_v^t\right) = P[\tau(v) \leqslant t] - P[\tau(v+1) \leqslant t] \tag{31}$$

或 $E_v^t = \{\tau(v) \leqslant t < \tau(v+1)\}$, 如图 6 所示.

$$E_v^t = \{\tau(v) \leqslant t < \tau(v+1)\} = \{\tau(v) \leqslant t\} \cap \{\tau(v+1) > t\}$$
$$= \{\tau(v) \leqslant t\} - \{\tau(v+1) \leqslant t\}$$

其理由是: 根据概率论原理, 设 A, B 为两个事件, 若 $A \subset B$, 则有 $P(B - A) = P(B) - P(A)$. 从图 6 可以看出, $B = \{\tau(v) \leqslant t\}$, $A = \{\tau(v+1) \leqslant t\}$, $A \subset B$, 且 $\tau(v) < \tau(v+1)$, $B - A = \{\tau(v) \leqslant t < \tau(v+1)\}$, 则有 $E_v^t = \{\tau(v) \leqslant t\} - \{\tau(v+1) \leqslant t\}$.

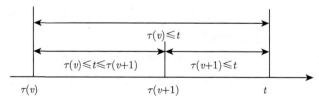

图 6　$\tau(v) \leqslant t < \tau(v+1)$ 示意图

而 $G_v^x = \{X_v \leqslant x\} - \{X_{v+1} \leqslant x\}$, 如图 7 所示.

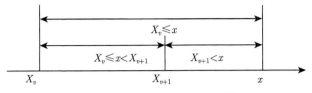

图 7 $X_v \leqslant x < X_{v+1}$ 示意图

同理, 有

$$P\left(G_v^x\right) = P\left(X_v \leqslant x\right) - P\left(X_{v+1} \leqslant x\right) \tag{32}$$

假定 $\tau(0) = 0$, $X_0 = 0$, 由图 8 可以看出, $P\left(E_0^t\right) + P\left(E_1^t\right) + \cdots + P\left(E_{v-1}^t\right) + P\left[\tau(v) \leqslant t\right] = 1$. 则

$$A_v(t) = P\left[\tau(v) \leqslant t\right] = 1 - \sum_{j=0}^{v-1} P\left(E_j^t\right) \tag{33}$$

同理, 有 X_v 的分布函数

$$B_v(x) = P\left[X_v \leqslant x\right] = 1 - \sum_{j=0}^{v-1} P\left(G_j^x\right) \tag{34}$$

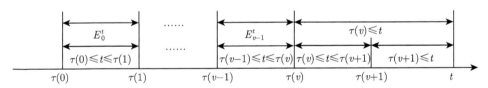

图 8 $\tau(v) \leqslant t$ 事件分布计算示意图

8.2.2 随机观测值发生次数的极值分布

设区间 $(0, t]$ 上观测值发生次数和观测值为随机变量, 其观测值序列长度为 N, 本节推导观测值序列最大值和最小值的分布函数. 给定序列 $\xi_1, \xi_2, \cdots$, 且 $\xi_0 = 0$, 记 $\eta(t) = \sup\{v; \tau(v) \leqslant t\}$, 即 $\eta(t)$ 为区间 $(0, t]$ 上发生 v 个事件, 因此, 事件 $\{\eta(t) = v\}$ 与 $E_v^t = \{\tau(v) \leqslant t < \tau(v+1)\}$ 等价. $P\left[\eta(t) = v\right] = P\left(E_v^t\right)$ 在集合 E_v^t 上, 有 $\eta(t) = v$. 以下推导 $\inf_{\tau(v) \leqslant t} \xi_v \leqslant z$ 和 $\sup_{\tau(v) \leqslant t} \xi_v \leqslant z$ 的条件概率数学期望, $P\left[\inf_{\tau(v) \leqslant t} \xi_v \leqslant z | \eta(t)\right]$ 和 $P\left[\sup_{\tau(v) \leqslant t} \xi_v \leqslant z | \eta(t)\right]$, $z \geqslant 0$. 这个命题进一步解释为区间 $(0, t]$ 上, 给定事件 $\{\eta(t) = v\}$ 下, 观测值 ξ_v 的最小、最大值分布.

定理 6 设 $\underline{F}(z|t)$ 和 $\overline{F}(z|t)$ 分别为 $P\left[\inf_{\tau(v) \leqslant t} \xi_v \leqslant z | \eta(t)\right]$ 和

$$P\left[\sup_{\tau(v) \leqslant t} \xi_v \leqslant z | \eta(t)\right]$$

的数学期望, 则有

$$\underline{F}(z|t) = 1 - \sum_{k=1}^{\infty} P\left[\bigcap_{v=1}^{k} \{\xi_v > z\} \cap E_k^t\right] \tag{35}$$

$$\overline{F}(z|t) = \sum_{k=0}^{\infty} P\left[\bigcap_{v=0}^{k} \{\xi_v \leqslant z\} \cap E_k^t\right] \tag{36}$$

证明　根据假定, 对于 $i \neq j = 0, 1, \cdots$, $E_i^t \cap E_j^t = \varnothing$, $\bigcup_{v=0}^{\infty} E_v^t = \Omega$, 区间 $(0, t]$ 上, 最小值 $\xi_v > z$ 可以发生在子区间 $E_k^t = \{\tau(k) \leqslant t < \tau(k+1)\}$, $k = 1, 2, 3, \cdots$, 且 $i \neq j = 0, 1, \cdots$, $E_i^t \cap E_j^t = \varnothing$ 互不重叠. 根据概率论原理,

$$P\left[\inf_{\tau(v) \leqslant t} \xi_v \leqslant z | \eta(t)\right] = 1 - P\left[\inf_{\tau(v) \leqslant t} \xi_v > z | \eta(t)\right]$$

有

$$\begin{aligned} E\left(P\left[\inf_{\tau(v) \leqslant t} \xi_v \leqslant z | \eta(t)\right]\right) &= E\left(1 - P\left[\inf_{\tau(v) \leqslant t} \xi_v > z | \eta(t)\right]\right) \\ &= 1 - E\left(P\left[\inf_{\tau(v) \leqslant t} \xi_v > z | \eta(t)\right]\right) \\ &= 1 - \sum_{k=1}^{\infty}\left(P\{\inf_{0 < v \leqslant k} \xi_v > z\} \cap E_k^t\right) \end{aligned} \tag{37}$$

同理, 最大值 $\xi_v \leqslant z$ 可以发生在子区间 $E_k^t = \{\tau(k) \leqslant t < \tau(k+1)\}$, $k = 1, 2, 3, \cdots$, 且 $i \neq j = 0, 1, \cdots$, $E_i^t \cap E_j^t = \varnothing$ 互不重叠, 有

$$E\left(P\left[\sup_{\tau(v) \leqslant t} \xi_v \leqslant z | \eta(t)\right]\right) = \sum_{k=0}^{\infty}\left(P\{\inf_{0 < v \leqslant k} \xi_v \leqslant z\} \cap E_k^t\right) \tag{38}$$

式 (37) 和 (38) 满足 $\underline{F}(0|t) = \overline{F}(0|t) = P(E_0^t)$ 和 $\underline{F}(\infty|t) = \overline{F}(\infty|t) = 1$, 说明 $\underline{F}(z|t)$ 和 $\overline{F}(z|t)$ 均为分布函数. 令式 (30) 和 (31) 为独立随机变量, 具有与 ξ_v 独立的常用分布 $H(z) = P(\xi_v \leqslant z)$ 和 $\eta(t) = v$,

$$\begin{aligned} P\{\inf_{0 < v \leqslant k} \xi_v > z\} \cap E_k^t &= P(\xi_1 > z) P(\xi_2 > z) \cdots P(\xi_k > z) P(E_k^t) \\ &= \underbrace{P(\xi_v > z) P(\xi_v > z) \cdots P(\xi_v > z)}_{k \text{个}} P(E_k^t) \\ &= \underbrace{[1 - P(\xi_v \leqslant z)][1 - P(\xi_v \leqslant z)] \cdots [1 - P(\xi_v \leqslant z)]}_{k \text{个}} P(E_k^t) \\ &= [1 - H(z)]^k P(E_k^t) \end{aligned}$$

则式 (37) 和 (38) 为

$$\underline{F}(z|t) = 1 - \sum_{k=1}^{\infty} [1 - H(z)]^k P(E_k^t) \tag{39}$$

$$\overline{F}(z|t) = \sum_{k=0}^{\infty} [H(z)]^k P(E_k^t) \tag{40}$$

例 3 假定 $\eta(t)$ 为泊松分布, 试写出 $\underline{F}(z|t)$ 和 $\overline{F}(z|t)$ 的表达式.

泊松分布的密度函数为

$$P(X = k) = \frac{e^{-\lambda}\lambda^k}{k!} \tag{41}$$

分布函数为 $P(X \leqslant k) = \sum_{x=0}^{k} P(X = x) = \sum_{x=0}^{k} \frac{e^{-\lambda}\lambda^x}{x!}$. 根据不完全 gamma 函数 $\Gamma(1+n, z) = n! \sum_{k=0}^{n} \frac{e^{-z}z^x}{k!}$, 则有

$$P(X \leqslant k) = \sum_{x=0}^{k} \frac{e^{-\lambda}\lambda^x}{x!} = \frac{1}{k!}k! \sum_{x=0}^{k} \frac{e^{-\lambda}\lambda^x}{x!} = \frac{\Gamma(1+k, \lambda)}{k!} \tag{42}$$

$$P(E_k^t) = P[\eta(t) = k] = e^{-\lambda t}\frac{(\lambda t)^k}{k!} \quad \text{代入} \quad \overline{F}(z|t) = \sum_{k=0}^{\infty} [H(z)]^k P(E_k^t)$$

有

$$\begin{aligned}
\overline{F}(z|t) &= \sum_{k=0}^{\infty} [H(z)]^k P(E_k^t) = \sum_{k=0}^{\infty} [H(z)]^k e^{-\lambda t}\frac{(\lambda t)^k}{k!} \\
&= \sum_{k=0}^{\infty} e^{-\lambda t}\frac{(\lambda t H(z))^k}{k!} = e^{-\lambda t}\sum_{k=0}^{\infty} \frac{(\lambda t H(z))^k}{k!}
\end{aligned}$$

由 $e^x = 1 + x + \dfrac{x^2}{2!} + \dfrac{x^3}{3!} + \cdots + \dfrac{x^n}{n!} = \sum_{n=0}^{\infty} \dfrac{x^n}{n!}$, 得

$$\overline{F}(z|t) = e^{-\lambda t}\sum_{k=0}^{\infty} \frac{(\lambda t H(z))^k}{k!} = e^{-\lambda t}e^{\lambda t H(z)} = e^{-\lambda t + \lambda t H(z)} = e^{-\lambda t[1-H(z)]} \tag{43}$$

$$\begin{aligned}
\underline{F}(z|t) &= 1 - \sum_{k=1}^{\infty} [1 - H(z)]^k P(E_k^t) \\
&= 1 + [1 - H(z)]^0 P(E_0^t) - \sum_{k=0}^{\infty} [1 - H(z)]^k P(E_k^t) \\
&= 1 + P(E_0^t) - \sum_{k=0}^{\infty} [1 - H(z)]^k P(E_k^t)
\end{aligned}$$

因为

$$P\left(E_0^t\right) = P\left[\eta\left(t\right)=0\right] = e^{-\lambda t}\frac{(\lambda t)^0}{0!} = e^{-\lambda t}, P\left(E_k^t\right) = P\left[\eta\left(t\right)=k\right] = e^{-\lambda t}\frac{(\lambda t)^k}{k!}$$

所以有

$$\underline{F}\left(z|t\right) = 1 + P\left(E_0^t\right) - \sum_{k=0}^{\infty}\left[1-H\left(z\right)\right]^k P\left(E_k^t\right)$$

$$= 1 + e^{-\lambda t} - \sum_{k=0}^{\infty}\left[1-H\left(z\right)\right]^k e^{-\lambda t}\frac{(\lambda t)^k}{k!} = 1 + e^{-\lambda t} - e^{-\lambda t}\sum_{k=0}^{\infty}\frac{(\lambda t\left[1-H\left(z\right)\right])^k}{k!}$$

把 $e^x = 1 + x + \dfrac{x^2}{2!} + \dfrac{x^3}{3!} + \cdots + \dfrac{x^n}{n!} = \sum_{n=0}^{\infty}\dfrac{x^n}{n!}$ 代入上式, 有

$$\underline{F}\left(z|t\right) = 1 + e^{-\lambda t} - e^{-\lambda t}\sum_{k=0}^{\infty}\frac{(\lambda t\left[1-H\left(z\right)\right])^k}{k!} = 1 + e^{-\lambda t} - e^{-\lambda t}e^{\lambda t[1-H(z)]}$$

$$= 1 + e^{-\lambda t} - e^{-\lambda t+\lambda t-\lambda tH(z)} = 1 + e^{-\lambda t} - e^{-\lambda tH(z)} \tag{44}$$

8.2.3　随机过程 $X\left(t\right)$ 和 $T\left(x\right)$

Wald(1944) 已经证明随机变量 ξ_k 的和 $S_n = \sum\limits_{k=1}^{n}\xi_k$, $n = 1,2,\cdots$ 为随机变量, 具有结论: 若 $E\left(n\right)$, $E\left(\xi_k\right) = a$ 存在; 对于所有 $v > m$, $P\left(\xi_v \leqslant x|n=m\right) = P\left(\xi_v \leqslant x\right)$, 则有 $E\left(S_n\right) = aE\left(n\right)$.

设随机过程 $X\left(t\right)$ 是区间 $(0,t]$ 上随机变量的和, 与 Wald(1944) 不同, $\eta\left(t\right)$ 和 $\{\xi_v\}$ 相依, $\eta\left(t\right)$ 与时间有关. $X\left(t\right) = \sum_{\tau(v)\leqslant t}\xi_v$, $T\left(x\right) = \inf\{t; X\left(t\right) > x\}$, $A_v\left(t\right) = P\left[\tau\left(v\right)\leqslant t\right] = 1 - \sum\limits_{j=0}^{v-1}P\left(E_j^t\right)$.

定理 7　对于所有 $t \in (0,\infty)$, $\sum\limits_{k=1}^{\infty}A_k\left(t\right)E\left[\xi_k|\tau\left(k\right)\leqslant t\right]$ 存在, 且

$$E\left[X\left(t\right)\right] = \sum_{k=1}^{\infty}A_k\left(t\right)E\left[\xi_k|\tau\left(k\right)\leqslant t\right]$$

证明　按照上述定义, $\eta\left(t\right)$ 和 $\{\xi_v\}$ 相依, $\eta\left(t\right)$ 与时间有关. 区间 $(0,t]$ 给定 $\eta\left(t\right) = v$ 时, 随机变量的和 $X\left(t\right)$ 为 $\{X\left(t\right)\} = \{X\left(t\right)|\eta\left(t\right)\}$. 给定 $v = 0,1,2,\cdots,$ $0 < \tau\left(v\right) < \tau\left(v+1\right)$, 根据 $X\left(t\right)$ 定义, 其事件 $X_v = \sum\limits_{k=0}^{v}\xi_k$, 也等价于给定 $\eta\left(t\right) = v$

下的条件事件 $\{X_v | \eta(t) = v\}$, 或事件 $\{X_v | E_v^t\}$. 基本样本空间

$$\Omega = \underbrace{(\tau(0), \tau(1)]}_{0} \cup \underbrace{(\tau(1), \tau(2)]}_{1} \cup \cdots \cup \underbrace{(\tau(v), \tau(v+1)]}_{v} \cup \cdots$$

$$P = A_v(t) = P[\tau(v) \leqslant t] = 1 - \sum_{j=0}^{v-1} P\left(E_j^t\right) dP = P\left(E_v^t\right)$$

$X_v = \sum_{k=0}^{v} \xi_k$, 根据数学期望的定义, 有

$$E[X_v | \eta(t)] dP = \int_{E_v^t} E\left[\sum_{k=0}^{v} \xi_k | \eta(t)\right] dP = \sum_{k=0}^{v} E[\xi_k | \eta(t)] dP = \sum_{k=0}^{v} \int_{E_v^t} E[\xi_k | \eta(t)] dP$$

$$E[X(t)] = \int_{\Omega} E[X_v | \eta(t)] dP = \sum_{v=0}^{\infty} E[X_v | \eta(t)] dP = \sum_{v=0}^{\infty} \sum_{k=0}^{v} \int_{E_v^t} E[\xi_k | \eta(t)] dP$$

上式可进一步整理, 观察 v 与 X_v 的关系, 见表 4.

表 4 v 与 X_v 的关系

v	k, $X_v = \sum_{k=0}^{v} \xi_k$	k	v, $X_v = \sum_{k=0}^{v} \xi_k$
0	$0 \sim 0$, $X_v = \xi_0$	0	$0 \sim 0$, $X_v = \xi_0 + \xi_1 + \xi_2 + \cdots$
1	$0 \sim 1$, $X_v = \xi_0 + \xi_1$	1	$1 \sim \infty$, $X_v = \xi_1 + \xi_2 + \cdots$
2	$0 \sim 2$, $X_v = \xi_0 + \xi_1 + \xi_2$	2	$2 \sim \infty$, $X_v = \xi_2 + \xi_3 + \cdots$
$\vdots$	$\vdots$	$\vdots$	$\vdots$
v	$0 \sim v$, $X_v = \xi_0 + \xi_1 + \xi_2 + \cdots + \xi_v$	v	$v \sim \infty$, $X_v = \xi_v + \xi_{v+1} + \xi_{v+2} + \cdots$
$\vdots$	$\vdots$	$\vdots$	$\vdots$

假定 $\xi_0 = 0$, 从表 4 可以看出,

$$\sum_{v=0}^{\infty} \sum_{k=0}^{v} \int_{E_v^t} E[\xi_k | \eta(t)] dP = \sum_{k=1}^{\infty} \sum_{v=k}^{\infty} \int_{E_v^t} E[\xi_k | \eta(t)] dP$$

$$= \sum_{k=1}^{\infty} \left(\sum_{v=k}^{\infty} \int_{E_v^t} E[\xi_k | \eta(t)] dP \right) = \sum_{k=1}^{\infty} \int_{\{\tau(k) \leqslant t\}} E[\xi_k | \eta(t)] dP$$

$$= \sum_{k=1}^{\infty} E[\xi_k | \eta(t)] \int_{\{\tau(k) \leqslant t\}} dP = \sum_{k=1}^{\infty} E[\xi_k | \eta(t)] A_k(t)$$

定理 8 令 $F_t(x) = P[X(t) \leqslant x]$, 对于任意 $t \geqslant 0$ 和 $x \geqslant 0$, 有

$$F_t(x) = P\left(E_0^t\right) + \sum_{v=1}^{\infty} P\left(E_v^t\right) P\left(X_v \leqslant x | E_v^t\right) \tag{45}$$

证明　对于给定 $v = 0, 1, 2, \cdots, 0 < \tau(v) < \tau(v+1)$, 根据 $X(t)$ 定义, 其事件 $X_v = \sum\limits_{k=0}^{v} \xi_k$, 也等价于给定 $\eta(t) = v$ 下的条件事件 $\{X_v | \eta(t) = v\}$, 或事件 $\{X_v | E_v^t\}$, 根据数学期望的定义, 有

$$F_t(x) = E(P[X(t) \leqslant x | \eta(t)]) = \sum_{v=0}^{\infty} P\left[\sum_{k=0}^{v} \xi_k \leqslant x | E_v^t\right] P(E_v^t)$$

$$= P(E_0^t) + \sum_{v=1}^{\infty} P(E_v^t) P(X_v \leqslant x | E_v^t) \quad (46)$$

式 (46) 也可以用另一种方法进行证明. 前面可知, 随机过程 $X(t)$ 是区间 $(0, t]$ 上随机变量的和. 因为 $X(t)$ 为非减函数, 所以有 $\{X(t) \leqslant x\} \cap E_v^t = \{X_v \leqslant x\} \cap E_v^t$, 因而, $P[X(t) \leqslant x] = \sum\limits_{v=0}^{\infty} P(E_v^t) P[X_v \leqslant x | E_v^t]$.

定理 9　对于所有 $x \in (0, \infty)$, $\sum\limits_{k=0}^{\infty} P(G_k^x) E[|\tau(k+1)| G_k^x]$ 存在, 且

$$E[T(x)] = \sum_{k=0}^{\infty} P(G_k^x) E[|\tau(k+1)| G_k^x] \quad (47)$$

证明　令 $\mu(x) = \sup\{v; X_v \leqslant x\}$, 即 $P[\mu(x) = v] = P(G_v^x)$. 定义 $T(x) = \sup_{X_{v-1} \leqslant x < X_v} \tau(v)$, 又因集合 $G_k^x \sup_{X_{v-1} \leqslant x < X_v} \tau(v) = \tau(k+1)$, 故有

$$E[T(x)] = \int_{\Omega} E\left[\sup_{X_{v-1} \leqslant x < X_v} \tau(v) | \mu(x)\right] dP = \sum_{k=0}^{\infty} E[\tau(k+1)| G_k^x] P(G_k^x)$$

定理 10　令 $Q_x(t) = P[T(x) \leqslant t]$, 对于任意 $t \geqslant 0$ 和 $x \geqslant 0$, 有

$$Q_x(t) = 1 - F_t(x) \quad (48)$$

证明

$$P[T(x) \leqslant t] = E[T(x) \leqslant t | \mu(x)] = \sum_{k=0}^{\infty} \int_{G_k} P\left[\sup_{X_{v-1} \leqslant x < X_v} \tau(v) | \mu(x)\right] dP$$

$$= \sum_{k=0}^{\infty} P[\tau(k+1) \leqslant t | G_k^x] P(G_k^x)$$

因为 $\{\tau(k+1) \leqslant t\} = \bigcup\limits_{v=k+1}^{\infty} E_v^t$, 所以有

$$Q_x(t) = \sum_{k=0}^{\infty} \sum_{v=k+1}^{\infty} P(G_k^x \cap E_v^t) = 1 - \sum_{v=0}^{\infty} \sum_{k=v}^{\infty} P(E_v^t \cap G_k^x) = 1 - \sum_{v=0}^{\infty} P[E_v^t \cap (X_v \leqslant x)]$$

若 $\xi_1, \xi_2, \cdots$ 具有独立同分布, 与 $\eta(t)$ 独立, 则上述 $E[x(t)]$ 可进一步进行整理. 因为 $\xi_1, \xi_2, \cdots$ 与 $\eta(t)$ 独立, 有 $E[\xi_k|\tau(k) \leqslant t] = E[\xi_k]$, 又 $\xi_1, \xi_2, \cdots$ 独立同分布, 所以 $E[\xi_k] = E[\xi]$. 根据这些结果, $E[x(t)]$ 为

$$E[X(t)] = \sum_{k=1}^{\infty} A_k(t) E[\xi_k|\tau(k) \leqslant t] = \sum_{k=1}^{\infty} A_k(t) E[\xi] = E[\xi] \sum_{k=1}^{\infty} A_k(t)$$

因为 $A_v(t) = P[\tau(v) \leqslant t] = 1 - \sum_{j=0}^{v-1} P(E_j^t)$, $P[\eta(t) = v] = P(E_v^t)$, 即

$$A_v(t) = 1 - \sum_{j=0}^{v-1} P(E_j^t) = 1 - \sum_{j=0}^{v-1} P[\eta(t) = v] = \sum_{j=v}^{\infty} P[\eta(t) = v]$$

$$\begin{aligned}
\sum_{k=1}^{\infty} A_k(t) =& A_1(t) + A_2(t) + A_3(t) + \cdots + A_{v-1}(t) + A_v(t) + \cdots \\
=& P[\eta(t) = 1] + P[\eta(t) = 2] + P[\eta(t) = 3] + \cdots \\
& + P[\eta(t) = v-1] + P[\eta(t) = v] + \cdots \\
& + P[\eta(t) = 2] + P[\eta(t) = 3] + \cdots + P[\eta(t) = v-1] + P[\eta(t) = v] + \cdots \\
& + P[\eta(t) = 3] + \cdots + P[\eta(t) = v-1] + P[\eta(t) = v] + \cdots \\
& + \cdots + P[\eta(t) = v-1] + P[\eta(t) = v] + \cdots \\
& + P[\eta(t) = v] + \cdots \\
=& 1 \cdot P[\eta(t) = 1] + 2 \cdot P[\eta(t) = 2] + 3 \cdot P[\eta(t) = 3] + \cdots + (v-1) \\
& \cdot P[\eta(t) = v-1] + v \cdot P[\eta(t) = v] + \cdots \\
=& \sum_{j=1}^{\infty} j \cdot P[\eta(t) = j] = E[\eta(t)]
\end{aligned}$$

综合上述推导, 对于 $\xi_1, \xi_2, \cdots$ 具有独立同分布, 与 $\eta(t)$ 独立, 有

$$E[X(t)] = E(\xi) \sum_{k=1}^{\infty} A_k(t) = E(\xi) E[\eta(t)]$$

即为 Wald(1944) 情形.

实际中, E_v^t 和 $\{X_v \leqslant x\}$ 相互独立, $G_v^x = \{X_v \leqslant x < X_{v+1}\}$, 则 $P(X_v \leqslant x|E_v^t) = P(X_v \leqslant x)$. 式 (46) 可进一步整理. $F_t(x) = P(E_0^t) + \sum_{v=1}^{\infty} P(E_v^t) P(X_v \leqslant x|E_v^t) F_t(x) =$

$P\left(E_0^t\right) + \sum_{v=1}^{\infty} P\left(E_v^t\right) P\left(X_v \leqslant x\right)$. 由式 $(34)X_v$ 的分布函数 $B_v\left(x\right) = P\left[X_v \leqslant x\right] =$

$1 - \sum_{j=0}^{v-1} P\left(G_j^x\right) = \sum_{j=v}^{\infty 1} P\left(G_j^x\right)$.

综合以上推导, 对于 E_v^t 和 $\{X_v \leqslant x\}$ 相互独立, 有

$$F_t\left(x\right) = P\left(E_0^t\right) + \sum_{v=1}^{\infty}\sum_{j=v}^{\infty} P\left(E_v^t\right) P\left(G_j^t\right).$$

当 $\Delta t \to 0$ 时, 若 $\begin{cases} \sum_{r=2}^{\infty} P\left(E_r^{t,t+\Delta t}\right) = o\left(\Delta t\right), \\ \lim\limits_{\Delta t \to 0} \dfrac{P\left(E_1^{t,t+\Delta t}|E_v^t\right)}{\Delta t} = \lim\limits_{\Delta t \to 0} \dfrac{P\left(E_1^{t-\Delta t,t}|E_v^{t-\Delta t}\right)}{\Delta t} \\ \qquad\qquad = \lambda_1\left(t,v\right) \end{cases}$ 条件

满足, 则有

$$\begin{cases} \dfrac{dP\left(E_0^t\right)}{dt} = -\lambda_1\left(t,0\right) P\left(E_0^t\right) \\ \dfrac{dP\left(E_v^t\right)}{dt} = \lambda_1\left(t,v-1\right) P\left(E_{v-1}^t\right) - \lambda_1\left(t,v\right) P\left(E_v^t\right) \end{cases} \tag{49}$$

式中, $E_v^{t,t+\Delta t} = \{\eta\left(t + \Delta t\right) - \eta\left(t\right) = r\}$.

应用关系式

$$\begin{cases} P\left(E_v^{t+\Delta t}\right) - P\left(E_v^t\right) = \sum_{r=1}^{v} P\left(E_{v-r}^t \cap E_r^{t,t+\Delta t}\right) - \sum_{r=1}^{\infty} P\left(E_v^t \cap E_r^{t,t+\Delta t}\right) \\ P\left(E_v^t\right) - P\left(E_v^{t-\Delta t}\right) = \sum_{r=1}^{v} P\left(E_{v-r}^{t-\Delta t} \cap E_r^{t-\Delta t,t}\right) - \sum_{r=1}^{\infty} P\left(E_v^{t-\Delta t} \cap E_r^{t-\Delta t,t}\right) \end{cases}$$

上述式 (31) 结论是肯定的. 同理, 当 $\Delta x \to 0$ 时, 若

$$\begin{cases} \sum_{r=2}^{\infty} P\left(G_r^{x,x+\Delta x}\right) = o\left(\Delta x\right) \\ \lim\limits_{\Delta x \to 0} \dfrac{P\left(G_1^{x,x+\Delta x}|G_v^x\right)}{\Delta x} = \lim\limits_{\Delta x \to 0} \dfrac{P\left(G_1^{x-\Delta x,x}|G_v^{x-\Delta x}\right)}{\Delta x} = \lambda_2\left(x,v\right) \end{cases}$$

条件满足, 则有

$$\begin{cases} \dfrac{dP\left(G_0^x\right)}{dx} = -\lambda_2\left(x,0\right) P\left(G_0^x\right) \\ \dfrac{dP\left(G_v^x\right)}{dx} = \lambda_2\left(x,v-1\right) P\left(G_{v-1}^x\right) - \lambda_2\left(x,v\right) P\left(G_v^x\right) \end{cases} \tag{50}$$

式中, $G_r^{x,x+\Delta x} = \{\mu\left(x + \Delta x\right) - \mu\left(x\right) = r\}$.

8.3 Emir Zelenhasic 洪峰流量分布理论基础

Zelenhasic(1970) 给出了关于洪水分布的理论推导.

图 9 为一个河流断面流量过程. 假定考虑在区间 $[0, t]$ 上超过门限值 Q_b 的流量 Q_k, $k = 1, 2, \cdots, v$.

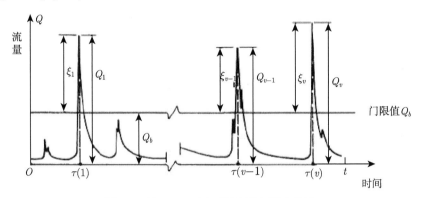

图 9　区间 $[0, t]$ 上河道断面流量过程图

从图 9 可以看出, 区间 $[0, t]$ 上第 v 个洪峰流量的超过值可以定义为

$$\xi_v = Q_v - Q_b \tag{51}$$

式中, Q_v 为区间 $[0, t]$ 上第 v 个洪峰流量值, $v = 0, 1, 2, \cdots$.

图 10 中仅选取了那些超过门限值 Q_b 过程中的最大流量, 其目的是力求使选取序列满足独立性. 除去那些小于门限值 Q_b 的流量, 则选取的序列如图 10 所示.

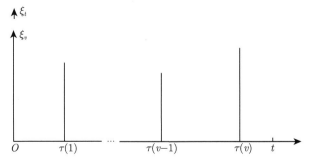

图 10　大于门限值 Q_b 的洪峰流量的超过值组成的随机过程

按照洪水现象的发生机制, 可以认为区间 $[0, t]$ 上超过门限值 Q_b 流量的发生次数、超过值 ξ_v 和超过门限值的洪水发生时间 $\tau(v)$ 均为随机变量, $v = 1, 2, \cdots$. 如图 10 所示. 这些值组成了随机过程 $\{\xi_v, v = 0, 1, 2, \cdots\}$.

8.3.1　超过次数的分布

设 $\eta(t)$ 为区间 $[0,t]$ 上的超过次数, $\eta(t) = 0, 1, 2, \cdots$; E_v^t 表示在区间 $[0,t]$ 上发生超过次数为 v, 即

$$E_v^t = \{\eta(t) = v\} \tag{52}$$

对于所有 $i \neq j = 0, 1, 2, \cdots$, $E_i^t \cap E_j^t = \varnothing$, $\bigcup\limits_{v=0}^{\infty} E_v^t = \Omega$. 根据数学期望定义, 超过次数 $\eta(t)$ 的数学期望为

$$\Lambda(t) = E[\eta(t)] = \sum_{v=1}^{\infty} v P\left(E_v^t\right) \tag{53}$$

由于季节变化, $\Lambda(t)$ 一般为时间的非线性函数. 按照计数过程, 事件 $\{\tau(v) \leqslant t\}$ 与 $\{\eta(t) \geqslant v\}$ 等价, $\{\tau(v) > t\}$ 与 $\{\eta(t) < v\}$ 等价, 如图 11 所示.

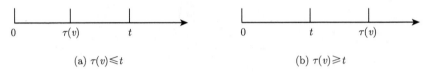

(a) $\tau(v) \leqslant t$　　　　　　　　　　　　　(b) $\tau(v) \geqslant t$

图 11　等价事件示意图

根据事件 $\{\tau(v) \leqslant t\}$ 与 $\{\eta(t) \geqslant v\}$ 等价, 则有

$$P[\tau(v) \leqslant t] = P[\eta(t) \geqslant v] = P[\eta(t) = v] + P[\eta(t) = v+1] + P[\eta(t) = v+2] + \cdots$$
$$= P\left(E_v^t\right) + \sum_{j=v+1}^{\infty} P\left(E_j^t\right)$$

显然上式中, $\sum\limits_{j=v+1}^{\infty} P\left(E_j^t\right) = P[\tau(v+1) \leqslant t]$, 则有 $P[\tau(v) \leqslant t] = P\left(E_v^t\right) + P[\tau(v+1) \leqslant t]$, 移项, 有 $P\left(E_v^t\right) = P[\tau(v) \leqslant t] - P[\tau(v+1) \leqslant t]$. 令 $F_k(t) = P[\tau(k) \leqslant t], k = v$, 则有 $P\left(E_k^t\right) = P[\tau(k) \leqslant t] - P[\tau(k+1) \leqslant t]$, 即

$$P\left(E_k^t\right) = F_k(t) - F_{k+1}(t) \tag{54}$$

令 $k = v$, 根据 $P[\tau(v) \leqslant t] = P\left(E_v^t\right) + \sum\limits_{j=v+1}^{\infty} P\left(E_j^t\right) = \sum\limits_{j=v}^{\infty} P\left(E_j^t\right)$, 可以推出

$$P[\tau(k) \leqslant t] = P\left(E_k^t\right) + \sum_{j=k+1}^{\infty} P\left(E_j^t\right) = \sum_{j=k}^{\infty} P\left(E_j^t\right)$$

即

$$F_k(t) = \sum_{j=k}^{\infty} P\left(E_j^t\right) \tag{55}$$

式中, E_k^t 表示在区间 $[0, t]$ 上发生超过次数为 k. 类似地, $E_1^{t,t+\Delta t}$ 表示在区间 $[t, t+\Delta t]$ 上发生超过次数为 1; Δt 为区间长度.

Todorovic (1970) 认为 $P\left(E_k^t\right)$, $k = 0, 1, 2, \cdots$, 满足下列微分方程

$$
\begin{cases}
\dfrac{dP\left(E_k^t\right)}{dt} = \lambda_{k-1}(t) P\left(E_{k-1}^t\right) - \lambda_k(t) P\left(E_k^t\right); & k = 1, 2, \cdots \\
\dfrac{dP\left(E_0^t\right)}{dt} = -\lambda_0(t) P\left(E_0^t\right)
\end{cases}
\tag{56}
$$

式中, $\lambda_k(t)$ 为

$$
\lambda_k(t) = \lim_{\Delta t \to 0} \frac{P\left(E_1^{t,t+\Delta t} \mid E_k^t\right)}{\Delta t}; \quad E_1^{t,t+\Delta t} = \{\eta(t+\Delta t) - \eta(t) = 1\}
\tag{57}
$$

求解式 (56), 有

$$
P\left(E_0^t\right) = \exp\left(-\int_0^t \lambda_0(s)\, ds\right)
\tag{58}
$$

$$
P\left(E_k^t\right) = \exp\left(-\int_0^t \lambda_k(s)\, ds\right) \int_0^t \lambda_{k-1}(t_1) \exp\left\{\int_0^t \left[\lambda_k(s) - \lambda_{k-1}(s)\right] ds\right\}
$$
$$
\cdot \int_0^{t_1} \cdots \int_0^{t_{k-1}} \lambda_0(t_k) \exp\left\{\int_0^{t_k} \left[\lambda_1(s) - \lambda_0(s)\right] ds\right\} dt_k dt_{k-1} \cdots dt_1
\tag{59}
$$

对于洪水来说, $\lambda_k(t)$ 与 k 独立, 仅取决于 t, 则有 $\lambda_k(t) = \lambda(t)$.

把 $\lambda_k(t) = \lambda(t)$ 代入式 (59), 有

$$
P\left(E_k^t\right) = \exp\left(-\int_0^t \lambda(s)\, ds\right) \int_0^t \lambda(t_1) \exp\left\{\int_0^t \left[\lambda(s) - \lambda(s)\right] ds\right\} \int_0^{t_1} \cdots
$$
$$
\int_0^{t_{k-1}} \lambda(t_k) \exp\left\{\int_0^{t_k} \left[\lambda(s) - \lambda(s)\right] ds\right\} dt_k dt_{k-1} \cdots dt_1
$$
$$
= \exp\left(-\int_0^t \lambda(s)\, ds\right) \int_0^t \lambda(t_1) \int_0^{t_1} \cdots \int_0^{t_{k-1}} \lambda(t_k)\, dt_k dt_{k-1} \cdots dt_1
$$
$$
= \exp\left(-\int_0^t \lambda(s)\, ds\right) \int_0^t \lambda(t_1)\, dt_1 \int_0^{t_1} \lambda(t_2)\, dt_2 \cdots \int_0^{t_{k-1}} \lambda(t_k)\, dt_k
$$
$$
= \frac{\left[\int_0^t \lambda(s)\, ds\right]^k \exp\left(-\int_0^t \lambda(s)\, ds\right)}{k!}
\tag{60}
$$

式 (60) 即为相依性泊松过程.

令 $\alpha = \int_0^t \lambda(s)\, ds$, 则 $P\left(E_k^t\right) = \dfrac{\alpha^k e^{-\alpha}}{k!}$. 由式 (53) $\Lambda(t) = \sum_{v=1}^{\infty} v P\left(E_v^t\right) =$

$\sum_{k=1}^{\infty} k \dfrac{\alpha^k e^{-\alpha}}{k!} = \sum_{k=1}^{\infty} \dfrac{\alpha^k e^{-\alpha}}{(k-1)!}$, $m = k - 1$, 则 $k = m + 1$, 当 $k = 1$ 时, $m = 0$; 当 $k \to \infty$

时, $m \to \infty$;

$$\Lambda\left(t\right) = \sum_{k=1}^{\infty} \frac{\alpha^k e^{-\alpha}}{(k-1)!} = \sum_{m=0}^{\infty} \frac{\alpha^{m+1} e^{-\alpha}}{m!} = \alpha \cdot e^{-\alpha} \sum_{m=0}^{\infty} \frac{\alpha^m}{m!}$$

应用级数公式

$$e^x = 1 + x + \frac{x^2}{2!} + \frac{x^3}{3!} + \cdots + \frac{x^n}{n!} = \sum_{n=0}^{\infty} \frac{x^n}{n!}$$

有 $\Lambda\left(t\right) = \alpha \cdot e^{-\alpha} \sum_{m=0}^{\infty} \frac{\alpha^m}{m!} = \alpha \cdot e^{-\alpha} e^{\alpha} = \alpha$, 即

$$\Lambda\left(t\right) = \int_0^t \lambda\left(s\right) ds \tag{61}$$

把式 (61) 代入式 (60), 有

$$P\left(E_k^t\right) = \frac{\left[\int_0^t \lambda\left(s\right) ds\right]^k \exp\left(-\int_0^t \lambda\left(s\right) ds\right)}{k!} = \frac{\left[\Lambda\left(t\right)\right]^k \exp\left[-\Lambda\left(t\right)\right]}{k!} \tag{62}$$

式中, $\lambda\left(t\right)$ 为单位时间内的平均超过次数, 也称为单位时间内超过次数强度.

进一步分析式 (62), 有第 k 个超过值发生时间的分布函数

$$F_k\left(t\right) = \sum_{j=k}^{\infty} P\left(E_j^t\right) = 1 - \sum_{j=0}^{k-1} P\left(E_j^t\right) \tag{63}$$

把式 (62) 代入式 (63), 有 $F_k\left(t\right) = 1 - \sum_{j=0}^{k-1} P\left(E_j^t\right) = 1 - \sum_{j=0}^{k-1} \frac{\left[\Lambda\left(t\right)\right]^j \exp\left[-\Lambda\left(t\right)\right]}{j!}$.

根据不完全 gamma 函数 $\Gamma\left(1+n,z\right) = n! \sum_{k=0}^{n} \frac{e^{-z} z^k}{k!}$, 有

$$F_k\left(t\right) = 1 - \frac{1}{(k-1)!} (k-1)! \sum_{j=0}^{k-1} \frac{\left[\Lambda\left(t\right)\right]^j \exp\left[-\Lambda\left(t\right)\right]}{j!} = 1 - \frac{\Gamma\left(1+k-1, \Lambda\left(t\right)\right)}{(k-1)!}$$

$$= 1 - \frac{\Gamma\left(k, \Lambda\left(t\right)\right)}{(k-1)!}$$

对上式 t 进行求导, 有

$$f_k\left(t\right) = \frac{d}{dt}\left(1 - \sum_{j=0}^{k-1} \frac{\left[\Lambda\left(t\right)\right]^j \exp\left[-\Lambda\left(t\right)\right]}{j!}\right)$$

$$= -\sum_{j=0}^{k-1} \frac{d}{dt} \left(\frac{\left[\Lambda\left(t\right)\right]^{j} \exp\left[-\Lambda\left(t\right)\right]}{j!} \right)$$

$$= -\sum_{j=0}^{k-1} \left(\frac{j \left[\Lambda\left(t\right)\right]^{j-1} \frac{d}{dt}\Lambda\left(t\right) \exp\left[-\Lambda\left(t\right)\right] + \left[\Lambda\left(t\right)\right]^{j} \exp\left[-\Lambda\left(t\right)\right] \cdot \left(-\frac{d}{dt}\Lambda\left(t\right)\right)}{j!} \right)$$

$$= -\sum_{j=0}^{k-1} \left(\frac{j \left[\Lambda\left(t\right)\right]^{j-1} \frac{d}{dt}\int_{0}^{t}\lambda\left(s\right)ds \exp\left[-\Lambda\left(t\right)\right] - \left[\Lambda\left(t\right)\right]^{j} \exp\left[-\Lambda\left(t\right)\right] \cdot \frac{d}{dt}\left(-\int_{0}^{t}\lambda\left(s\right)ds\right)}{j!} \right)$$

$$= -\sum_{j=0}^{k-1} \left(\frac{j \left[\Lambda\left(t\right)\right]^{j-1} \cdot \lambda\left(t\right) \exp\left[-\Lambda\left(t\right)\right] - \left[\Lambda\left(t\right)\right]^{j} \exp\left[-\Lambda\left(t\right)\right] \cdot \lambda\left(t\right)}{j!} \right)$$

$$= -\lambda\left(t\right) \exp\left[-\Lambda\left(t\right)\right] \cdot \sum_{j=0}^{k-1} \left(\frac{j \left[\Lambda\left(t\right)\right]^{j-1} - \left[\Lambda\left(t\right)\right]^{j}}{j!} \right)$$

$$= -\lambda\left(t\right) \exp\left[-\Lambda\left(t\right)\right] \cdot \left[0 + \frac{1 \cdot \left[\Lambda\left(t\right)\right]^{0} - \left[\Lambda\left(t\right)\right]}{1!} + \frac{2 \cdot \left[\Lambda\left(t\right)\right]^{1} - \left[\Lambda\left(t\right)\right]^{2}}{2!} \right.$$

$$\left. + \frac{3 \cdot \left[\Lambda\left(t\right)\right]^{2} - \left[\Lambda\left(t\right)\right]^{3}}{3!} + \cdots + \frac{(k-1) \cdot \left[\Lambda\left(t\right)\right]^{k-2} - \left[\Lambda\left(t\right)\right]^{k-1}}{(k-1)!} \right]$$

$$= -\lambda\left(t\right) \exp\left[-\Lambda\left(t\right)\right]$$

$$\cdot \left(0 - \Lambda\left(t\right) + \Lambda\left(t\right) - \frac{\left[\Lambda\left(t\right)\right]^{2}}{2} + \frac{\left[\Lambda\left(t\right)\right]^{2}}{2} - \frac{\left[\Lambda\left(t\right)\right]^{3}}{3!} + \cdots - \frac{\left[\Lambda\left(t\right)\right]^{k-1}}{(k-1)!} \right)$$

$$= -\lambda\left(t\right) \exp\left[-\Lambda\left(t\right)\right] \cdot \left(-\frac{\left[\Lambda\left(t\right)\right]^{k-1}}{(k-1)!} \right) = \lambda\left(t\right) \exp\left[-\Lambda\left(t\right)\right] \cdot \frac{\left[\Lambda\left(t\right)\right]^{k-1}}{(k-1)!}$$

根据完全 gamma 函数 $\Gamma\left(n+1\right) = n!$, 则 $\left(k-1\right)! = \Gamma\left(k-1+1\right) = \Gamma\left(k\right)$, 则

$$f_{k}\left(t\right) = \lambda\left(t\right) \exp\left[-\Lambda\left(t\right)\right] \cdot \frac{\left[\Lambda\left(t\right)\right]^{k-1}}{(k-1)!} = \lambda\left(t\right) \exp\left[-\Lambda\left(t\right)\right] \cdot \frac{\left[\Lambda\left(t\right)\right]^{k-1}}{\Gamma\left(k\right)}$$

$$= \frac{\lambda\left(t\right)}{\Gamma\left(k\right)} \left[\Lambda\left(t\right)\right]^{k-1} \exp\left[-\Lambda\left(t\right)\right] = \frac{\lambda\left(t\right)}{\Gamma\left(k\right)} \left[\int_{0}^{t}\lambda\left(s\right)ds\right]^{k-1} \exp\left[-\int_{0}^{t}\lambda\left(s\right)ds\right]$$

即第 k 个超过值发生时间的分布密度为

$$f_{k}\left(t\right) = \frac{\lambda\left(t\right)}{\Gamma\left(k\right)} \left[\int_{0}^{t}\lambda\left(s\right)ds\right]^{k-1} \exp\left[-\int_{0}^{t}\lambda\left(s\right)ds\right], \quad t \geqslant 0 \qquad (64)$$

8.3.2　最大超过值的分布

在洪水分析中, 另一个随机变量为区间 $[0,t]$ 上超过值 ξ_v 的最大值 $x(t)$. 因为区间 $[0,t]$ 上超过次数为随机变量, 且与时间 t 相依. 所以, 最大超过值 $x(t)$ 可以定义为

$$x(t) = \sup_{\tau(v) \leqslant t} \xi_v \tag{65}$$

对于任意 $t \geqslant 0$ 和 $\Delta t \geqslant 0$, 有 $x(t) \leqslant x(t + \Delta t)$. 式中, $x(t)$ 为非减阶梯样本函数, 如图 12 所示. 设 $F_t(x)$ 为 $x(t)$ 的分布函数, 即 $F_t(x) = P[x(t) \leqslant x]$, $t \geqslant 0$, $x > 0$.

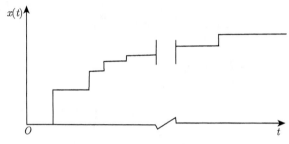

图 12　最大超过值 $x(t)$ 随机过程的样本函数

Todorovic (1970) 推导了 $F_t(x)$ 为条件概率 $P\left\{ \sup_{\tau(v) \leqslant t} \xi_v \leqslant x | \eta(t) \right\}$ 的数学期望.

定理 11　设 $\underline{F}(z|t)$ 和 $\overline{F}(z|t)$ 分别为 $P\left[\inf_{\tau(v) \leqslant t} \xi_v \leqslant z | \eta(t) \right]$ 和

$$P\left[\sup_{\tau(v) \leqslant t} \xi_v \leqslant z | \eta(t) \right]$$

的数学期望, 则有

$$\underline{F}(z|t) = 1 - \sum_{k=1}^{\infty} P\left[\bigcap_{v=1}^{k} \{\xi_v > z\} \cap E_k^t \right]; \quad \overline{F}(z|t) = \sum_{k=0}^{\infty} P\left[\bigcap_{v=0}^{k} \{\xi_v \leqslant z\} \cap E_k^t \right]$$

证明　根据假定, 对于 $i \neq j = 0, 1, \cdots$, $E_i^t \cap E_j^t = \varnothing$, $\bigcup_{v=0}^{\infty} E_v^t = \Omega$, 区间 $(0, t]$ 上, 最小值 $\xi_v > z$ 可以发生在子区间 $E_k^t = \{\tau(k) \leqslant t < \tau(k+1)\}$, $k = 1, 2, 3, \cdots$, 且 $i \neq j = 0, 1, \cdots$, $E_i^t \cap E_j^t = \varnothing$ 互不重叠. 根据概率论原理,

$$P\left[\inf_{\tau(v) \leqslant t} \xi_v \leqslant z | \eta(t) \right] = 1 - P\left[\inf_{\tau(v) \leqslant t} \xi_v > z | \eta(t) \right]$$

有

$$E\left(P\left[\inf_{\tau(v) \leqslant t} \xi_v \leqslant z | \eta(t) \right] \right) = E\left(1 - P\left[\inf_{\tau(v) \leqslant t} \xi_v > z | \eta(t) \right] \right)$$

$$=1 - E\left(P\left[\inf_{\tau(v)\leqslant t}\xi_v > z|\eta(t)\right]\right)$$

$$=1 - \sum_{k=1}^{\infty}\left(P\left\{\inf_{0<v\leqslant k}\xi_v > z\right\}\cap E_k^t\right)$$

同理, 最大值 $\xi_v \leqslant z$ 可以发生在子区间 $E_k^t = \{\tau(k) \leqslant t < \tau(k+1)\}$, $k = 1,2,3,\cdots$, 且 $i \neq j = 0,1,\cdots$, $E_i^t \cap E_j^t = \varnothing$ 互不重叠. 有

$$E\left(P\left[\sup_{\tau(v)\leqslant t}\xi_v \leqslant z|\eta(t)\right]\right) = \sum_{k=0}^{\infty}\left(P\left\{\inf_{0<v\leqslant k}\xi_v \leqslant z\right\}\cap E_k^t\right)$$

$\underline{F}(z|t)$ 和 $\overline{F}(z|t)$ 满足 $\underline{F}(0|t) = \overline{F}(0|t) = P(E_0^t)$ 和 $\underline{F}(\infty|t) = \overline{F}(\infty|t) = 1$, 说明 $\underline{F}(z|t)$ 和 $\overline{F}(z|t)$ 均为分布函数. 令式 ξ_v 为独立随机变量, 具有与 ξ_v 独立的常用分布 $H(z) = P(\xi_v \leqslant z)$ 和 $\eta(t) = v$,

$$P\left\{\inf_{0<v\leqslant k}\xi_v > z\right\}\cap E_k^t = P(\xi_1 > z)P(\xi_2 > z)\cdots P(\xi_k > z)P(E_k^t)$$

$$=\underbrace{P(\xi_v > z)P(\xi_v > z)\cdots P(\xi_v > z)}_{k\text{个}}P(E_k^t)$$

$$=\underbrace{[1 - P(\xi_v \leqslant z)][1 - P(\xi_v \leqslant z)]\cdots[1 - P(\xi_v \leqslant z)]}_{k\text{个}}P(E_k^t)$$

$$=[1 - H(z)]^k P(E_k^t)$$

则有 $\underline{F}(z|t) = 1 - \sum_{k=1}^{\infty}[1 - H(z)]^k P(E_k^t)$; $\overline{F}(z|t) = \sum_{k=0}^{\infty}[H(z)]^k P(E_k^t)$. 证毕. 再

分析 $E\left(P\left[\sup_{\tau(v)\leqslant t}\xi_v \leqslant z|\eta(t)\right]\right) = \sum_{k=0}^{\infty}\left(P\left\{\inf_{0<v\leqslant k}\xi_v \leqslant z\right\}\cap E_k^t\right)$, 不难看出, 考虑

$\xi_0 = 0$, 则在 E_0^t 内, 一定发生 $\xi_0 = 0 \leqslant z$, 即

$$P\left(\left\{\inf_{v=0}\xi_0 \leqslant z\right\}\cap E_0^t\right) = P(E_0^t)P[\xi_0 \leqslant z|E_0^t] = P(E_0^t)\cdot 1 = P(E_0^t)$$

$$E\left(P\left[\sup_{\tau(v)\leqslant t}\xi_v \leqslant z|\eta(t)\right]\right) = \sum_{k=0}^{\infty}\left(P\left\{\inf_{0<v\leqslant k}\xi_v \leqslant z\right\}\cap E_k^t\right)$$

$$=P(E_0^t) + \sum_{k=1}^{\infty}\left(P\left\{\inf_{0<v\leqslant k}\xi_v \leqslant z\right\}\cap E_k^t\right)$$

$$=P(E_0^t) + \sum_{k=1}^{\infty}P\left[\bigcap_{v=0}^{k}(\xi_v \leqslant z)\cap E_k^t\right]$$

如图 13 所示.

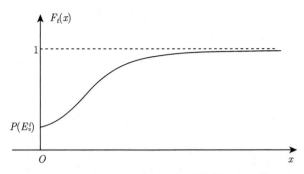

图 13　区间 $[0, t]$ 上最大超过值的分布函数

另一种推导是采用全概率法. 由上述假定, 对于所有 $i \neq j = 0, 1, 2, \cdots$, $E_i^t \cap E_j^t = \varnothing$, $\bigcup\limits_{v=0}^{\infty} E_v^t = \Omega$, 即 E_i^t 与 E_j^t 为互不相容事件, $i \neq j = 0, 1, 2, \cdots$.

$$
\begin{aligned}
F_t(x) &= P\left[x(t) \leqslant x\right] = P\left\{[x(t) \leqslant x] \cap \Omega\right\} \\
&= P\left\{[x(t) \leqslant x] \cap E_0^t\right\} + P\left\{[x(t) \leqslant x] \cap E_1^t\right\} + P\left\{[x(t) \leqslant x] \cap E_2^t\right\} + \cdots \\
&= \sum_{k=0}^{\infty} P\left\{[x(t) \leqslant x] \cap E_k^t\right\} \\
&= \sum_{k=0}^{\infty} P\left\{[\xi_1 \leqslant x, \xi_2 \leqslant x, \cdots, \xi_k \leqslant x] \cap E_k^t\right\} = \sum_{k=0}^{\infty} P\left\{\left[\bigcap_{v=0}^{k} (\xi_v \leqslant x)\right] \cap E_k^t\right\} \\
&= P\left(E_0^t\right) + \sum_{k=1}^{\infty} P\left\{\left[\bigcap_{v=1}^{k} (\xi_v \leqslant x)\right] \cap E_k^t\right\}
\end{aligned}
$$

即

$$
F_t(x) = P\left(E_0^t\right) + \sum_{k=1}^{\infty} P\left\{\left[\bigcap_{v=1}^{k} (\xi_v \leqslant x)\right] \cap E_k^t\right\} \tag{66}
$$

若 $x = 0$, 则有

$$
F_t(0) = P\left(E_0^t\right) \tag{67}
$$

若区间 $(0, t]$ 上超过值 $\{\xi_1, \xi_2, \cdots, \xi_k\}$ 为独立同分布, 且与 $\{\tau(k), \tau(k+1), \cdots\}$ 相互独立, $k = 1, 2, \cdots$. 由式 (66) 有

$$
\begin{aligned}
F_t(x) &= P\left(E_0^t\right) + \sum_{k=1}^{\infty} P\left\{\left[\bigcap_{v=1}^{k} (\xi_v \leqslant x)\right] \cap E_k^t\right\} \\
&= P\left(E_0^t\right) + \sum_{k=1}^{\infty} \left[P\left(\left[\bigcap_{v=1}^{k} (\xi_v \leqslant x)\right]\right) P\left(E_k^t\right)\right]
\end{aligned}
$$

$$=P\left(E_0^t\right) + \sum_{k=1}^{\infty}\left\{\left[P\left(\xi_1 \leqslant x\right) P\left(\xi_2 \leqslant x\right) \cdots P\left(\xi_k \leqslant x\right)\right] P\left(E_k^t\right)\right\}$$

$$=P\left(E_0^t\right) + \sum_{k=1}^{\infty}\left\{\left[\underbrace{P\left(\xi \leqslant x\right) P\left(\xi \leqslant x\right) \cdots P\left(\xi \leqslant x\right)}_{k\text{个}}\right] P\left(E_k^t\right)\right\}$$

$$=P\left(E_0^t\right) + \sum_{k=1}^{\infty}\left(\left[P\left(\xi \leqslant x\right)\right]^k \cdot P\left(E_k^t\right)\right) \tag{68}$$

设区间 $(0,t]$ 上超过值 $\{\xi_1, \xi_2, \cdots, \xi_k\}$ 的分布函数为 $H(z) = P(\xi \leqslant x)$, 由式 (68) 有

$$F_t(x) = P\left(E_0^t\right) + \sum_{k=1}^{\infty}\left(\left[P\left(\xi \leqslant x\right)\right]^k \cdot P\left(E_k^t\right)\right) = P\left(E_0^t\right) + \sum_{k=1}^{\infty}\left(\left[H(x)\right]^k \cdot P\left(E_k^t\right)\right)$$

$$=\sum_{k=0}^{\infty}\left(\left[H(x)\right]^k \cdot P\left(E_k^t\right)\right) \tag{69}$$

本节考虑超过值 $\{\xi_1, \xi_2, \cdots, \xi_k\}$ 分布 $H(z)$ 服从 gamma 分布. gamma 分布具有两个参数 α 和 β, 其密度函数为 $h(x) = \dfrac{\beta^{\alpha}}{\Gamma(\alpha)} x^{\alpha-1} e^{\beta x}$, $x \geqslant 0$, $\alpha > 0$, $\beta > 0$. 若 α 取非整数值时, 参数 α 和 β 没有解析求解表达式, 本节考虑 α 取正整数值时的参数解析求解.

8.3.2.1 α 取正整数值的参数估计

当区间 $(0,t]$ 上超过值 $\{\xi_1, \xi_2, \cdots, \xi_k\}$ 分布 $H(z)$ 服从 gamma 分布, α 取正整数值时, 完全 gamma 函数 $\Gamma(\alpha) = (\alpha-1)!$, 有 gamma 分布密度函数 $h(x) = \dfrac{\beta^{\alpha}}{\Gamma(\alpha)} x^{\alpha-1} e^{-\beta x} = \dfrac{\beta^{\alpha}}{(\alpha-1)!} x^{\alpha-1} e^{-\beta x}$, 其分布函数为

$$H(x) = \int_0^x \frac{\beta^{\alpha}}{(\alpha-1)!} u^{\alpha-1} e^{-\beta u} du, \quad x \geqslant 0 \tag{70}$$

令 $w = \dfrac{u}{x}$, 当 $u = 0$ 时, $w = 0$; 当 $u = x$ 时, $w = 1$. $u = xw$, $du = xdw$, 则式 (70) 有

$$H(x) = \int_0^x \frac{\beta^{\alpha}}{(\alpha-1)!} u^{\alpha-1} e^{-\beta u} du = \int_0^1 \frac{\beta^{\alpha}}{(\alpha-1)!} (xw)^{\alpha-1} e^{-\beta x w} x dw$$

$$=\frac{\beta^{\alpha}}{(\alpha-1)!} x^{\alpha} \int_0^1 w^{\alpha-1} e^{-\beta x w} dw$$

由积分公式 $\int_0^1 x^m e^{-ax} dx = \dfrac{m!}{a^{m+1}} \left(1 - e^{-a} \sum_{r=0}^{m} \dfrac{a^r}{r!}\right)$, 比较有 $m = \alpha - 1$, $a = \beta x$, $\alpha = m + 1$, 则

$$H(x) = \frac{\beta^\alpha}{(\alpha-1)!} x^\alpha \int_0^1 w^{\alpha-1} e^{-\beta x w} dw = \frac{\beta^{m+1}}{(\alpha-1)!} x^{m+1} \frac{(\alpha-1)!}{(\beta x)^{m+1}} \left(1 - e^{-\beta x} \sum_{r=0}^{\alpha-1} \frac{(\beta x)^r}{r!}\right)$$

$$= \frac{(\beta x)^{m+1}}{(\alpha-1)!} \frac{(\alpha-1)!}{(\beta x)^{m+1}} \left(1 - e^{-\beta x} \sum_{r=0}^{\alpha-1} \frac{(\beta x)^r}{r!}\right) = 1 - e^{-\beta x} \sum_{r=0}^{\alpha-1} \frac{(\beta x)^r}{r!}$$

即

$$H(x) = 1 - e^{-\beta x} \sum_{i=0}^{\alpha-1} \frac{(\beta x)^i}{i!} \tag{71}$$

式 (62) 超过次数概率公式

$$P\left(E_k^t\right) = \frac{\left[\int_0^t \lambda(s)\,ds\right]^k \exp\left(-\int_0^t \lambda(s)\,ds\right)}{k!} = \frac{[\Lambda(t)]^k \exp[-\Lambda(t)]}{k!}$$

若 $\lambda(s) = \lambda$, 则

$$\Lambda(t) = \int_0^t \lambda(s)\,ds \int_0^t \lambda\,ds = \lambda\, s\big|_{s=0}^{s=t} = \lambda t,\ P\left(E_k^t\right) = \frac{[\lambda t]^k \exp[-\lambda t]}{k!}$$

把 $P\left(E_k^t\right) = \dfrac{[\lambda t]^k \exp[-\lambda t]}{k!}$ 和式 (71) 代入式 (69) 最大超过值分布

$$F_t(x) = \sum_{k=0}^{\infty} \left([H(x)]^k \cdot P\left(E_k^t\right)\right)$$

有

$$F_t(x) = \sum_{k=0}^{\infty} \left([H(x)]^k \cdot P\left(E_k^t\right)\right) = \sum_{k=0}^{\infty} \left(\left[1 - e^{-\beta x} \sum_{i=0}^{\alpha-1} \frac{(\beta x)^i}{i!}\right]^k \cdot \frac{[\lambda t]^k \exp[-\lambda t]}{k!}\right)$$

$$= e^{-\lambda t} \sum_{k=0}^{\infty} \left(\frac{(\lambda t)^k}{k!} \cdot \left[1 - e^{-\beta x} \sum_{i=0}^{\alpha-1} \frac{(\beta x)^i}{i!}\right]^k\right) \tag{72}$$

式 (72) 也可以进一步整理为

$$F_t(x) = e^{-\lambda t} \sum_{k=0}^{\infty} \left(\frac{(\lambda t)^k}{k!} \cdot \left[1 - e^{-\beta x} \sum_{i=0}^{\alpha-1} \frac{(\beta x)^i}{i!}\right]^k\right)$$

$$=e^{-\lambda t}\sum_{k=0}^{\infty}\left(\left[1-e^{-\beta x}\sum_{i=0}^{\alpha-1}\frac{(\beta x)^i}{i!}\right]^k\frac{(\lambda t)^k}{k!}\right)$$

$$=e^{-\lambda t}\sum_{k=0}^{\infty}\frac{\left[\lambda t\left(1-e^{-\beta x}\sum_{i=0}^{\alpha-1}\frac{(\beta x)^i}{i!}\right)\right]^k}{k!}$$

根据级数公式 $e^x = 1 + x + \dfrac{x^2}{2!} + \dfrac{x^3}{3!} + \cdots + \dfrac{x^n}{n!} = \displaystyle\sum_{n=0}^{\infty}\frac{x^n}{n!}$, 有

$$F_t(x) = e^{-\lambda t}\sum_{k=0}^{\infty}\frac{\left[\lambda t\left(1-e^{-\beta x}\sum_{i=0}^{\alpha-1}\frac{(\beta x)^i}{i!}\right)\right]^k}{k!} = e^{-\lambda t}\exp\left[\lambda t\left(1-e^{-\beta x}\sum_{i=0}^{\alpha-1}\frac{(\beta x)^i}{i!}\right)\right]$$

$$= \exp\left[-\lambda t+\lambda t\left(1-e^{-\beta x}\sum_{i=0}^{\alpha-1}\frac{(\beta x)^i}{i!}\right)\right] = \exp\left[-\lambda t+\lambda t-\lambda t e^{-\beta x}\sum_{i=0}^{\alpha-1}\frac{(\beta x)^i}{i!}\right]$$

$$= \exp\left[-\lambda t\cdot e^{-\beta x}\sum_{i=0}^{\alpha-1}\frac{(\beta x)^i}{i!}\right]$$

即

$$F_t(x) = \exp\left[-\lambda t\cdot e^{-\beta x}\sum_{i=0}^{\alpha-1}\frac{(\beta x)^i}{i!}\right] \tag{73}$$

对于所有 $t > 0$, $F_t(x)$ 在 $x = 0$ 处不连续, 而在 $x > 0$ 时, $F_t(x)$ 连续. 对于 $x = 0$, 有

$$F_t(0) = \exp(-\lambda t) \tag{74}$$

当 $x > 0$ 时, 区间 $(0, t]$ 上最大超过值的概率密度函数为

$$f_t(x) = 2e^{-\lambda t}\delta(x) + \frac{\partial F_t(x)}{\partial x} \tag{75}$$

式中, $\delta(x)$ 为 Dirac 函数或实变量 x 的对称单位脉冲函数, 其定义为

$$\int_a^b f(\xi)\delta(\xi - X)d\xi = \begin{cases} 0, & X < a \text{ 或 } X > b \\ \dfrac{1}{2}f(X), & X = a \text{ 或 } X = b, \quad a < b \\ f(X), & a < X < b \end{cases} \tag{76}$$

式中, $f(X)$ 是一个在 $x = X$ 处连续的函数, 且具有当 $x \neq 0$ 时, $\delta(x) = 0$; $\displaystyle\int_{-\infty}^0 \delta(\xi)d\xi = \int_0^{\infty}\delta(\xi)d\xi = \frac{1}{2}$; $\displaystyle\int_{-\infty}^{\infty}\delta(\xi)d\xi = 1$. 因此, 区间 $(0, t]$ 上最大超过

值的概率密度函数为

$$dF_t(x) = \begin{cases} 0, & x < 0 \\ e^{-\lambda t}, & x = 0 \\ \dfrac{\partial F_t(x)}{\partial x} dx, & x > 0 \end{cases}$$

区间 $(0, t]$ 上最大超过值的矩母函数为 $\psi_t(u) = \int_0^\infty e^{ux} dF_t(x)$. 有

$$\psi_t(u) = \int_0^\infty \left[e^{ux} 2e^{-\lambda t}\delta(x) + e^{ux}\frac{\partial F_t(x)}{\partial x} \right] dx$$
$$= \int_0^\infty \left[e^{ux} 2e^{-\lambda t}\delta(x) \right] dx + \int_{0^+}^\infty e^{ux} \left[\frac{\partial F_t(x)}{\partial x} \right] dx$$

或

$$\psi_t(u) = e^{-\lambda t} + \int_{0^+}^\infty e^{ux} \left[\frac{\partial F_t(x)}{\partial x} \right] dx \tag{77}$$

同样, 也可以采用 Stieltjes 积分, 有

$$\psi_t(u) = \int_0^\infty e^{ux} dF_t(x) = e^{-\lambda t} \left. (e^{ux}) \right|_{x=0} + \int_{0^+}^\infty e^{ux} \left[\frac{\partial F_t(x)}{\partial x} \right] dx$$
$$= e^{-\lambda t} + \int_{0^+}^\infty e^{ux} \left[\frac{\partial F_t(x)}{\partial x} \right] dx$$

对于式 (77), 经过反复计算, 有 $x(t)$ 的矩母函数

$$\psi_t(u) = e^{-\lambda t} + \frac{\beta^\alpha}{(\alpha-1)!} e^{-\lambda t} \sum_{k=1}^\infty \frac{(\lambda t)^k}{(k-1)!} \int_{0^+}^\infty e^{ux-\beta x} \left[1 - e^{-\beta x} \sum_{i=0}^{\alpha-1} \frac{(\beta x)^i}{i!} \right]^{k-1} x^{\alpha-1} dx \tag{78}$$

或

$$\psi_t(u) = e^{-\lambda t} + \frac{e^{-\lambda t}}{(\alpha-1)!} \beta^\alpha \int_{0^+}^\infty x^{\alpha-1} \exp\left[ux - \beta x - \lambda t e^{-\beta x} \sum_{i=0}^{\alpha-1} \frac{(\beta x)^i}{i!} \right] dx \tag{79}$$

综合以上推导, m 阶矩为

$$E[x^m(u)] = \frac{\lambda t}{\beta^m s!} e^{-\lambda t} \sum_{k=1}^\infty \frac{(\lambda t)^{k-1}}{(k-1)!} \int_0^\infty y^{s+m} e^{-y} \left[1 - e^{-y} \sum_{i=0}^s \frac{y^i}{i!} \right]^{k-1} dy \tag{80}$$

令 $s = \alpha - 1, y = \beta x, m = 1, 2, \cdots$, 则式 (80) 为

$$E[x^m(u)] = \frac{\lambda t}{\beta^m s!} \int_0^\infty y^{s+m} \exp\left[-y - \lambda t e^{-y} \sum_{i=0}^s \frac{y^i}{i!} \right] dy \tag{81}$$

当 α 非常大时, 有 m 阶矩的渐近表达式

$$E\left[x^{m}\left(u\right)\right] = -\frac{\lambda t}{\beta^{m}}e^{-\lambda t}\left(\alpha + m\right)^{m} \tag{82}$$

8.3.2.2 指数分布超过值的参数估计 $(\alpha = 1)$

当区间 $(0, t]$ 上超过值 $\{\xi_1, \xi_2, \cdots, \xi_k\}$ 分布 $H(z)$ 服从指数分布时

$$H(z) = 1 - e^{-\beta x}, \quad x \geqslant 0 \tag{83}$$

把 $P\left(E_k^t\right) = \dfrac{\left[\lambda t\right]^k \exp\left[-\lambda t\right]}{k!}$ 和式 (83) 代入式 (69) 最大超过值分布

$$F_t(x) = \sum_{k=0}^{\infty}\left(\left[H(x)\right]^k \cdot P\left(E_k^t\right)\right)$$

有

$$F_t(x) = \sum_{k=0}^{\infty}\left(\left[H(x)\right]^k \cdot P\left(E_k^t\right)\right) = \sum_{k=0}^{\infty}\left(\left[1 - e^{-\beta x}\right]^k \cdot \frac{\left[\lambda t\right]^k \exp\left[-\lambda t\right]}{k!}\right)$$

$$= e^{-\lambda t}\sum_{k=0}^{\infty}\left(\frac{\left[\lambda t\left(1 - e^{-\beta x}\right)\right]^k}{k!}\right)$$

根据级数公式 $e^x = 1 + x + \dfrac{x^2}{2!} + \dfrac{x^3}{3!} + \cdots + \dfrac{x^n}{n!} = \displaystyle\sum_{n=0}^{\infty}\dfrac{x^n}{n!}$, 有

$$F_t(x) = e^{-\lambda t}\sum_{k=0}^{\infty}\left(\frac{\left[\lambda t\left(1 - e^{-\beta x}\right)\right]^k}{k!}\right) = e^{-\lambda t}\exp\left[\lambda t\left(1 - e^{-\beta x}\right)\right]$$

$$= \exp\left(-\lambda t + \lambda t - \lambda t e^{-\beta x}\right) = \exp\left(-\lambda t e^{-\beta x}\right)$$

即

$$F_t(x) = \exp\left(-\lambda t \cdot e^{-\beta x}\right) \tag{84}$$

当 $t = \lambda = \beta = 1$ 时, 式 (84) 给出最大超过值的渐近分布, 其一阶渐近分布为

$$F(x) = \exp\left(-\exp\left[-\beta\left(x - u\right)\right]\right) = \exp\left[-e^{\beta u} \cdot e^{\beta x}\right]$$

上式为式 (84) 当 $\lambda t = \exp\left(\beta u\right)$ 的特例. 不难看出

$$\int_0^{\infty} f_t(x)\,dx = 2e^{-\lambda t}\int_0^{\infty}\delta(x)\,dx + \left(1 - e^{-\lambda t}\right) = 1$$

$$\frac{\partial}{\partial x}\left[\frac{\partial F_t\left(x\right)}{\partial x}\right] = 0 \text{ 给出中值 } \tilde{x},$$

$$\tilde{x} = \frac{1}{\beta}\ln\left(t\right) \tag{85}$$

$$f_t\left(\tilde{x}\right) = \beta \cdot e^{-1} \tag{86}$$

$$F_t\left(\tilde{x}\right) = e^{-1} \tag{87}$$

应用条件 $\dfrac{\partial^2}{\partial x^2}\left[\dfrac{\partial F_t\left(x\right)}{\partial x}\right] = 0$, 可以获得 $\lambda t\exp\left(-\beta x_{1,2}\right) = \dfrac{1}{2}\left(3 \pm \sqrt{5}\right)$, 且

$$x_{1,2} = \frac{1}{\beta}\left[\ln\left(2\lambda t\right) - \ln\left(3 \pm \sqrt{5}\right)\right] \tag{88}$$

则

$$f_t\left(x_1\right) = 0.19098\beta \tag{89}$$

$$f_t\left(x_2\right) = 0.26070\beta \tag{90}$$

$$P\left(x_1 \leqslant x \leqslant x_2\right) = 0.60957 \tag{91}$$

$$x_2 - x_1 = 1.92484\beta^{-1} \tag{92}$$

上式说明这些表达式独立于区间 $(0, t]$.

最大超过值的中值 $\tilde{x}$ 关于 $x_{1,2}$ 对称, 因为

$$\frac{x_1 + x_2}{2} = \beta^{-1}\ln\left(\lambda t\right) = \tilde{x} \tag{93}$$

最大超过值的中位数 (图 14) 为

$$\breve{x} = \tilde{x} + 0.3665^{-1} \tag{94}$$

进一步推导, 有

$$g_1\left(x, t\right) = \beta\lambda t\exp\left(-\beta x - \lambda t \cdot e^{-\beta x}\right) \tag{95}$$

且 $g_1\left(0, t\right) = \beta\lambda t\exp\left(\lambda t\right)$, $\lim\limits_{t \to 0} g_1\left(0, t\right) = \lim\limits_{t \to \infty} g_1\left(0, t\right) = 0$.

因为, 当 $t = \lambda^{-1}$ 时, $\dfrac{\partial}{\partial t}g_1\left(0, t\right) = 0$, 有 $g_1\left(0, \lambda^{-1}\right) = \beta e^{-1}$. 最大超过值的矩母函数为

$$\psi_t\left(u\right) = e^{-\lambda t} + e^{-\lambda t}\sum_{k=1}^{\infty}\frac{\left(\lambda t\right)^k}{k!}\int_{0+}^{\infty} k\left(1 - e^{-\beta x}\right)^{k-1}\beta \cdot e^{-\beta x}e^{-ux}dx$$

积分有

$$\psi_t(u) = e^{-\lambda t} + e^{-\lambda t} \sum_{k=1}^{\infty} (\lambda t)^k \frac{\Gamma\left(1 - \dfrac{u}{\beta}\right)}{\Gamma\left(k + 1 - \dfrac{u}{\beta}\right)} \tag{96}$$

对矩母函数求 u 的导数, 有前三阶矩

$$E[x(t)] = \beta^{-1} e^{-\lambda t} + \sum_{k=1}^{\infty} \frac{(\lambda t)^k}{k!} \sum_{i=1}^{k} \frac{1}{i} \tag{97}$$

$$E[x^2(t)] = \beta^{-2} e^{-\lambda t} + \sum_{k=1}^{\infty} \frac{(\lambda t)^k}{k!} (k+1) \sum_{i=1}^{k} \frac{1}{i^2} \tag{98}$$

$$E[x^3(t)] = \beta^{-3} e^{-\lambda t} + \sum_{k=1}^{\infty} \frac{(\lambda t)^k}{k!} (k+1) \left[3 \sum_{i=1}^{k} \frac{1}{i^3} + \sum_{j=1}^{k} \sum_{i=1, i \neq j}^{k} \frac{1}{j} \frac{1}{i^2} \right] \tag{99}$$

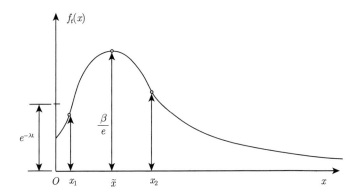

图 14 区间 $[0, t]$ 上最大超过值指数分布密度函数曲线

为了验证以上推导, 最大超过值指数分布的一阶矩也可以按照定义来推导.

$$E[x(t)] = \int_{0+}^{\infty} x dF_t(x) = e^{-\lambda t} \sum_{k=1}^{\infty} \frac{(\lambda t)^k}{k!} \int_{0+}^{\infty} k \left(1 - e^{-\beta x}\right)^{k-1} \beta e^{-\beta x} x dx$$

$$= e^{-\lambda t} \sum_{k=1}^{\infty} \frac{(\lambda t)^k}{k!} \beta x \sum_{i=0}^{k-1} (-1)^i \binom{k-1}{i} \int_{0+}^{\infty} x e^{-\beta x(i+1)} x dx$$

$$= \beta^{-1} e^{-\lambda t} \sum_{k=1}^{\infty} \frac{(\lambda t)^k}{(k-1)!} \sum_{i=0}^{k-1} (-1)^i \binom{k-1}{i} \frac{1}{(i+1)^2} \int_{0+}^{\infty} x e^{-\beta x(i+1)} x dx$$

考虑关系式

$$\frac{1-(1-x)^n}{x}=\frac{1}{x}\left[1-\sum_{i=0}^{\infty}(-1)^i x^i \binom{n}{i}\right]$$

$$\int_0^1 \frac{1-(1-x)^n}{x}dx=1+\frac{1}{2}+\frac{1}{3}+\cdots+\frac{1}{n}$$

$$=\sum_{i=1}^{n}(-1)^{i-1}\binom{n}{i}\frac{1}{i}$$

$$\binom{n}{1}\frac{n-1}{2^2}-\binom{n}{2}\frac{n-2}{3^2}$$

$$+\binom{n}{3}\frac{n-3}{4^2}-\cdots+(-1)^n\binom{n}{n-1}\frac{1}{n^2}$$

$$=n-\sum_{i=1}^{n}(-1)^{i-1}\binom{n}{i}\frac{1}{i}(n+1)\left[\binom{n}{1}\frac{1}{2^2}-\binom{n}{2}\frac{1}{3^2}\right.$$

$$\left.+\binom{n}{3}\frac{1}{4^2}-\cdots+(-1)^n\binom{n}{n-1}\frac{1}{n^2}\right]$$

$$=\sum_{i=1}^{n-1}(-1)^{i-1}\binom{n}{i}\frac{1}{i}\frac{1}{(i+1)}+n$$

$$-\sum_{i=1}^{n}(-1)^{i-1}\binom{n}{i}\frac{1}{i}\sum_{i=1}^{n-1}(-1)^{i-1}\binom{n}{i}\frac{1}{(i+1)}=1-\frac{1-(-1)^n}{(n+1)}$$

令 $n=k-1$, 则有 $\sum_{i=0}^{k-1}(-1)^i \binom{k-1}{i}\frac{1}{(i+1)^2}=\frac{1}{k}\sum_{i=1}^{k}\frac{1}{i}$. 最后, 推得 $E[x(t)]=$

$\beta^{-1}e^{-\lambda t}+\sum_{k=1}^{\infty}\frac{(\lambda t)^k}{k!}\sum_{i=1}^{k}\frac{1}{i}$.

8.3.2.3   gamma 分布超过值的参数估计 $(\alpha=2)$

对于 gamma 分布, 当 $\alpha=2$ 时, 区间 $(0,t]$ 上超过值 $\{\xi_1,\xi_2,\cdots,\xi_k\}$ 分布 $H(z)$ 为

$$H(x)=1-e^{-\beta x}(\beta x+1),\quad x\geqslant 0 \tag{100}$$

把 $P(E_k^t)=\dfrac{[\lambda t]^k \exp[-\lambda t]}{k!}$ 和式 (100) 代入式 (69) 最大超过值分布

$$F_t(x)=\sum_{k=0}^{\infty}\left([H(x)]^k \cdot P(E_k^t)\right)$$

有

$$F_t(x) = \sum_{k=0}^{\infty} \left(\left[1 - e^{-\beta x}(\beta x + 1) \right]^k \cdot \frac{(\lambda t)^k \exp(-\lambda t)}{k!} \right)$$

$$= e^{-\lambda t} \sum_{k=0}^{\infty} \left(\left[1 - e^{-\beta x}(\beta x + 1) \right]^k \cdot \frac{(\lambda t)^k}{k!} \right)$$

$$= e^{-\lambda t} \sum_{k=0}^{\infty} \left(\frac{\left[\lambda t \left(1 - e^{-\beta x}(\beta x + 1) \right) \right]^k}{k!} \right) \tag{101}$$

根据级数公式 $e^x = 1 + x + \dfrac{x^2}{2!} + \dfrac{x^3}{3!} + \cdots + \dfrac{x^n}{n!} = \displaystyle\sum_{n=0}^{\infty} \dfrac{x^n}{n!}$, 有

$$F_t(x) = e^{-\lambda t} \sum_{k=0}^{\infty} \left(\frac{\left[\lambda t \left(1 - e^{-\beta x}(\beta x + 1) \right) \right]^k}{k!} \right)$$

$$= \exp \left[-\lambda t + \lambda t - \lambda t e^{-\beta x}(\beta x + 1) \right] = \exp \left[-\lambda t (1 + \beta x) e^{-\beta x} \right]$$

即

$$F_t(x) = \exp \left[-\lambda t (1 + \beta x) e^{-\beta x} \right] \tag{102}$$

对于 $x = 0$, 有

$$F_t(0) = \exp(-\lambda t) \tag{103}$$

当 $\alpha = 2$ 时, gamma 分布超过值的密度函数为

$$f_t(x) = 2e^{-\lambda t}\delta(x) + \beta^2 \lambda t x \exp \left[-\beta x - \lambda t (1 + \beta x) e^{-\beta x} \right] \tag{104}$$

$$\int_0^{\infty} f_t(x)\, dx = 2e^{-\lambda t} \int_0^{\infty} \delta(x)\, dx + e^{-\lambda t} \sum_{k=1}^{\infty} \frac{(\lambda t)^k}{(k-1)!}$$

$$\cdot \int_0^{\infty} \beta^2 x e^{-\beta x} \left[1 - (1 + \beta x) e^{-\beta x} \right]^{k-1} dx$$

$$= e^{-\lambda t} + e^{-\lambda t} \sum_{k=1}^{\infty} \frac{(\lambda t)^k}{(k-1)!} \frac{1}{k} = e^{-\lambda t} + e^{-\lambda t} \left(e^{\lambda t} - 1 \right) = 1 \tag{105}$$

对于 $x > 0$, 令

$$g_2(x, t) = \beta^2 \lambda t x \exp \left[-\beta x - \lambda t (1 + \beta x) e^{-\beta x} \right] \tag{106}$$

$$g_2(0, t) = 0, \quad \frac{\partial}{\partial x} g_2(x, t) = 0, \quad t = \frac{1}{\beta \lambda x} e^{\beta x} \tag{107}$$

把式 (106) 中 $t = \dfrac{1}{\beta\lambda x}e^{\beta x}$ 代入式 (105), 有

$$\max g_2\left(x,t\right) = \beta \exp\left[-\frac{1+\beta x}{\beta x}\right] \tag{108}$$

反复推导, 有

$$\lim_{x\to 0}\left[\max g_2\left(x,t\right)\right] = 0 \tag{109}$$

$$\lim_{x\to\infty}\left[\max g_2\left(x,t\right)\right] = \beta e^{-1} \tag{110}$$

最大超过值的矩母函数为

$$\psi_t\left(u\right) = e^{-\lambda t} + \beta^2 e^{-\lambda t}\sum_{k=1}^{\infty}\frac{\left(\lambda t\right)^k}{\left(k-1\right)!}\sum_{i=0}^{k-1}\left(-1\right)^i\left(\begin{array}{c}k-1\\i\end{array}\right)\sum_{j=0}^{i}\left(\begin{array}{c}i\\j\end{array}\right)\beta^j\frac{\Gamma\left(j+2\right)}{\left(\beta i+\beta-u\right)^{j+2}} \tag{111}$$

最大超过值的矩为

$$E\left[x^m\left(t\right)\right] = \frac{\lambda t}{\beta^m}e^{-\lambda t} + \sum_{k=1}^{\infty}\frac{\left(\lambda t\right)^k}{\left(k-1\right)!}\sum_{i=0}^{k-1}\left(-1\right)^i\left(\begin{array}{c}k-1\\i\end{array}\right)\sum_{j=0}^{i}\left(\begin{array}{c}i\\j\end{array}\right)\frac{\left(j+m+1\right)!}{\left(i+1\right)^{j+m+2}}$$

$$m = 1, 2, \cdots \tag{112}$$

8.4　部分历时序列分布参数估算

当 λ 为常数 (即不考虑本年与下一年洪水数目的变化), Cunnane(1973) 给出了以下参数估算方法. 假定所选部分历时序列 $X_1, X_2, \cdots, X_M$ 相互独立, 且洪峰服从指数分布, 其密度函数 $f\left(x\right)$ 和分布函数 $F\left(x\right)$ 分别为

$$f\left(q\right) = \frac{1}{\beta}e^{-\frac{q-q_0}{\beta}}, \quad F\left(q\right) = 1 - e^{-\frac{q-q_0}{\beta}} \tag{113}$$

指数分布的均值、标准差和偏态系数为

$$\mu = q_0 + \beta; \quad \sigma = \beta; \quad C_s = 2 \tag{114}$$

式中, 包含 q_0, β 和 λ 三个未知参数, 需要从实测资料中估计. 根据 N 年的实测资料, 可采用矩法确定.

$$\hat{\lambda} = \frac{M}{N}; \quad \hat{\mu} = \overline{q} = \frac{1}{M}\sum_{i=1}^{M}q_i, \quad \hat{\beta} = \hat{\mu} - q_0 \tag{115}$$

或者采用部分历时序列的超过值系列进行计算参数 $\hat{\beta}$, 即

$$\hat{\beta} = \hat{\mu} - q_0 = \frac{1}{M}\sum_{i=1}^{M} q_i - \frac{1}{M}\sum_{i=1}^{M} q_0 = \frac{1}{M}\sum_{i=1}^{M}(q_i - q_0) = \frac{1}{M}\sum_{i=1}^{M} y_i \quad (116)$$

式中, 部分历时序列的超过值 $y_i = q_i - q_0$.

如果采用极大似然法估计参数, 有

$$\hat{\beta} = \frac{M(\bar{q} - q_{\min})}{M-1}; \quad \hat{a}_0 = q_{\min} - \frac{\hat{\beta}}{M}$$

式中, $q_{\min}$ 为 M 个洪峰流量 $q_1, q_2, \cdots, q_M$ 的最小值.

8.5 部分历时序列重现期与设计值计算

如前所述, 水文序列一般分为完全历时序列、部分历时序列、年超过值序列和极值序列. 年最大值序列是频率分析中常用的序列, 其原因是: ① 方便性. 因为大多数数据通常以这种方式获得. ② 具有简单的理论基础. 可通过频率的外推或插值技术来获得观测值范围之外的频率. 对于部分历时序列, 必须考虑一年中洪水的到达时间和洪水发生值的分布, 其理论较为复杂. 另外, 部分历时序列缺乏独立性和受季节影响. 但是, 若超过门限的到达率足够大, 则可用泊松分布和指数分布来描述, 一般能够比年洪水序列频率分析获得较高的洪水估计值. 年序列的缺点是每年只有一个数据, 一个年份的次大洪水可能大于一些其他年份的最大洪水值, 但是, 这些给定年份的次大洪水值却没有包含在年序列数据中. 而部分历时序列克服了这一缺点, 因为它选择了大于门限值的洪水值. 完全历时序列一般采用随机方法进行分析, 若满足随机试验条件, 则序列几乎是独立的.

首先我们回顾一下年频率、年重现期、次频率和次重现期的概念. 对于洪水选样来说, 一般有年最大值法和超大值法选样, 其重现期计算方法是不同的.

年最大值法即每年选取一个最大值组成样本序列, 此法独立性较好, 要求有长期的观测值序列记录. 根据这种方法所得的累积频率为年频率, 其重现期单位为年, 即

$$P_{\mathrm{AM}} = \frac{m}{n}; \quad T_{\mathrm{AM}} = \frac{1}{P_{\mathrm{AM}}} \quad (117)$$

式中, P_{AM} 为累积频率; m 为超越事件发生的累积频数; n 为样本选用的年数; T_{AM} 为重现期 (年).

超大值法将 n 年实测值由大到小排列, 并从大到小顺序取 S 个数据组成样本, 一般取 $S = (3—5)n$. 若平均每年取得 λ 个数据点, 则 $S = \lambda n$, 这种选样方法选取样本组成部分历时序列, 所得的累积频率为次频率, 其重现期单位为次, 即

$$P_p = \frac{m}{S}; \quad T_p = \frac{1}{P_p} \tag{118}$$

式中, P_p 为累积频率; m 为超越事件发生的累积频数.

一个年值事件重现期 T 是指事件等于或大于某值仅发生一次的平均年数, 等于一个年值事件发生概率的倒数. 图 15 给出了美国奥斯丁 Colorado 河流 106 年的年最大洪峰流量图.

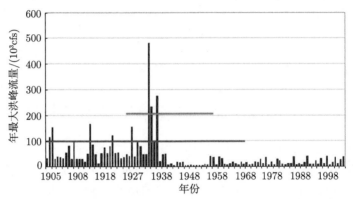

图 15   美国奥斯丁 Colorado 河流 106 年的年最大洪峰流量图

若取门限值 $Q_b = 200000\text{cfs}$, 则有 3 个超过值发生, 3 个超过值间有 2 个时间间隔, 则年重现期为 $T_a = \dfrac{106}{2} = 53$ 年. 若取门限值 $Q_b = 100000\text{cfs}$, 则有 8 个超过值发生, 8 个超过值间有 7 个时间间隔, 则年重现期为 $T_a = \dfrac{106}{7} = 15.2$ 年.

8.5.1   部分历时序列重现期定义

令 Q_0 为洪水门限值, λ 为每年选用的独立发生超过门限值 $(Q > Q_0)$ 的平均次数, n 为洪水资料的年数, 设每年有 ε 个 $Q > q$ 洪水发生. 部分历时序列重现期与设计值计算推导如下.

8.5.1.1   部分历时序列重现期

根据上述定义, 在 n 年内, 有 λn 个 $Q > Q_0$ 洪水发生, 其中有 $\varepsilon \cdot n$ 个洪水 $Q > q$ 洪水发生, 则事件 $Q > q$ 的概率为 $P(Q > q) = \dfrac{\varepsilon \cdot n}{\lambda n} = \dfrac{\varepsilon}{\lambda}$, 即 $P(Q > q)$ 等于一年内洪水 $Q > q$ 发生次数 ε 与一年内洪水 $Q > Q_0$ 发生次数 λ 的比值, 则部分历时序列的次超越概率为

$$P_{\text{POT}}^* = P(Q > q) = \frac{\varepsilon}{\lambda} \tag{119}$$

对于变量 Q, 一次随机试验, 其结果有两种, 即 $Q > q_{\text{POT}}$, 称为 "成功", 另一种结果是 $Q \leqslant q_{\text{POT}}$, 称为 "失败". 事件 $Q > q_{\text{POT}}$ 依概率 P_{POT}^* 发生, 事件 $Q \leqslant q_{\text{POT}}$

依概率 $1 - P_{\text{POT}}^*$ 发生. 由于随机试验中, 各次随机试验结果相互独立, 所以, 一个时间间隔 τ 内, 有 $\tau - 1$ 次 "成功", 紧接着出现一次 "成功". 这种复合事件的概率等于 $\tau - 1$ 个 "失败" 概率与一个 "成功" 概率的乘积, 即 $(1 - P_{\text{POT}}^*)^{\tau - 1} \cdot P_{\text{POT}}^*$. 根据数学期望定义, 有时间间隔 τ 的数学期望值为

$$
\begin{aligned}
T_{\text{POT}}^* = E(\tau) &= \sum_{\tau=1}^{\infty} \tau \left(1 - P_{\text{POT}}^*\right)^{\tau-1} \cdot P_{\text{POT}}^* \\
&= P_{\text{POT}}^* + 2\left(1 - P_{\text{POT}}^*\right) \cdot P_{\text{POT}}^* + 3\left(1 - P_{\text{POT}}^*\right)^2 \\
&\quad \cdot P_{\text{POT}}^* + 4\left(1 - P_{\text{POT}}^*\right)^3 \cdot P_{\text{POT}}^* + \cdots \\
&= P_{\text{POT}}^* \left(1 + 2\left(1 - P_{\text{POT}}^*\right) + 3\left(1 - P_{\text{POT}}^*\right)^2 + 4\left(1 - P_{\text{POT}}^*\right)^3 + \cdots\right)
\end{aligned}
$$

按照级数 $(1 + x)^n = 1 + nx + \dfrac{n(n-1)}{2}x^2 + \dfrac{n(n-1)(n-2)}{6}x^3 + \cdots$, 对照上式, 有 $x = -\left(1 - P_{\text{POT}}^*\right),\ n = -2$. 因此, 有 $T_{\text{POT}}^* = E(\tau) = \sum_{\tau=1}^{\infty} \tau \left(1 - P_{\text{POT}}^*\right)^{\tau-1} \cdot P_{\text{POT}}^* = P_{\text{POT}}^* \dfrac{1}{\left[1 - \left(1 - P_{\text{POT}}^*\right)\right]^2} = \dfrac{P_{\text{POT}}^*}{\left(P_{\text{POT}}^*\right)^2} = \dfrac{1}{P_{\text{POT}}^*}$, 即部分历时序列 $Q > q$ 事件的次重现期 T_{POT}^* 为

$$
T_{\text{POT}}^* = \frac{1}{P_{\text{POT}}^*} = \frac{1}{P(Q > q)} \ (\text{次}) \tag{120}
$$

由式 (119) $P_{\text{POT}}^* = P(Q > q) = \dfrac{\varepsilon}{\lambda}$ 知, $\varepsilon = \lambda P_{\text{POT}}^* = \lambda P(Q > q)$. 因为每年有 ε 个 $Q > q$ 洪水发生, 所以出现一次的平均时间间隔 (年) 即为部分历时序列 $Q > q$ 事件的年重现期 T_{POT} 为

$$
T_{\text{POT}} = \frac{1}{\varepsilon} = \frac{1}{\lambda P_{\text{POT}}^*} = \frac{T_{\text{POT}}^*}{\lambda} \ (\text{年}) \tag{121}
$$

式 (121) 给出了部分历时序列 $Q > q$ 事件的次重现期、年现期与次频率 P_{POT}^* 的关系式.

根据年重现期与年频率的关系, 由式 (121) 则可以给出部分历时序列 $Q > q$ 事件的年频率 P_{POT} 为

$$
P_{\text{POT}} = \frac{1}{T_{\text{POT}}} = \varepsilon = \lambda P_{\text{POT}}^* = \frac{\lambda}{T_{\text{POT}}^*} \tag{122}
$$

式 (122) 给出了部分历时序列 $Q > q$ 事件的次重现期、年频率、年现期与次频率 P_{POT}^* 的关系式.

8.5.1.2 部分历时序列设计值计算

实际计算中, 设计标准习惯用年重现期 T 表示, 其对应的设计值为 q_T. 由式

(122) 可得给定年重现期 T 对应的次超越概率为

$$P^*_{\text{POT}} = \frac{1}{\lambda T_{\text{POT}}} = \frac{1}{\lambda T} \tag{123}$$

设部分历时序列的分布函数为

$$F(q) = P(Q \leqslant q) = 1 - P(Q > q) = 1 - P^*_{\text{POT}} \tag{124}$$

由式 (123) 和 (124), 有 $1 - F(q) = \dfrac{1}{\lambda T}$, 移项得 $F(q) = 1 - \dfrac{1}{\lambda T}$. 则给定年重现期 T 下, 其对应的设计值 q_T 为

$$q_T = F^{-1}\left(1 - \frac{1}{\lambda T}\right) \tag{125}$$

式中, $F^{-1}(\cdot)$ 表示部分历时序列分布函数的逆函数.

若部分历时序列 (洪水超定量) 服从指数分布 $f(q) = \dfrac{1}{\beta}e^{-\frac{q-q_0}{\beta}}$, $F(q) = P(Q \leqslant q) = 1 - e^{-\frac{q-q_0}{\beta}}$, 则有 $e^{-\frac{q_T-q_0}{\beta}} = \dfrac{1}{\lambda T}$, 两边取对数, $-\dfrac{q_T - q_0}{\beta} = -\ln \lambda - \ln T$, 整理, 有给定年重现期 T 下, 部分历时序列服从指数分布对应的设计值 q_T

$$q_T = q_0 + \beta(\ln \lambda + \ln T) = q_0 + \beta \ln(\lambda T) \tag{126}$$

8.5.2　部分历时序列年最大值重现期与设计值计算

8.5.2.1　部分历时序列年最大值重现期计算

部分历时序列年最大值即为一年内 $\{Q > q_0\}$ 中的最大值 $Q_{\max}$. 以下将推导 $Q_{\max}$ 的重现期与设计值计算. 设 ε 为每年洪水事件 $\{Q > q\}$ 的平均发生次数, q_0 为洪水门限值, λ 为每年选用的独立发生超过门限值 $(Q > q_0)$ 的平均次数, n 为洪水资料的年数. 显然, 事件 $\{Q > q\}$ 也同时满足 $\{Q > q_0\}$.

根据上述定义, 在 n 年内, 有 λn 个 $Q > q_0$ 洪水发生, 其中, 有 $\varepsilon \cdot n$ 个洪水 $Q > q$ 洪水发生, 则事件 $Q > q$ 的概率为 $P(Q > q) = \dfrac{\varepsilon \cdot n}{\lambda n} = \dfrac{\varepsilon}{\lambda}$, 即 $P(Q > q)$ 等于一年内洪水 $Q > q$ 发生次数 ε 与一年内洪水 $Q > q_0$ 发生次数 λ 的比值, 且 $\varepsilon = \lambda P(Q > q)$.

为了计算部分历时序列年最大值 $Q_{\max} > q$ 的超越概率 $P(Q_{\max} > q)$, 现考虑一年内洪水 $Q > q$ 的发生次数 $k = 1, 2, \cdots$. 在给定 k 下, $\{Q_{\max} \leqslant q\}$ 等价于 $\Big\{ \underbrace{Q \leqslant q, Q \leqslant q, \cdots, Q \leqslant q}_{k\text{个}} \Big\}$.

$$P\left(Q_{\max} \leqslant q\right) = P\left(\underbrace{Q \leqslant q, Q \leqslant q, \cdots, Q \leqslant q}_{k\text{个}}\right). \text{ 因为 } k \text{ 个洪水独立, 有}$$

$$
\begin{aligned}
P\left(Q_{\max} \leqslant q|k\right) &= P\left(\underbrace{Q \leqslant q, Q \leqslant q, \cdots, Q \leqslant q}_{k\text{个}}\right) \\
&= \underbrace{P\left(Q \leqslant q|k\right) P\left(Q \leqslant q|k\right) \cdots P\left(Q \leqslant q|k\right)}_{k\text{个}} \\
&= \left[P\left(Q \leqslant q|k\right)\right]^k = \left[1 - P\left(Q > q|k\right)\right]^k = \left(1 - P_{\text{POT}}^*|k\right)^k
\end{aligned}
$$

则

$$P\left(Q_{\max} > q|k\right) = 1 - P\left(Q_{\max} \leqslant q|k\right) = 1 - \left(1 - P_{\text{POT}}^*|k\right)^k \tag{127}$$

由于 $\{Q > q\}$ 是在 $\{Q > q_0\}$ 发生下出现的, 前述已经假定洪水 $Q > q_0$ 的发生次数服从泊松分布 $P\left(k\right) = e^{-\lambda}\dfrac{\lambda^k}{k!}$, 根据全概率原理, 有

$$
\begin{aligned}
P\left(Q_{\max} > q\right) &= \sum_{k=0}^{\infty} P\left(Q_{\max} > q|k\right) P\left(k\right) = \sum_{k=0}^{\infty} \left[1 - \left(1 - P_{\text{POT}}^*|k\right)^k\right] e^{-\lambda}\frac{\lambda^k}{k!} \\
&= e^{-\lambda} \sum_{k=0}^{\infty} \left[1 - \left(1 - P_{\text{POT}}^*|k\right)^k\right] \frac{\lambda^k}{k!} \\
&= e^{-\lambda} \left[\sum_{k=0}^{\infty} \frac{\lambda^k}{k!} - \sum_{k=0}^{\infty} \left(1 - P_{\text{POT}}^*|k\right)^k \frac{\lambda^k}{k!}\right]
\end{aligned}
$$

由级数公式, $e^x = \sum_{k=0}^{\infty} \dfrac{x^k}{k!}$, 则有

$$
\begin{aligned}
P\left(Q_{\max} > q\right) &= \sum_{k=0}^{\infty} P\left(Q_{\max} > q|k\right) P\left(k\right) = e^{-\lambda} \left[\sum_{k=0}^{\infty} \frac{\lambda^k}{k!} - \sum_{k=0}^{\infty} \left(1 - P_{\text{POT}}^*|k\right)^k \frac{\lambda^k}{k!}\right] \\
&= e^{-\lambda} \left[\sum_{k=0}^{\infty} \frac{\lambda^k}{k!} - \sum_{k=0}^{\infty} \frac{\left[\lambda\left(1 - P_{\text{POT}}^*|k\right)\right]^k}{k!}\right] = e^{-\lambda} \left[e^\lambda - e^{\lambda\left(1 - P_{\text{POT}}^*|k\right)}\right] \\
&= 1 - e^{-\lambda + \lambda - \lambda\left(P_{\text{POT}}^*|k\right)} = 1 - e^{-\lambda\left(P_{\text{POT}}^*|k\right)}
\end{aligned}
$$

即

$$P\left(Q_{\max} > q\right) = 1 - e^{-\lambda\left(P_{\text{POT}}^*|k\right)} = 1 - e^{-\varepsilon} \tag{128}$$

由于 $Q_{\max}$ 为年最大值, 所以, 式 (128), 即为 $\{Q_{\max} > q\}$ 事件的年频率与部分历时序列次频率的关系式. 根据式 (124) 部分历时序列的分布函数 $P_{\text{POT}}^* = 1 - F\left(q\right)$,

则有

$$P\left(Q_{\max} > q\right) = 1 - e^{-\lambda\left(P_{\text{POT}}^{*}|k\right)} = 1 - e^{-\lambda[1-F(q)]} \tag{129}$$

根据超越事件的年频率 $P\left(Q_{\max} > q\right)$ 与年重现期 $T_{Q_{\max}}$ 的关系, $T_{Q_{\max}} = \dfrac{1}{P\left(Q_{\max} > q\right)}$, 式 (123) 部分历时序列 $Q > q$ 事件的年重现期 T_{POT}、次重现期 T_{POT}^{*} 的关系式 $T_{\text{POT}} = \dfrac{1}{\lambda P_{\text{POT}}^{*}} = \dfrac{T_{\text{POT}}^{*}}{\lambda}$ 年, 则有

$$\begin{aligned} T_{Q_{\max}} &= \frac{1}{P\left(Q_{\max} > q\right)} = \frac{1}{1 - e^{-\lambda[1-F(q)]}} = \frac{1}{1 - e^{-\lambda P_{\text{POT}}^{*}}} = \frac{1}{1 - e^{-\frac{1}{T_{\text{POT}}}}} \\ &= \frac{1}{1 - e^{-\frac{\lambda}{T_{\text{POT}}^{*}}}} \end{aligned} \tag{130}$$

式 (130) 即为 $\{Q_{\max} > q\}$ 事件的年频率与部分历时序列次重现期、年重现期的关系式.

8.5.2.2　部分历时序列年最大值设计值计算

给定年最大值的年重现期 T, 其对应的设计值 $q_{\max T}$ 计算推导如下.

由式 (130), 有 $T = \dfrac{1}{1 - e^{-\lambda[1-F(q)]}}$, $\dfrac{1}{T} = 1 - e^{-\lambda[1-F(q)]}$, $1 - \dfrac{1}{T} = e^{-\lambda[1-F(q)]}$. 两边取对数, 有

$$-\ln\left(1 - \frac{1}{T}\right) = \lambda\left[1 - F\left(q\right)\right], \quad -\ln\left(1 - \frac{1}{T}\right) = \lambda - \lambda F\left(q\right)$$

$$\lambda F\left(q\right) = \lambda + \ln\left(1 - \frac{1}{T}\right)$$

$$F\left(q\right) = 1 + \frac{1}{\lambda}\ln\left(1 - \frac{1}{T}\right), \quad F\left(q\right) = 1 + \frac{1}{\lambda}\ln\left(1 - \frac{1}{T}\right)$$

即

$$q_T = F^{-1}\left[1 + \frac{1}{\lambda}\ln\left(1 - \frac{1}{T}\right)\right] \tag{131}$$

若部分历时序列 (洪水超定量) 服从指数分布 $f\left(q\right) = \dfrac{1}{\beta}e^{-\frac{q-q_0}{\beta}}$, $F\left(q\right) = P(Q \leqslant q) = 1 - e^{-\frac{q-q_0}{\beta}}$, 则

$$1 - e^{-\frac{q-q_0}{\beta}} = 1 + \frac{1}{\lambda}\ln\left(1 - \frac{1}{T}\right), \quad e^{-\frac{q-q_0}{\beta}} = -\frac{1}{\lambda}\ln\left(1 - \frac{1}{T}\right)$$

$$\lambda e^{-\frac{q-q_0}{\beta}} = -\ln\left(1 - \frac{1}{T}\right)$$

两边取对数, 有

$$\ln\lambda - \frac{q-q_0}{\beta} = \ln\left[-\ln\left(1-\frac{1}{T}\right)\right], \quad \frac{q-q_0}{\beta} = \ln\lambda - \ln\left[-\ln\left(1-\frac{1}{T}\right)\right]$$

$$q = q_0 + \beta\left(\ln\lambda - \ln\left[-\ln\left(1-\frac{1}{T}\right)\right]\right)$$

即

$$q_T = q_0 + \beta\left(\ln\lambda - \ln\left[-\ln\left(1-\frac{1}{T}\right)\right]\right) \tag{132}$$

式 (132) 即为给定年重现期 T 下, 部分历时序列服从指数分布, 其年最大值对应的设计值 q_T.

进一步分析式 (130) $T_{Q_{\max}} = \dfrac{1}{1-e^{-\frac{1}{T_{\mathrm{POT}}}}}$, $\dfrac{1}{T_{Q_{\max}}} = 1 - e^{-\frac{1}{T_{\mathrm{POT}}}}$, 两边取对数, $\ln\left(1-\dfrac{1}{T_{Q_{\max}}}\right) = -\dfrac{1}{T_{\mathrm{POT}}}$, 即

$$T_{\mathrm{POT}} = -\frac{1}{\ln\left(1-\dfrac{1}{T_{Q_{\max}}}\right)} \quad (\text{年}) \tag{133}$$

式 (133) 即为部分历时序列年最大值的年重现期 $T_{Q_{\max}}$ 与部分历时序列年重现期 T_{POT} 的关系式. T_{POT} 小于 $T_{Q_{\max}}$, 其原因是在部分历时序列中, 一年会发生一次以上的洪水.

表 5 假定部分历时序列中洪水值独立同分布, 且具有常数发生率 λ, 给出了二者的对应关系.

表 5 年最大值序列和部分历时序列重现期关系

部分历时序列/年	年最大值序列/年
0.50	1.16
1.00	1.58
1.45	2.00
2.00	2.54
5.00	5.52
10.00	10.50
$T_{\mathrm{POT}} > 10$	$T_{Q_{\max}} = T_{\mathrm{POT}} + 0.5$

当 ε 小于 n 时, 有 $\left(1-\dfrac{\varepsilon}{n}\right)^n \approx e^{-\varepsilon}$.

8.5.2.3 Dan Rosbjerg 部分历时序列年最大值设计值计算

Dan Rosbjerg (1977) 给出了部分历时序列年最大值与部分历时序列的重现期计算公式. 设一水文变量 Q, 部分历时序列在 n 年内共有 M 个事件大于门限值 q_0.

以下假定所有 $Q > q_0$ 的事件相互独立, 且 Q 的概率分布是平稳的, 即

$$P\left(Q \leqslant q | Q > q_0\right) = F\left(q\right) \tag{134}$$

本节约定两类随机过程用于部分历时序列. ① 每年发生 $Q > q_0$ 的次数为常数; ② 水文随机过程具有每年事件 $Q > q_0$ 发生次数的数学期望为常数.

假定一年内有 λ 个 $Q > q_0$ 事件发生, $k = 1, 2, \cdots$. 根据上述假定, 年最大值 $Q_{\max}$ 的分布为

$$P\left(Q_{\max} \leqslant q\right) = G\left(q\right) = \underbrace{P\left(Q \leqslant q\right) \cdots P\left(Q \leqslant q\right)}_{k \text{个}} = \left[F\left(q\right)\right]^k \tag{135}$$

年值序列中最大值事件 $Q_{\max} > q$ 的重现期 $T_{Q_{\max}}$ 定义为两个这类事件的平均间隔年数, 即

$$T_{Q_{\max}} = \frac{1}{P\left(Q_{\max} > q\right)} = \frac{1}{1 - G\left(q\right)} = \frac{1}{1 - \left[F\left(q\right)\right]^k} \tag{136}$$

在多数情况下, 由于季节影响, λ 个 $Q > q_0$ 事件发生, 不是均匀分布在一年内. 所以, 我们不能直接给出部分历时序列的重现期 T_{POT}.

设部分历时序列 $Q > q$ 事件在一年中发生次数的数学期望为 $\varepsilon = E\left(n_e\right)$, 一年内有 λ 个 $Q > q_0$ 事件发生, 则 $Q > q$ 事件的概率为 $P\left(Q > q\right) = \dfrac{\varepsilon}{\lambda}$, 即 $\varepsilon = \lambda \cdot P\left(Q > q\right)$. 因为 ε 表示部分历时序列 $Q > q$ 事件在一年中发生次数的数学期望, 则 $Q > q$ 事件平均一次发生的时间间隔为 $Q > q$ 事件的重现期, 即部分历时序列 $Q > q$ 事件的重现期 T_{POT} 定义为每年 $Q > q$ 发生次数数学期望值的倒数 $T_{\mathrm{POT}} = \dfrac{1}{\lambda P\left(Q > q\right)} = \dfrac{1}{\lambda \left[1 - F\left(q\right)\right]}$ 年.

式 (133) 也表示 $Q > q$ 事件的次重现期与其相应的年重现期的换算关系.

消去式 (135) 和式 (136) 中的 $F\left(q\right)$, 即 $F(q) = 1 - \dfrac{1}{\lambda T_{\mathrm{POT}}}$, 有

$$\frac{1}{T_{Q_{\max}}} = 1 - \left(1 - \frac{1}{\lambda T_{\mathrm{POT}}}\right)^{\lambda}; \quad T_{\mathrm{POT}} \geqslant \frac{1}{\lambda} \tag{137}$$

泊松随机过程经常用于描述水文事件发生. 设一年内 $Q > q_0$ 事件发生次数服从泊松分布, 其分布参数等于每年 $Q > q_0$ 事件发生次数的期望值, 令 λ 为这类 $Q > q_0$ 事件发生次数的期望值, $\lambda = 0, 1, 2, \cdots$. 给定门限值 $Q > q_0$ 下, 部分历时序列事件 $Q > q$ 的一年发生次数 J_d 也服从泊松分布, 即

$$P\left(J_d = j\right) = \frac{\lambda_d^j}{j!} e^{-\lambda_d} \tag{138}$$

式中, λ_d 为每年 $Q > q$ 事件发生次数的数学期望值.

$$\lambda_d = E\left(J_d\right) = \lambda P\left(Q > q\right) = \lambda\left[1 - F\left(q\right)\right] \tag{139}$$

则部分历时序列事件 $Q > q$ 的重现期 T_{POT} 可定义为

$$T_{\mathrm{POT}} = \frac{1}{\lambda_d} = \frac{1}{\lambda\left[1 - F\left(q\right)\right]} \tag{140}$$

式 (140) 也表示 $Q > q$ 事件的次重现期 $\dfrac{1}{\left[1 - F\left(d\right)\right]}$ 与其相应的年重现期 T_{POT} 的换算关系.

泊松分布情况下, 年最大值序列不再是部分历时序列的子集, 年最大值 $Q_{\max}$ 的分布可容易获得. 年最大值 $Q_{\max}$ 的分布

$$P\left(Q_{\max} \leqslant q\right) = G\left(q\right) = \underbrace{P\left(Q \leqslant q\right) \cdots P\left(Q \leqslant q\right)}_{k\uparrow} = \left[F\left(q\right)\right]^k$$

在一年中, 没有发生 $D > q$ 事件, 即 $J_d = 0$. 因此, 事件 $\{Q_{\max} \leqslant q\}$ 与 $\{J_d = 0\}$ 等价. 由式 (138) 有

$$P\left(Q_{\max} \leqslant q\right) = G\left(q\right) = P\left(J_d = 0\right) = e^{-\lambda_d} = e^{-\lambda[1 - F(q)]} \tag{141}$$

$Q_{\max} > d$ 事件的重现期可以定义为这类事件的平均间隔的期望值, 有

$$T_{Q_{\max}} = \frac{1}{1 - G\left(q\right)} = \frac{1}{1 - e^{-\lambda[1 - F(q)]}} \tag{142}$$

消去式 (141) 和式 (142) 中的 $F\left(q\right)$, 有

$$\frac{1}{T_{Q_{\max}}} = 1 - e^{-\frac{1}{T_{\mathrm{POT}}}} \tag{143}$$

8.5.3　Huynh Ngoc Phien-Patnaik Debarata 部分历时序列重现期计算公式

设 Q 为水文随机变量, q_0 为门限值. 假定:

(1) 在区间 $(0, t)$ 上, 事件 $\{Q > q_0\}$ 的出现次数 N_t 服从参数为 λ (发生率) 的泊松分布.

$$P\left(N_t = k\right) = e^{-\lambda t}\frac{\left(\lambda t\right)^k}{k!}, \quad k = 0, 1, 2, \cdots \tag{144}$$

(2) 事件 $\{Q > q\}$ 具有独立同分布, 其分布函数为

$$P\left(Q \leqslant q\right) = F\left(q\right), \quad q > q_0 \tag{145}$$

按照上述假定, 设给定 $q > q_0$ 下, 事件 $\{Q > q\}$ 在区间 $(0, t)$ 上的出现次数 M_t 为

$$M_t = \sum_{i=1}^{N_t} B_i \tag{146}$$

式中, B_i 为水文变量第 i 次发生时, 用伯努利分布表示的伯努利随机变量, 即

$$B_i = \begin{cases} 1, & Q > q, q > q_0, \\ 0, & Q \leqslant q, q > q_0. \end{cases}$$

8.5.3.1　事件 $\{Q > q\}$ 满足条件 $q > q_0$ 下, 在区间 $(0, t)$ 上的出现次数 M_t 概率

按照上述假定 (2), B_i 也具有独立同分布特性, 随机变量 B 的概率密度函数为

$$g(b) = \begin{cases} P(Q > q) = 1 - F(q), & b = 1 \\ P(Q \leqslant q) = F(q), & b = 0 \\ 0, & 其他 \end{cases} \tag{147}$$

设在 $N_t = k$ 次 $\{Q > q_0\}$ 事件发生中, 有 m 次事件 $\{Q > q\}$ 发生, 其概率为伯努利分布 $g_k(m)$. 因为 k 为事件 $\{Q > q_0\}$ 区间 $(0, t)$ 上的出现次数, 其取值为 $k = m, m+1, m+2, \cdots$. 固定 k 值, 则有 m 次事件 $\{Q > q\}$ 发生, 有 $k - m$ 次事件 $\{Q \leqslant q\}$ 不发生, 根据伯努利试验, 这种组合有 $\begin{pmatrix} k \\ m \end{pmatrix}$. 由于事件 $\{Q > q\}$ 独立同分布, 则

$$g_k(m) = \begin{pmatrix} k \\ m \end{pmatrix} [1 - F(q)]^m [F(q)]^{k-m} \tag{148}$$

因为 m 次事件 $\{Q > q\} = \{k = m$ 次事件 $Q > q_0$ 中, 有 m 次事件 $Q > q\} \cup \{k = m+1$ 次事件 $Q > q_0$ 中, 有 m 次事件 $Q > q\}\{k = m+2$ 次事件 $Q > q_0$ 中, 有 m 次事件 $Q > q\} \cup \cdots$, 则全概率公式和级数公式 $e^x = \sum_{x=0}^{\infty} \dfrac{x^k}{k!}$, 有

$$\begin{aligned} P(M_t = m) &= \sum_{k=m}^{\infty} P(N_t = k) P(Q > q|k) = \sum_{k=m}^{\infty} P(N_t = k) g_k(m) \\ &= \sum_{k=m}^{\infty} \left[e^{-\lambda t} \frac{(\lambda t)^k}{k!} \begin{pmatrix} k \\ m \end{pmatrix} [1 - F(q)]^m [F(q)]^{k-m} \right] \\ &= e^{-\lambda t} \sum_{k=m}^{\infty} \left[\frac{(\lambda t)^m (\lambda t)^{k-m}}{k!} \begin{pmatrix} k \\ m \end{pmatrix} [1 - F(q)]^m [F(q)]^{k-m} \right] \\ &= e^{-\lambda t} \sum_{k=m}^{\infty} \left[\begin{pmatrix} k \\ m \end{pmatrix} \frac{\{\lambda t [1 - F(q)]\}^m [\lambda t F(q)]^{k-m}}{k!} \right] \end{aligned}$$

$$=e^{-\lambda t}\sum_{k=m}^{\infty}\left[\frac{k!}{m!\,(k-m)!}\frac{\{\lambda t\,[1-F\,(q)]\}^{m}\,[\lambda tF\,(q)]^{k-m}}{k!}\right]$$

$$=e^{-\lambda t}\sum_{k=m}^{\infty}\left[\frac{\{\lambda t\,[1-F\,(q)]\}^{m}\,[\lambda tF\,(q)]^{k-m}}{m!\,(k-m)!}\right]$$

$$=e^{-\lambda t}\sum_{k=m}^{\infty}\left[\frac{\{\lambda t\,[1-F\,(q)]\}^{m}}{m!}\frac{[\lambda tF\,(q)]^{k-m}}{(k-m)!}\right]$$

$$=e^{-\lambda t}\frac{\{\lambda t\,[1-F\,(q)]\}^{m}}{m!}\sum_{k=m}^{\infty}\frac{[\lambda tF\,(q)]^{k-m}}{(k-m)!}\tag{149}$$

令 $l=k-m$, 则当 $k=m$ 时, $l=0$; 当 $k\to\infty$ 时, $l\to\infty$, 则有

$$P\,(M_{t}=m)=e^{-\lambda t}\frac{\{\lambda t\,[1-F\,(q)]\}^{m}}{m!}\sum_{l=0}^{\infty}\frac{[\lambda tF\,(q)]^{l}}{l!}=e^{-\lambda t}\frac{\{\lambda t\,[1-F\,(q)]\}^{m}}{m!}e^{\lambda tF(q)}$$

整理有

$$P\,(M_{t}=m)=e^{-\lambda t+\lambda tF(q)}\frac{\{\lambda t\,[1-F\,(q)]\}^{m}}{m!}=\frac{\{\lambda t\,[1-F\,(q)]\}^{m}}{m!}e^{-\lambda t[1-F(q)]}$$

即

$$P\,(M_{t}=m)=\frac{\{\lambda t\,[1-F\,(q)]\}^{m}}{m!}e^{-\lambda t[1-F(q)]},\quad q>q_{0}\tag{150}$$

8.5.3.2 事件 $\{Q>q\}$ 满足条件 $q>q_{0}$ 下, 在区间 $(0,t)$ 上, 其最大值发生的概率

在区间 $(0,t)$ 上, 设 $Q_{\max}$ 为事件 $\{Q>q\}$ 满足条件 $q>q_{0}$ 下的最大值变量, 设在 $N_{t}=k$ 次 $\{Q>q_{0}\}$ 事件发生中, $k=0,1,2,\cdots$, 对于固定的 k, 有 k 个 $\{Q_{1}>q_{0},Q_{2}>q_{0},\cdots,Q_{k}>q_{0}\}$, 其中, $Q_{\max}=\max\{Q_{1},Q_{2},\cdots,Q_{k}\}$. 事件 $\{Q_{\max}\leqslant q|k\}$ 等价于 $\{Q_{1}\leqslant q,Q_{2}\leqslant q,\cdots,Q_{k}\leqslant q\}$. 根据假定 2, 有

$$P\,(Q_{\max}\leqslant q|k)=P\,(Q_{1}\leqslant q,Q_{2}\leqslant q,\cdots,Q_{k}\leqslant q)$$

$$=P\,(Q_{1}\leqslant q)\,P\,(Q_{2}\leqslant q)\cdots P\,(Q_{k}\leqslant q)$$

$$=[P\,(Q\leqslant q)]^{k}=[F\,(q)]^{k}$$

由全概率公式和级数公式 $e^{x}=\sum_{x=0}^{\infty}\dfrac{x^{k}}{k!}$, 有

$$P\,(Q_{\max}\leqslant q)=\sum_{k=0}^{\infty}P\,(N_{t}=k)\,P\,(Q_{\max}\leqslant q|k)=\sum_{k=0}^{\infty}\left\{P\,(N_{t}=k)\,[F\,(q)]^{k}\right\}$$

$$=\sum_{k=0}^{\infty}\left\{e^{-\lambda t}\frac{(\lambda t)^{k}}{k!}\,[F\,(q)]^{k}\right\}=e^{-\lambda t}\sum_{k=0}^{\infty}\frac{[\lambda tF\,(q)]^{k}}{k!}=e^{-\lambda t}e^{\lambda tF(q)}$$

$$=e^{-\lambda t[1-F(q)]}$$

即

$$P\left(Q_{\max}\leqslant q\right)=e^{-\lambda t[1-F(q)]} \tag{151}$$

8.5.3.3　事件 $\{Q>q\}$ 满足条件 $q>q_0$ 下, 在区间 $(0,t)$ 上发生的概率

因为在区间 $(0,t)$ 上, 有 λt 个 $\{Q>q_0\}$ 事件发生, 其中, 有 $E(M_t)$ 个事件 $\{Q>q\}$, 所以部分历时序列的次超越概率为 $P_{\text{POT}}^{*}=P\left(Q>q\right)=\dfrac{E\left(M_t\right)}{\lambda t}$, $M_t=0,1,2,\cdots$. 根据数学期望定义, 有

$$\begin{aligned}
E\left(M_t\right)&=\sum_{l=0}^{\infty}\left[l\cdot P\left(M_t=l\right)\right]=\sum_{l=1}^{\infty}\left[l\cdot P\left(M_t=l\right)\right]\\
&=\sum_{l=1}^{\infty}\left[l\cdot\frac{\{\lambda t\left[1-F\left(q\right)\right]\}^{l}}{l!}e^{-\lambda t[1-F(q)]}\right]=\sum_{l=1}^{\infty}\left[\frac{\{\lambda t\left[1-F\left(q\right)\right]\}^{l}}{(l-1)!}e^{-\lambda t[1-F(q)]}\right]\\
&=\lambda t\left[1-F\left(q\right)\right]e^{-\lambda t[1-F(q)]}\sum_{l=1}^{\infty}\left[\frac{\{\lambda t\left[1-F\left(q\right)\right]\}^{l-1}}{(l-1)!}\right]
\end{aligned}$$

令 $w=l-1$, 当 $l=1$ 时, $w=0$; 当 $l\to\infty$ 时, $w\to\infty$, 则有

$$\begin{aligned}
E\left(M_t\right)&=\lambda t\left[1-F\left(q\right)\right]e^{-\lambda t[1-F(q)]}\sum_{l=1}^{\infty}\left[\frac{\{\lambda t\left[1-F\left(q\right)\right]\}^{l-1}}{(l-1)!}\right]\\
&=\lambda t\left[1-F\left(q\right)\right]e^{-\lambda t[1-F(q)]}\sum_{w=0}^{\infty}\left[\frac{\{\lambda t\left[1-F\left(q\right)\right]\}^{w}}{w!}\right]
\end{aligned}$$

根据级数公式 $e^{x}=\sum\limits_{x=0}^{\infty}\dfrac{x^{k}}{k!}$, 有

$$\begin{aligned}
E\left(M_t\right)&=\lambda t\left[1-F\left(q\right)\right]e^{-\lambda t[1-F(q)]}\sum_{w=0}^{\infty}\left[\frac{\{\lambda t\left[1-F\left(q\right)\right]\}^{w}}{w!}\right]\\
&=\lambda t\left[1-F\left(q\right)\right]e^{-\lambda t[1-F(q)]}e^{\lambda t[1-F(q)]}=\lambda t\left[1-F\left(q\right)\right]
\end{aligned}$$

即

$$E\left(M_t\right)=\lambda t\left[1-F\left(q\right)\right] \tag{152}$$

把式 (152) 代入 $P_{\text{POT}}^{*}=P\left(Q>q\right)=\dfrac{E\left(M_t\right)}{\lambda t}$, 有

$$P\left(Q>q\right)=\frac{E\left(M_t\right)}{\lambda t}=\frac{\lambda t\left[1-F\left(q\right)\right]}{\lambda t}=1-F\left(q\right) \tag{153}$$

8.5.3.4　事件 $\{Q > q\}$ 满足条件 $q > q_0$ 下, 年最大值发生的概率与重现期计算

在条件 $q > q_0$ 下, $\{Q > q\}$ 的年最大值序列是上述区间 $(0, t)$ 取 $t = 1$ 年的特例, 根据 $E(M_t) = \lambda t \left[1 - F(q)\right]$ 可知, 一年内事件 $\{Q > q\}$ 发生次数的数学期望为 $E(M) = \lambda \left[1 - F(q)\right] = \Lambda$.

给定 T 年重现期, T 年内部分历时事件 $\{Q > q\}$ 发生次数为 ΛT. 另外, 对于 T 年重现期的设计值 q_T, 按照重现期的定义, 其发生次数只有一次. 因此, 有 $\Lambda T = 1$, 即

$$T = \frac{1}{\Lambda} = \frac{1}{\lambda \left[1 - F(q)\right]}, \quad q > q_0 \tag{154}$$

式 (154) 即为部分历时事件 $\{Q > q\}$ 年重现期 T 与其分布函数的关系.

令 T_A 为满足条件 $q > q_0$ 下, 事件 $\{Q > q\}$ 年最大值事件的重现期, 即部分历时年最大值序列的重现期. 由式 (151) 和式 (154), 有

$$T_A = \frac{1}{P(Q_{\max} > q)} = \frac{1}{1 - P(Q_{\max} \leqslant q)} = \frac{1}{1 - e^{-\lambda t[1 - F(q)]}} = \frac{1}{1 - e^{-\Lambda}} = \frac{1}{1 - e^{-\frac{1}{T}}}$$

即

$$T_A = \frac{1}{1 - e^{-\frac{1}{T}}} \tag{155}$$

进一步整理式 (155), 有 $\frac{1}{T_A} = 1 - e^{-\frac{1}{T}}, e^{-\frac{1}{T}} = 1 - \frac{1}{T_A}$, 两边取对数, $-\frac{1}{T} = \ln\left(1 - \frac{1}{T_A}\right), \frac{1}{T} = -\ln\left(1 - \frac{1}{T_A}\right) = \ln\left(1 - \frac{1}{T_A}\right)^{-1}$,

$$T = \frac{1}{\ln\left(1 - \frac{1}{T_A}\right)^{-1}} = \frac{1}{\ln\left(\frac{T_A - 1}{T_A}\right)^{-1}} = \frac{1}{\ln\frac{T_A}{T_A - 1}} = \frac{1}{\ln T_A - \ln(T_A - 1)}$$

即

$$T = \frac{1}{\ln T_A - \ln(T_A - 1)} \tag{156}$$

式 (156) 即为部分历时事件 $\{Q > q\}$ 年重现期 T 与其年最大值事件年重现期 T_A 的关系.

8.5.4　部分历时序列年最大值与部分历时序列经验重现期计算

设 m 和 K 分别为部分历时序列年最大值和部分历时序列的秩, n 为资料的年数; M 为部分历时序列 $Q > q_0$ 的样本长度. 应用 Weibull 绘点公式, 有部分历时序列年最大值和部分历时序列重现期的估算值.

$$T_{Q_{\max}} = \frac{n + 1}{m} \text{ (年)}, \quad T_{\text{POT}} = \frac{M + 1}{kK} \text{ (年)}, \quad P_{\text{POT}}^* = \frac{M + 1}{K} \tag{157}$$

式中, P_{POT}^* 为部分历时序列的次频率.

8.6　部分历时序列频率计算实例

8.6.1　本年和下一年的洪水数目相同

例 4　某河流 1951—1969 年中 $N = 19$ 年的最大洪峰流量见表 6 (Goel, 2001), 试估算参数 a_0, β 和 λ.

表 6　某河流 1951—1969 年最大洪峰流量　　　　　　(单位: $\mathrm{m^3/s}$)

序号	X_t	序号	X_t	序号	X_t
1	46.77	27	82.90	53	67.28
2	75.18	28	49.77	54	81.28
3	47.31	29	80.00	55	58.40
4	78.59	30	134.61	56	50.16
5	52.66	31	147.61	57	81.63
6	80.90	32	54.93	58	76.46
7	80.03	33	77.98	59	67.28
8	58.28	34	55.54	60	89.16
9	65.03	35	57.03	61	81.28
10	56.47	36	75.71	62	49.07
11	104.39	37	145.34	63	61.99
12	152.77	38	75.43	64	67.91
13	78.59	39	77.70	65	69.20
14	48.69	40	120.80	66	123.82
15	44.61	41	119.45	67	183.06
16	48.69	42	57.64	68	80.58
17	48.42	43	66.06	69	118.48
18	52.95	44	85.85	70	70.82
19	64.76	45	64.73	71	62.30
20	77.10	46	78.10	72	68.55
21	77.74	47	52.31	73	63.22
22	63.19	48	95.35	74	71.14
23	73.18	49	73.45	75	80.93
24	44.58	50	36.98	76	128.92
25	52.62	51	46.67	77	45.10
26	82.90	52	80.24		

采用 (1) 方法, 给定 $a_0 = X_0 = 70\mathrm{m^3/s}$, 根据表 6, 经统计, 有 $M = 40$ 个超过 X_0 的洪峰流量, 见表 7.

表 7　某河流 1951—1969 年 40 个洪峰流量超过 $a_0 = X_0 = 70$ 的

部分历时序列　　　　　　　　　　　　　　（单位: m^3/s）

序号	X_t	序号	X_t	序号	X_t	序号	X_t
1	75.18	11	82.90	21	120.80	31	89.16
2	78.59	12	82.90	22	119.45	32	81.28
3	80.90	13	80.00	23	85.85	33	123.82
4	80.03	14	134.61	24	78.10	34	183.06
5	104.39	15	147.61	25	95.35	35	80.58
6	152.77	16	77.98	26	73.45	36	118.48
7	78.59	17	75.71	27	80.24	37	70.82
8	77.75	18	145.34	28	81.28	38	71.14
9	77.74	19	75.43	29	81.63	39	80.93
10	73.18	20	77.10	30	76.46	40	128.92

根据表 7, 经计算, 有 $\hat{\lambda} = \dfrac{M}{N} = \dfrac{40}{19} = 2.10/$ 年, $\hat{\mu} = \overline{X} = \dfrac{1}{M}\sum\limits_{i=1}^{M} X_i =$

$\dfrac{1}{40}\sum\limits_{i=1}^{40} X_i = 94.49$, $\hat{\beta} = \hat{\mu} - a_0 = 94.49 - 70 = 24.49$. 则

$$x_T = a_0 + \hat{\beta}\ln\hat{\lambda}T = 70 + 24.49\ln(2.10T) = 88.17 + 24.49\ln T \qquad (158)$$

采用 (2) 方法, 给定 $\lambda = 2$, 则挑选洪峰流量的数目为 $M = \lambda N = 2 \times 19 = 38$, 挑选洪峰流量的数目应小于洪峰流量的总数. 因为表 7 中有 40 个超过 X_0 的洪峰流量, 所以为了保证样本长度 $M = 38$, 去掉表 7 中最小的 2 个流量 71.14 和 70.82, 有样本见表 8.

表 8　某河流 1951—1969 年 38 个洪峰流量超过 $a_0 = X_0 = 70$ 的

部分历时序列　　　　　　　　　　　　　　（单位: m^3/s）

序号	X_t	序号	X_t	序号	X_t	序号	X_t
1	75.18	11	82.90	21	120.80	31	89.16
2	78.59	12	82.90	22	119.45	32	81.28
3	80.90	13	80.00	23	85.85	33	123.82
4	80.03	14	134.61	24	78.10	34	183.06
5	104.39	15	147.61	25	95.35	35	80.58
6	152.77	16	77.98	26	73.45	36	118.48
7	78.59	17	75.71	27	80.24	37	80.93
8	77.75	18	145.34	28	81.28	38	128.92
9	77.74	19	75.43	29	81.63		
10	73.18	20	77.10	30	76.46		

根据表 8, 经计算, 有 $\hat{\mu} = \overline{X} = \dfrac{1}{M} \sum\limits_{i=1}^{M} X_i = \dfrac{1}{38} \sum\limits_{i=1}^{38} X_i = 95.73$,

$$\hat{\sigma} = \sqrt{\frac{1}{M-1} \sum_{i=1}^{M} (X_i - \hat{\mu})^2} = \sqrt{\frac{1}{38-1} \sum_{i=1}^{38} (X_i - 95.73)^2} = 27.72, \quad \hat{\beta} = \hat{\sigma} = 27.72$$

$$\hat{a}_0 = \hat{\mu} - \hat{\sigma} = 95.73 - 27.72 = 68.01$$

则

$$x_T = \hat{a}_0 + \hat{\beta} \ln \lambda T = 68.01 + 27.72 \ln(2T) = 87.22 + 27.72 \ln T \qquad (159)$$

根据式 (158) 和 (159), 给定重现期 T, 其设计值计算结果见表 9.

表 9   不同重现期下设计值 x_T 的计算结果

T	1	2	5	10	25	50
x_T	88.2	105.1	127.6	144.6	167.0	184.0
x_T	87.2	106.4	131.8	151.0	176.4	195.7
(1) 法 SE	2.9	5.6	9.2	11.9	15.5	18.2

8.6.2   本年和下一年的洪水数目不同

假定每年的洪峰个数服从泊松分布, 每年洪峰的个数平均值为 λ, 则一年中有 k 次洪水出现的概率为 (Goel, 2001)

$$P(X = k) = \frac{\lambda^k e^{-\lambda}}{k!}, \quad k = 0, 1, 2, \cdots \qquad (160)$$

假定洪峰服从指数分布 $F(X \leqslant x | X > a_0) = 1 - e^{-\frac{x - a_0}{\beta}}$. 考虑一年的时段, 则 X 的分布函数为

$$H(x) = \sum_{k=0}^{} F^k(x) P(x = k) = \sum_{k=0}^{} \left[F^k(x) \frac{\lambda^k e^{-\lambda}}{k!} \right] = e^{-\lambda} e^{F(x)\lambda} = e^{F(x)\lambda - \lambda} \qquad (161)$$

式中, $F(x)$ 为全部流量的分布函数, 且为指数分布; $H(x)$ 为一年中最大洪峰流量的分布函数, 则

$$\begin{aligned} H(X \leqslant x | X > a_0) &= e^{F(X|X>a_0)\lambda - \lambda} = e^{\left(1 - e^{-\frac{x-a_0}{\beta}}\right)\lambda - \lambda} \\ &= e^{\lambda - \lambda e^{-\frac{x-a_0}{\beta}} - \lambda} = e^{-\lambda \cdot e^{-\frac{x-a_0}{\beta}}} \end{aligned} \qquad (162)$$

例 5   给定 $a_0 = 70$, 有 $M = 40$ 个超过 X_0 的洪峰流量, 见表 7 (Goel, 2001). 试估算 50 年一遇的设计洪峰流量.

由表 7 知, 当 $a_0 = 70$ 时, 有 $M = 40$ 个超过 X_0 的洪峰流量, 则 $\lambda = \dfrac{M}{N} = \dfrac{40}{19} = 2.10/$ 年, 40 个超过 X_0 的洪峰流量的平均值为 94.49. $\beta = \mu - a_0 = 94.49 - 70 = 24.49$. 则 T 年一遇的洪峰流量概率为

$$1 - \frac{1}{T} = e^{-\lambda \cdot e^{-\frac{x_T - a_0}{\beta}}}, \quad \ln\left(1 - \frac{1}{T}\right) = -\lambda \cdot e^{-\frac{x_T - a_0}{\beta}}$$

$$\ln\left[-\ln\left(1 - \frac{1}{T}\right)\right] = \ln\lambda - \frac{x_T - a_0}{\beta}$$

即

$$x_T = a_0 + \beta\left(\ln\lambda - \ln\left[-\ln\left(1 - \frac{1}{T}\right)\right]\right) \tag{163}$$

根据式 (163), 给定重现期 T, 其设计值计算结果见表 10.

表 10　不同重现期下设计值 x_T 计算结果

T	1	2	5	10	25	50
x_T	不存在	97.14	124.9	143.28	166.50	183.72

例 6　某河流超过 $19\mathrm{m}^3/\mathrm{s}$ 的洪峰流量见表 11 (Goel, 2001). 采用一个适当的门限值 ($\lambda = 3$), 试估算:

(1) 一年中至少有 2 个超过门限值的概率;

(2) 三年中没有超过门限值的概率;

(3) 5 年一遇洪水的设计洪峰流量.

$\lambda = 3$, $N = 1937 - 1933 + 1 = 5$, 则 $M = \lambda N = 3 \times 5 = 15$. 最大 15 个洪峰流量为 21.16, 30.71, 41.04, 28.54, 35.09, 22.96, 27.87, 21.99, 28.21, 22.17, 26.73, 29.55, 33.15, 32.35, 29.17. 以上数值的均值为 28.71, 最小值为 21.16.

(1) $\lambda = 3$.

$$P(k = 0 | \lambda = 3) = \frac{\lambda^k e^{-\lambda}}{k!} = \frac{3^0 e^{-3}}{0!} = 0.0498$$

$$P(k = 1 | \lambda = 3) = \frac{\lambda^k e^{-\lambda}}{k!} = \frac{3^1 e^{-3}}{1!} = 0.1494$$

一年中至少有 2 个超过门限值的概率为

$$1 - P(k = 0 | \lambda = 3) - P(k = 1 | \lambda = 3) = 1 - 0.0498 - 0.1494 = 0.8008$$

(2) 需要计算内部事件次数的分布, 对于 λ, 事件之间的次数是与均值 $= 1/\lambda$ 服从指数分布.

$$P\left(\tau_i > \tau\right) = e^{-\frac{\tau}{\beta}}, \quad \beta = \frac{1}{\lambda}, \quad P\left(\tau > 3\right) = e^{-3\lambda} = e^{-9} = 0.001$$

即为三年中没有超过门限值的概率.

$$\hat{\beta} = \frac{M\left(\overline{X} - X_{\min}\right)}{M - 1} = \frac{15\left(28.71 - 21.16\right)}{15 - 1} = 8.089$$

$$\hat{a}_0 = X_{\min} - \frac{\hat{\beta}}{M} = 21.16 - \frac{8.089}{15} = 20.62$$

$$x_T = \hat{a}_0 + \hat{\beta}\ln\lambda T = 20.62 + 8.089\ln\left(5 \times 3\right) = 42.53$$

表 11 某河流超过 $19\mathrm{m}^3/\mathrm{s}$ 的洪峰流量

1933 年		1936 年	
2 月 1 日	21.16*	3 月 8 日	20.46
3 月 3 日	30.71*	3 月 9 日	20.51
3 月 4 日	28.39	9 月 7 日	28.21*
11 月 15 日	19.06	11 月 9 日	20.12
1934 年无		11 月 12 日	20.23
1935 年		11 月 15 日	22.17
2 月 15 日	36.62	11 月 17 日	19.92
2 月 16 日	41.04*	12 月 14 日	26.73*
10 月 9 日	28.54	1937 年	
10 月 27 日	35.09*	1 月 6 日	29.55*
10 月 28 日	20.65	2 月 14 日	20.65
10 月 29 日	23.11	3 月 17 日	22.88
10 月 30 日	23.39	3 月 18 日	33.15*
10 月 31 日	24.21	12 月 2 日	32.35*
11 月 4 日	22.96*		
11 月 17 日	27.87*		
11 月 20 日	21.37		
11 月 21 日	21.99*		
11 月 22 日	21.90		

8.6.3 美国 Greenbrier River 河流年最大洪峰流量计算

本节以美国 Greenbrier River 河流 72 年的年最大洪峰流量为例 (Zolenhasic, 1970), 选择门限值 $q_0 = 17000\mathrm{cfs}$, 共有 205 次洪水超过门限值, 其资料见表 12 说明洪水部分历时序列计算.

表 12 Greenbrier River 洪水部分历时序列

水文年	日期	Q	$Q-q_0$	水文年	日期	Q	$Q-q_0$
1896	18960330	28800	11800	1908	19080508	31500	14500
1897	18961105	27600	10600	1909	19090415	20000	3000
1897	18970223	54000	37000	1910	19100617	45900	28900
1897	18970514	40900	23900	1911	19110130	43800	26800
1898	18980330	17100	100	1911	19110405	20000	3000
1898	18980507	18600	1600	1912	19111018	23800	6800
1898	18980811	52500	35500	1912	19120222	18900	1900
1899	18981022	25300	8300	1912	19120227	18900	1900
1899	18990107	20000	3000	1912	19120316	35500	18500
1899	18990227	23800	6800	1912	19120329	27200	10200
1899	18990305	48900	31900	1912	19120512	20000	3000
1900	19000321	17100	100	1912	19120517	21100	4100
1901	19001126	56800	39800	1913	19130315	21800	4800
1901	19010112	21100	4100	1913	19130327	64000	47000
1901	19010421	20400	3400	1913	19130413	20000	3000
1901	19010528	19300	2300	1914	11111111	0	
1901	19010617	20000	3000	1915	19150107	34000	17000
1902	19011215	36700	19700	1915	19150202	40800	23800
1902	19020301	43800	26800	1916	19151002	27200	10200
1903	19030103	25300	8300	1916	19151230	24400	7400
1903	19030205	29600	12600	1917	19161229	17300	300
1903	19030217	33500	16500	1917	19170304	43000	26000
1903	19030228	34400	17400	1917	19170313	28000	11000
1903	19030323	48900	31900	1918	19180227	17900	900
1904	19040123	25700	8700	1918	19180314	77500	60500
1904	19040519	25700	8700	1918	19180626	24000	7000
1905	19050310	29600	12600	1919	19181031	28600	11600
1905	19050512	37600	20600	1919	19181223	24800	7800
1906	19060104	18200	1200	1919	19190102	49000	32000
1906	19060123	26000	9000	1920	19191207	38000	21000
1907	19070609	17500	500	1920	19200125	20700	3700
1907	19070614	52500	35500	1920	19200320	33500	16500
1908	19071211	17800	800	1921	11111111	0	
1908	19071224	23000	6000	1922	19211101	21500	4500
1908	19080112	31500	14500	1922	19211225	20100	3100
1908	19080206	52500	35500	1922	19220221	22200	5200
1908	19080307	26800	9800	1923	19230202	19500	2500
1908	19080401	27600	10600	1924	19240117	26500	9500

续表

水文年	日期	Q	$Q-q_0$	水文年	日期	Q	$Q-q_0$
1924	19240329	20400	3400	1936	19360318	58600	41600
1924	19240512	36200	19200	1936	19360407	28300	11300
1924	19240930	17900	900	1937	19361207	21200	4200
1925	11111111	0		1937	19370102	22300	5300
1926	19260120	20700	3700	1937	19370121	36600	19600
1926	19260215	17600	600	1937	19370426	26400	9400
1927	19261116	17900	900	1938	19371020	21200	4200
1927	19261222	24000	7000	1938	19371028	32800	15800
1927	19261226	40200	23200	1938	19380525	22300	5300
1927	19270206	18800	1800	1939	19390131	40200	23200
1927	19270220	19500	2500	1939	19390204	41600	24600
1928	19280501	18000	1000	1939	19390211	21200	4200
1929	19281201	22800	5800	1939	19390417	17200	200
1929	19290228	32700	15700	1939	19390730	19400	2400
1929	19290306	23800	6800	1940	19400420	29900	12900
1929	19290521	20000	3000	1940	19400525	21500	4500
1930	19291118	36600	19600	1940	19400531	19400	2400
1931	11111111	0		1940	19400628	18700	1700
1932	19320205	50100	33100	1941	11111111	0	
1932	19320318	17600	600	1942	19420517	35300	18300
1932	19320328	31500	14500	1943	19421230	33600	16600
1932	19320502	27500	10500	1943	19430127	17200	200
1932	19320705	21900	4900	1943	19430313	36200	19200
1933	19330320	26400	9400	1943	19430420	21200	4200
1934	19340305	32300	15300	1944	19440223	25200	8200
1934	19340308	20500	3500	1944	19440301	17200	200
1934	19340328	27900	10900	1945	19441226	17900	900
1935	19341130	19400	2400	1945	19450102	19000	2000
1935	19350123	49600	32600	1946	19460108	43600	26600
1935	19350313	22300	5300	1947	19470121	20000	3000
1935	19350326	17900	900	1947	19470314	24400	7400
1935	19350401	24800	7800	1948	19480214	35200	18200
1935	19350507	20100	3100	1948	19480324	23500	6500
1935	19350709	24800	7800	1948	19480414	40300	23300
1935	19350906	20800	3800	1949	19481204	18500	1500
1936	19351113	19400	2400	1949	19481216	37100	20100
1936	19360103	20800	3800	1949	19490106	26300	9300
1936	19360215	27100	10100	1949	19490414	23200	6200

水文年	日期	Q	$Q-q_0$	水文年	日期	Q	$Q-q_0$
1950	19500131	31500	14500	1960	19591213	17800	800
1951	19501204	25600	8600	1960	19600331	35500	18500
1951	19501208	27800	10800	1960	19600404	32500	15500
1951	19510202	26700	9700	1961	19610219	25000	8000
1951	19510222	18500	1500	1961	19610224	21800	4800
1951	19510331	19800	2800	1961	19610226	31400	14400
1951	19510614	29300	12300	1961	19610507	17200	200
1952	19520118	17800	800	1962	19611021	34700	17700
1952	19520128	19100	2100	1962	19611213	20100	3100
1952	19520312	27600	10600	1962	19611219	21500	4500
1953	19530222	47100	30100	1962	19620107	17800	800
1953	19530324	20100	3100	1962	19620228	23200	6200
1954	19540301	29700	12700	1962	19620322	35500	18500
1954	19540716	18800	1800	1963	19630113	22700	5700
1955	19541001	32000	15000	1963	19630306	34800	17800
1955	19550207	28000	11000	1963	19630312	47200	30200
1955	19550306	44400	27400	1963	19630317	26100	9100
1955	19550323	26200	9200	1963	19630320	30400	13400
1956	19560315	18200	1200	1964	19640126	19100	2100
1957	19570124	23900	6900	1964	19640306	39600	22600
1957	19570130	28900	11900	1964	19640309	22800	5800
1957	19570406	22000	5000	1965	19650125	22000	5000
1958	19571208	21800	4800	1965	19650208	28400	11400
1958	19571227	23900	6900	1965	19650326	19800	2800
1958	19580331	22200	5200	1965	19650412	18600	1600
1958	19580407	17500	500	1966	19660214	26400	9400
1958	19580506	26700	9700	1967	19670307	54500	37500
1959	19590122	17200	200	1967	19670315	39900	22900
1959	19590603	23900	6900	1967	19670507	20900	3900

8.6.3.1　季节洪水部分历时序列提取

将全年划分为 9 个季节, 其起止日期和天数见表 13.

按照表 13 季节划分, 由表 14 统计得季节洪水部分历时序列.

表 13　季节划分表

季节	起止日期	天数
季节 1	10 月 01 日—11 月 09 日	40
季节 2	11 月 10 日—12 月 19 日	40
季节 3	12 月 20 日—01 月 28 日	40
季节 4	01 月 29 日—03 月 09 日	40
季节 5	03 月 10 日—04 月 18 日	40
季节 6	04 月 19 日—05 月 28 日	40
季节 7	05 月 29 日—07 月 07 日	40
季节 8	07 月 08 日—08 月 16 日	40
季节 9	08 月 17 日—09 月 30 日	45

表 14　季节洪水部分历时序列

序号	水文年	年月日	洪峰流量	超过 q_0 值/cfs
10 月 01 日 — 11 月 09 日洪水部分历时序列 (40 天)				
1	1897	18961105	27600	10600
2	1899	18981022	25300	8300
3	1912	19111018	23800	6800
4	1916	19151002	27200	10200
5	1919	19181031	28600	11600
6	1922	19211101	21500	4500
7	1938	19371020	21200	4200
8	1938	19371028	32800	15800
9	1955	19541001	32000	15000
10	1962	19611021	34700	17700
11 月 10 日 — 12 月 19 日洪水部分历时序列 (40 天)				
1	1901	19001126	56800	39800
2	1902	19011215	36700	19700
3	1908	19071211	17800	800
4	1920	19191207	38000	21000
5	1927	19261116	17900	900
6	1929	19281201	22800	5800
7	1930	19291118	36600	19600
8	1935	19341130	19400	2400
9	1936	19351113	19400	2400
10	1937	19361207	21200	4200
11	1949	19481204	18500	1500
12	1949	19481216	37100	20100
13	1951	19501204	25600	8600
14	1951	19501208	27800	10800
15	1958	19571208	21800	4800

序号	水文年	年月日	洪峰流量/cfs	超过 q_0 值
	11 月 10 日 — 12 月 19 日洪水部分历时序列 (40 天)			
序号	水文年	年月日	洪峰流量/cfs	超过 q_0 值
16	1960	19591213	17800	800
17	1962	19611213	20100	3100
18	1962	19611219	21500	4500
	12 月 20 日 — 01 月 28 日洪水部分历时序列 (40 天)			
序号	水文年	年月日	洪峰流量/cfs	超过 q_0 值
1	1899	18990107	20000	3000
2	1901	19010112	21100	4100
3	1903	19030103	25300	8300
4	1904	19040123	25700	8700
5	1906	19060104	18200	1200
6	1906	19060123	26000	9000
7	1908	19071224	23000	6000
8	1908	19080112	31500	14500
9	1915	19150107	34000	17000
10	1916	19151230	24400	7400
11	1917	19161229	17300	300
12	1919	19181223	24800	7800
13	1919	19190102	49000	32000
14	1920	19200125	20700	3700
15	1922	19211225	20100	3100
16	1924	19240117	26500	9500
17	1926	19260120	20700	3700
18	1927	19261222	24000	7000
19	1927	19261226	40200	23200
20	1935	19350123	49600	32600
21	1936	19360103	20800	3800
22	1937	19370102	22300	5300
23	1937	19370121	36600	19600
24	1943	19421230	33600	16600
25	1943	19430127	17200	200
26	1945	19441226	17900	900
27	1945	19450102	19000	2000
28	1946	19460108	43600	26600
29	1947	19470121	20000	3000
30	1949	19490106	26300	9300
31	1952	19520118	17800	800
32	1952	19520128	19100	2100
33	1957	19570124	23900	6900
34	1958	19571227	23900	6900
35	1959	19590122	17200	200

续表

序号	水文年	年月日	洪峰流量	超过 q_0 值/cfs
36	1962	19620107	17800	800
37	1963	19630113	22700	5700
38	1964	19640126	19100	2100
39	1965	19650125	22000	5000

12 月 20 日 — 01 月 28 日洪水部分历时序列 (40 天)

01 月 29 日 — 03 月 09 日洪水部分历时序列 (40 天)

序号	水文年	年月日	洪峰流量	超过 q_0 值/cfs
1	1897	18970223	54000	37000
2	1899	18990227	23800	6800
3	1899	18990305	48900	31900
4	1902	19020301	43800	26800
5	1903	19030205	29600	12600
6	1903	19030217	33500	16500
7	1903	19030228	34400	17400
8	1908	19080206	52500	35500
9	1908	19080307	26800	9800
10	1911	19110130	43800	26800
11	1912	19120222	18900	1900
12	1912	19120227	18900	1900
13	1915	19150202	40800	23800
14	1917	19170304	43000	26000
15	1918	19180227	17900	900
16	1922	19220221	22200	5200
17	1923	19230202	19500	2500
18	1926	19260215	17600	600
19	1927	19270206	18800	1800
20	1927	19270220	19500	2500
21	1929	19290228	32700	15700
22	1929	19290306	23800	6800
23	1932	19320205	50100	33100
24	1934	19340305	32300	15300
25	1934	19340308	20500	3500
26	1936	19360215	27100	10100
27	1939	19390131	40200	23200
28	1939	19390204	41600	24600
29	1939	19390211	21200	4200
30	1944	19440223	25200	8200
31	1944	19440301	17200	200
32	1948	19480214	35200	18200
33	1950	19500131	31500	14500
34	1951	19510202	26700	9700

续表

序号	水文年	年月日	洪峰流量	超过 q_0 值/cfs
	01 月 29 日 — 03 月 09 日洪水部分历时序列 (40 天)			

序号	水文年	年月日	洪峰流量	超过 q_0 值/cfs
35	1951	19510222	18500	1500
36	1953	19530222	47100	30100
37	1954	19540301	29700	12700
38	1955	19550207	28000	11000
39	1955	19550306	44400	27400
40	1957	19570130	28900	11900
41	1961	19610219	25000	8000
42	1961	19610224	21800	4800
43	1961	19610226	31400	14400
44	1962	19620228	23200	6200
45	1963	19630306	34800	17800
46	1964	19640306	39600	22600
47	1964	19640309	22800	5800
48	1965	19650208	28400	11400
49	1966	19660214	26400	9400
50	1967	19670307	54500	37500

03 月 10 日 — 04 月 18 日洪水部分历时序列 (40 天)

序号	水文年	年月日	洪峰流量	超过 q_0 值/cfs
1	1896	18960330	28800	11800
2	1898	18980330	17100	100
3	1900	19000321	17100	100
4	1903	19030323	48900	31900
5	1905	19050310	29600	12600
6	1908	19080401	27600	10600
7	1909	19090415	20000	3000
8	1911	19110405	20000	3000
9	1912	19120316	35500	18500
10	1912	19120329	27200	10200
11	1913	19130315	21800	4800
12	1913	19130327	64000	47000
13	1913	19130413	20000	3000
14	1917	19170313	28000	11000
15	1918	19180314	77500	60500
16	1920	19200320	33500	16500
17	1924	19240329	20400	3400
18	1932	19320318	17600	600
19	1932	19320328	31500	14500
20	1933	19330320	26400	9400
21	1934	19340328	27900	10900
22	1935	19350313	22300	5300

序号	水文年	年月日	洪峰流量	超过 q_0 值/cfs
		03 月 10 日 — 04 月 18 日洪水部分历时序列 (40 天)		
23	1935	19350326	17900	900
24	1935	19350401	24800	7800
25	1936	19360318	58600	41600
26	1936	19360407	28300	11300
27	1939	19390417	17200	200
28	1943	19430313	36200	19200
29	1947	19470314	24400	7400
30	1948	19480324	23500	6500
31	1948	19480414	40300	23300
32	1949	19490414	23200	6200
33	1951	19510331	19800	2800
34	1952	19520312	27600	10600
35	1953	19530324	20100	3100
36	1955	19550323	26200	9200
37	1956	19560315	18200	1200
38	1957	19570406	22000	5000
39	1958	19580331	22200	5200
40	1958	19580407	17500	500
41	1960	19600331	35500	18500
42	1960	19600404	32500	15500
43	1962	19620322	35500	18500
44	1963	19630312	47200	30200
45	1963	19630317	26100	9100
46	1963	19630320	30400	13400
47	1965	19650326	19800	2800
48	1965	19650412	18600	1600
49	1967	19670315	39900	22900
		04 月 19 日 — 05 月 28 日洪水部分历时序列 (40 天)		
序号	水文年	年月日	洪峰流量	超过 q_0 值/cfs
1	1897	18970514	40900	23900
2	1898	18980507	18600	1600
3	1901	19010421	20400	3400
4	1901	19010528	19300	2300
5	1904	19040519	25700	8700
6	1905	19050512	37600	20600
7	1908	19080508	31500	14500
8	1912	19120512	20000	3000
9	1912	19120517	21100	4100
10	1924	19240512	36200	19200
11	1928	19280501	18000	1000

续表

04 月 19 日 — 05 月 28 日洪水部分历时序列 (40 天)				
序号	水文年	年月日	洪峰流量	超过 q_0 值/cfs
12	1929	19290521	20000	3000
13	1932	19320502	27500	10500
14	1935	19350507	20100	3100
15	1937	19370426	26400	9400
16	1938	19380525	22300	5300
17	1940	19400420	29900	12900
18	1940	19400525	21500	4500
19	1942	19420517	35300	18300
20	1943	19430420	21200	4200
21	1958	19580506	26700	9700
22	1961	19610507	17200	200
23	1967	19670507	20900	3900
05 月 29 日 — 07 月 07 日洪水部分历时序列 (40 天)				
序号	水文年	年月日	洪峰流量	超过 q_0 值/cfs
1	1901	19010617	20000	3000
2	1907	19070609	17500	500
3	1907	19070614	52500	35500
4	1910	19100617	45900	28900
5	1918	19180626	24000	7000
6	1932	19320705	21900	4900
7	1940	19400531	19400	2400
8	1940	19400628	18700	1700
9	1951	19510614	29300	12300
10	1959	19590603	23900	6900
07 月 08 日 — 08 月 16 日洪水部分历时序列 (40 天)				
序号	水文年	年月日	洪峰流量	超过 q_0 值/cfs
1	1898	18980811	52500	35500
2	1935	19350709	24800	7800
3	1939	19390730	19400	2400
4	1954	19540716	18800	1800
08 月 17 日 — 09 月 30 日洪水部分历时序列 (45 天)				
序号	水文年	年月日	洪峰流量	超过 q_0 值/cfs
1	1924	19240930	17900	900
2	1935	19350906	20800	3800

8.6.3.2 季节洪水发生次数泊松分布参数估算

由表 14, 根据季节划分, 经统计季节 1— 季节 9 在各年度发生的次数见表 15.

表 15　洪水部分历时序列发生次数统计

序号	年份	季节 1	季节 2	季节 3	季节 4	季节 5	季节 6	季节 7	季节 8	季节 9
1	1896	0	0	0	0	1	0	0	0	0
2	1897	1	0	0	1	0	1	0	0	0
3	1898	0	0	0	0	1	1	0	1	0
4	1899	1	0	1	2	0	0	0	0	0
5	1900	0	0	0	0	1	0	0	0	0
6	1901	0	1	1	0	0	2	1	0	0
7	1902	0	1	0	1	0	0	0	0	0
8	1903	0	0	1	3	1	0	0	0	0
9	1904	0	0	1	0	0	1	0	0	0
10	1905	0	0	0	0	1	1	0	0	0
11	1906	0	0	2	0	0	0	0	0	0
12	1907	0	0	0	0	0	0	2	0	0
13	1908	0	1	2	2	1	1	0	0	0
14	1909	0	0	0	0	1	0	0	0	0
15	1910	0	0	0	0	0	0	1	0	0
16	1911	0	0	0	1	1	0	0	0	0
17	1912	1	0	0	2	2	2	0	0	0
18	1913	0	0	0	0	3	0	0	0	0
19	1914	0	0	0	0	0	0	0	0	0
20	1915	0	0	1	1	0	0	0	0	0
21	1916	1	0	1	0	0	0	0	0	0
22	1917	0	0	1	1	1	0	0	0	0
23	1918	0	0	0	1	1	0	1	0	0
24	1919	1	0	2	0	0	0	0	0	0
25	1920	0	1	1	0	1	0	0	0	0
26	1921	0	0	0	0	0	0	0	0	0
27	1922	1	0	1	1	0	0	0	0	0
28	1923	0	0	0	1	0	0	0	0	0
29	1924	0	0	1	0	1	1	0	0	1
30	1925	0	0	0	0	0	0	0	0	0
31	1926	0	0	1	1	0	0	0	0	0
32	1927	0	1	2	2	0	0	0	0	0
33	1928	0	0	0	0	0	1	0	0	0
34	1929	0	1	0	2	0	1	0	0	0
35	1930	0	1	0	0	0	0	0	0	0
36	1931	0	0	0	0	0	0	0	0	0
37	1932	0	0	0	1	2	1	1	0	0
38	1933	0	0	0	0	1	0	0	0	0
39	1934	0	0	0	2	1	0	0	0	0
40	1935	0	1	1	0	3	1	0	1	1
41	1936	0	1	1	1	2	0	0	0	0

续表

序号	年份	季节 1	季节 2	季节 3	季节 4	季节 5	季节 6	季节 7	季节 8	季节 9
42	1937	0	1	2	0	0	1	0	0	0
43	1938	2	0	0	0	0	1	0	0	0
44	1939	0	0	0	3	1	0	0	1	0
45	1940	0	0	0	0	0	2	2	0	0
46	1941	0	0	0	0	0	0	0	0	0
47	1942	0	0	0	0	0	1	0	0	0
48	1943	0	0	2	0	1	1	0	0	0
49	1944	0	0	0	2	0	0	0	0	0
50	1945	0	0	2	0	0	0	0	0	0
51	1946	0	0	1	0	0	0	0	0	0
52	1947	0	0	1	0	1	0	0	0	0
53	1948	0	0	0	1	2	0	0	0	0
54	1949	0	2	1	0	1	0	0	0	0
55	1950	0	0	0	1	0	0	0	0	0
56	1951	0	2	0	2	1	0	1	0	0
57	1952	0	0	2	0	1	0	0	0	0
58	1953	0	0	0	1	1	0	0	0	0
59	1954	0	0	0	1	0	0	0	1	0
60	1955	1	0	0	2	1	0	0	0	0
61	1956	0	0	0	0	1	0	0	0	0
62	1957	0	0	1	1	1	0	0	0	0
63	1958	0	1	1	0	2	1	0	0	0
64	1959	0	0	1	0	0	0	1	0	0
65	1960	0	1	0	0	2	0	0	0	0
66	1961	0	0	0	3	0	1	0	0	0
67	1962	1	2	1	1	1	0	0	0	0
68	1963	0	0	1	1	3	0	0	0	0
69	1964	0	0	1	2	0	0	0	0	0
70	1965	0	0	1	1	2	0	0	0	0
71	1966	0	0	0	1	0	0	0	0	0
72	1967	0	0	0	1	1	1	0	0	0
$\sum\limits_{i=1}^{n} \eta_i$		10	18	39	50	49	23	10	4	2
$\overline{\eta}$		0.13889	0.25000	0.54167	0.69444	0.68056	0.31944	0.13889	0.05556	0.02778
$\sum\limits_{i=1}^{n} \eta_i^2$		12	24	55	88	81	29	14	4	2
$n \cdot \overline{\eta}^2$		1.38889	4.50000	21.12500	34.72222	33.34722	7.34722	1.38889	0.22222	0.05556
δ_η^2		0.14945	0.27465	0.47711	0.75039	0.67117	0.30497	0.17762	0.05321	0.02739

采用表 15, 应用公式 $\overline{\eta} = \dfrac{1}{n} \sum\limits_{i=1}^{n} \eta_i$;

$$\delta_\eta^2 = \frac{1}{n-1} \sum_{i=1}^{n} (\eta_i - \overline{\eta})^2 = \frac{1}{n-1} \sum_{i=1}^{n} (\eta_i^2 - 2\eta_i\overline{\eta} + \overline{\eta}^2)$$

$$= \frac{1}{n-1} \left(\sum_{i=1}^{n} \eta_i^2 - 2\overline{\eta} \sum_{i=1}^{n} \eta_i + \sum_{i=1}^{n} \overline{\eta}^2 \right)$$

$$= \frac{1}{n-1} \left(\sum_{i=1}^{n} \eta_i^2 - 2\overline{\eta} \cdot n\overline{\eta} + n\overline{\eta}^2 \right) = \frac{\sum\limits_{i=1}^{n} \eta_i^2 - n\overline{\eta}^2}{n-1}$$

计算结果表 16. 另一种计算方法是采用频数计算. 其公式为

$$\sum_{i=1}^{n} \eta(i) = \sum_{i=0}^{K} (i \cdot f_i); \quad \overline{\eta} = \frac{1}{n} \sum_{i=0}^{K} (i \cdot f_i); \quad \delta_\eta^2 = \frac{\sum\limits_{i=0}^{K} (i^2 \cdot f_i) - n\overline{\eta}^2}{n-1}$$

其中, K 为事件发生次数的最大值, i 为出现次数, f_i 为出现 i 次事件发生的频数. 由表 15 得各次发生的频数统计值 (表 16).

表 16　洪水部分历时序列发生次数对应的频数统计

k	季节 1	季节 2	季节 3	季节 4	季节 5	季节 6	季节 7	季节 8	季节 9
0	63	57	41	38	36	52	64	68	70
1	8	12	23	21	26	17	6	4	2
2	1	3	8	10	7	3	2		
3				3	3				
4									
合计	72	72	72	72	72	72	72	72	72
$\sum\limits_{i=0}^{K} (i \cdot f_i)$	10	18	39	50	49	23	10	4	2
$\overline{\eta}$	0.13889	0.25000	0.54167	0.69444	0.68056	0.31944	0.13889	0.05556	0.02778
$\sum\limits_{i=0}^{K} (i^2 \cdot f_i)$	12	24	55	88	81	29	14	4	2
$n\overline{\eta}^2$	1.38889	4.50000	21.12500	34.72222	33.34722	7.34722	1.38889	0.22222	0.05556
δ_η^2	0.14945	0.27465	0.47711	0.75039	0.67117	0.30497	0.17762	0.05321	0.02739

综合表 15 和表 16, 有泊松分布参数计算结果, 见表 17.

表 17　季节洪水部分历时序列泊松分布参数计算结果

季节	天数	按常规矩法计算			按频数方法计算		
		λ	Λ	δ_η^2	λ	Λ	δ_η^2
10 月 01 日 —11 月 09 日	40	0.00347	0.13889	0.14945	0.00347	0.13889	0.14945
11 月 10 日 —12 月 19 日	40	0.00625	0.25000	0.27465	0.00625	0.25000	0.27465
12 月 20 日 —01 月 28 日	40	0.01354	0.54167	0.47711	0.01354	0.54167	0.47711
01 月 29 日 —03 月 09 日	40	0.01736	0.69444	0.75039	0.01736	0.69444	0.75039
03 月 10 日 —04 月 18 日	40	0.01701	0.68056	0.67117	0.01701	0.68056	0.67117
04 月 19 日 —05 月 28 日	40	0.00799	0.31944	0.30497	0.00799	0.31944	0.30497
05 月 29 日 —07 月 07 日	40	0.00347	0.13889	0.17762	0.00347	0.13889	0.17762
07 月 08 日 —08 月 16 日	40	0.00139	0.05556	0.05321	0.00139	0.05556	0.05321
08 月 17 日 —09 月 30 日	45	0.00062	0.02778	0.02739	0.00062	0.02778	0.02739

注：$\lambda = \dfrac{\Lambda}{\Delta t}$ 表示平均每天的超过门限值事件的发生次数；Λ 表示在 Δt 天内超过门限值事件的发生次数. 按照表 17 所给出的参数，洪水部分历时序列经验频数与理论频数见表 18

表 18　洪水部分历时序列经验频数与理论频数

10 月 01 日 — 11 月 09 日洪水部分历时序列经验频数与理论频数 (40 天)				
k	实测频数	理论频数	经验频率	理论频率
0	63	62.66338	0.87500	0.87032
1	8	8.70325	0.11111	0.12088
2	1	0.60439	0.01389	0.00839
3	0	0.02798	0.00000	0.00039
合计	72			
11 月 10 日 — 12 月 19 日洪水部分历时序列经验频数与理论频数 (40 天)				
k	实测频数	理论频数	经验频率	理论频率
0	57	56.07366	0.79167	0.77880
1	12	14.01841	0.16667	0.19470
2	3	1.75230	0.04167	0.02434
3	0	0.14603	0.00000	0.00203
合计	72			
12 月 20 日 — 01 月 28 日洪水部分历时序列经验频数与理论频数 (40 天)				
k	实测频数	理论频数	经验频率	理论频率
0	41	41.88800	0.56944	0.58178
1	23	22.68933	0.31944	0.31513
2	8	6.14503	0.11111	0.08535
3	0	1.10952	0.00000	0.01541
合计	72			

01 月 29 日 — 03 月 09 日洪水部分历时序列经验频数与理论频数 (40 天)

k	实测频数	理论频数	经验频率	理论频率
0	38	35.95333	0.52778	0.49935
1	21	24.96759	0.29167	0.34677
2	10	8.66930	0.13889	0.12041
3	3	2.00678	0.04167	0.02787
4	0	0.34840	0.00000	0.00484
合计	72			

03 月 10 日 — 04 月 18 日洪水部分历时序列经验频数与理论频数 (40 天)

k	实测频数	理论频数	经验频率	理论频率
0	36	36.45616	0.50000	0.50634
1	26	24.81045	0.36111	0.34459
2	7	8.44244	0.09722	0.11726
3	3	1.91518	0.04167	0.02660
4	0	0.32585	0.00000	0.00453
合计	72			

04 月 19 日 — 05 月 28 日洪水部分历时序列经验频数与理论频数 (40 天)

k	实测频数	理论频数	经验频率	理论频率
0	52	52.31178	0.72222	0.72655
1	17	16.71071	0.23611	0.23209
2	3	2.66907	0.04167	0.03707
3	0	0.28421	0.00000	0.00395
合计	72			

05 月 29 日 — 07 月 07 日洪水部分历时序列经验频数与理论频数 (40 天)

k	实测频数	理论频数	经验频率	理论频率
0	64	62.66338	0.88889	0.87032
1	6	8.70325	0.08333	0.12088
2	2	0.60439	0.02778	0.00839
3	0	0.02798	0.00000	0.00039
合计	72			

07 月 08 日 — 08 月 16 日洪水部分历时序列经验频数与理论频数 (40 天)

k	实测频数	理论频数	经验频率	理论频率
0	68	68.10908	0.94444	0.94596
1	4	3.78384	0.05556	0.05255
2	0	0.10511	0.00000	0.00146
合计	72			

08 月 17 日 — 09 月 30 日洪水部分历时序列经验频数与理论频数 (45 天)

k	实测频数	理论频数	经验频率	理论频率
0	70	70.02752	0.97222	0.97260
1	2	1.94521	0.02778	0.02702
2	0	0.02702	0.00000	0.00038
合计	72			

应用分布拟合度检验, 选用统计量 $\chi = \sum\limits_{i=1}^{K} \dfrac{(m_i - np_i)}{np_i}$, 其中, K 为区间分组数; m_i 和 np_i 分别为落入第 i 个区间的实际频数和理论频数. 统计量 $\chi^2 = \sum\limits_{i=1}^{K} \dfrac{(m_i - np_i)}{np_i}$ 服从自由度 $K - r - 1$ 的 χ^2 分布. 经计算, 泊松分布拟合度检验见表 19.

表 19　泊松分布拟合度检验

季节	显著水平	χ^2	χ^2_α	检验结果
10 月 01 日 —11 月 09 日	0.05	0.34556	5.99146	接受
11 月 10 日 —12 月 19 日	0.05	1.34035	5.99146	接受
12 月 20 日 —01 月 28 日	0.05	1.69255	5.99146	接受
01 月 29 日 —03 月 09 日	0.05	1.79123	7.81473	接受
03 月 10 日 —04 月 18 日	0.05	1.24951	7.81473	接受
04 月 19 日 —05 月 28 日	0.05	0.33210	5.99146	接受
05 月 29 日 —07 月 07 日	0.05	4.11874	5.99146	接受
07 月 08 日 —08 月 16 日	0.05	0.11763	3.84146	接受
08 月 17 日 —09 月 30 日	0.05	0.02857	3.84146	接受

8.6.3.3　一年洪水发生次数泊松分布参数估算

若按水文年度 10 月 1 日—09 月 30 日计算, 则一年内洪水发生次数统计见表 20.

按照表 20, 按常规矩法和频数方法计算一年内洪水发生次数泊松分布参数, 二者均相同, 即 $\lambda = 0.00780$, $\Lambda = 2.84722$, $\delta_\eta^2 = 3.20168$. 按

$$P(X = k) = \frac{e^{-2.84722} 2.84722^k}{k!}$$

计算的理论概率见表 21 第 3 列, 对应的经验频率

$$\hat{P}(X = k) = \frac{(X = k) \text{ 的实测频数}}{72}$$

二者的累积频率分别按下述公式进行计算:

$$P(X \leqslant k) = \sum_{i=0}^{k} P(X = i), \quad \hat{P}(X \leqslant k) = \sum_{i=0}^{k} \hat{P}(X = i)$$

见表 21 最后 2 列.

由表 21 计算得样本统计量 $\chi^2 = 2.65415$, 给定显著水平 $\alpha = 0.05$, 自由度为 $9 - 1 - 1$ 的 χ^2 分布临界值 $\chi^2_\alpha = 15.50731$. $\chi^2 < \chi^2_\alpha$, 则可接受年部分历时洪水序列发生次数服从泊松分布. 部分历时洪水序列值见表 22.

表 20   一年内洪水发生次数 (365 天)

序号	年份	发生次数	序号	年份	发生次数	序号	年份	发生次数
1	1896	1	25	1920	3	49	1944	2
2	1897	3	26	1921	0	50	1945	2
3	1898	3	27	1922	3	51	1946	1
4	1899	4	28	1923	1	52	1947	2
5	1900	1	29	1924	4	53	1948	3
6	1901	5	30	1925	0	54	1949	4
7	1902	2	31	1926	2	55	1950	1
8	1903	5	32	1927	5	56	1951	6
9	1904	2	33	1928	1	57	1952	3
10	1905	2	34	1929	4	58	1953	2
11	1906	2	35	1930	1	59	1954	2
12	1907	2	36	1931	0	60	1955	4
13	1908	7	37	1932	5	61	1956	1
14	1909	1	38	1933	1	62	1957	3
15	1910	1	39	1934	3	63	1958	5
16	1911	2	40	1935	8	64	1959	2
17	1912	7	41	1936	5	65	1960	3
18	1913	3	42	1937	4	66	1961	4
19	1914	0	43	1938	3	67	1962	6
20	1915	2	44	1939	5	68	1963	5
21	1916	2	45	1940	4	69	1964	3
22	1917	3	46	1941	0	70	1965	4
23	1918	3	47	1942	1	71	1966	1
24	1919	3	48	1943	4	72	1967	3

表 21   一年内洪水部分历时序列发生次数经验频数与理论频数

k	实测频数	理论频数	经验频率	理论频率	经验累积频率	理论累积频率
0	5	4.17638	0.06944	0.05801	0.06944	0.05801
1	13	11.89107	0.18056	0.16515	0.25000	0.22316
2	15	16.92826	0.20833	0.23511	0.45833	0.45827
3	16	16.06617	0.22222	0.22314	0.68055	0.68141
4	10	11.43599	0.13889	0.15883	0.81944	0.84024
5	8	6.51216	0.11111	0.09045	0.93055	0.93069
6	2	3.09026	0.02778	0.04292	0.95833	0.97361
7	2	1.25695	0.02778	0.01746	0.98611	0.99107
8	1	0.44735	0.01389	0.00621	1.00000	0.99728
9	0	0.14152	0.00000	0.00197	1.00000	0.99925
合计	72					

表 22 部分历时洪水序列

序号	年份	流量 Q	$q=Q-q_0$	序号	年份	流量 Q	$q=Q-q_0$
1	1896	28800	11800	37	1908	26800	9800
2	1897	27600	10600	38	1908	27600	10600
3	1897	54000	37000	39	1908	31500	14500
4	1897	40900	23900	40	1909	20000	3000
5	1898	17100	100	41	1910	45900	28900
6	1898	18600	1600	42	1911	43800	26800
7	1898	52500	35500	43	1911	20000	3000
8	1899	25300	8300	44	1912	23800	6800
9	1899	20000	3000	45	1912	18900	1900
10	1899	23800	6800	46	1912	18900	1900
11	1899	48900	31900	47	1912	35500	18500
12	1900	17100	100	48	1912	27200	10200
13	1901	56800	39800	49	1912	20000	3000
14	1901	21100	4100	50	1912	21100	4100
15	1901	20400	3400	51	1913	21800	4800
16	1901	19300	2300	52	1913	64000	47000
17	1901	20000	3000	53	1913	20000	3000
18	1902	36700	19700	54	1915	34000	17000
19	1902	43800	26800	55	1915	40800	23800
20	1903	25300	8300	56	1916	27200	10200
21	1903	29600	12600	57	1916	24400	7400
22	1903	33500	16500	58	1917	17300	300
23	1903	34400	17400	59	1917	43000	26000
24	1903	48900	31900	60	1917	28000	11000
25	1904	25700	8700	61	1918	17900	900
26	1904	25700	8700	62	1918	77500	60500
27	1905	29600	12600	63	1918	24000	7000
28	1905	37600	20600	64	1919	28600	11600
29	1906	18200	1200	65	1919	24800	7800
30	1906	26000	9000	66	1919	49000	32000
31	1907	17500	500	67	1920	38000	21000
32	1907	52500	35500	68	1920	20700	3700
33	1908	17800	800	69	1920	33500	16500
34	1908	23000	6000	70	1922	21500	4500
35	1908	31500	14500	71	1922	20100	3100
36	1908	52500	35500	72	1922	22200	5200

续表

序号	年份	流量 Q	$q=Q-q_0$	序号	年份	流量 Q	$q=Q-q_0$
73	1923	19500	2500	109	1936	20800	3800
74	1924	26500	9500	110	1936	27100	10100
75	1924	20400	3400	111	1936	58600	41600
76	1924	36200	19200	112	1936	28300	11300
77	1924	17900	900	113	1937	21200	4200
78	1926	20700	3700	114	1937	22300	5300
79	1926	17600	600	115	1937	36600	19600
80	1927	17900	900	116	1937	26400	9400
81	1927	24000	7000	117	1938	21200	4200
82	1927	40200	23200	118	1938	32800	15800
83	1927	18800	1800	119	1938	22300	5300
84	1927	19500	2500	120	1939	40200	23200
85	1928	18000	1000	121	1939	41600	24600
86	1929	22800	5800	122	1939	21200	4200
87	1929	32700	15700	123	1939	17200	200
88	1929	23800	6800	124	1939	19400	2400
89	1929	20000	3000	125	1940	29900	12900
90	1930	36600	19600	126	1940	21500	4500
91	1932	50100	33100	127	1940	19400	2400
92	1932	17600	600	128	1940	18700	1700
93	1932	31500	14500	129	1942	35300	18300
94	1932	27500	10500	130	1943	33600	16600
95	1932	21900	4900	131	1943	17200	200
96	1933	26400	9400	132	1943	36200	19200
97	1934	32300	15300	133	1943	21200	4200
98	1934	20500	3500	134	1944	25200	8200
99	1934	27900	10900	135	1944	17200	200
100	1935	19400	2400	136	1945	17900	900
101	1935	49600	32600	137	1945	19000	2000
102	1935	22300	5300	138	1946	43600	26600
103	1935	17900	900	139	1947	20000	3000
104	1935	24800	7800	140	1947	24400	7400
105	1935	20100	3100	141	1948	35200	18200
106	1935	24800	7800	142	1948	23500	6500
107	1935	20800	3800	143	1948	40300	23300
108	1936	19400	2400	144	1949	18500	1500

续表

序号	年份	流量 Q	$q=Q-q_0$	序号	年份	流量 Q	$q=Q-q_0$
145	1949	37100	20100	176	1959	23900	6900
146	1949	26300	9300	177	1960	17800	800
147	1949	23200	6200	178	1960	35500	18500
148	1950	31500	14500	179	1960	32500	15500
149	1951	25600	8600	180	1961	25000	8000
150	1951	27800	10800	181	1961	21800	4800
151	1951	26700	9700	182	1961	31400	14400
152	1951	18500	1500	183	1961	17200	200
153	1951	19800	2800	184	1962	34700	17700
154	1951	29300	12300	185	1962	20100	3100
155	1952	17800	800	186	1962	21500	4500
156	1952	19100	2100	187	1962	17800	800
157	1952	27600	10600	188	1962	23200	6200
158	1953	47100	30100	189	1962	35500	18500
159	1953	20100	3100	190	1963	22700	5700
160	1954	29700	12700	191	1963	34800	17800
161	1954	18800	1800	192	1963	47200	30200
162	1955	32000	15000	193	1963	26100	9100
163	1955	28000	11000	194	1963	30400	13400
164	1955	44400	27400	195	1964	19100	2100
165	1955	26200	9200	196	1964	39600	22600
166	1956	18200	1200	197	1964	22800	5800
167	1957	23900	6900	198	1965	22000	5000
168	1957	28900	11900	199	1965	28400	11400
169	1957	22000	5000	200	1965	19800	2800
170	1958	21800	4800	201	1965	18600	1600
171	1958	23900	6900	202	1966	26400	9400
172	1958	22200	5200	203	1967	54500	37500
173	1958	17500	500	204	1967	39900	22900
174	1958	26700	9700	205	1967	20900	3900
175	1959	17200	200				

经计算, $\beta = \bar{q} = \dfrac{1}{205}\sum_{i=1}^{205} q_i = 10874.14634$. 部分历时序列经验累积频率与理论累积频率计算见表 23.

表 23　部分历时序列经验累积频率与理论累积频率计算

序号	流量	m	经验累积频率	理论累积频率	序号	流量	m	经验累积频率	理论累积频率
1	60500	1	0.00485	0.00383	36	19600	36	0.17476	0.16490
2	47000	2	0.00971	0.01327	37	19200	38	0.18447	0.17107
3	41600	3	0.01456	0.02181	38	19200	38	0.18447	0.17107
4	39800	4	0.01942	0.02573	39	18500	41	0.19903	0.18245
5	37500	5	0.02427	0.03179	40	18500	41	0.19903	0.18245
6	37000	6	0.02913	0.03329	41	18500	41	0.19903	0.18245
7	35500	9	0.04369	0.03821	42	18300	42	0.20388	0.18584
8	35500	9	0.04369	0.03821	43	18200	43	0.20874	0.18755
9	35500	9	0.04369	0.03821	44	17800	44	0.21359	0.19458
10	33100	10	0.04854	0.04765	45	17700	45	0.21845	0.19638
11	32600	11	0.05340	0.04989	46	17400	46	0.22330	0.20187
12	32000	12	0.05825	0.05272	47	17000	47	0.22816	0.20944
13	31900	14	0.06796	0.05321	48	16600	48	0.23301	0.21728
14	31900	14	0.06796	0.05321	49	16500	50	0.24272	0.21929
15	30200	15	0.07282	0.06221	50	16500	50	0.24272	0.21929
16	30100	16	0.07767	0.06279	51	15800	51	0.24757	0.23387
17	28900	17	0.08252	0.07011	52	15700	52	0.25243	0.23603
18	27400	18	0.08738	0.08048	53	15500	53	0.25728	0.24041
19	26800	20	0.09709	0.08505	54	15300	54	0.26214	0.24488
20	26800	20	0.09709	0.08505	55	15000	55	0.26699	0.25172
21	26600	21	0.10194	0.08662	56	14500	59	0.28641	0.26357
22	26000	22	0.10680	0.09154	57	14500	59	0.28641	0.26357
23	24600	23	0.11165	0.10412	58	14500	59	0.28641	0.26357
24	23900	24	0.11650	0.11104	59	14500	59	0.28641	0.26357
25	23800	25	0.12136	0.11206	60	14400	60	0.29126	0.26600
26	23300	26	0.12621	0.11734	61	13400	61	0.29612	0.29163
27	23200	28	0.13592	0.11842	62	12900	62	0.30097	0.30535
28	23200	28	0.13592	0.11842	63	12700	63	0.30583	0.31102
29	22900	29	0.14078	0.12173	64	12600	65	0.31553	0.31389
30	22600	30	0.14563	0.12514	65	12600	65	0.31553	0.31389
31	21000	31	0.15049	0.14498	66	12300	66	0.32039	0.32267
32	20600	32	0.15534	0.15041	67	11900	67	0.32524	0.33476
33	20100	33	0.16019	0.15749	68	11800	68	0.33010	0.33785
34	19700	34	0.16505	0.16339	69	11600	69	0.33495	0.34412
35	19600	36	0.17476	0.16490	70	11400	70	0.33981	0.35051

续表

序号	流量	m	经验累积频率	理论累积频率	序号	流量	m	经验累积频率	理论累积频率
71	11300	71	0.34466	0.35375	107	7000	107	0.51942	0.52533
72	11000	73	0.35437	0.36365	108	6900	110	0.53398	0.53018
73	11000	73	0.35437	0.36365	109	6900	110	0.53398	0.53018
74	10900	74	0.35922	0.36701	110	6900	110	0.53398	0.53018
75	10800	75	0.36408	0.37040	111	6800	113	0.54854	0.53508
76	10600	78	0.37864	0.37727	112	6800	113	0.54854	0.53508
77	10600	78	0.37864	0.37727	113	6800	113	0.54854	0.53508
78	10600	78	0.37864	0.37727	114	6500	114	0.55340	0.55005
79	10500	79	0.38350	0.38076	115	6200	116	0.56311	0.56544
80	10200	81	0.39320	0.39141	116	6200	116	0.56311	0.56544
81	10200	81	0.39320	0.39141	117	6000	117	0.56796	0.57593
82	10100	82	0.39806	0.39502	118	5800	119	0.57767	0.58662
83	9800	83	0.40291	0.40607	119	5800	119	0.57767	0.58662
84	9700	85	0.41262	0.40983	120	5700	120	0.58252	0.59204
85	9700	85	0.41262	0.40983	121	5300	123	0.59709	0.61422
86	9500	86	0.41748	0.41743	122	5300	123	0.59709	0.61422
87	9400	89	0.43204	0.42129	123	5300	123	0.59709	0.61422
88	9400	89	0.43204	0.42129	124	5200	125	0.60680	0.61990
89	9400	89	0.43204	0.42129	125	5200	125	0.60680	0.61990
90	9300	90	0.43689	0.42518	126	5000	127	0.61650	0.63141
91	9200	91	0.44175	0.42911	127	5000	127	0.61650	0.63141
92	9100	92	0.44660	0.43307	128	4900	128	0.62136	0.63724
93	9000	93	0.45146	0.43707	129	4800	131	0.63592	0.64313
94	8700	95	0.46117	0.44930	130	4800	131	0.63592	0.64313
95	8700	95	0.46117	0.44930	131	4800	131	0.63592	0.64313
96	8600	96	0.46602	0.45345	132	4500	134	0.65049	0.66112
97	8300	98	0.47573	0.46614	133	4500	134	0.65049	0.66112
98	8300	98	0.47573	0.46614	134	4500	134	0.65049	0.66112
99	8200	99	0.48058	0.47044	135	4200	138	0.66990	0.67961
100	8000	100	0.48544	0.47917	136	4200	138	0.66990	0.67961
101	7800	103	0.50000	0.48807	137	4200	138	0.66990	0.67961
102	7800	103	0.50000	0.48807	138	4200	138	0.66990	0.67961
103	7800	103	0.50000	0.48807	139	4100	140	0.67961	0.68589
104	7400	105	0.50971	0.50636	140	4100	140	0.67961	0.68589
105	7400	105	0.50971	0.50636	141	3900	141	0.68447	0.69862
106	7000	107	0.51942	0.52533	142	3800	143	0.69417	0.70507

序号	流量	m	经验累积频率	理论累积频率	序号	流量	m	经验累积频率	理论累积频率
143	3800	143	0.69417	0.70507	175	1800	176	0.85437	0.84744
144	3700	145	0.70388	0.71159	176	1800	176	0.85437	0.84744
145	3700	145	0.70388	0.71159	177	1700	177	0.85922	0.85527
146	3500	146	0.70874	0.72480	178	1600	179	0.86893	0.86317
147	3400	148	0.71845	0.73149	179	1600	179	0.86893	0.86317
148	3400	148	0.71845	0.73149	180	1500	181	0.87864	0.87115
149	3100	152	0.73786	0.75195	181	1500	181	0.87864	0.87115
150	3100	152	0.73786	0.75195	182	1200	183	0.88835	0.89552
151	3100	152	0.73786	0.75195	183	1200	183	0.88835	0.89552
152	3100	152	0.73786	0.75195	184	1000	184	0.89320	0.91214
153	3000	160	0.77670	0.75890	185	900	189	0.91748	0.92057
154	3000	160	0.77670	0.75890	186	900	189	0.91748	0.92057
155	3000	160	0.77670	0.75890	187	900	189	0.91748	0.92057
156	3000	160	0.77670	0.75890	188	900	189	0.91748	0.92057
157	3000	160	0.77670	0.75890	189	900	189	0.91748	0.92057
158	3000	160	0.77670	0.75890	190	800	193	0.93689	0.92907
159	3000	160	0.77670	0.75890	191	800	193	0.93689	0.92907
160	3000	160	0.77670	0.75890	192	800	193	0.93689	0.92907
161	2800	162	0.78641	0.77299	193	800	193	0.93689	0.92907
162	2800	162	0.78641	0.77299	194	600	195	0.94660	0.94632
163	2500	164	0.79612	0.79461	195	600	195	0.94660	0.94632
164	2500	164	0.79612	0.79461	196	500	197	0.95631	0.95506
165	2400	168	0.81553	0.80195	197	500	197	0.95631	0.95506
166	2400	168	0.81553	0.80195	198	300	198	0.96117	0.97279
167	2400	168	0.81553	0.80195	199	200	203	0.98544	0.98178
168	2400	168	0.81553	0.80195	200	200	203	0.98544	0.98178
169	2300	169	0.82039	0.80936	201	200	203	0.98544	0.98178
170	2100	171	0.83010	0.82438	202	200	203	0.98544	0.98178
171	2100	171	0.83010	0.82438	203	200	203	0.98544	0.98178
172	2000	172	0.83495	0.83200	204	100	205	0.99515	0.99085
173	1900	174	0.84466	0.83969	205	100	205	0.99515	0.99085
174	1900	174	0.84466	0.83969					

拟合效果如图 16 所示.

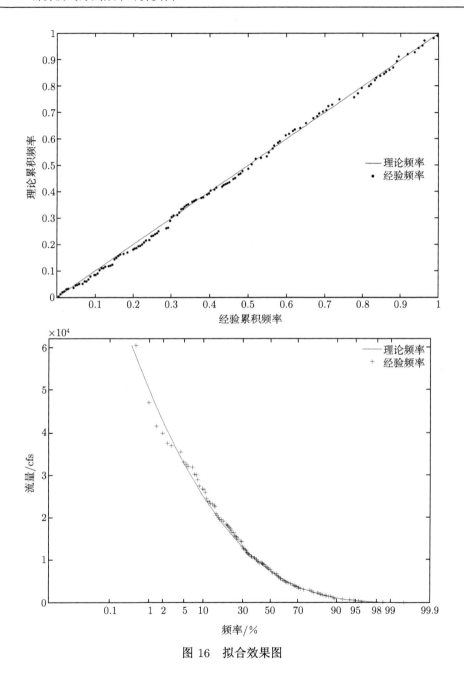

图 16　拟合效果图

8.6.3.4　设计值计算

给定重现期, 其相应的设计值计算见表 24.

表 24   给定重现期的设计值计算

重现期/年	次频率	设计值 1/cfs	设计值 2/cfs
10000	0.00004	128532.69	128532.14
5000	0.00007	120995.30	120994.21
2000	0.00018	111031.42	111028.70
1000	0.00035	103494.04	103488.60
500	0.00070	95956.65	95945.77
200	0.00176	85992.77	85965.53
100	0.00351	78455.39	78400.79
50	0.00702	70918.01	70808.35
40	0.00878	68491.51	68354.15
30	0.01171	65363.21	65179.41
25	0.01405	63380.62	63159.43
20	0.01756	60954.13	60676.43
10	0.03512	53416.74	52848.92
5	0.07024	45879.36	44688.66
2	0.17561	35915.48	32363.61

注: 设计值 1 由部分历时分布计算; 设计值 2 由部分历时年最大值分布计算

第9章 水文设计值置信区间计算原理与方法

假定某测站有两个年最大洪峰流量序列 (Tung et al., 2006). 第一个序列长度为 15 年, 根据频率计算原理推断重现期为 25 年的年最大洪峰流量设计值. 设这个最大洪峰流量序列服从 Gumbel 分布, 经计算, 重现期为 25 年的年最大洪峰流量设计值为 656ft³/s. 第二个序列长度也为 15 年, 其最大洪峰流量与第一个序列不同. 我们发现, 同样选用两个 Gumbel 分布, 经频率计算, 两个序列重现期 25 年的年最大洪峰流量设计值将会是不同的. 如果两个序列为 30 年的年最大洪峰流量, 则重现期 25 年的年最大洪峰流量设计值也会是不同的. 这种现象说明, 由于频率分析采用的样本长度有限, 所以会导致设计洪水值出现不确定性. 进而, 用 30 年最大洪峰流量序列估算重现期 25 年的年最大洪峰流量设计值, 其可靠性高于 15 年最大洪峰流量序列的计算结果 (Tung et al., 2006). 上述说明水文设计值 (分位数)x_T 估算值的不确定性依赖于样本大小、数据的外推程度和抽样数据序列的概率分布 (Stedinger,1983). 因此, 有必要量化这种不确定性. 本章引用金光炎 (1959)、Stedinger (1983)、Shin (2009) 和 Tung 等 (2006), 推导和叙述水文设计值置信区间计算原理与方法.

9.1 水文设计值置信区间

实际中, 有两种方法描述统计分位数的不确定性程度, 即标准误差 (standard error) 和置信区间 (confidence interval or confidence limit). 由于给定重现期的设计值具有不确定性, 所以, 其设计值可认为服从某一分布的随机变量. 设计值的标准误差 s_e 描述由样本估算的设计值与真设计值 (真设计值未知) 的标准偏离. 样本估算设计值的置信区间是描述给定概率下包含真设计值的取值区间 (Tung et al., 2006). 如图 1 所示.

估算值变化的度量可采用标准差 (standard error 或 standard deviation) s_T

$$s_T = \sqrt{\left[\hat{x}_T - E\left(\hat{x}_T\right)\right]^2} \tag{1}$$

式中, $\hat{x}_T$ 为事件 x_i 的计算估计值, 计算估计值与真值之间的偏差主要有两个方面: ①由于短样本数据导致分布参数偏差; ②样本选用的理论分布不正确. 本节标准差主要处理上述第一种情况. 设分布有 k 个参数. 为了得到估算值的标准差或方差, 设函数 $g(\theta) = g(\theta_1, \theta_2, \cdots, \theta_k)$ 具有参数 $\theta_1, \theta_2, \cdots, \theta_k$. θ_i 有均值 α_i 和 $\dfrac{1}{n}$ 阶参数的方差——协方差. 假定 $g_i'(\alpha) = \dfrac{\partial g(\theta)}{\partial \theta_i}$, 则 $g(\theta)$ 可用泰勒级数形式:

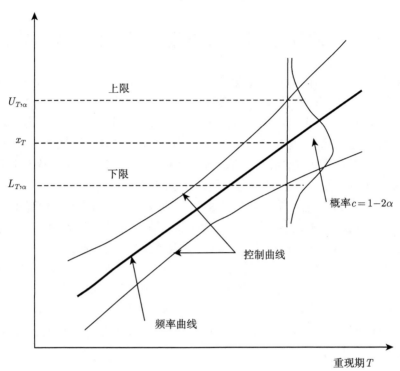

图 1　置信区间的定义

$$g(\theta) = g(\alpha) + \sum_{i=1}^{k} g_i'(\alpha)(\theta_i - \alpha_i) + \sum_{i=1}^{k}\sum_{j=1}^{k} g_i''(\alpha)(\theta_i - \alpha_i)(\theta_j - \alpha_j) \qquad (2)$$

忽略二阶以上项, 则有

$$g(\theta) = g(\alpha) + \sum_{i=1}^{k} g_i'(\alpha)(\theta_i - \alpha_i) \qquad (3)$$

因为 $E(\theta_i) \approx \alpha_i$, 随机变量 $g(\theta)$ 的数学期望近似为 $E[g(\theta_i)] \approx g(\alpha_i)$, 所以 $g(\theta)$ 的方差近似为

$$\mathrm{var}[g(\theta)] = E\left[\sum_{i=1}^{k} g_i'(\alpha)(\theta_i - \alpha_i)\right]^2$$

$$= E\left\{\sum_{i=1}^{k}[g_i'(\alpha)(\theta_i - \alpha_i)]^2 + \sum_{i=1}^{k}\sum_{j=1,i\neq j}^{k}[g_i'(\alpha)(\theta_i - \alpha_i)\,g_j'(\alpha)(\theta_j - \alpha_j)]\right\}$$

$$= \sum_{i=1}^{k} \left[g_i'(\alpha) \right]^2 \mathrm{var}(\theta_i) + \sum_{i=1}^{k} \sum_{j=1, i \neq j}^{k} g_i'(\alpha) g_j'(\alpha) \mathrm{cov}(\theta_i, \theta_j) \tag{4}$$

对于 $k = 3$, 有

$$\begin{aligned} \mathrm{var}[g(\theta)] &= \sum_{i=1}^{3} \left[g_i'(\alpha) \right]^2 \mathrm{var}(\theta_i) + \sum_{i=1}^{3} \sum_{j=1, i \neq j}^{3} g_i'(\alpha) g_j'(\alpha) \mathrm{cov}(\theta_i, \theta_j) \\ &= \left[g_1'(\alpha) \right]^2 \mathrm{var}(\theta_1) + \left[g_2'(\alpha) \right]^2 \mathrm{var}(\theta_2) + \left[g_3'(\alpha) \right]^2 \mathrm{var}(\theta_3) \\ &\quad + 2 g_1'(\alpha) g_2'(\alpha) \mathrm{cov}(\theta_1, \theta_2) + 2 g_1'(\alpha) g_3'(\alpha) \mathrm{cov}(\theta_1, \theta_3) \\ &\quad + 2 g_2'(\alpha) g_3'(\alpha) \mathrm{cov}(\theta_2, \theta_3) \end{aligned}$$

$\hat{x}_T$ 的近似方差为

$$\begin{aligned} s_T^2 = \mathrm{var}(\hat{x}_T) &= \left(\frac{\partial x_T}{\partial \theta_1} \right)^2 \mathrm{var}(\hat{\theta}_1) + \left(\frac{\partial x_T}{\partial \theta_2} \right)^2 \mathrm{var}(\hat{\theta}_2) + \left(\frac{\partial x_T}{\partial \theta_3} \right)^2 \mathrm{var}(\hat{\theta}_3) \\ &\quad + 2 \frac{\partial x_T}{\partial \theta_1} \frac{\partial x_T}{\partial \theta_2} \mathrm{cov}(\hat{\theta}_1, \hat{\theta}_2) + 2 \frac{\partial x_T}{\partial \theta_1} \frac{\partial x_T}{\partial \theta_3} \mathrm{cov}(\hat{\theta}_1, \hat{\theta}_3) + 2 \frac{\partial x_T}{\partial \theta_2} \frac{\partial x_T}{\partial \theta_3} \mathrm{cov}(\hat{\theta}_2, \hat{\theta}_3) \end{aligned} \tag{5}$$

根据渐近理论 (asymptotic theory), 当 $n \to \infty$ 时, $\hat{x}_T$ 的分布近似服从均值为 $\overline{x}_T$, 方差为 s_T^2 的正态分布, 重现期为 T 的分位数在置信水平 $1 - \alpha$ 下的置信区间为 (图 2)

$$\hat{x}_L = \hat{x}_T \pm u_{1-\frac{\alpha}{2}} \hat{s}_T \tag{6}$$

式中, $\hat{x}_L$ 为置信区间; $u_{1-\frac{\alpha}{2}}$ 为标准正态分布在 $1 - \frac{\alpha}{2}$ 下的分位数; $\hat{x}_T$ 为重现期 T 的设计估计值; $\hat{s}_T$ 为 $\hat{x}_T$ 的标准差.

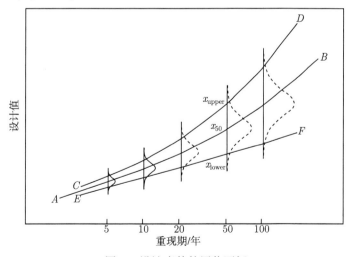

图 2　设计事件的置信区间

式 (5) 右边各项取决于分布参数的估算方法. 本章给出矩法、极大似然法和概率权重法参数估算的设计值标准差估算公式.

9.2　矩法分布参数估算的设计值近似方差

对于矩法推算分布参数, $\hat{x}_T$ 主要取决于分布的前三阶矩

$$\hat{x}_T = f\left(m_1', m_2, m_3, T\right) \tag{7}$$

因为 T 为给定重现期, 不是变量, 所以

$$
\begin{aligned}
s_T^2 = \mathrm{var}\left(\hat{x}_T\right) = {} & \left(\frac{\partial x_T}{\partial m_1'}\right)^2 \mathrm{var}\left(\hat{m}_1'\right) + \left(\frac{\partial x_T}{\partial m_2}\right)^2 \mathrm{var}\left(\hat{m}_2\right) \\
& + \left(\frac{\partial x_T}{\partial m_3}\right)^2 \mathrm{var}\left(\hat{m}_3\right) + 2\frac{\partial x_T}{\partial m_1'}\frac{\partial x_T}{\partial m_2}\mathrm{cov}\left(\hat{m}_1', \hat{m}_2\right) \\
& + 2\frac{\partial x_T}{\partial m_1'}\frac{\partial x_T}{\partial m_3}\mathrm{cov}\left(\hat{m}_1', \hat{m}_3\right) + 2\frac{\partial x_T}{\partial m_2}\frac{\partial x_T}{\partial m_3}\mathrm{cov}\left(\hat{m}_2, \hat{m}_3\right)
\end{aligned} \tag{8}
$$

对于给定重现期 T, 其设计值为 $\hat{x}_T$

$$\hat{x}_T = \hat{m}_1' + K_T\sqrt{\hat{m}_2} \tag{9}$$

式中, K_T 为偏态系数 g 的函数, $K_T = K_T\left(g, T\right)$, 又称离均系数, $g = \dfrac{m_3}{m_2^{3/2}}$.

根据式 (9), 有

$$\frac{\partial x_T}{\partial \hat{m}'} = 1 \tag{10}$$

$$
\begin{aligned}
\frac{\partial x_T}{\partial m_2} &= \frac{K_T}{2\sqrt{m_2}} + \sqrt{m_2}\frac{\partial K_T}{\partial m_2} = \frac{K_T}{2\sqrt{m_2}} + \sqrt{m_2}\frac{\partial K_T}{\partial g}\frac{\partial g}{m_2} \\
&= \frac{K_T}{2\sqrt{m_2}} - \frac{3m_3}{2}m_2^{1/2}m_2^{-5/2}\frac{\partial K_T}{\partial g} = \frac{K_T}{2\sqrt{m_2}} - \frac{3m_3}{2}m_2^{-4/2}\frac{\partial K_T}{\partial g} \\
&= \frac{K_T}{2\sqrt{m_2}} - \frac{3m_3}{2m_2^{3/2}m_2^{1/2}}\frac{\partial K_T}{\partial g} = \frac{K_T}{2\sqrt{m_2}} - \frac{3}{2}\frac{m_3}{m_2^{3/2}}\frac{1}{m_2^{1/2}}\frac{\partial K_T}{\partial g} \\
&= \frac{K_T}{2\sqrt{m_2}} - \frac{3g}{2\sqrt{m_2}}\frac{\partial K_T}{\partial g}
\end{aligned} \tag{11}
$$

$$\frac{\partial x_T}{\partial m_3} = \frac{\partial x_T}{\partial K_t}\frac{\partial K_T}{\partial g}\frac{\partial g}{\partial m_3} = \sqrt{m_2}\frac{\partial K_T}{\partial g}\frac{1}{m_2^{3/2}} = \frac{1}{m_2}\frac{\partial K_T}{\partial g} \tag{12}$$

把式 (10)—(12) 代入式 (8), 有

$$s_T^2 = \mathrm{var}\left(\hat{x}_T\right) = 1 \cdot \mathrm{var}\left(\hat{m}_1'\right) + \left(\frac{K_T}{2\sqrt{m_2}} - \frac{3g}{2\sqrt{m_2}}\frac{\partial K_T}{\partial g}\right)^2 \mathrm{var}\left(\hat{m}_2\right)$$

$$+ \left(\frac{1}{m_2} \frac{\partial K_T}{\partial g} \right)^2 \text{var} \left(\hat{m}_3 \right) + 2 \times 1 \cdot \frac{K_T}{2\sqrt{m_2}} - \frac{3g}{2\sqrt{m_2}} \frac{\partial K_T}{\partial g} \text{cov} \left(\hat{m}_1', \hat{m}_2 \right)$$

$$+ 2 \times 1 \cdot \frac{1}{m_2} \frac{\partial K_T}{\partial g} \text{cov} \left(\hat{m}_1', \hat{m}_3 \right) + 2 \left(\frac{K_T}{2\sqrt{m_2}} - \frac{3g}{2\sqrt{m_2}} \frac{\partial K_T}{\partial g} \right) \frac{1}{m_2} \frac{\partial K_T}{\partial g} \text{cov} \left(\hat{m}_2, \hat{m}_3 \right)$$

$$= \text{var} \left(\hat{m}_1' \right) + \left[\frac{1}{2\sqrt{m_2}} \left(K_T - 3g \frac{\partial K_T}{\partial g} \right) \right]^2 \text{var} \left(\hat{m}_2 \right)$$

$$+ \frac{1}{m_2^2} \left(\frac{\partial K_T}{\partial g} \right)^2 \text{var} \left(\hat{m}_3 \right) + \frac{1}{\sqrt{m_2}} \left(K_T - 3g \frac{\partial K_T}{\partial g} \right) \text{cov} \left(\hat{m}_1', \hat{m}_2 \right)$$

$$+ \frac{2}{m_2} \frac{\partial K_T}{\partial g} \text{cov} \left(\hat{m}_1', \hat{m}_3 \right) + \frac{1}{m_2^{3/2}} \frac{\partial K_T}{\partial g} \left(K_T - 3g \frac{\partial K_T}{\partial g} \right) \text{cov} \left(\hat{m}_2, \hat{m}_3 \right) \tag{13}$$

以下推求 $\text{var} \left(\hat{m}_1' \right)$, $\text{var} \left(\hat{m}_2 \right)$, $\text{var} \left(\hat{m}_3 \right)$, $\text{cov} \left(\hat{m}_1', \hat{m}_2 \right)$, $\text{cov} \left(\hat{m}_1', \hat{m}_3 \right)$ 和 $\text{cov} \left(\hat{m}_2, \hat{m}_3 \right)$.

9.2.1 均值的方差误

$$\text{var} \left(\hat{m}_1' \right) = D \left(\frac{x_1 + x_2 + \cdots + x_n}{n} \right)$$

$$= \frac{1}{n^2} D \left(x_1 + x_2 + \cdots + x_n \right) = \frac{1}{n^2} \left[D \left(x_1 \right) + D \left(x_2 \right) + \cdots + D \left(x_n \right) \right]$$

$$= \frac{1}{n^2} n \mu_2 = \frac{\mu_2}{n}$$

$$\text{var} \left(\hat{m}_1' \right) = \frac{\mu_2}{n}; \quad \sigma_{\hat{m}'} = \sqrt{\frac{\mu_2}{n}} \tag{14}$$

9.2.2 原点矩的均方误

设由样本计算的 r 阶原点矩为 $v_r' = \frac{1}{n} \sum x_i^r$, 其数学期望为 v_r, 则样本 r 阶原点矩的方差为

$$D \left(v_r' \right) = E \left(\frac{1}{n} \sum x_i^r - v_r \right)^2 = E \left[\frac{1}{n^2} \left(\sum x_i^r \right)^2 - 2 \frac{1}{n} v_r \sum x_i^r + v_r^2 \right]$$

$$= \frac{1}{n^2} \left[E \left(\sum x_i^r \right)^2 - 2 n v_r \sum E \left(x_i^r \right) + n^2 v_r^2 \right]$$

对于第 1 项 $\left(\sum x_i^r \right)^2$, $i = 1, 2, \cdots, n$, 则 $\left(\sum x_i^r \right)^2 = \sum_{i=1}^{n} x_i^{2r} + 2 \sum_{i=1, j=1; i \neq j}^{n} x_i^r x_j^r$, 即

$$\begin{array}{ccccc} x_1^r x_1^r & x_1^r x_2^r & \cdots & x_1^r x_{n-1}^r & x_1^r x_n^r \\ x_2^r x_1^r & x_2^r x_2^r & \cdots & x_2^r x_{n-1}^r & x_1^r x_n^r \\ \vdots & \vdots & & \vdots & \vdots \\ x_{n-1}^r x_1^r & x_{n-1}^r x_2^r & \cdots & x_{n-1}^r x_{n-1}^r & x_{n-1}^r x_n^r \\ x_n^r x_1^r & x_n^r x_2^r & \cdots & x_n^r x_{n-1}^r & x_n^r x_n^r \end{array}$$

$\sum_{i=1}^{n} x_i^{2r}$ 共有 n 项, $2 \sum_{i=1,j=1;i \neq j}^{n} x_i^r x_j^r$, 因 $x_i^r x_j^r = x_j^r x_i^r$, 且 $i \neq j$, 故共有 $n^2 - n = n(n-1)$ 项 $x_i^r x_j^r$, $i \neq j$. 因此,

$$E\left(\sum x_i^r\right)^2 = E\left(\sum_{i=1}^{n} x_i^{2r}\right) + E\left(2 \sum_{i=1,j=1;i \neq j}^{n} x_i^r x_j^r\right)$$

$$= E\left(\sum_{i=1}^{n} x_i^{2r}\right) + E\left(\sum_{i=1,j=1;i \neq j;n(n-1)项} x_i^r x_j^r\right)$$

$$= \sum_{i=1}^{n} E\left(x_i^{2r}\right) + \sum_{i=1,j=1;i \neq j;n(n-1)项} E\left(x_i^r x_j^r\right)$$

因为 x_i^r, x_j^r 独立, 所以 $E\left(x_i^r x_j^r\right) = E\left(x_i^r\right) E\left(x_j^r\right) = v_r^2$. 综上分析, 有

$$E\left(\sum x_i^r\right)^2 = \sum_{i=1}^{n} E\left(x_i^{2r}\right) + \sum_{i=1,j=1;i \neq j;n(n-1)项} E\left(x_i^r x_j^r\right) = nv_{2r} + n(n-1)v_r^2$$

本章以后节采用相同的方法和结果. 则

$$D\left(v_r'\right) = \frac{1}{n^2}\left[E\left(\sum x_i^r\right)^2 - 2nv_r \sum E\left(x_i^r\right) + n^2 v_r^2\right]$$

$$= \frac{1}{n^2}\left[nv_{2r} + n(n-1)v_r^2 - 2n^2 v_r^2 + n^2 v_r^2\right]$$

$$= \frac{1}{n^2}\left[nv_{2r} + n^2 v_r^2 - nv_r^2 - 2n^2 v_r^2 + n^2 v_r^2\right] = \frac{1}{n^2}\left(nv_{2r} - nv_r^2\right) = \frac{1}{n}\left(v_{2r} - v_r^2\right)$$

则

$$D\left(v_r'\right) = \frac{v_{2r} - v_r^2}{n}; \quad \sigma_{v_r'} = \frac{v_{2r} - v_r^2}{n} \tag{15}$$

9.2.3　原点矩的协方差

$$\mathrm{cov}\left(v_r', v_s'\right) = E\left[(v_r' - v_r)(v_s' - v_s)\right] = E\left[\left(\frac{1}{n}\sum x_i^r - v_r\right)\left(\frac{1}{n}\sum x_i^s - v_s\right)\right]$$

$$= E\left(\frac{1}{n^2}\sum x_i^r \sum x_i^s - v_r \frac{1}{n}\sum x_i^s - v_s \frac{1}{n}\sum x_i^r + v_r v_s\right)$$

$$= \frac{1}{n^2}E\left(\sum x_i^r \sum x_i^s\right) - v_r \frac{1}{n}E\left(\sum x_i^s\right) - v_s \frac{1}{n}E\left(\sum x_i^r\right) + E\left(v_r v_s\right)$$

对于 $\sum x_i^r \sum x_i^s$, 有

$$
\begin{array}{ccccc}
x_1^r x_1^s & x_1^r x_2^s & \cdots & x_1^r x_{n-1}^s & x_1^r x_n^s \\
x_2^r x_1^s & x_2^r x_2^s & \cdots & x_2^r x_{n-1}^s & x_1^r x_n^s \\
\vdots & \vdots & & \vdots & \vdots \\
x_{n-1}^r x_1^s & x_{n-1}^r x_2^s & \cdots & x_{n-1}^r x_{n-1}^s & x_{n-1}^r x_n^s \\
x_n^r x_1^s & x_n^r x_2^s & \cdots & x_n^r x_{n-1}^s & x_n^r x_n^s
\end{array}
$$

同样, 有

$$
\begin{aligned}
E \sum x_i^r \sum x_i^s &= \sum_{i=1}^n E\left(x_i^r x_i^s\right) + \sum_{i=1,j=1;i\neq j;n(n-1)\text{项}} E\left(x_i^r x_j^s\right) \\
&= \sum_{i=1}^n E\left(x_i^{r+s}\right) + \sum_{i=1,j=1;i\neq j;n(n-1)\text{项}} E\left(x_i^r x_j^s\right) \\
&= n v_{v+s} + n\left(n-1\right) v_r v_s
\end{aligned}
$$

$$
\begin{aligned}
\operatorname{cov}\left(v_r', v_s'\right) &= \frac{1}{n^2} E\left(\sum x_i^r \sum x_i^s\right) - v_r \frac{1}{n} E\left(\sum x_i^s\right) - v_s \frac{1}{n} E\left(\sum x_i^r\right) + E\left(v_r v_s\right) \\
&= \frac{1}{n^2}\left[n v_{v+s} + n\left(n-1\right) v_r v_s\right] - v_r \frac{1}{n} n v_s - v_s \frac{1}{n} n v_r + v_r v_s \\
&= \frac{1}{n^2}\left(n v_{v+s} + n^2 v_r v_s - n v_r v_s\right) - v_r v_s - v_s v_r + v_r v_s \\
&= \frac{1}{n} v_{v+s} + v_r v_s - \frac{1}{n} v_r v_s - v_r v_s - v_s v_r + v_r v_s \\
&= \frac{1}{n} v_{v+s} - \frac{1}{n} v_r v_s = \frac{1}{n}\left(v_{v+s} - v_r v_s\right)
\end{aligned}
$$

即

$$
\operatorname{cov}\left(v_r, v_s\right) = \frac{1}{n}\left(v_{v+s} - v_r v_s\right) \tag{16}
$$

9.2.4 中心矩的均方误

样本计算的 r 阶中心矩为 $\mu_r' = \frac{1}{n} \sum\left(x_i - \overline{x}\right)^r$, 则

$$
\begin{aligned}
D\left(\mu_r'\right) &= \frac{1}{n} E\left[\sum\left(x_i - \overline{x}\right)^r\right] = \frac{1}{n} E\left[\sum\left(x_i^r - r\overline{x} x_i^{r-1} + \frac{r\left(r-1\right)}{2}\left(\overline{x}\right)^2 x_i^{r-2} \mp \cdots\right)\right] \\
&= \frac{1}{n} E\left[\sum\left(x_i^r - r\left(\frac{1}{n}\sum x_i\right) x_i^{r-1} + \frac{r\left(r-1\right)}{2}\left(\frac{1}{n}\sum x_i\right)^2 x_i^{r-2} \mp \cdots\right)\right] \\
&= \frac{1}{n} E\left[\sum x_i^r - \frac{r}{n}\sum x_i \sum x_i^{r-1} + \frac{r\left(r-1\right)}{2n^2}\left(\sum x_i\right)^2 \sum x_i^{r-2} \mp \cdots\right]
\end{aligned}
$$

$\left(\sum x_i\right)^2$ 按上述方法展开, 有

$$
D\left(\mu_r'\right) = \frac{1}{n} E\left[\sum x_i^r - \frac{r}{n}\sum x_i \sum x_i^{r-1} + \frac{r\left(r-1\right)}{2n^2}\left(\sum x_i\right)^2 \sum x_i^{r-2} \mp \cdots\right]
$$

$$=\frac{1}{n}E\left[\sum x_i^r - \frac{r}{n}\sum x_i \sum x_i^{r-1}\right.$$

$$\left.+\frac{r(r-1)}{2n^2}\left(\sum x_i^2 + \sum_{i\neq j;n(n-1)\text{项}} x_i x_j\right)\sum x_i^{r-2} \mp \cdots\right]$$

$$=\frac{1}{n}E\left[\sum x_i^r - \frac{r}{n}\left(\sum x_i^r + \sum_{i\neq j;n(n-1)\text{项}} x_i x_j^{r-1}\right)\right.$$

$$\left.+\frac{r(r-1)}{2n^2}\left(\sum x_i^2 + \sum_{i\neq j;n(n-1)\text{项}} x_i x_j\right)\sum x_i^{r-2} \mp \cdots\right]$$

$$=\frac{1}{n}E\left[\sum x_i^r - \frac{r}{n}\left(\sum x_i^r + \sum_{i\neq j;n(n-1)\text{项}} x_i x_j^{r-1}\right)\right.$$

$$+\frac{r(r-1)}{2n^2}\left(\sum x_i^r + \sum_{i\neq j;n(n-1)\text{项}} x_i^2 x_j^{r-2} + 2\sum_{i\neq j;n(n-1)\text{项}} x_i x_j^{r-1}\right.$$

$$\left.\left.+ \sum_{i\neq j\neq k;(n-1)(n-2)\text{项}} x_i x_j x_k^{r-2}\right) \mp \cdots\right]$$

$$=\frac{1}{n}\left[v_r - \frac{r}{n}\left(v_r + n(n-1)v_r v_{r-1}\right) + \frac{r(r-1)}{2n^2}\left(v_r + n(n-1)v_r v_{r-2}\right.\right.$$

$$\left.\left.+2n(n-1)v_r v_{r-1} + (n-1)(n-2)v_1^2 v_{r-2}\right) \mp \cdots\right]$$

略去高次项, 有

$$D(\mu_r') = \text{var}(m_r') = \frac{1}{n}\left(\mu_{2r} - \mu_r^2 + r^2\mu_2\mu_{r-1}^2 - 2r\mu_{r+1}\mu_{r-1}\right) \tag{17}$$

9.2.5   中心矩的协方差

$$\text{cov}(\mu_r, \mu_s) = \text{var}(m_r', m_s')$$

$$= \frac{1}{n}\left(\mu_{r+s} - \mu_r\mu_s + rs\mu_2\mu_{r-1}\mu_{s-1} - r\mu_{s+1}\mu_{r-1} - s\mu_{r+1}\mu_{s-1}\right) \tag{18}$$

9.2.6   原点矩与中心矩的协方差

$$\text{cov}(v_r, \mu_s) = \frac{1}{n}\left(\mu_{r+s} - \mu_r\mu_s - s\mu_{r+1}\mu_{s-1}\right) \tag{19}$$

9.2.7   均方差的均方误

因为 $\sigma = \sqrt{\mu_2}$, 所以 $\dfrac{\partial \sigma}{\partial \mu_2} = \dfrac{1}{2\sqrt{\mu_2}}$.

$$\sigma_\sigma = \sqrt{\left(\frac{\partial\sigma}{\partial\mu_2}\right)^2 \sigma_{\mu_2}^2} = \sqrt{\frac{1}{4\mu_2}\sigma_{\mu_2}^2}. \ \text{由}$$

$$\sigma_{\mu_r} = \sqrt{\frac{1}{n}\left(\mu_{2r} - \mu_r^2 + r^2\mu_2\mu_{r-1}^2 - 2r\mu_{r+1}\mu_{r-1}\right)}$$

知, 当 $r = 2$ 时, $\sigma_{\mu_2} = \sqrt{\frac{1}{n}\left(\mu_4 - \mu_2^2 + 4\mu_2\mu_1^2 - 4\mu_3\mu_1\right)}$, 又因 $\mu_1 = 0$, 故 $\sigma_{\mu_2} = \sqrt{\frac{1}{n}\left(\mu_4 - \mu_2^2\right)}$.

$$\sigma_\sigma = \sqrt{\frac{1}{4\mu_2}\sigma_{\mu_2}^2} = \sqrt{\frac{1}{4\mu_2}\frac{1}{n}\left(\mu_4 - \mu_2^2\right)} = \sqrt{\frac{\mu_4 - \mu_2^2}{4n\mu_2}} \tag{20}$$

9.2.8 偏差系数的均方误

$C_v = \frac{\sigma}{\bar{x}} = \frac{\sqrt{\mu_2}}{v_1}$, $\frac{\partial C_v}{\partial \mu_2} = \frac{1}{2v_1\sqrt{\mu_2}}$, $\frac{\partial C_v}{\partial v_1} = -\frac{\sqrt{\mu_2}}{v_1^2}$. 由 $\text{cov}(v_r, \mu_s) = \frac{1}{n}\big(\mu_{r+s} - \mu_r\mu_s - s\mu_{r+1}\mu_{s-1}\big)$, 当 $r = 1, s = 2$ 时, $\text{cov}(v_1, \mu_2) = \frac{1}{n}\left(\mu_3 - \mu_1\mu_2 - 2\mu_2\mu_1\right)$. 因 $\mu_1 = 0$, 故 $\text{cov}(v_1, \mu_2) = \frac{\mu_3}{n}$. $\sigma_{C_v} = \sqrt{\left(\frac{\partial C_v}{\partial \mu_2}\sigma_{\mu_2}\right)^2 + \left(\frac{\partial C_v}{\partial v_1}\sigma_{v_1}\right)^2 + 2\frac{\partial C_v}{\partial \mu_2}\frac{\partial C_v}{\partial v_1}\text{cov}(v_1, \mu_2)}$. 因 $\sigma_{\mu_2} = \sqrt{\frac{1}{n}\left(\mu_4 - \mu_2^2\right)}$, $\sigma_{v_1} = \sigma_{\bar{x}} = \sqrt{\frac{\mu_2}{n}}$, 故

$$\sigma_{C_v} = \sqrt{\left(\frac{\partial C_v}{\partial \mu_2}\sigma_{\mu_2}\right)^2 + \left(\frac{\partial C_v}{\partial v_1}\sigma_{v_1}\right)^2 + 2\frac{\partial C_v}{\partial \mu_2}\frac{\partial C_v}{\partial v_1}\text{cov}(v_1, \mu_2)}$$

$$= \sqrt{\left(\frac{1}{2v_1\sqrt{\mu_2}}\sqrt{\frac{1}{n}\left(\mu_4 - \mu_2^2\right)}\right)^2 + \left(-\frac{\sqrt{\mu_2}}{v_1^2}\sqrt{\frac{\mu_2}{n}}\right)^2 - 2\frac{1}{2v_1\sqrt{\mu_2}}\frac{\sqrt{\mu_2}}{v_1^2}\frac{\mu_3}{n}}$$

$$= \sqrt{\frac{\mu_4 - \mu_2^2}{4nv_1^2\mu_2} + \frac{\mu_2^2}{nv_1^4} - \frac{\mu_3}{nv_1^3}} = \sqrt{\frac{1}{n}\left(\frac{\mu_4 - \mu_2^2}{4v_1^2\mu_2} + \frac{\mu_2^2}{v_1^4} - \frac{\mu_3}{v_1^3}\right)}$$

$$= \sqrt{\frac{\mu_2}{nv_1^2}\left(\frac{\mu_4 - \mu_2^2}{4\mu_2^2} + \frac{\mu_2}{v_1^2} - \frac{\mu_3}{v_1\mu_2}\right)} = \sqrt{\frac{\mu_4 - \mu_2^2}{4nv_1^2\mu_2} + \frac{\mu_2^2}{nv_1^4} - \frac{\mu_3}{nv_1^3}}$$

$$= \sqrt{\frac{1}{n}\left(\frac{\mu_4 - \mu_2^2}{4v_1^2\mu_2} + \frac{\mu_2^2}{v_1^4} - \frac{\mu_3}{v_1^3}\right)} = \sqrt{\frac{\mu_2}{nv_1^2}\left(\frac{\mu_4 - \mu_2^2}{4\mu_2^2} + \frac{\mu_2}{v_1^2} - \frac{\mu_3}{v_1\mu_2}\right)}$$

$$= \frac{C_v}{\sqrt{n}}\sqrt{\frac{\mu_4 - \mu_2^2}{4\mu_2^2} + \frac{\mu_2}{v_1^2} - \frac{\mu_3}{v_1\mu_2}} = \frac{C_v}{\sqrt{n}}\sqrt{\frac{\mu_4}{4\mu_2^2} - \frac{1}{4} + \frac{\mu_2}{v_1^2} - \frac{\mu_3}{v_1\mu_2}}$$

$$= \frac{C_v}{\sqrt{n}}\sqrt{\frac{\mu_4}{4\mu_2^2} - \frac{1}{4} + \frac{\mu_2}{\bar{x}^2} - \frac{\mu_3}{\bar{x}\mu_2}} \tag{21}$$

9.2.9　偏态系数的均方误

$$C_s = \frac{\mu_3}{\mu_2^{3/2}}, \quad \frac{\partial C_s}{\partial \mu_3} = \frac{1}{\mu_2^{3/2}}, \quad \frac{\partial C_s}{\partial \mu_2} = -\frac{3\mu_3}{2\mu_2^{5/2}}$$

由 $\mathrm{cov}(\mu_r, \mu_s) = \frac{1}{n}\left(\mu_{r+s} - \mu_r\mu_s + rs\mu_2\mu_{r-1}\mu_{s-1} - r\mu_{s+1}\mu_{r-1} - s\mu_{r+1}\mu_{s-1}\right)$, 当 $r = 2$, $s = 3$ 时, $\mathrm{cov}(\mu_2, \mu_3) = \frac{1}{n}\left(\mu_5 - \mu_2\mu_3 + 6\mu_2^2\mu_1 - 2\mu_4\mu_1 - 3\mu_2\mu_3\right)$. 因 $\mu_1 = 0$, 故 $\mathrm{cov}\left(\mu_2, \mu_3\right) = \frac{1}{n}\left(\mu_5 - 4\mu_2\mu_3\right)$. 由 $\sigma_{\mu_r} = \sqrt{\frac{1}{n}\left(\mu_{2r} - \mu_r^2 + r^2\mu_2\mu_{r-1}^2 - 2r\mu_{r+1}\mu_{r-1}\right)}$,
得

$$\sigma_{\mu_3} = \sqrt{\frac{1}{n}\left(\mu_6 - \mu_3^2 + 9\mu_2^3 - 6\mu_4\mu_2\right)}$$

$$\sigma_{\mu_2} = \sqrt{\frac{1}{n}\left(\mu_4 - \mu_2^2 + 4\mu_2\mu_1^2 - 4\mu_3\mu_1\right)} = \sqrt{\frac{1}{n}\left(\mu_4 - \mu_2^2\right)}$$

则

$$\sigma_{C_s} = \sqrt{\left(\frac{\partial C_s}{\partial \mu_3}\sigma_{\mu_3}\right)^2 + \left(\frac{\partial C_s}{\partial \mu_2}\sigma_{\mu_2}\right)^2 + 2\frac{\partial C_s}{\partial \mu_3}\frac{\partial C_s}{\partial \mu_2}\mathrm{cov}\left(\mu_2, \mu_3\right)}$$

$$= \sqrt{\left(\frac{1}{\mu_2^{3/2}}\sqrt{\frac{1}{n}\left(\mu_6 - \mu_3^2 + 9\mu_2^3 - 6\mu_4\mu_2\right)}\right)^2 + \left(-\frac{3\mu_3}{2\mu_2^{5/2}}\sqrt{\frac{1}{n}\left(\mu_4 - \mu_2^2\right)}\right)^2 - 2\frac{1}{\mu_2^{3/2}}\frac{3\mu_3}{2\mu_2^{5/2}}\frac{1}{n}\left(\mu_5 - 4\mu_2\mu_3\right)}$$

$$= \sqrt{\frac{\mu_6 - \mu_3^2 + 9\mu_2^3 - 6\mu_4\mu_2}{n\mu_2^3} + \frac{9\mu_3^2\left(\mu_4 - \mu_2^2\right)}{4n\mu_2^5} - \frac{3\mu_3\left(\mu_5 - 4\mu_2\mu_3\right)}{n\mu_2^4}}$$

$$= \sqrt{\frac{1}{n}\left[\frac{\mu_6 - \mu_3^2 + 9\mu_2^3 - 6\mu_4\mu_2}{\mu_2^3} + \frac{9\mu_3^2\left(\mu_4 - \mu_2^2\right)}{4\mu_2^5} - \frac{3\mu_3\left(\mu_5 - 4\mu_2\mu_3\right)}{\mu_2^4}\right]}$$

$$= \sqrt{\frac{1}{n}\left(\frac{\mu_3}{\mu_2^{3/2}}\right)^2\left[\frac{\mu_6 - \mu_3^2 + 9\mu_2^3 - 6\mu_4\mu_2}{\mu_3^2} + \frac{9\left(\mu_4 - \mu_2^2\right)}{4\mu_2^2} - \frac{3\left(\mu_5 - 4\mu_2\mu_3\right)}{\mu_2\mu_3}\right]}$$

$$= \frac{C_s}{\sqrt{n}}\sqrt{\frac{\mu_6 - \mu_3^2 + 9\mu_2^3 - 6\mu_4\mu_2}{\mu_3^2} + \frac{9\left(\mu_4 - \mu_2^2\right)}{4\mu_2^2} - \frac{3\left(\mu_5 - 4\mu_2\mu_3\right)}{\mu_2\mu_3}}$$

$$= \frac{C_s}{\sqrt{n}}\sqrt{\frac{\mu_6}{\mu_3^2} - \frac{\mu_3^2}{\mu_3^2} + \frac{9\mu_2^3}{\mu_3^2} - \frac{6\mu_4\mu_2}{\mu_3^2} + \frac{9\mu_4}{4\mu_2^2} - \frac{9\mu_2^2}{4\mu_2^2} - \frac{3\mu_5}{\mu_2\mu_3} + \frac{12\mu_2\mu_3}{\mu_2\mu_3}}$$

$$= \frac{C_s}{\sqrt{n}}\sqrt{\frac{\mu_6}{\mu_3^2} - 1 + \frac{9\mu_2^3}{\mu_3^2} - \frac{6\mu_4\mu_2}{\mu_3^2} + \frac{9\mu_4}{4\mu_2^2} - \frac{9}{4} - \frac{3\mu_5}{\mu_2\mu_3} + 12}$$

$$= \frac{C_s}{\sqrt{n}}\sqrt{\frac{\mu_6}{\mu_3^2} + \frac{9\mu_2^3}{\mu_3^2} - \frac{6\mu_2\mu_4}{\mu_3^2} + \frac{9\mu_4}{4\mu_2^2} - \frac{3\mu_5}{\mu_2\mu_3} - 1 - \frac{9}{4} + 12}$$

$$=\frac{C_s}{\sqrt{n}}\sqrt{\frac{\mu_6}{\mu_3^2}+\frac{9\mu_2^3}{\mu_3^2}-\frac{6\mu_2\mu_4}{\mu_3^2}+\frac{9\mu_4}{4\mu_2^2}-\frac{3\mu_5}{\mu_2\mu_3}+\frac{35}{4}} \tag{22}$$

9.2.10 峰度系数的均方误

$C_e=\dfrac{\mu_4}{\mu_2^2}-3$，$\dfrac{\partial C_e}{\partial\mu_4}=\dfrac{1}{\mu_2^2}$，$\dfrac{\partial C_e}{\partial\mu_2}=-\dfrac{2\mu_4}{\mu_2^3}$. 令 $a_4=\dfrac{\mu_4}{\mu_2^2}$. 由 $\mathrm{cov}(v_r,\mu_s)=$ $\dfrac{1}{n}\left(\mu_{r+s}-\mu_r\mu_s-s\mu_{r+1}\mu_{s-1}\right)$，由 $\mathrm{cov}(\mu_r,\mu_s)=\dfrac{1}{n}\big(\mu_{r+s}-\mu_r\mu_s+rs\mu_2\mu_{r-1}\mu_{s-1}-$ $r\mu_{s+1}\mu_{r-1}-s\mu_{r+1}\mu_{s-1}\big)$，当 $r=2$，$s=4$ 时，$\mathrm{cov}\,(\mu_2,\mu_4)=\dfrac{1}{n}\big(\mu_6-\mu_2\mu_4+8\mu_2\mu_1\mu_3-$ $2\mu_5\mu_1-4\mu_3^2\big)$. 因 $\mu_1=0$，故 $\mathrm{cov}(\mu_2,\mu_4)=\dfrac{1}{n}\left(\mu_6-\mu_2\mu_4-4\mu_3^2\right)$. 由 $\sigma_{\mu_r}=$ $\sqrt{\dfrac{1}{n}\left(\mu_{2r}-\mu_r^2+r^2\mu_2\mu_{r-1}^2-2r\mu_{r+1}\mu_{r-1}\right)}$，得

$$\sigma_{\mu_4}=\sqrt{\frac{1}{n}\left(\mu_8-\mu_4^2+16\mu_2\mu_3^2-8\mu_3\mu_5\right)}$$

$$\sigma_{\mu_2}=\sqrt{\frac{1}{n}\left(\mu_4-\mu_2^2+4\mu_2\mu_1^2-4\mu_3\mu_1\right)}=\sqrt{\frac{1}{n}\left(\mu_4-\mu_2^2\right)}$$

则

$$\sigma_{C_e}=\sqrt{\left(\frac{\partial C_e}{\partial\mu_4}\sigma_{\mu_4}\right)^2+\left(\frac{\partial C_e}{\partial\mu_2}\sigma_{\mu_2}\right)^2+2\frac{\partial C_e}{\partial\mu_e}\frac{\partial C_e}{\partial\mu_2}\mathrm{cov}\left(\mu_2,\mu_4\right)}$$

$$=\sqrt{\left(\frac{1}{\mu_2^2}\sqrt{\frac{1}{n}\left(\mu_8-\mu_4^2+16\mu_2\mu_3^2-8\mu_3\mu_5\right)}\right)^2+\left(\frac{2\mu_4}{\mu_2^3}\sqrt{\frac{1}{n}\left(\mu_4-\mu_2^2\right)}\right)^2-2\frac{1}{\mu_2^2}\frac{2\mu_4}{\mu_2^3}\frac{1}{n}\left(\mu_6-\mu_2\mu_4-4\mu_3^2\right)}$$

$$=\sqrt{\frac{\mu_8-\mu_4^2+16\mu_2\mu_3^2-8\mu_3\mu_5}{n\mu_2^4}+\frac{4\mu_4^2\left(\mu_4-\mu_2^2\right)}{n\mu_2^6}-\frac{4\mu_4\left(\mu_6-\mu_2\mu_4-4\mu_3^2\right)}{n\mu_2^5}}$$

$$=\sqrt{\frac{1}{n}\left[\frac{\mu_8-\mu_4^2+16\mu_2\mu_3^2-8\mu_3\mu_5}{\mu_2^4}+\frac{4\mu_4^2\left(\mu_4-\mu_2^2\right)}{\mu_2^6}-\frac{4\mu_4\left(\mu_6-\mu_2\mu_4-4\mu_3^2\right)}{\mu_2^5}\right]}$$

$$=\sqrt{\frac{1}{n}\left(\frac{\mu_4}{\mu_2^2}\right)^2\left[\frac{\mu_8-\mu_4^2+16\mu_2\mu_3^2-8\mu_3\mu_5}{\mu_4^2}+\frac{4\left(\mu_4-\mu_2^2\right)}{\mu_2^2}-\frac{4\left(\mu_6-\mu_2\mu_4-4\mu_3^2\right)}{\mu_2\mu_4}\right]}$$

$$=\frac{a_4}{\sqrt{n}}\sqrt{\frac{\mu_8-\mu_4^2+16\mu_2\mu_3^2-8\mu_3\mu_5}{\mu_4^2}+\frac{4\left(\mu_4-\mu_2^2\right)}{\mu_2^2}-\frac{4\left(\mu_6-\mu_2\mu_4-4\mu_3^2\right)}{\mu_2\mu_4}}$$

$$=\frac{a_4}{\sqrt{n}}\sqrt{\frac{\mu_8}{\mu_4^2}-\frac{\mu_4^2}{\mu_4^2}+\frac{16\mu_2\mu_3^2}{\mu_4^2}-\frac{8\mu_3\mu_5}{\mu_4^2}+\frac{4\mu_4}{\mu_2^2}-\frac{4\mu_2^2}{\mu_2^2}-\frac{4\mu_6}{\mu_2\mu_4}+\frac{4\mu_2\mu_4}{\mu_2\mu_4}+\frac{16\mu_3^2}{\mu_2\mu_4}}$$

$$=\frac{a_4}{\sqrt{n}}\sqrt{\frac{\mu_8}{\mu_4^2}-1+\frac{16\mu_2\mu_3^2}{\mu_4^2}-\frac{8\mu_3\mu_5}{\mu_4^2}+\frac{4\mu_4}{\mu_2^2}-4-\frac{4\mu_6}{\mu_2\mu_4}+4+\frac{16\mu_3^2}{\mu_2\mu_4}}$$

$$=\frac{a_4}{\sqrt{n}}\sqrt{\frac{\mu_8}{\mu_4^2}+\frac{16\mu_2\mu_3^2}{\mu_4^2}-\frac{8\mu_3\mu_5}{\mu_4^2}+\frac{4\mu_4}{\mu_2^2}-\frac{4\mu_6}{\mu_2\mu_4}+\frac{16\mu_3^2}{\mu_2\mu_4}-1-4+4}$$

$$= \frac{a_4}{\sqrt{n}}\sqrt{\frac{\mu_8}{\mu_4^2} + \frac{16\mu_2\mu_3^2}{\mu_4^2} - \frac{8\mu_3\mu_5}{\mu_4^2} + \frac{4\mu_4}{\mu_2^2} - \frac{4\mu_6}{\mu_2\mu_4} + \frac{16\mu_3^2}{\mu_2\mu_4} - 1} \tag{23}$$

9.2.11　峰态系数与偏差系数比值的均方误

$$A = \frac{C_s}{C_v} = \frac{\mu_3/\mu_2^{3/2}}{\mu_2^{1/2}/\overline{x}} = \frac{\mu_3}{\mu_2^{3/2}}\frac{\overline{x}}{\mu_2^{1/2}} = \frac{\overline{x}\mu_3}{\mu_2^2}; \quad \frac{\partial A}{\partial \overline{x}} = \frac{\mu_3}{\mu_2^2}, \quad \frac{\partial A}{\partial \mu_3} = \frac{\overline{x}}{\mu_2^2}, \quad \frac{\partial A}{\partial \mu_2} = -\frac{2\overline{x}\mu_3}{\mu_2^3}$$

由 $\mathrm{cov}(v_r, \mu_s) = \frac{1}{n}(\mu_{r+s} - \mu_r\mu_s - s\mu_{r+1}\mu_{s-1})$, $\mathrm{cov}(\mu_r, \mu_s) = \frac{1}{n}(\mu_{r+s} - \mu_r\mu_s + rs\mu_2\mu_{r-1}\mu_{s-1} - r\mu_{s+1}\mu_{r-1} - s\mu_{r+1}\mu_{s-1})$, 考虑 $\mu_1 = 0$, 有

当 $r = 1$, $s = 3$ 时, $\mathrm{cov}(v_1, \mu_3) = \frac{1}{n}(\mu_4 - \mu_1\mu_3 - 3\mu_2^2) = \frac{1}{n}(\mu_4 - 3\mu_2^2)$;

当 $r = 1$, $s = 2$ 时, $\mathrm{cov}(v_1, \mu_2) = \frac{1}{n}(\mu_3 - \mu_1\mu_2 - 2\mu_2\mu_1) = \frac{1}{n}\mu_3$;

当 $r = 2$, $s = 3$ 时, $\mathrm{cov}(\mu_2, \mu_3) = \frac{1}{n}(\mu_5 - \mu_2\mu_3 + 6\mu_2\mu_1\mu_2 - 2\mu_4\mu_1 - 3\mu_3\mu_2) = \frac{1}{n}(\mu_5 - 4\mu_2\mu_3)$; 由 $\sigma_{\mu_r} = \sqrt{\frac{1}{n}(\mu_{2r} - \mu_r^2 + r^2\mu_2\mu_{r-1}^2 - 2r\mu_{r+1}\mu_{r-1})}$, 得

$$\sigma_{\mu_2} = \sqrt{\frac{1}{n}(\mu_4 - \mu_2^2 + 4\mu_2\mu_1^2 - 4\mu_3\mu_1)} = \sqrt{\frac{1}{n}(\mu_4 - \mu_2^2)}$$

$$\sigma_{\mu_3} = \sqrt{\frac{1}{n}(\mu_6 - \mu_3^2 + 9\mu_2^3 - 6\mu_3\mu_4)}$$

$\sigma_{v_1} = \sigma_{\overline{x}} = \sqrt{\dfrac{\mu_2}{n}}$. 则 $\sigma_{C_s/C_v} = \sqrt{W}$,

$$
\begin{aligned}
W &= \left(\frac{\partial A}{\partial \overline{x}}\sigma_{\overline{x}}\right)^2 + \left(\frac{\partial A}{\partial \mu_2}\sigma_{\mu_2}\right)^2 + \left(\frac{\partial A}{\partial \mu_3}\sigma_{\mu_3}\right)^2 + 2\frac{\partial A}{\partial \overline{x}}\frac{\partial A}{\partial \mu_3}\mathrm{cov}(\overline{x}, \mu_3) \\
&\quad + 2\frac{\partial A}{\partial \mu_2}\frac{\partial A}{\partial \mu_3}\mathrm{cov}(\mu_2, \mu_3) + 2\frac{\partial A}{\partial \overline{x}}\frac{\partial A}{\partial \mu_2}\mathrm{cov}(\overline{x}, \mu_2) \\
&= \left(\frac{\mu_3}{\mu_2^2}\sqrt{\frac{\mu_2}{n}}\right)^2 + \left(-\frac{2\overline{x}\mu_3}{\mu_2^3}\sqrt{\frac{1}{n}(\mu_4 - \mu_2^2)}\right)^2 + \left(\frac{\overline{x}}{\mu_2^2}\sqrt{\frac{1}{n}(\mu_6 - \mu_3^2 + 9\mu_2^3 - 6\mu_3\mu_4)}\right)^2 \\
&\quad + 2\frac{\mu_3}{\mu_2^2}\frac{\overline{x}}{\mu_2^2}\frac{1}{n}(\mu_4 - 3\mu_2^2) - 2\frac{2\overline{x}\mu_3}{\mu_2^3}\frac{\overline{x}}{\mu_2^2}\frac{1}{n}(\mu_5 - 4\mu_2\mu_3) - 2\frac{\mu_3}{\mu_2^2}\frac{2\overline{x}\mu_3}{\mu_2^3}\frac{1}{n}\mu_3 \\
&= \frac{\mu_3^2}{n\mu_2^3} + \frac{4(\overline{x})^2\mu_3^2(\mu_4 - \mu_2^2)}{n\mu_2^6} + \frac{(\overline{x})^2(\mu_6 - \mu_3^2 + 9\mu_2^3 - 6\mu_3\mu_4)}{n\mu_2^4} \\
&\quad + \frac{2\mu_3\overline{x}(\mu_4 - 3\mu_2^2)}{n\mu_2^4} - \frac{4(\overline{x})^2\mu_3(\mu_5 - 4\mu_2\mu_3)}{n\mu_2^5} - \frac{4\overline{x}\mu_3^3}{n\mu_2^5} \\
&= \frac{1}{n}\left[\frac{\mu_3^2}{\mu_2^3} + \frac{4(\overline{x})^2\mu_3^2(\mu_4 - \mu_2^2)}{\mu_2^6} + \frac{(\overline{x})^2(\mu_6 - \mu_3^2 + 9\mu_2^3 - 6\mu_3\mu_4)}{\mu_2^4}\right.
\end{aligned}
$$

$$\left. + \frac{2\mu_3\overline{x}\left(\mu_4 - 3\mu_2^2\right)}{\mu_2^4} - \frac{4\left(\overline{x}\right)^2\mu_3\left(\mu_5 - 4\mu_2\mu_3\right)}{\mu_2^5} - \frac{4\overline{x}\mu_3^3}{\mu_2^5} \right]$$

$$= \frac{1}{n}\left(\frac{\overline{x}\mu_3}{\mu_2^2}\right)^2\left[\frac{\mu_3}{\left(\overline{x}\right)^2} + \frac{4\left(\mu_4 - \mu_2^2\right)}{\mu_2^2} + \frac{\left(\mu_6 - \mu_3^2 + 9\mu_2^3 - 6\mu_3\mu_4\right)}{\mu_3^2}\right.$$

$$\left. + \frac{2\left(\mu_4 - 3\mu_2^2\right)}{\overline{x}\mu_3} - \frac{4\left(\mu_5 - 4\mu_2\mu_3\right)}{\mu_2\mu_3} - \frac{4\mu_3}{\overline{x}\mu_2}\right]$$

$$= \frac{1}{n}\left(\frac{\overline{x}\mu_3}{\mu_2^2}\right)^2\left[\frac{\mu_3}{\left(\overline{x}\right)^2} + \frac{\mu_6 - \mu_3^2 + 9\mu_2^3 - 6\mu_3\mu_4}{\mu_3^2} + \frac{4\left(\mu_4 - \mu_2^2\right)}{\mu_2^2}\right.$$

$$\left. + \frac{2\left(\mu_4 - 3\mu_2^2\right)}{\overline{x}\mu_3} - \frac{4\mu_3}{\overline{x}\mu_2} - \frac{4\left(\mu_5 - 4\mu_2\mu_3\right)}{\mu_2\mu_3}\right]$$

则

$$\sigma_{C_s/C_v}$$
$$= \frac{C_s}{C_v\sqrt{n}}$$
$$\cdot \sqrt{\frac{\mu_3}{\left(\overline{x}\right)^2} + \frac{\mu_6 - \mu_3^2 + 9\mu_2^3 - 6\mu_3\mu_4}{\mu_3^2} + \frac{4\left(\mu_4 - \mu_2^2\right)}{\mu_2^2} + \frac{2\left(\mu_4 - 3\mu_2^2\right)}{\overline{x}\mu_3} - \frac{4\mu_3}{\overline{x}\mu_2} - \frac{4\left(\mu_5 - 4\mu_2\mu_3\right)}{\mu_2\mu_3}}$$

$$\tag{24}$$

前述已推得, 有

$$\mathrm{var}\left(\hat{m}_1'\right) = \frac{\mu_2}{n} \tag{25}$$

$$\mathrm{var}\left(\hat{m}_2\right) = \frac{\mu_4 - \mu_2^2}{n} \tag{26}$$

$$\mathrm{var}\left(\hat{m}_3\right) = \frac{\mu_6 - \mu_3^2 - 6\mu_4\mu_2 + 9\mu_2^3}{n} \tag{27}$$

$$\mathrm{cov}\left(\hat{m}_1', \hat{m}_2\right) = \frac{\mu_3}{n} \tag{28}$$

$$\mathrm{cov}\left(\hat{m}_1', \hat{m}_3\right) = \frac{\mu_4 - 3\mu_2^2}{n} \tag{29}$$

$$\mathrm{cov}\left(\hat{m}_2, \hat{m}_3\right) = \frac{\mu_5 - 4\mu_3\mu_2}{n} \tag{30}$$

把式 (25)—(30) 代入式 (13), 并用总体矩代替样本矩, $\gamma_1 = g = \dfrac{\mu_3}{\mu_2^{3/2}}$; $\gamma_2 = \dfrac{\mu_4}{\mu_2^2}$; $\gamma_3 = \dfrac{\mu_5}{\mu_2^{5/2}}$; $\gamma_4 = \dfrac{\mu_6}{\mu_2^3}$, $m_2 = \mu_2$, 有

$$s_T^2 = \mathrm{var}\left(\hat{x}_T\right)$$
$$= \frac{\mu_2}{n} + \left[\frac{1}{2\sqrt{m_2}}\left(K_T - 3g\frac{\partial K_T}{\partial g}\right)\right]^2\frac{\mu_4 - \mu_2^2}{n}$$

$$
+ \frac{1}{m_2^2} \left(\frac{\partial K_T}{\partial g} \right)^2 \frac{\mu_6 - \mu_3^2 - 6\mu_4\mu_2 + 9\mu_2^3}{n} + \frac{1}{\sqrt{m_2}} \left(K_T - 3g\frac{\partial K_T}{\partial g} \right) \frac{\mu_3}{n}
$$

$$
+ \frac{2}{m_2} \frac{\partial K_T}{\partial g} \frac{\mu_4 - 3\mu_2^2}{n} + \frac{1}{m_2^{3/2}} \frac{\partial K_T}{\partial g} \left(K_T - 3g\frac{\partial K_T}{\partial g} \right) \frac{\mu_5 - 4\mu_3\mu_2}{n}
$$

$$
= \frac{\mu_2}{n} + \frac{1}{4\mu_2} \left(K_T - 3\gamma_1\frac{\partial K_T}{\partial \gamma_1} \right)^2 \frac{\mu_4 - \mu_2^2}{n}
$$

$$
+ \frac{1}{\mu_2^2} \left(\frac{\partial K_T}{\partial \gamma_1} \right)^2 \frac{\mu_6 - \mu_3^2 - 6\mu_4\mu_2 + 9\mu_2^3}{n} + \frac{1}{\sqrt{\mu_2}} \left(K_T - 3\gamma_1\frac{\partial K_T}{\partial \gamma_1} \right) \frac{\mu_3}{n}
$$

$$
+ \frac{2}{\mu_2} \frac{\partial K_T}{\partial \gamma_1} \frac{\mu_4 - 3\mu_2^2}{n} + \frac{1}{\mu_2^{3/2}} \frac{\partial K_T}{\partial \gamma_1} \left(K_T - 3g\frac{\partial K_T}{\partial \gamma_1} \right) \frac{\mu_5 - 4\mu_3\mu_2}{n}
$$

$$
= \frac{\mu_2}{n} \left\{ 1 + \left(K_T - 3\gamma_1\frac{\partial K_T}{\partial \gamma_1} \right)^2 \left(\frac{\mu_4}{4\mu_2^2} - \frac{\mu_2^2}{4\mu_2^2} \right) \right.
$$

$$
+ \left(\frac{\partial K_T}{\partial \gamma_1} \right)^2 \left(\frac{\mu_6}{\mu_2^3} - \frac{\mu_3^2}{\mu_2^3} - \frac{6\mu_4\mu_2}{\mu_2^3} + \frac{9\mu_2^3}{\mu_2^3} \right) + \left(K_T - 3\gamma_1\frac{\partial K_T}{\partial \gamma_1} \right) \frac{\mu_3}{\mu_2^{3/2}}
$$

$$
\left. + 2\frac{\partial K_T}{\partial \gamma_1} \left(\frac{\mu_4}{\mu_2^2} - \frac{3\mu_2^2}{\mu_2^2} \right) + \frac{\partial K_T}{\partial \gamma_1} \left(K_T - 3\gamma_1\frac{\partial K_T}{\partial \gamma_1} \right) \left(\frac{\mu_5}{\mu_2^{5/2}} - \frac{4\mu_3\mu_2}{\mu_2^{5/2}} \right) \right\}
$$

$$
= \frac{\mu_2}{n} \left\{ 1 + \left(K_T - 3\gamma_1\frac{\partial K_T}{\partial \gamma_1} \right)^2 \left(\frac{1}{4}\gamma_2 - \frac{1}{4} \right) \right.
$$

$$
+ \left(\frac{\partial K_T}{\partial \gamma_1} \right)^2 (\gamma_4 - \gamma_1^2 - 6\gamma_2 + 9) + \left(K_T - 3\gamma_1\frac{\partial K_T}{\partial \gamma_1} \right) \gamma_1
$$

$$
\left. + 2\frac{\partial K_T}{\partial \gamma_1} (\gamma_2 - 3) + \frac{\partial K_T}{\partial \gamma_1} \left(K_T - 3\gamma_1\frac{\partial K_T}{\partial \gamma_1} \right) (\gamma_3 - 4\gamma_1) \right\}
$$

$$
= \frac{\mu_2}{n} \left\{ 1 + \frac{1}{4}K_T^2\gamma_2 - \frac{6}{4}K_T\gamma_1\gamma_2\frac{\partial K_T}{\partial \gamma_1} + \frac{9}{4}\gamma_1^2\gamma_2\left(\frac{\partial K_T}{\partial \gamma_1} \right)^2 \right.
$$

$$
- \frac{1}{4}K_T^2 + \frac{6}{4}\gamma_1 K_T\frac{\partial K_T}{\partial \gamma_1} - \frac{9}{4}\gamma_1^2\left(\frac{\partial K_T}{\partial \gamma_1} \right)^2 + \gamma_4\left(\frac{\partial K_T}{\partial \gamma_1} \right)^2 - \gamma_1^2\left(\frac{\partial K_T}{\partial \gamma_1} \right)^2
$$

$$
- 6\gamma_2\left(\frac{\partial K_T}{\partial \gamma_1} \right)^2 + 9\left(\frac{\partial K_T}{\partial \gamma_1} \right)^2 + K_T\gamma_1 - 3\gamma_1^2\frac{\partial K_T}{\partial \gamma_1} + 2\gamma_2\frac{\partial K_T}{\partial \gamma_1} - 6\frac{\partial K_T}{\partial \gamma_1}
$$

$$
\left. + K_T\gamma_3\frac{\partial K_T}{\partial \gamma_1} - 3\gamma_1\gamma_3\left(\frac{\partial K_T}{\partial \gamma_1} \right)^2 - 4K_T\gamma_1\frac{\partial K_T}{\partial \gamma_1} + 12\gamma_1^2\left(\frac{\partial K_T}{\partial \gamma_1} \right)^2 \right\}
$$

$$
= \frac{\mu_2}{n} \left\{ 1 + K_T\gamma_1 + \frac{1}{4}K_T^2\gamma_2 - \frac{1}{4}K_T^2 + 2\gamma_2\frac{\partial K_T}{\partial \gamma_1} - 3\gamma_1^2\frac{\partial K_T}{\partial \gamma_1} - 6\frac{\partial K_T}{\partial \gamma_1} \right.
$$

$$
\left. + K_T\gamma_3\frac{\partial K_T}{\partial \gamma_1} - \frac{6}{4}K_T\gamma_1\gamma_2\frac{\partial K_T}{\partial \gamma_1} - 4K_T\gamma_1\frac{\partial K_T}{\partial \gamma_1} + \frac{6}{4}\gamma_1 K_T\frac{\partial K_T}{\partial \gamma_1} \right.
$$

$$+ \gamma_4 \left(\frac{\partial K_T}{\partial \gamma_1}\right)^2 - 3\gamma_1\gamma_3 \left(\frac{\partial K_T}{\partial \gamma_1}\right)^2 - 6\gamma_2 \left(\frac{\partial K_T}{\partial \gamma_1}\right)^2 + \frac{9}{4}\gamma_1^2\gamma_2 \left(\frac{\partial K_T}{\partial \gamma_1}\right)^2$$

$$\left. -\gamma_1^2 \left(\frac{\partial K_T}{\partial \gamma_1}\right)^2 - \frac{9}{4}\gamma_1^2 \left(\frac{\partial K_T}{\partial \gamma_1}\right)^2 + 12\gamma_1^2 \left(\frac{\partial K_T}{\partial \gamma_1}\right)^2 + 9 \left(\frac{\partial K_T}{\partial \gamma_1}\right)^2 \right\}$$

$$= \frac{\mu_2}{n} \left\{ 1 + K_T\gamma_1 + \frac{1}{4}K_T^2 (\gamma_2 - 1) + \frac{\partial K_T}{\partial \gamma_1} \left[2\gamma_2 - 3\gamma_1^2 - 6 + K_T \left(\gamma_3 - \frac{6}{4}\gamma_1\gamma_2 \right. \right. \right.$$

$$\left. \left. \left. -4\gamma_1 + \frac{6}{4}\gamma_1\right)\right] + \left(\frac{\partial K_T}{\partial \gamma_1}\right)^2 \left[\gamma_4 - 3\gamma_1\gamma_3 - 6\gamma_2 + \frac{9}{4}\gamma_1^2\gamma_2 - \gamma_1^2 - \frac{9}{4}\gamma_1^2 + 12\gamma_1^2 + 9\right]\right\}$$

$$= \frac{\mu_2}{n} \left\{ 1 + K_T\gamma_1 + \frac{K_T^2}{4} (\gamma_2 - 1) + \frac{\partial K_T}{\partial \gamma_1} \left[2\gamma_2 - 3\gamma_1^2 - 6 + K_T \left(\gamma_3 - \frac{6}{4}\gamma_1\gamma_2 - \frac{10}{4}\gamma_1\right)\right] \right.$$

$$\left. + \left(\frac{\partial K_T}{\partial \gamma_1}\right)^2 \left[\gamma_4 - 3\gamma_1\gamma_3 - 6\gamma_2 + \frac{9}{4}\gamma_1^2\gamma_2 + \frac{35}{4}\gamma_1^2 + 9\right]\right\}$$

即

$$s_T^2 = \mathrm{var}\,(\hat{x}_T) = \frac{\mu_2}{n} \left\{ 1 + K_T\gamma_1 + \frac{K_T^2}{4} (\gamma_2 - 1) \right.$$

$$+ \frac{\partial K_T}{\partial \gamma_1} \left[2\gamma_2 - 3\gamma_1^2 - 6 + K_T \left(\gamma_3 - \frac{6}{4}\gamma_1\gamma_2 - \frac{10}{4}\gamma_1\right)\right]$$

$$\left. + \left(\frac{\partial K_T}{\partial \gamma_1}\right)^2 \left[\gamma_4 - 3\gamma_1\gamma_3 - 6\gamma_2 + \frac{9}{4}\gamma_1^2\gamma_2 + \frac{35}{4}\gamma_1^2 + 9\right]\right\} \quad (31)$$

令

$$\delta^2 = 1 + K_T\gamma_1 + \frac{K_T^2}{4} (\gamma_2 - 1) + \frac{\partial K_T}{\partial \gamma_1} \left[2\gamma_2 - 3\gamma_1^2 - 6 + K_T \left(\gamma_3 - \frac{6}{4}\gamma_1\gamma_2 - \frac{10}{4}\gamma_1\right)\right]$$

$$+ \left(\frac{\partial K_T}{\partial \gamma_1}\right)^2 \left[\gamma_4 - 3\gamma_1\gamma_3 - 6\gamma_2 + \frac{9}{4}\gamma_1^2\gamma_2 + \frac{35}{4}\gamma_1^2 + 9\right]$$

则

$$s_T = \delta\sqrt{\frac{\mu_2}{n}} \quad (32)$$

式 (32) 中, δ 不依赖于 μ_2 和 n.

如果离均系数 K_T 不依赖于 γ_1, 则 $\frac{\partial K_T}{\partial \gamma_1} = 0$, 式 (31) 为

$$s_T^2 = \frac{\mu_2}{n} \left[1 + K_T\gamma_1 + \frac{K_T^2}{4} (\gamma_2 - 1)\right]$$

$$s_T = \delta\sqrt{\frac{\mu_2}{n}} = \left[1 + K_T\gamma_1 + \frac{K_T^2}{4} (\gamma_2 - 1)\right]^{\frac{1}{2}} \sqrt{\frac{\mu_2}{n}} \quad (33)$$

9.3　极大似然法分布参数估算的设计值近似方差

设重现期 T 年设计值 $\hat{x}_T$ 是参数 $\hat{\theta}_1$, $\hat{\theta}_2$ 和 $\hat{\theta}_3$ 的函数

$$\hat{x}_T = f_L\left(\hat{\theta}_1, \hat{\theta}_2, \hat{\theta}_3\right) \tag{34}$$

$\hat{x}_T$ 的近似方差 (asymptotic variance) 为

$$\mathrm{var}\left(\hat{x}_T\right) = \boldsymbol{J} \cdot \boldsymbol{I}^{-1} \cdot \boldsymbol{J}^{\mathrm{T}} \tag{35}$$

式中, $\boldsymbol{J}^{\mathrm{T}}$ 为 $\boldsymbol{J}$ 的转置矩阵; $\boldsymbol{I}$ 为信息矩阵, 其元素等于似然函数关于分布参数二阶偏导数的数学期望.

$$\boldsymbol{J} = \begin{bmatrix} \dfrac{\partial x_T}{\theta_1} & \dfrac{\partial x_T}{\theta_2} & \dfrac{\partial x_T}{\theta_3} \end{bmatrix} \tag{36}$$

$$\boldsymbol{I} = \begin{bmatrix} -E\left(\dfrac{\partial^2 LL}{\partial\theta_1^2}\right) & -E\left(\dfrac{\partial^2 LL}{\partial\theta_1\partial\theta_2}\right) & -E\left(\dfrac{\partial^2 LL}{\partial\theta_1\partial\theta_3}\right) \\ -E\left(\dfrac{\partial^2 LL}{\partial\theta_1\partial\theta_2}\right) & -E\left(\dfrac{\partial^2 LL}{\partial\theta_2^2}\right) & -E\left(\dfrac{\partial^2 LL}{\partial\theta_2\partial\theta_3}\right) \\ -E\left(\dfrac{\partial^2 LL}{\partial\theta_1\partial\theta_3}\right) & -E\left(\dfrac{\partial^2 LL}{\partial\theta_2\partial\theta_3}\right) & -E\left(\dfrac{\partial^2 LL}{\partial\theta_3^2}\right) \end{bmatrix} \tag{37}$$

$\boldsymbol{I}$ 的逆矩阵 $\boldsymbol{I}^{-1}$ 为

$$\boldsymbol{I}^{-1} = \begin{bmatrix} \mathrm{var}\left(\hat{\theta}_1\right) & \mathrm{cov}\left(\hat{\theta}_1,\hat{\theta}_2\right) & \mathrm{cov}\left(\hat{\theta}_1,\hat{\theta}_3\right) \\ \mathrm{cov}\left(\hat{\theta}_1,\hat{\theta}_2\right) & \mathrm{var}\left(\hat{\theta}_2\right) & \mathrm{cov}\left(\hat{\theta}_2,\hat{\theta}_3\right) \\ \mathrm{cov}\left(\hat{\theta}_1,\hat{\theta}_3\right) & \mathrm{cov}\left(\hat{\theta}_2,\hat{\theta}_3\right) & \mathrm{var}\left(\hat{\theta}_3\right) \end{bmatrix} \tag{38}$$

有

$$\mathrm{var}\left(\hat{\theta}_1\right) = \frac{1}{D}\left\{ E\left(\frac{\partial^2 LL}{\partial\theta_2^2}\right) E\left(\frac{\partial^2 LL}{\partial\theta_3^2}\right) - \left[E\left(\frac{\partial^2 LL}{\partial\theta_2\partial\theta_3}\right)\right]^2 \right\} \tag{39}$$

$$\mathrm{var}\left(\hat{\theta}_2\right) = \frac{1}{D}\left\{ E\left(\frac{\partial^2 LL}{\partial\theta_1^2}\right) E\left(\frac{\partial^2 LL}{\partial\theta_3^2}\right) - \left[E\left(\frac{\partial^2 LL}{\partial\theta_1\partial\theta_3}\right)\right]^2 \right\} \tag{40}$$

$$\mathrm{var}\left(\hat{\theta}_3\right) = \frac{1}{D}\left\{ E\left(\frac{\partial^2 LL}{\partial\theta_1^2}\right) E\left(\frac{\partial^2 LL}{\partial\theta_2^2}\right) - \left[E\left(\frac{\partial^2 LL}{\partial\theta_1\partial\theta_2}\right)\right]^2 \right\} \tag{41}$$

$$\mathrm{cov}\left(\hat{\theta}_1,\hat{\theta}_2\right) = \frac{1}{D}\left\{ E\left(\frac{\partial^2 LL}{\partial\theta_1\partial\theta_2}\right) E\left(\frac{\partial^2 LL}{\partial\theta_3^2}\right) - E\left(\frac{\partial^2 LL}{\partial\theta_1\partial\theta_3}\right) E\left(\frac{\partial^2 LL}{\partial\theta_2\partial\theta_3}\right) \right\} \tag{42}$$

$$\mathrm{cov}\left(\hat{\theta}_1, \hat{\theta}_3\right) = \frac{1}{D}\left\{E\left(\frac{\partial^2 LL}{\partial\theta_1\partial\theta_2}\right)E\left(\frac{\partial^2 LL}{\partial\theta_2\partial\theta_3}\right) - E\left(\frac{\partial^2 LL}{\partial\theta_1\partial\theta_3}\right)E\left(\frac{\partial^2 LL}{\partial\theta_2^2}\right)\right\} \quad (43)$$

$$\mathrm{cov}\left(\hat{\theta}_2, \hat{\theta}_3\right) = \frac{1}{D}\left\{E\left(\frac{\partial^2 LL}{\partial\theta_1^2}\right)E\left(\frac{\partial^2 LL}{\partial\theta_2\partial\theta_3}\right) - E\left(\frac{\partial^2 LL}{\partial\theta_1\partial\theta_3}\right)E\left(\frac{\partial^2 LL}{\partial\theta_1\partial\theta_2}\right)\right\} \quad (44)$$

$$\begin{aligned} D = &-E\left(\frac{\partial^2 LL}{\partial\theta_1^2}\right)\left\{E\left(\frac{\partial^2 LL}{\partial\theta_2^2}\right)E\left(\frac{\partial^2 LL}{\partial\theta_3^2}\right) - \left[E\left(\frac{\partial^2 LL}{\partial\theta_2\partial\theta_3}\right)\right]^2\right\} \\ &+ E\left(\frac{\partial^2 LL}{\partial\theta_1\partial\theta_2}\right)\left\{E\left(\frac{\partial^2 LL}{\partial\theta_1\partial\theta_2}\right)E\left(\frac{\partial^2 LL}{\partial\theta_3^2}\right) - \left[E\left(\frac{\partial^2 LL}{\partial\theta_2\partial\theta_3}\right)\right]E\left(\frac{\partial^2 LL}{\partial\theta_1\partial\theta_3}\right)\right\} \\ &- E\left(\frac{\partial^2 LL}{\partial\theta_1\partial\theta_3}\right)\left\{E\left(\frac{\partial^2 LL}{\partial\theta_1\partial\theta_2}\right)\left[E\left(\frac{\partial^2 LL}{\partial\theta_2\partial\theta_3}\right)\right] - E\left(\frac{\partial^2 LL}{\partial\theta_2^2}\right)E\left(\frac{\partial^2 LL}{\partial\theta_1\partial\theta_3}\right)\right\} \end{aligned} \quad (45)$$

把式 (39)— 式 (45) 代入式 (13), 有

$$\begin{aligned} \mathrm{var}\left(\hat{x}_T\right) = &\left(\frac{\partial x_T}{\partial\theta_1}\right)^2\mathrm{var}\left(\hat{\theta}_1\right) + \left(\frac{\partial x_T}{\partial\theta_2}\right)^2\mathrm{var}\left(\hat{\theta}_2\right) + \left(\frac{\partial x_T}{\partial\theta_3}\right)^2\mathrm{var}\left(\hat{\theta}_3\right) \\ &+ 2\frac{\partial x_T}{\partial\theta_1}\frac{\partial x_T}{\partial\theta_2}\mathrm{cov}\left(\hat{\theta}_1, \hat{\theta}_2\right) + 2\frac{\partial x_T}{\partial\theta_1}\frac{\partial x_T}{\partial\theta_3}\mathrm{cov}\left(\hat{\theta}_1, \hat{\theta}_3\right) + 2\frac{\partial x_T}{\partial\theta_2}\frac{\partial x_T}{\partial\theta_3}\mathrm{cov}\left(\hat{\theta}_2, \hat{\theta}_3\right) \end{aligned}$$
$$(46)$$

9.4　概率权重法分布参数估算的设计值近似方差

重现期 T 年设计值 $\hat{x}_T$ 可表示概率权重前 3 阶矩 $\hat{B}_0$, $\hat{B}_1$ 和 $\hat{B}_3$ 的函数

$$\hat{x}_T = f\left(\hat{B}_0, \hat{B}_1, \hat{B}_2\right) \quad (47)$$

式中, $\hat{B}_r$ 为样本概率权重矩. 则

$$\begin{aligned} \mathrm{var}\left(\hat{x}_T\right) = &\left(\frac{\partial x_T}{\partial B_0}\right)^2\mathrm{var}\left(\hat{B}_0\right) + \left(\frac{\partial x_T}{\partial B_1}\right)^2\mathrm{var}\left(\hat{B}_1\right) \\ &+ \left(\frac{\partial x_T}{\partial B_2}\right)^2\mathrm{var}\left(\hat{B}_2\right) + 2\frac{\partial x_T}{\partial B_0}\frac{\partial x_T}{\partial B_1}\mathrm{cov}\left(\hat{B}_0, \hat{B}_1\right) \\ &+ 2\frac{\partial x_T}{\partial B_1}\frac{\partial x_T}{\partial B_2}\mathrm{cov}\left(\hat{B}_1, \hat{B}_2\right) + 2\frac{\partial x_T}{\partial B_0}\frac{\partial x_T}{\partial B_2}\mathrm{cov}\left(\hat{B}_0, \hat{B}_2\right) \end{aligned} \quad (48)$$

式中, $\frac{\partial x_T}{\partial B_i}$ 取决于给定的分布, 样本概率权重矩的方差和协方差确定方法如下所示.

令 $B_r = E\left\{X\left[F\left(X\right)\right]^r\right\}$ 为总体概率权重矩. 当 $n \to \infty$ 时, $\sqrt{n}\left(\hat{B}_r - B_r\right)$ 收敛于多元正态分布 (multivariate normal, MVN), 即

$$\sqrt{n}\left(\hat{B}_r - B_r\right) \xrightarrow{d} \mathrm{MVN}\left(\mathbf{0}, \mathbf{D}\right) \quad (49)$$

式中, $\boldsymbol{D}$ 为样本概率权重矩的方差–协方差矩阵 (variance-covariance matrix); D 矩阵和方差–协方差矩阵近似元素可采用下式进行计算.

$$D_{ij} = J_{ij} + J_{ji} \tag{50}$$

式中,

$$J_{ij} = \iint\limits_{x<y} [F(x)]^i [F(x)]^j F(x) [1 - F(y)]\, dx dy \tag{51}$$

式中, 当 $i = j$ 时, D_{ij} 为方差; 否则, D_{ij} 为协方差; 一般情况下, 由于一些分布, 其分位数无法写成样本概率权重矩的显函数, 因此, 式 (48) 的偏导数难以获得. 在这种情况, 样本的方差–协方差矩阵通过数学变换, 可以转换为分布参数 $\hat{\theta}_i$ 的方差–协方差矩阵, $\hat{x}_T$ 的近似方差则为

$$\begin{aligned}
\mathrm{var}\left(\hat{x}_T\right) = {}& \left(\frac{\partial x_T}{\partial \theta_1}\right)^2 \mathrm{var}\left(\hat{\theta}_1\right) + \left(\frac{\partial x_T}{\partial \theta_2}\right)^2 \mathrm{var}\left(\hat{\theta}_2\right) \\
& + \left(\frac{\partial x_T}{\partial \theta_3}\right)^2 \mathrm{var}\left(\hat{\theta}_3\right) + 2\frac{\partial x_T}{\partial \theta_1}\frac{\partial x_T}{\partial \theta_2}\mathrm{cov}\left(\hat{\theta}_1, \hat{\theta}_2\right) \\
& + 2\frac{\partial x_T}{\partial \theta_1}\frac{\partial x_T}{\partial \theta_3}\mathrm{cov}\left(\hat{\theta}_1, \hat{\theta}_3\right) + 2\frac{\partial x_T}{\partial \theta_2}\frac{\partial x_T}{\partial \theta_3}\mathrm{cov}\left(\hat{\theta}_2, \hat{\theta}_3\right)
\end{aligned} \tag{52}$$

式中, $\theta_i,\ i = 1,2,3$ 分别为分布的参数, $\hat{x}_T$ 为 θ_i 的函数. 类似地, $\hat{x}_T$ 可写为样本概率权重矩的函数

$$\hat{x}_T = f\left(\hat{B}_0', \hat{B}_1', \hat{B}_2'\right) \tag{53}$$

式 (53) $\hat{x}_T$ 的近似方差计算, B_k 用 B_k' 代替, 可用下式代替计算

令 $B_s' = E\left\{X\left[F(X)\right]^s\right\}$ 为总体概率权重矩. 当 $n \to \infty$ 时,

$$\sqrt{n}\left(\hat{B}_s' - B_s'\right) \xrightarrow{d} \mathrm{MVN}\left(\boldsymbol{0}, \boldsymbol{A}\right) \tag{54}$$

式中, $\boldsymbol{A}$ 为样本概率权重矩的方差–协方差矩阵; A 矩阵和方差–协方差矩阵近似元素可采用下式进行计算.

$$A_{ij} = J_{ij} + J_{ji} \tag{55}$$

式中,

$$J_{ij} = \iint\limits_{x<y} [1 - F(x)]^i [1 - F(x)]^j F(x) [1 - F(y)]\, dx dy \tag{56}$$

9.5 P-III型分布设计值近似标准差计算

9.5.1 矩法

9.5.1.1 Kite 方法

对于 P- III型分布，$\gamma_2 = 3\left(1 + \dfrac{\gamma_1^2}{2}\right)$; $\gamma_3 = \gamma_1\left(10 + 3\gamma_1^2\right)$; $\gamma_4 = 5\left(3 + \dfrac{13}{2}\gamma_1^2 + \dfrac{3}{2}\gamma_1^4\right)$. 把这些值代入式 (31), 有

$$\frac{K_T^2}{4}\left(\gamma_2 - 1\right) = \frac{K_T^2}{4}\left[3\left(1 + \frac{\gamma_1^2}{2}\right) - 1\right] = \frac{K_T^2}{4}\left(3 + \frac{3\gamma_1^2}{2} - 1\right)$$

$$= \frac{K_T^2}{4}\left(\frac{3\gamma_1^2}{2} + 2\right) = \frac{K_T^2}{2}\left(\frac{3\gamma_1^2}{4} + 1\right)$$

$$2\gamma_2 - 3\gamma_1^2 - 6 = 2 \times 3\left(1 + \frac{\gamma_1^2}{2}\right) - 3\gamma_1^2 - 6 = 6 + 3\gamma_1^2 - 3\gamma_1^2 - 6 = 0$$

$$\gamma_3 - \frac{6}{4}\gamma_1\gamma_2 - \frac{10}{4}\gamma_1 = \gamma_1\left(10 + 3\gamma_1^2\right) - \frac{6}{4}\gamma_1 \cdot 3\left(1 + \frac{\gamma_1^2}{2}\right) - \frac{10}{4}\gamma_1$$

$$= 10\gamma_1 + 3\gamma_1^3 - \frac{18}{4}\gamma_1 - \frac{18\gamma_1^3}{8} - \frac{10}{4}\gamma_1$$

$$= 10\gamma_1 - \frac{18}{4}\gamma_1 - \frac{10}{4}\gamma_1 + 3\gamma_1^3 - \frac{18\gamma_1^3}{8}$$

$$= 3\gamma_1 + \frac{3\gamma_1^3}{4} = 3\left(\gamma_1 + \frac{\gamma_1^3}{4}\right)$$

$$\gamma_4 - 3\gamma_3\gamma_1 - 6\gamma_2 + \frac{9}{4}\gamma_1^2\gamma_2 + \frac{35}{4}\gamma_1^2 + 9$$

$$= 5\left(3 + \frac{13}{2}\gamma_1^2 + \frac{3}{2}\gamma_1^4\right) - 3\gamma_1\gamma_1\left(10 + 3\gamma_1^2\right)$$

$$- 6 \times 3\left(1 + \frac{\gamma_1^2}{2}\right) + \frac{9}{4}\gamma_1^2 \cdot 3\left(1 + \frac{\gamma_1^2}{2}\right) + \frac{35}{4}\gamma_1^2 + 9$$

$$= 15 + \frac{65}{2}\gamma_1^2 + \frac{15}{2}\gamma_1^4 - 30\gamma_1^2 - 9\gamma_1^4 - 18 - 9\gamma_1^2 + \frac{27}{4}\gamma_1^2 + \frac{27\gamma_1^4}{8} + \frac{35}{4}\gamma_1^2 + 9$$

$$= (15 - 18 + 9) + \left(\frac{65}{2}\gamma_1^2 - 9\gamma_1^2 - 30\gamma_1^2 + \frac{27}{4}\gamma_1^2 + \frac{35}{4}\gamma_1^2\right) + \left(\frac{15}{2}\gamma_1^4 - 9\gamma_1^4 + \frac{27\gamma_1^4}{8}\right)$$

$$= 6 + 9\gamma_1^2 + \frac{15\gamma_1^4}{8} = 3\left(2 + 3\gamma_1^2 + \frac{5\gamma_1^4}{8}\right)$$

则

$$s_T^2 = \frac{\mu_2}{N}\left\{1 + K_T\gamma_1 + \frac{K_T^2}{4}\left(\gamma_2 - 1\right) + \frac{\partial K_T}{\partial\gamma_1}\left[2\gamma_2 - 3\gamma_1^2 - 6 + K_T\left(\gamma_3 - \frac{6}{4}\gamma_1\gamma_2 - \frac{10}{4}\gamma_1\right)\right]\right.$$

$$+ \left(\frac{\partial K_T}{\partial \gamma_1} \right)^2 \left[\gamma_4 - 3\gamma_3\gamma_1 - 6\gamma_2 + \frac{9}{4}\gamma_1^2\gamma_2 + \frac{35}{4}\gamma_1^2 + 9 \right] \Big\}$$

$$= \frac{\mu_2}{N} \left\{ 1 + K_T\gamma_1 + \frac{K_T^2}{2}\left(\frac{3\gamma_1^2}{4} + 1 \right) + \frac{\partial K_T}{\partial \gamma_1}\left[0 + K_T \cdot 3 \left(\gamma_1 + \frac{\gamma_1^3}{4} \right) \right] \right.$$

$$\left. + \left(\frac{\partial K_T}{\partial \gamma_1} \right)^2 \cdot 3 \left(2 + 3\gamma_1^2 + \frac{5\gamma_1^4}{8} \right) \right\}$$

$$= \frac{\mu_2}{N} \left[1 + K_T\gamma_1 + \frac{K_T^2}{2}\left(\frac{3\gamma_1^2}{4} + 1 \right) + 3K_T\frac{\partial K_T}{\partial \gamma_1}\left(\gamma_1 + \frac{\gamma_1^3}{4} \right) \right.$$

$$\left. + 3\left(\frac{\partial K_T}{\partial \gamma_1} \right)^2 \left(2 + 3\gamma_1^2 + \frac{5\gamma_1^4}{8} \right) \right]$$

即

$$s_T^2 = \frac{\mu_2}{N} \left[1 + K_T\gamma_1 + \frac{K_T^2}{2}\left(\frac{3\gamma_1^2}{4} + 1 \right) + 3K_T\frac{\partial K_T}{\partial \gamma_1}\left(\gamma_1 + \frac{\gamma_1^3}{4} \right) \right.$$

$$\left. + 3\left(\frac{\partial K_T}{\partial \gamma_1} \right)^2 \left(2 + 3\gamma_1^2 + \frac{5\gamma_1^4}{8} \right) \right] \tag{57}$$

式中, $\gamma_1 = C_s$.

K_T 的 Wilson-Hilferty 变换的近似计算为

$$K_T = \frac{2}{C_s} \left\{ \left[1 + z_t\left(\frac{C_s}{6} \right) - \left(\frac{C_s}{6} \right)^2 \right]^3 - 1 \right\}$$

则

$$\frac{\partial K_T}{\partial C_s} = -\frac{2}{C_s^2} \left\{ \left[1 + z_t\left(\frac{C_s}{6} \right) - \left(\frac{C_s}{6} \right)^2 \right]^3 - 1 \right\}$$

$$+ \frac{2}{C_s}3\left[1 + z_t\left(\frac{C_s}{6} \right) - \left(\frac{C_s}{6} \right)^2 \right]^2 \left(\frac{z_t}{6} - \frac{2C_s}{36} \right)$$

$$= -\frac{2}{C_s^2} \left\{ \left[\frac{C_s}{6}\left(z_t - \frac{C_s}{6} \right) + 1 \right]^3 - 1 \right\}$$

$$+ \frac{2}{C_s} \left\{ 3\left[\frac{C_s}{6}\left(z_t - \frac{C_s}{6} \right) + 1 \right]^2 \left(\frac{z_t}{6} - \frac{2C_s}{36} \right) \right\}$$

9.5.1.2　金光炎文献方法

本节根据金光炎 (1959) 文献介绍矩法估计 P-III 型分布设计值置信区间的基本原理.

1) 均方误公式的推求

设推求值为 y, 其分布的矩或分布参数分别为 $t_1, t_2, \cdots, t_k$, 则 y 可表示为相应的函数

$$y = f(t_1, t_2, \cdots, t_k) \tag{58}$$

设 Δy, Δt_1, Δt_2, $\cdots$, Δt_k 分别为分布的矩或分布参数与相应数学期望的偏差值, 反映了样本所含的个别误差, 即 $\Delta y = y - E(y)$, $\Delta t_1 = t_1 - E(t_1)$, $\Delta t_2 = t_2 - E(t_2)$, $\cdots$, $\Delta t_k = t_k - E(t_k)$. 因此, Δy 可用近似计算法 (全微分法) 来计算, 即

$$\Delta y = \frac{\partial f}{\partial t_1} \Delta t_1 + \frac{\partial f}{\partial t_2} \Delta t_2 + \cdots + \frac{\partial f}{\partial t_k} \Delta t_k \tag{59}$$

根据方差定义有

$$D(y) = E[y - E(y)]^2 = E(\Delta y)^2 = E\left(\frac{\partial f}{\partial t_1} \Delta t_1 + \frac{\partial f}{\partial t_2} \Delta t_2 + \cdots + \frac{\partial f}{\partial t_k} \Delta t_k\right)^2$$

$$= E\left(\sum \frac{\partial f}{\partial t_i} \Delta t_i\right)^2 = E\left[\sum \left(\frac{\partial f}{\partial t_i}\right)^2 (\Delta t_i)^2 + 2\sum \frac{\partial f}{\partial t_i} \frac{\partial f}{\partial t_j} \Delta t_i \Delta t_j\right] \tag{60}$$

式中, 右边项第 1 项求和式 $i = 1, 2, \cdots, k$; 第 1 项求和式 $i, j = 1, 2, \cdots, k$, 但是, $i \neq j$. 根据数学期望性质有

$$D(y) = E\left[\sum \left(\frac{\partial f}{\partial t_i}\right)^2 (\Delta t_i)^2 + 2\sum \frac{\partial f}{\partial t_i} \frac{\partial f}{\partial t_j} \Delta t_i \Delta t_j\right]$$

$$= \sum \left(\frac{\partial f}{\partial t_i}\right)^2 E(\Delta t_i)^2 + 2\sum \frac{\partial f}{\partial t_i} \frac{\partial f}{\partial t_j} E(\Delta t_i \Delta t_j)$$

$E(\Delta t_i)^2 = E[t_i - E(t_i)] = \sigma_{t_i}^2$, $i = 1, 2, \cdots, k$; $E(\Delta t_i \Delta t_j) = E([t_i - E(t_i)] \cdot [t_j - E(t_j)]) = \text{cov}(t_i, t_j)$, $i, j = 1, 2, \cdots, k$, $i \neq j$. 则有

$$D(y) = \sum \left(\frac{\partial f}{\partial t_i}\right)^2 \sigma_{t_i}^2 + 2\sum \frac{\partial f}{\partial t_i} \frac{\partial f}{\partial t_j} \text{cov}(t_i, t_j) \tag{61}$$

则均方误为

$$\sigma_y = \sqrt{D(y)} = \sqrt{\sum \left(\frac{\partial f}{\partial t_i}\right)^2 \sigma_{t_i}^2 + 2\sum \frac{\partial f}{\partial t_i} \frac{\partial f}{\partial t_j} \text{cov}(t_i, t_j)} \tag{62}$$

上式, 各项方差和协方差, 对于常用的统计参数均可采用式 (63) 进行计算.

$$
\begin{cases}
\sigma_{\overline{x}} = \sqrt{\dfrac{\sigma^2}{n}} = \dfrac{\sigma}{\sqrt{n}} \\[3mm]
\sigma_{\sigma} = \sqrt{\dfrac{\mu_4 - \mu_2^2}{4n\mu_2}} \\[3mm]
\sigma_{C_v} = \dfrac{C_v}{\sqrt{n}}\sqrt{\dfrac{\mu_4}{4\mu_2^2} - \dfrac{1}{4} + \dfrac{\mu_2}{(\overline{x})^2} - \dfrac{\mu_3}{\overline{x}\mu_2}} \\[3mm]
\sigma_{C_s} = \dfrac{C_s}{\sqrt{n}}\sqrt{\dfrac{\mu_6}{\mu_3^2} + \dfrac{9\mu_2^3}{\mu_3^2} - \dfrac{6\mu_2\mu_4}{\mu_3^2} + \dfrac{9\mu_4}{4\mu_2^2} - \dfrac{3\mu_5}{\mu_2\mu_3} + \dfrac{35}{4}} \\[3mm]
\sigma_{C_e} = \dfrac{a_4}{\sqrt{n}}\sqrt{\dfrac{\mu_8}{\mu_4^2} + \dfrac{16\mu_2\mu_3^2}{\mu_4^2} - \dfrac{8\mu_3\mu_5}{\mu_4^2} + \dfrac{4\mu_4}{\mu_2^2} - \dfrac{4\mu_6}{\mu_2\mu_4} + \dfrac{16\mu_3^2}{\mu_2\mu_4} - 1} \\[3mm]
\sigma_{C_s/C_v} = \dfrac{C_s}{C_v\sqrt{n}} \\[3mm]
\qquad\cdot\sqrt{\dfrac{\mu_3}{\overline{x}^2} + \dfrac{\mu_6 - \mu_3^2 + 9\mu_3^3 - 6\mu_3\mu_4}{\mu_3^2} + \dfrac{4\left(\mu_4 - \mu_2^2\right)}{\mu_2^2} + \dfrac{2\left(\mu_4 - 3\mu_2^2\right)}{\overline{x}\mu_3} - \dfrac{4\mu_3}{\overline{x}\mu_2} - \dfrac{4\left(\mu_5 - 4\mu_2\mu_3\right)}{\mu_2\mu_3}}
\end{cases}
\tag{63}
$$

2) 正态分布常用统计参数的均方误

正态分布的各阶中心距为 $\mu_1 = \mu_3 = \mu_5 = 0$, $\mu_2 = \sigma^2$, $\mu_4 = 3\sigma^4$, $\mu_6 = 15\sigma^6$, $\mu_8 = 105\sigma^8$, 代入式 (63), 则有

$$
\sigma_{\overline{x}} = \sqrt{\frac{\sigma^2}{n}} = \frac{\sigma}{\sqrt{n}}
\tag{64}
$$

$$
\sigma_{\sigma} = \sqrt{\frac{3\sigma^4 - \sigma^4}{4n\sigma^2}} = \sqrt{\frac{1}{n}\frac{\sigma^2}{2}} = \frac{\sigma}{\sqrt{2n}}
\tag{65}
$$

$$
\begin{aligned}
\sigma_{C_v} &= \frac{C_v}{\sqrt{n}}\sqrt{\frac{3\sigma^4}{4\sigma^4} - \frac{1}{4} + \frac{\sigma^2}{(\overline{x})^2} - \frac{0}{\overline{x}\sigma^2}} = \frac{C_v}{\sqrt{n}}\sqrt{\frac{3}{4} - \frac{1}{4} + C_v^2} \\
&= \frac{C_v}{\sqrt{n}}\sqrt{\frac{1}{2} + C_v^2} = \frac{C_v}{\sqrt{2n}}\sqrt{1 + 2C_v^2}
\end{aligned}
\tag{66}
$$

$$
\begin{aligned}
\sigma_{C_s} &= \frac{C_s}{\sqrt{n}}\sqrt{\frac{\mu_6}{\mu_3^2} + \frac{9\mu_2^3}{\mu_3^2} - \frac{6\mu_2\mu_4}{\mu_3^2} + \frac{9\mu_4}{4\mu_2^2} - \frac{3\mu_5}{\mu_2\mu_3} + \frac{35}{4}} \\
&= \frac{1}{\sqrt{n}}\sqrt{\left(\frac{\mu_3}{\mu_2^{3/2}}\right)^2\left[\frac{\mu_6}{\mu_3^2} + \frac{9\mu_2^3}{\mu_3^2} - \frac{6\mu_2\mu_4}{\mu_3^2} + \frac{9\mu_4}{4\mu_2^2} - \frac{3\mu_5}{\mu_2\mu_3} + \frac{35}{4}\right]} \\
&= \frac{1}{\sqrt{n}}\sqrt{\frac{\mu_6}{\mu_2^3} + 9 - \frac{6\mu_2\mu_4}{\mu_2^3} + \frac{9\mu_3^2\mu_4}{4\mu_2^5} - \frac{3\mu_3\mu_5}{\mu_2^4} + \frac{35}{4}\frac{\mu_3^2}{\mu_2^3}}
\end{aligned}
$$

$$= \frac{1}{\sqrt{n}} \sqrt{\frac{15\sigma^6}{\sigma^6} + 9 - \frac{6\sigma^2 \times 3\sigma^4}{\sigma^6} + 0 - 0 + 0} = \frac{1}{\sqrt{n}} \sqrt{15 + 9 - 6 + 0 - 0 + 0} = \sqrt{\frac{6}{n}}$$

$$\tag{67}$$

$$\sigma_{C_e} = \frac{a_4}{\sqrt{n}} \sqrt{\frac{\mu_8}{\mu_4^2} + \frac{16\mu_2\mu_3^2}{\mu_4^2} - \frac{8\mu_3\mu_5}{\mu_4^2} + \frac{4\mu_4}{\mu_2^2} - \frac{4\mu_6}{\mu_2\mu_4} + \frac{16\mu_3^2}{\mu_2\mu_4} - 1}$$

$$= \sqrt{\frac{1}{n} \left(\frac{\mu_4}{\mu_2^2}\right)^2 \left[\frac{\mu_8 - \mu_4^2 + 16\mu_2\mu_3^2 - 8\mu_3\mu_5}{\mu_4^2} + \frac{4\left(\mu_4 - \mu_2^2\right)}{\mu_2^2} - \frac{4\left(\mu_6 - \mu_2\mu_4 - 4\mu_3^2\right)}{\mu_2\mu_4}\right]}$$

$$= \sqrt{\frac{1}{n} \left[\frac{\mu_8 - \mu_4^2 + 16\mu_2\mu_3^2 - 8\mu_3\mu_5}{\mu_2^4} + \frac{4\mu_4^2\left(\mu_4 - \mu_2^2\right)}{\mu_2^6} - \frac{4\mu_4\left(\mu_6 - \mu_2\mu_4 - 4\mu_3^2\right)}{\mu_2^5}\right]}$$

$$= \sqrt{\frac{1}{n} \left[\frac{105\sigma^8 - 9\sigma^8 + 0 - 0}{\sigma^8} + \frac{4 \times 9\sigma^8 \left(3\sigma^4 - \sigma^4\right)}{\sigma^{12}} - \frac{4 \times 3\sigma^4 \left(15\sigma^6 - \sigma^2 3\sigma^4 - 0\right)}{\sigma^{10}}\right]}$$

$$= \sqrt{\frac{24}{n}}$$

$$\tag{68}$$

$$\sigma_{C_s/C_v} = \frac{C_s}{C_v\sqrt{n}}$$

$$\cdot \sqrt{\frac{\mu_3}{(\overline{x})^2} + \frac{\mu_6 - \mu_3^2 + 9\mu_2^3 - 6\mu_3\mu_4}{\mu_3^2} + \frac{4\left(\mu_4 - \mu_2^2\right)}{\mu_2^2} + \frac{2\left(\mu_4 - 3\mu_2^2\right)}{\overline{x}\mu_3} - \frac{4\mu_3}{\overline{x}\mu_2} - \frac{4\left(\mu_5 - 4\mu_2\mu_3\right)}{\mu_2\mu_3}}$$

$$W = \frac{1}{n} \left[\frac{\mu_3^2}{\mu_3^3} + \frac{4\left(\overline{x}\right)^2 \mu_3^2 \left(\mu_4 - \mu_2^2\right)}{\mu_2^6} + \frac{\left(\overline{x}\right)^2 \left(\mu_6 - \mu_3^2 + 9\mu_2^3 - 6\mu_3\mu_4\right)}{\mu_2^4}\right.$$

$$\left. + \frac{2\mu_3\overline{x}\left(\mu_4 - 3\mu_2^2\right)}{\mu_2^4} - \frac{4\left(\overline{x}\right)^2 \mu_3\left(\mu_5 - 4\mu_2\mu_3\right)}{\mu_2^5} - \frac{4\overline{x}\mu_3^3}{\mu_2^5}\right]$$

$$= \frac{1}{n} \left[0 + \frac{0}{\mu_2^6} + \frac{\left(\overline{x}\right)^2 \left(\mu_6 - 0 + 9\mu_2^3 - 0\right)}{\mu_2^4} + 0 - 0 - 0\right]$$

$$= \frac{1}{n} \frac{\left(\overline{x}\right)^2 \left(15\sigma^6 - 0 + 9\sigma^6 - 0\right)}{\sigma^8} = \frac{6\left(\overline{x}\right)^2 \sigma^6}{\sigma^6 \sigma^2}$$

$$\tag{69}$$

3) P- III型分布常用统计参数的均方误

P- III型的各阶中心距为 $\mu_2 = \sigma^2$, $\mu_3 = \sigma^3 C_s$, $\mu_4 = 3\sigma^4 \left(1 + \frac{1}{2}C_s^2\right)$, $\mu_5 = \sigma^5 C_s(10 + 3C_s^2)$, $\mu_6 = \frac{5}{2}\sigma^6 \left(6 + 13C_s^2 + 3C_s^4\right)$, $\mu_8 = \frac{7}{4}\sigma^8(60 + 340C_s^2 + 216C_s^4 + 45C_s^6)$, 代入式 (63), 则有

$$\sigma_{\overline{x}} = \frac{\sigma}{\sqrt{n}}$$

$$\tag{70}$$

$$\sigma_\sigma = \sqrt{\frac{\mu_4 - \mu_2^2}{4n\mu_2}} = \sqrt{\frac{3\sigma^4\left(1 + \frac{1}{2}C_s^2\right) - \sigma^4}{4n\sigma^2}} = \frac{\sigma}{2\sqrt{n}}\sqrt{2 + \frac{3}{2}C_s^2} = \frac{\sigma}{\sqrt{2n}}\sqrt{1 + \frac{3}{4}C_s^2}$$

$$\tag{71}$$

$$\sigma_{C_v} = \frac{C_v}{\sqrt{n}}\sqrt{\frac{\mu_4}{4\mu_2^2} - \frac{1}{4} + \frac{\mu_2}{(\overline{x})^2} - \frac{\mu_3}{\overline{x}\mu_2}} = \frac{C_v}{\sqrt{n}}\sqrt{\frac{3\sigma^4\left(1 + \frac{1}{2}C_s^2\right)}{4\sigma^4} - \frac{1}{4} + \frac{\sigma^2}{(\overline{x})^2} - \frac{\sigma^3 C_s}{\overline{x}\sigma^2}}$$

$$= \frac{C_v}{\sqrt{n}}\sqrt{\frac{3}{4} + \frac{3}{8}C_s^2 - \frac{1}{4} + C_v^2 - C_s C_v} = \frac{C_v}{\sqrt{n}}\sqrt{\frac{2}{4} + \frac{3}{8}C_s^2 + C_v^2 - C_s C_v}$$

$$= \frac{C_v}{\sqrt{n}}\sqrt{\frac{1}{2}\left(1 + \frac{3}{4}C_s^2 + 2C_v^2 - 2C_s C_v\right)} = \frac{C_v}{\sqrt{2n}}\sqrt{\left(1 + 2C_v^2 + \frac{3}{4}C_s^2 - 2C_s C_v\right)}$$

$$\tag{72}$$

同理, 有

$$\sigma_{C_s} = \sqrt{\frac{6}{n}\left(1 + \frac{3}{2}C_s^2 + \frac{5}{16}C_s^4\right)}; \quad \sigma_{C_e} = \sqrt{\frac{24}{n}\left(1 + \frac{21}{2}C_s^2 + \frac{167}{16}C_s^4 + \frac{63}{32}C_s^6\right)} \tag{73}$$

$$\sigma_{C_s/C_v} = \frac{1}{C_s}\sqrt{\frac{1}{n}\left(6 + \frac{13}{2}C_s^2 + C_v^2 C_s^2 - C_v C_s^3 + \frac{3}{2}C_s^4\right)} \tag{74}$$

4) P- III型设计值的均方误

(1) $\overline{x}$, σ, C_s 间的协方差.

由前面推导 $\sigma = \sqrt{\mu_2}$, $C_s = \dfrac{\mu_3}{\mu_2^{3/2}}$, 得

$$\Delta\sigma = \frac{\partial\sqrt{\mu_2}}{\partial\mu_2}\Delta\mu_2 = \frac{1}{2\sqrt{\mu_2}}\Delta\mu_2 \tag{75}$$

$$\Delta C_s = \frac{\partial}{\partial}\left(\frac{\mu_3}{\mu_2^{3/2}}\right)\Delta\mu_2 + \frac{\partial}{\partial}\left(\frac{\mu_3}{\mu_2^{3/2}}\right)\Delta\mu_3 = -\frac{3}{2}\frac{\mu_3}{\mu_2^{5/2}}\Delta\mu_2 + \frac{1}{\mu_2^{3/2}}\Delta\mu_3$$

$$= \frac{\mu_3}{\mu_2^{3/2}}\left(-\frac{3}{2}\frac{1}{\mu_2}\Delta\mu_2 + \frac{1}{\mu_3}\Delta\mu_3\right) = \frac{\mu_3}{\mu_2^{3/2}}\left(\frac{\Delta\mu_3}{\mu_3} - \frac{3\Delta\mu_2}{2\mu_2}\right) = C_s\left(\frac{\Delta\mu_3}{\mu_3} - \frac{3\Delta\mu_2}{2\mu_2}\right)$$

$$\tag{76}$$

式中, $\Delta\sigma = \sigma - E(\sigma)$; $\Delta C_s = C_s - E(C_s)$.

$$\text{cov}(\sigma, C_s) = \text{cov}(\Delta\sigma, \Delta C_s) = E[C_s - E(C_s)] \cdot [\sigma - E(\sigma)] = E(\Delta\sigma\Delta C_s)$$

$$= E\left[\left(\frac{1}{2\sqrt{\mu_2}}\Delta\mu_2\right)C_s\left(\frac{\Delta\mu_3}{\mu_3} - \frac{3\Delta\mu_2}{2\mu_2}\right)\right] = \frac{C_s}{2\sqrt{\mu_2}}E\left[\frac{\Delta\mu_2\Delta\mu_3}{\mu_3} - \frac{3(\Delta\mu_2)^2}{2\mu_2}\right]$$

$$= \frac{C_s}{2\sqrt{\mu_2}} \left[\frac{E\left(\Delta\mu_2\Delta\mu_3\right)}{\mu_3} - \frac{3E\left(\Delta\mu_2\right)^2}{2\mu_2} \right] = \frac{C_s}{2\sqrt{\mu_2}} \left[\frac{\operatorname{cov}\left(\mu_2,\mu_3\right)}{\mu_3} - \frac{3\sigma_{\mu_2}^2}{2\mu_2} \right]$$

把 $\operatorname{cov}\left(\mu_2,\mu_3\right) = \dfrac{1}{n}\left(\mu_5 - 4\mu_2\mu_3\right)$, $\sigma_{\mu_2} = \sqrt{\dfrac{1}{n}\left(\mu_4 - \mu_2^2\right)}$ 代入上式, 有

$$\operatorname{cov}\left(\sigma,C_s\right) = \frac{C_s}{2\sqrt{\mu_2}} \left[\frac{\operatorname{cov}\left(\mu_2,\mu_3\right)}{\mu_3} - \frac{3\sigma_{\mu_2}^2}{2\mu_2} \right]$$

$$= \frac{C_s}{2\sqrt{\mu_2}} \left[\frac{1}{\mu_3}\frac{1}{n}\left(\mu_5 - 4\mu_2\mu_3\right) - \frac{3}{2\mu_2}\frac{1}{n}\left(\mu_4 - \mu_2^2\right) \right]$$

$$= \frac{C_s}{2n\sqrt{\mu_2}} \left[\frac{\mu_5 - 4\mu_2\mu_3}{\mu_3} - \frac{3\left(\mu_4 - \mu_2^2\right)}{2\mu_2} \right]$$

把 $\mu_2 = \sigma^2$, $\mu_3 = \sigma^3 C_s$, $\mu_4 = 3\sigma^4\left(1 + \dfrac{1}{2}C_s^2\right)$, $\mu_5 = \sigma^5 C_s\left(10 + 3C_s^2\right)$ 代入上式

$$\operatorname{cov}\left(\sigma,C_s\right) = \frac{C_s}{2n\sqrt{\mu_2}} \left[\frac{\mu_5 - 4\mu_2\mu_3}{\mu_3} - \frac{3\left(\mu_4 - \mu_2^2\right)}{2\mu_2} \right]$$

$$= \frac{C_s}{2n\sqrt{\sigma^2}} \left[\frac{\sigma^5 C_s\left(10 + 3C_s^2\right) - 4\sigma^2\sigma^3 C_s}{\sigma^3 C_s} - \frac{3\left(3\sigma^4\left(1 + \dfrac{1}{2}C_s^2\right) - \sigma^4\right)}{2\sigma^2} \right]$$

$$= \frac{C_s}{2n\sqrt{\sigma^2}} \left[\frac{10\sigma^5 C_s + 3\sigma^5 C_s^3 - 4\sigma^5 C_s}{\sigma^3 C_s} - \frac{9\sigma^4 + \dfrac{9}{2}\sigma^4 C_s^2 - 3\sigma^4}{2\sigma^2} \right]$$

$$= \frac{C_s}{2n\sqrt{\sigma^2}} \left[\sigma^2\left(10 + 3C_s^2 - 4\right) - \sigma^2\left(\frac{9}{2} + \frac{9}{4}C_s^2 - \frac{3}{2}\right) \right]$$

$$= \frac{C_s\sigma^2}{2n\sqrt{\sigma^2}} \left(10 + 3C_s^2 - 4 - \frac{9}{2} - \frac{9}{4}C_s^2 + \frac{3}{2} \right)$$

$$= \frac{C_s\sigma}{2n} \left(3 + \frac{3}{4}C_s^2 \right) = \frac{3\sigma C_s}{8n}\left(4 + C_s^2\right) \tag{77}$$

$$\operatorname{cov}\left(\overline{x},C_s\right) = \operatorname{cov}\left(\Delta\overline{x},\Delta C_s\right) = E\left[\overline{x} - E\left(\overline{x}\right)\right]\cdot\left[C_s - E\left(C_s\right)\right] = E\left(\Delta\overline{x}\Delta C_s\right)$$

$$= E\left[\Delta\overline{x}\left(-\frac{3}{2}\frac{\mu_3}{\mu_2^{5/2}}\Delta\mu_2 + \frac{1}{\mu_2^{3/2}}\Delta\mu_3 \right) \right]$$

$$= E\left(-\frac{3}{2}\frac{\mu_3}{\mu_2^{5/2}}\Delta\overline{x}\Delta\mu_2 + \frac{1}{\mu_2^{3/2}}\Delta\overline{x}\Delta\mu_3 \right)$$

$$= -\frac{3}{2}\frac{\mu_3}{\mu_2^{5/2}}E\left(\Delta\overline{x}\Delta\mu_2\right) + \frac{1}{\mu_2^{3/2}}E\left(\Delta\overline{x}\Delta\mu_3\right)$$

$$= -\frac{3}{2}\frac{\mu_3}{\mu_2^{5/2}}\mathrm{cov}\left(\Delta\overline{x},\Delta\mu_2\right) + \frac{1}{\mu_2^{3/2}}\mathrm{cov}\left(\Delta\overline{x},\Delta\mu_3\right)$$

$$= -\frac{3}{2}\frac{\mu_3}{\mu_2^{5/2}}\mathrm{cov}\left(\overline{x},\mu_2\right) + \frac{1}{\mu_2^{3/2}}\mathrm{cov}\left(\overline{x},\mu_3\right)$$

把 $\mathrm{cov}\left(v_1,\mu_3\right) = \frac{1}{n}\left(\mu_4 - 3\mu_2^2\right)$, $\mathrm{cov}\left(v_1,\mu_2\right) = \frac{1}{n}\mu_3$ 代入上式, 有

$$\mathrm{cov}\left(\overline{x},C_s\right) = -\frac{3}{2}\frac{\mu_3}{\mu_2^{5/2}}\mathrm{cov}\left(\overline{x},\mu_2\right) + \frac{1}{\mu_2^{3/2}}\mathrm{cov}\left(\overline{x},\mu_3\right)$$

$$= -\frac{3}{2}\frac{\mu_3}{\mu_2^{5/2}}\frac{1}{n}\mu_3 + \frac{1}{\mu_2^{3/2}}\frac{1}{n}\left(\mu_4 - 3\mu_2^2\right)$$

$$= \frac{1}{n}\left[\frac{1}{\mu_2^{3/2}}\left(\mu_4 - 3\mu_2^2\right) - \frac{3}{2}\frac{\mu_3^2}{\mu_2^{5/2}}\right]$$

把 $\mu_2 = \sigma^2$, $\mu_3 = \sigma^3 C_s$, $\mu_4 = 3\sigma^4\left(1 + \frac{1}{2}C_s^2\right)$ 代入上式

$$\mathrm{cov}\left(\overline{x},C_s\right) = \frac{1}{n}\left[\frac{1}{\mu_2^{3/2}}\left(\mu_4 - 3\mu_2^2\right) - \frac{3}{2}\frac{\mu_3^2}{\mu_2^{5/2}}\right]$$

$$= \frac{1}{n}\left[\frac{1}{\sigma^3}\left(3\sigma^4\left(1 + \frac{1}{2}C_s^2\right) - 3\sigma^4\right) - \frac{3}{2}\frac{\sigma^6 C_s^2}{\sigma^5}\right]$$

$$= \frac{1}{n}\left[\frac{1}{\sigma^3}\left(3\sigma^4\left(1 + \frac{1}{2}C_s^2\right) - 3\sigma^4\right) - \frac{3}{2}\frac{\sigma^6 C_s^2}{\sigma^5}\right]$$

$$= \frac{1}{n}\left[\frac{1}{\sigma^3}\left(3\sigma^4 + \frac{3}{2}\sigma^4 C_s^2 - 3\sigma^4\right) - \frac{3}{2}\sigma C_s^2\right]$$

$$= \frac{1}{n}\left[3\sigma + \frac{3}{2}\sigma C_s^2 - 3\sigma - \frac{3}{2}\sigma C_s^2\right] = 0 \tag{78}$$

$$\mathrm{cov}\left(\overline{x},\sigma\right) = \mathrm{cov}\left(\Delta\overline{x},\Delta\sigma\right) = E\left[\overline{x} - E\left(\overline{x}\right)\right]\cdot\left[\sigma - E\left(\sigma\right)\right]$$

$$= E\left(\Delta\overline{x}\Delta\sigma\right) = E\left(\Delta\overline{x}\frac{1}{2\sqrt{\mu_2}}\Delta\mu_2\right)$$

$$= \frac{1}{2\sqrt{\mu_2}}E\left(\Delta\overline{x}\Delta\mu_2\right) = \frac{1}{2\sqrt{\mu_2}}\mathrm{cov}\left(\Delta\overline{x},\Delta\mu_2\right) = \frac{1}{2\sqrt{\mu_2}}\mathrm{cov}\left(\overline{x},\mu_2\right)$$

把 $\mathrm{cov}\left(v_1,\mu_2\right) = \frac{1}{n}\mu_3$ 代入上式, 有

$$\mathrm{cov}\left(\overline{x},\sigma\right) = \frac{1}{2\sqrt{\mu_2}}\mathrm{cov}\left(\overline{x},\mu_2\right) = \frac{1}{2\sqrt{\mu_2}}\frac{1}{n}\mu_3$$

把 $\mu_2 = \sigma^2$, $\mu_3 = \sigma^3 C_s$ 代入上式, 有

$$\mathrm{cov}\left(\overline{x},\sigma\right) = \frac{1}{2\sqrt{\mu_2}}\frac{1}{n}\mu_3 = \frac{1}{2\sigma}\frac{1}{n}\sigma^3 C_s = \frac{\sigma^2 C_s}{2n} \tag{79}$$

(2) 设计值均方误的推导

$$x_T = \overline{x}\left(1 + K_T C_v\right) = K_T \sigma + \overline{x} = f\left(K_T, \sigma, \overline{x}\right) = f\left(C_s, \sigma, \overline{x}\right) \tag{80}$$

式中, $K_T = K_T\left(C_s, P\right)$.

根据全微分, x_T 的误差可近似表示为

$$\Delta x_T = x_T - E\left(x_T\right) = \frac{\partial f}{\partial C_s}\Delta C_s + \frac{\partial f}{\partial \sigma}\Delta\sigma + \frac{\partial f}{\partial \overline{x}}\Delta\overline{x} \tag{81}$$

根据方差的定义,

$$
\begin{aligned}
D\left(\Delta x_T\right) =& E\left[x_T - E\left(x_T\right)\right]^2 = E\left(\frac{\partial f}{\partial C_s}\Delta C_s + \frac{\partial f}{\partial \sigma}\Delta\sigma + \frac{\partial f}{\partial \overline{x}}\Delta\overline{x}\right)^2 \\
=& E\left[\left(\frac{\partial f}{\partial C_s}\right)^2\left(\Delta C_s\right)^2 + \left(\frac{\partial f}{\partial \sigma}\right)^2\left(\Delta\sigma\right)^2 + \left(\frac{\partial f}{\partial \overline{x}}\right)^2\left(\Delta\overline{x}\right)^2\right. \\
& \left.+ 2\frac{\partial f}{\partial \sigma}\frac{\partial f}{\partial C_s}\Delta\sigma\Delta C_s + 2\frac{\partial f}{\partial \overline{x}}\frac{\partial f}{\partial C_s}\Delta\overline{x}\Delta C_s + 2\frac{\partial f}{\partial \overline{x}}\frac{\partial f}{\partial \sigma}\Delta\overline{x}\Delta\sigma\right] \\
=& \left(\frac{\partial f}{\partial C_s}\right)^2 E\left(\Delta C_s\right)^2 + \left(\frac{\partial f}{\partial \sigma}\right)^2 E\left(\Delta\sigma\right)^2 + \left(\frac{\partial f}{\partial \overline{x}}\right)^2 E\left(\Delta\overline{x}\right)^2 \\
& + 2\frac{\partial f}{\partial \sigma}\frac{\partial f}{\partial C_s}E\left(\Delta\sigma\Delta C_s\right) + 2\frac{\partial f}{\partial \overline{x}}\frac{\partial f}{\partial C_s}E\left(\Delta\overline{x}\Delta C_s\right) + 2\frac{\partial f}{\partial \overline{x}}\frac{\partial f}{\partial \sigma}E\left(\Delta\overline{x}\Delta\sigma\right) \\
=& \left(\frac{\partial f}{\partial C_s}\right)^2 E\left[C_s - E\left(C_s\right)\right]^2 + \left(\frac{\partial f}{\partial \sigma}\right)^2 E\left[\sigma - E\left(\sigma\right)\right]^2 + \left(\frac{\partial f}{\partial \overline{x}}\right)^2 E\left[\overline{x} - E\left(\overline{x}\right)\right]^2 \\
& + 2\frac{\partial f}{\partial \sigma}\frac{\partial f}{\partial C_s}E\left(\left[\sigma - E\left(\sigma\right)\right] \cdot \left[C_s - E\left(C_s\right)\right]\right) + 2\frac{\partial f}{\partial \overline{x}}\frac{\partial f}{\partial C_s}E\left(\left[\overline{x} - E\left(\overline{x}\right)\right]\right. \\
& \left.\cdot\left[C_s - E\left(C_s\right)\right]\right) + 2\frac{\partial f}{\partial \overline{x}}\frac{\partial f}{\partial \sigma}E\left(\left[\overline{x} - E\left(\overline{x}\right)\right] \cdot \left[\sigma - E\left(\sigma\right)\right]\right) \\
=& \left(\frac{\partial f}{\partial C_s}\right)^2 \sigma_{C_s}^2 + \left(\frac{\partial f}{\partial \sigma}\right)^2 \sigma_\sigma^2 + \left(\frac{\partial f}{\partial \overline{x}}\right)^2 \sigma_{\overline{x}}^2 \\
& + 2\frac{\partial f}{\partial \sigma}\frac{\partial f}{\partial C_s}\mathrm{cov}\left(\sigma, C_s\right) + 2\frac{\partial f}{\partial \overline{x}}\frac{\partial f}{\partial C_s}\mathrm{cov}\left(\overline{x}, C_s\right) + 2\frac{\partial f}{\partial \overline{x}}\frac{\partial f}{\partial \sigma}\mathrm{cov}\left(\overline{x}, \sigma\right) \tag{82}
\end{aligned}
$$

根据式 (80), 有

$$\frac{\partial f}{\partial C_s} = \frac{\partial f}{\partial K_T}\frac{\partial K_T}{\partial C_s} = \sigma\frac{\partial K_T}{\partial C_s}; \quad \frac{\partial f}{\partial \sigma} = K_T; \quad \frac{\partial f}{\partial \overline{x}} = 1 \tag{83}$$

把式 (83) 代入式 (82), 有

$$D\left(\Delta x_T\right) = \left(\frac{\partial f}{\partial C_s}\right)^2 \sigma_{C_s}^2 + \left(\frac{\partial f}{\partial \sigma}\right)^2 \sigma_\sigma^2 + \left(\frac{\partial f}{\partial \overline{x}}\right)^2 \sigma_{\overline{x}}^2$$

$$
\begin{aligned}
&+ 2\frac{\partial f}{\partial \sigma}\frac{\partial f}{\partial C_s}\mathrm{cov}\,(\sigma, C_s) + 2\frac{\partial f}{\partial \overline{x}}\frac{\partial f}{\partial C_s}\mathrm{cov}\,(\overline{x}, C_s) + 2\frac{\partial f}{\partial \overline{x}}\frac{\partial f}{\partial \sigma}\mathrm{cov}\,(\overline{x}, \sigma) \\
&= \sigma^2\left(\frac{\partial K_T}{\partial C_s}\right)^2\sigma_{C_s}^2 + K_T^2\sigma_\sigma^2 + \sigma_{\overline{x}}^2 + 2K_T\sigma\frac{\partial K_T}{\partial C_s}\mathrm{cov}\,(\sigma, C_s) \\
&\quad + 2\sigma\frac{\partial K_T}{\partial C_s}\mathrm{cov}\,(\overline{x}, C_s) + 2K_T\mathrm{cov}\,(\overline{x}, \sigma)
\end{aligned}
\tag{84}
$$

由前述推得 P-III 型分布参数的均方误公式

$$
\sigma_{\overline{x}} = \frac{\sigma}{\sqrt{n}}; \quad \sigma_\sigma = \frac{\sigma}{\sqrt{2n}}\sqrt{1 + \frac{3}{4}C_s^2}; \quad \sigma_{C_s} = \sqrt{\frac{6}{n}\left(1 + \frac{3}{2}C_s^2 + \frac{5}{16}C_s^4\right)}
\tag{85}
$$

$$
\mathrm{cov}\,(\sigma, C_s) = \frac{3\sigma C_s}{8n}\left(4 + C_s^2\right); \quad \mathrm{cov}\,(\overline{x}, C_s) = 0; \quad \mathrm{cov}\,(\overline{x}, \sigma) = \frac{\sigma^2 C_s}{2n}
\tag{86}
$$

把式 (85)、式 (86) 代入式 (84), 有

$$
\begin{aligned}
D\left(\Delta x_T\right) =\;& \sigma^2\left(\frac{\partial K_T}{\partial C_s}\right)^2\sigma_{C_s}^2 + K_T^2\sigma_\sigma^2 + \sigma_{\overline{x}}^2 + 2K_T\sigma\frac{\partial K_T}{\partial C_s}\mathrm{cov}\,(\sigma, C_s) \\
& + 2\sigma\frac{\partial K_T}{\partial C_s}\mathrm{cov}\,(\overline{x}, C_s) + 2K_T\mathrm{cov}\,(\overline{x}, \sigma) \\
=\;& \sigma^2\left(\frac{\partial K_T}{\partial C_s}\right)^2\frac{6}{n}\left(1 + \frac{3}{2}C_s^2 + \frac{5}{16}C_s^4\right) + K_T^2\frac{\sigma^2}{2n}\left(1 + \frac{3}{4}C_s^2\right) + \frac{\sigma^2}{n} \\
& + 2K_T\sigma\frac{\partial K_T}{\partial C_s}\frac{3\sigma C_s}{8n}\left(4 + C_s^2\right) + 2\sigma\frac{\partial K_T}{\partial C_s}\times 0 + 2K_T\frac{\sigma^2 C_s}{2n} \\
=\;& \frac{\sigma^2}{n}\left[\left(\frac{\partial K_T}{\partial C_s}\right)^2\left(6 + 9C_s^2 + \frac{15}{8}C_s^4\right) + K_T^2\frac{1}{2}\left(1 + \frac{3}{4}C_s^2\right)\right. \\
& \left. + 1 + 2K_T\frac{\partial K_T}{\partial C_s}\frac{3C_s}{8}\left(4 + C_s^2\right) + 2K_T\frac{C_s}{2}\right] \\
=\;& \frac{\sigma^2}{n}\left[6\left(\frac{\partial K_T}{\partial C_s}\right)^2 + 9\left(\frac{\partial K_T}{\partial C_s}\right)^2 C_s^2 + \frac{15}{8}\left(\frac{\partial K_T}{\partial C_s}\right)^2 C_s^4 + \frac{1}{2}K_T^2\right. \\
& \left. + \frac{3}{8}K_T^2 C_s^2 + 1 + 3K_T\frac{\partial K_T}{\partial C_s}C_s + \frac{3}{4}K_T\frac{\partial K_T}{\partial C_s}C_s^3 + K_T C_s\right] \\
=\;& \frac{\sigma^2}{n}\left[1 + \frac{1}{2}K_T^2 + 6\left(\frac{\partial K_T}{\partial C_s}\right)^2 + K_T C_s + 3K_T\frac{\partial K_T}{\partial C_s}C_s + \frac{3}{8}K_T^2 C_s^2\right. \\
& \left. + 9\left(\frac{\partial K_T}{\partial C_s}\right)^2 C_s^2 + \frac{3}{4}K_T\frac{\partial K_T}{\partial C_s}C_s^3 + \frac{15}{8}\left(\frac{\partial K_T}{\partial C_s}\right)^2 C_s^4\right] \\
=\;& \frac{\sigma^2}{n}\left\{\left[1 + \frac{1}{2}K_T^2 + 6\left(\frac{\partial K_T}{\partial C_s}\right)^2\right] + \left[K_T C_s + 3K_T\frac{\partial K_T}{\partial C_s}C_s\right]\right.
\end{aligned}
$$

$$+\left[\frac{3}{8}K_T^2C_s^2+9\left(\frac{\partial K_T}{\partial C_s}\right)^2C_s^2\right]+\frac{3}{4}K_T\frac{\partial K_T}{\partial C_s}C_s^3+\frac{15}{8}\left(\frac{\partial K_T}{\partial C_s}\right)^2C_s^4\right\}$$

$$=\frac{\sigma^2}{n}\left\{\left[1+\frac{1}{2}K_T^2+6\left(\frac{\partial K_T}{\partial C_s}\right)^2\right]+\left(1+3\frac{\partial K_T}{\partial C_s}\right)K_TC_s\right.$$

$$\left.+\left[\frac{3}{8}K_T^2+9\left(\frac{\partial K_T}{\partial C_s}\right)^2\right]C_s^2+\frac{3}{4}K_T\frac{\partial K_T}{\partial C_s}C_s^3+\frac{15}{8}\left(\frac{\partial K_T}{\partial C_s}\right)^2C_s^4\right\}$$

$$=\frac{\sigma^2}{n}B^2 \tag{87}$$

式中,

$$B^2=1+\frac{1}{2}K_T^2+6\left(\frac{\partial K_T}{\partial C_s}\right)^2+\left(1+3\frac{\partial K_T}{\partial C_s}\right)K_TC_s$$

$$+\left[\frac{3}{8}K_T^2+9\left(\frac{\partial K_T}{\partial C_s}\right)^2\right]C_s^2+\frac{3}{4}K_T\frac{\partial K_T}{\partial C_s}C_s^3+\frac{15}{8}\left(\frac{\partial K_T}{\partial C_s}\right)^2C_s^4$$

则设计值均方误为

$$\sigma_{x_T}=\frac{\sigma}{\sqrt{n}}B \tag{88}$$

显然, 对于正态分布, $C_s=0$, 且 $\dfrac{\partial K_T}{\partial C_s}=0$, 有设计值均方误

$$\sigma_{x_T}=\frac{\sigma}{\sqrt{n}}\sqrt{1+\frac{1}{2}K_T^2}=\sqrt{\frac{2+K_T^2}{2n}}\sigma \tag{89}$$

当 $C_s=2C_v$ 时, B^2 为

$$B^2=1+\frac{1}{2}K_T^2+6\left(\frac{\partial K_T}{\partial C_s}\right)^2+2\left(1+3\frac{\partial K_T}{\partial C_s}\right)K_TC_v$$

$$+\left[\frac{3}{2}K_T^2+36\left(\frac{\partial K_T}{\partial C_s}\right)^2\right]C_v^2+6K_T\frac{\partial K_T}{\partial C_s}C_v^3+30\left(\frac{\partial K_T}{\partial C_s}\right)^2C_v^4$$

因此, 设计值均方误除与样本长度有关外, 函数 B 是 C_s 和 P 的函数, 以下推导 $\dfrac{\partial K_T}{\partial C_s}$ 的计算公式. 已经推导, 有 $\alpha=\dfrac{4}{C_s^2}$, $P=\dfrac{1}{\Gamma(\alpha)}\displaystyle\int_{t_p}^{\infty}t^{\alpha-1}e^{-t}dt$, $K_T=\dfrac{C_s}{2}t_p-\dfrac{2}{C_s}$. 当 P 给定时, K_T 仅为 C_s 的函数. 由 $K_T=\dfrac{C_s}{2}t_p-\dfrac{2}{C_s}$ 知,

$$\frac{dK_T}{dC_s}=\frac{\partial K_T}{\partial C_s}+\frac{\partial K_T}{\partial t_p}\frac{\partial t_p}{\partial C_s} \tag{90}$$

由 $P=\dfrac{1}{\Gamma(\alpha)}\displaystyle\int_{t_p}^{\infty}t^{\alpha-1}e^{-t}dt$ 知, $\dfrac{dP}{dC_s}=\dfrac{\partial P}{\partial\alpha}\dfrac{\partial\alpha}{\partial C_s}+\dfrac{\partial P}{\partial t_p}\dfrac{\partial t_p}{\partial C_s}$, 因为 P 给定, 则

$\dfrac{dP}{dC_s} = 0$, 即 $\dfrac{\partial P}{\partial \alpha}\dfrac{\partial \alpha}{\partial C_s} + \dfrac{\partial P}{\partial t_p}\dfrac{\partial t_p}{\partial C_s} = 0$, 有

$$\frac{\partial t_p}{\partial C_s} = -\frac{\dfrac{\partial P}{\partial \alpha}\dfrac{\partial \alpha}{\partial C_s}}{\dfrac{\partial P}{\partial t_p}} \tag{91}$$

把式 (91) 代入式 (90), 有

$$\frac{dK_T}{dC_s} = \frac{\partial K_T}{\partial C_s} + \frac{\partial K_T}{\partial t_p}\frac{\partial t_p}{\partial C_s} = \frac{\partial K_T}{\partial C_s} - \frac{\dfrac{\partial K_T}{\partial t_p}\dfrac{\partial P}{\partial \alpha}\dfrac{\partial \alpha}{\partial C_s}}{\dfrac{\partial P}{\partial t_p}} \tag{92}$$

由 $\alpha = \dfrac{4}{C_s^2}$, $P = \dfrac{1}{\Gamma(\alpha)}\displaystyle\int_{t_p}^{\infty} t^{\alpha-1}e^{-t}dt$, $K_T = \dfrac{C_s}{2}t_p - \dfrac{2}{C_s}$, 得 $\dfrac{\partial K_T}{\partial C_s} = \dfrac{t_p}{2} + \dfrac{2}{C_s^2}$; $\dfrac{\partial K_T}{\partial t_p} = \dfrac{C_s}{2}$; $\dfrac{\partial P}{\partial \alpha} = -\dfrac{\Gamma'(\alpha)}{\Gamma^2(\alpha)}\displaystyle\int_{t_p}^{\infty} t^{\alpha-1}e^{-t}dt + \dfrac{1}{\Gamma(\alpha)}\displaystyle\int_{t_p}^{\infty} t^{\alpha-1}e^{-t}\ln t\,dt$; $\dfrac{\partial P}{\partial t_p} = -\dfrac{1}{\Gamma(\alpha)}t_p^{\alpha-1}e^{-t_p}$; $\dfrac{\partial \alpha}{\partial C_s} = -\dfrac{8}{C_s^3}$. 把这些值代入式 (92), 有

$$
\begin{aligned}
\frac{dK_T}{dC_s} &= \frac{\partial K_T}{\partial C_s} - \frac{\dfrac{\partial K_T}{\partial t_p}\dfrac{\partial P}{\partial \alpha}\dfrac{\partial \alpha}{\partial C_s}}{\dfrac{\partial P}{\partial t_p}}\\[2mm]
&= \frac{t_p}{2} + \frac{2}{C_s^2} - \frac{\dfrac{C_s}{2}\left(-\dfrac{\Gamma'(\alpha)}{\Gamma^2(\alpha)}\displaystyle\int_{t_p}^{\infty} t^{\alpha-1}e^{-t}dt + \dfrac{1}{\Gamma(\alpha)}\displaystyle\int_{t_p}^{\infty} t^{\alpha-1}e^{-t}\ln t\,dt\right)\left(-\dfrac{8}{C_s^3}\right)}{-\dfrac{1}{\Gamma(\alpha)}t_p^{\alpha-1}e^{-t_p}}\\[2mm]
&= \frac{t_p}{2} + \frac{2}{C_s^2} + \frac{\dfrac{C_s}{2}\left(\dfrac{\Gamma'(\alpha)}{\Gamma^2(\alpha)}\displaystyle\int_{t_p}^{\infty} t^{\alpha-1}e^{-t}dt - \dfrac{1}{\Gamma(\alpha)}\displaystyle\int_{t_p}^{\infty} t^{\alpha-1}e^{-t}\ln t\,dt\right)\dfrac{8}{C_s^3}}{\dfrac{1}{\Gamma(\alpha)}t_p^{\alpha-1}e^{-t_p}}\\[2mm]
&= \frac{t_p}{2} + \frac{2}{C_s^2} + \frac{4}{C_s^2}\frac{\Gamma(\alpha)\left(\dfrac{\Gamma'(\alpha)}{\Gamma^2(\alpha)}\displaystyle\int_{t_p}^{\infty} t^{\alpha-1}e^{-t}dt - \dfrac{1}{\Gamma(\alpha)}\displaystyle\int_{t_p}^{\infty} t^{\alpha-1}e^{-t}\ln t\,dt\right)}{t_p^{\alpha-1}e^{-t_p}}\\[2mm]
&= \frac{t_p}{2} + \frac{2}{C_s^2} + \frac{4}{C_s^2}\frac{\Gamma'(\alpha)\dfrac{1}{\Gamma(\alpha)}\displaystyle\int_{t_p}^{\infty} t^{\alpha-1}e^{-t}dt - \displaystyle\int_{t_p}^{\infty} t^{\alpha-1}e^{-t}\ln t\,dt}{t_p^{\alpha-1}e^{-t_p}}
\end{aligned}
$$

$$= \frac{t_p}{2} + \frac{2}{C_s^2} + \frac{4}{C_s^2} \frac{\Gamma'(\alpha)P - \displaystyle\int_{t_p}^{\infty} t^{\alpha-1}e^{-t}\ln t \, dt}{t_p^{\alpha-1}e^{-t_p}}$$

$$= \frac{t_p}{2} + \left[\frac{2}{C_s^2} + \frac{4}{C_s^2} \frac{\Gamma'(\alpha)P - \displaystyle\int_{t_p}^{\infty} t^{\alpha-1}e^{-t}\ln t \, dt}{t_p^{\alpha-1}e^{-t_p}} \right]$$

$$= \frac{t_p}{2} + \frac{4}{C_s^2} \left[\frac{1}{2} + \frac{P\Gamma'(\alpha) - \displaystyle\int_{t_p}^{\infty} t^{\alpha-1}e^{-t}\ln t \, dt}{t_p^{\alpha-1}e^{-t_p}} \right] \tag{93}$$

式 (93) 中, $\dfrac{dK_T}{dC_s}$ 值关键是就求解积分 $\displaystyle\int_{t_p}^{\infty} t^{\alpha-1}e^{-t}\ln t \, dt$, 其中, $\alpha = \dfrac{4}{C_s^2}$. 为了求解方便, 对此积分进行变换, 令 $y = t - t_p$, 有 $\displaystyle\int_{t_p}^{\infty} t^{\alpha-1}e^{-t}\ln t \, dt = e^{-t_p} \int_0^{\infty} (y+t_p)^{\alpha-1} \cdot e^{-y}\ln(y+t_p)\,dy$. 因为 C_s 较小时, α 较大, $\Gamma(\alpha)$ 容易产生溢出, 故式 (93) 采用先取对数, 后取指数的办法进行计算, 即

$$\frac{dK_T}{dC_s} = \frac{t_p}{2} + \frac{4}{C_s^2} \left[\frac{1}{2} + \frac{P\Gamma'(\alpha)}{t_p^{\alpha-1}e^{-t_p}} - \int_{t_p}^{\infty} \frac{t^{\alpha-1}e^{-t}\ln t}{t_p^{\alpha-1}e^{-t_p}}\,dt \right]$$

$\displaystyle\int_{t_p}^{\infty} \frac{t^{\alpha-1}e^{-t}\ln t}{t_p^{\alpha-1}e^{-t_p}}\,dt$ 按 Laguerre-Gauss 数值积分进行计算. $\dfrac{\partial K_T}{\partial C_s}$ 计算结果见表 1.

表 1 不同频率(%) $\dfrac{\partial K_T}{\partial C_s}$ 计算结果

C_s	0.01	0.1	1	5	10	20	30	50
0.1	2.1709	1.4344	0.7297	0.2743	0.0975	−0.0559	−0.1257	−0.1666
0.2	2.1978	1.4412	0.7232	0.2642	0.0879	−0.0632	−0.1304	−0.1664
0.3	2.2200	1.4456	0.7158	0.2539	0.0783	−0.0703	−0.1350	−0.1660
0.4	2.2379	1.4479	0.7077	0.2433	0.0687	−0.0774	−0.1395	−0.1655
0.5	2.2521	1.4482	0.6989	0.2327	0.0590	−0.0844	−0.1438	−0.1647
0.6	2.2629	1.4468	0.6894	0.2218	0.0492	−0.0913	−0.1480	−0.1639
0.7	2.2707	1.4439	0.6794	0.2108	0.0395	−0.0982	−0.1522	−0.1628
0.8	2.2759	1.4395	0.6689	0.1996	0.0297	−0.1050	−0.1561	−0.1615
0.9	2.2787	1.4338	0.6578	0.1884	0.0199	−0.1117	−0.1599	−0.1599
1.0	2.2794	1.4270	0.6463	0.1770	0.0102	−0.1183	−0.1636	−0.1581
1.1	2.2782	1.4192	0.6345	0.1655	0.0004	−0.1248	−0.1670	−0.1560
1.2	2.2753	1.4104	0.6222	0.1539	−0.0094	−0.1311	−0.1703	−0.1537
1.3	2.2708	1.4007	0.6096	0.1422	−0.0191	−0.1373	−0.1732	−0.1509
1.4	2.2650	1.3903	0.5967	0.1305	−0.0287	−0.1433	−0.1760	−0.1479

C_s	0.01	0.1	1	5	10	20	30	50
1.5	2.2580	1.3792	0.5835	0.1189	−0.0383	−0.1491	−0.1784	−0.1445
1.6	2.2499	1.3675	0.5701	0.1072	−0.0477	−0.1546	−0.1806	−0.1406
1.7	2.2408	1.3552	0.5566	0.0955	−0.0570	−0.1599	−0.1824	−0.1364
1.8	2.2309	1.3425	0.5429	0.0839	−0.0662	−0.1649	−0.1838	−0.1318
1.9	2.2202	1.3294	0.5291	0.0724	−0.0751	−0.1696	−0.1849	−0.1268
2.0	2.2089	1.3159	0.5152	0.0611	−0.0839	−0.1740	−0.1856	−0.1215
2.1	2.1969	1.3021	0.5013	0.0498	−0.0924	−0.1781	−0.1859	−0.1157
2.2	2.1845	1.2880	0.4874	0.0388	−0.1006	−0.1818	−0.1857	−0.1096
2.3	2.1717	1.2738	0.4735	0.0279	−0.1086	−0.1851	−0.1852	−0.1032
2.4	2.1584	1.2594	0.4596	0.0172	−0.1163	−0.1881	−0.1842	−0.0965
2.5	2.1449	1.2449	0.4458	0.0067	−0.1238	−0.1906	−0.1829	−0.0896
2.6	2.1311	1.2304	0.4321	−0.0036	−0.1309	−0.1928	−0.1811	−0.0824
2.7	2.1172	1.2157	0.4186	−0.0136	−0.1377	−0.1946	−0.1789	−0.0750
2.8	2.1030	1.2011	0.4051	−0.0234	−0.1442	−0.1960	−0.1764	−0.0676
2.9	2.0887	1.1865	0.3918	−0.0329	−0.1504	−0.1971	−0.1734	−0.0601
3.0	2.0744	1.1719	0.3786	−0.0421	−0.1562	−0.1977	−0.1701	−0.0525
3.1	2.0600	1.1573	0.3657	−0.0511	−0.1618	−0.1980	−0.1665	−0.0450
3.2	2.0455	1.1429	0.3529	−0.0598	−0.1669	−0.1979	−0.1626	−0.0375
3.3	2.0311	1.1285	0.3402	−0.0682	−0.1718	−0.1975	−0.1583	−0.0302
3.4	2.0166	1.1142	0.3278	−0.0764	−0.1764	−0.1967	−0.1538	−0.0231
3.5	2.0022	1.1000	0.3156	−0.0843	−0.1806	−0.1956	−0.1490	−0.0162
3.6	1.9879	1.0860	0.3035	−0.0919	−0.1845	−0.1941	−0.1440	−0.0095
3.7	1.9736	1.0721	0.2917	−0.0992	−0.1881	−0.1924	−0.1388	−0.0032
3.8	1.9594	1.0583	0.2801	−0.1063	−0.1914	−0.1903	−0.1335	0.0029
3.9	1.9453	1.0446	0.2686	−0.1130	−0.1944	−0.1880	−0.1280	0.0085
4.0	1.9313	1.0312	0.2574	−0.1196	−0.1971	−0.1854	−0.1223	0.0137
4.1	1.9173	1.0178	0.2464	−0.1258	−0.1995	−0.1825	−0.1166	0.0186
4.2	1.9035	1.0046	0.2356	−0.1318	−0.2016	−0.1795	−0.1107	0.0230
4.3	1.8899	0.9916	0.2250	−0.1376	−0.2035	−0.1762	−0.1049	0.0270
4.4	1.8763	0.9788	0.2146	−0.1431	−0.2050	−0.1726	−0.0990	0.0306
4.5	1.8629	0.9661	0.2044	−0.1483	−0.2064	−0.1689	−0.0931	0.0337
4.6	1.8496	0.9535	0.1944	−0.1533	−0.2074	−0.1650	−0.0872	0.0365
4.7	1.8364	0.9411	0.1846	−0.1581	−0.2083	−0.1610	−0.0814	0.0389
4.8	1.8234	0.9289	0.1750	−0.1626	−0.2088	−0.1568	−0.0756	0.0410
4.9	1.8105	0.9169	0.1656	−0.1669	−0.2092	−0.1525	−0.0699	0.0427
5.0	1.7977	0.9050	0.1564	−0.1710	−0.2093	−0.1481	−0.0643	0.0442
5.1	1.7851	0.8932	0.1474	−0.1749	−0.2092	−0.1435	−0.0589	0.0453
5.2	1.7726	0.8817	0.1385	−0.1786	−0.2089	−0.1389	−0.0536	0.0463
5.3	1.7603	0.8702	0.1299	−0.1820	−0.2085	−0.1342	−0.0484	0.0470
5.4	1.7481	0.8590	0.1214	−0.1853	−0.2078	−0.1295	−0.0435	0.0475
5.5	1.7360	0.8479	0.1130	−0.1883	−0.2069	−0.1247	−0.0386	0.0478

C_s	0.01	0.1	1	5	10	20	30	50
5.6	1.7241	0.8369	0.1049	−0.1912	−0.2058	−0.1199	−0.0340	0.0479
5.7	1.7123	0.8261	0.0969	−0.1938	−0.2046	−0.1151	−0.0296	0.0479
5.8	1.7006	0.8154	0.0891	−0.1963	−0.2032	−0.1103	−0.0254	0.0477
5.9	1.6891	0.8049	0.0814	−0.1986	−0.2017	−0.1055	−0.0214	0.0474
6.0	1.6777	0.7946	0.0740	−0.2008	−0.2000	−0.1007	−0.0176	0.0470

C_s	70	75	80	95	97	98	99	99.9
0.1	−0.1159	−0.0847	−0.0412	0.2939	0.4317	0.5439	0.7399	1.4126
0.2	−0.1108	−0.0783	−0.0337	0.3034	0.4401	0.5509	0.7434	1.3966
0.3	−0.1055	−0.0719	−0.0261	0.3125	0.4479	0.5570	0.7456	1.3769
0.4	−0.1001	−0.0653	−0.0184	0.3214	0.4551	0.5623	0.7464	1.3532
0.5	−0.0945	−0.0586	−0.0105	0.3298	0.4616	0.5666	0.7455	1.3248
0.6	−0.0888	−0.0516	−0.0026	0.3379	0.4674	0.5698	0.7429	1.2916
0.7	−0.0828	−0.0445	0.0056	0.3454	0.4723	0.5717	0.7383	1.2530
0.8	−0.0766	−0.0372	0.0138	0.3524	0.4761	0.5722	0.7314	1.2089
0.9	−0.0702	−0.0297	0.0223	0.3587	0.4788	0.5711	0.7221	1.1592
1.0	−0.0635	−0.0220	0.0308	0.3642	0.4801	0.5682	0.7101	1.1043
1.1	−0.0565	−0.0141	0.0396	0.3688	0.4800	0.5633	0.6953	1.0445
1.2	−0.0493	−0.0059	0.0484	0.3722	0.4782	0.5562	0.6775	0.9809
1.3	−0.0418	0.0024	0.0573	0.3745	0.4745	0.5469	0.6568	0.9145
1.4	−0.0341	0.0110	0.0662	0.3754	0.4689	0.5352	0.6333	0.8471
1.5	−0.0261	0.0197	0.0752	0.3747	0.4613	0.5211	0.6071	0.7810
1.6	−0.0178	0.0284	0.0840	0.3725	0.4515	0.5048	0.5788	0.7180
1.7	−0.0094	0.0373	0.0927	0.3685	0.4398	0.4863	0.5488	0.6573
1.8	−0.0009	0.0461	0.1011	0.3628	0.4261	0.4661	0.5176	0.5968
1.9	0.0078	0.0548	0.1092	0.3554	0.4106	0.4442	0.4851	0.5377
2.0	0.0164	0.0633	0.1168	0.3462	0.3934	0.4206	0.4514	0.4839
2.1	0.0250	0.0715	0.1238	0.3354	0.3745	0.3956	0.4176	0.4381
2.2	0.0335	0.0794	0.1302	0.3228	0.3541	0.3698	0.3851	0.4001
2.3	0.0417	0.0869	0.1359	0.3088	0.3330	0.3444	0.3553	0.3683
2.4	0.0497	0.0937	0.1407	0.2936	0.3120	0.3205	0.3290	0.3407
2.5	0.0573	0.1000	0.1446	0.2779	0.2921	0.2988	0.3059	0.3160
2.6	0.0644	0.1056	0.1476	0.2625	0.2737	0.2793	0.2854	0.2937
2.7	0.0710	0.1104	0.1495	0.2477	0.2570	0.2618	0.2671	0.2732
2.8	0.0771	0.1143	0.1504	0.2340	0.2419	0.2459	0.2502	0.2545
2.9	0.0824	0.1174	0.1502	0.2213	0.2281	0.2314	0.2347	0.2376
3.0	0.0871	0.1196	0.1490	0.2096	0.2152	0.2179	0.2203	0.2221
3.1	0.0909	0.1209	0.1470	0.1987	0.2033	0.2053	0.2070	0.2081
3.2	0.0940	0.1213	0.1444	0.1885	0.1921	0.1935	0.1947	0.1953
3.3	0.0964	0.1210	0.1412	0.1789	0.1816	0.1826	0.1833	0.1836
3.4	0.0980	0.1200	0.1377	0.1697	0.1717	0.1724	0.1728	0.1730
3.5	0.0989	0.1185	0.1340	0.1610	0.1625	0.1629	0.1632	0.1633

C_s	70	75	80	95	97	98	99	99.9
3.6	0.0992	0.1166	0.1302	0.1529	0.1538	0.1541	0.1543	0.1543
3.7	0.0990	0.1144	0.1263	0.1452	0.1458	0.1460	0.1461	0.1461
3.8	0.0983	0.1121	0.1225	0.1379	0.1383	0.1384	0.1385	0.1385
3.9	0.0974	0.1095	0.1186	0.1311	0.1314	0.1315	0.1315	0.1315
4.0	0.0961	0.1069	0.1148	0.1248	0.1250	0.1250	0.1250	0.1250
4.1	0.0946	0.1041	0.1110	0.1188	0.1190	0.1190	0.1190	0.1190
4.2	0.0930	0.1013	0.1072	0.1133	0.1134	0.1134	0.1134	0.1134
4.3	0.0912	0.0985	0.1034	0.1081	0.1082	0.1082	0.1082	0.1082
4.4	0.0893	0.0956	0.0997	0.1033	0.1033	0.1033	0.1033	0.1033
4.5	0.0873	0.0927	0.0961	0.0988	0.0988	0.0988	0.0988	0.0988
4.6	0.0852	0.0898	0.0925	0.0945	0.0945	0.0945	0.0945	0.0945
4.7	0.0830	0.0869	0.0891	0.0905	0.0905	0.0905	0.0905	0.0905
4.8	0.0808	0.0840	0.0857	0.0868	0.0868	0.0868	0.0868	0.0868
4.9	0.0785	0.0812	0.0825	0.0833	0.0833	0.0833	0.0833	0.0833
5.0	0.0762	0.0784	0.0795	0.0800	0.0800	0.0800	0.0800	0.0800
5.1	0.0740	0.0757	0.0765	0.0769	0.0769	0.0769	0.0769	0.0769
5.2	0.0717	0.0731	0.0737	0.0740	0.0740	0.0740	0.0740	0.0740
5.3	0.0695	0.0706	0.0710	0.0712	0.0712	0.0712	0.0712	0.0712
5.4	0.0673	0.0681	0.0685	0.0686	0.0686	0.0686	0.0686	0.0686
5.5	0.0651	0.0658	0.0660	0.0661	0.0661	0.0661	0.0661	0.0661
5.6	0.0630	0.0635	0.0637	0.0638	0.0638	0.0638	0.0638	0.0638
5.7	0.0610	0.0614	0.0615	0.0616	0.0616	0.0616	0.0616	0.0616
5.8	0.0590	0.0593	0.0594	0.0595	0.0595	0.0595	0.0595	0.0595
5.9	0.0572	0.0574	0.0574	0.0575	0.0575	0.0575	0.0575	0.0575
6.0	0.0553	0.0555	0.0555	0.0556	0.0556	0.0556	0.0556	0.0556

设计值 x_t 在置信水平 $1-a$ 下的置信区间为

$$x_T - z_{a/2}\sigma_{x_T} < x_T < x_T + z_{1-a/2}\sigma_{x_T}$$

式中, $z_{a/2}$ 为标准正态分布分位数.

9.5.2　极大似然法

$$p(x|\gamma, \alpha, \beta) = \frac{1}{\alpha\Gamma(\beta)}\left(\frac{x-\gamma}{\alpha}\right)^{\beta-1}e^{-\frac{x-\gamma}{\alpha}}, \quad \gamma < x < \infty \tag{94}$$

由 P- III型分布和 gamma 函数性质, 有

$$E(x) = \alpha\beta + \gamma, \quad \text{var}(x) = \alpha^2\beta, \quad \Gamma(\beta+1) = \beta\cdot\Gamma(\beta), \quad \Gamma(\beta) = \int_0^\infty x^{\beta-1}e^{-\beta}dx \tag{95}$$

$$\log p\left(x|\gamma,\alpha,\beta\right)=-\log\alpha-\log\Gamma\left(\beta\right)+\left(\beta-1\right)\log\left(x-\gamma\right)-\left(\beta-1\right)\log\alpha-\frac{1}{\alpha}\left(x-\gamma\right)$$
$$\tag{96}$$

$$\frac{\partial}{\partial\alpha}\log p\left(x|\gamma,\alpha,\beta\right)$$
$$=\frac{\partial}{\partial\alpha}\left(-\log\alpha-\log\Gamma\left(\beta\right)+\left(\beta-1\right)\log\left(x-\gamma\right)-\left(\beta-1\right)\log\alpha-\frac{1}{\alpha}\left(x-\gamma\right)\right)$$
$$=-\frac{1}{\alpha}-\frac{\beta-1}{\alpha}+\frac{x-\gamma}{\alpha^2}=-\frac{\beta}{\alpha}+\frac{x-\gamma}{\alpha^2}\tag{97}$$

$$\frac{\partial^2}{\partial\alpha^2}\log p\left(x|\gamma,\alpha,\beta\right)=\frac{\partial^2}{\partial\alpha^2}\left(-\frac{\beta}{\alpha}+\frac{x-\gamma}{\alpha^2}\right)=\frac{\beta}{\alpha^2}-2\frac{x-\gamma}{\alpha^3}$$

$$\frac{\partial^2}{\partial\alpha\partial\beta}\log p\left(x|\gamma,\alpha,\beta\right)=\frac{\partial}{\partial\beta}\left(-\frac{\beta}{\alpha}+\frac{x-\gamma}{\alpha^2}\right)=-\frac{1}{\alpha}$$

$$\frac{\partial^2}{\partial\alpha\partial\gamma}\log p\left(x|\gamma,\alpha,\beta\right)=\frac{\partial}{\partial\gamma}\left(-\frac{\beta}{\alpha}+\frac{x-\gamma}{\alpha^2}\right)=-\frac{1}{\alpha^2}$$

$$\frac{\partial}{\partial\beta}\log p\left(x|\gamma,\alpha,\beta\right)$$
$$=\frac{\partial}{\partial\beta}\left(-\log\alpha-\log\Gamma\left(\beta\right)+\left(\beta-1\right)\log\left(x-\gamma\right)-\left(\beta-1\right)\log\alpha-\frac{1}{\alpha}\left(x-\gamma\right)\right)$$
$$=-\frac{d\log\Gamma\beta}{d\beta}+\log\left(x-\gamma\right)-\log\alpha=-\psi\left(\beta\right)+\log\left(x-\gamma\right)-\log\alpha$$

$$\frac{\partial^2}{\partial\beta^2}\log p\left(x|\gamma,\alpha,\beta\right)=\frac{\partial}{\partial\beta}\left(-\psi\left(\beta\right)+\log\left(x-\gamma\right)-\log\alpha\right)=-\psi'\left(\beta\right)$$

$$\frac{\partial^2}{\partial\beta\partial\alpha}\log p\left(x|\gamma,\alpha,\beta\right)=\frac{\partial}{\partial\alpha}\left(-\psi\left(\beta\right)+\log\left(x-\gamma\right)-\log\alpha\right)=-\frac{1}{\alpha}$$

$$\frac{\partial^2}{\partial\beta\partial\gamma}\log p\left(x|\gamma,\alpha,\beta\right)=\frac{\partial}{\partial\gamma}\left(-\psi\left(\beta\right)+\log\left(x-\gamma\right)-\log\alpha\right)=-\frac{1}{x-\gamma}$$

$$\frac{\partial}{\partial\gamma}\log p\left(x|\gamma,\alpha,\beta\right)$$
$$=\frac{\partial}{\partial\gamma}\left(-\log\alpha-\log\Gamma\left(\beta\right)+\left(\beta-1\right)\log\left(x-\gamma\right)-\left(\beta-1\right)\log\alpha-\frac{1}{\alpha}\left(x-\gamma\right)\right)$$
$$=-\frac{\beta-1}{x-\gamma}+\frac{1}{\alpha}$$

$$\frac{\partial^2}{\partial\gamma\partial\alpha}\log p\left(x|\gamma,\alpha,\beta\right)=\frac{\partial}{\partial\alpha}\left(-\frac{\beta-1}{x-\gamma}+\frac{1}{\alpha}\right)=-\frac{1}{\alpha^2}$$

$$\frac{\partial^2}{\partial\gamma\partial\beta}\log p\left(x|\gamma,\alpha,\beta\right)=\frac{\partial}{\partial\beta}\left(-\frac{\beta-1}{x-\gamma}+\frac{1}{\alpha}\right)=-\frac{1}{x-\gamma}$$

$$\frac{\partial^2}{\partial\gamma^2}\log p\left(x|\gamma,\alpha,\beta\right)=\frac{\partial}{\partial\gamma}\left(-\frac{\beta-1}{x-\gamma}+\frac{1}{\alpha}\right)=-\frac{\beta-1}{(x-\gamma)^2}$$

$$E\left(\frac{\partial^2}{\partial\alpha^2}\log p\left(x|\gamma,\alpha,\beta\right)\right)$$

$$=E\left(\frac{\beta}{\alpha^2}-2\frac{x-\gamma}{\alpha^3}\right)=\frac{\beta}{\alpha^2}-\frac{2}{\alpha^3}E\left(x\right)+\frac{2}{\alpha^3}\gamma=\frac{\beta}{\alpha^2}-\frac{2}{\alpha^3}\left(\alpha\beta+\gamma\right)+\frac{2}{\alpha^3}\gamma$$

$$=\frac{\beta}{\alpha^2}-\frac{2\beta}{\alpha^2}-\frac{2\gamma}{\alpha^3}+\frac{2}{\alpha^3}\gamma=-\frac{\beta}{\alpha^2}$$

$$E\left(\frac{\partial^2}{\partial\alpha\partial\beta}\log p\left(x|\gamma,\alpha,\beta\right)\right)=E\left(-\frac{1}{\alpha}\right)=-\frac{1}{\alpha}$$

$$E\left(\frac{\partial^2}{\partial\alpha\partial\gamma}\log p\left(x|\gamma,\alpha,\beta\right)\right)=E\left(-\frac{1}{\alpha^2}\right)=-\frac{1}{\alpha^2}$$

因为

$$E\left(\frac{1}{x-\gamma}\right)=\int_\gamma^\infty\frac{1}{x-\gamma}p\left(x|\alpha,\beta,\gamma\right)dx=\int_\gamma^\infty\frac{1}{x-\gamma}\frac{1}{\alpha\Gamma\left(\beta\right)}\left(\frac{x-\gamma}{\alpha}\right)^{\beta-1}e^{-\frac{x-\gamma}{\alpha}}dx$$

$$=\frac{1}{\alpha^2}\int_\gamma^\infty\frac{1}{\Gamma\left(\beta\right)}\left(\frac{x-\gamma}{\alpha}\right)^{\beta-2}e^{-\frac{x-\gamma}{\alpha}}dx$$

令 $y=\frac{x-\gamma}{\alpha}$, 当 $x=\gamma$ 时, $y=0$; 当 $x\to\infty$ 时, $y\to\infty$; $x=\alpha y+\gamma$, $dx=\alpha dy$, 则

$$E\left(\frac{1}{x-\gamma}\right)=\frac{1}{\alpha^2}\frac{\alpha}{\Gamma\left(\beta\right)}\int_\gamma^\infty y^{\beta-2}e^{-y}dy=\frac{1}{\alpha\Gamma\left(\beta\right)}\int_\gamma^\infty y^{\beta-2}e^{-y}dy$$

$$=\frac{1}{\alpha\Gamma\left(\beta\right)}\int_\gamma^\infty y^{\beta-1-1}e^{-y}dy=\frac{1}{\alpha\Gamma\left(\beta\right)}\Gamma\left(\beta-1\right)=\frac{1}{\alpha\Gamma\left(\beta-1+1\right)}\Gamma\left(\beta-1\right)$$

$$=\frac{1}{\alpha\left(\beta-1\right)\Gamma\left(\beta-1\right)}\Gamma\left(\beta-1\right)=\frac{1}{\alpha\left(\beta-1\right)}$$

$$E\left(\frac{\beta-1}{(x-\gamma)^2}\right)=\int_\gamma^\infty\frac{\beta-1}{(x-\gamma)^2}p\left(x|\alpha,\beta,\gamma\right)dx$$

$$=\int_\gamma^\infty\frac{\beta-1}{(x-\gamma)^2}\frac{1}{\alpha\Gamma\left(\beta\right)}\left(\frac{x-\gamma}{\alpha}\right)^{\beta-1}e^{-\frac{x-\gamma}{\alpha}}dx$$

$$=\frac{\beta-1}{\alpha^3}\frac{1}{\Gamma\left(\beta\right)}\int_\gamma^\infty\left(\frac{x-\gamma}{\alpha}\right)^{\beta-3}e^{-\frac{x-\gamma}{\alpha}}dx$$

令 $y=\frac{x-\gamma}{\alpha}$, 当 $x=\gamma$ 时, $y=0$; 当 $x\to\infty$ 时, $y\to\infty$; $x=\alpha y+\gamma$, $dx=\alpha dy$, 则

$$E\left(\frac{\beta-1}{(x-\gamma)^2}\right)=\frac{\beta-1}{\alpha^3}\frac{1}{\Gamma\left(\beta\right)}\alpha\int_0^\infty y^{\beta-3}e^{-y}dy=\frac{\beta-1}{\alpha^2}\frac{1}{\Gamma\left(\beta\right)}\int_0^\infty y^{\beta-2-1}e^{-y}dy$$

$$= \frac{\beta-1}{\alpha^2}\frac{1}{\Gamma(\beta)}\Gamma(\beta-2) = \frac{\beta-1}{\alpha^2}\frac{1}{\Gamma(\beta-1+1)}\Gamma(\beta-2)$$

$$= \frac{\beta-1}{\alpha^2}\frac{1}{(\beta-1)\Gamma(\beta-1)}\Gamma(\beta-2)$$

$$= \frac{\beta-1}{\alpha^2}\frac{1}{(\beta-1)\Gamma(\beta-2+1)}\Gamma(\beta-2)$$

$$= \frac{\beta-1}{\alpha^2}\frac{1}{(\beta-1)(\beta-2)\Gamma(\beta-2)}\Gamma(\beta-2) = \frac{1}{\alpha^2(\beta-2)}$$

所以,

$$E\left(\frac{\partial^2}{\partial\beta^2}\log p(x|\gamma,\alpha,\beta)\right) = E\left(-\psi'(\beta)\right) = -\psi'(\beta)$$

$$E\left(\frac{\partial^2}{\partial\beta\partial\alpha}\log p(x|\gamma,\alpha,\beta)\right) = E\left(-\frac{1}{\alpha}\right) = -\frac{1}{\alpha}$$

$$E\left(\frac{\partial^2}{\partial\beta\partial\gamma}\log p(x|\gamma,\alpha,\beta)\right) = E\left(-\frac{1}{x-\gamma}\right) = -E\left(\frac{1}{x-\gamma}\right) = -\frac{1}{\alpha(\beta-1)}$$

$$E\left(\frac{\partial^2}{\partial\gamma^2}\log p(x|\gamma,\alpha,\beta)\right) = E\left(-\frac{\beta-1}{(x-\gamma)^2}\right) = -E\left(\frac{\beta-1}{(x-\gamma)^2}\right) = -\frac{1}{\alpha^2(\beta-2)}$$

$$E\left(\frac{\partial^2}{\partial\gamma\partial\alpha}\log p(x|\gamma,\alpha,\beta)\right) = E\left(-\frac{1}{\alpha^2}\right) = -\frac{1}{\alpha^2}$$

$$E\left(\frac{\partial^2}{\partial\gamma\partial\beta}\log p(x|\gamma,\alpha,\beta)\right) = E\left(-\frac{1}{x-\gamma}\right) = -E\left(\frac{1}{x-\gamma}\right) = -\frac{1}{\alpha(\beta-1)}$$

综合以上推导, 有

$$\boldsymbol{I}(\gamma,\alpha,\beta)$$

$$= -E\begin{bmatrix} \dfrac{\partial^2}{\partial\gamma^2}\log p(x|\alpha,\beta,\gamma) & \dfrac{\partial^2}{\partial\gamma\partial\alpha}\log p(x|\alpha,\beta,\gamma) & \dfrac{\partial^2}{\partial\gamma\partial\beta}\log p(x|\alpha,\beta,\gamma) \\[2mm] \dfrac{\partial^2}{\partial\alpha\partial\gamma}\log p(x|\alpha,\beta,\gamma) & \dfrac{\partial^2}{\partial\alpha^2}\log p(x|\alpha,\beta,\gamma) & \dfrac{\partial^2}{\partial\alpha\partial\beta}\log p(x|\alpha,\beta,\gamma) \\[2mm] \dfrac{\partial^2}{\partial\beta\partial\gamma}\log p(x|\alpha,\beta,\gamma) & \dfrac{\partial^2}{\partial\beta\partial\alpha}\log p(x|\alpha,\beta,\gamma) & \dfrac{\partial^2}{\partial\beta^2}\log p(x|\alpha,\beta,\gamma) \end{bmatrix}$$

$$= \begin{bmatrix} -E\left(\dfrac{\partial^2}{\partial\gamma^2}\log p(x|\alpha,\beta,\gamma)\right) & -E\left(\dfrac{\partial^2}{\partial\gamma\partial\alpha}\log p(x|\alpha,\beta,\gamma)\right) & -E\left(\dfrac{\partial^2}{\partial\gamma\partial\beta}\log p(x|\alpha,\beta,\gamma)\right) \\[2mm] -E\left(\dfrac{\partial^2}{\partial\alpha\partial\gamma}\log p(x|\alpha,\beta,\gamma)\right) & -E\left(\dfrac{\partial^2}{\partial\alpha^2}\log p(x|\alpha,\beta,\gamma)\right) & -E\left(\dfrac{\partial^2}{\partial\alpha\partial\beta}\log p(x|\alpha,\beta,\gamma)\right) \\[2mm] -E\left(\dfrac{\partial^2}{\partial\beta\partial\gamma}\log p(x|\alpha,\beta,\gamma)\right) & -E\left(\dfrac{\partial^2}{\partial\beta\partial\alpha}\log p(x|\alpha,\beta,\gamma)\right) & -E\left(\dfrac{\partial^2}{\partial\beta^2}\log p(x|\alpha,\beta,\gamma)\right) \end{bmatrix}$$

$$
= \begin{bmatrix} \dfrac{1}{\alpha^2\,(\beta-2)} & \dfrac{1}{\alpha^2} & \dfrac{1}{\alpha\,(\beta-1)} \\[2mm] \dfrac{1}{\alpha^2} & \dfrac{\beta}{\alpha^2} & \dfrac{1}{\alpha} \\[2mm] \dfrac{1}{\alpha\,(\beta-1)} & \dfrac{1}{\alpha} & \psi'\,(\beta) \end{bmatrix} \tag{98}
$$

$$
\boldsymbol{I}_n\,(\gamma,\alpha,\beta) = n\boldsymbol{I}\,(\gamma,\alpha,\beta) = \begin{bmatrix} \dfrac{n}{\alpha^2\,(\beta-2)} & \dfrac{n}{\alpha^2} & \dfrac{n}{\alpha\,(\beta-1)} \\[2mm] \dfrac{n}{\alpha^2} & \dfrac{n\beta}{\alpha^2} & \dfrac{n}{\alpha} \\[2mm] \dfrac{n}{\alpha\,(\beta-1)} & \dfrac{n}{\alpha} & n\psi'\,(\beta) \end{bmatrix} \tag{99}
$$

式中, $\psi'\,(\beta) = \dfrac{1}{\beta} + \dfrac{1}{2\beta^2} + \dfrac{1}{6\beta^3} - \dfrac{1}{30\beta^5} + \dfrac{1}{42\beta^7} - \dfrac{1}{30\beta^9} + \dfrac{10}{132\beta^{11}}.$

$$
\begin{bmatrix} \mathrm{var}\gamma & \mathrm{cov}\,(\gamma,\alpha) & \mathrm{cov}\,(\gamma,\beta) \\ \mathrm{cov}\,(\alpha,\gamma) & \mathrm{var}\alpha & \mathrm{cov}\,(\alpha,\beta) \\ \mathrm{cov}\,(\beta,\gamma) & \mathrm{cov}\beta\,(,\alpha) & \mathrm{var}\beta \end{bmatrix} = \left[\boldsymbol{I}_n\,(\gamma,\alpha,\beta)\right]^{-1} = \left[n\boldsymbol{I}\,(\gamma,\alpha,\beta)\right]^{-1}
$$

$$
\left(E \begin{bmatrix} -\dfrac{\partial^2 \log L}{\partial^2\gamma} & -\dfrac{\partial^2 \log L}{\partial\gamma\partial\alpha} & -\dfrac{\partial^2 \log L}{\partial\gamma\partial\beta} \\[2mm] -\dfrac{\partial^2 \log L}{\partial\alpha\partial\gamma} & -\dfrac{\partial^2 \log L}{\partial^2\alpha} & -\dfrac{\partial^2 \log L}{\partial\alpha\partial\beta} \\[2mm] -\dfrac{\partial^2 \log L}{\partial\beta\partial\gamma} & -\dfrac{\partial^2 \log L}{\partial\beta\partial\alpha} & -\dfrac{\partial^2 \log L}{\partial^2\beta} \end{bmatrix} \right)^{-1}
$$

$$
= \begin{bmatrix} E\left(-\dfrac{\partial^2 \log L}{\partial^2\gamma}\right) & E\left(-\dfrac{\partial^2 \log L}{\partial\gamma\partial\alpha}\right) & E\left(-\dfrac{\partial^2 \log L}{\partial\gamma\partial\beta}\right) \\[2mm] E\left(-\dfrac{\partial^2 \log L}{\partial\alpha\partial\gamma}\right) & E\left(-\dfrac{\partial^2 \log L}{\partial^2\alpha}\right) & E\left(-\dfrac{\partial^2 \log L}{\partial\alpha\partial\beta}\right) \\[2mm] E\left(-\dfrac{\partial^2 \log L}{\partial\beta\partial\gamma}\right) & \left(-\dfrac{\partial^2 \log L}{\partial\beta\partial\alpha}\right) & E\left(-\dfrac{\partial^2 \log L}{\partial^2\beta}\right) \end{bmatrix}^{-1}
$$

式中, $\boldsymbol{I}_n\,(\gamma,\alpha,\beta) = n\boldsymbol{I}\,(\gamma,\alpha,\beta) = \begin{bmatrix} \dfrac{n}{\alpha^2\,(\beta-2)} & \dfrac{n}{\alpha^2} & \dfrac{n}{\alpha\,(\beta-1)} \\[2mm] \dfrac{n}{\alpha^2} & \dfrac{n\beta}{\alpha^2} & \dfrac{n}{\alpha} \\[2mm] \dfrac{n}{\alpha\,(\beta-1)} & \dfrac{n}{\alpha} & n\psi'\,(\beta) \end{bmatrix}.$ 所以, 有

$$
\begin{bmatrix}
\mathrm{var}\gamma & \mathrm{cov}\,(\gamma,\alpha) & \mathrm{cov}\,(\gamma,\beta) \\
\mathrm{cov}\,(\alpha,\gamma) & \mathrm{var}\alpha & \mathrm{cov}\,(\alpha,\beta) \\
\mathrm{cov}\,(\beta,\gamma) & \mathrm{cov}\,(\beta,\alpha) & \mathrm{var}\beta
\end{bmatrix}
=
\begin{bmatrix}
\dfrac{n}{\alpha^2\,(\beta-2)} & \dfrac{n}{\alpha^2} & \dfrac{n}{\alpha\,(\beta-1)} \\[2mm]
\dfrac{n}{\alpha^2} & \dfrac{n\beta}{\alpha^2} & \dfrac{n}{\alpha} \\[2mm]
\dfrac{n}{\alpha\,(\beta-1)} & \dfrac{n}{\alpha} & n\psi'\,(\beta)
\end{bmatrix}^{-1}
. \text{ 以下}
$$

推求此矩阵的逆矩阵.

$$
\begin{vmatrix}
\dfrac{n}{\alpha^2\,(\beta-2)} & \dfrac{n}{\alpha^2} & \dfrac{n}{\alpha\,(\beta-1)} \\[2mm]
\dfrac{n}{\alpha^2} & \dfrac{n\beta}{\alpha^2} & \dfrac{n}{\alpha} \\[2mm]
\dfrac{n}{\alpha\,(\beta-1)} & \dfrac{n}{\alpha} & n\psi'\,(\beta)
\end{vmatrix}
$$

$$
= \frac{n^3\beta\psi'\,(\beta)}{\alpha^4\,(\beta-2)} + \frac{n^3}{\alpha^4\,(\beta-1)} + \frac{n^3}{\alpha^4\,(\beta-1)} - \frac{n^3\beta}{\alpha^4\,(\beta-1)^2} - \frac{n^3\psi'\,(\beta)}{\alpha^4} - \frac{n^3}{\alpha^4\,(\beta-2)}
$$

$$
= \left[\frac{n^3\beta\psi'\,(\beta)}{\alpha^4\,(\beta-2)} - \frac{n^3\psi'\,(\beta)}{\alpha^4} - \frac{n^3}{\alpha^4\,(\beta-2)} \right] + \left[\frac{n^3}{\alpha^4\,(\beta-1)} + \frac{n^3}{\alpha^4\,(\beta-1)} - \frac{n^3\beta}{\alpha^4\,(\beta-1)^2} \right]
$$

$$
= \left[\frac{n^3\beta\psi'\,(\beta) - n^3 - n^3\psi'\,(\beta)\,(\beta-2)}{\alpha^4\,(\beta-2)} \right] + \left[\frac{2n^3}{\alpha^4\,(\beta-1)} - \frac{n^3\beta}{\alpha^4\,(\beta-1)^2} \right]
$$

$$
= \left[\frac{n^3\beta\psi'\,(\beta) - n^3 - n^3\beta\psi'\,(\beta) + 2n^3\psi'\,(\beta)}{\alpha^4\,(\beta-2)} \right] + \left[\frac{2n^3\beta - 2n^3 - n^3\beta}{\alpha^4\,(\beta-1)^2} \right]
$$

$$
= \frac{-n^3 + 2n^3\psi'\,(\beta)}{\alpha^4\,(\beta-2)} + \frac{n^3\beta - 2n^3}{\alpha^4\,(\beta-1)^2}
$$

$$
= \frac{n^3}{\alpha^4\,(\beta-2)} \left[-1 + 2\psi'\,(\beta) + \frac{(\beta-2)^2}{(\beta-1)^2} \right]
$$

$$
= \frac{n^3}{\alpha^4\,(\beta-2)} \left[2\psi'\,(\beta) + \frac{(\beta-2)^2}{(\beta-1)^2} - 1 \right] = \frac{n^3}{\alpha^4\,(\beta-2)} \left[2\psi'\,(\beta) + \frac{(\beta-2)^2 - (\beta-1)^2}{(\beta-1)^2} \right]
$$

$$
= \frac{n^3}{\alpha^4\,(\beta-2)} \left[2\psi'\,(\beta) + \frac{\beta^2 - 4\beta + 4 - \beta^2 + 2\beta - 1}{(\beta-1)^2} \right]
$$

$$
= \frac{n^3}{\alpha^4\,(\beta-2)} \left[2\psi'\,(\beta) + \frac{-2\beta + 3}{(\beta-1)^2} \right] = \frac{n^3}{(\beta-2)\,\alpha^4} \left[2\psi'\,(\beta) - \frac{2\beta - 3}{(\beta-1)^2} \right]
$$

$$
A_{11}^* = \begin{vmatrix} \dfrac{n\beta}{\alpha^2} & \dfrac{n}{\alpha} \\[2mm] \dfrac{n}{\alpha} & n\psi'\,(\beta) \end{vmatrix} = \frac{n^2\beta\psi'\,(\beta)}{\alpha^2} - \frac{n^2}{\alpha^2} = \frac{n^2}{\alpha^2}\,[\beta\psi'\,(\beta) - 1]
$$

$$A_{12}^* = - \begin{vmatrix} \dfrac{n}{\alpha^2} & \dfrac{n}{\alpha} \\[2mm] \dfrac{n}{\alpha(\beta-1)} & n\psi'(\beta) \end{vmatrix} = - \left[\dfrac{n^2\psi'(\beta)}{\alpha^2} - \dfrac{n^2}{\alpha^2(\beta-1)} \right]$$

$$= -\dfrac{n^2}{\alpha^2} \left[\psi'(\beta) - \dfrac{1}{\beta-1} \right] = \dfrac{n^2}{\alpha^2} \left[\dfrac{1}{\beta-1} - \psi'(\beta) \right]$$

$$A_{13}^* = \begin{vmatrix} \dfrac{n}{\alpha^2} & \dfrac{n\beta}{\alpha^2} \\[2mm] \dfrac{n}{\alpha(\beta-1)} & \dfrac{n}{\alpha} \end{vmatrix} = \dfrac{n^2}{\alpha^3} - \dfrac{n^2\beta}{\alpha^3(\beta-1)} = \dfrac{n^2}{\alpha^3} \left[1 - \dfrac{\beta}{\beta-1} \right] = -\dfrac{n^2}{\alpha^3} \left[\dfrac{\beta}{\beta-1} - 1 \right]$$

$$A_{21}^* = - \begin{vmatrix} \dfrac{n}{\alpha^2} & \dfrac{n}{\alpha(\beta-1)} \\[2mm] \dfrac{n}{\alpha} & n\psi'(\beta) \end{vmatrix} = - \left[\dfrac{n^2\psi'(\beta)}{\alpha^2} - \dfrac{n^2}{\alpha^2(\beta-1)} \right]$$

$$= -\dfrac{n^2}{\alpha^2} \left[\psi'(\beta) - \dfrac{1}{\beta-1} \right] = \dfrac{n^2}{\alpha^2} \left[\dfrac{1}{\beta-1} - \psi'(\beta) \right]$$

$$A_{22}^* = - \begin{vmatrix} \dfrac{n}{\alpha^2(\beta-2)} & \dfrac{n}{\alpha(\beta-1)} \\[2mm] \dfrac{n}{\alpha(\beta-1)} & n\psi'(\beta) \end{vmatrix}$$

$$= \dfrac{n^2\psi'(\beta)}{\alpha^2(\beta-2)} - \dfrac{n^2}{\alpha^2(\beta-1)^2} = \dfrac{n^2}{\alpha^2} \left[\dfrac{\psi'(\beta)}{\beta-2} - \dfrac{1}{(\beta-1)^2} \right]$$

$$A_{23}^* = - \begin{vmatrix} \dfrac{n}{\alpha^2(\beta-2)} & \dfrac{n}{\alpha^2} \\[2mm] \dfrac{n}{\alpha(\beta-1)} & \dfrac{n}{\alpha} \end{vmatrix} = - \left[\dfrac{n^2}{\alpha^3(\beta-2)} - \dfrac{n^2}{\alpha^3(\beta-1)} \right] = -\dfrac{n^2}{\alpha^3} \left[\dfrac{1}{\beta-2} - \dfrac{1}{\beta-1} \right]$$

$$A_{31}^* = \begin{vmatrix} \dfrac{n}{\alpha^2} & \dfrac{n}{\alpha(\beta-1)} \\[2mm] \dfrac{n\beta}{\alpha^2} & \dfrac{n}{\alpha} \end{vmatrix} = \dfrac{n^2}{\alpha^3} - \dfrac{n^2\beta}{\alpha^3(\beta-1)} = \dfrac{n^2}{\alpha^3} \left[1 - \dfrac{\beta}{\beta-1} \right] = -\dfrac{n^2}{\alpha^3} \left[\dfrac{\beta}{\beta-1} - 1 \right]$$

$$A_{32}^* = - \begin{vmatrix} \dfrac{n}{\alpha^2(\beta-2)} & \dfrac{n}{\alpha(\beta-1)} \\[2mm] \dfrac{n}{\alpha^2} & \dfrac{n}{\alpha} \end{vmatrix}$$

$$= - \left[\dfrac{n^2}{\alpha^3(\beta-2)} - \dfrac{n^2}{\alpha^3(\beta-1)} \right] = -\dfrac{n^2}{\alpha^3} \left[\dfrac{1}{\beta-2} - \dfrac{1}{\beta-1} \right]$$

$$A_{33}^* = \begin{vmatrix} \dfrac{n}{\alpha^2\,(\beta-2)} & \dfrac{n}{\alpha^2} \\[3mm] \dfrac{n}{\alpha^2} & \dfrac{n\beta}{\alpha^2} \end{vmatrix} = \dfrac{n^2\beta}{\alpha^4\,(\beta-2)} - \dfrac{n^2}{\alpha^4} = \dfrac{n^2}{\alpha^4}\left[\dfrac{\beta}{\beta-2}-1\right] = \dfrac{n^2}{\alpha^4}\dfrac{2}{\beta-2}$$

则

$$\begin{bmatrix} \dfrac{n}{\alpha^2\,(\beta-2)} & \dfrac{n}{\alpha^2} & \dfrac{n}{\alpha\,(\beta-1)} \\[3mm] \dfrac{n}{\alpha^2} & \dfrac{n\beta}{\alpha^2} & \dfrac{n}{\alpha} \\[3mm] \dfrac{n}{\alpha\,(\beta-1)} & \dfrac{n}{\alpha} & n\psi'\,(\beta) \end{bmatrix}^{-1}$$

$$= \dfrac{1}{\begin{vmatrix} \dfrac{n}{\alpha^2\,(\beta-2)} & \dfrac{n}{\alpha^2} & \dfrac{n}{\alpha\,(\beta-1)} \\[3mm] \dfrac{n}{\alpha^2} & \dfrac{n\beta}{\alpha^2} & \dfrac{n}{\alpha} \\[3mm] \dfrac{n}{\alpha\,(\beta-1)} & \dfrac{n}{\alpha} & n\psi'\,(\beta) \end{vmatrix}} \begin{bmatrix} A_{11}^* & A_{12}^* & A_{13}^* \\ A_{21}^* & A_{22}^* & A_{23}^* \\ A_{31}^* & A_{31}^* & A_{33}^* \end{bmatrix}$$

$$= \dfrac{1}{\dfrac{n^3}{(\beta-2)\,\alpha^4}\left[2\psi'\,(\beta) - \dfrac{2\beta-3}{(\beta-1)^2}\right]}$$

$$\cdot \begin{bmatrix} \dfrac{n^2}{\alpha^2}\left[\beta\psi'\,(\beta)-1\right] & \dfrac{n^2}{\alpha^2}\left[\dfrac{1}{\beta-1}-\psi'\,(\beta)\right] & -\dfrac{n^2}{\alpha^3}\left[\dfrac{\beta}{\beta-1}-1\right] \\[5mm] \dfrac{n^2}{\alpha^2}\left[\dfrac{1}{\beta-1}-\psi'\,(\beta)\right] & \dfrac{n^2}{\alpha^2}\left[\dfrac{\psi'\,(\beta)}{\beta-2}-\dfrac{1}{(\beta-1)^2}\right] & -\dfrac{n^2}{\alpha^3}\left[\dfrac{1}{\beta-2}-\dfrac{1}{\beta-1}\right] \\[5mm] -\dfrac{n^2}{\alpha^3}\left[\dfrac{\beta}{\beta-1}-1\right] & -\dfrac{n^2}{\alpha^3}\left[\dfrac{1}{\beta-2}-\dfrac{1}{\beta-1}\right] & \dfrac{n^2}{\alpha^4}\dfrac{2}{\beta-2} \end{bmatrix}$$

$$= \dfrac{1}{\dfrac{n^3}{(\beta-2)\,\alpha^4}\left[2\psi'\,(\beta) - \dfrac{2\beta-3}{(\beta-1)^2}\right]}\dfrac{n^2}{\alpha^2}$$

$$\cdot \begin{bmatrix} \left[\beta\psi'\,(\beta)-1\right] & \left[\dfrac{1}{\beta-1}-\psi'\,(\beta)\right] & -\dfrac{1}{\alpha}\left[\dfrac{\beta}{\beta-1}-1\right] \\[5mm] \left[\dfrac{1}{\beta-1}-\psi'\,(\beta)\right] & \left[\dfrac{\psi'\,(\beta)}{\beta-2}-\dfrac{1}{(\beta-1)^2}\right] & -\dfrac{1}{\alpha}\left[\dfrac{1}{\beta-2}-\dfrac{1}{\beta-1}\right] \\[5mm] -\dfrac{1}{\alpha}\left[\dfrac{\beta}{\beta-1}-1\right] & -\dfrac{1}{\alpha}\left[\dfrac{1}{\beta-2}-\dfrac{1}{\beta-1}\right] & \dfrac{1}{\alpha^2}\dfrac{2}{\beta-2} \end{bmatrix}$$

$$= \cfrac{1}{\cfrac{n}{(\beta-2)\,\alpha^4}\left[2\psi'(\beta)-\cfrac{2\beta-3}{(\beta-1)^2}\right]\alpha^2}$$

$$\cdot \begin{bmatrix} [\beta\psi'(\beta)-1] & \left[\cfrac{1}{\beta-1}-\psi'(\beta)\right] & -\cfrac{1}{\alpha}\left[\cfrac{\beta}{\beta-1}-1\right] \\[3mm] \left[\cfrac{1}{\beta-1}-\psi'(\beta)\right] & \left[\cfrac{\psi'(\beta)}{\beta-2}-\cfrac{1}{(\beta-1)^2}\right] & -\cfrac{1}{\alpha}\left[\cfrac{1}{\beta-2}-\cfrac{1}{\beta-1}\right] \\[3mm] -\cfrac{1}{\alpha}\left[\cfrac{\beta}{\beta-1}-1\right] & -\cfrac{1}{\alpha}\left[\cfrac{1}{\beta-2}-\cfrac{1}{\beta-1}\right] & \cfrac{1}{\alpha^2}\cfrac{2}{\beta-2} \end{bmatrix}$$

令 $D=\cfrac{1}{(\beta-2)\,\alpha^4}\left[2\psi'(\beta)-\cfrac{2\beta-3}{(\beta-1)^2}\right]$, 则

$$\begin{bmatrix} \cfrac{n}{\alpha^2(\beta-2)} & \cfrac{n}{\alpha^2} & \cfrac{n}{\alpha(\beta-1)} \\[3mm] \cfrac{n}{\alpha^2} & \cfrac{n\beta}{\alpha^2} & \cfrac{n}{\alpha} \\[3mm] \cfrac{n}{\alpha(\beta-1)} & \cfrac{n}{\alpha} & n\psi'(\beta) \end{bmatrix}^{-1}$$

$$=\cfrac{1}{n\alpha^2 D}\begin{bmatrix} \beta\psi'(\beta)-1 & \cfrac{1}{\beta-1}-\psi'(\beta) & -\cfrac{1}{\alpha}\left(\cfrac{\beta}{\beta-1}-1\right) \\[3mm] \cfrac{1}{\beta-1}-\psi'(\beta) & \cfrac{\psi'(\beta)}{\beta-2}-\cfrac{1}{(\beta-1)^2} & -\cfrac{1}{\alpha}\left(\cfrac{1}{\beta-2}-\cfrac{1}{\beta-1}\right) \\[3mm] -\cfrac{1}{\alpha}\left(\cfrac{\beta}{\beta-1}-1\right) & -\cfrac{1}{\alpha}\left(\cfrac{1}{\beta-2}-\cfrac{1}{\beta-1}\right) & \cfrac{2}{\alpha^2(\beta-2)} \end{bmatrix}$$

综上, 有

$$\mathrm{var}\gamma=\frac{1}{n\alpha^2 D}[\beta\psi'(\beta)-1]$$

$$\mathrm{cov}(\gamma,\alpha)=\frac{1}{n\alpha^2 D}\left[\frac{1}{\beta-1}-\psi'(\beta)\right]$$

$$\mathrm{cov}(\gamma,\beta)=\frac{1}{n\alpha^2 D}\left[-\frac{1}{\alpha}\left(\frac{\beta}{\beta-1}-1\right)\right]=\frac{-1}{n\alpha^3 D}\left(\frac{\beta}{\beta-1}-1\right)$$

$$\mathrm{cov}(\alpha,\gamma)=\frac{1}{n\alpha^2 D}\left[\frac{1}{\beta-1}-\psi'(\beta)\right]$$

$$\mathrm{var}\alpha=\frac{1}{n\alpha^2 D}\left[\frac{\psi'(\beta)}{\beta-2}-\frac{1}{(\beta-1)^2}\right]$$

$$\mathrm{cov}(\alpha,\beta)=\frac{1}{n\alpha^2 D}\left[-\frac{1}{\alpha}\left(\frac{1}{\beta-2}-\frac{1}{\beta-1}\right)\right]=\frac{-1}{n\alpha^3 D}\left(\frac{1}{\beta-2}-\frac{1}{\beta-1}\right)$$

$$\text{cov}\,(\beta,\gamma) = \frac{1}{n\alpha^2 D}\left[-\frac{1}{\alpha}\left(\frac{\beta}{\beta-1}-1\right)\right] = \frac{-1}{n\alpha^3 D}\left(\frac{\beta}{\beta-1}-1\right)$$

$$\text{cov}\,(\beta,\alpha) = \frac{1}{n\alpha^2 D}\left[-\frac{1}{\alpha}\left(\frac{1}{\beta-2}-\frac{1}{\beta-1}\right)\right] = \frac{-1}{n\alpha^3 D}\left(\frac{1}{\beta-2}-\frac{1}{\beta-1}\right)$$

$$\text{var}\beta = \frac{1}{n\alpha^2 D}\frac{2}{\alpha^2(\beta-2)} = \frac{2}{n\alpha^4 D(\beta-2)}$$

$$
\begin{bmatrix}
\text{var}\gamma & \text{cov}\,(\gamma,\alpha) & \text{cov}\,(\gamma,\beta) \\
\text{cov}\,(\alpha,\gamma) & \text{var}\alpha & \text{cov}\,(\alpha,\beta) \\
\text{cov}\,(\beta,\gamma) & \text{cov}\,(\beta,\alpha) & \text{var}\beta
\end{bmatrix}
$$
$$
=
\begin{bmatrix}
\dfrac{1}{n\alpha^2 D}[\beta\psi'(\beta)-1] & \dfrac{1}{n\alpha^2 D}\left[\dfrac{1}{\beta-1}-\psi'(\beta)\right] & \dfrac{-1}{n\alpha^3 D}\left(\dfrac{\beta}{\beta-1}-1\right) \\[2mm]
\dfrac{1}{n\alpha^2 D}\left[\dfrac{1}{\beta-1}-\psi'(\beta)\right] & \dfrac{1}{n\alpha^2 D}\left[\dfrac{\psi'(\beta)}{\beta-2}-\dfrac{1}{(\beta-1)^2}\right] & \dfrac{-1}{n\alpha^3 D}\left(\dfrac{1}{\beta-2}-\dfrac{1}{\beta-1}\right) \\[2mm]
\dfrac{-1}{n\alpha^3 D}\left(\dfrac{\beta}{\beta-1}-1\right) & \dfrac{-1}{n\alpha^3 D}\left(\dfrac{1}{\beta-2}-\dfrac{1}{\beta-1}\right) & \dfrac{2}{n\alpha^4 D(\beta-2)}
\end{bmatrix}
$$

设计值 x_T 计算公式为

$$x_T = \alpha\beta + \gamma + K_T\sqrt{\alpha^2\beta} \tag{100}$$

式中, 离均系数 K_T 为参数 β 的函数. 且 $\beta = \dfrac{4}{C_s^2}$.

$$\frac{\partial x_T}{\partial \alpha} = \alpha + K_T\sqrt{\beta}\frac{\partial\sqrt{\alpha^2}}{\partial\alpha} = \alpha + K_T\sqrt{\beta}\frac{\alpha}{|\alpha|}$$

$$\frac{\partial x_T}{\partial \beta} = \alpha + \frac{K_T}{2}\sqrt{\frac{\alpha^2}{\beta}} + \sqrt{\alpha^2\beta}\frac{\partial K_T}{\partial C_s}\frac{\partial C_s}{\partial\beta} = \alpha + \frac{K_T}{2}\sqrt{\frac{\alpha^2}{\beta}} - \frac{\sqrt{\alpha^2}}{\beta}\frac{\partial K_T}{\partial C_s}$$

$$\frac{\partial x_T}{\partial \gamma} = 1$$

K_T 的 Wilson-Hilferty 变换的近似计算为

$$K_T = \frac{2}{C_s}\left\{\left[1 + z_t\left(\frac{C_s}{6}\right) - \left(\frac{C_s}{6}\right)^2\right]^3 - 1\right\}$$

则

$$\frac{\partial K_T}{\partial C_s} = -\frac{2}{C_s^2}\left\{\left[1 + z_t\left(\frac{C_s}{6}\right) - \left(\frac{C_s}{6}\right)^2\right]^3 - 1\right\}$$

$$+ \frac{2}{C_s} 3 \left[1 + z_t \left(\frac{C_s}{6} \right) - \left(\frac{C_s}{6} \right)^2 \right]^2 \left(\frac{z_t}{6} - \frac{2C_s}{36} \right)$$

$$= - \frac{2}{C_s^2} \left\{ \left[\frac{C_s}{6} \left(z_t - \frac{C_s}{6} \right) + 1 \right]^3 - 1 \right\}$$

$$+ \frac{2}{C_s} \left\{ 3 \left[\frac{C_s}{6} \left(z_t - \frac{C_s}{6} \right) + 1 \right]^2 \left(\frac{z_t}{6} - \frac{2C_s}{36} \right) \right\}$$

9.5.3　美国 Bulletin 17B 推荐近似计算

美国 Bulletin 17B 推荐以下公式进行计算

$$U_{P,C}(X) = \overline{X} + S \cdot K_{P,C}^U; \quad L_{P,C}(X) = \overline{X} + S \cdot K_{P,C}^L \tag{101}$$

式中, $U_{P,C}(X)$ 和 $L_{P,C}(X)$ 分别为置信区间的上限和下限值; $\overline{X}$ 和 S 分别为 P- Ⅲ 型分布序列的均值和标准差; $K_{P,C}^U$ 和 $K_{P,C}^L$ 分别为置信区间上限系数和下限系数; P 为设计事件超越概率值; C 为置信水平.

置信区间上限系数和下限系数近似服从非中心 t 分布, 对于大容量样本, 置信区间上限系数和下限系数可采用下式进行计算.

$$K_{P,C}^U = \frac{K_{GW,P} + \sqrt{K_{GW,P}^2 - ab}}{a}; \quad K_{P,C}^L = \frac{K_{GW,P} - \sqrt{K_{GW,P}^2 - ab}}{a} \tag{102}$$

式中, $a = 1 - \frac{z_c^2}{2(n-1)}$; $b = K_{GW,P}^2 - \frac{z_c^2}{n}$. 其中, z_c 表示概率为置信水平 C 的标准正态分布分位数; G_W 为偏态系数; $K_{GW,P}$ 为超越概率值 P、偏态系数 G_W 的 P-Ⅲ型分布离均系数; n 为序列长度.

例 1　某序列长度为 50 年, 均值为 3.0、标准差为 0.25、偏态系数为 0.20; 置信水平为 0.95. 求设计超越概率为 0.01 设计值的置信区间.

经计算有 $z_c = 1.6449$, $K_{GW,P} = 2.4723$, $a = 0.9724$, $b = 6.0579$, $K_{P,C}^L = 2.0586$, $K_{P,C}^U = 3.0263$, $L_{P,C}(X) = 3.5147$, $U_{P,C}(X) = 3.7566$.

例 2　美国 Fishkill Creek 河流 1945—1968 年年最大洪峰流量见表 2. 求给定设计超越概率设计值的置信区间.

计算结果见表 3 和如图 3 所示

$$U_{P,C}(X) = \overline{X} + S \cdot K_{P,C}^U; \quad L_{P,C}(X) = \overline{X} + S \cdot K_{P,C}^L \tag{103}$$

式中, $U_{P,C}(X)$ 和 $L_{P,C}(X)$ 分别为置信区间的上限和下限值; $\overline{X}$ 和 S 分别为 P- Ⅲ 型分布序列的均值和标准差; $K_{P,C}^U$ 和 $K_{P,C}^L$ 分别为置信区间上限系数和下限系数; P 为设计事件超越概率值; C 为置信水平.

表 2 Fishkill Creek 河流 1945—1968 年年最大洪峰流量 (单位: ft^3/s)

年份	流量 x	$Lg(x)$	年份	流量 x	$Lg(x)$
1945	2290	3.3598	1957	1310	3.1173
1946	1470	3.1673	1958	2500	3.3979
1947	2220	3.3464	1959	1960	3.2923
1948	2970	3.4728	1960	2140	3.3304
1949	3020	3.4800	1961	4340	3.6375
1950	1210	3.0828	1962	3060	3.4857
1951	2490	3.3962	1963	1780	3.2504
1952	3170	3.5011	1964	1380	3.1399
1953	3220	3.5079	1965	980	2.9912
1954	1760	3.2455	1966	1040	3.0170
1955	8800	3.9445	1967	1580	3.1987
1956	8280	3.9180	1968	3630	3.5599

置信区间上限系数和下限系数近似服从非中心 t 分布, 对于大容量样本, 置信区间上限系数和下限系数可采用下式进行计算.

$$K_{P,C}^{U} = \frac{K_{GW,P} + \sqrt{K_{GW,P}^2 - ab}}{a}; \quad K_{P,C}^{L} = \frac{K_{GW,P} - \sqrt{K_{GW,P}^2 - ab}}{a}$$

表 3 给定设计超越概率设计值的置信区间

p	$K_{GW,P}$	y_P	设计值 x_P	$K_{P,C}^{L}$	$L_{P,C}(y)$	设计值下限	$K_{P,C}^{U}$	$U_{P,C}(y)$	设计值上限
0.9990	-2.14053	2.8426	695.99	-2.9255	2.6498	446.50	-1.6231	2.9697	932.57
0.9950	-1.92580	2.8953	785.87	-2.6511	2.7172	521.43	-1.4411	3.0144	1033.68
0.9900	-1.80621	2.9247	840.85	-2.4991	2.7545	568.26	-1.3391	3.0395	1095.09
0.9700	-1.56562	2.9838	963.41	-2.1950	2.8292	674.89	-1.1319	3.0903	1231.21
0.9500	-1.42345	3.0187	1044.07	-2.0167	2.8730	746.49	-1.0081	3.1207	1320.52
0.9000	-1.18347	3.0777	1195.84	-1.7187	2.9462	883.52	-0.7962	3.1728	1488.69
0.8000	-0.85703	3.1579	1438.30	-1.3211	3.0439	1106.27	-0.5000	3.2455	1760.08
0.7500	-0.72231	3.1909	1552.18	-1.1604	3.0833	1211.54	-0.3745	3.2764	1889.60
0.7000	-0.59615	3.2219	1666.97	-1.0121	3.1198	1317.58	-0.2548	3.3058	2021.99
0.6000	-0.35565	3.2810	1909.85	-0.7359	3.1876	1540.30	-0.0199	3.3635	2309.26
0.5000	-0.11578	3.3399	2187.32	-0.4704	3.2528	1789.85	0.2244	3.4235	2651.27
0.4000	0.13901	3.4025	2526.35	-0.2002	3.3192	2085.30	0.4956	3.4901	3090.89
0.3000	0.42851	3.4736	2975.76	0.0920	3.3910	2460.09	0.8186	3.5694	3710.23
0.2500	0.59647	3.5149	3272.29	0.2551	3.4310	2697.73	1.0124	3.6170	4140.15
0.2000	0.79002	3.5624	3650.82	0.4379	3.4759	2991.56	1.2409	3.6731	4711.23
0.1000	1.33294	3.6957	4962.94	0.9286	3.5964	3948.56	1.9038	3.8360	6854.21
0.0500	1.81864	3.8150	6531.80	1.3497	3.6999	5010.27	2.5149	3.9860	9683.50
0.0300	2.15255	3.8970	7889.43	1.6333	3.7695	5881.78	2.9408	4.0907	12321.44
0.0200	2.40670	3.9595	9108.98	1.8469	3.8220	6637.11	3.2673	4.1708	14819.74
0.0100	2.82359	4.0619	11530.88	2.1943	3.9073	8078.17	3.8057	4.3031	20095.08

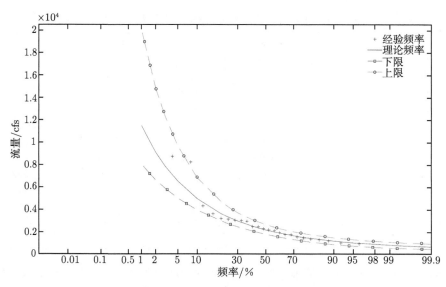

图 3　给定设计超越概率设计值的置信区间

例 3　印度 Eel River 年最大洪峰流量见表 4. 根据 P-Ⅲ型分布, 试用上述方法计算重现期 100 年设计值在置信水平 95% 下的置信区间.

表 4　印度 Eel River 年最大洪峰流量

年份	最大洪峰流量	年份	最大洪峰流量	年份	最大洪峰流量
1924	3590	1947	3210	1970	2630
1925	5480	1948	4220	1971	3680
1926	3960	1949	5900	1972	2600
1927	3030	1950	6700	1973	3120
1928	6080	1951	4780	1974	3790
1929	5880	1952	4240	1975	3300
1930	4120	1953	2400	1976	3830
1931	550	1954	1930	1977	2840
1932	1990	1955	4080	1978	4560
1933	3880	1956	3170	1979	4100
1934	1600	1957	3660	1980	4560
1935	4580	1958	3960	1981	5560
1936	7500	1959	7050	1982	8180
1937	5680	1960	2820	1983	4990
1938	7320	1961	2820	1984	3670
1939	4880	1962	3880	1985	8240
1940	3100	1963	3600	1986	3590
1941	1000	1964	5400	1987	2210
1942	2969	1965	3520	1988	4360
1943	5890	1966	2700	1989	4060
1944	5620	1967	7750	1990	6320
1945	3990	1968	7940	1991	8740
1946	3770	1969	5220		

根据题意, $T = 100$, 则 $p = 1 - \dfrac{1}{T} = 0.99$, $z_p = u = \operatorname{nor min} v(0.99) = 2.3263$. $c = 0.95$, $a = 1 - c = 0.05$.

(1) 矩法参数估算进行置信区间计算

经计算, $\bar{x} = 4357.7941$, $S = 1783.9867$, $C_v = 0.4094$, $C_s = 0.5522$. $K_T = 2.7253$. 根据矩与 P- III型分布参数的关系 $\beta = \left(\dfrac{2}{C_s}\right)^2$, $\alpha = \sqrt{\dfrac{S^2}{\beta}}$, $\gamma = \bar{x} - \sqrt{S^2\beta}$, 得 $\beta = 13.1176$, $\alpha = 492.5660$, $\gamma = -2103.4898$, $\dfrac{\partial K_T}{\partial C_s} = 0.7038$. 代入下式

$$s_T^2 = \frac{\mu_2}{N}\left[1 + K_T\gamma_1 + \frac{K_T^2}{2}\left(\frac{3\gamma_1^2}{4} + 1\right) + 3K_T\frac{\partial K_T}{\partial \gamma_1}\left(\gamma_1 + \frac{\gamma_1^3}{4}\right)\right.$$
$$\left. + 3\left(\frac{\partial K_T}{\partial \gamma_1}\right)^2\left(2 + 3\gamma_1^2 + \frac{5\gamma_1^4}{8}\right)\right], \quad \gamma_1 = C_s$$

有 $s_T^2 = 697631.0361$, $s_T = 835.2431$. $z_{1-a/2} = u = \operatorname{nor min} v(1 - 0.05/2) = 1.96$, 代入 $x_{T,a}^L = x_T - z_{1-a/2}s_t$, $x_{T,a}^U = x_T + z_{1-a/2}s_t$, 有 $x_T = 9219.62$, $x_{T,a}^L = 7582.57$, $x_{T,a}^U = 10856.66$.

(2) 极大似然参数估算进行置信区间计算

按照极大似然法估算, 经计算有 P- III型分布参数, $\beta = 13.9205$, $\alpha = 473.3643$, $\gamma = -2230.7578$. 根据矩与 P- III型分布参数的关系, 有 $\bar{x} = 4357.7941$, $S = 1766.1310$, $C_v = 0.4053$, $C_s = 0.5360$. $K_T = 2.7139$, $\dfrac{\partial K_T}{\partial C_s} = 0.7052$, $\psi'(\beta) = 0.0745$, $D = 2.5790 \times 10^{-16}$, $\operatorname{var}\alpha = 65587.3717$, $\operatorname{var}\beta = 190.5455$, $\operatorname{var}\gamma = 9359135.8064$, $\operatorname{cov}(\alpha, \beta) = -3490.4779$, $\operatorname{cov}(\alpha, \gamma) = 742553.8045$, $\operatorname{cov}(\beta, \gamma) = -41608.2414$, $\dfrac{\partial x}{\partial \alpha} = 24.0460$, $\dfrac{\partial x}{\partial \beta} = 621.5416$, $\dfrac{\partial x}{\partial \gamma} = 1$. 以上值代入

$$s_T^2 = \left(\frac{\partial x}{\partial \alpha}\right)^2 \operatorname{var}\alpha + \left(\frac{\partial x}{\partial \beta}\right)^2 \operatorname{var}\beta + \left(\frac{\partial x}{\partial \gamma}\right)^2 \operatorname{var}\gamma + 2\frac{\partial x}{\partial \alpha}\frac{\partial x}{\partial \beta}\operatorname{cov}(\alpha, \beta)$$
$$+ 2\frac{\partial x}{\partial \alpha}\frac{\partial x}{\partial \gamma}\operatorname{cov}(\alpha, \gamma) + 2\frac{\partial x}{\partial \beta}\frac{\partial x}{\partial \gamma}\operatorname{cov}(\beta, \gamma)$$

有 $s_T^2 = 546700.8254$, $s_T = 739.3922$. $z_{1-a/2} = u = \operatorname{nor min} v(1 - 0.05/2) = 1.96$, 代入 $x_{T,a}^L = x_T - z_{1-a/2}s_t$, $x_{T,a}^U = x_T + z_{1-a/2}s_t$, 有 $x_T = 9150.85$, $x_{T,a}^L = 7701.66$, $x_{T,a}^U = 10600.03$.

9.6　正态分布设计值的近似方差

对于正态分布矩法推算分布参数, 给定重现期 T, 其设计值为 $\hat{x}_T$

$$\hat{x}_T = \hat{m}'_1 + K_T \sqrt{\hat{m}_2} \tag{104}$$

式中, K_T 为离均系数, 偏态系数 $g = 0$.

根据式 (104), 有

$$\frac{\partial x_T}{\partial \hat{m}'} = 1; \quad \frac{\partial x_T}{\partial m_2} = \frac{K_T}{2\sqrt{m_2}} \tag{105}$$

把式 (104) 和 (105), $\mathrm{var}\,(\hat{m}'_1) = \dfrac{\mu_2}{n}$, $\mathrm{var}\,(\hat{m}_2) = \dfrac{\mu_4 - \mu_2^2}{n}$ 及 $\mathrm{cov}\,(\hat{m}'_1, \hat{m}_2) = \dfrac{\mu_3}{n}$ 代入 (8) 式有

$$s_T^2 = \mathrm{var}\,(\hat{x}_T) = \left(\frac{\partial x_T}{\partial m'_1}\right)^2 \mathrm{var}\,(\hat{m}'_1) + \left(\frac{\partial x_T}{\partial m_2}\right)^2 \mathrm{var}\,(\hat{m}_2) + \frac{\partial x_T}{\partial m'_1}\frac{\partial x_T}{\partial m_2}\mathrm{cov}\,(\hat{m}', \hat{m}_2)$$

有

$$= 1 \cdot \frac{\mu_2}{n} + \left(\frac{K_T}{2\sqrt{\mu_2}}\right)^2 \frac{\mu_4 - \mu_2^2}{n} + 1 \cdot \frac{K_T}{2\sqrt{\mu_2}}\frac{\mu_3}{n} = \frac{\mu_2}{n} + \frac{K_T^2\left(\mu_4 - \mu_2^2\right)}{4n\mu_2} + \frac{K_T\mu_3}{2n\sqrt{\mu_2}}$$

把正态分布矩 $\mu_1 = \mu_3 = \mu_5 = 0$, $\mu_2 = \sigma^2$, $\mu_4 = 3\sigma^4 = 3\mu_2^2$ 代入上式, 有

$$s_T^2 = \mathrm{var}\,(\hat{x}_T) = \frac{\mu_2}{n} + \frac{K_T^2\left(\mu_4 - \mu_2^2\right)}{4n\mu_2} + \frac{K_T\mu_3}{2n\sqrt{\mu_2}}$$

$$= \frac{\mu_2}{n} + \frac{K_T^2\left(3\mu_2^2 - \mu_2^2\right)}{4n\mu_2} + \frac{K_T \cdot 0}{2n\sqrt{\mu_2}} = \frac{\mu_2}{n} + \frac{2K_T^2\mu_2^2}{4n\mu_2}$$

$$= \mu_2 \left(\frac{1}{n} + \frac{K_T^2}{2n}\right) = \mu_2 \left(\frac{2 + K_T^2}{2n}\right)$$

则

$$s_T = \sigma\sqrt{\frac{2 + K_T^2}{2n}} \tag{106}$$

9.7　Generalized Logistic 分布设计值的近似方差

本节引用 Shin(2009) 学位论文资料, 说明 Generalized Logistic 分布设计值置信区间计算. Generalized Logistic 分布

$$F(x) = \left\{1 + \left[1 - \frac{\beta}{\alpha}(x - \varepsilon)\right]^{\frac{1}{\beta}}\right\}^{-1}$$

$$f(x) = \frac{1}{\alpha} \left[1 - \frac{\beta}{\alpha}(x - \varepsilon) \right]^{\frac{1}{\beta} - 1} \left\{ 1 + \left[1 - \frac{\beta}{\alpha}(x - \varepsilon) \right]^{\frac{1}{\beta}} \right\}^{-2} \tag{107}$$

式中, 当 $\beta < 0$ 时, $\varepsilon + \dfrac{\alpha}{\beta} \leqslant x < \infty$; 当 $\beta > 0$ 时, $-\infty < x \leqslant \varepsilon + \dfrac{\alpha}{\beta}$; 当 $\beta = 0$ 时, $-\infty < x < \infty$; ε 为位置参数; α 为尺度参数; β 为形状参数.

令 $y = -\dfrac{1}{\beta} \ln \left[1 - \dfrac{\beta}{\alpha}(x - \varepsilon) \right]$, 则 $1 - \dfrac{\beta}{\alpha}(x - \varepsilon) = e^{-\beta \cdot y}$, 积分区间变为 $(-\infty, \infty)$, 则分布函数可写为

$$F(y) = \left[1 + \left(e^{-\beta \cdot y} \right)^{\frac{1}{\beta}} \right]^{-1} = \left(1 + e^{-y} \right)^{-1} = \frac{1}{1 + e^{-y}}; \quad -\infty < y < \infty \tag{108}$$

对分布求导, 有密度函数

$$f(y) = \frac{dF(y)}{dy} = \frac{d}{dy} \left(\frac{1}{1 + e^{-y}} \right) = \frac{-1}{(1 + e^{-y})^2} e^{-y}(-1)$$

$$= \frac{e^{-y}}{(1 + e^{-y})^2}; \quad -\infty < y < \infty \tag{109}$$

分位数计算

$$x_T = \varepsilon + \frac{\alpha}{\beta} \left[1 - (T - 1)^{-\beta} \right] = \varepsilon + \frac{\alpha}{\beta} \left[1 - \left(\frac{1}{P} - 1 \right)^{\beta} \right]; \quad P = F(x) = 1 - \frac{1}{T} \tag{110}$$

9.7.1 几个积分计算

Generalized Logistic 分布的方差–协方差矩阵计算涉及一些函数的期望值, 本节根据积分原理, 推导几个积分运算.

9.7.1.1 $E\left(e^{2\beta \cdot y_i} \right)$

因为 $y_i = -\dfrac{1}{\beta} \log \left[1 - \dfrac{\beta}{\alpha}(x_i - \varepsilon) \right]$, 所以 $1 + e^{-y_i} = 1 + e^{-\left(-\frac{1}{\beta} \right) \log \left[1 - \frac{\beta}{\alpha}(x_i - \varepsilon) \right]} = 1 + \left[1 - \dfrac{\beta}{\alpha}(x_i - \varepsilon) \right]^{\frac{1}{\beta}}$; 又因 $F(x) = \left\{ 1 + \left[1 - \dfrac{\beta}{\alpha}(x - \varepsilon) \right]^{\frac{1}{\beta}} \right\}^{-1}$, 所以 $1 + e^{-y_i} = 1 + \left[1 - \dfrac{\beta}{\alpha}(x_i - \varepsilon) \right]^{\frac{1}{\beta}} = \dfrac{1}{F(x)}$.

$$e^{2\beta \cdot y_i} = e^{2\beta \left(-\frac{1}{\beta} \right) \log \left[1 - \frac{\beta}{\alpha}(x_i - \varepsilon) \right]} = \left[1 - \frac{\beta}{\alpha}(x_i - \varepsilon) \right]^{-2}$$

$$e^{(2\beta - 1) \cdot y_i} = e^{(2\beta - 1) \left(-\frac{1}{\beta} \right) \log \left[1 - \frac{\beta}{\alpha}(x_i - \varepsilon) \right]} = \left[1 - \frac{\beta}{\alpha}(x_i - \varepsilon) \right]^{\frac{1 - 2\beta}{\beta}}$$

$$e^{(2\beta-2)\cdot y_i} = e^{(2\beta-2)\left(-\frac{1}{\beta}\right)\log\left[1-\frac{\beta}{\alpha}(x_i-\varepsilon)\right]} = \left[1 - \frac{\beta}{\alpha}(x_i-\varepsilon)\right]^{\frac{2-2\beta}{\beta}}$$

则 $E\left(e^{2\beta\cdot y_i}\right) = \int_{\varepsilon+\frac{\alpha}{\beta}}^{\infty} e^{2\beta\cdot y_i} f(x)\,dx = \int_{\varepsilon+\frac{\alpha}{\beta}}^{\infty} \left[1-\frac{\beta}{\alpha}(x_i-\varepsilon)\right]^{-2} \frac{1}{\alpha}\left[1-\frac{\beta}{\alpha}(x-\varepsilon)\right]^{\frac{1}{\beta}-1} \cdot$

$F^2(x)\,dx$, 令

$F = F(x)$, 则 $x = \varepsilon + \frac{\alpha}{\beta}\left[1-\left(\frac{1-F}{F}\right)^\beta\right]$, $dx = \frac{\alpha}{F^2}\left(\frac{1-F}{F}\right)^{\beta-1}dF$; 当

$x = \varepsilon + \frac{\alpha}{\beta}$ 时, $F = 0$; 当 $x \to \infty$ 时, $F = 1$. 由 $x = \varepsilon + \frac{\alpha}{\beta}\left[1-\left(\frac{1-F}{F}\right)^\beta\right]$, 得

$1 - \frac{\beta}{\alpha}(x-\varepsilon) = \left(\frac{1-F}{F}\right)^\beta$, 则

$$E\left(e^{2\beta\cdot y_i}\right) = \int_{\varepsilon+\frac{\alpha}{\beta}}^{\infty} \left[1-\frac{\beta}{\alpha}(x_i-\varepsilon)\right]^{-2} \frac{1}{\alpha}\left[1-\frac{\beta}{\alpha}(x-\varepsilon)\right]^{\frac{1}{\beta}-1} F^2(x)\,dx$$

$$= \int_0^1 \left[\left(\frac{1-F}{F}\right)^\beta\right]^{-2} \frac{1}{\alpha}\left[\left(\frac{1-F}{F}\right)^\beta\right]^{\frac{1}{\beta}-1} F^2 \frac{\alpha}{F^2}\left(\frac{1-F}{F}\right)^{\beta-1}dF$$

$$= \int_0^1 \left(\frac{1-F}{F}\right)^{-2\beta}\left(\frac{1-F}{F}\right)^{1-\beta}\left(\frac{1-F}{F}\right)^{\beta-1}dF = \int_0^1 \left(\frac{1-F}{F}\right)^{-2\beta}dF$$

令 $u = \frac{1-F}{F}$, 则 $F = \frac{1}{1+u}$, $dF = \frac{-1}{(1+u)^2}du$;

当 $F = 0$ 时, $u \to \infty$; 当 $F = 1$ 时, $u = 0$, 则

$$E\left(e^{2\beta\cdot y_i}\right) = \int_0^1 \left(\frac{1-F}{F}\right)^{-2\beta}dF = \int_\infty^0 u^{-2\beta}\frac{-1}{(1+u)^2}du = \int_0^\infty \frac{u^{-2\beta}}{(1+u)^2}du$$

由 Beta 函数 $B(a,b) = \int_0^1 t^{a-1}(1-t)^{b-1}dt = \int_0^\infty \frac{t^{a-1}}{(1+t)^{a+b}}dt = \frac{\Gamma(a)\Gamma(b)}{\Gamma(a+b)}$, 则

$$E\left(e^{2\beta\cdot y_i}\right) = \int_0^\infty \frac{u^{-2\beta}}{(1+u)^2}du = \int_0^\infty \frac{u^{1-2\beta-1}}{(1+u)^{1-2\beta+1+2\beta}}du = \frac{\Gamma(1+2\beta)\Gamma(1-2\beta)}{\Gamma(2)}$$

即

$$E\left(e^{2\beta\cdot y_i}\right) = \Gamma(1+2\beta)\Gamma(1-2\beta) = g_2 \tag{111}$$

式中, $g_r = \Gamma(1+r\beta)\Gamma(1-r\beta)$.

式 (111) 另一种积分可采用

$$E\left(e^{2\beta\cdot y_i}\right) = \int_{-\infty}^\infty e^{2\beta\cdot y_i} f(y_i)\,dy_i = \int_{-\infty}^\infty e^{2\beta\cdot y_i}\frac{e^{-y_i}}{(1+e^{-y_i})^2}dy_i = \int_{-\infty}^\infty \frac{e^{(2\beta-1)y_i}}{(1+e^{-y_i})^2}dy_i$$

令 $\xi = \dfrac{1}{1 + e^{y_i}}$, 则 $y_i \to -\infty$ 时, $\xi = \dfrac{1}{1 + \dfrac{1}{e^{y_i}}} \to 1$; $y_i \to \infty$ 时, $\xi = \dfrac{1}{1 + e^{y_i}} \to 0$;

$1 + e^{y_i} = \dfrac{1}{\xi}$, $e^{y_i} = \dfrac{1}{\xi} - 1 = \dfrac{1 - \xi}{\xi}$; $e^{-y_i} = \dfrac{\xi}{1 - \xi}$; 由 $e^{y_i} = \dfrac{1 - \xi}{\xi}$, 得 $y_i = \ln \dfrac{1 - \xi}{\xi}$,

$dy_i = \dfrac{\xi}{1 - \xi} \dfrac{-\xi - (1 - \xi)}{\xi^2} d\xi = \dfrac{-1}{\xi(1 - \xi)} d\xi$, 则有

$$
\begin{aligned}
E\left(e^{2\beta \cdot y_i}\right) &= \int_{-\infty}^{\infty} \frac{e^{(2\beta-1)y_i}}{\left(1 + e^{-y_i}\right)^2} dy_i \\
&= \int_{1}^{0} \left(\frac{1 - \xi}{\xi}\right)^{2\beta-1} \frac{1}{\left(1 + \dfrac{\xi}{1 - \xi}\right)^2} \frac{-1}{\xi(1 - \xi)} d\xi \\
&= \int_{0}^{1} (1 - \xi)^{2\beta-1} \xi^{1-2\beta} (1 - \xi)^2 \xi^{-1} (1 - \xi)^{-1} d\xi \\
&= \int_{0}^{1} \xi^{-2\beta} (1 - \xi)^{2\beta} d\xi = \int_{0}^{1} \xi^{1-2\beta-1} (1 - \xi)^{1+2\beta-1} d\xi \\
&= \mathrm{B}(1 + 2\beta, 1 - 2\beta) = \frac{\Gamma(1 + 2\beta)\Gamma(1 - 2\beta)}{\Gamma(2)} \\
&= \Gamma(1 + 2\beta)\Gamma(1 - 2\beta) = g_2
\end{aligned}
$$

同理, 有

$$E\left(e^{\beta \cdot y_i}\right) = \Gamma(1 + \beta)\Gamma(1 - \beta) = g_1 \tag{112}$$

$$E\left[\frac{e^{(2\beta-1)\cdot y_i}}{1 + e^{-y_i}}\right] = \frac{1 - 2\beta}{2} g_2 \tag{113}$$

$$E\left[\frac{e^{(\beta-1)\cdot y_i}}{1 + e^{-y_i}}\right] = \frac{(1 - \beta) g_1}{2} \tag{114}$$

$$E\left[\frac{e^{(2\beta-2)\cdot y_i}}{\left(1 + e^{-y_i}\right)^2}\right] = \frac{(1 - \beta)(1 - 2\beta) g_2}{3} \tag{115}$$

$$E\left[\frac{e^{(\beta-2)\cdot y_i}}{\left(1 + e^{-y_i}\right)^2}\right] = \frac{(2 - \beta)(1 - \beta) g_1}{6} \tag{116}$$

9.7.1.2 $E\left[\dfrac{y_i e^{(\beta-1)\cdot y_i}}{1 + e^{-y_i}}\right]$

$$
\begin{aligned}
E\left[\frac{y_i e^{(\beta-1)\cdot y_i}}{1 + e^{-y_i}}\right] &= \int_{-\infty}^{\infty} \frac{y_i e^{(\beta-1)\cdot y_i}}{1 + e^{-y_i}} f(y_i) \, dy_i \\
&= \int_{-\infty}^{\infty} \frac{y_i e^{(\beta-1)\cdot y_i}}{1 + e^{-y_i}} \frac{e^{-y_i}}{\left(1 + e^{-y_i}\right)^2} dy_i = \int_{-\infty}^{\infty} \frac{y_i e^{(\beta-2)y_i}}{\left(1 + e^{-y_i}\right)^3} dy_i
\end{aligned}
$$

用上述变量 y_i 换元, 则有

$$E\left[\frac{y_i e^{(\beta-1)\cdot y_i}}{1+e^{-y_i}}\right]=\int_{-\infty}^{\infty}\frac{y_i e^{(\beta-2)y_i}}{(1+e^{-y_i})^3}dy_i$$

$$=\int_1^0 \ln\left(\frac{1-\xi}{\xi}\right)\cdot\left(\frac{1-\xi}{\xi}\right)^{\beta-2}\frac{1}{\left(1+\dfrac{\xi}{1-\xi}\right)^3}\frac{-1}{\xi(1-\xi)}d\xi$$

$$=\int_0^1 \ln\left(\frac{1-\xi}{\xi}\right)\cdot\left(\frac{1-\xi}{\xi}\right)^{\beta-2}\frac{1}{\left(1+\dfrac{\xi}{1-\xi}\right)^3}\frac{1}{\xi(1-\xi)}d\xi$$

$$=\int_0^1 \ln\left(\frac{1-\xi}{\xi}\right)\cdot(1-\xi)^{\beta-2}\xi^{2-\beta}(1-\xi)^3\xi^{-1}(1-\xi)^{-1}d\xi$$

$$=\int_0^1 \ln\left(\frac{1-\xi}{\xi}\right)\cdot\xi^{1-\beta}(1-\xi)^{\beta}d\xi=\int_0^1 [\ln(1-\xi)-\ln\xi]\cdot\xi^{1-\beta}(1-\xi)^{\beta}d\xi$$

$$=\int_0^1 \ln(1-\xi)\cdot\xi^{1-\beta}(1-\xi)^{\beta}d\xi-\int_0^1 \ln\xi\cdot\xi^{1-\beta}(1-\xi)^{\beta}d\xi$$

根据 Gradshteyn (2007) 积分公式 (4.293.13)、积分公式 (4.253.1)

$$\int_0^1\frac{x^{\mu-1}\ln(1-x)}{(1-x)^{1-v}}dx=\int_0^1 x^{\mu-1}\ln(1-x)(1-x)^{v-1}dx=\mathrm{B}(\mu,v)[\psi(v)-\psi(\mu+v)] \tag{117}$$

式中, $\mathrm{Re}\mu>0$, $\mathrm{Re}v>0$.

$$\int_0^1 x^{\mu-1}(1-x^r)^{v-1}\ln xdx=\frac{1}{r^2}\mathrm{B}\left(\frac{\mu}{r},v\right)\left[\psi\left(\frac{\mu}{r}\right)-\psi\left(\frac{\mu}{r}+v\right)\right] \tag{118}$$

式中, $\mathrm{Re}\mu>0$, $\mathrm{Re}v>0$, $r>0$.

$$\int_0^1 \ln(1-\xi)\cdot\xi^{1-\beta}(1-\xi)^{\beta}d\xi=\int_0^1 \xi^{2-\beta-1}\ln(1-\xi)(1-\xi)^{1+\beta-1}d\xi$$
$$=\mathrm{B}(2-\beta,1+\beta)[\psi(1+\beta)-\psi(3)]$$

$$\int_0^1 \ln\xi\cdot\xi^{1-\beta}(1-\xi)^{\beta}d\xi=\int_0^1 \ln\xi\cdot\xi^{2-\beta-1}(1-\xi)^{1+\beta-1}d\xi$$
$$=\mathrm{B}(2-\beta,1+\beta)[\psi(2-\beta)-\psi(3)]$$

则

$$E\left[\frac{y_i e^{(\beta-1)\cdot y_i}}{1+e^{-y_i}}\right]=\int_0^1 \ln(1-\xi)\cdot\xi^{1-\beta}(1-\xi)^{\beta}d\xi-\int_0^1 \ln\xi\cdot\xi^{1-\beta}(1-\xi)^{\beta}d\xi$$

$$= \int_0^1 \ln\left(1-\xi\right)\cdot \xi^{1-\beta}\left(1-\xi\right)^{\beta} d\xi - \int_0^1 \ln\xi \cdot \xi^{1-\beta}\left(1-\xi\right)^{\beta} d\xi$$

$$= \mathrm{B}\left(2-\beta,1+\beta\right)\left[\psi\left(1+\beta\right)-\psi\left(3\right)\right]-\mathrm{B}\left(2-\beta,1+\beta\right)\left[\psi\left(2-\beta\right)-\psi\left(3\right)\right]$$

$$= \mathrm{B}\left(2-\beta,1+\beta\right)\left[\psi\left(1+\beta\right)-\psi\left(3\right)-\psi\left(2-\beta\right)+\psi\left(3\right)\right]$$

$$= \mathrm{B}\left(2-\beta,1+\beta\right)\left[\psi\left(1+\beta\right)-\psi\left(2-\beta\right)\right]$$

根据 ψ 函数性质, 有

$$\psi\left(1+x\right)=\psi\left(x\right)+\frac{1}{x} \tag{119}$$

有

$$E\left[\frac{y_i e^{(\beta-1)\cdot y_i}}{1+e^{-y_i}}\right] = \mathrm{B}\left(2-\beta,1+\beta\right)\cdot\left[\psi\left(1+\beta\right)-\psi\left(2-\beta\right)\right]$$

$$= \frac{\Gamma\left(1+\beta\right)\Gamma\left(2-\beta\right)}{2}\left[\psi\left(1+\beta\right)-\psi\left(1-\beta\right)-\frac{1}{1-\beta}\right]$$

$$= \frac{\left(1-\beta\right)\Gamma\left(1+\beta\right)\Gamma\left(1-\beta\right)}{2}\left[\psi\left(\beta\right)+\frac{1}{\beta}-\psi\left(1-\beta\right)-\frac{1}{1-\beta}\right]$$

$$= \frac{\left(1-\beta\right)\Gamma\left(1+\beta\right)\Gamma\left(1-\beta\right)}{2}\left[\psi\left(\beta\right)-\psi\left(1-\beta\right)+\frac{1}{\beta}-\frac{1}{1-\beta}\right]$$

$$= \frac{\left(1-\beta\right)g_1}{2}\left(\frac{1}{\beta}-\frac{1}{1-\beta}-d_1\right)$$

即

$$E\left[\frac{y_i e^{(\beta-1)\cdot y_i}}{1+e^{-y_i}}\right]=\frac{\left(1-\beta\right)g_1}{2}\left(\frac{1}{\beta}-\frac{1}{1-\beta}-d_1\right) \tag{120}$$

同理, 有

$$\begin{cases} E\left[\dfrac{y_i e^{(\beta-2)\cdot y_i}}{\left(1+e^{-y_i}\right)^2}\right]=\dfrac{\left(1-\beta\right)\left(2-\beta\right)g_1}{6}\left(\dfrac{1}{\beta}-\dfrac{1}{1-\beta}-\dfrac{1}{2-\beta}-d_1\right) \\[3mm] E\left(\dfrac{e^{-y_i}}{1+e^{-y_i}}\right)=\dfrac{1}{2} \\[3mm] E\left(\dfrac{e^{-2y_i}}{\left(1+e^{-y_i}\right)^2}\right)=\dfrac{1}{3} \end{cases} \tag{121}$$

9.7.2 矩法估算参数的设计值方差

一阶矩

$$\mu_1' = \int_{\varepsilon+\frac{\alpha}{\beta}}^{\infty} xf\left(x\right)dx = \varepsilon+\frac{\alpha}{\beta}\left(1-g_1\right); \quad \mu_2'=\varepsilon^2+\frac{2\varepsilon\alpha}{\beta}+\frac{\alpha^2}{\beta^2}-\left(\frac{2\varepsilon\alpha}{\beta}+\frac{2\alpha^2}{\beta^2}\right)g_1+\frac{\alpha^2}{\beta^2}g_2 \tag{122}$$

式中, $g_r = \Gamma\left(1 + r\beta\right)\Gamma\left(1 - r\beta\right)$.

以下用 $\beta < 0$ 为例, 进行原点矩的推导.

$$\mu'_1 = \int_{\varepsilon+\frac{\alpha}{\beta}}^{\infty} x f\left(x\right) dx = \int_{\varepsilon+\frac{\alpha}{\beta}}^{\infty} x \frac{1}{\alpha}\left[1 - \frac{\beta}{\alpha}\left(x-\varepsilon\right)\right]^{\frac{1}{\beta}-1} F^2\left(x\right) dx$$

令 $F = F\left(x\right)$, 则 $x = \varepsilon + \dfrac{\alpha}{\beta}\left[1 - \left(\dfrac{1-F}{F}\right)^{\beta}\right]$, $dx = -\dfrac{\alpha}{\beta}\beta\left(\dfrac{1-F}{F}\right)^{\beta-1}\dfrac{-F-(1-F)}{F^2}dF =$

$-\dfrac{\alpha}{\beta}\beta\left(\dfrac{1-F}{F}\right)^{\beta-1}\dfrac{-1}{F^2}dF = \dfrac{\alpha}{F^2}\left(\dfrac{1-F}{F}\right)^{\beta-1}dF$; 当 $x = \varepsilon + \dfrac{\alpha}{\beta}$ 时, $F = 0$; 当 $x \to \infty$

时, $F = 1$. 由 $x = \varepsilon + \dfrac{\alpha}{\beta}\left[1 - \left(\dfrac{1-F}{F}\right)^{\beta}\right]$, 得

$$\frac{\beta}{\alpha}\left(x-\varepsilon\right) = 1 - \left(\frac{1-F}{F}\right)^{\beta}, \quad 1 - \frac{\beta}{\alpha}\left(x-\varepsilon\right) = \left(\frac{1-F}{F}\right)^{\beta}$$

则

$$\mu'_1 = \int_{\varepsilon+\frac{\alpha}{\beta}}^{\infty} x \frac{1}{\alpha}\left[1 - \frac{\beta}{\alpha}\left(x-\varepsilon\right)\right]^{\frac{1}{\beta}-1} F^2\left(x\right) dx$$

$$= \int_0^1 \left\{\varepsilon + \frac{\alpha}{\beta}\left[1 - \left(\frac{1-F}{F}\right)^{\beta}\right]\right\}\frac{1}{\alpha}\left[\left(\frac{1-F}{F}\right)^{\beta}\right]^{\frac{1}{\beta}-1} F^2 \frac{\alpha}{F^2}\left(\frac{1-F}{F}\right)^{\beta-1} dF$$

$$= \int_0^1 \left\{\varepsilon + \frac{\alpha}{\beta}\left[1 - \left(\frac{1-F}{F}\right)^{\beta}\right]\right\} dF$$

令 $u = \dfrac{1-F}{F}$, 则 $F = \dfrac{1}{1+u}$, $dF = \dfrac{-1}{\left(1+u\right)^2}du$; 当 $F = 0$ 时, $u \to \infty$; 当 $F = 1$ 时, $u = 0$, 则

$$\mu'_1 = \int_0^1 \left\{\varepsilon + \frac{\alpha}{\beta}\left[1 - \left(\frac{1-F}{F}\right)^{\beta}\right]\right\} dF = \int_\infty^0 \left[\varepsilon + \frac{\alpha}{\beta}\left(1 - u^\beta\right)\right]\frac{-1}{\left(1+u\right)^2}du$$

$$= \int_0^\infty \left(\varepsilon + \frac{\alpha}{\beta} - \frac{\alpha}{\beta}u^\beta\right)\frac{1}{\left(1+u\right)^2}du$$

$$= \int_0^\infty \frac{\varepsilon}{\left(1+u\right)^2}du + \frac{\alpha}{\beta}\int_0^\infty \frac{1}{\left(1+u\right)^2}du - \frac{\alpha}{\beta}\int_0^\infty \frac{u^\beta}{\left(1+u\right)^2}du$$

对于上式第 1 项积分, 有 $\displaystyle\int_0^\infty \frac{\varepsilon}{\left(1+u\right)^2}du = -\frac{\varepsilon}{1+u}\Big|_0^\infty = \varepsilon$. 对于上式第 2 项积分,

有 $\dfrac{\alpha}{\beta}\displaystyle\int_0^\infty \frac{1}{\left(1+u\right)^2}du = \dfrac{\alpha}{\beta}\dfrac{1}{1+u}\Big|_0^\infty = \dfrac{\alpha}{\beta}$. 由 Beta 函数 $\mathrm{B}\left(a,b\right) = \displaystyle\int_0^1 t^{a-1}\left(1-t\right)^{b-1}dt =$

$\int_0^\infty \dfrac{t^{a-1}}{(1+t)^{a+b}}dt = \dfrac{\Gamma(a)\,\Gamma(b)}{\Gamma(a+b)}$, 则对于上式第 3 项积分, 有

$$\frac{\alpha}{\beta}\int_0^\infty \frac{u^\beta}{(1+u)^2}du = \frac{\alpha}{\beta}\int_0^\infty \frac{u^{1+\beta-1}}{(1+u)^{1+\beta+1-\beta}}du$$

$$= \frac{\alpha}{\beta}\frac{\Gamma(1+\beta)\,\Gamma(1-\beta)}{\Gamma(2)} = \frac{\alpha}{\beta}\Gamma(1+\beta)\,\Gamma(1-\beta)$$

则

$$\mu_1' = \int_0^\infty \frac{\varepsilon}{(1+u)^2}du + \frac{\alpha}{\beta}\int_0^\infty \frac{1}{(1+u)^2}du - \frac{\alpha}{\beta}\int_0^\infty \frac{u^\beta}{(1+u)^2}du$$

$$= \varepsilon + \frac{\alpha}{\beta} - \frac{\alpha}{\beta}\Gamma(1+\beta)\,\Gamma(1-\beta) = \varepsilon + \frac{\alpha}{\beta}[1 - \Gamma(1+\beta)\,\Gamma(1-\beta)] = \varepsilon + \frac{\alpha}{\beta}(1 - g_1)$$

$$\mu_2' = \int_{\varepsilon+\frac{\alpha}{\beta}}^\infty x^2 f(x)\,dx = \int_{\varepsilon+\frac{\alpha}{\beta}}^\infty x^2 \frac{1}{\alpha}\left[1 - \frac{\beta}{\alpha}(x-\varepsilon)\right]^{\frac{1}{\beta}-1}F^2(x)\,dx, \text{ 令 } F = F(x), \text{ 则}$$

$x = \varepsilon + \dfrac{\alpha}{\beta}\left[1 - \left(\dfrac{1-F}{F}\right)^\beta\right]$, $dx = \dfrac{\alpha}{F^2}\left(\dfrac{1-F}{F}\right)^{\beta-1}dF$; 当 $x = \varepsilon + \dfrac{\alpha}{\beta}$ 时, $F = 0$; 当

$x \to \infty$ 时, $F = 1$. 由 $x = \varepsilon + \dfrac{\alpha}{\beta}\left[1 - \left(\dfrac{1-F}{F}\right)^\beta\right]$, 得 $1 - \dfrac{\beta}{\alpha}(x-\varepsilon) = \left(\dfrac{1-F}{F}\right)^\beta$,

则

$$\mu_2' = \int_{\varepsilon+\frac{\alpha}{\beta}}^\infty x^2 \frac{1}{\alpha}\left[1 - \frac{\beta}{\alpha}(x-\varepsilon)\right]^{\frac{1}{\beta}-1}F^2(x)\,dx$$

$$= \int_0^1 \left\{\varepsilon + \frac{\alpha}{\beta}\left[1 - \left(\frac{1-F}{F}\right)^\beta\right]\right\}^2 \frac{1}{\alpha}\left[\left(\frac{1-F}{F}\right)^\beta\right]^{\frac{1}{\beta}-1}F^2\frac{\alpha}{F^2}\left(\frac{1-F}{F}\right)^{\beta-1}dF$$

$$= \int_0^1 \left\{\varepsilon + \frac{\alpha}{\beta}\left[1 - \left(\frac{1-F}{F}\right)^\beta\right]\right\}^2 dF$$

因为

$$\left\{\varepsilon + \frac{\alpha}{\beta}\left[1 - \left(\frac{1-F}{F}\right)^\beta\right]\right\}^2$$

$$= \varepsilon^2 + 2\varepsilon\frac{\alpha}{\beta}\left[1 - \left(\frac{1-F}{F}\right)^\beta\right] + \frac{\alpha^2}{\beta^2}\left[1 - \left(\frac{1-F}{F}\right)^\beta\right]^2$$

$$= \varepsilon^2 + \frac{2\varepsilon\alpha}{\beta} - \frac{2\varepsilon\alpha}{\beta}\left(\frac{1-F}{F}\right)^\beta + \frac{\alpha^2}{\beta^2} - \frac{2\alpha^2}{\beta^2}\left(\frac{1-F}{F}\right)^\beta + \frac{\alpha^2}{\beta^2}\left(\frac{1-F}{F}\right)^{2\beta}$$

$$= \varepsilon^2 + \frac{2\varepsilon\alpha}{\beta} + \frac{\alpha^2}{\beta^2} - \left(\frac{2\varepsilon\alpha}{\beta} + \frac{2\alpha^2}{\beta^2}\right)\left(\frac{1-F}{F}\right)^\beta + \frac{\alpha^2}{\beta^2}\left(\frac{1-F}{F}\right)^{2\beta}$$

所以

$$\mu_2' = \int_0^1 \left\{ \varepsilon + \frac{\alpha}{\beta} \left[1 - \left(\frac{1-F}{F} \right)^\beta \right] \right\}^2 dF$$

$$= \int_0^1 \left\{ \varepsilon^2 + \frac{2\varepsilon\alpha}{\beta} + \frac{\alpha^2}{\beta^2} - \left(\frac{2\varepsilon\alpha}{\beta} + \frac{2\alpha^2}{\beta^2} \right) \left(\frac{1-F}{F} \right)^\beta + \frac{\alpha^2}{\beta^2} \left(\frac{1-F}{F} \right)^{2\beta} \right\} dF$$

令 $u = \dfrac{1-F}{F}$, 则 $F = \dfrac{1}{1+u}$, $dF = \dfrac{-1}{(1+u)^2} du$; 当 $F = 0$ 时, $u \to \infty$; 当 $F = 1$ 时, $u = 0$, 则

$$\mu_2' = \int_0^1 \left\{ \varepsilon^2 + \frac{2\varepsilon\alpha}{\beta} + \frac{\alpha^2}{\beta^2} - \left(\frac{2\varepsilon\alpha}{\beta} + \frac{2\alpha^2}{\beta^2} \right) \left(\frac{1-F}{F} \right)^\beta + \frac{\alpha^2}{\beta^2} \left(\frac{1-F}{F} \right)^{2\beta} \right\} dF.$$

$$= \int_\infty^0 \left\{ \varepsilon^2 + \frac{2\varepsilon\alpha}{\beta} + \frac{\alpha^2}{\beta^2} - \left(\frac{2\varepsilon\alpha}{\beta} + \frac{2\alpha^2}{\beta^2} \right) u^\beta + \frac{\alpha^2}{\beta^2} u^{2\beta} \right\} \frac{-1}{(1+u)^2} du$$

$$= \int_0^\infty \left\{ \varepsilon^2 + \frac{2\varepsilon\alpha}{\beta} + \frac{\alpha^2}{\beta^2} - \left(\frac{2\varepsilon\alpha}{\beta} + \frac{2\alpha^2}{\beta^2} \right) u^\beta + \frac{\alpha^2}{\beta^2} u^{2\beta} \right\} \frac{1}{(1+u)^2} du$$

$$= \int_0^\infty \left(\varepsilon^2 + \frac{2\varepsilon\alpha}{\beta} + \frac{\alpha^2}{\beta^2} \right) \frac{1}{(1+u)^2} du - \left(\frac{2\varepsilon\alpha}{\beta} + \frac{2\alpha^2}{\beta^2} \right) \int_0^\infty \frac{u^\beta}{(1+u)^2} du$$

$$+ \frac{\alpha^2}{\beta^2} \int_0^\infty \frac{u^{2\beta}}{(1+u)^2} du$$

对于上式第 1 项积分, 有 $\displaystyle\int_0^\infty \left(\varepsilon^2 + \frac{2\varepsilon\alpha}{\beta} + \frac{\alpha^2}{\beta^2} \right) \frac{1}{(1+u)^2} du = \varepsilon^2 + \frac{2\varepsilon\alpha}{\beta} + \frac{\alpha^2}{\beta^2}$;

对于上式第 2 项积分, 有

$$\left(\frac{2\varepsilon\alpha}{\beta} + \frac{2\alpha^2}{\beta^2} \right) \int_0^\infty \frac{u^\beta}{(1+u)^2} du = \left(\frac{2\varepsilon\alpha}{\beta} + \frac{2\alpha^2}{\beta^2} \right) \int_0^\infty \frac{u^{1+\beta-1}}{(1+u)^{1+\beta+1-\beta}} du$$

$$= \left(\frac{2\varepsilon\alpha}{\beta} + \frac{2\alpha^2}{\beta^2} \right) \int_0^\infty \frac{u^{1+\beta-1}}{(1+u)^{1+\beta+1-\beta}} du$$

$$= \left(\frac{2\varepsilon\alpha}{\beta} + \frac{2\alpha^2}{\beta^2} \right) \frac{\Gamma(1+\beta)\Gamma(1-\beta)}{\Gamma(2)}$$

$$= \left(\frac{2\varepsilon\alpha}{\beta} + \frac{2\alpha^2}{\beta^2} \right) \Gamma(1+\beta)\Gamma(1-\beta)$$

对于上式第 3 项积分, 有

$$\frac{\alpha^2}{\beta^2} \int_0^\infty \frac{u^{2\beta}}{(1+u)^2} du = \frac{\alpha^2}{\beta^2} \int_0^\infty \frac{u^{1+2\beta-1}}{(1+u)^{1+2\beta+1-2\beta}} du$$

$$= \frac{\alpha^2}{\beta^2} \frac{\Gamma\left(1+2\beta\right)\Gamma\left(1-2\beta\right)}{\Gamma\left(2\right)} = \frac{\alpha^2}{\beta^2}\Gamma\left(1+2\beta\right)\Gamma\left(1-2\beta\right)$$

则

$$
\begin{aligned}
\mu_2' &= \int_0^\infty \left(\varepsilon^2 + \frac{2\varepsilon\alpha}{\beta} + \frac{\alpha^2}{\beta^2}\right)\frac{1}{\left(1+u\right)^2}du \\
&\quad - \left(\frac{2\varepsilon\alpha}{\beta} + \frac{2\alpha^2}{\beta^2}\right)\int_0^\infty \frac{u^\beta}{\left(1+u\right)^2}du + \frac{\alpha^2}{\beta^2}\int_0^\infty \frac{u^{2\beta}}{\left(1+u\right)^2}du \\
&= \varepsilon^2 + \frac{2\varepsilon\alpha}{\beta} + \frac{\alpha^2}{\beta^2} - \left(\frac{2\varepsilon\alpha}{\beta} + \frac{2\alpha^2}{\beta^2}\right)\Gamma\left(1+\beta\right)\Gamma\left(1-\beta\right) + \frac{\alpha^2}{\beta^2}\Gamma\left(1+2\beta\right)\Gamma\left(1-2\beta\right) \\
&= \varepsilon^2 + \frac{2\varepsilon\alpha}{\beta} + \frac{\alpha^2}{\beta^2} - \left(\frac{2\varepsilon\alpha}{\beta} + \frac{2\alpha^2}{\beta^2}\right)g_1 + \frac{\alpha^2}{\beta^2}g_2
\end{aligned}
$$

中心矩

$$\mu_1 = \mu_1' = \int_{\varepsilon+\frac{\alpha}{\beta}}^\infty \left(x - \mu_1'\right)f\left(x\right)dx = \varepsilon + \frac{\alpha}{\beta}\left(1-g_1\right) \tag{123}$$

$$\mu_2 = \int_{\varepsilon+\frac{\alpha}{\beta}}^\infty \left(x - \mu_1'\right)^2 f\left(x\right)dx = \left(\frac{\alpha}{\beta}\right)^2\left(g_2 - g_1^2\right) \tag{124}$$

以下给出二阶矩的推导过程.

$$
\begin{aligned}
\sigma^2 &= \mu_2 = \mu_2' - \left(\mu_1'\right)^2 = \varepsilon^2 + \frac{2\varepsilon\alpha}{\beta} + \frac{\alpha^2}{\beta^2} - \left(\frac{2\varepsilon\alpha}{\beta} + \frac{2\alpha^2}{\beta^2}\right)g_1 + \frac{\alpha^2}{\beta^2}g_2 - \left[\varepsilon + \frac{\alpha}{\beta}\left(1-g_1\right)\right]^2 \\
&= \varepsilon^2 + \frac{2\varepsilon\alpha}{\beta} + \frac{\alpha^2}{\beta^2} - \frac{2\varepsilon\alpha}{\beta}g_1 - \frac{2\alpha^2}{\beta^2}g_1 + \frac{\alpha^2}{\beta^2}g_2 - \left[\varepsilon^2 + \frac{2\varepsilon\alpha}{\beta}\left(1-g_1\right) + \frac{\alpha^2}{\beta^2}\left(1-g_1\right)^2\right] \\
&= \varepsilon^2 + \frac{2\varepsilon\alpha}{\beta} + \frac{\alpha^2}{\beta^2} - \frac{2\varepsilon\alpha}{\beta}g_1 - \frac{2\alpha^2}{\beta^2}g_1 + \frac{\alpha^2}{\beta^2}g_2 - \left[\varepsilon^2 + \frac{2\varepsilon\alpha}{\beta}\left(1-g_1\right) + \frac{\alpha^2}{\beta^2}\left(1-2g_1+g_1^2\right)\right] \\
&= \varepsilon^2 + \frac{2\varepsilon\alpha}{\beta} + \frac{\alpha^2}{\beta^2} - \frac{2\varepsilon\alpha}{\beta}g_1 - \frac{2\alpha^2}{\beta^2}g_1 + \frac{\alpha^2}{\beta^2}g_2 - \left(\varepsilon^2 + \frac{2\varepsilon\alpha}{\beta} - \frac{2\varepsilon\alpha}{\beta}g_1 + \frac{\alpha^2}{\beta^2} - \frac{2\alpha^2}{\beta^2}g_1 + \frac{\alpha^2}{\beta^2}g_1^2\right) \\
&= \varepsilon^2 + \frac{2\varepsilon\alpha}{\beta} + \frac{\alpha^2}{\beta^2} - \frac{2\varepsilon\alpha}{\beta}g_1 - \frac{2\alpha^2}{\beta^2}g_1 + \frac{\alpha^2}{\beta^2}g_2 - \varepsilon^2 - \frac{2\varepsilon\alpha}{\beta} + \frac{2\varepsilon\alpha}{\beta}g_1 - \frac{\alpha^2}{\beta^2} + \frac{2\alpha^2}{\beta^2}g_1 - \frac{\alpha^2}{\beta^2}g_1^2 \\
&= \left(\varepsilon^2 - \varepsilon^2\right) + \left(\frac{2\varepsilon\alpha}{\beta} - \frac{2\varepsilon\alpha}{\beta}\right) + \left(\frac{\alpha^2}{\beta^2} - \frac{\alpha^2}{\beta^2}\right) + \left(\frac{2\varepsilon\alpha}{\beta}g_1 - \frac{2\varepsilon\alpha}{\beta}g_1\right) \\
&\quad + \left(\frac{2\alpha^2}{\beta^2}g_1 - \frac{2\alpha^2}{\beta^2}g_1\right) + \left(\frac{\alpha^2}{\beta^2}g_2 - \frac{\alpha^2}{\beta^2}g_1^2\right) \\
&= \frac{\alpha^2}{\beta^2}\left(g_2 - g_1^2\right)
\end{aligned}
$$

同理, 有

$$\mu_3 = \int_{\varepsilon+\frac{\alpha}{\beta}}^\infty \left(x - \mu_1'\right)^3 f\left(x\right)dx = \left(\frac{\alpha}{\beta}\right)^3\left(-g_3 + 3g_1g_2 - 2g_1^2\right) \tag{125}$$

$$\mu_4 = \int_{\varepsilon+\frac{\alpha}{\beta}}^{\infty} (x - \mu_1')^4 f(x)\, dx = \left(\frac{\alpha}{\beta}\right)^4 (g_4 - 3g_1^4 - 4g_1g_3 + 6g_1^2 g_2) \tag{126}$$

$$\mu_5 = \int_{\varepsilon+\frac{\alpha}{\beta}}^{\infty} (x - \mu_1')^5 f(x)\, dx = \left(\frac{\alpha}{\beta}\right)^5 (-g_5 - 10g_1^2 g_3 + 10g_1^3 g_2 - 4g_1^5 + 5g_1 g_4)$$
$$\tag{127}$$

$$\mu_6 = \int_{\varepsilon+\frac{\alpha}{\beta}}^{\infty} (x - \mu_1')^6 f(x)\, dx = \left(\frac{\alpha}{\beta}\right)^6 (g_6 + 15g_1^2 g_4 - 20g_1^3 g_3 + 15g_1^4 g_2 - 5g_1^6 - 6g_1 g_5)$$
$$\tag{128}$$

$$\gamma_1 = \frac{\mu_3}{\mu_2^{3/2}} = \frac{\beta}{|\beta|} \cdot \frac{-g_3 + 3g_1 g_2 - 2g_1^3}{(g_2 - g_1^2)^{3/2}} \tag{129}$$

$$\gamma_2 = \frac{\mu_4}{\mu_2^2} = \frac{\beta}{|\beta|} \cdot \frac{g_4 - 3g_1^4 - 4g_1 g_3 + 6g_1^2 g_2}{(g_2 - g_1^2)^2} \tag{130}$$

$$\gamma_3 = \frac{\mu_5}{\mu_2^{5/2}} = \frac{\beta}{|\beta|} \cdot \frac{-g_5 - 10g_1^2 g_3 + 10g_1^3 g_2 + 4g_1^5 - 5g_1 g_4}{(g_2 - g_1^2)^{5/2}} \tag{131}$$

$$\gamma_4 = \frac{\mu_6}{\mu_2^3} = \frac{\beta}{|\beta|} \cdot \frac{g_6 + 15g_1^2 g_4 - 20g_1^3 g_3 + 15g_1^4 g_2 - 5g_1^6 - 6g_1 g_5}{(g_2 - g_1^2)^3} \tag{132}$$

Kite 通用矩法设计值方差计算公式为

$$\begin{aligned}
\operatorname{var}(\hat{x}_T) = \frac{\mu_2}{n} &\left\{ 1 + K_T \gamma_1 + \frac{K_T^2}{4} (\gamma_2 - 1) \right. \\
&+ \frac{\partial K_T}{\partial \gamma_1} \left[2\gamma_2 - 3\gamma_1^2 - 6 + K_T \left(\gamma_3 - \frac{6}{4} \gamma_1 \gamma_2 - \frac{10}{4} \gamma_1 \right) \right] \\
&\left. + \left(\frac{\partial K_T}{\partial \gamma_1} \right)^2 \left[\gamma_4 - 3\gamma_1 \gamma_3 - 6\gamma_2 + \frac{9}{4} \gamma_1^2 \gamma_2 + \frac{35}{4} \gamma_1^2 + 9 \right] \right\}
\end{aligned} \tag{133}$$

对于给定重现期 T, 其设计值为 $\hat{x}_T$

$$\hat{x}_T = \hat{m}_1' + K_T \sqrt{\hat{m}_2} \tag{134}$$

式中, K_T 为偏态系数; 对于 Generalized Logistic 分布, 有

$$\begin{aligned}
K_T &= \frac{\beta}{|\beta|} \cdot \frac{\Gamma(1+\beta)\Gamma(1-\beta) - (T-1)^{-\beta}}{[\Gamma(1+2\beta)\Gamma(1-2\beta) - \Gamma^2(1+\beta)\Gamma^2(1-\beta)]^{\frac{1}{2}}} \\
\frac{\partial K_T}{\partial \gamma_1} &= \frac{\partial K_T}{\partial \beta} \frac{\partial \beta}{\partial \gamma_1} = \frac{\dfrac{\partial K_T}{\partial \beta}}{\dfrac{\partial \gamma_1}{\partial \beta}}
\end{aligned} \tag{135}$$

记 $g_r = \Gamma\left(1 + r\beta\right)\Gamma\left(1 - r\beta\right)$, 则

$$
\begin{aligned}
\frac{\partial g_r}{\partial \beta} &= \frac{\partial \Gamma\left(1 + r\beta\right)}{\partial \left(1 + r\beta\right)} \frac{\partial \left(1 + r\beta\right)}{\partial \beta}\Gamma\left(1 - r\beta\right) + \Gamma\left(1 + r\beta\right)\frac{\partial \Gamma\left(1 - r\beta\right)}{\partial \left(1 - r\beta\right)}\frac{\partial \left(1 - r\beta\right)}{\partial \beta} \\
&= \frac{\partial \Gamma\left(1 + r\beta\right)}{\partial \left(1 + r\beta\right)}r\Gamma\left(1 - r\beta\right) - \Gamma\left(1 + r\beta\right)\frac{\partial \Gamma\left(1 - r\beta\right)}{\partial \left(1 - r\beta\right)}r \\
&= r\Gamma\left(1 + r\beta\right)\Gamma\left(1 - r\beta\right)\left[\frac{\dfrac{\partial \Gamma\left(1 + r\beta\right)}{\partial \left(1 + r\beta\right)}}{\Gamma\left(1 + r\beta\right)} - \frac{\dfrac{\partial \Gamma\left(1 - r\beta\right)}{\partial \left(1 - r\beta\right)}}{\Gamma\left(1 - r\beta\right)}\right] \\
&= rg_r\left[\psi\left(1 + r\beta\right) - \psi\left(1 - r\beta\right)\right]
\end{aligned}
$$

令 $d_r = \dfrac{\partial g_r}{\partial \beta} = rg_r\left[\psi\left(1 + r\beta\right) - \psi\left(1 - r\beta\right)\right]$, 则 $K_T = \dfrac{\beta}{|\beta|}\cdot\dfrac{g_1 - (T-1)^{-\beta}}{\left(g_2 - g_1^2\right)^{\frac{1}{2}}}$.

根据复合导数法则, 推导 $\dfrac{\partial K_T}{\partial \gamma_1}$ 的计算公式.

$$
\begin{aligned}
\frac{\partial K_T}{\partial \beta} &= \frac{\beta}{|\beta|}\cdot\frac{\dfrac{\partial}{\partial \beta}\left[g_1 - (T-1)^{-\beta}\right]\left(g_2 - g_1^2\right)^{\frac{1}{2}} - \left[g_1 - (T-1)^{-\beta}\right]\dfrac{\partial}{\partial \beta}\left[\left(g_2 - g_1^2\right)^{\frac{1}{2}}\right]}{g_2 - g_1^2} \\
&= \frac{\beta}{|\beta|}\cdot\frac{\left[d_1 + (T-1)^{-\beta}\log(T-1)\right]\cdot\left(g_2 - g_1^2\right)^{\frac{1}{2}} - \left[g_1 - (T-1)^{-\beta}\right]}{g_2 - g_1^2} \\
&\quad\cdot\frac{\left[\dfrac{1}{2}\left(g_2 - g_1^2\right)^{-\frac{1}{2}}\left(d_2 - 2g_1 d_1\right)\right]}{g_2 - g_1^2} \\
&= \frac{\beta}{|\beta|}\left\{\frac{\left[d_1 + (T-1)^{-\beta}\log(T-1)\right]\cdot\left(g_2 - g_1^2\right)^{\frac{1}{2}}}{g_2 - g_1^2}\right. \\
&\quad\left. - \frac{\left[g_1 - (T-1)^{-\beta}\right]\cdot\left[\dfrac{1}{2}\left(g_2 - g_1^2\right)^{-\frac{1}{2}}\left(d_2 - 2g_1 d_1\right)\right]}{g_2 - g_1^2}\right\} \\
&= \frac{\beta}{|\beta|}\left\{\frac{\left[d_1 + (T-1)^{-\beta}\log(T-1)\right]}{\left(g_2 - g_1^2\right)^{\frac{1}{2}}} - \frac{1}{2}\frac{\left[g_1 - (T-1)^{-\beta}\right]\left(d_2 - 2g_1 d_1\right)}{\left(g_2 - g_1^2\right)^{\frac{3}{2}}}\right\}
\end{aligned}
$$

即

$$
\frac{\partial K_T}{\partial \beta} = \frac{\beta}{|\beta|}\left\{\frac{\left[d_1 + (T-1)^{-\beta}\log(T-1)\right]}{\left(g_2 - g_1^2\right)^{\frac{1}{2}}} - \frac{1}{2}\frac{\left[g_1 - (T-1)^{-\beta}\right]\left(d_2 - 2g_1 d_1\right)}{\left(g_2 - g_1^2\right)^{\frac{3}{2}}}\right\}
$$

$$\tag{136}$$

由 $\gamma_1 = \dfrac{\beta}{|\beta|} \cdot \dfrac{-g_3 + 3g_1g_2 - 2g_1^3}{\left(g_2 - g_1^2\right)^{3/2}}$, 得

$$\frac{\partial \gamma_1}{\partial \beta} = \frac{\beta}{|\beta|} \cdot \frac{\dfrac{\partial}{\partial \beta}\left[-g_3 + 3g_1g_2 - 2g_1^3\right] \cdot \left(g_2 - g_1^2\right)^{3/2} - \dfrac{\partial}{\partial \beta}\left(g_2 - g_1^2\right)^{3/2} \cdot \left[-g_3 + 3g_1g_2 - 2g_1^3\right]}{\left(g_2 - g_1^2\right)^{6/2}}$$

$$= \frac{\beta}{|\beta|} \cdot \frac{\left[-d_3 + 3d_1g_2 + 3g_1d_2 - 6g_1^2d_1\right] \cdot \left(g_2 - g_1^2\right)^{3/2}}{\left(g_2 - g_1^2\right)^{6/2}}$$

$$\cdot \frac{-\dfrac{3}{2}\left(g_2 - g_1^2\right)^{1/2}\left(d_2 - 2g_1d_1\right) \cdot \left[-g_3 + 3g_1g_2 - 2g_1^3\right]}{\left(g_2 - g_1^2\right)^{6/2}}$$

$$= \frac{\beta}{|\beta|} \left\{ \frac{\left[-d_3 + 3d_1g_2 + 3g_1d_2 - 6g_1^2d_1\right] \cdot \left(g_2 - g_1^2\right)^{3/2}}{\left(g_2 - g_1^2\right)^{6/2}} \right.$$

$$\left. -\frac{3}{2}\frac{\left(g_2 - g_1^2\right)^{1/2}\left(d_2 - 2g_1d_1\right) \cdot \left[-g_3 + 3g_1g_2 - 2g_1^3\right]}{\left(g_2 - g_1^2\right)^{6/2}} \right\}$$

$$= \frac{\beta}{|\beta|} \left\{ \frac{\left[-d_3 + 3d_1g_2 + 3g_1d_2 - 6g_1^2d_1\right]}{\left(g_2 - g_1^2\right)^{3/2}} - \frac{3}{2}\frac{\left(d_2 - 2g_1d_1\right) \cdot \left[-g_3 + 3g_1g_2 - 2g_1^3\right]}{\left(g_2 - g_1^2\right)^{5/2}} \right\}$$

把式 (129)—(132) 和 (135) 代入式 (133), 即可获得 $\mathrm{var}\left(\hat{x}_T\right)$ 值.

9.7.3　极大似然法估算参数的设计值方差

因为 $f(x) = \dfrac{1}{\alpha}\left[1 - \dfrac{\beta}{\alpha}(x - \varepsilon)\right]^{\frac{1}{\beta}-1}\left\{1 + \left[1 - \dfrac{\beta}{\alpha}(x - \varepsilon)\right]^{\frac{1}{\beta}}\right\}^{-2}$, 所以

$$\log L = \sum_i^n \log f(x_i) = -\sum_i^n \log \alpha + \left(\frac{1}{\beta} - 1\right)\sum_i^n \log\left[1 - \frac{\beta}{\alpha}(x_i - \varepsilon)\right]$$

$$-2\sum_i^n \log\left\{1 + \left[1 - \frac{\beta}{\alpha}(x_i - \varepsilon)\right]^{\frac{1}{\beta}}\right\}$$

$$= -n\log \alpha - (1 - \beta)\sum_i^n -\frac{1}{\beta}\log\left[1 - \frac{\beta}{\alpha}(x_i - \varepsilon)\right]$$

$$-2\sum_i^n \log\left\{1 + e^{-\left(-\frac{1}{\beta}\log\left[1 - \frac{\beta}{\alpha}(x_i - \varepsilon)\right]\right)}\right\}$$

令 $y_i = -\dfrac{1}{\beta}\log\left[1 - \dfrac{\beta}{\alpha}(x_i - \varepsilon)\right]$, 则

$$\log L = -n\log \alpha - (1 - \beta)\sum_i^n y_i - 2\sum_i^n \log\left(1 + e^{-y_i}\right) \tag{137}$$

则

$$
\left\{
\begin{array}{l}
-\dfrac{\partial \log L}{\partial \varepsilon} = \dfrac{Q}{\alpha} = 0 \\[2mm]
-\dfrac{\partial \log L}{\partial \alpha} = \dfrac{P+Q}{\alpha \beta} = 0 \\[2mm]
-\dfrac{\partial \log L}{\partial \beta} = \dfrac{R}{\beta} - \dfrac{P+Q}{\beta^2} = 0
\end{array}
\right.
\tag{138}
$$

$$
y_i = -\frac{1}{\beta} \log \left[1 - \frac{\beta}{\alpha} (x_i - \varepsilon) \right]; \quad P = n - 2 \sum_{i=1}^{n} \frac{e^{-y_i}}{1 + e^{-y_i}}
$$

$$
Q = (\beta - 1) \sum_{i=1}^{n} e^{-\beta \cdot y_i} + 2 \sum_{i=1}^{n} \frac{e^{(\beta-1)y_i}}{1 + e^{-y_i}}
$$

$$
R = n - \sum_{i=1}^{n} y_i + 2 \sum_{i=1}^{n} \frac{y_i e^{(\beta-1)y_i}}{1 + e^{-y_i}}
$$

(1) $E\left(-\dfrac{\partial^2 \log L}{\partial^2 \varepsilon} \right)$.

$$
-\frac{\partial^2 \log L}{\partial^2 \varepsilon} = \frac{\beta(1-\beta)}{\alpha^2} \sum_{i=1}^{n} e^{2\beta \cdot y_i} + \frac{2(1-\beta)}{\alpha^2} \sum_{i=1}^{n} \frac{e^{(2\beta-1)\cdot y_i}}{1 + e^{-y_i}} - \frac{2}{\alpha^2} \sum_{i=1}^{n} \frac{e^{(2\beta-2)\cdot y_i}}{(1 + e^{-y_i})^2}
$$

$$
\begin{aligned}
& E\left(-\frac{\partial^2 \log L}{\partial^2 \varepsilon} \right) \\
&= E\left[\frac{\beta(1-\beta)}{\alpha^2} \sum_{i=1}^{n} e^{2\beta \cdot y_i} + \frac{2(1-\beta)}{\alpha^2} \sum_{i=1}^{n} \frac{e^{(2\beta-1)\cdot y_i}}{1 + e^{-y_i}} - \frac{2}{\alpha^2} \sum_{i=1}^{n} \frac{e^{(2\beta-2)\cdot y_i}}{(1 + e^{-y_i})^2} \right] \\
&= \frac{\beta(1-\beta)}{\alpha^2} \sum_{i=1}^{n} E\left(e^{2\beta \cdot y_i} \right) + \frac{2(1-\beta)}{\alpha^2} \sum_{i=1}^{n} E\left[\frac{e^{(2\beta-1)\cdot y_i}}{1 + e^{-y_i}} \right] - \frac{2}{\alpha^2} \sum_{i=1}^{n} E\left[\frac{e^{(2\beta-2)\cdot y_i}}{(1 + e^{-y_i})^2} \right] \\
&= \frac{\beta(1-\beta)}{\alpha^2} \sum_{i=1}^{n} \Gamma(1+2\beta)\,\Gamma(1-2\beta) + \frac{2(1-\beta)}{\alpha^2} \sum_{i=1}^{n} \frac{(1-2\beta)\,\Gamma(1+2\beta)\,\Gamma(1-2\beta)}{2} \\
&\quad - \frac{2}{\alpha^2} \sum_{i=1}^{n} \frac{(1-\beta)(1-2\beta)\,\Gamma(1+2\beta)\,\Gamma(1-2\beta)}{3} \\
&= \frac{\beta(1-\beta)}{\alpha^2} n\,\Gamma(1+2\beta)\,\Gamma(1-2\beta) + \frac{2(1-\beta)}{\alpha^2} n \frac{(1-2\beta)\,\Gamma(1+2\beta)\,\Gamma(1-2\beta)}{2} \\
&\quad - \frac{2}{\alpha^2} n \frac{(1-\beta)(1-2\beta)\,\Gamma(1+2\beta)\,\Gamma(1-2\beta)}{3} \\
&= n\,\Gamma(1+2\beta)\,\Gamma(1-2\beta) \frac{(1-\beta)}{\alpha^2} \left[\beta + 1 - 2\beta - \frac{2(1-2\beta)}{3} \right] \\
&= n\,\Gamma(1+2\beta)\,\Gamma(1-2\beta) \frac{(1-\beta)}{\alpha^2} \left[1 - \beta - \frac{2(1-2\beta)}{3} \right]
\end{aligned}
$$

$$=n\Gamma\left(1+2\beta\right)\Gamma\left(1-2\beta\right)\frac{\left(1-\beta\right)}{\alpha^2}\cdot\frac{3-3\beta-2+4\beta}{3}$$

$$=\frac{n}{3\alpha^2}\left(1+\beta\right)\left(1-\beta\right)\Gamma\left(1+2\beta\right)\Gamma\left(1-2\beta\right)$$

即

$$E\left(-\frac{\partial^2\log L}{\partial^2\varepsilon}\right)=\frac{n}{3\alpha^2}\left(1+\beta\right)\left(1-\beta\right)\Gamma\left(1+2\beta\right)\Gamma\left(1-2\beta\right)\tag{139}$$

(2) $E\left(-\dfrac{\partial^2\log L}{\partial\varepsilon\partial\alpha}\right)$.

$$-\frac{\partial^2\log L}{\partial\varepsilon\partial\alpha}=\frac{1}{\alpha^2\beta}\left[\beta\left(1-\beta\right)\sum_{i=1}^{n}e^{2\beta\cdot y_i}-2\sum_{i=1}^{n}\frac{e^{(\beta-1)\cdot y_i}}{1+e^{-y_i}}+2\left(1-\beta\right)\sum_{i=1}^{n}\frac{e^{(2\beta-1)\cdot y_i}}{1+e^{-y_i}}\right.$$

$$\left.+2\sum_{i=1}^{n}\frac{e^{(\beta-2)\cdot y_i}}{\left(1+e^{-y_i}\right)^2}-2\sum_{i=1}^{n}\frac{e^{(2\beta-2)\cdot y_i}}{\left(1+e^{-y_i}\right)^2}\right]$$

$$E\left(-\frac{\partial^2\log L}{\partial\varepsilon\partial\alpha}\right)$$

$$=\frac{1}{\alpha^2\beta}\left\{\beta\left(1-\beta\right)\sum_{i=1}^{n}E\left(e^{2\beta\cdot y_i}\right)-2\sum_{i=1}^{n}\left[\frac{e^{(\beta-1)\cdot y_i}}{1+e^{-y_i}}\right]+2\left(1-\beta\right)\sum_{i=1}^{n}E\left[\frac{e^{(2\beta-1)\cdot y_i}}{1+e^{-y_i}}\right]\right.$$

$$\left.+2\sum_{i=1}^{n}E\left[\frac{e^{(\beta-2)\cdot y_i}}{\left(1+e^{-y_i}\right)^2}\right]-2\sum_{i=1}^{n}E\left[\frac{e^{(2\beta-2)\cdot y_i}}{\left(1+e^{-y_i}\right)^2}\right]\right\}$$

$$=\frac{1}{\alpha^2\beta}\left\{\beta\left(1-\beta\right)n\Gamma\left(1+2\beta\right)\Gamma\left(1-2\beta\right)-2n\frac{\left(1-\beta\right)\Gamma\left(1+\beta\right)\Gamma\left(1-\beta\right)}{2}\right.$$

$$+2\left(1-\beta\right)n\frac{\left(1-2\beta\right)\Gamma\left(1+2\beta\right)\Gamma\left(1-2\beta\right)}{2}+2n\frac{\left(2-\beta\right)\left(1-\beta\right)\Gamma\left(1-\beta\right)\Gamma\left(1+\beta\right)}{6}$$

$$\left.-2n\frac{\left(1-\beta\right)\left(1-2\beta\right)\Gamma\left(1+2\beta\right)\Gamma\left(1-2\beta\right)}{3}\right\}$$

$$=\frac{n}{\alpha^2\beta}\left\{\beta\left(1-\beta\right)\Gamma\left(1+2\beta\right)\Gamma\left(1-2\beta\right)-2\frac{\left(1-\beta\right)\left(1-2\beta\right)\Gamma\left(1+2\beta\right)\Gamma\left(1-2\beta\right)}{3}\right.$$

$$+2\left(1-\beta\right)\frac{\left(1-2\beta\right)\Gamma\left(1+2\beta\right)\Gamma\left(1-2\beta\right)}{2}$$

$$\left.+2\frac{\left(2-\beta\right)\left(1-\beta\right)\Gamma\left(1-\beta\right)\Gamma\left(1+\beta\right)}{6}-2\frac{\left(1-\beta\right)\Gamma\left(1+\beta\right)\Gamma\left(1-\beta\right)}{2}\right\}$$

$$=\frac{n}{\alpha^2\beta}\left\{\Gamma\left(1+2\beta\right)\Gamma\left(1-2\beta\right)\left(1-\beta\right)\left[\beta-2\frac{\left(1-2\beta\right)}{3}+\left(1-2\beta\right)\right]\right.$$

$$\left.+\Gamma\left(1-\beta\right)\Gamma\left(1+\beta\right)\left[\frac{\left(2-\beta\right)\left(1-\beta\right)}{3}-\left(1-\beta\right)\right]\right\}$$

$$=\frac{n}{\alpha^2\beta}\left[\Gamma\left(1+2\beta\right)\Gamma\left(1-2\beta\right)\left(1-\beta\right)\left(\frac{3\beta-2+4\beta+3-6\beta}{3}\right)\right.$$

$$+ \Gamma\left(1-\beta\right)\Gamma\left(1+\beta\right)\left(\frac{2-3\beta+\beta^2-3+3\beta}{3}\right)\Bigg]$$

$$= \frac{n}{\alpha^2\beta}\left[\Gamma\left(1+2\beta\right)\Gamma\left(1-2\beta\right)\left(1-\beta\right)\left(\frac{1+\beta}{3}\right)+\Gamma\left(1-\beta\right)\Gamma\left(1+\beta\right)\left(\frac{\beta^2-1}{3}\right)\right]$$

$$= \frac{n}{3\alpha^2\beta}\left(1+\beta\right)\left(1-\beta\right)\left[\Gamma\left(1+2\beta\right)\Gamma\left(1-2\beta\right)-\Gamma\left(1-\beta\right)\Gamma\left(1+\beta\right)\right]$$

即

$$E\left(-\frac{\partial^2\log L}{\partial\varepsilon\partial\alpha}\right) = \frac{n}{3\alpha^2\beta}\left(1+\beta\right)\left(1-\beta\right)\left[\Gamma\left(1+2\beta\right)\Gamma\left(1-2\beta\right)-\Gamma\left(1-\beta\right)\Gamma\left(1+\beta\right)\right]$$

$$(140)$$

(3) $E\left(-\dfrac{\partial^2\log L}{\partial\varepsilon\partial\beta}\right)$.

$$-\frac{\partial^2\log L}{\partial\varepsilon\partial\beta} = \frac{1}{\alpha}\left[\left(1-\frac{1}{\beta}\right)\sum_{i=1}^{n}e^{2\beta\cdot y_i}+\frac{1}{\beta}\sum_{i=1}^{n}e^{\beta\cdot y_i}\right.$$

$$+\frac{2}{\beta}\left(1-\frac{1}{\beta}\right)\sum_{i=1}^{n}\frac{e^{(2\beta-1)\cdot y_i}}{1+e^{-y_i}}+\frac{2}{\beta}\sum_{i=1}^{n}\frac{y_ie^{(\beta-1)\cdot y_i}}{(1+e^{-y_i})}$$

$$-\frac{2}{\beta}\left(1-\frac{1}{\beta}\right)\sum_{i=1}^{n}\frac{e^{(\beta-1)\cdot y_i}}{(1+e^{-y_i})}+\frac{2}{\beta^2}\sum_{i=1}^{n}\frac{e^{(2\beta-2)\cdot y_i}}{(1+e^{-y_i})^2}$$

$$\left.-\frac{2}{\beta}\sum_{i=1}^{n}\frac{y_ie^{(\beta-2)\cdot y_i}}{(1+e^{-y_i})^2}-\frac{2}{\beta^2}\sum_{i=1}^{n}\frac{e^{(\beta-2)\cdot y_i}}{(1+e^{-y_i})^2}\right]$$

$$E\left(-\frac{\partial^2\log L}{\partial\varepsilon\partial\beta}\right)$$

$$= \frac{1}{\alpha}\left[\left(1-\frac{1}{\beta}\right)\sum_{i=1}^{n}E\left(e^{2\beta\cdot y_i}\right)+\frac{1}{\beta}\sum_{i=1}^{n}E\left(e^{\beta\cdot y_i}\right)+\frac{2}{\beta}\left(1-\frac{1}{\beta}\right)\sum_{i=1}^{n}E\left(\frac{e^{(2\beta-1)\cdot y_i}}{1+e^{-y_i}}\right)\right.$$

$$+\frac{2}{\beta}\sum_{i=1}^{n}E\left(\frac{y_ie^{(\beta-1)\cdot y_i}}{1+e^{-y_i}}\right)-\frac{2}{\beta}\left(1-\frac{1}{\beta}\right)\sum_{i=1}^{n}E\left(\frac{e^{(\beta-1)\cdot y_i}}{1+e^{-y_i}}\right)$$

$$+\frac{2}{\beta^2}\sum_{i=1}^{n}E\left(\frac{e^{(2\beta-2)\cdot y_i}}{(1+e^{-y_i})^2}\right)-\frac{2}{\beta}\sum_{i=1}^{n}E\left(\frac{y_ie^{(\beta-2)\cdot y_i}}{(1+e^{-y_i})^2}\right)-\frac{2}{\beta^2}\sum_{i=1}^{n}E\left(\frac{e^{(\beta-2)\cdot y_i}}{(1+e^{-y_i})^2}\right)\Bigg]$$

$$= \frac{1}{\alpha}\left[\left(1-\frac{1}{\beta}\right)\sum_{i=1}^{n}g_2+\frac{1}{\beta}\sum_{i=1}^{n}g_1+\frac{2}{\beta}\left(1-\frac{1}{\beta}\right)\sum_{i=1}^{n}\frac{(1-2\beta)}{2}g_2\right.$$

$$+\frac{2}{\beta}\sum_{i=1}^{n}\frac{(1-\beta)g_1}{2}\left(\frac{1}{\beta}-\frac{1}{1-\beta}-d_1\right)-\frac{2}{\beta}\left(1-\frac{1}{\beta}\right)\sum_{i=1}^{n}\frac{(1-\beta)g_1}{2}$$

$$+\frac{2}{\beta^2}\sum_{i=1}^{n}\frac{(1-\beta)(1-2\beta)g_2}{3}-\frac{2}{\beta}\sum_{i=1}^{n}\frac{(1-\beta)(2-\beta)g_1}{6}\left(\frac{1}{\beta}-\frac{1}{1-\beta}-\frac{1}{2-\beta}-d_1\right)$$

$$
\left. - \frac{2}{\beta^2} \sum_{i=1}^{n} \frac{(2-\beta)(1-\beta)g_1}{6} \right]
$$

$$
= \frac{n}{\alpha} \left[\left(1 - \frac{1}{\beta}\right) g_2 + \frac{1}{\beta} g_1 + \frac{2}{\beta}\left(1 - \frac{1}{\beta}\right) \frac{(1-2\beta)}{2} g_2 \right.
$$

$$
+ \frac{2}{\beta} \frac{(1-\beta)g_1}{2} \left(\frac{1}{\beta} - \frac{1}{1-\beta} - d_1 \right) - \frac{2}{\beta}\left(1 - \frac{1}{\beta}\right) \frac{(1-\beta)g_1}{2}
$$

$$
+ \frac{2}{\beta^2} \frac{(1-\beta)(1-2\beta)g_2}{3} - \frac{2}{\beta} \frac{(1-\beta)(2-\beta)g_1}{6} \left(\frac{1}{\beta} - \frac{1}{1-\beta} - \frac{1}{2-\beta} - d_1 \right)
$$

$$
\left. - \frac{2}{\beta^2} \frac{(2-\beta)(1-\beta)g_1}{6} \right]
$$

$$
= \frac{n}{\alpha} \left[\frac{\beta-1}{\beta} g_2 + \frac{1}{\beta} g_1 + \frac{(\beta-1)(1-2\beta)}{\beta^2} g_2 \right.
$$

$$
+ \frac{1-\beta}{\beta} g_1 \left(\frac{1-2\beta}{\beta(1-\beta)} - d_1 \right) - \frac{(\beta-1)(1-\beta)}{\beta^2} g_1
$$

$$
+ \frac{2}{\beta^2} \frac{(1-\beta)(1-2\beta)}{3} g_2 - \frac{(1-\beta)(2-\beta)}{3\beta} g_1 \left(\frac{(1-2\beta)(2-\beta) - \beta(1-\beta)}{\beta(1-\beta)(2-\beta)} - d_1 \right)
$$

$$
\left. - \frac{(2-\beta)(1-\beta)g_1}{3\beta^2} \right]
$$

$$
= \frac{n}{\alpha} \left[\frac{\beta-1}{\beta} g_2 + \frac{1}{\beta} g_1 + \frac{-2\beta^2+3\beta-1}{\beta^2} g_2 + \frac{1-2\beta}{\beta^2} g_1 - \frac{(1-\beta)}{\beta} g_1 d_1 + \frac{1-2\beta+\beta^2}{\beta^2} g_1 \right.
$$

$$
\left. + \frac{4\beta^2-6\beta+2}{3\beta^2} g_2 - \left(\frac{3\beta^2-6\beta+2}{3\beta^2} g_1 - \frac{\beta^2-3\beta+2}{3\beta} g_1 d_1 \right) - \frac{\beta^2-3\beta+2}{3\beta^2} g_1 \right]
$$

$$
= \frac{n}{\alpha} \left[\frac{\beta-1}{\beta} g_2 + \frac{1}{\beta} g_1 + \frac{-2\beta^2+3\beta-1}{\beta^2} g_2 + \frac{1-2\beta}{\beta^2} g_1 - \frac{1-\beta}{\beta} g_1 d_1 + \frac{1-2\beta+\beta^2}{\beta^2} g_1 \right.
$$

$$
\left. + \frac{4\beta^2-6\beta+2}{3\beta^2} g_2 + \frac{-3\beta^2+6\beta-2}{3\beta^2} g_1 + \frac{\beta^2-3\beta+2}{3\beta} g_1 d_1 + \frac{-\beta^2+3\beta-2}{3\beta^2} g_1 \right]
$$

$$
= \frac{n}{\alpha} \left[\frac{\beta-1}{\beta} g_2 + \frac{-2\beta^2+3\beta-1}{\beta^2} g_2 + \frac{4\beta^2-6\beta+2}{3\beta^2} g_2 \right.
$$

$$
+ \frac{1}{\beta} g_1 + \frac{1-2\beta}{\beta^2} g_1 + \frac{1-2\beta+\beta^2}{\beta^2} g_1 + \frac{-3\beta^2+6\beta-2}{3\beta^2} g_1 + \frac{-\beta^2+3\beta-2}{3\beta^2} g_1
$$

$$
\left. - \frac{1-\beta}{\beta} g_1 d_1 + \frac{\beta^2-3\beta+2}{3\beta} g_1 d_1 \right]
$$

g_2 项合并, 有

$$
\frac{\beta-1}{\beta} g_2 + \frac{-2\beta^2+3\beta-1}{\beta^2} g_2 + \frac{4\beta^2-6\beta+2}{3\beta^2} g_2
$$

$$
= \left(\frac{\beta-1}{\beta} + \frac{-2\beta^2+3\beta-1}{\beta^2} + \frac{4\beta^2-6\beta+2}{3\beta^2} \right) g_2
$$

$$= \left(\frac{3\beta^2 - 3\beta - 6\beta^2 + 9\beta - 3 + 4\beta^2 - 6\beta + 2}{3\beta^2} \right) g_2$$

$$= \left(\frac{3\beta^2 - 6\beta^2 + 4\beta^2 - 3\beta + 9\beta - 6\beta - 3 + 2}{3\beta^2} \right) g_2$$

$$= \frac{\beta^2 - 1}{3\beta^2} g_2 = -\frac{(1+\beta)(1-\beta)}{3\beta^2} g_2$$

g_1 项合并, 有

$$\frac{1}{\beta} g_1 + \frac{1 - 2\beta}{\beta^2} g_1 + \frac{1 - 2\beta + \beta^2}{\beta^2} g_1 + \frac{-3\beta^2 + 6\beta - 2}{3\beta^2} g_1$$

$$+ \frac{-\beta^2 + 3\beta - 2}{3\beta^2} g_1 - \frac{1 - \beta}{\beta} g_1 d_1 + \frac{\beta^2 - 3\beta + 2}{3\beta} g_1 d_1$$

$$= \left(\frac{1}{\beta} + \frac{1 - 2\beta}{\beta^2} + \frac{1 - 2\beta + \beta^2}{\beta^2} + \frac{-3\beta^2 + 6\beta - 2}{3\beta^2} \right.$$

$$\left. + \frac{-\beta^2 + 3\beta - 2}{3\beta^2} - \frac{1 - \beta}{\beta} d_1 + \frac{\beta^2 - 3\beta + 2}{3\beta} d_1 \right) g_1$$

$$= \left(\frac{3\beta + 3 - 6\beta + 3 - 6\beta + 3\beta^2 - 3\beta^2 + 6\beta - 2 - \beta^2 + 3\beta - 2}{3\beta^2} \right.$$

$$\left. + \frac{-3\beta + 3\beta^2 + \beta^3 - 3\beta^2 + 2\beta}{3\beta^2} d_1 \right) g_1$$

$$= \left(\frac{+3\beta^2 - 3\beta^2 - \beta^2 + 3\beta - 6\beta - 6\beta + 6\beta + 3\beta + 3 + 3 - 2 - 2}{3\beta^2} \right.$$

$$\left. + \frac{\beta^3 + 3\beta^2 - 3\beta^2 + 2\beta - 3\beta}{3\beta^2} d_1 \right) g_1$$

$$= \left(\frac{-\beta^2 + 2}{3\beta^2} + \frac{\beta^3 - \beta}{3\beta^2} d_1 \right) g_1 = \left(\frac{2 - \beta^2}{3\beta^2} - \frac{\beta - \beta^3}{3\beta^2} d_1 \right) g_1$$

所以, 有

$$E \left(-\frac{\partial^2 \log L}{\partial \varepsilon \partial \beta} \right) = \frac{n}{\alpha} \left[\frac{\beta - 1}{\beta} g_2 + \frac{-2\beta^2 + 3\beta - 1}{\beta^2} g_2 + \frac{4\beta^2 - 6\beta + 2}{3\beta^2} g_2 + \frac{1}{\beta} g_1 \right.$$

$$+ \frac{1 - 2\beta}{\beta^2} g_1 + \frac{1 - 2\beta + \beta^2}{\beta^2} g_1 + \frac{-3\beta^2 + 6\beta - 2}{3\beta^2} g_1 + \frac{-\beta^2 + 3\beta - 2}{3\beta^2} g_1$$

$$\left. - \frac{1 - \beta}{\beta} g_1 d_1 + \frac{\beta^2 - 3\beta + 2}{3\beta} g_1 d_1 \right]$$

$$= \frac{n}{\alpha} \left[\left(\frac{2 - \beta^2}{3\beta^2} - \frac{\beta - \beta^3}{3\beta^2} d_1 \right) g_1 - \frac{(1+\beta)(1-\beta)}{3\beta^2} g_2 \right]$$

$$= \frac{n}{3\alpha\beta^2} \left[\left(2 - \beta^2 - \left(\beta - \beta^3 \right) d_1 \right) g_1 - (1+\beta)(1-\beta) g_2 \right]$$

即

$$E\left(-\frac{\partial^2 \log L}{\partial\varepsilon\partial\beta}\right) = \frac{n}{3\alpha\beta^2}\left[\left(2-\beta^2-\left(\beta-\beta^3\right)d_1\right)g_1 - \left(1+\beta\right)\left(1-\beta\right)g_2\right] \quad (141)$$

根据上述积分, 同理有以下函数数学期望值.

(4) $E\left(-\dfrac{\partial^2 \log L}{\partial\alpha\partial\varepsilon}\right)$.

$$-\frac{\partial^2 \log L}{\partial\alpha\partial\varepsilon} = \frac{1}{\alpha\beta}\left(\frac{\partial P}{\partial\varepsilon}+\frac{\partial Q}{\partial\varepsilon}\right); \quad E\left(-\frac{\partial^2 \log L}{\partial\alpha\partial\varepsilon}\right) = E\left(-\frac{\partial^2 \log L}{\partial\varepsilon\partial\alpha}\right) \quad (142)$$

(5) $E\left(-\dfrac{\partial^2 \log L}{\partial\alpha^2}\right)$.

$$
\begin{aligned}
-\frac{\partial^2 \log L}{\partial\alpha^2} =& -\frac{1}{\alpha^2\beta}\left(P+Q\right) + \frac{1}{\alpha\beta}\left(\frac{\partial P}{\partial\varepsilon}+\frac{\partial Q}{\partial\varepsilon}\right) \\
=& \frac{1}{\alpha^2\beta}\left\{2\left(1+\frac{1}{\beta}\right)\sum_{i=1}^{n}\frac{e^{-y_i}}{1+e^{-y_i}} - \frac{4}{\beta}\sum_{i=1}^{n}\frac{e^{(\beta-1)\cdot y_i}}{1+e^{-y_i}} - \frac{2}{\beta}\sum_{i=1}^{n}\frac{e^{-2\cdot y_i}}{\left(1+e^{-y_i}\right)^2}\right. \\
& + \frac{4}{\beta}\sum_{i=1}^{n}\frac{e^{(\beta-2)\cdot y_i}}{\left(1+e^{-y_i}\right)^2} - \left(\beta-1\right)\sum_{i=1}^{n}e^{2\beta\cdot y_i} \\
& \left. -\frac{2\left(\beta-1\right)}{\beta}\sum_{i=1}^{n}\frac{e^{(2\beta-1)\cdot y_i}}{1+e^{-y_i}} - \frac{2}{\beta}\sum_{i=1}^{n}\frac{e^{(2\beta-2)\cdot y_i}}{\left(1+e^{-y_i}\right)^2} - n\right\}
\end{aligned}
$$

$$
\begin{aligned}
E\left(-\frac{\partial^2 \log L}{\partial\alpha^2}\right) =& \frac{1}{\alpha^2\beta}\left\{2\left(1+\frac{1}{\beta}\right)\sum_{i=1}^{n}E\left(\frac{e^{-y_i}}{1+e^{-y_i}}\right)\right. \\
& -\frac{4}{\beta}\sum_{i=1}^{n}E\left(\frac{e^{(\beta-1)\cdot y_i}}{1+e^{-y_i}}\right) - \frac{2}{\beta}\sum_{i=1}^{n}E\left(\frac{e^{-2\cdot y_i}}{\left(1+e^{-y_i}\right)^2}\right) \\
& +\frac{4}{\beta}\sum_{i=1}^{n}E\left(\frac{e^{(\beta-2)\cdot y_i}}{\left(1+e^{-y_i}\right)^2}\right) - \left(\beta-1\right)\sum_{i=1}^{n}E\left(e^{2\beta\cdot y_i}\right) \\
& \left. -\frac{2\left(\beta-1\right)}{\beta}\sum_{i=1}^{n}E\left(\frac{e^{(2\beta-1)\cdot y_i}}{1+e^{-y_i}}\right) - \frac{2}{\beta}\sum_{i=1}^{n}E\left(\frac{e^{(2\beta-2)\cdot y_i}}{\left(1+e^{-y_i}\right)^2}\right) - n\right\} \\
=& \frac{1}{\alpha^2\beta}\left\{2\left(1+\frac{1}{\beta}\right)\sum_{i=1}^{n}\frac{1}{2} - \frac{4}{\beta}\sum_{i=1}^{n}\frac{\left(1-\beta\right)g_1}{2} - \frac{2}{\beta}\sum_{i=1}^{n}\frac{1}{3}\right. \\
& +\frac{4}{\beta}\sum_{i=1}^{n}\frac{\left(2-\beta\right)\left(1-\beta\right)g_1}{6} - \left(\beta-1\right)\sum_{i=1}^{n}g_2 \\
& \left. -\frac{2\left(\beta-1\right)}{\beta}\sum_{i=1}^{n}\frac{\left(1-2\beta\right)}{2}g_2 - \frac{2}{\beta}\sum_{i=1}^{n}\frac{\left(1-\beta\right)\left(1-2\beta\right)g_2}{3} - n\right\}
\end{aligned}
$$

$$= \frac{n}{\alpha^2 \beta} \left\{ 2\left(1 + \frac{1}{\beta}\right) \frac{1}{2} - \frac{4}{\beta} \frac{(1-\beta) g_1}{2} - \frac{2}{\beta} \frac{1}{3} \right.$$

$$+ \frac{4}{\beta} \frac{(2-\beta)(1-\beta) g_1}{6} - (\beta - 1) g_2 - \frac{2(\beta-1)}{\beta} \frac{(1-2\beta)}{2} g_2$$

$$\left. - \frac{2}{\beta} \frac{(1-\beta)(1-2\beta) g_2}{3} - 1 \right\}$$

$$= \frac{n}{\alpha^2 \beta} \left\{ \frac{1+\beta}{\beta} - \frac{2(1-\beta)}{\beta} g_1 - \frac{2}{3\beta} \right.$$

$$+ \frac{2(2-\beta)(1-\beta)}{3\beta} g_1 - (\beta-1) g_2 - \frac{(\beta-1)(1-2\beta)}{\beta} g_2$$

$$\left. - \frac{2(1-\beta)(1-2\beta)}{3\beta} g_2 - 1 \right\}$$

$$= \frac{n}{\alpha^2 \beta} \left\{ - \frac{2(1-\beta)}{\beta} g_1 + \frac{2(2-\beta)(1-\beta)}{3\beta} g_1 \right.$$

$$\left. - (\beta - 1) g_2 - \frac{(\beta-1)(1-2\beta)}{\beta} g_2 - \frac{2(1-\beta)(1-2\beta)}{3\beta} g_2 - \frac{2}{3\beta} + \frac{1+\beta}{\beta} - 1 \right\}$$

$$= \frac{n}{\alpha^2 \beta} \left\{ \left[\frac{-6 + 6\beta + 4 - 6\beta + 2\beta^2}{3\beta} \right] g_1 \right.$$

$$\left. + \frac{-3\beta^2 + 3\beta + 3 - 9\beta + 6\beta^2 - 2 + 6\beta - 4\beta^2}{3\beta} g_2 + \frac{-2 + 3 + 3\beta - 3\beta}{3\beta} \right\}$$

$$= \frac{n}{\alpha^2 \beta} \left[\frac{2\beta^2 - 2}{3\beta} g_1 + \frac{-\beta^2 + 1}{3\beta} g_2 + \frac{1}{3\beta} \right]$$

$$= \frac{n}{\alpha^2 \beta} \left[- \frac{2(1-\beta^2)}{3\beta} g_1 + \frac{1-\beta^2}{3\beta} g_2 + \frac{1}{3\beta} \right]$$

$$= \frac{n}{3\alpha^2 \beta^2} \left[(1 - \beta^2)(g_2 - 2g_1) + 1 \right]$$

即

$$E\left(-\frac{\partial^2 \log L}{\partial \alpha^2} \right) = \frac{n}{3\alpha^2 \beta^2} \left[(1 - \beta^2)(g_2 - 2g_1) + 1 \right] \tag{143}$$

(6) $E\left(-\frac{\partial^2 \log L}{\partial \alpha \partial \beta} \right)$.

$$-\frac{\partial^2 \log L}{\partial \alpha \partial \beta} = -\frac{1}{\alpha \beta^2} (P + Q) + \frac{1}{\alpha \beta} \left(\frac{\partial P}{\partial \beta} + \frac{\partial Q}{\partial \beta} \right)$$

$$= \frac{1}{\alpha \beta} \left\{ -\frac{n}{\beta} + \frac{2}{\beta} \left(1 - \frac{1}{\beta} \right) \sum_{i=1}^{n} \frac{e^{-y_i}}{1 + e^{-y_i}} + \left(\frac{2}{\beta} - 1 \right) \sum_{i=1}^{n} e^{\beta \cdot y_i} \right.$$

$$\left. + \frac{4}{\beta} \left(\frac{1}{\beta} - 1 \right) \sum_{i=1}^{n} \frac{e^{(\beta-1) \cdot y_i}}{1 + e^{-y_i}} - \frac{2}{\beta} \sum_{i=1}^{n} \frac{y_i e^{-y_i}}{1 + e^{-y_i}} \right.$$

$$+\frac{2}{\beta}\sum_{i=1}^{n}\frac{y_i e^{-2\cdot y_i}}{(1+e^{-y_i})^2}-\frac{4}{\beta^2}\sum_{i=1}^{n}\frac{e^{(\beta-2)\cdot y_i}}{(1+e^{-y_i})^2}+\frac{2}{\beta^2}\sum_{i=1}^{n}\frac{e^{-2\cdot y_i}}{(1+e^{-y_i})^2}$$

$$+\left(1-\frac{1}{\beta}\right)\sum_{i=1}^{n}e^{2\beta\cdot y_i}+\frac{2}{\beta}\sum_{i=1}^{n}\frac{y_i e^{(\beta-1)\cdot y_i}}{1+e^{-y_i}}+\frac{2}{\beta}\left(1-\frac{1}{\beta}\right)\sum_{i=1}^{n}\frac{e^{(2\beta-1)\cdot y_i}}{1+e^{-y_i}}$$

$$\left.-\frac{2}{\beta}\sum_{i=1}^{n}\frac{y_i e^{(\beta-2)\cdot y_i}}{(1+e^{-y_i})^2}+\frac{2}{\beta^2}\sum_{i=1}^{n}\frac{e^{(2\beta-2)\cdot y_i}}{(1+e^{-y_i})^2}\right\}$$

$$E\left(-\frac{\partial^2\log L}{\partial\alpha\partial\beta}\right)=\frac{n}{3\alpha\beta^3}\left\{\Gamma(1-\beta)\Gamma(1+\beta)\left[3-2\beta^2-\beta(1-\beta^2)(\psi(1+\beta)-\psi(\beta))\right]\right.$$

$$\left.-\Gamma(1+2\beta)\Gamma(1-2\beta)(1+\beta)(1-\beta)-1\right\} \tag{144}$$

(7) $E\left(-\dfrac{\partial^2\log L}{\partial\beta\partial\varepsilon}\right)$.

$$-\frac{\partial^2\log L}{\partial\beta\partial\varepsilon}=\frac{1}{\beta}\left[\frac{\partial R}{\partial\varepsilon}-\frac{1}{\beta}\left(\frac{\partial P}{\partial\varepsilon}+\frac{\partial Q}{\partial\varepsilon}\right)\right]$$

$$E\left(-\frac{\partial^2\log L}{\partial\beta\partial\varepsilon}\right)=E\left(-\frac{\partial^2\log L}{\partial\varepsilon\partial\beta}\right) \tag{145}$$

(8) $E\left(-\dfrac{\partial^2\log L}{\partial\beta\partial\alpha}\right)$.

$$-\frac{\partial^2\log L}{\partial\beta\partial\alpha}=\frac{1}{\beta}\left[\frac{\partial R}{\partial\alpha}-\frac{1}{\beta}\left(\frac{\partial P}{\partial\alpha}+\frac{\partial Q}{\partial\alpha}\right)\right]$$

$$E\left(-\frac{\partial^2\log L}{\partial\beta\partial\alpha}\right)=E\left(-\frac{\partial^2\log L}{\partial\alpha\partial\beta}\right) \tag{146}$$

(9) $E\left(-\dfrac{\partial^2\log L}{\partial\beta^2}\right)$.

$$-\frac{\partial^2\log L}{\partial\beta^2}=-\frac{1}{\beta^2}\left(R-\frac{P+Q}{\beta}\right)+\frac{1}{\beta}\left[\frac{\partial R}{\partial\beta}-\frac{1}{\beta}\left(\frac{\partial P}{\partial\beta}+\frac{\partial Q}{\partial\beta}\right)+\frac{P+Q}{\beta^2}\right]$$

$$=\frac{1}{\beta^2}\left(\frac{3}{\beta}-1\right)n+\frac{2}{\beta^2}\sum_{i=1}^{n}y_i+\frac{4}{\beta^2}\left(\frac{1}{\beta}-1\right)\sum_{i=1}^{n}\frac{y_i e^{-y_i}}{1+e^{-y_i}}$$

$$+\frac{2}{\beta^3}\left(\frac{1}{\beta}-3\right)\sum_{i=1}^{n}\frac{e^{-y_i}}{1+e^{-y_i}}+\frac{2}{\beta^2}\left(1-\frac{2}{\beta}\right)\sum_{i=1}^{n}e^{\beta\cdot y_i}$$

$$+\frac{4}{\beta^3}\left(2-\frac{1}{\beta}\right)\sum_{i=1}^{n}\frac{e^{(\beta-1)\cdot y_i}}{1+e^{-y_i}}+\frac{2}{\beta^2}\sum_{i=1}^{n}\frac{y_i^2 e^{-y_i}}{1+e^{-y_i}}-\frac{2}{\beta^4}\sum_{i=1}^{n}\frac{y_i e^{(2\beta-2)\cdot y_i}}{(1+e^{-y_i})^2}$$

$$-\frac{4}{\beta^3}\sum_{i=1}^{n}\frac{y_i e^{(\beta-1)\cdot y_i}}{1+e^{-y_i}}-\frac{2}{\beta^2}\sum_{i=1}^{n}\frac{y_i^2 e^{-\cdot 2y_i}}{(1+e^{-y_i})^2}+\frac{4}{\beta^3}\sum_{i=1}^{n}\frac{y_i e^{(\beta-2)\cdot y_i}}{(1+e^{-y_i})^2}$$

$$-\frac{4}{\beta^3}\sum_{i=1}^{n}\frac{y_i e^{-2\cdot y_i}}{(1+e^{-y_i})^2}+\frac{4}{\beta^4}\sum_{i=1}^{n}\frac{e^{(\beta-2)y_i}}{(1+e^{-y_i})^2}-\frac{2}{\beta^4}\sum_{i=1}^{n}\frac{e^{-2\cdot y_i}}{(1+e^{-y_i})^2}$$

$$-\frac{1}{\beta^2}\left(1-\frac{1}{\beta}\right)\sum_{i=1}^{n}e^{2\beta\cdot y_i}-\frac{2}{\beta^3}\left(1-\frac{1}{\beta}\right)\sum_{i=1}^{n}\frac{e^{(2\beta-1)y_i}}{1+e^{-y_i}}$$

$$E\left(-\frac{\partial^2\log L}{\partial\beta^2}\right)=\frac{n}{3\beta^2}\left\{2\Gamma(1+\beta)\Gamma(1-\beta)\left[1-\frac{2}{\beta^2}+\frac{1-\beta^2}{\beta}\right][\psi(1-\beta)-\psi(\beta)]\right.$$

$$\left.-\Gamma(1+2\beta)\Gamma(1-2\beta)\left(1-\frac{1}{\beta^2}\right)+1+\frac{1}{\beta^2}+\frac{\pi^2}{3}\right\}\qquad(147)$$

式中，

$$\frac{\partial P}{\partial\varepsilon}=2\left[\sum_{i=1}^{n}\frac{e^{-y_i}}{1+e^{-y_i}}\frac{\partial y_i}{\partial\varepsilon}-\sum_{i=1}^{n}\frac{e^{-2y_i}}{(1+e^{-y_i})^2}\frac{\partial y_i}{\partial\varepsilon}\right]\qquad(148)$$

$$\frac{\partial P}{\partial\alpha}=2\left[\sum_{i=1}^{n}\frac{e^{-y_i}}{1+e^{-y_i}}\frac{\partial y_i}{\partial\alpha}-\sum_{i=1}^{n}\frac{e^{-2y_i}}{(1+e^{-y_i})^2}\frac{\partial y_i}{\partial\alpha}\right]\qquad(149)$$

$$\frac{\partial P}{\partial\beta}=2\left[\sum_{i=1}^{n}\frac{e^{-y_i}}{1+e^{-y_i}}\frac{\partial y_i}{\partial\beta}-\sum_{i=1}^{n}\frac{e^{-2y_i}}{(1+e^{-y_i})^2}\frac{\partial y_i}{\partial\beta}\right]\qquad(150)$$

$$\frac{\partial Q}{\partial\varepsilon}=\beta(\beta-1)\sum_{i=1}^{n}e^{\beta\cdot y_i}\frac{\partial y_i}{\partial\varepsilon}+2\sum_{i=1}^{n}\left[(\beta-1)\frac{e^{(\beta-1)y_i}}{1+e^{-y_i}}\frac{\partial y_i}{\partial\varepsilon}+\frac{e^{(\beta-2)y_i}}{(1+e^{-y_i})^2}\frac{\partial y_i}{\partial\varepsilon}\right]\quad(151)$$

$$\frac{\partial Q}{\partial\alpha}=\beta(\beta-1)\sum_{i=1}^{n}e^{\beta\cdot y_i}\frac{\partial y_i}{\partial\alpha}+2\sum_{i=1}^{n}\left[(\beta-1)\frac{e^{(\beta-1)y_i}}{1+e^{-y_i}}\frac{\partial y_i}{\partial\alpha}+\frac{e^{(\beta-2)y_i}}{(1+e^{-y_i})^2}\frac{\partial y_i}{\partial\alpha}\right]\quad(152)$$

$$\frac{\partial Q}{\partial\beta}=\beta(\beta-1)\sum_{i=1}^{n}e^{\beta\cdot y_i}\frac{\partial y_i}{\partial\beta}+\sum_{i=1}^{n}e^{\beta\cdot y_i}+(\beta-1)\sum_{i=1}^{n}y_i e^{\beta\cdot y_i}+2\sum_{i=1}^{n}\frac{y_i e^{(\beta-1)y_i}}{1+e^{-y_i}}$$

$$+2\sum_{i=1}^{n}\left[(\beta-1)\frac{e^{(\beta-1)y_i}}{1+e^{-y_i}}\frac{\partial y_i}{\partial\beta}+\frac{e^{(\beta-2)y_i}}{(1+e^{-y_i})^2}\frac{\partial y_i}{\partial\beta}\right]\qquad(153)$$

$$\frac{\partial R}{\partial\varepsilon}=\sum_{i=1}^{n}\left(-\frac{\partial y_i}{\partial\varepsilon}\right)+2\sum_{i=1}^{n}\left[\frac{e^{-y_i}}{1+e^{-y_i}}\frac{\partial y_i}{\partial\varepsilon}-\frac{y_i e^{-y_i}}{1+e^{-y_i}}\frac{\partial y_i}{\partial\varepsilon}+\frac{y_i e^{-2y_i}}{(1+e^{-y_i})^2}\frac{\partial y_i}{\partial\varepsilon}\right]\quad(154)$$

$$\frac{\partial R}{\partial\alpha}=\sum_{i=1}^{n}\left(-\frac{\partial y_i}{\partial\alpha}\right)+2\sum_{i=1}^{n}\left[\frac{e^{-y_i}}{1+e^{-y_i}}\frac{\partial y_i}{\partial\alpha}-\frac{y_i e^{-y_i}}{1+e^{-y_i}}\frac{\partial y_i}{\partial\alpha}+\frac{y_i e^{-2y_i}}{(1+e^{-y_i})^2}\frac{\partial y_i}{\partial\alpha}\right]\quad(155)$$

$$\frac{\partial R}{\partial\beta}=\sum_{i=1}^{n}\left(-\frac{\partial y_i}{\partial\beta}\right)+2\sum_{i=1}^{n}\left[\frac{e^{-y_i}}{1+e^{-y_i}}\frac{\partial y_i}{\partial\beta}-\frac{y_i e^{-y_i}}{1+e^{-y_i}}\frac{\partial y_i}{\partial\beta}+\frac{y_i e^{-2y_i}}{(1+e^{-y_i})^2}\frac{\partial y_i}{\partial\beta}\right]\quad(156)$$

$$\frac{\partial y_i}{\partial \varepsilon} = -\frac{1}{\alpha} e^{\beta \cdot y_i}; \quad \frac{\partial y_i}{\partial \alpha} = -\frac{1}{\alpha \beta} \left(e^{\beta \cdot y_i} - 1 \right); \quad \frac{\partial y_i}{\partial \beta} = -\frac{y_i}{\beta} + \frac{1}{\beta^2} \left(e^{\beta \cdot y_i} - 1 \right) \quad (157)$$

$$g_r = \Gamma \left(1 + r\beta \right) \Gamma \left(1 - r\beta \right); \quad d_r = \psi \left(1 - \beta \right) - \psi \left(\beta \right) \quad (158)$$

$$\frac{\partial x_T}{\partial \varepsilon} = 1; \quad \frac{\partial x_T}{\partial \alpha} = \frac{1}{\beta} \left[1 - (T-1)^{-\beta} \right]$$

$$\frac{\partial x_T}{\partial \beta} = -\frac{\alpha}{\beta^2} \left[1 - (T-1)^{-\beta} \right] + \frac{\alpha}{\beta} (T-1)^{-\beta} \log (T-1) \quad (159)$$

$$\begin{bmatrix} \mathrm{var}\,(\varepsilon) & \mathrm{cov}\,(\varepsilon, \alpha) & \mathrm{cov}\,(\varepsilon, \beta) \\ \mathrm{cov}\,(\alpha, \varepsilon) & \mathrm{var}\,(\alpha) & \mathrm{cov}\,(\alpha, \beta) \\ \mathrm{cov}\,(\beta, \varepsilon) & \mathrm{cov}\,(\beta, \alpha) & \mathrm{var}\,(\beta) \end{bmatrix}$$

$$= \begin{bmatrix} E\left(-\dfrac{\partial^2 \log L}{\partial \varepsilon^2} \right) & E\left(-\dfrac{\partial^2 \log L}{\partial \varepsilon \partial \alpha} \right) & E\left(-\dfrac{\partial^2 \log L}{\partial \varepsilon \partial \beta} \right) \\ E\left(-\dfrac{\partial^2 \log L}{\partial \alpha \partial \varepsilon} \right) & E\left(-\dfrac{\partial^2 \log L}{\partial \alpha^2} \right) & E\left(-\dfrac{\partial^2 \log L}{\partial \alpha \partial \beta} \right) \\ E\left(-\dfrac{\partial^2 \log L}{\partial \beta \partial \varepsilon} \right) & E\left(-\dfrac{\partial^2 \log L}{\partial \beta \partial \alpha} \right) & E\left(-\dfrac{\partial^2 \log L}{\partial \beta^2} \right) \end{bmatrix}^{-1} \quad (160)$$

把以上各式代入式 (160), 经计算, 有

$$\mathrm{var}\,(\varepsilon) = \frac{3\alpha^2}{D} \left(-S_1 S_3 + S_4 \beta^2 + S_1 S_3 S_4 \beta^2 - S_5^2 - 1 \right) \quad (161)$$

$$\mathrm{var}\,(\alpha) = \frac{3\alpha^2 \beta^2}{D} \left(S_1^2 S_3 g_2 - 2 S_1 S_5 g_2 + S_1 S_4 g_2 \beta^2 - S_5^2 + 2 S_1 S_2 S_5 - S_1^2 S_2^2 \right) \quad (162)$$

$$\mathrm{var}\,(\beta) = \frac{3\beta^4 S_1}{D} \left(g_2 + S_1 S_3 g_2 - S_1 S_2^2 \right) \quad (163)$$

$$\mathrm{cov}\,(\varepsilon, \alpha) = -\frac{3\alpha^2 \beta^2}{D} \left(S_1 S_2 S_4 \beta^2 - S_1 S_2 S_5 - S_5^2 + S_1 S_3 S_5 + S_5 - S_1 S_2 \right) \quad (164)$$

$$\mathrm{cov}\,(\varepsilon, \beta) = -\frac{3\alpha \beta^2 S_5}{D} \left(-S_1 S_2 + 1 + S_1 S_3 \right) \quad (165)$$

$$\mathrm{cov}\,(\alpha, \beta) = \frac{3\alpha \beta^3 S_1}{D} \left(-S_5 g_2 + S_1 S_3 g_2 + g_2 + S_2 S_5 - S_1 S_2^2 \right) \quad (166)$$

式中, $g_r = \Gamma \left(1 + r\beta \right) \Gamma \left(1 - r\beta \right)$; $S_1 = 1 - \beta^2$; $S_2 = g_2 - g_1$; $S_3 = g_2 - 2g_1$; $S_4 = 1 + \dfrac{1}{\beta^2} + \dfrac{\pi^2}{3}$; $S_5 = g_1 \left[1 - \dfrac{\beta \left(1 - \beta^2 \right)}{\psi \left(1 - \beta \right) - \psi \left(\beta \right)} \right]$;

$$D = n \left[\left(S_2^2 - S_3 g_2 \right) S_1^2 + \left(g_2 + S_1 S_3 g_2 - S_1 S_2^2 \right) S_1 S_4 \beta^2 \right.$$
$$\left. - S_1 g_2 + \left(2 S_1 S_2 - S_1 g_2 - 1 - S_1 S_3 \right) S_1 S_5^2 \right]$$

综合以上各式, 有

$$
\begin{aligned}
\operatorname{var}(\hat{x}_T) =& \operatorname{var}(\hat{\varepsilon}) + \operatorname{var}(\hat{\alpha}) \left[\frac{1 - (T-1)^{-\beta}}{\beta}\right]^2 + \left\{\frac{\alpha}{\beta}(T-1)^{-\beta}\log(T-1) \right. \\
& \left. - \frac{\alpha}{\beta^2}\left[1 - (T-1)^{-\beta}\right]\right\}^2 \operatorname{var}(\hat{\beta}) + 2\operatorname{cov}(\hat{\varepsilon},\hat{\alpha})\left(\frac{1 - (T-1)^{-\beta}}{\beta}\right) \\
& + 2\operatorname{cov}(\hat{\varepsilon},\hat{\beta})\left\{\frac{\alpha}{\beta}(T-1)^{-\beta}\log(T-1) - \frac{\alpha}{\beta^2}\left[1 - (T-1)^{-\beta}\right]\right\} \\
& + 2\operatorname{cov}(\hat{\alpha},\hat{\beta})\left(\frac{1 - (T-1)^{-\beta}}{\beta}\right) \\
& \cdot \left\{\frac{\alpha}{\beta}(T-1)^{-\beta}\log(T-1) - \frac{\alpha}{\beta^2}\left[1 - (T-1)^{-\beta}\right]\right\}
\end{aligned} \tag{167}
$$

9.7.4　概率权重法估算参数的设计值方差

$$
\begin{aligned}
J_{rs} &= \iint_{x<y} [F(x)]^r \cdot [F(y)]^s \cdot F(x) \cdot [1 - F(y)]\, dx dy \\
&= \int_{\varepsilon+\frac{\alpha}{\beta}}^{\infty} \int_x^{\infty} [F(x)]^r \cdot [F(y)]^s \cdot F(x) \cdot [1 - F(y)]\, dy dx
\end{aligned}
$$

(1) $\beta < 0$.

令 $u = F(x) = \left\{1 + \left[1 - \frac{\beta}{\alpha}(x-\varepsilon)\right]^{\frac{1}{\beta}}\right\}^{-1}$, 则 $x = \varepsilon + \frac{\alpha}{\beta}\left[1 - \left(\frac{1}{u} - 1\right)^{\beta}\right]$,

当 $x = \varepsilon + \frac{\alpha}{\beta}$ 时, 则 $u = \left\{1 + \left[1 - \frac{\beta}{\alpha}\left(\varepsilon + \frac{\alpha}{\beta} - \varepsilon\right)\right]^{\frac{1}{\beta}}\right\}^{-1} = 0$, $x \to \infty$ 时, $u = 1$;

$$
dx = -\frac{\alpha}{\beta}\beta\left(\frac{1}{u} - 1\right)^{\beta-1}\frac{-1}{u^2}du = \frac{\alpha}{u^2}\left(\frac{1}{u} - 1\right)^{\beta-1}du
$$

$$
\begin{aligned}
J_{rs} &= \int_{\varepsilon+\frac{\alpha}{\beta}}^{\infty} \int_x^{\infty} [F(x)]^r \cdot [F(y)]^s \cdot F(x) \cdot [1 - F(y)]\, dy dx \\
&= \int_0^1 \int_{\varepsilon+\frac{\alpha}{\beta}\left[1 - \left(\frac{1}{u}-1\right)^{\beta}\right]}^{\infty} u^r \cdot [F(y)]^s \cdot u \cdot [1 - F(y)]\, dy \frac{\alpha}{u^2}\left(\frac{1}{u} - 1\right)^{\beta-1}du \\
&= \int_0^1 \int_{\varepsilon+\frac{\alpha}{\beta}\left[1 - \left(\frac{1}{u}-1\right)^{\beta}\right]}^{\infty} u^r \cdot [F(y)]^s \cdot u \cdot [1 - F(y)]\, dy \frac{\alpha}{u^2}\left(\frac{1}{u} - 1\right)^{\beta-1}du \\
&= \int_0^1 \int_{\varepsilon+\frac{\alpha}{\beta}\left[1 - \left(\frac{1}{u}-1\right)^{\beta}\right]}^{\infty} u^r \cdot [F(y)]^s \cdot u \cdot [1 - F(y)]\, dy \frac{\alpha}{u^2}\frac{(1-u)^{\beta-1}}{u^{\beta-1}}du
\end{aligned}
$$

$$= \alpha \int_0^1 \int_{\varepsilon + \frac{\alpha}{\beta}\left[1-\left(\frac{1}{u}-1\right)^{\beta}\right]}^{\infty} u^{r-\beta} \cdot (1-u)^{\beta-1} \left[F(y)\right]^s \cdot \left[1-F(y)\right] dy du$$

令 $v = F(y) = \left\{1 + \left[1 - \dfrac{\beta}{\alpha}(y-\varepsilon)\right]^{\frac{1}{\beta}}\right\}^{-1}$，则 $y = \varepsilon + \dfrac{\alpha}{\beta}\left[1 - \left(\dfrac{1}{v}-1\right)^{\beta}\right]$，当

$y = \varepsilon + \dfrac{\alpha}{\beta}\left[1 - \left(\dfrac{1}{u}-1\right)^{\beta}\right]$ 时，则

$$y - \varepsilon = \varepsilon + \frac{\alpha}{\beta}\left[1 - \left(\frac{1}{u}-1\right)^{\beta}\right] - \varepsilon = \frac{\alpha}{\beta} - \frac{\alpha}{\beta}\frac{(1-u)^{\beta}}{u^{\beta}}$$

$$\left[1 - \frac{\beta}{\alpha}(y-\varepsilon)\right]^{\frac{1}{\beta}} = \left[1 - \frac{\beta}{\alpha}\left(\frac{\alpha}{\beta} - \frac{\alpha}{\beta}\frac{(1-u)^{\beta}}{u^{\beta}}\right)\right]^{\frac{1}{\beta}} = \left[1 - \left(1 - \frac{(1-u)^{\beta}}{u^{\beta}}\right)\right]^{\frac{1}{\beta}}$$

$$= \left[1 - 1 + \frac{(1-u)^{\beta}}{u^{\beta}}\right]^{\frac{1}{\beta}} = \left[\frac{(1-u)^{\beta}}{u^{\beta}}\right]^{\frac{1}{\beta}} = \frac{1-u}{u}$$

$$v = F(y) = \left\{1 + \left[1 - \frac{\beta}{\alpha}(y-\varepsilon)\right]^{\frac{1}{\beta}}\right\}^{-1} = \left(1 + \frac{1-u}{u}\right)^{-1}$$

$$= \left(\frac{u+1-u}{u}\right)^{-1} = \left(\frac{1}{u}\right)^{-1} = u$$

$y \to \infty$ 时，$v = 1$；$dy = -\dfrac{\alpha}{\beta}\beta\left(\dfrac{1}{v}-1\right)^{\beta-1}\dfrac{-1}{v^2}dv = \dfrac{\alpha}{v^2}\left(\dfrac{1}{v}-1\right)^{\beta-1}dv.$

$$J_{rs} = \alpha \int_0^1 \int_{\varepsilon + \frac{\alpha}{\beta}\left[1-\left(\frac{1}{u}-1\right)^{\beta}\right]}^{\infty} u^{r-\beta} \cdot (1-u)^{\beta-1} \left[F(y)\right]^s \cdot \left[1-F(y)\right] dy du$$

$$= \alpha \int_0^1 \int_u^1 u^{r-\beta} \cdot (1-u)^{\beta-1} v^s \cdot (1-v) \frac{\alpha}{v^2}\left(\frac{1}{v}-1\right)^{\beta-1} dv du$$

$$= \alpha \int_1^1 \int_u^1 u^{r-\beta} \cdot (1-u)^{\beta-1} v^s \cdot (1-v) \frac{\alpha}{v^2}\frac{(1-v)^{\beta-1}}{v^{\beta-1}} dv du$$

$$= \alpha^2 \int_0^1 \int_u^1 u^{r-\beta} \cdot (1-u)^{\beta-1} v^{s-\beta-1} \cdot (1-v)^{\beta} dv du \tag{168}$$

(2) $\beta > 0$.

令 $u = F(x) = \left\{1 + \left[1 - \dfrac{\beta}{\alpha}(x-\varepsilon)\right]^{\frac{1}{\beta}}\right\}^{-1}$，则 $x = \varepsilon + \dfrac{\alpha}{\beta}\left[1 - \left(\dfrac{1}{u}-1\right)^{\beta}\right]$，当

$x = \varepsilon + \dfrac{\alpha}{\beta}$ 时, 则 $u = \left\{ 1 + \left[1 - \dfrac{\beta}{\alpha}\left(\varepsilon + \dfrac{\alpha}{\beta} - \varepsilon \right) \right]^{\frac{1}{\beta}} \right\}^{-1} = 1$, $x \to -\infty$ 时, $u = 0$;

$$dx = -\frac{\alpha}{\beta}\beta \left(\frac{1}{u} - 1 \right)^{\beta-1} \frac{-1}{u^2} du = \frac{\alpha}{u^2}\left(\frac{1}{u} - 1 \right)^{\beta-1} du$$

$$
\begin{aligned}
J_{rs} &= \int_{-\infty}^{\varepsilon+\frac{\alpha}{\beta}} \int_{x}^{\varepsilon+\frac{\alpha}{\beta}} [F(x)]^r \cdot [F(y)]^s \cdot F(x) \cdot [1 - F(y)]\, dy\, dx \\
&= \int_{0}^{1} \int_{\varepsilon+\frac{\alpha}{\beta}\left[1 - \left(\frac{1}{u} - 1 \right)^{\beta} \right]}^{\varepsilon+\frac{\alpha}{\beta}} u^r \cdot [F(y)]^s \cdot u \cdot [1 - F(y)]\, dy\, \frac{\alpha}{u^2}\left(\frac{1}{u} - 1 \right)^{\beta-1} du \\
&= \int_{0}^{1} \int_{\varepsilon+\frac{\alpha}{\beta}\left[1 - \left(\frac{1}{u} - 1 \right)^{\beta} \right]}^{\varepsilon+\frac{\alpha}{\beta}} u^r \cdot [F(y)]^s \cdot u \cdot [1 - F(y)]\, dy\, \frac{\alpha}{u^2}\left(\frac{1}{u} - 1 \right)^{\beta-1} du \\
&= \int_{0}^{1} \int_{\varepsilon+\frac{\alpha}{\beta}\left[1 - \left(\frac{1}{u} - 1 \right)^{\beta} \right]}^{\varepsilon+\frac{\alpha}{\beta}} u^r \cdot [F(y)]^s \cdot u \cdot [1 - F(y)]\, dy\, \frac{\alpha}{u^2}\frac{(1-u)^{\beta-1}}{u^{\beta-1}} du \\
&= \alpha \int_{0}^{1} \int_{\varepsilon+\frac{\alpha}{\beta}\left[1 - \left(\frac{1}{u} - 1 \right)^{\beta} \right]}^{\varepsilon+\frac{\alpha}{\beta}} u^{r-\beta} \cdot (1-u)^{\beta-1} [F(y)]^s \cdot [1 - F(y)]\, dy\, du
\end{aligned}
$$

令 $v = F(y) = \left\{ 1 + \left[1 - \dfrac{\beta}{\alpha}(y - \varepsilon) \right]^{\frac{1}{\beta}} \right\}^{-1}$, 则 $y = \varepsilon + \dfrac{\alpha}{\beta}\left[1 - \left(\dfrac{1}{v} - 1 \right)^{\beta} \right]$,

当 $y = \varepsilon + \dfrac{\alpha}{\beta}\left[1 - \left(\dfrac{1}{u} - 1 \right)^{\beta} \right]$ 时, 则

$$y - \varepsilon = \varepsilon + \frac{\alpha}{\beta}\left[1 - \left(\frac{1}{u} - 1 \right)^{\beta} \right] - \varepsilon = \frac{\alpha}{\beta} - \frac{\alpha}{\beta}\frac{(1-u)^{\beta}}{u^{\beta}};$$

$$
\begin{aligned}
\left[1 - \frac{\beta}{\alpha}(y - \varepsilon) \right]^{\frac{1}{\beta}} &= \left[1 - \frac{\beta}{\alpha}\left(\frac{\alpha}{\beta} - \frac{\alpha}{\beta}\frac{(1-u)^{\beta}}{u^{\beta}} \right) \right]^{\frac{1}{\beta}} = \left[1 - \left(1 - \frac{(1-u)^{\beta}}{u^{\beta}} \right) \right]^{\frac{1}{\beta}} \\
&= \left[1 - 1 + \frac{(1-u)^{\beta}}{u^{\beta}} \right]^{\frac{1}{\beta}} = \left[\frac{(1-u)^{\beta}}{u^{\beta}} \right]^{\frac{1}{\beta}} = \frac{1-u}{u}
\end{aligned}
$$

$$
\begin{aligned}
v = F(y) &= \left\{ 1 + \left[1 - \frac{\beta}{\alpha}(y - \varepsilon) \right]^{\frac{1}{\beta}} \right\}^{-1} = \left(1 + \frac{1-u}{u} \right)^{-1} \\
&= \left(\frac{u + 1 - u}{u} \right)^{-1} = \left(\frac{1}{u} \right)^{-1} = u
\end{aligned}
$$

$$y = \varepsilon + \frac{\alpha}{\beta} \text{ 时}, \ v = 1; \ dy = -\frac{\alpha}{\beta} \beta \left(\frac{1}{v} - 1 \right)^{\beta-1} \frac{-1}{v^2} dv = \frac{\alpha}{v^2} \left(\frac{1}{v} - 1 \right)^{\beta-1} dv.$$

$$
\begin{aligned}
J_{rs} &= \alpha \int_0^1 \int_{\varepsilon+\frac{\alpha}{\beta}\left[1-\left(\frac{1}{u}-1\right)^{\beta}\right]}^{\varepsilon+\frac{\alpha}{\beta}} u^{r-\beta} \cdot (1-u)^{\beta-1} \left[F(y) \right]^s \cdot \left[1 - F(y) \right] dy du \\
&= \alpha \int_0^1 \int_u^1 u^{r-\beta} \cdot (1-u)^{\beta-1} v^s \cdot (1-v) \frac{\alpha}{v^2} \left(\frac{1}{v} - 1 \right)^{\beta-1} dv du \\
&= \alpha \int_1^1 \int_u^1 u^{r-\beta} \cdot (1-u)^{\beta-1} v^s \cdot (1-v) \frac{\alpha}{v^2} \frac{(1-v)^{\beta-1}}{v^{\beta-1}} dv du \\
&= \alpha^2 \int_0^1 \int_u^1 u^{r-\beta} \cdot (1-u)^{\beta-1} v^{s-\beta-1} \cdot (1-v)^{\beta} dv du
\end{aligned}
\tag{169}
$$

即式 (168) 和 (169) 相同, $J_{rs} = \alpha^2 \int_0^1 \int_u^1 u^{r-\beta} \cdot (1-u)^{\beta-1} v^{s-\beta-1} \cdot (1-v)^{\beta} dv du.$
采用 Ryzhik(2000) 得

$$
\begin{aligned}
J_{rs} &= \alpha^2 \int_0^1 \int_u^1 u^{r-\beta} \cdot (1-u)^{\beta-1} v^{s-\beta-1} \cdot (1-v)^{\beta} dv du \\
&= \alpha^2 \int_0^1 u^{r-\beta} \cdot (1-u)^{\beta-1} \left(\int_u^1 v^{s-\beta-1} \cdot (1-v)^{\beta} dv \right) du
\end{aligned}
$$

令 $t = 1 - v$, 则 $v = 1 - t$, $dv = -dt$; 当 $v = u$ 时, $t = 1 - u$; 当 $v = 1$ 时, $t = 0$, 有

$$
\begin{aligned}
J_{rs} &= \alpha^2 \int_0^1 u^{r-\beta} \cdot (1-u)^{\beta-1} \left(\int_u^1 v^{s-\beta-1} \cdot (1-v)^{\beta} dv \right) du \\
&= \alpha^2 \int_0^1 u^{r-\beta} \cdot (1-u)^{\beta-1} \left(\int_{1-u}^0 -(1-t)^{s-\beta-1} \cdot t^{\beta} dt \right) du \\
&= \alpha^2 \int_0^1 u^{r-\beta} \cdot (1-u)^{\beta-1} \left(\int_0^{1-u} t^{\beta} (1-t)^{s-\beta-1} dt \right) du
\end{aligned}
$$

根据 Ryzhik(2000) 文献 (910 页) 公式 (8.391) 不完全 Beta 函数, $\mathrm{B}_x(p, q) = \int_0^x t^{p-1}$
$\cdot (1-t)^{q-1} dt = \dfrac{x^p}{p} \cdot {}_2F_1(p, 1-q; p+1; x)$, 有 $p = \beta + 1$, $q = s - \beta$, $x = 1 - u$, 则

$$
\begin{aligned}
J_{rs} &= \alpha^2 \int_0^1 u^{r-\beta} \cdot (1-u)^{\beta-1} \left(\int_0^{1-u} (1-t)^{s-\beta-1} \cdot t^{\beta} dt \right) du \\
&= \alpha^2 \int_0^1 u^{r-\beta} \cdot (1-u)^{\beta-1} \frac{(1-u)^{\beta+1}}{\beta+1} \cdot {}_2F_1(\beta+1, 1-s+\beta; \beta+1+1; 1-u) du \\
&= \alpha^2 \int_0^1 u^{r-\beta} \cdot (1-u)^{\beta-1} \frac{(1-u)^{\beta+1}}{\beta+1} \cdot {}_2F_1(\beta+1, 1-s+\beta; \beta+2; 1-u) du
\end{aligned}
$$

由 Ryzhik(2000) 文献 (1008 页) 公式 (9.131.1) 超几何函数转换式 $F(\alpha, \beta; \gamma; z) = (1-z)^{\gamma-\alpha-\beta} F(\gamma-\alpha, \gamma-\beta; \gamma; z)$, 得

$$_2F_1(\beta+1, 1-s+\beta; \beta+2; 1-u)$$
$$= [1-(1-u)]^{\beta+2-\beta+1-(1-s+\beta)} {}_2F_1[\beta+2-(\beta+1), \beta+2-(1-s+\beta); \beta+2; 1-u]$$
$$= u_2^{s-\beta} F_1(1, 1+s; \beta+2; 1-u)$$

则

$$J_{rs} = \alpha^2 \int_0^1 u^{r-\beta} \cdot (1-u)^{\beta-1} \frac{(1-u)^{\beta+1}}{\beta+1} \cdot {}_2F_1(\beta+1, 1-s+\beta; \beta+2; 1-u)\, du$$

$$= \alpha^2 \int_0^1 u^{r-\beta} \cdot (1-u)^{\beta-1} (1-u)^{\beta+1} (1+\beta)^{-1} u^{s-\beta} \cdot {}_2F_1\left(\begin{array}{c} 1, 1+s \\ 2+\beta \end{array}; 1-u\right) du$$

$$= \frac{\alpha^2}{1+\beta} \int_0^1 u^{r+s-2\beta} \cdot (1-u)^{2\beta} {}_2F_1\left(\begin{array}{c} 1, 1+s \\ 2+\beta \end{array}; 1-u\right) du$$

令 $w = 1-u$, 则 $u = 1-w$, $du = -dw$; 当 $u = 0$ 时, $w = 1$; 当 $u = 1$ 时, $w = 0$, 有

$$J_{rs} = \frac{\alpha^2}{1+\beta} \int_0^1 u^{r+s-2\beta} \cdot (1-u)^{2\beta} {}_2F_1\left(\begin{array}{c} 1, 1+s \\ 2+\beta \end{array}; 1-u\right) du$$

$$= \frac{\alpha^2}{1+\beta} \int_1^0 (1-w)^{r+s-2\beta} w^{2\beta} {}_2F_1\left(\begin{array}{c} 1, 1+s \\ 2+\beta \end{array}; w\right)(-dw)$$

$$= \frac{\alpha^2}{1+\beta} \int_0^1 (1-w)^{r+s-2\beta} w^{2\beta} {}_2F_1\left(\begin{array}{c} 1, 1+s \\ 2+\beta \end{array}; w\right) dw$$

由 Ryzhik(2000) 文献 (814 页) 公式 (7.512.12) 知

$$\int_0^1 (1-x)^{\mu-1} x^{v-1} {}_pF_q(a_1, a_2, \cdots, a_p; b_1, b_2, \cdots, b_q; ax)\, dx$$

$$= \frac{\Gamma(\mu)\Gamma(v)}{\Gamma(\mu+v)} {}_{p+1}F_{q+1}(v, a_1, a_2, \cdots, a_p; \mu+v, b_1, b_2, \cdots, b_q; a)$$

比较有 $\mu = r+s-2\beta+1$, $v = 2\beta+1$, $p = 2$, $q = 1$, $a_1 = 1$, $a_2 = 1+s$, $b_1 = 2+\beta$, $a = 1$, 则

$$J_{rs} = \frac{\alpha^2}{1+\beta} \int_0^1 (1-w)^{r+s-2\beta} w^{2\beta} {}_2F_1\left(\begin{array}{c} 1, 1+s \\ 2+\beta \end{array}; w\right) dw$$

$$= \frac{\alpha^2}{1+\beta} \frac{\Gamma(1+2\beta)\Gamma(r+s+1-2\beta)}{\Gamma(r+s+2)} {}_3F_2\left(\begin{array}{c} 1, 1+s, 1+2\beta \\ r+s+2, 2+\beta \end{array}; 1\right) \quad (170)$$

根据式 (170), 有

$$J_{00} = \frac{\alpha^2}{1+\beta} \frac{\Gamma(1+2\beta)\Gamma(1-2\beta)}{\Gamma(2)} {}_3F_2 \left(\begin{array}{c} 1,1,1+2\beta \\ 2,2+\beta \end{array} ; 1 \right) \tag{171}$$

$$J_{01} = \frac{\alpha^2}{1+\beta} \frac{\Gamma(1+2\beta)\Gamma(2-2\beta)}{\Gamma(3)} {}_3F_2 \left(\begin{array}{c} 1,2,1+2\beta \\ 3,2+\beta \end{array} ; 1 \right) \tag{172}$$

$$J_{02} = \frac{\alpha^2}{1+\beta} \frac{\Gamma(1+2\beta)\Gamma(3-2\beta)}{\Gamma(4)} {}_3F_2 \left(\begin{array}{c} 1,3,1+2\beta \\ 4,2+\beta \end{array} ; 1 \right) \tag{173}$$

$$J_{10} = \frac{\alpha^2}{1+\beta} \frac{\Gamma(1+2\beta)\Gamma(2-2\beta)}{\Gamma(3)} {}_3F_2 \left(\begin{array}{c} 1,1,1+2\beta \\ 3,2+\beta \end{array} ; 1 \right) \tag{174}$$

$$J_{11} = \frac{\alpha^2}{1+\beta} \frac{\Gamma(1+2\beta)\Gamma(3-2\beta)}{\Gamma(4)} {}_3F_2 \left(\begin{array}{c} 1,2,1+2\beta \\ 4,2+\beta \end{array} ; 1 \right) \tag{175}$$

$$J_{12} = \frac{\alpha^2}{1+\beta} \frac{\Gamma(1+2\beta)\Gamma(4-2\beta)}{\Gamma(5)} {}_3F_2 \left(\begin{array}{c} 1,3,1+2\beta \\ 5,2+\beta \end{array} ; 1 \right) \tag{176}$$

$$J_{20} = \frac{\alpha^2}{1+\beta} \frac{\Gamma(1+2\beta)\Gamma(3-2\beta)}{\Gamma(4)} {}_3F_2 \left(\begin{array}{c} 1,1,1+2\beta \\ 4,2+\beta \end{array} ; 1 \right) \tag{177}$$

$$J_{21} = \frac{\alpha^2}{1+\beta} \frac{\Gamma(1+2\beta)\Gamma(4-2\beta)}{\Gamma(5)} {}_3F_2 \left(\begin{array}{c} 1,2,1+2\beta \\ 5,2+\beta \end{array} ; 1 \right) \tag{178}$$

$$J_{22} = \frac{\alpha^2}{1+\beta} \frac{\Gamma(1+2\beta)\Gamma(5-2\beta)}{\Gamma(6)} {}_3F_2 \left(\begin{array}{c} 1,3,1+2\beta \\ 6,2+\beta \end{array} ; 1 \right) \tag{179}$$

则方差–协方差矩阵 $\boldsymbol{V} = \begin{bmatrix} V_{00} & V_{01} & V_{02} \\ V_{10} & V_{11} & V_{12} \\ V_{20} & V_{21} & V_{22} \end{bmatrix}$ 的元素为

$$V_{00} = J_{00} + J_{00}; \quad V_{11} = J_{11} + J_{11}; \quad V_{22} = J_{22} + J_{22} \tag{180}$$

$$V_{01} = V_{10} = J_{01} + J_{10}; \quad V_{02} = V_{20} = J_{02} + J_{20}; \quad V_{12} = V_{21} = J_{12} + J_{21} \tag{181}$$

设 Generalized Logistic 分布参数 $\boldsymbol{\theta} = [\varepsilon \ \ \alpha \ \ \beta]^{\mathrm{T}}$, 参数估算值 $\hat{\boldsymbol{\theta}} = \begin{bmatrix} \hat{\varepsilon} & \hat{\alpha} & \hat{\beta} \end{bmatrix}^{\mathrm{T}} = f(B)$. 定义偏导数矩阵 $\boldsymbol{G} = \begin{bmatrix} \dfrac{\partial \varepsilon}{\partial B_0} & \dfrac{\partial \varepsilon}{\partial B_1} & \dfrac{\partial \varepsilon}{\partial B_2} \\[2mm] \dfrac{\partial \alpha}{\partial B_0} & \dfrac{\partial \alpha}{\partial B_1} & \dfrac{\partial \alpha}{\partial B_2} \\[2mm] \dfrac{\partial \beta}{\partial B_0} & \dfrac{\partial \beta}{\partial B_1} & \dfrac{\partial \beta}{\partial B_2} \end{bmatrix} = \begin{bmatrix} g_{00} & g_{01} & g_{02} \\ g_{10} & g_{11} & g_{12} \\ g_{20} & g_{21} & g_{22} \end{bmatrix}; \ \boldsymbol{G}^{\mathrm{T}} =$

$$\begin{bmatrix} \dfrac{\partial\varepsilon}{\partial B_0} & \dfrac{\partial\alpha}{\partial B_0} & \dfrac{\partial\beta}{\partial B_0} \\[2mm] \dfrac{\partial\varepsilon}{\partial B_1} & \dfrac{\partial\alpha}{\partial B_1} & \dfrac{\partial\beta}{\partial B_1} \\[2mm] \dfrac{\partial\varepsilon}{\partial B_2} & \dfrac{\partial\alpha}{\partial B_2} & \dfrac{\partial\beta}{\partial B_2} \end{bmatrix} = \begin{bmatrix} g_{00} & g_{10} & g_{20} \\[2mm] g_{01} & g_{11} & g_{21} \\[2mm] g_{02} & g_{12} & g_{22} \end{bmatrix}.$$

Generalized Logistic 分布概率权重矩参数公式

$$\begin{cases} B_0 = \varepsilon + \dfrac{\alpha}{\beta}\left[1 - \Gamma\left(1+\beta\right)\Gamma\left(1-\beta\right)\right] \\[3mm] B_1 = \dfrac{1}{2}\left\{\varepsilon + \dfrac{\alpha}{\beta}\left[1 - \Gamma\left(1+\beta\right)\Gamma\left(2-\beta\right)\right]\right\} \\[3mm] B_2 = \dfrac{1}{3}\left\{\varepsilon + \dfrac{\alpha}{\beta}\left[1 - \dfrac{1}{2}\Gamma\left(1+\beta\right)\Gamma\left(3-\beta\right)\right]\right\} \end{cases} \tag{182}$$

由式 (182) 得, 参数的计算公式

$$\begin{cases} \varepsilon = B_0 - \dfrac{\alpha}{\beta}\left[1 - \Gamma\left(1+\beta\right)\Gamma\left(1-\beta\right)\right] \\[3mm] \alpha = \dfrac{2B_1 - B_0}{\Gamma\left(1+\beta\right)\Gamma\left(1-\beta\right)} \\[3mm] \beta = \dfrac{6B_1 - 6B_2 - B_0}{2B_1 - B_0} \end{cases} \tag{183}$$

由式 (183) 得

$$\frac{\partial\beta}{\partial B_0} = \frac{\partial}{\partial B_0}\left(\frac{6B_1 - 6B_2 - B_0}{2B_1 - B_0}\right) = \frac{-\left(2B_1 - B_0\right) - \left(6B_1 - 6B_2 - B_0\right)\left(-1\right)}{\left(2B_1 - B_0\right)^2}$$

$$= \frac{-2B_1 + B_0 + 6B_1 - 6B_2 - B_0}{\left(2B_1 - B_0\right)^2} = \frac{4B_1 - 6B_2}{\left(2B_1 - B_0\right)^2}$$

$$\frac{\partial\beta}{\partial B_1} = \frac{\partial}{\partial B_1}\left(\frac{6B_1 - 6B_2 - B_0}{2B_1 - B_0}\right) = \frac{6\left(2B_1 - B_0\right) - 2\left(6B_1 - 6B_2 - B_0\right)}{\left(2B_1 - B_0\right)^2}$$

$$= \frac{12B_1 - 6B_0 - 12B_1 + 12B_2 + 2B_0}{\left(2B_1 - B_0\right)^2} = \frac{-4B_0 + 12B_2}{\left(2B_1 - B_0\right)^2}$$

$$\frac{\partial\beta}{\partial B_2} = \frac{\partial}{\partial B_2}\left(\frac{6B_1 - 6B_2 - B_0}{2B_1 - B_0}\right) = \frac{-6}{2B_1 - B_0}$$

$$2B_1 - B_0 = 2\times\frac{1}{2}\left\{\varepsilon + \frac{\alpha}{\beta}\left[1 - \Gamma\left(1+\beta\right)\Gamma\left(2-\beta\right)\right]\right\} - \left\{\varepsilon + \frac{\alpha}{\beta}\left[1 - \Gamma\left(1+\beta\right)\Gamma\left(1-\beta\right)\right]\right\}$$

$$2B_1 - B_0 = \varepsilon + \frac{\alpha}{\beta} - \frac{\alpha}{\beta}\Gamma\left(1+\beta\right)\Gamma\left(2-\beta\right) - \varepsilon - \frac{\alpha}{\beta} + \frac{\alpha}{\beta}\Gamma\left(1+\beta\right)\Gamma\left(1-\beta\right)$$

$$= -\frac{\alpha}{\beta}\Gamma(1+\beta)\Gamma(2-\beta) + \frac{\alpha}{\beta}\Gamma(1+\beta)\Gamma(1-\beta)$$

$$= \frac{\alpha}{\beta}\Gamma(1+\beta)\left[\Gamma(1-\beta) - \Gamma(2-\beta)\right]$$

$$
\begin{aligned}
4B_1 - 6B_2 =& 4\times\frac{1}{2}\left\{\varepsilon + \frac{\alpha}{\beta}\left[1 - \Gamma(1+\beta)\Gamma(2-\beta)\right]\right\} \\
& -6\times\frac{1}{3}\left\{\varepsilon + \frac{\alpha}{\beta}\left[1 - \frac{1}{2}\Gamma(1+\beta)\Gamma(3-\beta)\right]\right\} \\
=& 2\varepsilon + \frac{2\alpha}{\beta} - \frac{2\alpha}{\beta}\Gamma(1+\beta)\Gamma(2-\beta) - 2\varepsilon - \frac{2\alpha}{\beta} + \frac{\alpha}{\beta}\Gamma(1+\beta)\Gamma(3-\beta) \\
=& -\frac{2\alpha}{\beta}\Gamma(1+\beta)\Gamma(2-\beta) + \frac{\alpha}{\beta}\Gamma(1+\beta)\Gamma(3-\beta) \\
=& \frac{\alpha}{\beta}\Gamma(1+\beta)\left[\Gamma(3-\beta) - 2\Gamma(2-\beta)\right]
\end{aligned}
$$

$$
\begin{aligned}
-4B_0 + 12B_2 =& -4\left\{\varepsilon + \frac{\alpha}{\beta}\left[1 - \Gamma(1+\beta)\Gamma(1-\beta)\right]\right\} + 12 \\
& \times\frac{1}{3}\left\{\varepsilon + \frac{\alpha}{\beta}\left[1 - \frac{1}{2}\Gamma(1+\beta)\Gamma(3-\beta)\right]\right\} \\
=& -4\varepsilon - \frac{4\alpha}{\beta} + \frac{4\alpha}{\beta}\Gamma(1+\beta)\Gamma(1-\beta) \\
& + 4\varepsilon + \frac{4\alpha}{\beta} - \frac{2\alpha}{\beta}\Gamma(1+\beta)\Gamma(3-\beta) \\
=& \frac{4\alpha}{\beta}\Gamma(1+\beta)\Gamma(1-\beta) - \frac{2\alpha}{\beta}\Gamma(1+\beta)\Gamma(3-\beta) \\
=& \frac{2\alpha}{\beta}\Gamma(1+\beta)\left[2\Gamma(1-\beta) - \Gamma(3-\beta)\right]
\end{aligned}
$$

则

$$
\begin{aligned}
\frac{\partial\beta}{\partial B_0} = \frac{4B_1 - 6B_2}{(2B_1 - B_0)^2} =& \frac{\alpha}{\beta}\Gamma(1+\beta)\left[\Gamma(3-\beta) - 2\Gamma(2-\beta)\right] \\
& \cdot \frac{1}{\frac{\alpha^2}{\beta^2}\Gamma^2(1+\beta)\left[\Gamma(1-\beta) - \Gamma(2-\beta)\right]^2} \\
=& \frac{\beta}{\alpha}\frac{\Gamma(3-\beta) - 2\Gamma(2-\beta)}{\Gamma(1+\beta)\left[\Gamma(1-\beta) - \Gamma(2-\beta)\right]^2}
\end{aligned}
$$

又

$$\Gamma(3-\beta) - 2\Gamma(2-\beta) = \Gamma(1+2-\beta) - 2\Gamma(1+1-\beta)$$

$$= (2 - \beta) \Gamma (2 - \beta) - 2 (1 - \beta) \Gamma (1 - \beta)$$

$$= (2 - \beta) (1 - \beta) \Gamma (1 - \beta) - 2 (1 - \beta) \Gamma (1 - \beta)$$

$$= 2 (1 - \beta) \Gamma (1 - \beta) - \beta (1 - \beta) \Gamma (1 - \beta) - 2 (1 - \beta) \Gamma (1 - \beta)$$

$$= -\beta (1 - \beta) \Gamma (1 - \beta)$$

$$\Gamma (1 - \beta) - \Gamma (2 - \beta) = \Gamma (1 - \beta) - (1 - \beta) \Gamma (1 - \beta)$$

$$= \Gamma (1 - \beta) - \Gamma (1 - \beta) + \beta \Gamma (1 - \beta) = \beta \Gamma (1 - \beta)$$

则

$$\frac{\partial \beta}{\partial B_0} = \frac{\beta}{\alpha} \frac{\Gamma (3 - \beta) - 2 \Gamma (2 - \beta)}{\Gamma (1 + \beta) [\Gamma (1 - \beta) - \Gamma (2 - \beta)]^2}$$

$$= \frac{\beta}{\alpha} \frac{\Gamma (3 - \beta) - 2 \Gamma (2 - \beta)}{\Gamma (1 + \beta) [\Gamma (1 - \beta) - \Gamma (2 - \beta)]^2}$$

$$= \frac{\beta}{\alpha} \frac{-\beta (1 - \beta) \Gamma (1 - \beta)}{\Gamma (1 + \beta) \beta^2 \Gamma^2 (1 - \beta)} = \frac{1}{\alpha} \frac{- (1 - \beta)}{\Gamma (1 + \beta) \Gamma (1 - \beta)}$$

以下令 $g_1 = \Gamma (1 + \beta) \Gamma (1 - \beta)$, 则有

$$\frac{\partial \beta}{\partial B_0} = \frac{1}{g_1} \frac{- (1 - \beta)}{\alpha} \tag{184}$$

$$\frac{\partial \beta}{\partial B_1} = \frac{-4B_0 + 12B_2}{(2B_1 - B_0)^2} = \frac{-4B_0 + 12B_2}{(2B_1 - B_0)^2}$$

$$= \frac{2\alpha}{\beta} \Gamma (1 + \beta) [2 \Gamma (1 - \beta) - \Gamma (3 - \beta)] \frac{1}{\dfrac{\alpha^2}{\beta^2} \Gamma^2 (1 + \beta) [\Gamma (1 - \beta) - \Gamma (2 - \beta)]^2}$$

$$= \frac{2\beta}{\alpha} \frac{2 \Gamma (1 - \beta) - \Gamma (3 - \beta)}{\Gamma (1 + \beta) [\Gamma (1 - \beta) - \Gamma (2 - \beta)]^2}$$

$$= \frac{2\beta}{\alpha} \frac{2 \Gamma (1 - \beta) - (2 - \beta) (1 - \beta) \Gamma (1 - \beta)}{\Gamma (1 + \beta) [\Gamma (1 - \beta) - (1 - \beta) \Gamma (1 - \beta)]^2}$$

$$= \frac{2\beta}{\alpha} \frac{2 \Gamma (1 - \beta) - (2 - \beta) (1 - \beta) \Gamma (1 - \beta)}{\Gamma (1 + \beta) \beta^2 \Gamma^2 (1 - \beta)} = \frac{2\beta}{\alpha} \frac{2 - 2 + 3\beta - \beta^2}{\Gamma (1 + \beta) \beta^2 \Gamma (1 - \beta)}$$

$$= \frac{2}{\alpha} \frac{3 - \beta}{\Gamma (1 + \beta) \Gamma (1 - \beta)} = \frac{1}{\alpha} \frac{2 (3 - \beta)}{\Gamma (1 + \beta) \Gamma (1 - \beta)}$$

$$\frac{\partial \beta}{\partial B_1} = \frac{1}{g_1} \frac{2 (3 - \beta)}{\alpha} \tag{185}$$

$$\frac{\partial \beta}{\partial B_2} = \frac{-6}{2B_1 - B_0} = -6 \frac{1}{\dfrac{\alpha}{\beta} \Gamma (1 + \beta) [\Gamma (1 - \beta) - \Gamma (2 - \beta)]}$$

$$= -\frac{6\beta}{\alpha}\frac{1}{\Gamma(1+\beta)\left[\Gamma(1-\beta)-(1-\beta)\Gamma(1-\beta)\right]}$$

$$= -\frac{6\beta}{\alpha}\frac{1}{\Gamma(1+\beta)\beta\Gamma(1-\beta)} = \frac{1}{\alpha}\frac{-6}{\Gamma(1+\beta)\Gamma(1-\beta)}$$

$$\frac{\partial\beta}{\partial B_2} = \frac{1}{g_1}\frac{-6}{\alpha} \tag{186}$$

$$\frac{\partial\alpha}{\partial B_0} = \frac{\partial}{\partial B_0}\left[\frac{2B_1-B_0}{\Gamma(1+\beta)\Gamma(1-\beta)}\right]$$

$$= \frac{-\Gamma(1+\beta)\Gamma(1-\beta)-(2B_1-B_0)\dfrac{\partial}{\partial B_0}\left[\Gamma(1+\beta)\Gamma(1-\beta)\right]}{\Gamma^2(1+\beta)\Gamma^2(1-\beta)}$$

$$= \frac{-\Gamma(1+\beta)\Gamma(1-\beta)-(2B_1-B_0)\left[\dfrac{d\,\Gamma(1+\beta)}{d(1+\beta)}\dfrac{\partial(1+\beta)}{\partial B_0}\Gamma(1-\beta)\right.}{\Gamma^2(1+\beta)\Gamma^2(1-\beta)}$$

$$\cdot\frac{\left.+\Gamma(1+\beta)\dfrac{d\,\Gamma(1-\beta)}{d(1-\beta)}\dfrac{\partial(1-\beta)}{\partial B_0}\right]}{\Gamma^2(1+\beta)\Gamma^2(1-\beta)}$$

$$= \frac{-\Gamma(1+\beta)\Gamma(1-\beta)-(2B_1-B_0)\left[\dfrac{d\,\Gamma(1+\beta)}{d(1+\beta)}\dfrac{\partial\beta}{\partial B_0}\Gamma(1-\beta)\right.}{\Gamma^2(1+\beta)\Gamma^2(1-\beta)}$$

$$\cdot\frac{\left.-\Gamma(1+\beta)\dfrac{d\,\Gamma(1-\beta)}{d(1-\beta)}\dfrac{\partial\beta}{\partial B_0}\right]}{\Gamma^2(1+\beta)\Gamma^2(1-\beta)}$$

$$= \frac{-\Gamma(1+\beta)\Gamma(1-\beta)-(2B_1-B_0)\dfrac{\partial\beta}{\partial B_0}\left[\dfrac{d\,\Gamma(1+\beta)}{d(1+\beta)}\Gamma(1-\beta)\right.}{\Gamma^2(1+\beta)\Gamma^2(1-\beta)}$$

$$\cdot\frac{\left.-\Gamma(1+\beta)\dfrac{d\,\Gamma(1-\beta)}{d(1-\beta)}\right]}{\Gamma^2(1+\beta)\Gamma^2(1-\beta)}$$

又因

$$(2B_1-B_0)\frac{\partial\beta}{\partial B_0} = \left\{\frac{\alpha}{\beta}\Gamma(1+\beta)\left[\Gamma(1-\beta)-\Gamma(2-\beta)\right]\right\}\frac{1}{\alpha}\frac{-(1-\beta)}{\Gamma(1+\beta)\Gamma(1-\beta)}$$

$$= \left\{\frac{\alpha}{\beta}\Gamma(1+\beta)\left[\Gamma(1-\beta)-(1-\beta)\Gamma(1-\beta)\right]\right\}\frac{1}{\alpha}\frac{-(1-\beta)}{\Gamma(1+\beta)\Gamma(1-\beta)}$$

$$= \left\{\frac{\alpha}{\beta}\Gamma(1+\beta)\beta\cdot\Gamma(1-\beta)\right\}\frac{1}{\alpha}\frac{-(1-\beta)}{\Gamma(1+\beta)\Gamma(1-\beta)} = -(1-\beta)$$

则

$$
\begin{aligned}
\frac{\partial \alpha}{\partial B_0} &= \frac{-\Gamma(1+\beta)\Gamma(1-\beta)-(2B_1-B_0)\dfrac{\partial \beta}{\partial B_0}\left[\dfrac{d\Gamma(1+\beta)}{d(1+\beta)}\Gamma(1-\beta)-\Gamma(1+\beta)\dfrac{d\Gamma(1-\beta)}{d(1-\beta)}\right]}{\Gamma^2(1+\beta)\Gamma^2(1-\beta)} \\[2mm]
&= \frac{-\Gamma(1+\beta)\Gamma(1-\beta)+(1-\beta)\left[\dfrac{d\Gamma(1+\beta)}{d(1+\beta)}\Gamma(1-\beta)-\Gamma(1+\beta)\dfrac{d\Gamma(1-\beta)}{d(1-\beta)}\right]}{\Gamma^2(1+\beta)\Gamma^2(1-\beta)} \\[2mm]
&= \frac{-1}{\Gamma(1+\beta)\Gamma(1-\beta)}+\frac{(1-\beta)\dfrac{d\Gamma(1+\beta)}{d(1+\beta)}\Gamma(1-\beta)}{\Gamma^2(1+\beta)\Gamma^2(1-\beta)} \\[2mm]
&\quad -\frac{(1-\beta)\Gamma(1+\beta)\dfrac{d\Gamma(1-\beta)}{d(1-\beta)}}{\Gamma^2(1+\beta)\Gamma^2(1-\beta)} \\[2mm]
&= \frac{-1}{\Gamma(1+\beta)\Gamma(1-\beta)}+\frac{(1-\beta)\dfrac{d\Gamma(1+\beta)}{d(1+\beta)}}{\Gamma^2(1+\beta)\Gamma(1-\beta)}-\frac{(1-\beta)\dfrac{d\Gamma(1-\beta)}{d(1-\beta)}}{\Gamma(1+\beta)\Gamma^2(1-\beta)} \\[2mm]
&= \frac{-1}{\Gamma(1+\beta)\Gamma(1-\beta)}+\frac{(1-\beta)\dfrac{d\Gamma(1+\beta)}{d(1+\beta)}}{\Gamma^2(1+\beta)\Gamma(1-\beta)}-\frac{(1-\beta)\dfrac{d\Gamma(1-\beta)}{d(1-\beta)}}{\Gamma(1+\beta)\Gamma^2(1-\beta)} \\[2mm]
&= \frac{1}{\Gamma(1+\beta)\Gamma(1-\beta)}\left[-1+(1-\beta)\frac{\dfrac{d\Gamma(1+\beta)}{d(1+\beta)}}{\Gamma(1+\beta)}-(1-\beta)\frac{\dfrac{d\Gamma(1-\beta)}{d(1-\beta)}}{\Gamma(1-\beta)}\right] \\[2mm]
&= \frac{1}{\Gamma(1+\beta)\Gamma(1-\beta)}\left\{-1+(1-\beta)\psi(1+\beta)-(1-\beta)\psi(1-\beta)\right\} \\[2mm]
&= \frac{1}{\Gamma(1+\beta)\Gamma(1-\beta)}\left\{-1+(1-\beta)[\psi(1+\beta)-\psi(1-\beta)]\right\}
\end{aligned}
$$

以下令 $d_1 = \psi(1+\beta)-\psi(1-\beta)$, 有

$$
\frac{\partial \alpha}{\partial B_0} = \frac{1}{g_1}\left\{-1+(1-\beta)d_1\right\} \tag{187}
$$

$$
\begin{aligned}
\frac{\partial \alpha}{\partial B_1} &= \frac{\partial}{\partial B_1}\left[\frac{2B_1-B_0}{\Gamma(1+\beta)\Gamma(1-\beta)}\right] \\[2mm]
&= \frac{2\Gamma(1+\beta)\Gamma(1-\beta)-(2B_1-B_0)\dfrac{\partial}{\partial B_1}[\Gamma(1+\beta)\Gamma(1-\beta)]}{\Gamma^2(1+\beta)\Gamma^2(1-\beta)} \\[2mm]
&= \frac{2\Gamma(1+\beta)\Gamma(1-\beta)-(2B_1-B_0)\left[\dfrac{\partial \Gamma(1+\beta)}{\partial(1+\beta)}\dfrac{\partial(1+\beta)}{\partial B_1}\right.}{\Gamma^2(1+\beta)\Gamma^2(1-\beta)}
\end{aligned}
$$

$$\cdot \frac{\Gamma\left(1-\beta\right)+\Gamma\left(1+\beta\right)\dfrac{\partial\Gamma\left(1-\beta\right)}{\partial\left(1-\beta\right)}\dfrac{\partial\left(1-\beta\right)}{\partial B_1}\Bigg]}{\Gamma^2\left(1+\beta\right)\Gamma^2\left(1-\beta\right)}$$

$$=\frac{2\Gamma\left(1+\beta\right)\Gamma\left(1-\beta\right)-\left(2B_1-B_0\right)\left[\dfrac{\partial\Gamma\left(1+\beta\right)}{\partial\left(1+\beta\right)}\dfrac{\partial\beta}{\partial B_1}\Gamma\left(1-\beta\right)\right.}{\Gamma^2\left(1+\beta\right)\Gamma^2\left(1-\beta\right)}$$

$$\cdot\frac{\left.-\Gamma\left(1+\beta\right)\dfrac{\partial\Gamma\left(1-\beta\right)}{\partial\left(1-\beta\right)}\dfrac{\partial\beta}{\partial B_1}\right]}{\Gamma^2\left(1+\beta\right)\Gamma^2\left(1-\beta\right)}$$

$$=\frac{2\Gamma\left(1+\beta\right)\Gamma\left(1-\beta\right)-\left(2B_1-B_0\right)\dfrac{\partial\beta}{\partial B_1}}{\Gamma^2\left(1+\beta\right)\Gamma^2\left(1-\beta\right)}$$

$$\cdot\frac{\left[\dfrac{\partial\Gamma\left(1+\beta\right)}{\partial\left(1+\beta\right)}\Gamma\left(1-\beta\right)-\Gamma\left(1+\beta\right)\dfrac{\partial\Gamma\left(1-\beta\right)}{\partial\left(1-\beta\right)}\right]}{\Gamma^2\left(1+\beta\right)\Gamma^2\left(1-\beta\right)}$$

$$=\frac{2\Gamma\left(1+\beta\right)\Gamma\left(1-\beta\right)}{\Gamma^2\left(1+\beta\right)\Gamma^2\left(1-\beta\right)}-\frac{\left(2B_1-B_0\right)\dfrac{\partial\beta}{\partial B_1}\dfrac{\partial\Gamma\left(1+\beta\right)}{\partial\left(1+\beta\right)}\Gamma\left(1-\beta\right)}{\Gamma^2\left(1+\beta\right)\Gamma^2\left(1-\beta\right)}$$

$$+\frac{\left(2B_1-B_0\right)\dfrac{\partial\beta}{\partial B_1}\Gamma\left(1+\beta\right)\dfrac{\partial\Gamma\left(1-\beta\right)}{\partial\left(1-\beta\right)}}{\Gamma^2\left(1+\beta\right)\Gamma^2\left(1-\beta\right)}$$

$$=\frac{2}{\Gamma\left(1+\beta\right)\Gamma\left(1-\beta\right)}-\frac{\left(2B_1-B_0\right)\dfrac{\partial\beta}{\partial B_1}\dfrac{\partial\Gamma\left(1+\beta\right)}{\partial\left(1+\beta\right)}}{\Gamma^2\left(1+\beta\right)\Gamma\left(1-\beta\right)}+\frac{\left(2B_1-B_0\right)\dfrac{\partial\beta}{\partial B_1}\dfrac{\partial\Gamma\left(1-\beta\right)}{\partial\left(1-\beta\right)}}{\Gamma\left(1+\beta\right)\Gamma^2\left(1-\beta\right)}$$

又因

$$\left(2B_1-B_0\right)\frac{\partial\beta}{\partial B_1}=\left\{\frac{\alpha}{\beta}\Gamma\left(1+\beta\right)\left[\Gamma\left(1-\beta\right)-\Gamma\left(2-\beta\right)\right]\right\}\frac{1}{\alpha}\frac{2\left(3-\beta\right)}{\Gamma\left(1+\beta\right)\Gamma\left(1-\beta\right)}$$

$$=\left\{\frac{\alpha}{\beta}\Gamma\left(1+\beta\right)\left[\Gamma\left(1-\beta\right)-\left(1-\beta\right)\Gamma\left(1-\beta\right)\right]\right\}\frac{1}{\alpha}\frac{2\left(3-\beta\right)}{\Gamma\left(1+\beta\right)\Gamma\left(1-\beta\right)}$$

$$=\left\{\frac{\alpha}{\beta}\Gamma\left(1+\beta\right)\Gamma\left(1-\beta\right)\cdot\beta\right\}\frac{1}{\alpha}\frac{2\left(3-\beta\right)}{\Gamma\left(1+\beta\right)\Gamma\left(1-\beta\right)}=2\left(3-\beta\right)$$

代入上式, 有

$$\frac{\partial\alpha}{\partial B_1}=\frac{2}{\Gamma\left(1+\beta\right)\Gamma\left(1-\beta\right)}-\frac{\left(2B_1-B_0\right)\dfrac{\partial\beta}{\partial B_1}\dfrac{\partial\Gamma\left(1+\beta\right)}{\partial\left(1+\beta\right)}}{\Gamma^2\left(1+\beta\right)\Gamma\left(1-\beta\right)}+\frac{\left(2B_1-B_0\right)\dfrac{\partial\beta}{\partial B_1}\dfrac{\partial\Gamma\left(1-\beta\right)}{\partial\left(1-\beta\right)}}{\Gamma\left(1+\beta\right)\Gamma^2\left(1-\beta\right)}$$

$$=\frac{2}{\Gamma\left(1+\beta\right)\Gamma\left(1-\beta\right)}-\frac{2\left(3-\beta\right)\dfrac{\partial\Gamma\left(1+\beta\right)}{\partial\left(1+\beta\right)}}{\Gamma^2\left(1+\beta\right)\Gamma\left(1-\beta\right)}+\frac{2\left(3-\beta\right)\dfrac{\partial\Gamma\left(1-\beta\right)}{\partial\left(1-\beta\right)}}{\Gamma\left(1+\beta\right)\Gamma^2\left(1-\beta\right)}$$

$$= \frac{1}{\Gamma(1+\beta)\Gamma(1-\beta)} \left[2 - 2(3-\beta) \frac{\frac{\partial \Gamma(1+\beta)}{\partial(1+\beta)}}{\Gamma(1+\beta)} + 2(3-\beta) \frac{\frac{\partial \Gamma(1-\beta)}{\partial(1-\beta)}}{\Gamma(1-\beta)} \right]$$

$$= \frac{1}{\Gamma(1+\beta)\Gamma(1-\beta)} \left[2 - 2(3-\beta)\psi(1+\beta) + 2(3-\beta)\psi(1-\beta) \right]$$

$$= \frac{1}{\Gamma(1+\beta)\Gamma(1-\beta)} \{ 2 - 2(3-\beta)[\psi(1+\beta) - \psi(1-\beta)] \}$$

$$\frac{\partial \alpha}{\partial B_1} = \frac{1}{g_1} \{ 2 - 2(3-\beta) d_1 \} \tag{188}$$

$$\frac{\partial \alpha}{\partial B_2} = \frac{\partial}{\partial B_2} \left[\frac{2B_1 - B_0}{\Gamma(1+\beta)\Gamma(1-\beta)} \right] = -(2B_1 - B_0) \frac{\frac{\partial}{\partial B_2}[\Gamma(1+\beta)\Gamma(1-\beta)]}{\Gamma^2(1+\beta)\Gamma^2(1-\beta)}$$

$$= -\frac{(2B_1 - B_0)\left[\frac{\partial \Gamma(1+\beta)}{\partial(1+\beta)}\frac{\partial(1+\beta)}{\partial B_2}\Gamma(1-\beta) + \Gamma(1+\beta)\frac{\partial \Gamma(1-\beta)}{\partial(1-\beta)}\frac{\partial(1-\beta)}{\partial B_2} \right]}{\Gamma^2(1+\beta)\Gamma^2(1-\beta)}$$

$$= -\frac{(2B_1 - B_0)\left[\frac{\partial \Gamma(1+\beta)}{\partial(1+\beta)}\frac{\partial \beta}{\partial B_2}\Gamma(1-\beta) - \Gamma(1+\beta)\frac{\partial \Gamma(1-\beta)}{\partial(1-\beta)}\frac{\partial \beta}{\partial B_2} \right]}{\Gamma^2(1+\beta)\Gamma^2(1-\beta)}$$

$$= -\frac{(2B_1 - B_0)\frac{\partial \beta}{\partial B_2}\left[\frac{\partial \Gamma(1+\beta)}{\partial(1+\beta)}\Gamma(1-\beta) - \Gamma(1+\beta)\frac{\partial \Gamma(1-\beta)}{\partial(1-\beta)} \right]}{\Gamma^2(1+\beta)\Gamma^2(1-\beta)}$$

又因

$$(2B_1 - B_0)\frac{\partial \beta}{\partial B_2} = \left\{ \frac{\alpha}{\beta}\Gamma(1+\beta)[\Gamma(1-\beta) - \Gamma(2-\beta)] \right\} \frac{1}{\alpha}\frac{-6}{\Gamma(1+\beta)\Gamma(1-\beta)}$$

$$= \left\{ \frac{\alpha}{\beta}\Gamma(1+\beta)[\Gamma(1-\beta) - (1-\beta)\Gamma(1-\beta)] \right\} \frac{1}{\alpha}\frac{-6}{\Gamma(1+\beta)\Gamma(1-\beta)}$$

$$= \left\{ \frac{\alpha}{\beta}\Gamma(1+\beta)\beta \cdot \Gamma(1-\beta) \right\} \frac{1}{\alpha}\frac{-6}{\Gamma(1+\beta)\Gamma(1-\beta)} = -6$$

代入上式, 有

$$\frac{\partial \alpha}{\partial B_2} = -\frac{(2B_1 - B_0)\frac{\partial \beta}{\partial B_2}\left[\frac{\partial \Gamma(1+\beta)}{\partial(1+\beta)}\Gamma(1-\beta) - \Gamma(1+\beta)\frac{\partial \Gamma(1-\beta)}{\partial(1-\beta)} \right]}{\Gamma^2(1+\beta)\Gamma^2(1-\beta)}$$

$$= -\frac{-6\left[\frac{\partial \Gamma(1+\beta)}{\partial(1+\beta)}\Gamma(1-\beta) - \Gamma(1+\beta)\frac{\partial \Gamma(1-\beta)}{\partial(1-\beta)} \right]}{\Gamma^2(1+\beta)\Gamma^2(1-\beta)}$$

$$= \frac{6\left[\dfrac{\partial\Gamma\left(1+\beta\right)}{\partial\left(1+\beta\right)}\Gamma\left(1-\beta\right)-\Gamma\left(1+\beta\right)\dfrac{\partial\Gamma\left(1-\beta\right)}{\partial\left(1-\beta\right)}\right]}{\Gamma^2\left(1+\beta\right)\Gamma^2\left(1-\beta\right)}$$

$$= \frac{1}{\Gamma\left(1+\beta\right)\Gamma\left(1-\beta\right)}\left[\frac{6\dfrac{\partial\Gamma\left(1+\beta\right)}{\partial\left(1+\beta\right)}}{\Gamma\left(1+\beta\right)}-\frac{6\dfrac{\partial\Gamma\left(1-\beta\right)}{\partial\left(1-\beta\right)}}{\Gamma\left(1-\beta\right)}\right]$$

$$= \frac{1}{\Gamma\left(1+\beta\right)\Gamma\left(1-\beta\right)}\left[6\psi\left(1+\beta\right)-6\psi\left(1-\beta\right)\right]$$

$$= \frac{1}{\Gamma\left(1+\beta\right)\Gamma\left(1-\beta\right)}6\left[\psi\left(1+\beta\right)-\psi\left(1-\beta\right)\right]$$

$$\frac{\partial\alpha}{\partial B_2} = \frac{1}{g_1}6d_1 \tag{189}$$

$$\frac{\partial\varepsilon}{\partial B_0} = \frac{\partial}{\partial B_0}\left\{B_0-\frac{\alpha}{\beta}\left[1-\Gamma\left(1+\beta\right)\Gamma\left(1-\beta\right)\right]\right\}$$

$$= 1-\frac{\partial}{\partial B_0}\left\{\frac{\alpha}{\beta}\left[1-\Gamma\left(1+\beta\right)\Gamma\left(1-\beta\right)\right]\right\}$$

$$= 1-\frac{\partial}{\partial B_0}\left(\frac{\alpha}{\beta}\right)\left[1-\Gamma\left(1+\beta\right)\Gamma\left(1-\beta\right)\right]-\frac{\alpha}{\beta}\frac{\partial}{\partial B_0}\left[1-\Gamma\left(1+\beta\right)\Gamma\left(1-\beta\right)\right]$$

$$= 1-\frac{\partial}{\partial B_0}\left(\frac{\alpha}{\beta}\right)\left[1-\Gamma\left(1+\beta\right)\Gamma\left(1-\beta\right)\right]+\frac{\alpha}{\beta}\frac{\partial}{\partial B_0}\left[\Gamma\left(1+\beta\right)\Gamma\left(1-\beta\right)\right]$$

$$= 1-\frac{\dfrac{\partial\alpha}{\partial B_0}\beta-\alpha\dfrac{\partial\beta}{\partial B_0}}{\beta^2}\left[1-\Gamma\left(1+\beta\right)\Gamma\left(1-\beta\right)\right]$$

$$\quad+\frac{\alpha}{\beta}\left[\frac{\partial\Gamma\left(1+\beta\right)}{\partial\left(1+\beta\right)}\frac{\partial\left(1+\beta\right)}{\partial B_0}\Gamma\left(1-\beta\right)+\Gamma\left(1+\beta\right)\frac{\partial\Gamma\left(1-\beta\right)}{\partial\left(1-\beta\right)}\frac{\partial\left(1-\beta\right)}{\partial B_0}\right]$$

$$= 1-\left[\frac{1}{\beta}\frac{\partial\alpha}{\partial B_0}-\frac{\alpha}{\beta^2}\frac{\partial\beta}{\partial B_0}\right]\cdot\left[1-\Gamma\left(1+\beta\right)\Gamma\left(1-\beta\right)\right]$$

$$\quad+\frac{\alpha}{\beta}\left[\frac{\partial\Gamma\left(1+\beta\right)}{\partial\left(1+\beta\right)}\frac{\partial\beta}{\partial B_0}\Gamma\left(1-\beta\right)-\Gamma\left(1+\beta\right)\frac{\partial\Gamma\left(1-\beta\right)}{\partial\left(1-\beta\right)}\frac{\partial\beta}{\partial B_0}\right]$$

$$= 1-\left[\frac{1}{\beta}\frac{\partial\alpha}{\partial B_0}-\frac{\alpha}{\beta^2}\frac{\partial\beta}{\partial B_0}\right]\cdot\left[1-\Gamma\left(1+\beta\right)\Gamma\left(1-\beta\right)\right]$$

$$\quad+\frac{\alpha}{\beta}\frac{\partial\beta}{\partial B_0}\left[\frac{\partial\Gamma\left(1+\beta\right)}{\partial\left(1+\beta\right)}\Gamma\left(1-\beta\right)-\Gamma\left(1+\beta\right)\frac{\partial\Gamma\left(1-\beta\right)}{\partial\left(1-\beta\right)}\right]$$

因为

$$\frac{1}{\beta}\frac{\partial\alpha}{\partial B_0}-\frac{\alpha}{\beta^2}\frac{\partial\beta}{\partial B_0}$$

$$= \frac{1}{\beta}\frac{1}{g_1}\left[-1+\left(1-\beta\right)d_1\right]-\frac{\alpha}{\beta^2}\frac{1}{\alpha}\frac{-\left(1-\beta\right)}{g_1}=\frac{1}{\beta}\frac{1}{g_1}\left[-1+\left(1-\beta\right)d_1\right]+\frac{1}{\beta^2}\frac{1-\beta}{g_1}$$

$$= \frac{1}{g_1} \left[\frac{-1 + (1-\beta)\, d_1}{\beta} + \frac{1-\beta}{\beta^2} \right] = \frac{1}{g_1} \left[\frac{1 - 2\beta + \beta(1-\beta)\, d_1}{\beta^2} \right]$$

$$\frac{\alpha}{\beta} \frac{\partial \beta}{\partial B_0} = \frac{\alpha}{\beta} \frac{1 - (1-\beta)}{\alpha} \frac{1}{g_1} = -\frac{1}{g_1} \frac{1-\beta}{\beta}$$

代入上式, 有

$$\begin{aligned}
\frac{\partial \varepsilon}{\partial B_0} =& 1 - \left[\frac{1}{\beta} \frac{\partial \alpha}{\partial B_0} - \frac{\alpha}{\beta^2} \frac{\partial \beta}{\partial B_0} \right] \cdot \left[1 - \Gamma(1+\beta)\Gamma(1-\beta) \right] \\
&+ \frac{\alpha}{\beta} \frac{\partial \beta}{\partial B_0} \left[\frac{\partial \Gamma(1+\beta)}{\partial(1+\beta)} \Gamma(1-\beta) - \Gamma(1+\beta) \frac{\partial \Gamma(1-\beta)}{\partial(1-\beta)} \right] \\
=& 1 - \frac{1}{g_1} \left[\frac{1 - 2\beta + \beta(1-\beta)\, d_1}{\beta^2} \right] \cdot [1 - g_1] \\
&- \frac{1}{g_1} \frac{1-\beta}{\beta} \left[\frac{\partial \Gamma(1+\beta)}{\partial(1+\beta)} \Gamma(1-\beta) - \Gamma(1+\beta) \frac{\partial \Gamma(1-\beta)}{\partial(1-\beta)} \right] \\
=& \frac{1}{g_1} \left\{ g_1 - \frac{1 - 2\beta + \beta(1-\beta)\, d_1}{\beta^2} \cdot [1 - g_1] \right. \\
&\left. - \frac{1-\beta}{\beta} \left[\frac{\partial \Gamma(1+\beta)}{\partial(1+\beta)} \Gamma(1-\beta) - \Gamma(1+\beta) \frac{\partial \Gamma(1-\beta)}{\partial(1-\beta)} \right] \right\} \\
=& \frac{1}{g_1} \left\{ g_1 - \frac{1 - 2\beta + \beta(1-\beta)\, d_1}{\beta^2} \cdot [1 - g_1] \right. \\
&\left. - \frac{1-\beta}{\beta} \Gamma(1+\beta)\Gamma(1-\beta) \left[\frac{\frac{\partial \Gamma(1+\beta)}{\partial(1+\beta)}}{\Gamma(1+\beta)} - \frac{\frac{\partial \Gamma(1-\beta)}{\partial(1-\beta)}}{\Gamma(1-\beta)} \right] \right\} \\
=& \frac{1}{g_1} \left\{ g_1 - \frac{1 - 2\beta + \beta(1-\beta)\, d_1}{\beta^2} \cdot [1 - g_1] - \frac{1-\beta}{\beta} g_1 [\psi(1+\beta) - \psi(1-\beta)] \right\} \\
=& \frac{1}{g_1} \left\{ g_1 - \frac{1 - 2\beta + \beta(1-\beta)\, d_1}{\beta^2} \cdot [1 - g_1] - \frac{1-\beta}{\beta} g_1 d_1 \right\} \\
=& \frac{1}{g_1} \left\{ g_1 - \frac{1 - 2\beta + \beta(1-\beta)\, d_1}{\beta^2} + \frac{1 - 2\beta + \beta(1-\beta)\, d_1}{\beta^2} g_1 - \frac{1-\beta}{\beta} g_1 d_1 \right\} \\
=& \frac{1}{g_1} \left\{ g_1 - \frac{1 - 2\beta}{\beta^2} - \frac{(1-\beta)\, d_1}{\beta} + \frac{1 - 2\beta}{\beta^2} g_1 + \frac{1-\beta}{\beta} g_1 d_1 - \frac{1-\beta}{\beta} g_1 d_1 \right\} \\
=& \frac{1}{g_1} \left\{ g_1 - \frac{1 - 2\beta}{\beta^2} + \frac{1 - 2\beta}{\beta^2} g_1 - \frac{(1-\beta)\, d_1}{\beta} \right\} \\
=& \frac{1}{g_1} \left\{ \frac{\beta^2 g_1 - 1 + 2\beta + g_1 - 2\beta g_1}{\beta^2} - \frac{(1-\beta)\, d_1}{\beta} \right\} \\
=& \frac{1}{g_1} \left\{ \frac{\beta^2 g_1 - 1 + 2\beta + g_1 - 2\beta g_1 - \beta^2 + \beta^2}{\beta^2} - \frac{(1-\beta)\, d_1}{\beta} \right\}
\end{aligned}$$

$$
\begin{aligned}
&= \frac{1}{g_1}\left\{\frac{\beta^2 g_1 - 1 + 2\beta + g_1 - 2\beta g_1 - \beta^2}{\beta^2} + \frac{\beta^2}{\beta^2} - \frac{(1-\beta)\,d_1}{\beta}\right\} \\
&= \frac{1}{g_1}\left\{\frac{(\beta^2 g_1 - \beta^2) + (g_1 - 1) + (2\beta - 2\beta g_1)}{\beta^2} + \frac{\beta^2}{\beta^2} - \frac{(1-\beta)\,d_1}{\beta}\right\} \\
&= \frac{1}{g_1}\left\{\frac{\beta^2\,(g_1 - 1) + (g_1 - 1) - 2\beta\,(g_1 - 1)}{\beta^2} + 1 - \frac{(1-\beta)\,d_1}{\beta}\right\} \\
&= \frac{1}{g_1}\left\{\frac{(\beta^2 - 2\beta + 1)\,(g_1 - 1)}{\beta^2} + 1 - \frac{(1-\beta)\,d_1}{\beta}\right\} \\
&= \frac{1}{g_1}\left[\frac{(1-\beta)^2\,(g_1 - 1)}{\beta^2} + 1 - \frac{(1-\beta)\,d_1}{\beta}\right]
\end{aligned}
\tag{190}
$$

$$
\begin{aligned}
\frac{\partial \varepsilon}{\partial B_1} &= \frac{\partial}{\partial B_1}\left\{B_0 - \frac{\alpha}{\beta}\left[1 - \Gamma(1+\beta)\,\Gamma(1-\beta)\right]\right\} \\
&= -\frac{\partial}{\partial B_1}\left\{\frac{\alpha}{\beta}\left[1 - \Gamma(1+\beta)\,\Gamma(1-\beta)\right]\right\} \\
&= -\frac{\partial}{\partial B_1}\left(\frac{\alpha}{\beta}\right)\left[1 - \Gamma(1+\beta)\,\Gamma(1-\beta)\right] - \frac{\alpha}{\beta}\frac{\partial}{\partial B_1}\left[1 - \Gamma(1+\beta)\,\Gamma(1-\beta)\right] \\
&= -\frac{\partial}{\partial B_1}\left(\frac{\alpha}{\beta}\right)\left[1 - \Gamma(1+\beta)\,\Gamma(1-\beta)\right] + \frac{\alpha}{\beta}\frac{\partial}{\partial B_1}\left[\Gamma(1+\beta)\,\Gamma(1-\beta)\right] \\
&= -\frac{\dfrac{\partial \alpha}{\partial B_1}\beta - \alpha\dfrac{\partial \beta}{\partial B_1}}{\beta^2}\left[1 - \Gamma(1+\beta)\,\Gamma(1-\beta)\right] \\
&\quad + \frac{\alpha}{\beta}\left[\frac{\partial\Gamma(1+\beta)}{\partial(1+\beta)}\frac{\partial(1+\beta)}{\partial B_1}\Gamma(1-\beta) + \Gamma(1+\beta)\frac{\partial\Gamma(1-\beta)}{\partial(1-\beta)}\frac{\partial(1-\beta)}{\partial B_1}\right] \\
&= -\left[\frac{1}{\beta}\frac{\partial \alpha}{\partial B_1} - \frac{\alpha}{\beta^2}\frac{\partial \beta}{\partial B_1}\right]\cdot\left[1 - \Gamma(1+\beta)\,\Gamma(1-\beta)\right] \\
&\quad + \frac{\alpha}{\beta}\left[\frac{\partial\Gamma(1+\beta)}{\partial(1+\beta)}\frac{\partial\beta}{\partial B_1}\Gamma(1-\beta) - \Gamma(1+\beta)\frac{\partial\Gamma(1-\beta)}{\partial(1-\beta)}\frac{\partial\beta}{\partial B_1}\right] \\
&= -\left[\frac{1}{\beta}\frac{\partial \alpha}{\partial B_1} - \frac{\alpha}{\beta^2}\frac{\partial \beta}{\partial B_1}\right]\cdot\left[1 - \Gamma(1+\beta)\,\Gamma(1-\beta)\right] \\
&\quad + \frac{\alpha}{\beta}\frac{\partial \beta}{\partial B_1}\left[\frac{\partial\Gamma(1+\beta)}{\partial(1+\beta)}\Gamma(1-\beta) - \Gamma(1+\beta)\frac{\partial\Gamma(1-\beta)}{\partial(1-\beta)}\right]
\end{aligned}
$$

因为

$$
\begin{aligned}
\frac{1}{\beta}\frac{\partial \alpha}{\partial B_1} - \frac{\alpha}{\beta^2}\frac{\partial \beta}{\partial B_1} &= \frac{1}{\beta}\frac{1}{g_1}\left[2 - 2\,(3-\beta)\,d_1\right] - \frac{\alpha}{\beta^2}\frac{1}{\alpha}\frac{2\,(3-\beta)}{g_1} \\
&= \frac{1}{g_1}\left[\frac{2 - 2\,(3-\beta)\,d_1}{\beta} - \frac{2\,(3-\beta)}{\beta^2}\right]
\end{aligned}
$$

$$\frac{\alpha}{\beta}\frac{\partial \beta}{\partial B_1} = \frac{\alpha}{\beta}\frac{1}{\alpha}\frac{2\,(3-\beta)}{g_1} = \frac{1}{g_1}\frac{2\,(3-\beta)}{\beta}.\ 代入上式,\ 有$$

$$\begin{aligned}
\frac{\partial \varepsilon}{\partial B_1} &= -\left[\frac{1}{\beta}\frac{\partial \alpha}{\partial B_1} - \frac{\alpha}{\beta^2}\frac{\partial \beta}{\partial B_1}\right]\cdot\left[1 - \Gamma\,(1+\beta)\,\Gamma\,(1-\beta)\right]\\
&\quad + \frac{\alpha}{\beta}\frac{\partial \beta}{\partial B_1}\left[\frac{\partial \Gamma\,(1+\beta)}{\partial\,(1+\beta)}\Gamma\,(1-\beta) - \Gamma\,(1+\beta)\frac{\partial \Gamma\,(1-\beta)}{\partial\,(1-\beta)}\right]\\
&= -\frac{1}{g_1}\left[\frac{2 - 2\,(3-\beta)\,d_1}{\beta} - \frac{2\,(3-\beta)}{\beta^2}\right]\cdot(1-g_1)\\
&\quad + \frac{1}{g_1}\frac{2\,(3-\beta)}{\beta}\left[\frac{\partial \Gamma\,(1+\beta)}{\partial\,(1+\beta)}\Gamma\,(1-\beta) - \Gamma\,(1+\beta)\frac{\partial \Gamma\,(1-\beta)}{\partial\,(1-\beta)}\right]\\
&= \frac{1}{g_1}\left\{-\left[\frac{2 - 2\,(3-\beta)\,d_1}{\beta} - \frac{2\,(3-\beta)}{\beta^2}\right]\cdot(1-g_1)\right.\\
&\quad \left. + \frac{2\,(3-\beta)}{\beta}\left[\frac{\partial \Gamma\,(1+\beta)}{\partial\,(1+\beta)}\Gamma\,(1-\beta) - \Gamma\,(1+\beta)\frac{\partial \Gamma\,(1-\beta)}{\partial\,(1-\beta)}\right]\right\}\\
&= \frac{1}{g_1}\left\{-\left[\frac{2 - 2\,(3-\beta)\,d_1}{\beta} - \frac{2\,(3-\beta)}{\beta^2}\right]\cdot(1-g_1)\right.\\
&\quad \left. + \frac{2\,(3-\beta)}{\beta}\Gamma\,(1+\beta)\,\Gamma\,(1-\beta)\left[\frac{\dfrac{\partial \Gamma\,(1+\beta)}{\partial\,(1+\beta)}}{\Gamma\,(1+\beta)} - \frac{\dfrac{\partial \Gamma\,(1-\beta)}{\partial\,(1-\beta)}}{\Gamma\,(1-\beta)}\right]\right\}\\
&= \frac{1}{g_1}\left\{-\left[\frac{2 - 2\,(3-\beta)\,d_1}{\beta} - \frac{2\,(3-\beta)}{\beta^2}\right]\cdot(1-g_1)\right.\\
&\quad \left. + \frac{2\,(3-\beta)}{\beta}g_1\left[\psi\,(1+\beta) - \psi\,(1-\beta)\right]\right\}\\
&= \frac{1}{g_1}\left\{-\left[\frac{2 - 2\,(3-\beta)\,d_1}{\beta} - \frac{2\,(3-\beta)}{\beta^2}\right]\cdot(1-g_1) + \frac{2\,(3-\beta)}{\beta}g_1 d_1\right\}\\
&= \frac{1}{g_1}\left\{-\left[\frac{2 - 2\,(3-\beta)\,d_1}{\beta} - \frac{2\,(3-\beta)}{\beta^2} - \frac{2 - 2\,(3-\beta)\,d_1}{\beta}g_1\right.\right.\\
&\quad \left.\left. + \frac{2\,(3-\beta)}{\beta^2}g_1\right] + \frac{2\,(3-\beta)}{\beta}g_1 d_1\right\}\\
&= \frac{1}{g_1}\left\{-\frac{2 - 2\,(3-\beta)\,d_1}{\beta} + \frac{2\,(3-\beta)}{\beta^2} + \frac{2 - 2\,(3-\beta)\,d_1}{\beta}g_1\right.\\
&\quad \left. - \frac{2\,(3-\beta)}{\beta^2}g_1 + \frac{2\,(3-\beta)}{\beta}g_1 d_1\right\}\\
&= \frac{1}{g_1}\left\{-\frac{2 - 2\,(3-\beta)\,d_1}{\beta} + \frac{2\,(3-\beta)}{\beta^2} + \frac{2}{\beta}g_1 - \frac{2\,(3-\beta)}{\beta}g_1 d_1\right.\\
&\quad \left. - \frac{2\,(3-\beta)}{\beta^2}g_1 + \frac{2\,(3-\beta)}{\beta}g_1 d_1\right\}
\end{aligned}$$

$$= \frac{1}{g_1} \left\{ -\frac{2 - 2\,(3-\beta)\,d_1}{\beta} + \frac{2\,(3-\beta)}{\beta^2} + \frac{2}{\beta} g_1 - \frac{2\,(3-\beta)}{\beta^2} g_1 \right\}$$

$$= \frac{1}{g_1} \left\{ \frac{-2 + 2\,(3-\beta)\,d_1}{\beta} + \frac{2\,(3-\beta)}{\beta^2} + \frac{2}{\beta} g_1 - \frac{2\,(3-\beta)}{\beta^2} g_1 \right\}$$

$$= \frac{1}{g_1} \left\{ \frac{-2}{\beta} + \frac{2\,(3-\beta)\,d_1}{\beta} + \frac{2\,(3-\beta)}{\beta^2} + \frac{2}{\beta} g_1 - \frac{2\,(3-\beta)}{\beta^2} g_1 \right\}$$

$$= \frac{1}{g_1} \left\{ \frac{-2}{\beta} + \frac{2\,(3-\beta)}{\beta^2} + \frac{2}{\beta} g_1 - \frac{2\,(3-\beta)}{\beta^2} g_1 + \frac{2\,(3-\beta)\,d_1}{\beta} \right\}$$

$$= \frac{1}{g_1} \left\{ \left[\frac{2\,(3-\beta)}{\beta^2} - \frac{2\,(3-\beta)}{\beta^2} g_1 \right] + \left[\frac{2}{\beta} g_1 - \frac{2}{\beta} \right] + \frac{2\,(3-\beta)\,d_1}{\beta} \right\}$$

$$= \frac{1}{g_1} \left\{ \frac{2\,(3-\beta)}{\beta^2} \left[1 - g_1 \right] + \frac{2}{\beta} \left[g_1 - 1 \right] + \frac{2\,(3-\beta)\,d_1}{\beta} \right\}$$

$$= \frac{1}{g_1} \left\{ (g_1 - 1) \left[\frac{2}{\beta} - \frac{2\,(3-\beta)}{\beta^2} \right] + \frac{2\,(3-\beta)\,d_1}{\beta} \right\}$$

$$= \frac{1}{g_1} \left\{ (g_1 - 1) \left(\frac{2\beta - 6 + 2\beta}{\beta^2} \right) + \frac{2\,(3-\beta)\,d_1}{\beta} \right\}$$

$$= \frac{1}{g_1} \left\{ (g_1 - 1) \left(\frac{-6 + 4\beta}{\beta^2} \right) + \frac{2\,(3-\beta)\,d_1}{\beta} \right\}$$

$$= \frac{1}{g_1} \left\{ \frac{2\,(2\beta - 3)\,(g_1 - 1)}{\beta^2} + \frac{2\,(3-\beta)\,d_1}{\beta} \right\} \tag{191}$$

$$\frac{\partial \varepsilon}{\partial B_2} = \frac{\partial}{\partial B_2} \left\{ B_0 - \frac{\alpha}{\beta} \left[1 - \Gamma\,(1+\beta)\,\Gamma\,(1-\beta) \right] \right\}$$

$$= -\frac{\partial}{\partial B_2} \left\{ \frac{\alpha}{\beta} \left[1 - \Gamma\,(1+\beta)\,\Gamma\,(1-\beta) \right] \right\}$$

$$= -\frac{\partial}{\partial B_2} \left(\frac{\alpha}{\beta} \right) \left[1 - \Gamma\,(1+\beta)\,\Gamma\,(1-\beta) \right] - \frac{\alpha}{\beta} \frac{\partial}{\partial B_2} \left[1 - \Gamma\,(1+\beta)\,\Gamma\,(1-\beta) \right]$$

$$= -\frac{\partial}{\partial B_2} \left(\frac{\alpha}{\beta} \right) \left[1 - \Gamma\,(1+\beta)\,\Gamma\,(1-\beta) \right] + \frac{\alpha}{\beta} \frac{\partial}{\partial B_2} \left[\Gamma\,(1+\beta)\,\Gamma\,(1-\beta) \right]$$

$$= -\frac{\dfrac{\partial \alpha}{\partial B_2}\beta - \alpha\dfrac{\partial \beta}{\partial B_2}}{\beta^2} \left[1 - \Gamma\,(1+\beta)\,\Gamma\,(1-\beta) \right]$$

$$\quad + \frac{\alpha}{\beta} \left[\frac{\partial \Gamma\,(1+\beta)}{\partial\,(1+\beta)} \frac{\partial\,(1+\beta)}{\partial B_2} \Gamma\,(1-\beta) + \Gamma\,(1+\beta) \frac{\partial \Gamma\,(1-\beta)}{\partial\,(1-\beta)} \frac{\partial\,(1-\beta)}{\partial B_2} \right]$$

$$= -\left[\frac{1}{\beta} \frac{\partial \alpha}{\partial B_2} - \frac{\alpha}{\beta^2} \frac{\partial \beta}{\partial B_2} \right] \cdot \left[1 - \Gamma\,(1+\beta)\,\Gamma\,(1-\beta) \right]$$

$$\quad + \frac{\alpha}{\beta} \left[\frac{\partial \Gamma\,(1+\beta)}{\partial\,(1+\beta)} \frac{\partial \beta}{\partial B_2} \Gamma\,(1-\beta) - \Gamma\,(1+\beta) \frac{\partial \Gamma\,(1-\beta)}{\partial\,(1-\beta)} \frac{\partial \beta}{\partial B_2} \right]$$

$$= -\left[\frac{1}{\beta} \frac{\partial \alpha}{\partial B_2} - \frac{\alpha}{\beta^2} \frac{\partial \beta}{\partial B_2} \right] \cdot \left[1 - \Gamma\,(1+\beta)\,\Gamma\,(1-\beta) \right]$$

$$+ \frac{\alpha}{\beta} \frac{\partial \beta}{\partial B_2} \left[\frac{\partial \Gamma (1 + \beta)}{\partial (1 + \beta)} \Gamma (1 - \beta) - \Gamma (1 + \beta) \frac{\partial \Gamma (1 - \beta)}{\partial (1 - \beta)} \right]$$

因为

$$\frac{1}{\beta} \frac{\partial \alpha}{\partial B_2} - \frac{\alpha}{\beta^2} \frac{\partial \beta}{\partial B_2} = \frac{1}{\beta} \frac{1}{g_1} 6 d_1 - \frac{\alpha}{\beta^2} \frac{1}{\alpha} \frac{-6}{g_1} = \frac{1}{\beta} \frac{1}{g_1} 6 d_1 + \frac{1}{\beta^2} \frac{6}{g_1} = \frac{1}{g_1} \left(\frac{6}{\beta} d_1 + \frac{6}{\beta^2} \right)$$

$$\frac{\alpha}{\beta} \frac{\partial \beta}{\partial B_2} = \frac{\alpha}{\beta} \frac{1}{\alpha} \frac{-6}{g_1} = -\frac{1}{\beta} \frac{6}{g_1} = \frac{1}{g_1} \left(-\frac{6}{\beta} \right). \text{代入上式, 有}$$

$$\frac{\partial \varepsilon}{\partial B_2} = - \left[\frac{1}{\beta} \frac{\partial \alpha}{\partial B_2} - \frac{\alpha}{\beta^2} \frac{\partial \beta}{\partial B_2} \right] \cdot [1 - \Gamma (1 + \beta) \Gamma (1 - \beta)]$$

$$+ \frac{\alpha}{\beta} \frac{\partial \beta}{\partial B_2} \left[\frac{\partial \Gamma (1 + \beta)}{\partial (1 + \beta)} \Gamma (1 - \beta) - \Gamma (1 + \beta) \frac{\partial \Gamma (1 - \beta)}{\partial (1 - \beta)} \right]$$

$$= - \frac{1}{g_1} \left(\frac{6}{\beta} d_1 + \frac{6}{\beta^2} \right) \cdot [1 - g_1] - \frac{1}{g_1} \frac{6}{\beta} \left[\frac{\partial \Gamma (1 + \beta)}{\partial (1 + \beta)} \Gamma (1 - \beta) - \Gamma (1 + \beta) \frac{\partial \Gamma (1 - \beta)}{\partial (1 - \beta)} \right]$$

$$= \frac{1}{g_1} \left\{ - \left(\frac{6}{\beta} d_1 + \frac{6}{\beta^2} \right) \cdot [1 - g_1] - \frac{6}{\beta} \left[\frac{\partial \Gamma (1 + \beta)}{\partial (1 + \beta)} \Gamma (1 - \beta) - \Gamma (1 + \beta) \frac{\partial \Gamma (1 - \beta)}{\partial (1 - \beta)} \right] \right\}$$

$$= \frac{1}{g_1} \left\{ - \left(\frac{6}{\beta} d_1 + \frac{6}{\beta^2} \right) \cdot [1 - g_1] - \frac{6}{\beta} \Gamma (1 + \beta) \Gamma (1 - \beta) \left[\frac{\dfrac{\partial \Gamma (1 + \beta)}{\partial (1 + \beta)}}{\Gamma (1 + \beta)} - \frac{\dfrac{\partial \Gamma (1 - \beta)}{\partial (1 - \beta)}}{\Gamma (1 - \beta)} \right] \right\}$$

$$= \frac{1}{g_1} \left\{ - \left(\frac{6}{\beta} d_1 + \frac{6}{\beta^2} \right) \cdot [1 - g_1] - \frac{6}{\beta} g_1 [\psi (1 + \beta) - \psi (1 - \beta)] \right\}$$

$$= \frac{1}{g_1} \left\{ - \left(\frac{6}{\beta} d_1 + \frac{6}{\beta^2} \right) \cdot [1 - g_1] - \frac{6}{\beta} g_1 d_1 \right\}$$

$$= \frac{1}{g_1} \left\{ - \left(\frac{6}{\beta} d_1 + \frac{6}{\beta^2} - \frac{6}{\beta} g_1 d_1 - \frac{6}{\beta^2} g_1 \right) \cdot - \frac{6}{\beta} g_1 d_1 \right\}$$

$$= \frac{1}{g_1} \left\{ - \frac{6}{\beta} d_1 - \frac{6}{\beta^2} + \frac{6}{\beta} g_1 d_1 + \frac{6}{\beta^2} g_1 - \frac{6}{\beta} g_1 d_1 \right\}$$

$$= \frac{1}{g_1} \left\{ - \frac{6}{\beta} d_1 - \frac{6}{\beta^2} + \frac{6}{\beta^2} g_1 \right\} = \frac{1}{g_1} \left\{ \left(\frac{6}{\beta^2} g_1 - \frac{6}{\beta^2} \right) - \frac{6}{\beta} d_1 \right\}$$

$$= \frac{1}{g_1} \left\{ \frac{6 (g_1 - 1)}{\beta^2} - \frac{6}{\beta} d_1 \right\} \tag{192}$$

则 $\mathrm{var} (\hat{\varepsilon})$, $\mathrm{var} (\hat{\alpha})$, $\mathrm{var} \left(\hat{\beta} \right)$, $\mathrm{cov} (\hat{\varepsilon}, \hat{\alpha})$, $\mathrm{cov} \left(\hat{\alpha}, \hat{\beta} \right)$ 和 $\mathrm{cov} \left(\hat{\varepsilon}, \hat{\beta} \right)$ 是方差–协方差矩阵 $\boldsymbol{Z} = n^{-1} \boldsymbol{G} \boldsymbol{V} \boldsymbol{G}^{\mathrm{T}}$ 的元素.

$$\boldsymbol{Z} = \begin{bmatrix} \mathrm{var} (\hat{\varepsilon}) & \mathrm{cov} (\hat{\varepsilon}, \hat{\alpha}) & \mathrm{cov} \left(\hat{\varepsilon}, \hat{\beta} \right) \\ \mathrm{cov} (\hat{\alpha}, \hat{\varepsilon}) & \mathrm{var} (\hat{\alpha}) & \mathrm{cov} \left(\hat{\alpha}, \hat{\beta} \right) \\ \mathrm{cov} \left(\hat{\beta}, \hat{\varepsilon} \right) & \mathrm{cov} \left(\hat{\beta}, \hat{\alpha} \right) & \mathrm{var} \left(\hat{\beta} \right) \end{bmatrix} = n^{-1} \boldsymbol{G} \boldsymbol{V} \boldsymbol{G}^{\mathrm{T}} = \frac{1}{n} \begin{bmatrix} Z_{00} & Z_{01} & Z_{02} \\ Z_{10} & Z_{11} & Z_{12} \\ Z_{20} & Z_{21} & Z_{22} \end{bmatrix}$$

$$= \frac{1}{n} \begin{bmatrix} g_{00} & g_{01} & g_{02} \\ g_{10} & g_{11} & g_{12} \\ g_{20} & g_{21} & g_{22} \end{bmatrix} \cdot \begin{bmatrix} V_{00} & V_{01} & V_{02} \\ V_{10} & V_{11} & V_{12} \\ V_{20} & V_{21} & V_{22} \end{bmatrix} \cdot \begin{bmatrix} g_{00} & g_{10} & g_{20} \\ g_{01} & g_{11} & g_{21} \\ g_{02} & g_{12} & g_{22} \end{bmatrix} \tag{193}$$

式中, $\boldsymbol{G} = \begin{bmatrix} \dfrac{\partial \varepsilon}{\partial B_0} & \dfrac{\partial \varepsilon}{\partial B_1} & \dfrac{\partial \varepsilon}{\partial B_2} \\ \dfrac{\partial \alpha}{\partial B_0} & \dfrac{\partial \alpha}{\partial B_1} & \dfrac{\partial \alpha}{\partial B_2} \\ \dfrac{\partial \beta}{\partial B_0} & \dfrac{\partial \beta}{\partial B_1} & \dfrac{\partial \beta}{\partial B_2} \end{bmatrix} = \begin{bmatrix} g_{00} & g_{01} & g_{02} \\ g_{10} & g_{11} & g_{12} \\ g_{20} & g_{21} & g_{22} \end{bmatrix}$; $\boldsymbol{G}^{\mathrm{T}} = \begin{bmatrix} \dfrac{\partial \varepsilon}{\partial B_0} & \dfrac{\partial \alpha}{\partial B_0} & \dfrac{\partial \beta}{\partial B_0} \\ \dfrac{\partial \varepsilon}{\partial B_1} & \dfrac{\partial \alpha}{\partial B_1} & \dfrac{\partial \beta}{\partial B_1} \\ \dfrac{\partial \varepsilon}{\partial B_2} & \dfrac{\partial \alpha}{\partial B_2} & \dfrac{\partial \beta}{\partial B_2} \end{bmatrix} =$

$\begin{bmatrix} g_{00} & g_{10} & g_{20} \\ g_{01} & g_{11} & g_{21} \\ g_{02} & g_{12} & g_{22} \end{bmatrix}$;

设 $\boldsymbol{GV} = \begin{bmatrix} A_{00} & A_{01} & A_{02} \\ A_{10} & Z_{11} & A_{12} \\ A_{20} & Z_{21} & A_{22} \end{bmatrix}$, 则

$$A_{00} = g_{00}V_{00} + g_{01}V_{10} + g_{02}V_{20}; \quad A_{01} = g_{00}V_{01} + g_{01}V_{11} + g_{02}V_{21}$$

$$A_{02} = g_{00}V_{02} + g_{01}V_{12} + g_{02}V_{22}$$

$$A_{10} = g_{10}V_{00} + g_{11}V_{10} + g_{12}V_{20}$$

$$A_{11} = g_{10}V_{01} + g_{11}V_{11} + g_{12}V_{21}; \quad A_{12} = g_{10}V_{02} + g_{11}V_{12} + g_{12}V_{22}$$

$$A_{20} = g_{20}V_{00} + g_{21}V_{10} + g_{22}V_{20}; \quad A_{21} = g_{20}V_{01} + g_{21}V_{11} + g_{22}V_{21}$$

$$A_{22} = g_{20}V_{02} + g_{21}V_{12} + g_{22}V_{22}$$

$$\boldsymbol{GVG}^{\mathrm{T}} = \begin{bmatrix} A_{00} & A_{01} & A_{02} \\ A_{10} & A_{11} & A_{12} \\ A_{20} & A_{21} & A_{22} \end{bmatrix} \cdot \begin{bmatrix} g_{00} & g_{10} & g_{20} \\ g_{01} & g_{11} & g_{21} \\ g_{02} & g_{12} & g_{22} \end{bmatrix} = \begin{bmatrix} Z_{00} & Z_{01} & Z_{02} \\ Z_{10} & Z_{11} & Z_{12} \\ Z_{20} & Z_{21} & Z_{22} \end{bmatrix}$$

$$Z_{00} = A_{00}g_{00} + A_{01}g_{01} + A_{02}g_{02}; \quad Z_{01} = A_{00}g_{10} + A_{01}g_{11} + A_{02}g_{12}$$

$$Z_{02} = A_{00}g_{20} + A_{01}g_{21} + A_{02}g_{22}$$

$$Z_{10} = A_{10}g_{00} + A_{11}g_{01} + A_{12}g_{02}$$

$$Z_{11} = A_{10}g_{10} + A_{11}g_{11} + A_{12}g_{12}; \quad Z_{12} = A_{10}g_{20} + A_{11}g_{21} + A_{12}g_{22}$$

$$Z_{20} = A_{20}g_{00} + A_{21}g_{01} + A_{22}g_{02}; \quad Z_{21} = A_{20}g_{10} + A_{21}g_{11} + A_{22}g_{12}$$

$$Z_{22} = A_{20}g_{20} + A_{21}g_{21} + A_{22}g_{22}$$

代入各项有

$$Z_{00} = (g_{00}V_{00} + g_{01}V_{10} + g_{02}V_{20})g_{00} + (g_{00}V_{01} + g_{01}V_{11} + g_{02}V_{21})g_{01}$$

$$+ (g_{00}V_{02} + g_{01}V_{12} + g_{02}V_{22})g_{02}$$

$$= (g_{00}^2 V_{00} + g_{00}g_{01}V_{10} + g_{00}g_{02}V_{20}) + (g_{00}g_{01}V_{01} + g_{01}^2 V_{11} + g_{01}g_{02}V_{21})$$

$$\quad + (g_{00}g_{02}V_{02} + g_{01}g_{02}V_{12} + g_{02}^2 V_{22})$$

$$= g_{00}^2 V_{00} + g_{01}^2 V_{11} + g_{02}^2 V_{22} + (g_{00}g_{01}V_{10} + g_{00}g_{01}V_{01})$$

$$\quad + (g_{00}g_{02}V_{02} + g_{00}g_{02}V_{20}) + (g_{01}g_{02}V_{21} + g_{01}g_{02}V_{12})$$

$$= g_{00}^2 V_{00} + g_{01}^2 V_{11} + g_{02}^2 V_{22} + 2g_{00}g_{01}V_{01} + 2g_{00}g_{02}V_{02} + 2g_{01}g_{02}V_{12}$$

$$= g_{00}^2 V_{00} + g_{01}^2 V_{11} + g_{02}^2 V_{22} + 2(g_{00}g_{01}V_{01} + g_{00}g_{02}V_{02} + g_{01}g_{02}V_{12})$$

$$Z_{11} = (g_{10}V_{00} + g_{11}V_{10} + g_{12}V_{20})g_{10} + (g_{10}V_{01} + g_{11}V_{11} + g_{12}V_{21})\,g_{11}$$

$$\quad + (g_{10}V_{02} + g_{11}V_{12} + g_{12}V_{22})\,g_{12}$$

$$= (g_{10}^2 V_{00} + g_{10}g_{11}V_{10} + g_{10}g_{12}V_{20}) + (g_{10}g_{11}V_{01} + g_{11}^2 V_{11} + g_{11}g_{12}V_{21})$$

$$\quad + (g_{10}g_{12}V_{02} + g_{11}g_{12}V_{12} + g_{12}^2 V_{22})$$

$$= g_{10}^2 V_{00} + g_{11}^2 V_{11} + g_{12}^2 V_{22} + (g_{10}g_{11}V_{01} + g_{10}g_{11}V_{10})$$

$$\quad + (g_{10}g_{12}V_{02} + g_{10}g_{12}V_{20}) + (g_{11}g_{12}V_{21} + g_{11}g_{12}V_{12})$$

$$= g_{10}^2 V_{00} + g_{11}^2 V_{11} + g_{12}^2 V_{22} + 2g_{10}g_{11}V_{01} + 2g_{10}g_{12}V_{02} + 2g_{11}g_{12}V_{12}$$

$$= g_{10}^2 V_{00} + g_{11}^2 V_{11} + g_{12}^2 V_{22} + 2\,(g_{10}g_{11}V_{01} + g_{10}g_{12}V_{02} + g_{11}g_{12}V_{12})$$

$$Z_{22} = (g_{20}V_{00} + g_{21}V_{10} + g_{22}V_{20})\,g_{20} + (g_{20}V_{01} + g_{21}V_{11} + g_{22}V_{21})\,g_{21}$$

$$\quad + (g_{20}V_{02} + g_{21}V_{12} + g_{22}V_{22})\,g_{22}$$

$$= (g_{20}^2 V_{00} + g_{20}g_{21}V_{10} + g_{20}g_{22}V_{20}) + (g_{20}g_{21}V_{01} + g_{21}^2 V_{11} + g_{21}g_{22}V_{21})$$

$$\quad + (g_{20}g_{22}V_{02} + g_{21}g_{22}V_{12} + g_{22}^2 V_{22})$$

$$= g_{20}^2 V_{00} + g_{21}^2 V_{11} + g_{22}^2 V_{22} + (g_{20}g_{21}V_{01} + g_{20}g_{21}V_{10})$$

$$\quad + (g_{21}g_{22}V_{12} + g_{21}g_{22}V_{21}) + (g_{20}g_{22}V_{02} + g_{20}g_{22}V_{20})$$

$$= g_{20}^2 V_{00} + g_{21}^2 V_{11} + g_{22}^2 V_{22} + 2g_{20}g_{21}V_{01} + 2g_{20}g_{22}V_{02} + 2g_{21}g_{22}V_{12}$$

$$= g_{20}^2 V_{00} + g_{21}^2 V_{11} + g_{22}^2 V_{22} + 2\,(g_{20}g_{21}V_{01} + g_{20}g_{22}V_{02} + g_{21}g_{22}V_{12})$$

$$Z_{01} = (g_{00}V_{00} + g_{01}V_{10} + g_{02}V_{20})\,g_{10} + (g_{00}V_{01} + g_{01}V_{11} + g_{02}V_{21})\,g_{11}$$

$$\quad + (g_{00}V_{02} + g_{01}V_{12} + g_{02}V_{22})\,g_{12}$$

$$= g_{00}g_{10}V_{00} + g_{01}g_{10}V_{10} + g_{02}g_{10}V_{20} + g_{00}g_{11}V_{01} + g_{01}g_{11}V_{11}$$

$$\quad + g_{02}g_{11}V_{21} + g_{00}g_{12}V_{02} + g_{01}g_{12}V_{12} + g_{02}g_{12}V_{22}$$

$$= g_{00}g_{10}V_{00} + g_{01}g_{11}V_{11} + g_{02}g_{12}V_{22} + (g_{01}g_{10}V_{10} + g_{00}g_{11}V_{01})$$

$$\quad + (g_{00}g_{12}V_{02} + g_{02}g_{10}V_{20}) + (g_{02}g_{11}V_{21} + g_{01}g_{12}V_{12})$$

$$=g_{10}g_{00}V_{00} + g_{11}g_{01}V_{11} + g_{12}g_{02}V_{22} + (g_{10}g_{01} + g_{11}g_{00})\,V_{01}$$
$$+ (g_{10}g_{02} + g_{12}g_{00})\,V_{02} + (g_{11}g_{02} + g_{12}g_{01})\,V_{12}$$

$$Z_{02} = (g_{00}V_{00} + g_{01}V_{10} + g_{02}V_{20})\,g_{20} + (g_{00}V_{01} + g_{01}V_{11} + g_{02}V_{21})\,g_{21}$$
$$+ (g_{00}V_{02} + g_{01}V_{12} + g_{02}V_{22})\,g_{22}$$
$$= (g_{20}g_{00}V_{00} + g_{20}g_{01}V_{10} + g_{20}g_{02}V_{20}) + (g_{21}g_{00}V_{01} + g_{21}g_{01}V_{11} + g_{21}g_{02}V_{21})$$
$$+ (g_{22}g_{00}V_{02} + g_{22}g_{01}V_{12} + g_{22}g_{02}V_{22})$$
$$=g_{20}g_{00}V_{00} + g_{21}g_{01}V_{11} + g_{22}g_{02}V_{22} + (g_{20}g_{01}V_{10} + g_{21}g_{00}V_{01})$$
$$+ (g_{20}g_{02}V_{20} + g_{22}g_{00}V_{02}) + (g_{21}g_{02}V_{21} + g_{22}g_{01}V_{12})$$
$$=g_{20}g_{00}V_{00} + g_{21}g_{01}V_{11} + g_{22}g_{02}V_{22} + (g_{20}g_{01} + g_{21}g_{00})\,V_{01}$$
$$+ (g_{20}g_{02} + g_{22}g_{00})\,V_{02} + (g_{21}g_{02} + g_{22}g_{01})\,V_{12};$$

$$Z_{12} = (g_{10}V_{00} + g_{11}V_{10} + g_{12}V_{20})\,g_{20} + (g_{10}V_{01} + g_{11}V_{11} + g_{12}V_{21})\,g_{21}$$
$$+ (g_{10}V_{02} + g_{11}V_{12} + g_{12}V_{22})\,g_{22}$$
$$= (g_{20}g_{10}V_{00} + g_{20}g_{11}V_{10} + g_{20}g_{12}V_{20}) + (g_{21}g_{10}V_{01} + g_{21}g_{11}V_{11} + g_{21}g_{12}V_{21})$$
$$+ (g_{22}g_{10}V_{02} + g_{22}g_{11}V_{12} + g_{22}g_{12}V_{22})$$
$$=g_{20}g_{10}V_{00} + g_{21}g_{11}V_{11} + g_{22}g_{12}V_{22} + (g_{20}g_{11}V_{10} + g_{21}g_{10}V_{01})$$
$$+ (g_{22}g_{10}V_{02} + g_{20}g_{12}V_{20}) + (g_{21}g_{12}V_{21} + g_{22}g_{11}V_{12})$$
$$=g_{20}g_{10}V_{00} + g_{21}g_{11}V_{11} + g_{22}g_{12}V_{22} + (g_{20}g_{11} + g_{21}g_{10})\,V_{01}$$
$$+ (g_{20}g_{12} + g_{22}g_{10})\,V_{02} + (g_{21}g_{12} + g_{22}g_{11})\,V_{12}$$

即

$$\mathrm{var}\,(\hat{\varepsilon}) = \frac{1}{n}Z_{00} = \frac{1}{n}\left[g_{00}^2 V_{00} + g_{01}^2 V_{11} + g_{02}^2 V_{22} + 2\,(g_{00}g_{01}V_{01} + g_{00}g_{02}V_{02} + g_{01}g_{02}V_{12})\right]$$

$$\mathrm{var}\,(\hat{\alpha}) = \frac{1}{n}Z_{11} = \frac{1}{n}\left[g_{10}^2 V_{00} + g_{11}^2 V_{11} + g_{12}^2 V_{22} + 2\,(g_{10}g_{11}V_{01} + g_{10}g_{12}V_{02} + g_{11}g_{12}V_{12})\right]$$

$$\mathrm{var}\left(\hat{\beta}\right) = \frac{1}{n}Z_{22} = \frac{1}{n}\left[g_{20}^2 V_{00} + g_{21}^2 V_{11} + g_{22}^2 V_{22} + 2\,(g_{20}g_{21}V_{01} + g_{20}g_{22}V_{02} + g_{21}g_{22}V_{12})\right]$$

$$\mathrm{cov}\,(\hat{\varepsilon}, \hat{\alpha}) = \frac{1}{n}Z_{01}$$
$$= \frac{1}{n}\left[g_{10}g_{00}V_{00} + g_{11}g_{01}V_{11} + g_{12}g_{02}V_{22} + (g_{10}g_{01} + g_{11}g_{00})\,V_{01}\right.$$
$$\left. + (g_{10}g_{02} + g_{12}g_{00})\,V_{02} + (g_{11}g_{02} + g_{12}g_{01})\,V_{12}\right]$$

$$\mathrm{cov}\left(\hat{\varepsilon}, \hat{\beta}\right) = \frac{1}{n}Z_{02}$$
$$= \frac{1}{n}\left[g_{20}g_{00}V_{00} + g_{21}g_{01}V_{11} + g_{22}g_{02}V_{22} + (g_{20}g_{01} + g_{21}g_{00})\,V_{01}\right.$$

$$+ \left(g_{20} g_{02} + g_{22} g_{00} \right) V_{02} + \left(g_{21} g_{02} + g_{22} g_{01} \right) V_{12}]$$

$$\text{cov} \left(\hat{\alpha}, \hat{\beta} \right) = \frac{1}{n} Z_{12}$$

$$= \frac{1}{n} [g_{20} g_{10} V_{00} + g_{21} g_{11} V_{11} + g_{22} g_{12} V_{22} + \left(g_{20} g_{11} + g_{21} g_{10} \right) V_{01}$$

$$+ \left(g_{20} g_{12} + g_{22} g_{10} \right) V_{02} + \left(g_{21} g_{12} + g_{22} g_{11} \right) V_{12}]$$

由 $x_T = \varepsilon + \dfrac{\alpha}{\beta} \left[1 - (T-1)^{-\beta} \right]$，得 $\dfrac{\partial x_T}{\partial \varepsilon} = 1; \quad \dfrac{\partial x_T}{\partial \alpha} = \dfrac{1 - (T-1)^{-\beta}}{\beta};$

$$\frac{\partial x_T}{\partial \beta} = -\frac{\alpha}{\beta^2} \left[1 - (T-1)^{-\beta} \right] + \frac{\alpha}{\beta} (T-1)^{-\beta} \log (T-1)$$

$$= \frac{\alpha}{\beta} (T-1)^{-\beta} \log (T-1) - \frac{\alpha}{\beta^2} \left[1 - (T-1)^{-\beta} \right]$$

把以上各式代入

$$\text{var} \left(\hat{x}_T \right) = \left(\frac{\partial x_T}{\partial \varepsilon} \right)^2 \text{var} \left(\hat{\varepsilon} \right) + \left(\frac{\partial x_T}{\partial \alpha} \right)^2 \text{var} \left(\hat{\alpha} \right) + \left(\frac{\partial x_T}{\partial \beta} \right)^2 \text{var} \left(\hat{\beta} \right)$$

$$+ 2 \frac{\partial x_T}{\partial \varepsilon} \frac{\partial x_T}{\partial \alpha} \text{cov} \left(\hat{\varepsilon}, \hat{\alpha} \right) + 2 \frac{\partial x_T}{\partial \varepsilon} \frac{\partial x_T}{\partial \beta} \text{cov} \left(\hat{\varepsilon}, \hat{\beta} \right) + 2 \frac{\partial x_T}{\partial \alpha} \frac{\partial x_T}{\partial \beta} \text{cov} \left(\hat{\alpha}, \hat{\beta} \right)$$

$$\text{var} \left(\hat{x}_T \right) = \text{var} \left(\hat{\varepsilon} \right) + \text{var} \left(\hat{\alpha} \right) \left[\frac{1 - (T-1)^{-\beta}}{\beta} \right]^2 + \left\{ \frac{\alpha}{\beta} (T-1)^{-\beta} \log (T-1) \right.$$

$$\left. - \frac{\alpha}{\beta^2} \left[1 - (T-1)^{-\beta} \right] \right\}^2 \text{var} \left(\hat{\beta} \right) + 2 \text{cov} \left(\hat{\varepsilon}, \hat{\alpha} \right) \left(\frac{1 - (T-1)^{-\beta}}{\beta} \right)$$

$$+ 2 \text{cov} \left(\hat{\varepsilon}, \hat{\beta} \right) \left\{ \frac{\alpha}{\beta} (T-1)^{-\beta} \log (T-1) - \frac{\alpha}{\beta^2} \left[1 - (T-1)^{-\beta} \right] \right\} + 2 \text{cov} \left(\hat{\alpha}, \hat{\beta} \right)$$

$$\cdot \left(\frac{1 - (T-1)^{-\beta}}{\beta} \right) \left\{ \frac{\alpha}{\beta} (T-1)^{-\beta} \log (T-1) - \frac{\alpha}{\beta^2} \left[1 - (T-1)^{-\beta} \right] \right\}$$

$$(194)$$

第 10 章　重现期计算原理与应用

重现期 (return period, RP) 广泛地应用于水文、水资源、土木工程、地理和环境科学进行危险事件的识别, 为确定工程规模提供合理的决策. 在统计意义上, 传统的重现期定义为给定事件连续两次出现的平均时间间隔. 其等价的物理意义是确定设计值 (设计分位数), 即给定重现期下的水文变量值. 在工程实践中, 重现期主要根据工程的重要性和水文事件对工程破坏结果进行确定. 例如, 大坝设计通常采用 1000 年以上的重现期, 而排污设计一般采用 5—10 年的重现期. 单变量情况下, 设计值可以清晰地进行确定和被广泛地应用于工程实践, 但是, 多变量设计值确定则无法明确确定. 实际上, 多变量设计值确定极为重要, 但是却是一件麻烦的事情. 近年来, 许多学者 (Serfling, 2002; Belzunce et al., 2007; Chebana and Ouarda, 2009, 2011a, 2011b; Chaouch and Goga, 2010) 致力于这类问题的研究. 本章引用他们的文献, 推导和叙述水文事件重现期的计算模型.

10.1　重现期定义

10.1.1　几何分布

假定随机变量 X 为 n 次独立伯努利试验 "成功" 的次数, 则 X 服从二项式分布, $X \sim B(n, p)$, 其中 p 为 "成功" 概率, 则 X 的密度函数为

$$f(x) = P(X = x) = \begin{pmatrix} n \\ x \end{pmatrix} p^x (1-p)^{n-x} \tag{1}$$

现在, 假定 X 为第一次 "成功" 发生的次数, 如图 1 所示, 则在第 x 次试验中首次出现 "成功" 的概率为

$$f(x) = P(X = x) = (1-p)^{x-1} p \tag{2}$$

式中, p 为一次独立伯努利试验 "成功" 的概率.

根据概率论, 有 X 的数学期望 μ 和方差 σ^2 分别为

$$\mu = \frac{1}{p}; \quad \sigma^2 = \frac{1-p}{p^2} \tag{3}$$

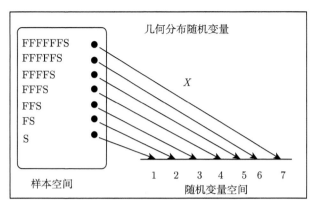

图 1 几何分布随机变量

10.1.2 重现期计算

设一个独立同分布的 d 维随机矢量序列 $\boldsymbol{X} = \{\boldsymbol{X}_1, \boldsymbol{X}_2, \cdots, \boldsymbol{X}_N\}$, $d \geqslant 1$, $\boldsymbol{X}_i = (X_{i1}, X_{i2}, \cdots, X_{id})$, 即每个 $\boldsymbol{X}_i$ 均服从同一多元分布 $\boldsymbol{X}_i \sim \boldsymbol{F} = \boldsymbol{C}\,(F_1, F_2, \cdots, F_d)$, $F_1, F_2, \cdots, F_d$ 分别为相应的 d 维变量的边际分布. 传统的重现期定义为一个给定事件连续发生的平均间隔时间长度, 如图 2 所示 (Shiau, 2003).

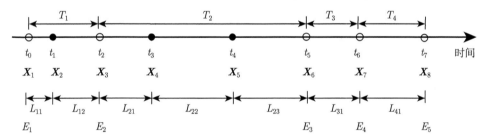

图 2 事件发生示意图

设 d 维随机矢量序列 $\boldsymbol{X} = \{\boldsymbol{X}_1, \boldsymbol{X}_2, \cdots, \boldsymbol{X}_N\}$, $i = 1, 2, \cdots, N$; 出现的时间点为 t_i, 如图 2 中的实心圆圈和空心圆圈所示. 在一个 N 个总体现实中, 相邻 $\boldsymbol{X}_i$, $\boldsymbol{X}_{i-1}$ 的平均出现间隔为 $\mu = \dfrac{1}{N} \displaystyle\sum_{i=1}^{N} (t_i - t_{i-1})$. 假定 $N = 8$, 给定某一事件类 $\{\boldsymbol{X} \in D\}$, D 为 $\mathbf{R}^d$ 上非空 Borel 集合, 其元素为按照研究事件类划分标准而给定事件的发生值取值范围, 即按照某种标准判定为 "危险" 的取值集合. 图 2 空心圆圈表示了属于 D 集合的事件 E_k, $k = 1, 2, \cdots, 5$. 相邻事件 E_k, E_{k-1} 出现的间隔为 T_l, $l = 1, 2, 3, 4$. 如相邻事件 E_2, E_3 出现的间隔为 $T_2 = L_{21} + L_{22} + L_{23}$. 写成一般式, 有

$$T_l = \sum_{j=1}^{N_l} L_{lj} = \mu \cdot N_l \tag{4}$$

式中, L_{lj} 是相邻事件 E_l, E_{l-1} 出现的间隔期内, $\boldsymbol{X}_j$, $\boldsymbol{X}_{j-1}$ 间的间隔长度, N_l 为当 E_{l-1} 事件发生后, 直到下一个 E_l 事件再次发生时, 这个过程期间 $\boldsymbol{X}_j$ 的事件数目, 即 T_l 的长度等于该期间事件发生的数目与两事件平均间隔长度的乘积.

根据重现期的定义, 发生事件类 $\{\boldsymbol{X} \in D\}$ 的重现期 T_D 为

$$T_D = E(T_l) = \mu \cdot E(N_l) \tag{5}$$

因为 N_l 为当 E_{l-1} 事件发生后, 直到下一个 E_l 事件再次发生时, 这个过程期间 $\boldsymbol{X}_i$ 的事件数目, 所以, N_l 取决于变量 $\boldsymbol{X}$ 的分布, 设事件类 $\{\boldsymbol{X} \in D\}$ 的概率为 $P(\boldsymbol{X} \in D)$, 事件类 $\{\boldsymbol{X} \notin D\}$ 的概率为 $P(\boldsymbol{X} \notin D) = 1 - P(\boldsymbol{X} \in D)$. 当 E_{l-1} 事件发生后, 直到下一个 E_l 事件再次发生时, 有 $N_l - 1$ 个发生事件类 $\{\boldsymbol{X} \notin D\}$, 紧接着发生一个事件类 $\{\boldsymbol{X} \in D\}$. 因此, N_l 服从具有参数 $P(\boldsymbol{X} \notin D) = 1 - P(\boldsymbol{X} \in D)$ 的几何分布, 它的概率质量函数为

$$\begin{aligned} P(N_l = n) &= [P(\boldsymbol{X} \notin D)]^{n-1} P(\boldsymbol{X} \in D) \\ &= [1 - P(\boldsymbol{X} \in D)]^{n-1} P(\boldsymbol{X} \in D); \quad n = 1, 2, 3, \cdots \end{aligned} \tag{6}$$

根据几何分布的数学期望, 有 N_l 的数学期望

$$E(N_l) = \frac{1}{P(\boldsymbol{X} \in D)} \tag{7}$$

因此, 发生事件类 $\{\boldsymbol{X} \in D\}$ 的重现期 T_D 为

$$T_D = E(T_l) = \mu \cdot E(N_l) = \frac{\mu}{P(\boldsymbol{X} \in D)}; \quad T_D \in [\mu, \infty) \tag{8}$$

式 (8) 定义具有一般性. 事件类 $\{\boldsymbol{X} \in D\}$ 可用于表示水利工程通常考虑的关键事件 (critical event), 也称临界集 (critical set), 一般为 "失败区域 (failure region)", 这一区域的事件影响工程的安全. D 可以按照不同的应用要求进行构造.

在单变量情况下, 假定 X 为服从分布 F_X 的随机变量. 为了识别一个危险区域, 传统的做法是给定一个临界设计值 (critical design value) x^*, 则 D(或记为 D_{x^*}) 包含判定比 x^* "更为危险" 的所有现实. 例如, 假定研究干旱, x^* 可以代表一个河流小流量值, 则危险现实是那些 $X \leqslant x^*$ 的值, 即 $D_{x^*} = [0, x^*]$. 相反, 若研究洪水, x^* 可以代表一个河流大流量值, 则危险现实是那些 $X \geqslant x^*$ 的值, 即 $D_{x^*} = [x^*, \infty)$. 按照式 (8) 的定义, $T_D = \dfrac{\mu}{F_X(x^*)}$ 为研究干旱事件 $X \leqslant x^*$ 的重现期, $T_D = \dfrac{\mu}{1 - F_X(x^*)}$ 为研究洪水事件 $X \geqslant x^*$ 的重现期. 值得强调的是重现期是一个与事件相联系的数值. 通俗地讲, 一个现实的重现期意味着一个事件 (X 属于危险区域 D_{x^*}) 的重现期用给定的现实 x^* 识别. 事实上, 单变量情况下, x^* 唯一地确定了区域 D_{x^*}.

多变量情况下, 一个多维现实 $x^* \in R^d$ 也与一个危险区域 $D_{x^*} \subset R^d$ 联系在一起. 为了便于理解, 考虑两个危险区域, 假定随机矢量 $(X, Y) \sim F = C(F_X, F_Y)$, 两类情况在实际中得到重视. ①"OR" 情况. $D_{z^*}^{\vee} = \left\{(x, y) \in R^2 : x > x^* \vee y > y^*\right\}$, 至少一个变量超过给定的门限值. ② "AND" 情况. $D_{z^*}^{\wedge} = \left\{(x, y) \in R^2 : x > x^* \wedge y > y^*\right\}$, 两个变量均超过给定的门限值. 其中, $z^* = (x^*, y^*)$ 为给定的门限值. 按照上述的危险区域 D_{x^*}, 单变量情况下, D_{x^*} 具有两种等价的形式, 即 $D_{x^*} = \{x : x \geqslant x^*\}$, 或者 $D_{x^*} = \{x : F_X(x) \geqslant F_X(x^*)\}$. 显然, 若研究干旱事件, 则有 $D_{x^*} = \{x : x \leqslant x^*\}$, 或者 $D_{x^*} = \{x : F_X(x) \leqslant F_X(x^*)\}$. 如图 3 所示. 单变量情况下的危险区域划分自然可扩充到多变量情形.

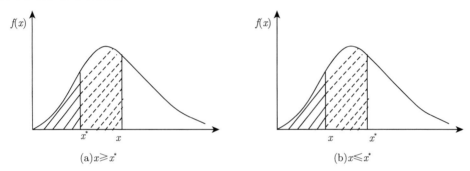

(a)$x \geqslant x^*$ (b)$x \leqslant x^*$

图 3　一维变量危险区域 D_{x^*} 图

对于年最大值选样法, 由于每年选取一个样本点, 各样本点的间隔 $\Delta t = t_i - t_{i-1} = 1$ 年, 因此, 年最大值选样法事件重现期计算中, 相邻 X_i, X_{i-1} 的平均出现间隔为 $\mu = \dfrac{1}{N} \sum\limits_{i=1}^{N} 1 = 1$ 年. 但是, 对于给定门限值时, 采用年多次选样法构成的部分历时, 其 X_i, X_{i-1} 的平均出现间隔 $\mu \neq 1$, 需要根据事件选样 X_i 间的间隔来计算其平均间隔.

10.2　一维变量事件重现期计算

当 $d = 1$ 时, $X = \{X_1, X_2, \cdots\}$, 一个独立事件 X 取不同值 x 的发生情况如图 2 所示. Shiau (2003) 给出了以下重现期计算公式.

设 X 的分布函数为不超越概率 $F_X(x) = P(X \leqslant x)$, 则 $P(X \leqslant x) = P(X < x)$, 而大于任一值 x 的概率为 $P(X > x) = 1 - P(X < x) = 1 - F_X(x)$. 按照上述 D 的定义, 则 D 可分别表示 $D = \{X \leqslant x\}$ 和 $D = \{X > x\}$ 的取值范围, 由式 (8) 可得, 事件 $X \leqslant x$, $X > x$ 的重现期 $T_{D=\{X \leqslant x\}}$, $T_{D=\{X > x\}}$ 分别为

$$T_{D=\{X \leqslant x\}} = \frac{\mu}{P(X \leqslant x)} = \frac{\mu}{F_X(x)}$$

$$T_{D=\{X>x\}} = \frac{\mu}{P\left(X>x\right)} = \frac{\mu}{1-P\left(X\leqslant x\right)} = \frac{\mu}{1-F_X\left(x\right)} \tag{9}$$

也可以采用 Wald 方程来进行推导, 其过程如下. 在图 2 中, 令 L 表示任意两个连续发生事件 (本节不考虑值大小) 之间的时间长度, 称为到达间隔 (interarrival time), 大于或等于任一值 x 的事件为 $X \geqslant x$, 用实心圆圈 "·" 表示; 而小于任一值 x 的事件为 $X < x$, 用空心圆圈 "◦" 表示. 具有大于或等于任一值 x 的两个事件间的重复间隔 (recurrence interval) T_X 等于这两个事件之间所有事件到达间隔之和, 即

$$T_X = \sum_{i=1}^{N_X} L_i \tag{10}$$

式中, L_i 是两个连续事件之间的到达间隔, N_X 是当 $X \geqslant x$ 事件发生后, 直到下一个 $X \geqslant x$ 事件再次发生时, 这个过程期间发生事件 X 的数目.

显然, 重复间隔 T_X 为一个随机变量, 它的数学期望称为事件 $X \geqslant x$ 的重现期.

$$T_D = E\left(T_X\right) = E\left(\sum_{i=1}^{N_X} L_i\right) = E\left(N_X\right) E\left(L_i\right) \tag{11}$$

式 (11) 根据 Wald 方程来获得.

Wald 方程: 设 $X_1, X_2, \cdots, X_N$ 为一个独立随机变量 X 的观测序列值, 设观测值数目 N 为随机数, 则 $X_1, X_2, \cdots, X_N$ 的数学期望值等于变量 X 和 N 数学期望的乘积, 即 $E\left(\sum\limits_{i=1}^{N} X_i\right) = E\left(X\right) E\left(N\right)$.

到达间隔 L_i 独立同分布, 则式 (11) 进一步写为

$$T_D = E\left(T_X\right) = E\left(N_X\right) E\left(L\right) \tag{12}$$

式 (12) 中, N_X 表示事件 $X < x$ 发生的数目, 取决于变量 X 的分布, 即 $F\left(x\right) = P\left(X \leqslant x\right)$. 由于 X 为连续随机变量, 则 $P\left(X \leqslant x\right) = P\left(X < x\right)$, 而大于或等于任一值 x 的概率为

$$P\left(X \geqslant x\right) = 1 - P\left(X < x\right) = 1 - F\left(x\right) \tag{13}$$

事件 $X \geqslant x$ 的重复间隔为 $N_X - 1$ 个 $X < x$ 事件, 紧接着发生一个事件 $X \geqslant x$. 因此, N_X 服从具有参数 $1 - F_X\left(x\right)$ 的几何分布, 它的概率质量函数为

$$P\left(N_X = n\right) = \left[P\left(X < x\right)\right]^{n-1} P\left(X \geqslant x\right) = F_X^{n-1}\left(x\right) \cdot \left[1 - F_X\left(x\right)\right]; \quad n = 1, 2, 3, \cdots \tag{14}$$

根据几何分布的数学期望, 有 N_X 的数学期望

$$E(N_X) = \frac{1}{P(X \geqslant x)} = \frac{1}{1 - F_X(x)} \tag{15}$$

因此, 大于或等于任一值 x 事件 $X \geqslant x$ 的重现期为

$$T_D = E(T_X) = \frac{E(L)}{1 - F_X(x)} \tag{16}$$

式 (16) 即为单变量分布部分历时序列的重现期计算公式, 重现期单位为年. 设有 n 年, 由于部分历时序列是按照超大值法进行选样, 一年内可选择几个值或没有值, 所以, 这种选样结果使序列的长度不等于 n, 式 (16) 中的 $F(x)$ 实际上为次频率, 其次重现期为 $T' = \dfrac{1}{1 - F_X(x)}$. 这说明, 年重现期与次重现期的关系为 $T_D = E(L) \cdot T'$.

水文教科书一般写到: 假定 n 年按超大值法进行选样, 共有 S 个样本点, 设 m 为 $X \geqslant x$ 出现的数目, 则次频率为 $P' = \dfrac{m}{S}$, 次重现期为 $T' = \dfrac{1}{P'}$, 换算为年重现期则为 $T = \dfrac{n}{S}T'$. 对于年最大值序列, 因为一年只有一个选样点, $S = n$, 则 $T = T'$. 即年最大值法选样形成的年最大值序列可以看作是每年选取 1 个样本点的部分历时序列. 对于部分历时序列, 实际中, 任意两个连续发生事件之间的时间平均长度 $\overline{L}$ 用 $\overline{L} \approx \dfrac{n}{S}$ 计算. 这与实际计算 $\overline{L}$ 的平均值略有偏差, 为了准确计算起见, 可按图 2 计算, $E(L) \approx \overline{L} = \displaystyle\sum_{i=1}^{S-1} l_i = \dfrac{l_1 + l_2 + l_3 + l_4 + l_5 + l_6 + l_7 + l_8 + l_9}{9}$.

例 1 表 1 为得克萨斯州 Guadalupe 河流年洪峰流量值. 假定取 $x_T = 50000$, 则超过 $x_T = 50000$ 的洪峰值如图 4 所示. 计算 $x \geqslant x_T = 50000$ 的平均间隔时间长度.

表 1 得克萨斯州 Guadalupe 河流年洪峰流量值

年份	流量/cfs	年份	流量/cfs	年份	流量/cfs	年份	流量/cfs	年份	流量/cfs
1935	38500	1941	58000	1951	12300	1961	55800	1971	9740
1936	179000	1942	56000	1952	28400	1962	10800	1972	58500
1937	17200	1943	7710	1953	11600	1963	4100	1973	33100
1938	25400	1944	12300	1954	8560	1964	5720	1974	25200
1939	4940	1945	22000	1955	4950	1965	15000	1975	30200
1940	55900	1946	17900	1956	1730	1966	9790	1976	14100
		1947	46000	1957	25300	1967	70000	1977	54500
		1948	6970	1958	58300	1968	44300	1978	12700
		1949	20600	1959	10100	1969	15200		
		1950	13300	1960	23700	1970	9190		

由表 1 和图 4 看出, 事件 $X \geqslant x_T$ 间间隔共发生 8 次, 其平均间隔时间长度 $\overline{T}_D$ 为

$$\overline{T}_D = \frac{4+1+1+16+3+6+5+5}{8}$$
$$= \frac{4+1+1+16+3+6+5+5}{8}$$
$$= \frac{41}{8} = 5.1 \ (年)$$

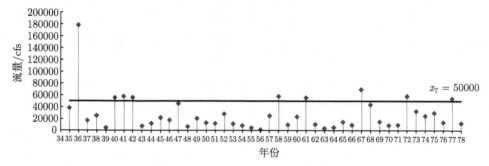

图 4　得克萨斯州 Guadalupe 河流年洪峰流量值

10.3　多维变量事件重现期计算

式 (8) 是一个传统多维变量事件重现期定义下的计算公式, 其形式与单变量事件重现期计算公式形式相似. 这种计算方法尚存在一定的欠缺. Salvadori 和 De (2007) 提出了另一种形式的计算公式.

多元概率分布采用 Copula 函数描述, 目前已有很多文献进行描述. 图 5 和图 6 分别为两个变量的联合概率 Copula 函数和给定概率水平下的变量值.

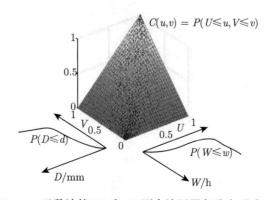

图 5　Copula 函数连接 W 和 D 两个边际累积分布形成二维分布

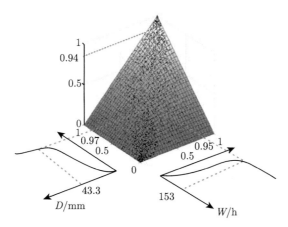

图 6   Copula 某一概率水平下的 W 和 D 观测值

10.3.1 多维变量的总序次 $\leqslant_F$

在单变量情况下, 重现期计算需要给定门限值 x^* (如 x^* 为洪水、干旱发生的门限值). 单变量的总序次 (total order) 采用 R 上的 "$\leqslant$" 关系运算. 而在多变量情况下, 重现期计算中难以给定 d 维欧几里得 (Euclidean) 空间的门限值.

定义 1   设 d 维随机矢量 $\boldsymbol{x}, \boldsymbol{y} \in R^d$, 其联合分布具有 Copula 函数 $\boldsymbol{F} = \boldsymbol{C}(F_1, \cdots, F_d)$, 则多维变量 $\boldsymbol{x}, \boldsymbol{y}$ 的总序次为

$$\boldsymbol{x} \leqslant_{\boldsymbol{F}} \boldsymbol{y} \Leftrightarrow \boldsymbol{F}(\boldsymbol{x}) \leqslant \boldsymbol{F}(\boldsymbol{y}) \tag{17}$$

式中, "$\leqslant_{\boldsymbol{F}}$" 称为 R^d 上由 $\boldsymbol{F}$ 推得多维变量序次.

10.3.2 多维变量临界层 L_t^F

当运算符 "$\leqslant_{\boldsymbol{F}}$" 引入表示多维变量序次时, 多维变量临界层 (critical layer)L_t^F 可以表示其相应的门限值.

定义 2   设一个 d 维随机矢量联合分布 $F = \boldsymbol{C}(F_1, \cdots, F_d)$ 和临界水平 (critical level) $t \in (0, 1)$, 则临界水平 t 对应的临界层 L_t^F 可定义为

$$L_t^F = \left\{ \boldsymbol{x} \in R^d; F(\boldsymbol{x}) = t \right\} \tag{18}$$

式中, L_t^F 为 d 维超等值曲面 (iso-hyper-surface), 且满足 $F = t$, 即 $\boldsymbol{x} \in \mathbf{R}^d$ 内所有矢量点满足 $F = t$ 条件; 对于二维变量, L_t^F 为等值曲线 (图 7); 对于三维以上变量, L_t^F 为等值曲面; 对于任意 $\boldsymbol{x} \in R^d$, $L_{t=\boldsymbol{F}(\boldsymbol{x})}^F$ 确定的 $\boldsymbol{x}$ 是唯一的.

根据临界层 L_t^F, R^d 可以被划分为如图 8 所示的 3 个区域.

(1) 亚临界区域 (the sub-critical region)$R_t^<$, 用 "$\leqslant_{\boldsymbol{F}}$" 序次表示, 该区域内所有点小于 L_t^F 上的任意点.

(2) 临界层 (the critical layer) L_t^F, 该层上所有点满足 $\boldsymbol{F} \equiv t$.

(3) 超临界区域 (the super-critical region)$R_t^>$, 用 "$\leqslant_{\boldsymbol{F}}$" 序次表示, 该区域内所有点大于 L_t^F 上的任意点.

换句话说, 任何事件发生, 只可能在 3 个互补重叠和不相容的区域发生, 即 $R_t^<$, L_t^F 和 $R_t^>$.

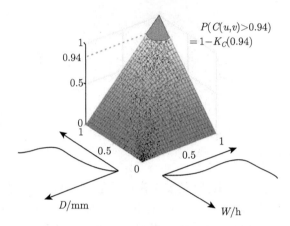

图 7　二维 Copula 概率水平等值曲线

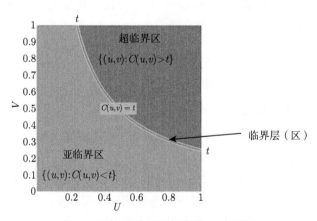

图 8　互补重叠和不相容的 3 个区域

由式 (8) 定义和上述临界层 L_t^F 区域划分可知, 多变量事件重现期与单变量重现期计算框架一致. 因此, 有以下定义.

定义 3　设 $\boldsymbol{X}$ 为 d 维随机变量服从分布 $\boldsymbol{F} = C(F_1, \cdots, F_d)$, L_t^F 为随机变量 $\boldsymbol{X}$ 现实 $\boldsymbol{x}$ 的临界层, 则与 $\boldsymbol{x}$ 联系的多变量事件重现期定义为:

(1) 区域 $R_t^>$.

$$T_t^> = \frac{\mu}{P\left(\boldsymbol{X} \in R_t^>\right)}$$

(2) 区域 $R_t^<$.

$$T_t^< = \frac{\mu}{P\left(\boldsymbol{X} \in R_t^<\right)}$$

10.3.3 Kendall 测度

Kendall 测度 (Kendall's measure)K_C 是多维变量事件重现期的基础手段.

定义 4 设 $\boldsymbol{I} = [0,1]$, Kendall 测度 $K_C: \boldsymbol{I} \to \boldsymbol{I}$ 定义为

$$K_C = P(\boldsymbol{F}(F_1, \cdots, F_d) \leqslant t) \tag{19}$$

式中, $t \in \boldsymbol{I}$, $\boldsymbol{X}_i$ 有联合概率分布. $F = \boldsymbol{C}(F_1, \cdots, F_d)$.

式 (19) 实际上表示了多元分位数的关系式, 在 $F(\boldsymbol{x}) \leqslant t$ 定义的亚临界区 $\mathbf{R}^d$ 上, 它用 F 度量随机事件的概率, 是一个对多元分布函数在 $t \in \boldsymbol{I}$ 上再取概率分布的函数. 对于特殊形式的二维变量, K_C 为

① Archimedean Copulas: $K_C(t) = t - \dfrac{\varphi(t)}{\varphi'(t)}$; ② 极值 Copulas: $K_C(t) = t - \left(1 - \tau_K^C\right) \cdot t \ln t$.

但是, 一般的 d-维 K_C 需要模拟技术来获得, 其步骤如下:

算法 1

(1) 由 d-维 Copula $\boldsymbol{C}$ 模拟一个样本序列 $u_1, u_2, \cdots, u_m$.

(2) For $i = 1, \cdots, m$ 计算 $v_i = C(u_i)$.

(3) For $t \in \boldsymbol{I}$ 计算 $\hat{K}_C(t) = \dfrac{1}{m}\sum_{i=1}^m 1(v_i \leqslant t)$.

10.3.4 Kendall 重现期

设 $\boldsymbol{X}$ 为具有分布 $F = \boldsymbol{C}(F_1, \cdots, F_d)$ 的随机矢量, L_t^F 为 $\boldsymbol{X}$ 的唯一临界层, $R_t^>$ 为相应的超临界层, v_F 为 F 在 $\mathbf{R}^d$ 上的概率测度, 则 $\boldsymbol{X}$ 的超临界层重现期 $T_X^>$ 为

$$T_X^> = \frac{\mu}{v_F\left(\boldsymbol{x} \in R^d : F(\boldsymbol{x}) > t\right)} = \frac{\mu}{1 - v_F\left(\boldsymbol{x} \in R^d : F(\boldsymbol{x}) \leqslant t\right)} = \frac{\mu}{1 - K_C(t)} \tag{20}$$

式中, $K_C(t)$ 为与 $\boldsymbol{C}$ 有关的 Kendall 分布函数. 显然 $T_X^>$ 是一个临界水平 t 的函数, $t = F(\boldsymbol{x})$.

定义 5 $\kappa_{\boldsymbol{X}} = T_X^>$ 为属于超临界区域 (the super-critical region)$R_t^>$ 上现实的 Kendall 重现期 (Kendall's return period). Kendall 重现期具有以下特点:

(1) 在一维变量情况下, $\kappa_{\boldsymbol{X}}$ 是临界水平 t 的隐函数, 唯一地由 $t = F(\boldsymbol{X})$ 确定.

(2) Kendall 重现期将 $\mathbf{R}^d$ 上的样本空间划分为 3 个互不相交和不相容的区域 $R_t^<$, L_t^F 和 $R_t^>$.

(3) L_t^F 上的所有 ∞^{d-1} 现实拥有相同的 Kendall 重现期.

根据图 9, 进一步讨论 "AND" 情况, 不在危险区 $D_{z^*}^{\wedge}$ 内的现实重现期都大于 z^* 的重现期. 对于 $F \equiv t$ 等值曲线 $t \in (0,1)$ 上的一个现实 z^*, 危险区 $D_{z^*}^{\wedge}$, 如图 9 阴影部分所示. 另一个现实 w^*, 位于等值曲线 s 上, 且 $s > t$. 根据式 (18), 现实 w^* 的重现期大于 z^* 的重现期, 但是 w^* 不属于危险区 $D_{z^*}^{\wedge}$. 对于 "OR" 情况, 按照上述 "AND" 情况分析方法, 也存在类似的分析结果. 总结上述结论有: 具有重现期 $\kappa_y < \kappa_x$ 的现实一定在区域 $R_t^<$ 内, 具有重现期 $\kappa_y > \kappa_x$ 的现实一定在区域 $R_t^>$ 内, L_t^F 上的所有现实拥有相同的 Kendall 重现期.

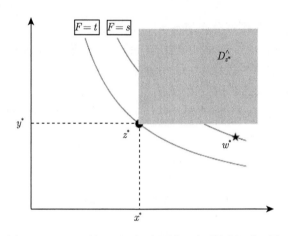

图 9　"AND" 情况下, 危险区域 $D_{z^*}^{\wedge}$ (阴影部分) 图

10.3.5　多变量 Kendall 分位数

对于单变量情况, 若给定重现期 T, 相应的临界概率水平 p 用 $1 - p = P(X > x_p) = \dfrac{\mu}{T}$ 计算, 则 $p = P(X \leqslant x_p) = 1 - \dfrac{\mu}{T}$, 相应的分位数为 $x_p = F_X^{-1}(p)$, 其值是唯一的, 广泛地应用于工程设计. 这类方法也可推广到多变量 Kendall 分位数计算.

定义 6　设一个 d-维分布 $F = C(F_1, \cdots, F_d)$, 具有 d-维 Copula C, 临界水平 $p \in I$, 则 p 阶多变量 Kendall 分位数 $q_p \in I$ 定义为

$$q_p = \inf \{t \in I : K_C(t) = p\} = K_C^{(-1)}(p) \tag{21}$$

上式给出了一个与单变量分位数类似的定义, 如图 10 所示. 由 K_C 定义可知, K_C 为单变量分布函数, 式 (21)q_p 实际上为 K_C 的 p 阶分位数, $L_{q_p}^F$ 是 R^d 上 $F = q_p$ 的超等值曲面, $L_{q_p}^C$ 是 I^d 上 $C = q_p$ 的超等值曲面.

(1) 若固定 $L_{q_p}^F$, 则 $p = K_C(q_p) = P(C(F_1(X_1), \cdots, F_d(X_d)) \leqslant q_p)$: p 为亚临界区域 $R_t^<$ 由 C 推算的概率 ($F < q_p$); $1 - p$ 则是超临界区域 $R_t^>$ 的概率 ($F > q_p$).

(2) 在容量为 n 从分布 F 抽取的模拟中, np 个现实在 $R_{q_p}^<$ 区域, 其余现实在 $R_{q_p}^>$ 区域.

为了识别危险事件的亚临界区域, 首先利用式 (8) 计算

$$T = \frac{\mu}{P(\boldsymbol{X} \in D)} \Rightarrow P(\boldsymbol{X} \in D) = \frac{\mu}{T}$$

(3) 临界层 L_t^F 的水平 q_p 用 Kendall 测度的逆函数来计算, 即 Kendall 分位数为

$$1 - K_C(q_p) = P(\boldsymbol{X} \in D) \Rightarrow q_p = K_C^{(-1)}\left(1 - \frac{\mu}{T}\right)$$

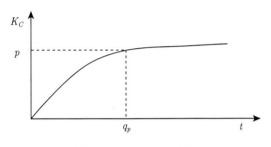

图 10   Kendall 分位数

一般来说, d-维变量的 K_C 和 q_p 必须通过模拟和抽样技术来求得. 表 2 给出了单变量和多变量重现期计算的对照情况.

表 2   单变量和多变量重现期计算对照

	单变量	多变量
总序次	$\leqslant$	$\leqslant_{\boldsymbol{F}}$
概率水平	p	p
临界分位数	$t = F_X^{(-1)}(p)$	$t = K_C^{(-1)}(p)$
亚临界区域	$x < t \equiv F_X(x) < p$	$\boldsymbol{x} \in R_t^< \equiv F_{\boldsymbol{X}}(\boldsymbol{x}) < t$
临界区域	$x = t \equiv F_X(x) = p$	$\boldsymbol{x} \in L_t^F \equiv F_{\boldsymbol{X}}(\boldsymbol{x}) = t$
超临界区域	$x > t \equiv F_X(x) > p$	$\boldsymbol{x} \in R_t^> \equiv F_{\boldsymbol{X}}(\boldsymbol{x}) > t$

值得注意的一般错误是将 Copula C 值与 $\boldsymbol{I}^d$ 上由 C 推得的概率值混淆. 在临界层 $L_{q_p}^C$ 上, $C = q_p$. 因为 K_C 的非线性 ($R_{q_p}^<$ 区域的 K_C 相同), 相应的区域 $R_{q_p}^<$ 有概率 $p = K_C(q_p) \neq q_p$. 换句话说, 单变量情况下, $p = F_X(x_p)$ 对应的区域为 $R_p^<$, x_p 是 X 的 p 阶分位数. 单变量分位数这种计算不能用于多变量分位数计算. 又因为 K_C 为分布函数, q_p 是相应的 p 阶分位数, 所以, 在 q_p 无法解析计算情况, 我们可以采用抽样技术来计算 q_p. 其方法也是简单的, 基本思路来源于 q_p 的定义. 为了寻找 C 的 q_p, 在一个长度为 n 从分布 $\boldsymbol{F}$ 抽取的模拟中, np 个现实小于 q_p, 即第

$k = [np]$ 个 C 值可作为 q_p 的估算值. 因此, 通过模拟一个大容量 n 样本, q_p 估算值期望收敛于真值 q_p. 给定模拟容量样本 n、临界水平 p、总模拟次数 N 和固定临界序次 (critical index) $k = [np]$, q_p 估算值算法见算法 2.

算法 2

For $i = 1 : N$

　　$S = \mathrm{sim}\,(C;n)$; %由 Copula C 模拟 n 个 d 维随机矢量

　　$C = C\,(\mathbf{S})$; %由模拟随机矢量计算 Copula C 模拟值

　　$C = \mathrm{sort}\,(C)$; %升序排序 Copula C 值

　　$E\,(i) = C\,(k)$; %取第 k 个 C 值作为 q_p 估算值, 并存放到数组 E

End

　　$q = \mathrm{mean}\,(E)$; %计算 E 的均值, 即为 q_p 估算值.

10.3.6　主重现期与第二重现期

10.3.6.1　主重现期 (primary return periods)

考虑两变量 $(Q_{\max}, V)$, 5 种极值事件定义为:

(1) AND 情况.

这类情况指 $Q_{\max} > q_T$ 和 $V > v_T$ 同时发生, 记为 $E_{\mathrm{AND}} = \{Q_{\max} > q_T \text{ and } V > v_T\}$.

(2) OR 情况.

这类情况指 $W > q_T$ 发生, 或 $V > v_T$ 发生, 或者 $Q_{\max} > q_T$ 和 $V > v_T$ 同时发生, 即两者至少有一个发生, 记为 $E_{\mathrm{OR}} = \{Q_{\max} > q_T \text{ or } V > v_T\}$.

(3) 条件 1 情况.

指一个变量发生超越事件下, 另一变量发生超越事件, 记为 $E_{\mathrm{COND1}} = \{V > v_T | Q_{\max} > q_T\}$.

(4) 条件 2 情况.

指一个变量发生不超越事件下, 另一变量发生超越事件, 记为 $E_{\mathrm{COND2}} = \{V > v_T | Q_{\max} \leqslant q_T\}$.

(5) 条件 3 情况.

指一个变量等于某一值时, 另一变量发生超越事件, 记为 $E_{\mathrm{MAR}} = \{V > v_T | Q_{\max} = q_T\}$.

上述事件重现期 T(下标区分), 也称主重现期, 表达式为 (Salvadori et al., 2007):

$$T_{\mathrm{AND}} = \frac{\omega_T}{1 - u - z + C_{UZ}\,(u,z)} \tag{22}$$

$$T_{\mathrm{OR}} = \frac{\omega_T}{1 - C_{UZ}\,(u,z)} \tag{23}$$

$$T_{\text{COND1}} = \frac{\omega_T}{1-u} \cdot \frac{1}{1-u-z+C_{UZ}(u,z)} \tag{24}$$

$$T_{\text{COND2}} = \frac{\omega_T}{1 - \dfrac{C_{UZ}(u,z)}{u}} \tag{25}$$

$$T_{\text{MAR}} = \frac{\omega_T}{1 - \dfrac{\partial}{\partial u}C_{UZ}(u,z)} \tag{26}$$

上述定义中, 对于任意 Copula 函数, 有下列重现期不等式:

$$T_{\text{OR}} \leqslant T_{\text{AND}} \tag{27}$$

$$T_{\text{OR}} \leqslant T_{\text{COND2}} \tag{28}$$

$$T_{\text{AND}} \leqslant T_{\text{COND1}} \tag{29}$$

式 (28) 可由式 (23) 和 (25) 来得到, 对于给定的 u 和 z, 有 $C_{UZ}(u,z) \leqslant \dfrac{C_{UZ}(u,z)}{u}$, $u \geqslant C_{UZ}(u,z)$. 式 (29) 可写为

$$T_{\text{COND1}} = \frac{T_{\text{AND}}}{1-u} \tag{30}$$

式 (22)—(26) 的分母实际上是式 (22)—(26) 中事件的发生概率. 根据 Copula C_{UZ}, 显然, 边际分布表示为 u 和 z, 在这些重现期计算时. 为了获得具有相同重现期的 $u(=F_W(w))$ 和 $z(=F_V(v))$ 组合, 必须寻找这些分母为常数值的 u 和 v.

10.3.6.2 第二重现期

第二重现期 (secondary return period) 概念在工程设计中更为重要 (Salvadori and De Michele, 2004; Salvadori, 2004; Salvadori et al., 2007; Vandenberghe et al., 2010b). 在工程设计中, 人们通常使用设计值主重现期标准. 以下引自 De Michele 等 (2005) 文献. 考虑两变量 $(Q_{\max}, V)$, 说明引入第二重现期概念. 给定重现期 T, 考虑下述临界事件 (critical events) **OR 情况**和 **AND 情况**.

简单说, $Q_{\max} > q_T$, 或 $V > v_T$, 或者 $(Q_{\max} > q_T$ 且 $V > v_T)$ 发生时, 则事件 E_{OR} 发生; $(Q_{\max} > q_T$ 且 $V > v_T)$ 发生, 则事件 E_{AND} 发生. 因此, 上述两类重现期计算如下:

$$T_{\text{OR}} = \frac{1}{P[Q_{\max} > q_T \text{ or } V > v_T]} = \frac{1}{1 - C_\delta(u_T, z_T)}$$

$$T_{\text{AND}} = \frac{1}{P[Q_{\max} > q_T \text{ and } V > v_T]} = \frac{1}{1 - u_T - z_T + C_\delta(u_T, z_T)}$$

式中, $u_T = F_{Q\max}(q_T)$, $z_T = F_V(v_T)$. 因为 Archimedean Copula, $C_\delta(x, x) < x$, 则 $T_{OR} < T < T_{AND}$. $T_{OR} < T < T_{AND}$ 在实际中具有重要的意义. 事实上, 当重现期 T 给定时, 因为 $T_{OR} < T$, 所以 E_{OR} 比期望事件更容易发生, 所以, E_{OR} 不是一个 T 年二维事件. 假定 E_{OR} 被作为临界设计事件时, 为了使 $T_{OR} = T$, 则边际分位数 q_T 和 v_T 应当被增加. 换句话说, 假定 q_T 和 v_T 作为临界设计事件, 则导致工程规模过小估算, 出现风险. 相反, E_{AND} 不是一个 T 年二维事件. 假定 E_{AND} 被作为临界设计事件时, 为了使 $T_{AND} = T$, 则边际分位数 q_T 和 v_T 应当被减小. 换句话说, 假定 q_T 和 v_T 作为临界设计事件, 则导致工程规模过大估算, 浪费财力.

例 2　若给定设计重现期 $T = 1000$ 年, Gumbel-Harggard Copula 参数 $\delta = 3.055$, $C(u, v) = \exp\left\{-\left[(-\ln u)^\delta + (-\ln v)^\delta\right]^{\frac{1}{\delta}}\right\}$. 考虑超越概率事件 $Q_{\max} > q_T$ 和 $V > v_T$, 则其超越概率 $P(Q_{\max} > q_T) = \dfrac{1}{T} = \dfrac{1}{1000} = 0.001$, $P(V > v_T) = \dfrac{1}{T} = \dfrac{1}{1000} = 0.001$; 不超越概率事件为事件 $Q_{\max} \leqslant q_T$ 和 $V \leqslant v_T$, 则其不超越概率 $q = u_T = P(Q_{\max} \leqslant q_T) = 1 - 0.001 = 0.999$, $q = z_T = P(V \leqslant v_T) = 1 - 0.001 = 0.999$.

根据上述 T_{OR} 和 T_{AND} 计算公式有 $C(u_T, z_T) = C(q, q) = C(0.999, 0.999) = 0.998745$, 则

$$T_{OR} = \frac{1}{1 - C_\delta(q, q)} = \frac{1}{1 - 0.998745} = 797.1 \text{ (年)}$$

$$T_{AND} = \frac{1}{1 - u_T - z_T + C_\delta(q, q)} = \frac{1}{1 - 0.999 - 0.999 + 0.998745} = 1341.4 \text{ (年)}$$

即 $T_{OR} \approx 79\%T$, $T_{AND} \approx 134\%T$. 其他计算结果见表 3. 从表 3 看出, 事件 E_{OR} 的重现期 T_{OR} 比设计重现期 T 小 20%; 事件 E_{AND} 的重现期 T_{AND} 比设计重现期 T 大 30%. 为了使二维联合事件重现期等于设计重现期 T, 必须考虑不同的分位数.

表 3　一维变量和二维变量事件重现期计算

T/年	q	T_{OR}/年	T_{AND}/年	q_{OR}	q_{AND}
10	0.9	8.1	13.1	0.91946	0.86960
100	0.99	79.8	133.9	0.99202	0.98662
1000	0.999	797.1	1341.4	0.99920	0.99866
10000	0.9999	7970.2	13417.0	0.99992	0.99987

表 3 中最后两列分别为事件 E_{OR}, E_{AND} 具有同一重现期 T 的分位数 q_{OR} 和 q_{AND}, 可通过数值求解非线性方程来获得, 即 $T - \dfrac{1}{1 - C_\delta(q_{OR}, q_{OR})} = 0$; $T - \dfrac{1}{1 - q_{AND} - q_{AND} + C_\delta(q_{AND}, q_{AND})} = 0$.

10.4 多变量设计值计算框架

如前所述, 多变量情况下无法获得给定重现期下唯一的设计值, 即使 L_t^F 作为临界门限 (critical threshold), 也没有一个标准去选择位于 L_t^F 上的现实值. 因此, 必须寻找另外途径去选择 L_t^F 上的特征现实值. 最基本的思想是引入一个位于临界层上现实值的非负权函数.

定义 7 令 w: $L_t^F \to [0, \infty)$ 为权函数, 若 $\underset{x \in L_t^F}{\arg\max}\, w(x)$ 存在且为有限值, 则设计值 $\delta_w \in L_t^F$ 定义为

$$\delta_w(t) = \underset{x \in L_t^F}{\arg\max}\quad w(x) \tag{31}$$

式 (31) 具有以下结论:

(1) 一般情况, 最大值的唯一性不一定保证. 当最大值发生时, 最大信息熵等方法可以用于求解.

(2) 不同类 Copula 可能具有相同的 K_C 和 Kendall 重现期.

(3) 式 (31) 的最大值点满足一些约束条件.

(4) 有时更好的办法是选择一组可能设计现实值, 并结合专家的意见.

为了便于理解, 假定考虑暴雨历时和暴雨强度. 在一个快速响应系统 (如排污系统) 中, 一个短历时、高强度的暴雨可能导致工程失败, 而这类暴雨却不一定导致流域出现危险问题. 然而, 在流域上, 一个长历时、中低强度暴雨可能导致洪水发生, 但是, 却不一定导致排污系统危险. 因此, 排污系统应当采用短历时、高强度的设计暴雨, 流域系统的河流工程应当采用长历时、低强度的设计暴雨. 所以, 临界设计现实值主要取决于工程所处的环境和水文事件的随机动力特性.

令 X 为随机矢量, 具有分布函数 $F = C(F_1, \cdots, F_d)$, 则一个设计现实的识别步骤如下:

(1) 给定重现期 T.

(2) 计算相应的概率水平 $p = 1 - \dfrac{\mu}{T}$.

(3) 采用公式 $q_p = \inf\{t \in \mathbf{I}: K_C(t) = p\} = K_C^{(-1)}(p)$ 解析或上述模拟算法 2, 计算 Kendall 分位数 q_p.

(4) 给定权函数 w.

(5) 在临界层 $L_{q_p}^F$ 上, 计算权函数 w 的最大值点 δ_w. 注意: δ_w 确定应当考虑工程的特性.

给定重现期 T 下, q_p 对应的一个设计现实可在临界层 $L_{q_p}^F$, 以权函数 w 为最大目标函数, 决策变量为 $\delta_w = [u, v]$, 约束条件为 $u = [0, 1]$, $v = [0, 1]$. 采用优化求

解得 $[u^*, v^*]$. 最后, 按 $x_T = F_X^{-1}(u^*)$, $y_T = F_Y^{-1}(v^*)$ 求得重现期 T 下变量的设计值.

本节给出两种权函数方法.

10.4.1   复合超越设计现实

一个关心的位于临界层 $L_{q_p}^F$ 上的现实是当它们的边际超过最大概率值. 简单说, 我们寻找点 $\boldsymbol{x} = (x_1, \cdots, x_d) \in L_t^F$ 具有最大概率, 其危险现实 $\boldsymbol{y} = (y_1, \cdots, y_d)$ 满足

$$y_1 \geqslant x_1, \cdots, y_d \geqslant x_d \tag{32}$$

或简记 $\boldsymbol{y} > \boldsymbol{x}$, 则有如下定义.

定义 8   概率水平 t 的复合超越设计现实 (component-wise excess design realization)δ_{CE}(图 11) 为

$$\delta_{\mathrm{CE}}(t) = \underset{x \in L_t^F}{\arg\max} \quad w_{CE}(\boldsymbol{x}); \qquad t \in (0, 1) \tag{33}$$

$$w_{\mathrm{CE}}(\boldsymbol{x}) = P(U \in [u(\boldsymbol{x}), 1]) \tag{34}$$

式中, U 具有变量矢量 $\boldsymbol{X}$ 的 Copula C, 为均匀边际分布, $u(\boldsymbol{x}) = (F_1(x_1), \cdots, F_d(x_d))$; $[\boldsymbol{u}, \boldsymbol{1}]$ 为 $\boldsymbol{I}^d$ 上超直角区域, 最低端为 $\boldsymbol{u}$, 最上端为$\boldsymbol{1}$. δ_{CE} 一般采用数值方法求解.

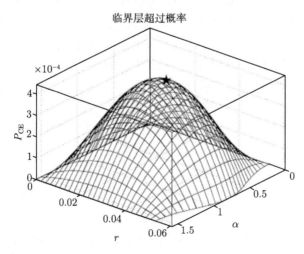

图 11   临界水平 $t^* \approx 0.946537$ 下, 临界超等值曲面 $L_{t^*}^F$ 上的复合超越权函数 w_{CE}

"$\star$" 代表最大值点

10.4.2   最为可能设计现实

另一种方法是考虑多元概率密度, 假定 F 的密度函数 f 在 L_t^F 上有定义, 采用密度逆函数来定义权函数. 显然, 在 L_t^F 上的 f 不一定为一个正确的密度逆函数,

因为它的积分值不等于 1, 然而, 它可以提供有用的信息, 即 L_t^F 上最为可能发生的现实.

定义 9　最为可能权函数 w_{ML} 为

$$w_{ML}(x) = f(x) \tag{35}$$

式中, f 是 $F = C(F_1, \cdots, F_d)$ 的密度函数.

定义 10　概率水平 t 的最为可能设计现实 (most-likely design realization) δ_{ML}(图 12) 为

$$\delta_{\mathrm{ML}}(t) = \arg\max_{x \in L_t^F} w_{ML}(\boldsymbol{x}) = \arg\max_{x \in L_t^F} f(\boldsymbol{x}); \quad t \in (0,1) \tag{36}$$

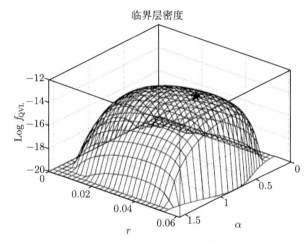

图 12　临界水平 $t^* \approx 0.946537$ 下, 临界超等值曲面 $L_{t^*}^F$ 上的 Most-likely 权函数 w_{ML}

"$\star$" 代表最大值点

10.5　多变量设计值计算实例

引自文献 C. De Michele(2005) 说明多变量设计值计算. 设有年最大洪峰流量 $Q_{\max}$、洪量 V, 其分布服从广义极值分布 (GEV).

$$F_{Q_{\max}}(q) = \begin{cases} \exp\left[-\left(1 - \kappa_Q \dfrac{q - \varepsilon_Q}{\alpha_Q}\right)^{\frac{1}{\kappa_Q}}\right], & q > \varepsilon_Q + \dfrac{\alpha_Q}{\kappa_Q} \\ 0, & \text{其他} \end{cases}$$

$$F_V(v) = \begin{cases} \exp\left[-\left(1 - \kappa_V \dfrac{v - \varepsilon_V}{\alpha_V}\right)^{\frac{1}{\kappa_V}}\right], & q > \varepsilon_V + \dfrac{\alpha_V}{\kappa_V} \\ 0, & \text{其他} \end{cases}$$

经计算, 洪峰流量 $Q_{\max}$、洪量 V 的边际分布参数见表 4.

表 4　洪峰流量 $Q_{\max}$、洪量 V 的边际分布参数计算结果

变量	参数	线性矩法	极大似然法
$Q_{\max}$	ε_Q	57.972	59.221
	α_Q	33.689	35.676
	κ_Q	-0.420	-0.338
V	ε_V	1.744	1.744
	α_V	1.620	1.544
	κ_V	-0.564	-0.570

对于 GEV 分布, $F = \exp\left[-\left(1 - \kappa\dfrac{x-\varepsilon}{\alpha}\right)^{\frac{1}{\kappa}}\right]$, 给定重现期 T, 有 $F = 1 - \dfrac{1}{T}$, 相应设计值 x_T 为 $1 - \dfrac{1}{T} = \exp\left[-\left(1 - \kappa\dfrac{x_T-\varepsilon}{\alpha}\right)^{\frac{1}{\kappa}}\right]$, 即

$$\ln\left(1 - \frac{1}{T}\right) = -\left(1 - \kappa\frac{x_T-\varepsilon}{\alpha}\right)^{\frac{1}{\kappa}}$$

$$-\ln\left(1 - \frac{1}{T}\right) = \left(1 - \kappa\frac{x_T-\varepsilon}{\alpha}\right)^{\frac{1}{\kappa}}$$

$$\left[-\ln\left(1 - \frac{1}{T}\right)\right]^{\kappa} = 1 - \kappa\frac{x_T-\varepsilon}{\alpha}$$

$$\kappa\frac{x_T-\varepsilon}{\alpha} = 1 - \left[-\ln\left(1 - \frac{1}{T}\right)\right]^{\kappa}$$

$$x_T - \varepsilon = \frac{\alpha}{\kappa}\left\{1 - \left[-\ln\left(1 - \frac{1}{T}\right)\right]^{\kappa}\right\}$$

$$\hat{x}_T = \hat{\varepsilon} + \frac{\hat{\alpha}}{\hat{\kappa}}\left\{1 - \left[-\ln\left(1 - \frac{1}{T}\right)\right]^{\hat{\kappa}}\right\}$$

1) T_{OR} 计算

由 $T_{\mathrm{OR}} = \dfrac{\mu}{p^{\vee}_{u,L(u)}} = \dfrac{\mu}{1 - C(u, L(u))} = \dfrac{\mu}{1-t}$, 其中, $v = L(u)$. $v = L(u) = \gamma^{-1}(\gamma(t) - \gamma(u))$. 对于 Gumbel-Houggard Copula, $\gamma(t) = (-\ln t)^{\theta}$. 本例中, $\theta = 3.055$. $\gamma^{-1}(t) = \exp\left(-t^{\frac{1}{\theta}}\right)$. 给定重现期 T 和 μ, 由 $T = \dfrac{\mu}{1-t}$ 计算可得 t. 在 t 给定的情况下, 设置不同的 u, 并满足条件 $t \leqslant u \leqslant 1$, 由 $v = L(u) = \gamma^{-1}(\gamma(t) - \gamma(u))$ 求出相应的 v. 则不同重现期下概率水平 t 的等值线如图 13 所示和见表 5.

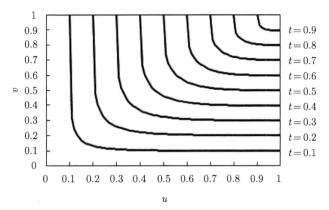

图 13 Gumbel-Houggard Copula "OR" 事件水平曲线

表 5 Gumbel-Houggard Copula $p_{u,v}^{\vee}$ 水平曲线

u	v	$C(u,v)$	u	v	$C(u,v)$	u	v	$C(u,v)$
0.1	1	0.1	0.37	0.10613	0.1	0.64	0.1005	0.1
0.11	0.31541	0.1	0.38	0.10562	0.1	0.65	0.10045	0.1
0.12	0.24452	0.1	0.39	0.10515	0.1	0.66	0.1004	0.1
0.13	0.20853	0.1	0.4	0.10472	0.1	0.67	0.10036	0.1
0.14	0.18608	0.1	0.41	0.10432	0.1	0.68	0.10032	0.1
0.15	0.17057	0.1	0.42	0.10396	0.1	0.69	0.10029	0.1
0.16	0.15917	0.1	0.43	0.10363	0.1	0.7	0.10025	0.1
0.17	0.15044	0.1	0.44	0.10333	0.1	0.71	0.10022	0.1
0.18	0.14353	0.1	0.45	0.10305	0.1	0.72	0.1002	0.1
0.19	0.13794	0.1	0.46	0.1028	0.1	0.73	0.10017	0.1
0.2	0.13333	0.1	0.47	0.10256	0.1	0.74	0.10015	0.1
0.21	0.12947	0.1	0.48	0.10234	0.1	0.75	0.10013	0.1
0.22	0.12621	0.1	0.49	0.10214	0.1	0.76	0.10011	0.1
0.23	0.12341	0.1	0.5	0.10196	0.1	0.77	0.1001	0.1
0.24	0.12099	0.1	0.51	0.10179	0.1	0.78	0.10008	0.1
0.25	0.11888	0.1	0.52	0.10164	0.1	0.79	0.10007	0.1
0.26	0.11704	0.1	0.53	0.10149	0.1	0.8	0.10006	0.1
0.27	0.11541	0.1	0.54	0.10136	0.1	0.81	0.10005	0.1
0.28	0.11397	0.1	0.55	0.10124	0.1	0.82	0.10004	0.1
0.29	0.11269	0.1	0.56	0.10113	0.1	0.83	0.10003	0.1
0.3	0.11154	0.1	0.57	0.10102	0.1	0.84	0.10003	0.1
0.31	0.11051	0.1	0.58	0.10093	0.1	0.85	0.10002	0.1
0.32	0.10959	0.1	0.59	0.10084	0.1	0.86	0.10002	0.1
0.33	0.10875	0.1	0.6	0.10076	0.1	0.87	0.10001	0.1
0.34	0.108	0.1	0.61	0.10069	0.1	0.88	0.10001	0.1
0.35	0.10732	0.1	0.62	0.10062	0.1	0.89	0.10001	0.1
0.36	0.1067	0.1	0.63	0.10056	0.1	0.9	0.10001	0.1

u	v	$C(u,v)$	u	v	$C(u,v)$	u	v	$C(u,v)$
0.91	0.1	0.1	0.51	0.20768	0.2	0.92	0.20001	0.2
0.92	0.1	0.1	0.52	0.207	0.2	0.93	0.20001	0.2
0.93	0.1	0.1	0.53	0.20637	0.2	0.94	0.20001	0.2
0.94	0.1	0.1	0.54	0.20579	0.2	0.95	0.2	0.2
0.95	0.1	0.1	0.55	0.20527	0.2	0.96	0.2	0.2
0.96	0.1	0.1	0.56	0.20478	0.2	0.97	0.2	0.2
0.97	0.1	0.1	0.57	0.20434	0.2	0.98	0.2	0.2
0.98	0.1	0.1	0.58	0.20394	0.2	0.99	0.2	0.2
0.99	0.1	0.1	0.59	0.20356	0.2	1	0.2	0.2
1	0.1	0.1	0.6	0.20322	0.2	0.3	1	0.3
0.2	1	0.2	0.61	0.20291	0.2	0.31	0.58942	0.3
0.21	0.48137	0.2	0.62	0.20262	0.2	0.32	0.52002	0.3
0.22	0.40602	0.2	0.63	0.20236	0.2	0.33	0.47883	0.3
0.23	0.36349	0.2	0.64	0.20212	0.2	0.34	0.45013	0.3
0.24	0.3349	0.2	0.65	0.2019	0.2	0.35	0.42853	0.3
0.25	0.314	0.2	0.66	0.2017	0.2	0.36	0.41151	0.3
0.26	0.2979	0.2	0.67	0.20152	0.2	0.37	0.39768	0.3
0.27	0.28509	0.2	0.68	0.20135	0.2	0.38	0.38619	0.3
0.28	0.27462	0.2	0.69	0.2012	0.2	0.39	0.37648	0.3
0.29	0.26591	0.2	0.7	0.20106	0.2	0.4	0.36818	0.3
0.3	0.25855	0.2	0.71	0.20094	0.2	0.41	0.361	0.3
0.31	0.25226	0.2	0.72	0.20082	0.2	0.42	0.35473	0.3
0.32	0.24683	0.2	0.73	0.20072	0.2	0.43	0.34923	0.3
0.33	0.2421	0.2	0.74	0.20063	0.2	0.44	0.34437	0.3
0.34	0.23795	0.2	0.75	0.20055	0.2	0.45	0.34005	0.3
0.35	0.23429	0.2	0.76	0.20048	0.2	0.46	0.3362	0.3
0.36	0.23105	0.2	0.77	0.20041	0.2	0.47	0.33275	0.3
0.37	0.22816	0.2	0.78	0.20035	0.2	0.48	0.32966	0.3
0.38	0.22557	0.2	0.79	0.2003	0.2	0.49	0.32687	0.3
0.39	0.22325	0.2	0.8	0.20025	0.2	0.5	0.32435	0.3
0.4	0.22116	0.2	0.81	0.20021	0.2	0.51	0.32207	0.3
0.41	0.21927	0.2	0.82	0.20018	0.2	0.52	0.32	0.3
0.42	0.21757	0.2	0.83	0.20015	0.2	0.53	0.31813	0.3
0.43	0.21602	0.2	0.84	0.20012	0.2	0.54	0.31643	0.3
0.44	0.21461	0.2	0.85	0.2001	0.2	0.55	0.31488	0.3
0.45	0.21333	0.2	0.86	0.20008	0.2	0.56	0.31347	0.3
0.46	0.21216	0.2	0.87	0.20006	0.2	0.57	0.31218	0.3
0.47	0.2111	0.2	0.88	0.20005	0.2	0.58	0.31101	0.3
0.48	0.21013	0.2	0.89	0.20003	0.2	0.59	0.30994	0.3
0.49	0.20924	0.2	0.9	0.20003	0.2	0.6	0.30897	0.3
0.5	0.20842	0.2	0.91	0.20002	0.2	0.61	0.30808	0.3

续表

u	v	$C(u,v)$	u	v	$C(u,v)$	u	v	$C(u,v)$
0.62	0.30727	0.3	0.42	0.60858	0.4	0.85	0.40061	0.4
0.63	0.30653	0.3	0.43	0.57124	0.4	0.86	0.40049	0.4
0.64	0.30585	0.3	0.44	0.54466	0.4	0.87	0.40038	0.4
0.65	0.30524	0.3	0.45	0.52433	0.4	0.88	0.40029	0.4
0.66	0.30468	0.3	0.46	0.50809	0.4	0.89	0.40022	0.4
0.67	0.30417	0.3	0.47	0.49475	0.4	0.9	0.40016	0.4
0.68	0.30371	0.3	0.48	0.48356	0.4	0.91	0.40012	0.4
0.69	0.30329	0.3	0.49	0.47404	0.4	0.92	0.40008	0.4
0.7	0.30291	0.3	0.5	0.46584	0.4	0.93	0.40005	0.4
0.71	0.30257	0.3	0.51	0.45871	0.4	0.94	0.40003	0.4
0.72	0.30226	0.3	0.52	0.45246	0.4	0.95	0.40002	0.4
0.73	0.30198	0.3	0.53	0.44696	0.4	0.96	0.40001	0.4
0.74	0.30173	0.3	0.54	0.44208	0.4	0.97	0.4	0.4
0.75	0.3015	0.3	0.55	0.43775	0.4	0.98	0.4	0.4
0.76	0.3013	0.3	0.56	0.43387	0.4	0.99	0.4	0.4
0.77	0.30112	0.3	0.57	0.4304	0.4	1	0.4	0.4
0.78	0.30096	0.3	0.58	0.42729	0.4	0.5	1	0.5
0.79	0.30081	0.3	0.59	0.42449	0.4	0.51	0.73418	0.5
0.8	0.30069	0.3	0.6	0.42197	0.4	0.52	0.68196	0.5
0.81	0.30058	0.3	0.61	0.41969	0.4	0.53	0.64944	0.5
0.82	0.30048	0.3	0.62	0.41764	0.4	0.54	0.626	0.5
0.83	0.3004	0.3	0.63	0.41578	0.4	0.55	0.60791	0.5
0.84	0.30032	0.3	0.64	0.4141	0.4	0.56	0.59336	0.5
0.85	0.30026	0.3	0.65	0.41258	0.4	0.57	0.58135	0.5
0.86	0.30021	0.3	0.66	0.4112	0.4	0.58	0.57124	0.5
0.87	0.30016	0.3	0.67	0.40996	0.4	0.59	0.56262	0.5
0.88	0.30013	0.3	0.68	0.40884	0.4	0.6	0.55518	0.5
0.89	0.30009	0.3	0.69	0.40782	0.4	0.61	0.54872	0.5
0.9	0.30007	0.3	0.7	0.40691	0.4	0.62	0.54306	0.5
0.91	0.30005	0.3	0.71	0.40608	0.4	0.63	0.53808	0.5
0.92	0.30003	0.3	0.72	0.40534	0.4	0.64	0.53369	0.5
0.93	0.30002	0.3	0.73	0.40467	0.4	0.65	0.52979	0.5
0.94	0.30001	0.3	0.74	0.40407	0.4	0.66	0.52633	0.5
0.95	0.30001	0.3	0.75	0.40353	0.4	0.67	0.52325	0.5
0.96	0.3	0.3	0.76	0.40305	0.4	0.68	0.5205	0.5
0.97	0.3	0.3	0.77	0.40263	0.4	0.69	0.51805	0.5
0.98	0.3	0.3	0.78	0.40225	0.4	0.7	0.51586	0.5
0.99	0.3	0.3	0.79	0.40191	0.4	0.71	0.5139	0.5
1	0.3	0.3	0.8	0.40161	0.4	0.72	0.51216	0.5
0.4	1	0.4	0.81	0.40135	0.4	0.73	0.5106	0.5
0.41	0.66968	0.4	0.82	0.40113	0.4	0.74	0.50921	0.5
			0.83	0.40093	0.4	0.75	0.50797	0.5
			0.84	0.40076	0.4	0.76	0.50688	0.5

u	v	$C(u,v)$	u	v	$C(u,v)$	u	v	$C(u,v)$
0.77	0.5059	0.5	0.78	0.61165	0.6	0.9	0.70199	0.7
0.78	0.50504	0.5	0.79	0.60984	0.6	0.91	0.70141	0.7
0.79	0.50428	0.5	0.8	0.60827	0.6	0.92	0.70097	0.7
0.8	0.50361	0.5	0.81	0.6069	0.6	0.93	0.70063	0.7
0.81	0.50302	0.5	0.82	0.60572	0.6	0.94	0.70039	0.7
0.82	0.50251	0.5	0.83	0.6047	0.6	0.95	0.70022	0.7
0.83	0.50207	0.5	0.84	0.60382	0.6	0.96	0.70011	0.7
0.84	0.50168	0.5	0.85	0.60307	0.6	0.97	0.70004	0.7
0.85	0.50136	0.5	0.86	0.60244	0.6	0.98	0.70001	0.7
0.86	0.50108	0.5	0.87	0.60191	0.6	0.99	0.7	0.7
0.87	0.50085	0.5	0.88	0.60147	0.6	1	0.7	0.7
0.88	0.50065	0.5	0.89	0.6011	0.6	0.8	1	0.8
0.89	0.50049	0.5	0.9	0.60081	0.6	0.81	0.8846	0.8
0.9	0.50036	0.5	0.91	0.60058	0.6	0.82	0.86015	0.8
0.91	0.50026	0.5	0.92	0.6004	0.6	0.83	0.84498	0.8
0.92	0.50018	0.5	0.93	0.60026	0.6	0.84	0.83426	0.8
0.93	0.50012	0.5	0.94	0.60016	0.6	0.85	0.82625	0.8
0.94	0.50007	0.5	0.95	0.60009	0.6	0.86	0.82008	0.8
0.95	0.50004	0.5	0.96	0.60004	0.6	0.87	0.81526	0.8
0.96	0.50002	0.5	0.97	0.60002	0.6	0.88	0.81147	0.8
0.97	0.50001	0.5	0.98	0.60001	0.6	0.89	0.80848	0.8
0.98	0.5	0.5	0.99	0.6	0.6	0.9	0.80614	0.8
0.99	0.5	0.5	1	0.6	0.6	0.91	0.80433	0.8
1	0.5	0.5	0.7	1	0.7	0.92	0.80294	0.8
0.6	1	0.6	0.71	0.83819	0.7	0.93	0.80191	0.8
0.61	0.78908	0.6	0.72	0.80412	0.7	0.94	0.80117	0.8
0.62	0.74585	0.6	0.73	0.78265	0.7	0.95	0.80066	0.8
0.63	0.71865	0.6	0.74	0.76713	0.7	0.96	0.80033	0.8
0.64	0.69894	0.6	0.75	0.7552	0.7	0.97	0.80013	0.8
0.65	0.68368	0.6	0.76	0.74568	0.7	0.98	0.80004	0.8
0.66	0.67141	0.6	0.77	0.73793	0.7	0.99	0.8	0.8
0.67	0.66128	0.6	0.78	0.73151	0.7	1	0.8	0.8
0.68	0.65279	0.6	0.79	0.72615	0.7	0.9	1	0.9
0.69	0.64558	0.6	0.8	0.72164	0.7	0.91	0.93236	0.9
0.7	0.63939	0.6	0.81	0.71784	0.7	0.92	0.91892	0.9
0.71	0.63405	0.6	0.82	0.71463	0.7	0.93	0.91132	0.9
0.72	0.62941	0.6	0.83	0.71191	0.7	0.94	0.90658	0.9
0.73	0.62538	0.6	0.84	0.70961	0.7	0.95	0.90359	0.9
0.74	0.62185	0.6	0.85	0.70768	0.7	0.96	0.90175	0.9
0.75	0.61877	0.6	0.86	0.70607	0.7	0.97	0.90071	0.9
0.76	0.61607	0.6	0.87	0.70473	0.7	0.98	0.9002	0.9
0.77	0.61371	0.6	0.88	0.70362	0.7	0.99	0.90002	0.9
			0.89	0.70272	0.7	1	0.9	0.9

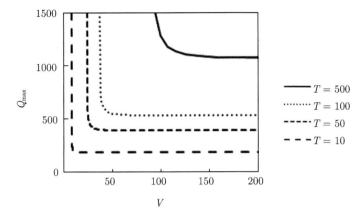

图 14　"OR" 事件重现期等值线图

给定重现期 $T = 500, 100, 50, 10$, 由 $T = \dfrac{\mu}{1-t}$ 计算可得概率水平 $t = 0.998, 0.99,$ $0.98, 0.90$. 可分别计算 (u, v) 组合, 再由 $F = \exp\left[-\left(1 - \kappa \dfrac{x - \varepsilon}{\alpha}\right)^{\frac{1}{\kappa}}\right]$, $\hat{x}_F = \hat{\varepsilon} + \dfrac{\hat{\alpha}}{\hat{\kappa}}\left[1 - (-\ln F)^{\hat{\kappa}}\right]$ 计算出相应的 $Q_{\max}$ 和 V. 重现期等值线图如图 14 所示, 计算结果见表 6.

表 6　"OR" 事件重现期等值线计算结果

u	v	$Q_{\max}$	V	$C(u,v)$	u	v	$Q_{\max}$	V	$C(u,v)$
0.9980	1.0000	94.4171	1500.0000	0.9980	0.9914	0.9928	40.7628	612.5013	0.9900
0.9982	0.9987	100.2725	1279.7566	0.9980	0.9916	0.9925	41.3248	602.8183	0.9900
0.9984	0.9984	107.2434	1179.0918	0.9980	0.9918	0.9923	41.9082	594.6275	0.9900
0.9986	0.9983	115.7269	1131.4112	0.9980	0.9920	0.9920	42.5142	587.5948	0.9900
0.9988	0.9982	126.3483	1104.1264	0.9980	0.9922	0.9919	43.1444	581.4858	0.9900
0.9990	0.9981	140.1623	1087.6137	0.9980	0.9924	0.9917	43.8003	576.1299	0.9900
0.9992	0.9980	159.1206	1077.6906	0.9980	0.9926	0.9915	44.4838	571.3993	0.9900
0.9994	0.9980	187.3603	1072.0907	0.9980	0.9928	0.9914	45.1967	567.1959	0.9900
0.9996	0.9980	235.8044	1069.3547	0.9980	0.9930	0.9912	45.9413	563.4428	0.9900
0.9998	0.9980	349.1639	1068.3869	0.9980	0.9932	0.9911	46.7199	560.0784	0.9900
0.9900	1.0000	37.3314	1500.0000	0.9900	0.9934	0.9910	47.5351	557.0531	0.9900
0.9902	0.9960	37.7743	792.7651	0.9900	0.9936	0.9909	48.3898	554.3259	0.9900
0.9904	0.9950	38.2316	720.8231	0.9900	0.9938	0.9908	49.2874	551.8627	0.9900
0.9906	0.9944	38.7040	682.5753	0.9900	0.9940	0.9907	50.2313	549.6351	0.9900
0.9908	0.9938	39.1924	657.2219	0.9900	0.9942	0.9907	51.2257	547.6186	0.9900
0.9910	0.9934	39.6977	638.6297	0.9900	0.9944	0.9906	52.2753	545.7925	0.9900
0.9912	0.9931	40.2208	624.1752	0.9900	0.9946	0.9905	53.3850	544.1387	0.9900

续表

u	v	Q_{max}	V	$C(u,v)$	u	v	Q_{max}	V	$C(u,v)$
0.9948	0.9905	54.5610	542.6416	0.9900	0.9830	0.9852	27.3271	447.1704	0.9800
0.9950	0.9904	55.8098	541.2875	0.9900	0.9832	0.9850	27.5193	443.7257	0.9800
0.9952	0.9904	57.1392	540.0640	0.9900	0.9834	0.9847	27.7151	440.5571	0.9800
0.9954	0.9903	58.5582	538.9604	0.9900	0.9836	0.9845	27.9147	437.6310	0.9800
0.9956	0.9903	60.0769	537.9671	0.9900	0.9838	0.9843	28.1180	434.9196	0.9800
0.9958	0.9902	61.7076	537.0752	0.9900	0.9840	0.9841	28.3253	432.3992	0.9800
0.9960	0.9902	63.4644	536.2768	0.9900	0.9842	0.9839	28.5367	430.0502	0.9800
0.9962	0.9902	65.3640	535.5647	0.9900	0.9844	0.9837	28.7523	427.8555	0.9800
0.9964	0.9901	67.4268	534.9322	0.9900	0.9846	0.9835	28.9723	425.8007	0.9800
0.9966	0.9901	69.6768	534.3731	0.9900	0.9848	0.9833	29.1968	423.8729	0.9800
0.9968	0.9901	72.1438	533.8817	0.9900	0.9850	0.9832	29.4259	422.0612	0.9800
0.9970	0.9901	74.8643	533.4527	0.9900	0.9852	0.9830	29.6599	420.3560	0.9800
0.9972	0.9901	77.8841	533.0810	0.9900	0.9854	0.9829	29.8988	418.7487	0.9800
0.9974	0.9901	81.2612	532.7618	0.9900	0.9856	0.9827	30.1429	417.2318	0.9800
0.9976	0.9900	85.0707	532.4906	0.9900	0.9858	0.9826	30.3924	415.7985	0.9800
0.9978	0.9900	89.4115	532.2630	0.9900	0.9860	0.9825	30.6474	414.4428	0.9800
0.9980	0.9900	94.4171	532.0748	0.9900	0.9862	0.9823	30.9081	413.1594	0.9800
0.9982	0.9900	100.2725	531.9221	0.9900	0.9864	0.9822	31.1748	411.9434	0.9800
0.9984	0.9900	107.2434	531.8008	0.9900	0.9866	0.9821	31.4477	410.7904	0.9800
0.9986	0.9900	115.7269	531.7072	0.9900	0.9868	0.9820	31.7271	409.6964	0.9800
0.9988	0.9900	126.3483	531.6375	0.9900	0.9870	0.9819	32.0131	408.6578	0.9800
0.9990	0.9900	140.1623	531.5881	0.9900	0.9872	0.9818	32.3061	407.6713	0.9800
0.9992	0.9900	159.1206	531.5553	0.9900	0.9874	0.9817	32.6063	406.7339	0.9800
0.9994	0.9900	187.3603	531.5358	0.9900	0.9876	0.9816	32.9140	405.8428	0.9800
0.9996	0.9900	235.8044	531.5259	0.9900	0.9878	0.9815	33.2296	404.9954	0.9800
0.9998	0.9900	349.1639	531.5224	0.9900	0.9880	0.9815	33.5534	404.1895	0.9800
0.9800	1.0000	24.8126	1500.0000	0.9800	0.9882	0.9814	33.8857	403.4228	0.9800
0.9802	0.9936	24.9615	644.9806	0.9800	0.9884	0.9813	34.2269	402.6933	0.9800
0.9804	0.9920	25.1128	585.2130	0.9800	0.9886	0.9812	34.5775	401.9992	0.9800
0.9806	0.9909	25.2666	553.1129	0.9800	0.9888	0.9812	34.9377	401.3388	0.9800
0.9808	0.9900	25.4228	531.6075	0.9800	0.9890	0.9811	35.3082	400.7103	0.9800
0.9810	0.9893	25.5816	515.6599	0.9800	0.9892	0.9810	35.6893	400.1124	0.9800
0.9812	0.9887	25.7431	503.1138	0.9800	0.9894	0.9810	36.0816	399.5436	0.9800
0.9814	0.9881	25.9072	492.8536	0.9800	0.9896	0.9809	36.4857	399.0025	0.9800
0.9816	0.9877	26.0741	484.2296	0.9800	0.9898	0.9809	36.9021	398.4880	0.9800
0.9818	0.9872	26.2439	476.8315	0.9800	0.9900	0.9808	37.3314	397.9988	0.9800
0.9820	0.9868	26.4166	470.3842	0.9800	0.9902	0.9808	37.7743	397.5340	0.9800
0.9822	0.9864	26.5923	464.6946	0.9800	0.9904	0.9807	38.2316	397.0923	0.9800
0.9824	0.9861	26.7711	459.6222	0.9800	0.9906	0.9807	38.7040	396.6730	0.9800
0.9826	0.9858	26.9531	455.0617	0.9800	0.9908	0.9806	39.1924	396.2749	0.9800
0.9828	0.9855	27.1384	450.9322	0.9800	0.9910	0.9806	39.6977	395.8973	0.9800

u	v	$Q_{\max}$	V	$C(u,v)$	u	v	$Q_{\max}$	V	$C(u,v)$
0.9912	0.9805	40.2208	395.5394	0.9800	0.9990	0.9800	140.1623	390.7819	0.9800
0.9914	0.9805	40.7628	395.2002	0.9800	0.9992	0.9800	159.1206	390.7790	0.9800
0.9916	0.9805	41.3248	394.8791	0.9800	0.9994	0.9800	187.3603	390.7773	0.9800
0.9918	0.9804	41.9082	394.5754	0.9800	0.9996	0.9800	235.8044	390.7764	0.9800
0.9920	0.9804	42.5142	394.2883	0.9800	0.9998	0.9800	349.1639	390.7761	0.9800
0.9922	0.9804	43.1444	394.0172	0.9800	0.9000	1.0000	9.0915	1500.0000	0.9000
0.9924	0.9803	43.8003	393.7615	0.9800	0.9002	0.9800	9.1037	390.8563	0.9000
0.9926	0.9803	44.4838	393.5205	0.9800	0.9004	0.9750	9.1159	353.4261	0.9000
0.9928	0.9803	45.1967	393.2937	0.9800	0.9006	0.9715	9.1282	333.1697	0.9000
0.9930	0.9803	45.9413	393.0805	0.9800	0.9008	0.9688	9.1405	319.4946	0.9000
0.9932	0.9802	46.7199	392.8804	0.9800	0.9010	0.9665	9.1528	309.2742	0.9000
0.9934	0.9802	47.5351	392.6928	0.9800	0.9012	0.9645	9.1652	301.1694	0.9000
0.9936	0.9802	48.3898	392.5173	0.9800	0.9014	0.9627	9.1776	294.4871	0.9000
0.9938	0.9802	49.2874	392.3533	0.9800	0.9016	0.9611	9.1900	288.8235	0.9000
0.9940	0.9802	50.2313	392.2003	0.9800	0.9018	0.9596	9.2025	283.9233	0.9000
0.9942	0.9802	51.2257	392.0580	0.9800	0.9020	0.9583	9.2150	279.6154	0.9000
0.9944	0.9801	52.2753	391.9258	0.9800	0.9022	0.9570	9.2276	275.7797	0.9000
0.9946	0.9801	53.3850	391.8033	0.9800	0.9024	0.9558	9.2402	272.3286	0.9000
0.9948	0.9801	54.5610	391.6901	0.9800	0.9026	0.9547	9.2528	269.1967	0.9000
0.9950	0.9801	55.8098	391.5858	0.9800	0.9028	0.9537	9.2655	266.3334	0.9000
0.9952	0.9801	57.1392	391.4900	0.9800	0.9030	0.9527	9.2782	263.6993	0.9000
0.9954	0.9801	58.5582	391.4022	0.9800	0.9032	0.9517	9.2910	261.2628	0.9000
0.9956	0.9801	60.0769	391.3221	0.9800	0.9034	0.9508	9.3038	258.9984	0.9000
0.9958	0.9801	61.7076	391.2492	0.9800	0.9036	0.9499	9.3166	256.8851	0.9000
0.9960	0.9801	63.4644	391.1833	0.9800	0.9038	0.9491	9.3295	254.9055	0.9000
0.9962	0.9800	65.3640	391.1239	0.9800	0.9040	0.9483	9.3424	253.0450	0.9000
0.9964	0.9800	67.4268	391.0707	0.9800	0.9042	0.9475	9.3554	251.2910	0.9000
0.9966	0.9800	69.6768	391.0233	0.9800	0.9044	0.9468	9.3684	249.6332	0.9000
0.9968	0.9800	72.1438	390.9814	0.9800	0.9046	0.9461	9.3815	248.0622	0.9000
0.9970	0.9800	74.8643	390.9445	0.9800	0.9048	0.9454	9.3945	246.5703	0.9000
0.9972	0.9800	77.8841	390.9124	0.9800	0.9050	0.9447	9.4077	245.1505	0.9000
0.9974	0.9800	81.2612	390.8847	0.9800	0.9052	0.9441	9.4209	243.7968	0.9000
0.9976	0.9800	85.0707	390.8611	0.9800	0.9054	0.9434	9.4341	242.5039	0.9000
0.9978	0.9800	89.4115	390.8412	0.9800	0.9056	0.9428	9.4473	241.2670	0.9000
0.9980	0.9800	94.4171	390.8247	0.9800	0.9058	0.9422	9.4606	240.0820	0.9000
0.9982	0.9800	100.2725	390.8113	0.9800	0.9060	0.9416	9.4740	238.9450	0.9000
0.9984	0.9800	107.2434	390.8006	0.9800	0.9062	0.9411	9.4874	237.8528	0.9000
0.9986	0.9800	115.7269	390.7924	0.9800	0.9064	0.9405	9.5008	236.8022	0.9000
0.9988	0.9800	126.3483	390.7862	0.9800	0.9066	0.9400	9.5143	235.7905	0.9000

续表

u	v	Q_{max}	V	$C(u,v)$	u	v	Q_{max}	V	$C(u,v)$
0.9068	0.9394	9.5278	234.8153	0.9000	0.9150	0.9245	10.1241	211.3713	0.9000
0.9070	0.9389	9.5414	233.8743	0.9000	0.9152	0.9243	10.1397	211.0216	0.9000
0.9072	0.9384	9.5550	232.9655	0.9000	0.9154	0.9240	10.1554	210.6780	0.9000
0.9074	0.9379	9.5687	232.0868	0.9000	0.9156	0.9238	10.1712	210.3403	0.9000
0.9076	0.9374	9.5824	231.2367	0.9000	0.9158	0.9235	10.1870	210.0083	0.9000
0.9078	0.9370	9.5961	230.4135	0.9000	0.9160	0.9233	10.2029	209.6820	0.9000
0.9080	0.9365	9.6099	229.6158	0.9000	0.9162	0.9230	10.2188	209.3612	0.9000
0.9082	0.9361	9.6238	228.8423	0.9000	0.9164	0.9228	10.2348	209.0456	0.9000
0.9084	0.9356	9.6377	228.0916	0.9000	0.9166	0.9226	10.2508	208.7353	0.9000
0.9086	0.9352	9.6516	227.3627	0.9000	0.9168	0.9223	10.2669	208.4300	0.9000
0.9088	0.9348	9.6656	226.6544	0.9000	0.9170	0.9221	10.2831	208.1296	0.9000
0.9090	0.9343	9.6796	225.9658	0.9000	0.9172	0.9219	10.2993	207.8340	0.9000
0.9092	0.9339	9.6937	225.2959	0.9000	0.9174	0.9216	10.3156	207.5430	0.9000
0.9094	0.9335	9.7079	224.6439	0.9000	0.9176	0.9214	10.3320	207.2567	0.9000
0.9096	0.9331	9.7220	224.0090	0.9000	0.9178	0.9212	10.3484	206.9748	0.9000
0.9098	0.9328	9.7363	223.3904	0.9000	0.9180	0.9210	10.3649	206.6972	0.9000
0.9100	0.9324	9.7505	222.7874	0.9000	0.9182	0.9208	10.3814	206.4239	0.9000
0.9102	0.9320	9.7649	222.1994	0.9000	0.9184	0.9205	10.3980	206.1547	0.9000
0.9104	0.9316	9.7792	221.6258	0.9000	0.9186	0.9203	10.4147	205.8896	0.9000
0.9106	0.9313	9.7936	221.0658	0.9000	0.9188	0.9201	10.4314	205.6284	0.9000
0.9108	0.9309	9.8081	220.5191	0.9000	0.9190	0.9199	10.4482	205.3711	0.9000
0.9110	0.9306	9.8226	219.9850	0.9000	0.9192	0.9197	10.4650	205.1176	0.9000
0.9112	0.9302	9.8372	219.4632	0.9000	0.9194	0.9195	10.4820	204.8677	0.9000
0.9114	0.9299	9.8518	218.9531	0.9000	0.9196	0.9193	10.4989	204.6215	0.9000
0.9116	0.9295	9.8665	218.4542	0.9000	0.9198	0.9191	10.5160	204.3788	0.9000
0.9118	0.9292	9.8812	217.9663	0.9000	0.9200	0.9189	10.5331	204.1396	0.9000
0.9120	0.9289	9.8960	217.4888	0.9000	0.9202	0.9187	10.5503	203.9038	0.9000
0.9122	0.9286	9.9108	217.0214	0.9000	0.9204	0.9185	10.5675	203.6713	0.9000
0.9124	0.9283	9.9257	216.5638	0.9000	0.9206	0.9184	10.5848	203.4420	0.9000
0.9126	0.9279	9.9407	216.1157	0.9000	0.9208	0.9182	10.6022	203.2159	0.9000
0.9128	0.9276	9.9556	215.6766	0.9000	0.9210	0.9180	10.6197	202.9929	0.9000
0.9130	0.9273	9.9707	215.2464	0.9000	0.9212	0.9178	10.6372	202.7730	0.9000
0.9132	0.9270	9.9858	214.8247	0.9000	0.9214	0.9176	10.6548	202.5560	0.9000
0.9134	0.9267	10.0009	214.4112	0.9000	0.9216	0.9174	10.6724	202.3420	0.9000
0.9136	0.9265	10.0161	214.0057	0.9000	0.9218	0.9173	10.6902	202.1309	0.9000
0.9138	0.9262	10.0314	213.6080	0.9000	0.9220	0.9171	10.7080	201.9225	0.9000
0.9140	0.9259	10.0467	213.2177	0.9000	0.9222	0.9169	10.7258	201.7170	0.9000
0.9142	0.9256	10.0620	212.8347	0.9000	0.9224	0.9167	10.7438	201.5141	0.9000
0.9144	0.9253	10.0775	212.4588	0.9000	0.9226	0.9166	10.7618	201.3139	0.9000
0.9146	0.9251	10.0929	212.0897	0.9000	0.9228	0.9164	10.7799	201.1163	0.9000
0.9148	0.9248	10.1085	211.7273	0.9000	0.9230	0.9162	10.7980	200.9213	0.9000

u	v	Q_{max}	V	$C(u,v)$	u	v	Q_{max}	V	$C(u,v)$
0.9232	0.9161	10.8162	200.7288	0.9000	0.9314	0.9105	11.6330	194.5482	0.9000
0.9234	0.9159	10.8345	200.5387	0.9000	0.9316	0.9104	11.6548	194.4308	0.9000
0.9236	0.9157	10.8529	200.3511	0.9000	0.9318	0.9103	11.6767	194.3146	0.9000
0.9238	0.9156	10.8714	200.1658	0.9000	0.9320	0.9102	11.6987	194.1997	0.9000
0.9240	0.9154	10.8899	199.9829	0.9000	0.9322	0.9101	11.7208	194.0861	0.9000
0.9242	0.9153	10.9085	199.8023	0.9000	0.9324	0.9100	11.7430	193.9736	0.9000
0.9244	0.9151	10.9272	199.6239	0.9000	0.9326	0.9099	11.7653	193.8624	0.9000
0.9246	0.9150	10.9459	199.4477	0.9000	0.9328	0.9098	11.7877	193.7524	0.9000
0.9248	0.9148	10.9647	199.2737	0.9000	0.9330	0.9097	11.8102	193.6435	0.9000
0.9250	0.9147	10.9837	199.1019	0.9000	0.9332	0.9096	11.8328	193.5358	0.9000
0.9252	0.9145	11.0026	198.9321	0.9000	0.9334	0.9095	11.8555	193.4292	0.9000
0.9254	0.9144	11.0217	198.7644	0.9000	0.9336	0.9094	11.8784	193.3238	0.9000
0.9256	0.9142	11.0408	198.5988	0.9000	0.9338	0.9093	11.9013	193.2195	0.9000
0.9258	0.9141	11.0601	198.4351	0.9000	0.9340	0.9092	11.9243	193.1163	0.9000
0.9260	0.9139	11.0794	198.2734	0.9000	0.9342	0.9091	11.9475	193.0142	0.9000
0.9262	0.9138	11.0987	198.1136	0.9000	0.9344	0.9090	11.9707	192.9131	0.9000
0.9264	0.9136	11.1182	197.9558	0.9000	0.9346	0.9089	11.9941	192.8131	0.9000
0.9266	0.9135	11.1378	197.7998	0.9000	0.9348	0.9088	12.0175	192.7142	0.9000
0.9268	0.9134	11.1574	197.6456	0.9000	0.9350	0.9087	12.0411	192.6163	0.9000
0.9270	0.9132	11.1771	197.4933	0.9000	0.9352	0.9086	12.0648	192.5194	0.9000
0.9272	0.9131	11.1969	197.3427	0.9000	0.9354	0.9085	12.0886	192.4235	0.9000
0.9274	0.9130	11.2168	197.1939	0.9000	0.9356	0.9084	12.1125	192.3287	0.9000
0.9276	0.9128	11.2367	197.0468	0.9000	0.9358	0.9083	12.1366	192.2348	0.9000
0.9278	0.9127	11.2568	196.9014	0.9000	0.9360	0.9082	12.1607	192.1419	0.9000
0.9280	0.9126	11.2769	196.7577	0.9000	0.9362	0.9081	12.1850	192.0499	0.9000
0.9282	0.9124	11.2971	196.6157	0.9000	0.9364	0.9081	12.2094	191.9589	0.9000
0.9284	0.9123	11.3175	196.4752	0.9000	0.9366	0.9080	12.2339	191.8689	0.9000
0.9286	0.9122	11.3379	196.3364	0.9000	0.9368	0.9079	12.2585	191.7798	0.9000
0.9288	0.9121	11.3583	196.1991	0.9000	0.9370	0.9078	12.2833	191.6916	0.9000
0.9290	0.9119	11.3789	196.0634	0.9000	0.9372	0.9077	12.3082	191.6043	0.9000
0.9292	0.9118	11.3996	195.9293	0.9000	0.9374	0.9076	12.3332	191.5179	0.9000
0.9294	0.9117	11.4203	195.7966	0.9000	0.9376	0.9075	12.3583	191.4323	0.9000
0.9296	0.9116	11.4412	195.6654	0.9000	0.9378	0.9075	12.3835	191.3477	0.9000
0.9298	0.9114	11.4621	195.5357	0.9000	0.9380	0.9074	12.4089	191.2639	0.9000
0.9300	0.9113	11.4832	195.4074	0.9000	0.9382	0.9073	12.4344	191.1810	0.9000
0.9302	0.9112	11.5043	195.2806	0.9000	0.9384	0.9072	12.4600	191.0990	0.9000
0.9304	0.9111	11.5255	195.1551	0.9000	0.9386	0.9071	12.4858	191.0177	0.9000
0.9306	0.9110	11.5468	195.0310	0.9000	0.9388	0.9071	12.5117	190.9374	0.9000
0.9308	0.9109	11.5682	194.9083	0.9000	0.9390	0.9070	12.5377	190.8578	0.9000
0.9310	0.9108	11.5897	194.7870	0.9000	0.9392	0.9069	12.5638	190.7790	0.9000
0.9312	0.9106	11.6113	194.6670	0.9000	0.9394	0.9068	12.5901	190.7011	0.9000

u	v	Q_{max}	V	$C(u,v)$	u	v	Q_{max}	V	$C(u,v)$
0.9396	0.9067	12.6165	190.6239	0.9000	0.9476	0.9042	13.7986	188.1014	0.9000
0.9398	0.9067	12.6431	190.5475	0.9000	0.9478	0.9041	13.8317	188.0506	0.9000
0.9400	0.9066	12.6698	190.4719	0.9000	0.9480	0.9041	13.8650	188.0003	0.9000
0.9402	0.9065	12.6966	190.3970	0.9000	0.9482	0.9040	13.8985	187.9505	0.9000
0.9404	0.9064	12.7236	190.3230	0.9000	0.9484	0.9040	13.9322	187.9012	0.9000
0.9406	0.9064	12.7507	190.2496	0.9000	0.9486	0.9039	13.9662	187.8525	0.9000
0.9408	0.9063	12.7779	190.1770	0.9000	0.9488	0.9039	14.0003	187.8042	0.9000
0.9410	0.9062	12.8053	190.1052	0.9000	0.9490	0.9038	14.0346	187.7565	0.9000
0.9412	0.9062	12.8329	190.0341	0.9000	0.9492	0.9038	14.0691	187.7092	0.9000
0.9414	0.9061	12.8606	189.9637	0.9000	0.9494	0.9037	14.1039	187.6624	0.9000
0.9416	0.9060	12.8884	189.8940	0.9000	0.9496	0.9037	14.1388	187.6161	0.9000
0.9418	0.9059	12.9164	189.8250	0.9000	0.9498	0.9036	14.1740	187.5703	0.9000
0.9420	0.9059	12.9445	189.7567	0.9000	0.9500	0.9036	14.2094	187.5250	0.9000
0.9422	0.9058	12.9728	189.6891	0.9000	0.9502	0.9035	14.2450	187.4801	0.9000
0.9424	0.9057	13.0012	189.6222	0.9000	0.9504	0.9035	14.2809	187.4357	0.9000
0.9426	0.9057	13.0298	189.5560	0.9000	0.9506	0.9035	14.3169	187.3917	0.9000
0.9428	0.9056	13.0585	189.4904	0.9000	0.9508	0.9034	14.3532	187.3483	0.9000
0.9430	0.9055	13.0874	189.4255	0.9000	0.9510	0.9034	14.3897	187.3052	0.9000
0.9432	0.9055	13.1165	189.3612	0.9000	0.9512	0.9033	14.4265	187.2626	0.9000
0.9434	0.9054	13.1457	189.2976	0.9000	0.9514	0.9033	14.4635	187.2205	0.9000
0.9436	0.9053	13.1751	189.2347	0.9000	0.9516	0.9032	14.5007	187.1788	0.9000
0.9438	0.9053	13.2046	189.1724	0.9000	0.9518	0.9032	14.5382	187.1376	0.9000
0.9440	0.9052	13.2343	189.1107	0.9000	0.9520	0.9031	14.5759	187.0967	0.9000
0.9442	0.9052	13.2642	189.0496	0.9000	0.9522	0.9031	14.6138	187.0563	0.9000
0.9444	0.9051	13.2942	188.9892	0.9000	0.9524	0.9031	14.6520	187.0164	0.9000
0.9446	0.9050	13.3244	188.9293	0.9000	0.9526	0.9030	14.6905	186.9768	0.9000
0.9448	0.9050	13.3547	188.8701	0.9000	0.9528	0.9030	14.7292	186.9377	0.9000
0.9450	0.9049	13.3853	188.8115	0.9000	0.9530	0.9029	14.7681	186.8990	0.9000
0.9452	0.9049	13.4160	188.7534	0.9000	0.9532	0.9029	14.8073	186.8607	0.9000
0.9454	0.9048	13.4469	188.6960	0.9000	0.9534	0.9029	14.8468	186.8228	0.9000
0.9456	0.9047	13.4779	188.6391	0.9000	0.9536	0.9028	14.8866	186.7853	0.9000
0.9458	0.9047	13.5092	188.5828	0.9000	0.9538	0.9028	14.9266	186.7482	0.9000
0.9460	0.9046	13.5406	188.5271	0.9000	0.9540	0.9027	14.9668	186.7115	0.9000
0.9462	0.9046	13.5722	188.4720	0.9000	0.9542	0.9027	15.0074	186.6752	0.9000
0.9464	0.9045	13.6040	188.4174	0.9000	0.9544	0.9027	15.0482	186.6393	0.9000
0.9466	0.9045	13.6359	188.3634	0.9000	0.9546	0.9026	15.0893	186.6038	0.9000
0.9468	0.9044	13.6681	188.3099	0.9000	0.9548	0.9026	15.1307	186.5687	0.9000
0.9470	0.9043	13.7004	188.2569	0.9000	0.9550	0.9026	15.1724	186.5339	0.9000
0.9472	0.9043	13.7330	188.2046	0.9000	0.9552	0.9025	15.2143	186.4996	0.9000
0.9474	0.9042	13.7657	188.1527	0.9000	0.9554	0.9025	15.2566	186.4656	0.9000
					0.9556	0.9024	15.2991	186.4319	0.9000

u	v	$Q_{\max}$	V	$C(u,v)$	u	v	$Q_{\max}$	V	$C(u,v)$
0.9558	0.9024	15.3420	186.3987	0.9000	0.9638	0.9013	17.3483	185.3373	0.9000
0.9560	0.9024	15.3851	186.3658	0.9000	0.9640	0.9013	17.4072	185.3168	0.9000
0.9562	0.9023	15.4286	186.3333	0.9000	0.9642	0.9012	17.4666	185.2965	0.9000
0.9564	0.9023	15.4724	186.3011	0.9000	0.9644	0.9012	17.5265	185.2764	0.9000
0.9566	0.9023	15.5164	186.2693	0.9000	0.9646	0.9012	17.5870	185.2566	0.9000
0.9568	0.9022	15.5608	186.2378	0.9000	0.9648	0.9012	17.6480	185.2371	0.9000
0.9570	0.9022	15.6055	186.2067	0.9000	0.9650	0.9012	17.7095	185.2178	0.9000
0.9572	0.9022	15.6506	186.1759	0.9000	0.9652	0.9011	17.7716	185.1988	0.9000
0.9574	0.9021	15.6959	186.1455	0.9000	0.9654	0.9011	17.8342	185.1800	0.9000
0.9576	0.9021	15.7416	186.1154	0.9000	0.9656	0.9011	17.8974	185.1614	0.9000
0.9578	0.9021	15.7877	186.0857	0.9000	0.9658	0.9011	17.9612	185.1431	0.9000
0.9580	0.9020	15.8341	186.0563	0.9000	0.9660	0.9011	18.0256	185.1251	0.9000
0.9582	0.9020	15.8808	186.0272	0.9000	0.9662	0.9010	18.0905	185.1072	0.9000
0.9584	0.9020	15.9278	185.9984	0.9000	0.9664	0.9010	18.1561	185.0896	0.9000
0.9586	0.9020	15.9753	185.9700	0.9000	0.9666	0.9010	18.2223	185.0723	0.9000
0.9588	0.9019	16.0231	185.9419	0.9000	0.9668	0.9010	18.2890	185.0551	0.9000
0.9590	0.9019	16.0712	185.9141	0.9000	0.9670	0.9010	18.3565	185.0382	0.9000
0.9592	0.9019	16.1197	185.8867	0.9000	0.9672	0.9009	18.4245	185.0216	0.9000
0.9594	0.9018	16.1686	185.8595	0.9000	0.9674	0.9009	18.4932	185.0051	0.9000
0.9596	0.9018	16.2178	185.8327	0.9000	0.9676	0.9009	18.5626	184.9889	0.9000
0.9598	0.9018	16.2675	185.8062	0.9000	0.9678	0.9009	18.6326	184.9729	0.9000
0.9600	0.9018	16.3175	185.7800	0.9000	0.9680	0.9009	18.7033	184.9571	0.9000
0.9602	0.9017	16.3679	185.7541	0.9000	0.9682	0.9009	18.7747	184.9415	0.9000
0.9604	0.9017	16.4187	185.7285	0.9000	0.9684	0.9008	18.8468	184.9262	0.9000
0.9606	0.9017	16.4699	185.7032	0.9000	0.9686	0.9008	18.9196	184.9111	0.9000
0.9608	0.9016	16.5215	185.6782	0.9000	0.9688	0.9008	18.9932	184.8961	0.9000
0.9610	0.9016	16.5736	185.6535	0.9000	0.9690	0.9008	19.0675	184.8814	0.9000
0.9612	0.9016	16.6260	185.6291	0.9000	0.9692	0.9008	19.1425	184.8669	0.9000
0.9614	0.9016	16.6789	185.6050	0.9000	0.9694	0.9008	19.2183	184.8526	0.9000
0.9616	0.9015	16.7321	185.5811	0.9000	0.9696	0.9007	19.2949	184.8385	0.9000
0.9618	0.9015	16.7859	185.5576	0.9000	0.9698	0.9007	19.3722	184.8246	0.9000
0.9620	0.9015	16.8400	185.5343	0.9000	0.9700	0.9007	19.4504	184.8109	0.9000
0.9622	0.9015	16.8946	185.5113	0.9000	0.9702	0.9007	19.5294	184.7974	0.9000
0.9624	0.9014	16.9497	185.4886	0.9000	0.9704	0.9007	19.6092	184.7841	0.9000
0.9626	0.9014	17.0052	185.4662	0.9000	0.9706	0.9007	19.6898	184.7710	0.9000
0.9628	0.9014	17.0612	185.4441	0.9000	0.9708	0.9007	19.7713	184.7581	0.9000
0.9630	0.9014	17.1176	185.4222	0.9000	0.9710	0.9006	19.8537	184.7454	0.9000
0.9632	0.9013	17.1746	185.4006	0.9000	0.9712	0.9006	19.9370	184.7329	0.9000
0.9634	0.9013	17.2320	185.3792	0.9000	0.9714	0.9006	20.0212	184.7206	0.9000
0.9636	0.9013	17.2899	185.3581	0.9000	0.9716	0.9006	20.1063	184.7084	0.9000

u	v	Q_{max}	V	$C(u,v)$	u	v	Q_{max}	V	$C(u,v)$
0.9718	0.9006	20.1923	184.6965	0.9000	0.9800	0.9002	24.8126	184.3456	0.9000
0.9720	0.9006	20.2793	184.6847	0.9000	0.9802	0.9002	24.9615	184.3399	0.9000
0.9722	0.9006	20.3673	184.6731	0.9000	0.9804	0.9002	25.1128	184.3344	0.9000
0.9724	0.9005	20.4562	184.6617	0.9000	0.9806	0.9002	25.2666	184.3291	0.9000
0.9726	0.9005	20.5462	184.6504	0.9000	0.9808	0.9002	25.4228	184.3238	0.9000
0.9728	0.9005	20.6372	184.6394	0.9000	0.9810	0.9002	25.5816	184.3186	0.9000
0.9730	0.9005	20.7293	184.6285	0.9000	0.9812	0.9002	25.7431	184.3136	0.9000
0.9732	0.9005	20.8224	184.6178	0.9000	0.9814	0.9002	25.9072	184.3087	0.9000
0.9734	0.9005	20.9166	184.6072	0.9000	0.9816	0.9002	26.0741	184.3039	0.9000
0.9736	0.9005	21.0119	184.5969	0.9000	0.9818	0.9002	26.2439	184.2991	0.9000
0.9738	0.9005	21.1083	184.5867	0.9000	0.9820	0.9001	26.4166	184.2945	0.9000
0.9740	0.9005	21.2059	184.5766	0.9000	0.9822	0.9001	26.5923	184.2901	0.9000
0.9742	0.9004	21.3047	184.5668	0.9000	0.9824	0.9001	26.7711	184.2857	0.9000
0.9744	0.9004	21.4047	184.5571	0.9000	0.9826	0.9001	26.9531	184.2814	0.9000
0.9746	0.9004	21.5059	184.5475	0.9000	0.9828	0.9001	27.1384	184.2772	0.9000
0.9748	0.9004	21.6083	184.5381	0.9000	0.9830	0.9001	27.3271	184.2731	0.9000
0.9750	0.9004	21.7121	184.5289	0.9000	0.9832	0.9001	27.5193	184.2691	0.9000
0.9752	0.9004	21.8171	184.5198	0.9000	0.9834	0.9001	27.7151	184.2653	0.9000
0.9754	0.9004	21.9234	184.5109	0.9000	0.9836	0.9001	27.9147	184.2615	0.9000
0.9756	0.9004	22.0312	184.5022	0.9000	0.9838	0.9001	28.1180	184.2578	0.9000
0.9758	0.9004	22.1402	184.4936	0.9000	0.9840	0.9001	28.3253	184.2542	0.9000
0.9760	0.9004	22.2508	184.4851	0.9000	0.9842	0.9001	28.5367	184.2507	0.9000
0.9762	0.9003	22.3627	184.4768	0.9000	0.9844	0.9001	28.7523	184.2473	0.9000
0.9764	0.9003	22.4761	184.4687	0.9000	0.9846	0.9001	28.9723	184.2440	0.9000
0.9766	0.9003	22.5911	184.4607	0.9000	0.9848	0.9001	29.1968	184.2407	0.9000
0.9768	0.9003	22.7076	184.4528	0.9000	0.9850	0.9001	29.4259	184.2376	0.9000
0.9770	0.9003	22.8256	184.4451	0.9000	0.9852	0.9001	29.6599	184.2345	0.9000
0.9772	0.9003	22.9453	184.4375	0.9000	0.9854	0.9001	29.8988	184.2316	0.9000
0.9774	0.9003	23.0666	184.4301	0.9000	0.9856	0.9001	30.1429	184.2287	0.9000
0.9776	0.9003	23.1896	184.4228	0.9000	0.9858	0.9001	30.3924	184.2259	0.9000
0.9778	0.9003	23.3143	184.4156	0.9000	0.9860	0.9001	30.6474	184.2232	0.9000
0.9780	0.9003	23.4408	184.4086	0.9000	0.9862	0.9001	30.9081	184.2205	0.9000
0.9782	0.9003	23.5691	184.4017	0.9000	0.9864	0.9001	31.1748	184.2179	0.9000
0.9784	0.9003	23.6993	184.3950	0.9000	0.9866	0.9001	31.4477	184.2155	0.9000
0.9786	0.9003	23.8313	184.3883	0.9000	0.9868	0.9001	31.7271	184.2131	0.9000
0.9788	0.9002	23.9653	184.3819	0.9000	0.9870	0.9001	32.0131	184.2107	0.9000
0.9790	0.9002	24.1012	184.3755	0.9000	0.9872	0.9001	32.3061	184.2085	0.9000
0.9792	0.9002	24.2392	184.3693	0.9000	0.9874	0.9001	32.6063	184.2063	0.9000
0.9794	0.9002	24.3793	184.3631	0.9000	0.9876	0.9001	32.9140	184.2042	0.9000
0.9796	0.9002	24.5215	184.3572	0.9000	0.9878	0.9000	33.2296	184.2021	0.9000
0.9798	0.9002	24.6659	184.3513	0.9000	0.9880	0.9000	33.5534	184.2001	0.9000

续表

u	v	$Q_{\max}$	V	$C(u,v)$	u	v	$Q_{\max}$	V	$C(u,v)$
0.9882	0.9000	33.8857	184.1982	0.9000	0.9942	0.9000	51.2257	184.1663	0.9000
0.9884	0.9000	34.2269	184.1964	0.9000	0.9944	0.9000	52.2753	184.1659	0.9000
0.9886	0.9000	34.5775	184.1946	0.9000	0.9946	0.9000	53.3850	184.1655	0.9000
0.9888	0.9000	34.9377	184.1929	0.9000	0.9948	0.9000	54.5610	184.1651	0.9000
0.9890	0.9000	35.3082	184.1912	0.9000	0.9950	0.9000	55.8098	184.1648	0.9000
0.9892	0.9000	35.6893	184.1896	0.9000	0.9952	0.9000	57.1392	184.1645	0.9000
0.9894	0.9000	36.0816	184.1881	0.9000	0.9954	0.9000	58.5582	184.1642	0.9000
0.9896	0.9000	36.4857	184.1866	0.9000	0.9956	0.9000	60.0769	184.1639	0.9000
0.9898	0.9000	36.9021	184.1852	0.9000	0.9958	0.9000	61.7076	184.1637	0.9000
0.9900	0.9000	37.3314	184.1839	0.9000	0.9960	0.9000	63.4644	184.1635	0.9000
0.9902	0.9000	37.7743	184.1826	0.9000	0.9962	0.9000	65.3640	184.1633	0.9000
0.9904	0.9000	38.2316	184.1813	0.9000	0.9964	0.9000	67.4268	184.1631	0.9000
0.9906	0.9000	38.7040	184.1801	0.9000	0.9966	0.9000	69.6768	184.1630	0.9000
0.9908	0.9000	39.1924	184.1790	0.9000	0.9968	0.9000	72.1438	184.1629	0.9000
0.9910	0.9000	39.6977	184.1779	0.9000	0.9970	0.9000	74.8643	184.1627	0.9000
0.9912	0.9000	40.2208	184.1768	0.9000	0.9972	0.9000	77.8841	184.1626	0.9000
0.9914	0.9000	40.7628	184.1758	0.9000	0.9974	0.9000	81.2612	184.1626	0.9000
0.9916	0.9000	41.3248	184.1749	0.9000	0.9976	0.9000	85.0707	184.1625	0.9000
0.9918	0.9000	41.9082	184.1740	0.9000	0.9978	0.9000	89.4115	184.1624	0.9000
0.9920	0.9000	42.5142	184.1731	0.9000	0.9980	0.9000	94.4171	184.1624	0.9000
0.9922	0.9000	43.1444	184.1723	0.9000	0.9982	0.9000	100.2725	184.1623	0.9000
0.9924	0.9000	43.8003	184.1715	0.9000	0.9984	0.9000	107.2434	184.1623	0.9000
0.9926	0.9000	44.4838	184.1708	0.9000	0.9986	0.9000	115.7269	184.1623	0.9000
0.9928	0.9000	45.1967	184.1701	0.9000	0.9988	0.9000	126.3483	184.1622	0.9000
0.9930	0.9000	45.9413	184.1694	0.9000	0.9990	0.9000	140.1623	184.1622	0.9000
0.9932	0.9000	46.7199	184.1688	0.9000	0.9992	0.9000	159.1206	184.1622	0.9000
0.9934	0.9000	47.5351	184.1683	0.9000	0.9994	0.9000	187.3603	184.1622	0.9000
0.9936	0.9000	48.3898	184.1677	0.9000	0.9996	0.9000	235.8044	184.1622	0.9000
0.9938	0.9000	49.2874	184.1672	0.9000	0.9998	0.9000	349.1639	184.1622	0.9000
0.9940	0.9000	50.2313	184.1667	0.9000					

2) T_{AND} 计算

由 $T_{\text{AND}} = \dfrac{\mu}{p^{\wedge}_{u,G(u)}} = \dfrac{\mu}{1-(u+v-C(u,L(u)))} = \dfrac{\mu}{1-t}$, 其中, $v = L(u)$. $v = G(u) = 1 - \gamma^{-1}(\gamma(1-t) - \gamma(1-u))$. 对于 Gumbel-Houggard Copula, $\gamma(t) = (-\ln t)^{\theta}$. 本例中, $\theta = 3.055$. $\gamma^{-1}(t) = \exp\left(-t^{\frac{1}{\theta}}\right)$. 给定重现期 T 和 μ, 由 $T = \dfrac{\mu}{1-t}$ 计算可得 t. 在 t 给定的情况下, 设置不同的 u, 并满足条件 $0 \leqslant u \leqslant t$, 由 $v = G(u) = 1 - \gamma^{-1}(\gamma(1-t) - \gamma(1-u))$ 求出相应的 v. 则不同重现期下概率水平 t 的等值线如图 15 所示.

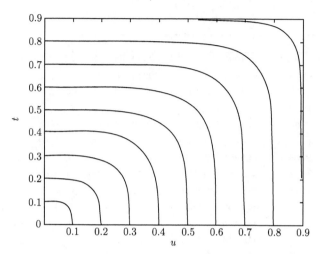

图 15　Gumbel-Houggard Copula "AND" 事件水平曲线

给定重现期 $T = 500, 100, 50, 10$, 由 $T = \dfrac{\mu}{1 - t}$ 计算可得概率水平 $t = 0.998, 0.99,$ $0.98, 0.90$. 可分别计算 (u, v) 组合, 再由 $F = \exp\left[-\left(1 - \kappa\dfrac{x - \varepsilon}{\alpha}\right)^{\frac{1}{\kappa}}\right]$, $\hat{x}_F = \hat{\varepsilon} + \dfrac{\hat{\alpha}}{\hat{\kappa}}\left[1 - (-\ln F)^{\hat{\kappa}}\right]$ 计算出相应的 $Q_{\max}$ 和 V.

3) "OR" 事件剩余概率分布 $\overline{K}_C$ 和第二重现期

Archimedean Copula 概率分布 $K_C(t)$

$$K_C(t) = t - \frac{\gamma(t)}{\gamma'(t^+)}; \quad 0 < t \leqslant 1 \tag{37}$$

式中, $\gamma(t)$ 为 Archimedean Copula 的生成函数; $\gamma'(t^+)$ 为 $\gamma(t)$ 的右导数.

Archimedean Copula 剩余概率分布 $\overline{K}_C$

$$\overline{K}_C(t) = 1 - K_C(t) \tag{38}$$

第二重现期 $\rho_t^\vee$

$$\rho_t^\vee = \frac{\mu}{1 - K_C(t)} = \vartheta[K_C(t)] \tag{39}$$

给定重现期 $T = 500, 100, 50, 10$, 由 $T = \dfrac{\mu}{1 - t}$ 计算可得概率水平 $t = 0.998, 0.99,$ $0.98, 0.90$. Gumbel-Houggard Copula, $\gamma(t) = (-\ln t)^\theta$, $\gamma'(t^+) = -\dfrac{\theta}{t}(-\ln t)^{\theta - 1}$, 则 $K_C(t) = t - \dfrac{\gamma(t)}{\gamma'(t^+)} = t - \dfrac{(-\ln t)^\theta}{(-\ln t)^{\theta - 1}}\left(-\dfrac{t}{\theta}\right) = t - \dfrac{t}{\theta}\ln t$. 计算结果见表 7 和如图 16 所示.

表 7 剩余概率分布 $\overline{K}_C$ 和第二重现期计算结果

RT	$1 - K_C$	第二重现期	RT	$1 - K_C$	第二重现期
1	1.00000	1.00000	320	0.00210	475.35595
2	0.38656	2.58695	330	0.00204	490.22214
3	0.24485	4.08410	340	0.00198	505.08832
4	0.17937	5.57494	350	0.00192	519.95450
5	0.14157	7.06383	360	0.00187	534.82068
6	0.11693	8.55186	370	0.00182	549.68687
7	0.09961	10.03945	380	0.00177	564.55305
8	0.08675	11.52678	390	0.00173	579.41923
9	0.07684	13.01393	400	0.00168	594.28541
10	0.06896	14.50097	410	0.00164	609.15159
20	0.03405	29.36897	420	0.00160	624.01778
30	0.02261	44.23572	430	0.00157	638.88396
40	0.01692	59.10218	440	0.00153	653.75014
50	0.01352	73.96853	450	0.00150	668.61632
60	0.01126	88.83482	460	0.00146	683.48250
70	0.00964	103.70108	470	0.00143	698.34869
80	0.00843	118.56732	480	0.00140	713.21487
90	0.00749	133.43355	490	0.00137	728.08105
100	0.00674	148.29977	500	0.00135	742.94723
110	0.00613	163.16598	510	0.00132	757.81341
120	0.00562	178.03218	520	0.00129	772.67959
130	0.00518	192.89838	530	0.00127	787.54577
140	0.00481	207.76458	540	0.00125	802.41195
150	0.00449	222.63078	550	0.00122	817.27814
160	0.00421	237.49697	560	0.00120	832.14432
170	0.00396	252.36316	570	0.00118	847.01050
180	0.00374	267.22935	580	0.00116	861.87668
190	0.00354	282.09554	590	0.00114	876.74286
200	0.00337	296.96173	600	0.00112	891.60904
210	0.00321	311.82792	610	0.00110	906.47522
220	0.00306	326.69411	620	0.00109	921.34140
230	0.00293	341.56029	630	0.00107	936.20758
240	0.00281	356.42648	640	0.00105	951.07376
250	0.00269	371.29266	650	0.00104	965.93995
260	0.00259	386.15885	660	0.00102	980.80613
270	0.00249	401.02503	670	0.00100	995.67231
280	0.00240	415.89122	680	0.00099	1010.53849
290	0.00232	430.75740	690	0.00098	1025.40467
300	0.00224	445.62359	700	0.00096	1040.27085
310	0.00217	460.48977	710	0.00095	1055.13703

续表

RT	$1-K_C$	第二重现期	RT	$1-K_C$	第二重现期
720	0.00093	1070.00321	870	0.00077	1292.99592
730	0.00092	1084.86939	880	0.00076	1307.86210
740	0.00091	1099.73557	890	0.00076	1322.72828
750	0.00090	1114.60175	900	0.00075	1337.59446
760	0.00089	1129.46793	910	0.00074	1352.46064
770	0.00087	1144.33411	920	0.00073	1367.32682
780	0.00086	1159.20029	930	0.00072	1382.19300
790	0.00085	1174.06648	940	0.00072	1397.05918
800	0.00084	1188.93266	950	0.00071	1411.92536
810	0.00083	1203.79884	960	0.00070	1426.79154
820	0.00082	1218.66502	970	0.00069	1441.65772
830	0.00081	1233.53120	980	0.00069	1456.52390
840	0.00080	1248.39738	990	0.00068	1471.39008
850	0.00079	1263.26356	1000	0.00067	1486.25626
860	0.00078	1278.12974			

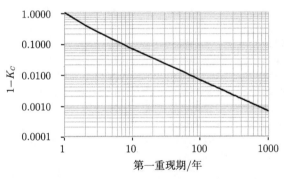

(a) 剩余概率分布与第一重现期关系图

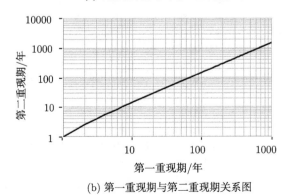

(b) 第一重现期与第二重现期关系图

图 16　剩余概率分布 $\overline{K}_C$ 和第二重现期

绘制 Gumbel-Houggard Copula 概率分布 K_C 图如图 17 所示.

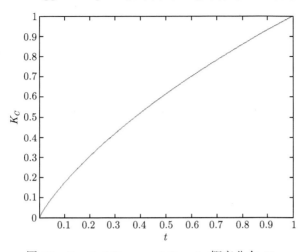

图 17 Gumbel-Houggard Copula 概率分布 K_C

第11章 截取分布原理与应用

一般情况下, 观测数据是完全的 (complete), 其含义是每个样本值是一致的. 然而, 实际中, 具有最小值和最大值门限的观测实验, 观测值取值于最大值发生点、最小值发生点或某一时间段, 我们只知道某一些数据高于某一门限值 (右删失, right censored), 或某一些数据低于某一门限值 (左删失, left censored), 或介于两值之间 (区间删失, interval censored). 其分布如图 1 所示.

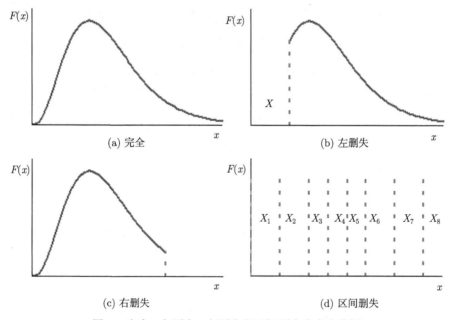

图 1 完全、左删失、右删失和区间删失分布密度图

在水文分析中, 经常遇到一个完整数据集的子集. 按照时间排列, 一个完整数据集称为完整序列 (complete series), 而完整数据集的任一子集称为部分序列 (partial series). 部分序列是在不考虑发生时间下, 由水文数据 (降雨、径流) 中超过某一门限值 (certain threshold) 的数据组成数据集. 这种水文数据子集超出了时间序列分析领域, 包括空间数据和由各种抽样规则获得的数据. 在水质分析中, 仪器有最小测定限, 低于这个限的数据不能被观测. 因此, 水质数据就是一个典型的部分数据集 (partial data set) 实例. 同样, 由于获取样本观测分辨率的限制, 观测数据也有最小值. 因而, 遥感数据也属于部分数据集, 或称为不完整数据集 (incomplete data set). 因此, 上述引用的部分数据集实例具有一个共同的特性, 即数据存在删失机制 (censoring mechanism), 有意图或无意图地从总体样本中删除了某些数据, 数据存在删失 (censoring). 在统计文献中, 部分数据集有不同的命名, 包括截取样本 (truncated samples)、删失样本 (censoring samples) 和不完整样本 (incomplete samples). 严格来说, 删失是人们有目的地限制在某一区间进行数据记录. 截取样本是人们兴趣的数据落在某一区间外, 甚至这些数据没有被观测. 如一台显微镜无法观测小于某一直径的细菌, 细菌抽样样本分布则由于抽样限制成为截取. 径流分布的低尾部 (lower tail) 研究仅需要样本中小于某一门限的序次统计量来分析, 这种抽样称为删失.

实际中, 主要有 I 类、II 类和 III 类删失法. 对于 I 类右删失, 观测记录值取小于某一门限值的数据, 而超过门限值的数据记录等于门限值. I 类左删失发生在那些小于某一门限值的情况, 即观测记录值取大于某一门限值的数据, 而小于门限值的数据记录等于门限值. 例如, 一项按时间 t 进行的实验工作, 人们记录某一时间门限值 t_c 以前的数据, 对于 $t > t_c$, 由于实验时间太长, 在门限值 t_c 终止实验, 这个观测的样本就称为右删失样本. 在 II 类分析法中, 删失样本是由总体样本的前 r 阶序次统计量或最大 r 阶序次统计量组成的. III 类分析法考虑多个删失门限值.

另外, 某些变量分布模型使用范围是 $(-\infty, \infty)$, 实际上这些值不可能是无穷大值, 这样计算的结果必然使计算值增大. 在工程实际中可近似地认为分布取值均在最小与最大之间, 这些模型由常规的分布转化为截尾分布模式. 在频率分析中, 对随机变量 (即设计变量) 所使用的分布都是理论分布, 如常用的正态分布、对数正态分布、指数分布、威布尔分布等. 但就实际情况来看, 设计变量使用这种理论分布存在一个问题, 就是在这些理论分布中, 随机变量的取值范围都是 $(-\infty, \infty)$ 或 $(0, \infty)$, (a, ∞), 这种取值范围不符合水文值的实际取值范围. 本章主要叙述水文分析中截取样本的频率计算问题 (Loaiciga et al., 2008).

11.1　随机变量截取分布

11.1.1　随机变量的截取与删失

11.1.1.1　截取分布的定义

假定一个随机变量 X 在区间 (θ, ∞) 被截取 (左截取), 则小于 θ 的值不能观测获得, 记这个截取随机变量为 X_T, 根据条件概率, X_T 服从分布

$$P(X_T \geqslant x) = P(X \geqslant x | X \geqslant \theta); \quad x \geqslant \theta \tag{1}$$

式中, $X \geqslant \theta$ 用截取随机变量定义.

根据概率乘法公式 $P(X \geqslant x, X \geqslant \theta) = P(X \geqslant \theta) P(X \geqslant x | X \geqslant \theta)$, 则式 (1) 为

$$P(X_T \geqslant x) = P(X \geqslant x, X \geqslant \theta) / P(X \geqslant \theta); \quad x \geqslant \theta \tag{2}$$

如图 2 所示, 因为事件 $\{X \geqslant x\} \cap \{x \geqslant \theta\} = \{X \geqslant x\}$, 根据概率论原理, $P(X \geqslant x, X \geqslant \theta) = P(X \geqslant x)$, 式 (2) 可以进一步写为

$$P(X_T \geqslant x) = P(X \geqslant x) / P(X \geqslant \theta); \quad x \geqslant \theta \tag{3}$$

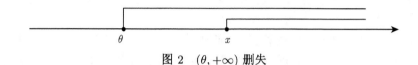

图 2　$(\theta, +\infty)$ 删失

对式 (3) x 求偏导数, 则有随机变量 X_T 的截取分布的密度函数 $f_{X_T}(x)$

$$
\begin{aligned}
f_{X_T}(x) &= \frac{dP(X_T < x)}{dx} = \frac{d\,[1 - P(X_T \geqslant x)]}{dx} = -\frac{dP(X_T \geqslant x)}{dx} = -P'(X_T < x) \\
&= -\frac{d}{dx}\,[P(X \geqslant x) / P(X \geqslant \theta)] = \begin{cases} f_X(x) / P(X \geqslant \theta), & x \geqslant \theta \\ 0, & \text{其他} \end{cases}
\end{aligned} \tag{4}
$$

式中, $P(X \geqslant \theta)$ 为 θ 的超越概率值.

$$-\frac{dP(X \geqslant x)}{dx} = -\frac{d\,[1 - P(X \leqslant x)]}{dx} = \frac{-dP(X \leqslant x)}{dx} = f_X(x)$$

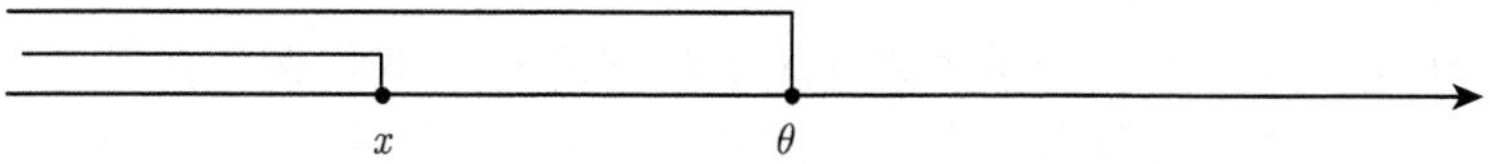

图 3　$(-\infty, \theta)$ 删失

同样, 对于右截取随机变量为 X_T, 根据条件概率有分布函数 $F_{X_T}(x)$

$$P(X_T \leqslant x) = P(X \leqslant x | X \leqslant \theta) = \frac{P(X \leqslant x, X \leqslant \theta)}{P(X \leqslant \theta)}; \quad x \leqslant \theta \tag{5}$$

如图 3 所示, 因为事件 $\{X \leqslant x\} \cap \{x \leqslant \theta\} = \{X \leqslant x\}$, 根据概率论原理, $P(X \leqslant x, X \leqslant \theta) = P(X \leqslant x)$, 式 (5) 可以进一步写为

$$P(X_T \leqslant x) = \frac{P(X \leqslant x)}{P(X \leqslant \theta)}; \quad x \leqslant \theta \tag{6}$$

即右截取随机变量为 X_T 的超过概率为

$$P(X_T \geqslant x) = 1 - \frac{P(X \leqslant x)}{P(X \leqslant \theta)}; \quad x \leqslant \theta \tag{7}$$

按照式 (7), 右截取随机变量为 X_T 的密度为

$$f_{X_T}(x) = \frac{d}{dx}\left[\frac{P(X \leqslant x)}{P(X \leqslant \theta)}\right] = \begin{cases} f_X(x)/P(X \leqslant \theta), & x \leqslant \theta \\ 0, & \text{其他} \end{cases} \tag{8}$$

显然, 截取随机变量 X_T 满足条件

$$\int_R f_{X_T}(x)\,dx = 1 \tag{9}$$

式中, R 为截取随机变量的取值范围.

对于截取区间 $[a, b]$, 有双截取随机变量 X_T 分布的密度和分布函数为

$$f_{X_T}(x) = f_X(x)/[P(X \leqslant b) - P(X \leqslant a)] = \begin{cases} \dfrac{f_X(x)}{F(b) - F(a)}, & a \leqslant x \leqslant b \\ 0, & \text{其他} \end{cases} \tag{10}$$

$$F_{X_T}(x) = \frac{\displaystyle\int_a^x f_X(t)\,dt}{F(b) - F(a)}; \quad a \leqslant x \leqslant b \tag{11}$$

式中, 当 $b \to \infty$ 时, 式 (11) 为左截取分布和密度函数见式 (12) 和式 (13).

$$\begin{aligned} F_{X_T}(x) &= \frac{\displaystyle\int_a^x f_X(t)dt}{1 - F(a)} = \frac{\displaystyle\int_{-\infty}^{\infty} f_X(t)dt - \int_x^{\infty} f_X(t)dt - \int_{-\infty}^a f_X(t)dt}{1 - F(a)} \\ &= \frac{P(X \geqslant x)}{1 - P(X \leqslant a)} = \frac{P(X \geqslant x)}{P(X \geqslant a)}; \quad x \geqslant a \end{aligned} \tag{12}$$

$$f_{X_T}(x) = \frac{f_X(x)}{1 - F(a)} = \frac{f_X(x)}{1 - P(X \leqslant a)} = \begin{cases} \dfrac{f_X(x)}{P(X \geqslant a)}, & x \geqslant a \\ 0, & \text{其他} \end{cases} \tag{13}$$

当 $a \to -\infty$ 时, 式 (11) 为右截取分布和密度函数见式 (14) 和式 (15).

$$f_{X_T}(x) = \frac{f_X(x)}{F(b)} = \begin{cases} \dfrac{f_X(x)}{P(X \leqslant b)}, & x \leqslant b \\ 0, & \text{其他} \end{cases} \tag{14}$$

$$F_{X_T}(x) = \frac{\displaystyle\int_{-\infty}^x f_X(t)\,dt}{F(b)} = \frac{P(X \leqslant x)}{P(X \leqslant b)}; \quad x \leqslant b \tag{15}$$

根据式 (10), 双截取分布变量的数学期望为

$$E(X_T) = \frac{\displaystyle\int_a^b x f_X(x)\,dx}{F(b) - F(a)} \tag{16}$$

现在考虑左删失随机变量 (left-censoring variable)X_c, 其定义为

$$X_c = \begin{cases} X, & X \geqslant \theta \\ \theta, & X < \theta \end{cases} \tag{17}$$

左删失随机变量 X_c 的概率分布为

$$P(X_c \leqslant x) = F_X(x); \quad X \geqslant \theta \tag{18}$$

$$P(X_c \leqslant x) = 0; \quad X < \theta \tag{19}$$

式中, $F_X(x) = P(X \leqslant x)$, 即原始随机变量 X 的累积概率分布.

式 (18) 和 (19) 表明是左删失随机变量, 当 $X = \theta$ 时, 有一个不连续分布值 $F_X(\theta)$. 这个特性可用图 4 说明. 左截取随机变量分布函数如图 5 所示, 其分布为连续函数.

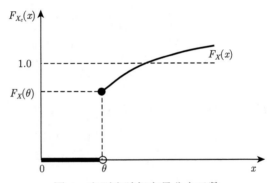

图 4　左删失随机变量分布函数

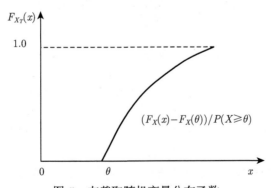

图 5　左截取随机变量分布函数

左删失变量 X_c 的数学期望为

$$E(X_c) = \int_{-\infty}^{\infty} x dF_x(x) = \int_{\theta}^{\infty} x dF_x(x) + \int_{-\infty}^{\theta} \theta dF_x(x) = \int_{\theta}^{\infty} x dF_x(x) + \theta F_X(\theta)$$

$$= \int_\theta^\infty x dF_x(x) + \theta \left[1 - \int_\theta^\infty dF_x(x) \right] = \int_\theta^\infty (x - \theta) dF_x(x) + \theta$$

对于上式第一项, 利用分部积分, 有

$$\int_\theta^\infty (x - \theta) dF_x(x) = (x - \theta) F_x(x) \big|_\theta^\infty - \int_\theta^\infty F_x(x) dx$$

$$= \infty - \theta - \int_\theta^\infty F_x(x) dx$$

$$= \int_\theta^\infty dx - \int_\theta^\infty F_x(x) dx$$

$$= \int_\theta^\infty [1 - F_x(x)] dx$$

因此, 有

$$E(X_c) = \int_\theta^\infty x f_x(x) dx + \theta F_X(\theta) = \int_\theta^\infty [1 - F_X(x)] dx + \theta \tag{20}$$

左截取变量 X_T 的数学期望为

$$E(X_T) = \int_\theta^\infty x f_{X_T}(x) dx = \int_\theta^\infty x f_X(x) / P(X \geqslant \theta) dx$$

$$= \frac{1}{P(X \geqslant \theta)} \int_\theta^\infty x f_X(x) dx = \frac{1}{P(X \geqslant \theta)} \int_\theta^\infty x dF_X(x)$$

上式 $\int_\theta^\infty x dF_X(x)$ 利用分部积分, 有

$$\int_\theta^\infty x dF_X(x) = x F_x(x) \big|_\theta^\infty - \int_\theta^\infty F_x(x) dx = -\theta F_x(\theta) - \int_\theta^\infty F_x(x) dx$$

$$= -\theta [1 - P(X \geqslant \theta)] - \int_\theta^\infty F_x(x) dx$$

$$= -\theta \left[1 - \int_\theta^\infty F_x(x) dx \right] - \int_\theta^\infty F_x(x) dx$$

$$= -\theta + \theta \int_\theta^\infty F_x(x) dx - \int_\theta^\infty F_x(x) dx$$

$$= \int_\theta^\infty dx + \theta \int_\theta^\infty F_x(x) dx - \int_\theta^\infty F_x(x) dx$$

$$= \int_\theta^\infty [1 - F_x(x)] dx + \theta P(X \geqslant \theta)$$

因此, 有

$$E(X_T) = \frac{\int_\theta^\infty [1 - F_x(x)] dx + \theta P(X \geqslant \theta)}{P(X \geqslant \theta)} = \frac{\int_\theta^\infty [1 - F_x(x)] dx}{P(X \geqslant \theta)} + \theta \tag{21}$$

11.1.1.2　截取分布的参数估算

给定一个任意的截取 R 范围, 即 $X_T \in R$, 上述截取分布密度可写为

$$f_X\left(x|\varphi\right) = \frac{f_X\left(x\right)}{P\left(X \in R\right)} \tag{22}$$

式中, φ 为截取分布的参数.

对于 n 个截取数据的样本 $x_1, \cdots, x_n$, 其似然函数为

$$L = \prod_{i=1}^{n} f_X\left(x_i|\varphi\right)\left[P\left(X_T \in R|\varphi\right)\right]^{-n} \tag{23}$$

式 (23) 取对数有

$$\ln L = \sum_{i=1}^{n} \ln f_X\left(x_i|\varphi\right) - n\ln P\left(X_T \in R|\varphi\right) \tag{24}$$

对式 (24) 求 φ 的偏导数, 并令其等于零, 组成非线性方程组, 求解该非线性方程组, 即可获得参数 φ.

11.1.1.3　设计值计算

给定超越概率 P, 对应的设计值 x_p 计算公式如下: 由 $P\left(X_T \geqslant x\right) = P\left(X \geqslant x\right)/P\left(X \geqslant \theta\right)$, $x \geqslant \theta$ 得, $P \cdot P\left(X \geqslant \theta\right) = P\left(X \geqslant x_p\right)$, 即 $P\left(X \leqslant x_p\right) = 1 - P \cdot P\left(X \geqslant \theta\right) = 1 - P \cdot \left[1 - P\left(X \leqslant \theta\right)\right]$. 可用分布函数的逆函数进行计算 x_p.

11.1.2　几种常见的截取分布

11.1.2.1　均匀分布

假定 X 为服从 (a, b) 的均匀分布, 其密度函数和分布函数分别为

$$f_X\left(x|a, b\right) = \frac{1}{b-a}, \quad x \in (a, b); \quad F_X\left(x|a, b\right) = \begin{cases} 0, & x \leqslant a \\ \dfrac{x-a}{b-a}, & a < x \leqslant b \\ 1, & x > b \end{cases} \tag{25}$$

式中, a 和 b 为参数.

设 X 限制在区间 $X \leqslant \theta$, 截取随机变量 X_T 的密度为

$$\begin{aligned} f_{X_T}\left(x|a, \theta\right) &= \frac{f_X\left(x\right)}{P\left(X \in R\right)} = \frac{f_X\left(x\right)}{P\left(X \leqslant \theta\right)} = \frac{1}{b-a} \bigg/ \frac{x-a}{b-a} \\ &= \frac{1}{b-a} \frac{b-a}{x-a} = \frac{1}{x-a}; \quad x \in (a, \theta) \end{aligned} \tag{26}$$

11.1.2.2 Pareto 分布

假定 X 为指数分布, 其密度函数和分布函数分别为

$$f_X\left(x|\alpha,\gamma\right)=\gamma\alpha^{\gamma}x^{-(\gamma+1)};\quad F_X\left(x|\alpha,\gamma\right)=1-\alpha^{\gamma}x^{-\gamma};\quad x\geqslant\alpha$$

式中, α 和 γ 为参数.

设 X 在区间 $X\geqslant\theta$ 被截取, 截取随机变量 X_T 的密度为

$$f_{X_T}\left(x|\alpha,\gamma\right)=\frac{f_X\left(x\right)}{P\left(X\in R\right)}=\frac{f_X\left(x\right)}{P\left(X\geqslant\theta\right)}=\frac{\gamma\alpha^{\gamma}x^{-(\gamma+1)}}{\alpha^{\gamma}\theta^{-\gamma}}=\gamma\cdot\theta^{\gamma}x^{-(\gamma+1)}$$

11.1.2.3 指数分布

假定 X 为指数分布, 其密度函数和分布函数分别为

$$f_X\left(x|\lambda\right)=\lambda e^{-\lambda x};\quad F_X\left(x|\lambda\right)=1-e^{-\lambda x};\quad x\geqslant0 \tag{27}$$

式中, λ 为参数.

设 X 在区间 $X\geqslant\theta$ 被截取, 截取随机变量 X_T 的密度为

$$f_{X_T}\left(x|\lambda,\theta\right)=\frac{f_X\left(x\right)}{P\left(X\in R\right)}=\frac{f_X\left(x\right)}{P\left(X\geqslant\theta\right)}=\frac{\lambda e^{-\lambda x}}{e^{-\lambda\theta}}=\lambda e^{-\lambda(x-\theta)};\quad x\geqslant\theta \tag{28}$$

11.1.2.4 几何分布

假定 X 为几何分布, 其密度函数为

$$P\left(X=x|p\right)=\left(1-p\right)p^{x-1},\quad x=1,2,\cdots \tag{29}$$

分布函数为

$$P\left(X\leqslant x|p\right)=\sum_{i=1}^{x}\left(1-p\right)p^{i-1}=\left(1-p\right)\sum_{i=1}^{x}p^{i-1}$$

$$=\left(1-p\right)\left(1+p+p^2+\cdots+p^{x-1}\right)=\left(1-p\right)\frac{1-p^x}{1-p}=1-p^x$$

设 X 在区间 $X>\theta$ 被截取, 截取随机变量 X_T 的密度为

$$P\left(X_T=x|p,\theta\right)=\frac{f_X\left(x\right)}{P\left(X\in R\right)}=\frac{f_X\left(x\right)}{P\left(X>\theta\right)}$$

$$=\frac{\left(1-p\right)p^{x-1}}{p^{\theta}}=\left(1-p\right)p^{x-\theta-1};\quad x=\theta+1,\theta+2,\cdots \tag{30}$$

11.1.2.5　耿贝尔分布

假定 X 服从参数为 c, d 的耿贝尔分布, 其密度函数和分布函数分别为

$$f_X(x|c,d) = cd\exp(-dx)\exp[-c\exp(-dx)]; \quad -\infty < x < \infty \tag{31}$$

$$F_X(x|c,d) = \exp[-c\exp(-dx)]; \quad -\infty < x < \infty$$

设 X 在区间 $X \leqslant \theta$ 被截取, 截取随机变量 X_T 的密度函数为

$$\begin{aligned}
f_{X_T}(x|c,d) &= \frac{f_X(x)}{P(X \in R)} = \frac{f_X(x)}{P(X \leqslant \theta)} = \frac{cd\exp(-dx)\exp[-c\exp(-dx)]}{\exp[-c\exp(-d\theta)]} \\
&= cd\exp(-dx)\exp[-c\exp(-dx) + c\exp(-d\theta)] \\
&= cd\exp(-dx)\exp\{c[\exp(-dx) - \exp(-d\theta)]\}; \quad -\infty < x \leqslant \theta \tag{32}
\end{aligned}$$

例 1　美国加利福尼亚南部 (Southern California) 1460—1966 年径流量资料, 采用中位数为截取水平, 提取干旱历时数据见表 1 (Loaiciga et al., 2008).

表 1　美国加利福尼亚南部干旱历时数据 (低于中位数)

干旱历时/年	干旱历时发生的频数	干旱历时/年	干旱历时发生的频数
1	55	6	0
2	28	7	1
3	19	8	1
4	8	9	2
5	4	合计	118

经大量研究, 干旱历时服从几何分布, 其参数可采用极大似然法进行估算.

对于完整几何分布序列 (无截取), 其密度函数为 $P(X=x|p) = (1-p)p^{x-1}$, $x = 1, 2, \cdots$, 设序列为 $x_1, x_2, \cdots, x_n$, 得对数似然函数 $L = \sum\limits_{i=1}^{n}\ln(1-p) + \ln p\sum\limits_{i=1}^{n}(x_i - 1) = n\ln(1-p) + \ln p\left(\sum\limits_{i=1}^{n}x_i - n\right)$, 对数似然函数求导数 $\dfrac{\partial L}{\partial p}$ 有 $\dfrac{\partial L}{\partial p} = -\dfrac{n}{1-p} + \dfrac{\sum\limits_{i=1}^{n}x_i - n}{p}$.

令 $\dfrac{\partial L}{\partial p} = 0$, 有 $\dfrac{n}{1-p} = \dfrac{\sum\limits_{i=1}^{n}x_i - n}{p}$, $np = \sum\limits_{i=1}^{n}x_i - n - p\sum\limits_{i=1}^{n}x_i + np$, $p\sum\limits_{i=1}^{n}x_i = \sum\limits_{i=1}^{n}x_i - n$, 即

$$p = \frac{\sum\limits_{i=1}^{n}x_i - n}{\sum\limits_{i=1}^{n}x_i} = \frac{\frac{1}{n}\sum\limits_{i=1}^{n}x_i - 1}{\frac{1}{n}\sum\limits_{i=1}^{n}x_i} = \frac{\overline{x} - 1}{\overline{x}} \tag{33}$$

式中, $\overline{x} = \dfrac{1}{n} \displaystyle\sum_{i=1}^{n} x_i$, n 为完整序列长度.

对于截取几何分布序列, 其密度函数为 $P(X_T = x|p, \theta) = (1-p)\,p^{x-\theta-1}$, $x = 1, 2, \cdots$, 设截取序列为 $x_1, x_2, \cdots, x_{n^*}$, 得对数似然函数 $L = \displaystyle\sum_{i=1}^{n^*} \ln(1-p) +$

$\ln p \displaystyle\sum_{i=1}^{n^*} (x_i - \theta - 1) = n^* \ln(1-p) + \ln p \displaystyle\sum_{i=1}^{n^*} x_i - n^* \theta \ln p - n^* \ln p$, 对数似然函数

求导数 $\dfrac{\partial L}{\partial p}$ 有 $\dfrac{\partial L}{\partial p} = -\dfrac{n^*}{1-p} + \dfrac{\displaystyle\sum_{i=1}^{n^*} x_i}{p} - \dfrac{n^* \theta + n^*}{p}$, 令 $\dfrac{\partial L}{\partial p} = 0$, 有

$$-n^* p + \sum_{i=1}^{n^*} x_i - p \sum_{i=1}^{n^*} x_i - n^* \theta - n^* + n^* p \theta + n^* p = 0,$$

$$\sum_{i=1}^{n^*} x_i - p\left(\sum_{i=1}^{n^*} x_i - n^* \theta\right) - n^* \theta - n^* = 0,$$

$$p = \frac{\displaystyle\sum_{i=1}^{n^*} x_i - n^* \theta - n^*}{\displaystyle\sum_{i=1}^{n^*} x_i - n^* \theta} = \frac{\dfrac{1}{n^*}\displaystyle\sum_{i=1}^{n^*} x_i - \theta - 1}{\dfrac{1}{n^*}\displaystyle\sum_{i=1}^{n^*} x_i - \theta} = \frac{\overline{x_T} - \theta - 1}{\overline{x_T} - \theta}$$

即

$$p_T^* = \frac{\overline{x_T} - \theta - 1}{\overline{x_T} - \theta} \tag{34}$$

式中, $\overline{x_T} = \dfrac{1}{n^*} \displaystyle\sum_{i=1}^{n^*} x_i$, n^* 为截取序列长度.

1) 完整干旱历时序列

根据中位数定义, 干旱历时几何分布的参数应为 $p = 0.5$, 对于完整干旱历时序列, 干旱历时的密度函数为

$$P(X = x) = (1-p)\,p^{x-1} = (1-0.5)\,0.5^{x-1} = 0.5^x, \quad x = 1, 2, \cdots \tag{35}$$

另一方面, 干旱历时序列分布由样本按极大似然法推求. 由表 1, 得完整干旱历时序列均值为

$$\overline{x} = \frac{1}{n}\sum_{i=1}^{n} x_i = \frac{1 \times 55 + 2 \times 28 + 3 \times 19 + 4 \times 8 + 5 \times 4 + 6 \times 0 + 7 \times 1 + 8 \times 1 + 9 \times 2}{55 + 28 + 19 + 8 + 4 + 0 + 1 + 1 + 2}$$

$$= \frac{253}{118} = 2.14$$

则由式 (33)，有 $p = \dfrac{\overline{x} - 1}{\overline{x}} = \dfrac{2.14 - 1}{2.14} = 0.53$. 完整干旱历时密度函数为

$$P(X = x) = (1 - p)\, p^{x-1} = (1 - 0.53)\, 0.53^{x-1} = 0.47 \times 0.53^{x-1}, \quad x = 1, 2, \cdots \tag{36}$$

采用拟合度检验公式 $D = \sum\limits_{i=1}^{k} \dfrac{(O_i - E_i)^2}{E_i}$，其中，$k$ 为组数；O_i 为第 i 组的实际发生数；E_i 为第 i 组的期望发生数. 第 7—9 组合并后，$p = 0.50$ 和 $p = 0.53$ 样本统计量分别为 $D_1 = 7.0262$，$D_2 = 4.5946$. 计算结果见表 2.

表 2　完整干旱历时序列拟合度检验结果

干旱历时/年	干旱历时发生的频数	历时序列累计	$p=0.50$ 历时期望数	$p=0.53$ 历时期望数	$p=0.50\ D_1$	$p=0.53 D_2$
1	55	55	59.0000	55.4600	0.2712	0.0038
2	28	56	29.5000	29.3938	0.0763	0.0661
3	19	57	14.7500	15.5787	1.2246	0.7514
4	8	32	7.3750	8.2567	0.0530	0.0080
5	4	20	3.6875	4.3761	0.0265	0.0323
6	0	0	1.8438	2.3193	1.8438	2.3193
7	*1*	7	*0.9219*	*1.2292*	3.5310	1.4137
8	*1*	8	*0.4609*	*0.6515*		
9	*2*	18	*0.2305*	*0.3453*		
合计	118	253	117.7695	117.6106	7.0262	4.5946

给定显著水平 $\alpha = 0.05$，临界值 $\chi_\alpha^2 = \mathrm{chiinv}\,(0.05, 7 - 1 - 1) = 11.0705$. 显然 $D_1 < \chi_\alpha^2$，$D_2 < \chi_\alpha^2$，则接受干旱历时服从几何分布的假设.

2) 截取干旱历时序列

假设，我们考虑干旱历时超过 1 年，即 $X > 1$，则干旱历时序列为至少有 2 年以上的数据，成为截取序列. 对于这种序列，门限值 $\theta = 1$. 应用极大似然法估算截取序列分布的参数.

$$\overline{x}_T = \frac{1}{n^*} \sum_{i=1}^{n^*} x_i = \frac{2 \times 28 + 3 \times 19 + 4 \times 8 + 5 \times 4 + 6 \times 0 + 7 \times 1 + 8 \times 1 + 9 \times 2}{28 + 19 + 8 + 4 + 0 + 1 + 1 + 2}$$

$$= \frac{198}{63} = 3.14$$

$$p_T^* = \frac{\overline{x}_T - \theta - 1}{\overline{x}_T - \theta} = \frac{3.14 - 1 - 1}{3.14 - 1} = 0.53$$

则截取序列分布的密度函数为

$$P(X_T = x) = (1 - p)\, p^{x - \theta - 1} = (1 - 0.53)\, 0.53^{x - 1 - 1} = 0.47 \times 0.53^{x-2}, \quad x \geqslant 2 \tag{37}$$

如果上述截取序列按照完整序列来拟合, 则有参数

$$\overline{x}_T = \frac{1}{n^*}\sum_{i=1}^{n^*} x_i = \frac{2\times28+3\times19+4\times8+5\times4+6\times0+7\times1+8\times1+9\times2}{28+19+8+4+0+1+1+2}$$
$$= \frac{198}{63} = 3.14$$

$$p = \frac{\overline{x}-1}{\overline{x}} = \frac{3.14-1}{3.14} = 0.68$$

则其密度函数为

$$P\left(X=x\right) = \left(1-p\right)p^{x-1} = \left(1-0.68\right)0.68^{x-1} = 0.32\times0.68^{x-1}, \quad x=1,2,\cdots \quad (38)$$

表 3 给出了两种处理下的拟合度检验结果, 检验计算步骤与前述相同.

表 3   截取干旱历时序列拟合度检验结果

干旱历时/年	干旱历时发生的频数	历时序列累计	$p=0.53$ 历时期望数	$p=0.68$ 历时期望数	$p=0.53 D_1$	$p=0.68 D_2$
1	0	0		20.1600		20.1600
2	28	56	29.6100	13.7088	0.0875	14.8983
3	19	57	15.6933	9.3220	0.6967	10.0476
4	8	32	8.3174	6.3389	0.0121	0.4353
5	4	20	4.4082	4.3105	0.0378	0.0224
6	0	0	2.3364	2.9311	2.3364	2.9311
7	*1*	7	*1.2383*	*1.9932*	1.3776	1.7451
8	*1*	8	*0.6563*	*1.3554*		
9	*2*	18	*0.3478*	*0.9216*		
合计	63	198	62.6078	61.0415	4.5482	50.2398

给定显著水平 $\alpha=0.05$, 临界值 $\chi_\alpha^2 = \text{chiinv}\left(0.05, 7-1-1\right) = 11.0705$. 显然 $D_1 < \chi_\alpha^2$, $D_2 > \chi_\alpha^2$, 则接受截取干旱历时服从几何分布的假设, 而拒绝按完整序列的方法处理截取干旱历时服从几何分布的假设. 这一检验结果, 说明截取几何分布是描述 $X>1$ 截取序列的可行模型, 上述截取序列处理方法能够为恢复总体分布参数和总体分布识别提供一种手段.

11.2   应用极大似然法估算截取分布参数

设随机变量 X 为连续型, 其分布为 $F(x)$, 密度函数为 $f(x)$, 其样本为 $(x_1, x_2, \cdots, x_n)$, 如图 6 所示, 其中 m 个观测值小于左删失点 $x_i \leqslant x_T$, $i=1,2,\cdots,m$; $n-m$ 个观测值大于删失点 $x_i > x_T$, $i=m+1, m+2, \cdots, n$. 假定它们满足独立同分布条件, 则它们的联合分布为

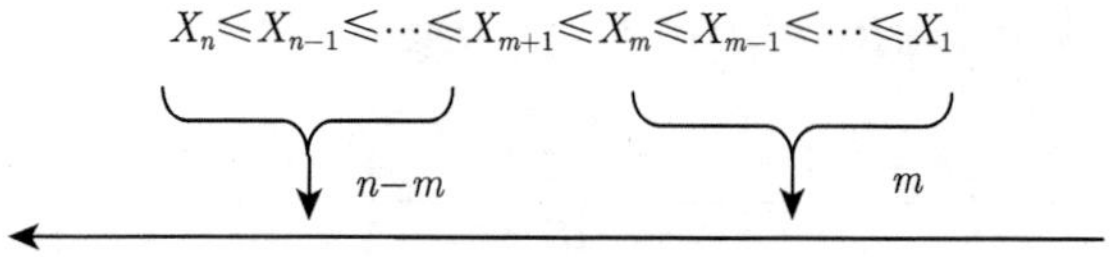

$$X_n \leqslant X_{n-1} \leqslant \cdots \leqslant X_{m+1} \leqslant X_m \leqslant X_{m-1} \leqslant \cdots \leqslant X_1$$

$$n-m \qquad\qquad m$$

图 6　事件示意图

$$P\left(X \leqslant x_1, X \leqslant x_2, \cdots, X \leqslant x_n\right)$$

$$= f\left(x_1\right) \Delta x f\left(x_2\right) \Delta x \cdots f\left(x_m\right) \Delta x \int_{x_{m+1}}^{\infty} f\left(x\right) dx \int_{x_{m+2}}^{\infty} f\left(x\right) dx \cdots \int_{x_n}^{\infty} f\left(x\right) dx$$

$$= \left(\Delta x\right)^m \prod_{i=1}^{m} f\left(x_i\right) \prod_{i=m+1}^{n} \int_{x_i}^{\infty} f\left(x\right) dx \tag{39}$$

根据概率论原理, 有

$$\begin{cases} P\left(x \leqslant X \leqslant x + \Delta x\right) = f\left(x\right) \Delta x \\ P\left(X \leqslant x\right) = F\left(x\right) = \displaystyle\int_{-\infty}^{x} f\left(t\right) dt \\ P\left(X > x\right) = 1 - F\left(x\right) = 1 - \displaystyle\int_{-\infty}^{x} f\left(t\right) dt = \int_{x}^{\infty} f\left(t\right) dt \end{cases} \tag{40}$$

则式 (39) 可写为 $P\left(X \leqslant x_1, X \leqslant x_2, \cdots, X \leqslant x_n\right) = \left(\Delta x\right)^m \prod\limits_{i=1}^{m} f\left(x_i\right) \prod\limits_{i=m+1}^{n} \left[1 - F\left(x_i\right)\right].$

根据左删失的定义 $y_i = \begin{cases} x_i, & i \leqslant m, \\ x_m, & i > m, \end{cases}$ 则结合式 (40), 式 (39) 进一步可写为

$$P\left(x_1, x_2, \cdots, x_n\right) = \left(\Delta x\right)^m \prod_{i=1}^{m} f\left(x_i\right) \prod_{i=m+1}^{n} \left[1 - F\left(x_m\right)\right]$$

$$= \left(\Delta x\right)^m \prod_{i=1}^{m} f\left(x_i\right) \left[1 - F\left(x_m\right)\right]^{n-m} \tag{41}$$

在上述事件中, 由于并未指明在 $\left(X_1, X_2, \cdots, X_n\right)$ 中是哪一个 $x_i \leqslant x_T$, 在其余的 $n - m$ 个 X_i 中是哪一个 $x_i > x_T$, 因此, 通过组合分析, 上述复合事件乃是 $C_n^m = \dfrac{n!}{m!\left(n-m\right)!}$ 个同种类型的基本事件之和. 即式 (41) 为

$$P\left(X \leqslant x_1, X \leqslant x_2, \cdots, X \leqslant x_n\right) = C \left(\Delta x\right)^m \prod_{i=1}^{m} f\left(x_i\right) \left[1 - F\left(x_m\right)\right]^{n-m} \tag{42}$$

式中, $C = C_n^m = \dfrac{n!}{m!\left(n-m\right)!}$.

因为式 (42) 中, C 因与样本结构和长度有关, 与参数 θ 无关, 从计算参数目的出发, 一般令 $C = 1$, 则式 (42) 可进一步写为

$$P\left(X \leqslant x_1, X \leqslant x_2, \cdots, X \leqslant x_n\right) = (\Delta x)^m \prod_{i=1}^{m} f\left(x_i\right) \left[1 - F\left(x_m\right)\right]^{n-m} \quad (43)$$

实际计算中, $\boldsymbol{\theta}$ 为分布参数, 似然函数采用 $L\left(\boldsymbol{\theta}\right)$

$$L\left(\boldsymbol{\theta}\right) = \frac{P\left(X \leqslant x_1, X \leqslant x_2, \cdots, X \leqslant x_n\right)}{(\Delta x)^m} = \prod_{i=1}^{m} f\left(x_i\right) \left[1 - F\left(x_m\right)\right]^{n-m} \quad (44)$$

同样, 对右删失, m 个观测值小于右删失点 $x_i > x_T$, $i = 1, 2, \cdots, m$; $n-m$ 个观测值大于删失点 $x_i \leqslant x_T$, $i = m+1, m+2, \cdots, n$, 有似然函数 $L(\boldsymbol{\theta})$

$$L(\boldsymbol{\theta}) = \prod_{i=1}^{m} f\left(x_i\right) \left[F\left(x_m\right)\right]^{n-m} \quad (45)$$

图 7 和表 4 给出了不同类删失对似然函数的贡献.

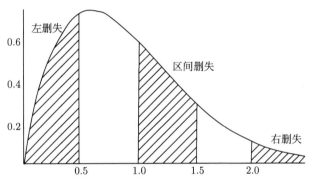

图 7 不同类删失对似然函数的贡献

表 4 不同类删失的似然函数计算

删失类别	范围	似然函数
d_i 个数据落在区间删失 $[x_{i-1}, x_i]$	$x_{i-1} < X \leqslant x_i$	$[F(x_i) - F(x_{i-1})]^{d_i}$
l_i 个数据在 x_i 发生左删失	$X \leqslant x_i$	$[F(x_i)]^{l_i}$
l_i 个数据在 x_i 发生右删失	$X > x_i$	$[1 - F(x_i)]^{r_i}$

设随机变量 X 为连续型, 其分布为 $F(x)$, 密度函数为 $f(x)$, 其样本为 $(x_1, x_2, \cdots, x_n)$, 满足独立同分布条件, 其完全似然函数 (total likelihood, full likelihood, extend likelihood)$L\left(\boldsymbol{\theta}\right)$ 为

$$L\left(x_1, x_2, \cdots, x_n; \boldsymbol{\theta}\right) = C \prod_{i=1}^{n} L_i\left(x_i; \boldsymbol{\theta}\right)$$

$$= C \prod_{i=1}^{m+1} \left\{ [F(x_i)]^{l_i} [F(x_i) - F(x_{i-1})]^{d_i} [1 - F(x_i)]^{r_i} \right\} \quad (46)$$

式中, $n = \sum\limits_{j=1}^{m+1} (l_j + d_j + r_j)$; $C = \dfrac{n!}{d_1! \cdots d_{m+1}!}$, 与参数 $\boldsymbol{\theta}$ 无关, 通常取 $C = 1$; m 为左删失、区间删失和右删失的总数目.

例 2　对于删失数据. 观测值在 [min, max] 为 a, b, c, d 和 e; p 个观测值小于 min; q 个观测值大于 max. 则似然函数为 $L = f(a) \cdot f(b) \cdot f(c) \cdot f(d) \cdot f(e) \cdot [F(\min)]^p \cdot [1 - F(\max)]^q$.

例 3　对于截取数据. 观测值在 [min, max] 为 a, b, c, d 和 e, 则似然函数为
$$L = \frac{f(a) \cdot f(b) \cdot f(c) \cdot f(d) \cdot f(e)}{[F(\max) - F(\min)]^5}.$$

例 4　对于区间删失数据. 观测值在每一个分类区间见表 5.

表 5　分类数据

类 bin	频数
0—10	10
10—20	23
20—50	42
50+	8

则似然函数为 $L = [F(10)]^{10} \cdot [F(20) - F(10)]^{23} \cdot [F(50) - F(20)]^{42} \cdot [1 - F(50)]^8$.

11.3　截取 Weibull 分布

Wingo (1989) 推得了左截取 Weibull 分布参数估算.

11.3.1　左截取 Weibull 分布

无截取 Weibull 分布函数和密度函数分别为

$$F(x) = 1 - \exp\left(-\alpha x^\beta\right), \quad f(x) = \alpha \beta x^{\beta-1} \exp\left(-\alpha x^\beta\right); \quad x > 0, \quad \alpha > 0, \quad \beta > 0 \tag{47}$$

式中, α, β 分别为分布的参数.

根据左截取分布的定义, 截取点 θ 的左截取 Weibull 分布的密度函数和分布函数为

$$\begin{aligned}
f_T(x) &= \frac{f(x)}{P(X \geqslant \theta)} = \frac{f(x)}{1 - F(\theta)} = \frac{\alpha \beta x^{\beta-1} \exp\left(-\alpha x^\beta\right)}{\exp\left(-\alpha \theta^\beta\right)} \\
&= \alpha \beta x^{\beta-1} \exp\left[-\alpha\left(x^\beta - \theta^\beta\right)\right]; \quad X \geqslant \theta
\end{aligned} \tag{48}$$

$$F_T(x) = \int_\theta^x f_T(x)\, dx = \int_\theta^x \alpha \beta x^{\beta-1} \exp\left[-\alpha\left(x^\beta - \theta^\beta\right)\right] dx$$

$$= -\int_\theta^x d\left[e^{-\alpha\left(x^\beta - \theta^\beta\right)}\right] dx$$

$$= -e^{-\alpha\left(x^\beta - \theta^\beta\right)}\Big|_\theta^x = 1 - \exp\left[-\alpha\left(x^\beta - \theta^\beta\right)\right]; \quad X \geqslant \theta \qquad (49)$$

11.3.2 左截取 Weibull 分布的分位数计算

给定设计频率 P, 其相应的分位数 x_p 计算为

$$P = 1 - \exp\left[-\alpha\left(x_p^\beta - \theta^\beta\right)\right]$$

$$\exp\left[-\alpha\left(x_p^\beta - \theta^\beta\right)\right] = 1 - P, \quad -\alpha\left(x_p^\beta - \theta^\beta\right) = \ln\left(1 - P\right)$$

$$x_p^\beta - \theta^\beta = -\frac{1}{\alpha}\ln\left(1 - P\right), \quad x_p^\beta = \theta^\beta - \frac{1}{\alpha}\ln\left(1 - P\right) = \theta^\beta + \frac{1}{\alpha}\ln\left(\frac{1}{1 - P}\right)$$

则

$$x_p = \left[\theta^\beta + \frac{1}{\alpha}\ln\left(\frac{1}{1 - P}\right)\right]^{\frac{1}{\beta}} \qquad (50)$$

11.3.3 左截取 Weibull 分布的矩计算

根据原点矩定义, 左截取分布的 r 阶原点矩为

$$\mu_r = E\left(X^r\right) = \int_\theta^\infty x^r f_T\left(x\right) dx = \int_\theta^\infty x^r \cdot \alpha\beta x^{\beta-1}\exp\left[-\alpha\left(x^\beta - \theta^\beta\right)\right] dx$$

$$= \alpha\beta\exp\left(\alpha\theta^\beta\right)\int_\theta^\infty x^{r+\beta-1}\exp\left(-\alpha x^\beta\right) dx$$

令 $y = \alpha x^\beta$, 当 $x = \theta$ 时, $y = \alpha\theta^\beta$, 当 $x \to \infty$ 时, $y \to \infty$; $x = \left(\frac{y}{\alpha}\right)^{\frac{1}{\beta}}$, $dx = \alpha^{-\frac{1}{\beta}}\frac{1}{\beta}y^{\frac{1}{\beta}-1}dy$, 则

$$\mu_r = \alpha\beta\exp\left(\alpha\theta^\beta\right)\int_\theta^\infty x^{r+\beta-1}\exp\left(-\alpha x^\beta\right) dx$$

$$= \alpha\beta\exp\left(\alpha\theta^\beta\right)\int_{\alpha\theta^\beta}^\infty \left[\left(\frac{y}{\alpha}\right)^{\frac{1}{\beta}}\right]^{r+\beta-1} e^{-y}\alpha^{-\frac{1}{\beta}}\frac{1}{\beta}y^{\frac{1}{\beta}-1}dy$$

$$= \alpha^{1-\frac{r+\beta-1}{\beta}-\frac{1}{\beta}}\beta^{1-1}\exp\left(-\alpha\theta^\beta\right)\int_{\alpha\theta^\beta}^\infty y^{\frac{r+\beta-1}{\beta}+\frac{1}{\beta}-1}e^{-y}dy$$

$$= \alpha^{-\frac{r}{\beta}}\exp\left(\alpha\theta^\beta\right)\int_{\alpha\theta^\beta}^\infty y^{\frac{r}{\beta}}e^{-y}dy$$

根据完全 gamma 函数定义 $\Gamma\left(\alpha\right) = \int_0^\infty t^{\alpha-1}e^{-t}dt$ 和不完全 gamma 函数定义 $\gamma\left(\alpha, x\right) = \int_0^x t^{\alpha-1}e^{-t}dt$, 则有

$$\mu_r = \alpha^{-\frac{r}{\beta}}\exp\left(\alpha\theta^\beta\right)\int_{\alpha\theta^\beta}^\infty y^{\frac{r}{\beta}}e^{-y}dy = \alpha^{-\frac{r}{\beta}}\exp\left(\alpha\theta^\beta\right)\left[\int_0^\infty y^{\frac{r}{\beta}}e^{-y}dy - \int_0^{\alpha\theta^\beta} y^{\frac{r}{\beta}}e^{-y}dy\right]$$

$$=\alpha^{-\frac{r}{\beta}}\exp\left(\alpha\theta^\beta\right)\left[\int_0^\infty y^{1+\frac{r}{\beta}-1}e^{-y}dy-\int_0^{\alpha\theta^\beta}y^{1+\frac{r}{\beta}-1}e^{-y}dy\right]$$

$$=\alpha^{-\frac{r}{\beta}}\exp\left(\alpha\theta^\beta\right)\left[\Gamma\left(1+\frac{r}{\beta}\right)-\gamma\left(1+\frac{r}{\beta},\alpha\theta^\beta\right)\right]$$

$$=\frac{1}{\alpha^{\frac{r}{\beta}}\exp\left(-\alpha\theta^\beta\right)}\left[\Gamma\left(1+\frac{r}{\beta}\right)-\gamma\left(1+\frac{r}{\beta},\alpha\theta^\beta\right)\right] \tag{51}$$

则有数学期望 μ 和方差 σ^2

$$\mu=E\left(X\right)=\frac{1}{\alpha^{\frac{1}{\beta}}\exp\left(-\alpha\theta^\beta\right)}\left[\Gamma\left(1+\frac{1}{\beta}\right)-\gamma\left(1+\frac{1}{\beta},\alpha\theta^\beta\right)\right] \tag{52}$$

$$\sigma^2=E\left(X^2\right)-E^2\left(X\right)\frac{1}{\alpha^{\frac{2}{\beta}}\exp\left(-\alpha\theta^\beta\right)}\left[\Gamma\left(1+\frac{2}{\beta}\right)-\gamma\left(1+\frac{2}{\beta},\alpha\theta^\beta\right)\right]-\mu^2 \tag{53}$$

左截取分布的前 4 阶中心矩可由下式进行计算

$$\begin{cases}\mu_1'=0\\\mu_2'=\mu_2-\mu_1^2=\mathrm{var}\left(x\right)=\sigma^2\\\mu_3'=\mu_3-3\mu_1\mu_2+2\mu_1^3\\\mu_4'=\mu_4-4\mu_1\mu_3+6\mu_1^2\mu_2-3\mu_1^4\end{cases} \tag{54}$$

偏态系数 κ_1 和峰度系数 κ_2 分别为

$$\begin{cases}\kappa_1=\dfrac{\mu_3'}{\left(\mu_2'\right)^{3/2}}\\\kappa_2=\dfrac{\mu_4'}{\left(\mu_2'\right)^2}\end{cases} \tag{55}$$

11.3.4　左截取 Weibull 分布参数的极大似然法估算

对于左截取序列 $x_1,x_2,\cdots,x_n$, 有似然函数 $l=\prod\limits_{i=1}^n\alpha\beta\cdot x_i^{\beta-1}\exp\left[-\alpha\left(x_i^\beta-\theta^\beta\right)\right]$, 取对数, 有

$$L=\ln l=\sum_{i=1}^n\left[\ln\alpha+\ln\beta+(\beta-1)x_i-\alpha\left(x_i^\beta-\theta^\beta\right)\right]$$

$$=n\ln\alpha+n\ln\beta+(\beta-1)\sum_{i=1}^n\ln x_i-\sum_{i=1}^n\alpha\left(x_i^\beta-\theta^\beta\right) \tag{56}$$

$$\frac{\partial L}{\partial\alpha}=\frac{\partial}{\partial\alpha}\left[n\ln\alpha+n\ln\beta+(\beta-1)\sum_{i=1}^n\ln x_i-\sum_{i=1}^n\alpha\left(x_i^\beta-\theta^\beta\right)\right]=\frac{n}{\alpha}-\sum_{i=1}^n\left(x_i^\beta-\theta^\beta\right)$$

$$\frac{\partial L}{\partial \beta} = \frac{\partial}{\partial \beta}\left[n\ln\alpha + n\ln\beta + (\beta-1)\sum_{i=1}^{n}\ln x_i - \sum_{i=1}^{n}\alpha\left(x_i^{\beta} - \theta^{\beta}\right)\right]$$

$$= \frac{n}{\beta} + \sum_{i=1}^{n}\ln x_i - \alpha\sum_{i=1}^{n}\left(x_i^{\beta}\ln x_i - \theta^{\beta}\ln\theta\right)$$

即

$$\begin{cases}\dfrac{n}{\alpha} - \displaystyle\sum_{i=1}^{n}\left(x_i^{\beta} - \theta^{\beta}\right) = 0 \\[2mm] \dfrac{n}{\beta} + \displaystyle\sum_{i=1}^{n}\ln x_i - \alpha\sum_{i=1}^{n}\left(x_i^{\beta}\ln x_i - \theta^{\beta}\ln\theta\right) = 0\end{cases} \tag{57}$$

由 $\dfrac{n}{\alpha} - \displaystyle\sum_{i=1}^{n}\left(x_i^{\beta} - \theta^{\beta}\right) = 0$, 得 $\alpha = \dfrac{n}{\displaystyle\sum_{i=1}^{n}\left(x_i^{\beta} - \theta^{\beta}\right)}$, 把 α 值代入 $\dfrac{n}{\beta} + \displaystyle\sum_{i=1}^{n}\ln x_i - $

$\alpha\displaystyle\sum_{i=1}^{n}\left(x_i^{\beta}\ln x_i - \theta^{\beta}\ln\theta\right) = 0$, 有 $\dfrac{n}{\beta} + \displaystyle\sum_{i=1}^{n}\ln x_i - \dfrac{n\displaystyle\sum_{i=1}^{n}\left(x_i^{\beta}\ln x_i - \theta^{\beta}\ln\theta\right)}{\displaystyle\sum_{i=1}^{n}\left(x_i^{\beta} - \theta^{\beta}\right)} = 0$, 求解

此非线性方程, 即可获得参数 β, 再把 β 代入 $\alpha = \dfrac{n}{\displaystyle\sum_{i=1}^{n}\left(x_i^{\beta} - \theta^{\beta}\right)}$ 可获得 α 值. 另

一种求解方法是把 $\alpha = \dfrac{n}{\displaystyle\sum_{i=1}^{n}\left(x_i^{\beta} - \theta^{\beta}\right)}$ 代入式 (57) 的似然函数, 有

$$L = n\ln\frac{n}{\displaystyle\sum_{i=1}^{n}\left(x_i^{\beta} - \theta^{\beta}\right)} + n\ln\beta + (\beta-1)\sum_{i=1}^{n}\ln x_i - \frac{n}{\displaystyle\sum_{i=1}^{n}\left(x_i^{\beta} - \theta^{\beta}\right)}\sum_{i=1}^{n}\left(x_i^{\beta} - \theta^{\beta}\right)$$

$$= n\ln n - n\ln\sum_{i=1}^{n}\left(x_i^{\beta} - \theta^{\beta}\right) + n\ln\beta + (\beta-1)\sum_{i=1}^{n}\ln x_i - n$$

$$= n(\ln n - 1) + n\ln\beta + (\beta-1)\sum_{i=1}^{n}\ln x_i - n\ln\sum_{i=1}^{n}\left(x_i^{\beta} - \theta^{\beta}\right) \tag{58}$$

求解式 (58) 的最大似然函数值, 即可获得参数 β, 再把 β 代入

$$\alpha = \frac{n}{\displaystyle\sum_{i=1}^{n}\left(x_i^{\beta} - \theta^{\beta}\right)}$$

可获得 α 值.

11.3.5　左截取 Weibull 分布参数极大似然法估算的方差-协方差矩阵

极大似然法原理告诉我们, 当 $n \to \infty$ 时, 参数 $\begin{pmatrix} \hat{\alpha} \\ \hat{\beta} \end{pmatrix}$ 的分布近似服从二维正态分布, 且均值为 $\begin{pmatrix} \alpha \\ \beta \end{pmatrix}$, 方差-协方差矩阵为

$$\begin{bmatrix} \operatorname{var}(\hat{\alpha}) & \operatorname{cov}(\hat{\alpha}, \hat{\beta}) \\ \operatorname{cov}(\hat{\beta}, \hat{\alpha}) & \operatorname{var}(\hat{\beta}) \end{bmatrix} \approx \frac{1}{n} \begin{bmatrix} I_{\alpha\alpha} & I_{\alpha\beta} \\ I_{\beta\alpha} & I_{\beta\beta} \end{bmatrix}^{-1} \tag{59}$$

式中, 矩阵元素为对称 Fisher 信息矩阵元素 $I_{ij} = E\left(-\dfrac{\partial^2 L}{\partial \lambda_i \partial \lambda_j}\right)$, $i,j = 1,2$; $\lambda = \begin{pmatrix} \alpha \\ \beta \end{pmatrix}$. 前述已经求得 $\dfrac{\partial L}{\partial \alpha} = \dfrac{n}{\alpha} - \sum\limits_{i=1}^{n}\left(x_i^{\beta} - \theta^{\beta}\right)$; $\dfrac{\partial L}{\partial \beta} = \dfrac{n}{\beta} + \sum\limits_{i=1}^{n} \ln x_i - \alpha \sum\limits_{i=1}^{n}\left(x_i^{\beta}\ln x_i - \theta^{\beta}\ln\theta\right)$. 则

$$\frac{\partial^2 L}{\partial \alpha^2} = \frac{\partial}{\partial \alpha}\left[\frac{n}{\alpha} - \sum_{i=1}^{n}\left(x_i^{\beta} - \theta^{\beta}\right)\right] = -\frac{n}{\alpha^2}$$

$$\frac{\partial^2 L}{\partial \alpha \partial \beta} = \frac{\partial}{\partial \beta}\left[\frac{n}{\alpha} - \sum_{i=1}^{n}\left(x_i^{\beta} - \theta^{\beta}\right)\right] = -\sum_{i=1}^{n}\left(x_i^{\beta}\ln x_i - \theta^{\beta}\ln\theta\right)$$

$$\frac{\partial^2 L}{\partial \beta \partial \alpha} = \frac{\partial}{\partial \alpha}\left[\frac{n}{\beta} + \sum_{i=1}^{n}\ln x_i - \alpha\sum_{i=1}^{n}\left(x_i^{\beta}\ln x_i - \theta^{\beta}\ln\theta\right)\right] = -\sum_{i=1}^{n}\left(x_i^{\beta}\ln x_i - \theta^{\beta}\ln\theta\right)$$

$$\frac{\partial^2 L}{\partial \beta^2} = \frac{\partial}{\partial \beta}\left[\frac{n}{\beta} + \sum_{i=1}^{n}\ln x_i - \alpha\sum_{i=1}^{n}\left(x_i^{\beta}\ln x_i - \theta^{\beta}\ln\theta\right)\right]$$
$$= -\frac{n}{\beta^2} - \alpha\sum_{i=1}^{n}\left[x_i^{\beta}(\ln x_i)^2 - \theta^{\beta}(\ln\theta)^2\right]$$

即

$$\begin{bmatrix} \dfrac{\partial^2 L}{\partial \alpha^2} & \dfrac{\partial^2 L}{\partial \alpha \partial \beta} \\ \dfrac{\partial^2 L}{\partial \beta \partial \alpha} & \dfrac{\partial^2 L}{\partial \beta^2} \end{bmatrix}$$
$$= \begin{bmatrix} -\dfrac{n}{\alpha^2} & -\sum\limits_{i=1}^{n}\left(x_i^{\beta}\ln x_i - \theta^{\beta}\ln\theta\right) \\ -\sum\limits_{i=1}^{n}\left(x_i^{\beta}\ln x_i - \theta^{\beta}\ln\theta\right) & -\dfrac{n}{\beta^2} - \alpha\sum\limits_{i=1}^{n}\left[x_i^{\beta}(\ln x_i)^2 - \theta^{\beta}(\ln\theta)^2\right] \end{bmatrix} \tag{60}$$

$$E\left(-\frac{\partial^2 L}{\partial \alpha^2}\right) = E\left(\frac{n}{\alpha^2}\right) = \frac{n}{\alpha^2}$$

$$E\left(-\frac{\partial^2 L}{\partial \alpha \partial \beta}\right) = E\left[\sum_{i=1}^{n}\left(x_i^\beta \ln x_i - \theta^\beta \ln \theta\right)\right] = \sum_{i=1}^{n} E\left(x_i^\beta \ln x_i\right) - \sum_{i=1}^{n} E\left(\theta^\beta \ln \theta\right)$$

$$= \sum_{i=1}^{n} E\left(x^\beta \ln x\right) - \sum_{i=1}^{n} E\left(\theta^\beta \ln \theta\right) = nE\left(x^\beta \ln x\right) - n\theta^\beta \ln \theta$$

$$E\left(-\frac{\partial^2 L}{\partial \beta \partial \alpha}\right) = E\left[\sum_{i=1}^{n}\left(x_i^\beta \ln x_i - \theta^\beta \ln \theta\right)\right] = nE\left(x^\beta \ln x\right) - n\theta^\beta \ln \theta$$

$$E\left(-\frac{\partial^2 L}{\partial \beta^2}\right) = E\left[\frac{n}{\beta^2} + \alpha \sum_{i=1}^{n}\left[x_i^\beta\left(\ln x_i\right)^2 - \theta^\beta\left(\ln \theta\right)^2\right]\right]$$

$$= E\left(\frac{n}{\beta^2}\right) + \alpha \sum_{i=1}^{n} E\left[x_i^\beta\left(\ln x_i\right)^2\right] - \alpha \sum_{i=1}^{n} E\left[\theta^\beta\left(\ln \theta\right)^2\right]$$

$$= \frac{n}{\beta^2} + \alpha \sum_{i=1}^{n} E\left[x^\beta\left(\ln x\right)^2\right] - \alpha n\theta^\beta\left(\ln \theta\right)^2$$

$$= \frac{n}{\beta^2} + n\alpha E\left[x^\beta\left(\ln x\right)^2\right] - n\alpha\theta^\beta\left(\ln \theta\right)^2$$

以下推求数学期望 $E\left(x^\beta \ln x\right)$ 和 $E\left[x^\beta\left(\ln x\right)^2\right]$ 值.

$$E\left(x^\beta \ln x\right) = \int_\theta^\infty x^\beta \ln x \cdot f_T(x)\,dx = \int_\theta^\infty x^\beta \ln x \cdot \alpha\beta x^{\beta-1} \exp\left[-\alpha\left(x^\beta - \theta^\beta\right)\right] dx$$

$$= \alpha\beta \cdot e^{\alpha\theta^\beta} \int_\theta^\infty x^{2\beta-1} \ln x \cdot e^{-\alpha x^\beta}\,dx$$

$$= \alpha\beta \cdot e^{\alpha\theta^\beta}\left[\int_0^\infty x^{2\beta-1} \ln x \cdot e^{-\alpha x^\beta}\,dx - \int_0^\theta x^{2\beta-1} \ln x \cdot e^{-\alpha x^\beta}\,dx\right]$$

令 $y = \alpha x^\beta$, 当 $x = 0$ 时, $y = 0$, 当 $x \to \infty$ 时, $y \to \infty$, 当 $x = \theta$ 时, $y = \alpha\theta^\beta$; $x = \left(\frac{y}{\alpha}\right)^{\frac{1}{\beta}}$, $dx = \frac{1}{\beta}\alpha^{-\frac{1}{\beta}} y^{\frac{1}{\beta}-1}\,dy$, 则

$$E\left(x^\beta \ln x\right) = \alpha\beta \cdot e^{\alpha\theta^\beta}\left[\int_0^\infty x^{2\beta-1} \ln x \cdot e^{-\alpha x^\beta}\,dx - \int_0^\theta x^{2\beta-1} \ln x \cdot e^{-\alpha x^\beta}\,dx\right]$$

$$= \alpha\beta \cdot e^{\alpha\theta^\beta}\left[\int_0^\infty \left[\left(\frac{y}{\alpha}\right)^{\frac{1}{\beta}}\right]^{2\beta-1} \ln\left(\frac{y}{\alpha}\right)^{\frac{1}{\beta}} \cdot e^{-y}\frac{1}{\beta}\alpha^{-\frac{1}{\beta}} y^{\frac{1}{\beta}-1}\,dy\right.$$

$$\left. - \int_0^{\alpha\theta^\beta} \left[\left(\frac{y}{\alpha}\right)^{\frac{1}{\beta}}\right]^{2\beta-1} \ln\left(\frac{y}{\alpha}\right)^{\frac{1}{\beta}} \cdot e^{-y}\frac{1}{\beta}\alpha^{-\frac{1}{\beta}} y^{\frac{1}{\beta}-1}\,dy\right]$$

$$=\alpha\beta \cdot \alpha^{-\frac{2\beta-1}{\beta}-\frac{1}{\beta}}\frac{1}{\beta^2}e^{\alpha\theta^\beta}\left[\int_0^\infty y^{\frac{2\beta-1}{\beta}+\frac{1}{\beta}-1}\left(\ln y-\ln\alpha\right)\right.$$

$$\left.\cdot e^{-y}dy-\int_0^{\alpha\theta^\beta}y^{\frac{2\beta-1}{\beta}+\frac{1}{\beta}-1}\left(\ln y-\ln\alpha\right)\cdot e^{-y}dy\right]$$

$$=\frac{1}{\alpha\beta}\cdot e^{\alpha\theta^\beta}\left[\int_0^\infty y\left(\ln y-\ln\alpha\right)\cdot e^{-y}dy-\int_0^{\alpha\theta^\beta}y\left(\ln y-\ln\alpha\right)\cdot e^{-y}dy\right]$$

$$=\frac{1}{\alpha\beta}\cdot e^{\alpha\theta^\beta}\left[\int_0^\infty y\left(\ln y\right)\cdot e^{-y}dy-\ln\alpha\int_0^\infty y\cdot e^{-y}dy-\int_0^{\alpha\theta^\beta}y\left(\ln y\right)\right.$$

$$\left.\cdot e^{-y}dy+\ln\alpha\int_0^{\alpha\theta^\beta}y\cdot e^{-y}dy\right]$$

对于积分 $\displaystyle\int_0^\infty y\cdot e^{-y}dy$ 和 $\displaystyle\int_0^{\alpha\theta^\beta}y\cdot e^{-y}dy$ 分别利用分部积分. 令 $u=y$, $du=dy$; $dv=e^{-y}dy$, $v=-e^{-y}$, 则

$$\int_0^\infty y\cdot e^{-y}dy=-ye^{-y}\big|_0^\infty+\int_0^\infty e^{-y}dy=-ye^{-y}\big|_0^\infty-e^{-y}\big|_0^\infty=1 \tag{61}$$

$$\int_0^{\alpha\theta^\beta}y\cdot e^{-y}dy=-ye^{-y}\big|_0^{\alpha\theta^\beta}+\int_0^{\alpha\theta^\beta}e^{-y}dy=-ye^{-y}\big|_0^{\alpha\theta^\beta}-e^{-y}\big|_0^{\alpha\theta^\beta}$$

$$=-\alpha\theta^\beta e^{-\alpha\theta^\beta}-e^{-\alpha\theta^\beta}+1 \tag{62}$$

对于积分

$$\int_0^\infty y^{s-1}\left(\ln y\right)^m\cdot e^{-y}dy=\frac{\partial^m}{\partial s^m}\int_0^\infty y^{s-1}\cdot e^{-y}dy=\frac{\partial^m}{\partial s^m}\Gamma\left(s\right)=\Gamma^{(m)}\left(s\right) \tag{63}$$

$$\int_0^{\alpha\theta^\beta}y^{s-1}\left(\ln y\right)^m\cdot e^{-y}dy$$

$$=\frac{\partial^m}{\partial s^m}\int_0^{\alpha\theta^\beta}y^{s-1}\cdot e^{-y}dy$$

$$=\frac{\partial^m}{\partial s^m}\gamma\left(s,\alpha\theta^\beta\right)=\gamma^{(m)}\left(s,\alpha\theta^\beta\right) \tag{64}$$

对于积分 $\displaystyle\int_0^\infty y\left(\ln y\right)\cdot e^{-y}dy$ 和 $\displaystyle\int_0^{\alpha\theta^\beta}y\cdot e^{-y}dy$, 对照式 (63) 和 (64) 积分公式, 有 $m=1$, $s=2$. 即

$$\int_0^\infty y\left(\ln y\right)\cdot e^{-y}dy=\int_0^\infty y^{2-1}\left(\ln y\right)\cdot e^{-y}dy=\Gamma'\left(2\right) \tag{65}$$

$$\int_0^{\alpha\theta^\beta} y \cdot e^{-y} dy = \int_0^{\alpha\theta^\beta} y^{2-1} \cdot e^{-y} dy = \gamma'\left(2, \alpha\theta^\beta\right) \tag{66}$$

综合式 (61), (62) 和 (65), (66) 推导, 有

$$
\begin{aligned}
E\left(x^\beta \ln x\right) =& \frac{1}{\alpha\beta} \cdot e^{\alpha\theta^\beta} \left[\int_0^\infty y\left(\ln y\right) \cdot e^{-y} dy - \ln\alpha \int_0^\infty y \cdot e^{-y} dy \right. \\
& \left. - \int_0^{\alpha\theta^\beta} y\left(\ln y\right) \cdot e^{-y} dy + \ln\alpha \int_0^{\alpha\theta^\beta} y \cdot e^{-y} dy \right] \\
=& \frac{1}{\alpha\beta} \cdot e^{\alpha\theta^\beta} \left[\Gamma'\left(2\right) - \ln\alpha - \gamma'\left(2, \alpha\theta^\beta\right) + \ln\alpha \cdot \left(-\alpha\theta^\beta e^{-\alpha\theta^\beta} - e^{-\alpha\theta^\beta} + 1\right) \right] \\
=& \frac{1}{\alpha\beta} \cdot e^{\alpha\theta^\beta} \left[\Gamma'\left(2\right) - \gamma'\left(2, \alpha\theta^\beta\right) - e^{-\alpha\theta^\beta}\left(\alpha\theta^\beta + 1\right)\ln\alpha \right] \\
=& \frac{e^{\alpha\theta^\beta}\left[\Gamma'\left(2\right) - \gamma'\left(2, \alpha\theta^\beta\right)\right] - \left(\alpha\theta^\beta + 1\right)\ln\alpha}{\alpha\beta}
\end{aligned}
$$

即

$$E\left(x^\beta \ln x\right) = \frac{e^{\alpha\theta^\beta}\left[\Gamma'\left(2\right) - \gamma'\left(2, \alpha\theta^\beta\right)\right] - \left(\alpha\theta^\beta + 1\right)\ln\alpha}{\alpha\beta} \tag{67}$$

$$
\begin{aligned}
E\left[x^\beta\left(\ln x\right)^2\right] =& \int_\theta^\infty x^\beta\left(\ln x\right)^2 \cdot f_T\left(x\right) dx \\
=& \int_\theta^\infty x^\beta\left(\ln x\right)^2 \cdot \alpha\beta x^{\beta-1} \exp\left[-\alpha\left(x^\beta - \theta^\beta\right)\right] dx \\
=& \alpha\beta \cdot e^{\alpha\theta^\beta} \int_\theta^\infty x^{2\beta-1}\left(\ln x\right)^2 \cdot e^{-\alpha x^\beta} dx \\
=& \alpha\beta \cdot e^{\alpha\theta^\beta} \left[\int_0^\infty x^{2\beta-1}\left(\ln x\right)^2 \cdot e^{-\alpha x^\beta} dx - \int_0^\theta x^{2\beta-1}\left(\ln x\right)^2 \cdot e^{-\alpha x^\beta} dx \right]
\end{aligned}
$$

令 $y = \alpha x^\beta$, 当 $x = 0$ 时, $y = 0$, 当 $x \to \infty$ 时, $y \to \infty$, 当 $x = \theta$ 时, $y = \alpha\theta^\beta$; $x = \left(\dfrac{y}{\alpha}\right)^{\frac{1}{\beta}}$, $dx = \dfrac{1}{\beta}\alpha^{-\frac{1}{\beta}}y^{\frac{1}{\beta}-1}dy$, 则

$$
\begin{aligned}
E\left[x^\beta\left(\ln x\right)^2\right] =& \alpha\beta \cdot e^{\alpha\theta^\beta} \left[\int_0^\infty x^{2\beta-1}\left(\ln x\right)^2 \cdot e^{-\alpha x^\beta} dx \right. \\
& \left. - \int_0^\theta x^{2\beta-1}\left(\ln x\right)^2 \cdot e^{-\alpha x^\beta} dx \right] \\
=& \alpha\beta \cdot e^{\alpha\theta^\beta} \left[\int_0^\infty \left[\left(\frac{y}{\alpha}\right)^{\frac{1}{\beta}}\right]^{2\beta-1} \left[\ln\left(\frac{y}{\alpha}\right)^{\frac{1}{\beta}}\right]^2 \cdot e^{-y} \frac{1}{\beta}\alpha^{-\frac{1}{\beta}}y^{\frac{1}{\beta}-1}dy \right. \\
& \left. - \int_0^{\alpha\theta^\beta} \left[\left(\frac{y}{\alpha}\right)^{\frac{1}{\beta}}\right]^{2\beta-1} \left[\ln\left(\frac{y}{\alpha}\right)^{\frac{1}{\beta}}\right]^2 \cdot e^{-y} \frac{1}{\beta}\alpha^{-\frac{1}{\beta}}y^{\frac{1}{\beta}-1}dy \right]
\end{aligned}
$$

$$
\begin{aligned}
=& \alpha\beta \cdot e^{\alpha\theta^\beta} \left[\int_0^\infty \alpha^{-\frac{2\beta-1}{\beta}-\frac{1}{\beta}} y^{\frac{2\beta-1}{\beta}+\frac{1}{\beta}-1} \frac{1}{\beta^3} \left(\ln y - \ln\alpha\right)^2 \cdot e^{-y} dy \right. \\
& \left. - \int_0^{\alpha\theta^\beta} \alpha^{-\frac{2\beta-1}{\beta}-\frac{1}{\beta}} y^{\frac{2\beta-1}{\beta}+\frac{1}{\beta}-1} \frac{1}{\beta^3} \left(\ln y - \ln\alpha\right)^2 \cdot e^{-y} dy \right] \\
=& \alpha\beta \cdot e^{\alpha\theta^\beta} \left[\int_0^\infty \frac{1}{\alpha^2\beta^3} y \left(\ln y - \ln\alpha\right)^2 \cdot e^{-y} dy \right. \\
& \left. - \frac{1}{\alpha^2\beta^3} \int_0^{\alpha\theta^\beta} y \left(\ln y - \ln\alpha\right)^2 \cdot e^{-y} dy \right] \\
=& \alpha\beta \frac{1}{\alpha^2\beta^3} \cdot e^{\alpha\theta^\beta} \left[\int_0^\infty y \left(\ln y - \ln\alpha\right)^2 \cdot e^{-y} dy \right. \\
& \left. - \int_0^{\alpha\theta^\beta} y \left(\ln y - \ln\alpha\right)^2 \cdot e^{-y} dy \right] \\
=& \frac{1}{\alpha\beta^2} \cdot e^{\alpha\theta^\beta} \left\{ \int_0^\infty y \left[(\ln y)^2 - 2\ln\alpha\ln y + (\ln\alpha)^2\right] \cdot e^{-y} dy \right. \\
& \left. - \int_0^{\alpha\theta^\beta} y \left[(\ln y)^2 - 2\ln\alpha\ln y + (\ln\alpha)^2\right] \cdot e^{-y} dy \right\} \\
=& \frac{1}{\alpha\beta^2} \cdot e^{\alpha\theta^\beta} \left[\int_0^\infty y (\ln y)^2 \cdot e^{-y} dy - 2\ln\alpha \int_0^\infty y\ln y \cdot e^{-y} dy \right. \\
& + (\ln\alpha)^2 \int_0^\infty y \cdot e^{-y} dy \\
& - \int_0^{\alpha\theta^\beta} y (\ln y)^2 \cdot e^{-y} dy + 2\ln\alpha \int_0^{\alpha\theta^\beta} y\ln y \cdot e^{-y} dy \\
& \left. - (\ln\alpha)^2 \int_0^{\alpha\theta^\beta} y \cdot e^{-y} dy \right]
\end{aligned}
$$

综合以上推导, 有

$$
\begin{aligned}
E\left[x^\beta(\ln x)^2\right] =& \frac{1}{\alpha\beta^2} \cdot e^{\alpha\theta^\beta} \left[\int_0^\infty y (\ln y)^2 \cdot e^{-y} dy - 2\ln\alpha \int_0^\infty y\ln y \cdot e^{-y} dy \right. \\
& + (\ln\alpha)^2 \int_0^\infty y \cdot e^{-y} dy - \int_0^{\alpha\theta^\beta} y (\ln y)^2 \cdot e^{-y} dy \\
& \left. + 2\ln\alpha \int_0^{\alpha\theta^\beta} y\ln y \cdot e^{-y} dy - (\ln\alpha)^2 \int_0^{\alpha\theta^\beta} y \cdot e^{-y} dy \right] \\
=& \frac{1}{\alpha\beta^2} \cdot e^{\alpha\theta^\beta} \left[\int_0^\infty y^{2-1} (\ln y)^2 \cdot e^{-y} dy \right. \\
& - 2\ln\alpha \int_0^\infty y^{2-1}\ln y \cdot e^{-y} dy + (\ln\alpha)^2 \int_0^\infty y \cdot e^{-y} dy \\
& - \int_0^{\alpha\theta^\beta} y^{2-1} (\ln y)^2 \cdot e^{-y} dy + 2\ln\alpha \int_0^{\alpha\theta^\beta} y^{2-1}\ln y
\end{aligned}
$$

$$
\cdot e^{-y}dy - (\ln\alpha)^2 \int_0^{\alpha\theta^\beta} y\cdot e^{-y}dy \Big]
$$

$$
= \frac{1}{\alpha\beta^2}\cdot e^{\alpha\theta^\beta}\Big[\Gamma''(2) - 2\ln\alpha\,\Gamma'(2) + (\ln\alpha)^2 - \gamma''\left(2,\alpha\theta^\beta\right)
$$

$$
+ 2\ln\alpha\,\gamma'\left(2,\alpha\theta^\beta\right) - (\ln\alpha)^2\left(-\alpha\theta^\beta e^{-\alpha\theta^\beta} - e^{-\alpha\theta^\beta} + 1\right)\Big]
$$

$$
= \frac{1}{\alpha\beta^2}\cdot e^{\alpha\theta^\beta}\Big[\Gamma''(2) - 2\ln\alpha\,\Gamma'(2) - \gamma''\left(2,\alpha\theta^\beta\right) + 2\ln\alpha\,\gamma'\left(2,\alpha\theta^\beta\right)
$$

$$
+ (\ln\alpha)^2\, e^{-\alpha\theta^\beta}\left(\alpha\theta^\beta + 1\right)\Big]
$$

$$
= \frac{e^{\alpha\theta^\beta}\left[\Gamma''(2) - \gamma''\left(2,\alpha\theta^\beta\right) - 2\ln\alpha\left(\Gamma'(2) - \gamma'\left(2,\alpha\theta^\beta\right)\right)\right] + (\ln\alpha)^2(\alpha\theta^\beta + 1)}{\alpha\beta^2}
$$

即

$$
E\left[x^\beta\left(\ln x\right)^2\right]
$$
$$
= \frac{e^{\alpha\theta^\beta}\left[\Gamma''(2) - \gamma''\left(2,\alpha\theta^\beta\right) - 2\ln\alpha\left(\Gamma'(2) - \gamma'\left(2,\alpha\theta^\beta\right)\right)\right] + (\ln\alpha)^2\left(\alpha\theta^\beta + 1\right)}{\alpha\beta^2} \tag{68}
$$

11.3.6 左截取 Weibull 分布参数极大似然法估算置信区间

参数 α 和 β 的置信区间为

$$
\hat\alpha \pm z_{\alpha/2}\sqrt{\operatorname{var}\left(\hat\alpha\right)} \tag{69}
$$

$$
\hat\beta \pm z_{\alpha/2}\sqrt{\operatorname{var}\left(\hat\beta\right)} \tag{70}
$$

式中, $z_{\alpha/2}$ 为标准正态分布数, 对于 95% 的置信区间, $z_{0.025} = 1.96$.

11.4　截取 P-III 型分布参数的矩法估计

Cohen(1950) 给出了截取 P-III 型分布的参数估计.

11.4.1 截取 P-III 型分布

P-III 型分布的密度函数为

$$
f(x) = \frac{\beta^\alpha}{\Gamma(\alpha)}(x - a_0)^{\alpha-1}e^{-\beta(x-a_0)}; \quad x > a_0 \tag{71}
$$

式中, α, β 和 a_0 分别为分布参数; $\Gamma(z) = \displaystyle\int_0^\infty e^{-t}t^{z-1}dt$ 为完全 gamma 函数; $\gamma(a,z) = \displaystyle\int_0^z t^{a-1}e^{-t}dt$ 和 $\Gamma(a,z) = \displaystyle\int_z^\infty t^{a-1}e^{-t}dt$ 为不完全 gamma 函数.

设左截取点为 x_0, 则截取序列取值范围 $a_0 \leqslant x_0 \leqslant x \leqslant \infty$. 根据截取分布密度函数定义, 有截取 P-III 型分布密度函数

$$
f_T(x) = \frac{f(x)}{P(X \geqslant x_0)} = \frac{f(x)}{\int_{x_0}^{\infty} f(x)\,dx}
$$

$$
= \frac{\dfrac{\beta^\alpha}{\Gamma(\alpha)}(x-a_0)^{\alpha-1}e^{-\beta(x-a_0)}}{\int_{x_0}^{\infty} \dfrac{\beta^\alpha}{\Gamma(\alpha)}(x-a_0)^{\alpha-1}e^{-\beta(x-a_0)}dx}; \quad a_0 \leqslant x_0 \leqslant x \leqslant \infty \qquad (72)
$$

11.4.2　截取 P-III 型分布参数估算

对于式 (72) 积分 $\int_{x_0}^{\infty} \dfrac{\beta^\alpha}{\Gamma(\alpha)}(x-a_0)^{\alpha-1}e^{-\beta(x-a_0)}dx$, 令 $y = \dfrac{x-E(X)}{\sigma}$, 当 $x = x_0$ 时, $y = \dfrac{x_0-E(X)}{\sigma} = \xi$, 当 $x \to \infty$ 时, $y \to \infty$, $x-a_0 = \dfrac{1}{\beta}y$, $x = E(X)+\sigma y$. 又因 $\sigma = \dfrac{\sqrt{\alpha}}{\beta}$, 故 $dx = \dfrac{\sqrt{\alpha}}{\beta}dy$, 则 $\beta(x-a_0) = \beta[E(X)+\sigma y-a_0]$, 把 $\sigma = \dfrac{\sqrt{\alpha}}{\beta}$ 和 $E(X) = \dfrac{\alpha}{\beta}+a_0$ 代入 $\beta(x-a_0)$, 有

$$
\beta(x-a_0) = \beta[E(X)+\sigma y-a_0] = \beta\left(\frac{\alpha}{\beta}+a_0+\frac{\sqrt{\alpha}}{\beta}y-a_0\right)
$$
$$
= \beta\left(\frac{\alpha}{\beta}+\frac{\sqrt{\alpha}}{\beta}y\right) = (\sqrt{\alpha}y+\alpha)
$$

则有

$$
\int_{x_0}^{\infty} \frac{\beta^\alpha}{\Gamma(\alpha)}(x-a_0)^{\alpha-1}e^{-\beta(x-a_0)}dx
$$
$$
= \int_{x_0}^{\infty} \frac{\beta}{\Gamma(\alpha)}[\beta(x-a_0)]^{\alpha-1}e^{-\beta(x-a_0)}dx
$$
$$
= \int_{\xi}^{\infty} \frac{\beta}{\Gamma(\alpha)}(\sqrt{\alpha}y+\alpha)^{\alpha-1}e^{-(\sqrt{\alpha}y+\alpha)}\frac{\sqrt{\alpha}}{\beta}dy
$$
$$
= \int_{\xi}^{\infty} \frac{\sqrt{\alpha}}{\Gamma(\alpha)}(\sqrt{\alpha}y+\alpha)^{\alpha-1}e^{-(\sqrt{\alpha}y+\alpha)}dy
$$

令 $x = \sqrt{\alpha}y+\alpha$, 当 $y = \xi$ 时, $x = \sqrt{\alpha}\xi+\alpha$, 当 $y \to \infty$ 时, $x \to \infty$; $y = \dfrac{x-\alpha}{\sqrt{\alpha}}$, $dy = \dfrac{1}{\sqrt{\alpha}}dx$, 则

$$
\int_{x_0}^{\infty} \frac{\beta^\alpha}{\Gamma(\alpha)}(x-a_0)^{\alpha-1}e^{-\beta(x-a_0)}dx = \int_{\sqrt{\alpha}\xi+\alpha}^{\infty} \frac{\sqrt{\alpha}}{\Gamma(\alpha)}x^{\alpha-1}e^{-x}\frac{1}{\sqrt{\alpha}}dx
$$

$$= \int_{\sqrt{\alpha}\xi+\alpha}^{\infty} \frac{1}{\Gamma(\alpha)} x^{\alpha-1} e^{-x} dx = \Gamma\left(\alpha, \sqrt{\alpha}\xi+\alpha\right)$$

令

$$I = \int_{x_0}^{\infty} \frac{\beta^{\alpha}}{\Gamma(\alpha)} \left(x-a_0\right)^{\alpha-1} e^{-\beta(x-a_0)} dx = \Gamma\left(\alpha, \sqrt{\alpha}\xi+\alpha\right)$$

则密度函数为

$$f_T(x) = \frac{\dfrac{\beta^{\alpha}}{\Gamma(\alpha)} \left(x-a_0\right)^{\alpha-1} e^{-\beta(x-a_0)}}{I}$$

令 $y = x - x_0$, 则当 $x = x_0$ 时, $y = 0$, 当 $x \to \infty$ 时, $y \to \infty$; $x = y + x_0$, 则密度函数进一步可写为

$$
\begin{aligned}
f_T(x) &= \frac{\dfrac{\beta^{\alpha}}{\Gamma(\alpha)} \left(x-a_0\right)^{\alpha-1} e^{-\beta(x-a_0)}}{I} \\
&= \frac{\dfrac{\beta}{\Gamma(\alpha)} \left[\beta\left(y+x_0-a_0\right)\right]^{\alpha-1} e^{-\beta(y+x_0-a_0)}}{I}; \quad y > 0
\end{aligned}
\tag{73}
$$

把 $a_0 = E(X) - \dfrac{2\sigma}{C_s} = E(X) - \sqrt{\alpha}\sigma$ 代入 $\beta\left(y+x_0-a_0\right)$, 有

$$\beta\left(y+x_0-a_0\right) = \beta\left(y+x_0-E(X)+\sqrt{\alpha}\sigma\right) = \sigma\beta\left[\frac{y}{\sigma} + \frac{x_0-E(X)}{\sigma} + \sqrt{\alpha}\right]$$

又因 $\sigma = \dfrac{\sqrt{\alpha}}{\beta}$, $\sigma\beta = \sqrt{\alpha}$, 故

$$
\begin{aligned}
\beta\left(y+x_0-a_0\right) &= \sqrt{\alpha}\left[\frac{\beta}{\sqrt{\alpha}}y + \frac{x_0-E(X)}{\sigma} + \sqrt{\alpha}\right] \\
&= \left[\beta y + \sqrt{\alpha}\frac{x_0-E(X)}{\sigma} + \alpha\right] = \left(\beta y + \sqrt{\alpha}\xi + \alpha\right)
\end{aligned}
$$

则截取 P-III 型分布的密度函数为

$$f_T(y) = \frac{\dfrac{\beta}{\Gamma(\alpha)} \left(\beta y + \sqrt{\alpha}\xi + \alpha\right)^{\alpha-1} e^{-\left(\beta y + \sqrt{\alpha}\xi + \alpha\right)}}{I}; \quad y \geqslant 0 \tag{74}$$

由式 (74) 得

$$
\begin{aligned}
\frac{df_T(y)}{dy} = \frac{1}{I}\frac{\beta}{\Gamma(\alpha)} \Big[&\beta(\alpha-1)\left(\beta y + \sqrt{\alpha}\xi + \alpha\right)^{\alpha-2} e^{-\left(\beta y + \sqrt{\alpha}\xi + \alpha\right)} \\
&- \beta\left(\beta y + \sqrt{\alpha}\xi + \alpha\right)^{\alpha-1} e^{-\beta y + \sqrt{\alpha}\xi + \alpha} \Big]
\end{aligned}
$$

$$\frac{df_T\left(y\right)}{dy} = \frac{1}{I}\frac{\beta^2}{\Gamma\left(\alpha\right)}\left(\beta y + \sqrt{\alpha}\xi + \alpha\right)^{\alpha-2}e^{-\left(\beta y + \sqrt{\alpha}\xi + \alpha\right)}\left[\alpha - 1 - \left(\beta y + \sqrt{\alpha}\xi + \alpha\right)\right]$$

则有 Pearson 微分方程

$$\frac{1}{f_T\left(y\right)}\frac{df_T\left(y\right)}{dy} = \frac{I}{\dfrac{\beta}{\Gamma\left(\alpha\right)}\left(\beta y + \sqrt{\alpha}\xi + \alpha\right)^{\alpha-1}e^{-\left(\beta y + \sqrt{\alpha}\xi + \alpha\right)}}$$

$$\cdot \frac{1}{I}\frac{\beta^2}{\Gamma\left(\alpha\right)}\left(\beta y + \sqrt{\alpha}\xi + \alpha\right)^{\alpha-2}e^{-\left(\beta y + \sqrt{\alpha}\xi + \alpha\right)}\left[\alpha - 1 - \left(\beta y + \sqrt{\alpha}\xi + \alpha\right)\right]$$

$$= \frac{\Gamma\left(\alpha\right)I}{\beta\left(\beta y + \sqrt{\alpha}\xi + \alpha\right)^{\alpha-1}e^{-\left(\beta y + \sqrt{\alpha}\xi + \alpha\right)}}$$

$$\cdot \frac{1}{I}\frac{\beta^2}{\Gamma\left(\alpha\right)}\left(\beta y + \sqrt{\alpha}\xi + \alpha\right)^{\alpha-2}e^{-\left(\beta y + \sqrt{\alpha}\xi + \alpha\right)}\left[\alpha - 1 - \left(\beta y + \sqrt{\alpha}\xi + \alpha\right)\right]$$

$$= \frac{\beta\left[\alpha - 1 - \left(\beta y + \sqrt{\alpha}\xi + \alpha\right)\right]}{\beta y + \sqrt{\alpha}\xi + \alpha}$$

即

$$\frac{1}{f_T\left(y\right)}\frac{df_T\left(y\right)}{dy} = \frac{\beta\left[\alpha - 1 - \left(\beta y + \sqrt{\alpha}\xi + \alpha\right)\right]}{\beta y + \sqrt{\alpha}\xi + \alpha} \tag{75}$$

则有

$$\left(\beta y + \sqrt{\alpha}\xi + \alpha\right)df_T\left(y\right) = \beta\left[\alpha - 1 - \left(\beta y + \sqrt{\alpha}\xi + \alpha\right)\right]f_T\left(y\right)dy$$

两边同乘以 y^k, 再进行积分有

$$\int_0^\infty \left(\beta y + \sqrt{\alpha}\xi + \alpha\right)y^k df_T\left(y\right) = \int_0^\infty \beta\left[\alpha - 1 - \left(\beta y + \sqrt{\alpha}\xi + \alpha\right)\right]y^k f_T\left(y\right)dy \tag{76}$$

对于式 (76) 左边积分, 有 $\displaystyle\int_0^\infty \left(\beta y + \sqrt{\alpha}\xi + \alpha\right)y^k df_T\left(y\right) = \beta\int_0^\infty y^{k+1}df_T\left(y\right) +$ $\left(\sqrt{\alpha}\xi + \alpha\right)\displaystyle\int_0^\infty y^k df_T\left(y\right)$, 利用分部积分, 令

$$\begin{cases} u = y^{k+1}, \\ du = \left(k+1\right)y^k dy \\ dv = df_T\left(y\right) \\ v = f_T\left(y\right) \end{cases} \qquad \begin{cases} u = y^k \\ u = ky^{k-1}dy \\ dv = df_T\left(y\right) \\ v = f_T\left(y\right) \end{cases}$$

则有

$$\int_0^\infty \left(\beta y + \sqrt{\alpha}\xi + \alpha\right)y^k df_T\left(y\right) = \beta\int_0^\infty y^{k+1}df_T\left(y\right) + \left(\sqrt{\alpha}\xi + \alpha\right)\int_0^\infty y^k df_T\left(y\right)$$

$$= \beta\left[y^{k+1}f_T\left(y\right)\Big|_0^\infty - \left(k+1\right)\int_0^\infty y^k f_T\left(y\right)dy\right]$$

$$+ \left(\sqrt{\alpha}\xi + \alpha \right) \left[y^k f_T \left(y \right) \big|_0^\infty - k \int_0^\infty y^{k-1} f_T \left(y \right) dy \right]$$

$$= -\beta \left(k+1 \right) u_k - \left(\sqrt{\alpha}\xi + \alpha \right) k u_{k-1}$$

对于式 (76) 右边积分, 有

$$\int_0^\infty \beta \left[\alpha - 1 - \left(\beta y + \sqrt{\alpha}\xi + \alpha \right) \right] y^k f_T \left(y \right) dy$$

$$= \int_0^\infty \beta \left(\alpha - 1 - \sqrt{\alpha}\xi - \alpha \right) y^k f_T \left(y \right) dy - \beta^2 \int_0^\infty y^{k+1} f_T \left(y \right) dy$$

$$= \beta \left(\alpha - 1 - \sqrt{\alpha}\xi - \alpha \right) \mu_k - \beta^2 \mu_{k+1} = \beta \left(-1 - \sqrt{\alpha}\xi \right) \mu_k - \beta^2 \mu_{k+1}$$

则有 $-\beta \left(k+1 \right) u_k - \left(\sqrt{\alpha}\xi + \alpha \right) k u_{k-1} = \beta \left(-1 - \sqrt{\alpha}\xi \right) \mu_k - \beta^2 \mu_{k+1}$, 整理 $\beta^2 \mu_{k+1} = \beta \left(k+1-1-\sqrt{\alpha}\xi \right) \mu_k + \left(\sqrt{\alpha}\xi + \alpha \right) k u_{k-1}$, 即

$$\beta^2 \mu_{k+1} = \beta \left(k - \sqrt{\alpha}\xi \right) \mu_k + \left(\sqrt{\alpha}\xi + \alpha \right) k u_{k-1}, \quad k \geqslant 1 \tag{77}$$

对式 (76), 令 $k=0$, 有

$$\int_0^\infty \left(\beta y + \sqrt{\alpha}\xi + \alpha \right) df_T \left(y \right) = \int_0^\infty \beta \left[\alpha - 1 - \left(\beta y + \sqrt{\alpha}\xi + \alpha \right) \right] f_T \left(y \right) dy \tag{78}$$

对于式 (78) 左边积分 $\int_0^\infty \left(\beta y + \sqrt{\alpha}\xi + \alpha \right) df_T \left(y \right) = \beta \int_0^\infty y df_T \left(y \right) + \left(\sqrt{\alpha}\xi + \alpha \right) \int_0^\infty df_T \left(y \right)$; 利用分部积分, 令 $u=y$, $du = dy$, $dv = df_T \left(y \right)$, $v = f_T \left(y \right)$, 则

$$\int_0^\infty \left(\beta y + \sqrt{\alpha}\xi + \alpha \right) df_T \left(y \right) = \beta \int_0^\infty y df_T \left(y \right) + \left(\sqrt{\alpha}\xi + \alpha \right) \int_0^\infty df_T \left(y \right)$$

$$= \beta \left[y f_T \left(y \right) \big|_0^\infty - \int_0^\infty f_T \left(y \right) dy \right] + \sqrt{\alpha}\xi + \alpha \, f_T \left(y \right) \big|_0^\infty = -\beta - \left(\sqrt{\alpha}\xi + \alpha \right) f_T \left(0 \right)$$

对于式 (78) 右边积分

$$\int_0^\infty \beta \left[\alpha - 1 - \left(\beta y + \sqrt{\alpha}\xi + \alpha \right) \right] f_T \left(y \right) dy$$

$$= \beta \left(\alpha - 1 - \sqrt{\alpha}\xi - \alpha \right) \int_0^\infty f_T \left(y \right) dy - \beta^2 \int_0^\infty y f_T \left(y \right) dy$$

$$= \beta \left(-1 - \sqrt{\alpha}\xi \right) - \beta^2 \mu_1$$

则式 (78) 为 $-\beta - \left(\sqrt{\alpha}\xi + \alpha \right) f_T \left(0 \right) = \beta \left(-1 - \sqrt{\alpha}\xi \right) - \beta^2 \mu_1$, $-\beta - \left(\sqrt{\alpha}\xi + \alpha \right) f_T \left(0 \right) = -\beta - \beta\sqrt{\alpha}\xi - \beta^2 \mu_1$, $- \left(\sqrt{\alpha}\xi + \alpha \right) f_T \left(0 \right) = -\beta\sqrt{\alpha}\xi - \beta^2 \mu_1$. 又因

$$f_T \left(0 \right) = \frac{\dfrac{\beta}{\Gamma \left(\alpha \right)} \left(\sqrt{\alpha}\xi + \alpha \right)^{\alpha-1} e^{-\left(\sqrt{\alpha}\xi + \alpha \right)}}{I} = \beta \frac{1}{\Gamma \left(\alpha \right) I} \left(\sqrt{\alpha}\xi + \alpha \right)^{\alpha-1} e^{-\left(\sqrt{\alpha}\xi + \alpha \right)} = \beta \cdot I_0,$$

其中

$$I_0 = \frac{1}{\Gamma(\alpha)I}\left(\sqrt{\alpha}\xi + \alpha\right)^{\alpha-1} e^{-\left(\sqrt{\alpha}\xi+\alpha\right)}$$

则有 $-\left(\sqrt{\alpha}\xi + \alpha\right)\beta \cdot I_0 = -\beta\sqrt{\alpha}\xi - \beta^2\mu_1$, $-\left(\sqrt{\alpha}\xi + \alpha\right)I_0 = -\sqrt{\alpha}\xi - \beta\mu_1$, 即

$$\beta\mu_1 = \left(\sqrt{\alpha}\xi + \alpha\right)I_0 - \sqrt{\alpha}\xi \tag{79}$$

式中,

$$f_T(0) = \frac{\dfrac{\beta}{\Gamma(\alpha)}\left(\sqrt{\alpha}\xi + \alpha\right)^{\alpha-1} e^{-\left(\sqrt{\alpha}\xi+\alpha\right)}}{I} = \beta \cdot I_0;$$

$$I_0 = \frac{1}{\Gamma(\alpha)I}\left(\sqrt{\alpha}\xi + \alpha\right)^{\alpha-1} e^{-\left(\sqrt{\alpha}\xi+\alpha\right)}$$

11.4.2.1　α 已知, 截取 P-III 型分布参数估计

令式 (77), $k = 1$, 有

$$\beta^2\mu_2 = \beta\left(1 - \sqrt{\alpha}\xi\right)\mu_1 + \left(\sqrt{\alpha}\xi + \alpha\right) \tag{80}$$

由式 (79) 得, $\beta = \dfrac{\left(\sqrt{\alpha}\xi + \alpha\right)I_0 - \sqrt{\alpha}\xi}{\mu_1}$, 代入式 (80) 得

$$
\begin{aligned}
\mu_2 &= \frac{\left(1 - \sqrt{\alpha}\xi\right)}{\beta}\mu_1 + \frac{\left(\sqrt{\alpha}\xi + \alpha\right)}{\beta^2} \\
&= \frac{\mu_1^2}{\left(\sqrt{\alpha}\xi + \alpha\right)I_0 - \sqrt{\alpha}\xi}\left(1 - \sqrt{\alpha}\xi\right) \\
&\quad + \frac{\mu_1^2}{\left[\left(\sqrt{\alpha}\xi + \alpha\right)I_0 - \sqrt{\alpha}\xi\right]^2}\left(\sqrt{\alpha}\xi + \alpha\right)
\end{aligned}
$$

即

$$
\begin{aligned}
\frac{\mu_2}{\mu_1^2} &= \frac{1 - \sqrt{\alpha}\xi}{\left(\sqrt{\alpha}\xi + \alpha\right)I_0 - \sqrt{\alpha}\xi} + \frac{\sqrt{\alpha}\xi + \alpha}{\left[\left(\sqrt{\alpha}\xi + \alpha\right)I_0 - \sqrt{\alpha}\xi\right]^2} \\
&= \frac{1}{\left(\sqrt{\alpha}\xi + \alpha\right)I_0 - \sqrt{\alpha}\xi}\left[1 - \sqrt{\alpha}\xi + \frac{\sqrt{\alpha}\xi + \alpha}{\left(\sqrt{\alpha}\xi + \alpha\right)I_0 - \sqrt{\alpha}\xi}\right] \\
\frac{\mu_2}{\mu_1^2} &= \frac{1}{\left(\sqrt{\alpha}\xi + \alpha\right)I_0 - \sqrt{\alpha}\xi}\left[1 - \sqrt{\alpha}\xi + \frac{\sqrt{\alpha}\xi + \alpha}{\left(\sqrt{\alpha}\xi + \alpha\right)I_0 - \sqrt{\alpha}\xi}\right] \\
&= Q(\alpha, \xi) \tag{81}
\end{aligned}
$$

式中, $Q(\alpha, \xi) = \dfrac{1}{\left(\sqrt{\alpha}\xi + \alpha\right)I_0 - \sqrt{\alpha}\xi}\left[1 - \sqrt{\alpha}\xi + \dfrac{\sqrt{\alpha}\xi + \alpha}{\left(\sqrt{\alpha}\xi + \alpha\right)I_0 - \sqrt{\alpha}\xi}\right]$; μ_1 和 μ_2 分别用样本关于截取点 x_0 的矩 $v_1 = \dfrac{1}{n}\sum_{i=1}^{n}(x_i - x_0)$ 和 $v_2 = \dfrac{1}{n}\sum_{i=1}^{n}(x_i - x_0)^2$ 来代替; $Q(\alpha, \xi)$ 为给定 a 下, 关于 ξ 的函数.

求解式 (81) 非线性方程, 可得参数 ξ, 代入 $\beta = \dfrac{(\sqrt{\alpha}\xi + \alpha)\,I_0 - \sqrt{\alpha}\xi}{\mu_1}$ 可得参数

β, 再由 $\xi = \dfrac{x_0 - E(X)}{\sigma}$ 得 $\xi = \dfrac{x_0 - E(X)}{\sigma} = \dfrac{x_0 - \dfrac{\alpha}{\beta} - a_0}{\dfrac{\sqrt{\alpha}}{\beta}}$, $\dfrac{\sqrt{\alpha}}{\beta}\xi = x_0 - \dfrac{\alpha}{\beta} - a_0$,

$a_0 = x_0 - \dfrac{\alpha}{\beta} - \dfrac{\sqrt{\alpha}}{\beta}\xi$, 可得参数 ξ.

11.4.2.2 α 未知, 截取 P-III 型分布参数估计

令式 (77), $k = 2$, 有

$$\beta^2 \mu_3 = \beta\left(2 - \sqrt{\alpha}\xi\right)\mu_2 + 2\left(\sqrt{\alpha}\xi + \alpha\right)u_1 \tag{82}$$

把 $\mu_2 = \dfrac{\mu_1^2}{(\sqrt{\alpha}\xi + \alpha)\,I_0 - \sqrt{\alpha}\xi}\left(1 - \sqrt{\alpha}\xi\right) + \dfrac{\mu_1^2}{\left[(\sqrt{\alpha}\xi + \alpha)\,I_0 - \sqrt{\alpha}\xi\right]^2}\left(\sqrt{\alpha}\xi + \alpha\right)$, $\beta = $

$\dfrac{(\sqrt{\alpha}\xi + \alpha)\,I_0 - \sqrt{\alpha}\xi}{\mu_1}$ 代入式 (82), 有

$$
\begin{aligned}
\mu_3 &= \frac{(2 - \sqrt{\alpha}\xi)}{\beta}\mu_2 + \frac{2\left(\sqrt{\alpha}\xi + \alpha\right)}{\beta^2}u_1 \\
&= \frac{\mu_1}{(\sqrt{\alpha}\xi + \alpha)\,I_0 - \sqrt{\alpha}\xi}\left(2 - \sqrt{\alpha}\xi\right)\mu_2 + \frac{2\left(\sqrt{\alpha}\xi + \alpha\right)}{\left[(\sqrt{\alpha}\xi + \alpha)\,I_0 - \sqrt{\alpha}\xi\right]^2}\mu_1^3 \\
&= \frac{\mu_1}{(\sqrt{\alpha}\xi + \alpha)\,I_0 - \sqrt{\alpha}\xi}\left(2 - \sqrt{\alpha}\xi\right)\left\{\frac{\mu_1^2}{(\sqrt{\alpha}\xi + \alpha)\,I_0 - \sqrt{\alpha}\xi}\left(1 - \sqrt{\alpha}\xi\right)\right. \\
&\quad \left. + \frac{\mu_1^2}{\left[(\sqrt{\alpha}\xi + \alpha)\,I_0 - \sqrt{\alpha}\xi\right]^2}\left(\sqrt{\alpha}\xi + \alpha\right)\right\} \\
&\quad + \frac{2\left(\sqrt{\alpha}\xi + \alpha\right)}{\left[(\sqrt{\alpha}\xi + \alpha)\,I_0 - \sqrt{\alpha}\xi\right]^2}\mu_1^3 \\
&= \frac{\mu_1^3}{(\sqrt{\alpha}\xi + \alpha)\,I_0 - \sqrt{\alpha}\xi}\left(2 - \sqrt{\alpha}\xi\right)\left\{\frac{1}{(\sqrt{\alpha}\xi + \alpha)\,I_0 - \sqrt{\alpha}\xi}\left(1 - \sqrt{\alpha}\xi\right)\right. \\
&\quad \left. + \frac{1}{\left[(\sqrt{\alpha}\xi + \alpha)\,I_0 - \sqrt{\alpha}\xi\right]^2}\left(\sqrt{\alpha}\xi + \alpha\right)\right\} \\
&\quad + \frac{2\left(\sqrt{\alpha}\xi + \alpha\right)}{\left[(\sqrt{\alpha}\xi + \alpha)\,I_0 - \sqrt{\alpha}\xi\right]^2}\mu_1^3 \\
&= \frac{\mu_1^3}{\left[(\sqrt{\alpha}\xi + \alpha)\,I_0 - \sqrt{\alpha}\xi\right]^2}\left(2 - \sqrt{\alpha}\xi\right)\left[1 - \sqrt{\alpha}\xi + \frac{\sqrt{\alpha}\xi + \alpha}{(\sqrt{\alpha}\xi + \alpha)\,I_0 - \sqrt{\alpha}\xi}\right] \\
&\quad + \frac{2\left(\sqrt{\alpha}\xi + \alpha\right)}{\left[(\sqrt{\alpha}\xi + \alpha)\,I_0 - \sqrt{\alpha}\xi\right]^2}\mu_1^3 \\
&= \frac{\mu_1^3}{\left[(\sqrt{\alpha}\xi + \alpha)\,I_0 - \sqrt{\alpha}\xi\right]^2}\left\{\left(2 - \sqrt{\alpha}\xi\right)\left[1 - \sqrt{\alpha}\xi + \frac{\sqrt{\alpha}\xi + \alpha}{(\sqrt{\alpha}\xi + \alpha)\,I_0 - \sqrt{\alpha}\xi}\right]\right.
\end{aligned}
$$

$$+ 2 \left(\sqrt{\alpha}\xi + \alpha \right) \Big\}$$

即

$$\frac{\mu_3}{\mu_1^3} = \frac{1}{\left[\left(\sqrt{\alpha}\xi + \alpha \right) I_0 - \sqrt{\alpha}\xi \right]^2} \Big\{ \left(2 - \sqrt{\alpha}\xi \right) \left[1 - \sqrt{\alpha}\xi + \frac{\sqrt{\alpha}\xi + \alpha}{\left(\sqrt{\alpha}\xi + \alpha \right) I_0 - \sqrt{\alpha}\xi} \right]$$
$$+ 2 \left(\sqrt{\alpha}\xi + \alpha \right) \Big\} = P \left(\alpha, \xi \right) \tag{83}$$

式中, μ_3 用样本关于截取点 x_0 的矩 $v_3 = \dfrac{1}{n} \displaystyle\sum_{i=1}^{n} \left(x_i - x_0 \right)^3$ 来代替;

$$P \left(\alpha, \xi \right) = \frac{1}{\left[\left(\sqrt{\alpha}\xi + \alpha \right) I_0 - \sqrt{\alpha}\xi \right]^2}$$
$$\cdot \Big\{ \left(2 - \sqrt{\alpha}\xi \right) \left[1 - \sqrt{\alpha}\xi + \frac{\sqrt{\alpha}\xi + \alpha}{\left(\sqrt{\alpha}\xi + \alpha \right) I_0 - \sqrt{\alpha}\xi} \right] + 2 \left(\sqrt{\alpha}\xi + \alpha \right) \Big\}$$

因此, 结合式 (81) 和式 (83), 有下述方程组

$$\begin{cases} \dfrac{\mu_2}{\mu_1^2} = \dfrac{1}{\left(\sqrt{\alpha}\xi + \alpha \right) I_0 - \sqrt{\alpha}\xi} \left[1 - \sqrt{\alpha}\xi + \dfrac{\sqrt{\alpha}\xi + \alpha}{\left(\sqrt{\alpha}\xi + \alpha \right) I_0 - \sqrt{\alpha}\xi} \right] = Q \left(\alpha, \xi \right) \\ \dfrac{\mu_3}{\mu_1^3} = \dfrac{1}{\left[\left(\sqrt{\alpha}\xi + \alpha \right) I_0 - \sqrt{\alpha}\xi \right]^2} \\ \qquad \cdot \Big\{ \left(2 - \sqrt{\alpha}\xi \right) \left[1 - \sqrt{\alpha}\xi + \dfrac{\sqrt{\alpha}\xi + \alpha}{\left(\sqrt{\alpha}\xi + \alpha \right) I_0 - \sqrt{\alpha}\xi} \right] + 2 \left(\sqrt{\alpha}\xi + \alpha \right) \Big\} = P \left(\alpha, \xi \right) \end{cases} \tag{84}$$

式 (84) 左边由样本获得关于截取点的矩, 求解式 (84) 非线性方程, 可得参数 α 和 ξ, 代入 $\beta = \dfrac{\left(\sqrt{\alpha}\xi + \alpha \right) I_0 - \sqrt{\alpha}\xi}{\mu_1}$ 可得参数 β, 再由 $a_0 = x_0 - \dfrac{\alpha}{\beta} - \dfrac{\sqrt{\alpha}}{\beta}\xi$, 可得参数 ξ. 也可以利用计算机程序计算制成计算表格, 进行试算. 不同参数 α 和 ξ 下, $Q \left(\alpha, \xi \right)$ 和 $P \left(\alpha, \xi \right)$ 的计算结果见表 6 和表 7.

表 6　$Q \left(\alpha, \xi \right)$ 计算结果

ξ	$C_s = 0.0$	$C_s = 0.1$	$C_s = 0.2$	$C_s = 0.3$	$C_s = 0.4$	$C_s = 0.5$	$C_s = 0.6$	$C_s = 0.7$	$C_s = 0.8$	$C_s = 0.9$	$C_s = 1.0$
−3.00	1.10931	1.11004	1.11057	1.11089	1.11105	1.11111	1.11111	1.11111	1.11111	1.11111	1.11111
−2.90	1.11637	1.11732	1.11804	1.11852	1.11878	1.11889	1.11891	1.11891	1.11891	1.11891	1.11891
−2.80	1.12400	1.12523	1.12619	1.12688	1.12730	1.12750	1.12755	1.12755	1.12755	1.12755	1.12755
−2.70	1.13226	1.13381	1.13509	1.13605	1.13670	1.13704	1.13716	1.13717	1.13717	1.13717	1.13717
−2.60	1.14117	1.14311	1.14477	1.14609	1.14704	1.14762	1.14788	1.14793	1.14793	1.14793	1.14793
−2.50	1.15076	1.15317	1.15529	1.15706	1.15842	1.15935	1.15984	1.15999	1.16000	1.16000	1.16000
−2.40	1.16107	1.16402	1.16669	1.16901	1.17090	1.17231	1.17318	1.17355	1.17361	1.17361	1.17361

续表

ξ	$C_s=0.0$	$C_s=0.1$	$C_s=0.2$	$C_s=0.3$	$C_s=0.4$	$C_s=0.5$	$C_s=0.6$	$C_s=0.7$	$C_s=0.8$	$C_s=0.9$	$C_s=1.0$
−2.30	1.17212	1.17569	1.17901	1.18198	1.18454	1.18658	1.18801	1.18880	1.18903	1.18904	1.18904
−2.20	1.18393	1.18820	1.19226	1.19601	1.19937	1.20222	1.20442	1.20587	1.20652	1.20661	1.20661
−2.10	1.19651	1.20156	1.20645	1.21110	1.21540	1.21923	1.22244	1.22485	1.22628	1.22674	1.22676
−2.00	1.20986	1.21577	1.22159	1.22723	1.23262	1.23761	1.24205	1.24573	1.24837	1.24975	1.25000
−1.90	1.22398	1.23082	1.23765	1.24440	1.25098	1.25729	1.26317	1.26841	1.27271	1.27567	1.27693
−1.80	1.23885	1.24669	1.25460	1.26253	1.27042	1.27817	1.28567	1.29271	1.29902	1.30418	1.30758
−1.70	1.25444	1.26333	1.27238	1.28156	1.29083	1.30013	1.30936	1.31838	1.32696	1.33475	1.34115
−1.60	1.27073	1.28070	1.29093	1.30140	1.31211	1.32300	1.33403	1.34511	1.35608	1.36671	1.37656
−1.50	1.28766	1.29874	1.31017	1.32196	1.33410	1.34660	1.35944	1.37257	1.38594	1.39941	1.41274
−1.40	1.30518	1.31737	1.33000	1.34310	1.35667	1.37075	1.38533	1.40045	1.41608	1.43222	1.44879
−1.30	1.32323	1.33652	1.35034	1.36470	1.37966	1.39523	1.41146	1.42841	1.44611	1.46462	1.48399
−1.20	1.34173	1.35610	1.37106	1.38664	1.40289	1.41985	1.43759	1.45617	1.47567	1.49619	1.51785
−1.10	1.36062	1.37602	1.39206	1.40878	1.42622	1.44444	1.46350	1.48349	1.50449	1.52662	1.55003
−1.00	1.37981	1.39618	1.41323	1.43098	1.44949	1.46881	1.48900	1.51015	1.53234	1.55569	1.58034
−0.90	1.39921	1.41649	1.43445	1.45313	1.47257	1.49282	1.51393	1.53599	1.55907	1.58326	1.60870
−0.80	1.41876	1.43685	1.45563	1.47510	1.49532	1.51632	1.53816	1.56088	1.58455	1.60926	1.63509
−0.70	1.43835	1.45718	1.47665	1.49679	1.51764	1.53922	1.56157	1.58472	1.60873	1.63366	1.65957
−0.60	1.45792	1.47737	1.49743	1.51811	1.53943	1.56142	1.58409	1.60747	1.63159	1.65649	1.68220
−0.50	1.47739	1.49735	1.51787	1.53896	1.56061	1.58284	1.60566	1.62908	1.65311	1.67778	1.70310
−0.40	1.49668	1.51705	1.53792	1.55928	1.58112	1.60344	1.62625	1.64954	1.67332	1.69759	1.72236
−0.30	1.51572	1.53640	1.55750	1.57900	1.60090	1.62319	1.64585	1.66888	1.69227	1.71601	1.74011
−0.20	1.53446	1.55534	1.57655	1.59809	1.61993	1.64206	1.66445	1.68710	1.71000	1.73312	1.75646
−0.10	1.55283	1.57381	1.59504	1.61651	1.63818	1.66004	1.68207	1.70425	1.72656	1.74899	1.77152
0.00	1.57080	1.59178	1.61293	1.63423	1.65564	1.67714	1.69872	1.72036	1.74202	1.76371	1.78540
0.10	1.58831	1.60921	1.63019	1.65123	1.67230	1.69338	1.71444	1.73547	1.75645	1.77737	1.79820
0.20	1.60534	1.62607	1.64681	1.66752	1.68818	1.70877	1.72926	1.74965	1.76991	1.79003	1.81001
0.30	1.62186	1.64235	1.66276	1.68308	1.70328	1.72333	1.74322	1.76293	1.78246	1.80179	1.82092
0.40	1.63784	1.65802	1.67806	1.69794	1.71762	1.73709	1.75635	1.77538	1.79416	1.81270	1.83100
0.50	1.65327	1.67309	1.69271	1.71209	1.73122	1.75010	1.76870	1.78703	1.80508	1.82284	1.84033
0.60	1.66814	1.68755	1.70669	1.72555	1.74411	1.76237	1.78031	1.79794	1.81526	1.83227	1.84897
0.70	1.68244	1.70141	1.72004	1.73835	1.75632	1.77394	1.79123	1.80817	1.82477	1.84104	1.85698
0.80	1.69618	1.71466	1.73277	1.75050	1.76787	1.78486	1.80148	1.81774	1.83365	1.84920	1.86442
0.90	1.70936	1.72732	1.74488	1.76203	1.77879	1.79515	1.81112	1.82672	1.84194	1.85681	1.87134
1.00	1.72198	1.73941	1.75640	1.77297	1.78911	1.80485	1.82018	1.83513	1.84970	1.86391	1.87777
1.10	1.73405	1.75093	1.76735	1.78333	1.79887	1.81399	1.82870	1.84301	1.85696	1.87053	1.88377
1.20	1.74558	1.76191	1.77776	1.79314	1.80809	1.82260	1.83670	1.85041	1.86375	1.87673	1.88936
1.30	1.75660	1.77236	1.78764	1.80244	1.81680	1.83072	1.84424	1.85736	1.87011	1.88251	1.89458
1.40	1.76710	1.78230	1.79701	1.81124	1.82502	1.83838	1.85132	1.86389	1.87608	1.88794	1.89946
1.50	1.77712	1.79176	1.80590	1.81957	1.83279	1.84559	1.85799	1.87002	1.88168	1.89301	1.90403
1.60	1.78666	1.80075	1.81434	1.82746	1.84014	1.85240	1.86428	1.87578	1.88694	1.89778	1.90831
1.70	1.79574	1.80929	1.82234	1.83492	1.84708	1.85883	1.87020	1.88121	1.89189	1.90225	1.91232

续表

ξ	$C_s=0.0$	$C_s=0.1$	$C_s=0.2$	$C_s=0.3$	$C_s=0.4$	$C_s=0.5$	$C_s=0.6$	$C_s=0.7$	$C_s=0.8$	$C_s=0.9$	$C_s=1.0$
1.80	1.80439	1.81740	1.82992	1.84199	1.85364	1.86490	1.87578	1.88632	1.89654	1.90646	1.91609
1.90	1.81262	1.82510	1.83711	1.84869	1.85985	1.87062	1.88105	1.89114	1.90092	1.91041	1.91963
2.00	1.82044	1.83242	1.84394	1.85502	1.86571	1.87604	1.88602	1.89568	1.90504	1.91413	1.92296
2.10	1.82788	1.83937	1.85040	1.86103	1.87127	1.88115	1.89071	1.89996	1.90893	1.91764	1.92610
2.20	1.83496	1.84597	1.85654	1.86671	1.87652	1.88599	1.89515	1.90401	1.91260	1.92095	1.92905
2.30	1.84169	1.85223	1.86236	1.87211	1.88150	1.89057	1.89934	1.90783	1.91607	1.92407	1.93185
2.40	1.84809	1.85818	1.86788	1.87722	1.88621	1.89490	1.90331	1.91145	1.91935	1.92702	1.93448
2.50	1.85417	1.86384	1.87313	1.88206	1.89068	1.89901	1.90706	1.91487	1.92245	1.92981	1.93697
2.60	1.85995	1.86921	1.87810	1.88666	1.89492	1.90290	1.91062	1.91811	1.92538	1.93245	1.93933
2.70	1.86545	1.87431	1.88283	1.89103	1.89894	1.90659	1.91400	1.92118	1.92816	1.93495	1.94156
2.80	1.87068	1.87916	1.88732	1.89517	1.90276	1.91009	1.91720	1.92409	1.93080	1.93732	1.94367
2.90	1.87566	1.88378	1.89158	1.89911	1.90638	1.91341	1.92023	1.92686	1.93330	1.93957	1.94568
3.00	1.88040	1.88816	1.89564	1.90285	1.90982	1.91657	1.92312	1.92948	1.93567	1.94170	1.94758

ξ	$C_s=1.1$	$C_s=1.2$	$C_s=1.3$	$C_s=1.4$	$C_s=1.5$	$C_s=1.6$	$C_s=1.7$	$C_s=1.8$	$C_s=1.9$	$C_s=2.0$
−3.00	1.11111	1.11111	1.11111	1.11111	1.11111	1.11111	1.11111	1.11111	1.11111	1.11111
−2.90	1.11891	1.11891	1.11891	1.11891	1.11891	1.11891	1.11891	1.11891	1.11891	1.11891
−2.80	1.12755	1.12755	1.12755	1.12755	1.12755	1.12755	1.12755	1.12755	1.12755	1.12755
−2.70	1.13717	1.13717	1.13717	1.13717	1.13717	1.13717	1.13717	1.13717	1.13717	1.13717
−2.60	1.14793	1.14793	1.14793	1.14793	1.14793	1.14793	1.14793	1.14793	1.14793	1.14793
−2.50	1.16000	1.16000	1.16000	1.16000	1.16000	1.16000	1.16000	1.16000	1.16000	1.16000
−2.40	1.17361	1.17361	1.17361	1.17361	1.17361	1.17361	1.17361	1.17361	1.17361	1.17361
−2.30	1.18904	1.18904	1.18904	1.18904	1.18904	1.18904	1.18904	1.18904	1.18904	1.18904
−2.20	1.20661	1.20661	1.20661	1.20661	1.20661	1.20661	1.20661	1.20661	1.20661	1.20661
−2.10	1.22676	1.22676	1.22676	1.22676	1.22676	1.22676	1.22676	1.22676	1.22676	1.22676
−2.00	1.25000	1.25000	1.25000	1.25000	1.25000	1.25000	1.25000	1.25000	1.25000	1.25000
−1.90	1.27701	1.27701	1.27701	1.27701	1.27701	1.27701	1.27701	1.27701	1.27701	1.27701
−1.80	1.30864	1.30864	1.30864	1.30864	1.30864	1.30864	1.30864	1.30864	1.30864	1.30864
−1.70	1.34520	1.34602	1.34602	1.34602	1.34602	1.34602	1.34602	1.34602	1.34602	1.34602
−1.60	1.38483	1.38998	1.39063	1.39063	1.39063	1.39063	1.39063	1.39063	1.39063	1.39062
−1.50	1.42548	1.43664	1.44384	1.44444	1.44444	1.44444	1.44444	1.44444	1.44444	1.44444
−1.40	1.46562	1.48231	1.49785	1.50916	1.51020	1.51020	1.51020	1.51020	1.51020	1.51020
−1.30	1.50425	1.52537	1.54716	1.56894	1.58794	1.59172	1.59172	1.59172	1.59172	1.59172
−1.20	1.54077	1.56513	1.59108	1.61881	1.64829	1.67852	1.69444	1.69444	1.69444	1.69444
−1.10	1.57488	1.60140	1.62987	1.66067	1.69432	1.73153	1.77320	1.81927	1.82645	1.82645
−1.00	1.60645	1.63425	1.66401	1.69610	1.73103	1.76949	1.81259	1.86209	1.92139	2.00000
−0.90	1.63552	1.66390	1.69408	1.72633	1.76103	1.79869	1.84002	1.88606	1.93843	2.00000
−0.80	1.66216	1.69061	1.72058	1.75230	1.78599	1.82200	1.86073	1.90273	1.94879	2.00000
−0.70	1.68653	1.71465	1.74401	1.77477	1.80706	1.84107	1.87705	1.91526	1.95609	2.00000
−0.60	1.70879	1.73629	1.76478	1.79434	1.82503	1.85698	1.89029	1.92511	1.96161	2.00000
−0.50	1.72910	1.75580	1.78325	1.81147	1.84052	1.87043	1.90126	1.93308	1.96597	2.00000
−0.40	1.74763	1.77341	1.79972	1.82657	1.85397	1.88194	1.91050	1.93968	1.96951	2.00000
−0.30	1.76455	1.78934	1.81446	1.83993	1.86574	1.89189	1.91839	1.94524	1.97244	2.00000

续表

ξ	$C_s=1.1$	$C_s=1.2$	$C_s=1.3$	$C_s=1.4$	$C_s=1.5$	$C_s=1.6$	$C_s=1.7$	$C_s=1.8$	$C_s=1.9$	$C_s=2.0$
−0.20	1.78001	1.80375	1.82769	1.85181	1.87610	1.90057	1.92519	1.94998	1.97491	2.00000
−0.10	1.79414	1.81684	1.83960	1.86242	1.88529	1.90819	1.93112	1.95407	1.97703	2.00000
0.00	1.80708	1.82874	1.85036	1.87194	1.89346	1.91492	1.93631	1.95763	1.97886	2.00000
0.10	1.81894	1.83958	1.86010	1.88050	1.90077	1.92091	1.94091	1.96076	1.98045	2.00000
0.20	1.82982	1.84947	1.86894	1.88824	1.90735	1.92626	1.94499	1.96352	1.98186	2.00000
0.30	1.83983	1.85852	1.87700	1.89525	1.91327	1.93107	1.94864	1.96599	1.98311	2.00000
0.40	1.84904	1.86682	1.88435	1.90162	1.91864	1.93541	1.95192	1.96819	1.98422	2.00000
0.50	1.85752	1.87444	1.89107	1.90743	1.92352	1.93933	1.95488	1.97017	1.98521	2.00000
0.60	1.86536	1.88145	1.89724	1.91274	1.92796	1.94290	1.95757	1.97197	1.98611	2.00000
0.70	1.87260	1.88791	1.90291	1.91761	1.93202	1.94615	1.96000	1.97359	1.98692	2.00000
0.80	1.87931	1.89388	1.90813	1.92208	1.93575	1.94913	1.96223	1.97507	1.98766	2.00000
0.90	1.88553	1.89939	1.91295	1.92620	1.93917	1.95185	1.96427	1.97643	1.98833	2.00000
1.00	1.89130	1.90451	1.91740	1.93000	1.94232	1.95436	1.96614	1.97767	1.98895	2.00000
1.10	1.89667	1.90925	1.92153	1.93352	1.94523	1.95667	1.96786	1.97881	1.98952	2.00000
1.20	1.90167	1.91366	1.92536	1.93678	1.94792	1.95881	1.96945	1.97986	1.99004	2.00000
1.30	1.90633	1.91777	1.92892	1.93980	1.95042	1.96079	1.97092	1.98083	1.99052	2.00000
1.40	1.91068	1.92160	1.93224	1.94262	1.95274	1.96263	1.97229	1.98173	1.99096	2.00000
1.50	1.91474	1.92517	1.93533	1.94524	1.95490	1.96434	1.97355	1.98256	1.99138	2.00000
1.60	1.91855	1.92851	1.93822	1.94768	1.95691	1.96593	1.97473	1.98334	1.99176	2.00000
1.70	1.92211	1.93164	1.94092	1.94997	1.95879	1.96741	1.97583	1.98406	1.99212	2.00000
1.80	1.92545	1.93457	1.94345	1.95211	1.96055	1.96880	1.97686	1.98474	1.99245	2.00000
1.90	1.92859	1.93732	1.94582	1.95411	1.96220	1.97010	1.97782	1.98537	1.99276	2.00000
2.00	1.93155	1.93991	1.94805	1.95599	1.96375	1.97132	1.97872	1.98597	1.99306	2.00000
2.10	1.93433	1.94234	1.95015	1.95776	1.96520	1.97246	1.97957	1.98652	1.99333	2.00000
2.20	1.93694	1.94463	1.95212	1.95943	1.96656	1.97354	1.98037	1.98704	1.99359	2.00000
2.30	1.93941	1.94679	1.95398	1.96099	1.96785	1.97455	1.98111	1.98754	1.99383	2.00000
2.40	1.94174	1.94882	1.95573	1.96247	1.96906	1.97551	1.98182	1.98800	1.99406	2.00000
2.50	1.94395	1.95075	1.95739	1.96387	1.97021	1.97641	1.98249	1.98844	1.99427	2.00000
2.60	1.94603	1.95257	1.95895	1.96519	1.97129	1.97726	1.98312	1.98885	1.99448	2.00000
2.70	1.94800	1.95429	1.96043	1.96644	1.97232	1.97807	1.98371	1.98924	1.99467	2.00000
2.80	1.94987	1.95592	1.96184	1.96762	1.97329	1.97883	1.98427	1.98961	1.99485	2.00000
2.90	1.95164	1.95747	1.96317	1.96874	1.97420	1.97956	1.98481	1.98996	1.99503	2.00000
3.00	1.95332	1.95894	1.96443	1.96981	1.97508	1.98024	1.98532	1.99030	1.99519	2.00000

表 7 $P(\alpha,\xi)$ 计算结果

ξ	$C_s=0.0$	$C_s=0.1$	$C_s=0.2$	$C_s=0.3$	$C_s=0.4$	$C_s=0.5$	$C_s=0.6$	$C_s=0.7$	$C_s=0.8$	$C_s=0.9$	$C_s=1.0$
−3.00	1.32923	1.33457	1.33947	1.34393	1.34801	1.35184	1.35556	1.35926	1.36296	1.36667	1.37037
−2.90	1.35091	1.35715	1.36288	1.36810	1.37283	1.37717	1.38132	1.38542	1.38952	1.39362	1.39772
−2.80	1.37449	1.38179	1.38856	1.39472	1.40028	1.40530	1.40998	1.41454	1.41910	1.42365	1.42821
−2.70	1.40013	1.40870	1.41671	1.42405	1.43068	1.43660	1.44197	1.44709	1.45217	1.45725	1.46233
−2.60	1.42799	1.43806	1.44756	1.45637	1.46436	1.47147	1.47779	1.48361	1.48930	1.49499	1.50068

ξ	C_s=0.0	C_s=0.1	C_s=0.2	C_s=0.3	C_s=0.4	C_s=0.5	C_s=0.6	C_s=0.7	C_s=0.8	C_s=0.9	C_s=1.0
−2.50	1.45823	1.47006	1.48136	1.49195	1.50166	1.51034	1.51798	1.52477	1.53120	1.53760	1.54400
−2.40	1.49103	1.50490	1.51831	1.53106	1.54291	1.55365	1.56311	1.57131	1.57870	1.58594	1.59317
−2.30	1.52654	1.54276	1.55864	1.57396	1.58845	1.60180	1.61371	1.62399	1.63283	1.64108	1.64930
−2.20	1.56491	1.58381	1.60255	1.62089	1.63854	1.65515	1.67029	1.68354	1.69470	1.70436	1.71375
−2.10	1.60630	1.62822	1.65022	1.67206	1.69345	1.71400	1.73323	1.75053	1.76530	1.77741	1.78825
−2.00	1.65082	1.67612	1.70179	1.72761	1.75333	1.77857	1.80280	1.82534	1.84529	1.86178	1.87500
−1.90	1.69858	1.72762	1.75737	1.78767	1.81831	1.84894	1.87910	1.90809	1.93490	1.95819	1.97659
−1.80	1.74967	1.78280	1.81703	1.85228	1.88839	1.92510	1.96205	1.99862	2.03389	2.06640	2.09402
−1.70	1.80414	1.84169	1.88079	1.92142	1.96350	2.00690	2.05137	2.09649	2.14154	2.18531	2.22572
−1.60	1.86203	1.90430	1.94861	1.99500	2.04348	2.09406	2.14665	2.20104	2.25683	2.31323	2.36875
−1.50	1.92331	1.97059	2.02039	2.07285	2.12807	2.18619	2.24729	2.31139	2.37843	2.44813	2.51977
−1.40	1.98796	2.04047	2.09599	2.15474	2.21693	2.28280	2.35258	2.42655	2.50492	2.58789	2.67548
−1.30	2.05588	2.11379	2.17520	2.24039	2.30964	2.38329	2.46174	2.54541	2.63480	2.73045	2.83295
−1.20	2.12696	2.19039	2.25777	2.32942	2.40571	2.48705	2.57392	2.66689	2.76662	2.87390	2.98968
−1.10	2.20105	2.27003	2.34338	2.42144	2.50461	2.59336	2.68824	2.78987	2.89901	3.01658	3.14368
−1.00	2.27795	2.35247	2.43170	2.51600	2.60579	2.70155	2.80384	2.91332	3.03076	3.15708	3.29342
−0.90	2.35743	2.43740	2.52235	2.61263	2.70866	2.81090	2.91991	3.03630	3.16080	3.29429	3.43778
−0.80	2.43925	2.52451	2.61493	2.71084	2.81264	2.92075	3.03567	3.15796	3.28826	3.42732	3.57602
−0.70	2.52313	2.61345	2.70901	2.81014	2.91716	3.03045	3.15043	3.27757	3.41241	3.55553	3.70765
−0.60	2.60877	2.70385	2.80419	2.91004	3.02168	3.13942	3.26358	3.39453	3.53268	3.67849	3.83246
−0.50	2.69584	2.79536	2.90004	3.01008	3.12570	3.24712	3.37457	3.50833	3.64867	3.79591	3.95038
−0.40	2.78405	2.88759	2.99614	3.10981	3.22874	3.35308	3.48298	3.61860	3.76009	3.90766	4.06148
−0.30	2.87304	2.98020	3.09210	3.20880	3.33039	3.45691	3.58843	3.72503	3.86676	4.01371	4.16594
−0.20	2.96251	3.07281	3.18754	3.30669	3.43027	3.55826	3.69065	3.82743	3.96860	4.11412	4.26401
−0.10	3.05213	3.16511	3.28213	3.40314	3.52807	3.65685	3.78941	3.92568	4.06558	4.20903	4.35596
0.00	3.14159	3.25676	3.37554	3.49783	3.62351	3.75247	3.88458	4.01971	4.15776	4.29860	4.44210
0.10	3.23060	3.34747	3.46749	3.59052	3.71639	3.84495	3.97605	4.10953	4.24524	4.38303	4.52277
0.20	3.31889	3.43697	3.55773	3.68098	3.80652	3.93419	4.06379	4.19516	4.32814	4.46257	4.59829
0.30	3.40620	3.52503	3.64605	3.76903	3.89378	4.02010	4.14779	4.27669	4.40662	4.53744	4.66899
0.40	3.49229	3.61143	3.73226	3.85454	3.97807	4.10265	4.22808	4.35421	4.48086	4.60789	4.73517
0.50	3.57696	3.69598	3.81620	3.93739	4.05934	4.18184	4.30473	4.42785	4.55104	4.67418	4.79715
0.60	3.66003	3.77854	3.89777	4.01751	4.13755	4.25771	4.37782	4.49774	4.61735	4.73654	4.85520
0.70	3.74133	3.85896	3.97687	4.09485	4.21271	4.33028	4.44744	4.56404	4.67999	4.79521	4.90961
0.80	3.82073	3.93715	4.05344	4.16939	4.28484	4.39965	4.51370	4.62690	4.73916	4.85042	4.96063
0.90	3.89811	4.01303	4.12743	4.24112	4.35398	4.46588	4.57673	4.68647	4.79503	4.90238	5.00849
1.00	3.97339	4.08654	4.19882	4.31007	4.42018	4.52906	4.63666	4.74292	4.84781	4.95131	5.05342
1.10	4.04648	4.15765	4.26761	4.37626	4.48351	4.58931	4.69361	4.79640	4.89766	4.99740	5.09563
1.20	4.11736	4.22633	4.33382	4.43975	4.54406	4.64672	4.74773	4.84707	4.94477	5.04084	5.13531
1.30	4.18597	4.29259	4.39748	4.50059	4.60190	4.70141	4.79913	4.89508	4.98928	5.08179	5.17263
1.40	4.25230	4.35643	4.45862	4.55885	4.65714	4.75349	4.84795	4.94056	5.03137	5.12042	5.20777
1.50	4.31635	4.41788	4.51729	4.61461	4.70985	4.80308	4.89433	4.98367	5.07117	5.15688	5.24088

ξ	$C_s=0.0$	$C_s=0.1$	$C_s=0.2$	$C_s=0.3$	$C_s=0.4$	$C_s=0.5$	$C_s=0.6$	$C_s=0.7$	$C_s=0.8$	$C_s=0.9$	$C_s=1.0$
1.60	4.37814	4.47698	4.57356	4.66794	4.76015	4.85027	4.93838	5.02454	5.10882	5.19132	5.27210
1.70	4.43767	4.53376	4.62749	4.71892	4.80813	4.89520	4.98022	5.06328	5.14447	5.22386	5.30155
1.80	4.49498	4.58829	4.67915	4.76765	4.85389	4.93796	5.01998	5.10003	5.17822	5.25463	5.32936
1.90	4.55011	4.64061	4.72861	4.81420	4.89752	4.97867	5.05776	5.13490	5.21020	5.28375	5.35564
2.00	4.60311	4.69080	4.77594	4.85868	4.93912	5.01742	5.09367	5.16800	5.24051	5.31132	5.38050
2.10	4.65402	4.73890	4.82123	4.90115	4.97880	5.05431	5.12781	5.19943	5.26927	5.33743	5.40402
2.20	4.70290	4.78500	4.86455	4.94171	5.01662	5.08944	5.16028	5.22928	5.29655	5.36219	5.42630
2.30	4.74981	4.82916	4.90599	4.98045	5.05270	5.12290	5.19117	5.25765	5.32245	5.38567	5.44742
2.40	4.79481	4.87145	4.94560	5.01743	5.08711	5.15477	5.22057	5.28463	5.34706	5.40796	5.46745
2.50	4.83796	4.91195	4.98349	5.05276	5.11993	5.18515	5.24856	5.31029	5.37044	5.42914	5.48646
2.60	4.87932	4.95071	5.01971	5.08649	5.15124	5.21410	5.27521	5.33470	5.39269	5.44926	5.50452
2.70	4.91897	4.98782	5.05434	5.11872	5.18112	5.24171	5.30061	5.35795	5.41385	5.46839	5.52168
2.80	4.95696	5.02334	5.08745	5.14950	5.20964	5.26804	5.32482	5.38010	5.43400	5.48660	5.53801
2.90	4.99336	5.05733	5.11912	5.17891	5.23688	5.29316	5.34790	5.40121	5.45319	5.50394	5.55354
3.00	5.02824	5.08987	5.14940	5.20702	5.26288	5.31714	5.36992	5.42134	5.47148	5.52046	5.56834

ξ	$C_s=1.1$	$C_s=1.2$	$C_s=1.3$	$C_s=1.4$	$C_s=1.5$	$C_s=1.6$	$C_s=1.7$	$C_s=1.8$	$C_s=1.9$	$C_s=2.0$
−3.00	1.37407	1.37778	1.38148	1.38519	1.38889	1.39259	1.39630	1.40000	1.40370	1.40741
−2.90	1.40182	1.40592	1.41002	1.41412	1.41822	1.42232	1.42642	1.43052	1.43462	1.43872
−2.80	1.43276	1.43732	1.44187	1.44643	1.45098	1.45554	1.46009	1.46465	1.46921	1.47376
−2.70	1.46741	1.47249	1.47757	1.48265	1.48773	1.49281	1.49789	1.50297	1.50805	1.51313
−2.60	1.50637	1.51206	1.51775	1.52344	1.52913	1.53482	1.54051	1.54620	1.55189	1.55758
−2.50	1.55040	1.55680	1.56320	1.56960	1.57600	1.58240	1.58880	1.59520	1.60160	1.60800
−2.40	1.60041	1.60764	1.61487	1.62211	1.62934	1.63657	1.64381	1.65104	1.65828	1.66551
−2.30	1.65752	1.66574	1.67395	1.68217	1.69039	1.69861	1.70683	1.71505	1.72327	1.73149
−2.20	1.72314	1.73253	1.74192	1.75131	1.76071	1.77010	1.77949	1.78888	1.79827	1.80766
−2.10	1.79905	1.80985	1.82065	1.83144	1.84224	1.85304	1.86384	1.87464	1.88543	1.89623
−2.00	1.88750	1.90000	1.91250	1.92500	1.93750	1.95000	1.96250	1.97500	1.98750	2.00000
−1.90	1.99140	2.00598	2.02056	2.03514	2.04972	2.06430	2.07887	2.09345	2.10803	2.12261
−1.80	2.11453	2.13169	2.14883	2.16598	2.18313	2.20027	2.21742	2.23457	2.25171	2.26886
−1.70	2.25923	2.28231	2.30267	2.32302	2.34337	2.36373	2.38408	2.40444	2.42479	2.44515
−1.60	2.42049	2.46258	2.48926	2.51367	2.53809	2.56250	2.58691	2.61133	2.63574	2.66016
−1.50	2.59173	2.66034	2.71624	2.74815	2.77778	2.80741	2.83704	2.86667	2.89630	2.92593
−1.40	2.76733	2.86217	2.95617	3.03661	3.07726	3.11370	3.15015	3.18659	3.22303	3.25948
−1.30	2.94288	3.06066	3.18614	3.31701	3.44157	3.50341	3.54893	3.59445	3.63996	3.68548
−1.20	3.11510	3.25152	3.40058	3.56405	3.74321	3.93488	4.06713	4.12500	4.18287	4.24074
−1.10	3.28169	3.43236	3.59791	3.78132	3.98658	4.21930	4.48712	4.79389	4.90684	4.98197
−1.00	3.44114	3.60200	3.77820	3.97266	4.18933	4.43381	4.71445	5.04488	5.45061	6.00000
−0.90	3.59253	3.76006	3.94227	4.14159	4.36117	4.60523	4.87966	5.19302	5.55874	6.00000
−0.80	3.73538	3.90665	4.09131	4.29119	4.50859	4.74638	5.00833	5.29945	5.62667	6.00000
−0.70	3.86956	4.04218	4.22660	4.42412	4.63627	4.86491	5.11234	5.38140	5.67572	6.00000

续表

ξ	$C_s = 1.1$	$C_s = 1.2$	$C_s = 1.3$	$C_s = 1.4$	$C_s = 1.5$	$C_s = 1.6$	$C_s = 1.7$	$C_s = 1.8$	$C_s = 1.9$	$C_s = 2.0$
−0.60	3.99516	4.16725	4.34945	4.54262	4.74773	4.96592	5.19851	5.44707	5.71348	6.00000
−0.50	4.11245	4.28253	4.46109	4.64863	4.84572	5.05300	5.27119	5.50111	5.74369	6.00000
−0.40	4.22177	4.38874	4.56266	4.74377	4.93238	5.12879	5.33336	5.54646	5.76852	6.00000
−0.30	4.32354	4.48660	4.65520	4.82944	5.00943	5.19529	5.38714	5.58511	5.78934	6.00000
−0.20	4.41823	4.57678	4.73964	4.90681	5.07828	5.25405	5.43410	5.61844	5.80707	6.00000
−0.10	4.50628	4.65993	4.81683	4.97690	5.14007	5.30627	5.47543	5.64748	5.82236	6.00000
0.00	4.58817	4.73667	4.88751	5.04057	5.19575	5.35295	5.51206	5.67301	5.83568	6.00000
0.10	4.66433	4.80756	4.95235	5.09857	5.24611	5.39487	5.54473	5.69560	5.84739	6.00000
0.20	4.73518	4.87310	5.01193	5.15154	5.29182	5.43268	5.57401	5.71573	5.85775	6.00000
0.30	4.80114	4.93378	5.06678	5.20003	5.33344	5.46692	5.60039	5.73377	5.86700	6.00000
0.40	4.86258	4.99001	5.11736	5.24453	5.37145	5.49805	5.62426	5.75002	5.87528	6.00000
0.50	4.91985	5.04219	5.16408	5.28546	5.40627	5.52644	5.64594	5.76472	5.88275	6.00000
0.60	4.97327	5.09066	5.20732	5.32319	5.43823	5.55241	5.66570	5.77807	5.88951	6.00000
0.70	5.02314	5.13575	5.24739	5.35803	5.46766	5.57624	5.68378	5.79025	5.89566	6.00000
0.80	5.06974	5.17774	5.28459	5.39028	5.49481	5.59817	5.70036	5.80139	5.90127	6.00000
0.90	5.11333	5.21689	5.31917	5.42018	5.51991	5.61839	5.71562	5.81161	5.90640	6.00000
1.00	5.15412	5.25344	5.35137	5.44795	5.54317	5.63708	5.72969	5.82103	5.91112	6.00000
1.10	5.19235	5.28760	5.38140	5.47378	5.56477	5.65440	5.74270	5.82971	5.91547	6.00000
1.20	5.22821	5.31957	5.40944	5.49786	5.58486	5.67048	5.75476	5.83775	5.91948	6.00000
1.30	5.26186	5.34952	5.43566	5.52033	5.60357	5.68543	5.76596	5.84521	5.92320	6.00000
1.40	5.29349	5.37761	5.46021	5.54134	5.62104	5.69937	5.77639	5.85214	5.92666	6.00000
1.50	5.32323	5.40399	5.48323	5.56100	5.63737	5.71239	5.78611	5.85859	5.92987	6.00000
1.60	5.35123	5.42878	5.50483	5.57944	5.65266	5.72456	5.79519	5.86461	5.93286	6.00000
1.70	5.37761	5.45211	5.52513	5.59674	5.66699	5.73596	5.80369	5.87024	5.93566	6.00000
1.80	5.40249	5.47409	5.54423	5.61300	5.68045	5.74665	5.81165	5.87551	5.93828	6.00000
1.90	5.42597	5.49480	5.56223	5.62830	5.69311	5.75670	5.81913	5.88045	5.94073	6.00000
2.00	5.44815	5.51436	5.57919	5.64272	5.70502	5.76614	5.82615	5.88510	5.94303	6.00000
2.10	5.46913	5.53283	5.59520	5.65632	5.71625	5.77504	5.83277	5.88947	5.94520	6.00000
2.20	5.48898	5.55030	5.61033	5.66916	5.72684	5.78344	5.83900	5.89358	5.94724	6.00000
2.30	5.50778	5.56683	5.62464	5.68130	5.73685	5.79136	5.84488	5.89747	5.94916	6.00000
2.40	5.52560	5.58249	5.63819	5.69278	5.74632	5.79885	5.85044	5.90113	5.95097	6.00000
2.50	5.54250	5.59733	5.65103	5.70366	5.75528	5.80594	5.85570	5.90460	5.95269	6.00000
2.60	5.55855	5.61142	5.66320	5.71397	5.76377	5.81266	5.86068	5.90789	5.95431	6.00000
2.70	5.57379	5.62479	5.67476	5.72375	5.77182	5.81902	5.86540	5.91100	5.95585	6.00000
2.80	5.58828	5.63751	5.68574	5.73305	5.77947	5.82507	5.86988	5.91395	5.95731	6.00000
2.90	5.60207	5.64960	5.69618	5.74188	5.78674	5.83081	5.87413	5.91675	5.95870	6.00000
3.00	5.61520	5.66111	5.70612	5.75028	5.79365	5.83627	5.87818	5.91942	5.96001	6.00000

例 5　已知 $C_s = 0.6$, $n = 614$, $x_0 = 110.50$, $v_1 = 32.6596$, $v_2 = 1359.2793$ (Cohen, 1950). 计算截取 P-III 型分布参数.

由已知条件, 有 $\dfrac{v_2'}{v_1'^2} = \dfrac{1359.2793}{32.6596_1^2} = 1.27434$, 代入式 (81), 求得参数 $\xi = -1.850$.

由 $Z = \sigma \cdot f_T(0) = \dfrac{f(\xi)}{I_0(\xi)}$, 得 $\dfrac{1}{Z\theta - \xi}\Big|_{\xi = -1.850} = 0.533719$, 则

$$\sigma = \frac{\mu_1'}{Z\theta - \xi} = 32.6596 \times 0.533719 = 17.43$$

$$\mu = y_0 - \sigma\xi = 110.5 - 17.43 \times (-1.850) = 142.74$$

例 6 已知 $n = 614$, $x_0 = 110.50$, $v_1 = 32.6596$, $v_3 = 67269$ (Cohen, 1950). 计算截取 P-III 型分布参数.

经试算, 有 $\xi = -1.877$, $C_s = 0.71$. 由 $Z = \sigma \cdot f_T(0) = \dfrac{f(\xi)}{I_0(\xi)}$, 得 $\dfrac{1}{Z\theta - \xi}\Big|_{\substack{\xi = -1.877 \\ C_s = 0.71}} = 0.529$. 则

$$\sigma = \frac{\mu_1'}{Z\theta - \xi} = 32.6596 \times 0.529 = 17.25$$

$$\mu = y_0 - \sigma\xi = 110.5 - 17.25 \times (-1.877) = 142.88$$

例 7 给定表 8 所示的模拟方案, 采用上述方法, 取不同的截取点和截取长度 (表 9), 其完整序列和截取序列参数见表 9. 表明, 截取样本长度较大 (删失长度较小) 时, 二者参数接近, 反之, 则相差较大.

表 8 一次模拟样本参数

模拟长度	$\overline{X}$	σ	C_s
100	121.53373	22.54942	0.30862
200	119.16717	22.70971	0.52907
300	120.17816	23.14217	0.70511

表 9 一次模拟计算结果

完全样本长度	截取值	截取样本长度	按完全样本计算			按截取样本计算		
			$\overline{X}$	σ	C_s	$\overline{X}$	σ	C_s
	86.9312	95	123.80076	20.77382	0.56606	118.22971	20.57769	0.27000
	97.5481	90	125.56295	19.88185	0.65408	97.54806	0.00000	0.01000
100	102.8093	80	128.86066	18.60316	0.72279	102.80934	0.00000	0.01000
	108.1420	70	132.23447	7.423321	0.78082	108.14204	0.00000	0.01000
	114.0278	60	135.76171	16.30626	0.82940	114.02783	0.00000	0.01000
	119.2451	50	139.68390	15.01398	0.93664	119.24514	0.00000	0.01000

续表

完全样本长度	截取值	截取样本长度	按完全样本计算			按截取样本计算		
			$\overline{X}$	σ	C_s	$\overline{X}$	σ	C_s
	78.8288	195	120.22756	21.99543	0.62448	119.29711	22.63667	0.50000
	90.9003	180	123.20486	20.18253	0.91110	121.87260	20.97751	0.76500
200	99.9097	160	126.45768	19.02757	1.03541	121.06118	22.82004	0.61500
	105.9876	140	129.82890	17.94442	1.17508	124.85544	21.27315	0.80000
	112.5280	120	133.25123	17.11146	1.27180	112.52798	0.00000	0.26500
	117.1221	100	137.01962	16.29805	1.37668	130.45016	21.40135	0.95000
	84.9114	285	122.35169	21.64911	0.97617	122.17279	21.72361	0.95000
	94.5594	270	124.22972	20.66652	1.16076	122.87232	21.29717	1.05000
300	100.3618	240	127.52949	19.54270	1.34706	127.26337	19.60085	1.32000
	108.1420	210	130.82765	18.66970	1.51025	128.68180	19.38681	1.39500
	112.9049	180	134.17997	18.09837	1.60634	132.51603	18.52465	1.52500
	117.8877	150	138.04502	17.40523	1.77104	138.04502	17.34590	1.75500

11.5　截取点等于中位数下的截取分布参数估算

Pichugina(2008) 研究了截取点等于中位数下的截取分布参数估算, 本节引用他的文献, 叙述和推导这一方法的基本原理.

设随机变量 X 为连续型服从正态分布, 其分布为 $F(x)$, 密度函数为 $f(x)$, 其样本按由大到小顺序排列后为 $x_{(1)}, x_{(2)}, \cdots, x_{(m)} > \xi, x_{(m+1)}, x_{(m+2)}, \cdots, x_{(n)} \leqslant \xi$. 其上部样本 $x_{(1)}, x_{(2)}, \cdots, x_{(m)}$ 的概率密度分别为 $f(x_{(1)}; \boldsymbol{\theta}), f(x_{(2)}; \boldsymbol{\theta}), \cdots, f(x_{(m)}; \boldsymbol{\theta})$, 按照右删失的定义, 下部样本 $x_{(m+1)}, x_{(m+2)}, \cdots, x_{(n)}$ 具有相同的概率 $F(\xi) = P(X \leqslant \xi)$, 则似然函数为

$$L = [F(\xi)]^{n-m} \prod_{i=1}^{m} f(x_i; \boldsymbol{\theta}) \tag{85}$$

11.5.1　截取正态分布参数估算

取截取点等于中位数 $\xi = x_{\mathrm{me}}$, 则按照正态分布完全似然函数为

$$L = [\Phi(x_{\mathrm{me}})]^{\frac{n}{2}} \left(\frac{1}{\sqrt{2\pi}\sigma}\right)^{\frac{n}{2}} \exp\left[-\frac{\sum_{i=1}^{\frac{n}{2}}(x_i - x_0)^2}{2\sigma^2}\right] \tag{86}$$

$$\ln L = \frac{n}{2}\ln[\Phi(x_{\mathrm{me}})] - \frac{n}{2}\ln\sqrt{2\pi}\sigma - \frac{\sum_{i=1}^{\frac{n}{2}}(x_i - x_0)^2}{2\sigma^2} \tag{87}$$

式中, $\Phi(x_{\mathrm{me}}) = \frac{1}{\sqrt{2\pi}\sigma}\int_{-\infty}^{x_{\mathrm{me}}} e^{-\frac{(x-x_0)^2}{2\sigma^2}} dx$; x_0 为数学期望; σ 为标准差.

式 (87) 分别对 x_0 和 σ 求偏导数, 并等于零, $\dfrac{\partial \ln L}{\partial x_0} = 0$, $\dfrac{\partial \ln L}{\partial \sigma} = 0$.

$$\frac{\partial \ln L}{\partial x_0} = \frac{n}{2} \frac{\dfrac{\partial \Phi\left(x_{\mathrm{me}}\right)}{\partial x_0}}{\Phi\left(x_{\mathrm{me}}\right)} + \frac{1}{\sigma^2} \sum_{i=1}^{\frac{n}{2}} \left(x_i - x_0\right) = 0 \tag{88}$$

对于 $\dfrac{\partial \Phi\left(x_{\mathrm{me}}\right)}{\partial x_0}$, 有 $\dfrac{\partial \Phi\left(x_{\mathrm{me}}\right)}{\partial x_0} = \dfrac{1}{\sqrt{2\pi}\sigma} \displaystyle\int_{-\infty}^{x_{\mathrm{me}}} e^{-\frac{(x-x_0)^2}{2\sigma^2}} dx \dfrac{x - x_0}{\sigma^2}$.

令 $y = \dfrac{x - x_0}{\sigma}$, 则 $x = x_0 + \sigma y$, $x = \sigma dy$; 当 $x = x_{\mathrm{me}}$ 时, 因为正态分布 $x = x_{\mathrm{me}}$, 所以 $y = \dfrac{x_{\mathrm{me}} - x_0}{\sigma} \dfrac{x_0 - x_0}{\sigma} = 0$; 当 $x \to -\infty$ 时, $y \to -\infty$, 有

$$\frac{\partial \Phi\left(x_{\mathrm{me}}\right)}{\partial x_0} = \frac{1}{\sqrt{2\pi}\sigma} \int_{-\infty}^{0} e^{-\frac{y^2}{2}} \frac{y}{\sigma} \sigma dy = \frac{1}{\sqrt{2\pi}\sigma} \int_{-\infty}^{0} e^{-\frac{y^2}{2}} y dy$$

$$= -\frac{1}{\sqrt{2\pi}\sigma} \int_{-\infty}^{0} e^{-\frac{y^2}{2}} d\left(\frac{y^2}{2}\right)$$

$$= -\frac{1}{\sqrt{2\pi}\sigma} e^{-\frac{y^2}{2}} \bigg|_{-\infty}^{0} = -\frac{1}{\sqrt{2\pi}\sigma} \approx -\frac{0.40}{\sigma} \tag{89}$$

把式 (89) 代入式 (88), 考虑 $\Phi\left(x_{\mathrm{me}}\right) = \dfrac{1}{\sqrt{2\pi}\sigma} \displaystyle\int_{-\infty}^{x_{\mathrm{me}}} e^{-\frac{(x-x_0)^2}{2\sigma^2}} dx = \dfrac{1}{2}$, 有 $-\dfrac{n}{2} \dfrac{2}{\sqrt{2\pi}\sigma} +$

$\dfrac{1}{\sigma^2} \displaystyle\sum_{i=1}^{\frac{n}{2}} \left(x_i - x_0\right) = 0$, $\dfrac{n}{2} \dfrac{2}{\sqrt{2\pi}\sigma} + \dfrac{1}{\sigma^2} \left(\displaystyle\sum_{i=1}^{\frac{n}{2}} x_i - \sum_{i=1}^{\frac{n}{2}} x_0\right) = 0$, 因为 $\displaystyle\sum_{i=1}^{\frac{n}{2}} x_i = \dfrac{n}{2} \bar{x}_{n/2}$,

$\displaystyle\sum_{i=1}^{\frac{n}{2}} x_0 = \dfrac{n}{2} x_0$, 故 $-\dfrac{n}{2} \dfrac{2}{\sqrt{2\pi}\sigma} + \dfrac{1}{\sigma^2} \left(\dfrac{n}{2} x_{n/2} - \dfrac{n}{2} x_0\right) = 0$, 即 $-\dfrac{2}{\sqrt{2\pi}\sigma} + \dfrac{1}{\sigma^2} \left(\bar{x}_{n/2} - x_0\right) = 0$,

整理 $x_0 = \bar{x}_{n/2} - \dfrac{2}{\sqrt{2\pi}} \sigma$, 用样本均值代替 $\bar{x}_n$, 标准差代替 σ, $\sigma = S_n$, 则有

$$\bar{x}_0 = \bar{x}_{n/2} - \frac{2}{\sqrt{2\pi}} S_n = \bar{x}_{n/2} - 0.80 S_n \tag{90}$$

$$\frac{\partial \ln L}{\partial \sigma} = \frac{n}{2} \frac{\dfrac{\partial \Phi\left(x_{\mathrm{me}}\right)}{\partial \sigma}}{\Phi\left(x_{\mathrm{me}}\right)} - \frac{n}{2} \frac{1}{\sqrt{2\pi}\sigma} \sqrt{2\pi} - \sum_{i=1}^{\frac{n}{2}} \left(x_i - x_0\right)^2 \frac{-2}{2\sigma^3}$$

$$= \frac{n}{2} \frac{\dfrac{\partial \Phi\left(x_{\mathrm{me}}\right)}{\partial \sigma}}{\Phi\left(x_{\mathrm{me}}\right)} - \frac{n}{2} \frac{1}{\sigma} + \frac{1}{\sigma^3} \sum_{i=1}^{\frac{n}{2}} \left(x_i - x_0\right)^2 \tag{91}$$

对于 $\dfrac{\partial \Phi\left(x_{\mathrm{me}}\right)}{\partial \sigma}$, 有

$$\frac{\partial \Phi\left(x_{\mathrm{me}}\right)}{\partial \sigma} = -\frac{1}{\sqrt{2\pi}\sigma^2} \int_{-\infty}^{x_{\mathrm{me}}} e^{-\frac{(x-x_0)^2}{2\sigma^2}} dx + \frac{1}{\sqrt{2\pi}\sigma} \int_{-\infty}^{x_{\mathrm{me}}} \left[e^{-\frac{(x-x_0)^2}{2\sigma^2}} - \frac{\left(x - x_0\right)^2}{2} \frac{-2}{\sigma^3}\right] dx$$

$$= -\frac{1}{\sqrt{2\pi\sigma^2}} \int_{-\infty}^{x_{\mathrm{me}}} e^{-\frac{(x-x_0)^2}{2\sigma^2}} dx + \frac{1}{\sqrt{2\pi\sigma^2}} \int_{-\infty}^{x_{\mathrm{me}}} \left[(x-x_0)^2 e^{-\frac{(x-x_0)^2}{2\sigma^2}} \right] dx$$

因为

$$\frac{1}{\sqrt{2\pi\sigma^2}} \int_{-\infty}^{x_{\mathrm{me}}} e^{-\frac{(x-x_0)^2}{2\sigma^2}} dx = \frac{1}{\sigma}\frac{1}{\sqrt{2\pi\sigma}} \int_{-\infty}^{x_{\mathrm{me}}} e^{-\frac{(x-x_0)^2}{2\sigma^2}} dx = \frac{1}{\sigma}\cdot\frac{1}{2} = \frac{1}{2\sigma}$$

$$\begin{aligned}
\frac{1}{\sqrt{2\pi\sigma^2}} \int_{-\infty}^{x_{\mathrm{me}}} \left[(x-x_0)^2 e^{-\frac{(x-x_0)^2}{2\sigma^2}} \right] dx &= \frac{1}{\sigma}\frac{1}{\sqrt{2\pi\sigma}} \int_{-\infty}^{x_{\mathrm{me}}} \left[(x-x_0)^2 e^{-\frac{(x-x_0)^2}{2\sigma^2}} \right] dx \\
&= \frac{1}{\sigma}\cdot\frac{1}{2}\sigma^2 = \frac{1}{2\sigma}
\end{aligned}$$

所以

$$\frac{\partial\Phi(x_{\mathrm{me}})}{\partial\sigma} = -\frac{1}{2\sigma} + \frac{1}{2\sigma} = 0 \tag{92}$$

把式 (92) 代入式 (91), 有

$$\begin{aligned}
\frac{\partial\ln L}{\partial\sigma} &= -\frac{n}{2}\frac{1}{\sigma} + \frac{1}{\sigma^3}\sum_{i=1}^{\frac{n}{2}}(x_i-x_0)^2 \\
&= -\frac{n}{2}\frac{1}{\sigma} + \frac{1}{\sigma^3}\sum_{i=1}^{\frac{n}{2}}\left[(x_i-\overline{x}_{n/2})+(\overline{x}_{n/2}-x_0)\right]^2 \\
&= -\frac{n}{2}\frac{1}{\sigma} + \frac{1}{\sigma^3}\sum_{i=1}^{\frac{n}{2}}\left[(x_i-\overline{x}_{n/2})^2+2(x_i-\overline{x}_{n/2})(\overline{x}_{n/2}-x_0)+(\overline{x}_{n/2}-x_0)^2\right] \\
&= -\frac{n}{2}\frac{1}{\sigma} + \frac{1}{\sigma^3}\left[\sum_{i=1}^{\frac{n}{2}}(x_i-\overline{x}_{n/2})^2+2\sum_{i=1}^{\frac{n}{2}}(x_i-\overline{x}_{n/2})(\overline{x}_{n/2}-x_0)\right. \\
&\quad \left.+\sum_{i=1}^{\frac{n}{2}}(\overline{x}_{n/2}-x_0)^2\right]
\end{aligned}$$

对于 $\displaystyle\sum_{i=1}^{\frac{n}{2}}(x_i-\overline{x}_{n/2})^2$, 有 $\displaystyle\sum_{i=1}^{\frac{n}{2}}(x_i-\overline{x}_{n/2})^2 = \frac{n}{2}\sigma_{n/2}^2$;

对于 $\displaystyle\sum_{i=1}^{\frac{n}{2}}(x_i-\overline{x}_{n/2})(\overline{x}_{n/2}-x_0)$, 有

$$\begin{aligned}
\sum_{i=1}^{\frac{n}{2}}\left[(x_i-\overline{x}_{n/2})\cdot(\overline{x}_{n/2}-x_0)\right] &= (\overline{x}_{n/2}-x_0)\cdot\left(\sum_{i=1}^{\frac{n}{2}}x_i-\sum_{i=1}^{\frac{n}{2}}\overline{x}_{n/2}\right) \\
&= (\overline{x}_{n/2}-x_0)\cdot\left(\frac{n}{2}\overline{x}_{n/2}-\frac{n}{2}\overline{x}_{n/2}\right) = 0
\end{aligned}$$

对于 $\displaystyle\sum_{i=1}^{\frac{n}{2}}(\bar{x}_{n/2}-x_0)^2$, 有 $\displaystyle\sum_{i=1}^{\frac{n}{2}}(\bar{x}_{n/2}-x_0)^2 = \frac{n}{2}\frac{4}{2\pi}\sigma^2 = \frac{n\sigma^2}{\pi}$. 综合上式计算有

$$\frac{\partial \ln L}{\partial \sigma} = -\frac{n}{2}\frac{1}{\sigma} + \frac{1}{\sigma^3}\left[\sum_{i=1}^{\frac{n}{2}}\left(x_i - \overline{x}_{n/2}\right)^2 + 2\sum_{i=1}^{\frac{n}{2}}\left(x_i - \overline{x}_{n/2}\right)\left(\overline{x}_{n/2} - x_0\right)\right.$$

$$\left. + \sum_{i=1}^{\frac{n}{2}}\left(\overline{x}_{n/2} - x_0\right)^2\right]$$

$$= -\frac{n}{2}\frac{1}{\sigma} + \frac{1}{\sigma^3}\left[\frac{n}{2}\sigma_{n/2}^2 + \frac{n\sigma^2}{\pi}\right]$$

$-\dfrac{1}{2}\sigma^2 + \dfrac{1}{2}\sigma_{n/2}^2 + \dfrac{\sigma^2}{\pi} = 0$, 有 $\left(\dfrac{1}{2} - \dfrac{1}{\pi}\right)\sigma^2 = \dfrac{1}{2}\sigma_{n/2}^2$, $\dfrac{1}{2}\left(1 - \dfrac{2}{\pi}\right)\sigma^2 = \dfrac{1}{2}\sigma_{n/2}^2$, $\sigma^2 = \dfrac{1}{1-\dfrac{2}{\pi}}\sigma_{n/2}^2$, 即

$$\sigma = \frac{1}{\sqrt{1-\dfrac{2}{\pi}}}\sigma_{n/2} = \frac{\sigma_{n/2}}{0.60} = \frac{S_{n/2}}{0.60} \tag{93}$$

式中, $S_{n/2} = \sqrt{\dfrac{\displaystyle\sum_{i=1}^{\frac{n}{2}}\left(x_i - \overline{x}_{n/2}\right)^2}{n/2}}$.

11.5.2 截取 gamma 分布参数估算

设随机变量 X 为连续型服从 gamma 分布, 其分布为 $F(x)$, 密度函数为 $f(x)$, 其样本按由大到小顺序排列后为 $x_{(1)}, x_{(2)}, \cdots, x_{(m)} > \xi$, $x_{(m+1)}, x_{(m+2)}, \cdots, x_{(n)} \leqslant \xi$. 其上部样本 $x_{(1)}, x_{(2)}, \cdots, x_{(m)}$ 的概率密度分别为 $f(x_{(1)}; \boldsymbol{\theta}), f(x_{(2)}; \boldsymbol{\theta}), \cdots, f(x_{(m)}; \boldsymbol{\theta})$, 按照右删失的定义, 下部样本 $x_{(m+1)}, x_{(m+2)}, \cdots, x_{(n)}$ 具有相同的概率 $F(\xi) = P(X \leqslant \xi)$, 则似然函数为

$$L = [F(\xi)]^{n-m}\prod_{i=1}^{m}f(x_i; \boldsymbol{\theta}) \tag{94}$$

取截取点等于中位数 $\xi = x_{\mathrm{me}}$, 则按照式 (94) 的 gamma 分布完全似然函数为

$$L = [F(x_{\mathrm{me}})]^{\frac{n}{2}}\left(\frac{\gamma^\gamma}{\Gamma(\gamma)x_0}\right)^{\frac{n}{2}}\exp\left[-\gamma\sum_{i=1}^{\frac{n}{2}}\frac{x_i}{x_0}\right]\prod_{i=1}^{\frac{n}{2}}\left(\frac{x_i}{x_0}\right)^{\gamma-1} \tag{95}$$

式中, $F(x_{\mathrm{me}}) = \dfrac{\gamma^\gamma}{\Gamma(\gamma)x_0}\displaystyle\int_0^{x_{\mathrm{me}}}\left(\frac{x}{x_0}\right)^{\gamma-1}e^{-\gamma\frac{x}{x_0}}dx$.

$$\ln L = \frac{n}{2}\ln F(x_{\mathrm{me}}) + \frac{n}{2}\gamma\ln\gamma - \frac{n}{2}\ln\Gamma(\gamma) - \frac{n}{2}\ln x_0 - \gamma\sum_{i=1}^{\frac{n}{2}}\frac{x_i}{x_0} + (\gamma-1)\sum_{i=1}^{\frac{n}{2}}\ln\frac{x_i}{x_0} \tag{96}$$

式 (96) 分别对 x_0 和 γ 求偏导数, 并等于零, $\dfrac{\partial \ln L}{\partial x_0} = 0$, $\dfrac{\partial \ln L}{\partial \gamma} = 0$.

$$
\begin{aligned}
\frac{\partial \ln L}{\partial x_0} &= \frac{n}{2} \frac{\dfrac{\partial F(x_{\mathrm{me}})}{\partial x_0}}{F(x_{\mathrm{me}})} - \frac{n}{2} \frac{1}{x_0} + \frac{\gamma}{x_0^2} \sum_{i=1}^{\frac{n}{2}} x_i + (\gamma - 1) \sum_{i=1}^{\frac{n}{2}} \frac{x_0}{x_i} \left(-\frac{x_i}{x_0^2} \right) \\
&= \frac{n}{2} \frac{\dfrac{\partial F(x_{\mathrm{me}})}{\partial x_0}}{F(x_{\mathrm{me}})} - \frac{n}{2} \frac{1}{x_0} + \frac{\gamma}{x_0^2} \sum_{i=1}^{\frac{n}{2}} x_i + (1 - \gamma) \sum_{i=1}^{\frac{n}{2}} \frac{1}{x_0} \\
&= \frac{n}{2} \frac{\dfrac{\partial F(x_{\mathrm{me}})}{\partial x_0}}{F(x_{\mathrm{me}})} - \frac{n}{2} \frac{1}{x_0} + \frac{\gamma}{x_0^2} \sum_{i=1}^{\frac{n}{2}} x_i + (1 - \gamma) \frac{n}{2x_0} \\
&= \frac{n}{2} \frac{\dfrac{\partial F(x_{\mathrm{me}})}{\partial x_0}}{F(x_{\mathrm{me}})} - \frac{n}{2x_0} + \frac{\gamma}{x_0^2} \sum_{i=1}^{\frac{n}{2}} x_i + \frac{n}{2x_0} - \frac{n\gamma}{2x_0} \\
&= \frac{n}{2} \frac{\dfrac{\partial F(x_{\mathrm{me}})}{\partial x_0}}{F(x_{\mathrm{me}})} - \frac{n\gamma}{2x_0} + \frac{\gamma}{x_0^2} \sum_{i=1}^{\frac{n}{2}} x_i \\
&= \frac{n}{2} \frac{\dfrac{\partial F(x_{\mathrm{me}})}{\partial x_0}}{F(x_{\mathrm{me}})} - \frac{n}{2} \frac{1}{x_0} + \frac{\gamma}{x_0^2} \sum_{i=1}^{\frac{n}{2}} x_i - \frac{\gamma}{x_0^2} \sum_{i=1}^{\frac{n}{2}} x_i + \frac{1}{x_0^2} \sum_{i=1}^{\frac{n}{2}} x_i \\
&= \frac{n}{2} \frac{\dfrac{\partial F(x_{\mathrm{me}})}{\partial x_0}}{F(x_{\mathrm{me}})} - \frac{n}{2} \frac{1}{x_0} + \frac{1}{x_0^2} \sum_{i=1}^{\frac{n}{2}} x_i
\end{aligned}
$$

由 $\dfrac{\partial \ln L}{\partial x_0} = 0$ 得

$$
\frac{n}{2} \frac{\dfrac{\partial F(x_{\mathrm{me}})}{\partial x_0}}{F(x_{\mathrm{me}})} - \frac{n\gamma}{2x_0} + \frac{\gamma}{x_0^2} \sum_{i=1}^{\frac{n}{2}} x_i = 0 \tag{97}
$$

对于 $\dfrac{\partial F(x_{\mathrm{me}})}{\partial x_0}$, 有

$$
\begin{aligned}
\frac{\partial F(x_{\mathrm{me}})}{\partial x_0} ={}& -\frac{\gamma^\gamma}{\Gamma(\gamma) x_0^2} \int_0^{x_{\mathrm{me}}} \left(\frac{x}{x_0} \right)^{\gamma-1} e^{-\gamma \frac{x}{x_0}} dx \\
& + \frac{\gamma^\gamma}{\Gamma(\gamma) x_0} \int_0^{x_{\mathrm{me}}} \left[(\gamma - 1) \left(\frac{x}{x_0} \right)^{\gamma-2} \frac{-x}{x_0^2} e^{-\gamma \frac{x}{x_0}} \right. \\
& \left. + \left(\frac{x}{x_0} \right)^{\gamma-1} e^{-\gamma \frac{x}{x_0}} \left(-\gamma \frac{-x}{x_0^2} \right) \right] dx
\end{aligned}
$$

$$= -\frac{1}{x_0}\frac{\gamma^\gamma}{\Gamma(\gamma)x_0}\int_0^{x_{\mathrm{me}}}\left(\frac{x}{x_0}\right)^{\gamma-1}e^{-\gamma\frac{x}{x_0}}dx$$

$$+ \frac{\gamma^\gamma}{\Gamma(\gamma)x_0}\int_0^{x_{\mathrm{me}}}\left[-\frac{\gamma-1}{x_0}\left(\frac{x}{x_0}\right)^{\gamma-1}e^{-\gamma\frac{x}{x_0}}+\gamma\frac{1}{x_0^2}x\left(\frac{x}{x_0}\right)^{\gamma-1}e^{-\gamma\frac{x}{x_0}}\right]dx$$

$$= -\frac{1}{x_0}\frac{\gamma^\gamma}{\Gamma(\gamma)x_0}\int_0^{x_{\mathrm{me}}}\left(\frac{x}{x_0}\right)^{\gamma-1}e^{-\gamma\frac{x}{x_0}}dx$$

$$- \frac{\gamma-1}{x_0}\frac{\gamma^\gamma}{\Gamma(\gamma)x_0}\int_0^{x_{\mathrm{me}}}\left(\frac{x}{x_0}\right)^{\gamma-1}e^{-\gamma\frac{x}{x_0}}dx$$

$$+ \gamma\frac{1}{x_0^2}\frac{\gamma^\gamma}{\Gamma(\gamma)x_0}\int_0^{x_{\mathrm{me}}}\left[x\left(\frac{x}{x_0}\right)^{\gamma-1}e^{-\gamma\frac{x}{x_0}}\right]dx$$

因为 $\dfrac{\gamma^\gamma}{\Gamma(\gamma)x_0}\displaystyle\int_0^{x_{\mathrm{me}}}\left(\dfrac{x}{x_0}\right)^{\gamma-1}e^{-\gamma\frac{x}{x_0}}dx=\dfrac{1}{2}$，所以

$$-\frac{1}{x_0}\frac{\gamma^\gamma}{\Gamma(\gamma)x_0}\int_0^{x_{\mathrm{me}}}\left(\frac{x}{x_0}\right)^{\gamma-1}e^{-\gamma\frac{x}{x_0}}dx = -\frac{1}{2x_0}$$

$$-\frac{\gamma-1}{x_0}\frac{\gamma^\gamma}{\Gamma(\gamma)x_0}\int_0^{x_{\mathrm{me}}}\left(\frac{x}{x_0}\right)^{\gamma-1}e^{-\gamma\frac{x}{x_0}}dx = -\frac{\gamma-1}{2x_0}$$

对于

$$\gamma\frac{1}{x_0^2}\frac{\gamma^\gamma}{\Gamma(\gamma)x_0}\int_0^{x_{\mathrm{me}}}\left[x\left(\frac{x}{x_0}\right)^{\gamma-1}e^{-\gamma\frac{x}{x_0}}\right]dx=\gamma\frac{1}{x_0}\frac{\gamma^\gamma}{\Gamma(\gamma)x_0}\int_0^{x_{\mathrm{me}}}\left[\left(\frac{x}{x_0}\right)^{\gamma}e^{-\gamma\frac{x}{x_0}}\right]dx$$

采用分部积分，令 $u=\left(\dfrac{x}{x_0}\right)^\gamma$，则 $du=\dfrac{\gamma}{x_0}\left(\dfrac{x}{x_0}\right)^{\gamma-1}dx$；$dv=e^{-\gamma\frac{x}{x_0}}dx$，$v=-\dfrac{x_0}{\gamma}e^{-\gamma\frac{x}{x_0}}$. 则

$$\gamma\frac{1}{x_0^2}\frac{\gamma^\gamma}{\Gamma(\gamma)x_0}\int_0^{x_{\mathrm{me}}}\left[x\left(\frac{x}{x_0}\right)^{\gamma-1}e^{-\gamma\frac{x}{x_0}}\right]dx = \gamma\frac{1}{x_0}\frac{\gamma^\gamma}{\Gamma(\gamma)x_0}\int_0^{x_{\mathrm{me}}}\left[\left(\frac{x}{x_0}\right)^{\gamma}e^{-\gamma\frac{x}{x_0}}\right]dx$$

$$=\gamma\frac{1}{x_0}\frac{\gamma^\gamma}{\Gamma(\gamma)x_0}\left[-\left(\frac{x}{x_0}\right)^{\gamma}\frac{x_0}{\gamma}e^{-\gamma\frac{x}{x_0}}\Big|_0^{x_{\mathrm{me}}}+\int_{x_{\mathrm{me}}}^{\infty}\frac{x_0}{\gamma}e^{-\gamma\frac{x}{x_0}}\frac{\gamma}{x_0}\left(\frac{x}{x_0}\right)^{\gamma-1}dx\right]$$

$$=-\gamma\frac{1}{x_0}\frac{\gamma^\gamma}{\Gamma(\gamma)x_0}\left[\left(\frac{x_{\mathrm{me}}}{x_0}\right)^{\gamma}\frac{x_0}{\gamma}e^{-\gamma\frac{x_{\mathrm{me}}}{x_0}}+\int_{x_{\mathrm{me}}}^{\infty}\frac{x_0}{\gamma}e^{-\gamma\frac{x}{x_0}}\frac{\gamma}{x_0}\left(\frac{x}{x_0}\right)^{\gamma-1}dx\right]$$

$$=-\frac{\gamma^\gamma}{\Gamma(\gamma)x_0}\left(\frac{x_{\mathrm{me}}}{x_0}\right)^{\gamma}e^{-\gamma\frac{x_{\mathrm{me}}}{x_0}}+\frac{\gamma^\gamma}{\Gamma(\gamma)x_0}\left[\int_{x_{\mathrm{me}}}^{\infty}e^{-\gamma\frac{x}{x_0}}\frac{\gamma}{x_0}\left(\frac{x}{x_0}\right)^{\gamma-1}dx\right]$$

$$= -\frac{1}{x_0}\frac{x_{me}}{x_0}\frac{\gamma^\gamma}{\Gamma(\gamma)}\left(\frac{x_{me}}{x_0}\right)^{\gamma-1}e^{-\gamma\frac{x_{me}}{x_0}} + \frac{\gamma}{x_0}\left[\frac{\gamma^\gamma}{\Gamma(\gamma)x_0}\int_{x_{me}}^{\infty}e^{-\gamma\frac{x}{x_0}}\left(\frac{x}{x_0}\right)^{\gamma-1}dx\right]$$

$$= -\frac{1}{x_0}\frac{x_{me}}{x_0}f_X\left(\frac{x_{me}}{x_0}\right) + \frac{\gamma}{2x_0}$$

所以, 有

$$\frac{\partial F(x_{me})}{\partial x_0} = -\frac{1}{2x_0} - \frac{\gamma-1}{2x_0} + \frac{1}{x_0}\frac{x_{me}}{x_0}f_X\left(\frac{x_{me}}{x_0}\right) + \frac{\gamma}{2x_0}$$

$$= -\frac{1}{2x_0} - \frac{\gamma}{2x_0} + \frac{1}{2x_0} - \frac{1}{x_0}\frac{x_{me}}{x_0}f_X\left(\frac{x_{me}}{x_0}\right) + \frac{\gamma}{2x_0}$$

$$= -\frac{1}{x_0}\frac{x_{me}}{x_0}f_X\left(\frac{x_{me}}{x_0}\right)$$

其中, $f_X\left(\dfrac{x_{me}}{x_0}\right) = \dfrac{\gamma^\gamma}{\Gamma(\gamma)}\left(\dfrac{x_{me}}{x_0}\right)^{\gamma-1}e^{-\gamma\frac{x_{me}}{x_0}}$. 把 $\dfrac{\partial F(x_{me})}{\partial x_0} = -\dfrac{1}{x_0}\dfrac{x_{me}}{x_0}f_X\left(\dfrac{x_{me}}{x_0}\right)$

代入式 (97), 因为 $F(x_{me}) = \dfrac{\gamma^\gamma}{\Gamma(\gamma)x_0}\displaystyle\int_0^{x_{me}}\left(\dfrac{x}{x_0}\right)^{\gamma-1}e^{-\gamma\frac{x}{x_0}}dx = \dfrac{1}{2}$, 所以

$$\frac{n}{2}2\left[-\frac{1}{x_0}\frac{x_{me}}{x_0}f_X\left(\frac{x_{me}}{x_0}\right)\right] - \frac{n\gamma}{2x_0} + \frac{\gamma}{x_0^2}\sum_{i=1}^{\frac{n}{2}}x_i = 0$$

$$-\frac{n}{x_0}\frac{x_{me}}{x_0}f_X\left(\frac{x_{me}}{x_0}\right) - \frac{n\gamma}{2x_0} + \frac{\gamma}{x_0^2}\sum_{i=1}^{\frac{n}{2}}x_i = 0$$

因为 $\displaystyle\sum_{i=1}^{\frac{n}{2}}x_i = \frac{n}{2}\bar{x}_{n/2}$, 所以

$$-\frac{n}{x_0}\frac{x_{me}}{x_0}f_X\left(\frac{x_{me}}{x_0}\right) - \frac{n\gamma}{2x_0} + \frac{\gamma}{x_0^2}\frac{n}{2}\bar{x}_{n/2} = 0,$$

$$\left[-\frac{x_{me}}{x_0}f_X\left(\frac{x_{me}}{x_0}\right) - \frac{\gamma}{2}\right]x_0 + \frac{\gamma}{2}\bar{x}_{n/2} = 0$$

$$\frac{\gamma}{2}\left[1 + \frac{2}{\gamma}\frac{x_{me}}{x_0}f_X\left(\frac{x_{me}}{x_0}\right)\right]x_0 = \frac{\gamma}{2}\bar{x}_{n/2}$$

即

$$x_0 = \frac{1}{\left[1 + \dfrac{2}{\gamma}\dfrac{x_{me}}{x_0}f_X\left(\dfrac{x_{me}}{x_0}\right)\right]}\bar{x}_{n/2} = \varphi(C_v)\bar{x}_{n/2}$$

$$\varphi(C_v) = \frac{1}{\left[1 + \dfrac{2}{\gamma}\dfrac{x_{me}}{x_0}f_X\left(\dfrac{x_{me}}{x_0}\right)\right]} \tag{98}$$

对于给定 C_v, $\varphi(C_v)$ 可按下述步骤进行计算.

(1) 计算 $\gamma = \dfrac{1}{C_v^2}$.

(2) 根据 $F_X(x_{\text{me}}) = \displaystyle\int_0^{x_{\text{me}}} \dfrac{\gamma^\gamma}{\Gamma(\gamma)\,x_0}\left(\dfrac{x}{x_0}\right)^{\gamma-1} e^{-\gamma\frac{x}{x_0}}\,dx = \dfrac{1}{2}$, 令 $y = \dfrac{x}{x_0}$, 则 $x = x_0 y$, $dx = x_0 dy$; 当 $x = x_{\text{me}}$ 时, $y = \dfrac{x_{\text{me}}}{x_0}$; 当 $x = 0$ 时, $y = 0$, 则有 $\displaystyle\int_0^{\frac{x_{\text{me}}}{x_0}} \dfrac{\gamma^\gamma}{\Gamma(\gamma)\,x_0} y^{\gamma-1} e^{-\gamma y} x_0 dy = \dfrac{1}{2}$, 即 $\displaystyle\int_0^{\frac{x_{\text{me}}}{x_0}} \dfrac{\gamma^\gamma}{\Gamma(\gamma)} y^{\gamma-1} e^{-\gamma y} dy = \dfrac{1}{2}$. 可按一般 gamma 分布的逆函数求解 $\dfrac{x_{\text{me}}}{x_0}$, 即 $\dfrac{x_{\text{me}}}{x_0} = F^{-1}\left(\dfrac{1}{2}, \gamma, \dfrac{1}{\gamma}\right)$.

(3) 计算 $f_X\left(\dfrac{x_{\text{me}}}{x_0}\right) = \dfrac{\gamma^\gamma}{\Gamma(\gamma)}\left(\dfrac{x_{\text{me}}}{x_0}\right)^{\gamma-1} e^{-\gamma\frac{x_{\text{me}}}{x_0}}$.

(4) 由 $\varphi(C_v) = \dfrac{1}{1 + \dfrac{2}{\gamma}\left(\dfrac{x_{\text{me}}}{x_0}\right) f_X\left(\dfrac{x_{\text{me}}}{x_0}\right)}$ 计算 $\varphi(C_v)$.

在给定 C_v 下, 表 10 列出了部分 $\varphi(C_v)$ 的计算结果.

表 10 $\varphi(C_v)$ 的计算结果

C_v	$\varphi(C_v)$									
	0	1	2	3	4	5	6	7	8	9
0.1	0.9262	0.9194	0.9128	0.9062	0.8998	0.8934	0.8871	0.8810	0.8749	0.8689
0.2	0.8630	0.8572	0.8515	0.8459	0.8404	0.8349	0.8295	0.8242	0.8190	0.8139
0.3	0.8088	0.8038	0.7989	0.7941	0.7893	0.7846	0.7800	0.7754	0.7709	0.7665
0.4	0.7621	0.7578	0.7536	0.7494	0.7453	0.7413	0.7373	0.7334	0.7295	0.7257
0.5	0.7219	0.7182	0.7146	0.7110	0.7074	0.7039	0.7005	0.6971	0.6938	0.6905
0.6	0.6872	0.6840	0.6809	0.6778	0.6747	0.6717	0.6688	0.6658	0.6630	0.6601
0.7	0.6573	0.6546	0.6519	0.6492	0.6466	0.6440	0.6414	0.6389	0.6364	0.6340
0.8	0.6316	0.6292	0.6269	0.6246	0.6224	0.6201	0.6179	0.6158	0.6137	0.6116
0.9	0.6095	0.6075	0.6055	0.6035	0.6016	0.5997	0.5978	0.5960	0.5942	0.5924
1.0	0.5906	0.5889	0.5872	0.5855	0.5839	0.5822	0.5806	0.5791	0.5775	0.5760
1.1	0.5745	0.5730	0.5716	0.5702	0.5688	0.5674	0.5660	0.5647	0.5634	0.5621
1.2	0.5608	0.5596	0.5584	0.5572	0.5560	0.5548	0.5537	0.5526	0.5515	0.5504
1.3	0.5493	0.5483	0.5472	0.5462	0.5452	0.5443	0.5433	0.5424	0.5414	0.5405
1.4	0.5396	0.5388	0.5379	0.5371	0.5362	0.5354	0.5346	0.5339	0.5331	0.5323
1.5	0.5316	0.5309	0.5302	0.5295	0.5288	0.5281	0.5275	0.5268	0.5262	0.5256
1.6	0.5249	0.5244	0.5238	0.5232	0.5226	0.5221	0.5216	0.5210	0.5205	0.5200
1.7	0.5195	0.5190	0.5186	0.5181	0.5176	0.5172	0.5168	0.5163	0.5159	0.5155
1.8	0.5151	0.5147	0.5143	0.5140	0.5136	0.5132	0.5129	0.5125	0.5122	0.5119
1.9	0.5116	0.5112	0.5109	0.5106	0.5104	0.5101	0.5098	0.5095	0.5093	0.5090
2.0	0.5088	—	—	—	—	—	—	—	—	—

$$\ln L = \frac{n}{2} \ln F\left(x_{\mathrm{me}}\right) + \frac{n}{2}\gamma \ln \gamma - \frac{n}{2}\ln \Gamma\left(\gamma\right) - \frac{n}{2}\ln x_0$$

$$- \gamma \sum_{i=1}^{\frac{n}{2}} \frac{x_i}{x_0} + (\gamma - 1)\sum_{i=1}^{\frac{n}{2}} \ln \frac{x_i}{x_0} \tag{99}$$

$$\frac{\partial \ln L}{\partial \gamma} = \frac{n}{2}\frac{\dfrac{\partial F\left(x_{\mathrm{me}}\right)}{\partial \gamma}}{F\left(x_{\mathrm{me}}\right)} + \frac{n}{2}\ln \gamma + \frac{n}{2}\gamma\frac{1}{\gamma} - \frac{n}{2}\frac{d\ln \Gamma\left(\gamma\right)}{d\gamma} - \sum_{i=1}^{\frac{n}{2}}\frac{x_i}{x_0} + \sum_{i=1}^{\frac{n}{2}}\ln\frac{x_i}{x_0}$$

$$= \frac{n}{2}\frac{\dfrac{\partial F\left(x_{\mathrm{me}}\right)}{\partial \gamma}}{F\left(x_{\mathrm{me}}\right)} + \frac{n}{2}\ln \gamma + \frac{n}{2} - \frac{n}{2}\frac{d\ln \Gamma\left(\gamma\right)}{d\gamma} - \sum_{i=1}^{\frac{n}{2}}\frac{x_i}{x_0} + \sum_{i=1}^{\frac{n}{2}}\ln\frac{x_i}{x_0}$$

即

$$\frac{n}{2}\frac{\dfrac{\partial F\left(x_{\mathrm{me}}\right)}{\partial \gamma}}{F\left(x_{\mathrm{me}}\right)} + \frac{n}{2}\ln \gamma + \frac{n}{2} - \frac{n}{2}\frac{d\ln \Gamma\left(\gamma\right)}{d\gamma} - \sum_{i=1}^{\frac{n}{2}}\frac{x_i}{x_0} + \sum_{i=1}^{\frac{n}{2}}\ln\frac{x_i}{x_0} = 0 \tag{100}$$

对于 $\dfrac{\partial F\left(x_{\mathrm{me}}\right)}{\partial \gamma}$,

$$\frac{\partial F\left(x_{\mathrm{me}}\right)}{\partial \gamma} = \frac{1}{x_0}\frac{\dfrac{d\gamma^\gamma}{d\gamma}\Gamma\left(\gamma\right) - \gamma^\gamma \dfrac{d\ln\Gamma(\gamma)}{d\gamma}}{\left[\Gamma\left(\gamma\right)\right]^2}\int_0^{x_{\mathrm{me}}}\left(\frac{x}{x_0}\right)^{\gamma-1}e^{-\gamma\frac{x}{x_0}}dx$$

$$+ \frac{\gamma^\gamma}{\Gamma\left(\gamma\right)x_0}\int_0^{x_{\mathrm{me}}}\left[\left(\gamma-1\right)\left(\frac{x}{x_0}\right)^{\gamma-2}\frac{-x}{x_0^2}e^{-\gamma\frac{x}{x_0}}\right.$$

$$\left. + \left(\frac{x}{x_0}\right)^{\gamma-1}e^{-\gamma\frac{x}{x_0}}\left(-\gamma\frac{-x}{x_0^2}\right)\right]dx$$

$$= \frac{1}{x_0}\frac{\left(\ln\gamma + 1\right)\gamma^\gamma\Gamma\left(\gamma\right) - \gamma^\gamma\dfrac{d\ln\Gamma\left(\gamma\right)}{d\gamma}}{\left[\Gamma\left(\gamma\right)\right]^2}\int_0^{x_{\mathrm{me}}}\left(\frac{x}{x_0}\right)^{\gamma-1}e^{-\gamma\frac{x}{x_0}}dx$$

$$+ \frac{\gamma^\gamma}{\Gamma\left(\gamma\right)x_0}\int_0^{x_{\mathrm{me}}}\left[\left(\frac{x}{x_0}\right)^{\gamma-1}\ln\left(\frac{x}{x_0}\right)e^{-\gamma\frac{x}{x_0}} - \left(\frac{x}{x_0}\right)^{\gamma-1}\frac{x}{x_0}e^{-\gamma\frac{x}{x_0}}\right]dx$$

$$= \frac{1}{x_0}\left[\left(\ln\gamma + 1\right)\gamma^\gamma\frac{1}{\Gamma\left(\gamma\right)} - \frac{\gamma^\gamma}{\Gamma\left(\gamma\right)}\frac{d\ln\Gamma\left(\gamma\right)}{d\gamma}\right]\int_0^{x_{\mathrm{me}}}\left(\frac{x}{x_0}\right)^{\gamma-1}e^{-\gamma\frac{x}{x_0}}dx$$

$$+ \frac{\gamma^\gamma}{\Gamma\left(\gamma\right)x_0}\int_0^{x_{\mathrm{me}}}\left(\frac{x}{x_0}\right)^{\gamma-1}e^{-\gamma\frac{x}{x_0}}\left[\ln\left(\frac{x}{x_0}\right) - \frac{x}{x_0}\right]dx$$

$$= \frac{\gamma^\gamma}{\Gamma(\gamma) x_0} \int_0^{x_{\mathrm{me}}} \left(\frac{x}{x_0}\right)^{\gamma-1} e^{-\gamma \frac{x}{x_0}} \left[1 + \ln \gamma - \frac{d \ln \Gamma(\gamma)}{d\gamma} - \frac{x}{x_0} + \ln \left(\frac{x}{x_0}\right) \right] dx$$

$$= \int_0^{x_{\mathrm{me}}} \left[1 + \ln \gamma - \frac{d \ln \Gamma(\gamma)}{d\gamma} - \frac{x}{x_0} + \ln \left(\frac{x}{x_0}\right) \right] \frac{\gamma^\gamma}{\Gamma(\gamma) x_0} \left(\frac{x}{x_0}\right)^{\gamma-1} e^{-\gamma \frac{x}{x_0}} dx$$

$$= \int_0^{x_{\mathrm{me}}} \left[1 - \frac{d \ln \Gamma(\gamma)}{d\gamma} - \frac{x}{x_0} + \ln \left(\gamma \frac{x}{x_0}\right) \right] f_X(x) \, dx$$

其中, $f_X(x) = \dfrac{\gamma^\gamma}{\Gamma(\gamma) x_0} \left(\dfrac{x}{x_0}\right)^{\gamma-1} e^{-\gamma \frac{x}{x_0}}$. 则

$$\frac{\partial F(x_{\mathrm{me}})}{\partial \gamma} = \int_0^{x_{\mathrm{me}}} \left[1 - \frac{d \ln \Gamma(\gamma)}{d\gamma} - \frac{x}{x_0} + \ln \left(\gamma \frac{x}{x_0}\right) \right] f_X(x) \, dx$$

$$\frac{\partial F(x_{\mathrm{me}})}{\partial \gamma} = \int_0^{x_{\mathrm{me}}} f_X(x) \, dx - \frac{d \ln \Gamma(\gamma)}{d\gamma} \int_0^{x_{\mathrm{me}}} f_X(x) \, dx$$

$$- \frac{1}{x_0} \int_0^{x_{\mathrm{me}}} x f_X(x) \, dx + \int_0^{x_{\mathrm{me}}} \ln \left(\gamma \frac{x}{x_0}\right) f_X(x) \, dx$$

对于上式第一项积分 $\displaystyle\int_0^{x_{\mathrm{me}}} f_X(x) \, dx = \frac{1}{2}$;

对于上式第二项积分 $-\dfrac{d \ln \Gamma(\gamma)}{d\gamma} \displaystyle\int_0^{x_{\mathrm{me}}} f_X(x) \, dx = -\dfrac{1}{2} \dfrac{d \ln \Gamma(\gamma)}{d\gamma}$;

对于上式第三项积分, 有

$$-\frac{1}{x_0} \int_0^{x_{\mathrm{me}}} x f_X(x) \, dx = -\frac{1}{x_0} \int_0^{x_{\mathrm{me}}} x \frac{\gamma^\gamma}{\Gamma(\gamma) x_0} \left(\frac{x}{x_0}\right)^{\gamma-1} e^{-\gamma \frac{x}{x_0}} (x) \, dx$$

$$= -\frac{\gamma^\gamma}{\Gamma(\gamma)} \frac{1}{x_0} \int_0^{x_{\mathrm{me}}} \left(\frac{x}{x_0}\right)^{\gamma} e^{-\gamma \frac{x}{x_0}} (x) \, dx$$

采用分部积分, 令 $u = \left(\dfrac{x}{x_0}\right)^{\gamma}$, 则 $du = \dfrac{\gamma}{x_0} \left(\dfrac{x}{x_0}\right)^{\gamma-1} dx$; $dv = e^{-\gamma \frac{x}{x_0}} dx$, $v = -\dfrac{x_0}{\gamma} e^{-\gamma \frac{x}{x_0}}$. 则

$$-\frac{1}{x_0} \int_0^{x_{\mathrm{me}}} x f_X(x) \, dx = -\frac{\gamma^\gamma}{\Gamma(\gamma)} \frac{1}{x_0} \left[\left(\frac{x}{x_0}\right)^{\gamma} \left(-\frac{x_0}{\gamma} e^{-\gamma \frac{x}{x_0}}\right) \Big|_0^{x_{\mathrm{me}}} \right.$$

$$\left. - \int_0^{x_{\mathrm{me}}} \left(-\frac{x_0}{\gamma} e^{-\gamma \frac{x}{x_0}}\right) \frac{\gamma}{x_0} \left(\frac{x}{x_0}\right)^{\gamma-1} dx \right]$$

$$= -\frac{\gamma^\gamma}{\Gamma(\gamma)}\frac{1}{x_0}\left[-\frac{x_0}{\gamma}\left(\frac{x_{\mathrm{me}}}{x_0}\right)^\gamma e^{-\gamma\frac{x_{\mathrm{me}}}{x_0}} + \int_0^{x_{\mathrm{me}}}\left(\frac{x}{x_0}\right)^{\gamma-1}\left(e^{-\gamma\frac{x}{x_0}}\right)dx\right]$$

$$= \frac{1}{\gamma}\frac{\gamma^\gamma}{\Gamma(\gamma)}\left(\frac{x_{\mathrm{me}}}{x_0}\right)^\gamma e^{-\gamma\frac{x_{\mathrm{me}}}{x_0}} - \int_0^{x_{\mathrm{me}}}\frac{\gamma^\gamma}{\Gamma(\gamma)x_0}\left(\frac{x}{x_0}\right)^{\gamma-1}\left(e^{-\gamma\frac{x}{x_0}}\right)dx$$

$$= \frac{1}{\gamma}\frac{\gamma^\gamma}{\Gamma(\gamma)}\left(\frac{x_{\mathrm{me}}}{x_0}\right)^\gamma e^{-\gamma\frac{x_{\mathrm{me}}}{x_0}} - \frac{1}{2}$$

以下进行积分 $\int_0^{x_{\mathrm{me}}}\ln\left(\gamma\frac{x}{x_0}\right)f_X(x)dx = \frac{\gamma^\gamma}{\Gamma(\gamma)x_0}\int_0^{x_{\mathrm{me}}}\ln\left(\gamma\frac{x}{x_0}\right)\left(\frac{x}{x_0}\right)^{\gamma-1}e^{-\gamma\frac{x}{x_0}}dx$ 推导. 令 $y=\gamma\frac{x}{x_0}$, 则 $x=\frac{x_0}{\gamma}y$, $dx=\frac{x_0}{\gamma}dy$; 当 $x=0$ 时, $y=0$; 当$x=x_{\mathrm{me}}$ 时, $y=\gamma\frac{x_{\mathrm{me}}}{x_0}$. 则

$$\frac{\gamma^\gamma}{\Gamma(\gamma)x_0}\int_0^{x_{\mathrm{me}}}\ln\left(\gamma\frac{x}{x_0}\right)\left(\frac{x}{x_0}\right)^{\gamma-1}e^{-\gamma\frac{x}{x_0}}dx$$

$$= \frac{\gamma^\gamma}{\Gamma(\gamma)x_0}\int_0^{\gamma\frac{x_{\mathrm{me}}}{x_0}}\ln y\left(\frac{y}{\gamma}\right)^{\gamma-1}e^{-y}\frac{x_0}{\gamma}dy$$

$$= \frac{1}{\Gamma(\gamma)}\int_0^{\gamma\frac{x_{\mathrm{me}}}{x_0}}y^{\gamma-1}\ln y\,e^{-y}dy$$

令 $t=\gamma\frac{x_{\mathrm{me}}}{x_0}$, $\Gamma'_t(\gamma)=\int_0^t y^{\gamma-1}\ln y\,e^{-y}dy$, 则有$\frac{\gamma^\gamma}{\Gamma(\gamma)x_0}\int_0^{x_{\mathrm{me}}}\ln\left(\gamma\frac{x}{x_0}\right)\left(\frac{x}{x_0}\right)^{\gamma-1}\cdot$ $e^{-\gamma\frac{x}{x_0}}dx=\frac{\Gamma'_t(\gamma)}{\Gamma(\gamma)}$. 所以综合以上结果, 有

$$\frac{\partial F(x_{\mathrm{me}})}{\partial\gamma} = \frac{1}{2} - \frac{1}{2}\frac{d\ln\Gamma(\gamma)}{d\gamma} + \frac{1}{\gamma}\frac{\gamma^\gamma}{\Gamma(\gamma)}\left(\frac{x_{\mathrm{me}}}{x_0}\right)^\gamma e^{-\gamma\frac{x_{\mathrm{me}}}{x_0}} - \frac{1}{2} + \frac{\Gamma'_t(\gamma)}{\Gamma(\gamma)}$$

$$= -\frac{1}{2}\frac{d\ln\Gamma(\gamma)}{d\gamma} + \frac{1}{\gamma}\frac{\gamma^\gamma}{\Gamma(\gamma)}\left(\frac{x_{\mathrm{me}}}{x_0}\right)^\gamma e^{-\gamma\frac{x_{\mathrm{me}}}{x_0}} + \frac{\Gamma'_t(\gamma)}{\Gamma(\gamma)}$$

$$= -\frac{1}{2}\frac{d\ln\Gamma(\gamma)}{d\gamma} + \frac{1}{\gamma}\frac{x_{\mathrm{me}}}{x_0}\frac{\gamma^\gamma}{\Gamma(\gamma)}\left(\frac{x_{\mathrm{me}}}{x_0}\right)^{\gamma-1}e^{-\gamma\frac{x_{\mathrm{me}}}{x_0}} + \frac{\Gamma'_t(\gamma)}{\Gamma(\gamma)}$$

$$= -\frac{1}{2}\frac{d\ln\Gamma(\gamma)}{d\gamma} + \frac{1}{\gamma}\frac{x_{\mathrm{me}}}{x_0}f_X\left(\frac{x_{\mathrm{me}}}{x_0}\right) + \frac{\Gamma'_t(\gamma)}{\Gamma(\gamma)}$$

即

$$\frac{\partial F(x_{\mathrm{me}})}{\partial\gamma} = -\frac{1}{2}\frac{d\ln\Gamma(\gamma)}{d\gamma} + \frac{1}{\gamma}\frac{x_{\mathrm{me}}}{x_0}f_X\left(\frac{x_{\mathrm{me}}}{x_0}\right) + \frac{\Gamma'_t(\gamma)}{\Gamma(\gamma)} \tag{101}$$

把式 (101) 代入式 (100), $F(x_{\mathrm{me}}) = \dfrac{1}{2}$, 有

$$\frac{n}{2}2\left[-\frac{1}{2}\frac{d\ln\Gamma(\gamma)}{d\gamma} + \frac{1}{\gamma}\frac{x_{\mathrm{me}}}{x_0}f_X\left(\frac{x_{\mathrm{me}}}{x_0}\right) + \frac{\Gamma_t'(\gamma)}{\Gamma(\gamma)}\right]$$

$$+\frac{n}{2}\ln\gamma + \frac{n}{2} - \frac{n}{2}\frac{d\ln\Gamma(\gamma)}{d\gamma} - \sum_{i=1}^{\frac{n}{2}}\frac{x_i}{x_0} + \sum_{i=1}^{\frac{n}{2}}\ln\frac{x_i}{x_0} = 0$$

$$-\frac{d\ln\Gamma(\gamma)}{d\gamma} + \frac{2}{\gamma}\frac{x_{\mathrm{me}}}{x_0}f_X\left(\frac{x_{\mathrm{me}}}{x_0}\right) + \frac{2\Gamma\left(\gamma,\gamma\dfrac{x_{\mathrm{me}}}{x_0}\right)}{\Gamma(\gamma)}$$

$$+\ln\gamma + 1 - \frac{d\ln\Gamma(\gamma)}{d\gamma} - \frac{2}{n}\sum_{i=1}^{\frac{n}{2}}\frac{x_i}{x_0} + \frac{2}{n}\sum_{i=1}^{\frac{n}{2}}\ln\frac{x_i}{x_0} = 0$$

$$-\frac{2d\ln\Gamma(\gamma)}{d\gamma} + \frac{2\Gamma_t'(\gamma)}{\Gamma(\gamma)} + \ln\gamma + 1 + \frac{2}{\gamma}\frac{x_{\mathrm{me}}}{x_0}f_X\left(\frac{x_{\mathrm{me}}}{x_0}\right)$$

$$-\frac{2}{n}\sum_{i=1}^{\frac{n}{2}}\frac{x_i}{x_0} + \frac{2}{n}\sum_{i=1}^{\frac{n}{2}}\ln\frac{x_i}{x_0} = 0$$

由式 (98) 得, $x_0 = \varphi(C_v)\bar{x}_{n/2}$, 即 $\dfrac{\bar{x}_{n/2}}{x_0} = \dfrac{1}{\varphi(C_v)}$, $\dfrac{\displaystyle\sum_{i=1}^{\frac{n}{2}}\frac{x_i}{x_0}}{n/2} = \dfrac{1}{\varphi(C_v)}$, $\displaystyle\sum_{i=1}^{\frac{n}{2}}\frac{x_i}{x_0} =$

$\dfrac{n}{2}\dfrac{1}{\varphi(C_v)}$; 则 $\displaystyle\sum_{i=1}^{\frac{n}{2}}\frac{x_i}{x_0} = \frac{n}{2}\left[1 + \frac{2}{\gamma}\frac{x_{\mathrm{me}}}{x_0}f_X\left(\frac{x_{\mathrm{me}}}{x_0}\right)\right]$, 有

$$1 + \frac{2}{\gamma}\frac{x_{\mathrm{me}}}{x_0}f_X\left(\frac{x_{\mathrm{me}}}{x_0}\right) - \frac{2}{n}\sum_{i=1}^{\frac{n}{2}}\frac{x_i}{x_0}$$

$$= 1 + \frac{2}{\gamma}\frac{x_{\mathrm{me}}}{x_0}f_X\left(\frac{x_{\mathrm{me}}}{x_0}\right) - \frac{2}{n}\frac{n}{2}\left[1 + \frac{2}{\gamma}\frac{x_{\mathrm{me}}}{x_0}f_X\left(\frac{x_{\mathrm{me}}}{x_0}\right)\right] = 0$$

所以

$$-\frac{2d\ln\Gamma(\gamma)}{d\gamma} + \frac{2\Gamma_t'(\gamma)}{\Gamma(\gamma)} + \ln\gamma + \frac{2}{n}\sum_{i=1}^{\frac{n}{2}}\ln\frac{x_i}{x_0} = 0$$

由式 (98) 得, $x_0 = \varphi(C_v)\bar{x}_{n/2}$, 则

$$\frac{2}{n}\sum_{i=1}^{\frac{n}{2}}\ln\frac{x_i}{x_0} = \frac{2}{n}\sum_{i=1}^{\frac{n}{2}}\ln\frac{x_i}{\varphi(C_v)\bar{x}_{n/2}} = \frac{2}{n}\sum_{i=1}^{\frac{n}{2}}\left[\ln\frac{x_i}{\bar{x}_{n/2}} - \ln\varphi(C_v)\right]$$

$$= \frac{2}{n} \sum_{i=1}^{\frac{n}{2}} \left[\ln \frac{x_i}{\overline{x}_{n/2}} + \ln \frac{1}{\varphi\left(C_v\right)} \right] = \frac{2}{n} \sum_{i=1}^{\frac{n}{2}} \ln \frac{x_i}{\overline{x}_{n/2}} + \frac{2}{n} \frac{n}{2} \ln \left[1 + \frac{2}{\gamma} \frac{x_{\mathrm{me}}}{x_0} f_X \left(\frac{x_{\mathrm{me}}}{x_0} \right) \right]$$

所以, 有

$$- \frac{2d \ln \Gamma\left(\gamma\right)}{d\gamma} + \frac{2\Gamma_t'\left(\gamma\right)}{\Gamma\left(\gamma\right)} + \ln\gamma + \frac{2}{n} \sum_{i=1}^{\frac{n}{2}} \ln \frac{x_i}{\overline{x}_{n/2}} + \frac{2}{n} \frac{n}{2} \ln \left[1 + \frac{2}{\gamma} \frac{x_{\mathrm{me}}}{x_0} f_X \left(\frac{x_{\mathrm{me}}}{x_0} \right) \right] = 0$$

$$- \frac{2d \ln \Gamma\left(\gamma\right)}{d\gamma} + \frac{2\Gamma_t'\left(\gamma\right)}{\Gamma\left(\gamma\right)} + \ln\gamma + \frac{2}{n} \sum_{i=1}^{\frac{n}{2}} \ln \frac{x_i}{\overline{x}_{n/2}} + \ln \left[1 + \frac{2}{\gamma} \frac{x_{\mathrm{me}}}{x_0} f_X \left(\frac{x_{\mathrm{me}}}{x_0} \right) \right] = 0$$

$$\frac{2}{n} \sum_{i=1}^{\frac{n}{2}} \ln \frac{x_i}{\overline{x}_{n/2}} = 2 \left[\frac{d \ln \Gamma\left(\gamma\right)}{d\gamma} - \frac{\Gamma_t'\left(\gamma\right)}{\Gamma\left(\gamma\right)} \right] - \ln\gamma - \ln \left[1 + \frac{2}{\gamma} \frac{x_{\mathrm{me}}}{x_0} f_X \left(\frac{x_{\mathrm{me}}}{x_0} \right) \right]$$

$$\frac{\sum_{i=1}^{\frac{n}{2}} \ln \frac{x_i}{\overline{x}_{n/2}}}{n/2} = 2 \left[\frac{d \ln \Gamma\left(\gamma\right)}{d\gamma} - \frac{\Gamma_t'\left(\gamma\right)}{\Gamma\left(\gamma\right)} \right] - \ln\gamma - \ln \left[1 + \frac{2}{\gamma} \frac{x_{\mathrm{me}}}{x_0} f_X \left(\frac{x_{\mathrm{me}}}{x_0} \right) \right] = \lambda_{n/2} \quad (102)$$

式中, $\lambda_{n/2} = 2 \left[\frac{d \ln \Gamma\left(\gamma\right)}{d\gamma} - \frac{\Gamma_t'\left(\gamma\right)}{\Gamma\left(\gamma\right)} \right] - \ln\gamma - \ln \left[1 + \frac{2}{\gamma} \frac{x_{\mathrm{me}}}{x_0} f_X \left(\frac{x_{\mathrm{me}}}{x_0} \right) \right]$.

　　式 (102) $\lambda_{n/2}$ 中的积分是计算的关键, 以下将给出其积分的计算.

　　因为 $\Gamma_t'\left(\gamma\right) = \int_0^t y^{\gamma-1} \ln y e^{-y} dy$, $t = \gamma \frac{x_{\mathrm{me}}}{x_0}$, 我们首先回顾一下低阶不完全 gamma 函数 (lower incomplete gamma function) $\Gamma_t\left(\gamma\right) = \int_0^t y^{\gamma-1} e^{-y} dy$, 低阶不完全 gamma 函数对参数 γ 求导数, 有

　　$\frac{d\Gamma_t\left(\gamma\right)}{d\gamma} = \int_0^t y^{\gamma-1} \ln y e^{-y} dy$, 即低阶不完全 gamma 函数对参数 γ 的导数等于

积分 $\Gamma_t'\left(\gamma\right) = \int_0^t y^{\gamma-1} \ln y e^{-y} dy$, 因此, 有 $\Gamma_t'\left(\gamma\right) = \frac{d\Gamma_t\left(\gamma\right)}{d\gamma}$. Moore(1982) 给出了不

完全 gamma 函数 $I\left(t,\gamma\right) = \frac{\int_0^t y^{\gamma-1} e^{-y} dy}{\Gamma\left(\gamma\right)} = \frac{\Gamma_t\left(\gamma\right)}{\Gamma\left(\gamma\right)}$, $\gamma, t > 0$ 的一些推导公式, 现

介绍如下.

　　1) 级数展开式 (series expansion)

　　$I(t,\gamma)$ 级数的展开式为

$$I\left(t,\gamma\right) = f \cdot S \quad\quad\quad\quad (103)$$

式中, $f = \frac{t^\gamma}{\Gamma\left(\gamma+1\right) e^t}$; $S = \sum_{n=0}^{\infty} C_n$, 其中 $C_n = \frac{t}{\gamma+n} C_{n-1}$, $n = 1, 2, \cdots$, $C_0 = 1$.

$I(t, \gamma)$ 对 γ 的导数为

$$\frac{\partial I(t, \gamma)}{\partial \gamma} = S\frac{\partial f}{\partial \gamma} + f\frac{\partial S}{\partial \gamma}; \quad \frac{\partial^2 I(t, \gamma)}{\partial \gamma^2} = S\frac{\partial^2 f}{\partial \gamma^2} + 2\frac{\partial f}{\partial \gamma}\frac{\partial S}{\partial \gamma} + f\frac{\partial^2 S}{\partial \gamma^2} \tag{104}$$

$$\frac{\partial f}{\partial \gamma} = f\left(\ln t - \psi(\gamma + 1)\right); \quad \frac{\partial^2 f}{\partial \gamma^2} = f^{-1}\left(\frac{\partial f}{\partial \gamma}\right)^2 - f\psi'(\gamma + 1) \tag{105}$$

$$\frac{\partial S}{\partial \gamma} = \sum_{n=0}^{\infty}\frac{\partial C_n}{\partial \gamma}, \quad \frac{\partial^2 S}{\partial \gamma^2} = \sum_{n=0}^{\infty}\frac{\partial^2 C_n}{\partial \gamma^2}; \quad \frac{\partial C_n}{\partial \gamma} = C_n\left[C_{n-1}^{-1}\frac{\partial C_{n-1}}{\partial \gamma} - \frac{1}{\gamma + n}\right] \tag{106}$$

$$\frac{\partial^2 C_n}{\partial \gamma^2} = C_n\left[C_{n-1}^{-1}\frac{\partial^2 C_{n-1}}{\partial \gamma^2} - C_{n-1}^{-2}\left(\frac{\partial C_{n-1}}{\partial \gamma}\right)^2 + \frac{1}{(\gamma + n)^2}\right] + C_n^{-1}\left(\frac{\partial C_n}{\partial \gamma}\right)^2 \tag{107}$$

式中, $\psi(\gamma)$ 为普西函数, $\psi(\gamma) = \dfrac{d\ln\Gamma(\gamma)}{d\gamma} = \dfrac{1}{\Gamma(\gamma)}\dfrac{d\Gamma(\gamma)}{d\gamma}$; $\psi'(\gamma)$ 为 $\psi(\gamma)$ 的一阶导数, 称为 trigamma 函数; $\dfrac{\partial C_0}{\partial \gamma} = \dfrac{\partial^2 C_0}{\partial \gamma^2} = 0$.

2) 连分式展开式 (continued fraction expansion)

$I(t, \gamma)$ 连分式的展开式为

$$I(t, \gamma) = 1 - f \cdot S \tag{108}$$

式中, $f = \dfrac{t^\gamma}{\Gamma(\gamma)\cdot e^t}$; $S = \dfrac{1}{t+}\dfrac{1-\gamma}{1+}\dfrac{1}{t+}\dfrac{2-\gamma}{1+}\dfrac{2}{t+}\cdots$. S 也可写为

$$S = \frac{1}{t}\left[1 + \frac{\gamma - 1}{(2 - \gamma + t) +}\frac{\gamma - 2}{(4 - \gamma + t) +}\frac{2(\gamma - 3)}{(6 - \gamma + t) +}\cdots\right] \tag{109}$$

S 的第 n 项 S_n 收敛于 $S_n = \dfrac{A_n}{B_n} = \dfrac{1}{t}\left[1 + \dfrac{a_1}{b_1+}\dfrac{a_2}{b_2+}\cdots\dfrac{a_n}{b_n}\right]$, 对于 $n = 1, 2, \cdots$, 可采用下式进行计算

$$A_n = b_n A_{n-1} + a_n A_{n-2}; \quad B_n = b_n B_{n-1} + a_n B_{n-2} \tag{110}$$

式中, $a_n = (n-1)(\gamma - n)$; $b_n = 2n - \gamma + t$; $A_0 = 1$, $B_0 = t$, $A_1 = t + 1$, $B_1 = t(2 - \gamma + t)$. $I(t, \gamma)$ 对 γ 的导数为

$$\frac{\partial I(t, \gamma)}{\partial \gamma} = -f\frac{\partial S}{\partial \gamma} - S\frac{\partial f}{\partial \gamma}; \quad \frac{\partial^2 I(t, \gamma)}{\partial \gamma^2} = -f\frac{\partial^2 S}{\partial \gamma^2} - 2\frac{\partial f}{\partial \gamma}\frac{\partial S}{\partial \gamma} - S\frac{\partial^2 f}{\partial \gamma^2} \tag{111}$$

$$\frac{\partial f}{\partial \gamma} = f\left(\ln t - \psi(\gamma)\right); \quad \frac{\partial^2 f}{\partial \gamma^2} = f^{-1}\left(\frac{\partial f}{\partial \gamma}\right)^2 - f\psi'(\gamma) \tag{112}$$

$$\frac{\partial S_n}{\partial \gamma} = B_n^{-2} \left(B_n \frac{\partial A_n}{\partial \gamma} - A_n \frac{\partial B_n}{\partial \gamma} \right)$$

$$\frac{\partial^2 S_n}{\partial \gamma^2} = B_n^{-2} \left(B_n \frac{\partial^2 A_n}{\partial \gamma^2} - A_n \frac{\partial^2 B_n}{\partial \gamma^2} \right) - 2B_n^{-1} \frac{\partial S_n}{\partial \gamma} \frac{\partial B_n}{\partial \gamma} \tag{113}$$

$$\frac{\partial A_n}{\partial \gamma} = b_n \frac{\partial A_{n-1}}{\partial \gamma} - A_{n-1} + a_n \frac{\partial A_{n-2}}{\partial \gamma} + (n-1) A_{n-2} \tag{114}$$

$$\frac{\partial^2 A_n}{\partial \gamma^2} = b_n \frac{\partial^2 A_{n-1}}{\partial \gamma^2} + 2 \left[(n-1) \frac{\partial A_{n-2}}{\partial \gamma} - \frac{\partial A_{n-1}}{\partial \gamma} \right] + a_n \frac{\partial^2 A_{n-2}}{\partial \gamma^2} \tag{115}$$

$$\frac{\partial B_n}{\partial \gamma} = b_n \frac{\partial B_{n-1}}{\partial \gamma} - B_{n-1} + a_n \frac{\partial B_{n-2}}{\partial \gamma} + (n-1) B_{n-2} \tag{116}$$

$$\frac{\partial^2 B_n}{\partial \gamma^2} = b_n \frac{\partial^2 B_{n-1}}{\partial \gamma^2} + 2 \left[(n-1) \frac{\partial B_{n-2}}{\partial \gamma} - \frac{\partial B_{n-1}}{\partial \gamma} \right] + a_n \frac{\partial^2 B_{n-2}}{\partial \gamma^2} \tag{117}$$

式中, $\frac{\partial A_i}{\partial \gamma} = \frac{\partial^2 A_i}{\partial \gamma^2} = \frac{\partial^2 B_i}{\partial \gamma^2} = 0$, $i = 0, 1$; $\frac{\partial B_0}{\partial \gamma} = 0$, $\frac{\partial B_1}{\partial \gamma} = -t$.

而 $I(t, \gamma) = \dfrac{\displaystyle\int_0^t y^{\gamma-1} e^{-y} dy}{\Gamma(\gamma)}$ 对 t 的导数为

$$\frac{\partial I(t, \gamma)}{\partial t} = \frac{1}{\Gamma(\gamma)} t^{\gamma-1} e^{-t}; \quad \frac{\partial^2 I(t, \gamma)}{\partial t^2} = \frac{\partial I(t, \gamma)}{\partial t} \left(\frac{\gamma-1}{x} - 1 \right)$$

$$\frac{\partial^2 I(t, \gamma)}{\partial \gamma \partial t} = \frac{\partial I(t, \gamma)}{\partial t} [\ln t - \psi(\gamma)] \tag{118}$$

根据式 (104)—(118), 积分 $\Gamma'_t(\gamma) = \displaystyle\int_0^t y^{\gamma-1} \ln y e^{-y} dy$ 可由 $\dfrac{\partial I(t, \gamma)}{\partial \gamma} = \dfrac{\partial}{\partial \gamma} \dfrac{\Gamma_t(\gamma)}{\Gamma(\gamma)} = \dfrac{\Gamma'_t(\gamma) \Gamma(\gamma) - \Gamma_t(\gamma) \dfrac{d\Gamma(\gamma)}{d\gamma}}{[\Gamma(\gamma)]^2}$ 计算, 即

$$\Gamma'_t(\gamma) = \frac{1}{\Gamma(\gamma)} \left[\frac{\partial I(t, \gamma)}{\partial \gamma} [\Gamma(\gamma)]^2 + \Gamma_t(\gamma) \frac{d\Gamma(\gamma)}{d\gamma} \right] \tag{119}$$

因此, 对于给定 C_v, $\lambda_{n/2} = 2 \left[\dfrac{d \ln \Gamma(\gamma)}{d\gamma} - \dfrac{\Gamma'_t(\gamma)}{\Gamma(\gamma)} \right] - \ln \gamma - \ln \left[1 + \dfrac{2}{\gamma} \dfrac{x_{\mathrm{me}}}{x_0} f_X \left(\dfrac{x_{\mathrm{me}}}{x_0} \right) \right]$ 可按下述步骤进行计算.

(1) 计算 $\gamma = \dfrac{1}{C_v^2}$.

(2) 根据 $F_X(x_{\mathrm{me}}) = \displaystyle\int_0^{x_{\mathrm{me}}} \frac{\gamma^\gamma}{\Gamma(\gamma)x_0}\left(\frac{x}{x_0}\right)^{\gamma-1} e^{-\gamma\frac{x}{x_0}}dx = \frac{1}{2}$, 令 $y = \dfrac{x}{x_0}$, 则 $x = x_0 y$, $dx = x_0 dy$; 当 $x = x_{\mathrm{me}}$ 时, $y = \dfrac{x_{\mathrm{me}}}{x_0}$; 当 $x = 0$ 时, $y = 0$, 则有 $\displaystyle\int_0^{\frac{x_{\mathrm{me}}}{x_0}} \frac{\gamma^\gamma}{\Gamma(\gamma)x_0}y^{\gamma-1}e^{-\gamma y}x_0 dy = \frac{1}{2}$, 即 $\displaystyle\int_0^{\frac{x_{\mathrm{me}}}{x_0}} \frac{\gamma^\gamma}{\Gamma(\gamma)}y^{\gamma-1}e^{-\gamma y}dy = \frac{1}{2}$. 可按一般 gamma 分布的逆函数求解 $\dfrac{x_{\mathrm{me}}}{x_0}$, 即 $\dfrac{x_{\mathrm{me}}}{x_0} = F^{-1}\left(\dfrac{1}{2}, \gamma, \dfrac{1}{\gamma}\right)$.

(3) 计算 $t = \gamma\dfrac{x_{\mathrm{me}}}{x_0}$.

(4) 计算 $f_X\left(\dfrac{x_{\mathrm{me}}}{x_0}\right) = \dfrac{\gamma^\gamma}{\Gamma(\gamma)}\left(\dfrac{x_{\mathrm{me}}}{x_0}\right)^{\gamma-1} e^{-\gamma\frac{x_{\mathrm{me}}}{x_0}}$.

(5) 计算 $\dfrac{d\ln\Gamma(\gamma)}{d\gamma}$. 用 Matlab 的普西函数 ψ 计算, 即 $\psi(\gamma) = \dfrac{d\ln\Gamma(\gamma)}{d\gamma}$.

(6) 计算 $\Gamma_t'(\gamma) = \dfrac{1}{\Gamma(\gamma)}\left[\dfrac{\partial I(t,\gamma)}{\partial\gamma}[\Gamma(\gamma)]^2 + \Gamma_t(\gamma)\dfrac{d\Gamma(\gamma)}{d\gamma}\right]$. 首先用式 (111)—

(119) 计算, 获得 $\dfrac{\partial I(t,\gamma)}{\partial\gamma}$. 不完全 gamma 函数为 $I(t,\gamma) = \dfrac{\displaystyle\int_0^t y^{\gamma-1}e^{-y}dy}{\Gamma(\gamma)} = \dfrac{\Gamma_t(\gamma)}{\Gamma(\gamma)}$, 则 $\Gamma_t(\gamma) = I(t,\gamma)\Gamma(\gamma)$, 即 $\Gamma_t(\gamma)$ 采用公式 $\Gamma_t(\gamma) = \Gamma(\gamma)\,\text{gammainc}(t,\gamma)$ 计算. 然后再由 $\psi(\gamma) = \dfrac{d\ln\Gamma(\gamma)}{d\gamma} = \dfrac{1}{\Gamma(\gamma)}\dfrac{d\Gamma(\gamma)}{d\gamma}$ 计算 $\dfrac{d\Gamma(\gamma)}{d\gamma}$, 即 $\dfrac{d\Gamma(\gamma)}{d\gamma} = \psi(\gamma)\Gamma(\gamma)$, $\dfrac{d\Gamma(\gamma)}{d\gamma} = \psi(\gamma)\Gamma(\gamma)$. 因此, $\Gamma_t'(\gamma)$ 的 Matlab 计算式为

$$\Gamma_t'(\gamma) = \frac{1}{\Gamma(\gamma)}\left[\frac{\partial I(t,\gamma)}{\partial\gamma}[\Gamma(\gamma)]^2 + \Gamma(\gamma)\,\text{gammainc}(t,\gamma)\,\psi(\gamma)\Gamma(\gamma)\right]$$

$$\Gamma_t'(\gamma) = \left[\frac{\partial I(t,\gamma)}{\partial\gamma}\Gamma(\gamma) + \text{gammainc}(t,\gamma)\,\psi(\gamma)\Gamma(\gamma)\right] \tag{120}$$

(7) 根据上述步骤获得的各项式, 最后计算 $\lambda_{n/2}$.

编制计算机程序, 对于给定的 C_v 值, 表 11 列出了若 $\dfrac{\displaystyle\sum_{i=1}^{\frac{n}{2}}\ln\dfrac{x_i}{\bar{x}_{n/2}}}{n/2}$ 取自然对数时的 $\lambda_{n/2}$ 值, 为了便于读者阅读, 表 12 列出了 E. Г. 勃洛希夫 (2005) $\dfrac{\displaystyle\sum_{i=1}^{\frac{n}{2}}\log_{10}\dfrac{x_i}{\bar{x}_{n/2}}}{n/2}$ 取以 10 为底对数时的 $\lambda_{n/2}$ 值, E. Г. 勃洛希夫文献中的 $\lambda_{n/2}$ 是取为负值后的值, 表 12 给出的 $\lambda_{n/2}$ 取为正值的结果, 因而 $\lambda_{n/2}$ 为负值.

表 11　$\lambda_{n/2}$ 的计算结果 (取自然对数)

C_v	$\lambda_{n/2}$									
	0	1	2	3	4	5	6	7	8	9
0.1	−0.0017	−0.0021	−0.0025	−0.0029	−0.0033	−0.0038	−0.0043	−0.0048	−0.0054	−0.0060
0.2	−0.0066	−0.0072	−0.0079	−0.0086	−0.0093	−0.0101	−0.0109	−0.0117	−0.0125	−0.0134
0.3	−0.0143	−0.0152	−0.0161	−0.0171	−0.0180	−0.0190	−0.0201	−0.0211	−0.0222	−0.0233
0.4	−0.0244	−0.0256	−0.0268	−0.0280	−0.0292	−0.0304	−0.0317	−0.0330	−0.0343	−0.0357
0.5	−0.0370	−0.0384	−0.0398	−0.0413	−0.0427	−0.0442	−0.0457	−0.0472	−0.0488	−0.0503
0.6	−0.0519	−0.0536	−0.0552	−0.0569	−0.0585	−0.0603	−0.0620	−0.0638	−0.0655	−0.0673
0.7	−0.0692	−0.0710	−0.0729	−0.0748	−0.0767	−0.0787	−0.0807	−0.0827	−0.0847	−0.0867
0.8	−0.0888	−0.0909	−0.0930	−0.0952	−0.0973	−0.0995	−0.1018	−0.1040	−0.1063	−0.1086
0.9	−0.1109	−0.1133	−0.1157	−0.1181	−0.1205	−0.1230	−0.1255	−0.1280	−0.1306	−0.1332
1.0	−0.1358	−0.1384	−0.1411	−0.1438	−0.1465	−0.1492	−0.1520	−0.1548	−0.1577	−0.1605
1.1	−0.1635	−0.1664	−0.1694	−0.1724	−0.1754	−0.1784	−0.1815	−0.1847	−0.1878	−0.1910
1.2	−0.1942	−0.1975	−0.2008	−0.2041	−0.2075	−0.2109	−0.2143	−0.2178	−0.2213	−0.2248
1.3	−0.2284	−0.2320	−0.2357	−0.2393	−0.2431	−0.2468	−0.2506	−0.2545	−0.2583	−0.2622
1.4	−0.2662	−0.2702	−0.2742	−0.2783	−0.2824	−0.2865	−0.2907	−0.2950	−0.2992	−0.3036
1.5	−0.3079	−0.3123	−0.3167	−0.3212	−0.3258	−0.3303	−0.3349	−0.3396	−0.3443	−0.3490
1.6	−0.3538	−0.3587	−0.3636	−0.3685	−0.3735	−0.3785	−0.3835	−0.3887	−0.3938	−0.3990
1.7	−0.4043	−0.4096	−0.4149	−0.4203	−0.4258	−0.4313	−0.4368	−0.4424	−0.4481	−0.4538
1.8	−0.4595	−0.4653	−0.4712	−0.4771	−0.4830	−0.4890	−0.4951	−0.5012	−0.5074	−0.5136
1.9	−0.5199	−0.5262	−0.5326	−0.5390	−0.5455	−0.5520	−0.5586	−0.5653	−0.5720	−0.5788
2.0	−0.5856									

表 12　$\lambda_{n/2}$ 的计算结果 (取 10 为底的对数)

C_v	$\lambda_{n/2}$									
	0	1	2	3	4	5	6	7	8	9
0.1	−0.0008	−0.0009	−0.0011	−0.0012	−0.0014	−0.0016	−0.0019	−0.0021	−0.0023	−0.0026
0.2	−0.0029	−0.0031	−0.0034	−0.0037	−0.0041	−0.0044	−0.0047	−0.0051	−0.0054	−0.0058
0.3	−0.0062	−0.0066	−0.0070	−0.0074	−0.0078	−0.0083	−0.0087	−0.0092	−0.0096	−0.0101
0.4	−0.0106	−0.0111	−0.0116	−0.0121	−0.0127	−0.0132	−0.0138	−0.0143	−0.0149	−0.0155
0.5	−0.0161	−0.0167	−0.0173	−0.0179	−0.0186	−0.0192	−0.0198	−0.0205	−0.0212	−0.0219
0.6	−0.0226	−0.0233	−0.0240	−0.0247	−0.0254	−0.0262	−0.0269	−0.0277	−0.0285	−0.0292
0.7	−0.0300	−0.0308	−0.0317	−0.0325	−0.0333	−0.0342	−0.0350	−0.0359	−0.0368	−0.0377
0.8	−0.0386	−0.0395	−0.0404	−0.0413	−0.0423	−0.0432	−0.0442	−0.0452	−0.0462	−0.0472
0.9	−0.0482	−0.0492	−0.0502	−0.0513	−0.0523	−0.0534	−0.0545	−0.0556	−0.0567	−0.0578
1.0	−0.0590	−0.0601	−0.0613	−0.0624	−0.0636	−0.0648	−0.0660	−0.0672	−0.0685	−0.0697
1.1	−0.0710	−0.0723	−0.0736	−0.0749	−0.0762	−0.0775	−0.0788	−0.0802	−0.0816	−0.0830
1.2	−0.0844	−0.0858	−0.0872	−0.0887	−0.0901	−0.0916	−0.0931	−0.0946	−0.0961	−0.0976
1.3	−0.0992	−0.1008	−0.1023	−0.1039	−0.1056	−0.1072	−0.1088	−0.1105	−0.1122	−0.1139
1.4	−0.1156	−0.1173	−0.1191	−0.1209	−0.1226	−0.1244	−0.1263	−0.1281	−0.1300	−0.1318
1.5	−0.1337	−0.1356	−0.1376	−0.1395	−0.1415	−0.1435	−0.1455	−0.1475	−0.1495	−0.1516
1.6	−0.1537	−0.1558	−0.1579	−0.1600	−0.1622	−0.1644	−0.1666	−0.1688	−0.1710	−0.1733
1.7	−0.1756	−0.1779	−0.1802	−0.1826	−0.1849	−0.1873	−0.1897	−0.1921	−0.1946	−0.1971
1.8	−0.1996	−0.2021	−0.2046	−0.2072	−0.2098	−0.2124	−0.2150	−0.2177	−0.2204	−0.2231
1.9	−0.2258	−0.2285	−0.2313	−0.2341	−0.2369	−0.2397	−0.2426	−0.2455	−0.2484	−0.2514
2.0	−0.2543									

例 8　以 E. Г. 勃洛希夫 (2005) 文献为例, 说明左截取 gamma 分布在频率计

算中的应用. 苏联别拉娅乌发市 $n = 87$ 年的年最大春汛流量按由大到小的顺序排列后见表 13. 取 $n/2 = 43$, 截取点等于中位数 $\xi = x_{\mathrm{me}}$. 按照上述计算公式, 年最大春汛流量序列的上半部 $(n/2 = 43)$ 计算结果为

$$\bar{x}_{n/2} = \frac{\sum\limits_{i=1}^{\frac{n}{2}} x_i}{n/2} = \frac{349660}{43} = 8131.628 (\mathrm{m}^3/\mathrm{s})$$

$$\lambda_{n/2} = \frac{\sum\limits_{i=1}^{\frac{n}{2}} \log_{10} \dfrac{x_i}{\bar{x}_{n/2}}}{n/2} = \frac{-0.75765}{43} = -0.01762$$

$\lambda_{n/2} = \dfrac{\sum\limits_{i=1}^{\frac{n}{2}} \ln \dfrac{x_i}{\bar{x}_{n/2}}}{n/2} = \dfrac{-1.74456}{43} = -0.04057.$ $\lambda_{n/2} = -0.01762$ 查表 12, $\lambda_{n/2} = -0.04057$ 查表 11, 均得到 $C_v = 0.52$. 根据 C_v 值, 查表 10 或计算 $\varphi(C_v) = 0.7146$. 则

$$\bar{x}_n = \bar{x}_{n/2} \varphi(C_v) = 8131.628 \times 0.7146 = 5811 (\mathrm{m}^3/\mathrm{s}). \quad \gamma = \frac{1}{C_v^2} = \frac{1}{0.52^2} = 3.6982.$$

经验概率采用 $\hat{F}(x) = P(X \geqslant x) = \dfrac{m - 0.44}{n + 0.12}$.

表 13　苏联别拉娅乌发市最大春汛流量 ($n = 87$, 单位: m^3/s, $n/2 = 43$)

序号	x_i	$\dfrac{x_i}{x_{50}}$	$\log_{10}\left(\dfrac{x_i}{x_{50}}\right)$	$\log_e\left(\dfrac{x_i}{x_{50}}\right)$	$P/\%$
1	16200	1.99222	0.29934	0.68925	0.64
2	13800	1.69708	0.22970	0.52891	1.79
3	13000	1.59870	0.20377	0.46919	2.94
4	12400	1.52491	0.18324	0.42194	4.09
5	11500	1.41423	0.15052	0.34659	5.23
6	11400	1.40193	0.14673	0.33785	6.38
7	11200	1.37734	0.13904	0.32015	7.53
8	10170	1.25067	0.09714	0.22368	8.68
9	9820	1.20763	0.08193	0.18866	9.83
10	9660	1.18795	0.07480	0.17223	10.97
11	9580	1.17812	0.07119	0.16392	12.12
12	9540	1.17320	0.06937	0.15973	13.27
13	8760	1.07728	0.03233	0.07443	14.42
14	8630	1.06129	0.02583	0.05948	15.56
15	8420	1.03546	0.01513	0.03485	16.71
16	8320	1.02317	0.00995	0.02290	17.86
17	8180	1.00595	0.00258	0.00593	19.01
18	8040	0.98873	−0.00492	−0.01133	20.16
19	7960	0.97889	−0.00926	−0.02133	21.30

续表

序号	x_i	$\dfrac{x_i}{x_{50}}$	$\log_{10}\left(\dfrac{x_i}{x_{50}}\right)$	$\log_e\left(\dfrac{x_i}{x_{50}}\right)$	$P/\%$
20	7560	0.92970	−0.03166	−0.07289	22.45
21	7250	0.89158	−0.04984	−0.11476	23.60
22	7220	0.88789	−0.05164	−0.11891	24.75
23	7100	0.87313	−0.05892	−0.13567	25.90
24	7070	0.86944	−0.06076	−0.13990	27.04
25	7020	0.86330	−0.06384	−0.14700	28.19
26	6900	0.84854	−0.07133	−0.16424	29.34
27	6880	0.84608	−0.07259	−0.16714	30.49
28	6800	0.83624	−0.07767	−0.17884	31.63
29	6500	0.79935	−0.09726	−0.22396	32.78
30	6160	0.75754	−0.12060	−0.27768	35.08
31	6160	0.75754	−0.12060	−0.27768	35.08
32	6120	0.75262	−0.12343	−0.28420	36.23
33	6080	0.74770	−0.12627	−0.29076	37.37
34	6040	0.74278	−0.12914	−0.29736	38.52
35	6000	0.73786	−0.13203	−0.30400	40.82
36	6000	0.73786	−0.13203	−0.30400	40.82
37	5930	0.72925	−0.13712	−0.31574	41.97
38	5860	0.72064	−0.14228	−0.32761	43.11
39	5770	0.70958	−0.14900	−0.34309	44.26
40	5740	0.70589	−0.15127	−0.34830	46.56
41	5740	0.70589	−0.15127	−0.34830	46.56
42	5590	0.68744	−0.16277	−0.37478	48.85
43	5590	0.68744	−0.16277	−0.37478	48.85
和	349660		−0.75765	−1.74456	
平均	8131.628		−0.01762	−0.04057	

概率拟合如图 8 所示.

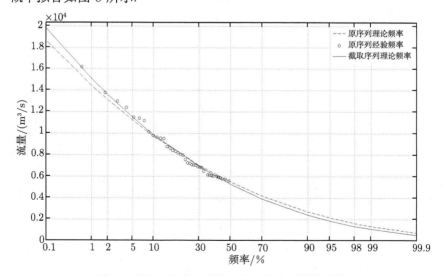

图 8　别拉娅乌发市最大春汛流量序列频率曲线

11.6 考虑历史洪水的洪水频率计算

11.6.1 考虑历史洪水的绘点位置计算公式

11.6.1.1 计算公式 1

设在 N 年历史考证期内共有 g 个不连续的洪水, 其中, s 年为实测洪水资料, k 个大洪水为非常洪水 (extraordinary flood), 满足关系 $s \leqslant g < N$. 在 k 个大洪水中, 有 e 个大洪水发生在实测期内, $e \leqslant k$, $e \leqslant s$, $g = s + k - e$, 如图 9 所示.

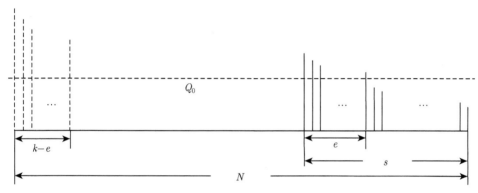

图 9 洪水序列示意图

设 Q 为洪峰流量, $E(Q_m)$ 为第 m 阶洪峰流量值. 对于概率 $P[Q \geqslant E(Q_m)]$ 来说, 事件 $Q \geqslant E(Q_m)$ 可以发生在 $\{Q \geqslant Q_0\}$ 和 $\{Q < Q_0\}$ 中, 且 $\{Q \geqslant Q_0\} \cup \{Q < Q_0\} = \Omega$, $\{Q \geqslant Q_0\} \cap \{Q < Q_0\} = \varnothing$. 根据全概率公式, 有

$$
\begin{aligned}
\hat{P}_m &= P[Q \geqslant E(Q_m)] \\
&= P[Q \geqslant E(Q_m) | Q \geqslant Q_0] \cdot P(Q \geqslant Q_0) \\
&\quad + P[Q \geqslant E(Q_m) | Q < Q_0] \cdot P(Q < Q_0)
\end{aligned}
\tag{121}
$$

式中, $P_e = P(Q \geqslant Q_0) = \dfrac{k}{N}$; $\hat{P}_m$ 为排序样本 $Q_1 \geqslant Q_2 \geqslant \cdots \geqslant Q_N$ 中第 m 阶洪峰流量期望值的超过概率.

对于样本 $Q_1 \geqslant Q_2 \geqslant \cdots \geqslant Q_k \geqslant Q_{k+1} \geqslant Q_{k+2} \geqslant \cdots \geqslant Q_g$, 若 $m \leqslant k$, 则事件 $\{Q \geqslant E(Q_m)\}$ 发生在 $\{Q \geqslant Q_0\}$ 序列, $\hat{P}_m = P[Q \geqslant E(Q_m) | Q \geqslant Q_0] \cdot P(Q \geqslant Q_0) = P[Q \geqslant E(Q_m) | Q \geqslant Q_0] \cdot P_e$; 若 $m > k$, 则事件 $\{Q \geqslant E(Q_m)\}$ 发生在 $\{Q < Q_0\}$ 序列, 由 $\{Q \geqslant Q_0\}$ 和 $\{Q < Q_0\}$ 两部分组成位次, 其中 $\{Q \geqslant Q_0\}$ 段大于等于 $E(Q_m)$ 有 k 个, 而在 $\{Q < Q_0\}$ 段 (图 10), 其概率等于条件概率 $P[Q \geqslant E$

$(Q_m)|Q < Q_0] \cdot P(Q < Q_0)$. 即, 对于 $m > k$, 有

$$
\begin{aligned}
\hat{P}_m &= P[Q \geqslant E(Q_m)|Q \geqslant Q_0] + P[Q \geqslant E(Q_m)|Q < Q_0] \cdot P(Q < Q_0) \\
&= P_e + (1 - P_e)P[Q \geqslant E(Q_m)|Q < Q_0]
\end{aligned}
\tag{121}
$$

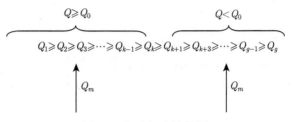

图 10　经验概率计算图

因此, 式 (121) 可写为

$$
\hat{P}_m =
\begin{cases}
P[Q \geqslant E(Q_m)|Q \geqslant Q_0] \cdot P_e, & m \leqslant k \\
P_e + (1 - P_e)P[Q \geqslant E(Q_m)|Q < Q_0], & m > k
\end{cases}
\tag{122}
$$

对于样本计算, 若 $m > k$, 则 $P[Q \geqslant E(Q_m)|Q \geqslant Q_0] = \dfrac{m}{k+1}$, $\hat{P}_m = \dfrac{m}{k+1} \cdot \dfrac{k}{N}$; 若 $m > k$, $P[Q \geqslant E(Q_m)|Q < Q_0] = \dfrac{m-k}{s-e+1}$, $\hat{P}_m = \dfrac{k}{N} + \left(1 - \dfrac{k}{N}\right)\dfrac{m-k}{s-e+1}$. 综合有

$$
\hat{P}_m =
\begin{cases}
\dfrac{m}{k+1} \cdot \dfrac{k}{N}, & m = 1, 2, \cdots, k \\
\dfrac{k}{N} + \left(1 - \dfrac{k}{N}\right)\dfrac{m-k}{s-e+1}, & m = k+1, k+2, \cdots, g
\end{cases}
\tag{123}
$$

式中, $s-e$ 为实测序列中除去 e 个大洪水外的序列长度; $m-k$ 为在实测序列中除去 e 个大洪水外的序列长度中的秩.

11.6.1.2　计算公式推导 2

设 s 为实测期洪水的长度, e' 为历史期 h 特大洪水的个数, e 为发生在实测期 s 特大洪水的个数, x_0 为门限值. 洪水调查期 (包括历史和实测期的年数) $n = h + s$, 在 n 年内, 共有 $k = e + e'$ 个特大洪水 (超过门限值 x_0). 超过 x_0 且具有实测记录长度 e 和历史长度 e' 的洪水序列的示意图如图 11 所示, 实际洪水系列, e' 或 e 可以为零. 对于门限值 x_0 没有专门的约定, 一般认为, x_0 相对较大, 以致有显著意义的洪水分析计算. 图 11 的一个实例如图 12 所示.

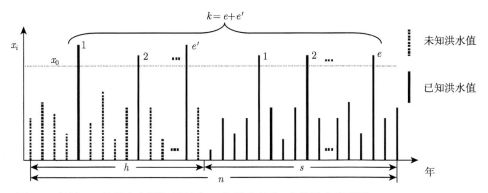

图 11 超过 x_0 且具有实测记录长度 e 和历史长度 e' 的洪水序列图 (Salas et al., 1994)

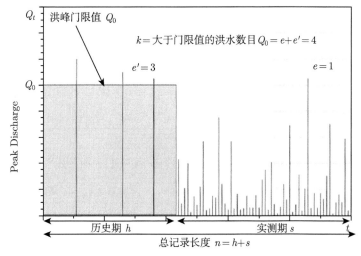

图 12 超过 Q_0 洪水序列图 (John et al., 2001)

从图 12 看出, 洪水调查期 n 年内有 k 个特大洪水, 在洪水序列排位属 k 个最大洪水值, 且超过门限值 x_0 没有遗漏, 其余 $n - k$ 年内的洪水小于 x_0. 对于洪水超过概率 $P(x \geqslant x_i)$, 在 k 个特大洪水序列中, $P(x \geqslant x_i)$ 是在 $x \geqslant x_0$ 条件下发生的, 因此, 根据条件概率, 有

$$P(x \geqslant x_i) = P(x \geqslant x_0) P(x \geqslant x_i | x \geqslant x_0) \tag{124}$$

因为洪水调查期 n 年内有 k 个洪水均大于等于 x_0, 所以, $P(x \geqslant x_0) = \dfrac{k}{n}$. $x \geqslant x_0$ 条件下, 大于等于 x_i 出现的次数为 i, 则 $P(x \geqslant x_i | x \geqslant x_0) = \dfrac{i - \alpha}{k + 1 - 2\alpha}$. 所以, 对于 $i \leqslant k$, 有

$$P(x \geqslant x_i) = P(x \geqslant x_0) P(x \geqslant x_i | x \geqslant x_0) = \frac{k}{n} \cdot \frac{i - \alpha}{k + 1 - 2\alpha}; \quad i \leqslant k \tag{125}$$

除 k 个特大洪水序列外剩余的序列中, 对于洪水超过概率 $P\left(x \geqslant x_i\right)$ 有两种情况发生: ① $x \geqslant x_0$ 的年份, ② $x < x_0$ 条件下发生 $x \geqslant x_i$ 的年份. 这两者情况互不相容, 根据概率加法定理, 有

$$
\begin{aligned}
P\left(x \geqslant x_i\right) &= P\left[\left(x \geqslant x_0\right) \cup \left(x \geqslant x_i | x < x_0\right)\right] \\
&= P\left(x \geqslant x_0\right) + P\left(x < x_0\right) \cdot P\left(x \geqslant x_i | x < x_0\right)
\end{aligned} \tag{126}
$$

由概率性质知, $P\left(x < x_0\right) = 1 - P\left(x \geqslant x_0\right) = 1 - \dfrac{k}{n} = \dfrac{n-k}{n}$. 从图 11 看出, $x < x_0$ 的洪水共有 $s - e$ 个, 若 $x < x_0$ 条件下发生大于等于 x_i 出现的次数为 i'. 因此,

$$
P\left(x \geqslant x_i | x < x_0\right) = \frac{i' - \alpha}{s - e + 1 - 2\alpha} = \frac{i - k - \alpha}{s - e + 1 - 2\alpha}, \quad i = k+1, \cdots, k+s-e
$$

则对于 $i = k+1, \cdots, k+s-e$, 有

$$
P\left(x \geqslant x_i\right) = \frac{k}{n} + \frac{n-k}{n} \cdot \frac{i-k-\alpha}{s-e+1-2\alpha}; \quad i = k+1, \cdots, k+s-e \tag{127}
$$

综合以上, 有

$$
P\left(x \geqslant x_i\right) = \begin{cases} \dfrac{k}{n} \cdot \dfrac{i-\alpha}{k+1-2\alpha}, & i = 1, 2, \cdots, k \\ \dfrac{k}{n} + \dfrac{n-k}{n} \cdot \dfrac{i-k-\alpha}{s-e+1-2\alpha}, & i = k+1, \cdots, k+s-e \end{cases} \tag{128}
$$

式中, α 为绘点未知公式计算常量.

11.6.2　考虑历史洪水的几种矩法估计参数方法

11.6.2.1　Bulletin 17 B 计算公式

设在 N 年历史考证期内共有 g 个不连续的洪水 (图 13), 其中, s 年为实测洪水资料, k 个大洪水为非常洪水 (extraordinary flood), 满足关系 $s \leqslant g < N$. 在 k 个大洪水中, 有 e 个大洪水发生在实测期内, $e \leqslant k$, $e \leqslant s$, $g = s + k - e$.

从图 13 可以看出, 加入历史洪水后, N 年历史考证期内洪水在小于门限值 $x_0(x < x_0)$ 发生删失, 属删失序列, 由 $-\infty < X < x_0$ 和 $X \geqslant x_0$ 组成. 其中, $-\infty < X < x_0$ 段的矩为 $\displaystyle\int_{-\infty}^{x} x^r f_X\left(x\right) dx$; $X \geqslant x_0$ 段的矩为 $\displaystyle\int_{x_0}^{x} x^r f_X\left(x\right) dx$, 则分布 X 的 r 阶矩为

$$
E\left(X^r\right) = \int_{-\infty}^{\infty} x^r f_X\left(x\right) dx = \int_{-\infty}^{x_0} x^r f_X\left(x\right) dx + \int_{x_0}^{\infty} x^r f_X\left(x\right) dx \tag{129}
$$

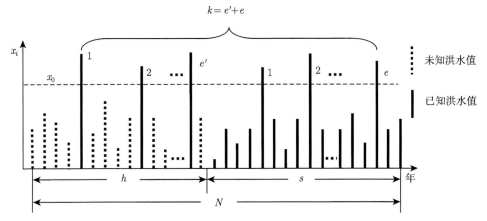

图 13 超过 x_0 且具有实测记录长度 e 和历史长度 e' 的洪水序列图 (Salas et al., 1994)

按照截取分布, 对于 $X < x_0$, 有 $E\left(X^r | X < x_0\right) = \int_{-\infty}^{x_0} x^r f_{X_T}\left(x\right) dx = \int_{-\infty}^{x_0} x^r f_X\left(x\right)/P\left(X < x_0\right) dx$, 即

$$\int_{-\infty}^{x_0} x^r f_X\left(x\right) dx = P\left(X < x_0\right) E\left(X^r | X < x_0\right) \tag{130}$$

对于 $X \geqslant x_0$, 有 $E\left(X^r | X \geqslant x_0\right) = \int_{x_0}^{\infty} x^r f_{X_T}\left(x\right) dx = \int_{x_0}^{\infty} x^r f_X\left(x\right)/P\left(X \geqslant x_0\right) dx$, 即

$$\int_{x_0}^{\infty} x^r f_X\left(x\right) dx = P\left(X \geqslant x_0\right) E\left(X^r | X \geqslant x_0\right) \tag{131}$$

把式 (130), (131) 代入式 (129), 有

$$E\left(X^r\right) = P\left(X < x_0\right) E\left(X^r | X < x_0\right) + P\left(X \geqslant x_0\right) E\left(X^r | X \geqslant x_0\right) \tag{132}$$

根据概率论, 对于样本 $x_1 < x_2 < \cdots < x_{s-e} < x_{s-e+1} < \cdots < x_{g-1} < x_g$, 有

$$P\left(X < x_0\right) = \frac{N^<}{N} = \frac{N-k}{N}; \quad P\left(X \geqslant x_0\right) = \frac{N^>}{N} = \frac{k}{N} \tag{133}$$

$$\hat{E}\left(X^r | X < x_0\right) = \frac{\sum\left(x_s^<\right)^r}{N_s^<} = \frac{\displaystyle\sum_{i=1}^{s-e} x_i}{s-e}$$

$$\hat{E}\left(X^r | X \geqslant x_0\right) = \frac{\sum\left[\left(x_H^>\right)^r + \left(x_s^>\right)^r\right]}{N^>} = \frac{\displaystyle\sum_{i=s-e+1}^{g} x_i}{k} \tag{134}$$

当 $r = 1$ 时, 有均值 $\hat{\mu}$

$$\hat{\mu} = \hat{E}(X) = P(X < x_0)E(X|X < x_0) + P(X \geqslant x_0)E(X|X \geqslant x_0)$$

$$= \frac{N-k}{N}\frac{\sum\limits_{i=1}^{s-e}x_i}{s-e} + \frac{k}{N}\frac{\sum\limits_{i=s-e+1}^{g}x_i}{k} = \frac{1}{N}\frac{N-k}{s-e}\sum_{i=1}^{s-e}x_i + \frac{1}{N}\sum_{i=s-e+1}^{g}x_i$$

$$= \frac{1}{N}\left(\frac{N-k}{s-e}\sum_{i=1}^{s-e}x_i + \sum_{i=s-e+1}^{g}x_i\right) \tag{135}$$

令 $W = \dfrac{N-k}{s-e}$, 则式 (135) 可写为

$$\hat{\mu} = \frac{W\sum\limits_{i=1}^{s-e}x_i + \sum\limits_{i=s-e+1}^{g}x_i}{N} \tag{136}$$

则方差 $\hat{\sigma}^2$

$$\hat{\sigma}^2 = \frac{N}{N-1}\left[\hat{E}X^2 - \left(\hat{E}X\right)^2\right] \tag{137}$$

则偏态系数 $\hat{\gamma}$

$$\hat{\gamma} = \frac{\sqrt{N(N-1)}}{N-2}\left[\frac{\hat{E}X^3 - 3\hat{E}X\hat{E}X^2 + 2\left(\hat{E}X\right)^3}{\hat{E}X^2 - \left(\hat{E}X\right)^2}\right] \tag{138}$$

11.6.2.2　EMA 计算公式

P-III 分布密度函数为

$$f(x|\alpha, \beta, \tau) = \begin{cases} \dfrac{\left(\dfrac{x-\tau}{\beta}\right)^{\alpha-1}\exp\left(-\dfrac{x-\tau}{\beta}\right)}{|\beta|\,\Gamma(\alpha)}, & \dfrac{x-\tau}{\beta} \geqslant 0 \\ 0, & \text{其他} \end{cases} \tag{139}$$

式中, $\Gamma(\alpha) = \displaystyle\int_0^\infty t^{\alpha-1}e^{-t}dt$.

令 $\{X\} = \{X_s^{>}\} \cup \{X_H^{\geqslant}\} \cup \{X_s^{<}\} \cup \{X_H^{\leqslant}\}$, 其中, $\{X_s^{>}\}$ 为实测期洪水 $X \geqslant Y$ 的洪水值; $\{X_s^{<}\}$ 为实测期洪水 $X < Y$ 的洪水值; $\{X_H^{\geqslant}\}$ 为历史期洪水 $X \geqslant Y$ 的洪水值; $\{X_H^{\leqslant}\}$ 为历史期洪水 $X < Y$ 的洪水值. Cohn 等 (1997) 提出了基于期望矩法估算 P-III 型分布参数的方法, 其步骤如下:

(1) 根据实测样本 $\{X_s\}$, 给定初始矩 $\hat{\mu}_1$, $\hat{\sigma}_1^2$ 和 $\hat{\gamma}_1$.

(2) EMA 步骤 1: 设定最大迭代次数 (maxiterval), 置当前迭代次数 $i=1$. 由第 i 次矩 $\hat{\mu}_i$, $\hat{\sigma}_i^2$ 和 $\hat{\gamma}_i$, 根据式 (140) 计算参数 $\hat{\alpha}_{i+1}$, $\hat{\beta}_{i+1}$ 和 $\hat{\tau}_{i+1}$.

$$\hat{\alpha}_{i+1} = \frac{4}{\hat{\gamma}_i^2}; \quad \hat{\beta}_{i+1} = \text{sign}\,(\hat{\gamma}_i)\left(\frac{\hat{\sigma}_i^2}{\hat{\alpha}_{i+1}}\right)^{\frac{1}{2}}; \quad \hat{\tau}_{i+1} = \hat{\mu}_1 - \hat{\alpha}_{i+1}\hat{\beta}_{i+1} \tag{140}$$

(3) EMA 步骤 2: 根据式 (141)—(144) 计算样本矩 $\hat{\mu}_{i+1}$, $\hat{\sigma}_{i+1}^2$ 和 $\hat{\gamma}_{i+1}$.

$$\hat{\mu}_{i+1} = \frac{\sum X_s^< + \sum X^> + N_H^< E\left[X_H^<\right]}{N} \tag{141}$$

式中, $E\left[X_H^<\right]$ 为给定 $X < Y$ 条件下 X 的条件期望值, 按式 (142) 计算, Y 为门限值.

$$E\left[X_H^<|\alpha,\beta,\tau\right] = E\left[X|X < \Upsilon,\alpha,\beta,\tau\right] = \tau + \frac{\Gamma\left(\frac{Y-\tau}{\beta},\alpha+1\right)}{\Gamma\left(\frac{Y-\tau}{\beta},\alpha\right)} \tag{142}$$

式中, $\Gamma(y,\alpha) = \int_0^y t^{\alpha-1}e^{-t}dt$ 为不完全 gamma 函数.

$$\hat{\sigma}_{i+1}^2 = \frac{c_2\left(\sum X_s^< - \hat{\mu}_{i+1}\right)^2 + \left(\sum X^> - \hat{\mu}_{i+1}\right)^2 + N_H^< E\left[\left(\sum X_H^< - \hat{\mu}_{i+1}\right)^2\right]}{N} \tag{143}$$

式中, $c_2 = \dfrac{N_s^< + N^>}{N_s^< + N^> - 1}$.

$$\hat{\gamma}_{i+1} = \frac{c_3\left(\sum X_s^< - \hat{\mu}_{i+1}\right)^3 + \left(\sum X^> - \hat{\mu}_{i+1}\right)^3 + N_H^< E\left[\left(\sum X_H^< - \hat{\mu}_{i+1}\right)^3\right]}{N\hat{\sigma}_{i+1}^3} \tag{144}$$

式中, $c_3 = \dfrac{(N_s^< + N^>)^2}{(N_s^< + N^> - 1)(N_s^< + N^> - 2)};$

$$E\left[(X_H^< - \hat{\mu})^p|\alpha,\beta,\tau\right] = E\left[(X - \hat{\mu})^p|X < Y,\alpha,\beta,\tau\right]$$

$$= \sum_{j=0}^{p}\binom{p}{j}\beta^j(\tau - \hat{\mu})^{p-j}\frac{\Gamma\left(\frac{Y-\tau}{\beta},\alpha+j\right)}{\Gamma\left(\frac{Y-\tau}{\beta},\alpha\right)}$$

(4) 重复步骤 (2), (3), 直至 (141)—(144) 样本矩 $\left(\hat{\mu}_{i+1},\hat{\sigma}_{i+1}^2,\hat{\gamma}_{i+1}\right)$ 或参数 $\left(\hat{\alpha}_{i+1},\hat{\beta}_{i+1},\hat{\tau}_{i+1}\right)$ 收敛为止, 即可结束迭代计算.

11.6.2.3　Wang 部分矩计算公式

给定门限值 h, 一个删失序列的概率权重矩 PPWM 可表示为

$$E\left[X\left(F\left(X\right)\right)^r\right] = E\left[X\left(F\left(X\right)\right)^r\right]I\left(X \leqslant h\right) + E\left[X\left(F\left(X\right)\right)^r\right]I\left(X > h\right) \tag{145}$$

Wang (1990b) 提出 $E\left[X\left(F\left(X\right)\right)^r\right]I\left(X \leqslant h\right)$ 和 $E\left[X\left(F\left(X\right)\right)^r\right]I\left(X > h\right)$ 可用式 (146) 和 (147) 分别进行计算.

$$\hat{E}\left[X\left(F\left(X\right)\right)^r\right]I\left(X \leqslant h\right) = \frac{1}{N_s}\sum_{i=r+1}^{N_s}\frac{(i-1)(i-2)\cdots(i-r)}{(N_s-1)(N_s-2)\cdots(N_s-r)}x_{(i)}^* \tag{146}$$

式中, $x_{(i)}^* = \begin{cases} y_{(i)}, & y_{(i)} \leqslant h, \\ 0, & \text{其他}, \end{cases}$

$$\hat{E}\left[X\left(F\left(X\right)\right)^r\right]I\left(X > h\right) = \frac{1}{N}\sum_{i=r+1}^{N}\frac{(i-1)(i-2)\cdots(i-r)}{(N-1)(N-2)\cdots(N-r)}x_{(i)}^{**} \tag{147}$$

式中, $x_{(i)}^{**} = \begin{cases} z_{(i)}, & z_{(i)} > h, \\ 0, & \text{其他}. \end{cases}$

式 (146) 和 (147) 中, $y_{(i)}$ 是 $\{X_s^<, X_s^>\}$ 的序次统计; $z_{(i)}$ 是 $\{X_H^<, X_H^>, X_s^<, X_s^>\}$ 的序次统计. 因此, 删失序列的概率权重矩 PPWM 的估计值可表示为

$$\hat{\beta}_r = \frac{1}{N_s}\sum_{i=r+1}^{N_s}\frac{(i-1)(i-2)\cdots(i-r)}{(N_s-1)(N_s-2)\cdots(N_s-r)}x_{(i)}^*$$
$$+ \frac{1}{N}\sum_{i=r+1}^{N}\frac{(i-1)(i-2)\cdots(i-r)}{(N-1)(N-2)\cdots(N-r)}x_{(i)}^{**} \tag{148}$$

11.6.2.4　Jong-June Jeon PPWM 计算公式

Jeon(2011) 认为一个删失序列的矩估计为

$$\hat{E}X^r = \frac{1}{N}\left[\sum\left(x_H^{<*}\right)^r + \sum\left(x_s^<\right)^r + \sum\left(x_s^>\right)^r + \sum\left(x_H^>\right)^r\right] \tag{149}$$

式中, $\sum\left(x_H^{<*}\right)^r = N_H^<\dfrac{\sum\left(x_s^<\right)^r}{N_s^<}$.

$\left(x_H^<\right)^r$ 可用 $E_\theta\left(X^r|x<h\right)$ 进行估计. 如果需要估计参数 θ 可求解式 (150) 方程即可.

$$E_\theta X^r = \frac{1}{N}\left[E_\theta\left(X^r|x<h\right) + \sum\left(x_s^<\right)^r + \sum\left(x_s^>\right)^r + \sum\left(x_H^>\right)^r\right] \tag{150}$$

采用 EMA 法, Jeon(2011) 提出采用式 (151) 估算 $EX^r I(X \leqslant h)$

$$\hat{E}_\theta X^r I(X \leqslant h) = L \frac{\sum \left(x_s^<\right)^r}{N_s^<} + (1-L) E_\theta X^r I(X \leqslant h) \tag{151}$$

式中, $L = \dfrac{N_s}{N}$.

Jeon(2011) 提出采用估算 $E_\theta \left[X \left(F(X) \right)^r \right] I(X \leqslant h)$

$$E_\theta \left[X \left(F(X) \right)^r \right] I(X \leqslant h) = (1-L) E_\theta X^r (x \leqslant h)$$
$$+ L \frac{1}{N_s^<} \sum_{i=r+1}^{N_s} \frac{(i-1)(i-2)\cdots(i-r)}{(N_s-1)(N_s-2)\cdots(N_s-r)} x_{(i)}^* \tag{152}$$

则有

$$E_\theta \left[X \left(F(X) \right)^r \right] = \frac{N_H}{N} E_\theta \left[X \left(F(X) \right)^r \right] I(X \leqslant h)$$
$$+ \frac{N_s}{N} \frac{1}{N_s} \sum_{i=r+1}^{N_s} \frac{(i-1)(i-2)\cdots(i-r)}{(N_s-1)(N_s-2)\cdots(N_s-r)} x_{(i)}^*$$
$$+ \frac{1}{N} \sum_{i=r+1}^{N} \frac{(i-1)(i-2)\cdots(i-r)}{(N-1)(N-2)\cdots(N-r)} x_{(i)}^{**} \tag{153}$$

对于 GEV 分布, 其分布和密度函数分别为

$$F(x; \xi, \alpha, \kappa) = \exp \left\{ -\left[1 - \kappa \left(\frac{x-\xi}{\alpha} \right) \right]^{\frac{1}{\kappa}} \right\}; \quad 1 - \kappa \left(\frac{x-\xi}{\alpha} \right) > 0 \tag{154}$$

$$f(x; \xi, \alpha, \kappa) = \exp \left\{ -\left[1 - \kappa \left(\frac{x-\xi}{\alpha} \right) \right]^{\frac{1}{\kappa}} \right\} \frac{1}{\alpha} \left[1 - \kappa \left(\frac{x-\xi}{\alpha} \right) \right]^{\frac{1}{\kappa}-1}$$
$$\cdot 1 - \kappa \left(\frac{x-\xi}{\alpha} \right) > 0 \tag{155}$$

给定均值 μ、方差 σ^2 和偏态系数 γ, 有关系式

$$\mu = \xi + \frac{\alpha}{\kappa} - \frac{\alpha}{\kappa} \Gamma(1+\kappa) \tag{156}$$

$$\sigma^2 = \frac{\alpha^2}{\kappa^2} \left[\Gamma(1+2\kappa) - \Gamma^2(1+\kappa) \right] \tag{157}$$

$$\gamma = \frac{-\Gamma(1+3\kappa) + 3\Gamma(1+\kappa)\Gamma(1+2\kappa) - 2\Gamma^3(1+\kappa)}{[\Gamma(1+2\kappa) - \Gamma^2(1+\kappa)]^{\frac{3}{2}}} \tag{158}$$

式中, $\Gamma(\kappa) = \Gamma(\kappa, \infty)$; $\Gamma(\kappa, y) = \int_0^y t^{\kappa-1} e^{-t} dt$.

对于完整序列, GEV 分布的 PWM 为

$$E_{(\xi,\alpha,\kappa)}[X(F(X))^r] = \frac{1}{r+1}\left\{\xi + \frac{\alpha}{\kappa}\left[1 - \frac{\Gamma(1+\kappa)}{(r+1)^\kappa}\right]\right\} \tag{159}$$

$$E_{(\xi,\alpha,\kappa)}X = \xi + \frac{\alpha}{\kappa} - \frac{\alpha}{\kappa}\Gamma(1+\kappa) \tag{160}$$

$$2E_{(\xi,\alpha,\kappa)}[XF(X)] - E_{(\xi,\alpha,\kappa)}X = \frac{\alpha}{\kappa}\Gamma(1+\kappa)(1 - 2^{-\kappa}) \tag{161}$$

$$\frac{3E_{(\xi,\alpha,\kappa)}\left[X(F(X))^2\right] - E_{(\xi,\alpha,\kappa)}X}{2E_{(\xi,\alpha,\kappa)}[XF(X)] - E_{(\xi,\alpha,\kappa)}X} = \frac{1 - 3^{-\kappa}}{1 - 2^{-\kappa}} \tag{162}$$

对于删失序列, GEV 分布的 PPWM 为

$$E_{(\xi,\alpha,\kappa)}[X(F(X))^r]I(X \leqslant h) = \frac{1}{r+1}\left(\xi + \frac{\alpha}{\kappa}\right)\left[1 - \Gamma\left(1, \frac{h'}{r+1}\right)\right]$$
$$- \frac{\alpha}{\kappa}\left(\frac{1}{r+1}\right)^{\kappa-1}\left[1 - \Gamma\left(\kappa+1, \frac{h'}{r+1}\right)\right] \tag{163}$$

式中, $h' = 1 - \kappa\left(\frac{h-\xi}{\alpha}\right)$.

$$E_{(\xi,\alpha,\kappa)}[X(F(X))^r]I(X > h) = \frac{1}{r+1}\left(\xi + \frac{\alpha}{\kappa}\right)(1 - F_0^{r+1})$$
$$- \frac{\alpha}{\kappa}\frac{\Gamma(1+\kappa)}{(r+1)^{1+\kappa}}P(1+\kappa, -(r+1)\log F_0) \tag{164}$$

式中, $P(1+\kappa, -(r+1)\log F_0) = \frac{1}{\Gamma(1+\kappa)}\int_0^{-(r+1)\log F} t^{\kappa-1} e^{-t} dt$.

11.6.2.5　Ding Jing 矩计算公式

设 X 为具有调查考证期 N 的含历史洪水的序列, n 为实测洪水序列长度, a 为特大历史洪水数目值, 实测洪水序列中含有 l 个历史洪水. 历史洪水和实测洪水序列一起由小到大的排列为 $\{x_m, m = 1, 2, \cdots n+a-l\}$, 洪水的总数目为 $n_0 = n+a-l$. Chen 等 (2003) 给出如下考虑历史洪水的线性矩估算公式.

$$b_0 = \frac{1}{N}\left[\frac{N-a}{n_0-a}\sum_{m=1}^{n_0-a} x_m + \sum_{n_0-a+1}^{n_0} x_m\right] \tag{165}$$

$$b_1 = \frac{1}{N} \left[\frac{N-a}{n_0-a} \sum_{m=1}^{n_0-a} \frac{m-1}{n_0-a-1} \frac{N-a-1}{N-1} x_m + \sum_{n_0-a+1}^{n_0} \frac{N-n_0+m-1}{N-1} x_m \right] \quad (166)$$

$$b_2 = \frac{1}{N} \left[\frac{N-a}{n_0-a} \sum_{m=1}^{n_0-a} \frac{m-1}{n_0-a-1} \frac{m-2}{n_0-a-2} \frac{N-a-1}{N-1} \frac{N-a-2}{N-2} x_m \right.$$
$$\left. + \sum_{n_0-a+1}^{n_0} \frac{N-n_0+m-1}{N-1} \frac{N-n_0+m-2}{N-2} x_m \right] \quad (167)$$

11.6.3 考虑历史洪水的洪水序列分布模拟

Ding 和 Yang(1988) 给出了非简单样本 (the generation of nonsimple sample) 的以下模拟步骤.

a. 给定 P-III 型总体分布的参数, 均值 EX, 变差系数 C_v 和偏态系数 C_s, 样本特征参数 N、n 和 a.

b. 按照 Whittaker (1972) 法和上述参数产生 N 个服从 P-III 型分布的随机数.

c. 取 N 个随机数的最后 n 个随机数为实测洪水模拟随机数.

d. 取 N 个随机数的最大 a 个随机数为特大洪水模拟随机数.

e. 检查 a 个特大洪水模拟随机数是否来自长度为 n 的实测洪水模拟随机数序列, 若 a 个特大洪水随机数有来自长度为 n 的实测洪水模拟随机数序列, 记满足这样条件的洪水个数为 l.

f. 从实测洪水模拟随机数序列中, 除去 l 个特大洪水随机数, 则实测洪水模拟随机数序列中有 $n-l$ 个洪水随机数.

g. a 个特大洪水模拟随机数与 $n-l$ 个洪水模拟随机数一起组合为非简单抽样样本.

11.6.4 考虑历史洪水的非参数密度估计法洪水分布参数估算

Guo (1991, 1993) 考虑历史洪水的非参数密度估计法洪水分布参数估算.

给定一个核函数 $K(\cdot)$ 和样本 $x_1, x_2, \cdots, x_n$, 固定点 x 的密度函数核估计为

$$f(x) = \frac{1}{nh} \sum_{i=1}^{n} K\left(\frac{x-x_i}{h}\right) \quad (168)$$

式中, h 为光滑因子. 一个常用的 Adamowski 核函数 $K(\cdot)$ 为

$$K(x) = \frac{3}{4}\left(1-x^2\right); \quad |x| \leqslant 1 \quad (169)$$

加入历史洪水后, 如图 14 所示, n 年历史考证期内共有 g 个洪水值, 其中, m 个特大洪水值 (超过门限值 X_0) 中, e 个特大洪水值发生在实测洪水 s, $g = s + m - e$. 由小到大排序 g 个洪水值 $x_1 < x_2 < \cdots < x_{s-e} < x_{s-e+1} < \cdots < x_g$, 则密度函数 (图 15) 可表示为

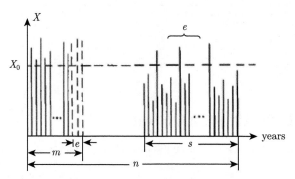

图 14　考虑历史洪水的年最大洪水序列, 其中, 已知洪水值数目为 $g = s + m - e$

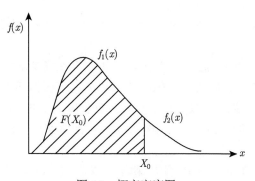

图 15　概率密度图

$$f(x) = \begin{cases} f_1(x), & 0 < x < X_0 \\ f_2(x), & x \geqslant X_0 \end{cases} \tag{170}$$

对于 $f_2(x)$, m 个特大洪水值在 n 年历史考证期内超过门限值 X_0, 则有

$$\hat{f}_2(x) = \frac{1}{nh} \sum_{i=s-e+1}^{g} K\left(\frac{x - x_i}{h}\right) \tag{171}$$

由图 15 知, $n - s - m + e$ 个洪水小于 X_0, 且未知, 根据截取分布, 有

$$\hat{f}_1(x) = \frac{f(x)}{F(X_0)} \tag{172}$$

式中, $F\left(X_0\right) = \int_0^{X_0} f\left(x\right) dx$. 用样本计算为 $F\left(X_0\right) = \dfrac{n-m}{n}$. 则

$$
\begin{aligned}
\hat{f}_1\left(x\right) = \frac{f\left(x\right)}{F\left(X_0\right)} &= \frac{n-m}{n} \frac{1}{\left(s-e\right)h} \sum_{i=1}^{s-e} K\left(\frac{x-x_i}{h}\right) \\
&= \frac{n-m}{nh\left(s-e\right)} \sum_{i=1}^{s-e} K\left(\frac{x-x_i}{h}\right)
\end{aligned} \tag{173}
$$

综合式 (171) 和 (173), 有

$$
f\left(x\right) = \begin{cases} f_1(x) = \dfrac{n-m}{nh\left(s-e\right)} \displaystyle\sum_{i=1}^{s-e} K\left(\dfrac{x-x_i}{h}\right), & x < X_0 \\[4mm] f_2\left(x\right) = \dfrac{1}{nh} \displaystyle\sum_{i=s-e+1}^{g} K\left(\dfrac{x-x_i}{h}\right), & x \geqslant X_0 \end{cases} \tag{174}
$$

11.6.4.1 光滑因子 h 推求

假定采用 EV1(Gumbel) 分布核 $K\left(t\right) = \exp\left(-t-e^{-t}\right)$, $-2.5 \leqslant t \leqslant 6.8$, $t = \dfrac{x-x_i}{h}$. 采用极大似然法估算光滑因子 h.

$$
L\left(h\right) = \prod_{j=1}^{g} f\left(x_j\right) = \prod_{j=1}^{s-e} f_1\left(x_j\right) \cdot \prod_{j=s-e+1}^{g} f_2\left(x_j\right) \tag{175}
$$

式 (175) 取对数, 有对数似然函数

$$
\ln L\left(h\right) = \sum_{j=1}^{s-e} \log\left[f_1\left(x_j\right)\right] + \sum_{j=s-e+1}^{g} \log\left[f_2\left(x_j\right)\right] \tag{176}
$$

把式 (174) 代入式 (176), 有

$$
\begin{aligned}
\ln L\left(h\right) &= \sum_{j=1}^{s-e} \log\left[f_1\left(x_j\right)\right] + \sum_{j=s-e+1}^{g} \log\left[f_2\left(x_j\right)\right] \\
&= \sum_{j=1}^{s-e} \log\left[\frac{n-m}{nh\left(s-e\right)} \sum_{i=1}^{s-e} K\left(\frac{x_j-x_i}{h}\right)\right] \\
&\quad + \sum_{j=s-e+1}^{g} \log\left[\frac{1}{nh} \sum_{i=s-e+1}^{g} K\left(\frac{x_j-x_i}{h}\right)\right] \\
&= \sum_{j=1}^{s-e} \log\left[\frac{n-m}{nh\left(s-e\right)} \sum_{i=1}^{s-e} K\left(t\right)\right]
\end{aligned}
$$

$$+ \sum_{j=s-e+1}^{g} \log \left[\frac{1}{n} \frac{1}{h} \sum_{i=s-e+1}^{g} K(t) \right] \tag{177}$$

式中, $t = \dfrac{x_j - x_i}{h}$.

式 (177) 对 h 求导数, 有

$$
\begin{aligned}
\frac{d \ln L(h)}{dh} &= \sum_{j=1}^{s-e} \frac{\dfrac{d}{dh} \left[\dfrac{n-m}{n(s-e)} \dfrac{1}{h} \sum\limits_{i=1}^{s-e} K(t) \right]}{\dfrac{n-m}{nh(s-e)} \sum\limits_{i=1}^{s-e} K(t)} + \sum_{j=s-e+1}^{g} \frac{\dfrac{d}{dh} \left[\dfrac{1}{n} \dfrac{1}{h} \sum\limits_{i=s-e+1}^{g} K(t) \right]}{\dfrac{1}{nh} \sum\limits_{i=s-e+1}^{g} K(t)} \\[4mm]
&= \sum_{j=1}^{s-e} \frac{\dfrac{n-m}{n(s-e)} \left[-\dfrac{1}{h^2} \sum\limits_{i=1}^{s-e} K(t) + \dfrac{1}{h} \sum\limits_{i=1}^{s-e} \dfrac{dK(t)}{dt} \dfrac{dt}{dh} \right]}{\dfrac{n-m}{nh(s-e)} \sum\limits_{i=1}^{s-e} K(t)} \\[4mm]
&\quad + \sum_{j=s-e+1}^{g} \frac{\dfrac{1}{n} \left[-\dfrac{1}{h^2} \sum\limits_{i=s-e+1}^{g} K(t) + \dfrac{1}{h} \sum\limits_{i=s-e+1}^{g} \dfrac{dK(t)}{dt} \dfrac{dt}{dh} \right]}{\dfrac{1}{nh} \sum\limits_{i=s-e+1}^{g} K(t)} \\[4mm]
&= \sum_{j=1}^{s-e} \frac{\dfrac{n-m}{nh(s-e)} \left[-\dfrac{1}{h} \sum\limits_{i=1}^{s-e} K(t) + \sum\limits_{i=1}^{s-e} \dfrac{dK(t)}{dt} \dfrac{dt}{dh} \right]}{\dfrac{n-m}{nh(s-e)} \sum\limits_{i=1}^{s-e} K(t)} \\[4mm]
&\quad + \sum_{j=s-e+1}^{g} \frac{\dfrac{1}{nh} \left[-\dfrac{1}{h} \sum\limits_{i=s-e+1}^{g} K(t) + \sum\limits_{i=s-e+1}^{g} \dfrac{dK(t)}{dt} \dfrac{dt}{dh} \right]}{\dfrac{1}{nh} \sum\limits_{i=s-e+1}^{g} K(t)} \\[4mm]
&= \sum_{j=1}^{s-e} \frac{\left[-\dfrac{1}{h} \sum\limits_{i=1}^{s-e} K(t) + \sum\limits_{i=1}^{s-e} \dfrac{dK(t)}{dt} \dfrac{dt}{dh} \right]}{\sum\limits_{i=1}^{s-e} K(t)} \\[4mm]
&\quad + \sum_{j=s-e+1}^{g} \frac{\left[-\dfrac{1}{h} \sum\limits_{i=s-e+1}^{g} K(t) + \sum\limits_{i=s-e+1}^{g} \dfrac{dK(t)}{dt} \dfrac{dt}{dh} \right]}{\sum\limits_{i=s-e+1}^{g} K(t)}
\end{aligned}
\tag{178}
$$

因为 $K(t) = \exp(-t - e^{-t})$, $-2.5 \leqslant t \leqslant 6.8$, $t = \dfrac{x_j - x_i}{h}$, 有 $\dfrac{dK(t)}{dt} = K'(t) = \exp(-t - e^{-t}) \cdot (e^{-t} - 1)$, $\dfrac{dt}{dh} = -\dfrac{x_j - x_i}{h^2}$. 把这些关系式代入式 (178), 有

$$\frac{d\ln L(h)}{dh} = \sum_{j=1}^{s-e} \frac{\left[-\dfrac{1}{h} \displaystyle\sum_{i=1}^{s-e} K(t) + \sum_{i=1}^{s-e} \dfrac{dK(t)}{dt} \dfrac{dt}{dh} \right]}{\displaystyle\sum_{i=1}^{s-e} K(t)}$$

$$+ \sum_{j=s-e+1}^{g} \frac{\left[-\dfrac{1}{h} \displaystyle\sum_{i=s-e+1}^{g} K(t) + \sum_{i=s-e+1}^{g} \dfrac{dK(t)}{dt} \dfrac{dt}{dh} \right]}{\displaystyle\sum_{i=s-e+1}^{g} K(t)}$$

$$= \sum_{j=1}^{s-e} \frac{\left\{ -\dfrac{1}{h} \displaystyle\sum_{i=1}^{s-e} K(t) + \sum_{i=1}^{s-e} \left[K'(t) \dfrac{-(x_j - x_i)}{h^2} \right] \right\}}{\displaystyle\sum_{i=1}^{s-e} K(t)}$$

$$+ \sum_{j=s-e+1}^{g} \frac{\left\{ -\dfrac{1}{h} \displaystyle\sum_{i=s-e+1}^{g} K(t) + \sum_{i=s-e+1}^{g} \left[K'(t) \dfrac{-(x_j - x_i)}{h^2} \right] \right\}}{\displaystyle\sum_{i=s-e+1}^{g} K(t)}$$

$$= \sum_{j=1}^{s-e} \frac{\left\{ -\dfrac{1}{h} \displaystyle\sum_{i=1}^{s-e} K(t) - \dfrac{1}{h} \sum_{i=1}^{s-e} \left[K'(t) \dfrac{x_j - x_i}{h} \right] \right\}}{\displaystyle\sum_{i=1}^{s-e} K(t)}$$

$$+ \sum_{j=s-e+1}^{g} \frac{\left\{ -\dfrac{1}{h} \displaystyle\sum_{i=s-e+1}^{g} K(t) - \dfrac{1}{h} \sum_{i=s-e+1}^{g} \left[K'(t) \dfrac{x_j - x_i}{h} \right] \right\}}{\displaystyle\sum_{i=s-e+1}^{g} K(t)}$$

$$= \sum_{j=1}^{s-e} \frac{\left\{ -\dfrac{1}{h} \displaystyle\sum_{i=1}^{s-e} K(t) - \dfrac{1}{h} \sum_{i=1}^{s-e} [t \cdot K'(t)] \right\}}{\displaystyle\sum_{i=1}^{s-e} K(t)}$$

$$+ \sum_{j=s-e+1}^{g} \frac{\left\{ -\dfrac{1}{h} \sum\limits_{i=s-e+1}^{g} K\left(t\right) - \dfrac{1}{h} \sum\limits_{i=s-e+1}^{g} \left[t \cdot K'\left(t\right)\right] \right\}}{\sum\limits_{i=s-e+1}^{g} K\left(t\right)}$$

$$= -\frac{1}{h} \sum_{j=1}^{s-e} \frac{\sum\limits_{i=1}^{s-e} K\left(t\right) + \sum\limits_{i=1}^{s-e} \left[t \cdot K'\left(t\right)\right]}{\sum\limits_{i=1}^{s-e} K\left(t\right)}$$

$$- \frac{1}{h} \sum_{j=s-e+1}^{g} \frac{\sum\limits_{i=s-e+1}^{g} K\left(t\right) + \sum\limits_{i=s-e+1}^{g} \left[t \cdot K'\left(t\right)\right]}{\sum\limits_{i=s-e+1}^{g} K\left(t\right)}$$

$$= -\frac{1}{h} \sum_{j=1}^{s-e} \left\{ 1 + \frac{\sum\limits_{i=1}^{s-e} \left[t \cdot K'\left(t\right)\right]}{\sum\limits_{i=1}^{s-e} K\left(t\right)} \right\}$$

$$- \frac{1}{h} \sum_{j=s-e+1}^{g} \left\{ 1 + \frac{\sum\limits_{i=s-e+1}^{g} \left[t \cdot K'\left(t\right)\right]}{\sum\limits_{i=s-e+1}^{g} K\left(t\right)} \right\}$$

$$= -\frac{1}{h} \left\{ s - e + \sum_{j=1}^{s-e} \frac{\sum\limits_{i=1}^{s-e} \left[t \cdot K'\left(t\right)\right]}{\sum\limits_{i=1}^{s-e} K\left(t\right)} \right\}$$

$$- \frac{1}{h} \left\{ g - s + e + \sum_{j=s-e+1}^{g} \frac{\sum\limits_{i=s-e+1}^{g} \left[t \cdot K'\left(t\right)\right]}{\sum\limits_{i=s-e+1}^{g} K\left(t\right)} \right\}$$

令 $\dfrac{d \ln L\left(h\right)}{dh} = 0$, 则有

$$s - e + \sum_{j=1}^{s-e} \frac{\displaystyle\sum_{i=1}^{s-e} [t \cdot K'(t)]}{\displaystyle\sum_{i=1}^{s-e} K(t)} + g - s + e + \sum_{j=s-e+1}^{g} \frac{\displaystyle\sum_{i=s-e+1}^{g} [t \cdot K'(t)]}{\displaystyle\sum_{i=s-e+1}^{g} K(t)} = 0,$$

即

$$\sum_{j=1}^{s-e} \frac{\displaystyle\sum_{i=1,i\neq j}^{s-e} [t \cdot K'(t)]}{\displaystyle\sum_{i=1}^{s-e} K(t)} + \sum_{j=s-e+1}^{g} \frac{\displaystyle\sum_{i=s-e+1,i\neq j}^{g} [t \cdot K'(t)]}{\displaystyle\sum_{i=s-e+1}^{g} K(t)} + g = 0 \tag{179}$$

式中, $K(t) = \exp(-t - e^{-t})$, $K'(t) = \exp(-t - e^{-t}) \cdot (e^{-t} - 1)$, $-2.5 \leqslant t \leqslant 6.8$, $t = \dfrac{x_j - x_i}{h}$.

求解非线性方程 (179), 即可得 h.

11.6.4.2 洪水分位数推求

超过概率 $P(x)$ 不仅取决于密度函数. 而且取决于门限值 X_0. 因此, $P(x)$ 可采用以下公式计算.

(1) 对于 $X \geqslant X_0$, 根据图 16(a), 有 $P(x)$

$$P(x) = \int_x^\infty f_2(x) \, dx = \int_x^\infty \frac{1}{nh} \sum_{i=s-e+1}^{g} K\left(\frac{x-x_i}{h}\right) dx$$

$$= \frac{1}{nh} \sum_{i=s-e+1}^{g} \int_x^\infty K\left(\frac{x-x_i}{h}\right) dx = \frac{1}{nh} \sum_{i=s-e+1}^{g} C_i(x) \tag{180}$$

式中, $C_i(x) = \displaystyle\int_x^\infty K\left(\frac{x-x_i}{h}\right) dx$, 可按下列情况计算 $C_i(x)$.

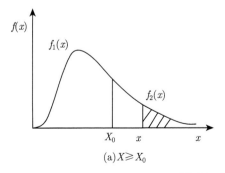 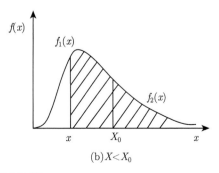

图 16　洪水频率计算

(i) $\dfrac{x-x_i}{h} < -2.5$ 时, 即 $x < x_i - 2.5h$, 如图 17 所示.

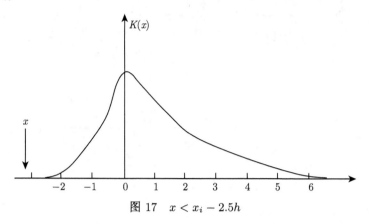

图 17　$x < x_i - 2.5h$

$$C_i\left(x\right) = \int_x^\infty K\left(\frac{x-x_i}{h}\right)dx = \int_{x_i-2.5h}^{x_i+6.8h} K\left(\frac{x-x_i}{h}\right)dx$$

$$= \int_{x_i-2.5h}^{x_i+6.8h} \exp\left(-\frac{x-x_i}{h} - e^{-\frac{x-x_i}{h}}\right)dx$$

$$= \int_{x_i-2.5h}^{x_i+6.8h} \exp\left(-e^{-\frac{x-x_i}{h}}\right)d\left(e^{-\frac{x-x_i}{h}}\right)$$

$$= h\exp\left(-e^{-\frac{x-x_i}{h}}\right)\Bigg|_{x=x_i-2.5h}^{x=x_i+6.8h}$$

$$= h\left[\exp\left(-e^{-6.8}\right) - \exp\left(-e^{2.5}\right)\right] = h$$

(ii) 当 $-2.5 \leqslant \dfrac{x-x_i}{h} \leqslant 6.8$ 时, 即 $x_i - 2.5h \leqslant x \leqslant x_i + 6.8h$, 如图 18 所示.

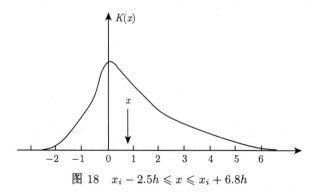

图 18　$x_i - 2.5h \leqslant x \leqslant x_i + 6.8h$

$$C_i\left(x\right) = \int_x^\infty K\left(\frac{x-x_i}{h}\right)dx = \int_x^{x_i+6.8h} K\left(\frac{x-x_i}{h}\right)dx$$

$$= \int_x^{x_i+6.8h} \exp\left(-\frac{x-x_i}{h} - e^{-\frac{x-x_i}{h}}\right) dx$$

$$= \int_x^{x_i+6.8h} \exp\left(-e^{-\frac{x-x_i}{h}}\right) d\left(e^{-\frac{x-x_i}{h}}\right)$$

$$= h \exp\left(-e^{-\frac{x-x_i}{h}}\right) \Big|_x^{x=x_i+6.8h}$$

$$= h\left[\exp\left(-e^{-6.8}\right) - \exp\left(-e^{-\frac{x-x_i}{h}}\right)\right]$$

$$= h\left[1 - \exp\left(-e^{-\frac{x-x_i}{h}}\right)\right]$$

(iii) 当 $\frac{x-x_i}{h} > 6.8$ 时, 即 $x > x_i + 6.8h$, 如图 19 所示. $C_i(x) = \int_x^\infty K\left(\frac{x-x_i}{h}\right) dx = \int_x^\infty 0 \cdot dx = 0.$

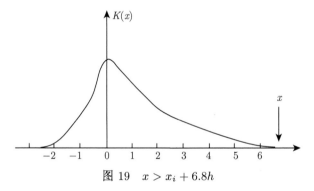

图 19 $x > x_i + 6.8h$

(2) 对于 $X < X_0$, 根据图 16(b), 有 $P(x)$

$$P(x) = \int_x^\infty f_2(x) dx = \int_x^{X_0} f_1(x) dx + \int_{X_0}^\infty f_2(x) dx$$

$$= \int_x^{X_0} \frac{n-m}{nh(s-e)} \sum_{i=1}^{s-e} K\left(\frac{x-x_i}{h}\right) dx + \int_{X_0}^\infty \frac{1}{nh} \sum_{i=s-e+1}^{g} K\left(\frac{x-x_i}{h}\right) dx$$

$$= \frac{n-m}{nh(s-e)} \sum_{i=1}^{s-e} \int_x^{X_0} K\left(\frac{x-x_i}{h}\right) dx + \frac{1}{nh} \sum_{i=s-e+1}^{g} \int_{X_0}^\infty K\left(\frac{x-x_i}{h}\right) dx$$

$$= \frac{n-m}{nh(s-e)} \sum_{i=1}^{s-e} C_1(x) + \frac{1}{nh} \sum_{i=s-e+1}^{g} C_2(x)$$

式中, $C_1(x) = \int_x^{X_0} K\left(\frac{x-x_i}{h}\right) dx$; $C_2(x) = \int_{X_0}^\infty K\left(\frac{x-x_i}{h}\right) dx$. $C_1(x)$ 和 $C_2(x)$ 取决于相对 X_0 的位置, 如图 20 所示, 按以下进行计算.

(i) 当 $\dfrac{X_0 - x_i}{h} < -2.5$ 时, 即 $X_0 < x_i - 2.5h$.

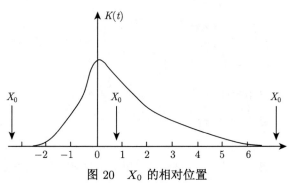

图 20　X_0 的相对位置

$$C_1\left(x\right) = \int_x^{X_0} K\left(\frac{x - x_i}{h}\right) dx = \int_x^{X_0} 0 \cdot dx = 0,$$

$$C_2\left(x\right) = \int_{X_0}^{\infty} K\left(\frac{x - x_i}{h}\right) dx = \int_{x_i - 2.5h}^{x_i + 6.8h} K\left(\frac{x - x_i}{h}\right) dx = h$$

(ii) 当 $-2.5 \leqslant \dfrac{X_0 - x_i}{h} \leqslant 6.8$ 时, 即 $x_i - 2.5h \leqslant X_0 \leqslant x_i + 6.8h$. 分为以下情况:

a. 当 $\dfrac{x - x_i}{h} < -2.5$ 时, 即 $x < x_i - 2.5h$.

$$
\begin{aligned}
C_1\left(x\right) &= \int_x^{X_0} K\left(\frac{x - x_i}{h}\right) dx = \int_{x_i - 2.5h}^{X_0} K\left(\frac{x - x_i}{h}\right) dx \\
&= \int_{x_i - 2.5h}^{X_0} \exp\left(-\frac{x - x_i}{h} - e^{-\frac{x - x_i}{h}}\right) dx \\
&= \int_{x_i - 2.5h}^{X_0} \exp\left(-e^{-\frac{x - x_i}{h}}\right) d\left(e^{-\frac{x - x_i}{h}}\right) \\
&= h \exp\left(-e^{-\frac{x - x_i}{h}}\right)\Bigg|_{x_i - 2.5h}^{X_0} = h\left[\exp\left(-e^{-\frac{X_0 - x_i}{h}}\right) - \exp\left(-e^{2.5}\right)\right] \\
&= h \exp\left(-e^{-\frac{X_0 - x_i}{h}}\right)
\end{aligned}
$$

$$
\begin{aligned}
C_2\left(x\right) &= \int_{X_0}^{\infty} K\left(\frac{x - x_i}{h}\right) dx = \int_{X_0}^{x_i + 6.8h} K\left(\frac{x - x_i}{h}\right) dx \\
&= \int_{X_0}^{x_i + 6.8h} \exp\left(-\frac{x - x_i}{h} - e^{-\frac{x - x_i}{h}}\right) dx \\
&= \int_{X_0}^{x_i + 6.8h} \exp\left(-e^{-\frac{x - x_i}{h}}\right) d\left(e^{-\frac{x - x_i}{h}}\right) dx
\end{aligned}
$$

$$= h \exp \left(-e^{-\frac{x-x_i}{h}} \right) \Big|_{X_0}^{x_i+6.8h} = h \left[\exp \left(-e^{-6.8} \right) - \exp \left(-e^{-\frac{X_0-x_i}{h}} \right) \right]$$

$$= h \left[1 - \exp \left(-e^{-\frac{X_0-x_i}{h}} \right) \right]$$

b. 因为 $-2.5 \leqslant \dfrac{X_0-x_i}{h} \leqslant 6.8$, 且 $x < X_0$, 因此, 不会存在 $\dfrac{x-x_i}{h} > 6.8$.

$$C_1(x) = \int_x^{X_0} K \left(\frac{x-x_i}{h} \right) dx$$

$$= \int_x^{X_0} \exp \left(-\frac{x-x_i}{h} - e^{-\frac{x-x_i}{h}} \right) dx = \int_x^{X_0} \exp \left(-e^{-\frac{x-x_i}{h}} \right) d \left(e^{-\frac{x-x_i}{h}} \right)$$

$$= h \exp \left(-e^{-\frac{x-x_i}{h}} \right) \Big|_x^{X_0} = h \left[\exp \left(-e^{-\frac{X_0-x_i}{h}} \right) - \exp \left(-e^{\frac{x-x_i}{h}} \right) \right]$$

$$C_2(x) = \int_{X_0}^{\infty} K \left(\frac{x-x_i}{h} \right) dx = \int_{X_0}^{x_i+6.8h} K \left(\frac{x-x_i}{h} \right) dx$$

$$= \int_{X_0}^{x_i+6.8h} \exp \left(-\frac{x-x_i}{h} - e^{-\frac{x-x_i}{h}} \right) dx$$

$$= \int_{X_0}^{x_i+6.8h} \exp \left(-e^{-\frac{x-x_i}{h}} \right) d \left(e^{-\frac{x-x_i}{h}} \right) dx$$

$$= h \exp \left(-e^{-\frac{x-x_i}{h}} \right) \Big|_{X_0}^{x_i+6.8h} = h \left[\exp \left(-e^{-6.8} \right) - \exp \left(-e^{-\frac{X_0-x_i}{h}} \right) \right]$$

$$= h \left[1 - \exp \left(-e^{-\frac{X_0-x_i}{h}} \right) \right]$$

c. 当 $-2.5 \leqslant \dfrac{x-x_i}{h} \leqslant 6.8$ 时, 即 $x_i - 2.5h \leqslant x \leqslant x_i + 6.8h$.

(iii) 当 $\dfrac{X_0-x_i}{h} > 6.8$ 时, 即 $X_0 > x_i + 6.8h$. 分以下情况计算.

$$C_1(x) = \int_x^{X_0} K \left(\frac{x-x_i}{h} \right) dx$$

a. 当 $\dfrac{x-x_i}{h} < -2.5$ 时, 即 $x < x_i - 2.5h$.

$$C_1(x) = \int_x^{X_0} K \left(\frac{x-x_i}{h} \right) dx = \int_{x_i-2.5h}^{x_i+6.8h} K \left(\frac{x-x_i}{h} \right) dx$$

$$= \int_{x_i-2.5h}^{x_i+6.8h} \exp \left(-\frac{x-x_i}{h} - e^{-\frac{x-x_i}{h}} \right) dx$$

$$= \int_{x_i-2.5h}^{x_i+6.8h} \exp \left(-e^{-\frac{x-x_i}{h}} \right) d \left(e^{-\frac{x-x_i}{h}} \right)$$

$$= h \exp \left(-e^{-\frac{x-x_i}{h}} \right) \Big|_{x=x_i-2.5h}^{x=x_i+6.8h} = h \left[\exp \left(-e^{-6.8} \right) - \exp \left(-e^{2.5} \right) \right] = h$$

因为 $X_0 > x_i + 6.8h$ 段 GEV1 核密度函数为 0, 所以有 $C_2(x) = \int_{X_0}^{\infty} K\left(\dfrac{x - x_i}{h}\right) dx = \int_{X_0}^{\infty} 0 \cdot dx = 0.$

b. 当 $-2.5 \leqslant \dfrac{x - x_i}{h} \leqslant 6.8$ 时, 即 $x_i - 2.5h \leqslant x \leqslant x_i + 6.8h.$

$$
\begin{aligned}
C_1(x) &= \int_x^{X_0} K\left(\frac{x - x_i}{h}\right) dx = \int_x^{x_i + 6.8h} K\left(\frac{x - x_i}{h}\right) dx \\
&= \int_x^{x_i + 6.8h} \exp\left(-\frac{x - x_i}{h} - e^{-\frac{x - x_i}{h}}\right) dx \\
&= \int_x^{x_i + 6.8h} \exp\left(-e^{-\frac{x - x_i}{h}}\right) d\left(e^{-\frac{x - x_i}{h}}\right) \\
&= h\exp\left(-e^{-\frac{x - x_i}{h}}\right)\Big|_x^{x = x_i + 6.8h} = h\left[\exp\left(-e^{-6.8}\right) - \exp\left(-e^{-\frac{x - x_i}{h}}\right)\right] \\
&= h\left[1 - \exp\left(-e^{-\frac{x - x_i}{h}}\right)\right]
\end{aligned}
$$

因为 $X_0 > x_i + 6.8h$ 段 GEV1 核密度函数为 0, 所以有 $C_2(x) = \int_{X_0}^{\infty} K\left(\dfrac{x - x_i}{h}\right) dx = \int_{X_0}^{\infty} 0 \cdot dx = 0.$

c. 当 $\dfrac{x - x_i}{h} > 6.8$ 时, 即 $x > x_i + 6.8h.$

$C_1(x) = \int_x^{X_0} K\left(\dfrac{x - x_i}{h}\right) dx = \int_x^{\infty} 0 \cdot dx = 0$, 因为 $X_0 > x_i + 6.8h$ 段 GEV1 核密度函数为 0, 所以有 $C_2(x) = \int_{X_0}^{\infty} K\left(\dfrac{x - x_i}{h}\right) dx = \int_{X_0}^{\infty} 0 \cdot dx = 0.$

11.6.5　似然函数在考虑历史洪水频率计算中的应用

11.6.5.1　似然函数

对于一个服从分布密度函数 $f(x)$ 的样本 $x_1, x_2, \cdots, x_n$, 其似然函数为

$$
L(X; \Theta) = \prod_{i=1}^{n} f(x_i) \tag{181}
$$

假定式 (181) 中的样本分为两段,

$$
\begin{aligned}
X &= \{x_1, x_2, \cdots, x_n\} = \{x_1, x_2, \cdots, x_h, x_{h+1}, x_{h+2}, \cdots, x_{h+s}\} \\
&= \{y_1, y_2, \cdots, y_s, z_1, z_2, \cdots, z_h\}
\end{aligned}
$$

似然函数可写为

$$
L(X; \Theta) = \prod_{i=1}^{s} f(y_i) \cdot \prod_{j=1}^{h} f(z_j) \tag{182}
$$

式 (181) 为完全样本的似然函数, 若考虑历史洪水, 则洪水序列为删失序列. Stedinger 和 Cohn (1986) 引入二项式分布描述考虑历史洪水的序列似然函数.

11.6.5.2 二项式分布

假定, 我们进行一个投 10 次骰子的试验, 统计出现 3 次 "6 点" 的概率. 用 "成功" 表示试验结果出现 "6 点", 否则, 结果用 "失败" 表示. 根据概率论, "成功" 的概率为 $\frac{1}{6}$, 3 次 "成功" 发生的概率为 $\frac{1}{6} \times \frac{1}{6} \times \frac{1}{6}$. 进一步分析, 10 次骰子的试验中, 有 7 次没有得到 "6 点", 即 "失败" 发生 7 次, 其概率为 $\frac{5}{6} \times \frac{5}{6} \times \frac{5}{6} \times \frac{5}{6} \times \frac{5}{6} \times \frac{5}{6} \times \frac{5}{6}$. 又因为 "成功" 和 "失败" 发生可以为任意顺序, 所以出现 3 次 "6 点" 的概率为

$$P\left(x=6\right) = \left(\begin{array}{c} 10 \\ 3 \end{array}\right) \left(\frac{1}{6}\right)^{3} \left(\frac{5}{6}\right)^{7} = \left(\begin{array}{c} 10 \\ 3 \end{array}\right) \left(\frac{1}{6}\right)^{3} \left(\frac{5}{6}\right)^{10-3}.$$

上述二项式分布中, 若用 "成功" 表示超过门限 T, 则二项式分布应用于考虑历史洪水的序列, 即 $P\left(X > T\right) = 1 - P\left(X \leqslant T\right) = 1 - F_X\left(T\right)$. 假定, h 年历史洪水序列中, 有 k 年发生超过门限 T, 则

$$P\left(k \text{个 "成功"}\right) = \left(\begin{array}{c} h \\ k \end{array}\right) \left(1 - F_X\left(T\right)\right)^{k} \left(F_X\left(T\right)\right)^{h-k} \tag{183}$$

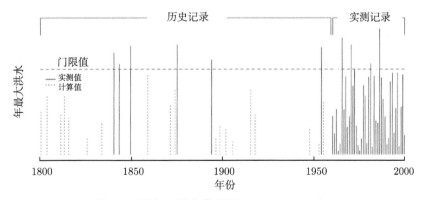

图 21 超过 T 洪水序列图 (Henrys, 2001)

似然函数由三部分组成: ①实测数据 (systematic observations) 的概率分布; ②发生超过门限事件的概率分布; ③历史数据 (historical data) 的概率分布. 则完全似然函数 (full Likelihood) 为

$$L\left(x, y; \boldsymbol{\Theta}\right) = \prod_{i=1}^{s} f_x\left(x_i\right) \left\{ \left(\begin{array}{c} h \\ k \end{array}\right) \left(1 - F_X\left(T\right)\right)^{k} \left(F_X\left(T\right)\right)^{h-k} \right\} \prod_{j=1}^{k} f_y\left(y_j\right) \tag{184}$$

由于历史洪水数据的分布可以被写为实测数据的分布, 因为历史洪水数据中 $X < T$ 被删失, 所以, 历史洪水数据的分布可写为右截取分布 $f_y(y) = \dfrac{f_x(y)}{1 - F_X(T)}$, 则式 (184) 的似然函数重新写为

$$
\begin{aligned}
L(x, y; \boldsymbol{\Theta}) &= \prod_{i=1}^{s} f_x(x_i) \left\{ \binom{h}{k} (1 - F_X(T))^k (F_X(T))^{h-k} \right\} \prod_{j=1}^{k} f_y(y_j) \\
&= \prod_{i=1}^{s} f_x(x_i) \left\{ \binom{h}{k} (1 - F_X(T))^k (F_X(T))^{h-k} \right\} \prod_{j=1}^{k} \frac{f_x(y_j)}{1 - F_X(T)} \\
&= \prod_{i=1}^{s} f_x(x_i) \left\{ \binom{h}{k} (1 - F_X(T))^k (F_X(T))^{h-k} \right\} \frac{1}{(1 - F_X(T))^k} \prod_{j=1}^{k} f_x(y_j) \\
&= \prod_{i=1}^{s} f_x(x_i) \left\{ \binom{h}{k} (F_X(T))^{h-k} \right\} \prod_{j=1}^{k} f_x(y_j) \qquad\qquad (185)
\end{aligned}
$$

第 12 章 非一致水文序列频率计算原理与应用

前几章叙述了基于物理成因一致、观测样本相互独立的"一致性"水文序列频率计算方法,也就是水文序列必须满足独立、同分布条件. 由于受频繁人类活动和气候变化的影响,流域下垫面情况发生了较大的变化,使得流域径流形成的物理条件也相应地发生了变化,造成流域蒸发量加大、河川径流减少以及断流等,这样就使得径流序列失去了一致性,无法满足独立、同分布条件. 过去采用流域内工农业、生活等用水量调查方法,还原了天然产水量中的引水量、耗水量、流域内各水库蓄水变量、水面蒸发的增耗量,但只能解决流域内人类活动直接引起的水量还原计算问题,而无法解决由于气候变化和流域下垫面变化间接引起的水量变异问题; 而且"还原"或"还现"计算,均只能反映过去或现状径流形成的条件,而无法适应环境的变化 (谢平等, 2009, 2012). 因此,在实际工作中迫切需要从理论上提出一套适应环境变化的水文频率计算方法.

从目前研究文献报道来看,非一致性水文频率的计算途径主要有还原还现、水文模型、分解合成、时变参数、混合分布和条件概率 (谢平等, 2009, 2012; 梁忠民等, 2011). 其中,还原还现途径主要是根据径流变异点位置将序列划分成变异点前后两个系列,分别建立两个径流系列与其他水文要素的相关函数 (如降雨径流关系). 再根据变异前后两个相关函数计算的径流差值,实现径流系列向"过去"或"现状"的修正,即径流"还原"或"还现". 水文模型途径通过建立不同时期下垫面条件与水文模型参数之间的定量关系,用模型参数的变化反映下垫面变异; 将不同时期的降雨资料与某一时期的水文模型参数结合,从而达到径流或洪水系列还原 / 还现的目的. 分解合成途径的依据是随机水文学原理,将非一致性水文序列分解成确定性成分和随机性成分,并分别对水文序列的确定性成分进行拟合计算,对水文序列的随机性成分进行频率计算; 最后将确定性的预测值和随机性的设计值进行合成,并得到过去、现在和未来合成序列的频率分布. 时变参数途径则认为水文分布参数与矩随时间发生变化,参数和矩均为时间的某种函数; 混合分布途径和条件概率途径认为水文序列由不同机制 (如梅雨或台风雨、融雪径流或降雨径流等) 形成,直接应用概率论原理进行计算. 非一致性水文频率计算主要涉及非一致性水文变异诊断和如何推求非一致性水文序列频率分布计算. 非一致性水文序列识别包括趋势、跳跃或周期的变异识别与检验,读者可参考谢平等 (2009, 2012) 文献,本章不再重复叙述. 识别方法分为单一方法和水文变异诊断系统方法. 其中,单一方法有 t 检验法、F 检验法、Hurst 系数法、Spearman 秩次相关检验法、R/S 法、秩和检验法、Mann-Kendall 法、小波分析法、Yamamoto 法、Brown-Forsythe 检验法、有序聚类法、最优信息二分割法、贝叶斯变点分析法、李氏指数法、Kolmogorov-Smirnov 检验法、Pettitt 检验法、Lee-Heghinian 法等. 可从多方面对水文序列进行检验, 较全面地反映了时间序列的变异特性. 本章在归纳总结目前研究的基础上, 叙述和推导几种非一致水文序列频率计算方法.

12.1　对数 P-III 型分布频率计算

本章一些实例采用对数 P-III 型分布, 因此, 首先介绍对数 P-III 型分布频率的计算方法.

12.1.1　对数 P-III 型分布

若变量 X 取对数后, $Y = \log(X)$ 服从 P-III 型分布, 则称原变量 X 服从对数 P-III 型分布. 其密度函数为

$$f(x) = \frac{1}{\beta \cdot x \Gamma(\alpha)} \left(\frac{\ln x - a_0}{\beta} \right)^{\alpha-1} e^{-\frac{\ln x - a_0}{\beta}} \tag{1}$$

12.1.2　对数 P-III 型分布计算

由对数 P-III 型分布定义可以看出, 若变量 X 服从对数 P-III 型分布, 可取 $Y = \log(X)$ 形成新变量. 对新变量 Y 可按前几章 P-III 型分布计算的方法进行计算, P-III 型分布、两参数 gamma 分布的密度函数、参数分别见式 (2)—(4).

P-III 型分布密度函数为

$$f(x) = \frac{1}{\beta \cdot \Gamma(\alpha)} \left(\frac{x - a_0}{\beta} \right)^{\alpha-1} e^{-\frac{x - a_0}{\beta}} \tag{2}$$

式中, a_0, β 和 α 分别为位置、尺度和形状参数. 其参数的计算公式为

$$\begin{cases} \alpha = \dfrac{4}{C_s^2}, \\ \beta = \dfrac{E(x) C_v C_s}{2}, \\ a_0 = E(x) \left(1 - \dfrac{2C_v}{C_s} \right), \end{cases} \qquad \begin{cases} E(x) = \alpha\beta + a_0 \\ D(x) = \sigma^2 = \alpha\beta^2 \\ C_v = \dfrac{\sqrt{\alpha}}{\alpha + \dfrac{a_0}{\beta}} \\ C_s = \dfrac{2}{\sqrt{\alpha}} \end{cases} \tag{3}$$

两参数 gamma 分布密度函数为

$$f(x) = \frac{1}{\beta \cdot \Gamma(\alpha)} \left(\frac{x}{\beta}\right)^{\alpha-1} e^{-\frac{x}{\beta}} \quad ; \quad \begin{cases} \overline{X} = \alpha\beta, \\ S^2 = \alpha\beta^2, \end{cases} \quad \begin{cases} \alpha = \dfrac{\overline{X}^2}{S^2} \\ \beta = \dfrac{S^2}{\overline{X}} \end{cases} \quad (4)$$

下面以实例说明对数 P-III 型分布的计算.

例 1 美国 Pagosa Springs, E. Fork San Juan 河流 09340000 测站年最大洪峰流量见表 1 第 (1),(2) 栏. 试用对数 P-III 型分布拟合年最大洪峰流量.

本例中, $N = 44$. 对于对数 P-III 型分布拟合, 原序列 Y 取对数 $X = \lg(Y)$ 后, 形成的新序列 X 服从 P-III 型分布. 对表 1 第 (2) 栏取常用对数, 计算结果见第 (3) 栏. 经计算, 对数序列 X 的均值 $\overline{X}$、标准差 S 和偏态系数 C_s 分别为 $\overline{X} = 2.957384, S = 0.196441, C_s = 0.075523$. 取 $C_s = 0.1$. 年最大洪峰流量由大到小排序见 (4) 栏, 经验频率采用 $\dfrac{m}{N+1}$, 计算结果见 (6) 栏. 经计算, 分布参数为 $\alpha = 400$, $\beta = 0.009822$, $a_0 = -0.971435$. 表 2 列出了给定超越概率或重现期下, 年最大洪峰流量设计值计算结果.

表 1 美国 Pagosa Springs, E. Fork San Juan 河流 09340000 测站年最大洪峰流量

年份	洪峰流量 $Y/(\text{ft}^3/\text{s})$	$X = \lg(Y)$	洪峰流量排序/(ft^3/s)	秩	经验频率
(1)	(2)	(3)	(4)	(5)	(6)
1935	1480.00	3.170262	2460.00	1	0.0222
1936	931.00	2.968950	2070.00	2	0.0444
1937	1120.00	3.049218	1850.00	3	0.0667
1938	1670.00	3.222716	1670.00	4	0.0889
1939	580.00	2.763428	1550.00	5	0.1111
1940	606.00	2.782473	1510.00	6	0.1333
1941	2070.00	3.315970	1480.00	7	0.1556
1942	1330.00	3.123852	1410.00	8	0.1778
1943	830.00	2.919078	1340.00	9	0.2000
1944	1410.00	3.149219	1330.00	10	0.2222
1945	1140.00	3.056905	1320.00	11	0.2444
1946	590.00	2.770852	1270.00	12	0.2667
1947	724.00	2.859739	1270.00	13	0.2889
1948	1510.00	3.178977	1170.00	14	0.3111
1949	1270.00	3.103804	1140.00	15	0.3333
1950	463.00	2.665581	1120.00	16	0.3556
1951	709.00	2.850646	1070.00	17	0.3778
1952	1850.00	3.267172	1050.00	18	0.4000
1953	1050.00	3.021189	1030.00	19	0.4222
1954	550.00	2.740363	934.00	20	0.4444

续表

年份	洪峰流量 Y/(ft^3/s)	$X = \lg(Y)$	洪峰流量排序/(ft^3/s)	秩	经验频率
(1)	(2)	(3)	(4)	(5)	(6)
1955	557.00	2.745855	931.00	21	0.4667
1956	1170.00	3.068186	923.00	22	0.4889
1957	1550.00	3.190332	880.00	23	0.5111
1958	1030.00	3.012837	865.00	24	0.5333
1959	388.00	2.588832	856.00	25	0.5556
1960	865.00	2.937016	856.00	26	0.5778
1961	610.00	2.785330	830.00	27	0.6000
1962	880.00	2.944483	820.00	28	0.6222
1963	490.00	2.690196	776.00	29	0.6444
1964	820.00	2.913814	724.00	30	0.6667
1965	1270.00	3.103804	709.00	31	0.6889
1966	856.00	2.932474	610.00	32	0.7111
1967	1070.00	3.029384	606.00	33	0.7333
1968	934.00	2.970347	600.00	34	0.7556
1969	856.00	2.932474	590.00	35	0.7778
1970	2460.00	3.390935	580.00	36	0.8000
1971	515.00	2.711807	557.00	37	0.8222
1972	422.00	2.625312	550.00	38	0.8444
1973	1340.00	3.127105	515.00	39	0.8667
1974	490.00	2.690196	490.00	40	0.8889
1975	1320.00	3.120574	490.00	41	0.9111
1976	923.00	2.965202	463.00	42	0.9333
1977	600.00	2.778151	422.00	43	0.9556
1978	776.00	2.889862	388.00	44	0.9778
均值	1001.704545	2.957384			

表 2　给定超越概率或重现期下，年最大洪峰流量设计值计算结果

P	T	ϕ_p	k_p	第一种公式		第二种公式		反推概率
				x_p	$y_p = 10^{x_p}$	x_p	$y_p = 10^{x_p}$	
(1)	(2)	(3)	(4)	(5)	(6)	(7)	(8)	(9)
0.999	1.0010	−2.948339	0.804160	2.378210	238.90	2.378210	238.90	0.999
0.998	1.0020	−2.757061	0.816865	2.415784	260.49	2.415784	260.49	0.998
0.995	1.0050	−2.481875	0.835144	2.469842	295.01	2.469842	295.01	0.995
0.990	1.0101	−2.252577	0.850375	2.514886	327.25	2.514886	327.25	0.990
0.980	1.0204	−1.999731	0.867170	2.564555	366.91	2.564555	366.91	0.980
0.960	1.0417	−1.715798	0.886030	2.620331	417.19	2.620331	417.19	0.960
0.900	1.1111	−1.270369	0.915617	2.707832	510.31	2.707832	510.31	0.900
0.800	1.2500	−0.846113	0.943798	2.791173	618.26	2.791173	618.26	0.800

续表

P	T	ϕ_p	k_p	第一种公式		第二种公式		反推概率
				x_p	$y_p = 10^{x_p}$	x_p	$y_p = 10^{x_p}$	
(1)	(2)	(3)	(4)	(5)	(6)	(7)	(8)	(9)
0.700	1.4286	-0.536237	0.964381	2.852045	711.29	2.852045	711.29	0.700
0.600	1.6667	-0.268820	0.982144	2.904577	802.74	2.904577	802.74	0.600
0.500	2.0000	-0.016664	0.998893	2.954111	899.73	2.954111	899.73	0.500
0.400	2.5000	0.237631	1.015784	3.004064	1009.40	3.004064	1009.40	0.400
0.300	3.3333	0.512074	1.034014	3.057976	1142.82	3.057976	1142.82	0.300
0.200	5.0000	0.836394	1.055557	3.121686	1323.38	3.121686	1323.38	0.200
0.100	10.0000	1.291780	1.085805	3.211143	1626.08	3.211143	1626.08	0.100
0.040	25.0000	1.784618	1.118541	3.307956	2032.15	3.307956	2032.15	0.040
0.020	50.0000	2.106973	1.139953	3.371280	2351.15	3.371280	2351.15	0.020
0.010	100.0000	2.399606	1.159391	3.428765	2683.89	3.428765	2683.89	0.010
0.005	200.0000	2.669655	1.177329	3.481814	3032.59	3.481814	3032.59	0.005
0.002	500.0000	2.999778	1.199257	3.546663	3520.98	3.546663	3520.98	0.002
0.001	1000.0000	3.233223	1.214763	3.592521	3913.10	3.592521	3913.10	0.001

第 (1) 栏为给定超越概率 $P = P(X > x) = 0.999, 0.998, 0.995, 0.99, 0.98, 0.96,$ 0.90, 0.80, 0.70, 0.60, 0.50, 0.40, 0.30, 0.20, 0.10, 0.04, 0.02, 0.01, 0.005, 0.002 和 0.001. 第 (2) 栏为重现期 $T = \dfrac{1}{P}$. 第 (3) 栏为离均系数 ϕ_p. 第 (4) 栏模比系数 $k_p = 1 + C_v\phi_p$. 第 (5) 栏由第一种公式 $x_p = \overline{X} + \phi_p S = \overline{X} + \phi_p \overline{X} C_v = \overline{X}(1 + C_v\phi_p) = k_p\overline{X}$. 第 (7) 栏由第二种公式 $x_p = a_0 + \mathrm{gaminv}(1 - P, \alpha, \beta)$. 第 (6) 栏和第 (8) 栏为所求年最大洪峰流量设计值. 显然, 两种方法计算结果一致. 第 (9) 栏由年最大洪峰流量设计值反推超越概率, 与第 (1) 栏概率相同, 拟合效果如图 1 所示.

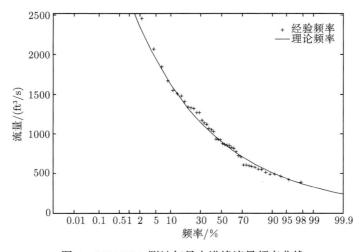

图 1   09340000 测站年最大洪峰流量频率曲线

例 2　美国 Hollifield, Patapsco 河流 01589000 测站年 7 日平均枯水流量见表 3 第 (1),(2) 栏. 试用两参数 gamma 分布拟合年 7 日平均枯水流量.

两参数 gamma 分布的 $f(x) = \dfrac{1}{\beta \cdot \Gamma(\alpha)} \left(\dfrac{x}{\beta}\right)^{\alpha-1} e^{-\frac{x}{\beta}}$ 的 α, β 与均值 $\mu(y)$、

方差 $\sigma^2(y)$ 的关系式分别为 $\begin{cases} \overline{X} = \alpha\beta, \\ S^2 = \alpha\beta^2, \end{cases}$ $\begin{cases} \alpha = \dfrac{\overline{X}^2}{S^2}, \\ \beta = \dfrac{S^2}{\overline{X}}. \end{cases}$ 本例中, $N = 34$. 对表 3

第 (2) 栏经计算, 序列的均值 $\overline{X} = 56.058824$、标准差 $S = 40.821816$、变差系数 $C_v = 0.728196$ 和偏态系数 $G = 1.107634$. 经验频率计算结果见表 3.

表 3　美国 Hollifield, Patapsco 河流 01589000 测站年 7 日平均枯水流量

年份	流量/ $(\mathrm{ft}^3/\mathrm{s})$	排序流量/ $(\mathrm{ft}^3/\mathrm{s})$	秩	经验频率	年份	流量/ $(\mathrm{ft}^3/\mathrm{s})$	排序流量/ $(\mathrm{ft}^3/\mathrm{s})$	秩	经验频率
1946	107.00	168.00	1	0.0286	1963	16.00	44.00	18	0.5143
1947	127.00	145.00	2	0.0571	1964	11.00	43.00	19	0.5429
1948	79.00	127.00	3	0.0857	1965	19.00	40.00	20	0.5714
1949	145.00	110.00	4	0.1143	1966	22.00	32.00	21	0.6000
1950	110.00	107.00	5	0.1429	1967	15.00	27.00	22	0.6286
1951	98.00	99.00	6	0.1714	1968	47.00	25.00	23	0.6571
1952	99.00	98.00	7	0.2000	1969	32.00	25.00	24	0.6857
1953	168.00	90.00	8	0.2286	1970	25.00	25.00	25	0.7143
1954	90.00	80.00	9	0.2571	1971	25.00	23.00	26	0.7429
1955	20.00	79.00	10	0.2857	1972	59.00	23.00	27	0.7714
1956	23.00	69.00	11	0.3143	1973	69.00	22.00	28	0.8000
1957	51.00	59.00	12	0.3429	1974	50.00	20.00	29	0.8286
1958	17.00	52.00	13	0.3714	1975	44.00	19.00	30	0.8571
1959	52.00	51.00	14	0.4000	1976	80.00	17.00	31	0.8857
1960	25.00	50.00	15	0.4286	1977	40.00	16.00	32	0.9143
1961	43.00	48.00	16	0.4571	1978	23.00	15.00	33	0.9429
1962	27.00	47.00	17	0.4857	1979	48.00	11.00	34	0.9714

应用公式 (4) 矩法估计参数为 $\alpha = 1.885833$, $\beta = 29.726287$; 应用极大似然函数法 $(\alpha, \beta) = \mathrm{gamfit}(X)$ 估计参数为 $\alpha = 2.116081$, $\beta = 26.491816$.

给定超越概率或重现期下, 7 日平均枯水流量设计值计算结果见表 4. 第 (1) 栏为给定超越概率 $P = P(X > x)$=0.999, 0.998, 0.995, 0.99, 0.98, 0.96, 0.90, 0.80, 0.70, 0.60, 0.50, 0.40, 0.30, 0.20, 0.10, 0.04, 0.02, 0.01, 0.005, 0.002 和 0.001. 显然, 两种方法反推超越概率, 与第 (1) 栏概率相同, 说明计算无误.

应用矩法和极大似然函数法估计的理论频率见表 5, 拟合图如图 2 所示.

表 4   给定超越概率或重现期下，7 日平均枯水流量设计值计算结果

P	T	矩法估计		极大似然函数法估计	
		流量	反推频率	流量	反推频率
0.999	1.0010	1.06	0.999	1.51	0.999
0.998	1.0020	1.53	0.998	2.11	0.998
0.995	1.0050	2.52	0.995	3.29	0.995
0.990	1.0101	3.69	0.990	4.65	0.990
0.980	1.0204	5.44	0.980	6.60	0.980
0.960	1.0417	8.10	0.960	9.47	0.960
0.900	1.1111	14.08	0.900	15.70	0.900
0.800	1.2500	22.24	0.800	23.92	0.800
0.700	1.4286	29.95	0.700	31.51	0.700
0.600	1.6667	37.89	0.600	39.22	0.600
0.500	2.0000	46.52	0.500	47.52	0.500
0.400	2.5000	56.40	0.400	56.93	0.400
0.300	3.3333	68.43	0.300	68.29	0.300
0.200	5.0000	84.51	0.200	83.37	0.200
0.100	10.0000	110.55	0.100	107.60	0.100
0.040	25.0000	143.34	0.040	137.87	0.040
0.020	50.0000	167.38	0.020	159.95	0.020
0.010	100.0000	190.97	0.010	181.55	0.010
0.005	200.0000	214.21	0.005	202.78	0.005
0.002	500.0000	244.54	0.002	230.41	0.002
0.001	1000.0000	267.24	0.001	251.06	0.001

表 5   矩法和极大似然函数法估计的理论频率结果

年份	流量	经验频率	矩法估计理论频率	极大似然函数法估计理论频率
1953	168.00	0.0286	0.0196	0.0155
1949	145.00	0.0571	0.0382	0.0320
1947	127.00	0.0857	0.0635	0.0559
1950	110.00	0.1143	0.1015	0.0931
1946	107.00	0.1429	0.1101	0.1018
1952	99.00	0.1714	0.1366	0.1285
1951	98.00	0.2000	0.1403	0.1323
1954	90.00	0.2286	0.1734	0.1662
1976	80.00	0.2571	0.2246	0.2194
1948	79.00	0.2857	0.2303	0.2255
1973	69.00	0.3143	0.2958	0.2945
1972	59.00	0.3429	0.3764	0.3801
1959	52.00	0.3714	0.4426	0.4505

续表

年份	流量	经验频率	矩法估计理论频率	极大似然函数法估计理论频率
1957	51.00	0.4000	0.4527	0.4612
1974	50.00	0.4286	0.4630	0.4722
1979	48.00	0.4571	0.4840	0.4945
1968	47.00	0.4857	0.4948	0.5059
1975	44.00	0.5143	0.5281	0.5412
1961	43.00	0.5429	0.5395	0.5532
1977	40.00	0.5714	0.5745	0.5902
1969	32.00	0.6000	0.6736	0.6936
1962	27.00	0.6286	0.7383	0.7597
1970	25.00	0.6571	0.7643	0.7860
1971	25.00	0.6857	0.7643	0.7860
1960	25.00	0.7143	0.7643	0.7860
1978	23.00	0.7429	0.7903	0.8119
1956	23.00	0.7714	0.7903	0.8119
1966	22.00	0.8000	0.8031	0.8247
1955	20.00	0.8286	0.8286	0.8497
1965	19.00	0.8571	0.8412	0.8618
1958	17.00	0.8857	0.8658	0.8854
1963	16.00	0.9143	0.8777	0.8967
1967	15.00	0.9429	0.8895	0.9077
1964	11.00	0.9714	0.9330	0.9471

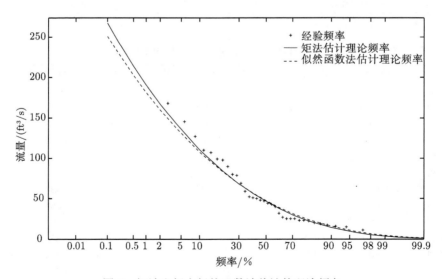

图 2　矩法和极大似然函数法估计的理论频率

从图 2 可以看出, 矩法拟合大值洪水段拟合效果较好, 建议本站使用矩法频率计算结果.

12.2 基于混合分布的非一致性水文序列频率计算

当不同机制导致总体出现至少两个以上事件, 则混合分布 (mixed distributions) 发生. 在水文频率计算中, 一个测站年洪峰流量样本可由一个分布或分布组合描述. 当洪峰流量序列由不同产流机制形成, 如降雨、暴雨、飓风、融雪和它们的组合, 则混合分布发生 (Bulletin #17B, 1982).

12.2.1 混合分布理论概率计算

假定有降雨和融雪两种机制形成洪水, 设 $C = \{Q > q\}$ 表示年最大洪峰流量, 它可以是来自降雨形成的年最大洪峰流量, 也可以是由融雪形成的年最大洪峰流量 (Bulletin #17B, 1982). $A = \{Q_A > q\}$ 表示降雨年最大洪峰流量; $B = \{Q_B > q\}$ 表示融雪年最大洪峰流量. 事件 C 等价于 A, B 至少有一个事件发生, 根据概率加法定理 $P(C) = P(A \cup B) = P(A) + P(B) - P(A)P(B)$, 有年最大洪峰流量 C 的超越事件概率 $P(C)$.

$$P(Q_C > q) = P(Q_A > q) + P(Q_B > q) - P(Q_A > q)P(Q_B > q) \tag{5}$$

式中, $P(A) = P(Q_A > q)$, $P(B) = P(Q_B > q)$, $P(C) = P(Q_C > q)$.

反过来, 年最大洪峰流量 C 的不超越事件概率 $P(Q_C \leqslant q)$

$$
\begin{aligned}
P(Q_C \leqslant q) &= 1 - P(Q_C > q) \\
&= 1 - P(Q_A > q) - P(Q_B > q) + P(Q_A > q)P(Q_B > q) \\
&= 1 - [1 - P(Q_A \leqslant q)] - [1 - P(Q_B \leqslant q)] \\
&\quad + [1 - P(Q_A \leqslant q)] \cdot [1 - P(Q_B \leqslant q)] \\
&= 1 - 1 + P(Q_A \leqslant q) - 1 + P(Q_B \leqslant q) \\
&\quad + 1 - P(Q_B \leqslant q) - P(Q_A \leqslant q) + P(Q_A \leqslant q)P(Q_B \leqslant q) \\
&= P(Q_A \leqslant q)P(Q_B \leqslant q)
\end{aligned}
\tag{6}
$$

式 (6) 也可以解释为年最大洪峰的混合分布由降雨和融雪两个独立的过程产生.

12.2.2 混合分布参数计算

由式 (5) 和 (6) 不难看出, 年最大洪峰的混合分布由降雨和融雪年最大洪峰决定. 可根据降雨和融雪年最大洪峰序列, 分别选定分布函数, 根据前述章节方法分别计算两序列分布的参数.

12.2.3　设计值计算

设计值计算是式 (5), (6) 的逆运算, 对于给定重现期 T 或设计频率 P, 分别求解 (5), (6) 的非线性方程即可获得相应的设计值.

例 3　美国 Carson 河 10311000 测站年最大洪峰流量见表 6(Bulletin #17B, 1982). 试用混合分布法计算该站的洪峰流量频率.

表 6　美国 Carson 河 10311000 测站年最大洪峰流量

年份	流量/(ft³/s)	排序流量/(ft³/s)	秩	经验频率	年份	流量/(ft³/s)	排序流量/(ft³/s)	秩	经验频率
1939	541.00	30000.00	1	0.0263	1958	3100.00	2160.00	20	0.5263
1940	2300.00	21900.00	2	0.0526	1959	1690.00	1970.00	21	0.5526
1941	2430.00	15500.00	3	0.0789	1960	1100.00	1950.00	22	0.5789
1942	5300.00	8740.00	4	0.1053	1961	808.00	1950.00	23	0.6053
1943	8500.00	8500.00	5	0.1316	1962	1950.00	1930.00	24	0.6316
1944	1530.00	5300.00	6	0.1579	1963	21900.00	1900.00	25	0.6579
1945	3860.00	4430.00	7	0.1842	1964	1160.00	1900.00	26	0.6842
1946	1930.00	4190.00	8	0.2105	1965	8740.00	1870.00	27	0.7105
1947	1950.00	3860.00	9	0.2368	1966	1280.00	1690.00	28	0.7368
1948	1870.00	3750.00	10	0.2632	1967	4430.00	1530.00	29	0.7632
1949	2420.00	3480.00	11	0.2895	1968	1390.00	1410.00	30	0.7895
1950	2160.00	3480.00	12	0.3158	1969	4190.00	1390.00	31	0.8158
1951	15500.00	3330.00	13	0.3421	1970	3480.00	1330.00	32	0.8421
1952	3750.00	3180.00	14	0.3684	1971	2260.00	1280.00	33	0.8684
1953	1900.00	3100.00	15	0.3947	1972	1330.00	1160.00	34	0.8947
1954	1970.00	2430.00	16	0.4211	1973	3330.00	1100.00	35	0.9211
1955	1410.00	2420.00	17	0.4474	1974	3180.00	808.00	36	0.9474
1956	30000.00	2300.00	18	0.4737	1975	3480.00	541.00	37	0.9737
1957	1900.00	2260.00	19	0.5000					

由大到小排序数据, 用 $\dfrac{m}{N+1}$ 计算经验频率见表 6. 绘制经验频率曲线如图 3 所示. 图 3 表明, 10311000 测站年最大洪峰流量经验频率曲线呈现 S 形, 在频率为 20% 处发生趋势转折点. 根据径流和天气记录, 降雨和融雪产生洪水, 这两种产流机制产生的年最大洪峰流量和经验频率见表 7.

采用对数 P-III 型分布拟合表 7 降雨和融雪年最大洪峰流量, 经计算, 降雨和融雪年最大洪峰流量对数序列的均值、标准差、C_v 和 C_s 见表 8. 取降雨洪峰对数序列 C_s 为 1.0, 融雪洪峰对数序列 C_s 为 -0.8, 则对数 P-III 型分布参数见表 8 最后 3 列.

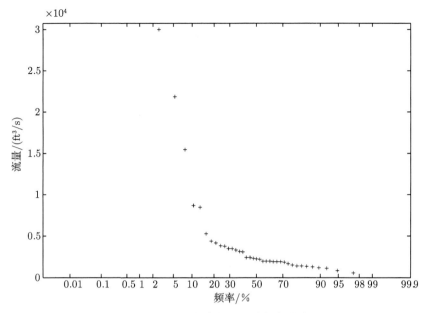

图 3 年最大洪峰流量经验频率曲线

表 7 10311000 测站降雨和融雪年最大洪峰流量和经验频率

年份	降雨洪水	融雪洪水	降雨洪水排序	融雪洪水排序	秩	经验频率
1939	541.00	355.00	30000.00	4290.00	1	0.0263
1940	1770.00	2300.00	21900.00	4190.00	2	0.0526
1941	1015.00	2434.00	15500.00	3480.00	3	0.0789
1942	5300.00	2536.00	8740.00	3330.00	4	0.1053
1943	8500.00	2340.00	8500.00	3220.00	5	0.1316
1944	995.00	1530.00	5300.00	3100.00	6	0.1579
1945	3860.00	1420.00	4430.00	2980.00	7	0.1842
1946	1257.00	1930.00	3860.00	2759.00	8	0.2105
1947	1950.00	1680.00	3750.00	2536.00	9	0.2368
1948	755.00	1870.00	3560.00	2460.00	10	0.2632
1949	2420.00	1680.00	3480.00	2434.00	11	0.2895
1950	1760.00	2158.00	3172.00	2417.00	12	0.3158
1951	15500.00	1750.00	2946.00	2340.00	13	0.3421
1952	3750.00	2980.00	2590.00	2300.00	14	0.3684
1953	1990.00	972.00	2420.00	2158.00	15	0.3947
1954	1970.00	1640.00	2260.00	2010.00	16	0.4211
1955	1410.00	1360.00	2120.00	1930.00	17	0.4474
1956	30000.00	3220.00	1990.00	1900.00	18	0.4737
1957	1860.00	1900.00	1970.00	1900.00	19	0.5000

年份	降水洪水	融雪洪水	降水洪水排序	融雪洪水排序	秩	经验频率
1958	2120.00	3100.00	1950.00	1870.00	20	0.5263
1959	1690.00	698.00	1950.00	1750.00	21	0.5526
1960	1090.00	895.00	1860.00	1680.00	22	0.5789
1961	814.00	620.00	1770.00	1680.00	23	0.6053
1962	1950.00	1900.00	1760.00	1640.00	24	0.6316
1963	21900.00	2417.00	1690.00	1530.00	25	0.6579
1964	1160.00	800.00	1410.00	1420.00	26	0.6842
1965	8740.00	2460.00	1257.00	1360.00	27	0.7105
1966	920.00	1280.00	1160.00	1360.00	28	0.7368
1967	4430.00	4290.00	1090.00	1309.00	29	0.7632
1968	936.00	1360.00	1015.00	1280.00	30	0.7895
1969	3560.00	4190.00	995.00	972.00	31	0.8158
1970	3480.00	2010.00	975.00	895.00	32	0.8421
1971	2260.00	837.00	936.00	837.00	33	0.8684
1972	975.00	1309.00	920.00	800.00	34	0.8947
1973	2946.00	3330.00	814.00	698.00	35	0.9211
1974	3172.00	2759.00	755.00	620.00	36	0.9474
1975	2590.00	3480.00	541.00	355.00	37	0.9737

表 8　降雨和融雪年最大洪峰流量对数 P-III 型分布参数计算结果

序列	均值	标准差	C_v	C_s	C_s 取用	α	β	a_0
降雨洪峰对数序列	3.376111	0.403851	0.119620	1.030133	1.0	4.00	0.201925	2.568410
融雪洪峰对数序列	3.242409	0.241756	0.074561	−0.771857	−0.8	6.25	−0.096702	3.846799

　　根据表 8 降雨和融雪年最大洪峰流量对数 P-III 型分布参数计算结果, 采用下列步骤进行超越理论概率进行计算.

　　(1) 给定流量 X.

　　(2) 计算对数标准化变量值 $K = \dfrac{\lg X - \overline{X}}{S}$.

　　(3) 计算 $t_p = \dfrac{4 + 2K \cdot C_s}{C_s^2}$.

　　(4) 计算超越概率 P. 当 $C_s > 0$, 则 $P = 1 - \mathrm{gamcdf}\,(t_p, \alpha, 1)$; 当 $C_s < 0$, 则 $P = \mathrm{gamcdf}\,(t_p, \alpha, 1)$; 当 $C_s = 0$, 则 $P = 1 - \mathrm{normcdf}\,(t_p, \alpha, 1)$.

　　按照上述步骤, 降雨和融雪年最大洪峰流量对数 P-III 型分布理论频率和经验频率见表 9.

　　给定超越概率 0.999, 0.998, 0.995, 0.99, 0.98, 0.96, 0.90, 0.80, 0.70, 0.60, 0.50, 0.40, 0.30, 0.20, 0.10, 0.04, 0.02, 0.01, 0.005, 0.002 和 0.001, 降雨和融雪年最大洪峰流量对应的设计值见表 10.

表 9 降雨和融雪年最大洪峰流量对数 P-III 型分布理论频率和经验概率

降雨洪峰	K_1	t_{p1}	降雨洪峰理论频率	融雪洪峰	K_2	t_{p2}	融雪洪峰理论频率	经验频率
30000.00	2.726280	9.452561	0.015375	4290.00	1.613397	2.216507	0.019283	0.026316
21900.00	2.387845	8.775691	0.024853	4190.00	1.571027	2.322433	0.023661	0.052632
15500.00	2.016143	8.032285	0.041465	3480.00	1.237489	3.156279	0.081733	0.078947
8740.00	1.400023	6.800046	0.092803	3330.00	1.158338	3.354154	0.102000	0.105263
8500.00	1.370080	6.740160	0.096357	3220.00	1.097995	3.505013	0.119069	0.131579
5300.00	0.862112	5.724224	0.177561	3100.00	1.029768	3.675579	0.139969	0.157895
4430.00	0.669288	5.338576	0.220672	2980.00	0.958848	3.852881	0.163371	0.184211
3860.00	0.521173	5.042346	0.259132	2759.00	0.820425	4.198938	0.213364	0.210526
3750.00	0.490082	4.980164	0.267821	2536.00	0.669022	4.577445	0.273185	0.236842
3560.00	0.434167	4.868334	0.283997	2460.00	0.614363	4.714093	0.295733	0.263158
3480.00	0.409726	4.819451	0.291290	2434.00	0.595275	4.761812	0.303695	0.289474
3172.00	0.310070	4.620139	0.322434	2417.00	0.582684	4.793289	0.308968	0.315789
2946.00	0.230584	4.461168	0.348890	2340.00	0.524523	4.938692	0.333517	0.342105
2590.00	0.092085	4.184169	0.398341	2300.00	0.493550	5.016126	0.346689	0.368421
2420.00	0.019076	4.038153	0.426052	2158.00	0.379069	5.302328	0.395665	0.394737
2260.00	−0.054483	3.891035	0.455043	2010.00	0.251438	5.621404	0.450079	0.421053
2120.00	−0.123252	3.753496	0.483045	1930.00	0.178477	5.803806	0.480735	0.447368
1990.00	−0.191304	3.617392	0.511526	1900.00	0.150335	5.874164	0.492427	0.473684
1970.00	−0.202167	3.595667	0.516137	1900.00	0.150335	5.874164	0.492427	0.500000
1950.00	−0.213140	3.573720	0.520812	1870.00	0.121744	5.945641	0.504216	0.526316
1950.00	−0.213140	3.573720	0.520812	1750.00	0.002600	6.243499	0.552198	0.552632
1860.00	−0.263955	3.472090	0.542667	1680.00	−0.070733	6.426832	0.580658	0.578947
1770.00	−0.317291	3.365418	0.565932	1680.00	−0.070733	6.426832	0.580658	0.605263
1760.00	−0.323384	3.353233	0.568608	1640.00	−0.114022	6.535056	0.597023	0.631579
1690.00	−0.367028	3.265943	0.587873	1530.00	−0.238745	6.846862	0.642197	0.657895
1410.00	−0.561822	2.876356	0.674909	1420.00	−0.372777	7.181943	0.687211	0.684211
1257.00	−0.685343	2.629315	0.729610	1360.00	−0.450333	7.375832	0.711497	0.710526
1160.00	−0.771705	2.456591	0.766814	1360.00	−0.450333	7.375832	0.711497	0.736842
1090.00	−0.838639	2.322722	0.794712	1309.00	−0.518994	7.547485	0.731897	0.763158
1015.00	−0.915302	2.169396	0.825336	1280.00	−0.559240	7.648100	0.743372	0.789474
995.00	−0.936703	2.126593	0.833588	972.00	−1.053721	8.884303	0.856263	0.815789
975.00	−0.958539	2.082921	0.841859	895.00	−1.201984	9.254959	0.880859	0.842105
936.00	−1.002439	1.995123	0.858003	837.00	−1.322343	9.555858	0.898129	0.868421
920.00	−1.020980	1.958039	0.864615	800.00	−1.403563	9.758908	0.908534	0.894737
814.00	−1.152622	1.694757	0.907593	698.00	−1.648582	10.371454	0.934539	0.921053
755.00	−1.233536	1.532927	0.930157	620.00	−1.861457	10.903642	0.951576	0.947368
541.00	−1.591960	0.816080	0.990290	355.00	−2.863143	13.407857	0.989540	0.973684

按照公式 $P(A \cup B) = P(A) + P(B) - P(A)P(B)$, 则年最大洪峰流量的理论频率计算结果见表 11. 其中, $P(A)$ 为年最大洪峰流量发生在降雨机制洪水成因中的理论频率, $P(B)$ 为年最大洪峰流量发生在融雪机制洪水成因中的理论频率; $P(A \cup B)$ 为流量的理论频率.

表 10　降雨和融雪年最大洪峰流量对应的设计值

P	T	降雨洪峰				融雪洪峰			
		ϕ_{p1}	对数值	洪峰值	频率	ϕ_{p2}	对数值	洪峰值	频率
0.999	1.0010	−1.785724	2.654946	451.80	0.999	−4.244392	2.216304	164.55	0.999
0.998	1.0020	−1.740619	2.673161	471.15	0.998	−3.849805	2.311697	204.97	0.998
0.995	1.0050	−1.663897	2.704146	505.99	0.995	−3.312431	2.441610	276.45	0.995
0.990	1.0101	−1.588376	2.734645	542.81	0.990	−2.891007	2.543492	349.54	0.990
0.980	1.0204	−1.491881	2.773614	593.76	0.980	−2.452979	2.649388	446.05	0.980
0.960	1.0417	−1.365838	2.824517	667.60	0.960	−1.993113	2.760563	576.19	0.960
0.900	1.1111	−1.127615	2.920723	833.15	0.900	−1.336403	2.919326	830.47	0.900
0.800	1.2500	−0.851607	3.032189	1076.94	0.800	−0.779860	3.053874	1132.07	0.800
0.700	1.4286	−0.618144	3.126473	1338.05	0.700	−0.413095	3.142541	1388.49	0.700
0.600	1.6667	−0.394339	3.216857	1647.62	0.600	−0.121994	3.212917	1632.74	0.600
0.500	2.0000	−0.163970	3.309892	2041.23	0.500	0.131995	3.274320	1880.70	0.500
0.400	2.5000	0.087631	3.411501	2579.30	0.400	0.368947	3.331604	2145.87	0.400
0.300	3.3333	0.381115	3.530025	3388.63	0.300	0.604121	3.388459	2446.01	0.300
0.200	5.0000	0.757523	3.682037	4808.81	0.200	0.856065	3.449368	2814.28	0.200
0.100	10.0000	1.340392	3.917429	8268.55	0.100	1.165744	3.524235	3343.76	0.100
0.040	25.0000	2.042694	4.201054	15887.46	0.040	1.448130	3.592503	3912.94	0.040
0.020	50.0000	2.542058	4.402723	25276.84	0.020	1.606039	3.630678	4272.46	0.020
0.010	100.0000	3.022559	4.596773	39516.05	0.010	1.732705	3.661301	4584.59	0.010
0.005	200.0000	3.488739	4.785041	60959.38	0.005	1.836600	3.686418	4857.56	0.005
0.002	500.0000	4.088020	5.027061	106429.20	0.002	1.948060	3.713364	5168.49	0.002
0.001	1000.0000	4.531120	5.206007	160696.72	0.001	2.017394	3.730126	5371.87	0.001

表 11　降雨机制和融雪机制形成的年最大洪峰流量的理论频率计算结果

年最大洪峰流量	降雨洪峰			融雪洪峰			理论频率 $P(A \cup B)$	经验频率
	K_1	t_{p1}	$P(A)$	K_2	t_{p2}	$P(B)$		
30000.00	2.726280	9.452561	0.015375	5.107272	−6.518179	0.000000	0.015375	0.026316
21900.00	2.387845	8.775691	0.024853	4.541919	−5.104798	0.000000	0.024853	0.052632
15500.00	2.016143	8.032285	0.041465	3.920993	−3.552483	0.000000	0.041465	0.078947
8740.00	1.400023	6.800046	0.092803	2.891771	−0.979428	0.000000	0.092803	0.105263
8500.00	1.370080	6.740160	0.096357	2.841752	−0.854379	0.000000	0.096357	0.131579

续表

年最大洪峰流量	降雨洪峰			融雪洪峰			理论频率	经验频率
	K_1	t_{p1}	$P(A)$	K_2	t_{p2}	$P(B)$	$P(A \cup B)$	
5300.00	0.862112	5.724224	0.177561	1.993196	1.267009	0.001290	0.178622	0.157895
4430.00	0.669288	5.338576	0.220672	1.671085	2.072287	0.014264	0.231788	0.184211
3860.00	0.521173	5.042346	0.259132	1.423660	2.690849	0.043938	0.291684	0.210526
3750.00	0.490082	4.980164	0.267821	1.371723	2.820692	0.053080	0.306686	0.236842
3560.00	0.434167	4.868334	0.283997	1.278318	3.054205	0.072250	0.335728	0.263158
3480.00	0.409726	4.819451	0.291290	1.237489	3.156279	0.081733	0.349215	0.289474
3172.00	0.310070	4.620139	0.322434	1.071014	3.572464	0.127137	0.408577	0.315789
2946.00	0.230584	4.461168	0.348890	0.938234	3.904415	0.170473	0.459886	0.342105
2590.00	0.092085	4.184169	0.398341	0.706872	4.482819	0.257828	0.553466	0.368421
2420.00	0.019076	4.038153	0.426052	0.584913	4.787718	0.308034	0.602848	0.394737
2260.00	−0.054483	3.891035	0.455043	0.462033	5.094918	0.360142	0.651305	0.421053
2120.00	−0.123252	3.753496	0.483045	0.347154	5.382115	0.409327	0.694649	0.447368
1990.00	−0.191304	3.617392	0.511526	0.233474	5.666315	0.457668	0.735085	0.473684
1970.00	−0.202167	3.595667	0.516137	0.215328	5.711679	0.465308	0.741282	0.500000
1950.00	−0.213140	3.573720	0.520812	0.196997	5.757507	0.472998	0.747467	0.526316
1950.00	−0.213140	3.573720	0.520812	0.196997	5.757507	0.472998	0.747467	0.552632
1860.00	−0.263955	3.472090	0.542667	0.112111	5.969722	0.508166	0.775068	0.578947
1770.00	−0.317291	3.365418	0.565932	0.023014	6.192464	0.544121	0.802118	0.605263
1760.00	−0.323384	3.353233	0.568608	0.012836	6.217909	0.548156	0.805078	0.631579
1690.00	−0.367028	3.265943	0.587873	−0.060072	6.400179	0.576577	0.825496	0.657895
1420.00	−0.554222	2.891556	0.671512	−0.372777	7.181943	0.687211	0.897253	0.684211
1360.00	−0.600649	2.798702	0.692226	−0.450333	7.375832	0.711497	0.911206	0.710526
1360.00	−0.600649	2.798702	0.692226	−0.450333	7.375832	0.711497	0.911206	0.736842
1309.00	−0.641751	2.716497	0.710452	−0.518994	7.547485	0.731897	0.922371	0.763158
1280.00	−0.665844	2.668313	0.721065	−0.559240	7.648100	0.743372	0.928418	0.789474
995.00	−0.936703	2.126593	0.833588	−1.011709	8.779272	0.848577	0.974801	0.815789
975.00	−0.958539	2.082921	0.841859	−1.048185	8.870464	0.855269	0.977112	0.842105
936.00	−1.002439	1.995123	0.858003	−1.121519	9.053797	0.867987	0.981254	0.868421
920.00	−1.020980	1.958039	0.864615	−1.152492	9.131231	0.873072	0.982816	0.894737
814.00	−1.152622	1.694757	0.907593	−1.372398	9.680995	0.904655	0.991190	0.921053
755.00	−1.233536	1.532927	0.930157	−1.507565	10.018913	0.920506	0.994448	0.947368
541.00	−1.591960	0.816080	0.990290	−2.106309	11.515772	0.966153	0.999671	0.973684

　　根据表 11, 降雨机制和融雪机制形成的年最大洪峰流量的理论频率和经验频率曲线如图 4 所示. 而降雨机制形成的年最大洪峰流量的理论频率和经验频率曲线、融雪机制形成的年最大洪峰流量的理论频率和经验频率曲线分别如图 5 和图 6 所示.

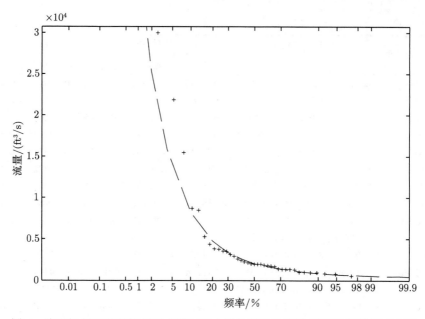

图 4　降雨机制和融雪机制形成的年最大洪峰流量的理论频率和经验频率曲线

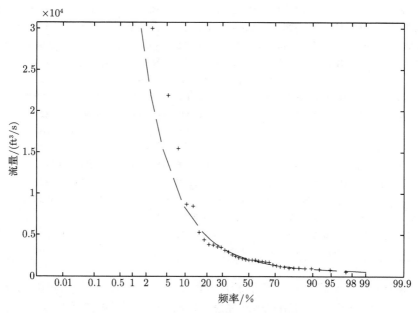

图 5　降雨机制形成的年最大洪峰流量的理论频率和经验频率曲线

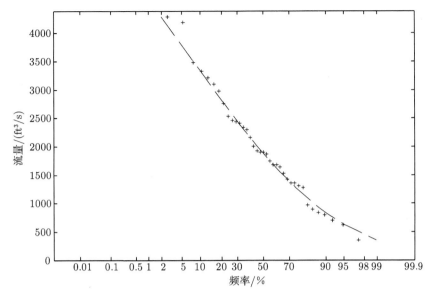

图 6 融雪机制形成的年最大洪峰流量的理论频率和经验频率曲线

12.3 基于分解途径的非一致性水文序列频率计算

基于分解途径的非一致水文序列频率计算方法是武汉大学谢平教授提出的一种方法 (谢平等, 2009, 2012), 本节引用他的团队文献叙述这一方法.

12.3.1 假设前提

水文序列是一定时期内气候因素、下垫面自然因素、人类活动 (下垫面人为因素) 等因素综合作用的产物, 资料本身就反映了这些因素对其影响的程度或造成资料发生的变化. 无论水文现象的变化多么复杂, 水文序列总可以分解成两种成分, 即确定性成分和随机性成分. 当水文序列的影响因素在一定时期内自身变化规律比较稳定时, 受其影响的水文序列也表现出比较稳定的变化规律, 此时水文序列是在 "一致性" 的物理条件下产生的, 其确定性成分可以忽略, 而随机性成分起主导作用, 这就是通常认为水文序列满足 "一致性" 的原因. 然而, 由于气候因素 (如温室效应、气候转型等)、下垫面自然因素 (如火山爆发、地震等) 和人为因素 (如水利水保工程、城市化、农业化等) 的突变或渐变, 常常造成水文序列的变化规律在一定时期内也发生剧烈的突变或缓慢的渐变, 此时水文序列是在 "非一致性" 的物理条件下产生的, 除了随机性成分之外, 其确定性成分不可忽视, 这也就是通常认为水文序列不满足 "一致性" 的原因. 但是, 一旦水文序列经过突变或渐变后达到新的平衡或稳定状态, 此时随机性成分又将起主导作用.

　　基于分解途径的非一致水文序列频率计算方法认为:"非一致性"水文序列由确定性成分和随机性成分组成; 当水文序列的变化规律在一定时期内比较稳定时, 水文序列是一致的, 其随机性成分起主导作用; 当水文序列的变化规律在一定时期内发生突变或渐变, 即从一种稳定状态突变或渐变到另一种稳定状态时, 水文序列是非一致的, 这种突变或渐变造成水文序列变化规律的差异, 即为水文序列的确定性成分; 当水文序列经过突变或渐变后达到新的平衡或稳定状态时, 其随机性成分又将起主导作用. 这样, 非一致性水文序列的随机性规律反映一致性变化成分, 而确定性规律反映非一致性变化成分, 其频率计算问题就可以归结为水文序列的分解与合成, 并包括对水文序列的确定性成分进行拟合计算、随机性成分进行频率计算以及合成成分的数值计算、参数和分布的推求等.

　　众所周知, 不同时期观测的水文资料代表着不同时期流域的气候条件、自然地理条件以及人类活动的影响, 当它们之间的差异比较显著时, 把这些非一致性的水文资料混杂在一起作为一个样本序列进行水文频率计算, 就会破坏样本序列的一致性. 为此, 必须把非一致性水文序列改正到同一个物理基础上, 力求使样本序列具有同一个总体分布. 从这个意义上来说, 目前对非一致性水文序列的 "还原" 或 "还现" 改正计算, 均符合水文频率计算关于同分布的假定, 它们本身都是合理的. 问题是 "还原" 或 "还现" 计算方法均只能反映过去或现状水文序列的形成条件, 而无法适应过去、现在和未来不同时期环境的变化. 而本节介绍的基于时间序列分解与合成理论的非一致性水文频率计算方法, 将非一致性水文序列分解成一致的随机性成分和非一致的确定性成分, 用一致的随机性成分满足现行水文频率计算关于同分布的假定, 用非一致的确定性成分适应过去、现在和未来环境的变化.

12.3.2　基本方法

　　水文序列一般是由两种或两种以上成分合成的序列. 假定水文序列 X_t 的各个成分满足线性叠加特性 (即加法模型), X_t 可按下式表示为

$$X_t = Y_t + P_t + S_t \tag{7}$$

式中, Y_t 为确定性的非周期成分 (包括趋势 C_t, 跳跃 B_t 等暂态成分以及近似周期成分等); P_t 为确定性的周期成分 (包括简单的或复合周期的成分等); S_t 为随机成分 (包括平稳的或非平稳的随机成分).

12.3.3　非一致性水文序列的分解计算

　　确定性成分中的非周期成分包含趋势与跳跃成分, 二者也成为暂态成分, 常常被叠加在其他成分之上. 水文频率计算要求水文序列具有一致性条件, 如果序列中包含有趋势与跳跃成分就破坏了这个条件. 因此, 需要识别、检验和描述这些暂态成分, 并将它们从序列中分离出来.

趋势和跳跃成分的识别与检验方法主要包括：线性趋势的相关系数检验法、非线性趋势的相关系数检验法、累积过程线的斜率判别法、Spearman 秩次相关检验法、Kendall 秩次相关检验法、序列双累积相关图法、里 (Lee) 和海哈林 (Heghinan) 法、有序聚类分析法、秩和检验法、游程检验法、多个跳跃点的统计推断法、小波分析法、信息熵分析法、重新标度极差分析 (R/S) 法、灰关联分析法、T 检验法、F 检验法、差异信息分析法、水文变异综合诊断方法等.

趋势和跳跃成分的分离方法主要包括：多项式拟合函数法、降雨 - 径流相关分析法、统计参数改正法、分布函数改正法、流域水文模型法、神经网络模型法等.

(1) 确定性成分的拟合计算和预测.

假设通过上述趋势与跳跃成分的检验，已确定非一致性水文序列 X_t 的变异点为 t_0，于是 t_0 前后的序列，其物理成因不相同，且 t_0 之前的序列主要反映环境变化不太显著的随机性成分，用数学方程表示为

$$X_t = \begin{cases} S_t, & t \leqslant t_0 \\ S_t + Y_t, & t > t_0 \end{cases} \tag{8}$$

式中，S_t 为一致性的随机性成分，Y_t 为非一致性的确定性成分. 当出现跳跃时，Y_t 为一常数；当出现趋势时，Y_t 为时间 t 的函数；当同时出现跳跃和趋势时，Y_t 是时间 t 的分段函数. Y_t 可用最小二乘法对实际水文序列通过数学函数拟合求得.

上述拟合计算针对的是曾经发生的水文序列，当影响水文序列的各种物理条件继续保持不变时，可以用拟合的趋势与跳跃规律去预测未来水文序列中的确定性变化成分. 但是，当未来影响水文序列的某些物理条件 (如林地、草地、耕地和水域等土地利用结构) 发生显著变化时，必须通过相应的流域水文模型 (如考虑土地利用及覆被变化的流域水文模型) 来预测水文序列中的确定性变化成分.

(2) 随机性成分统计规律的推求.

当水文序列 X_t 扣除趋势与跳跃成分 Y_t 后，剩余的成分 S_t 可看作是纯随机成分. 对于水文序列 X_t 中的随机性成分 S_t，可以采用现行的水文频率计算方法 (如目估适线法、优化适线法、有约束加权适线法等)，求得其 P-III 型频率曲线的统计参数：均值 $\bar{x}$、变差系数 C_v 和偏态系数 C_s，这样就得到了非一致性水文序列中的随机性规律.

12.3.4　非一致性水文序列的合成计算

非一致性水文序列的分解只是形式，主要用于各种成分规律的推求；而合成才是目的，主要用于预测或评估 "时间域" 中确定性成分 Y_t 与 "频率域" 中随机性成分 S_p 合成后的时间序列 $X_{t,p} = Y_t + S_p$. 根据研究问题的需要，对于非一致性水文序列，可以进行数值合成、参数合成及分布合成.

(1) 数值合成.

对于规划设计问题, 可由设计标准 P 推求满足设计标准的设计值 S_p, 加上工程运行时间 t 时的确定性成分 Y_t, 即可求得工程运行时间 t 时, 满足设计标准 P 的水文设计值 $X_{t,p}$, 即

$$X_{t,p} = Y_t + S_p \tag{9}$$

对于评估决策问题, 先由实际水文变量发生值 $X_{t,p}$ 减去该时刻的确定性成分 Y_t, 得到水文变量 $X_{t,p}$ 中的随机性成分 S_p, 即

$$S_p = X_{t,p} - Y_t \tag{10}$$

再由 S_p 查其水文频率曲线, 即可推求 t 时刻出现大于或等于 S_p 值的概率 P.

综上所述, 水文时间序列 $X_{t,p}$ 可以看成是 "时间域" 中确定性成分 Y_t 与 "频率域" 中随机性成分 S_p 的合成. 因此, 无论是解决规划设计问题, 还是解决评估决策问题, 均应该同时建立在 "时间域" 和 "频率域" 的基础上, 只有这样才能适应环境变化的需求.

(2) 参数合成.

非一致性水文序列 X 由确定性成分 Y 和纯随机性成分 S 线性叠加组成, 对于某个固定的时间 t, 确定性成分 Y 是一个常数, 因此非一致性水文序列 X 可以看成是随机变量 S 的函数, 即 $X = Y + S$. 这样, 非一致性水文序列的参数合成计算问题就可以归结为推求随机变量函数的参数问题. 目前, 计算随机变量函数的参数 (如均值、标准差等) 的方法一般包括 Taylor 级数法、Taguchi 及其修正法、直接积分法、Rosenbluthe 及其改进法、蒙特卡罗随机生成法, 其中蒙特卡罗随机生成法由于其适应性强、计算方法简单, 而广泛用于求解这类问题.

(3) 分布合成.

至于非一致性水文序列的合成分布问题, 也可以归结为推求随机变量函数的分布问题. 该问题, 可采用一种集数值合成、参数合成于一体的分布合成方法: 首先根据非一致性水文序列的确定性规律和随机性规律, 利用蒙特卡罗法随机生成某个时间 (刻) 的样本序列; 然后采用现行的水文频率计算方法 (如目估适线法、优化适线法、有约束加权适线法等), 求得该样本序列满足 P- III型频率分布的统计参数: 均值 $\bar{x}$、变差系数 C_v 和偏态系数 C_s, 从而得到非一致性水文序列的合成分布规律; 最后根据合成分布规律, 就可以解决两类水文频率计算问题.

例 4　本节以陈俊鸿等 (2001) 文献灯笼山洪潮水位为例 (表 12), 说明上述方法的应用.

表 12　灯笼山洪潮水位数据　　　　　　　　　　(单位: m)

年份	t	X_t	Y_t	S_t	S'_t	S'_t 排序	m	经验频率
(1)	(2)	(3)	(4)	(5)	(6)	(7)	(8)	(9)
1959	0	1.44	1.5398	−0.0998	0.9002	1.8792	1	0.0244
1960	1	1.50	1.5478	−0.0478	0.9522	1.5624	2	0.0488
1961	2	1.28	1.5558	−0.2758	0.7242	1.5411	3	0.0732
1962	3	1.3	1.5637	−0.2637	0.7363	1.5251	4	0.0976
1963	4	1.82	1.5717	0.2483	1.2483	1.4706	5	0.1220
1964	5	1.86	1.5797	0.2803	1.2803	1.2803	6	0.1463
1965	6	2.15	1.5876	0.5624	1.5624	1.2483	7	0.1707
1966	7	1.55	1.5956	−0.0456	0.9544	1.2166	8	0.1951
1967	8	1.58	1.6036	−0.0236	0.9764	1.1429	9	0.2195
1968	9	1.46	1.6116	−0.1516	0.8484	1.1253	10	0.2439
1969	10	1.71	1.6195	0.0905	1.0905	1.1145	11	0.2683
1970	11	1.52	1.6275	−0.1075	0.8925	1.0905	12	0.2927
1971	12	1.75	1.6355	0.1145	1.1145	1.0648	13	0.3171
1972	13	1.86	1.6434	0.2166	1.2166	1.0186	14	0.3415
1973	14	1.67	1.6514	0.0186	1.0186	0.9764	15	0.3659
1974	15	2.13	1.6594	0.4706	1.4706	0.9544	16	0.3902
1975	16	1.43	1.6674	−0.2374	0.7626	0.9522	17	0.4146
1976	17	1.47	1.6753	−0.2053	0.7947	0.9309	18	0.4390
1977	18	1.5	1.6833	−0.1833	0.8167	0.9087	19	0.4634
1978	19	1.60	1.6913	−0.0913	0.9087	0.9002	20	0.4878
1979	20	1.57	1.6992	−0.1292	0.8708	0.8925	21	0.5122
1980	21	1.45	1.7072	−0.2572	0.7428	0.8893	22	0.5366
1981	22	1.78	1.7152	0.0648	1.0648	0.8708	23	0.5610
1982	23	1.5	1.7231	−0.2231	0.7769	0.8632	24	0.5854
1983	24	1.59	1.7311	−0.1411	0.8589	0.8589	25	0.6098
1984	25	1.67	1.7391	−0.0691	0.9309	0.8484	26	0.6341
1985	26	1.89	1.7471	0.1429	1.1429	0.845	27	0.6585
1986	27	1.60	1.755	−0.155	0.845	0.8212	28	0.6829
1987	28	1.53	1.763	−0.233	0.767	0.8171	29	0.7073
1988	29	1.56	1.771	−0.211	0.789	0.8167	30	0.7317
1989	30	2.32	1.7789	0.5411	1.5411	0.7973	31	0.7561
1990	31	1.47	1.7869	−0.3169	0.6831	0.7947	32	0.7805
1991	32	2.32	1.7949	0.5251	1.5251	0.789	33	0.8049
1992	33	1.62	1.8029	−0.1829	0.8171	0.7769	34	0.8293
1993	34	2.69	1.8108	0.8792	1.8792	0.767	35	0.8537
1994	35	1.64	1.8188	−0.1788	0.8212	0.7626	36	0.8780
1995	36	1.69	1.8268	−0.1368	0.8632	0.7428	37	0.9024
1996	37	1.96	1.8347	0.1253	1.1253	0.7363	38	0.9268
1997	38	1.64	1.8427	−0.2027	0.7973	0.7242	39	0.9512
1998	39	1.74	1.8507	−0.1107	0.8893	0.6831	40	0.9756

灯笼山 1959—1998 年洪潮水位如表第 (3) 栏所示, 第 (2) 栏为年份序号. 洪潮水位数据如图 7 所示, 可以看出, X_t 呈线性趋势, 经回归计算, 有趋势项 $Y_t = 0.0080 \cdot t + 1.5398$, 其值见第 (4) 栏. 应用 $S_t = X_t - Y_t$ 扣除趋势 Y_t, 剩余的成分 S_t 见第 (5) 栏. 因为第 (5) 栏 S_t 有负数, 本节对 S_t 加上 1.0, 以保证转换后的序列均大于零, 其值 $S'_t = S_t + 1.0$ 见第 (6) 栏. 对序列 S'_t 进行 P-III 型分布频率计算, 其由大到小排序、排序号 m 和经验频率见第 (7)—(9) 栏. 序列 S'_t 的 P-III 型分布参数分别为 $\alpha = 1.9203$, $\beta = 0.1995$, $a_0 = 0.6168$, 拟合图如图 8 所示.

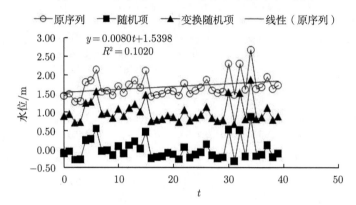

图 7　水位序列分解图

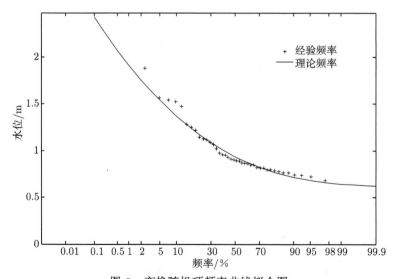

图 8　变换随机项频率曲线拟合图

序列 S'_t 设计值见表 13. 因为 S'_t 为原随机项加上 1.0 后的序列, 故设计频率值 $S_p = S'_p - 1.0$.

表 13 不同频率下随机项 S_p' 和 S_p 值

频率	t_p	φ_p	S_p'	S_p
0.0010	9.0640	5.1551	2.4254	1.4254
0.0020	8.2979	4.6023	2.2726	1.2726
0.0050	7.2742	3.8635	2.0683	1.0683
0.0100	6.4892	3.2970	1.9116	0.9116
0.0200	5.6924	2.7220	1.7527	0.7527
0.0400	4.8799	2.1357	1.5905	0.5905
0.1000	3.7708	1.3353	1.3692	0.3692
0.2000	2.8888	0.6989	1.1932	0.1932
0.3000	2.3436	0.3054	1.0845	0.0845
0.4000	1.9352	0.0107	1.0030	0.0030
0.5000	1.5992	−0.2317	0.9359	−0.0641
0.6000	1.3052	−0.4439	0.8773	−0.1227
0.7000	1.0346	−0.6392	0.8233	−0.1767
0.8000	0.7711	−0.8293	0.7707	−0.2293
0.9000	0.4910	−1.0314	0.7148	−0.2852
0.9600	0.2846	−1.1804	0.6736	−0.3264
0.9800	0.1923	−1.2470	0.6552	−0.3448
0.9900	0.1313	−1.2910	0.6430	−0.3570
0.9950	0.0903	−1.3206	0.6348	−0.3652
0.9980	0.0554	−1.3458	0.6279	−0.3721
0.9990	0.0384	−1.3581	0.6245	−0.3755

对于 1990，2000，2010，2020，2030，2040 和 2050 年, 分别根据 $Y_t = 0.0080 \cdot t + 1.5398$ 计算出对应的趋势项值, 见表 14 第 (2) 栏. 第 (2) 栏趋势项值加上表 13 的 S_p 值, 即得不同年份假定不同频率的设计值计算结果, 见表 14.

表 14 不同年份不同频率设计值计算

年份	趋势	0.001	0.002	0.005	0.01	0.02	0.04	0.1	0.2	0.3	0.4
1990	1.79	3.21	3.06	2.86	2.70	2.54	2.38	2.16	1.98	1.87	1.79
2000	1.87	3.29	3.14	2.93	2.78	2.62	2.46	2.24	2.06	1.95	1.87
2010	1.95	3.37	3.22	3.01	2.86	2.70	2.54	2.32	2.14	2.03	1.95
2020	2.03	3.45	3.30	3.09	2.94	2.78	2.62	2.40	2.22	2.11	2.03
2030	2.11	3.53	3.38	3.17	3.02	2.86	2.70	2.48	2.30	2.19	2.11
2040	2.19	3.61	3.46	3.25	3.10	2.94	2.78	2.55	2.38	2.27	2.19
2050	2.27	3.69	3.54	3.33	3.18	3.02	2.86	2.63	2.46	2.35	2.27
年份	0.5	0.6	0.7	0.8	0.9	0.96	0.98	0.99	0.995	0.998	0.999
1990	1.72	1.66	1.61	1.56	1.50	1.46	1.44	1.43	1.42	1.41	1.41
2000	1.80	1.74	1.69	1.64	1.58	1.54	1.52	1.51	1.50	1.49	1.49
2010	1.88	1.82	1.77	1.72	1.66	1.62	1.60	1.59	1.58	1.57	1.57
2020	1.96	1.90	1.85	1.80	1.74	1.70	1.68	1.67	1.66	1.65	1.65
2030	2.04	1.98	1.93	1.88	1.82	1.78	1.76	1.75	1.74	1.73	1.73
2040	2.12	2.06	2.01	1.96	1.90	1.86	1.84	1.83	1.82	1.81	1.81
2050	2.20	2.14	2.09	2.04	1.98	1.94	1.92	1.91	1.90	1.89	1.89

12.4　基于全概率公式的非一致性水文序列频率计算

12.4.1　基本假定

水文序列是流域一定时期内气候、自然地理和人类活动等综合作用的产物, 资料本身则反映了这些因素对其影响的程度或造成资料发生的变化. 假定一个容量为 N 的水文序列, 根据变异点理论和成因分析法, 在时间上可以划分为 s 个时间段 (子序列), 设时间段内子序列的长度分别为 $n_1, n_2, \cdots, n_s$, 且互不重叠 (图 9). 一个具有跳跃变异的非一致分布水文序列 X 的样本为

$$X = \{X_1, X_2, \cdots, X_s\} = \{x_{11}, \cdots, x_{1n_1}, x_{21}, \cdots, x_{2n_2}, \cdots, x_{s1}, \cdots, x_{sn_s}\} \quad (11)$$

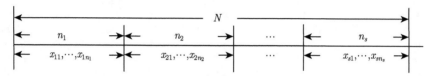

图 9　水文序列样本空间

具有跳跃变异的非一致分布水文序列频率计算的基本假定为:

(1) 每个子序列 X_i 中的水文值是由同一物理条件形成的, 服从同一分布 $P_i(x)$. 但是, 不同子序列具有不同的分布, 即 $P_i(x) \neq P_j(x)$, $i \neq j$, $i, j = 1, 2, \cdots, s$.

(2) 不同子序列 X_i 相互独立, 即

$$\begin{cases} P(X_i \geqslant x, X_j \geqslant x) = P_i(x) P_j(x), & i \neq j \\ P(X_i \geqslant x, X_j \geqslant x, X_k \geqslant x) = P_i(x) P_j(x) P_k(x), & i \neq j \neq k \\ \qquad\qquad\qquad\vdots & \vdots \\ P(X_1 \geqslant x, \cdots, X_s \geqslant x) = P_1(x) \cdots P_s(x), & \end{cases} \quad (12)$$

(3) 水文变量 X 可能以不同的概率发生在不同的时间段内. 如第 i 个水文值 $X(i)$ 可能发生在 X_1 序列, 也可能发生在 X_2 序列, 而 X_1 和 X_2 序列属于不同的分布.

定义 $\{A_i\}$ 为水文变量 X 发生在第 i 个时间段内, $i = 1, 2, \cdots, s$, 有

$$0 < P(A_i) < 1, \quad i = 1, 2, \cdots, s; \quad \sum_{i=1}^{s} P(A_i) = 1 \quad (13)$$

(4) $\{A_i\}$ 为互不相容事件, $i = 1, 2, \cdots, s$. 设 Ω 为水文变量 X 发生的样本空间, 则有

$$A_i \cap A_j = \varnothing, \quad i \neq j, \quad i, j = 1, 2, \cdots, s; \quad \sum_{i=1}^{s} A_i = \Omega \quad (14)$$

根据上述假定, 具有跳跃变异的非一致分布水文序列频率的计算推导如下.

12.4.2　理论频率计算

设事件 $B = \{X \geqslant x\}$ 一定发生在 $\{A_i\}$ 中之一, $i = 1, 2, \cdots, s$; $\Omega = A_1 \cup A_2 \cup \cdots \cup A_s$, $B = B\Omega = B(A_1 \cup A_2 \cup \cdots \cup A_s) = BA_1 \cup BA_2 \cup \cdots \cup BA_s$; $BA_i \cap BA_j = \varnothing$, $i \neq j$, $i, j = 1, 2, \cdots, s$. 根据全概率公式, 非一致分布水文序列的频率分布 $F(x)$ 为

$$F(x) = P(X \geqslant x) = \sum_{i=1}^{s} P(A_i) P(X \geqslant x | A_i) = \sum_{i=1}^{s} P(A_i) P(x | A_i) \tag{15}$$

由图 9 知, $P(A_i) = \dfrac{n_i}{N}$, $i = 1, 2, \cdots, s$, 则

$$F(x) = \sum_{i=1}^{s} \frac{n_i}{N} P(x | A_i) \tag{16}$$

式 (16) 即为非一致分布水文序列的理论频率计算公式. $P(x | A_i)$ 实际上是事件 B 在第 i 个序列 X_i 的发生概率, 可由第 i 个序列 X_i 选用适当的分布函数, 可按一般频率分析方法进行拟合计算, 即 $P(x | A_i) = P(X \geqslant x | A_i) = \displaystyle\int_{x}^{\infty} f_i(t) \, dt = 1 - \displaystyle\int_{-\infty}^{x} f_i(t) \, dt$, 其中 $f_i(x)$ 为选用的分布密度函数.

假定 $P(x | A_i)$ 连续可微, $i = 1, 2, \cdots, s$, 则非一致分布水文序列的频率分布密度 $f(x)$ 为

$$f(x) = \frac{dF(x)}{dx} = \sum_{i=1}^{s} P(A_i) \frac{dP(x | A_i)}{dx} = \sum_{i=1}^{s} P(A_i) f_i(x | A_i) \tag{17}$$

式中, $f_i(x | A_i) = \dfrac{dP(x | A_i)}{dx}$.

12.4.3　经验频率计算

对于经验分布, 设 m_i 为第 i 个序列 X_i 中大于等于 x 出现的项数, $P(x | A_i) = \dfrac{m_i}{n_i}$, 则有

$$F(x) = \sum_{i=1}^{s} \frac{n_i}{N} \frac{m_i}{n_i} = \sum_{i=1}^{s} \frac{m_i}{N} \tag{18}$$

采用期望公式, 则非一致分布水文序列的经验频率计算公式为

$$F(x) = \sum_{i=1}^{s} \frac{m_i}{N+1} \tag{19}$$

12.4.4　矩计算公式

根据概率论原理, 式 (16) 和 (17) 表示 X 的 r 阶原点矩为

$$m_r = \int_{-\infty}^{\infty} x^r f(x)\, dx = \sum_{i=1}^{s} \left[P(A_i) \int_{-\infty}^{\infty} x^r f_i(x|A_i)\, dx \right] = \sum_{i=1}^{s} P(A_i)\, m_{ir} \qquad (20)$$

式中, $m_{ir} = E(X_i) = \int_{-\infty}^{\infty} x^r f_i(x|A_i)\, dx = \int_{-\infty}^{\infty} x^r dP(x|A_i)$ 为第 i 个序列 X_i 的 r 阶原点矩.

当 $r=1$ 时, 数学期望值 $E(X)$ 为

$$E(X) = m_1 = \sum_{i=1}^{s} \left[P(A_i) \int_{-\infty}^{\infty} x \cdot dP(x|A_i) \right] = \sum_{i=1}^{s} P(A_i)\, E(X_i) \qquad (21)$$

X 的方差 $D(X)$ 为

$$\begin{aligned}
D(X) &= E(X^2) - [E(X)]^2 = m_2 - [E(X)]^2 \\
&= \sum_{i=1}^{s} \left[P(A_i) \int_{-\infty}^{\infty} x^2 \cdot dP(x|A_i) \right] - [E(X)]^2 = \sum_{i=1}^{s} P(A_i)\, m_{i2} - [E(X)]^2 \\
&= \sum_{i=1}^{s} P(A_i) \left\{ D(X_i) + [E(X_i)]^2 \right\} - [E(X)]^2
\end{aligned} \qquad (22)$$

式中, $D(X_i)$ 为第 i 个序列 X_i 的方差值.

X 的三阶中心 $\mu_3(X)$ 为

$$\begin{aligned}
\mu_3(X) &= m_3 - 3E(X)\, m_2 + 2[E(X)]^3 \\
&= \sum_{i=1}^{s} P(A_i) \left\{ \mu_{i3} + 3D(X_i)\, E(X_i) + [E(X_i)]^3 \right\} \\
&\quad - 3E(X) \left\{ D(X) + [E(X)]^2 \right\} + 2[E(X)]^3
\end{aligned} \qquad (23)$$

12.4.5　分位数计算

给定设计频率 P, 其对应的设计水文值 (分位数)x_P, 可由 $F(x) = P = \sum_{i=1}^{s} P(A_i)\, P(x|A_i)$ 的逆函数计算.

$$x_P = F^{-1}(P) \qquad (24)$$

令 $G(x) = P - \sum_{i=1}^{s} \dfrac{n_i}{N} P(x|A_i)$, 应用牛顿迭代法有

$$x_{p,k+1} = x_{p,k} - \frac{G(x_{p,k})}{G'(x_{p,k})}, \quad k = 0, 1, 2, \cdots \qquad (25)$$

式中, $x_{p,k+1}$ 和 $x_{p,k}$ 为 x_P 在第 $k+1$ 和 k 次的迭代计算值; 对于 $G'(x)$ 有 $G'(x) = -\sum_{i=1}^{s} P(A_i) \dfrac{dP(x|A_i)}{dx} = -\sum_{i=1}^{s} P(A_i) f_i(x|A_i)$, 或

$$x_{p,k+1} = x_{p,k} - \frac{(x_k - x_{k-1}) G(x_{p,k})}{G(x_{p,k}) - G(x_{p,k-1})}, \quad k = 0, 1, 2, \cdots \tag{26}$$

12.4.6 计算步骤

根据上述非一致分布水文序列频率计算原理, 其计算步骤可以归纳为:

(1) 分析整个水文序列水文值的产生条件, 按照产生的物理条件, 将容量为 N 的水文序列划分为 s 个子序列, 其长度分别为 $n_1, n_2, \cdots, n_s$.

(2) 由式 (19) 计算经验频率.

(3) 用一般频率分析法逐一拟合序列 X_i, 由此获得 $P(x|A_i)$.

(4) 由式 (16) 计算理论频率.

(5) 由式 (24)—(26) 计算设计频率 P 对应的设计值 x_P.

例 5 按照上述计算原理与步骤, 本节应用渭河流域泾河张家山站 1932—2006 年年平均流量序列为例, 说明非一致分布水文序列频率的计算.

经水文变异综合诊断分析, 张家山站 1973 年为变异点. 将年平均流量序列 $(N = 75)$ 划分为 1973 年以前 $(n_1 = 42)$ 序列 A_1 和 1974 年后 $(n_2 = 33)$ 序列 A_2, 即 $s = 2$, $P(A_1) = \dfrac{42}{75}$, $P(A_2) = \dfrac{33}{75}$. 原序列 (不考虑变异点) 和采用式 (27) 的 P-III 型分布函数 $F(x)$ 和密度函数 $f(x)$ 拟合序列 A_1 和序列 A_2, 其拟合参数见表 15, 从表中可以看出, 表明 1973 年发生变异点, 序列 A_1 和序列 A_2 存在明显的参数变化.

$$F(x) = P(X \geqslant x) = 1 - \frac{\beta^{\alpha}}{\Gamma(\alpha)} \int_{a_0}^{x} (x - a_0)^{\alpha-1} e^{-\beta(x-a_0)} dx$$

$$f(x) = \frac{\beta^{\alpha}}{\Gamma(\alpha)} (x - a_0)^{\alpha-1} e^{-\beta(x-a_0)} \tag{27}$$

式中, α、β 和 a_0 为 P-III 型分布的参数.

表 15 序列 A_1 和序列 A_2 的拟合参数

序列	长度	EX	C_v	C_s	α	β	a_0
A_1	42	56.56	0.44	1.04	3.6852	0.0763	8.2555
A_2	33	47.67	0.40	0.80	6.2500	0.1311	0.0001
原序列 (不考虑变异)	75	52.65	0.42	1.19	2.8107	0.0761	15.7022

按式 (19) 有全序列 (原序列考虑变异非一致分布水文序列) 的经验频率计算

公式

$$F(x) = \frac{m_1}{N+1} + \frac{m_2}{N+1} \tag{28}$$

同样, 由 (16) 由全序列的理论频率计算公式.

$$F(x) = \frac{n_1}{N}\left(1 - \frac{\beta_1^{\alpha_1}}{\Gamma(\alpha_1)}\int_{a_{01}}^{x}(t-a_{01})^{\alpha_1-1}e^{-\beta_1(t-a_{01})}dt\right)$$
$$+ \frac{n_2}{N}\left(1 - \frac{\beta_2^{\alpha_2}}{\Gamma(\alpha_2)}\int_{a_{02}}^{x}(t-a_{02})^{\alpha_2-1}e^{-\beta_2(t-a_{02})}dt\right) \tag{29}$$

式中, α_1, β_1, a_{01}, α_2, β_2, a_{02} 分别为序列 A_1 和序列 A_2 的 P-III 型分布参数.

令 $y = t - a_0$, 则式 (29) 全序列理论频率计算公式为

$$F(x) = \frac{n_1}{N}\left(1 - \frac{\beta_1^{\alpha_1}}{\Gamma(\alpha_1)}\int_{a_{01}}^{x-a_{01}}y^{\alpha_1-1}e^{-\beta_1 y}dy\right)$$
$$+ \frac{n_2}{N}\left(1 - \frac{\beta_2^{\alpha_2}}{\Gamma(\alpha_2)}\int_{a_{02}}^{x-a_{02}}y^{\alpha_2-1}e^{-\beta_2 y}dy\right) \tag{30}$$

式 (30) 积分分别为两参数 $(a_{01}, 1/\beta_1)$, $(a_{02}, 1/\beta_2)$ 的 gamma 分布, 利用现有的 gamma 分布函数包, 无须计算离均系数 Φ_p 和模比系数 k_p, 可方便地计算出积分值, 全序列理论频率计算结果见表 16, 频率曲线如图 10 所示.

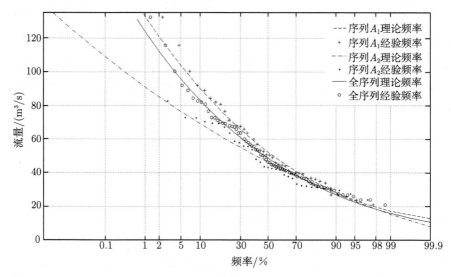

图 10　全序列频率曲线

设计频率 P 对应的设计年平均流量值, 应用牛顿迭代法由式 (31) 进行计算, 结果见表 17.

表 16   全序列理论频率计算结果

年平均流量/ (m³/s)	序列 A_1 理论频率 /%	序列 A_2 理论频率 /%	全序列 理论频率 /%	年平均流量 /(m³/s)	序列 A_1 理论频率 /%	序列 A_2 理论频率 /%	全序列 理论频率 /%
0.10	97.18	95.18	96.30	50.48	57.57	44.25	51.71
1.43	94.92	92.04	93.65	51.80	55.60	41.97	49.60
2.75	94.83	91.92	93.55	53.13	53.14	39.18	46.99
4.08	92.83	89.20	91.23	54.45	52.76	38.75	46.60
5.40	91.86	87.90	90.12	55.78	49.23	34.86	42.90
6.73	91.82	87.83	90.06	57.11	47.66	33.17	41.28
8.05	91.23	87.04	89.39	58.43	47.29	32.77	40.90
9.38	88.49	83.37	86.24	59.76	44.24	29.57	37.79
10.71	87.18	81.62	84.73	61.08	44.10	29.42	37.64
12.03	86.75	81.05	84.24	62.41	42.39	27.68	35.92
13.36	86.18	80.28	83.58	63.73	40.72	26.01	34.25
14.68	85.89	79.90	83.25	65.06	39.69	25.00	33.23
16.01	85.00	78.72	82.23	66.38	37.93	23.29	31.49
17.33	84.54	78.12	81.72	67.71	37.93	23.29	31.49
18.66	83.00	76.08	79.96	69.04	33.07	18.80	26.79
19.99	82.10	74.89	78.93	70.36	32.99	18.73	26.71
21.31	80.27	72.50	76.85	71.69	30.02	16.15	23.92
22.64	78.11	69.67	74.40	73.01	28.54	14.91	22.54
23.96	77.50	68.88	73.71	74.34	28.02	14.49	22.07
25.29	76.92	68.13	73.05	75.66	27.61	14.15	21.69
26.61	76.92	68.13	73.05	76.99	27.61	14.15	21.69
27.94	75.66	66.51	71.64	78.32	26.13	12.97	20.34
29.27	73.99	64.37	69.76	79.64	25.89	12.78	20.12
30.59	72.70	62.73	68.32	80.97	24.96	12.07	19.29
31.92	72.03	61.88	67.56	82.29	24.04	11.37	18.47
33.24	71.68	61.43	67.17	83.62	22.76	10.42	17.33
34.57	71.68	61.43	67.17	84.94	22.45	10.20	17.06
35.89	69.55	58.75	64.80	86.27	19.06	7.86	14.13
37.22	68.77	57.77	63.93	87.60	15.68	5.75	11.31
38.55	68.06	56.90	63.15	88.92	14.87	5.28	10.65
39.87	66.99	55.56	61.96	90.25	14.46	5.05	10.32
41.20	66.07	54.43	60.95	91.57	13.36	4.45	9.44
42.52	65.11	53.26	59.90	92.90	10.65	3.09	7.33
43.85	64.50	52.51	59.23	94.22	9.20	2.44	6.22
45.17	63.24	50.98	57.85	95.55	6.03	1.23	3.92
46.50	63.12	50.83	57.71	96.88	2.63	0.32	1.61
47.83	60.91	48.18	55.31	98.20	1.04	0.07	0.61
49.15	60.55	47.76	54.92				

表 17 不同频率下的设计年平均流量值

频率/%	年平均流量/(m³/s)	频率/%	年平均流量/(m³/s)
0.1	162.81	70	38.57
1	124.24	90	26.95
2	112.24	95	22.54
5	95.97	98	18.37
10	83.20	99	16.00
30	61.08	99.9	10.66
50	48.79		

$$
\begin{aligned}
x_{p,k+1} =& x_{p,k} - \left(P - \frac{n_1}{N} \left(1 - \frac{\beta_1^{\alpha_1}}{\Gamma(\alpha_1)} \int_{a_{01}}^{x_{p,k}-a_{01}} y^{\alpha_1-1} e^{-\beta_1 y} dy \right) \right. \\
& \left. - \frac{n_2}{N} \left(1 - \frac{\beta_2^{\alpha_2}}{\Gamma(\alpha_2)} \int_{a_{02}}^{x_{p,k}-a_{02}} y^{\alpha_2-1} e^{-\beta_2 y} dy \right) \right) \Big/ \\
& \left(\frac{n_1}{N} \frac{\beta_1^{\alpha}}{\Gamma(\alpha_1)} (x_{p,k} - a_{01})^{\alpha_1-1} e^{-\beta_1(x_{p,k}-a_{01})} \right. \\
& \left. + \frac{n_2}{N} \frac{\beta_2^{\alpha}}{\Gamma(\alpha_2)} (x_{p,k} - a_{02})^{\alpha_2-1} e^{-\beta_2(x_{p,k}-a_{02})} \right)
\end{aligned}
\tag{31}
$$

12.5 基于时变参数的非一致性水文序列频率计算

本节这种方法的基本思路是假设水文统计分布的参数随时间变化, 用线性、抛物线型、指数型函数等低阶函数描述这种变化趋势, 根据时变矩和参数的关系, 推导给定频率的设计值和频率.

12.5.1 广义极值分布

广义极值分布累积分布函数为

$$
F(x) = \begin{cases} \exp\left\{ -\left[1 - \frac{k(x-\mu)}{\alpha} \right]^{\frac{1}{k}} \right\}, & k \neq 0 \\ \exp\left[-\exp\left(-\frac{x-\mu}{\alpha} \right) \right], & k = 0 \end{cases}
\tag{32}
$$

对式 (32) 求导, 有密度函数 $f(x)$

$$
f(x) = \begin{cases} \frac{1}{\alpha} \exp\left\{ -\left[1 - \frac{k(x-\mu)}{\alpha} \right]^{\frac{1}{k}} \right\} \left[1 - \frac{k(x-\mu)}{\alpha} \right]^{\frac{1}{k}-1}, & k \neq 0 \\ \frac{1}{\alpha} \exp\left[-\exp\left(-\frac{x-\mu}{\alpha} \right) \right] \exp\left(-\frac{x-\mu}{\alpha} \right), & k = 0 \end{cases}
\tag{33}
$$

12.5.2 非平稳广义极值分布参数极大似然估算参数

(1) GEV 1 模型.

设参数随时间变化, GEV 1 模型考虑 $\mu_t = \beta_1 + \beta_2 t$, $\alpha_t = \alpha$, $k_t = k$, 则有似然

函数为

$$l_n\left(\underline{x}|\mu_t,\alpha_t,k_t\right)=\prod_{t=1}^{n_1}\frac{1}{\alpha_t}\exp\left\{-\left[1-\frac{k_t\left(x_t-\mu_t\right)}{\alpha_t}\right]^{\frac{1}{k_t}}\right\}\left[1-\frac{k_t\left(x_t-\mu_t\right)}{\alpha_t}\right]^{\frac{1}{k_t}-1}$$

$$\cdot\prod_{t=n_1+1}^{n}\frac{1}{\alpha_t}\exp\left[-\exp\left(-\frac{x_t-\mu_t}{\alpha_t}\right)\right]\exp\left(-\frac{x_t-\mu_t}{\alpha_t}\right) \tag{34}$$

式中, n_1 为 $k_t\neq 0$ 的观测数据数目. 本节中, $k_t=k$ 为常数, 当 $k\neq 0$ 时, $n_1=n$, 有似然函数 $l_n\left(\underline{x}|\mu_t,\alpha,k\right)=\prod_{t=1}^{n}\frac{1}{\alpha}\exp\left\{-\left[1-\frac{k\left(x_t-\mu_t\right)}{\alpha}\right]^{\frac{1}{k}}\right\}\left[1-\frac{k\left(x_t-\mu_t\right)}{\alpha}\right]^{\frac{1}{k}-1}$.

取对数, 有

$$L_n\left(\underline{x}|\mu_t,\alpha_t,k_t\right)$$

$$=\sum_{t=1}^{n}\left\{\ln\frac{1}{\alpha}+\ln\left(\exp\left\{-\left[1-\frac{k\left(x_t-\mu_t\right)}{\alpha}\right]^{\frac{1}{k}}\right\}\right)+\ln\left[1-\frac{k\left(x_t-\mu_t\right)}{\alpha}\right]^{\frac{1}{k}-1}\right\}$$

$$=\sum_{t=1}^{n}\left(\ln\frac{1}{\alpha}\right)+\sum_{t=1}^{n}\ln\left[\exp\left\{-\left[1-\frac{k\left(x_t-\mu_t\right)}{\alpha}\right]^{\frac{1}{k}}\right\}\right]+\sum_{t=1}^{n}\ln\left[1-\frac{k\left(x_t-\mu_t\right)}{\alpha}\right]^{\frac{1}{k}-1}$$

$$=\sum_{t=1}^{n}\left(-\ln\alpha\right)-\sum_{t=1}^{n}\left[1-\frac{k\left(x_t-\mu_t\right)}{\alpha}\right]^{\frac{1}{k}}+\left(\frac{1}{k}-1\right)\sum_{t=1}^{n}\ln\left[1-\frac{k\left(x_t-\mu_t\right)}{\alpha}\right]$$

$$=-n\ln\alpha-\sum_{t=1}^{n}\left[1-\frac{k\left(x_t-\mu_t\right)}{\alpha}\right]^{\frac{1}{k}}+\left(\frac{1}{k}-1\right)\sum_{t=1}^{n}\ln\left[1-\frac{k\left(x_t-\mu_t\right)}{\alpha}\right]$$

即

$$L_n\left(\underline{x}|\mu_t,\alpha,k\right)=-n\ln\alpha-\sum_{t=1}^{n}\left[1-\frac{k\left(x_t-\mu_t\right)}{\alpha}\right]^{\frac{1}{k}}$$

$$+\left(\frac{1}{k}-1\right)\sum_{t=1}^{n}\ln\left[1-\frac{k\left(x_t-\mu_t\right)}{\alpha}\right] \tag{35}$$

令 $z_t=1-\dfrac{k\left(x_t-\mu_t\right)}{\alpha}$, 有

$$L_n\left(\underline{x}|\mu_t,\alpha,k\right)=-n\ln\alpha-\sum_{t=1}^{n}z_t^{\frac{1}{k}}+\left(\frac{1}{k}-1\right)\sum_{t=1}^{n}\ln z_t;\quad \mu_t=\beta_1+\beta_2 t \tag{36}$$

显然 GEV 1 模型有 4 个参数 $(\beta_1,\beta_2,\alpha,k)$, $L_n\left(\underline{x}|\mu_t,\alpha,k\right)$ 分别对参数求导, 有

$$\frac{\partial L_n}{\partial\alpha}=\frac{\partial}{\partial\alpha}\left[-n\ln\alpha-\sum_{t=1}^{n}z_t^{\frac{1}{k}}+\left(\frac{1}{k}-1\right)\sum_{t=1}^{n}\ln z_t\right]$$

$$= -\frac{n}{\alpha} - \sum_{t=1}^{n}\left(\frac{1}{k}z_t^{\frac{1}{k}-1}\frac{\partial z_t}{\partial \alpha}\right) + \left(\frac{1}{k}-1\right)\sum_{t=1}^{n}\left(\frac{1}{z_t}\frac{\partial z_t}{\partial \alpha}\right)$$

由 $z_t = 1 - \dfrac{k\,(x_t - \mu_t)}{\alpha}$ 得, $\dfrac{\partial z_t}{\partial \alpha} = \dfrac{\partial}{\partial \alpha}\left[1 - \dfrac{k\,(x_t - \mu_t)}{\alpha}\right] = \dfrac{k\,(x_t - \mu_t)}{\alpha^2}$, 则

$$\frac{\partial L_n}{\partial \alpha} = -\frac{n}{\alpha} - \sum_{t=1}^{n}\left(\frac{1}{k}z_t^{\frac{1}{k}-1}\frac{\partial z_t}{\partial \alpha}\right) + \left(\frac{1}{k}-1\right)\sum_{t=1}^{n}\left(\frac{1}{z_t}\frac{\partial z_t}{\partial \alpha}\right)$$

$$= -\frac{n}{\alpha} + \sum_{t=1}^{n}\left(\frac{1-k}{z_t k} - \frac{z_t^{\frac{1}{k}-1}}{k}\right)\frac{\partial z_t}{\partial \alpha} = -\frac{n}{\alpha} + \sum_{t=1}^{n}\left(\frac{1-k+z_t^{\frac{1}{k}}}{z_t k}\right)\frac{\partial z_t}{\partial \alpha}$$

$$= -\frac{n}{\alpha} + \sum_{t=1}^{n}\left(\frac{1-k+z_t^{\frac{1}{k}}}{z_t k}\right)\frac{\partial z_t}{\partial \alpha} = -\frac{n}{\alpha} + \sum_{t=1}^{n}\left(\frac{1-k+z_t^{\frac{1}{k}}}{z_t k}\right)\frac{k\,(x_t - \mu_t)}{\alpha^2}$$

$$= -\frac{n}{\alpha} + \frac{1}{\alpha}\sum_{t=1}^{n}\left(\frac{1-k+z_t^{\frac{1}{k}}}{z_t}\right)\frac{x_t - \mu_t}{\alpha}$$

令 $\dfrac{\partial L_n}{\partial \alpha} = 0$, 有

$$-n + \sum_{t=1}^{n}\left[\left(\frac{1-k-z_t^{\frac{1}{k}}}{z_t}\right)\frac{(x_t - \mu_t)}{\alpha}\right] = 0 \tag{37}$$

$$\frac{\partial L_n}{\partial k} = \frac{\partial}{\partial k}\left[-n\ln\alpha - \sum_{t=1}^{n}z_t^{\frac{1}{k}} + \left(\frac{1}{k}-1\right)\sum_{t=1}^{n}\ln z_t\right]$$

$$= -\frac{\partial}{\partial k}\left(\sum_{t=1}^{n}z_t^{\frac{1}{k}}\right) + \frac{\partial}{\partial k}\left[\left(\frac{1}{k}-1\right)\sum_{t=1}^{n}\ln z_t\right]$$

令 $y = z_t^{\frac{1}{k}}$, $\ln y = \dfrac{1}{k}\ln z_t$, $\dfrac{1}{y}\dfrac{\partial y}{\partial k} = -\dfrac{1}{k^2}\ln z_t + \dfrac{1}{k}\dfrac{1}{z_t}\left(-\dfrac{x_t - \mu_t}{\alpha}\right)$, 则

$$\frac{\partial y}{\partial k} = \frac{\partial z_t^{\frac{1}{k}}}{\partial k} = z_t^{\frac{1}{k}}\left[-\frac{1}{k^2}\ln z_t + \frac{1}{k}\frac{1}{z_t}\left(-\frac{x_t - \mu_t}{\alpha}\right)\right]$$

$$= \left[-\frac{z_t^{\frac{1}{k}}}{k^2}\ln z_t + \frac{z_t^{\frac{1}{k}-1}}{k}\left(-\frac{x_t - \mu_t}{\alpha}\right)\right]$$

$$\frac{\partial}{\partial k}\left[\left(\frac{1}{k}-1\right)\sum_{t=1}^{n}\ln z_t\right] = \sum_{t=1}^{n}\left(-\frac{1}{k^2}\ln z_t\right) + \sum_{t=1}^{n}\left\{\left(\frac{k-1}{k}\right)\frac{1}{z_t}\left(\frac{x_t - \mu_t}{\alpha}\right)\right\}$$

则

$$
\begin{aligned}
\frac{\partial L_n}{\partial k} &= -\frac{\partial}{\partial k}\left(\sum_{t=1}^{n} z_t^{\frac{1}{k}}\right) + \frac{\partial}{\partial k}\left[\left(\frac{1}{k}-1\right)\sum_{t=1}^{n}\ln z_t\right] \\
&= \sum_{t=1}^{n}\left[\frac{z_t^{\frac{1}{k}}}{k^2}\ln z_t + \frac{z_t^{\frac{1}{k}-1}}{k}\left(\frac{x_t-\mu_t}{\alpha}\right)\right] \\
&\quad + \sum_{t=1}^{n}\left(-\frac{1}{k^2}\ln z_t\right) + \sum_{t=1}^{n}\left\{\left(\frac{k-1}{k}\right)\frac{1}{z_t}\left(\frac{x_t-\mu_t}{\alpha}\right)\right\} \\
&= \sum_{t=1}^{n}\left[\frac{z_t^{\frac{1}{k}}}{k^2}\ln z_t - \frac{1}{k^2}\ln z_t + \frac{z_t^{\frac{1}{k}-1}}{k}\left(\frac{x_t-\mu_t}{\alpha}\right) + \left(\frac{k-1}{k}\right)\frac{1}{z_t}\left(\frac{x_t-\mu_t}{\alpha}\right)\right] \\
&= \frac{1}{k^2}\sum_{t=1}^{n}\left[z_t^{\frac{1}{k}}\ln z_t - \ln z_t + k z_t^{\frac{1}{k}-1}\left(\frac{x_t-\mu_t}{\alpha}\right) + (k-1)\frac{1}{z_t}\left(\frac{x_t-\mu_t}{\alpha}\right)\right] \\
&= \frac{1}{k^2}\sum_{t=1}^{n}\left[\left(z_t^{\frac{1}{k}}-1\right)\ln z_t + k\frac{k-1+z_t^{\frac{1}{k}}}{z_t}\left(\frac{x_t-\mu_t}{\alpha}\right)\right]
\end{aligned}
$$

则

$$
\sum_{t=1}^{n}\left[\left(1-z_t^{\frac{1}{k}}\right)\ln z_t + \frac{1-k-z_t^{\frac{1}{k}}}{z_t}k\left(\frac{x_t-\mu_t}{\alpha}\right)\right] = 0 \tag{38}
$$

$$
\begin{aligned}
\frac{\partial L_n}{\partial \beta_1} &= \frac{\partial}{\partial \beta_1}\left[-n\ln\alpha - \sum_{t=1}^{n}z_t^{\frac{1}{k}} + \left(\frac{1}{k}-1\right)\sum_{t=1}^{n}\ln z_t\right] \\
&= -\sum_{t=1}^{n}\left(\frac{1}{k}z_t^{\frac{1}{k}-1}\frac{\partial z_t}{\partial \beta_1}\right) + \left(\frac{1}{k}-1\right)\sum_{t=1}^{n}\left(\frac{1}{z_t}\frac{\partial z_t}{\partial \beta_1}\right)
\end{aligned}
$$

由 $z_t = 1 - \dfrac{k(x_t-\mu_t)}{\alpha}$ 得

$$
\frac{\partial z_t}{\partial \beta_1} = \frac{\partial}{\partial \beta_1}\left[1 - \frac{k(x_t-\mu_t)}{\alpha}\right] = \frac{\partial}{\partial \mu_t}\left[1 - \frac{k(x_t-\mu_t)}{\alpha}\right]\frac{\partial \mu_t}{\partial \beta_1}
$$

由 $\mu_t = \beta_1 + \beta_2 t$, $\dfrac{\partial \mu_t}{\partial \beta_1} = \dfrac{\partial}{\partial \beta_1}(\beta_1 + \beta_2 t) = 1$; $\dfrac{\partial \mu_t}{\partial \beta_2} = \dfrac{\partial}{\partial \beta_2}(\beta_1 + \beta_2 t) = t$, 则

$$
\frac{\partial z_t}{\partial \beta_1} = \frac{\partial}{\partial \beta_1}\left[1 - \frac{k(x_t-\mu_t)}{\alpha}\right] = \frac{\partial}{\partial \mu_t}\left[1 - \frac{k(x_t-\mu_t)}{\alpha}\right]\frac{\partial \mu_t}{\partial \beta_1} = \frac{k}{\alpha}\cdot 1 = \frac{k}{\alpha}
$$

综合有

$$
\frac{\partial L_n}{\partial \beta_1} = -\sum_{t=1}^{n}\left(\frac{1}{k}z_t^{\frac{1}{k}-1}\frac{\partial z_t}{\partial \beta_1}\right) + \left(\frac{1}{k}-1\right)\sum_{t=1}^{n}\left(\frac{1}{z_t}\frac{\partial z_t}{\partial \beta_1}\right)
$$

$$= \sum_{t=1}^{n} \left(\frac{1-k}{z_t k} - \frac{z_t^{\frac{1}{k}-1}}{k} \right) \frac{\partial z_t}{\partial \beta_1} = \frac{1}{k} \sum_{t=1}^{n} \left(\frac{1-k-z_t^{\frac{1}{k}-1}}{z_t} \right) \frac{\partial z_t}{\partial \beta_1}$$

$$= \frac{1}{\alpha} \sum_{t=1}^{n} \left(\frac{1-k-z_t^{\frac{1}{k}-1}}{z_t} \right)$$

即

$$\sum_{t=1}^{n} \left(\frac{1-k-z_t^{\frac{1}{k}}}{z_t} \right) = 0 \tag{39}$$

$$\frac{\partial L_n}{\partial \beta_2} = \frac{\partial}{\partial \beta_2} \left[-n \ln \alpha - \sum_{t=1}^{n} z_t^{\frac{1}{k}} + \left(\frac{1}{k} - 1 \right) \sum_{t=1}^{n} \ln z_t \right]$$

$$= -\sum_{t=1}^{n} \left(\frac{1}{k} z_t^{\frac{1}{k}-1} \frac{\partial z_t}{\partial \beta_2} \right) + \left(\frac{1}{k} - 1 \right) \sum_{t=1}^{n} \left(\frac{1}{z_t} \frac{\partial z_t}{\partial \beta_2} \right)$$

由 $z_t = 1 - \dfrac{k(x_t - \mu_t)}{\alpha}$ 得

$$\frac{\partial z_t}{\partial \beta_2} = \frac{\partial}{\partial \beta_2} \left[1 - \frac{k(x_t - \mu_t)}{\alpha} \right] = \frac{\partial}{\partial \mu_t} \left[1 - \frac{k(x_t - \mu_t)}{\alpha} \right] \frac{\partial \mu_t}{\partial \beta_2}$$

则 $\dfrac{\partial z_t}{\partial \beta_2} = \dfrac{\partial}{\partial \beta_2} \left[1 - \dfrac{k(x_t - \mu_t)}{\alpha} \right] = \dfrac{\partial}{\partial \mu_t} \left[1 - \dfrac{k(x_t - \mu_t)}{\alpha} \right] \dfrac{\partial \mu_t}{\partial \beta_2} = \dfrac{k}{\alpha} \cdot t.$ 综合有

$$\frac{\partial L_n}{\partial \beta_2} = -\sum_{t=1}^{n} \left(\frac{1}{k} z_t^{\frac{1}{k}-1} \frac{\partial z_t}{\partial \beta_2} \right) + \left(\frac{1}{k} - 1 \right) \sum_{t=1}^{n} \left(\frac{1}{z_t} \frac{\partial z_t}{\partial \beta_2} \right)$$

$$= \sum_{t=1}^{n} \left(\frac{1-k}{z_t k} - \frac{z_t^{\frac{1}{k}-1}}{k} \right) \frac{\partial z_t}{\partial \beta_2}$$

$$= \frac{1}{k} \sum_{t=1}^{n} \left(\frac{1-k-z_t^{\frac{1}{k}-1}}{z_t} \right) \frac{\partial z_t}{\partial \beta_2}$$

$$= \frac{1}{\alpha} \sum_{t=1}^{n} \left(t \cdot \frac{1-k-z_t^{\frac{1}{k}-1}}{z_t} \right)$$

即

$$\sum_{i=1}^{n} \left(t \cdot \frac{1-k-z_i^{\frac{1}{k}}}{z_i} \right) = 0 \tag{40}$$

综合以上结果, 对于 GEV 1 模型, 参数组成的方程组为

$$
\begin{cases}
\sum_{t=1}^{n}\left(\dfrac{1-k-z_t^{\frac{1}{k}}}{z_t}\right)=0 \\[3mm]
\sum_{t=1}^{n}\left(t\cdot\dfrac{1-k-z_t^{\frac{1}{k}}}{z_t}\right)=0 \\[3mm]
-n+\sum_{t=1}^{n}\left[\left(\dfrac{1-k-z_t^{\frac{1}{k}}}{z_t}\right)\dfrac{(x_t-\mu_t)}{\alpha}\right]=0 \\[3mm]
\sum_{t=1}^{n}\left[\left(1-z_t^{\frac{1}{k}}\right)\ln z_t+\dfrac{1-k-z_t^{\frac{1}{k}}}{z_t}k\left(\dfrac{x_t-\mu_t}{\alpha}\right)\right]=0
\end{cases} \tag{41}
$$

(2) GEV 2 模型.

GEV 2 模型考虑 $\mu_t=\beta_1+\beta_2t+\beta_3t^2$, $\alpha_t=\alpha$, $k_t=k$, 则有对数似然函数为

$$
L_n\left(\underline{x}|\mu_t,\alpha,k\right)=-n\ln\alpha-\sum_{t=1}^{n}z_t^{\frac{1}{k}}+\left(\frac{1}{k}-1\right)\sum_{t=1}^{n}\ln z_t;\quad \mu_t=\beta_1+\beta_2t+\beta_3t^2 \tag{42}
$$

式中, $z_t=1-\dfrac{k\left(x_t-\mu_t\right)}{\alpha}$. 显然 GEV 2 模型有 5 个参数 $(\beta_1,\beta_2,\beta_3,\alpha,k)$, $L_n(\underline{x}|\mu_t,\alpha,k)$ 分别对参数求导, 有

$$
\begin{cases}
\sum_{t=1}^{n}\left(\dfrac{1-k-z_t^{\frac{1}{k}}}{z_t}\right)=0 \\[3mm]
\sum_{t=1}^{n}\left(t\cdot\dfrac{1-k-z_t^{\frac{1}{k}}}{z_t}\right)=0 \\[3mm]
\sum_{t=1}^{n}\left(t^2\cdot\dfrac{1-k-z_t^{\frac{1}{k}}}{z_t}\right)=0 \\[3mm]
-n+\sum_{t=1}^{n}\left[\left(\dfrac{1-k-z_t^{\frac{1}{k}}}{z_t}\right)\dfrac{(x_t-\mu_t)}{\alpha}\right]=0 \\[3mm]
\sum_{t=1}^{n}\left[\left(1-z_t^{\frac{1}{k}}\right)\ln z_t+\dfrac{1-k-z_t^{\frac{1}{k}}}{z_t}k\left(\dfrac{x_t-\mu_t}{\alpha}\right)\right]=0
\end{cases} \tag{43}
$$

(3) GEV 3 模型.

设参数随时间变化, GEV 3 模型考虑 $\mu_t=\beta_1+\beta_2t$, $\alpha_t=a_1+a_2t$, $k_t=k$, 则有似然函数为

$$
L_n\left(\underline{x}|\mu_t,\alpha_t,k_t\right)=\prod_{t=1}^{n}\frac{1}{\alpha_t}\exp\left\{-\left[1-\frac{k_t\left(x_t-\mu_t\right)}{\alpha_t}\right]^{\frac{1}{k_t}}\right\}\left[1-\frac{k_t\left(x_t-\mu_t\right)}{\alpha_t}\right]^{\frac{1}{k_t}-1}
$$

取对数, 有

$$
\begin{aligned}
L_n\left(\underline{x}|\mu_t,\alpha_t,k\right) = & -\sum_{t=1}^{n}\ln\alpha_t - \sum_{t=1}^{n}\left[1-\frac{k\left(x_t-\mu_t\right)}{\alpha_t}\right]^{\frac{1}{k}} \\
& + \left(\frac{1}{k}-1\right)\sum_{t=1}^{n}\ln\left[1-\frac{k\left(x_t-\mu_t\right)}{\alpha_t}\right]
\end{aligned}
\tag{44}
$$

令 $z_t = 1 - \dfrac{k\left(x_t-\mu_t\right)}{\alpha_t}$, 有

$$
L_n\left(\underline{x}|\mu_t,a_1,a_2,k\right) = -\sum_{t=1}^{n}\ln\alpha_t - \sum_{t=1}^{n}z_t^{\frac{1}{k}} + \left(\frac{1}{k}-1\right)\sum_{t=1}^{n}\ln z_t
$$

$$
\mu_t = \beta_1 + \beta_2 t; \quad \alpha_t = a_1 + a_2 t
\tag{45}
$$

$$
\frac{\partial\mu_t}{\partial\beta_1} = \frac{\partial}{\partial\beta_1}\left(\beta_1+\beta_2 t\right) = 1; \quad \frac{\partial\mu_t}{\partial\beta_2} = \frac{\partial}{\partial\beta_2}\left(\beta_1+\beta_2 t\right) = t
$$

$$
\frac{\partial\alpha_t}{\partial a_1} = \frac{\partial}{\partial a_1}\left(a_1+a_2 t\right) = 1; \quad \frac{\partial\alpha_t}{\partial a_2} = \frac{\partial}{\partial a_2}\left(a_1+a_2 t\right) = t
$$

显然 GEV 1 模型有 4 个参数 $(\beta_1,\beta_2,a_1,a_2,k)$, $L_n\left(\underline{x}|\mu_t,a_1,a_2,k\right)$ 分别对参数求导, 有

$$
\begin{aligned}
\frac{\partial L_n}{\partial a_1} &= \frac{\partial}{\partial a_1}\left[-\sum_{t=1}^{n}\ln\alpha_t - \sum_{t=1}^{n}z_t^{\frac{1}{k}} + \left(\frac{1}{k}-1\right)\sum_{t=1}^{n}\ln z_t\right] \\
&= -\sum_{t=1}^{n}\left(\frac{1}{\alpha_t}\frac{\partial\alpha_t}{\partial a_1}\right) - \sum_{t=1}^{n}\left(\frac{1}{k}z_t^{\frac{1}{k}-1}\frac{\partial z_t}{\partial a_1}\right) + \left(\frac{1}{k}-1\right)\sum_{t=1}^{n}\left(\frac{1}{z_t}\frac{\partial z_t}{\partial a_1}\right)
\end{aligned}
$$

由 $z_t = 1 - \dfrac{k\left(x_t-\mu_t\right)}{\alpha_t}$ 得 $\dfrac{\partial z_t}{\partial a_1} = \dfrac{\partial}{\partial a_1}\left[1-\dfrac{k\left(x_t-\mu_t\right)}{\alpha_t}\right] = \dfrac{k\left(x_t-\mu_t\right)}{\alpha_t^2}\dfrac{\partial\alpha_t}{\partial a_1} = \dfrac{k\left(x_t-\mu_t\right)}{\alpha_t^2}$, 则

$$
\begin{aligned}
\frac{\partial L_n}{\partial a_1} &= -\sum_{t=1}^{n}\frac{1}{\alpha_t} - \sum_{t=1}^{n}\left(\frac{1}{k}z_t^{\frac{1}{k}-1}\frac{\partial z_t}{\partial a_1}\right) + \left(\frac{1}{k}-1\right)\sum_{t=1}^{n}\left(\frac{1}{z_t}\frac{\partial z_t}{\partial a_1}\right) \\
&= -\sum_{t=1}^{n}\frac{1}{\alpha_t} + \sum_{t=1}^{n}\left(\frac{1-k}{z_t k}-\frac{z_t^{\frac{1}{k}-1}}{k}\right)\frac{\partial z_t}{\partial a_1} = -\sum_{t=1}^{n}\frac{1}{\alpha_t} + \sum_{t=1}^{n}\left(\frac{1-k+z_t^{\frac{1}{k}}}{z_t k}\right)\frac{\partial z_t}{\partial a_1} \\
&= -\sum_{t=1}^{n}\frac{1}{\alpha_t} + \sum_{t=1}^{n}\left(\frac{1-k+z_t^{\frac{1}{k}}}{z_t k}\right)\frac{\partial z_t}{\partial a_1} = -\sum_{t=1}^{n}\frac{1}{\alpha_t} + \sum_{t=1}^{n}\left(\frac{1-k+z_t^{\frac{1}{k}}}{z_t k}\right)\frac{k\left(x_t-\mu_t\right)}{\alpha_t^2} \\
&= -\sum_{t=1}^{n}\frac{1}{\alpha_t} + \sum_{t=1}^{n}\left(\frac{1-k+z_t^{\frac{1}{k}}}{z_t}\right)\frac{x_t-\mu_t}{\alpha_t^2}
\end{aligned}
$$

令 $\dfrac{\partial L_n}{\partial \alpha_t} = 0$, 有

$$-\sum_{t=1}^{n} \frac{1}{\alpha_t} + \sum_{t=1}^{n}\left[\left(\frac{1-k-z_t^{\frac{1}{k}}}{z_t}\right)\frac{(x_t-\mu_t)}{\alpha_t^2}\right] = 0 \tag{46}$$

$$\frac{\partial L_n}{\partial a_2} = \frac{\partial}{\partial a_2}\left[-\sum_{t=1}^{n}\ln\alpha_t - \sum_{t=1}^{n}z_t^{\frac{1}{k}} + \left(\frac{1}{k}-1\right)\sum_{t=1}^{n}\ln z_t\right]$$

$$= -\sum_{t=1}^{n}\left(\frac{1}{\alpha_t}\frac{\partial\alpha_t}{\partial a_2}\right) - \sum_{t=1}^{n}\left(\frac{1}{k}z_t^{\frac{1}{k}-1}\frac{\partial z_t}{\partial a_2}\right) + \left(\frac{1}{k}-1\right)\sum_{t=1}^{n}\left(\frac{1}{z_t}\frac{\partial z_t}{\partial a_2}\right)$$

由 $z_t = 1 - \dfrac{k(x_t-\mu_t)}{\alpha_t}$ 得, $\dfrac{\partial z_t}{\partial a_2} = \dfrac{\partial}{\partial a_2}\left[1 - \dfrac{k(x_t-\mu_t)}{\alpha_t}\right] = \dfrac{k(x_t-\mu_t)}{\alpha_t^2}\dfrac{\partial\alpha_t}{\partial a_2} = \dfrac{k(x_t-\mu_t)}{\alpha_t^2}t$, 则

$$\frac{\partial L_n}{\partial a_2} = -\sum_{t=1}^{n}\left(\frac{1}{\alpha_t}\frac{\partial\alpha_t}{\partial a_2}\right) - \sum_{t=1}^{n}\left(\frac{1}{k}z_t^{\frac{1}{k}-1}\frac{\partial z_t}{\partial a_2}\right) + \left(\frac{1}{k}-1\right)\sum_{t=1}^{n}\left(\frac{1}{z_t}\frac{\partial z_t}{\partial a_2}\right)$$

$$= -\sum_{t=1}^{n}\left(\frac{1}{\alpha_t}\frac{\partial\alpha_t}{\partial a_2}\right) + \sum_{t=1}^{n}\left(\frac{1-k}{z_t k} - \frac{z_t^{\frac{1}{k}-1}}{k}\right)\frac{\partial z_t}{\partial a_1}$$

$$= -\sum_{t=1}^{n}\left(\frac{1}{\alpha_t}\frac{\partial\alpha_t}{\partial a_2}\right) + \sum_{t=1}^{n}\left(\frac{1-k+z_t^{\frac{1}{k}}}{z_t k}\right)\frac{\partial z_t}{\partial a_1}$$

$$= -\sum_{t=1}^{n}\frac{t}{\alpha_t} + \sum_{t=1}^{n}\left(\frac{1-k+z_t^{\frac{1}{k}}}{z_t k}\right)\frac{\partial z_t}{\partial a_1}$$

$$= -\sum_{t=1}^{n}\frac{t}{\alpha_t} + \sum_{t=1}^{n}\left(\frac{1-k+z_t^{\frac{1}{k}}}{z_t k}\right)\frac{k(x_t-\mu_t)}{\alpha_t^2}t$$

$$= -\sum_{t=1}^{n}\frac{t}{\alpha_t} + \sum_{t=1}^{n}\left(\frac{1-k+z_t^{\frac{1}{k}}}{z_t}\right)\frac{x_t-\mu_t}{\alpha_t^2}t$$

令 $\dfrac{\partial L_n}{\partial \alpha_t} = 0$, 有

$$-\sum_{t=1}^{n}\frac{t}{\alpha_t} + \sum_{t=1}^{n}\left[\left(\frac{1-k-z_t^{\frac{1}{k}}}{z_t}\right)\frac{x_t-\mu_t}{\alpha_t^2}t\right] = 0 \tag{47}$$

$$\frac{\partial L_n}{\partial k} = \frac{\partial}{\partial k}\left[-\sum_{t=1}^{n}\ln\alpha_t - \sum_{t=1}^{n}z_t^{\frac{1}{k}} + \left(\frac{1}{k}-1\right)\sum_{t=1}^{n}\ln z_t\right]$$

$$= -\frac{\partial}{\partial k}\left(\sum_{t=1}^{n} z_t^{\frac{1}{k}}\right) + \frac{\partial}{\partial k}\left[\left(\frac{1}{k}-1\right)\sum_{t=1}^{n}\ln z_t\right]$$

令 $y = z_t^{\frac{1}{k}}$, $\ln y = \frac{1}{k}\ln z_t$, $\frac{1}{y}\frac{\partial y}{\partial k} = -\frac{1}{k^2}\ln z_t + \frac{1}{k}\frac{1}{z_t}\left(-\frac{x_t-\mu_t}{\alpha_t}\right)$, 则

$$\frac{\partial y}{\partial k} = \frac{\partial z_t^{\frac{1}{k}}}{\partial k} = z_t^{\frac{1}{k}}\left[-\frac{1}{k^2}\ln z_t + \frac{1}{k}\frac{1}{z_t}\left(-\frac{x_t-\mu_t}{\alpha_t}\right)\right]$$

$$= \left[-\frac{z_t^{\frac{1}{k}}}{k^2}\ln z_t + \frac{z_t^{\frac{1}{k}-1}}{k}\left(-\frac{x_t-\mu_t}{\alpha_t}\right)\right]$$

$$\frac{\partial}{\partial k}\left[\left(\frac{1}{k}-1\right)\sum_{t=1}^{n}\ln z_t\right] = \sum_{t=1}^{n}\left(-\frac{1}{k^2}\ln z_t\right) + \sum_{t=1}^{n}\left\{\left(\frac{k-1}{k}\right)\frac{1}{z_t}\left(\frac{x_t-\mu_t}{\alpha_t}\right)\right\}$$

则

$$\frac{\partial L_n}{\partial k} = -\frac{\partial}{\partial k}\left(\sum_{t=1}^{n} z_t^{\frac{1}{k}}\right) + \frac{\partial}{\partial k}\left[\left(\frac{1}{k}-1\right)\sum_{t=1}^{n}\ln z_t\right]$$

$$= \sum_{t=1}^{n}\left[\frac{z_t^{\frac{1}{k}}}{k^2}\ln z_t + \frac{z_t^{\frac{1}{k}-1}}{k}\left(\frac{x_t-\mu_t}{\alpha_t}\right)\right] + \sum_{t=1}^{n}\left(-\frac{1}{k^2}\ln z_t\right)$$

$$+ \sum_{t=1}^{n}\left\{\left(\frac{k-1}{k}\right)\frac{1}{z_t}\left(\frac{x_t-\mu_t}{\alpha_t}\right)\right\}$$

$$= \sum_{t=1}^{n}\left[\frac{z_t^{\frac{1}{k}}}{k^2}\ln z_t - \frac{1}{k^2}\ln z_t + \frac{z_t^{\frac{1}{k}-1}}{k}\left(\frac{x_t-\mu_t}{\alpha_t}\right) + \left(\frac{k-1}{k}\right)\frac{1}{z_t}\left(\frac{x_t-\mu_t}{\alpha_t}\right)\right]$$

$$= \frac{1}{k^2}\sum_{t=1}^{n}\left[z_t^{\frac{1}{k}}\ln z_t - \ln z_t + kz_t^{\frac{1}{k}-1}\left(\frac{x_t-\mu_t}{\alpha_t}\right) + (k-1)\frac{1}{z_t}\left(\frac{x_t-\mu_t}{\alpha_t}\right)\right]$$

$$= \frac{1}{k^2}\sum_{t=1}^{n}\left[\left(z_t^{\frac{1}{k}}-1\right)\ln z_t + k\frac{k-1+z_t^{\frac{1}{k}}}{z_t}\left(\frac{x_t-\mu_t}{\alpha_t}\right)\right]$$

则

$$\sum_{t=1}^{n}\left[\left(1-z_t^{\frac{1}{k}}\right)\ln z_t + \frac{1-k-z_t^{\frac{1}{k}}}{z_t}k\left(\frac{x_t-\mu_t}{\alpha_t}\right)\right] = 0 \tag{48}$$

$$\frac{\partial L_n}{\partial \beta_1} = \frac{\partial}{\partial \beta_1}\left[-\sum_{t=1}^{n}\ln \alpha_t - \sum_{t=1}^{n} z_t^{\frac{1}{k}} + \left(\frac{1}{k}-1\right)\sum_{t=1}^{n}\ln z_t\right]$$

$$= -\sum_{t=1}^{n}\left(\frac{1}{k}z_t^{\frac{1}{k}-1}\frac{\partial z_t}{\partial \beta_1}\right) + \left(\frac{1}{k}-1\right)\sum_{t=1}^{n}\left(\frac{1}{z_t}\frac{\partial z_t}{\partial \beta_1}\right)$$

由 $z_t = 1 - \dfrac{k(x_t - \mu_t)}{\alpha_t}$ 得

$$\frac{\partial z_t}{\partial \beta_1} = \frac{\partial}{\partial \beta_1}\left[1 - \frac{k(x_t - \mu_t)}{\alpha_t}\right] = \frac{\partial}{\partial \mu_t}\left[1 - \frac{k(x_t - \mu_t)}{\alpha_t}\right]\frac{\partial \mu_t}{\partial \beta_1}$$

由 $\mu_t = \beta_1 + \beta_2 t$ 得 $\dfrac{\partial \mu_t}{\partial \beta_1} = \dfrac{\partial}{\partial \beta_1}(\beta_1 + \beta_2 t) = 1$; $\dfrac{\partial \mu_t}{\partial \beta_2} = \dfrac{\partial}{\partial \beta_2}(\beta_1 + \beta_2 t) = t$, 则

$\dfrac{\partial z_t}{\partial \beta_1} = \dfrac{\partial}{\partial \beta_1}\left[1 - \dfrac{k(x_t - \mu_t)}{\alpha_t}\right] = \dfrac{\partial}{\partial \mu_t}\left[1 - \dfrac{k(x_t - \mu_t)}{\alpha_t}\right]\dfrac{\partial \mu_t}{\partial \beta_1} = \dfrac{k}{\alpha_t} \cdot 1 = \dfrac{k}{\alpha_t}$. 综合有

$$\frac{\partial L_n}{\partial \beta_1} = -\sum_{t=1}^{n}\left(\frac{1}{k}z_t^{\frac{1}{k}-1}\frac{\partial z_t}{\partial \beta_1}\right) + \left(\frac{1}{k}-1\right)\sum_{t=1}^{n}\left(\frac{1}{z_t}\frac{\partial z_t}{\partial \beta_1}\right)$$

$$= \sum_{t=1}^{n}\left(\frac{1-k}{z_t k} - \frac{z_t^{\frac{1}{k}-1}}{k}\right)\frac{\partial z_t}{\partial \beta_1} = \frac{1}{k}\sum_{t=1}^{n}\left(\frac{1-k-z_t^{\frac{1}{k}}}{z_t}\right)\frac{\partial z_t}{\partial \beta_1}$$

$$= \frac{1}{\alpha_t}\sum_{t=1}^{n}\left(\frac{1-k-z_t^{\frac{1}{k}}}{z_t}\right)$$

即

$$\sum_{t=1}^{n}\left(\frac{1-k-z_t^{\frac{1}{k}}}{\alpha_t z_t}\right) = 0 \tag{49}$$

$$\frac{\partial L_n}{\partial \beta_2} = \frac{\partial}{\partial \beta_2}\left[-\sum_{t=1}^{n}\ln \alpha_t - \sum_{t=1}^{n}z_t^{\frac{1}{k}} + \left(\frac{1}{k}-1\right)\sum_{t=1}^{n}\ln z_t\right]$$

$$= -\sum_{t=1}^{n}\left(\frac{1}{k}z_t^{\frac{1}{k}-1}\frac{\partial z_t}{\partial \beta_2}\right) + \left(\frac{1}{k}-1\right)\sum_{t=1}^{n}\left(\frac{1}{z_t}\frac{\partial z_t}{\partial \beta_2}\right)$$

由 $z_t = 1 - \dfrac{k(x_t - \mu_t)}{\alpha_t}$ 得

$$\frac{\partial z_t}{\partial \beta_2} = \frac{\partial}{\partial \beta_2}\left[1 - \frac{k(x_t - \mu_t)}{\alpha_t}\right] = \frac{\partial}{\partial \mu_t}\left[1 - \frac{k(x_t - \mu_t)}{\alpha_t}\right]\frac{\partial \mu_t}{\partial \beta_2}$$

则 $\dfrac{\partial z_t}{\partial \beta_2} = \dfrac{\partial}{\partial \beta_2}\left[1 - \dfrac{k(x_t - \mu_t)}{\alpha_t}\right] = \dfrac{\partial}{\partial \mu_t}\left[1 - \dfrac{k(x_t - \mu_t)}{\alpha_t}\right]\dfrac{\partial \mu_t}{\partial \beta_2} = \dfrac{k}{\alpha_t} \cdot t$. 综合有

$$\frac{\partial L_n}{\partial \beta_2} = -\sum_{t=1}^{n}\left(\frac{1}{k}z_t^{\frac{1}{k}-1}\frac{\partial z_t}{\partial \beta_2}\right) + \left(\frac{1}{k}-1\right)\sum_{t=1}^{n}\left(\frac{1}{z_t}\frac{\partial z_t}{\partial \beta_2}\right)$$

$$= \sum_{t=1}^{n}\left(\frac{1-k}{z_t k} - \frac{z_t^{\frac{1}{k}-1}}{k}\right)\frac{\partial z_t}{\partial \beta_2} = \frac{1}{k}\sum_{t=1}^{n}\left(\frac{1-k-z_t^{\frac{1}{k}}}{z_t}\right)\frac{\partial z_t}{\partial \beta_2}$$

$$= \frac{1}{\alpha_t} \sum_{t=1}^{n} \left(t \cdot \frac{1-k-z_t^{\frac{1}{k}}}{z_t} \right)$$

即

$$\sum_{i=1}^{n} \left(t \cdot \frac{1-k-z_i^{\frac{1}{k}}}{\alpha_t z_i} \right) = 0 \tag{50}$$

综合以上结果, 对于 GEV 3 模型, 参数组成的方程组为

$$\begin{cases} \sum\limits_{t=1}^{n} \left(\dfrac{1-k-z_t^{\frac{1}{k}}}{\alpha_t z_t} \right) = 0 \\ \sum\limits_{t=1}^{n} \left(t \cdot \dfrac{1-k-z_i^{\frac{1}{k}}}{\alpha_t z_t} \right) = 0 \\ -\sum\limits_{t=1}^{n} \dfrac{1}{\alpha_t} + \sum\limits_{t=1}^{n} \left[\left(\dfrac{1-k-z_t^{\frac{1}{k}}}{z_t} \right) \dfrac{(x_t-\mu_t)}{\alpha_t^2} \right] = 0 \\ -\sum\limits_{t=1}^{n} \dfrac{t}{\alpha_t} + \sum\limits_{t=1}^{n} \left[\left(\dfrac{1-k-z_t^{\frac{1}{k}}}{z_t} \right) \dfrac{(x_t-\mu_t)}{\alpha_t^2} t \right] = 0 \\ \sum\limits_{t=1}^{n} \left[\left(1-z_t^{\frac{1}{k}} \right) \ln z_t + \dfrac{1-k-z_t^{\frac{1}{k}}}{z_t} k \left(\dfrac{x_t-\mu_t}{\alpha_t} \right) \right] = 0 \end{cases} \tag{51}$$

或通用表达式为

$$L_n \left(\underline{x} | \mu_t, \alpha_t, k_t \right) = \prod_{t=1}^{n} \frac{1}{\alpha_t} \exp \left\{ - \left[1 - \frac{k_t (x_t - \mu_t)}{\alpha_t} \right]^{\frac{1}{k_t}} \right\} \left[1 - \frac{k_t (x_t - \mu_t)}{\alpha_t} \right]^{\frac{1}{k_t} - 1}$$

取对数有

$$L_n \left(\underline{x} | \mu_t, \alpha_t, k \right) = - \sum_{t=1}^{n} \ln \alpha_t - \sum_{t=1}^{n} \left[1 - \frac{k (x_t - \mu_t)}{\alpha_t} \right]^{\frac{1}{k}}$$

$$+ \left(\frac{1}{k} - 1 \right) \sum_{t=1}^{n} \ln \left[1 - \frac{k (x_t - \mu_t)}{\alpha_t} \right] \tag{52}$$

显然 GEV 3 模型有 4 个参数 $(\beta_1, \beta_2, a_1, a_2, k)$, $L_n \left(\underline{x} | \mu_t, a_1, a_2, k \right)$ 分别对参数求导, 有

$$\frac{\partial L_n}{\partial \beta_1} = \frac{\partial}{\partial \beta_1} \left[- \sum_{t=1}^{n} \ln \alpha_t - \sum_{t=1}^{n} z_t^{\frac{1}{k}} + \left(\frac{1}{k} - 1 \right) \sum_{t=1}^{n} \ln z_t \right]$$

$$= - \sum_{t=1}^{n} \left(\frac{1}{k} z_t^{\frac{1}{k} - 1} \frac{\partial z_t}{\partial \beta_1} \right) + \left(\frac{1}{k} - 1 \right) \sum_{t=1}^{n} \left(\frac{1}{z_t} \frac{\partial z_t}{\partial \beta_1} \right) \tag{53}$$

$$\frac{\partial L_n}{\partial \beta_2} = \frac{\partial}{\partial \beta_2} \left[-\sum_{t=1}^{n} \ln \alpha_t - \sum_{t=1}^{n} z_t^{\frac{1}{k}} + \left(\frac{1}{k} - 1 \right) \sum_{t=1}^{n} \ln z_t \right]$$

$$= -\sum_{t=1}^{n} \left(\frac{1}{k} z_t^{\frac{1}{k}-1} \frac{\partial z_t}{\partial \beta_2} \right) + \left(\frac{1}{k} - 1 \right) \sum_{t=1}^{n} \left(\frac{1}{z_t} \frac{\partial z_t}{\partial \beta_2} \right) \tag{54}$$

$$\frac{\partial L_n}{\partial a_1} = \frac{\partial}{\partial a_1} \left[-\sum_{t=1}^{n} \ln \alpha_t - \sum_{t=1}^{n} z_t^{\frac{1}{k}} + \left(\frac{1}{k} - 1 \right) \sum_{t=1}^{n} \ln z_t \right]$$

$$= -\sum_{t=1}^{n} \left(\frac{1}{\alpha_t} \frac{\partial \alpha_t}{\partial a_1} \right) - \sum_{t=1}^{n} \left(\frac{1}{k} z_t^{\frac{1}{k}-1} \frac{\partial z_t}{\partial a_1} \right) + \left(\frac{1}{k} - 1 \right) \sum_{t=1}^{n} \left(\frac{1}{z_t} \frac{\partial z_t}{\partial a_1} \right) \tag{55}$$

$$\frac{\partial L_n}{\partial a_2} = \frac{\partial}{\partial a_2} \left[-\sum_{t=1}^{n} \ln \alpha_t - \sum_{t=1}^{n} z_t^{\frac{1}{k}} + \left(\frac{1}{k} - 1 \right) \sum_{t=1}^{n} \ln z_t \right]$$

$$= -\sum_{t=1}^{n} \left(\frac{1}{\alpha_t} \frac{\partial \alpha_t}{\partial a_2} \right) - \sum_{t=1}^{n} \left(\frac{1}{k} z_t^{\frac{1}{k}-1} \frac{\partial z_t}{\partial a_2} \right) + \left(\frac{1}{k} - 1 \right) \sum_{t=1}^{n} \left(\frac{1}{z_t} \frac{\partial z_t}{\partial a_2} \right) \tag{56}$$

$$\frac{\partial L_n}{\partial k} = \frac{\partial}{\partial k} \left[-\sum_{t=1}^{n} \ln \alpha_t - \sum_{t=1}^{n} z_t^{\frac{1}{k}} + \left(\frac{1}{k} - 1 \right) \sum_{t=1}^{n} \ln z_t \right]$$

$$= -\frac{\partial}{\partial k} \left(\sum_{t=1}^{n} z_t^{\frac{1}{k}} \right) + \frac{\partial}{\partial k} \left[\left(\frac{1}{k} - 1 \right) \sum_{t=1}^{n} \ln z_t \right]$$

令 $y = z_t^{\frac{1}{k}}$, $\ln y = \frac{1}{k} \ln z_t$, $\frac{1}{y} \frac{\partial y}{\partial k} = -\frac{1}{k^2} \ln z_t + \frac{1}{k} \frac{1}{z_t} \left(-\frac{x_t - \mu_t}{\alpha_t} \right)$, 则

$$\frac{\partial y}{\partial k} = \frac{\partial z_t^{\frac{1}{k}}}{\partial k} = z_t^{\frac{1}{k}} \left[-\frac{1}{k^2} \ln z_t + \frac{1}{k} \frac{1}{z_t} \left(-\frac{x_t - \mu_t}{\alpha_t} \right) \right]$$

$$= \left[-\frac{z_t^{\frac{1}{k}}}{k^2} \ln z_t + \frac{z_t^{\frac{1}{k}-1}}{k} \left(-\frac{x_t - \mu_t}{\alpha_t} \right) \right]$$

$$\frac{\partial}{\partial k} \left[\left(\frac{1}{k} - 1 \right) \sum_{t=1}^{n} \ln z_t \right] = \sum_{t=1}^{n} \left(-\frac{1}{k^2} \ln z_t \right) + \sum_{t=1}^{n} \left\{ \left(\frac{k-1}{k} \right) \frac{1}{z_t} \left(\frac{x_t - \mu_t}{\alpha_t} \right) \right\}$$

则

$$\frac{\partial L_n}{\partial k} = -\frac{\partial}{\partial k} \left(\sum_{t=1}^{n} z_t^{\frac{1}{k}} \right) + \frac{\partial}{\partial k} \left[\left(\frac{1}{k} - 1 \right) \sum_{t=1}^{n} \ln z_t \right]$$

$$= \sum_{t=1}^{n} \left[\frac{z_t^{\frac{1}{k}}}{k^2} \ln z_t + \frac{z_t^{\frac{1}{k}-1}}{k} \left(\frac{x_t - \mu_t}{\alpha_t} \right) \right] + \sum_{t=1}^{n} \left(-\frac{1}{k^2} \ln z_t \right)$$

$$+ \sum_{t=1}^{n} \left\{ \left(\frac{k-1}{k} \right) \frac{1}{z_t} \left(\frac{x_t - \mu_t}{\alpha_t} \right) \right\}$$

$$= \sum_{t=1}^{n} \left[\frac{z_t^{\frac{1}{k}}}{k^2} \ln z_t - \frac{1}{k^2} \ln z_t + \frac{z_t^{\frac{1}{k}-1}}{k} \left(\frac{x_t - \mu_t}{\alpha_t} \right) + \left(\frac{k-1}{k} \right) \frac{1}{z_t} \left(\frac{x_t - \mu_t}{\alpha_t} \right) \right]$$

$$= \frac{1}{k^2} \sum_{t=1}^{n} \left[z_t^{\frac{1}{k}} \ln z_t - \ln z_t + k z_t^{\frac{1}{k}-1} \left(\frac{x_t - \mu_t}{\alpha_t} \right) + (k-1) \frac{1}{z_t} \left(\frac{x_t - \mu_t}{\alpha_t} \right) \right]$$

$$= \frac{1}{k^2} \sum_{t=1}^{n} \left[\left(z_t^{\frac{1}{k}} - 1 \right) \ln z_t + k \frac{k-1+z_t^{\frac{1}{k}}}{z_t} \left(\frac{x_t - \mu_t}{\alpha_t} \right) \right]$$

则

$$\sum_{t=1}^{n} \left[\left(1 - z_t^{\frac{1}{k}} \right) \ln z_t + \frac{1-k-z_t^{\frac{1}{k}}}{z_t} k \left(\frac{x_t - \mu_t}{\alpha_t} \right) \right] = 0 \tag{57}$$

式中, $\mu_t = \beta_1 + \beta_2 t$; $\alpha_t = a_1 + a_2 t$; $z_t = 1 - \dfrac{k(x_t - \mu_t)}{\alpha_t}$;

$$\frac{\partial z_t}{\partial \beta_1} = \frac{\partial}{\partial \beta_1} \left[1 - \frac{k(x_t - \mu_t)}{\alpha_t} \right] = \frac{k}{\alpha_t} \frac{\partial \mu_t}{\partial \beta_1}; \quad \frac{\partial z_t}{\partial \beta_2} = \frac{\partial}{\partial \beta_2} \left[1 - \frac{k(x_t - \mu_t)}{\alpha_t} \right] = \frac{k}{\alpha_t} \frac{\partial \mu_t}{\partial \beta_2}$$

$$\frac{\partial z_t}{\partial a_1} = \frac{\partial}{\partial a_1} \left[1 - \frac{k(x_t - \mu_t)}{\alpha_t} \right] = \frac{k(x_t - \mu_t)}{\alpha_t^2} \frac{\partial \alpha_t}{\partial a_1}$$

$$\frac{\partial z_t}{\partial a_2} = \frac{\partial}{\partial a_2} \left[1 - \frac{k(x_t - \mu_t)}{\alpha_t} \right] = \frac{k(x_t - \mu_t)}{\alpha_t^2} \frac{\partial \alpha_t}{\partial a_2}$$

$$\frac{\partial \mu_t}{\partial \beta_1} = \frac{\partial}{\partial \beta_1} (\beta_1 + \beta_2 t) = 1; \quad \frac{\partial \mu_t}{\partial \beta_2} = \frac{\partial}{\partial \beta_2} (\beta_1 + \beta_2 t) = t$$

$$\frac{\partial \alpha_t}{\partial a_1} = \frac{\partial}{\partial a_1} (a_1 + a_2 t) = 1; \quad \frac{\partial \alpha_t}{\partial a_2} = \frac{\partial}{\partial a_2} (a_1 + a_2 t) = t$$

(4) GEV 4 模型.

设参数随时间变化, GEV 4 模型考虑 $\mu_t = \beta_1 + \beta_2 t$, $\ln \alpha_t = a_1 + a_2 t$, $k_t = k$, 则有似然函数为

$$L_n \left(\underline{x} | \mu_t, \alpha_t, k_t \right) = \prod_{t=1}^{n} \frac{1}{\alpha_t} \exp \left\{ - \left[1 - \frac{k_t(x_t - \mu_t)}{\alpha_t} \right]^{\frac{1}{k_t}} \right\} \left[1 - \frac{k_t(x_t - \mu_t)}{\alpha_t} \right]^{\frac{1}{k_t}-1}$$

取对数有

$$L_n \left(\underline{x} | \mu_t, \alpha_t, k \right) = - \sum_{t=1}^{n} \ln \alpha_t - \sum_{t=1}^{n} \left[1 - \frac{k(x_t - \mu_t)}{\alpha_t} \right]^{\frac{1}{k}}$$

$$+ \left(\frac{1}{k} - 1 \right) \sum_{t=1}^{n} \ln \left[1 - \frac{k \left(x_t - \mu_t \right)}{\alpha_t} \right] \tag{58}$$

显然 GEV 4 模型有 4 个参数 $(\beta_1, \beta_2, a_1, a_2, k)$, $L_n \left(\underline{x} | \mu_t, a_1, a_2, k \right)$ 分别对参数求导, 有

$$\begin{aligned}
\frac{\partial L_n}{\partial \beta_1} &= \frac{\partial}{\partial \beta_1} \left[-\sum_{t=1}^{n} \ln \alpha_t - \sum_{t=1}^{n} z_t^{\frac{1}{k}} + \left(\frac{1}{k} - 1 \right) \sum_{t=1}^{n} \ln z_t \right] \\
&= -\sum_{t=1}^{n} \left(\frac{1}{k} z_t^{\frac{1}{k}-1} \frac{\partial z_t}{\partial \beta_1} \right) + \left(\frac{1}{k} - 1 \right) \sum_{t=1}^{n} \left(\frac{1}{z_t} \frac{\partial z_t}{\partial \beta_1} \right)
\end{aligned} \tag{59}$$

$$\begin{aligned}
\frac{\partial L_n}{\partial \beta_2} &= \frac{\partial}{\partial \beta_2} \left[-\sum_{t=1}^{n} \ln \alpha_t - \sum_{t=1}^{n} z_t^{\frac{1}{k}} + \left(\frac{1}{k} - 1 \right) \sum_{t=1}^{n} \ln z_t \right] \\
&= -\sum_{t=1}^{n} \left(\frac{1}{k} z_t^{\frac{1}{k}-1} \frac{\partial z_t}{\partial \beta_2} \right) + \left(\frac{1}{k} - 1 \right) \sum_{t=1}^{n} \left(\frac{1}{z_t} \frac{\partial z_t}{\partial \beta_2} \right)
\end{aligned} \tag{60}$$

$$\begin{aligned}
\frac{\partial L_n}{\partial a_1} &= \frac{\partial}{\partial a_1} \left[-\sum_{t=1}^{n} \ln \alpha_t - \sum_{t=1}^{n} z_t^{\frac{1}{k}} + \left(\frac{1}{k} - 1 \right) \sum_{t=1}^{n} \ln z_t \right] \\
&= -\sum_{t=1}^{n} \left(\frac{1}{\alpha_t} \frac{\partial \alpha_t}{\partial a_1} \right) - \sum_{t=1}^{n} \left(\frac{1}{k} z_t^{\frac{1}{k}-1} \frac{\partial z_t}{\partial a_1} \right) + \left(\frac{1}{k} - 1 \right) \sum_{t=1}^{n} \left(\frac{1}{z_t} \frac{\partial z_t}{\partial a_1} \right)
\end{aligned} \tag{61}$$

$$\begin{aligned}
\frac{\partial L_n}{\partial a_2} &= \frac{\partial}{\partial a_2} \left[-\sum_{t=1}^{n} \ln \alpha_t - \sum_{t=1}^{n} z_t^{\frac{1}{k}} + \left(\frac{1}{k} - 1 \right) \sum_{t=1}^{n} \ln z_t \right] \\
&= -\sum_{t=1}^{n} \left(\frac{1}{\alpha_t} \frac{\partial \alpha_t}{\partial a_2} \right) - \sum_{t=1}^{n} \left(\frac{1}{k} z_t^{\frac{1}{k}-1} \frac{\partial z_t}{\partial a_2} \right) + \left(\frac{1}{k} - 1 \right) \sum_{t=1}^{n} \left(\frac{1}{z_t} \frac{\partial z_t}{\partial a_2} \right)
\end{aligned} \tag{62}$$

$$\begin{aligned}
\frac{\partial L_n}{\partial k} &= \frac{\partial}{\partial k} \left[-\sum_{t=1}^{n} \ln \alpha_t - \sum_{t=1}^{n} z_t^{\frac{1}{k}} + \left(\frac{1}{k} - 1 \right) \sum_{t=1}^{n} \ln z_t \right] \\
&= -\frac{\partial}{\partial k} \left(\sum_{t=1}^{n} z_t^{\frac{1}{k}} \right) + \frac{\partial}{\partial k} \left[\left(\frac{1}{k} - 1 \right) \sum_{t=1}^{n} \ln z_t \right]
\end{aligned}$$

令 $y = z_t^{\frac{1}{k}}$, $\ln y = \frac{1}{k} \ln z_t$, $\frac{1}{y} \frac{\partial y}{\partial k} = -\frac{1}{k^2} \ln z_t + \frac{1}{k} \frac{1}{z_t} \left(-\frac{x_t - \mu_t}{\alpha_t} \right)$; 则

$$\frac{\partial y}{\partial k} = \frac{\partial z_t^{\frac{1}{k}}}{\partial k} = z_t^{\frac{1}{k}} \left[-\frac{1}{k^2} \ln z_t + \frac{1}{k} \frac{1}{z_t} \left(-\frac{x_t - \mu_t}{\alpha_t} \right) \right]$$

$$= \left[-\frac{z_t^{\frac{1}{k}}}{k^2} \ln z_t + \frac{z_t^{\frac{1}{k}-1}}{k} \left(-\frac{x_t - \mu_t}{\alpha_t} \right) \right]$$

$$\frac{\partial}{\partial k} \left[\left(\frac{1}{k} - 1 \right) \sum_{t=1}^{n} \ln z_t \right] = \sum_{t=1}^{n} \left(-\frac{1}{k^2} \ln z_t \right) + \sum_{t=1}^{n} \left\{ \left(\frac{k-1}{k} \right) \frac{1}{z_t} \left(\frac{x_t - \mu_t}{\alpha_t} \right) \right\}$$

则

$$
\begin{aligned}
\frac{\partial L_n}{\partial k} &= -\frac{\partial}{\partial k} \left(\sum_{t=1}^{n} z_t^{\frac{1}{k}} \right) + \frac{\partial}{\partial k} \left[\left(\frac{1}{k} - 1 \right) \sum_{t=1}^{n} \ln z_t \right] \\
&= \sum_{t=1}^{n} \left[\frac{z_t^{\frac{1}{k}}}{k^2} \ln z_t + \frac{z_t^{\frac{1}{k}-1}}{k} \left(\frac{x_t - \mu_t}{\alpha_t} \right) \right] + \sum_{t=1}^{n} \left(-\frac{1}{k^2} \ln z_t \right) \\
&\quad + \sum_{t=1}^{n} \left\{ \left(\frac{k-1}{k} \right) \frac{1}{z_t} \left(\frac{x_t - \mu_t}{\alpha_t} \right) \right\} \\
&= \sum_{t=1}^{n} \left[\frac{z_t^{\frac{1}{k}}}{k^2} \ln z_t - \frac{1}{k^2} \ln z_t + \frac{z_t^{\frac{1}{k}-1}}{k} \left(\frac{x_t - \mu_t}{\alpha_t} \right) + \left(\frac{k-1}{k} \right) \frac{1}{z_t} \left(\frac{x_t - \mu_t}{\alpha_t} \right) \right] \\
&= \frac{1}{k^2} \sum_{t=1}^{n} \left[z_t^{\frac{1}{k}} \ln z_t - \ln z_t + k z_t^{\frac{1}{k}-1} \left(\frac{x_t - \mu_t}{\alpha_t} \right) + (k-1) \frac{1}{z_t} \left(\frac{x_t - \mu_t}{\alpha_t} \right) \right] \\
&= \frac{1}{k^2} \sum_{t=1}^{n} \left[\left(z_t^{\frac{1}{k}} - 1 \right) \ln z_t + k \frac{k - 1 + z_t^{\frac{1}{k}}}{z_t} \left(\frac{x_t - \mu_t}{\alpha_t} \right) \right]
\end{aligned}
$$

则

$$\sum_{t=1}^{n} \left[\left(1 - z_t^{\frac{1}{k}} \right) \ln z_t + \frac{1 - k - z_t^{\frac{1}{k}}}{z_t} k \left(\frac{x_t - \mu_t}{\alpha_t} \right) \right] = 0 \tag{63}$$

式中, $\mu_t = \beta_1 + \beta_2 t$; $\ln \alpha_t = a_1 + a_2 t$; $z_t = 1 - \dfrac{k (x_t - \mu_t)}{\alpha_t}$;

$$\frac{\partial z_t}{\partial \beta_1} = \frac{\partial}{\partial \beta_1} \left[1 - \frac{k (x_t - \mu_t)}{\alpha_t} \right] = \frac{k}{\alpha_t} \frac{\partial \mu_t}{\partial \beta_1}$$

$$\frac{\partial z_t}{\partial \beta_2} = \frac{\partial}{\partial \beta_2} \left[1 - \frac{k (x_t - \mu_t)}{\alpha_t} \right] = \frac{k}{\alpha_t} \frac{\partial \mu_t}{\partial \beta_2}$$

$$\frac{\partial z_t}{\partial a_1} = \frac{\partial}{\partial a_1} \left[1 - \frac{k (x_t - \mu_t)}{\alpha_t} \right] = \frac{k (x_t - \mu_t)}{\alpha_t^2} \frac{\partial \alpha_t}{\partial a_1}$$

$$\frac{\partial z_t}{\partial a_2} = \frac{\partial}{\partial a_2} \left[1 - \frac{k (x_t - \mu_t)}{\alpha_t} \right] = \frac{k (x_t - \mu_t)}{\alpha_t^2} \frac{\partial \alpha_t}{\partial a_2}$$

$$\frac{\partial \mu_t}{\partial \beta_1} = \frac{\partial}{\partial \beta_1} (\beta_1 + \beta_2 t) = 1; \qquad \frac{\partial \mu_t}{\partial \beta_2} = \frac{\partial}{\partial \beta_2} (\beta_1 + \beta_2 t) = t$$

$$\frac{\partial \alpha_t}{\partial a_1} = \frac{\partial}{\partial a_1} e^{a_1 + a_2 \cdot t} = e^{a_1 + a_2 \cdot t}; \qquad \frac{\partial \alpha_t}{\partial a_2} = \frac{\partial}{\partial a_2} e^{a_1 + a_2 \cdot t} = t \cdot e^{a_1 + a_2 \cdot t}$$

例 6 美国 Mercer Creek 河流 12120000 水文站年最大洪峰流量见表 18 (Cooley, 2013), 试用非平稳 GEV 分布拟合该序列.

表 18 美国 Mercer Creek 河流 12120000 水文站年最大洪峰流量

水文年	t	日期	流量/cfs	水文年	t	日期	流量/cfs
1956	1	Dec. 20, 1955	242	1985	30	Jun. 07, 1985	353
1957	2	Feb. 25, 1957	180	1986	31	Jan. 18, 1986	832
1958	3	Jan. 17, 1958	238	1987	32	Nov. 24, 1986	504
1959	4	Jan. 24, 1959	220	1988	33	Mar. 26, 1988	331
1960	5	Dec. 15, 1959	210	1989	34	Mar. 05, 1989	228
1961	6	Feb. 24, 1961	192	1990	35	Jan. 09, 1990	664
1962	7	Dec. 17, 1961	168	1991	36	Nov. 24, 1990	532
1963	8	Feb. 03, 1963	150	1992	37	Jan. 27, 1992	279
1964	9	Jan. 01, 1964	224	1993	38	Mar. 23, 1993	282
1965	10	Dec. 22, 1964	193	1994	39	Feb. 17, 1994	187
1966	11	Jan. 06, 1966	187	1995	40	Dec. 27, 1994	312
1967	12	Jan. 19, 1967	254	1996	41	Feb. 08, 1996	547
1968	13	Feb. 04, 1968	175	1997	42	Jan. 01, 1997	622
1969	14	Dec. 04, 1968	248	1998	43	Oct. 30, 1997	322
1970	15	Jan. 14, 1970	189	1999	44	Nov. 25, 1998	432
1971	16	Jan. 15, 1971	202	2000	45	Nov. 12, 1999	388
1972	17	Mar. 06, 1972	402	2001	46	Aug. 23, 2001	301
1973	18	Dec. 16, 1972	243	2002	47	Nov. 14, 2001	547
1974	19	Dec. 07, 1973	315	2003	48		
1975	20	Feb. 20, 1975	340	2004	49	Oct. 20, 2003	754
1976	21	Dec. 04, 1975	274	2005	50	Jan. 17, 2005	385
1977	22	Mar. 09, 1977	264	2006	51	Jan. 30, 2006	460
1978	23	Sep. 22, 1978	400	2007	52	Dec. 14, 2006	488
1979	24	Nov. 04, 1978	466	2008	53	Dec. 03, 2007	908
1980	25	Jan. 12, 1980	518	2009	54	Jan. 08, 2009	363
1981	26	Nov. 21, 1980	414	2010	55	Nov. 26, 2009	316
1982	27	Oct. 06, 1981	670	2011	56	Dec. 12, 2010	703
1983	28	Dec. 03, 1982	612	2012	57	Nov. 22, 2011	284
1984	29	Nov. 20, 1983	404				

根据表 18 数据, 绘制年最大洪峰流量时序图, 见图 11. 由图 11 可看出, 1970—1985 年出现明显的上升趋势, 其原因是这一时期, 流域快速的城市化发展. 因此, 12120000 水文站年最大洪峰流量出现非平稳.

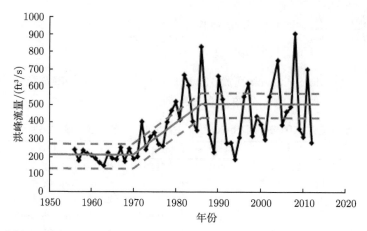

图 11　美国 Mercer Creek 河流 12120000 水文站年最大洪峰流量图

本节应用 4 种模型, 见表 19.

表 19　模型设置

模型	参数	平稳性
GEV 0	$\mu_t = \mu, \quad \alpha_t = \alpha, \quad k_t = k$	平稳
GEV 1	$\mu_t = \beta_1 + \beta_2 z(t), \quad \alpha_t = \alpha, \quad k_t = k$	非平稳
GEV 2	$\mu_t = \beta_1 + \beta_2 z(t), \quad \alpha_t = a_1 + a_2 z(t), \quad k_t = k$	非平稳
GEV 3	$\mu_t = \beta_1 + \beta_2 z(t), \quad \ln \alpha_t = a_1 + a_2 z(t), \quad k_t = k$	非平稳

表 19 中, $z(t)$ 为协变量, 令年份时序 1956—2012 为 $t = 1, 2, \cdots, 57$, 根据图 11 数据的变化, 协变量 $z(t)$ 的取值为

$$z(t) = \begin{cases} 1, & t \leqslant t_1 \\ t - t_1, & t_1 + 1 \leqslant t \leqslant t_2 \\ t_2 - t_1, & t_2 + 1 \leqslant t \leqslant T \end{cases} \tag{64}$$

式中, $t = 1$ 代表 1956 年; $t_1 = 15$ 代表 1970 年; $t_2 = 30$ 代表 1985 年; $T = 57$ 代表 2012 年.

根据表 19 模型和本节 4 种模型的非线性方程组, 经 Matlab 编程求解, 模型参数计算结果见表 20.

模型选择:

$$D = 2\{l_n^*(M_1) - l_n^*(M_2)\} = 2(353.7001 - 346.9803) = 13.4396 > \chi_v^2(1) = 3.841$$

$$D = 2\{l_n^*(M_1) - l_n^*(M_3)\} = 2(353.7001 - 347.5048) = 12.1953 > \chi_v^2(1) = 3.841$$

说明, GEV 2 和 GEV 3 模型分别较 GEV 1 模型拟合该非平稳序列.

表 20　4 种模型参数计算结果

模型	参数	似然函数值	方程组函数值
GEV 0	$\mu = 274.8291$	-360.7013	$f_1 = 0.000028$
	$\alpha = 409.4842$		$f_2 = 0.000000$
	$k = -0.2956$		$f_3 = 0.000003$
GEV 1	$\beta_1 = 267.0349$	-353.7001	$f_1 = -0.000012$
	$\beta_2 = 4.7419$		$f_2 = -0.0000141$
	$\alpha = 101.8375$		$f_3 = 0.0000010$
	$k = -0.1937$		$f_4 = 0.0000000$
GEV 2	$\beta_1 = 262.5180$	-346.9803	$f_1 = 0.000000$
	$\beta_2 = 6.5942$		$f_2 = 0.0000000$
	$a_1 = 81.4670$		$f_3 = 0.0000000$
	$a_2 = 3.9181$		$f_4 = 0.0000001$
	$k = -0.1288$		$f_5 = 0.0000000$
GEV 3	$\beta_1 = 260.0187$	-347.5048	$f_1 = 0.000000$
	$\beta_2 = 6.9596$		$f_2 = 0.0000000$
	$a_1 = 4.3002$		$f_3 = 0.0000000$
	$a_2 = 0.0443$		$f_4 = 0.0000001$
	$k = -0.1476$		$f_5 = 0.0000000$

12.5.3　P-III 型分布模型 (P-III 型 0 模型)

$$f(x) = \frac{1}{\alpha \Gamma(\beta)} \left(\frac{x-\gamma}{\alpha} \right)^{\beta-1} e^{-\frac{x-\gamma}{\alpha}} \tag{65}$$

似然函数为

$$L = \left[\frac{1}{\alpha \Gamma(\beta)} \right]^n \prod_{t=1}^{n} \left(\frac{x_t-\gamma}{\alpha} \right)^{\beta-1} \cdot e^{-\sum_{t=1}^{n} \frac{x_t-\gamma}{\alpha}} \tag{66}$$

对数似然函数为

$$\ln L = -n \ln \alpha - n \ln \Gamma(\beta) + (\beta-1) \sum_{t=1}^{n} \ln(x_t-\gamma)$$

$$- n(\beta-1) \ln \alpha - \frac{1}{\alpha} \sum_{t=1}^{n} (x_t-\gamma) \tag{67}$$

$$\frac{\partial \ln L}{\partial \alpha} = \frac{\partial}{\partial \alpha} \Bigg[-n \ln \alpha - n \ln \Gamma(\beta) + (\beta-1) \sum_{t=1}^{n} \ln(x_t-\gamma)$$

$$- n(\beta-1) \ln \alpha - \frac{1}{\alpha} \sum_{t=1}^{n} (x_t-\gamma) \Bigg]$$

$$= -\frac{n}{\alpha} - (\beta-1) \frac{n}{\alpha} + \frac{1}{\alpha^2} \sum_{t=1}^{n} (x_t-\gamma)$$

$$= -\frac{n}{\alpha} - \frac{n\beta}{\alpha} + \frac{n}{\alpha} + \frac{1}{\alpha^2} \sum_{t=1}^{n} (x_t - \gamma)$$

$$= -\frac{n\beta}{\alpha} + \frac{1}{\alpha^2} \sum_{t=1}^{n} (x_t - \gamma)$$

$$\frac{\partial \ln L}{\partial \beta} = \frac{\partial}{\partial \beta} \Bigg[-n \ln \alpha - n \ln \Gamma(\beta) + (\beta - 1) \sum_{t=1}^{n} \ln(x_t - \gamma)$$

$$- n(\beta - 1) \ln \alpha - \frac{1}{\alpha} \sum_{t=1}^{n} (x_t - \gamma) \Bigg]$$

$$= -n\psi(\beta) + \sum_{t=1}^{n} \ln(x_t - \gamma) - n \ln \alpha$$

$$= -n\psi(\beta) + \sum_{t=1}^{n} \ln(x_t - \gamma) - \sum_{t=1}^{n} \ln \alpha$$

$$= -n\psi(\beta) + \sum_{t=1}^{n} [\ln(x_t - \gamma) - \ln \alpha]$$

$$= -n\psi(\beta) + \sum_{t=1}^{n} \ln \left(\frac{x_t - \gamma}{\alpha} \right)$$

$$\frac{\partial \ln L}{\partial \gamma} = \frac{\partial}{\partial \gamma} \Bigg[-n \ln \alpha - n \ln \Gamma(\beta) + (\beta - 1) \sum_{t=1}^{n} \ln(x_t - \gamma)$$

$$- n(\beta - 1) \ln \alpha - \frac{1}{\alpha} \sum_{t=1}^{n} (x_t - \gamma) \Bigg]$$

$$= -(\beta - 1) \sum_{t=1}^{n} \frac{1}{x_t - \gamma} - \frac{1}{\alpha} \sum_{t=1}^{n} (-1)$$

$$= -(\beta - 1) \sum_{t=1}^{n} \frac{1}{x_t - \gamma} + \frac{n}{\alpha}$$

即

$$\begin{cases} \dfrac{\partial \ln L}{\partial \alpha} = -\dfrac{n\beta}{\alpha} + \dfrac{1}{\alpha^2} \displaystyle\sum_{t=1}^{n} (x_t - \gamma), \\ \dfrac{\partial \ln L}{\partial \beta} = -n\psi(\beta) + \displaystyle\sum_{t=1}^{n} \ln \left(\dfrac{x_t - \gamma}{\alpha} \right), \\ \dfrac{\partial \ln L}{\partial \gamma} = \dfrac{n}{\alpha} - (\beta - 1) \displaystyle\sum_{t=1}^{n} \dfrac{1}{x_t - \gamma}, \end{cases} \quad \text{由} \quad \begin{cases} \dfrac{\partial \ln L}{\partial \alpha} = 0, \\ \dfrac{\partial \ln L}{\partial \beta} = 0, \quad \text{得} \\ \dfrac{\partial \ln L}{\partial \gamma} = 0 \end{cases}$$

$$
\begin{cases}
\dfrac{n\beta}{\alpha} - \dfrac{1}{\alpha^2} \sum_{t=1}^{n} (x_t - \gamma) = 0 \\[3mm]
-n\psi(\beta) + \sum_{t=1}^{n} \ln\left(\dfrac{x_t - \gamma}{\alpha}\right) = 0 \\[3mm]
\dfrac{n}{\alpha} - (\beta - 1) \sum_{t=1}^{n} \left(\dfrac{1}{x_t - \gamma}\right) = 0
\end{cases}
\tag{68}
$$

12.5.4 非平稳 P-III 型分布模型

(1) P-III 1 模型.

参数 $(\alpha_t, \beta_t, \gamma_t)$ 随时间变化, $f(x_t) = \dfrac{1}{\alpha_t \Gamma(\beta_t)} \left(\dfrac{x_t - \gamma_t}{\alpha_t}\right)^{\beta_t - 1} e^{-\frac{x_t - \gamma_t}{\alpha_t}}$;

$$
L(x_t | \alpha_t, \beta_t, \gamma_t) = \left(\prod_{t=1}^{n} \frac{1}{\alpha_t \Gamma(\beta_t)}\right) \cdot \left(\prod_{t=1}^{n} \left(\frac{x_t - \gamma_t}{\alpha_t}\right)^{\beta_t - 1}\right) \cdot \prod_{t=1}^{n} e^{-\frac{x_t - \gamma_t}{\alpha_t}}
$$

$$
\ln L = -\sum_{t=1}^{n} \ln\left[\alpha_t \Gamma(\beta_t)\right] + \sum_{t=1}^{n} (\beta_t - 1) \ln \frac{x_t - \gamma_t}{\alpha_t} - \sum_{t=1}^{n} \frac{x_t - \gamma_t}{\alpha_t}
$$

对于 P-III 1 模型, $\gamma_t = b_1 + b_2 t$, $\alpha_t = \alpha$, $\beta_t = \beta$, 有对数似然函数

$$
\begin{aligned}
\ln L &= -\sum_{t=1}^{n} \ln\left[\alpha \Gamma(\beta)\right] + \sum_{t=1}^{n} (\beta - 1) \ln \frac{x_t - \gamma_t}{\alpha} - \sum_{t=1}^{n} \frac{x_t - \gamma_t}{\alpha} \\
&= -\sum_{t=1}^{n} \ln\left[\alpha \Gamma(\beta)\right] + (\beta - 1) \sum_{t=1}^{n} \ln \frac{x_t - \gamma_t}{\alpha} - \frac{1}{\alpha} \sum_{t=1}^{n} (x_t - \gamma_t) \\
&= -n \ln \alpha - n \ln \Gamma(\beta) + (\beta - 1) \sum_{t=1}^{n} \ln (x_t - \gamma_t) \\
&\quad - n(\beta - 1) \ln \alpha - \frac{1}{\alpha} \sum_{t=1}^{n} (x_t - \gamma_t)
\end{aligned}
$$

$$
\frac{\partial \ln L}{\partial \alpha} = -\frac{n\beta}{\alpha} + \frac{1}{\alpha^2} \sum_{t=1}^{n} (x_t - \gamma_t); \qquad \frac{\partial \ln L}{\partial \beta} = -n\psi(\beta) + \sum_{t=1}^{n} \ln\left(\frac{x_t - \gamma_t}{\alpha}\right)
$$

$$
\frac{\partial \gamma_t}{\partial b_1} = \frac{\partial}{\partial b_1} (b_1 + b_2 t) = 1; \qquad \frac{\partial \gamma_t}{\partial b_2} = \frac{\partial}{\partial b_2} (b_1 + b_2 t) = t
$$

$$
\begin{aligned}
\frac{\partial \ln L}{\partial b_1} = \frac{\partial}{\partial b_1} &\left[-n \ln \alpha - n \ln \Gamma(\beta) + (\beta - 1) \sum_{t=1}^{n} \ln (x_t - \gamma_t) \right. \\
&\left. - n(\beta - 1) \ln \alpha - \frac{1}{\alpha} \sum_{t=1}^{n} (x_t - \gamma_t) \right]
\end{aligned}
$$

$$= -(\beta - 1) \sum_{t=1}^{n} \left(\frac{1}{x_t - \gamma} \frac{\partial \gamma_t}{\partial b_1} \right) - \frac{1}{\alpha} \sum_{t=1}^{n} \left[(-1) \frac{\partial \gamma_t}{\partial b_1} \right]$$

$$= -(\beta - 1) \sum_{t=1}^{n} \frac{1}{x_t - \gamma_t} + \frac{n}{\alpha}$$

$$\frac{\partial \ln L}{\partial b_2} = \frac{\partial}{\partial b_2} \left[-n \ln \alpha - n \ln \Gamma(\beta) + (\beta - 1) \sum_{t=1}^{n} \ln(x_t - \gamma_t) \right.$$

$$\left. - n(\beta - 1) \ln \alpha - \frac{1}{\alpha} \sum_{t=1}^{n} (x_t - \gamma_t) \right]$$

$$= -(\beta - 1) \sum_{t=1}^{n} \left(\frac{1}{x_t - \gamma} \frac{\partial \gamma_t}{\partial b_2} \right) - \frac{1}{\alpha} \sum_{t=1}^{n} \left[(-1) \frac{\partial \gamma_t}{\partial b_2} \right]$$

$$= -(\beta - 1) \sum_{t=1}^{n} \frac{t}{x_t - \gamma_t} + \frac{1}{\alpha} \sum_{t=1}^{n} t$$

即

$$\begin{cases} \dfrac{n}{\alpha} - (\beta - 1) \displaystyle\sum_{t=1}^{n} \left(\dfrac{1}{x_t - \gamma_t} \right) = 0 \\[3mm] \dfrac{1}{\alpha} \displaystyle\sum_{t=1}^{n} t - (\beta - 1) \displaystyle\sum_{t=1}^{n} \left(\dfrac{t}{x_t - \gamma_t} \right) = 0 \\[3mm] \dfrac{n\beta}{\alpha} - \dfrac{1}{\alpha^2} \displaystyle\sum_{t=1}^{n} (x_t - \gamma_t) = 0 \\[3mm] -n\psi(\beta) + \displaystyle\sum_{t=1}^{n} \ln\left(\dfrac{x_t - \gamma_t}{\alpha} \right) = 0 \end{cases} \tag{69}$$

(2) P-III 2 模型.

对于 P-III 2 模型, $\gamma_t = b_1 + b_2 t + b_3 t^2$, $\alpha_t = \alpha$, $\beta_t = \beta$, 同理, 有

$$\begin{cases} \dfrac{n}{\alpha} - (\beta - 1) \displaystyle\sum_{t=1}^{n} \left(\dfrac{1}{x_t - \gamma_t} \right) = 0 \\[3mm] \dfrac{1}{\alpha} \displaystyle\sum_{t=1}^{n} t - (\beta - 1) \displaystyle\sum_{t=1}^{n} \left(\dfrac{t}{x_t - \gamma_t} \right) = 0 \\[3mm] \dfrac{1}{\alpha} \displaystyle\sum_{t=1}^{n} t^2 - (\beta - 1) \displaystyle\sum_{t=1}^{n} \left(\dfrac{t^2}{x_t - \gamma_t} \right) = 0 \\[3mm] \dfrac{n\beta}{\alpha} - \dfrac{1}{\alpha^2} \displaystyle\sum_{t=1}^{n} (x_t - \gamma_t) = 0 \\[3mm] -n\psi(\beta) + \displaystyle\sum_{t=1}^{n} \ln\left(\dfrac{x_t - \gamma_t}{\alpha} \right) = 0 \end{cases} \tag{70}$$

(3) P-III 3 模型.

对于 P-III 3 模型, $\gamma_t = b_1 + b_2 t$, $\alpha_t = a_1 + a_2 t$, $\beta_t = \beta$, 由

$$L\left(x_t | \alpha_t, \beta_t, \gamma_t\right) = \left(\frac{1}{\Gamma\left(\beta\right)}\right)^n \cdot \left(\prod_{t=1}^{n} \frac{1}{\alpha_t}\right) \cdot \left(\prod_{t=1}^{n}\left(\frac{x_t - \gamma_t}{\alpha_t}\right)^{\beta-1}\right) \cdot \prod_{t=1}^{n} e^{-\frac{x_t-\gamma_t}{\alpha_t}}$$

得对数似然函数为

$$\ln L = -n\ln\Gamma\left(\beta\right) - \sum_{t=1}^{n}\ln\alpha_t + \left(\beta-1\right)\sum_{t=1}^{n}\ln\frac{x_t-\gamma_t}{\alpha_t} - \sum_{t=1}^{n}\frac{x_t-\gamma_t}{\alpha_t} \tag{71}$$

$$\frac{\partial\ln L}{\partial a_1} = \frac{\partial}{\partial a_1}\left[-n\ln\Gamma\left(\beta\right) - \sum_{t=1}^{n}\ln\alpha_t + \left(\beta-1\right)\sum_{t=1}^{n}\ln\frac{x_t-\gamma_t}{\alpha_t} - \sum_{t=1}^{n}\frac{x_t-\gamma_t}{\alpha_t}\right]$$

$$= -\sum_{t=1}^{n}\left(\frac{1}{\alpha_t}\frac{\partial\alpha_t}{\partial a_1}\right) + \left(\beta-1\right)\sum_{t=1}^{n}\left[\frac{1}{\frac{x_t-\gamma_t}{\alpha_t}}\left(-\frac{x_t-\gamma_t}{\alpha_t^2}\right)\frac{\partial\alpha_t}{\partial a_1}\right]$$

$$\quad - \sum_{t=1}^{n}\left[\left(-\frac{x_t-\gamma_t}{\alpha_t^2}\right)\frac{\partial\alpha_t}{\partial a_1}\right]$$

$$= -\sum_{t=1}^{n}\frac{1}{\alpha_t} - \left(\beta-1\right)\sum_{t=1}^{n}\frac{1}{\alpha_t} + \sum_{t=1}^{n}\frac{x_t-\gamma_t}{\alpha_t^2} = -\sum_{t=1}^{n}\frac{\beta}{\alpha_t} + \sum_{t=1}^{n}\frac{x_t-\gamma_t}{\alpha_t^2}$$

$$\frac{\partial\ln L}{\partial a_2} = \frac{\partial}{\partial a_2}\left[-n\ln\Gamma\left(\beta\right) - \sum_{t=1}^{n}\ln\alpha_t + \left(\beta-1\right)\sum_{t=1}^{n}\ln\frac{x_t-\gamma_t}{\alpha_t} - \sum_{t=1}^{n}\frac{x_t-\gamma_t}{\alpha_t}\right]$$

$$= -\sum_{t=1}^{n}\left(\frac{1}{\alpha_t}\frac{\partial\alpha_t}{\partial a_2}\right) + \left(\beta-1\right)\sum_{t=1}^{n}\left[\frac{1}{\frac{x_t-\gamma_t}{\alpha_t}}\left(-\frac{x_t-\gamma_t}{\alpha_t^2}\right)\frac{\partial\alpha_t}{\partial a_2}\right]$$

$$\quad - \sum_{t=1}^{n}\left[\left(-\frac{x_t-\gamma_t}{\alpha_t^2}\right)\frac{\partial\alpha_t}{\partial a_2}\right]$$

$$= -\sum_{t=1}^{n}\frac{t}{\alpha_t} - \left(\beta-1\right)\sum_{t=1}^{n}\frac{t}{\alpha_t} + \sum_{t=1}^{n}t\frac{x_t-\gamma_t}{\alpha_t^2} = -\sum_{t=1}^{n}\frac{t\beta}{\alpha_t} + \sum_{t=1}^{n}t\frac{x_t-\gamma_t}{\alpha_t^2}$$

$$\frac{\partial\ln L}{\partial\beta} = \frac{\partial}{\partial\beta}\left[-n\ln\Gamma\left(\beta\right) - \sum_{t=1}^{n}\ln\alpha_t + \left(\beta-1\right)\sum_{t=1}^{n}\ln\frac{x_t-\gamma_t}{\alpha_t} - \sum_{t=1}^{n}\frac{x_t-\gamma_t}{\alpha_t}\right]$$

$$= -n\psi\left(\beta\right) + \sum_{t=1}^{n}\ln\frac{x_t-\gamma_t}{\alpha_t}$$

$$\frac{\partial\ln L}{\partial b_1} = \frac{\partial}{\partial b_1}\left[-n\ln\Gamma\left(\beta\right) - \sum_{t=1}^{n}\ln\alpha_t + \left(\beta-1\right)\sum_{t=1}^{n}\ln\frac{x_t-\gamma_t}{\alpha_t} - \sum_{t=1}^{n}\frac{x_t-\gamma_t}{\alpha_t}\right]$$

$$= \left(\beta-1\right)\sum_{t=1}^{n}\left(\frac{1}{\frac{x_t-\gamma_t}{\alpha_t}}\frac{-1}{\alpha_t}\frac{\partial\gamma_t}{\partial b_1}\right) - \sum_{t=1}^{n}\left(\frac{-1}{\alpha_t}\frac{\partial\gamma_t}{\partial b_1}\right)$$

$$= -(\beta - 1)\sum_{t=1}^{n}\left(\frac{1}{x_t - \gamma_t}\right) + \sum_{t=1}^{n}\frac{1}{\alpha_t}$$

$$\frac{\partial \ln L}{\partial b_2} = \frac{\partial}{\partial b_2}\left[-n\ln\Gamma(\beta) - \sum_{t=1}^{n}\ln\alpha_t + (\beta - 1)\sum_{t=1}^{n}\ln\frac{x_t - \gamma_t}{\alpha_t} - \sum_{t=1}^{n}\frac{x_t - \gamma_t}{\alpha_t}\right]$$

$$= (\beta - 1)\sum_{t=1}^{n}\left(\frac{1}{\dfrac{x_t - \gamma_t}{\alpha_t}}\frac{-1}{\alpha_t}\frac{\partial\gamma_t}{\partial b_2}\right) - \sum_{t=1}^{n}\left(\frac{-1}{\alpha_t}\frac{\partial\gamma_t}{\partial b_2}\right)$$

$$= -(\beta - 1)\sum_{t=1}^{n}\left(\frac{t}{x_t - \gamma_t}\right) + \sum_{t=1}^{n}\frac{t}{\alpha_t}$$

由 $\begin{cases} \dfrac{\partial \ln L}{\partial b_1} = 0, \\[2mm] \dfrac{\partial \ln L}{\partial b_2} = 0, \\[2mm] \dfrac{\partial \ln L}{\partial a_1} = 0, \quad 得 \\[2mm] \dfrac{\partial \ln L}{\partial a_2} = 0, \\[2mm] \dfrac{\partial \ln L}{\partial \beta} = 0, \end{cases}$

$$\begin{cases} \displaystyle\sum_{t=1}^{n}\frac{\beta}{\alpha_t} - \sum_{t=1}^{n}\frac{x_t - \gamma_t}{\alpha_t^2} = 0 \\[3mm] \displaystyle\sum_{t=1}^{n}\frac{t\beta}{\alpha_t} - \sum_{t=1}^{n}t\frac{x_t - \gamma_t}{\alpha_t^2} = 0 \\[3mm] \displaystyle\sum_{t=1}^{n}\frac{1}{\alpha_t} - (\beta - 1)\sum_{t=1}^{n}\left(\frac{1}{x_t - \gamma_t}\right) = 0 \\[3mm] \displaystyle\sum_{t=1}^{n}\frac{t}{\alpha_t} - (\beta - 1)\sum_{t=1}^{n}\left(\frac{t}{x_t - \gamma_t}\right) = 0 \\[3mm] \displaystyle -n\psi(\beta) + \sum_{t=1}^{n}\ln\left(\frac{x_t - \gamma_t}{\alpha_t}\right) = 0 \end{cases} \tag{72}$$

12.6　非平稳序列分布重现期计算

在许多学科, 重现期和重现级 (return levels) 用来描述和量化风险. 概率水文风险、降水频率分析和其他领域等的传统做法是假定平稳气候 (stationary climate).

目前, 科学界一个公认的观点是在过去几十年气候变化加速, 由于地球大气层人类活动, 气候将在未来继续发生变化. 因此, 当进行风险时, 人们越来越多地重视非平稳问题. 在平稳条件下, 重现期和重现级两个概念广泛地应用上述学科, 其概念相对容易理解, 但是, 非平稳条件下, 这些概念模糊, 难以掌握和理解. 本章结合文献 Salas 和 Obeysekera(2014) 叙述变化环境下的重现期计算.

12.6.1 平稳条件下的重现期

(1) 二项式定理.

二项式定理, 又称牛顿二项式定理, 是艾萨克 · 牛顿于 1664 年和 1665 年给出了两个数之和的整数次幂的著名恒等式.

$$(a + b)^n = \sum_{k=0}^{n} \binom{n}{k} a^{n-k} b^k \tag{73}$$

式中, $\binom{n}{k} = \mathrm{C}_n^k = \dfrac{n!}{k!\,(n-k)!}$ 为二项式系数, 即选取组合数目, 亦可表示为杨辉三角形.

式 (73) 可以推广到对任意实数次幂的展开, 即牛顿广义二项式定理.

$$(x + y)^\alpha = \sum_{k=0}^{\infty} \binom{\alpha}{k} a^{\alpha-k} b^k \tag{74}$$

式中, $\binom{\alpha}{k} = \dfrac{\alpha\,(\alpha-1)\,(\alpha-2)\cdots(\alpha-k+1)}{k!} = \dfrac{(\alpha)_k}{k!}$.

(2) 平稳条件下的重现期.

本节以年最大值序列为例, 说明平稳条件下的重现期和重现级. 设 m 年重现级为高分位数 (high quantile), 即年最大值超过高分位数的概率为 $\dfrac{1}{m}$, 在平稳条件假定下, 这个重现级在所有年具有相同的值, 因而, 就有了重现期的概念. 平稳条件下, 任一特定事件的重现期等于上述概率值的倒数, 且事件将在任一年发生超越. 因此, m 年重现级与 m 年重现期有关. 重现期有不同的解释, 本节将将以下进行叙述. 现在, 我们可以认为平稳条件下重现级 (分位数) 与年重现期 (时间间隔, time interval) 间存在一一对应关系.

现有文献中, 年最大值超越概率定义的上述重现期尚存在统一. Mays (2001) 认为重现期等价于平均重现间隔 (average recurrence interval, ARI), 即超越事件间的时间段. Mays 定义与上述重现期差异在于, 一年内, 有一个以上的超越概率发生. 由于重现期定义存在的模糊性, NOAA 降水图集避免一起使用重现期, 与 Mays 类似, 采用和年超越概率描述上述重现期定义. NOAA 的结果表明时间间隔小于 20

年时, ARI 和 AEP 的重现期差异明显, 当任一年高门限多次超越概率发生, 二者差异可以忽略.

由于平稳条件下重现级 (分位数) 与年重现期 (时间间隔) 间存在一一对应关系, 因此, 在给定上述任一值时, 我们可以容易地求解出另一值. 重现期用以解释目的, 如 100 年时间要比任一年发生 0.01 的概率更为可懂, 但是, 这种蕴含定义产生了一个 m 年事件 (an m-year event) 的两种解释. 第一种解释是直到下一个超越事件发生的期望等待时间为 m 年, 第二种解释是 m 年内, 超越事件发生的期望数为 1. 以下给出平稳条件下两种解释.

设 M_y 为随机变量, 代表 y 年, 忽略容量长度为 n 序列间的相依性. 假定 $\{M_y\}$ 具有独立同分布函数 F, 给定重现期 m, 由式 (75) 方程求解重现级 r_m.

$$F\left(r_m\right) = P\left(M_y \leqslant r_m\right) = 1 - \frac{1}{m} \tag{75}$$

m 年事件的第一种解释是直到下一个超越事件发生的期望等待时间. 令 T 为第一次超越发生的年数, 则

$$\begin{aligned}
P\left(T = t\right) &= P\left(M_1 \leqslant r_m, M_2 \leqslant r_m, \cdots, M_t > r_m\right) \\
&= P\left(M_1 \leqslant r_m\right) P\left(M_2 \leqslant r_m\right) \cdots P\left(M_{t-1} \leqslant r_m\right) P\left(M_t > r_m\right) \\
&= \left[P\left(M_1 \leqslant r_m\right)\right]^{t-1} P\left(M_1 > r_m\right) \\
&= F^{t-1}\left(r_m\right) \cdot \left[1 - F\left(r_m\right)\right] = \left(1 - \frac{1}{m}\right)^{t-1} \cdot \left(\frac{1}{m}\right)
\end{aligned} \tag{76}$$

式 (76) 表明, T 为几何分布变量, 令 $p = \dfrac{1}{m}$, $q = 1 - p = 1 - \dfrac{1}{m}$, 根据数学期望的定义, 有

$$\begin{aligned}
E\left(T\right) &= \sum_{t=0}^{\infty}\left[t \cdot P\left(T = t\right)\right] = \sum_{t=0}^{\infty}\left[t \cdot \left(1 - \frac{1}{m}\right)^{t-1} \cdot \left(\frac{1}{m}\right)\right] \\
&= \sum_{t=1}^{\infty}\left(t \cdot q^{t-1} p\right) = p\left(1 + 2q + 3q^2 + \cdots + m q^{m-1}\right) \\
&= p\frac{d}{dq}\left(q + q^2 + q^3 + \cdots + q^m + \cdots\right) = p\frac{d}{dq}\left(\frac{q}{1-q}\right) \\
&= p\frac{1 - q - q \cdot (-1)}{(1-q)^2} = \frac{p}{(1-q)^2} = \frac{1-q}{(1-q)^2} = \frac{1}{1-q} = \frac{1}{\dfrac{1}{m}} = m
\end{aligned} \tag{77}$$

式 (77) 表明, m 年事件的期望等待时间为 m 年.

m 年事件的另一种解释是 m 年内事件发生的期望数等于 1. 令 N 为随机变量, 代表 m 年内超越事件的发生数目, 则有 $N = \sum\limits_{y=1}^{m} I(M_y > r_m)$, 其中,$I$ 为指示函数. 每年可看作一次, 因为 M_y 独立同分布, 所以 N 服从二项式分布

$$P(N = k) = \binom{m}{k}\left(1 - \frac{1}{m}\right)^{m-k} \cdot \left(\frac{1}{m}\right)^{k} \tag{78}$$

根据数学期望的定义和二项式定理, 有

$$E(N) = \sum_{k=0}^{\infty} kP(N = k) = \sum_{k=0}^{\infty}\left[k \cdot \binom{m}{k}\left(1 - \frac{1}{m}\right)^{m-k} \cdot \left(\frac{1}{m}\right)^{k}\right]$$

$$= \sum_{k=0}^{m}\left[k \cdot \binom{m}{k}\left(1 - \frac{1}{m}\right)^{m-k} \cdot \left(\frac{1}{m}\right)^{k}\right]$$

令 $p = \dfrac{1}{m}$, $q = 1 - p = 1 - \dfrac{1}{m}$, 有

$$E(N) = \sum_{k=0}^{m}\left[k \cdot \binom{m}{k} p^k q^{m-k}\right]$$

$$= 0 \cdot \binom{m}{0} q^m + 1 \cdot \binom{m}{1} pq^{m-1} + 2 \cdot \binom{m}{2} p^2 q^{m-2}$$

$$+ 3 \cdot \binom{m}{3} p^3 q^{m-3} + \cdots + m \cdot \binom{m}{m} p^m$$

$$= \frac{m!}{1!(m-1)!} pq^{m-1} + \frac{2 \times m!}{2!(m-2)!} p^2 q^{m-2} + \frac{3 \times m!}{3!(m-3)!} p^3 q^{m-3}$$

$$+ \cdots + \frac{m \times m!}{m!(m-m)!} p^m$$

$$= \frac{m!}{1!(m-1)!} pq^{m-1} + \frac{2 \times m!}{2!(m-2)!} p^2 q^{m-2} + \frac{3 \times m!}{3!(m-3)!} p^3 q^{m-3} + \cdots + mp^m$$

$$= mp\left[\frac{(m-1)!}{1!(m-1)!} q^{m-1} + \frac{(m-1)!}{1!(m-2)!} pq^{m-2} + \frac{(m-1)!}{2!(m-3)!} p^2 q^{m-3} + \cdots + p^{m-1}\right]$$

$$= mp\left[q^{m-1} + (m-1) pq^{m-2} + \frac{(m-1)(m-2)}{2} p^2 q^{m-3} + \cdots + p^{m-1}\right]$$

$$= mp(p+q)^{m-1} = mp = m\frac{1}{m} = 1 \tag{79}$$

式 (79) 表明, m 年内超越事件的发生数目的期望值等于 1.

12.6.2   非平稳条件下的重现期

本节假定 $\{M_y\}$ 独立, 但是具有非同一分布, 仍采用事件期望等待时间和期望发生次数来推导非平稳条件下的重现期计算.

令 T 为直到一个大于 r 的超越事件发生的等待时间 (从 $y = 0$ 开始), 则有概率

$$
\begin{aligned}
P\left(T=t\right) &= P\left(M_1 \leqslant r, M_2 \leqslant r, \cdots, M_t > r\right)\\
&= P\left(M_1 \leqslant r\right) P\left(M_2 \leqslant r\right) \cdots P\left(M_{t-1} \leqslant r\right) P\left(M_t > r\right)\\
&= \prod_{y=1}^{t-1} F_y\left(r\right) \cdot \left[1 - F_t\left(r\right)\right]
\end{aligned}
\tag{80}
$$

根据数学期望, 有

$$
\begin{aligned}
E\left(T\right) &= \sum_{t=0}^{\infty} \left[t \cdot P\left(T=t\right)\right]\\
&= \sum_{t=1}^{\infty} \left[t \cdot P\left(T=t\right)\right] = \sum_{t=1}^{\infty} \left[t \cdot \prod_{y=1}^{t-1} F_y\left(r\right) \cdot \left[1 - F_t\left(r\right)\right]\right]\\
&= \left[1 - F_1\left(r\right)\right] + 2F_1\left(r\right)\left[1 - F_2\left(r\right)\right] + 3F_1\left(r\right) F_2\left(r\right)\left[1 - F_3\left(r\right)\right]\\
&\quad + 4F_1\left(r\right) F_2\left(r\right) F_3\left(r\right)\left[1 - F_4\left(r\right)\right] + \cdots\\
&= 1 - F_1\left(r\right) + 2F_1\left(r\right) - 2F_1\left(r\right) F_2\left(r\right) + 3F_1\left(r\right) F_2\left(r\right)\\
&\quad - 3F_1\left(r\right) F_2\left(r\right) F_3\left(r\right) + 4F_1\left(r\right) F_2\left(r\right) F_3\left(r\right)\\
&\quad - 4F_1\left(r\right) F_2\left(r\right) F_3\left(r\right) F_4\left(r\right) + \cdots\\
&= 1 + F_1\left(r\right) + F_1\left(r\right) F_2\left(r\right) + F_1\left(r\right) F_2\left(r\right) F_3\left(r\right)\\
&\quad + F_1\left(r\right) F_2\left(r\right) F_3\left(r\right) F_4\left(r\right) + \cdots\\
&= 1 + \sum_{i=1}^{\infty} \prod_{y=1}^{i} F_y\left(r\right)
\end{aligned}
\tag{81}
$$

定义 m 年重现级 r_m 为直到一个超越事件发生的期望等待时间等于 m 年, 则重现级 r_m 可通过式 (82) 来求解.

$$
m = 1 + \sum_{i=1}^{\infty} \prod_{y=1}^{i} F_y\left(r\right)
\tag{82}
$$

如上所述, 平稳条件下, m 年事件的另一种解释是 m 年内事件发生的期望数等于 1. 以下将这一定义推广到非平稳条件中.

令 N 为随机变量, 代表 m 年内 (开始 $y = 1$, 结束 $y = m$) 超越事件的发生数目. 非平稳条件下, 超越事件的概率在年际间不再是常数, 因而 N 不服从二项式分布. 有 $N = \sum\limits_{y=1}^{m} I\left(M_y > r\right)$. 根据数学期望的定义, 有 $E\left(N\right) = E\left[\sum\limits_{y=1}^{m} I\left(M_y > r\right)\right] = \sum\limits_{y=1}^{m} E\left[I\left(M_y > r\right)\right]$, 其中, I 为指示函数.

而 $E\left[I\left(M_y > r\right)\right] = I\left(M_y > r\right) P\left(M_y > r\right) = 1 \cdot P\left(M_y > r\right)$, 则

$$E\left(N\right) = E\left[\sum_{y=1}^{m} I\left(M_y > r\right)\right] = \sum_{y=1}^{m} E\left[I\left(M_y > r\right)\right]$$

$$= \sum_{y=1}^{m} P\left(M_y > r\right) = \sum_{y=1}^{m} \left[1 - F_y\left(r\right)\right] \tag{83}$$

因此, 可以求解式 (84) 来获得 m 年重现级 r_m

$$1 = \sum_{y=1}^{m} \left[1 - F_y\left(r_m\right)\right] \tag{84}$$

12.6.3 应用实例

本节以非平稳指数分布为例 (Salas and Obeysekera, 2014), 说明非平稳重现期的应用.

指数分布 (exponential distribution) 累积函数为

$$F_Z\left(z\right) = 1 - e^{-\lambda_t z} \tag{85}$$

式中, 尺度参数 $\lambda_t > 0$ 为时间 t 的函数.

设时间 $t = 0$, 重现期 $T_0 = \dfrac{1}{p_0} = \dfrac{1}{1 - q_0}$, $p_0 = 1 - q_0 = e^{-\lambda_0 z_{q_0}}$, 则 z_{q_0} 随时间变化的超越概率 $p_t = e^{-\lambda_t z_{q_0}}$. 假定参数 $\lambda_t = \max\{0, \lambda_0 - at\}$, 由 $\lambda_t \geqslant 0$ 得, $\lambda_0 - at \geqslant 0$, 即 $t \leqslant \dfrac{\lambda_0}{a}$. 不难看出

$$p_t = e^{-\lambda_t z_{q_0}} = e^{-(\lambda_0 - at)z_{q_0}} = e^{-\lambda_0 z_{q_0}} e^{atz_{q_0}} = p_0 e^{atz_{q_0}} \tag{86}$$

式中, 当 $t > \dfrac{\lambda_0}{a}$ 时, $p_t = 1$. 也可以由式 (86), $1 = p_0 e^{atz_{q_0}}$, $atz_{q_0} = \ln\dfrac{1}{p_0}$, 即 $t = \dfrac{1}{az_{q_0}} \ln\dfrac{1}{p_0}$.

因为 $F_X\left(x_{\max}\right) = 1$, $F_X\left(x\right) = 1 - \prod\limits_{t=1}^{x}\left(1 - p_t\right)$, 得 $1 = 1 - \prod\limits_{t=1}^{x_{\max}}\left(1 - p_0 e^{atz_{q_0}}\right)$, $\prod\limits_{t=1}^{x_{\max}}\left(1 - p_0 e^{atz_{q_0}}\right) = 0$, 即 $\left(1 - p_0 e^{az_{q_0}}\right) \cdot \left(1 - p_0 e^{2az_{q_0}}\right) \cdots \left(1 - p_0 e^{x_{\max} az_{q_0}}\right) = 0$,

由 $1 - p_0 e^{x_{\max} a z_{q_0}} = 0$ 得, $e^{x_{\max} a z_{q_0}} = \dfrac{1}{p_0}, x_{\max} = \dfrac{1}{a z_{q_0}} \ln \dfrac{1}{p_0}$. 设 $\lambda_0 = 0.5, a = (0.0001, 0.001, 0.005)$, $T_0 = 20$, 则 $p_0 = \dfrac{1}{T_0} = \dfrac{1}{20} = 0.05, q_0 = 1 - p_0 = 1 - 0.05 = 0.95$,

由 $q_0 = 1 - e^{-\lambda_0 z_{q_0}}$ 得, $z_{q_0} = -\dfrac{1}{\lambda_0} \ln(1 - q_0) = -\dfrac{1}{0.5} \ln(1 - 0.95) = 5.9915$. 取 $a = 0.005$, 上述值代入 $p_t = p_0 e^{a t z_{q_0}}$, 即可计算出 $p_1 = 0.0515, p_2 = 0.0531, \cdots, p_{100} = 1$.

$x_{\max} = \dfrac{1}{0.005 \times 5.9915} \ln \dfrac{1}{0.05} = 100$. 其他计算结果见表 21.

表 21　指数分布平稳重现期与非平稳重现期计算结果

初始 T_0	$a=0.0001$				$a=0.001$				$a=0.005$			
	p_0	q_0	$x_{\max}$	非平稳T	p_0	q_0	$x_{\max}$	非平稳T	p_0	q_0	$x_{\max}$	非平稳 T
20	0.0500	0.9500	5000	19.7658	0.0500	0.9500	500	18.0307	0.0500	0.9500	100	13.7966
25	0.0400	0.9600	5000	24.6099	0.0400	0.9600	500	21.8712	0.0400	0.9600	100	15.8986
30	0.0333	0.9667	5000	29.4112	0.0333	0.9667	500	25.4858	0.0333	0.9667	100	17.7203
35	0.0286	0.9714	5000	34.1691	0.0286	0.9714	500	28.8966	0.0286	0.9714	100	19.3232
40	0.0250	0.9750	5000	38.8833	0.0250	0.9750	500	32.1234	0.0250	0.9750	100	20.7509
45	0.0222	0.9778	5000	43.5539	0.0222	0.9778	500	35.1836	0.0222	0.9778	100	22.0357
50	0.0200	0.9800	5000	48.1808	0.0200	0.9800	500	38.0925	0.0200	0.9800	100	23.2015
55	0.0182	0.9818	5000	52.7644	0.0182	0.9818	500	40.8636	0.0182	0.9818	100	24.2671
60	0.0167	0.9833	5000	57.3049	0.0167	0.9833	500	43.5086	0.0167	0.9833	100	25.2470
65	0.0154	0.9846	5000	61.8028	0.0154	0.9846	500	46.0379	0.0154	0.9846	100	26.1532
70	0.0143	0.9857	5000	66.2584	0.0143	0.9857	500	48.4608	0.0143	0.9857	100	26.9950
75	0.0133	0.9867	5000	70.6724	0.0133	0.9867	500	50.7853	0.0133	0.9867	100	27.7803
80	0.0125	0.9875	5000	75.0452	0.0125	0.9875	500	53.0189	0.0125	0.9875	100	28.5157
85	0.0118	0.9882	5000	79.3773	0.0118	0.9882	500	55.1679	0.0118	0.9882	100	29.2066
90	0.0111	0.9889	5000	83.6693	0.0111	0.9889	500	57.2384	0.0111	0.9889	100	29.8577
95	0.0105	0.9895	5000	87.9217	0.0105	0.9895	500	59.2354	0.0105	0.9895	100	30.4729
100	0.0100	0.9900	5000	92.1352	0.0100	0.9900	500	61.1639	0.0100	0.9900	100	31.0556

例如, 对于初始重现期 (平稳重现期) $T_0 = 100$ 年, 则取 $a = (0.0001, 0.001, 0.005)$, $\lambda_0 = 0.5$ 时, 其非平稳重现期分别为 92, 61 和 31 年.

另一个实例以美国 Assunpink Creek(01464000) 非平稳年最大洪峰序列 (Salas and Obeysekera, 2014), 经计算, 有参数 $\mu_0 = 44.04$, $a = 0.298$, $\sigma = 16.38$, $\varepsilon = 0.094$, 即位置参数 $\mu = \mu_0 + at$. 非平稳重现期 (T_1, T_2) 与初始重现期 (平稳重现期 T_0) 的关系见表 22 和图 12(a), 非平稳条件下不同重现期设计值计算结果见表 23 和图 12(b).

位置参数随时间变化的超越事件概率模型为

$$p_t = 1 - \exp\left\{-\left[1 + \varepsilon\left(\frac{z_{q_0} - \mu_0 - at}{\sigma}\right)\right]^{-\frac{1}{\varepsilon}}\right\} \tag{87}$$

表 22 非平稳重现期 (T_1, T_2) 与初始重现期 (平稳重现期 T_0) 的关系

T_0	p_0	z_{q_0}	Salas's Eq.(84) T_1	$x_{\max}$	Salas's Eq.(82) T_2
5	0.2000	70.4254	5	25	4.6852
10	0.1000	85.0898	9	46	8.8738
15	0.0667	93.8313	14	62	12.7129
20	0.0500	100.1623	18	75	16.2786
25	0.0400	105.1606	21	87	19.6216
30	0.0333	109.3067	25	97	22.7758
35	0.0286	112.8585	29	106	25.7680
40	0.0250	115.9710	32	114	28.6185
45	0.0222	118.7450	35	122	31.3444
50	0.0200	121.2497	39	128	33.9570
55	0.0182	123.5348	42	135	36.4702
60	0.0167	125.6372	45	141	38.8913
65	0.0154	127.5852	47	146	41.2282
70	0.0143	129.4010	50	152	43.4895
75	0.0133	131.1020	53	157	45.6794
80	0.0125	132.7025	56	161	47.8031
85	0.0118	134.2143	58	166	49.8669
90	0.0111	135.6471	61	170	51.8732
95	0.0105	137.0092	63	174	53.8264
100	0.0100	138.3074	65	178	55.7298

表 23 非平稳条件下不同重现期设计值计算结果

T	Salas's Eq.(84)			Salas's Eq.(82)		
	z_{q_0}	q_0	T_0	z_{q_0}	q_0	T_0
5	71.3235	0.8083	5.2172	71.8886	0.8134	5.3588
10	86.7467	0.9075	10.8058	87.9427	0.9125	11.4256
15	96.2556	0.9403	16.7576	98.0334	0.9450	18.1670
20	103.3624	0.9567	23.0811	105.6839	0.9609	25.5856
25	109.1444	0.9664	29.7881	111.9770	0.9703	33.6922
30	114.0821	0.9729	36.8927	117.3994	0.9765	42.5071
35	118.4332	0.9775	44.4106	122.2116	0.9808	52.0517
40	122.3526	0.9809	52.3588	126.5712	0.9840	62.3516
45	125.9408	0.9835	60.7554	130.5803	0.9864	73.4330
50	129.2671	0.9856	69.6197	134.3106	0.9883	85.3280
55	132.3810	0.9873	78.9718	137.8126	0.9898	98.0666
60	135.3194	0.9887	88.8332	141.1249	0.9910	111.6852
65	138.1104	0.9899	99.2261	144.2768	0.9921	126.2200
70	140.7761	0.9909	110.1740	147.2900	0.9929	141.7031
75	143.3339	0.9918	121.7011	150.1839	0.9937	158.1794
80	145.7980	0.9925	133.8332	152.9729	0.9943	175.6872
85	148.1801	0.9932	146.5967	155.6697	0.9949	194.2725
90	150.4898	0.9938	160.0194	158.2837	0.9953	213.9735
95	152.7353	0.9943	174.1301	160.8243	0.9957	234.8434
100	154.9235	0.9947	188.9590	163.2986	0.9961	256.9274

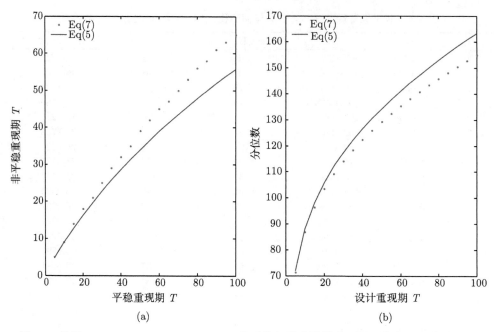

(a)　　　　　　　　　　　　　　　　　　(b)

图 12　美国 Assunpink Creek(01464000) 非平稳年最大洪峰序列重现期与设计值关系图

参 考 文 献

勃洛希夫 ЕГ. 2005. 河川径流量的概率分布 [M]. 武汉：长江出版社

蔡体录. 1983. 负偏频率曲线的计算 [J]. 东海海洋, 1(04): 1-7

陈俊鸿, 黄大基, 吴赤蓬, 等. 2001. 三角洲感潮河段洪潮水位频率分析方法的初步研究 [J].
    热带地理, 21(4): 342-344

陈天颖. 1958. 从经验公式论频率曲线的适线法 [J]. 人民长江, (10): 42-49

程亮. 2008. 最大熵原理与最小熵方法在测量数据处理中的应用 [D]. 成都：电子科技大学

但尧, 丁鹭飞. 1989. 雷达杂波密度的非参数变换估计 [J]. 电子学报, 17(3): 122-124

但尧, 丁鹭飞. 1994. 变换核估计和迭代算法 [J]. 应用概率统计, 10(5): 113-118

董洁. 2010. 非参数统计理论在洪水频率分析中的应用研究 [D]. 南京：河海大学

郭生练, 叶守泽. 1991. 洪水频率的非参数估计 [J]. 水电能源科学, 9(4): 324-332

郭生练, 叶守泽. 1992. 论水文计算中的经验频率公式 [J]. 武汉水利电力学院学报, 25(2):
    38-45

胡宏达. 1991. 关于样本次序统计量众值、中值、期望值的研究 [J]. 东北水利水电, (3): 22-27

华家鹏. 1984. 关于不偏的洪水经验频率计算公式的研究 [J]. 水文, (4): 5-11

金光炎. 1959. 水文统计原理与方法 [M]. 北京：中国工业出版社

金光炎. 1994. 水文分析中的经验频率 [J]. 水文, (1): 1-8

金光炎. 2002. 工程数据统计分析 [M]. 南京：东南大学出版社

金光炎. 2011. 水文水资源应用统计计算 [M]. 南京：东南大学出版社

金光炎. 2012. 水文统计理论与实践 [M]. 南京：东南大学出版社

李娟. 2006. 最大熵原理在水文频率分析中的应用研究 [D]. 南京：河海大学

李满刚. 1998. 具有零项系列的中值适线法 [J]. 山西水利科技, (1): 28-29

李世才. 1997. P-III 型分布 Φ_P 值通用算法的研究 [J]. 水文, (2): 6-14

李松仕. 1985. 对数皮尔逊 III 型频率分布统计特性分析 [J]. 水利学报, (9): 43-48

李松仕. 1989. 概率权重法推求 P-III 分布参数新公式 [J]. 水利学报, (5): 39-42

李松仕. 1990. 指数 Γ 分布及其在水文中的应用 [J]. 水利学报, (5): 30-37

李宪东, 朱勇华. 2008. 基于最大熵原理的确定概率分布的方法研究 [D]. 北京：华北电力
    大学

李裕奇, 赵联文, 王沁, 等. 2010. 非参数统计方法 [M]. 成都：西南交通大学出版社

李元章, 丛树铮. 1985. 熵及其在水文频率计算中的应用 [J]. 水文, (1): 22-26

梁忠民, 戴荣, 雷杨, 等. 2009. 基于贝叶斯理论的水文频率分析方法研究 [J]. 水力发电学
    报, 28(4): 22-26

梁忠民, 戴荣, 李斌权. 2010. 基于贝叶斯理论的水文不确定性分析研究进展 [J]. 水科学进
    展, 21(2): 274-281

梁忠民, 胡义明, 王军. 2011. 非一致性水文频率分析的研究进展 [J]. 水科学进展, 22(6):
    864-871

林莺, 李世才. 2002. 水文频率曲线简捷计算和绘图技巧 [J]. 水利水电技术, (7): 52-66

刘次华. 2000. 随机过程 [M]. 武汉：华中理工大学出版社

刘九夫, 张建云. 2006. 水文概率 P-III 型分布无偏绘点位置的数值计算方法 [J]. 水利学报, 37(8): 938-944

刘志强, 王成雄, 白霜. 1999. 频率比例法在干旱地区含零系列分析中的应用 [J]. 东北水利水电, (01): 31-35

鲁帆, 严登华. 2013. 基于广义极值分布和 Metropolis-Hastings 抽样算法的贝叶斯 MCMC 洪水频率分析方法 [J]. 水利学报, 44(8): 942-949

罗纯. 2005. Gumbel 分布参数估计及在水位资料分析中应用 [J]. 应用概率统计, HTSS, 21(2): 169-175

马力, 张学文. 1993. 最大熵原理与概率分布函数 [J]. 数理统计与应用概率, 8(4): 78-84

毛赛珠. 1985. 具有零项系列的中值适线法 [J]. 水文, (06): 27-29

茆诗松, 程依明, 濮晓龙. 2004. 概率论与数理统计教程 [M]. 北京: 高等教育出版社

茆诗松, 王静龙, 濮晓龙. 2007. 高等数理统计 [M]. 2 版. 北京: 高等教育出版社

茆诗松. 1999. 贝叶斯统计 [M]. 北京: 中国统计出版社

能源部、水利部水利水电规划设计总院, 水利部长江水利委员会水文局, 水利部南京水文水资源研究所. 1995. 水利水电工程设计洪水计算手册 [M]. 北京: 水利水电出版社

钱铁. 1964. 在有历史洪水资料情况下洪水流量经验频率的确定 [J]. 水利学报, (2): 50-54

申鼎煊. 1990. 随机过程 [M]. 武汉: 华中理工大学出版社

宋松柏, 李扬, 蔡明科. 2012. 具有跳跃变异的非一致分布水文序列频率计算方法 [J]. 水利学报, 43(6): 734-739

谭维炎, 张维然. 1982. 水文统计常用图表 [M]. 北京: 水利出版社

谭英平. 2003. 非参数密度估计在个体损失分布中的应用 [J]. 统计研究, (8): 40-44

汪荣鑫. 1987. 随机过程 [M]. 西安: 西安交通大学出版社

王善序. 1979. 具有历史洪水不连续系列经验频率的确定 [J]. 人民长江, (3): 39-50

王善序. 1990. 论确定洪水经验频率的双 (多) 样本模型 [J]. 水文, (6): 1-8

王善序. 1999. 洪水超定量系列频率分析 [J]. 人民长江, 30(8): 23-25

王守鹤, 秦大庸. 1989. 几种经验频率公式适应性的分析 [J]. 水利水电技术, (5): 1-3

吴明官, 李彦兴. 1994. 不完全伽马函数的快速算法 [J]. 水文, (1): 38-41

肖玲, 宋松柏. 2012. 应用高阶概率权重矩法估计广义极值分布参数 [J]. 水资源研究, (5): 359-364

肖玲, 宋松柏. 2013. 基于高阶概率权重矩的广义极值分布参数估计 [J]. 水文, 1-5

谢平, 陈广才, 雷红富, 等. 2009. 变化环境下地表水资源评价方法 [M]. 北京: 科学出版社

谢平, 许斌, 章树安, 等. 2012. 变化环境下区域水资源变异问题研究 [M]. 北京: 科学出版社

许斌. 2013. 变化环境下区域水资源变异与评价方法不确定性 [D]. 武汉: 武汉大学

杨德林. 1988. 具有历史洪水信息的洪水频率的非参数估计 [J]. 水电能源科学, 6(2): 160-166

杨力行. 1992. II 型乘法分布在干旱资料含零系列统计分析中的应用 [J]. 水文, (3): 21-24.

杨荣富, 丁晶, 邓育仁. 1993. P-III 型分布 Φ 值表的高精度插值 [J]. 水文, (3): 16-29

于传强, 郭晓松, 张安, 吴海诚. 2009. 基于估计点的滑动窗宽核密度估计算法 [J]. 兵工学报, 30(2): 231-235

张继国. 2004. 降水时空分布的信息熵研究 [D]. 南京: 河海大学

张家鸣, 陈晓宏, 叶长青. 2012. Pearson-III 型频率曲线对负偏水文序列的计算 [J]. 水利学报, 43(11): 1296-1301

张明. 2012. 一种基于梅林变换的耿贝尔分布参数估计方法 [J]. 人民长江, 43(13): 14-16

张明, 柏绍光. 2010. Mellin 变换在 P-III 型分布参数估计中的应用 [J]. 水电能源科学, 28(6):6-9

张明, 柏绍光, 张阳, 等. 2014. 用 Mellin 变换推导几种分布参数估计的最大熵法 [J]. 水电能源科学, 32(6): 16-18

张涛, 王世勋, 王祥三, 等. 2008. 水位负偏分布频率计算方法分析与研究 [J]. 水文, 28(2): 5-9

张伟平. 2007. Lecture 13: Matlab 简介 (二).http://staff.ustc.edu.cn/~zwp/teach/Stat-Comp/Lec13.pdf

赵瑛. 2009. 关于泊松分布及其应用 [J]. 辽宁省交通高等专科学校学报, 11(2): 77-78

周荫清. 1987. 随机过程导论 [M]. 北京：北京航空学院出版社

朱元甡, 梁家志. 1991. 公式可以休矣!—— 水文频率分析中绘点位置的研究 [J]. 水文, (5): 1-8

Adamowski K. 1981. Plotting position formula for flood frequency[J]. Water Resource Bulletin, 17 (2): 197-201

Adamowski K. 1985. Nonparametric kernel estimation of flood frequencies[J]. Water Resources Research, 21(11): 1585-1590

Adamowski K. 1989. A Monte Carlo comparison of parametric and nonparametric estimation of flood frequencies[J]. Journal of Hydrology, 108：295-308

Adamowski K. 1996. Nonparametric estimation of low-flow frequency[J]. Journal of Hydraulic Engineering, 122(1): 46-49

Adamowski K. 2000a. Nonparametric kernel estimation of annual maximum stream flow quantiles[J]. Matematika, 18(2): 99-107

Adamowski K. 2000b. Regional analysis of annual maximum and partial duration flood data by nonparametric and L-moment methods[J]. Journal of Hydrology, 229：219-231

Adamowski K, Feluch W. 1990. Nonparametric flood frequency analysis with historical information[J]. Journal of Hydraulic Engineering, 116(8): 1035-1047

Alila Y, Mtiraoui A. 2002. Implications of heterogeneous flood-frequency distributions on traditional stream-discharge prediction techniques [J]. Hydrological Processes, 16(5): 1065-1084

Ani S. 2002. A comparison of plotting formulas for the Pearson type III distribution[J]. Journal Teknologi, 36(C): 61-74

Anthony O. 2005. Entropy based techniques with applications in data mining[D]. Gainesville, USA: University of Florida

Arnell N W, Beran M, Hosking J R M. 1986. Unbiased plotting positions for the general extreme value distribution[J]. Journal of Hydrology, 86, 59-69

Benson M A. 1975. Plotting positions and economics of engineering planning[J]. Proceedings of the American Society of Civil Engineers, 88: 58-71

Beran M A, Nozryan-Plotnicki M J. 1977. Estimation of low return period floods[J]. Hydrological Sciences-Bulleti, XXII.

Bhattarai K P. 2004. Partial L-moments for the analysis of censored flood samples[J]. Hydrological Sciences, 49(5): 855-868.

Chapter 8 The Poisson distribution. http://asaha.com/download.php?id=WMTc2Mzg-&q=

Chbab E H, Van Noortwijk J M, Duits M T. Bayesian frequency analysis of extreme river discharges. http://publicwiki.deltares.nl/display/UNCTY/Bayesian+estimation+of+extreme+river+discharges

Chen Y F, Xu S B, Sha Z G, Van Gelder P, Gu S H. 2003. Study on L-moment Estimations for Log-normal Distributions with Historical Flood Data //Chen et al ed. GIS&RS in Hydrology, Water Resources and Environment, Volume1. Guang Zhou: Sun Yat-Sen University Press

Chow V T, Maidment D R, Mays L W. 1988. Applied Hydrology[M]. New York: McGraw-Hill Book Company

Christoph H, Bernhard S. 2006. Towards kernel density estimation over streaming data[C]. International Conference on Management of Data. COMAD Delhi, Indial

Cohen A C. 1950. Estimating parameters of Pearson type III populations from truncated samples[J]. Journal of the American Statistical Association, 45(251): 411-423

Cohn T A, Lane W L, Baier W G. 1997. An algorithm for computing moments-based flood quantile estimates when historical flood information is available[J]. Water Resources Research, 33(9): 2089-2096

Cooley D. 2013. Return periods and return levels under climate change[C]// AghaKouchak A, et al. ed. Chapter 4 in Extremes in a Changing Climate: Detection, Analysis and Uncertainty, Springer Science + Business media Dordrecht

Crain B R. 1979. Estimating the parameters of a truncated normal distribution[J]. Applied Mathematics and Computation, 5(2): 149-156

Cunnane C. 1973. A particular comparison of annual maxima and partial duration series methods of flood frequency prediction[J]. Journal of Hydrology, 18(3-4): 257-271

Cunnane C. 1978. Unbiased plotting positions-a review[J]. Journal of Hydrology, 37(3/4): 205-222

De M. 2000. A new unbiased plotting position formula for Gumbel distribution[J]. Stochastic Environmental Research and Risk Assessment, 14: 1-7

Deng J, Pandey M D. 2009. Using partial probability weighted moments and partial maximum entropy to estimate quantiles from censored samples[J]. Probabilistic Engineering Mechanics, 24(3): 407-417

Ding J, Yang R. 1988. The Determination of Probability Weighted Moments with the Incorporation of Extraordinary Values into Samples Data and Their Application to Estimating Parameters for the Pearson Type Three Distribution[J]. Journal of Hydrology, 101:63-81

Faucher D, Rasmussen P F, Bobée B. 2011. A distribution function based bandwidth selection method for kernel quantile estimation[J]. Journal of Hydrology, 250: 1-11

Fiorentino M, Arora K, Singh V P. 1987. The two-component extreme-value distribution for flood frequency analysis [J].Stochastic Hydrology and Hydraulics, 1(3): 199-208

Genz A. 2007. Markov Chain Monte Carlo Examples. http://www.math.wsu.edu/faculty/genz/416/lect/10-4.pdf

Gilliam R J, Helsel D R. 1986. Estimation of distributional parameters for censored trace level water quality data. 1. Estimation Techniques[J]. Water Resources Research, 22(2):135-146

Goel N K, De M. 1993. Development of unbiased plotting position formula for general extreme value distribution[J]. Stochastic Hydrology and Hydraulics, 7: 1-13

Goel N K. 2001. 随机水文学 [M]. 王志毅, 周刚炎, 译. 郑州: 黄河水利出版社

Gradshteyn I S, Ryzhik I M. 2000. Table of Integrals, Series and Products, 7th edition[M]. Massachusetts: Academic Press

Griffis V W, Stedinger J R. 2007a. Log-Pearson type 3 distribution and its application in flood frequency analysis. I: Distribution characteristics[J]. Journal of Hydrologic Engineering, 12(5): 482-491

Griffis V W, Stedinger J R. 2007b. Log-Pearson type 3 distribution and its application in flood frequency analysis. II: parameter estimation methods[J]. Journal of Hydrologic Engineering, 12(5): 492-500

Griffis V W, Stedinger J R. 2009. Log-Pearson type 3 distribution and its application in flood frequency analysis. III: Sample skew and weighted skew estimators[J]. Journal of Hydrologic Engineering, 14(2): 121-130

Gringorten I I. 1963. A plotting rule for extreme probability paper[J]. Journal of Geophysical Research, 68 (3): 813-814

Guo S L, Kachroo R K, Mangodo R J. 1996. Nonparametric kernel estimation of low flow quantiles[J]. Journal of Hydrology, 185: 335-348

Guo S L. 1990a. A discussion on unbiased plotting positions for the general extreme value distribution[J]. Journal of Hydrology, 121, 33-44

Guo S L. 1990b. Unbiased plotting position formulae for historical floods[J]. Journal of Hydrology, 121: 45-61

Guo S L. 1991. Nonparametric variable kernel estimation with historical floods and palaeoflood information[J]. Water Resources Research, 27(1): 91-98

Guo S L. 1993. Parametric and nonparametric mixture density estimation with historical floods and palaeoflood information[C]. Extreme Hydrological Events, Floods and Droughts (Proceeding of Yokohama Symposium). IAHS Pub(213): 277-286

Heikki H, Eero S, Johanna T. 2001. A adaptive metropolis algorithm[J]. Bernoulli, 7(2): 223-242

Helsel D R, Cohn T A. 1988. Estimation of descriptive statistics for multiply censored water quality data[J]. Water Resources Research, 24(12): 1997-2004

Helsel D R, Gilliom R J. 1986. Estimation of distributional parameters for censored trace level water quality data: 2. verification and applications[J]. Water Resources Research, 22(2): 147-155

Henrys P A. 2001. Likelihood methods for qualitative and quantitative historical flood data

Hooda D S, Kulkarni, Ketki, Kumar, Parmil. 2013. Information theoretic methods in parameter estimation[J]. African Journal of Mathematics and Computer Science Research, 6(4): 51-57

Hosking J R M. 1990. L-moments: Analysis and estimation of distributions using linear combinations of order statistics[J]. Journal Royal Statistical Society, 52(2): 105-124

Huynh N P, Tsu-S E F. 1989. Maximum likelihood estimation of the parameters and quantiles of the general extreme-value distribution from censored samples[J]. Journal of Hydrology, 105(1-2): 139-155

In-na N, Nguyen V T V. 1989. An unbiased plotting position formula for the generalized extreme value distribution[J]. Journal of Hydrology, 106: 193-209

Interagency Advisory Committee on Water Data, U.S. Geological Survey, Guidelines for determining flood flow frequency[R], Bulletin #17B, 1982

Ioannis A K, George C C. 1999. Estimation in the Pearson type 3 distribution[J] . Water Resources Research, 35(9): 2693-2704

Jennings M E, Benson M A. 1969. Frequency curve for annual flood series with some zero events or incomplete data[J]. Water Resources Research, 5(1): 276-280

Ji X W, Jing D, Shen H W, Salas J D. 1984. Probability plots for Pearson type III distribution[J]. Journal of Hydrology, 74: 1-29

John B S, James C N. 1961. A partial duration series for low-flow analyses[J]. Journal of Geophysical Research, 66(12): 4219-4225

John F , England J, Robert D, et al. 2003. Data-based comparisons of moments estimators using historical and paleoflood data[J]. Journal of Hydrology, (278): 172-196

Jeon J J, Kim Y O, Kim Y. 2011. Expected probability weighted moment estimator for censored flood data[J]. Advances in Water Resources, 34: 933-945

Kim K D, Heo J H. 2002. Comparative study of flood quantiles estimation by nonparametric models[J]. Journal of Hydrology, 260: 176-193

Kimball B F. 1960. On the choice of plotting positions on probability paper[J]. Journal of the American Statistical Association, 55: 546-560

Lall U, Balaji R, David G T. 1996. A nonparametric wet/dry spell model for resampling daily precipitation[J]. Water Resources Research, 32(9): 2803-2823

Lall U, Moon Y-Il. 1993. Kernel flood frequency estimators: Bandwidth selection and kernel choice[J]. Water Resources Research, 29(4): 1003-1015

Langbein W B. 1949. Annual floods and the partial duration flood series[J]. Transactions, American Geophysical Union., 30(6): 879-881

Lecture 6. 2003 Using Entropy for Evaluating and Comparing Probability Distributions. http://engine4.org/l/lecture-6-using-entropy-for-evaluating-and-comparing-w26439-pdf.pdf

Lind N C, Hong H P. 1989. A cross entropy method for flood frequency analysis[J]. Stochastic Hydrology and Hydraulics, (3): 191-202

Lind N C, Hong H P. 1991. Entropy estimation of hydrological extremes[J]. Stochastic Hydrology and Hydraulics, (5): 77-87

Loaiciga H A, Marino M A. 1988. Fitting minima of flows via maximum likelihood[J]. Journal of Water Resources Planning and Management. Am. Soc. Civ. Engra., 114(1): 78-90

Loaiciga H A, Michaelsen Hudak P F. 2008. Truncated distributions in hydrologic analysis[J]. Water Resources Bulletin, 28(5): 853-863

Lye L M. 1990. Bayes estimate of the probability of exceedance of annual floods[J]. Stochastic Hydrology and Hydraulics, (4): 55-64

Magdy Mohssen. 2009-7-13-17. Partial duration series in the annual domain, 18th World IMACS / MODSIM Congress, Cairns.http://mssanz.org.au/modsim09

Martinez W L, Martinez A R. 2002. Computational Statistics Handbook with MAT-LAB[M]. London, New York, Washington, D.C: Boca Raton

Masoom Ali M, Nadarajah S. 2006. A truncated Pareto distribution[J]. Computer Communication, (30): 1-4

Masoom Ali, M. Nadarajah S. 2007. A truncated bivariate generalized Pareto distribution[J]. Computer Communications, (30): 1926-1930

Meylan P, Favre A C, Musy A. 2012. Predictive Hydrology: A Frequency Analysis Approach[M]. Jersey: British Isles Science Publishers

Moon Young-Il, Lall U. 1994. Kernel quantile function for flood frequency analysis[J]. Water Resources Research, 30(11): 3095-3103

Murohy K P. 2006. Markov Chain Monte Carlo (MCMC). http://pdfs.semanticscholar.org/5afa/f6cdad 959 a5d 49ds6f2007fd61c556fe 4f9d.pdf

Nguyen, V T V, In-na N, Bobee B. 1989. New plotting-position formula for Pearson type III distribution[J]. Journal of Hydraulic Engineering, 115 (6): 709-730

Nguyen, V T V, In-na N. 1992. Plotting formula for Pearson type III distribution considering historical information[J]. Environmental Monitoring and Assessment, 23: 137-152

Pichugina S V. 2008. Application of the theory of truncated probability distributions to studying Minnimal river runoff: normal and gamma distributions[J]. Water Resources and the Regime of Water Bodies, 35(1): 25-31

Prescott P, Walden A T. 1980. Maximun likelihood estimation of the parameters of the generalized extreme value distribution[J]. Biometrika, 67 (4) :723-724

Prescott P, Walden A T. 1983. Maximum likeiihood estimation of the parameters of the three-parameter generalized extreme-value distribution from censored samples[J]. Journal of Statistical Computation and Simulation, 16(3-4): 241-250

Rosbjerg D. 1977. Return periods of hydrological events[J]. Nordic Hydrology, (8): 57-61

Salas J D, Obeysekera J. 2014. Revisiting the concepts of return period and risk for nonstationary hydrologic extreme events[J]. Journal of Hydrologic Engineering, 19(3): 554-568

Salas J D, Wold E E, Jarrett R D. 1994. Determination of flood characteristics using systematic, historical and paleoflood data [R]// Rossi G, Harmoncioglu N, Yevjevich V. ed. Coping with floods Dordrecht: Kluwer, 111-134

Salvadori G. 2004. Bivariate return periods via 2-copulas[J]. Statistical Methodology, (1): 129-144

Salvadori G, De M C. 2010. Multivariate multiparameter extreme value models and return periods: A copula approach[J]. Water Resources Research, 46, W10501, doi:10.1029/2009WR009040

Salvadori G, De M C. 2007. On the use of copulas in hydrology: Theory and practice[J]. Journal of Hydrologic Engineering, 12(4): 369-380

Salvadori G, De M C, Durante F. 2011. On the return period and design in a multivariate framework[J]. Hydrology and Earth System Sciences, (15): 3293-3305

Salvadori G, De M, Kottegoda N T, et al. 2007. Extremes in Nature: An Approach Using Copulas[M]. Springer: Water Science and Technology Library Series, vol 56

Shamilov A, Asan Z, Cigdem G. 2006. Estimation by MinxEnt Principle[C]. Proceedings of the 9th WSEAS International Conference on Applied Mathematics, Istanbul, Turkey: 436-440

Sharma A, Lall V, Tarboton D G. 1998. Kernel bandwidth selection for a first order nonparametric streamflow simulation model[J]. Statistic Hydrology and Hydraulics, 12: 32-52

Sheather S J. 2004. Density estimation[J]. Statistical Science, 19(4): 588-597

Shiau J T. 2003. Return period of bivariate distributed extreme hydrological events [J]. Stochastic Environmental Research and Risk Assessment, (17): 42-57

Shin H J. 2009. Uncertainty assessment of quantile estimators based on the generalized logistic distribution[D]. The Graduate School: Yonsei University

Singh V P. 1998. Entropy-based Parameter Estimation in Hydrology[M]. Boston/London: Kluwer Academic Publishers

Singh V P, Wang S X, Zhang L. 2005. Frequency analysis of nonidentically distributed hydrologic flood data[J]. Journal of Hydrology, 307(1-4): 175-195

Smith E B. 2005. Bayesian modelling of extreme rainfall data[D]. NE17Ru, United Kingdoni University of Newcastle upon Tyne

Stedinger J R. 1983. Confidence interval for design events[J]. Journal of Hydraulic Engineering, 109(1): 13-27

Stedinger J R, Cohn T A. 1986. Flood frequency analysis with historical and paleoflood information[J]. Water Resources Research, (22): 785-793

Strupczewski W G, Singh V P, Feluch W. 2001a. Non-stationary approach to at-site flood frequency modelling I. Maximum likelihood estimation[J]. Journal of Hydrology, 248(1-4): 123-142

Strupczewski W G, Singh V P, Feluch W. 2001b. Non-stationary approach to at-site flood frequency modelling II. Weighted least squares estimation [J]. Journal of Hydrology, 248(1-4): 143-151

Strupczewski W G, Singh V P, Feluch W. 2001. Non-stationary approach to at-site flood frequency modelling III. Flood analysis of Polish rivers [J]. Journal of Hydrology, 248(1-4): 152-167

Sukhatme P V. 1938. Tests of significance for samples of the x: population with two degrees of freedom[J]. Annals of Human Genetics, 8: 52-56

Todorovic P. 1970. On some problems involving random number of random variables[J]. Annals of the Institute of Statistical Mathematics, 41(3): 1059-1063

Tung Y K, Yen B C, Melching C. 2006. Hydrosystems Engineering Reliability Assessment and Risk Analysis[M]. New York: McGraw-Hill

United States Department of Agriculture, Natural Resources Conservation Service, Conservation Engineering Division. 1998. Tables of Percentage Points of the Pearson Type III Distribution, TR-38 [R]. 1-17

Van Thanh, Van Nguyen, In-na N. 1992. Plotting formula for Pearson type III distribution considering historical information[J]. Environmental Monitoring and Assessment, 23: 137-152

Vandenberghe S, Verhoest N E C, et al. 2010b. A stochastic design rainfall generator based on copulas and mass curves[J]. Hydrology and Earth System Sciences, 14: 2429-2442

Vandenberghe S, Verhoest N E C, et al. 2011a. A comparative copula-based bivariate frequency analysis of observed and simulated storm events: A case study on Bartlett-Lewis modeled rainfall[J]. Water Resources Research, 47, W07529, doi:10.1029/2009WR008388

Votaw D F, Rafferty J A, Deemer W L. 1950. Estimation of parameters in a truncated trivariate normal distribution[J]. Psychometrik, 15(4): 339-347

Wang Q J. 1990a. Estimation of the GEV distribution from censored samples by method of partial probability weighted moments[J]. Journal of Hydrology ,(120): 103-114

Wang Q J. 1990b. Unbiased estimation of probability weighted moments and partial probability weighted moments from systematic and historical flood information and their application to estimating the GEV distribution[J]. Journal of Hydrology, (120): 115-124

Wang Q J. 1996a. Direct sample estimators of L moments[J]. Water Resources Research, 32(12): 3617-3619

Wang Q J. 1996b. Using partial probability weighted moments to fit the extreme value distributions to censored samples[J]. Water Resources Research, 32(6):1767-1771

Wang Q J. 1997a. LH moments for statistical analysis of extreme events[J]. Water Resources Research, 33(12): 2841-2848

Wang Q J. 1997b. Using higher probability weighted moments for flood frequency analysis[J]. Journal of hydrology, 194(1):95-106

Wang Q J. 1998. Approximate goodness-of-fit tests of fitted generalized extreme value distributions using LH-moments[J]. Water Resources Research, 34(12): 3497-502

Wang S X, Singh V P. 1995. Frequency estimation for hydrological samples with zero values[J]. Journal of Water Resources Planning and Management, 121(1): 98-108

Water Resources Council, Hydrology Committee. 1981. Guidelines for determining flood flow frequency, Bulletin #17B[R].Water Resources Council, Hydrology Committee, Washington, D. C.

Waylen P R, Woo M K. 1982. Prediction of annual floods generated by mixed process[J]. Water Resources Research, 18(4): 1283-1286.

Wingo D R. 1989. The left truncated Weibull distribution: Theory and computation[J]. Statistical Papers, 30(30): 40-48

Wojciech J. 1992. The application of probability weighted moments in estimating the parameters of a Pearson type three distribution-comment[J]. Journal of Hydrology, 133: 395-399

Woo M K, Wu K. 1989. Fitting annual flood with zero flows[J]. Canadian Water Resources Journal, 14(2): 10-16

Younshik C. 1998. Simulation of truncated gamma variables[J]. Korean J. Comput. & Appl. Math., 5(3): 601-610

Yu G H, Huang C C. 2001. A distribution free plotting position[J]. Stochastic Environmental Research and Risk Assessment, 15: 462-476

Zaninett L. 2013. A right and left truncated gamma distribution with application to the star[J]. Adv. Studies Theor. Phys., 7(23): 1139-1147

Zelenhasic E. 1970. Theoretical probability distributions for flood peaks. Hydrology. Papers. 42. Colorado: Colorado State University, Fort Collins